空気力学の基礎

原著第5版

Fundamentals of AERODYNAMICS

ジョン・D・アンダーソン, Jr. 【著】
John D. Anderson, Jr.

山口 裕　　樫谷 賢士 【訳】
Yamaguchi Yutaka　*Kashitani Masashi*

プレアデス出版

空気力学の基礎

Fundamentals of Aerodynamics
Fifth Edition
by John D. Anderson, Jr.

Copyright © 2011 by The McGraw-Hill Companies, Inc.
All rights reserved.

Japanese translation rights arranged with
McGraw-Hill Global Education Holdings, LLC.
through Japan UNI Agency, Inc., Tokyo

McGRAW-HILL の航空工学および航空宇宙工学書籍シリーズについて

　Wright 兄弟は 20 世紀最初の 10 年の間に実用的な飛行機を発明した．このことに並行して航空工学が心躍る，新しい独立した学問として隆盛しはじめたのである．航空工学の大学での教育は 1914 年という早い時期に Michigan 大学と MIT で始まったのである．Michigan 大学は 1916 年に 4 年制の学士を与える航空工学科を創設した最初の大学であった．そして，1926 年までに，100 名を超える学生が卒業した．航空工学のいろいろな分野における独自の教科書の必要性が非常に高まってきた．この要求に応えて，McGraw-Hill 社は，1919 年における Ottorino Pomilio による *Aircraft Design and Construction* や，1927 年における，いわゆる聖者，Edward P. Warner による，第一級の，最も信頼のおける教科書，*Airplane Design; Aerodynamics* に始まる航空工学教科書に関する最初の出版社の一つとなった．Warner の本は航空工学教科書における重要な分岐点となる教科書であった．

　それ以来，McGraw-Hill 社は航空工学に関する書籍の由緒ある出版社となっている．第二次世界大戦後の高速飛行の到来と，1957 年における宇宙計画により，航空工学および航空宇宙工学は新しい高嶺へと成長した．しかしながら，航空宇宙工学が変遷した 1970 年代に中断が生じ，現実的に，ほぼ 10 年間，誰もこの分野における新しい教科書を出版しなかった．McGraw-Hill 社は，首席工学書編集者である B.J. Clark の先見によりこの中断を突き破った．そして，John Anderson による *Introduction to Flight* の出版において重要な役割を果たした．1978 年に出版された *Introduction to Flight* は今や第 6 版である．Clark の大胆な決断は McGraw-Hill 社に受け継がれ，この出版社は航空宇宙工学における学生や活気という新しい波の波頭に乗り進んでいる．そして，その決断はこの分野における新しい教科書についての水門を開けたのである．

　1988 年に，McGraw-Hill 社は，航空工学および航空宇宙工学に関する正式な書籍のシリーズの出版を始めた．そのシリーズは航空宇宙工学分野の既存の教科書すべてを集め，そして，新しい原稿を求めたのである．本著者はこのシリーズの顧問編集者となり，またこのシリーズに何冊かの本を書き貢献できたことを誇りに思っている．1988 年に 8 冊の書籍から始まり，本シリーズは，今や，この航空宇宙工学における学問分野の幅広い範囲を網羅する 24 冊にもなる．こうして，McGraw-Hill 社は，航空工学および航空宇宙工学における重要な教科書の主要な出版社として，1919 年に始まった伝統を続けていくのである．

John D. Anderson, Jr.

著者について

John D. Anderson, Jr. は 1937 年 10 月 1 日に Pennsylvania 州，Lancaster で生まれた．彼は Florida 大学で学び，1959 年に優秀な成績で卒業し，航空工学士の学位を取得した．1959 年から 1962 年まで，Wright-Patterson 空軍基地の航空宇宙研究所において空軍少尉で，プロジェクト科学官を勤めた．1962 年から 1966 年まで，米国立科学財団および NASA 研究奨学金で Ohio 州立大学に在籍し，航空宇宙工学の分野で博士 (Ph.D.) を取得した．1966 年に，米国海軍兵器研究所に極超音速空気力学グループ長として赴任した．1973 年に，Maryland 大学の航空宇宙工学科の主任教授になった．そして 1980 年からは，Maryland 大学の航空宇宙工学科の教授である．1982 年に，大学から優秀な 学者/教師 (Distinguished Scholar/Teacher) の一人に指名された．研究休暇の 1986 から 1987 年の間に，Anderson 博士は，Smithsonian Institution の国立航空宇宙博物館において Charles Lindbergh 講座の教授を務めた．空気力学の歴史についての調査と著述をやりながら毎週 1 日を Smithsonian Institution の空気力学に関する特別顧問として働いた．航空宇宙工学科の教授職に加えて，1993 年に，Maryland 大学における科学史と科学哲学に関する委員会の正委員に任命され，1996 年に Maryland 大学歴史学科の連携教授となった．1996 年，航空宇宙工学教育における Glenn L. Martin 記念教授に任命された．1999 年に，Maryland 大学を退官し，名誉教授になった．現在 Smithsonian Institution の国立航空宇宙博物館の空気力学学芸員である．

Anderson 博士は 10 冊の本を出版している．それらは *Gasdynamic Lasers: An Introduction*, Academic Press (1976) と McGraw-Hill からは，*Introduction to Flight* (1978，1984，1989，2000, 2005, 2008)，*Modern Compressible Flow* (1982，1990，2003)，*Fundamentals of Aerodynamics* (1984，1991, 2001, 2007)，*Hypersonic and High Temperature Gas Dynamics* (1989)，*Computational Fluid Dynamics:The Basics with Applications* (1995)，*Aircraft Performance and Design* (1999)，*A History of Aerodynamics and Its Impact on Flying Machines*, Cambridge University Press (1997 年ハードカバー版，1998 年ペーパーバック版)，*The Airplane: A History of Its Technology*, AIAA (2003) および *Inventing Flight*, Johns Hopkins University Press (2004) である．彼は，放射気体力学，再突入空気熱力学，ガスダイナミックおよび化学レーザー，数値流体力学，応用空気力学，極超音速流および航空学の歴史に関する 120 以上の論文の著者である．Anderson 博士は，米合衆国名士録に掲載されている．米国航空宇宙学会 (AIAA) の名誉評議員であり，また London にある英国王立航空協会の評議員でもある．Tau Beta Pi, Sigma Tau, Phi Kappa Phi, Phi Eta Sigma, 米国工学教育協会，米国科学史学会および技術史学会の会員でもある．1988 年に，AIAA 教育部門の副会長に選ばれた．1989 年，米国工学教育協会と米国航空宇宙学会から「航空宇宙工学教育への最近の大きな貢献」に対して John Leland Atwood Award を受賞した．1995 年には，「歴史的な内容を含み，それらの読みやすさと明快さのゆえに世界中で大いに受け入れられた航空宇宙工学の学部学生および大学院生用の教科書を執筆した」ことに対して，AIAA Pendray Aerospace Literature Award を受賞している．1996 年に，AIAA の出版部門副会長に選出された．2000 年度宇宙工学 von Karman 記念講演講師に選ばれた．

1987 年から現在まで，Anderson 博士は，McGraw-Hill 社の航空学および宇宙工学関係出版シリーズに関する上級顧問編集員である．

私の家族
Sarah-Allen, Katherine, Elizabeth, Keegan, そして Tierney に捧ぐ.

目次

第 5 版の序文   xv

第 1 部 　基礎原理   1

第 1 章 　空気力学について   3
- 1.1 　空気力学の重要性 (歴史に見る例)   5
- 1.2 　空気力学：区分と実際の目的   10
- 1.3 　本章のロードマップ   12
- 1.4 　基本的な空気力学変数   13
  - 1.4.1 　単位   16
- 1.5 　空気力と空力モーメント   17
- 1.6 　圧力中心   29
- 1.7 　次元解析：Buckingham のパイ定理   32
- 1.8 　流れの相似   37
- 1.9 　静水力学：浮力   49
- 1.10 　流れのタイプ   58
  - 1.10.1 　連続流と自由分子流   58
  - 1.10.2 　非粘性流と粘性流   59
  - 1.10.3 　非圧縮性流れと圧縮性流れ   60
  - 1.10.4 　Mach 数領域   61
- 1.11 　粘性流：境界層について   64
- 1.12 　応用空気力学：空力係数–その大きさと変化   71
- 1.13 　歴史に関するノート：理解しがたい圧力中心   83
- 1.14 　歴史に関するノート：空力係数   87
- 1.15 　要約   90
- 1.16 　演習問題   92

第 2 章 　空気力学：基本原理および方程式   95
- 2.1 　序論およびロードマップ   96
- 2.2 　ベクトルについて   97
  - 2.2.1 　ベクトル代数学   97
  - 2.2.2 　代表的直交座標系   99
  - 2.2.3 　スカラーおよびベクトル場   102
  - 2.2.4 　スカラー積およびベクトル積   102

2.2.5		スカラー場の勾配	103
2.2.6		ベクトル場の発散	105
2.2.7		ベクトル場の回転	106
2.2.8		線積分	107
2.2.9		面積積分	107
2.2.10		体積積分	108
2.2.11		線積分，面積積分および体積積分の関係	109
2.2.12		要約	109
2.3	流体モデル：検査体積と流体要素		110
	2.3.1	有限検査体積法	110
	2.3.2	微小流体要素法	111
	2.3.3	分子法	111
	2.3.4	速度の発散の物理的意味	112
	2.3.5	流れの場の詳細	113
2.4	連続方程式	117
2.5	運動量方程式	122
2.6	運動量方程式の適用：2次元物体の抵抗	127
	2.6.1	コメント	135
2.7	エネルギー式	135
2.8	中間まとめ	140
2.9	実質微分	140
2.10	実質微分を用いた基礎方程式	147
2.11	流れの道すじと流線および色つき流線	149
2.12	角速度，渦度およびせん断歪	154
2.13	循 環	164
2.14	流れ関数	167
2.15	速度ポテンシャル	170
2.16	流れ関数と速度ポテンシャルとの関係	173
2.17	方程式をどのように解けば良いのか	174
	2.17.1	理論 (解析的) 解法	175
	2.17.2	数値解法–計算流体力学 (CFD)	176
	2.17.3	現代空気力学の全体像	182
2.18	要約	183
2.19	演習問題	186

第2部　非粘性，非圧縮性流れ　　189

第3章　非粘性，非圧縮性流れの基礎　　191
3.1　序論およびロードマップ 192
3.2　Bernoulli の式 195
3.3　ダクト内の非圧縮性流れ：venturi 管および低速風洞 199

3.4	Pitot 管：流速の測定	211
3.5	圧力係数	220
3.6	非圧縮性流れの速度に関する条件	223
3.7	渦なし，非圧縮流れの支配方程式：Laplace の方程式	223
	3.7.1　無限遠点境界条件	226
	3.7.2　壁面における境界条件	227
3.8	中間まとめ	228
3.9	一様流：第 1 の基本流れ	228
3.10	わき出し流れ：第 2 の基本流れ	231
3.11	一様流とわき出しすいこみとの重ね合わせ	235
3.12	二重わき出し：第 3 の基本流れ	238
3.13	円柱を過ぎる揚力が働かない流れ	240
3.14	渦流れ：第 4 の基本流れ	248
3.15	円柱を過ぎる揚力流れ	252
3.16	Kutta-Joukowski の定理と揚力の発生	265
3.17	任意物体を過ぎる揚力なし流れ：わき出しパネル法	267
3.18	応用空気力学：円柱を過ぎる流れ–実在流れの場合	277
3.19	歴史に関するノート：Bernoulli と Euler – 理論流体力学の原点	285
3.20	歴史に関するノート：d'Alembert と彼のパラドックス	289
3.21	要約	290
3.22	演習問題	293

第 4 章　翼型を過ぎる非圧縮性流れ　　297

4.1	序論	299
4.2	翼型用語	300
4.3	翼型特性	303
4.4	翼型を過ぎる低速流に関する理論解法の原理：渦面	308
4.5	Kutta の条件	313
	4.5.1　摩擦なしで揚力が得られるか	316
4.6	Kelvin の循環定理と出発渦	317
4.7	古典的薄翼理論：対称翼型	321
4.8	キャンバーのある翼型	330
4.9	空力中心：さらなる考察	339
4.10	任意物体を過ぎる揚力流れ：渦パネル法	342
4.11	現代の低速用翼型	348
4.12	粘性流れ：翼型抵抗	352
	4.12.1　表面摩擦抵抗の概算：層流	353
	4.12.2　表面摩擦抵抗の概算：乱流	355
	4.12.3　遷移	356
	4.12.4　流れのはく離	362
	4.12.5　コメント	366

- 4.13 応用空気力学：翼型を過ぎる実在流れ ... 367
- 4.14 歴史に関するノート：初期の飛行機設計と翼厚の役目 ... 378
- 4.15 歴史に関するノート：Kutta，Joukowski，および揚力に関する循環理論 ... 383
- 4.16 要約 ... 384
- 4.17 演習問題 ... 386

第 5 章 有限翼幅翼を過ぎる非圧縮性流れ　389
- 5.1 序論：吹下ろしと誘導抵抗 ... 393
- 5.2 渦糸，Biot-Savart の法則および Helmholtz の定理 ... 397
- 5.3 Prandtl の古典的揚力線理論 ... 401
  - 5.3.1 楕円揚力分布 ... 407
  - 5.3.2 一般的揚力分布 ... 411
  - 5.3.3 縦横比の効果 ... 415
  - 5.3.4 物理的意義 ... 420
- 5.4 数値的非線形揚力線法 ... 429
- 5.5 揚力面理論および渦格子数値法 ... 433
- 5.6 応用空気力学：三角翼 ... 440
- 5.7 歴史に関するノート：Lanchester と Prandtl–有限翼幅翼理論の初期の展開 ... 451
- 5.8 歴史に関するノート：Prandtl - 偉大なる研究者 ... 454
- 5.9 要約 ... 457
- 5.10 演習問題 ... 458

第 6 章 3 次元非圧縮性流れ　461
- 6.1 序論 ... 461
- 6.2 3 次元わき出し ... 462
- 6.3 3 次元二重わき出し ... 464
- 6.4 球を過ぎる流れ ... 466
  - 6.4.1 3 次元緩和効果に関するコメント ... 469
- 6.5 一般的な 3 次元流れ：パネル法 ... 469
- 6.6 応用空気力学：球を過ぎる流れ – 実在流れの場合 ... 471
- 6.7 応用空気力学：飛行機の揚力と抵抗 ... 474
  - 6.7.1 飛行機の揚力 ... 474
  - 6.7.2 飛行機の抵抗 ... 475
  - 6.7.3 揚力と抵抗の計算に関する数値流体力学の適用 ... 480
- 6.8 要約 ... 483
- 6.9 演習問題 ... 484

第 3 部 非粘性，圧縮性流れ　485

第 7 章 圧縮性流れ：いくつかの予備的なこと　487
- 7.1 序論 ... 488

7.2	熱力学について		489
	7.2.1	完全気体	490
	7.2.2	内部エネルギーとエンタルピー	490
	7.2.3	熱力学第一法則	495
	7.2.4	エントロピーと熱力学第二法則	496
	7.2.5	等エントロピー関係式	498
7.3	圧縮率の定義		502
7.4	非粘性，圧縮性流れの支配方程式		503
7.5	総 (よどみ) 状態の定義		505
7.6	超音速流れの特徴について：衝撃波		512
7.7	要約		515
7.8	演習問題		518

第8章　垂直衝撃波とそれらの関連問題　　521

8.1	序論		521
8.2	垂直衝撃波基礎式		523
8.3	音速		526
	8.3.1	コメント	535
8.4	エネルギー方程式の特別な形式		536
8.5	どのような場合に流れは圧縮性なのか		543
8.6	垂直衝撃波特性の計算		546
	8.6.1	圧縮性流れ問題を解くために数表を用いることに対するコメント	561
8.7	圧縮性流れにおける速度の測定		562
	8.7.1	亜音速圧縮性流れ	562
	8.7.2	超音速流	564
8.8	要約		567
8.9	演習問題		569

第9章　斜め衝撃波と膨張波　　573

9.1	序論		574
9.2	斜め衝撃波の関係式		579
9.3	くさびと円錐を過ぎる超音速流		594
	9.3.1	超音速揚力係数および抵抗係数に関するコメント	597
9.4	衝撃波の干渉と反射		598
9.5	鈍い物体の前方における離脱衝撃波		603
	9.5.1	湾曲した衝撃波背後の流れ場に関するコメント：エントロピー勾配と渦度	606
9.6	Prandtl-Meyer 膨張波		607
9.7	衝撃波-膨張波理論：超音速翼型への適用		619
9.8	揚力および抵抗係数についてのコメント		622
9.9	X-15 とそのくさび型尾翼		623

- 9.10 粘性流れ：衝撃波/境界層の相互作用 ... 627
- 9.11 歴史に関するノート：Ernst Mach の略伝 ... 629
- 9.12 要約 ... 631
- 9.13 演習問題 ... 632

第10章 ノズル，ディフューザ，および風洞を流れる圧縮性流れ 639
- 10.1 序論 ... 640
- 10.2 準1次元流れの支配方程式 ... 641
- 10.3 ノズル流れ ... 650
  - 10.3.1 質量流量についての補足 ... 665
- 10.4 ディフューザ ... 665
- 10.5 超音速風洞 ... 667
- 10.6 粘性流れ：ノズル内における衝撃波/境界層相互作用 ... 672
- 10.7 要約 ... 674
- 10.8 演習問題 ... 676

第11章 翼型を過ぎる亜音速圧縮性流れ：線形理論 679
- 11.1 序論 ... 680
- 11.2 速度ポテンシャル方程式 ... 682
- 11.3 線形化された速度ポテンシャル方程式 ... 685
- 11.4 Prandtl-Glauert 圧縮性補正 ... 690
- 11.5 改良された圧縮性補正 ... 694
- 11.6 臨界 Mach 数 ... 695
  - 11.6.1 最小圧力 (最大速度) 位置について ... 704
- 11.7 抵抗発散 Mach 数：音の壁 ... 704
- 11.8 断面積法則 ... 712
- 11.9 超臨界翼型 ... 713
- 11.10 CFD の応用：遷音速翼型と翼 ... 716
- 11.11 応用空気力学：ブレンディッド・ウィング・ボディー ... 721
- 11.12 歴史に関するノート：高速翼型–初期における研究と開発 ... 726
- 11.13 歴史に関するノート：後退翼概念の原点 ... 730
- 11.14 歴史に関するノート：Richard T. Whitcomb–断面積法則と超臨界翼の開拓者 ... 738
- 11.15 要約 ... 739
- 11.16 演習問題 ... 741

第12章 線形化された超音速流れ 743
- 12.1 序論 ... 743
- 12.2 線形化された超音速圧力係数の導出 ... 744
- 12.3 超音速翼型への適用 ... 748
- 12.4 粘性流れ：超音速翼型抵抗 ... 754
- 12.5 要約 ... 757
- 12.6 演習問題 ... 758

第 13 章 非線形超音速流れの数値法概論　　**761**

- 13.1　序論：数値流体力学の原理　　762
- 13.2　特性曲線法の基礎　　764
  - 13.2.1　内点　　770
  - 13.2.2　壁面点　　771
- 13.3　超音速ノズルの設計　　772
- 13.4　有限差分法の基礎　　774
  - 13.4.1　予測子計算 (Predictor Step)　　780
  - 13.4.2　修正子の計算 (Corrector Step)　　780
- 13.5　時間依存法：超音速鈍頭物体への適用　　781
  - 13.5.1　予測子計算 (Predictor Step)　　785
  - 13.5.2　修正子計算 (Corrector Step)　　785
- 13.6　円錐を過ぎる流れ　　788
  - 13.6.1　錐状流れの物理的特徴　　789
  - 13.6.2　定式化　　790
  - 13.6.3　数値計算手順　　795
  - 13.6.4　円錐を過ぎる超音速流の物理的特徴　　797
- 13.7　要約　　799
- 13.8　演習問題　　800

第 14 章 極超音速流れの基礎　　**803**

- 14.1　序論　　804
- 14.2　極超音速流れの定性的特性　　805
- 14.3　Newton 流理論　　809
- 14.4　極超音速における翼の揚力と抵抗：迎え角のある平板に関する Newton 流理論による結果　　813
  - 14.4.1　精度について　　820
- 14.5　極超音速の衝撃波関係式と Newton 流理論　　823
- 14.6　Mach 数非依存性　　827
- 14.7　極超音速空気力学と計算流体力学　　829
- 14.8　極超音速粘性流れ：空力加熱　　832
  - 14.8.1　空力加熱と極超音速流れ–関連性　　832
  - 14.8.2　極超音速流れにおける鈍い物体か細長物体か　　833
  - 14.8.3　鈍い物体への空力加熱　　837
- 14.9　応用極超音速空気力学：極超音速ウェーブ・ライダ　　840
  - 14.9.1　粘性最適化ウェーブ・ライダ　　845
- 14.10　要約　　852
- 14.11　演習問題　　852

第 4 部 粘性流れ   853

第 15 章 粘性流れの基本原理および方程式概論   855
  15.1 序論   856
  15.2 粘性流れの定性的特徴   857
  15.3 粘性と熱伝導   864
  15.4 Navier-Stokes 方程式   869
  15.5 粘性流エネルギー方程式   872
  15.6 相似パラメータ   876
  15.7 粘性流の解法：予備的論議   880
  15.8 要約   883
  15.9 演習問題   885

第 16 章 特別な場合：Couette 流   887
  16.1 序論   887
  16.2 Couette の流れ：総論   888
  16.3 非圧縮性 (一定特性) Couette 流れ   891
    16.3.1 粘性散逸が無視できる場合   897
    16.3.2 等壁面温度の場合   899
    16.3.3 断熱壁の場合 (断熱壁温度)   900
    16.3.4 回復係数   903
    16.3.5 Reynolds アナロジー   905
    16.3.6 中間要約   906
  16.4 圧縮性 Couette 流   908
    16.4.1 狙い撃ち法   909
    16.4.2 時間依存有限差分法   911
    16.4.3 圧縮性 Couette 流の結果   915
    16.4.4 解析的考察   917
  16.5 要約   923

第 17 章 境界層概論   925
  17.1 序論   925
  17.2 境界層特性   926
  17.3 境界層方程式   933
  17.4 境界層方程式をいかにして解くのか   937
  17.5 要約   938

第 18 章 層流境界層   941
  18.1 序論   941
  18.2 平板を過ぎる非圧縮性流れ：Blasius 解   942
  18.3 平板を過ぎる圧縮性流れ   949
    18.3.1 速度による抵抗変化についてのコメント   959

18.4	基準温度法	960
	18.4.1 最近の進歩：Meador-Smart 基準温度法	963
18.5	よどみ点空力加熱	964
18.6	任意物体まわりの境界層：有限差分解法	970
	18.6.1 有限差分法	971
18.7	要約	975
18.8	演習問題	977

第 19 章 乱流境界層　　979

19.1	序論	980
19.2	平板上の乱流境界層に関する結果	980
	19.2.1 乱流に関する基準温度法	981
	19.2.2 乱流に関する Meador-Smart 基準温度法	983
	19.2.3 翼型抵抗の推算	985
19.3	乱流のモデル化	985
	19.3.1 Baldwin-Lomax モデル	986
19.4	最終コメント	988
19.5	要約	989
19.6	演習問題	989

第 20 章 Navier-Stokes 解法：いくつかの例　　991

20.1	序論	991
20.2	方法	992
20.3	解法の例	993
	20.3.1 後向きステップを過ぎる流れ	993
	20.3.2 翼型を過ぎる流れ	993
	20.3.3 全機を過ぎる流れ	994
	20.3.4 衝撃波/境界層相互作用	996
	20.3.5 突起のある翼型を過ぎる流れ	999
20.4	表面摩擦抵抗予測についての精度	1000
20.5	要約	1004

付録 A 等エントロピー特性　　1005

付録 B 垂直衝撃波特性　　1011

付録 C Prandtl-Meyer 関数と Mach 角　　1015

付録 D 標準大気，SI 単位　　1017

D.1	付録 D および E における標準大気表について	1017

付録 E 標準大気，英国工学単位　　1027

参考文献	**1035**
翻訳者あとがき	**1040**
索引	**1041**

第 5 版の序文

　本書は，学生が読み，理解し，そして楽しむためのものである．それは，読者に話しかけ，難しいながらも美しい空気力学の分野に対する即座の興味を引くように工夫された明瞭な形式ばらない直接的な形式で書かれている．それぞれの主題の説明は読者にわかるように注意深く構成されている．さらに，それぞれの章の構造は，読者に我々がどこにいるか，どこにいたか，そしてどこへ行くのかをいつも知っているようにするため高度に組織化されている．空気力学を学ぶ学生はあまりにもしばしば達成しようとしていることを見失う．これを避けるために，常に読者に私の意図を知らせるようにしている．例えば，プレビュー・ボックスがそれぞれの章の最初に導入されている．文字どおりボックスに囲まれたこれらの短い節は，それぞれの章から期待されることやその題材が重要で，驚きに値するのかを平易な言葉で読者に伝える．それらは主に動機付けのものである．すなわち，それらは読者がその章を実際に楽しんで読めるようにし，教育効果をあげるためである．加えてそれぞれの章はロードマップ，すなわち読者をいろいろな考えや概念の適切な流れに十分に気づいてもらい続けるために作られたブロック図，を含んでいる．プレビュー・ボックスや各章のロードマップの使用が本書のユニークな特徴である．また，読者の考えをまとめるのを助けるために，ほとんどの章の終わりには特別な要約の節がある．

　この本の内容は航空宇宙工学科または機械工学科の大学 3 年と 4 年生のレベルである．それは，一般的には流体力学，または特定的には空気力学に関するいかなる事前の知識も想定しない．それは，理学や工学のほとんどの学生にとって共通である通常の物理学の知識とともに微分学と積分学を知っていることを実際には想定している．また，ベクトル解析という言語は自由に使われる；必要なベクトル代数とベクトル微積分の基礎に関する簡単な要約が，読者によっては，教育されるか知識をよみがえらせるような形式によって第 2 章で与えられる．

　この本は空気力学を 1 年間で学ぶコース用に書かれている．非粘性，非圧縮性流れに重点を置いている第 1 から 6 章は，第 1 学期に適切である．非粘性，圧縮性流れを扱っている第 7 から 14 章は，第 2 学期用である．最後に，第 15 から 20 章は粘性流れのいくつかの基本的な基礎事項を導入していて，主として本書の大半で扱っている非粘性流れとの違いと比較に役立っている．しかしながら，粘性流れに関する特定な節が本書のそれよりももっと前の章に付け加えられている．それは非粘性結果が摩擦の影響によりいかに緩和されるかに関するいくらかの知識を読者に与えるためである．これはいろいろな章の最後に自己完結の粘性流れの節を付け加えることにより達成されており，それらが非粘性流れに関する論議の流れを邪魔しないように，しかしその論議をそこで補足するように記述され，配置されている．例えば，翼型を過ぎる非圧縮性流れに関する第 4 章の最後に，そのような翼型に働く表面摩擦抵抗の予測を扱う粘性流れの節が存在する．第 12 章の最後にある同様な粘性流れの節は高速翼型に働く摩擦抵抗を取り扱う．衝撃波とノズル流れに関する章の終わりには，衝撃波／境界層干渉に関する粘性流れの節があるなどである．

　本書のその他の特徴は以下のようなものである．

1. 空気力学の勉学に欠かせない一部としての計算流体力学概論．計算流体力学 (CFD) は，最近，既存の純粋な実験と純粋な理論という分野を補うものとして，空気力学における第 3 の分野になった．空気力学を学ぶ現代の学生が CFD の基本的概念のいくつかを学ぶことは絶対的に必要である．すなわち，学生は実務空気力学者という職業に就いた後にそれの"機械"

あるいは結果どちらかに確実に直面するであろう．それゆえわき出しおよび渦パネル法，特性曲線法，陽的な有限差分解法のような題材が導入され，論議される．それらは論議を進めていく間に自然と出てくるからである．特に，第 13 章はもっぱら，基礎空気力学の教科書のレベルに合った数値解法を取り扱う．

2. 1 つの章がもっぱら極超音速流れを取り扱う．極超音速学は飛行領域の極限の 1 つであるが，現在，スペースシャトル，超高速ミサイル，そして惑星突入飛行体，そして現代の極超音速大気巡航飛行体設計への重要な応用がある．それゆえ，極超音速流れは現代的空気力学においてかなりの注目に値するのである．これが第 14 章の目的である．

3. 多くの章の終わりに歴史に関するノートがある．これは，本著者の前に出版した本，*Introduction to Flight: Its Engineering and History*, 第 6 版 (McGraw-Hill, 2008)，および *Modern Compressible Flow:With Historical Perspective*，第 3 版 (McGraw-Hill, 2003) のやり方を踏襲している．空気力学は急速に進歩している学問であるが，その基礎は科学と技術の歴史に深く根ざしている．空気力学を学ぶ現代の学生が仕事に用いるツールの歴史的な起源について知ることは重要である．そのため，本書は，Bernoulli, Euler, d'Alembert, Kutta, Joukowski そして Prandtl は誰であるか；どのようにして揚力の循環理論が展開されたか；どのような興奮が高速空気力学における初期の展開にあったのかなどの質問を発する．本著者はこれらの歴史の背後にあるいくつかの歴史的な研究に関する多くの資料を開示してくれた Smithsonian Institution の国立航空宇宙博物館の多くのスタッフに感謝を申しあげる．また，常に用いた伝記に関する参考文献は C. C. Gillespie により編纂された *Dictionary of Scientific Biography*, Charles Schribner's Sons, New York, 1980 であった．この 16 巻の本は，歴史上の主要な科学者についての貴重な伝記に関する情報の源泉である．

4. デザイン・ボックスは本書の中にちりばめられている．これらのデザイン・ボックスは，本書に取り上げられている基礎的な題材に関連した設計について論議するための特別の節である．これらの節は主文から区別するため文字通りボックスに囲まれている．現代の工学教育はより設計に重点を置くようになってきていて，本書のデザイン・ボックスはこの精神に合わせている．それらは基礎的な題材をより意味のあるものとし，そして空気力学を学習する全課程をおもしろくする手段である．

最初の 4 つの版について読者や利用者から極めて好意的な論評があったので，以前の版の全内容が実質的に本第 5 版に完全に取り入れられている．本版において，以前の版で取り扱ったものを増強し，最新のものとし，そして拡張するために多くの新しい題材を付け加えた．41 枚の新しい図，23 の新しい題材と新しい節の追加，多くの新しい例題，そして，追加の演習問題がある．特に，第 5 版は次のような**新しい特徴**を持っている．すなわち，

1. 第 6 章における飛行機の揚力と抵抗に関する新しい節．全機を過ぎる流れは重要な 3 次元流れである．3 次元流れに関する章におけるこの節は全機の揚力と抵抗を見積もる方法に焦点をあてる．

2. 曲がった衝撃波背後の流れ場に関してなぜこの流れが渦あり流れであるかを説明する第 9 章の新しい節．

3. 第9章に，X-15極超音速実験機がなぜ薄い翼型でなく，くさびの尾翼を持っているのかという質問をする新しい節．その解答は衝撃波・膨張波理論の革新的な適用を含み，そして衝撃波と膨張波の重要性の興味ある設計例として役に立っている．

4. ブレンディッド・ウイング・ボディー形状を取り上げる新しい節．これは高速亜音速の旅客機および輸送機ための非常に有望な革新的設計概念である．この節は第11章で論議される亜音速圧縮性流れの原理がどのようにブレンディッド・ウイング・ボディーに適用されるかを重点的に説明する．

5. 後退翼概念の発祥に関する新しい歴史ノート．誰が高速飛行機に後退翼を用いることを考えたのであろうか．なぜそれを使うのであろうか．この節は後退翼概念の歴史を述べ，新しく発見された第二次世界大戦におけるドイツの設計データのいくつかを具体的に示す．

6. 円錐を過ぎる超音速流に関する新しい節．これは非線形超音速流れの数値解法に関する第13章に加えられた重要な節である．なぜなら，円錐を過ぎる超音速流れは超音速空気力学の古典的な例であるからである．さらに，この節は第14章にある極超音速ウェーブ・ライダに関する節への重要な先駆けである．

7. 第14章における極超音速粘性流れに関する新しい節．ここにおいて，空力加熱の様相が論議され，そして，極超音速飛行体設計における空力加熱の役割が調べられる．極超音速流における先端が鈍い物体と鋭い物体の空力加熱が検討され，なぜ極超音速飛行体が鈍い機首と前縁を持っているのかを示す．

8. 応用極超音速空気力学に関する新しい節：すなわち第14章における極超音速ウェーブ・ライダの節．極超音速ウェーブ・ライダは極超音速飛行体のための実行可能な新しい形態であり，この節はそのような飛行体の詳しい論議，すなわち，それらがどのように設計されるかやそれらの空気力学的利点の検証である．

9. 短いパートである既存の粘性流れに関する第4部は短くし，理解しやすくした．第4部は，決して，粘性流れに関する総合的な論議を表すものとして計画されたわけではなく，むしろ空気力学の基礎のバランスと完全性のために含まれている．

10. 多くの新しい例題．新しい技術的な題材，特に本書で強調されているように基礎的な題材を学ぶとき，基礎事項をいかに問題の解法へ適用するかという例が多ければ多いほうが良い．

11. 第4版から引き継いだ問題に加え，おのおの章の最後における新しい演習問題．

　新しく追加された題材すべてがそれらの役割を果たせるわけではないが，本書の主な目的は空気力学の基礎を示すことにある．すなわち，新しい題材は単にこの目的を増強し，支えることを意図している．本著者は，本書が非粘性非圧縮性流れ，非粘性圧縮性流れ，そして粘性流れと順番に取り扱う伝統的な順序で構成されていることを繰り返し述べておく．本著者の学部学生にこの分野を教育した経験により，それを2学期制コース，すなわち第1学期に第1部と第2部，第2学期に第3部と第4部を教えるように都合良く分けることができることがわかった．また，本著者は，学部教育でこの分野の教育を受けてこなかった修士1年の大学院生に空気力学の基礎を教える目的で第1学期大学院コースにおいて早いペースで本書全部を教えた．本書はそのような使用に十分機能する．

著者は，本書を出版するにあたりご尽力いただいた McGraw-Hill 社の編集および出版部のスタッフの方々に，特に Lorraine Buczek 氏と Dubuque にいる Jane Mohr 氏に謝意を表したい．また，著者の長年の友人であり同僚である Sue Cunningham 氏に特別のお礼を申し上げる．彼女の科学関係タイピストとしての専門的技術はたぐいまれであり，本書を含む本著者の書籍すべての原稿を非常な注意力と正確さでタイプしてくれた．

本著者は次に示す，有意義なフィードバックをしていただいた改訂版の調査に加わった方々，すなわち，Princeton 大学 Lian Duan 氏, Embry Riddle 航空大学 Vladimir Golubev 氏, Embry Riddle 航空大学 Tej Gupta 氏, Missouri 大学理工学部 Serhat Hosder 氏, Georgia 工科大学 Narayanan Komerath 氏, Princeton 大学 Luigi Martinelli 氏, Virginia 大学 Jim McDaniel 氏, Texas A & M 大学 Jacques C. Richard, Purdue 大学 Steven Schneider 氏, Michigan 大学 Wei Shyy 氏および Auburn 大学 Brian Thurow 氏に謝意を表したい．

著者は空気力学の問題に関する多くの有意義な論議に関して学生に感謝したい．それらの論議が本書の形成に貢献したからである．3 つの団体，(1) 著者が過去 37 年間浸った挑戦的な知的雰囲気を与えてくれた Maryland 大学と (2) 本著者に飛行技術の歴史の世界を開いてくれた Smithsonian Institution の国立航空宇宙博物館，そして (3) Sarah-Allen, Katherine と Elizabeth, 彼らの夫であり父である者が象牙の塔にいる間中忍耐し理解してくれた Anderson 家，に深甚の謝意を表したい．また，未来を代表する，本著者の 2 人の美しい孫娘，Keegan Glabus と Tierney Glabus を含めた新しい世代に敬意を表したい．

最後に，空気力学は何世紀にもわたり，多くの偉人達により組み立てられ，描かれてきた知的美に満ちた学問である．本書 *Fundamentals of Aerodynamics* はこの美を描き伝えることを目的としている．読者のあなたはこれらの考えによって刺激を受けそして興味を持つだろうか．もしそうであるなら読み続け，そして楽しむべきである．

John D. Anderson, Jr.

第1部
基礎原理

p.1 第1部において，一般的に空気力学に適用されるいくつかの基本原理を扱う．これらは空気力学全体が依って立つ柱である．

第1章 空気力学について

p.3 "空気力学"は一般的に飛行や空気の流れに関連して生じる問題に用いられる.
　Ludwig Prandtl, 1949

空気力学：気体，特に大気と運動する物体の相互作用に関する力学
　The American Heritage
　Dictionary of the English
　Language, 1969

プレビュー・ボックス

なぜ空気力学について学ぶのであろうか．1つの答えのために，過去70年にわたる飛行機の発達を示す次の5枚の写真を見てみよう．Douglas DC-3 (図1.1)，すべての時代において最も有名な航空機の1つは1930年代に設計された低速の亜音速輸送機である．低速の空気力学の知識がなければ，この航空機は決して存在しなかったであろう．また，Boeing 707 (図1.2) は1950年代の後半に始まった高速の亜音速飛行を何百万人の旅客に提供した．このとき，高速亜音速空気力学の知識がなければ，私達の大部分はなおも地上交通機関に頼っていたであろう． p.4 Bell X-1 (図1.3) は最初に音よりも速く飛行した有人機となった．それは1947年10月14日にChuck Yeager大尉の操縦により成し遂げられた偉業である．遷音速 (音速の僅かに低い，ちょうど，および少し高い速度の) 空気力学の知識がなければ，X-1も，他の飛行機も決して音の壁を破ることはできなかったであろう．Lockheed F-104 (図1.4) は1950年代に完成した，音速の2倍で飛行するために設計された最初の超音速飛行機であった．Lockheed-Martin F-22 (図1.5) は超音速巡航ができる最新の戦闘

図 1.1 Douglas DC-3 (*the American Aviation Historical Society* の好意による)

図 1.2 Boeing 707 (*Harold Andrews Collection* の好意による)

機である．このような超音速飛行機は，超音速空気力学の知識がなければ存在しなかったであろう．最後に，高速亜音速飛行に関する革新的な新しい飛行機概念の一つの例は図 1.6 に示されるブレンディッド・ウイング・ボディーである．本書を書いている時点で，このブレンディッド・ウイング・ボディーは 400 人から 800 人の旅客を通常の旅客機よりも約 30 % 少ない 1 座席あたりのマイル燃料で長距離輸送できると考えられている．これは長距離旅客輸送における"ルネサンス"になるであろう．この胸躍る新しい概念の主要な設計は第 11.10 節で論議される．図 1.1 から図 1.6 に示される飛行機は空気力学について学ぶための 6 つの良い理由になる．本書の主要な目的は読者がこれを行うことを助けることにある．読者が本章および次章以降を読み続けていくと，段階的に低速空気力学，高速亜音速空気力学，遷音速空気力学，超音速空気力学等々について学んでいくことになる．

p. 5 飛行機は決して空気力学の唯一の適用対象ではない．自動車を過ぎる空気の流れ，自動車を動かす内燃機関内を流れる気体の流れ，天気や嵐の予報，風車を通過する流れ，ガスタービンエンジンやロケットエンジンが作りだす推力，ビルの暖房や空調システム内の空気の流動は，正に，空気力学を適用するいくつかの例である．本書で取り扱うものは興味深く基本的なもの，すなわち，重要なことである．したがって，空気力学について本書を読み進めることで，学ぶことの意義を理解するべきである．

新しいことを学ぶために，まずはその初めから出発しなければならない．本章は空気力学を学ぶための第 1 歩である．すなわち，それは一連の入門的な考え方，定義，そして，以降の章における論議に必要な概念を説明に織り合わせている．例えば，自然はどのようにして飛行中の飛行機に接触し，捉えているのであろうか，あるいは，流れている流体中の物体については，どのようにその物体に空気力を働かせる

図 1.3 Bell X-1 (国立航空宇宙博物館の好意による)

図 1.4 Lockheed F-104 (*Harold Andrews Collection* の好意による)

図 1.5 Lockheed-Martin F-22 (*Harold Andrews Collection* の好意による)

のであろうか．我々はここでその答えを見出す．空気力の合力はしばしば揚力および抵抗と定義される 2 つの成分に分解される．しかし，空気力学者は，揚力と抵抗そのものを使わずに，むしろ揚力**係数**および抵抗**係数**を用いる．何がそのような揚力および抵抗係数についての魔法なのであろうか (何が揚力および抵抗係数を有用としているのか)，わかるであろう．Reynolds

数とは何であろうか．Mach 数は，非粘性流れとは，粘性流れは何であろうか．この何とも不可思議に聞こえる事柄は本章で解き明かされるであろう．このような事項が空気力学という言語を形成しているのである．そして，我々が良く知っているように，どんなものでも役立たせるためにその言語を知らなければならない．本章はその後に続く，大変興味深い空気力学的応用を学ぶために必要な，言語習得の始まりと考え取り組むべきである．新しい言語を学ぶ際には，楽しみと満足感を持つことができる．そのような精神で本章を考え，学習を進めるべきである．

図 1.6 ブレンディッド・ウイング・ボディー (NASA)

1.1 空気力学の重要性 (歴史に見る例)

1588 年 8 月 8 日，英仏海峡の海面は数百隻の軍艦の旋回により激しく波立っていた．スペインの無敵艦隊が Elizabeth 朝の英国に侵攻するために到着し，Francis Drake 卿が指揮する英国艦隊と正面衝突していた．スペイン艦は大きく重かった．なぜなら大勢の兵士を乗せ，当時のいかなる船をも破壊する 50 ポンドの球形砲弾を発射する恐るべき大砲を装備していた．対照的に英国艦はスペイン艦より小さく軽量であった．すなわち，英国艦は兵士を乗せずまたより軽く射程も短い大砲を装備していたのである．ヨーロッパにおける力の均衡はこの海戦の結果で決まろうとしていた．カトリック教国のスペイン王，Philip 2 世はヨーロッパの政治や宗教上の問題に次第に影響力を拡大しつつあったプロテスタント教国，英国を粉砕しようとしていた．一方，女王，Elizabeth 1 世は主権国家としての英国の存在そのものを守ろうとしていた．事実，この 1588 年の運命の日に英国軍はスペイン艦隊の中へ 6 隻の火船を投入し，猛然と動かしスペイン艦隊に混乱を引き起こしたとき，ヨーロッパのそれ以降の歴史は定まった．結果は，重く鈍重なスペイン艦は速度の速い，操艦性の良い英国艦に太刀打できなかった．その日の夕方までにスペイン無敵艦隊はバラバラとなり，もはや英国の脅威ではなくなった．この海戦は特別の重要さをもっている．なぜなら，(それ以前は帆とオールを併用した船が用いられていたのと対照的に) これが完全に帆船どうしで戦われた歴史上最初の海戦であり，この海戦が政治力が海軍力と同義となることを世界に知らしめたからである．そして海軍力は軍艦の速度と操艦性に大いに依存することになった．p. 6 船の速度を増加させるために船体まわりの水流によりつくり出される抵抗を減少させることが重要である．このように船体抵抗が突如として大きな工学問題となり，流体力学研究に弾みを与えた．

この弾みは約 1 世紀後に甦った．それは，Isaac Newton (1642–1727) が 1687 年に有名な *Principia* (**自然哲学の数学的諸原理**) を出版したときである．その第 2 巻全部が流体力学にさかれている．Newton は先人達と同じ困難さに遭遇している．すなわち，流体流れの解析は概念的に固体の力学より遙かに難しいということである．固体は通常幾何学的に正確に定義され，その運動を記述するのは比較的簡単である．一方，流体は"ブヨブヨ"な物質であり，Newton

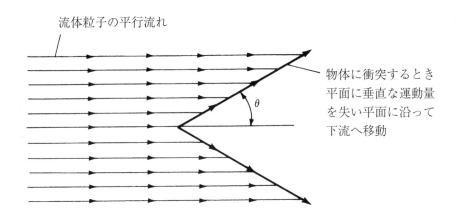

図 1.7 1687 年における Isaac Newton の流体モデル．本モデルは 17 および 18 世紀において広く用いられたが後に大部分の流体の流れに関しては概念的に不正確であることがわかった．

の時代において，定量的関係を得ることはおろか，その運動を定性的にモデル化するのさえ困難であった．Newton は流体の流れを散弾銃から発射された散弾の弾幕のような流体粒子の一様な平行流れと考えた．図 1.7 に示すように流れに対して角度 θ で傾いた平面に当たるとき流体粒子は平面に垂直な運動量を伝達するが面に平行な運動量は保たれると仮定した．したがって，平面と衝突した後，流体粒子は平面に沿って移動するであろう．これは $\sin^2 \theta$ に比例する，平面に及ぼす流体力の式となった．この式は有名な Newton の正弦 2 乗法則 (第 14 章で詳しく説明) である．その精度は必要とされるものよりはるかに劣っていたがその簡単さがゆえに造船関係で広く用いられた．後に，1777 年にフランス政府の援助を受け Jean LeRond d'Alembert (1717–1783) が運河で船の抵抗を測定する一連の実験を行った．その結果は「傾いた平板に関して抵抗が傾き角の正弦の 2 乗に比例するという法則は角度が 50° と 90° 間でのみ有効で，それより小さい角度では用いてはならない」ということを示した．また，1781 年，Leonhard Euler (1707–1783) は何の前ぶれもなしに物体表面に衝突する流体粒子からなる Newton の流体モデル (図 1.7) の物理的矛盾を指摘した．この流体モデルとは対照的に，p. 7 Euler は物体に近づいて行く流体は「物体に到達する前にその方向と速度を変え，物体まで届くとその表面に沿って流れ，それぞれの点での圧力以外その物体にいかなる力も加えない」ということを示した．Euler は圧力分布とともに表面に沿ったせん断応力分布を考慮することを試みた抵抗の式を示すまで進んだ．この式は大きな傾き角では $\sin^2 \theta$ に比例し，小さな角度では $\sin \theta$ に比例する式であった．Euler はそのような変化は d'Alembert により行われた船体実験結果と比較的良く合うと述べている．

この流体力学における初期の研究は現在は最新の概念や方法に取って代わられている．(しかしながら驚くべきことに，Newton の正弦 2 乗法則は第 14 章で述べる超高速空気力学において新しい適用を見出している．) ここでの主点は 16 世紀以降における造船工学の重要性が急速に高まったことが流体力学を重要な学問とし，なかんずく，Newton, d'Alembert, そして Euler の心をとらえたのである．今日，この教科書に示す流体力学の最新の概念は今なお部分的には船舶の船体抵抗を減らすという重要さにより推し進められている．

第 2 の歴史上の例を考えてみる．場面は North Carolina 州 Kitty Hawk の南 4 マイルの Kill Devil Hills に変わる．1901 年の夏，Wilbur Wright と Orville Wright の兄弟が彼らの 2 番目に

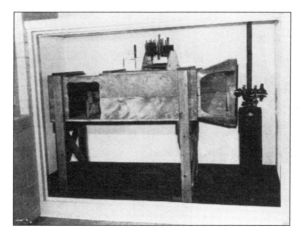

(a)

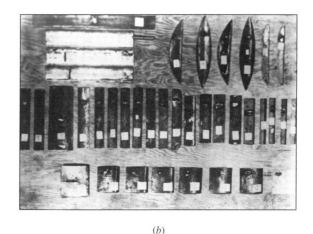

(b)

図 1.8 (a) 1901 年から 1902 年にかけ Ohio 州 Dayton 市で Wright 兄弟により 設計され，製作され，用いられた風洞 (b) 1901 年から 1902 年にかけ Wright 兄弟 が風洞試験で用いた翼模型 (*John Anderson Collection* の好意による写真)

設計したグライダと格闘していた．前年の 1 番目のグライダーはまったくの失敗であった．彼らのグライダの翼型形状と翼の設計は偉大なドイツの航空先駆者 Otto Lilienthal (1848–1896) と，当時米合衆国の科学関係で最も高い地位である Smithsonian Institution の理事長であった Samuel Pierpont Langley (1834–1906) により 1890 年代に公表された空気力学データに基づいていた．1900 年に設計した彼らの第一号機はほとんど揚力を発生しなかったので，Wright 兄弟は翼面積を 165 から 290 ft^2 に，翼のキャンバーをおおよそ 2 倍にしていた．(キャンバー：翼型の曲率の尺度–薄い翼型はキャンバーが大きくなるほどアーチ状が強くなる．) しかしまだ何かが間違っている．Wilbur によれば，グライダの「揚力はかろうじて計算値の 1/3 程度であった．」失望が起きる．彼らのグライダは最良の空気力学的データに基づいて設計されたが彼らの期待値から大きく下回った性能しか示さなかった．8 月 20 日に Wright 兄弟は絶望しながら Ohio 州 Dayton 市へもどる列車に乗りこむ．この帰りの列車の中で Wilbur は「誰もあと 100 年間は飛べないだろう」とつぶやいた．しかしながら Wright 兄弟の特質の一つはねばり強さであり，Dayton に帰ってきて数週間以内に彼らはこれまで彼らが行ってきた方法を完全に止め

ることを決めた．Wilbur は後に次のように書いている．「存在する科学的データに絶対の信頼を置いてきたが我々は次から次へと疑いを持たざるを得なかった．最終的に，2 年間の実験の後，それを捨て我々自身の研究にのみ信頼を置くことにした．」彼らの 1901 年グライダは空気力学的に劣る設計であったので，Wright 兄弟は良い空気力学的設計を構成する要素を決めることに着手した．1901 年秋に彼らはガソリンエンジンに接続した 2 枚羽根の送風機で駆動する長さ 6 フィート，断面が 16 インチ角の風洞を設計し，製作した．Wright 兄弟の風洞の複製が図 1.8a に示してある．彼らはこの風洞で平板，p. 8 弯曲板，丸い前縁，矩形や曲線の平面形やいろいろな単葉や多葉素翼を含め，200 以上の異なる翼や翼型形状の試験を行った．彼らの試験模型の例が図 1.8b に示してある．空気力学データは論理的にまた注意深く収集される．Wright 兄弟は彼らの新しい空気力学情報で武装し 1902 年の春に新しいグライダを設計する．その翼型はずっと効率的である．すなわちキャンバーはかなり小さくされ，最大キャンバー位置は以前ものと比べより翼の前縁よりに移動されている．しかし，最も明白な変化は翼の長さ (翼幅) と翼型の前縁から後縁までの長さ (翼弦長) との比が 3 から 6 に増加されたことである．1902 年のp.9 夏と秋の間におけるこのグライダの成功は驚くべきものである．Orville と Wilbur はこの期間中 1,000 回を超える飛行を行う．前年とは対照的に Wright 兄弟はこの成功に意気揚々と Dayton へ帰り，動力飛行のために全力を注ぐ．後は歴史である．

これに示される重要な点は，Wright 兄弟の，また現代にいたるすべての航空機の設計における成功には，正しい空気力学が大きな役割を果たしているということである．有人飛行の成功に関する空気力学の重要性は言うまでもないことで，この本の主要な目的はそのような飛行を支配する空気力学的な基礎を示すことである．

今度はロケットや宇宙飛行に関係した空気力学の重要性を示す第 3 の例を考えみよう．高速，すなわち超音速飛行は第二次世界大戦終結時までに空気力学の主要なテーマとなっていた．この時までに，空気力学者は超音速飛行体の抵抗を減少させるために細長く先端の尖った形状を使う利点を知っていた．物体をより尖った，より細長くするほど物体先端に付着する衝撃波はより弱くなる，すなわち造波抵抗はより小さくなる．したがって第二次世界大戦の最終段階で用いられたドイツの V-2 ロケットは尖った先端を有していた．そして，大戦後の 10 年間に飛行したすべての短距離ロケット動力機はそれに従っていた．それから，1953 年には米合衆国が最初の水素爆弾を炸裂させた．これはすぐさまそのような核爆弾を運ぶ長距離の大陸間弾道ミサイル (ICBM) の開発へと導いた．これらのミサイルは 5,000 マイルあるいはそれ以上の距離のために地球の大気圏外で飛行し，20,000 から 22,000 ft/s という衛星軌道速度に近い速度で大気圏に再突入するよう設計された．そのような高速において，再突入体の空力加熱は苛酷となり，この空力加熱問題は高速空気力学者の心を支配した．彼らの最初の考えは常識的であった．すなわち，先端の尖った細長い再突入物体であった．空力加熱を最小にする努力は飛行物体表面で層流境界層流れを保つことに集中した．すなわち，そのような層流は乱流よりもはるかに少ない加熱となる (第 15 および第 19 章で述べる)．しかしながら，自然は乱流を好む．そして再突入体も例外ではない．したがって，先端の尖った再突入体は失敗する運命にあった．なぜならそれは地表面に到達する前に大気中で燃えつきてしまうからである．

しかし，1951 年に工学では非常に希にしか起きない大きな躍進の 1 つが NACA (米国航空評議委員会) Ames 航空研究所の Harvey Julian Allen によりなされた．彼は先端が鈍い再突入体 (blunt reentry body) の概念を提案した．彼の思考は次のような概念に沿っている．再突入の初期段階，大気圏の外縁の近傍においてその再突入物体はその高速度による大きな運動エ

第 1 章 空気力学について

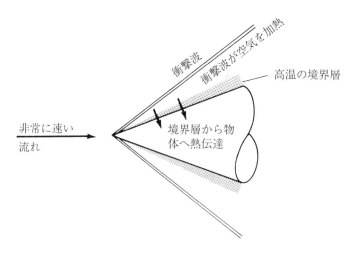

図 1.9 再突入に伴うエネルギーは物体と物体周りの空気の両方を加熱する.

ネルギーとその高々度による大きな位置エネルギーを持っている．しかしながら，それが地表面に到達する時までに速度は比較的小さく，その高度はゼロである．すなわち，それは実質的に運動エネルギーまたは位置エネルギーを持っていないのである．すべてのエネルギーはどこへ行ってしまったのか．答えは，(1) 物体の加熱に，(2) 物体周りの流れの加熱に使われた，である．これは図 1.9 に示されている．再突入物体の先端からの衝撃波はその物体周りの空気流を加熱する．それと同時に物体は表面上の境界層内部における大きな摩擦散逸により加熱される．Allen はつぎのように考えた．すなわち，再突入に伴う全 p. 10 エネルギーを空気流により多く投入できるとすれば再突入物体自身に加熱という形で伝達される分をより少なくできるであろう．次に，空気流の加熱を増加させる方法は物体先端部により強い衝撃波を作ることである．(すなわち，鈍頭物体を使うことである．) 細長い再突入体と先端が鈍い再突入体との間の差異が図 1.10 に示されている．これは驚くべき結論であった．すなわち，空力加熱を最小にするには先端の尖った細長体より鈍頭体を採用するということである．この結果は非常に重要であったので極秘文書として封印された．さらに，その当時の考えと非常にかけ離れていたため，鈍頭再突入体概念は技術界に受け入れられるのに時間が必要であった．続く数年間にわたり，さらなる空気力学解析と実験により鈍頭再突入体の有用性が確認された．1955 年になり，Allen は彼のこの研究成果で公に認められ，航空学会 (現米国航空宇宙学会：AIAA) から Sylvanus Albert Reed 賞を贈られた．最終的に，Allen の研究は 1958 年に "高超音速で地球の大気に突入する弾道ミサイルの運動と空力加熱に関する研究" という題目の先駆的論文，NACA Report 1381 として一般に利用できるようになった．Harvey Allen の初期の研究以来，最初の ICBM Atlas から Apollo 有人宇宙船カプセルまでのすべての成功した再突入体は鈍頭物体であった．ついでながら，Allen は他の多くの分野でも業績を上げ，1965 年に NASA Ames 研究センターのセンター長に就任し 1970 年に退官した．彼の鈍頭再突入体に関する研究は宇宙機設計に対する空気力学の重要性を示す優れた例である．

まとめると，本節の目的は空気力学の重要性を歴史の文脈に沿って強調することである．本書の目的は空気力学の基礎を紹介することであり，読者に上で述べたいくつかのことに加え多くの技術的応用に対してより深い洞察力を与えることである．空気力学は何世紀にもわたり多くの偉大な人物により綴られ，描かれた知的美の学問ある．もしあなたがこれらの考えに啓発

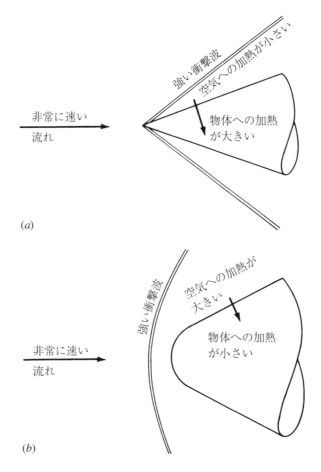

図 1.10 細長物体と鈍頭物体の空力加熱の差異 (a) 細長再突入体 (b) 鈍頭再突入体

され，興味を持ったら，あるいはわずかな好奇心でも持ったら，読み続けるべきである．

1.2 空気力学：区分と実際の目的

p.11 固体，液体および気体を次のように簡単に区別することが可能である．固体の物体を大きな閉じた容器に入れる．この固体物体は変化しない．すなわちその形状と境界は同じままである．今度は，液体をその容器に入れる．この液体は容器の形と一致するようにその形状を変え，液体の最大深さまで容器の境界と同じ形状となる．今度は気体を容器に入れる．気体は容器を完全に満たし，容器の境界と同じ形状となる．

流体 (*fluid*) という用語は液体か気体のどちらかを示すために用いられる．より学術的な固体と流体の区別は次のようになる．固体表面にそれに平行に力が作用すると固体は有限な変形を示す．そして，単位面積当たりの接線力，すなわちせん断応力はその変形量に比例する．それとは対照的に流体の表面にせん断応力が p.12 作用すると流体では連続的に変形が増加し，せん断応力はその変形率に比例する．

固体，液体，気体に関する最も根本的な区分は原子や分子レベルにある．固体の場合，その分子が非常に密に集合しているので，それらの原子核や電子はきっちりとした幾何学構造を形

成し，強力な分子間力によりお互いに「接着され」ているのである．液体の場合，分子間の距離が固体の場合より大きい，しかし，分子間力はまだ強力であるが，液体に**流動性**がでる程度に分子が移動できる．気体の場合，分子間の距離は更に大きい (標準状態の空気では分子間の平均距離は分子直径の約 10 倍である．) したがって，分子間力の影響は，非常に弱く，分子の運動は気体体積全体にわたり自由となる．気体や液体の分子運動は両者とも同じ物理的特性，固体とまったく異なる流体特性を示す．したがって，液体と気体両方の運動の研究を同一の，**流体力学**と呼ばれる一般的な名称のもとで行うことは理にかなっているのである．一方，液体の流れと気体の流れとの間にはある相違が存在する．また，気体でも種類 (例えば N_2 や He など) が違うと異なる特性を持っている．したがって，流体力学は次のような 3 つの分野に分けられる．

水力学 (Hydrodynamics) – 液体の流れ

気体力学 (Gas dynamics) – 気体の流れ

空気力学 (Aerodynamics) – 空気の流れ

これらの分野は決してお互い閉鎖的ではない．それらの間には多くの類似点と同一の現象が存在する．また，**空気力学** (*Aerodynamics*) という語はしばしば後者 2 つの分野を表すのに用いられる．したがって，本著者は非常に自由に**空気力学**を解釈し，本書の用法では必ずしも空気のみに限定しない．

空気力学は多くの工学的応用をもつ応用科学の 1 つである．空気力学理論がいかにエレガントであろうと，数値解法がいかに数学的に複雑であろうと，空気力学実験がいかに精巧であろうと，そのようなすべての努力は次に述べる実際的な目的の 1 つ，またはそれ以上に向けられているのである．

1. 流体（通常空気）中を運動する物体に働く力，モーメント，熱伝達等の予測．例えば，翼型，翼，胴体，エンジンナセルや，最も重要なこととして全機形態に働く揚力，抵抗，モーメントの生成である．我々は建物，船，その他の水上に働く風による力を知りたい．我々は水上艦艇，潜水艦，魚雷に働く水力学的力に関心がある．我々は超音速輸送機から木星の大気圏へ突入する惑星探査機を含む飛行体の空力加熱を計算する必要がある．これらはほんの数例でしかない．

2. p.13 ダクト内を流れる流れの決定．我々はロケットやエアブリージングエンジン内の流れ特性の計算や測定を，また，エンジンの推力を計算したいと思う．我々は風洞の測定部における流れの状態を知る必要がある．我々はいろいろな条件において流体がどのくらい管を通って流れるかを知らなければならない．近年，非常に興味深い空気力学的応用は高エネルギーの化学ガスダイナミックレーザー (文献 1 参照) である．これは非常に強力なレーザー光線をつくり出す特殊な風洞以外何ものでもない．図 1.11 は 1960 年代に設計された初期のガスダイナミックレーザーの写真である．

項目 1 の応用例は物体上の外部流れを取り扱うので**外部空気力学**の範疇にはいる．対照的に項目 2 の応用例はダクト内の内部流れを取り扱うので**内部空気力学**に入る．外部空気力学にお

図 1.11 CO_2-N_2 ガスダイナミックレーザー，circa, 1969. (*John Anderson Collection* の好意による写真)

いて，物体に関係した力，モーメントは空力加熱に加え，しばしば物体まわりの詳細な流れ場を知る必要がある．例えば，スペースシャトルが大気圏再突入時に生じる通信途絶はスペースシャトルまわりの高温衝撃層内に自由電子が集積するために生じる．我々はそのような流れ場での電子密度変化を計算する必要がある．もう1つの例は超音速流れにおける衝撃波の伝播である．例えば，p.14 超音速航空機の主翼から生じる衝撃波は尾翼に衝突し，それと干渉するであろうかということである．また他の例は Boeing 747 のような大きな亜音速航空機の両主翼翼端から後方に延びる強い渦による流れである．これらの渦の特性はどのようなものなのか，より小型の航空機がそれらの中を飛んだときどのような影響があるのか，などである．

上で示したものは空気力学における無数の応用の1例でしかない．本書は上で示したような実際的な空気力学問題を完全に理解するために必要な基礎知識を与えるものである．

1.3 本章のロードマップ

p.15 新しい事柄を学ぶ場合，自分がどこに居て，どこへ向かっているのか，またどのようにして目的に到達するかを知ることは重要である．したがって，本書では各章の初めの部分で，ロードマップがその章で取り扱うことを示し，それが空気力学という大枠の中でどのように適合しているかを理解するのを助けてくれる．例えば，第1章のロードマップは図 1.12 に示してある．個々の章で読み進めて行くうちにこれらのロードマップをしばしば参照したくなるであろう．各章の終わりに来たらあなたがどこから出発し，今どこに居て，それらの間で何を学んだか

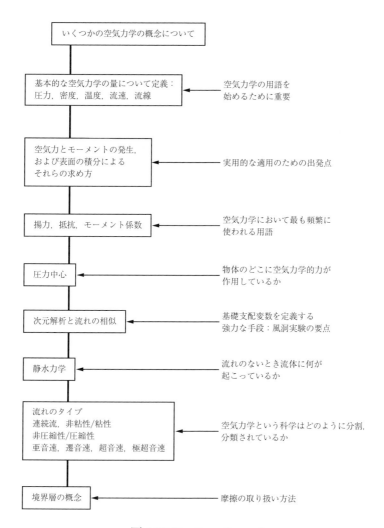

図 1.12 第 1 章ロードマップ

を知るためにこのロードマップを見返すべきである．

1.4 基本的な空気力学変数

物理学や工学を理解するにの必要な前提は簡単に言えば概念や現象を説明するために用いられる用語を学習することである．空気力学も例外ではない．この本をとおして，また，読者がする仕事をとおし，読者は自分の学術用語の知識を蓄えて行くのである．最初に空気力学で最も良く使われる4つの用語，**圧力** (*pressure*)，**密度** (*density*)，**温度** (*temperature*) および**流速** (*flow velocity*) を定義する．[*1]

流体中に存在する面を考える．この面はダクトの壁や物体の表面のような実際の固体壁でも良く，また単に流体中のどこかに仮想的に描いた自由面でも良い．また，流体分子は定常に運

[*1] これらの量の基礎的な説明は参考文献 2 の p. 56–61 にある．

動していること覚えておくことが必要である．**圧力**は面に衝突 (または通過) する気体分子の運動量の時間変化による，面に作用する力の単位面積あたりの法線成分である．圧力は**単位面積あたりの力**と定義されているが，圧力について話をするときに厳密に 1 ft² や 1 m² なる面積は必要ないことを覚えておくことは重要である．実際，圧力は通常，流体中の任意の 1 点，または固体表面のある 1 点で定義され，位置が変われば変化する．これをもっと良く理解するために，流体中に点 B を考える．

$$dA = B \text{ における微小面積}$$
$$dF = \text{圧力による } dA \text{ の片面に作用する力}$$

次に，点 B における圧力は次のように定義される．

$$p = \lim \left(\frac{dF}{dA}\right) \quad dA \to 0$$

圧力 p は B 点で，考えている面積がゼロに近づく，単位面積あたりの力の極限値である．[*2] 明らかに圧力は[p. 16] **点特性** (*point property*) を持ち，流体中では点から点で異なる値をもつことがわかる．

もう 1 つの重要な空気力学的変数は**密度**で，単位体積あたりの質量として定義される．圧力の定義と同じように，密度の定義では 1 ft³ や 1 m³ のような実際の体積は必要ない．むしろ，それは流体中で点から点で変化する**点特性**を持っている．再び，流体中に点 B を考え，

$$dv = B \text{ 点まわりの微小体積}$$
$$dm = \text{微小体積内部の質量}$$

とする．それで，点 B での密度は，

$$\rho = \lim \frac{dm}{dv} \quad dv \to 0$$

ゆえに，密度 ρ は B 点まわりの微小体の体積がほぼゼロに縮小した，単位体積あたりの質量の極限値である．(圧力の定義で dA に関した脚注で述べた理由で dv はゼロ体積にはなれない．)

温度は高速空気力学で重要な役を果たす (第 7 章で示される)．気体の温度 T は流体分子の平均運動エネルギーに直接比例する．実際，もし KE が平均分子運動エネルギーとすると，温度は $KE = \frac{1}{2}kT$ で与えられる．ここで k は Boltzmann 定数である．したがって，我々は高温気体を気体分子や原子が不規則に高速で激しく動きまわっている気体として定性的に考えることができる．それとは逆に，温度の低い気体中では気体分子の不規則運動は比較的ゆっくりである．

空気力学の主たる目標は運動している流体である．したがって，流れの速度は非常に重要な考慮すべきものである．流体の速度という概念は運動している固体の速度と比べ少しばかり曖昧である．例えば 30 m/s で平行移動している固体を考えてみる．そのとき固体のすべての部分は同じ 30 m/s で同時に平行移動している．対照的に流体はぶよぶよした物質であり，運動している流体ではある部分は他の部分とは異なった速度で移動することも許される．ゆえに，我々

[*2] 厳密に言えば，dA は決して極限値のゼロにはならない．なぜなら，そのような場合には点 B に流体分子が存在しなくなるからである．上で述べている極限は，dA が非常に小さな値，マクロ的にはほとんどゼロに近づくが，ミクロ的には平均分子間距離よりも十分大きいと解釈されるべきである．

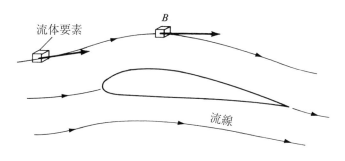

図 1.13 流れの速度および流線

は次のようなある観点を採用しなければならない．図 1.13 に示されるような翼型を過ぎる空気の流れを考えるとする．目を**流体要素**と呼ばれるある特定の無限に小さいこの気体の質量に固定し，p.17 この要素を時間とともに追いかける．この流体要素の速さと方向は 2 つとも流体要素が気体中の点から点へ移動するに従い変化してよい．さて，目を特定の空間の 1 点，例えば図 1.13 の B 点に固定したとする．この場合，**流れ速度**は次のように定義される．すなわち，空間の固定点 B における流れている気体の速度は B 点を通過する無限に小さい流体要素の速度である．流れ速度 **V** は大きさと方向の両方を持っている．すなわちベクトル量である．これは，スカラー量である p, ρ, T とは異なっている．**V** のスカラー大きさはよく用いられ，V で表される．我々は再度，速度は点特性であり，流れ場の点から点で変化することを強調しておく．

再び図 1.13 を参照すると，移動する流体要素は空間に固定された道すじをたどる．流れが定常，(すなわち流れが時間とともに変動しない限り)，この道すじは流れの**流線** (*streamline*) と呼ばれる．流れ場の流線を描くことは気体の運動を可視化する重要な方法である．すなわち，我々はしばしばいろいろな物体まわりの流れの流線をスケッチするのである．流線に関するもっと厳密な論議は第 2 章で与えられる．

最後に，摩擦が流れにおいて内部的に重要な役割を演じ得ることを注意しなければならない．図 1.14 に描かれているように，隣り合う 2 つの流線 a と b を考える．これらの流線は微小距離，dy, だけ離れている．流線 b 上の点 1 において，流れの速度は V であり，流線 a 上の点 2 において流れの速度は少し高い，$V + dV$ である．流線 a が流線 b をこすっていて，そして，摩

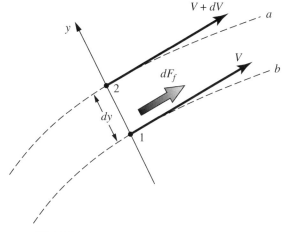

図 1.14 流れにおける速度勾配による摩擦の生成

擦により流線 b に，右向きの接線方向に働く大きさ dF_f の力を加えていると考えることができる．さらに，この力が面積要素 dA に働いていると考える．ここで，dA は y 軸に垂直で，点 1 で流線 b に接している．局所**せん断応力**，τ は，点 1 において，

$$\tau = \lim \left(\frac{dF_f}{dA} \right) \quad dA \to 0$$

である．せん断応力 τ は単位面積当たりの摩擦力における大きさの極限形であり，ここで，考えている面積は y 軸に垂直であり，P.18 点 1 でほぼゼロに収縮している．せん断応力は流線に沿って接線方向に働く．空気力学的応用に関心のある気体や液体に関して，流線上の点におけるせん断応力は，その点における流線に垂直な方向の速度変化率に比例する (すなわち，図 1.14 に示される流れに関しては $\tau \propto dV/dy$ である)．この比例定数が**粘性係数**，μ として定義される．すなわち，

$$\tau = \mu \frac{dV}{dy}$$

ここに，dV/dy は速度勾配である．現実的に，μ は真に定数ではない．すなわち，それは流体の温度の関数である．これらのことについて第 1.11 節でもっと詳しく論議する．上で示した式から，速度勾配が小さな流れ場において，τ は小さく，その流れにおける摩擦の影響は局所的に小さいということがわかる．一方，速度勾配が大きい領域において，τ は大きく，その流れにおける摩擦の影響が局所的に実質的になり得るのである．

1.4.1 単位

本書において，2 つの単位が用いられる．すなわち，SI 単位 (国際単位) および英国工学単位である．これらの単位における基本単位である力，質量，長さ，時間，および絶対温度が表 1.1 に与えられている．

例えば，圧力とせん断応力の単位は lb/ft^2 または N/m^2，密度の単位は slug/ft^3，または，kg/m^3 であり，速度の単位は ft/s または m/s である．一貫性のある単位が用いられるとき，物理的関係式は基本式に換算係数を用いることなく記述される．すなわち，それらは，自然が意図した純粋な形式で書かれるのである．本書においては，常に一貫性のある単位が用いられるであろ

表 1.1

	力	質量	長さ	時間	温度
SI 単位	ニュートン (N)	キログラム (kg)	メートル (m)	秒 (s)	ケルビン (K)
英国工学単位	ポンド (lb)	スラグ (slug)	フィート (ft)	秒 (s)	ランキン (°R)

う．単位に関する広範囲な論議と，一貫性のある単位対そうでない単位の重要性については参考文献 2 の 65 から 70 ページを見るべきである．

SI 単位系 (メートル単位) は今日世界の大部分における標準単位系である．対照的に，2 世紀以上の間，英国工学単位系 (あるいはその別形単位系) は米合衆国と英国における主要な単位系であった．この状況は，特に合衆国と英国の航空宇宙産業において急速に変化している．それにもかかわらず，この両方の単位系に精通することは今日でもなおも重要である．例として，将来の大部分の工学的な研究は SI 単位を用いるであろうけれども，p. 19 英国工学単位系で書かれ，将来でも十分用いられるであろう莫大な数の現在および過去の工学的文献が存在するのである．現代の工学系の学生はこれらの単位における 2 ヵ国語を自由に話せる者でなければならず，両方の単位系に慣れていなければならない．この理由により，本書における例題や章の末尾にある演習問題の多くは SI 単位ではあるが，いくつかは英国工学単位系になっているのである．本書の読者がこの 2 ヵ国語精神に参加し，自身を両方の単位系に慣れるように努力することを勧める．

1.5 空気力と空力モーメント

一見すると，巨大な Boeing 747 型機における空気力の発生機構は，特に翼，胴体、エンジンナセル，尾翼などの複雑な 3 次元流れを考えると複雑に見える．同様に，公道を 55 mi/h で走っている自動車にかかる空気抵抗には車体，空気そして地面との複雑な相互作用が関係している．しかしながら，これらや他のすべての場合において，物体に働く空気力と空力モーメントはわずか 2 つの基本的な発生源によるのである．すなわち，

1. 物体表面の**圧力分布** (*Pressure distribution*)

2. 物体表面の**せん断応力分布** (*Shear stress distribution*)

物体の形状がどんなに複雑であっても，物体に作用する空気力学的力と空力モーメントは上で示した 2 つの基本的発生源によるのである．流体中を運動する物体に力を伝達するために自然界が有する**唯一の**メカニズムは，この圧力分布とせん断応力分布だけである．圧力 p も，せん断応力 τ もともに単位面積あたりの力の次元を持っている (ポンド/平方フィート，またはニュートン/平方メートル)．図 1.15 に示すように，p は表面に**垂直**に働き，τ は表面に**平行**に働く．せん断応力は物体表面上での**引きつけ**作用によるものであり，物体と空気との摩擦が原因である (第 15 章から第 20 章で詳しく取り扱う)．

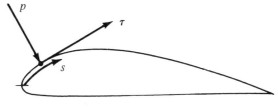

$p = p(s) =$ 表面圧力分布
$\tau = \tau(s) =$ 表面せん断応力分布
図 1.15 物体表面上の圧力とせん断応力

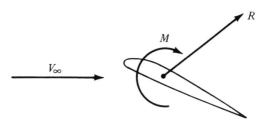

図 1.16 物体に作用する空気力による合力とモーメント

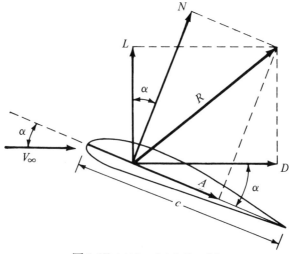

図 1.17 空気力の合力とその成分

　p と τ の分布を物体表面全体にわたり積分すると図 1.16 に示すように物体に働く空気合力 R とモーメント M となる．次に，合力 R は図 1.17 に示すように 2 組の直角成分に分けられる．V_∞ は**相対風**で，物体のはるか前方の流速と定義される．物体からはるかに離れた場所での流れは**自由流** (*freestream*) と言われ，したがって，V_∞ はまた自由流速度と言われる．図 1.17 において，定義により，

$$L \equiv 揚力\ (\text{lift}) \equiv V_\infty に垂直な R の成分$$
$$D \equiv 抵抗\ (\text{drag}) \equiv V_\infty に平行な R の成分$$

翼弦 (chord) c は物体の前縁 (leading edge) と後縁 (trailing edge) 間の直線距離である．しばしば R は図 1.17 に示すように翼弦に垂直と平行な成分にも分けられる．定義により，

$$N \equiv 法線力 \equiv c に垂直な R の成分$$
$$A \equiv 接線力 \equiv c に平行な R の成分$$

迎え角 (angle of attack) α は c と V_∞ とのなす角度として定義される．したがって，α はまた L と N とのなす角度に等しく，さらに D と A とのなす角度に等しい．図 1.17 から，これら 2 組の成分の間における幾何学的関係は次式のようになる．

$$L = N\cos\alpha - A\sin\alpha \tag{1.1}$$

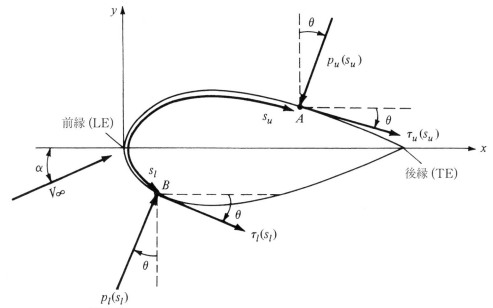

図 1.18 2 次元物体上の圧力およびせん断応力分布の積分のための記号

$$D = N\sin\alpha + A\cos\alpha \tag{1.2}$$

P.21 空気力と空力モーメントを計算するために圧力およびせん断応力分布の積分をより詳しく調べよう．図 1.18 に示された 2 次元物体を考える．翼弦線が水平に引かれており，それゆえ相対風は水平方向に対して迎え角 α だけ傾いている．x, y 座標軸は翼弦に対してそれぞれ平行方向および垂直方向である．前縁から物体表面上の任意点 A までの表面に沿った距離を s_u とする．同様に，下面上の任意点 B までの距離を s_l とする．上面における圧力およびせん断応力をそれぞれ p_u, τ_u とする．p_u, τ_u ともに s_u の関数である．同様にして，p_l および τ_l は下面の対応する変数であり s_l の関数である．ある与えられた点において，圧力は物体表面に垂直であり，垂直方向とある角度 θ を成している．せん断応力は表面に平行であり，水平方向に対し同じ θ の角度をなす．図 1.18 において，θ の符号は垂直方向から p の方向への，また水平方向から τ 方向への**時計まわり**に測ったとき正である．図 1.18 においてすべて正の θ が示されている．さて，図 1.18 の 2 次元物体で一様断面をもつ無限長さの柱状体の断面と考える．そのような柱状体の単位幅のものが図 1.19 に示されている．この物体の要素面積 dS を考える．ここで，図 1.19 の網掛けで示されるように，$dS = (ds)(1)$ である．要素面積 dS に作用する圧力とせん断応力による全法線力 N' および 全接線力 A' への寄与に関心がある．N' および A' のプライム記号は単位幅あたりの力を示している．図 1.18 および図 1.19 の両方を調べると，物体上面の要素面積 dS に働く要素法線力および接線力は P.22 次式で与えられる．

$$dN'_u = -p_u ds_u \cos\theta - \tau_u ds_u \sin\theta \tag{1.3}$$

$$dA'_u = -p_u ds_u \sin\theta + \tau_u ds_u \cos\theta \tag{1.4}$$

物体の下面については，

$$dN'_l = p_l ds_l \cos\theta - \tau_l ds_l \sin\theta \tag{1.5}$$

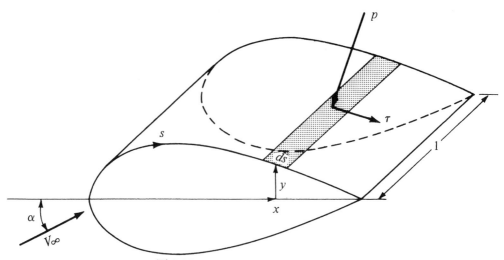

図 1.19 物体の微小要素面積に働く空気力

$$dA'_l = p_l ds_l \sin\theta + \tau_l ds_l \cos\theta \tag{1.6}$$

式 (1.3) から式 (1.6) において,N' および A' の正方向は図 1.17 に示されたものである.これらの式において,θ の時計方向まわりが正であるという決まりに従わなければならない.例として再び図 1.17 を考える.物体の前縁近傍では,上面の傾きは正であるので,τ は上方向に傾いている.したがって,せん断応力は N' に対して正の力成分を与える.上方に傾いた τ に対して θ は反時計方向となり負である.したがって,式 (1.3) において,今示した例のように,$\sin\theta$ は負となり,せん断応力項 (最後の項) を正の値にする.したがって,この θ の正負の取り方を守れば式 (1.3) から式 (1.6) は (物体の前部,後部両方に対して) 一般的に成立する.

単位幅あたりの全法線力 N',全接線力 A' は式 (1.3) から式 (1.6) を前縁 (LE) から後縁 (TE) まで積分することにより得られる.すなわち,

$$N' = -\int_{LE}^{TE}(p_u \cos\theta + \tau_u \sin\theta)ds_u + \int_{LE}^{TE}(p_l \cos\theta - \tau_l \sin\theta)ds_l \tag{1.7}$$

$$A' = \int_{LE}^{TE}(-p_u \sin\theta + \tau_u \cos\theta)ds_u + \int_{LE}^{TE}(p_l \sin\theta + \tau_l \cos\theta)ds_l \tag{1.8}$$

p. 23 次に,単位幅あたりの全揚力および全抵抗は式 (1.7),式 (1.8) を式 (1.1),式 (1.2) に代入することにより求めることができる.すなわち,式 (1.1) および式 (1.2) は任意の形状の物体に働く力 (プライム記号なし) および単位幅あたりの力 (プライム記号付き) について成り立つことに注意すべきである.

物体に働く空力モーメント (aerodynamic moment) は,モーメントを考える点の位置により異なる.前縁まわりのモーメントを考える.慣例にしたがって,α を増加させる方向 (頭上げ,pitch up) のモーメントが正,α を減少させる方向 (頭下げ,pitch down) のモーメントは負である.図 1.20 にこれが示されている.再び図 1.18 と図 1.19 に戻って,物体上面の要素面積 dS に作用する p および τ による前縁まわりの単位幅あたりの空力モーメントは

$$dM'_u = (p_u \cos\theta + \tau_u \sin\theta)xds_u + (-p_u \sin\theta + \tau_u \cos\theta)yds_u \tag{1.9}$$

図 1.20 縦揺れモーメント (Pitching moment) の符号

である．下面に対しては

$$dM'_l = (-p_l \cos\theta + \tau_l \sin\theta) x ds_l + (p_l \sin\theta + \tau_l \cos\theta) y ds_l \tag{1.10}$$

式 (1.9) と式 (1.10) において，θ の符号のとり方は前と同じであり，y は翼弦より上では正，翼弦より下では負である．式 (1.9) および式 (1.10) を前縁から後縁まで積分すると，単位幅あたりの前縁まわりの空力モーメントが求まる．

$$M'_{\text{LE}} = \int_{\text{LE}}^{\text{TE}} [(p_u \cos\theta + \tau_u \sin\theta) x - (p_u \sin\theta - \tau_u \cos\theta) y] ds_u$$
$$+ \int_{\text{LE}}^{\text{TE}} [(-p_l \cos\theta + \tau_l \sin\theta) x + (p_l \sin\theta + \tau_l \cos\theta) y] ds_l \tag{1.11}$$

式 (1.7)，式 (1.8) と式 (1.11) において，θ，x，y は物体の形状が与えられると s の関数である．したがって，p_u，p_l，τ_u と τ_l が (理論または実験から) s の関数として知られていればこれらの式の積分は計算できる．明らかに，式 (1.7)，式 (1.8) と式 (1.11) は前に述べた原理，すなわち，**物体に作用する空気力学的揚力や抵抗やモーメントの源は物体表面上で積分された圧力とせん断応力である**，ということを示している．理論空気力学の主な目的は，与えられた物体形状と一様流の条件に対する $p(s)$，$\tau(s)$ を計算し，式 (1.7)，式 (1.8)，式 (1.11) により空気力とモーメントを求めることにある．

空気力学の論議を進めて行くと，空気力や空力モーメントそれら自身よりももっと基本的な性質の量があることが明らかとなる．これらは次のように定義される**無次元の力およびモーメント係数**である．

ρ_∞ と V_∞ をそれぞれ物体の遙か前方の自由流中の密度と速度とする．p.24 自由流の**動圧** (*dynamic pressure*) と呼ばれる有次元の量を次のように定義する．

動圧 (Dynamic pressure): $\quad q_\infty \equiv \dfrac{1}{2}\rho_\infty V_\infty^2$

動圧は圧力の次元 (すなわち，ポンド/平方フィートまたはニュートン/平方メートル) をもつ．さらに，S を基準面積 (reference area) とし，l を基準長さ (reference length) とする．無次元の力およびモーメント係数は次のように定義される．

揚力係数 (Lift coefficient): $\quad C_L \equiv \dfrac{L}{q_\infty S}$

抵抗係数 (Drag coefficient): $\quad C_D \equiv \dfrac{D}{q_\infty S}$

法線力係数 (Normal force coefficient): $\quad C_N \equiv \dfrac{N}{q_\infty S}$

接線力係数 (Axial force coefficient): $\quad C_A \equiv \dfrac{A}{q_\infty S}$

モーメント係数 (Pitching Moment coefficient): $\quad C_M \equiv \dfrac{M}{q_\infty S l}$

上の係数において，基準面積 S と基準長さ l は与えられた物体の幾何学形状にあったものを選ぶ．形状が異なれば S や l は異なって良い．例として，航空機の翼では図 1.21a に示すように S は翼の平面形面積であり，l は平均翼弦長である．しかし，球の場合，図 1.21b に示すように，S は断面積であり，l は直径である．p. 25 基準面積や基準長さの選択はさほど問題ではない．しかしながら，力やモーメントの係数データを用いる場合，常にそのデータがどのような基準量に基づいているかを知っていなければならない．

上において大文字で表された記号 (すなわち，C_L，C_D，C_M や C_A) は飛行機や有限翼幅翼のような完全な 3 次元物体の力やモーメントの係数を表す．対照的に，図 1.18 や図 1.19 に与えられるような 2 次元物体の場合は，力やモーメントは単位幅あたりのものである．これらの 2 次元物体に関し，小文字で空力係数を表すのが慣例である．例えば，

$$c_l \equiv \dfrac{L'}{q_\infty c} \qquad c_d \equiv \dfrac{D'}{q_\infty c} \qquad c_m \equiv \dfrac{M'}{q_\infty c^2}$$

ここで，基準面積 $S = c(1) = c$

その他のすぐに用いる 2 つの無次元係数は，

圧力係数 (pressure coefficient) $\quad C_p \equiv \dfrac{p - p_\infty}{q_\infty}$

表面摩擦係数 (skin friction coefficient) $\quad c_f \equiv \dfrac{\tau}{q_\infty}$

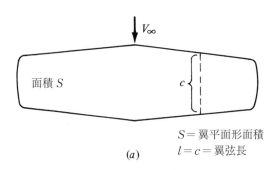

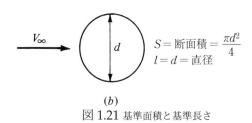

図 1.21 基準面積と基準長さ

ここに，p_∞ は一様流の静圧である．

最も使いやすい式 (1.7)，式 (1.8) と式 (1.11) の形式は上で示した無次元係数を用いたものである．図 1.22 の幾何学的関係より

$$dx = ds\cos\theta \tag{1.12}$$

$$dy = -(ds\sin\theta) \tag{1.13}$$

$$S = c(1) \tag{1.14}$$

式 (1.12)，式 (1.13) を式 (1.7)，式 (1.8)，および式 (1.11) に代入して q_∞ で割り，さらに式 (1.14) の形式の S で割ると p.26 次式の力とモーメント係数の積分形が求まる．

$$c_n = \frac{1}{c}\left[\int_0^c \left(C_{p,l} - C_{p,u}\right)dx + \int_0^c \left(c_{f,u}\frac{dy_u}{dx} + c_{f,l}\frac{dy_l}{dx}\right)dx\right] \tag{1.15}$$

$$c_a = \frac{1}{c}\left[\int_0^c \left(C_{p,u}\frac{dy_u}{dx} - C_{p,l}\frac{dy_l}{dx}\right)dx + \int_0^c \left(c_{f,u} + c_{f,l}\right)dx\right] \tag{1.16}$$

$$c_{m_{LE}} = \frac{1}{c^2}\left[\int_0^c \left(C_{p,u} - C_{p,l}\right)x\,dx - \int_0^c \left(c_{f,u}\frac{dy_u}{dx} + c_{f,l}\frac{dy_l}{dx}\right)x\,dx\right.$$

$$\left. + \int_0^c \left(C_{p,u}\frac{dy_u}{dx} + c_{f,u}\right)y_u\,dx + \int_0^c \left(-C_{p,l}\frac{dy_l}{dx} + c_{f,l}\right)y_l\,dx\right] \tag{1.17}$$

この単純な数学演算は演習問題として残されている．これらの積分を計算するときに y_u は x 軸より上向き，すなわち正であり，逆に y_l は x 軸より下向き，負であることに注意すること．また，上，下面の dy/dx は微分に関する通常の規則に従う (すなわち正の傾きをもつ物体部分では正，負の傾きをもつ物体部分では負である)．

2 次元の揚力係数 c_l および抵抗係数 c_d は係数を用いた式 (1.1)，式 (1.2) より次式のように求まる．

$$c_l = c_n\cos\alpha - c_a\sin\alpha \tag{1.18}$$

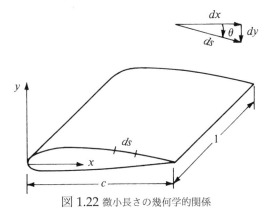

図 1.22 微小長さの幾何学的関係

$$c_d = c_n \sin \alpha + c_a \cos \alpha \tag{1.19}$$

c_l, c_d の積分形式は式 (1.15) と，式 (1.16) を式 (1.18)，式 (1.19) に代入して得られる．

重要なことは式 (1.15) から式 (1.19) までにより，空気力や空力モーメント係数は物体表面上の圧力係数と表面摩擦係数を積分すれば得られることを認識することである．これは理論的および実験的空気力学の両方での共通した方法である．加えて，ここでの導出は 2 次元物体を用いてきたが，同様な展開は 3 次元物体についても行える．すなわち，形状と方程式がもっと複雑になるだけで，原理は同じである．

[例題 1.1]

図 1.23a に示してある，迎え角ゼロの半頂角 5° のくさびを過ぎる超音速流を考える．このくさびの前方の一様流 Mach 数が 2.0，一様流静圧および密度はそれぞれ 1.01×10^5 N/m^2 および 1.23 kg/m^3 (これは海面での標準状態の条件に対応する) である．くさびの上，下面の圧力は距離 s に対して一定であり，上，下面で同一である．すなわち，図 1.23b に示すように，$p_u = p_l = 1.31 \times 10^5$ N/m^2 である．くさびの底面に働く圧力は p_∞ に等しい．図 1.23c でわかるように，上，下面でのせん断応力は $\tau_w = 431 s^{-0.2}$ のように変化する．くさびの翼弦長 c は 2 m

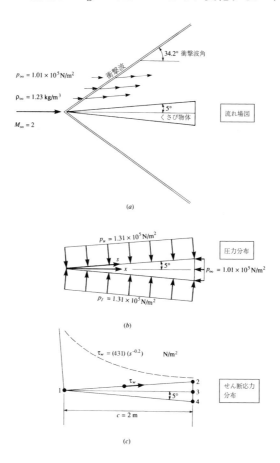

図 1.23 例題 1.1 の図．

第 1 章 空気力学について

である．このくさびの抵抗係数を計算せよ．

[解答]P. 28

この計算を 2 つの等価な方法で行う．最初に式 (1.8) から抵抗を計算し，それから抵抗係数を求める．次に，別方法の説明として，圧力とせん断応力を圧力係数と表面摩擦係数に変換し，次に抵抗係数を得るため式 (1.16) を用いる．

図 1.23 のくさびは迎え角がゼロであるので，$D' = A'$ である．したがって，抵抗は式 (1.8) から次のように得られる．

$$D' = \int_{LE}^{TE} (-p_u \sin\theta + \tau_u \cos\theta) ds_u + \int_{LE}^{TE} (p_l \sin\theta + \tau_l \cos\theta) ds_l$$

図 1.23c を参照し，θ の符号の取り方の決まりを思い出し，上面の積分は傾いた面で s_1 から s_2 へ，底面では s_2 から s_3 までであること，逆に下面での積分は傾いた面で s_1 から s_4，底面では s_4 から s_3 までであることに注意すると，上の積分は次のようになる．

$$\int_{LE}^{TE} -p_u \sin\theta ds_u = \int_{s_1}^{s_2} -(1.31\times 10^5)\sin(-5°)ds_u$$
$$+ \int_{s_2}^{s_3} -(1.01\times 10^5)\sin 90° ds_u$$

$$= 1.142\times 10^4 (s_2 - s_1) - 1.01\times 10^5 (s_3 - s_2)$$

$$= 1.142\times 10^4 \left(\frac{c}{\cos 5°}\right) - 1.01\times 10^5 (c)(\tan 5°)$$

$$= 1.142\times 10^4 (2.008) - 1.01\times 10^5 (0.175) = 5260 \text{ N}$$

$$\int_{LE}^{TE} p_l \sin\theta ds_l = \int_{s_1}^{s_4} (1.31\times 10^5)\sin(5°)ds_l + \int_{s_4}^{s_3} (1.01\times 10^5)\sin(-90°)ds_l$$

$$= 1.142\times 10^4 (s_4 - s_1) + 1.01\times 10^5 (-1)(s_3 - s_4)$$

$$= 1.142\times 10^4 \left(\frac{c}{\cos 5°}\right) - 1.01\times 10^5 (c)(\tan 5°)$$

$$= 2.293\times 10^4 - 1.767\times 10^4 = 5260 \text{ N}$$

上面および下面の圧力の積分は，それぞれ，同一の抵抗成分を生じる，すなわち，図 1.23 における形状の対称性から予測される結果であることに注意すべきである．すなわち，

$$\int_{\text{LE}}^{\text{TE}} \tau_u \cos\theta ds_u = \int_{s_1}^{s_2} 431 s^{-0.2} \cos(-5°) ds_u$$

$$= 429\left(\frac{s_2^{0.8} - s_1^{0.8}}{0.8}\right)$$

$$= 429\left(\frac{c}{\cos 5°}\right)^{0.8} \frac{1}{0.8} = 936.5 \text{ N}$$

$$\int_{\text{LE}}^{\text{TE}} \tau_l \cos\theta ds_l = \int_{s_1}^{s_4} -(431 s^{-0.2} \cos(-5°)) ds_l$$

$$= 429\left(\frac{s_4^{0.8} - s_1^{0.8}}{0.8}\right)$$

$$= 429\left(\frac{c}{\cos 5°}\right)^{0.8} \frac{1}{0.8} = 936.5 \text{ N}$$

再度,上面および下面それぞれに働くせん断応力が抵抗に対して同一の寄与をしていることは驚くに当たらない.なぜなら,図 1.23 に示されるくさびが上下対称であることから予測できる.圧力の積分を加え,次にせん断応力の積分を加えると,全抵抗として,

$$D' = \underbrace{1.052 \times 10^4}_{\text{圧力抵抗}} + \underbrace{0.1873 \times 10^4}_{\text{表面摩擦抵抗}} = \boxed{1.24 \times 10^4 \text{ N}}$$

を得る.このかなりの細長物体に関し,超音速においてではあるが,抵抗の大部分は圧力抵抗であることに注意すべきである.図 1.23a で,これは物体先端からの斜め衝撃波の存在によるもので,それは圧力抵抗 (しばしば**造波抵抗** (*wave drag*) と呼ばれる) を発生させるように働くことがわかる.この例題において,抵抗のわずか 15 パーセントが表面摩擦抵抗である.すなわち,その他の 85 パーセントが圧力抵抗 (造波抵抗) である.これが超音速細長物体の典型的な抵抗である.対照的に,後で見るように,衝撃波が存在しない,亜音速での細長物体の抵抗は主に表面摩擦抵抗である.

抵抗係数は次のようにして得られる.自由流の速度は音速の 2 倍であり,次式で与えられる.

$$a_\infty = \sqrt{\gamma R T_\infty} = \sqrt{(1.4)(287)(288)} = 340.2 \text{ m/s}$$

(音速に関する上式の導出については第 8 章を参照すること.) 上式において,標準状態の海面上の温度,288 K を用いている.したがって,$V_\infty = 2(340.2) = 680.4$ m/s である.ゆえに,

$$q_\infty = \frac{1}{2}\rho_\infty V_\infty^2 = (0.5)(1.23)(680.4)^2 = 2.847 \times 10^5 \text{ N/m}^2$$

また,

$$S = c(1) = 2.0 \text{ m}^2$$

したがって,

$$c_d = \frac{D'}{q_\infty S} = \frac{1.24 \times 10^4}{(2.847 \times 10^5)(2)} = \boxed{0.022}$$

この問題の別解法は抵抗係数を直接求めるために圧力係数と表面摩擦係数を積分する式 (1.16) を用いるものである．次のように計算をする．

$$C_{p,u} = \frac{p_u - p_\infty}{q_\infty} = \frac{1.31 \times 10^5 - 1.01 \times 10^5}{2.847 \times 10^5} = 0.1054$$

下面について $C_{p,l}$ は上面と同じ値であるので，すなわち，

$$C_{p,l} = C_{p,u} = 0.1054$$

p. 30 また，

$$c_{f,u} = \frac{\tau_u}{q_\infty} = \frac{431 s^{-0.2}}{q_\infty} = \frac{431}{2.847 \times 10^5} \left(\frac{x}{\cos 5°}\right)^{-0.2} = 1.513 \times 10^{-3} x^{-0.2}$$

下面についても c_f は同じ値である．すなわち，

$$c_{f,l} = 1.513 \times 10^{-3} x^{-0.2}$$

また，

$$\frac{dy_u}{dx} = \tan 5° = 0.0875$$

および，

$$\frac{dy_l}{dx} = -\tan 5° = -0.0875$$

上の値を式 (1.16) に代入しすると，

$$c_d = c_a = \frac{1}{c} \int_0^c \left(C_{p,u} \frac{dy_u}{dx} - C_{p,l} \frac{dy_l}{dx}\right) dx + \frac{1}{c} \int_0^c \left(c_{f,u} + c_{f,l}\right) dx$$

$$= \frac{1}{2} \int_0^2 [(0.1054)(0.0875) - (0.1054)(-0.0875)] \, dx$$

$$+ \frac{1}{2} \int_0^2 2(1.513 \times 10^{-3}) x^{-0.2} dx$$

$$= 0.009223 x \big|_0^2 + 0.00189 x^{0.8} \big|_0^2$$

$$= 0.01854 + 0.00329 = \boxed{0.022}$$

を得る．これは前に得られた結果と同じである．

[例題 1.2]

極超音速流中で迎え角ゼロの円錐を考える．(極超音速流れは非常に高速の流れで，一般に Mach 数が 5 より高い流れとして定義されている．すなわち，極超音速流れは第 1.10 節でもっと詳しく定義される．) 円錐の半頂角は図 1.24 に示すように θ_c である．極超音速飛行体表面の圧力係数に関する近似式は Newton の正弦 2 乗法則 (第 14 章で導く) で与えられる．すなわち，

$$C_p = 2\sin^2 \theta_c$$

C_p すなわち，p は円錐の傾いた表面に沿って一定であることに注意すべきである．円錐の底面に沿って，$p = p_\infty$ と仮定する．摩擦の効果を無視して，この円錐に関する抵抗係数の式を求めよ．ここで，C_D は底面積 S_b を基準面積としたものである．

[解答]

ここでは式 (1.15) から式 (1.17) までを用いることはできない．これらの式は図 1.22 に示される翼型のような 2 次元物体に関するものである．しかるに，図 1.24 の円錐は 3 次元物体である．したがって，この 3 次元物体は次のように取り扱わなければならない．図 1.24 から，表面の斜線を引いた部分に働く抵抗は，

$$(p\sin\theta_c)(2\pi r)\frac{dr}{\sin\theta_c} = 2\pi r p\, dr$$

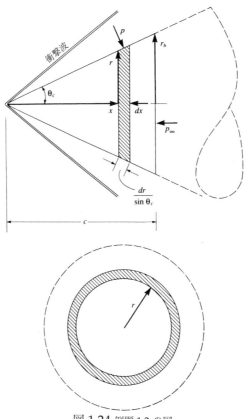

図 1.24 例題 1.2 の図．

p.31 円錐の全表面に働く圧力による全抵抗は,

$$D = \int_0^{r_b} 2\pi r p\, dr - \int_0^{r_b} r 2\pi p_\infty\, dr$$

である．上式の最初の積分は円錐の傾いた面に働く水平方向の力であり，二番目の積分は円錐の底面に働く力である．これらの積分をくくると,

$$D = \int_0^{r_b} 2\pi r (p - p_\infty)\, dr = \pi (p - p_\infty) r_b^2$$

底面積，πr_b^2 を基準とすると，抵抗係数は次のようになる．

$$C_D = \frac{D}{q_\infty \pi r_b^2} = \frac{\pi r_b^2 (p - p_\infty)}{\pi r_b^2 q_\infty} = C_p$$

p.32 (注：円錐の抵抗係数はその表面の圧力係数に等しい．) したがって，Newton の sin 2 乗法則を使い，次式を得る．

$$\boxed{C_D = 2\sin^2 \theta_c}$$

1.6 圧力中心

式 (1.7)，式 (1.8) から，物体に働く法線分力および接線分力は圧力およびせん断応力分布により加わる**分布荷重**によるものであることがわかる．さらに，これらの分布荷重は式 (1.11) で与えられる，前縁まわりにモーメントを作りだす．**疑問**：もし，物体に働く空気力が単一の合力 R，または N と A のようなその分力等により表されるとすると，この合力は物体の**何処**に働くであろうか．答えは，合力はそれが分布荷重と同じ効果をもつ位置に働かなければならないということである．例えば，翼型のような 2 次元物体に働く分布荷重は式 (1.11) で与えられる前縁まわりのモーメントを作る．したがって，N'，および A' は前縁まわりに同じモーメントを作りだすような翼型上の位置になければならない．もし，A' が図 1.25 に示すように翼弦線上にあるとすれば，N' は前縁の下流側，距離 x_{cp} になければならない．それで，

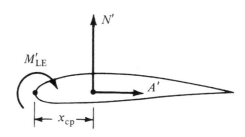

図 1.25 翼型に関する圧力中心

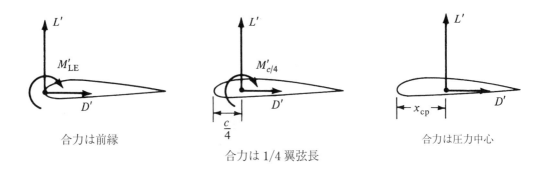

図 1.26 翼型における力-モーメント系を定める等価な方法

$$M'_{LE} = -(x_{cp})N'$$

$$\boxed{x_{cp} = -\frac{M'_{LE}}{N'}} \tag{1.20}$$

図 1.25 において，M'_{LE} と書いてある半円の矢印は正 (頭上げ) 方向を示す．(第 1.5 節から，空力モーメントが迎え角を増加させるときを正とするのが慣例であること思い出すこと．) 図 1.25 から正の N' は前縁まわりに負 (頭下げ) モーメントを作りだす．これは式 (1.20) の負符号に一致する．したがって図 1.25 において，実際の前縁まわりのモーメントは負であり，それゆえ，示されている矢印の方向とは反対である．

p. 33 図 1.25 と式 (1.20) において，x_{cp} は**圧力中心** (*center of pressure*) と定義される．それは分布荷重の合力が物体に作用する位置である．もし，モーメントが圧力中心のまわりに取られたとすれば，圧力分布等の積分から得られるモーメントはゼロとなる．したがって，圧力中心の別定義は空力モーメントがゼロである物体上の点である．

物体の迎え角が小さい場合，$\sin\alpha \approx 0$，$\cos\alpha \approx 1$．したがって，式 (1.1) より，$L' \approx N'$ である．それで，式 (1.20) は次式のようになる．

$$x_{cp} \approx -\frac{M'_{LE}}{L'} \tag{1.21}$$

式 (1.20)，および式 (1.21) を検討する．N' と L' が減少すると x_{cp} は増加する．これらの力がゼロに近づくにつれ圧力中心は無限大へ移動する．このことにより圧力中心は必ずしも空気力学において便利な概念ではない．しかしながらこれは問題ではない．物体に働く分布荷重による力とモーメント系を定義するために，合力について任意点まわりのモーメントの値が与えられている限り着力点は物体上の**任意点**に置くことができる．例えば，図 1.26 は翼型上の力-モーメント系を記述する等価な 3 つの方法を示している．左の図では，合力は前縁にあり，有限な値の M'_{LE} をともなっている．中央の図において，合力は 1/4 翼弦長点にあり，有限なモーメント，$M'_{c/4}$ をともなう．右の図において，合力は圧力中心にあり，その点まわりのモーメントはゼロである．図 1.26 から，これらの間の定量的関係は次式のようになる．

$$M'_{LE} = -\frac{c}{4}L' + M'_{c/4} = -x_{cp}L' \tag{1.22}$$

[例題 1.3]

低速の非圧縮流れにおいて，迎え角 4° における NACA 4412 翼型について次のような実験データが得られている．すなわち，$c_l = 0.85$，$c_{m,c/4} = -0.09$ である．このときの圧力中心の位置を求めよ．

[解答]p. 34

式 (1.22) より

$$x_{cp} = \frac{c}{4} - \frac{M'_{c/4}}{L'}$$

$$\frac{x_{cp}}{c} = \frac{1}{4} - \frac{(M'_{c/4}/q_\infty c^2)}{(L'/q_\infty c)} = \frac{1}{4} - \frac{c_{m,c/4}}{c_l}$$

$$= \frac{1}{4} - \frac{(-0.09)}{0.85} = \boxed{0.356}$$

(注：第 4 章で，薄い対称翼型の圧力中心は 1/4 翼弦長点にあることを学ぶ．しかし，対称翼型でない NACA 4412 の圧力中心は 1/4 翼弦長点より後方になる．)

[例題 1.4]

図 1.1 に示されている DC-3 を考える．エンジンナセルのすぐ外側において，翼弦長は 15.4 ft である．海面上における巡航速度 (188 mi/h) において，この翼型位置における単位翼幅あたりの空力モーメントは $M'_{c/4} = -1071$ ft lb/ft および $M'_{LE} = -3213.9$ ft lb/ft である．単位翼幅あたりの揚力とこの翼型上の圧力中心の位置を計算せよ．

[解答]

式 (1.22) から

$$\frac{c}{4}L' = M'_{c/4} - M'_{LE} = -1071 - (-3213.9) = 2142.9$$

この主翼の翼型位置において，$\frac{c}{4} = \frac{15.4}{4} = 3.85$ ft である．
したがって，

$$L' = \frac{2142.9}{3.85} = \boxed{556.6 \text{ lb/ft}}$$

式 (1.22) へ戻り，

$$-x_{cp}L' = M'_{LE}$$

$$-x_{cp} = -\frac{M'_{LE}}{L'} = -\frac{(-3213.9)}{556.6} = \boxed{5.774 \text{ ft}}$$

注：本節において，翼型に働く力とモーメントの系は翼型上の任意点に作用する揚力とその点まわりのモーメントを与えることにより唯一的に指定されることを示した．類似して，この例

題は，力とモーメント系はまた，翼型上の 2 つの点まわりに働くモーメントを与えることにより唯一的に指定されるということを証明している．

1.7 次元解析：Buckingham のパイ定理

第 1.5 節で物体に働く空気力，モーメント，またそれらの係数を定義し，論議した．**疑問**：どの様な物理量がこれらの力やモーメントの変化を決めているのだろうか．その答えは**次元解析** (*dimensional analysys*) という強力な方法から見つけられる．本節でそれを紹介する．*3

ある与えられた迎え角における，与えられた形状の物体 (例えば図 1.17 に示される翼型) を考える．空気力の合力が R である．物理的な直観によると，R は次のような変数に依存すると考えられる．

1. 自由流速度 V_∞

2. 自由流密度 ρ_∞

3. 流体の粘性．我々はせん断応力 τ が空気力や空力モーメントを生じさせることや τ が流れにおける速度勾配に比例するということを見てきた．例えば，もし，速度勾配が $\partial u/\partial y$ で与えられれば，$\tau = \mu \partial u/\partial y$ である．この比例定数は粘性係数 μ である．したがって，空気力や空力モーメントに与える粘性の影響を自由流の粘性係数 μ_∞ で代表させる．

4. ある選択された基準長さで代表される物体の大きさ．図 1.17 において，便利な基準長さは翼弦長 c である．

5. 流体の圧縮性．圧縮性の学術定義は第 7 章で与えられる．ここでの目的のために，圧縮性は流れ場における密度の**変化**に関係していると，明らかに，空気力や空力モーメントはそのような変化に敏感であることを述べるだけにしておく．次に，圧縮性は，第 8 章で示されるように流体中の音速 a と関連している．*4 したがって，空気力と空力モーメントに関する圧縮性の影響を自由流の音速 a_∞ で代表させるとする．

上で述べたことと，R の変化についての予見を持たずに常識的判断を用いると次のように書くことができる．

$$R = f(\rho_\infty, V_\infty, c, \mu_\infty, a_\infty) \tag{1.23}$$

式 (1.23) は一般的な関数関係であり，そのもの自体 R を直接計算することは適さない．原理的に，我々は与えられた物体を風洞に取り付け，ある与えられた迎え角に傾け，同時に生じる ρ_∞, V_∞, c, μ_∞ および a_∞ の変化による R を系統的に計測できるであろう．この様にして得られた膨大なデータを相互にグラフにすることにより式 (1.23) の正確な関数関係を導き出すことが

---

*3 もっと基礎的な次元解析の取り扱いに関しては参考文献 2 の第 5 章を見よ．

*4 一般的な経験は音波が空気中を光の速度よりももっと遅い有限な速度で伝播することを告げている．すなわち，遠くに稲妻の閃光を見て，その後に雷鳴を聞くのである．音速は空気力学において一つの重要な物理量であり，第 8.3 節で詳しく論議される．

できるであろう．しかしながら，それは大変な作業で，莫大な風洞実験時間を必要とする点で，コストがかかることである．幸いにも，最初に次元解析法を採用することにより問題を簡単化でき，時間と労力を大幅に減ずることができる．この方法は p.36 空気力と空力モーメントを支配する無次元パラメータの集合を定義する．すなわち，この集合は独立変数の数を，式 (1.23) にある数より大幅に減らす．

次元解析は，現実の物理世界を取り扱う方程式において，各項は同一の次元を持たなければならないという明確な事実にもとづいている．例として，もし，

$$\psi + \eta + \zeta = \phi$$

が物理学的な関係式であれば，そのとき ψ, η, ζ および ϕ は同じ次元を持たなければならない．さもなければ，我々はリンゴにオレンジを継ぐことになる．上の式は含まれる項の任意の 1 つ，例えば，ϕ，で割ることにより無次元化される．

$$\frac{\psi}{\phi} + \frac{\eta}{\phi} + \frac{\zeta}{\phi} = 1$$

これらの考え方は，以下に導出なしに述べられている Buckingham のパイ定理に正式に具体化されている．（そのような導出については文献 3 の，p. 21–28 を参照せよ．）

Buckingham のパイ定理

K を物理変数を記述するのに必要な基本次元数とする．（力学において，すべての物理変数は質量，長さおよび時間の次元の組み合わせで表すことができる．すなわち，$K = 3$ である．）P_1, P_2, ..., P_N を次式で表される物理的関係式における N 個の物理変数とする．

$$f_1(P_1, P_2, \ldots, P_N) = 0 \tag{1.24}$$

この場合には，式 (1.24) を $(N-K)$ 個の無次元積 (Π 積) の式として表すことができる．

$$f_2(\Pi_1, \Pi_2, \ldots, \Pi_{N-K}) = 0 \tag{1.25}$$

そしてそこで，各 Π 積は任意の K 個の物理変数プラス他のもう 1 個の物理変数の無次元積である．P_1, P_2, ..., P_K を任意に選択された K 個の物理変数とする．この場合，

$$\begin{aligned} \Pi_1 &= f_3(P_1, P_2, \ldots, P_K, P_{K+1}) \\ \Pi_2 &= f_4(P_1, P_2, \ldots, P_K, P_{K+2}) \\ &\cdots\cdots\cdots\cdots \\ \Pi_{N-K} &= f_5(P_1, P_2, \ldots, P_K, P_N) \end{aligned} \tag{1.26}$$

変数，P_1, P_2, ..., P_K の選択はその問題に使われているすべての K 次元を含むように行わなければならない．また，[式 (1.23) の R のような] 従属変数は Π 積のただ 1 つにのみ現れなければならない．

---

p.37 与えられた迎え角における，ある与えられた物体に働く空気力に関する論議に戻ると，式 (1.23) は式 (1.24) の形式で書くことができる．すなわち，

$$g(R, \rho_\infty, V_\infty, c, \mu_\infty, a_\infty) = 0 \tag{1.27}$$

Buckingham のパイ定理にしたがって，基本次元は

$$m = 質量の次元$$
$$l = 長さの次元$$
$$t = 時間の次元$$

である．ゆえに，$K = 3$ である．物理変数と，それらの次元は

$$[R] = mlt^{-2}$$
$$[\rho_\infty] = ml^{-3}$$
$$[V_\infty] = lt^{-1}$$
$$[c] = l$$
$$[\mu_\infty] = ml^{-1}t^{-1}$$
$$[a_\infty] = lt^{-1}$$

である．したがって，$N = 6$ である．上式で，力 R の次元は Newton の第二法則，力 = 質量×加速度 から求められる．すなわち，$[R] = mlt^{-2}$ である．μ_∞ の次元はその定義，[例えば，$\mu = \tau/(\partial u/\partial y)$] や Newton の第二法則から求められる．(読者自身で $[\mu_\infty] = ml^{-1}t^{-1}$ であることを求めてみよ．) ρ_∞，V_∞，c を任意に選択される K 個の物理変数として選ぶ．そうすると，式 (1.27) は式 (1.25) 形式の $N-K = 6-3 = 3$ 個の無次元 Π 積を用いて表すことができる．

$$f_2(\Pi_1, \Pi_2, \Pi_3) = 0 \tag{1.28}$$

式 (1.26) より，これらの Π 積は

$$\Pi_1 = f_3(\rho_\infty, V_\infty, c, R) \tag{1.29a}$$
$$\Pi_2 = f_4(\rho_\infty, V_\infty, c, \mu_\infty) \tag{1.29b}$$
$$\Pi_3 = f_5(\rho_\infty, V_\infty, c, a_\infty) \tag{1.29c}$$

ここでしばらくの間，式 (1.29a) の Π_1 に集中する．Π_1 を次のように考える．

$$\Pi_1 = \rho^d V_\infty^b c^e R \tag{1.30}$$

ここに，d, b, e は求めるべき指数である．次元項を用いると式 (1.30) は

$$[\Pi_1] = \left(ml^{-3}\right)^d \left(lt^{-1}\right)^b (l)^e \left(mlt^{-2}\right) \tag{1.31}$$

である．Π_1 は無次元であるから，式 (1.31) の右辺もまた無次元でなければならない．このことは m の指数の和がゼロでなければならないことを意味し，また，p. 38 l および t についても同様である．したがって，

m に関して： $\qquad\qquad\qquad d + 1 = 0$
l に関して： $\qquad\qquad\qquad -3d + b + e + 1 = 0$
t に関して： $\qquad\qquad\qquad -b - 2 = 0$

上式を解くと，$d = -1$，$b = -2$，$e = -2$ である．これらの値を式 (1.30) に代入すると

$$\Pi_1 = R\rho_\infty^{-1} V_\infty^{-2} c^{-2} \tag{1.32}$$
$$= \frac{R}{\rho_\infty V_\infty^2 c^2}$$

を得る．量，$R/\rho_\infty V_\infty^2 c^2$ は無次元パラメータであり，c^2 は面積の次元をもつ．c^2 を (翼の平面面積，S のような) 任意の基準面積でおきかえることができ，そして，Π_1 は無次元数のままである．さらに，Π_1 に単なる定数を掛けてもそれは無次元のままである．したがって，式 (1.32) より，Π_1 は次のように再定義できる．

$$\Pi_1 = \frac{R}{\frac{1}{2}\rho_\infty V_\infty^2 S} = \frac{R}{q_\infty S} \tag{1.33}$$

ゆえに，Π_1 は第 1.5 節で定義されたように力の係数 C_R である．式 (1.33) において，S は与えられた物体形状と直接関係する基準面積である．

残っている Π 積も次のようにして求められる．式 (1.29b) より，

$$\Pi_2 = \rho V_\infty^h c^i \mu_\infty^j \tag{1.34}$$

と仮定する．上で行った解析と同様にして，

$$[\Pi_2] = (ml^{-3})(lt^{-1})^h (l)^i (ml^{-1}t^{-1})^j$$

を得る．したがって，

m に関して：　　　　　　　　　　$1 + j = 0$
l に関して：　　　　　　　　　　$-3 + h + i - j = 0$
t に関して：　　　　　　　　　　$-h - j = 0$

したがって，$j = -1$，$h = 1$ そして $i = 1$ である．これらを式 (1.34) に代入して，

$$\Pi_2 = \frac{\rho_\infty V_\infty c}{\mu_\infty} \tag{1.35}$$

が得られる．式 (1.35) の無次元の組み合わせは一様流 Reynolds 数 (*Reynolds number*)，$\text{Re} = \rho_\infty V_\infty c / \mu_\infty$ として定義される．Reynolds 数は物理的には流れにおける慣性力と粘性力との比の尺度であり，流体力学におけるもっとも強力なパラメータの 1 つである．それの重要性は第 15 から第 20 章において示される．

p. 39 式 (1.29c) に戻り，次のように仮定する．

$$\Pi_3 = V_\infty \rho_\infty^k c^r a_\infty^s \tag{1.36}$$

$$[\Pi_3] = (lt^{-1})(ml^{-3})^k (l)^r (lt^{-1})^s$$

m に関して：　　　　　　　　　　$k = 0$
l に関して：　　　　　　　　　　$1 - 3k + r + s = 0$

t に関して： $\qquad -1 - s = 0$

したがって，$k = 0$，$s = -1$，および $r = 0$ である．式 (1.36) に代入して，

$$\Pi_3 = \frac{V_\infty}{a_\infty} \tag{1.37}$$

を得る．式 (1.37) の無次元の組み合わせは (自由流) 一様流 Mach 数 (Mach number)，$M = V_\infty/a_\infty$ として定義される．Mach 数は音速に対する流速の比である．それは気体力学における強力なパラメータである．それの重要性は次章以下で明らかとなる．

本節の次元解析の結果は次のように纏めることができる．式 (1.33)，式 (1.35) および式 (1.37) を式 (1.28) に代入して，

$$f_2\left(\frac{R}{\frac{1}{2}\rho_\infty V_\infty^2 S},\ \frac{\rho_\infty V_\infty c}{\mu_\infty},\ \frac{V_\infty}{a_\infty}\right) = 0$$

すなわち，

$$f_2(C_R, \mathrm{Re}, M_\infty) = 0$$

すなわち，

$$\boxed{C_R = f_6(\mathrm{Re}, M_\infty)} \tag{1.38}$$

を得る．これは大変重要な結果である．式 (1.23) と式 (1.38) を比較してみる．式 (1.23) において，R は5個の独立変数の一般的な関数として示されている．しかしながら，次元解析は次のことを示している．すなわち，

1. R は無次元の力の係数，$C_R = R/\frac{1}{2}\rho_\infty V_\infty^2 S$ で表される．

2. C_R は式 (1.38) より，Re と M_∞ のみの関数である．

したがって，Buckingham の π 定理により，独立変数の数を式 (1.23) における5個から式 (1.38) の2個に減らしたのである．さて，もし，我々が，ある与えられた迎え角における，ある与えられた物体に関する一連の風洞実験を行おうとすれば，式 (1.38) により，R の直接的な定式化のデータを得るために Reynolds 数と Mach 数のみを変えれば良いのである．わずかな解析を行って，我々は膨大な労力と風洞試験時間を節約してきたのである．さらに重要なことに，我々は，流れを支配する2つの無次元パラメータ，Re と M_∞ を定義した．それらは次の節で論議される理由により，**相似パラメータ** (similarity parameters) と呼ばれる．その他の相似パラメータは我々の空気力学的論議が進むにしたがい示される．

P. 40 揚力および抵抗は合力の成分であるから，式 (1.38) からの必然的結果は，

$$C_L = f_7(\mathrm{Re},\ M_\infty) \tag{1.39}$$

$$C_D = f_8(\mathrm{Re},\ M_\infty) \tag{1.40}$$

である．さらに，式 (1.23) と同様の関係が空力モーメントに関しても成り立ち，そして，次元解析は，

$$C_M = f_9(\mathrm{Re},\ M_\infty) \tag{1.41}$$

を与える．以上の解析はある与えられた迎え角 α における，ある与えられた物体に関するものであることに注意すべきである．もし，α が変化しても良いなら，C_L, C_D および C_M は一般的に α の値に依存する．したがって，式 (1.39) から式 (1.41) は次式のように一般化される．

$$C_L = f_{10}(\text{Re}, M_\infty, \alpha) \tag{1.42}$$
$$C_D = f_{11}(\text{Re}, M_\infty, \alpha) \tag{1.43}$$
$$C_M = f_{12}(\text{Re}, M_\infty, \alpha) \tag{1.44}$$

式 (1.42) から式 (1.44) は与えられた物体形状を前提としている．理論および実験空気力学の多くは特定の物体形状に関して式 (1.42) から式 (1.44) の陽的な関係式を得ることに焦点を合わせている．これが，第 1.2 節で述べた，空気力学の実際的な応用の 1 つであり，本書の大きな目的の 1 つである．

熱力学および熱伝達を含む機械工学的問題に関して，物体表面の温度 (壁温) のみならず，流体の温度，比熱 (specific heat) や熱伝導率 (thermal conductivity) を物理変数に加えなければならず，温度の単位 (例えば，Kelvin または Rankine) を基本次元に加えなければならない．そのような場合，次元解析により新たに，熱伝達係数や定圧比熱と定積比熱の比，c_p/c_v, 壁面温度と一様流温度との比，T_w/T_∞ や Prandtl 数 $\text{Pr} = \mu_\infty c_p/k_\infty$ のような相似パラメータが生じる．ここに，k_∞ は自由流の熱伝導率である．[*5] 熱力学は圧縮性流れ (第 7 から第 14 章) の学習には必須であり，熱伝達は粘性流れの学習 (第 15 から第 20 章) の一部である．したがって，これらの新しく加わる相似パラメータはこれ以降の議論で出てきたとき詳しく述べる．しかし，しばらくの間，Mach 数および Reynolds 数が我々の現時点での議論では支配的な相似パラメータと考えて十分である．

1.8 流れの相似

p. 41 2 つの異なった物体を過ぎる，2 つの異なった流れ場を考える．もし次のことが成立すれば，定義により，これらの異なった流れは**力学的に相似**である．すなわち，

1. 流線が幾何学的に相似である．
2. V/V_∞, p/p_∞, T/T_∞ 等が通常の無次元座標系にプロットされた場合に流れ場全体で同じである．
3. 力の係数が同じである．

実際，第 3 項は 第 2 項の結果である．すなわち，異なった物体上の無次元圧力及びせん断応力分布が同一であれば，無次元の力の係数は同一となるであろう．

[*5] 流体の**比熱**は温度を $1°$ 上げるために系に加えられる熱量 δq として定義される．すなわち，もし，δq が一定体積の系に加えられた場合は，$c_v = \delta q/dT$ であり，もし，δq が一定圧力の系に加えられた場合は，c_p である．比熱比は第 7.2 節で詳しく述べられる．熱伝導率は流体中の熱流量と温度勾配を関係づける．例えば，もし，$\dot{q}_x$ が単位時間あたり，また，単位面積あたりの x 方向へ伝達される熱とし，dT/dx が x 方向の温度勾配とすれば，そのとき，熱伝導率 k は $\dot{q}_x = -k(dT/dx)$ により定義される．熱伝導率については第 15.3 節で詳しく論ずる．

力学的相似の定義は上で与えられた．**疑問**：すなわち，2つの流れが力学的に同じであることを保証する**基準**は何なのか．その答えは第1.7節の次元解析結果からわかる．2つの流れは，もし次の条件が満足されるなら力学的に相似である．すなわち，

1. 2つの流れで，物体および他の固体壁境界が幾何学的に相似である．
2. 相似パラメータが2つの流れで同一である．

これまでは2つのパラメータ，Re と M_∞ を強調してきた．多くの空気力学的応用において，これらは圧倒的に支配的な相似パラメータである．したがって，限定的な意味ではあるが，多くの問題に応用できる点で，同じMach数およびReynolds数における幾何学的に相似である物体を過ぎる流れは力学的に相似であり，したがって，それらの物体の揚力，抵抗およびモーメント係数が同一であると言える．これが風洞試験の有効性の保証である．もし飛行機の縮尺模型が風洞で試験されるなら，風洞測定部の流れのMach数とReynolds数が自由飛行時の場合と同じである限り，計測された揚力，抵抗およびモーメント係数は自由飛行のそれと同じとなるであろう．次章以下でわかるように，流れに影響する他の相似パラメータが存在するため，ここで述べたことが必ずしも正確ではない．加えて，風洞と自由飛行との間の自由流乱れの相違が C_D に，および C_L の最大値に重要な影響を与える．しかしながら，自由飛行の Re と M_∞ を直接模擬することが多くの風洞試験の主目的である．

[例題 1.5]

二つの円柱を過ぎる流れを考える．図1.27に示すように，一方の円柱の直径は他方の4倍である．小さい円柱を過ぎる流れが，それぞれ，ρ_1, V_1, T_1 で与えられる密度，速度および温度をもつとする．大きい円柱を過ぎる流れが，それぞれ，ρ_2, V_2, T_2 で与えられる密度，速度および温度をもつ．ここに，$\rho_2 = \rho_1/4$, $V_2 = 2V_1$, $T_2 = 4T_1$ である．μ と c 両方が $T^{1/2}$ に比例すると仮定する．この2つの流れが力学的に相似であることを示せ．

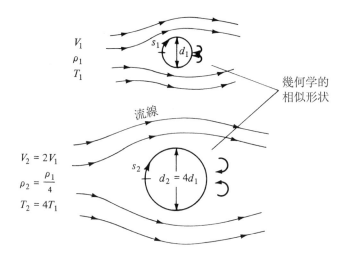

図1.27 流れの力学的相似の例．力学的相似の定義の一部として，流線 (速度がその線上のすべての点で接する曲線) は2つの流れで幾何学的に相似であることに注意せよ．

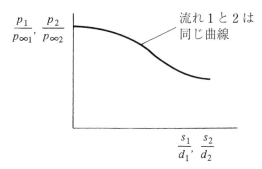

図 1.28 力学的相似流れの定義の 1 側面．無次元化された流れの変数分布は同一である．

[解答]p. 42

$\mu \propto \sqrt{T}$, $a \propto \sqrt{T}$ であるから，

$$\frac{\mu_2}{\mu_1} = \sqrt{\frac{T_2}{T_1}} = \sqrt{\frac{4T_1}{T_1}} = 2$$

また，

$$\frac{a_2}{a_1} = \sqrt{\frac{T_2}{T_1}} = 2$$

定義により

$$M_1 = \frac{V_1}{a_1}$$

そして，

$$M_2 = \frac{V_2}{a_2} = \frac{2V_1}{2a_1} = \frac{V_1}{a_1} = M_1$$

ゆえに，Mach 数は同一である．円柱の直径 d を基準長さとする Reynolds 数は定義により

$$\mathrm{Re}_1 = \frac{\rho_1 V_1 d_1}{\mu_1}$$

そして，

$$\mathrm{Re}_2 = \frac{\rho_2 V_2 d_2}{\mu_2} = \frac{(\rho_1/4)(2V_1)(4d_1)}{2\mu_1} = \frac{\rho_1 V_1 d_1}{\mu_1} = \mathrm{Re}_1$$

したがって，Reynolds 数は同じである．2 つの物体は幾何学的に相似であり，M_∞ と Re が同じであるので，2 つの流れが力学的に相似である基準すべてを満足した．すなわち，これらの 2 つの流れは力学的に相似である．次に，相似流れである結果として，定義から以下のことがわかる．すなわち，

1. 2 つの円柱まわりの流線パターンは幾何学的に相似である．

2. 無次元圧力，温度，密度，速度等の分布は 2 つの円柱まわりで同じである．これは図 1.28 に示されている．そこでは p.43 無次元圧力分布 p/p_∞ が無次元表面距離 s/d の関数として示されている．両円柱で同じ曲線である．

3. 2 つの円柱の抵抗係数は同一である．ここでは，$C_D = D/q_\infty S$ で，また，$S = \pi d^2/4$ である．流れの相似性の結果として，$C_{D1} = C_{D2}$ である．（注：図 1.27 を調べると，流れが円柱の中心を通る水平軸に関して対称であるので，円柱の揚力はゼロである．円柱上面の圧力分布は円柱下面のそれと同一であり，それらは垂直方向で互いに相殺し合う．したがって，抵抗がこの物体に働く唯一の空気力である．)

[例題 1.6]

標準高度 38,000 ft を 550 mi/h の速度で巡航している Boeing 747 旅客機を考える．その高度では，自由流の圧力および温度は，それぞれ，432.6 lb/ft^2，390°R である．実物 747 の 1/50 の縮尺模型機が風洞で試験される．その風洞の温度は 430°R である．風洞模型機の計測された揚力および抵抗係数が自由飛行の場合と同じになるようにするために必要な風洞における試験気流の速度および圧力を計算せよ．μ と a は $T^{1/2}$ に比例すると仮定する．

[解答]

添字 1，および 2 を，それぞれ，自由飛行と風洞試験の条件をあらわすものとする．$C_{L1} = C_{L2}$，$C_{D1} = C_{D2}$ であるので，風洞流れは自由飛行と力学的に相似でなければならない．これが成り立つためには，$M_1 = M_2$，$\mathrm{Re}_1 = \mathrm{Re}_2$ である．すなわち，

$$M_1 = \frac{V_1}{a_1} \propto \frac{V_1}{\sqrt{T_1}}$$

また，

$$M_2 = \frac{V_2}{a_2} \propto \frac{V_2}{\sqrt{T_2}}$$

p.44 ゆえに，

$$\frac{V_2}{\sqrt{T_2}} = \frac{V_1}{\sqrt{T_1}}$$

すなわち，

$$V_2 = V_1 \sqrt{\frac{T_2}{T_1}} = 550 \sqrt{\frac{430}{390}} = \boxed{577.5 \text{ mi/h}}$$

$$\mathrm{Re}_1 = \frac{\rho_1 V_1 c_1}{\mu_1} \propto \frac{\rho_1 V_1 c_1}{\sqrt{T_1}}$$

および，

$$\mathrm{Re}_2 = \frac{\rho_2 V_2 c_2}{\mu_2} \propto \frac{\rho_2 V_2 c_2}{\sqrt{T_2}}$$

ゆえに,

$$\frac{\rho_1 V_1 c_1}{\sqrt{T_1}} = \frac{\rho_2 V_2 c_2}{\sqrt{T_2}}$$

すなわち,

$$\frac{\rho_2}{\rho_1} = \left(\frac{V_1}{V_2}\right)\left(\frac{c_1}{c_2}\right)\sqrt{\frac{T_2}{T_1}}$$

しかるに、$M_1 = M_2$ であるから,

$$\frac{V_1}{V_2} = \sqrt{\frac{T_1}{T_2}}$$

したがって,

$$\frac{\rho_2}{\rho_1} = \frac{c_1}{c_2} = 50$$

完全気体の状態方程式は $p = \rho RT$ であり,ここで,R は特定の気体定数である.したがって,

$$\frac{p_2}{p_1} = \frac{\rho_2}{\rho_1}\frac{T_2}{T_1} = (50)\left(\frac{430}{390}\right) = 55.1$$

ゆえに,

$$p_2 = 55.1 p_1 = (55.1)(432.6) = \boxed{23{,}836 \text{ lb/ft}^2}$$

1 atm = 2116 lb/ft^2 であるから,$p_2 = 23{,}836/2116 = \boxed{11.26 \text{ atm}}$

　例題 1.6 において,風洞試験気流は自由飛行 Reynolds 数を実現するため,大気圧よりはるかに高く加圧されなければならない.しかしながら,大部分の標準的な亜音速風洞はそこまで加圧されていない.なぜなら,そのためにはさらに大きな経済的負担が増えるからである.これは風洞試験における一般的な困難さの 1 つを示している.すなわち,同一風洞で Mach 数および Reynolds 数を両方とも同時に模擬する困難さである.NACA (米国航空評議会,NASA の前身) は 1922 年に Virginia 州 Hampton にある NACA Langley 記念研究所 (NACA Langley Memorial Laboratory) で 1 つの加圧風洞の運転を開始した.この風洞は 20 atm まで加圧される大きなタンク内に完全に納められた亜音速風洞であった.可変密度風洞 (VDT) と言われ,この施設は 1920 年代から 1930 年代において用いられ,自由飛行での高 Reynolds 数における NACA 翼型ファミリーに関する必須データを生み出した.p. 45 NACA 可変密度風洞の写真が図 1.29 に示されている.この風洞を覆っている重構造の圧力殻に注目すべきである.圧力殻内にある VDT の断面が図 1.30 に示してある.これらの図は 1 つの風洞で,自由飛行での重要な相似パラメータの値を同時に模擬するためにしばしば採用される極端な方法を示している.最近では,たいてい,相似パラメータすべてを同時に合わせようとはしない.すなわち,むしろ,Mach 数をある 1 つの風洞で合わせ,Reynolds 数を別の風洞で合わせる.両風洞からの結果は解析され,自由飛行に合った,適切な C_L や C_D の値を得るため補正される.いずれにしても,

図 1.29 NACA 可変密度風洞 (VDT) は 1921 年 3 月に認可され，この VDT は Virginia 州 Hampton にある NACA Langley 記念研究所において 1922 年 10 月に運転可能となった．それは本質的に，耐圧 20 atm の 85-ton 圧力殻に格納された，大きな亜音速風洞である．この風洞は 1920 年代から 1930 年代において，多くの NACA 翼型系列を開発するための道具であった．1940 年代初期に，風洞としての使用目的から外され，高圧空気タンクとして用いられた．1983 年には，老朽化と時代遅れのリベット構造のため，その用途からも外された．現在，この VDT は NASA Langley 研究センターにあり，国家歴史建造物に指定されている．(NASA の好意による)

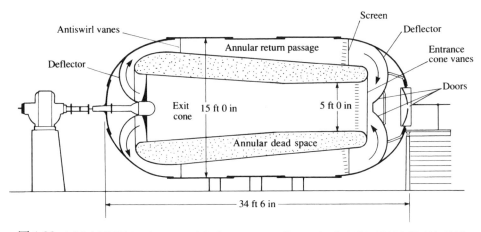

図 1.30 可変密度風洞図 (*Baals, D.D. and Carliss, W.R.*, Wind Tunnels of NASA, *NASA SP-440, 1981*)

本例題は，与えられた風洞で，実機自由飛行を模擬する困難さを示すのに役立っており，実験空気力学における力学的相似流れの重要性を力説している．

デザイン・ボックス p. 46

揚力および抵抗係数は飛行機の初期設計や性能解析において強力な役を演じる．本 "デザイン・ボックス" の目的は航空工学において，C_L や C_D の重要性をより強調することである．すなわち，それらはこれまで論議されてきた，単に利便的に定義された学術用語というだけではなく，航空機の性能等を合理的に検討し判定するのに用いられる基本的な数量である．

図 1.31 に示すように，定常，平坦 (水平) 飛行をしている飛行機を考える．この場合，重量 W は垂直方向下向きに働く．揚力 L は (定義により) 相対速度 V_∞ に直角に，垂直方向上向きに働く．水平飛行するこの飛行機を支えるためには，

$$L = W$$

推進装置からの推力 T と抵抗 D はともに V_∞ と平行である．定常 (加速のない) 飛行では，

$$T = D$$

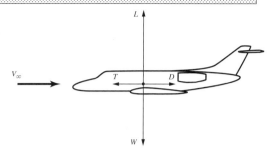

図 1.31 飛行中の飛行機に働く 4 つの力

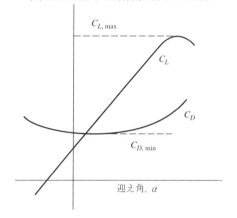

図 1.32 迎え角に対する揚力および抵抗係数変化の概略図 (最大揚力係数および最小抵抗係数を示す)．

大部分の通常飛行状態において，L と W の大きさは図 1.31 の略図に示されるように T や D の大きさよりはるかに大きいことに注意すべきである．通常の巡航において，典型的には，$L/D \approx 15 \sim 20$ である．

図 1.31 に描かれたような**与えられた形状**の飛行機に関して，与えられた Mach 数および Reynolds 数において，C_L および C_D は単純に飛行機の迎え角，α のみの関数である．これは式 (1.42)，および式 (1.43) により伝えられるメッセージである．それは単純かつ基礎的なメッセージである．すなわち，自然の美の 1 つ，ある与えられた物体の C_L や C_D の実際の値は流れの中の物体の方向，(すなわち，迎え角) にまったく依存する，ということである．C_L と C_D の α に対する一般的な変化は図 1.32 に示されている．迎え角が，p. 47 主翼が失速する，すなわち，揚力係数が最大値に達するまで，C_L は α に対して線形的に増加し，そして，α がさらに増加すると減少することに注意すべきである．揚力係数の最大値は図 1.32 に記されているように，$C_{L,\max}$ で表される．

飛行機が定常，水平飛行を維持できる最低の速度が失速速度，V_{stall} である．すなわち，それは次のように $C_{L,\max}$ の値により決定される．[*6] $L = W$ の水平飛行の場合に適用した，第 1.5 節

[*6] 最低速度はむしろ原動機の利用馬力を越える，水平飛行を保持するために必要な馬力により決定される．これは「馬力曲線の底」で発生する．これが生じる速度はしばしば失速速度より低く，それはむしろ単に学術的な興味のものである．詳しくは Anderson の *Aircraft Performance and Design*, McGraw-Hill, 1999 を参照せよ．

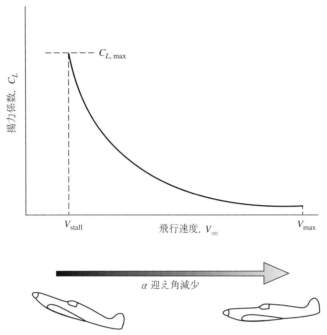

図 1.33 水平飛行時の速度に対する揚力係数変化

で与えられる揚力係数の定義から，

$$C_L = \frac{L}{q_\infty S} = \frac{W}{q_\infty S} = \frac{2W}{\rho_\infty V_\infty^2 S} \quad (1.45)$$

を得る．式 (1.45) を V_∞ について解くと，

$$V_\infty = \sqrt{\frac{2W}{\rho_\infty S C_L}} \quad (1.46)$$

与えられた高度を飛行している飛行機に関して，W, ρ および S は決まった値である．したがって，式 (1.46) から，速度は特定の C_L の値に対応する．特に，V_∞ は C_L が最大のとき最小になる．したがって，与えられた飛行機の失速速度は式 (1.46) からの $C_{L,\max}$ により決定される．

$$V_{\text{stall}} = \sqrt{\frac{2W}{\rho_\infty S C_{L,\max}}} \quad (1.47)$$

いかなる人工的な装置の助けを持たない，与えられた飛行機について，$C_{L,\max}$ は純粋にその飛行機まわりの空気力学的流れ場に関する物理法則により決定される．しかしながら，飛行機設計者は $C_{L,\max}$ を人工的に基本の飛行機形状のもの以上に増加させるいくつかの装置を用いる．これらの機械的装置は**高揚力装置** (*high-lift devices*) と呼ばれる．パイロットにより展開されると $C_{L,\max}$ を増加させ，したがって，失速速度を減少させる，主翼に取り付けられたフラップ，スラットやスロットがその例である．高揚力装置は通常，着陸や離陸時に展開される．これらは第 4.12 節でもっと詳しく論議される．

飛行速度のもう 1 つの極限に関して，エンジンの最大推力が与えられた，ある与えられた飛行機の最大速度は最小抵抗係数，$C_{D,\min}$ の値により決定される．ここに，$C_{D,\min}$ は図 1.32 に印されている．第 1.5 節の抵抗係数の定義より，$T = D$ である定常水平飛行の場合に適用すると，

$$C_D = \frac{D}{q_\infty S} = \frac{T}{q_\infty S} = \frac{2T}{\rho_\infty V_\infty^2 S} \quad (1.48)$$

第1章 空気力学について

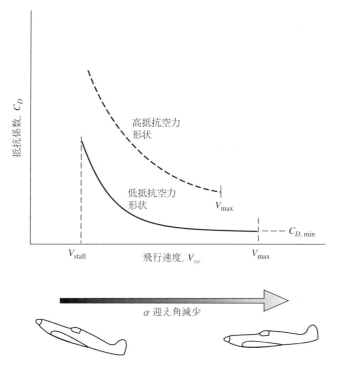

図 1.34 水平飛行に関する飛行速度に対する抵抗係数変化図．最大速度におよぼす影響について，高抵抗および低抵抗空気力学的物体との比較

を得る．式 (1.48) を V_∞ について解くと，

$$V_\infty = \sqrt{\frac{2T}{\rho_\infty S C_D}} \tag{1.49}$$

最大推力 T_{max} で，また，与えられた高度を飛行している，ある与えられた飛行機に関して，式 (1.49) から，最大速度 V_{max} は $C_{D,min}$ での飛行に対応する．

$$V_{max} = \sqrt{\frac{2T_{max}}{\rho_\infty S C_{D,min}}} \tag{1.50}$$

上述の論議から，空気力学係数は飛行機の性能や設計に影響を与える重要な工学的 p.48 数量であることは明らかである．例えば，失速速度は，一部分 $C_{L,max}$ により決まり，最大速度は，一部分 $C_{D,min}$ により決まる．

ここでの論議をある与えられた飛行機の全飛行速度範囲に拡張する場合，式 (1.45) より，その V_∞ はその飛行状態での特定の C_L の値に対応していることに注意すべきである．したがっ

て，V_{stall} から V_{max} までの全飛行速度範囲において，飛行機の揚力係数は，一般的に，図 1.33 に示されるように変化する．図 1.33 の曲線で与えられる C_L の値は，与えられた高度で，全速度範囲内で水平飛行を維持するために**必要とされる揚力係数**である．飛行機設計者は与えられた重量と翼面積でこれらの C_L 値を**達成する**飛行機を設計しなければならない．必要な C_L は V_∞ が増加すると減少することに注意すべきである．図 1.33 に示されている迎え角による揚力係数の変化を調べると，図 1.33 にも示されているように，飛行機が速く飛行すればするほど迎え角はより低くなければならないことがわかる．ゆえに，高速では，飛行機は低い α をとり，低速では高い α になる．すなわち，飛行機が特定の V_∞ で取らなければならない特定の迎え角はその速度で要求される特定の C_L により影響を受けるのである．

物体に働く自然のままの揚力を求めることは比較的簡単である．それは，納屋のドアでも迎

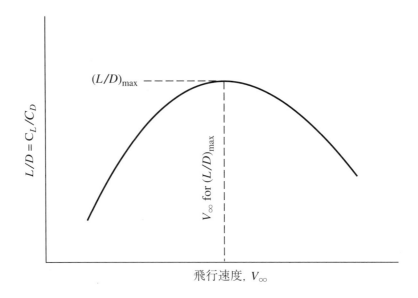

図 1.35 水平飛行における飛行速度による揚抗比の一般的変化

え角があれば揚力を作るからである．このゲームの本質はできるだけ低い抵抗で，必要な揚力を得ることである．すなわち，飛行機の全飛行範囲内で必要とされる C_L の値は，図 1.33 に示されているように，しばしば，最も効率の悪い揚力体状態でも得ることができる．すなわち，迎え角を十分大きくすれば良い．しかし，C_D はまた，式 (1.48) で支配されるように，V_∞ により変化する．V_∞ による C_D の一般的な変化が図 1.34 に示されている．空気力学的に非効率な物体は，図 1.33 に示される必要な揚力を作りだせるけれども，図 1.34 の破線で示されるように，異常に高い C_D の値 (すなわち，図 1.34 におけるその C_D 曲線はグラフでは上方へ移動する) をもつことになる．p. 49 しかしながら，空気力学的に効率の良い物体は図 1.34 の実線で示されるようなより低い抵抗で，図 1.33 にある，要求された C_L 値を作りだせる．高い抵抗をもつ形状による好ましくない副産物は図 1.34 にも示されているように，同じ最大推力に対して最大速度がより低くなることである．

最後に，物体形状の空気力学的効率の真の尺度は次式で与えられる**揚抗比** (*lift-to-drag ratio*)

であることを強調しておく．

$$\frac{L}{D} = \frac{q_\infty S C_L}{q_\infty S C_D} = \frac{C_L}{C_D} \quad (1.51)$$

与えられた速度および高度での飛行に必要な C_L 値は式 (1.45) により与えられる関係から，飛行機の重量と翼面積 (実際は，**翼面荷重** (*wing loading*) と称する，W/S なる比) で決定されるので，この飛行速度における L/D の値は式 (1.51) の分母，C_D により制御される．任意の与えられた速度において，L/D をできるだけ高くしたい．すなわち，L/D が高ければ高いほど，その物体はより空気力学的効率が良いからである．ある与えられた高度における，ある与えられた飛行機に関し，速度の関数としての L/D の一般的な変化が図 1.35 に示してある．V_∞ が低い値から増加すると，L/D は最初，増加し，ある中間の速度で最大値に達し，それから減少することに注意すべきである．前に説明したように，V_∞ が増加すると，飛行機の迎え角が減少することに注意すべきである．厳密な空気力学的考察から，与えられた物体形状の L/D は迎え角に依存する．これは図 1.32 からわかる．

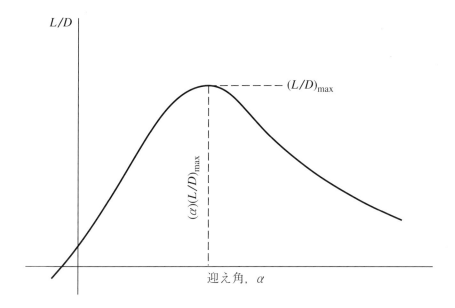

図 1.36 迎え角による揚抗比の一般的変化

p. 50 その図で，C_L および C_D が α の関数として与えられている．もし，これら 2 つの曲線の比をとるとすると，結果は，図 1.36 に一般的に示されたように，迎え角の関数としての L/D である．図 1.35 の図 1.36 に対する関係は次のようになる．すなわち，飛行機が，図 1.35 に示されるように $(L/D)_{max}$ に対応する速度で飛行しているとき，その飛行機は図 1.36 に示されるように $(L/D)_{max}$ での迎え角をとっているということである．

要約すると，この"デザイン・ボックス"の目的は飛行機の性能解析や設計における空気力学的**係数**により演じられる重要な役割を強調することにある．この議論において，p. 51 重要であるものは，本質的に揚力や抵抗ではなく，むしろ C_L と C_D である．これらの係数は物体の空気力学的特性をより良く理解したり，理にかなった，知的な計算をすること等を助けてくれる素晴しい知的な産物である．したがって，それらは，最初に第 1.5 節で導入されたときに一見，単に利便的 に定義されたような量，それ以上のものである．

これらの係数のさらに深い工学的価値については，Anderson の *Aircraft Performance and Design* (McGraw-Hill, 1999) や Anderson の *Introduction to Flight*, 6th edition (McGraw-Hill, 2008) を読むことを勧める．また，本章の終わりにある演習問題 1.15 が読者に実際の飛行機の C_L と C_D，また，飛行速度に対する L/D の曲線を求める機会を与えてくれる．そして，読者は，本節で一般的に図だけで示されたものに対して，現実の数値としての感覚を得ることができる．（ここでの論議において，一般的な図を教育の目的で意識して用いて来た．）最後に，空気力学係数の最初の使用に関する歴史的な考察は第 1.14 節に示してある．

[例題 1.7]

図 1.37 の三面図に示す Cessna 560 Citation V にならって作られたエグゼクティブ・ジェット機を考える．この飛行機は高度 33,000 ft を速度，492 mph で巡航している．その高度での大

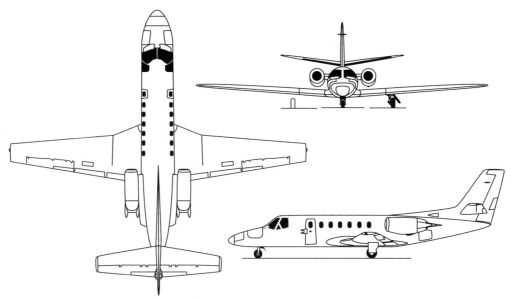

図 1.37 Cessna 560 Citation V

気密度は 7.9656×10^{-4} slug/ft^3 である．この飛行機の重量と翼面積は，それぞれ，15,000 lb および 342.6 ft^2 である．巡航時の抵抗係数は 0.015 である．巡航時の揚力係数と揚抗比を計算せよ．

[解答]
　速度に関する"マイル/時"の単位は一貫性のある単位ではない．英国工学単位系では，"フィート/秒"が速度の単位である (文献 2 の第 2.4 節を見よ)．mph と ft/s との単位変換するために，88 ft/s = 60 mph であることを覚えておくと便利である．p. 52 本例題では，

$$V_\infty = 492 \left(\frac{88}{60}\right) = 721.6 \text{ ft/s}$$

式 (1.45) から，

$$C_L = \frac{2W}{\rho_\infty V_\infty^2 S} = \frac{2(15,000)}{(7.9656 \times 10^{-4})(721.6)^2(342.6)} = \boxed{0.21}$$

式 (1.51) より，

$$\frac{L}{D} = \frac{C_L}{C_D} = \frac{0.21}{0.015} = \boxed{14}$$

注：図 1.37 に示されるような通常の飛行機において，巡航条件での揚力の大部分は主翼により作りだされる．すなわち，胴体や尾翼の揚力は主翼のそれと比べ非常に小さい．したがって，主翼は空気力学的な"挺子"と見ることができる．本例題において，揚抗比が 14 であり，それは 1 ポンドの抵抗に打ち勝つために 1 ポンドの推力を消費し，主翼は 14 ポンドの重量を持ち上げることを意味している．すこぶる良好な値である．

[例題 1.8]

例題 1.7 と同じ飛行機は 15,900 lb の最大離陸重量において海面高度における失速速度, 100 mph をもつ. 標準海面高度における大気密度は 0.002377 slug/ft³ である. この飛行機の最大揚力係数を計算せよ.

[解答]

ここでも, 一貫性のある単位を用いなければならない. それで,

$$V_{\text{stall}} = 100 \frac{88}{60} = 146.7 \text{ ft/s}$$

式 (1.47) を $C_{L_{\max}}$ について解くと, 次の結果を得る.

$$C_{L_{\max}} = \frac{2W}{\rho_\infty V_{stall}^2 S} = \frac{2(15,900)}{(0.002377)(146.7)^2(342.6)} = \boxed{1.81}$$

1.9 静水力学：浮力

空気力学では運動する流体やそのような運動による物体に働く合力やモーメントを取り扱う. しかしながら, 本節では流体が運動していない特別な場合 (すなわち, **静水力学**) を考える. 流体中に沈められた物体は, その物体と流体との間に相対運動がない場合でも, なおも力を感じる. なぜであるかを見てみよう.

最初に流体要素それ自身に働く力を考えなければならない. 図 1.38 に示されるよう xz 平面より上方に静止流体を考える. 垂直方向は y で与えられる. 辺の長さ, dx, dy, および dz をもつ微小流体要素を考える. この流体要素に働く力は 2 種類ある. すなわち, まわりの流体からその流体要素の表面に働く圧力による力と, p. 53 その要素体内にある流体の重量による重力

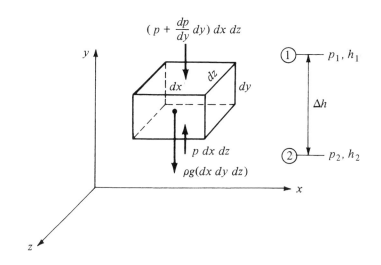

図 1.38 静止流体中の流体要素に働く力

による力である．y 方向の力を考える．この微小体の底面に働く圧力は p である．したがって，図 1.38 に示されるように，底面に働く力は上向きで，$p(dxdz)$ である．この要素体の上面に働く圧力は底面に働く圧力と僅かに異なっている．なぜなら，この上面は流体中で異なった位置にあるからである．dp/dy を p の y に関する変化率とする．そうすると，この要素の上面に働く圧力は $p + (dp/dy)dy$ である．そして，図 1.38 に示されるように，要素上面の圧力による力は下向きに $[p + (dp/dy)dy](dxdz)$ である．したがって，上向きの力を正とすると，

$$\text{圧力による最終的な力} = p(dxdz) - \left(p + \frac{dp}{dy}dy\right)(dxdz)$$
$$= -\frac{dp}{dy}(dxdydz)$$

を得る．ρ を流体要素の平均密度とする．この要素の全質量は $\rho(dxdydz)$ である．したがって，

$$\text{重力による力} = -\rho(dxdydz)g$$

ここで，g は重力加速度である．この流体要素は静止している (平衡状態にある) ので，それに作用する力の合計はゼロでなければならない．すなわち，

$$-\frac{dp}{dy}(dxdydz) - g\rho(dxdydz) = 0$$

すなわち，

$$\boxed{dp = -g\rho dy} \tag{1.52}$$

式 (1.52) は**静水力学方程式**と称せられている．すなわち，それは流体中の圧力変化，dp を垂直方向高さ変化，dy と関係づける微分方程式である．

p. 54 この要素に作用する正味の力は垂直方向にのみ働く．その前面および後面に働く圧力による力は同じ大きさで，方向が反対であり，したがって，打ち消し合う．左側面および右側面の力についても同様である．また，図 1.38 に示されている圧力による力は上面および下面の中心に働き，そして，(流体が均一であると仮定して) 重心は要素体の中心にある．したがって，図 1.38 における力はすべて同一線上にあり，結果として，この要素にモーメントは働かない．

式 (1.52) は我々を覆っている空気において，高度の関数としての大気諸量の変化を支配している．それは金星，火星，また木星など惑星大気の諸量の推定にも用いられる．"標準大気" の解析と計算に式 (1.52) を用いることについては文献 2 に詳しく述べられている．したがって，ここではその詳細を繰り返さない．しかしながら，付録 D, E は米国空軍により編纂されたものだが，1959 年 ARDC 地球大気モデルによる特性値の表が含まれている．これらの標準大気表は，本書において，例題やいくつかの章末にある演習問題を解くときに使うため含まれている．さらに，本節の最後にある例題 1.10 は，この静水力学方程式が付録 D, E に記載されているいくつかの値を求めるためにいかに使われるかを説明している．

流体を液体とする．その場合は ρ を一定と仮定できる．図 1.38 の右側に描かれているように，垂直距離 Δh だけ離れた点 1 および 2 を考える．これらの点の圧力と y 方向距離は，それ

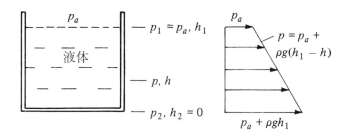

図 1.39 容器の側壁上の液圧分布

それぞれ，p_1, h_1 および p_2, h_2 である．式 (1.52) を点 1 と 2 の間で積分すると，

$$\int_{p_1}^{p_2} dp = -\rho g \int_{h_1}^{h_2} dh$$

を得る．すなわち，

$$p_2 - p_1 = -\rho g (h_2 - h_1) = \rho g \Delta h \tag{1.53}$$

ここに，$\Delta h = h_1 - h_2$ である．式 (1.53) は次のようにもっと便利な形式で書くことができる．

$$p_2 + \rho g h_2 = p_1 + \rho g h_1$$

すなわち，

$$\boxed{p + \rho g h = \text{constant}} \tag{1.54}$$

式 (1.53) および式 (1.54) において，h の値が増加することは正の y 方向 (上方へ) であることに注意すべきである．

式 (1.54) の簡単な適用は液体を入れた，上面が大気に開放されている容器の側壁における圧力分布の計算である．これは図 1.39 に示されている．ここに，液体の最上部は高さ h_1 にある．大気圧 p_a が液体の上面にかかっている．したがって，h_1 における圧力は単に p_a である．式 (1.54) を ($h = h_1$ である) 最上面と任意高さ h 間で適用して，次式を得る．

$$p + \rho g h = p_1 + \rho g h_1 = p_a + \rho g h_1$$

すなわち，

$$p = p_a + \rho g (h_1 - h) \tag{1.55}$$

p. 55 式 (1.55) は h の関数として容器の垂直側壁上の圧力分布を与える．図 1.39 に表されているように，その圧力は h の線形関数であること，また，圧力は液表面から下への深さにより増加するということに注意すべきである．

もう 1 つの簡単で有用な，式 (1.54) の適用例として図 1.40 に示すような圧力差の測定に用いられる，液体を入れた U 字管マノメータである．このマノメータは通常，U 字形に曲げられ

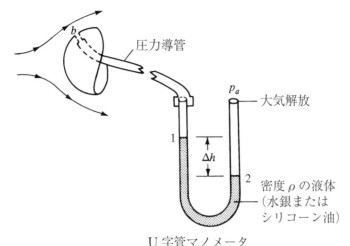

図 1.40 U 字管マノメータによる圧力測定

た中空のガラス管で作られている．空気流中 (風洞気流中など) に置かれた空気力学的物体があり，その物体上の b 点における表面圧力を測定するのにこのマノメータを用いるとしよう．点 b における小さな圧力オリフィス (孔) は長い (通常，柔軟な) 圧力導管でマノメータの一端と接続されている．マノメータのもう一方の端は大気に開放されている．ここに，圧力 p_a は既知量である．U 字管は密度 ρ のわかった液体で部分的に満たされている．この U 字管の左右の管における液体 (液柱) の頂点が，それぞれ，高さ h_1 の点 1 および高さ h_2 の点 2 にある．物体表面圧力 p_b は圧力導管を通り伝達され，点 1 で液柱の頂点に働く．大気圧 p_a は点 2 でその液柱の頂点に働く．一般的に，$p_b \neq p_a$ であるので，液柱の頂点は異なった高さになる，(すなわち，マノメータの両側の液柱はその流体の変位差 $\Delta h = h_1 - h_2$ を示すであろう)．このマノメータから物体上の p.56 点 b における表面圧力の値を Δh を読むことにより得たいのである．点 1 と点 2 の間に適用した式 (1.54) から，

$$p_b + \rho g h_1 = p_a + \rho g h_2$$

すなわち，

$$p_b = p_a - \rho g (h_1 - h_2)$$

すなわち，

$$p_b = p_a - \rho g \Delta h \tag{1.56}$$

式 (1.56) において，p_a，ρ および g はわかっており，Δh は U 字管マノメータから読み取れる．したがって，p_b を測定できる．

本節の初めのところで，流体中に沈められた物体は，その物体と流体との間の相対運動がない場合でも外力を受けることを述べた．ここで，その力，これ以降は**浮力**と呼ぶ，に関する式を導く．我々は静止している気体あるいは液体中にある物体を考える．したがって，ρ は変数であっても良い．簡単化のため，図 1.41 に示すように，単位幅で，長さ l，高さ $(h_1 - h_2)$ の直方

体を考える．図 1.41 を調べると，物体表面上の圧力分布によりこの物体に働く垂直方向の力 F は，

$$F = (p_2 - p_1)\,l\,(1) \tag{1.57}$$

である．水平方向には力は働かない．なぜなら，この直方体の垂直面上の圧力分布は大きさが同じで方向が反対の力を生じ，これらは互いに打ち消しあう．式 (1.57) において，$p_2 - p_1$ については静水力学方程式，式 (1.52) を上面と底面との間で積分して得られる．すなわち，

$$p_2 - p_1 = \int_{p_1}^{p_2} dp = -\int_{h_1}^{h_2} \rho g\, dy = \int_{h_2}^{h_1} \rho g\, dy$$

この結果を式 (1.58) に代入して，浮力の式を得る．

$$F = l(1) \int_{h_2}^{h_1} \rho g\, dy \tag{1.58}$$

p. 57 式 (1.58) の積分部分の意味を考えてみる．図 1.41 の右側に示されるように，高さ dy で単位長さの幅と長さをもつ小さな流体要素の重量は $\rho g\, dy (1)(1)$ である．次に，単位面積の底面と高さ $(h_1 - h_2)$ の流体の重量は，

$$\int_{h_2}^{h_1} \rho g\, dy$$

これは正に式 (1.58) の積分部分である．さらに，これらの液柱を並列に l 並べると，図 1.41 における左側の物体の体積と同一である流体の体積を得る．そして，この**流体の全体積の重量**は，

$$l \int_{h_2}^{h_1} \rho g\, dy$$

これは，正に式 **(1.58) の右辺**そのものである．したがって，式 (1.58) は言葉で書くと

物体に働く浮力　＝　物体によりおしのけられた流体の重量

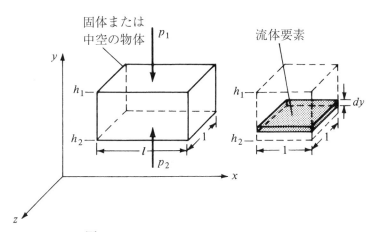

図 1.41 流体中にある物体に働く浮力について

我々はいまちょうどギリシャの科学者，Syracuse の Archimedes (B.C. 287–212) により最初に出された，有名な *Archimedes の原理*を証明したのである．証明を簡単化するため，直方体を用いたが，この Archimedes の原理は任意の一般的な形状の物体でも成立する (本章の終にある演習問題 1.14 を見よ)．また，本節での証明から，Archimedes の原理は気体と液体の両方で成立し，また，密度が一定である必要はないことに注意すべきである．

液体の密度は，通常，気体の密度に比べ数オーダー大きい (例えば，水の場合，$\rho = 10^3$ kg/m^3 であるのに対して，空気の場合は $\rho = 1.23$ kg/m^3 である)．したがって，与えられた物体は水中では空気中よりも 1000 倍の浮力を受ける．明らかに，船舶にとって浮力は最重要であるのに対し，飛行機にとってはそれを無視できる．他方，飛行船や熱気球のような軽航空機は空中に浮かぶためには浮力に依存している．すなわち，それらは単純に巨大な体積の空気を排除することで十分な浮力を得ているのである．しかしながら，空気力学における大部分の問題に関して，浮力は非常に小さいので容易に無視できる．

[例題 1.9]

膨らんだ直径が 30 ft の熱気球が 800 lb の重量物を運んでいる．これは気球内に含まれる熱空気の重量を含んでいる．(*a*) 海面上で係留索が解き放たれた瞬間の上向き加速度，および (*b*) この熱気球が到達できる最高高度，を計算せよ．標準大気における密度変化は，$\rho = 0.002377(1 - 7 \times 10^{-6} h)^{4.21}$ で与えられると仮定せよ．ここに，h は ft で表した高度，ρ の単位は slug/ft^3 である．

[解答]$^{\text{p. 58}}$

(*a*) 海面上，$h = 0$ で，$\rho = 0.002377$ slug/ft^3 である．膨らんだ気球の体積は $\frac{4}{3}\pi(15)^3 = 14,137$ ft^3 である．したがって，

$$\text{浮力} = \text{排除された空気の重量}$$
$$= g\rho\mathcal{V}$$

ここで，g は重力加速度であり，$\mathcal{V}$ は気球の体積である．

$$\text{浮力} \equiv B = (32.2)(0.002377)(14,137) = 1082 \text{ lb}$$

海面における正味の上向きの力は $F = B - W$ であり，W は気球の重量である．Newton の第二法則から，

$$F = B - W = ma$$

ここに，m は気球の質量であり，$m = \frac{800}{32.2} = 24.8$ slug である．したがって，

$$a = \frac{B - W}{m} = \frac{1082 - 800}{24.8} = \boxed{11.4 \text{ ft/s}^2}$$

(*b*) $B = W = 800$ lb のとき，最高高度に到達する．$B = g\rho\mathcal{V}$ であり，気球の体積が変化しないと仮定すると，

$$\rho = \frac{B}{g\mathcal{V}} = \frac{800}{(32.2)(14,137)} = 0.00176 \text{ slug/ft}^3$$

与えられた ρ の高度 h による変化から，

$$\rho = 0.002377(1 - 7 \times 10^{-6}h)^{4.21} = 0.00176$$

上式を h について解くと，次の結果を得る．

$$h = \frac{1}{7 \times 10^{-6}}\left[1 - \left(\frac{0.00176}{0.002377}\right)^{1/4.21}\right] = \boxed{9842 \text{ ft}}$$

[例題 1.10]

本例題の目的は，付録 D および E における標準大気表が静水力学方程式を用いていかに作成されたかを示すことである．標準大気表の作成と使用法に関する完全な論議は参考文献 2 の第 3 章に与えられている．

海面から高度 11 km まで，標準高度は，温度の高度 h に対する線形変化に基づいている．ここに，T は単位キロメートルあたり -6.5 K (減率) で減少する．海面において，標準圧力，密度および温度は，それぞれ，1.01325×10^5 N/m^2，1.2250 kg/m^3 および 288.16 K である．標準高度 5 km における気圧，密度および温度を計算せよ．

[解答]

式 (1.52) を繰り返すと，

$$dp = -g\rho dy = -g\rho dh$$

完全気体の状態方程式は第 7 章に式 (7.1) として与えられる．

$$p = \rho R T$$

ここに，R は特定の値をもつ気体常数である．式 (1.52) を式 (7.1) で割ると，

$$\frac{dp}{p} = -\frac{g}{R}\frac{dh}{T} \tag{E1.1}$$

を得る．減率を a で表すと，定義により

$$a \equiv \frac{dT}{dh}$$

すなわち，

$$dh = \frac{dT}{a} \tag{E1.2}$$

を得る．式 (E1.2) を式 (E1.1) に代入すると

$$\frac{dp}{p} = -\frac{g}{aR}\frac{dT}{T} \tag{E1.3}$$

を得る．式 (E1.3) を，気圧と温度の標準値が，それぞれ，p_s および T_s で表される海面から，気圧および温度が，それぞれ，p および T で表される，ある与えられた高度 h まで積分する．

$$\int_{p_s}^{p} \frac{dp}{p} = -\int_{T_s}^{T} \frac{g}{aR} \frac{dT}{T}$$

すなわち，

$$\ln \frac{p}{p_s} = -\int_{T_s}^{T} \frac{g}{aR} \frac{dT}{T} \tag{E1.4}$$

である．式 (E1.4) において，a と R は定数であるが，重力加速度，g は高度により変化する．式 (E1.4) の積分は g が高度に対して一定，海面における値，g_s に等しいと仮定することにより簡単化される．この仮定を用いると，式 (E1-4) は

$$\ln \frac{p}{p_s} = -\frac{g_s}{aR} \ln \frac{T}{T_s}$$

すなわち，

$$\frac{p}{p_s} = \left(\frac{T}{T_s}\right)^{-g_s/aR} \tag{E1.5}$$

となる．

注：ここで，海面からの実際の"巻尺により測った"幾何学的高度，h_G と一定 g の仮定と矛盾しない，多少仮想的な高度であるジオポテンシャル高度，h とを区別をしなければならない．すなわち，次式のように静水力学方程式を書くとき，

$$dp = -g\rho dh_G$$

g を高度の関数として扱っているのであり，したがって，この高度は実際の幾何学的高度，h_G である．他方，g が一定である，例えば海面における値，p. 60 g_s に等しいと仮定するとき，静水力学方程式は

$$p = -g_s \rho dh \tag{E1.6}$$

である．ここに，h はジオポテンシャル高度であり，一定 g の仮定と矛盾しない．通常の大気中の飛行と関連した適度な高度において，g_G と g との間の差は非常に小さい．付録 D から，高度は 2 つの列に与えられていて，最初の列は幾何学的高度であり，2 番目の列はジオポテンシャル高度であることを見て知っておくべきである．本例題について，高度 5 km の特性を計算している．これは実際の"巻尺で測った"高度である．対応するジオポテンシャル高度，h は 4.996 km であり，わずか 0.08 パーセントの差である．与えられた h_G についての h の計算は参考文献 2 で導かれている．すなわち，それはここでの論議に重要ではないのである．しかしながら，重要なことは，式 (E1.5)，あるいは，その他の，一定の g を仮定する式を用いるとき，ジオポテンシャル高度を用いなければならないということである．5 km の幾何学的高度の特性を計算している本例題の計算に関して，用いている式にジオポテンシャル高度の値，4.996 km を用いなければならない．

式 (E1.5) は気圧の温度による変化を陽的に，そして，温度が与えられた減率 $a = dT/dh = -6.5$ K/km により高度の既知の関数であるので，高度による変化を陽的に与える．特に，ここで考えている高度領域において，T は高度に対して線形的に変化するので，

第1章 空気力学について　　57

$$T - T_s = ah \tag{E1.7}$$

である．式 (E1.7) において，h はジオポテンシャル高度である．与えられた値である，$a = -6.5$ K/km $= -0.0065$ K/m はジオポテンシャル高度変化にもとづいたものである．したがって，式 (E1.7) から 5 km という特定の幾何学的高度において，次を得る．

$$T - 288.16 = -(0.0065)(4996) = -32.474$$

$$T = 288.16 - 32.474 = \boxed{255.69 \text{ K}}$$

この T の値はまさに幾何学的高度 5000 m に関する付録 D にある値である．

式 (E1.5) において，空気について，$R = 287$ J/kgK である．
したがって，この指数は

$$\frac{-g_s}{aR} = -\frac{(9.80)}{(-0.0065)(287)} = 5.25328$$

である．そして，

$$\frac{p}{p_s} = \left(\frac{T}{T_s}\right)^{-g_s/aR} = \left(\frac{255.69}{288.16}\right)^{5.25328} = 0.53364$$

$$p = 0.53364 p_s = 0.53364(1.01325 \times 10^5)$$

$$p = \boxed{5.407 \times 10^4 \text{ N/m}^2}$$

この気圧の値は付録 D にある値と 0.04 パーセント以内で一致している．このわずかな差異はここで用いた $R = 287$ J/(kg)(K) の値によるものである．そしてこの数値は空気の分子量に依存し，また，この分子量は資料により少しずつ変わっている．

最後に，密度は状態方程式から得られる．

$$\rho = \frac{p}{RT} = \frac{5.407 \times 10^4}{(287)(255.69)} = \boxed{0.7368 \text{ kg/m}^3}$$

これは付録 D の値と 0.05 パーセント以内で一致している．

[例題 1.11]

　垂直に立てられた水銀を用いた U 字管マノメータを考える．管端の 1 つは閉じられ，水銀柱の上は完全な真空である．他方の管端は，大気圧が標準海面圧力である大気に開放されている．水銀柱の高さの差は何センチメートルとなり，水銀柱が最も高いのはどちら側の管であろうか．

[解答]

　図 1.40 を見て，左側にある完全真空になるよう封じられているほうの端面を考える．ここに．その端面において，$p_b = 0$ であり，そしてこの水銀柱の高さは h_1 である．これは右側の高さ h_2

の水銀柱プラスこの水銀柱の端面に働く大気圧, p_a により釣り合わされる．明らかに，これらの二つの水銀柱が釣り合うとき，左側の液柱は右側の液柱の端面に作用する有限の圧力があるのでより高くなければならない．すなわち，$h_1 > h_2$ である．式 (1.56) から，

$$p_b = p_a - \rho g \Delta h$$

を得る．ここに，

$$\Delta h = h_1 - h_2$$

である．それで，

$$\Delta h = \frac{p_a}{\rho g}$$

である．付録 D より，海面において，$p_a = 1.013 \times 10^5 \, \text{N/m}^2$ である．したがって，

$$\Delta h = \frac{p_a}{\rho g} = \frac{1.013 \times 10^5}{(1.36 \times 10^4)(9.8)} = 0.76 \, \text{m} = \boxed{76 \, \text{cm}}$$

注：2.54 cm = 1 inch であるので，$\Delta h = 76/2.54 = 29.92$ in である．上記の計算は，大気圧が，たまたま，標準海面での気圧になった日に，テレビの気象予報士が，気圧は現在 "76 cm, あるいは 760 mm, あるいは 29.92 in" というわけを説明している．読者は「1 平方フィートあたり」あるいは「1 平方インチあたり」として述べられる気圧をまれにしか聞いたことはないし，まして「1 平方メートルあたり何 ニュートン」などということはほとんどないのである．

1.10 流れのタイプ

p. 62 空気力学を理解することは，他の物理科学の分野を理解することと同じく，"ブロック積み" 方式で達成される．すなわち，その学問分野を部分に分解し，その部分をきれいに研かれた知識のブロックに仕上げ，その後，その学問全体の理解を形成するためにそのブロックを再び組み上げようとするのである．この過程の一例は異なったタイプの空気力学的流れを分類し，視覚化する方法である．自然は相互に影響し合う現象のすべてを含む最も詳細かつ複雑な流れを生じさせるのに何の問題もないが，我々はより簡略化したモデル化と，いくつかの (願望的に) より重要でない現象を無視することによりそのような流れを理解するように試みなければならない．結果として，空気力学の学習は多くの，そして異なったタイプの流れの学習へ展開される．本節の目的はこれらのタイプの流れを挙げ，違いを示し，それらの最も重要な物理現象を簡素に説明することである．

1.10.1 連続流と自由分子流

ある物体，すなわち，例えば，直径 d の円柱，を過ぎる流れを考えてみる．また，その流体を不規則に運動している個々の分子から成り立っていると考える．1 つの分子が隣にある分子と衝突するまで移動する平均距離は **平均自由行程** (*mean-free path*) λ と定義される．もし，λ が

d で計られる物体の寸法よりも小さいオーダーの大きさであれば，そのとき，その流れは物体に対して連続的な物質として現れる．それらの分子が物体表面に非常に頻繁に衝突するので物体は個々の分子の衝突を区別ができない．そして，その表面は流体が連続媒体であると感じる．そのような流れは**連続流**と呼ばれる．一方の極限は λ が物体の寸法と同じオーダーである場合である．すなわち，ここでは，気体の分子は (d と比較して) 互いに非常に離れており，物体表面との衝突はほんの僅かしか生じない．そして，物体表面はそれぞれの気体分子の衝突を区別して感じることができる．そのような流れは**自由分子流**と言われる．有人飛行に関係して，スペースシャトルのような飛行体は大気圏の最外縁で自由分子流と遭遇する．そこでは空気密度が非常に低いので，λ はスペースシャトルの長さのオーダーとなる．これらの中間のものがある．そこでは，流れは連続および自由分子流両方の特性を示す．すなわち，そのような流れは一般的に，連続流と対比して"低密度流"と表記される．実際の空気力学的応用の大部分はほとんど連続流に関係している．低密度流や自由分子流は空気力学全体のほんの小さな部分である．したがって，本書において，常に連続流を取り扱う．すなわち，常に流体を連続媒体として取り扱うのである．

1.10.2 非粘性流と粘性流

気体または液体の主要な 1 つの側面は，第 1.2 節で説明したように，かなり自由にその分子が運動できることである．分子が運動するとき，それが非常に不規則であっても，分子はそれらの質量，運動量そしてエネルギーを流体中の 1 つの場所から他の場所へ輸送する．この分子スケールの輸送は質量拡散，粘性 (摩擦)，また熱伝導の現象を引き起こす．p. 63 そのような"輸送現象"は第 15 章で詳しく論議される．本節での目的に関係して，すべての実在流れはこれらの輸送現象の効果を示すということを認識するだけで良い．すなわち，そのような流れは**粘性流** (*visous flows*) と呼ばれる．対照的に，摩擦，熱伝導または拡散を含まないと仮定される流れは**非粘性流** (*inviscid flow*) と呼ばれる．非粘性流は自然界には事実存在しない．しかしながら，輸送現象の影響が小さい (読者が考える以上に) 多くの実用的な空気力学的流が存在する．そして，流れを非粘性であるとして**モデル**化できるのである．この理由で，本書の 70 ％ (第 3 章から第 14 章) は主に，非粘性流れを取り扱う．

理論的に，非粘性流は，(第 15 章で証明される) Reynolds 数が無限大になる極限において現れる．しかしながら，実際の問題に関して，多くの，高いが有限の R_e の流れは非粘性と仮定できる．そのような流れでは，摩擦，熱伝導，また拡散の影響は境界層と呼ばれる物体表面近傍

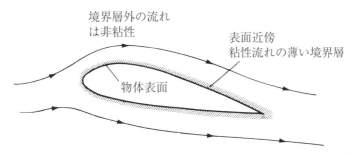

図 1.42 流れの 2 領域, (1) 物体表面近傍の薄い粘性境界層, (2) 境界層外の非粘性流れ

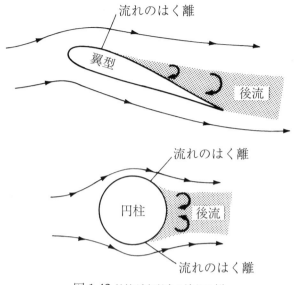

図 1.43 粘性が支配する流れの例

の非常に薄い領域に限定され，そして，この薄い領域より外のすべての流れは本質的に非粘性である．この流れを 2 つの領域に分けることについては図 1.42 に示してある．ゆえに，第 3 章から第 14 章で論議されることは境界層の外側の流れに適用される．図 1.42 に描かれた翼型のような細長い物体を過ぎる流れに関し，非粘性理論はその物体に働く圧力分布や揚力を十分な精度で予測し，物体から離れた流線や流れ場の有効な説明を与える．しかしながら，摩擦 (せん断応力) が空気抵抗の主要因であるので，非粘性理論はそれらだけでは全抵抗を十分に求められない．

対照的に，粘性効果により支配されるいくつかの流れが存在する．例えば，もし，図 1.42 の翼型が流れに対して高い傾き角 (高迎え角) で傾けられるとすると，その時，境界層はその上面からはく離する傾向があり，大きな後流 (wake) が下流に形成される．はく離流れは図 1.43 の上の部分に示されている．すなわち，それは "失速した" 翼型を過ぎる流れ場の特性である．はく離流はまた，図 1.43 下部の円柱のようなにぶい物体の空気力を支配する．ここでは，流れが円柱の前方面まわりに広がるが，後方の表面から剥離し，下流側に非常にぶ厚い後流を形成する．図 1.43 に示されたタイプの流れは粘性効果により支配される．すなわち，いかなる非粘性理論も p. 64 単独でそのような流れの空気力を予測することはできないのである．それらには粘性効果を含める必要があり，第 4 部で示される．

1.10.3 非圧縮性流れと圧縮性流れ

密度 ρ が一定の流れは**非圧縮性** (*incompressible*) と呼ばれる．対照的に，密度が変化する流れは**圧縮性** (*compressible*) と呼ばれる．圧縮性のより正確な定義は第 7 章で与えられる．ここでの目的のためには単に，多かれ少なかれ，すべての流れは圧縮性であるとだけ述べておく．すなわち，密度が厳密に一定である，真の非圧縮性流れは自然界には生じないのである．しかしながら，非粘性流れに関する論議に類似し，いかなる決定的な精度低下をも伴わず，非圧縮性としてモデル化できる数多くの空気力学的問題がある．例えば，均質な液体の流れは非圧縮性と

して取り扱われる．そして，それゆえに，水力学が関係する大部分の問題は $\rho = $ 一定 と仮定される．また，低い Mach 数の気体の流れも本質的に非圧縮性である．すなわち，$M_\infty < 0.3$ では，$\rho = $ 一定 を仮定しても常に大丈夫である．(第 8 章でこれを証明する．) これは 1903 年の Wright 兄弟の初飛行から第二次世界大戦直前まで，すべての飛行機の飛行速度領域であった．それは，今なお，現在における大部分の小型の，ジェネラル・アビエーション飛行機の飛行領域である．したがって，非圧縮性流れに関する膨大な空気力学的実験や理論のデータが存在する．そのような流れが第 3 章から 6 章までの主題である．一方，高速流れ (Mach 1 近傍とそれ以上) は圧縮流れとして取り扱わなければならない．そのような流れでは，ρ は広い範囲にわたり変化する．圧縮性流れは第 7 章から 14 章の主題である．

1.10.4 Mach 数領域

異なった空気の流れを分類し説明するすべての方法のなかで，Mach 数に基づいた分類がおそらく最も広く行きわたっているものである．もし，M が [p. 65] 流れ場の任意点における局所 Mach 数とすると，そのとき，定義により，局所的に次のように分類される．すなわち，

　もし，$M < 1$ なら 亜音速 (*subsonic*)

　もし，$M = 1$ なら 音速 (*sonic*)

　もし，$M > 1$ なら 超音速 (*supersonic*)

流れ場全体を同時に眺めたとき，基準として，Mach 数を用いることにより四つの異なった速度の領域を識別できる．すなわち，

1. **亜音速流れ** (*subsonic flow*) (至る所で $M < 1$)．流れ場は，もし Mach 数がすべての点で 1 より小さければ**亜音速**と定義される．亜音速流れは図 1.44*a* に描かれているように滑らかな流線 (接線の傾きに不連続性なし) により特徴づけられる．さらに，流れの速度は至る所で音速より低いので，流れにおけるじょう乱 (例えば，図 1.44*a* の翼型の後縁が突然曲げられる) は上流と下流両方向へ伝播し，流れ場全体で感知される．一様流 Mach 数 M_∞ が 1 より小さいことが物体上でもすべて亜音速流れであるとの保証にはならないことに注意すべきである．空気力学的物体上を膨張し流れると，その流れ速度は自由流速度以上に増加する．そして，もし，M_∞ が 1 に十分近ければ，局所 Mach 数はその流れのある領域で超音速となり得る．これが細長物体を過ぎる亜音速流については $M_\infty < 0.8$ であるとの経験則のもとである．鈍い物体の場合，流れ場全体が亜音速であるには M_∞ はさらに低くなければならない．(上で述べたことは単なる大まかな経験則であり，厳密な定量的定義と捉えてはならないことを再度強調しておく．) また，後で非圧縮性流れは $M \to 0$ の極限の場合であることを示す．

2. **遷音速流れ** (*transonic flow*) ($M < 1$ と $M > 1$ の混合領域)．上で述べたように，もし，M_∞ が亜音速ではあるが 1 に近ければ，その流れは局所的に超音速 ($M > 1$) になり得る．これが図 1.44*b* に示されている．その図には翼型の上面および下面上に超音速流れのポケットが示されている．それは，その背後で流れが再び亜音速になる，弱い衝撃波で終わっている．さらに，もし M_∞ が 1 より僅かに増加すると，離脱衝撃波が物体の前方に形成される．すなわち，図 1.44*c* に示されるように，この衝撃波の後方において流れは局所的に亜音速である．この亜音速流れは続いて翼型上で低い超音速値まで膨張する．通常，弱い衝撃波が後縁に形成さ

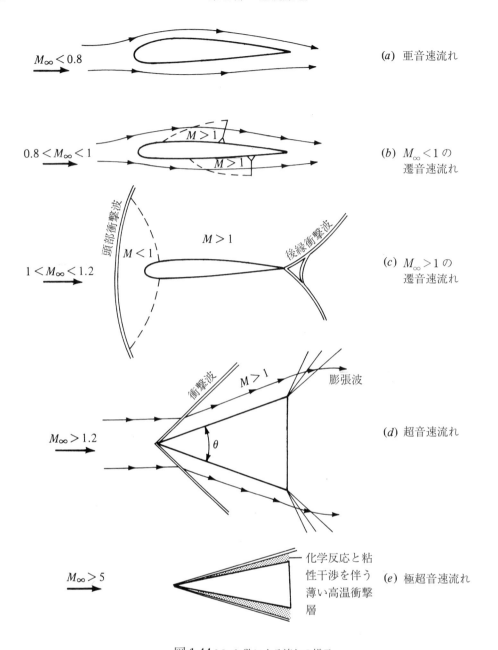

図 1.44 Mach 数による流れの様子

れ,しばしば図 1.44c に示されるように "魚の尾びれ" 形状となる.図 1.44b および図 1.44c に示される流れ場は亜音速と超音速流れの混合流れにより特徴づけられ,両方タイプの流れの物理的過程により支配される.それゆえ,そのような流れ場は**遷音速流れ**と呼ばれる.再び,細長物体に関する経験則として,遷音速流は自由流 Mach 数範囲,$0.8 < M_\infty < 1.2$ で発生する.

3. **超音速流れ** (*supersonic flow*) (至る所で $M > 1$). もし Mach 数がすべての点で 1 より大きいならば,流れ場は**超音速**と定義される.超音速流はしばしば衝撃波の存在により特徴づけら

れ，衝撃波を越えると流れの物理量や流線は不連続的 p. 66 (亜音速流における滑らかな，そして連続的な変化と対照的である) に変化する．これが鋭い先端をもつくさびを過ぎる超音速流れについて図 1.44d に示してある．すなわち，流れは先端からの斜め衝撃波の背後でも超音速のままである．また，超音速流れにおいて一般的である，明確な膨張波も示されている．(再度，$M_\infty > 1.2$ と表示してあるのはあくまでも経験則である．例えば，図 1.44d において，もし θ が十分大きければ斜め衝撃波はくさびの先端から離れ，衝撃波背後に実質的な亜音速流領域を伴う強い，曲線状の離脱衝撃波を形成するであろう．ゆえに，p. 67 もし θ が与えられた M_∞ に対して大き過ぎると，図 1.44d に描かれた超音速流れは全面的に破壊される．この衝撃波の離脱現象は $M_\infty > 1$ のいかなる値でも生じ得るが，それが発生する θ の値は M_∞ が増加するに従い増加する．次に，もし θ が無限に小さくなると図 1.44d の流れ場は $M_\infty \geq 1$ に保たれる．これらについては第 9 章で詳しく考える．しかしながら，上の論議は図 1.44d における $M_\infty > 1.2$ の表示が非常に曖昧な経験則であり，文字どおりに捉えるべきではないことを明確に示している．) 超音速流れにおいて，局所流れ速度は音速より大きいので，流れの中のある点で作り出されたじょう乱は (亜音速流とは対照的に) 上流側へ伝播できない．この特性は亜音速流と超音速流との間の最も重要な物理学的相違の 1 つである．それが，衝撃波が超音速流で生じるが，亜音速流で生じない基本的な理由である．我々は第 7 章から 14 章でこの相違をより完全に理解するようになるであろう．

4. **極超音速流れ** (非常に高い超音速)．再び図 1.44d のくさびを考える．θ は与えられ，決まった値とする．M_∞ が 1 より増加するにしたがい，斜め衝撃波はくさび表面により近づいてくる．また，衝撃波の強さが増加し，衝撃波とくさびとの間の領域 (衝撃層) においてより高い温度状態を作りだす．もし，M_∞ が十分大きいと，この衝撃層は非常に薄くなり，衝撃波と物体表面上の粘性境界層との間の相互作用が生じる．また，衝撃層温度は空気に化学反応が生じるほど十分な高温となる．O_2 や N_2 分子は引き裂かれる．すなわち，気体分子は解離する．M_∞ が十分大きくなると，粘性相互作用および／または，化学反応効果が流れを支配するようになり (図 1.44e)，その流れ場は**極超音速**と呼ばれる．(再度，極超音速流れの，幾分任意ではあるがしばしば用いられる経験則は $M_\infty > 5$ である．) 極超音速空気力学は 1955 から 1970 年にかけて大きく注目された．なぜなら，大気圏再突入体は Mach 数 25 (ICBM) から 36 (Apollo 月帰還船) の間で大気と出会うからである．1985 から 1995 年にかけ，再び極超音速飛行が，単段で軌道打ち上げ能力を得るための空気吸い込み式超音速燃焼ラムジェット搭載の大気圏往還機構想にともない注目を集めた．今日，極超音速空気力学は実現可能な飛行スピードの全範囲の中のまさに 1 つの部分を担っている．極超音速流れに関するいくつかの基礎事項が第 14 章で取り扱われる．

要約すると，我々は本節において論議された 1 つ，またはそれ以上のいろいろな分類にしたがって空気力学的流れの学習を系統化しようとしている．図 1.45 のブロック図はこれらの分類をはっきりさせ，そしてそれらがどのように関係しているかを示すためのものである．実際，図 1.45 は本書全体のロードマップとなっている．これ以降の章で取り扱われるすべての題材がそれぞれのブロックに示してある．そして，それは容易に参照できるようアルファベットが付けられている．例えば，第 2 章はブロック C，D に含まれるいくつかの基本的な空気力学原理や方程式の論議を含んでいる．第 3 章から 6 章はブロック D と E に，第 7 章はブロック D と F に含まれる，等々．これ以降空気力学について説明して行くにつれて，我々は，p. 68 しばしば，

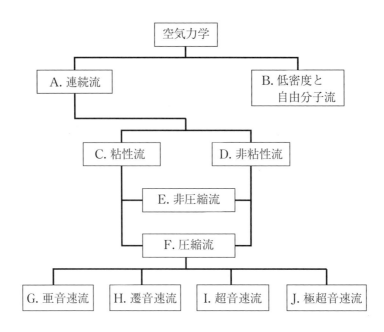

図 1.45 空気力学的流れの分類ブロック図

ある特定の，細かな事項を空気力学全体に対して適切な視点に置く手助けとするために図 1.45 を参照するであろう．

1.11 粘性流：境界層について

第 1.10.2 節は空気流における摩擦の問題を述べている．摩擦によるせん断応力は第 1.4 節で定義されている．すなわち，せん断応力，τ，は流線間に速度勾配が存在する流れの中のいかなる点においても存在するのである．空気力学における大部分の問題に関して，局所せん断応力は，速度勾配が実質的である流れだけに意味のある効果をもつのである．例として，図 1.42 に示される物体を過ぎる流れを考える．この物体から離れた流れ場のほとんどの領域について，速度勾配は相対的に小さく，摩擦は実際上何の役割も演じない．しかしながら，その表面に隣接した，流れの薄い領域について，速度勾配は大きく，それで，摩擦がはっきりした役割を演じるのである．一方が他の領域より摩擦がより重要である，この，流れが自然と 2 つの領域に分かれることを 1904 年に有名なドイツの流体力学者 Ludwig Prandtl が見出したのである．Prandtl の境界層概念は空気力学解析に大きな進展をもたらした．それ以来，大部分の空気流の理論解析は物体から離れた領域を**非粘性流れ** (すなわち，摩擦による散逸効果，熱伝導，あるいは質量散逸がない) として，また，物体表面にすぐ接する薄い領域を，これらの散逸効果が生じる**粘性流れ**として取り扱ってきたのである．物体に隣接するこの薄い粘性領域は**境界層** (*boundary layer*) と呼ばれる．すなわち，ほとんどのおもしろい空気力学問題について，境界層はそれ以外の流れの範囲と比較して非常に薄いのである．しかし，この薄い境界層が大きな効果を持っているということは大きな驚きある．境界層は空気力学的物体に働く摩擦抵抗の発生源なのである．p. 69 例として，Airbus 380 ジャンボジェット機の摩擦抵抗は，飛行中にこの機体の全表面を覆っている境界層により作り出されるのである．図 1.43 に描かれているように，流れのは

く離の現象は境界層の存在に関係している．すなわち，流れが表面からはく離するとき，はく離は，表面上の圧力分布を劇的に変化させ，**圧力抵抗** (*pressure drag*) と呼ばれる抵抗に大きな増加をもたらす．それで，物体に隣接したこの薄い粘性境界層は，それ以外の流れに比べ小さな範囲ではあるが，空気力学において非常に重要なのである．

本書の第2および3部は主に非粘性流れを取り扱い，粘性流れは第4部の主題である．しかしながら，第2および3部のいくつかの章において終わりのところに，その与えられた章で学んだ非粘性流れに与える境界層の実際的な影響を調べることに興味をもつ読者のために，(本節のような) "粘性流れに関する節" が準備されている．これらの粘性に関する節は独立した節であり，第2および3部における非粘性流れの論議の連続性を破ることはない．すなわち，それらは自己完結しているのである．

なぜ境界層内の速度勾配はそのように大きいのであろうか．この疑問に答えるのを助けるために，最初に，図 1.46 の翼型を過ぎる純粋な非粘性流れを考える．定義により，摩擦の効果は存在せず，それで，この翼型の表面にちょうど重なる流線はこの表面上を**滑る**．すなわち，例えば，この表面上の点 b における流れの速度は有限の値であり，粘性効果によって阻害されないのである．実際には，摩擦により，物体表面にすぐ接している空気分子の限りなく薄い層はその表面に粘りつき，それゆえ，その面に対して**ゼロ**速度となる．これが**滑りなし**状態であり，これが境界層内における大きな速度勾配の原因である．なぜかを理解するために，図 1.47 に描かれた流れを考える．すなわち，この図で，境界層はわかりやすくするために，厚さを大きく拡大して示してある．p. 70 物体表面の点 a における流れの速度は滑りなし条件によりゼロである．点 a より上方で，速度は，境界層の外縁にある点 b における値の V_b に到達するまで増加する．この境界層は非常に薄いので，図 1.47 の点 b における V_b は図 1.46 に示される非粘性流れにあ

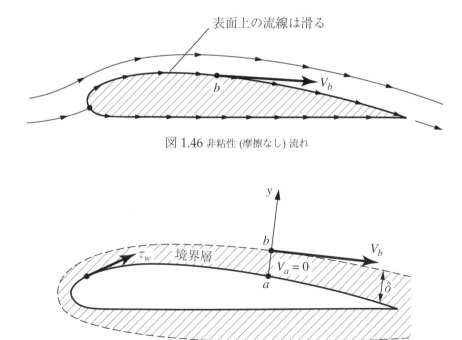

図 1.46 非粘性 (摩擦なし) 流れ

図 1.47 摩擦のある実際の流れ．境界層の厚さは明確に表すために非常に大きく示されている．

る物体上の点 b における V_b と同一であると仮定される．通常の境界層解析は，境界層外縁における流れ条件は非粘性流れ解析からの表面流れ条件と同一であると仮定するのである．図 1.47 を吟味すると，境界層内部の流れ速度は点 a におけるゼロから点 b における大きい有限な速度に増加し，そして，境界層が非常に薄いので，この増加は非常に短い距離で生じるために，この速度勾配，dV/dy である局所値が大きいのである．したがって，境界層は摩擦効果が支配的である流れの領域なのである．

また，図 1.47 において，壁面におけるせん断応力，τ_w，および境界層厚さ，δ が示されている．τ_w および δ 両方とも重要な量であり，境界層理論の大きな部分がそれらの計算に関係しているのである．

表面に垂直方向の圧力は境界層内で一定であるということを実験的に，また，理論的に示すことができる．すなわち，p_a および p_b を，それぞれ，図 1.47 における点 a および点 b における圧力とすると，ここで，y 軸は点 a において物体に対して垂直であり，したがって，$p_a = p_b$ である．これは重要な現象である．このことが非粘性流れ (図 1.46) について計算された表面圧力分布が実際の表面圧力についての正確な結果を与える理由である．すなわち，非粘性計算が薄い境界層外縁 (図 1.47 における点 b) における正しい圧力を与え，そして，これらの圧力が境界層を垂直に表面 (点 a) まで変化せずに伝えられるからなのである．これまで述べたことは物体表面に付着している薄い境界層については合理的である．すなわち，それらのことは図 1.43 に描かれたようなはく離した流れの領域では成り立たないのである．そのようなはく離流は第 4.12 および 4.13 節で論議される．

境界層をもっと詳しく見てみると，図 1.48 は境界層における**速度分布**を示している．速度は表面におけるゼロからはじまり境界層外縁における値の V_b へ連続的に増加する．座標軸，x および y を，図 1.48 に示されるように，x が表面に平行で，y が表面に対して垂直であるように設定する．定義により，**速度分布**は y の関数としての境界層における速度変化を与える．一般的に，異なる x 位置における速度分布は異なっている．同じようにして，境界層における**温度分布**が図 1.49 に示されている．p. 71 壁面における気体の温度 (壁面それ自身の表面温度と同じであり，いわゆる，温度に関する一種の"滑べりなし"条件) は T_w であり，境界層外縁における温度は T_b である．前と同じように，T_b の値は非粘性流れ解析から計算された物体表面における気体温度と同じである．定義により，**温度分布**は y の関数としての境界層内における温度変化を与える．一般的に，異なる x 位置における温度分布は異なる．境界層内の温度は熱伝導

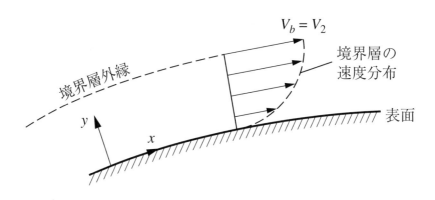

図 1.48 境界層における速度分布

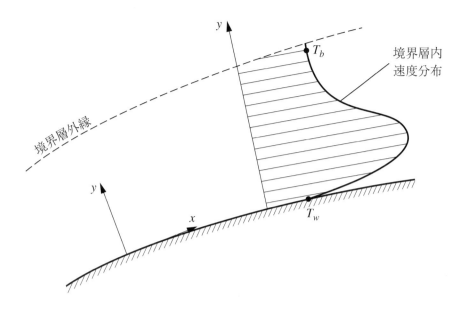

図 1.49 境界層における温度分布

と摩擦による散逸の複合したメカニズムによって支配されている．熱伝導は不規則な分子運動によるより熱い領域からより冷たい領域への熱伝達である．摩擦による散逸は，非常に単純化して言えば，両手を勢い良く互いに擦ることにより温めることに幾分類似して，1 つの流線がその他の流線と擦れ合うことによる気体の局所加熱である．摩擦による散逸に関するより良い説明は，次のようになる．すなわち，流体要素が境界層内を流線に沿って移動するにつれ，それに働く摩擦せん断応力により減速する．そして，流体要素が境界層に入る前に持っていたもともとの運動エネルギーの一部が境界層内の内部エネルギーに変換され，ゆえに，境界層内の気体温度が上昇するのである．

壁面における速度分布の傾きは，それが壁面せん断応力を決定するので特に重要である．$(dV/dy)_{y=0}$ を壁面における速度勾配として定義しよう．それで，壁面におけるせん断応力は

$$\tau_w = \mu \left(\frac{dV}{dy} \right)_{y=0} \tag{1.59}$$

で与えられる．ここに，μ は気体の**絶対粘性係数** (あるいは，単純に粘度) である．粘性係数は，Newton の第二法則と式 (1.59) から証明できるように，質量/(長さ)(時間) の次元をもつ．それは流体の物理特性である．すなわち，異なる気体や液体の μ は異なるのである．また，μ は T により変化する．液体については，T が増加すると μ は減少する (温度が増加すると油が "さらさら" になることは良く知られている)．しかし，気体については，T が増加すると μ は増加する p.72(温度が増加すると空気はより "どろどろ" する)．標準海面温度における空気の場合，

$$\mu = 1.7894 \times 10^{-5} \text{ kg/(m)(s)} = 3.7373 \times 10^{-7} \text{ slug/(ft)(s)}$$

関心のある狭い範囲における空気の μ の温度変化が図 1.50 に与えられている．

同様に，壁面における温度分布の勾配は非常に重要である．すなわち，それは壁面へのあるいは壁面からの空力加熱に影響するからである．$(dT/dy)_{y=0}$ を壁面における温度勾配と定義す

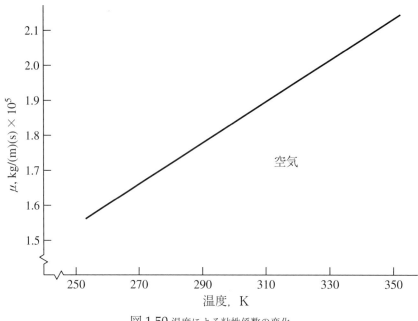

図 1.50 温度による粘性係数の変化

る．そうすると，壁面における空力加熱率 (単位時間，単位面積当たりのエネルギー) は

$$\dot{q}_w = -k\left(\frac{dT}{dy}\right)_{y=0} \tag{1.60}$$

により与えられる．ここに，k は気体の熱伝導率であり，負の符号は，熱が温かい領域からより冷たい領域へ，温度勾配とは逆の方向へ伝導されることを示唆している．すなわち，もし，式 (1.60) の温度勾配が正 (温度が壁面から上方へ向かった増加する) であるなら，熱伝達は気体から**壁面へ**であり，温度が増加する方向とは反対方向へとなる．もし，温度勾配が負であるなら (温度は壁面から上方へ向かって減少する)，熱伝達は**壁面から気体へ**であり，やはり温度が増加する方向とは逆である．式 (1.60) から，熱が気体と壁面間で伝達される実際のメカニズムは熱的な**伝導** (conduction) であるが，しばしば，壁面を過ぎる流れによる壁面の加熱または冷却は "対流熱伝達" と呼ばれる．本書では，境界層と壁面との間で生じる熱伝達を**空力加熱** (aerodynamic heating) と標記する．空力加熱は，高速流，特に超音速流れにおいて重要である．p. 73 そして，それは極超音速流れにおいて完全に支配的となる．最後に，式 (1.60) の k は，式 (1.59) の μ 同様に，流体の物理特性であり，温度の関数である．標準海面温度の空気について，

$$k = 2.53 \times 10^{-2} \text{ J/(m)(s)(K)} = 3.16 \times 10^{-3} \text{ lb/(s)(°R)}$$

熱伝導率は，本質的に粘性係数に比例する (すなわち，$k = (\text{constant}) \times \mu$)，それで，$k$ の温度変化は μ についての図 1.50 に示されるものに比例する．

第 1.7 および 1.8 節は Reynolds 数を重要な相似パラメータとして紹介した．図 1.51 に描かれた平板のような，平面上における境界層の発達を考える．x は前縁から，すなわち，平板の先端から測るとする．V_∞ を平板のはるか上流の流れの速度とする．前縁からの局所距離 x における**局所** Reynolds 数は

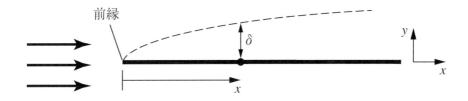

図 1.51 境界層厚さの発達

$$\mathrm{Re}_x = \frac{\rho_\infty V_\infty x}{\mu_\infty} \tag{1.61}$$

と定義される．ここに，添字 ∞ は平板前方の自由流における条件を示すために用いられている．τ_w および δ の局所的な値は Re_x の関数である．すなわち，これは第 4 章に，また，本書の第 IV 部でより詳しく示される．Reynolds 数は境界層の諸特性に強力な影響を持ち，一般的に粘性流れを支配しているのである．本書において頻繁に Reynolds 数に出会うことになる．

ここまでの論議において，流れの流線は空間で滑らかで連続的な曲線であると考えてきた．しかしながら，粘性流れにおいて，そして，特に境界層において，状況はそう単純ではない．2 つの基本的な粘性流れのタイプがある．すなわち，

1. **層流** (*Laminar flow*)，そこでは，流線は滑らかで連続であり，流体要素は流線に沿って滑らかに移動する．

2. **乱流** (*Turbulent flow*)，そこでは，流線はバラバラになり，流体要素は，でたらめで，不規則な，曲がりくねって移動する．

もし読者が図 1.52 に描かれているように直立した紙巻タバコから立ち昇る煙を観察すると，最初，滑らかな流れ–層流の領域を，そしてそれから不規則な，ごちゃごちゃな流れ–乱流への遷移を見ることになる．層流と乱流における相違は劇的であり，それらは空気力に対して大きな影響を与える．例として，図 1.52 に示してあるような境界層における速度分布を考える．その分布は，p. 75 流れが層流であるか，あるいは乱流であるかにより異なっている．乱流の速度分布は層流の分布よりも "平坦"，すなわち，壁面に近い部分がふくれている．乱流の速度分布について，境界層外縁から壁面近くの点まで，速度は自由流速度にかなり近いままである．すなわち，それは壁面でのゼロへ急速に減少する．対照的に，層流の速度分布は境界層外縁から壁面へ向かって徐々にゼロへ減少する．さて，壁面における速度勾配，$(dV/dy)_{y=0}$ を考える．ここで，これは $y = 0$ で求められる，図 1.53 に示される曲線の勾配の逆数である．図 1.53 から，

$$層流の \left(\frac{dV}{dy}\right)_{y=0} < 乱流の \left(\frac{dV}{dy}\right)_{y=0}$$

は明らかである．τ_w に関する式 (1.59) を思い出すと，**層流のせん断応力は乱流のせん断応力よりも小さい**という，基本的で，非常に重要な事実に到達する．すなわち，

$$(\tau_w)_{\mathrm{laminar}} < (\tau_w)_{\mathrm{turbulent}}$$

である．これは，明らかに，飛行機の主翼あるいは胴体に働く表面摩擦はその表面上の境界層が層流かあるいは乱流かに依存しており，層流の場合はより小さな表面摩擦抵抗を生じるということ示している．

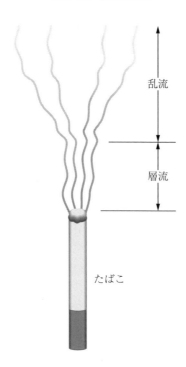

図 1.52 層流から乱流への遷移を示す煙のパターン

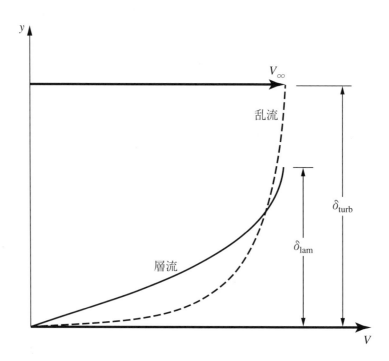

図 1.53 層流および乱流境界層の速度分布．乱流境界層厚さは層流境界層厚さより大きいことに注意すべきである．

同様の傾向は空力加熱に関しても成り立つ．壁面における温度勾配に関して，

$$\text{層流の}\left(\frac{dT}{dy}\right)_{y=0} < \text{乱流の}\left(\frac{dT}{dy}\right)_{y=0}$$

である．q_w に関する式 (1.60) を思い出すと，乱流空力加熱は層流空力加熱より大きく，時には非常に大きくなることがわかる．極超音速の速度において，乱流熱伝達率は層流熱伝達率のほぼ 10 倍にもなり得る，すなわち，いくつかの極超音速飛行体設計において花形俳優なのである．本書のこれ以降の節で乱流対層流の効果について言及することがたくさんあるであろう．

要約すると，本節において，本章の概論としての性質を保ちつつ，摩擦，粘性流れ，そして境界層についての概論的見解を示してきた．これ以降の章において，これらの見解を拡張するつもりである．そして，それには τ_w，q_w および δ のような，いくつかの重要で実用的な量をどのように計算するかということについての論議を含んでいる．

1.12 応用空気力学：空力係数–その大きさと変化

本節で，"応用空気力学" という一般的な表題で本書における特別な節のシリーズを始める．本書の主なる目的は，本書の表題に反映されているように，空気力学の基礎を示すことである．しかしながら，これらの基礎の適用例は本書中に，文章として，例題として，そして，演習問題として，自由に散りばめられている．応用空気力学 (applied aerodynamics) という用語は p. 76 大気 (地球の大気，または他の惑星の大気) 中を運動する飛行機，ミサイルや宇宙機のような，現実の形の有る物体の空気力学的特性の実用的な評価を行うために空気力学を適用することを意味している．したがって，読者がそのような応用例をより良く理解できるようにするため，応用空気力学に関する節が多くの章の終わり近くに配置されている．特定していえば，本節において，第 1.5 節で定義された空力係数について述べることとする．すなわち，特に，揚力，抵抗およびモーメント係数に焦点を合わせる．これらの無次元係数は外部空気力学 (外部および内部空気力学の区別については第 1.2 節で行った) の応用における基本的な専門語である．読者が空力係数の代表的な数値について 1 つの感覚を得ることは重要である．(例えば，読者は，抵抗係数が 10^{-5} 程度に低いのか，または 1000 程度ほどに高いのか，どう考えるだろうか–これは正しいのであろうか) 本節の目的は少なくともいくつかの良く知られた空気力学的物体形状に関するそのような感覚を読者に持ってもらうきっかけを作ることにある．読者が本書を読み進む時には，いろいろな節で論議される空力係数の代表的な大きさに最大限の注意を払うべきである．これらの大きさに関して現実的な感覚をもつことは読者の学術的な成熟の一部である．

質問：さまざまな空気力学的形状の代表的な抵抗係数はどのようなものであろうか．いくつかの基本的な値が図 1.54 に示されている．第 1.7 節で述べた次元解析は $C_D = f(M, \text{Re})$ なることを証明した．図 1.54 において，抵抗係数の値は低速，本質的に非圧縮性流れのものである．したがって，Mach 数は登場しない．(すべての実用目的で，非圧縮性流れに関して，Mach 数は理論的にゼロではあるが，速度がゼロになるわけではなく，むしろ音速が無限に大きいからである．これは第 8.3 節で明らかにされる．) したがって，低速流れについて，流れに対して方向が固定された，ある決まった形状の空力係数は Reynolds 数のみの関数である．図 1.54 において，Reynolds 数は左側に記載され，抵抗係数値は右側に記載されている．図 1.54a において，平板は流れに対して垂直に置かれている．すなわち，この形態は，通常形態の中でも最

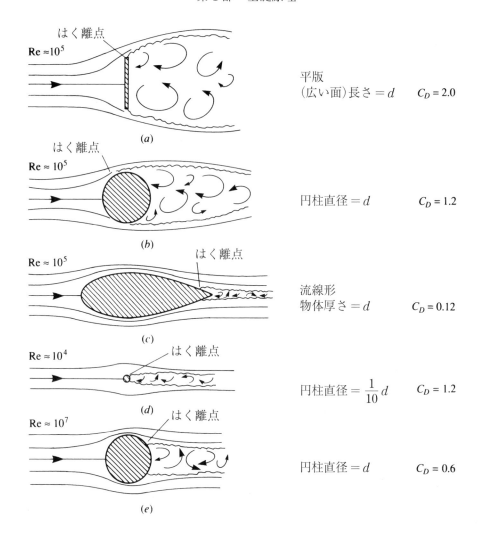

図 1.54 各種の空気力学的形状の抵抗係数 (原典：Talay, T. A., Introduction to the Aerodynamics of Flight, NASA SP-367, 1975)

大の抵抗係数を生じる．すなわち，$C_D = D'/q_\infty S = 2.0$，ここに，$S$ は単位幅あたりの前面面積，すなわち，$S = (d)(1)$ である．ここに，d は平板の高さである．その Reynolds 数は高さ d を基準にしている．すなわち，$Re = \rho_\infty V_\infty d/\mu_\infty = 10^5$ である．図 1.54b は直径 d の円柱を過ぎる流れを表す．ここで，$C_D = 1.2$ で，図 1.54a の垂直平板よりもはるかに小さい．抵抗係数は，図 1.54c に示すように，物体を流線型にすることにより劇的に減らすことができる．ここで，$C_D = 0.12$ である．すなわち，これは図 1.54b の円柱よりさらに 1 桁小さい．図 1.54a, b および c の Reynolds 数は，d (直径) 基準であるので，すべて同じ値である．抵抗係数は単位幅あたりの基準面積，$(d)(1)$ に基づいているのですべて同じに定義されている．図 1.54a, b および c の形態の流れ場には物体の下流側に後流があることに注意すべきである．すなわち，この後流は物体表面からはく離する流れによるものであり，その後流内には低エネルギーの循環流れが存在する．流れのはく離現象は粘性流れを取り扱う本書の第 4 部で詳しく論議される．しかしながら，図 1.54a, b, c と順に見て行くと，後流の大きさが減少しているのが明らかである．C_D もまた図 1.54a から b, c の順に小さくなるという事実は偶然ではない．すなわち，それ

は p. 77 はく離流れの領域が順次小さくなって行くことによる直接的な結果である．なぜそのようになるのであろうか．これは空気力学における興味有る疑問の 1 つとして，すなわち，これは本書を読み進んで行けば解答が得られるものとして率直に考えるべきである．特に，図 1.54c の流線型化の物理学的効果が非常に小さな後流を作りだし，それゆえ，小さな抵抗係数となったことに注意すべきである．

図 1.54d を考える．そこに，再び円柱が示されているが，直径がさらに小さい．その直径は，この場合，0.1d であるので，Reynolds 数は (図 1.54a, b, c と同じ自由流の V_∞, ρ_∞ および μ_∞ に基づいて) 10^4 である．第 3 章で，円柱の C_D は Re $= 10^4$ から 10^5 の間で比較的 Re に依存しないことが示されるであろう．その物体形状が図 1.54d と b で同じ，すなわち円柱であるので，その時 C_D は図に示してあるように同一の 1.2 である．しかしながら，抵抗は $D' = q_\infty S C_D$ で与えられ，図 1.54d における S は 1/10 であるから，そうすると，図 1.54d の小さい円柱に働く抵抗は図 1.54b の抵抗より小さく，その 1/10 である．

他の比較は図 1.54c と d に示されている．ここで，厚さ d の大きな流線型物体と直径が 0.1d の小さい円柱とを比較する．p. 78 図 1.54c の大きな流線型物体に関して，

$$D' = q_\infty S C_D = 0.12 q_\infty d$$

図 1.54d の小さな円柱に関しては，

$$D' = q_\infty S C_D = q_\infty (0.1d)(1.2) = 0.12 q_\infty d$$

驚いたことに，抵抗値は同じである．ゆえに，図 1.54c, d は円柱の抵抗は 10 倍厚い流線型物体のそれと同じである事を示している．すなわち，これは流線型にすることの空気力学的価値を示すもう 1 つの例である．

図 1.54 に関する最後の注釈として，円柱を過ぎる流れが再び図 1.54e に示されている．しかしながら，いま，Reynolds 数が 10^7 に増加しており，円柱の抵抗係数は 0.6，図 1.54b, d の値より劇的な半分の値，に減少している．なぜ C_D はこの高い Reynolds 数でそのように急激に減少したのであろうか．その答えはともかくも図 1.54b と比較して図 1.54e の円柱後方のより小さな後流に関連しているに違いない．ここでは何が起きているのだろうか．これは本書で空気力学の論議が進んで行くにつれ答えられる非常に面白い問題の 1 つである．すなわち，その答え，それは第 3.18 節から始まり粘性流れを取り扱う第 4 部で最高潮に達するものである．

この段階で少し立ち止まり，図 1.54 の空気力学的物体の C_D 値に注目すべきである．単位幅あたりの**正面射影面積** ($S = d(1)$) を基準面積とした C_D について，C_D の値は最高の 2.0 から低い 0.12 の範囲である．これらは空気力学的物体に関する代表的な C_D 値である．

また，図 1.54 に与えられた Reynolds 数の値に注意すべきである．速度 45 m/s (100 mi/h に近い) で標準海面条件 ($\rho_\infty = 1.23$ kg/m^3 および $\mu_\infty = 1.789 \times 10^{-5}$ kg/m·s) の流れの中にある直径 1 m の円柱を考える．この場合について，

$$\mathrm{Re} = \frac{\rho_\infty V_\infty d}{\mu_\infty} = \frac{(1.23)(45)(1)}{1.789 \times 10^{-5}} = 3.09 \times 10^6$$

この Reynolds 数は 3×10^6 以上であることに注意すべきである．すなわち，数 100 万代の Re の値は空気力学における実際の応用における代表的な数値である．したがって，図 1.54 で Re に与えられた大きな数値は適切である．

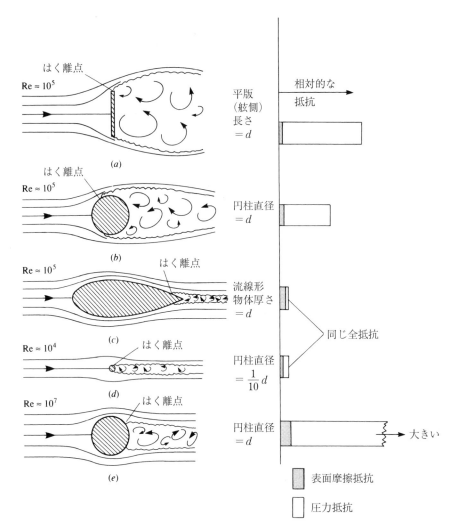

図 1.55 いろいろな空気力学的形状に関する表面摩擦抵抗と圧力抵抗との相対比較 (出典：Talay, T. A., *Introduction to the Aerodynamics of Flight*, NASA SP-367, 1975)

図 1.54 のいろいろな物体に働く抵抗の性質を詳しく調べてみよう．これらの物体は迎え角ゼロの状態にあるので，抵抗は接線力に等しい．ゆえに，式 (1.8) より，単位幅あたりの抵抗は

$$D' = \underbrace{\int_{LE}^{TE} -p_u \sin\theta ds_u + \int_{LE}^{TE} p_l \sin\theta ds_l}_{\text{圧力抵抗}}$$
$$+ \underbrace{\int_{LE}^{TE} \tau_u \cos\theta ds_u + \int_{LE}^{TE} \tau_l \cos\theta ds_l}_{\text{表面摩擦抵抗}} \tag{1.62}$$

と書ける．P. 79 それは，すべての空気力学物体に働く抵抗は圧力抵抗と表面摩擦抵抗からなっている事を示す．すなわち，これは第 1.5 節での論議と完全に一致する．その節において，物

体に作用する空気力の，わずか2つの源は物体表面に作用する圧力およびせん断応力分布であることを強調した．全抵抗を圧力および表面摩擦抵抗の成分に分けることは空気力学的現象を解析する場合しばしば有用である．例として，図1.55は図1.54に示された物体の表面摩擦抵抗と圧力抵抗の比較を示す．図1.55において，図の右側の棒グラフはそれぞれの物体の相対抵抗を与える．すなわち，クロス斜線をした部分は[p.80]表面摩擦抵抗の量を示し，白い部分は圧力抵抗の量である．自由流密度および粘性係数は図1.55aからeまで同じである．しかしながら，自由流速度V_∞は示されているReynolds数を達成するため必要な大きさに変わっている．すなわち，図1.55bとeを比較すると，図1.55eのV_∞の値がはるかに大きい．抵抗は

$$D' = \frac{1}{2}\rho_\infty V_\infty^2 S C_D$$

で与えられるので，それで，図1.55eの抵抗は図1.55bよりもはるかに大きい．また，棒グラフには厚さdの流線型物体と直径$0.1d$の円柱とで抵抗が同じであることが示されている．この比較は図1.54に関係して前に論議されている．しかしながら，図1.55において最も重要なことは，それぞれの物体における表面摩擦抵抗と圧力抵抗の相対的な量である．垂直平板と円柱の抵抗は圧力抵抗が支配し，ところが，対照的に，流線型物体の抵抗の大部分は表面摩擦によるものである．実際に，このタイプの比較により空気力学における2つの一般的物体形状に関する次のような定義が導かれる．

鈍い物体 = 抵抗の大部分が圧力抵抗である物体
流線型物体 = 抵抗の大部分が表面摩擦抵抗である物体

図1.54と1.55において，垂直平板と円柱は明らかに**鈍い物体**である．

　鈍い物体の大きな圧力抵抗は図1.54や図1.55に見られる大きな流れのはく離領域によるものである．流れのはく離が抵抗を引き起こす理由はこれ以降の論議をしていくにしたがって明らかとなる．ゆえに，図1.55に示された圧力抵抗は，より正確に"流れのはく離による圧力抵抗"と書かれる．すなわち，この抵抗はしばしば，**形状抵抗** (*form drag*) と呼ばれる．(形状抵抗とその物理学的特性についての基礎的な論議については文献2を見るべきである．)

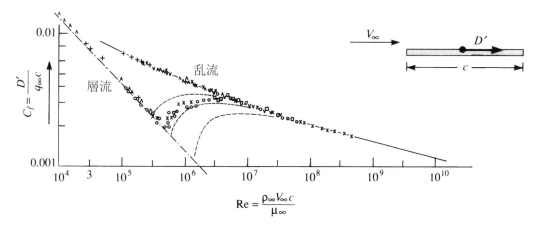

図1.56 平板の翼弦長を基準としたReynolds数の関数としての平板の層流および乱流表面摩擦係数．中間の破線は層流流れから乱流流れへの遷移経路に関係している．

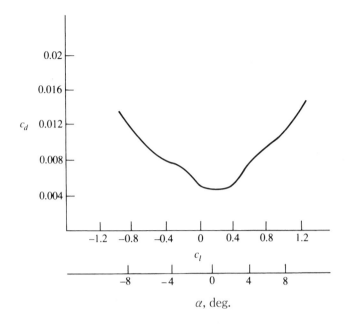

図 1.57 NACA 63-210 翼型の翼型抵抗係数の変化．$Re = 3 \times 10^6$

　図 1.56 に示す，迎え角ゼロの平板の抵抗を調べてみよう．ここで，抵抗はもっぱらせん断応力によるものである．すなわち，抵抗方向には圧力による力が存在しないからである．表面摩擦抵抗係数は

$$C_f = \frac{D'}{q_\infty S} = \frac{D'}{q_\infty c(1)}$$

のように定義される．ここに，基準面積は単位幅あたりの**平面面積**である．すなわち，その平板を上から眺めたときの表面面積である．C_f は第 4 章と第 16 章でさらに論議される．しかしながら，図 1.56 の目的は以下のことを示すことにある．

1. C_f は Re に大きく依存する関数である．ここに，Re は平板の全長を基準とするものである．すなわち，$Re = \rho_\infty V_\infty c/\mu_\infty$ である．Re が増加すると C_f は減少することに注意すべきである．

2. C_f の値は平板表面の流れが層流であるかまたは乱流であるかに依存し，同じ Re においては乱流の C_f の方が層流の C_f より高い．ここで何がおきているのであろうか．層流とは何か．乱流とは何か．なぜそれが C_f に影響するのか．これらの疑問に対する答えは第 4, 15, 17 および 18 章で与えられる．

3. p. 81 C_f の大きさは，Re の広い範囲で，代表的に 0.001 から 0.01 である．これらの数値は図 1.54 に示された抵抗係数よりもかなり小さい．これは主に，用いられる基準面積の違いによるものである．図 1.54 において，基準面積は流れに垂直な断面積である．一方，図 1.56 では，基準面積は**平面面積**である．

　平板は実用的な空気力学的物体とはほど遠い．すなわち，それは体積を持たないからである．いま，厚さのある物体，すなわち，翼断面を考える．NACA 63-210 翼断面がそのような例の 1

第1章　空気力学について　　　　　　　　　　　　　　　　　　　　　　77

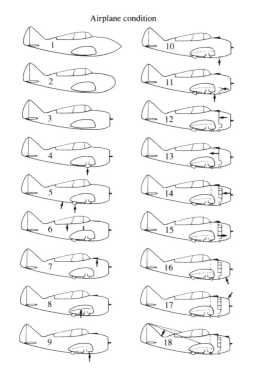

Condition number	Description	C_D ($C_L = 0.15$)	ΔC_D	ΔC_D, %[a]
1	Completely faired condition, long nose fairing	0.0166		
2	Completely faired condition, blunt nose fairing	0.0169		
3	Original cowling added, no airflow through cowling	0.0186	0.0020	12.0
4	Landing-gear seals and fairing removed	0.0188	0.0002	1.2
5	Oil cooler installed	0.0205	0.0017	10.2
6	Canopy fairing removed	0.0203	−0.0002	−1.2
7	Carburetor air scoop added	0.0209	0.0006	3.6
8	Sanded walkway added	0.0216	0.0007	4.2
9	Ejector chute added	0.0219	0.0003	1.8
10	Exhaust stacks added	0.0225	0.0006	3.6
11	Intercooler added	0.0236	0.0011	6.6
12	Cowling exit opened	0.0247	0.0011	6.6
13	Accessory exit opened	0.0252	0.0005	3.0
14	Cowling fairing and seals removed	0.0261	0.0009	5.4
15	Cockpit ventilator opened	0.0262	0.0001	0.6
16	Cowling venturi installed	0.0264	0.0002	1.2
17	Blast tubes added	0.0267	0.0003	1.8
18	Antenna installed	0.0275	0.0008	4.8
Total			0.0109	

[a]Percentages based on completely faired condition with long nose fairing.

図 1.58　1930 年代後半の飛行機，Seversky XP-41(図 3.2 に示される Seversky P-35 からの発展型) に関する抵抗源の分析 [出典：Coe, Paul による実験データ]，"Review of Drag Cleanup Tests in Langley Full-Scale Tunnel (From 1935 to 1945) 現在のジェネラル・アビエーション機に適用可能" NASA TN-D-8206, 1976.

つである．迎え角に対する抵抗係数 c_d の変化が図 1.57 に示されている．ここで，慣例どおり，c_d は [p. 82] 次式で定義される．

$$c_d = \frac{D'}{q_\infty c}$$

ここに，D' は単位翼幅あたりの抵抗である．c_d の最小値は約 0.0045 であることに注意すべきである．NACA 63-210 翼型は "層流翼型 (laminar-flow airfoil)" に分類されるものである．なぜなら，それは小さな α でそのよう流れを促進するように設計されている．これが低い α で c_d 曲線がバケツのような形状を示す理由である．高い α では，乱流への遷移が翼型面上で生じ，c_d の急激な増加を生じさせる．したがって，$c_d = 0.0045$ の値は層流で生じる．Reynolds 数が 3×10^6 であることに注意すべきである．もう一度，層流および乱流のいろいろな側面は第 4 部で議論されることを思い出してもらおう．ここでの大事な点は，翼型の代表的な抵抗係数値が 0.004 から 0.006 のオーダーであることを示すことである．図 1.54 や図 1.55 の流線型物体の場合におけるように，この抵抗の大部分は表面摩擦によるものである．しかしながら，より高い α の値において，翼型の上面に流れのはく離が現れ始め，そして流れのはく離による圧力抵抗 (形状抵抗) が増加し始める．これが，図 1.57 で α が増加するにつれ c_d が増加する理由である．

こんどは飛行機全体を考えよう．第 3 章において，図 3.2 は 1930 年代後半の代表的な戦闘機，Seversky P-35 の写真である．図 1.58 はこのタイプの飛行機に関する詳しい抵抗分析である．図 1.58 の形態 1 はこの飛行機で最低限の装備しかない，最も空気力学的にきれいな機体である．すなわち，(揚力係数が $C_L = 0.15$ に対応する迎え角で計測された) 抵抗係数は，$C_D = 0.0166$ で

ある．ここで，C_D は

$$C_D = \frac{D}{q_\infty S}$$

として定義される．ここに，D はこの飛行機の抵抗であり，そして，S は主翼の平面面積である．形態 2 から 18 に関して，飛行機を通常の運用形態にするためにいろいろな変更が順次なされた．付加抵抗は，図 1.58 に表で示されている追加物の 1 つ 1 つにより増加する．抵抗係数はこれらの追加物によって 65 % 以上も増加することに注意すべきである．すなわち，この飛行機の完全な運用形態の C_D 値は 0.0275 である．これは飛行機の代表的な抵抗係数値である．図 1.58 に示されたデータは第二次世界大戦の直前に NACA Langley 記念研究所の実物風洞で得られた．(この実物風洞は 30 × 60 ft の測定部を有し，その測定部は飛行機 1 機をまるごと設置できる．ゆえに，"実物 (full-scale)" と名がついている．)

本節でここまで論議した抵抗係数の値は低速流れに適用されてきた．いくつかの場合で，Reynolds 数によるそれらの変化が説明された．第 1.7 節の次元解析の論議から，抵抗係数はまた，Mach 数によっても変化することを思い出すべきである．**問い**：飛行機の抵抗係数に与える Mach 数を増加させる影響はどのようなものであろうか．p. 83 この問いに対して，図 1.59 に示される Northrop T-38A ジェット練習機についてその答えを考える．この飛行機の抵抗係数は低亜音速から超音速の範囲にわたり，Mach 数の関数として図 1.60 に与えられている．この航空機は揚力がゼロになるのは負の小さな迎え角においてである．それゆえ，図 1.60 の C_D は**無揚力抵抗係数** (*zero-lift drag coefficient*) と呼ばれる．C_D の値は $M = 0.1$ から約 0.86 までほぼ一定であることに注意すべきである．なぜであろうか．約 0.86 の Mach 数で，C_D は急激に増加する．この Mach 数 1 の近傍で C_D の大きな増加はすべての飛行機で典型的なのである．なぜであろうか．注目しておくべきである．それは，これらの疑問に対する答えは圧縮性流れを論ずる第 3 部で明らかになるからである．また，図 1.60 で，C_D は低亜音速の速度において約 0.015 であることに注意すべきである．これは，図 1.58 に示された 1930 年代の飛行機よりかなり小さい．もちろん，T-38 はもっと近代的で，滑らかな，流線型化された飛行機であり，その抵抗係数は当然より小さくなければならない．

今度は揚力係数に注目し，いくつかの代表的な数値を調べてみる．NACA 63-210 翼型について図 1.57 に示された抵抗のデータの補足として，p. 85 同じ翼型の迎え角に対する揚力係数の変化が図 1.61 に示されている．ここで，c_l は最大値が $\alpha = 14°$ 近くで得られるまで，α に対して線形的に増加することがわかる．そして，その迎え角を越えると，急激な揚力の減少がある．なぜ c_l は α に対してそのように変わるのであろうか．特に，何が $\alpha = 14°$ 以上での c_l の急激な落ち込みを生じさせるのであろうか．この質問に対する答えは後に続く章で導き出される．本節での目的に関しては，c_l の値を良く見てもらおう．すなわち，揚力係数は，α が -12 から $14°$ の範囲で，おおよそ -1.0 から最大 1.5 まで変化する．結論：翼型に関して，c_l の大きさは c_d の約 100 倍である．空気力学において，特に重要な性能係数は揚力に対する抵抗の比，いわゆる L/D 比である．すなわち，航空機の飛行性能について多くの側面は直接 L/D 比に関係している (例えば，文献 2 を見なさい)．同じ意味で，より高い L/D はより良い飛行性能を意味する．翼型，すなわち，それの主な役目はできるだけ少ない抵抗で揚力を作りだすことである形状，に関して，L/D の値は大きい．例として，図 1.57 と図 1.61 から，$\alpha = 4°$ で $c_l = 0.6$，$c_d = 0.0046$ であり，$L/D = \frac{0.6}{0.0046} = 130$ となる．この数値はこの後すぐわかるように，全機の値よりかなり大きい．

第 1 章　空気力学について

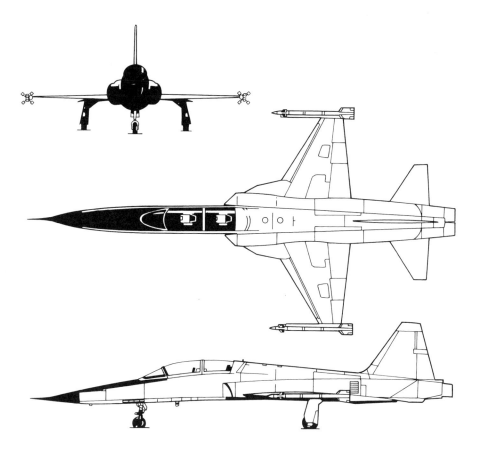

図 1.59 Northrop T-38A ジェット練習機三面図 (米国空軍の好意による．)

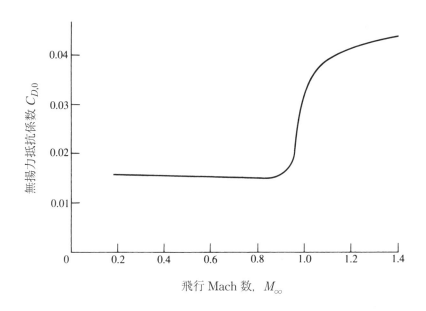

図 1.60 T-38 の Mach 数に対する無揚力抵抗係数変化 (米国空軍の好意による．)

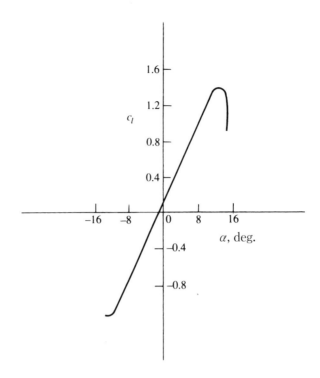

図 1.61 NACA 63-210 翼型の断面揚力係数の変化．Re = 3×10^6，フラップの展開なし

　全機の揚力係数を説明するため，図 1.62 は図 1.59 の T-38 に関する α に対する C_L の変化を示している．3 つの曲線が示されており，それぞれの曲線は異なったフラップの展開角に対応する．(フラップは後縁部にある翼の部分である．これらが下方に曲げられると翼の揚力を増加させる．フラップの空気力学的性能に関する論議については文献 2 の第 5.17 節を見なさい．) 与えられた α において，フラップを展開すると C_L が増加することに注意すべきである．図 1.62 に示された C_L の値は p.86 翼型のそれとほぼ同じである．すなわち，1 のオーダーである．一方，T-38 の最大 L/D 比は約 10 である．すなわち，翼型単独の値に比べはるかに小さい．もちろん，飛行機は胴体，エンジンナセル等を持ち，それらは揚力を発生するだけでない，別の働きをもつ要素部分である．そして，実際，飛行機に大きな抵抗を追加すると同時に僅かな揚力しか発生しない．ゆえに，飛行機の L/D 値は翼型単独のものよりはるかに小さいと予期される．さらに，飛行機の主翼は翼端の空気力学的悪影響 (第 5 章の論題) により翼型よりもはるかに高い圧力抵抗を受ける．この付加的な圧力抵抗は誘導抵抗と呼ばれる．そして，T-38 に付いているような，短い，ずんぐりした翼の場合，誘導抵抗は大きくなり得る．(誘導抵抗の性質について知るためには第 5 章まで待たなければならない．) 結果として，T-38 の L/D 比は多くの飛行機と同じように，かなり小さい．例として，Boeing B-52 戦略爆撃機の最大 L/D 比は 21.5 である (文献 48 を見よ)．しかしながら，この値は翼型単独のそれと比べたらなおもはるかに小さいのである．

　p.87 最後に，モーメント係数の値に注目してみる．図 1.63 は NACA 63-210 翼型の $c_{m,c/4}$ の変化を示している．これが負の値であることに注意すべきである．すなわち，すべての通常の翼型は負，すなわち "頭下げ" モーメントを生じるのである．(第 1.5 節で与えられたモーメン

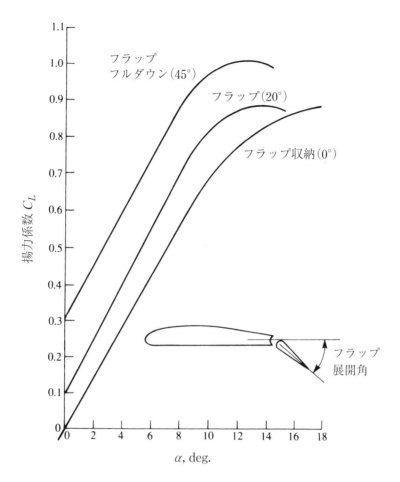

図 1.62 T-38 の迎え角に対する揚力係数変化．これらの曲線は 3 つの異なったフラップ展開角に対応する．自由流 Mach 数は 0.4 である．(米国空軍の好意による．)

トに関する符号の規定を思い出すべきである．) また，その値が -0.035 のオーダーであることに注意すべきである．この値はモーメント係数の代表的な値である．すなわち，100 分の 1 のオーダーである．

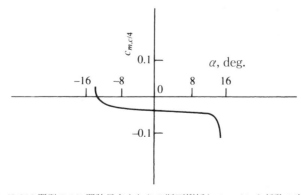

図 1.63 NACA 63-210 翼型の 1/4 翼弦長点まわりの断面縦揺れモーメント係数の変化．$Re = 3 \times 10^6$

これで，第 1.5 節で定義された空力係数の代表的な値についての論議を終える．さて，最初読んだ時に得た全般的な展望を持ちながら，この段階で，読者はこの節を読み返し，論議された，その代表的な数値を心に刻み込むべきである．そして，そのことはこれに続く論議において有用な"目盛"を与えてくれるであろう．

[例題 1.12]

図 3.2 に示される Seversky P-35 を考える．XP-41 に関する図 1.58 に与えられた抵抗分析が P-35 にも適用されると仮定する．図 1.58 に与えられたデータは $C_L = 0.15$ なる特定の条件に適用されることに注意すべきである．P-35 の主翼面積と総重量は，それぞれ，220 ft^2 および 5599 lb である．この P-35 が標準海面高度において $C_L = 0.15$ で定常水平飛行するために必要な馬力を計算せよ．

[解答]

基礎力学から，もし，$\mathbf{F}$ が速度 $\mathbf{V}$ で移動する物体に働く力であるなら，この系により作り出される動力は $P = \mathbf{F} \cdot \mathbf{V}$ である．$\mathbf{F}$ と $\mathbf{V}$ が同一方向であるなら，そのとき，スカラー積は $P = FV$ となり，ここに，F と V は，それぞれ，力および速度の大きさである．この飛行機が定常水平飛行 (加速なし) しているとき，エンジンから得られる推力は厳密に抵抗と釣り合う，すなわち，$T = D$ である．したがって，この飛行機がある与えられた速度 V_∞ で飛行するために必要とされる動力は

$$P = TV_\infty = DV_\infty \tag{E1.12.1}$$

^{p. 88} この P-35 が標準海面高度を $C_L = 0.15$ で定常水平飛行をするために必要とされる動力を求めるために，最初に，この飛行条件における D および V_∞ の両方を計算しなければならない．

V_∞ を得るために，定常水平飛行において，機体重量は空気力学的揚力と厳密に釣り合わされなければならないことを注意する．すなわち，

$$W = L \tag{E1.12.2}$$

第 1.5 節より，

$$W = L = q_\infty S C_L = 1/2 \rho_\infty V_\infty^2 S C_L \tag{E1.12.3}$$

を得る．ここに，S は主翼面積である．式 (E1.12.3) を V_∞ について解くと，

$$V_\infty = \sqrt{\frac{2W}{\rho_\infty S C_L}} \tag{E1.12.4}$$

を得る．標準大気海面高度において，(本例題において用いられている単位と一貫性のある，英国工学単位を用いている) 付録 E から，$\rho_\infty = 0.002377$ slug/ft^2 である．また，本例題の P-35 に関して，$S = 220$ ft^2，$W = 5599$ lb，および $C_L = 0.15$ である．したがって，式 (E1.12.4) から，

$$V_\infty = \sqrt{\frac{2(5599)}{(0.002377)(220)(0.15)}} = 377.8 \text{ ft/s}$$

を得る．これは，この飛行機が揚力係数が 0.15 で標準海面高度を水平に飛行するときの飛行速度である．その他の任意の速度で定常水平飛行するためには，揚力係数が異ならなければなら

ないであろうということに気づく．すなわち，より遅く飛行するために C_L はより大きくなければならず，そしてより速く飛行するために C_L はより小さくなければならない．与えられた飛行機に関して，C_L は迎え角の関数であることを思い出すべきである．それで，$C_L = 0.15$ の本例題の飛行条件はこの飛行機の特定の迎え角に対応している．

88 ft/s = 60 mi/h であることに注意すると，毎時マイルで表す V_∞ は $(377.8)\left(\frac{60}{88}\right) = 257.6$ mi/h である．Enzo Angelucci と Peter Bowers による参考文献，*The American Fighter* (Orion Books, New York, 1985 年) に，Seversky P-35 の巡航速度は 260 mi/h として与えられている．したがって，すべての実際的目的のために，$C_L = 0.15$ なる値は海面高度における巡航速度に関連しており，そして，これが，図 1.58 に与えられる抵抗データがなぜ揚力係数 0.15 について与えられているかを説明してくれる．

必要な動力の計算を完了するために，D の値を必要とする．図 1.58 から，全装備したこの飛行機の抵抗係数は $C_D = 0.0275$ である．計算された飛行速度に関し，動圧は

$$q_\infty = 1/2 \rho_\infty V_\infty^2 = 1/2(0.002377)(377.8)^2 = 169.6 \text{ lb/ft}^2$$

である．したがって，

$$D = q_\infty S C_D = (169.6)(220)(0.0275) = 1026 \text{ lb}$$

式 (E1.12.1) から，

$$P = D V_\infty = (1026)(377.8) = 3.876 \times 10^5 \text{ ft lb/s}$$

である．1 馬力は 550 ft lb/s であることに注意すべきである．したがって，馬力に換算すると，

$$P = \frac{3.876 \times 10^5}{550} = \boxed{704 \text{ hp}}$$

P-35 は出力 1050 hp の Pratt & Whitney 社製 R-1830-45 エンジンを装備していた．本例題で計算された巡航速度に必要な馬力は 704 hp であり，効率的な巡航条件のためのエンジンスロットル位置に一致している．

本例題の目的は，本節の標題の副題目，"応用空気力学：空力係数－それらの大きさと変化" に一致する，実際の条件で飛行する実機に関する C_L と C_D の典型的な値を説明することである．さらに，これらの空力係数は巡航速度や定常水平飛行に必要な馬力のような，飛行機に関する有用な空力性能特性を計算するために用いられることを示した．また，本例題は空力係数の重要性と有用性を力説している．我々はこれらの与えられた飛行機についての計算を，揚力および抵抗係数のみを知り，行った．そして，再度，第 1.7 節で与えられた次元解析の重要性と，第 1.8 節において論議された強力な概念である流れの相似性を補強しているのである．

1.13　歴史に関するノート：理解しがたい圧力中心

翼型の圧力中心は航空学の発展段階で重要事項であった．19 世紀において，空気より重い飛行機が安定した，平衡状態で飛ぶ (例えば直線水平飛行) ためには，その飛行体の重心まわりの

モーメントがゼロでなければならない (文献 2 の第 7 章を見よ) ことは知られていた．圧力中心，それは一般に重心からある距離離れているが，に働く翼の揚力はこのモーメントに実質的に寄与している．ゆえに，圧力中心の理解と予測は適切な釣り合いをもつ機体を設計するために絶対に必要なことと思われていた．他方では，初期の実験家達は圧力中心を測定することの困難さに遭遇し，多くの困惑が広がっていた．このことをさらに調べてみよう．

揚力面の圧力中心を調べる最初の実験は 1808 年にイングランド人の George Cayley (1773-1857) によって行われた．Cayley は飛行機の現代的概念，すなわち，固定翼，胴体，そして尾翼をもつ飛行体の発明者である．彼は揚力と推進力の役割を概念的に分けた最初の人物であった．すなわち，Cayley より前では，大方の考えは羽ばたき機，すなわち，揚力と推力両方を作りだすために翼を羽ばたくものであった．Cayley はこの考えを捨て，1799 年に，現在は London の科学博物館の所蔵なっている銀の円盤に，今日我々が認識しているすべての基本的な要素を備えた初歩的な飛行機のスケッチを刻んでいる．Cayley は活動的で，創意にとみ，長生きをした人物であった．そして，たくさんの先駆的空気力学実験を行い，熱心に，動力つき重航空機による有人飛行は必ず可能であると信じていた．p. 90(Cayley の航空学に対する貢献についての詳しい議論については文献 2 の第 1 章を見るとよい．)

1808 年，Cayley はグライダとして，また，凧として試験した翼が付いた模型の実験を報告している．圧力中心に関する彼のコメントは以下のとおりである．すなわち，

> 流れに対して窪んだ曲線をなすように作られた翼を取り付けた 6 角形の大きな凧を使って行われた実験により，私は 1 フィート半あたり約 1 ポンドの荷重がかかったとき，重心が凧の表面上において前後 3 対 7 の位置を通過するよう支える必要があることを見いだした．しかし，後ろに 2 倍のてこ比の尾翼をつけると，それらが 5 対 12 に分けられ，5 は前方よりのものであるとき，私は，そのような窪んだ面はそれぞれの部分で同じ圧力を受けると思う．このように大きな相違を発見したことは実際，驚きである．そして，そのことは飛行機の重心を，前もって予測した全体の中心 (重心) よりかなり前方にあることを強いる．

ここで，Cayley は圧力中心が前縁から 5 単位，後縁から 12 単位 (すなわち，$x_{cp} = 5/17c$ である) にあると述べている．この後で，彼は次のようにつけ加えている．「私は，ほぼ同じ重さの，平面をなす小さな正方形の帆を試してみた．そして，私はその抵抗の中心が全体の重心と異なることを確認できなかった．」つまり，Cayley はこの場合の圧力中心が $1/2c$ であると述べているのである．

Cayley の記述からは，彼が圧力中心は揚力，すなわち迎え角が変わると移動する事を認識していたということを示すものはない．しかしながら，彼が明らかに圧力中心の位置と，それが飛行機の安定に及ぼす影響に関心を持っていたことは疑いない．

流れに対して小さな角度に傾いた平板の圧力中心は 1887 年から 1896 年の期間に Samuel P. Langley により研究された．Langley は当時 Smithsonian Institution の理事長であり，動力飛行の発展のために，彼のほとんど全部の時間と多くの Smithsonian Institution の資産を注ぎ込んでいた．Langley は高く尊敬された物理学者であり，また，天文学者であった．そして，彼は動力飛行の問題に関して，系統的なそして構造化された科学者の意志をもち取り組んだ．多数のゴム動力模型はもちろん，旋回腕装置を用い，彼は非常に大量の空気力学情報を収集し，それを用いて引続き実機を設計した．成功した飛行機を作り飛ばすための Langley の努力は彼の飛行機が Potomac 川に墜落した陰惨な失敗に終わった．すなわち，その最後の試験は 1903 年 12 月 17 日における Wright 兄弟による歴史的な初飛行のちょうど 9 日前であった．これらの

失敗にもかかわらず，Langley の研究は動力飛行を前進させるために多くの点において助けとなった．(もっと詳しいことに関しては文献 1 の第 1 章を見よ．)

流れに対して傾いた平板の圧力中心に関する Langley の観察結果は Samuel P. Langley による "Langley Memoir on Mechanical Flight, Part 1, 1887-1896" に見いだせる．そして，それは 1911 年，Langley の死から 5 年後，に Smithsonian Institution から出版された．この論文において，Langley は次のように述べている．

> 滑空飛行において前進する平板の圧力中心は常に図心の前方にあり，この平板を支える傾き角が減少すると前方へ移動し，p.91 水平飛行速度が増加するときはそれ程ではない．これらの事実は釣り合いの問題を論議するのに必要な基本的な概念を与え，その解決は飛行の成功にとって最も重要なことである．
>
> その解決法は，もし，圧力中心の位置が前もって正確にわかれば，比較的簡単であろう．しかし，正に上で述べた事実の 1 つ，すなわち，水平飛行における圧力中心の位置は飛行速度それ自身により移動するということを考えても，その解がいかに困難であるか認識できるであろう．

ここで，我々は Langley が圧力中心は揚力面上を移動することを，しかし，その位置は特定できていないということを完全に気がついていたことがわかる．また，彼は平板に関する正しい変化，すなわち，x_{cp} は迎え角が減少すると前方へ移動することを述べている．しかしながら，彼は湾曲した (キャンバーのある) 翼型の x_{cp} の動きに困惑されている．彼自身の言葉は，

> 私の指示で行われた，後半の実験は，私が採用した湾曲した翼面について，圧力中心は迎え角の増加により前方へ移動し，迎え角の減少により後方へ移動する．それで，それは，その翼面の図心の後方にさえある得る．いくつかの翼面に関しては，圧力中心が前方に移動し，あるものに関しては後方へ移動するので，その位置が固定される翼面があるかもしれないと予測されよう．

ここで，Langley は平板と比較して，キャンバーのある翼型上の圧力中心の移動がまったく反対であることを述べ，彼の結果を合理的，科学的な方法で説明できないことへの僅かな苛立ちを終始示している．

Langley のいる西，350 マイルの Ohio 州 Dayton に，Orville と Wilbur Wright がまた翼型の実験を行っていた．第 1.1 節で述べたように，Wright 兄弟は彼らの自転車工場に小さな風洞を製作した．それを用い，彼らは 1901 年から 1902 年の秋，冬と春の間に数百の異なる翼型や翼平面形に関する空気力学実験を行った．明らかに，Wright 兄弟は圧力中心を正しく評価していた．そして，1903 年の Wright Flyer 号に用いられた彼らの成功した翼型設計はこの問題を解決していたことの証明書である．非常に興味深いことに，Wright 兄弟の書簡において，わずか 1 組の圧力中心に関する結果が見出されている．これは 1905 年 7 月 25 日付の Wilbur の備忘録に表と図で現れている．この図は図 1.64 に示される．すなわち，Wilbur によりプロットされた原図である．ここで，前縁からの距離のパーセントで与えられた圧力中心が迎え角に対してプロットされている．2 つの翼型のデータが与えられ，1 つは大きな曲率 (最大高さと翼弦の比 = 1/12) をもつものと，もう少し小さな曲率 (最大高さと翼弦の比 = 1/20) のものである．これらの結果は，今日，良く知られている，弯曲した翼型の圧力中心の移動を示している．すなわち，x_{cp} は，少なくとも α の小さいところから中間の大きさの間で迎え角が増加すると，前方へ移動するということである．しかしながら，図 1.64 に示された x_{cp} の最前方変位は前縁から 33 パーセントである．すなわち，圧力中心は常に，1/4 翼弦長点より後方にあるということである．

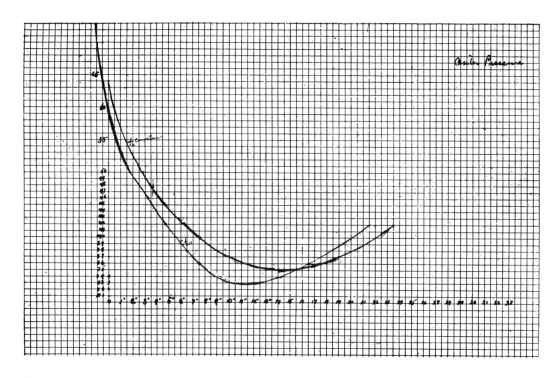

図 1.64 Wright 兄弟による弯曲した (キャンバーのある) 翼型に関する，迎え角の関数としての圧力中心の測定．圧力中心は前縁から翼弦に沿ったパーセント距離でプロットされている．この図は Wilbur Wright 自身によりプロットされた実際のデータを示す．これは，1905 年の 7 月 25 日付の Wilbur の備忘録にある．

p. 92 薄い翼型に有効な，最初の実用的な翼型理論はドイツ，Göttingen 大学の Ludwig Prandtl と彼の同僚達により第一次世界大戦の直前からその戦中に展開された．この薄い翼型の理論は第 4 章で詳しく説明される．弯曲した (キャンバーのある) 翼型に関する圧力中心の結果は式 (4.66) により与えられる．そして，x_{cp} は迎え角 (したがって，c_l) が増加すると前方へ移動すること，そして，それは有限な，正の c_l の値に対し，常に，1/4 翼弦長点の後方にあることを示す．この理論は，1915 年から 1925 年の間に行われたより精密な風洞実験とともに最終的に，キャンバーのある翼型の圧力中心位置の理解と予測を確定した．

x_{cp} は迎え角が変化すると翼型上を大きく移動するために，基本の，そして，実用的な翼型特性としての重要性がなくなった．1930 年代初期に始まった，米国航空評議委員会 (NACA) は Virginia 州にある Langley 記念航空研究所で，いくつかの系統的に設計された翼型群，すなわち，航空工学における標準となった翼型の特性が計測された．これらの NACA 翼型は第 4.2 および 4.3 節で論議される．翼型データを揚力，抵抗および圧力中心で与える代わりに，NACA は揚力，抵抗と 1/4 翼弦長点，または空力中心，どちらかのまわりの縦揺れモーメントを示す別のシステムを選択した．p. 93 これらは第 1.6 節で論議され，図 1.26 に示されたように翼型に働く力と縦揺れモーメント系を定義するまったく適切な方法である．結果として，圧力中心は現代の翼型データの一部としてはほとんど与えられない．他方，細長い発射体やミサイルのような 3 次元物体に関して，圧力中心の位置はまだ重要な特性値であり，現代のミサイルデータはしばしば x_{cp} を含んでいる．したがって，すべての種類の飛行体を考えるときには，圧力中心を考慮することは未だに重要である．

1.14 歴史に関するノート：空力係数

第 1.5 節で，我々は空気力を空力係数で表す規約を紹介した．例えば，

$$L = \frac{1}{2}\rho_\infty V_\infty^2 S C_L$$

および

$$D = \frac{1}{2}\rho_\infty V_\infty^2 S C_D$$

ここに，L と D はそれぞれ揚力と抵抗であり，C_L と C_D はそれぞれ揚力係数および抵抗係数である．上で示されたこの形式の規約は 1920 年ころからである．しかし，いくつかの形式について空力係数の使用はもっと時代を遡る．本節において，空力係数の系譜を手短に辿ってみよう．もっと詳しいことについては本著者の最近の本，"A History of Aerodynamics and Its Impact on Flying Machines (文献 62)" を見てもらいたい．

空力係数を定義し用いた最初の人物は Otto Lilienthal，19 世紀の終わりにおける有名なドイツの航空先駆者である．子供時代から空気より重い航空機に興味を持っていたので，Lilienthal は旋回腕装置を用い，キャンバーつき (弯曲した) 翼型に関する最初の最も正確な空気力学的力測定を行った．彼の測定値は 23 年間にわたって得られ，ついに 1889 年に彼の出版した本，"Der Vogelflug als Grundlage der Fliegekunst (航空学の基礎としての鳥の飛行)" に結実した．彼の本にあるグラフの多くは今日我々が抵抗極曲線とする形式でプロットされている．すなわち，ゼロ以下から 90° までの迎え角範囲で測定された異なったデータ点を用いた揚力係数対抵抗係数のプロットである．Lilienthal は機械工学の学位を持っており，彼の仕事は当時の大多数の者より優れた技術的なプロ精神を反映していた．1891 年から，彼は自分の研究を数機のグライダーを設計することにより実践に移し，1896 年 8 月 9 日の墜落による彼の不時の死に終わる前までに 2000 回を越す滑空飛行を成功させた．Lilienthal が亡くなったとき，彼のグライダーに動力を与えるエンジンの設計を行っていた．もし彼が生きていたとしたら，彼は，最初の空気より重い，人により操縦された動力飛行という競争で Wright 兄弟を打ち負かしたかもしれないという憶測がある．

彼の本の中で，Lilienthal は法線力および接線力に関し，次の式を示している．彼は (法線力と接線力を) それぞれ N および T と書いている．

p. 94

$$N = 0.13\eta F V^2 \tag{1.63}$$

および

$$T = 0.13\theta F V^2 \tag{1.64}$$

ここに，Lilienthal の記号で，F は m^2 で表した主翼基準平面面積であり，V は m/s で表した自由流速度で，N と T は kg-f 単位である (海面で重力により 1 kg の質量に作用する力)．数値，0.13 は Smeaton 係数で，流れに対して垂直に置かれた平板に関して 18 世紀に行われた測定に由来する概念と数値である．Smeaton 係数は自由流の密度に比例する．その用法は古めかしく，20 世紀の初期には用いられなくなった．式 (1.63) と式 (1.64) により，Lilienthal は迎え角

に対する"法線力"および"接線力"係数，η および θ を導入した．この表のコピー，1897年にOctave Chanute による論文中に複写されたもの，が図1.65に示されている．これが"Lilienthal数表"として有名になり，Wright 兄弟によっても彼らの初期のグライダー設計に用いられた．文献62で証明されているが，Lilienthal は彼の実験データを係数形にするために式(1.63)および式(1.64)を陽的には用いず，もっと適切に言えば，N および T の実験測定値を，彼が測定した迎え角90°の翼に働く力で割ることにより η と θ の実験定数を決定している．そのようにすることにより，彼はSmeaton 係数と速度の曖昧さの影響を分散させた．前者は格別に重要であった．なぜなら，Smeaton 係数の古典的な値，0.13 は，ほぼ，40パーセントの誤差があったからである．（さらなる詳細については文献62を見よ．）それにもかかわらず，我々はOtto Lilienthal に対して空力係数という概念，現在に至るまで，いろいろな修正された形式に受け継がれてきた慣例に関連して感謝すべきである．

Lilienthal に続いてすぐ，Smithsonian Institution の Samuel Langley は迎え角の関数として，平板に働く空気力の合力 R に関する旋回椀装置によるデータを発表した．それには次の式を用いた．

$$R = kSV^2 F(\alpha) \tag{1.65}$$

ここに，S は平面面積，k はより正確な Smeaton 係数 (Langley により，彼の旋回椀装置で実際に測定された) である．そして，$F(\alpha)$ は対応する力の係数であり，迎え角の関数である．

Wright 兄弟は揚力と抵抗という用語を好んだ．そして，揚力および抵抗係数を定義するため，Lilienthal や Langley に倣った形式の式を用いた．すなわち，

$$L = kSV^2 C_L \tag{1.66}$$

$$D = kSV^2 C_D \tag{1.67}$$

Wright 兄弟は Smeaton 係数 k を陽的に入った式を用いた最後の人達であった．1909年，Gustave Eiffel は"単位力係数"K_i を次のように定義している．

$$R = K_i SV^2 \tag{1.68}$$

p. 96 式 (1.68) において，Smeaton 係数はどこにも見あたらない．すなわち，それは K_i の直接測定に埋め込まれている．（エッフェル塔で有名な Eiffel は1909年に大きな風洞を建設し，その後の14年間，1923年に死去するまでフランスの指導的空気力学者として君臨した．）Eiffel の研究の後，Smeaton 係数はもはや空気力学論文には用いられなかった．すなわち，それは完全にすたれたのである．

Gorrell と Martin はいろいろな翼型形状について MIT において 1917年に行った風洞実験で Eiffel の方法を採用し，揚力と抵抗の式を与えた．すなわち，

$$L = K_y AV^2 \tag{1.69}$$

$$D = K_x AV^2 \tag{1.70}$$

ここに，A は平面面積であり，K_y と K_x はそれぞれ，揚力および抵抗係数であった．短期間，K_y および K_x を用いるのが米合衆国で流行した．

TABLE OF NORMAL AND TANGENTIAL PRESSURES

Deduced by Lilienthal from the diagrams on Plate VI., in his book "Bird-flight as the Basis of the Flying Art."

a Angle.	η Normal.	ϑ Tangential.	a Angle.	η Normal.	ϑ Tangential.
−9°	0.000	+ 0.070	16°	0.909	− 0.075
−8°	0.040	+ 0.067	17°	0.915	− 0.073
−7°	0.080	+ 0.064	18°	0.919	− 0.070
−6°	0.120	+ 0.060	19°	0.921	− 0.065
−5°	0.160	+ 0.055	20°	0.922	− 0.059
−4°	0.200	+ 0.049	21°	0.923	− 0.053
−3°	0.242	+ 0.043	22°	0.924	− 0.047
−2°	0.286	+ 0.037	23°	0.924	− 0.041
−1°	0.332	+ 0.031	24°	0.923	− 0.036
0°	0.381	+ 0.024	25°	0.922	− 0.031
+1°	0.434	+ 0.016	26°	0.920	− 0.026
+2°	0.489	+ 0.008	27°	0.918	− 0.021
+3°	0.546	0.000	28°	0.915	− 0.016
+4°	0.600	− 0.007	29°	0.912	− 0.012
+5°	0.650	− 0.014	30°	0.910	− 0.008
+6°	0.696	− 0.021	32°	0.906	0.000
+7°	0.737	− 0.028	35°	0.896	+ 0.010
+8°	0.771	− 0.035	40°	0.890	+ 0.016
+9°	0.800	− 0.042	45°	0.888	+ 0.020
10°	0.825	− 0.050	50°	0.888	+ 0.023
11°	0.846	− 0.058	55°	0.890	+ 0.026
12°	0.864	− 0.064	60°	0.900	+ 0.028
13°	0.879	− 0.070	70°	0.930	+ 0.030
14°	0.891	− 0.074	80°	0.960	+ 0.015
15°	0.901	− 0.076	90°	1.000	0.000

図 1.65 法線力および接線力係数に関する"Lilienthal 数表" Octave Chanute により発表された "Sailing Flight," *The Aeronautical Annual*, 1897 にある実際の表の複写である．この表はその後に Wright 兄弟により用いられた

しかしながら，1917年までに密度 ρ もまた力の係数の式に陽的に現れ始めた．NACA 技術報告 No.20, "空力係数と変換表 (Aerodynamics Coefficients and Transformation Table)" において，次の式を見出す．

$$F = C\rho SV^2$$

ここに，F は物体に働く合力，ρ は自由流密度であり，C は力の係数である．そして，"4つの量 (F, ρ, S および V)" すべてが同一の単位系で用いられるならば，それらは，単位の選択には無関係な，与えられた翼型について迎え角により変化する "理論的な数字"，として説明されていた．

最後に，第一次世界大戦の終わりまでに，ドイツの Göttingen 大学の Ludwig Prandtl は，今日，標準として受け入れられている学術用語を確立した．Prandtl はすでに，1918年ころには翼型と3次元翼の空気力学に関する先駆的研究と，境界層理論の考案と展開とで有名であった．(Prandtl の伝記については第 5.8 節を見よ．) Prandtl は，動圧，$\frac{1}{2}\rho_\infty V_\infty^2$ (彼はこれを "動力学的な圧力" と呼んだ．) が空気力を記述するのに十分に適していると判断した．第一次世界大戦前と最中において Göttingen 大学で行われた研究に関する彼の英語で書かれた総説 (文献 63) において，彼は空気力を

$$W = cFq \tag{1.71}$$

と書いている．ここに，W は力，F は翼面の面積，そして q は動圧である．そして，c は "純数字" (すなわち，力の係数である)．揚力と抵抗を次式のように表すことが唯一の，手短な方法であった．

$$L = q_\infty S C_L \tag{1.72}$$

$$D = q_\infty S C_D \tag{1.73}$$

ここに，C_L と C_D は Prandtl により "純数字" と呼ばれたものである．(すなわち，揚力および抵抗係数) そして，それ以来，この表記が標準となった．

1.15 要約

p. 97 図 1.11 に示された第1章に関するロードマップを再び見てみるべきである．我々が説明してきた内容を思い出させるものとしてこの図にある各ブロックを読み返すべきである．もし，読者がある概念について厄介に感じるなら，またはもし，ある点に関し記憶が曖昧であるなら，その内容を習得するまで関連する節に戻り，読み返すべきである．

本章は基本的に定性的であり，定義とか基本概念を強調してきた．しかしながら，いくつかのより重要な定量的関係が以下のように要約される．

空気力学的物体の法線力，接線力，揚力，抵抗およびモーメント係数は物体表面上の圧力および表面摩擦係数を前縁から後縁まで積分することにより得られる．2次元物体については，

$$c_n = \frac{1}{c}\left[\int_0^c \left(C_{p,l} - C_{p,u}\right)dx + \int_0^c \left(c_{f,u}\frac{dy_u}{dx} + c_{f,l}\frac{dy_l}{dx}\right)dx\right] \tag{1.15}$$

$$c_a = \frac{1}{c}\left[\int_0^c \left(C_{p,u}\frac{dy_u}{dx} - C_{p,l}\frac{dy_l}{dx}\right)dx + \int_0^c \left(c_{f,u} + c_{f,l}\right)dx\right] \tag{1.16}$$

$$c_{m_{\text{LE}}} = \frac{1}{c^2}\left[\int_0^c \left(C_{p,u} - C_{p,l}\right)xdx - \int_0^c \left(c_{f,u}\frac{dy_u}{dx} + c_{f,l}\frac{dy_l}{dx}\right)xdx \tag{1.17}$$

$$+ \int_0^c \left(C_{p,u}\frac{dy_u}{dx} + c_{f,u}\right)y_u dx + \int_0^c \left(-C_{p,l}\frac{dy_l}{dx} + c_{f,l}\right)y_l dx\right]$$

$$c_l = c_n \cos\alpha - c_a \sin\alpha \tag{1.18}$$

$$c_d = c_n \sin\alpha + c_a \cos\alpha \tag{1.19}$$

圧力中心は次式から得られる．

$$x_{\text{cp}} = -\frac{M'_{\text{LE}}}{N'} \approx -\frac{M'_{\text{LE}}}{L'} \tag{1.20 および 1.21}$$

2つまたはそれ以上の流れが力学的に相似であるための基準は，
1. 物体とその他の固体境界が幾何学的に相似でなければならない．
2. 相似パラメータが同一でなければならない．2つの重要な相似パラメータはMach数 $M = V/a$ と，Reynolds数 $\text{Re} = \rho Vc/\mu$ である．

2つ，またはそれ以上の流れが力学的に相似であれば，力の係数 C_L や C_D 等は同じである．

p.98 流体静力学において，支配方程式は水静力学方程式である．

$$dp = -g\rho\,dy \tag{1.52}$$

密度が一定である媒質については，これは積分され，

$$p + \rho g h = \text{一定} \tag{1.54}$$

または $\quad p_1 + \rho g h_1 = p_2 + \rho g h_2$

そのような方程式は，特にマノメータの運用を支配し，流体中の物体に働く浮力は物体により排除された流体の重さに等しいという Archimedes の原理へと導く．

1.16 演習問題

1.1 標準あるいは標準に近い状態での多くの気体に関し,圧力,密度および温度の関係は完全気体の状態方程式で与えられる.すなわち,$p = \rho\, R\, T$,ここに,Rは気体定数である.標準状態に近い空気について,国際単位系では$R = 287$ J/(kg·K)である.また,英国工学単位系では,$R = 1716$ ft·lb/(slug·°R)である.(完全気体の状態方程式に関するより詳しいことは第7章に与えられる.)上記のことから,次の2つの場合について考よ.

    a. Boeing 727の主翼上のある与えられた点において,空気の圧力と温度が,それぞれ,1.9×10^4 N/m^2, 203 Kである.この点における密度を計算せよ.

    b. 超音速風洞の測定部のある1点で空気の圧力と密度が,それぞれ,1058 lb/ft^2, 1.23×10^{-3} slug/ft^{3}である.この点における温度を計算せよ.

1.2 式 (1.7), (1.8) および (1.11) から出発し,式 (1.15), (1.16) および (1.17) を導け.

1.3 超音速流中で,ある迎え角αにある,翼弦長cの無限に薄い平板を考える.上,下面の圧力は異なっているがそれぞれの面で一定である.すなわち,$p_u(s) = c_1$ および $p_l(s) = c_2$ である.ここに,c_1とc_2は定数で,$c_2 > c_1$である.せん断応力を無視し,圧力中心の位置を計算せよ.

1.4 超音速流中にある迎え角 10° の翼弦長 1 m を持つ無限に薄い平板を考える.上,下面上の圧力およびせん断応力分布は,それぞれ,$p_u = 4 \times 10^4 (x-1)^2 + 5.4 \times 10^4$, $p_l = 2 \times 10^4 (x-1)^2 + 1.73 \times 10^5$, $\tau_u = 288 x^{-0.2}$ および $\tau_l = 731 x^{-0.2}$ である.ここに,xは単位がメートルである前縁からの距離で,pおよびτは1平方メートルあたりのニュートンの単位である.単位翼幅あたりの,法線力および接線力,揚力と抵抗,前縁まわりのモーメント,[p. 99] および1/4翼弦長点まわりのモーメントを計算せよ.また,圧力中心の位置を計算せよ.

1.5 迎え角が12°の翼型を考える.法線力および接線力係数はそれぞれ,1.2 および 0.03 である.揚力および抵抗係数を計算せよ.

1.6 NACA 2412 翼型を考える (標準 NACA 翼型形状の数字についての意味は第4章で議論される).次のものはこの翼型の,迎え角の関数としての揚力,抵抗係数および1/4翼弦長点まわりのモーメント係数の表である.この表から,グラフ用紙にαの関数としてのx_{cp}/cの変化をプロットせよ.

α (度)	c_l	c_d	$c_{m,c/4}$
-2.0	0.05	0.006	-0.042
0	0.25	0.006	-0.040
2.0	0.44	0.006	-0.038
4.0	0.64	0.007	-0.036
6.0	0.85	0.0075	-0.036
8.0	1.08	0.0092	-0.036
10.0	1.26	0.0115	-0.034
12.0	1.43	0.0150	-0.030
14.0	1.56	0.0186	-0.025

第 1 章　空気力学について

1.7 船体にかかる抵抗は，1 つには船体により生じる水面波の高さに依存する．したがって，これらの波に関係した位置エネルギーは重力加速度 g に依存する．それゆえ，船体に働く造波抵抗は $D = f(\rho_\infty, V_\infty, c, g)$ と書くことができる．ここに，c は船体に関した長さの尺度，例えば船体の最大幅である．抵抗係数を $C_D \equiv D/q_\infty c^2$ と定義する．また，Froude 数と呼ばれる相似パラメータを，$F_r = V/\sqrt{gc}$ と定義する．Buckingham のパイ定理を用い，$C_D = f(F_r)$ を証明せよ．

1.8 超音速飛行をしているビークル上の衝撃波は超音速造波抵抗 D_w と呼ばれる抵抗成分の原因となる．造波抵抗係数を $C_{D,w} = D_w/q_\infty S$ と定義する．ここで，S はその物体の適切な基準面積である．超音速飛行において，流れは，1 つには定圧比熱 c_p や定積比熱 c_v で与えられる熱力学的特性に支配される．この比を $c_p/c_v \equiv \gamma$ と定義する．Buckingham のパイ定理を用い，$C_{D,w} = f(M_\infty, \gamma)$ であることを証明せよ．摩擦の影響は無視する．

1.9 幾何学的に相似である翼型を過ぎる 2 つの異なった流れを考える．1 つの翼型は他方の 2 倍の大きさでる．小さい翼型を過ぎる流れの自由流条件は $T_\infty = 200$ K，$\rho_\infty = 1.23$ kg/m^3 および $V_\infty = 100$ m/s である．大きい翼型を過ぎる流れでは $T_\infty = 800$ K，$\rho_\infty = 1.739$ kg/m^3 および $V_\infty = 200$ m/s である．μ と a はともに $T^{1/2}$ に比例すると仮定する．この 2 つの流れは力学的に相似であろうか．

1.10 P.100 高度 10 km を速度 250 m/s で飛行している Lear jet を考える．その高度では，空気密度および温度は，それぞれ，0.414 kg/m^3 と 223 K である．実験室の風洞で試験されている Lear jet の 5 分の 1 縮尺模型を考える．風洞測定部の圧力は 1 atm $= 1.01 \times 10^5$ N/m^2 である．揚力および抵抗係数が，この風洞模型と飛行中の実機とで同じになるのに必要な風洞測定部における気流の速度，温度および密度を計算せよ．注：圧力，密度および温度間の関係は演習問題 1.1 で述べた状態方程式で与えられる．

1.11 U 字管水銀マノメータが風洞模型である翼の 1 点の圧力を測定するのに用いられる．マノメータの一方は模型と接続されている．そして，他方は大気に開放されている．大気圧および液状水銀の密度は，それぞれ，1.01×10^5 N/m^2，1.36×10^4 kg/m^3 である．2 つの水銀柱の変位が，翼面に接続した側が高くなり，20 cm であるとき，翼上の圧力はどのくらいか．

1.12 第一次世界大戦のドイツの Zeppelin 飛行船は次に示す代表的な特性をもつ飛行船であった．すなわち，体積 $= 15{,}000$ m^3，最大直径 $= 14.0$ m である．標準大気高度，1000 m (付録 D に示す標準大気表から対応する密度を求めよ) を速度 30 m/s で飛行している Zeppelin 飛行船を考える．この Zeppelin 飛行船は，その揚力係数が 0.05 (基準面積は最大断面積) である小さな迎え角をとっている．この Zeppelin 飛行船が加速度なしの直線水平飛行している．この Zeppelin 飛行船の全備重量を計算せよ．

1.13 中心軸が流れに対して垂直になっている円柱が極超音速流中にあると考える．ϕ を前縁 (よどみ点) 方向への半径と円柱の任意点を結ぶ半径との間の角度とする．円柱表面に沿った圧力分布は，$0 < \phi < \pi/2$ と $3\pi/2 < \phi < 2\pi$ では $C_p = 2\cos^2\phi$，$\pi/2 < \phi < 3\pi/2$ で $C_p = 0$ で与えられる．円柱の前方面積を基準として，この円柱の抵抗係数を計算せよ．

1.14 一般形状の物体を用い Archimedes の原理を導け．

1.15 Cessna Skylane と同等の単発プロペラ軽飛行機を考える．この飛行機の重量が 2950 lb で，基準翼面積が 174 ft² である．この飛行機の抵抗係数 C_D は第 5 章で示す理由により揚力係数 C_L の関数である．すなわち，与えられた飛行機のこの関数は $C_D = 0.025 + 0.054 C_L^2$ である．

　a. 海面上，大気密度が 0.002377 slug/ft³，での定常水平飛行に対し，70 ft/s から 250 ft/s の飛行速度範囲で C_L, C_D および揚抗比 L/D の変化をグラフにプロットせよ．

　b. これらの特性値の速度に対する変化について考察せよ．

1.16 p.101 海面における標準状態で，Mach 10 の極超音速流れの中で，迎え角ゼロの平板を考える．前縁から下流側の 0.5 m の点において，壁面における局所摩擦応力は 282 N/m² である．壁面における気体温度は標準海面温度に等しい．この点において，壁面に垂直な方向の壁面速度勾配を計算せよ．

1.17 宇宙における任務の最後において大気圏再突入中のスペース・シャトルを考える．このシャトルが Mach 9 に減速した高度において，主翼下面の与えられた 1 点における局所熱伝達は 0.03 MW/m² である．壁面における気体温度は標準海面温度に等しいと仮定して，この翼面の点における，面に垂直方向の空気の温度勾配を計算せよ．

1.18 本問題の目的は実機が飛行しているときの Reynolds 数の大きさを感じ取ってもらうことである．

　a. 図 1.1 に示された DC-3 を考える．主翼の翼根翼弦長 (主翼が胴体と交わる所の翼の前端から後端までの距離) は 14.25 ft である．DC-3 が海面上を 200 マイル時で飛行していると考える．翼根翼弦長を過ぎる流れの Reynolds 数を計算せよ．(これは重要な数値である．なぜなら，後でわかるように，その値は主翼のその場所における表面摩擦抵抗を支配するからである．)

　b. 図 1.5 に示された，また本書の表紙を飾っている F-22 を考える．この主翼が中央胴体と交わる翼弦長は 21.5 ft である．この戦闘機が海面を速度 1320 ft/s (Mach 1.2) で高速パスをしていると考える．この翼根における Reynolds 数を計算せよ．

1.19 Wright 兄弟は，1900 年および 1901 年のグライダーの設計において，設計のための空力データとして図 1.65 に与えられた Lilienthal 数表を用いた．これらのデータに基づいて，彼らは 3 度を設計迎え角に選択し，この設計迎え角に基づき，機体サイズ，重量等のすべての計算を行った．なぜ彼らが 3 度を選択したか考えよ．

ヒント：この Lilienthal 数表から，迎え角 3 度における揚抗比，L/D を計算し，これを他の迎え角における揚抗比と比較せよ．読者は，L/D の重要性について，特に図 1.36 に関して，第 1.8 節の終わりにあるデザイン・ボックスを読み返したいと思うであろう．

第2章　空気力学：基本原理および方程式

p.103 流体と固体粒子の集合との間の相違が非常に大きいため，流体の圧力法則と平衡則は固体のそれらとは非常に違っている．

Jean Le Rond d'Alembert, 1768

その詳細ではなく，それを支配する原理が最も重要である．

Theodore von Kármán, 1954

プレビュー・ボックス

基本原理や基礎方程式を考え学ぶことは，楽しいことと思えないかもしれない．しかし，もう一度，次のことについて考えてみよう．今，新しい極超音速機の設計と開発にかかわっていると考えてみよう．そのような機体，X-43A 極超音速-X 研究機が図 2.1 に示されている．どのようにして新しい航空機の空気力学的形状の設計に取りかかればよいのであろうか．答えは，基本原理と基礎方程式を使うことである．高い空気力学的性能および推進効率を得るために特別に設計された Boeing 787 ジェット旅客機 (図 2.2) を考える．p.104 Boeing 社の空気力学技術者達は，最初どのようにしてこの飛行機についての可能な空気力学的形状を決めたのであろうか．答えは，基本原理と基礎方程式を用いて決定したである．

本章では空気力学における基本原理と方程式に関したすべてについて述べる．ここで論議される題材は読者が空気力学を理解し，それを正しく評価することを発展させて行くために必要不可欠なものなのである．よって，この題材を旺盛な探求心で勉強すべきである．本章は樹々

図 2.1 X-43A 極超音速実験機-飛行中の想像図 (NASA)

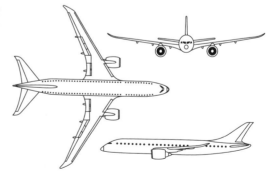

図 2.2 Boeing 787 ジェット旅客機

で満ちあふれているけれども，同時にその森も見るべきである (訳者注：それぞれの内容を理解するとともに空気力学の全体像の理解も重要である). そして，基本的原理および基礎方程式を学ぶのは本章のみにとどまらない．すなわち，これ以降の章において，非常に興味深い工学的応用を取り扱うために，この基本原理や基礎方程式を拡張していくであろう．それゆえ，本章を学ぶことは，後に，多くの興味深い応用への足掛かりとなり，空気力学の基礎となる．この考えにより，著者は，本章が読者にとって知的好奇心を掻き立てる興味深い章になることを期待している．

本章の中心は，空気力学において最も重要かつ基本的な 3 つの方程式，すなわち，連続の方程式，運動量方程式，およびエネルギー方程式，を導くことである．連続の方程式は，質量は保存されるという基本原理の数学的表現である．運動量方程式は Newton の第二法則の数学的表現である．エネルギー方程式はエネルギー保存の数学的表現である (すなわち，熱力学第一法則). 空気力学には，これらの 3 つの物理学的原理よりも原理的なものは存在せず，そして，空気力学において，連続，運動量，エネルギー方程式よりも基礎的な方程式は存在しない．読者はこの本を旅するとき，この旅は遙に遠いものであるかも知れないが，空気力学の勉強とその課題に直面したとき，これら 3 つの方程式と原理をいつもあなた方と同行する仲間とすべきである．(訳者注：本書を学ぶとき常に 3 つの方程式と原理を頭の中に記憶しておくべきである)

2.1 序論およびロードマップ

良き芸術家であるために，良き道具 (ツール) を持ち，それらを効率良く使う方法を知らなければならない．同様にして，良き空気力学者は良き空気力学的道具 (ツール) を持ち，いろいろな応用にそれらを使う方法を知らなければならない．本章の目的は "道具 (ツール) の製作" である．すなわち，空気力学的流れを調べるために極めて重要であるいくつかの概念や方程式を展開する．しかしながら，注意してもらいたい．芸術家は通常，ツールを使うことにより作りだされた芸術作品から自分の喜びを引き出す．すなわち，ツール (道具) そのものを実際に作ることは，しばしばつまらない仕事と考えられている．読者はここで同じような感じをもつであろう．空気力学的ツールの製作を進めるにつれ，時々何ゆえそのようなツールが必要なのかや，それらが実際の問題の解決にどんな価値を持っているのかといぶかるであろう．しかしながら，安心して落ち着いているべきである．なぜなら，本章と引き続く章で展開するすべての空気力学的ツールは後に論議される実際の問題の解析と理解に重要であるからである．それで，本章を進んでいくとき，迷わない，すなわち方向を見失わないようにすべきである．むしろ，各ツールを作ったとき，単にそれを将来使うために，心という収納箱に入れておくべきである．

p.105 読者が空気力学的ツールの製作過程をたどるのを助けるためと，方向性を与えるために，図 2.3 にロードマップが参考になるよう準備されている．本章の各節を進んで行くとき，我々の仕事の展望を見ることができるようにするため図 2.3 を用いるべきである．図 2.3 が "実質微分 (substantial)"，"循環 (circulation)" そして "速度ポテンシャル (velocity potential)" のような，奇妙な用語で満ちていることに気がつくであろう．しかしながら．本章を終え，そして，図 2.3 を見直すとき，これらすべての用語は読者にとって普通のものになっているであろう．

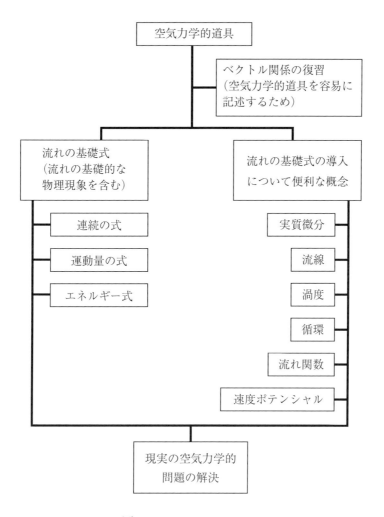

図 2.3 第 2 章のロードマップ

2.2 ベクトルについて

　空気力学は，力や速度のように，大きさと方向の両方をもつ量で満ちている．これらは**ベクトル量**であり，そのため，空気力学の数学は最も都合良くベクトルで表すことができる．本節の目的はベクトル代数学とベクトル微積分から必要とする基本式を説明することである．もし，読者がベクトル解析に精通しているなら，本節は簡素な概説として役立つであろう．もし，ベクトル解析に精通していなければ，本節はいくつかのベクトル表記法を覚える助けとなり，また，ベクトル解析に関する多くの既存の教科書(例えば，文献 4 から 6)からもっと多くの情報で満たすことができる骨格として役立つであろう．

2.2.1 ベクトル代数学

　ベクトル量 $\mathbf{A}$ を考える．すなわち，その大きさと方向の両方は図 2.4 における $\mathbf{A}$ と付いた矢印で与えられる．$\mathbf{A}$ の絶対値は $|\mathbf{A}|$ であり，スカラー量である．$\mathbf{n} = \mathbf{A}/|\mathbf{A}|$ で定義される**単位**

ベクトル **n** は 1 の大きさを持ち，方向は **A** のそれと同じである．**B** を別のベクトルとする．**A** と **B** のベクトル加算はベクトル **C** を生じる．

$$\mathbf{A} + \mathbf{B} = \mathbf{C} \tag{2.1}$$

それは，図 2.4 に示されるように，**A** の後端と **B** の先端を結ぶことにより得られる．さて，−**B** を考える．これは **B** と大きさが等しく方向が反対である．**B** と **A** のベクトル減算はベクトル **D** を生じる．

$$\mathbf{A} - \mathbf{B} = \mathbf{D} \tag{2.2}$$

それは図 2.4 に示されているように，**A** の後端と −**B** の先端を結ぶことにより形成される．

ベクトル積に二つの形式がある．図 2.4 に示されるように，お互いに角度 θ をなしている 2 つのベクトル **A** と **B** を考える．2 つのベクトル **A** と **B** の**スカラー積** (ドット積) は次のように定義される．

$$\mathbf{A} \cdot \mathbf{B} = |\mathbf{A}||\mathbf{B}|\cos\theta \tag{2.3}$$
$$= \mathbf{A} \text{の大きさ} \times \mathbf{A} \text{の方向に沿った} \mathbf{B} \text{の成分の大きさ}$$

p.107 2 つのベクトルのスカラー積はスカラーであることに注意すべきである．それとは対照的に，2 つのベクトル **A** と **B** の**ベクトル積** (クロス積) は次のように定義される．

$$\mathbf{A} \times \mathbf{B} = (|\mathbf{A}||\mathbf{B}|\sin\theta)\mathbf{e} = \mathbf{G} \tag{2.4}$$

ここで，**G** は **A** と **B** との成す平面に垂直で，"右手の法則" に従う方向である．(図 2.4 に示されるように，**A** を **B** の方向へ回す．さて，右手の指を回転方向へひねる．右の親指が **G** の方向を指すであろう．) 式 (2.4) において，**e** は，図 2.4 にも示されているように，**G** の方向の単位ベクトルである．2 つのベクトルのベクトル積はベクトルであることに注意すべきである．

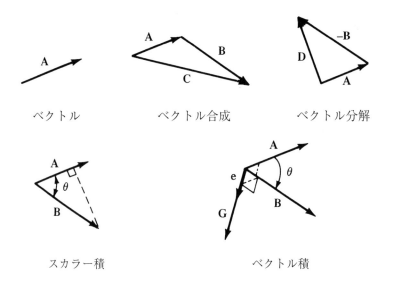

図 2.4 ベクトル図

2.2.2 代表的直交座標系

3次元空間を流れる流体の流れを数学的に記述するために，3次元座標系を規定しなければならない．いくつかの空気力学的問題の幾何学的形状は直交空間が最も良く合うのであるが，他のものは主にもとから円柱状であったり，また球状であったりする．したがって，3つの最も一般的な直交座標系，デカルト，円柱および球座標系に興味がある．これらの座標系は以下に説明される．(直交座標系は3座標軸方向すべてがお互いに直交するものである．流体におけるいくつかの最新の流れに関する数値解法について，非直交座標空間を用いることは興味深い．さらに，ある数値問題では座標系は解法の途中で進化し，変わることが許される．これらの，いわゆる，適合格子法は本書が取り扱う範囲を越える．詳しくは文献7を見よ．)

デカルト座標系は図 2.5a に示されている．x，y および z 軸は互いに垂直であり，$\mathbf{i}$，$\mathbf{j}$ および $\mathbf{k}$ はそれぞれ，x，y および z 方向の単位ベクトルである．空間の任意点 P は [p.108] 3 座標 (x, y, z) を指定することにより定められる．その点は，また，**位置ベクトル $\mathbf{r}$** によっても定められる．ここでは，

$$\mathbf{r} = x\mathbf{i} + y\mathbf{j} + z\mathbf{k}$$

もし，$\mathbf{A}$ がデカルト空間である与えられたベクトルとすると，それは次のように書ける．

$$\mathbf{A} = A_x\mathbf{i} + A_y\mathbf{j} + A_z\mathbf{k}$$

ここに，A_x，A_y，A_z は図 2.5b に示されるように，それぞれ $\mathbf{A}$ の x，y，z 方向のスカラー成分である．

円柱座標系は図 2.6a に示されている．"仮想"デカルト座標系も図を見やすくするために破線で示されている．空間における点 P の位置は3つの座標 (r, θ, z) により与えられ，ここに，r と θ は図 2.6a に示される xy 平面で計られる．r 座標方向は θ と z を一定に保つとき，r の増

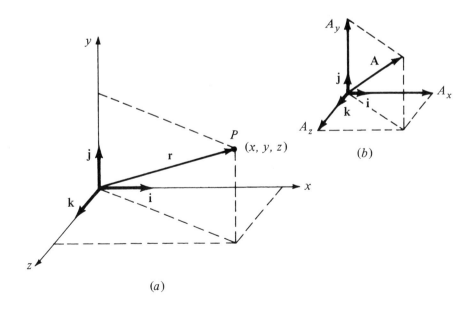

図 2.5 デカルト座標

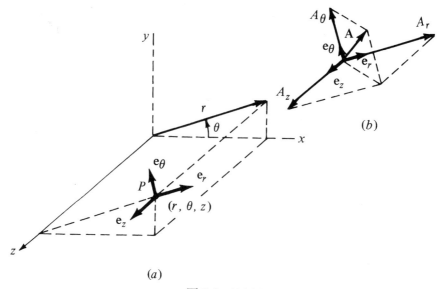

図 2.6 円柱座標

加する方向である．すなわち，$\mathbf{e_r}$ は r 方向の単位ベクトルである．θ 座標方向は r と z を一定に保つとき，θ が増加する方向である．$\mathbf{e_\theta}$ は θ 方向の単位ベクトルである．z 座標の方向は r と θ を一定に保つとき，z が増加する方向である．$\mathbf{e_z}$ は z 方向の単位ベクトルである．もし，$\mathbf{A}$ が円柱空間における与えられたベクトルとすると，

$$\mathbf{A} = A_r \mathbf{e_r} + A_\theta \mathbf{e_\theta} + A_z \mathbf{e_z}$$

ここに，A_r, A_θ および A_z は図 2.6b に示されるように，それぞれ，r, θ および z 方向に沿った $\mathbf{A}$ のスカラー成分である．デカルト座標と円柱座標間の関係，すなわち，**座標変換**は図 2.6a を調べると得られる．すなわち，

$$\begin{aligned} x &= r\cos\theta \\ y &= r\sin\theta \\ z &= z \end{aligned} \tag{2.5}$$

p.109 または，逆に，

$$\begin{aligned} r &= \sqrt{x^2 + y^2} \\ \theta &= \arctan\frac{y}{x} \\ z &= z \end{aligned} \tag{2.6}$$

球座標系は図 2.7a に示されている．また再び仮想デカルト座標系が破線で示されている．（しかしながら，図のわかり易さのために，図 2.5 と図 2.6 とは異なり z 軸を垂直に引いてある．）空間における P の位置は 3 つの座標 (r, θ, Φ) で与えられる．ここに，r は原点から P への距離，θ は z 軸から測った角度で，rz 平面にある．そして，Φ は x 軸から測った角度で，xy 平面にある．r 座標方向は，θ, および Φ を一定としたとき，r の増加する方向である．$\mathbf{e_r}$ は r 方向の

第 2 章　空気力学：基本原理および方程式

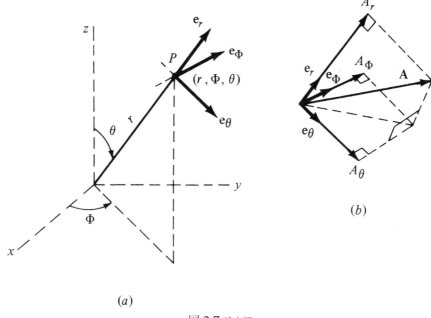

(a)

(b)

図 2.7 球座標

単位ベクトルである．θ 座標方向は r，および Φ を一定としたとき，θ の増加する方向である．$\mathbf{e}_\theta$ は θ 方向の単位ベクトルである．Φ 座標方向は r，および θ を一定としたとき，Φ の増加する方向である．$\mathbf{e}_\Phi$ は Φ 方向の単位ベクトルである．単位ベクトル，$\mathbf{e_r}$，$\mathbf{e}_\theta$ および $\mathbf{e}_\Phi$ はお互いに直交する．すなわち，もし，$\mathbf{A}$ が球座標空間における与えられたベクトルとすると，

$$\mathbf{A} = A_r \mathbf{e_r} + A_\theta \mathbf{e}_\theta + A_\Phi \mathbf{e}_\Phi$$

ここに，A_r，A_θ および A_Φ は，図 2.7b に示されるように，r，θ および Φ 方向に沿った $\mathbf{A}$ のスカラー成分である．デカルト座標と球座標との座標変換は図 2.7a を調べることから得られる．
p.110 すなわち，

$$\begin{aligned} x &= r \sin\theta \cos\Phi \\ y &= r \sin\theta \sin\Phi \\ z &= r \cos\theta \end{aligned} \tag{2.7}$$

または，逆に，

$$\begin{aligned} r &= \sqrt{x^2 + y^2 + z^2} \\ \theta &= \arccos \frac{z}{r} = \arccos \frac{z}{\sqrt{x^2 + y^2 + z^2}} \\ \Phi &= \arccos \frac{x}{\sqrt{x^2 + y^2}} \end{aligned} \tag{2.8}$$

2.2.3 スカラーおよびベクトル場

空間座標と時間 t の関数として与えられるスカラー量は**スカラー場**と呼ばれる．例えば，圧力，密度および温度はスカラー量であり，

$$p = p_1(x, y, z, t) = p_2(r, \theta, z, t) = p_3(r, \theta, \Phi, t)$$
$$\rho = \rho_1(x, y, z, t) = \rho_2(r, \theta, z, t) = \rho_3(r, \theta, \Phi, t)$$
$$T = T_1(x, y, z, t) = T_2(r, \theta, z, t) = T_3(r, \theta, \Phi, t)$$

はそれぞれ，圧力，密度および温度のスカラー場である．同様に，座標空間と時間の関数として与えられるベクトル量は**ベクトル場**と呼ばれる．例えば，速度はベクトル量であり，

$$\mathbf{V} = V_x \mathbf{i} + V_y \mathbf{j} + V_z \mathbf{k}$$

ここに，

$$V_x = V_x(x, y, z, t)$$
$$V_y = V_y(x, y, z, t)$$
$$V_z = V_z(x, y, z, t)$$

はデカルト空間における $\mathbf{V}$ の速度場である．同様な式が円柱，球座標空間のベクトル場について書くことができる．多くの理論空気力学の問題において，上述のスカラーおよびベクトル場は定められた初期および境界条件の流れを解いて得られる未知量である．

2.2.4 スカラー積およびベクトル積

それぞれ式 (2.4) および式 (2.4) により定義されたスカラー積およびベクトル積は次に示すように各々のベクトル成分の項で書くことができる．

デカルト座標

$$\mathbf{A} = A_x \mathbf{i} + A_y \mathbf{j} + A_z \mathbf{k}$$
$$\mathbf{B} = B_x \mathbf{i} + B_y \mathbf{j} + B_z \mathbf{k}$$

とすると，

$$\mathbf{A} \cdot \mathbf{B} = A_x B_x + A_y B_y + A_z B_z \tag{2.9}$$

p.111 そして，

$$\mathbf{A} \times \mathbf{B} = \begin{vmatrix} \mathbf{i} & \mathbf{j} & \mathbf{k} \\ A_x & A_y & A_z \\ B_x & B_y & B_z \end{vmatrix} = \mathbf{i}(A_y B_z - A_z B_y) + \mathbf{j}(A_z B_x - A_x B_z)$$
$$+ \mathbf{k}(A_x B_y - A_y B_x) \tag{2.10}$$

円柱座標

$$\mathbf{A} = A_r \mathbf{e_r} + A_\theta \mathbf{e_\theta} + A_z \mathbf{e_z}$$

$$\mathbf{B} = B_r \mathbf{e_r} + B_\theta \mathbf{e_\theta} + B_z \mathbf{e_z}$$

とすると,

$$\mathbf{A} \cdot \mathbf{B} = A_r B_r + A_\theta B_\theta + A_z B_z \tag{2.11}$$

そして,

$$\mathbf{A} \times \mathbf{B} = \begin{vmatrix} \mathbf{e_r} & \mathbf{e_\theta} & \mathbf{e_z} \\ A_r & A_\theta & A_z \\ B_r & B_\theta & B_z \end{vmatrix} \tag{2.12}$$

球座標

$$\mathbf{A} = A_r \mathbf{e_r} + A_\theta \mathbf{e_\theta} + A_\Phi \mathbf{e_\Phi}$$

$$\mathbf{B} = B_r \mathbf{e_r} + B_\theta \mathbf{e_\theta} + B_\Phi \mathbf{e_\Phi}$$

とすると,

$$\mathbf{A} \cdot \mathbf{B} = A_r B_r + A_\theta B_\theta + A_\Phi B_\Phi \tag{2.13}$$

そして,

$$\mathbf{A} \times \mathbf{B} = \begin{vmatrix} \mathbf{e_r} & \mathbf{e_\theta} & \mathbf{e_\Phi} \\ A_r & A_\theta & A_\Phi \\ B_r & B_\theta & B_\Phi \end{vmatrix} \tag{2.14}$$

2.2.5 スカラー場の勾配

ここでいくつかのベクトル微積分の基本を復習する. スカラー場,

$$p = p_1(x, y, z) = p_2(r, \theta, z) = p_3(r, \theta, \Phi)$$

を考える. 空間の与えられた点での p の**勾配**, ∇p は次のようなベクトルとして定義される.

1. その大きさは与えられた点において, 座標空間の単位長さあたりの p の最大変化率である.
2. その方向は与えられた点において, p の最大変化率の方向である.

例として, 図 2.8 に描かれたデカルト空間における 2 次元圧力場を考える. 実線の曲線は圧力一定の線である (すなわち, それらは, 同じ p の値をもつ, 流れの場における点を結んでいる). そのような曲線は**等圧線** (*isolines*) と呼ばれる. 図 2.8 において, 任意点 (x,y) を考える. もし, この点から任意の方向へ移動すれば, 空間における他の位置に移動したので, 一般的に, p は変化するであろう. さらに, その点から p が単位長さあたり**最大**に変化する方向が存在する. こ

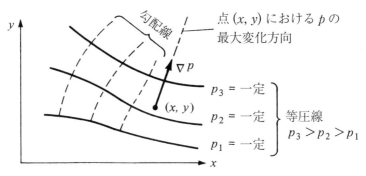

図 2.8 スカラー場における勾配

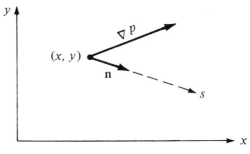

図 2.9 方向微分

れが p の**勾配の方向**の定義であり，図 2.8 に示されている．∇p の大きさはその方向の単位長さあたりの p の変化率である．p.112 ∇p の大きさと方向は共に座標空間において点から点で変化する．図 2.8 に描かれているように，∇p がすべての点で接する，この座標空間に描かれた曲線は**勾配曲線**と定義される．座標空間において与えられた点を通る勾配曲線と等圧線は直交する．

図 2.9 に示されるような，与えられた点 (x, y) における ∇p を考える．また，図 2.9 に示されるように，その点から出発する任意の方向 s を選ぶ．$\mathbf{n}$ を s 方向の単位ベクトルとする．s 方向の単位長さあたりの p の変化率は，

$$\frac{dp}{ds} = \nabla p \cdot \mathbf{n} \tag{2.15}$$

である．式 (2.15) において，dp/ds は s 方向の**方向微分係数**と呼ばれる．式 (2.15) から，任意の方向における p の変化率は，単純に，∇p の，その方向成分であることに注意すべきである．

異なった座標系における ∇p の式は次のように与えられる．すなわち，

デカルト座標系：
$$p = p(x, y, z)$$

$$\boxed{\nabla p = \frac{\partial p}{\partial x}\mathbf{i} + \frac{\partial p}{\partial y}\mathbf{j} + \frac{\partial p}{\partial z}\mathbf{k}} \tag{2.16}$$

円柱座標系 P.113 :
$$p = p(r, \theta, z)$$

$$\nabla p = \frac{\partial p}{\partial r}\mathbf{e_r} + \frac{1}{r}\frac{\partial p}{\partial \theta}\mathbf{e_\theta} + \frac{\partial p}{\partial z}\mathbf{e_z} \tag{2.17}$$

球座標 :
$$p = p(r, \theta, \Phi)$$

$$\nabla p = \frac{\partial p}{\partial r}\mathbf{e_r} + \frac{1}{r}\frac{\partial p}{\partial \theta}\mathbf{e_\theta} + \frac{1}{r\sin\theta}\frac{\partial p}{\partial \Phi}\mathbf{e_\Phi} \tag{2.18}$$

2.2.6 ベクトル場の発散

次のベクトル場を考える.

$$\mathbf{V} = \mathbf{V}(x, y, z) = \mathbf{V}(r, \theta, z) = \mathbf{V}(r, \theta, \Phi)$$

上式において,$\mathbf{V}$は任意のベクトル量をあらわす.しかしながら,実用的な目的と物理的な理解を手助けする目的で,$\mathbf{V}$を流れの速度とする.また,速度$\mathbf{V}$で流線に沿って移動する,決まった質量をもつ小さな流体要素を考える.その流体要素が流れの場を移動すると,その体積は一般的には変化する.第 2.3 節で,移動する決まった質量の流体要素について,その要素の単位質量あたりの体積時間変化率は,$\nabla \mathbf{V}$と書ける$\mathbf{V}$の**発散** (*divergence*) に等しいことを証明する.ベクトルの発散はスカラー量である.すなわち,ベクトル場の微分係数を定義する方法の 2 つのうちの 1 つである.異なる座標系において,次を得る.

デカルト座標系 :
$$\mathbf{V} = \mathbf{V}(x, y, z) = V_x\mathbf{i} + V_y\mathbf{j} + V_z\mathbf{k}$$

$$\nabla \cdot \mathbf{V} = \frac{\partial V_x}{\partial x} + \frac{\partial V_y}{\partial y} + \frac{\partial V_z}{\partial z} \tag{2.19}$$

円柱座標系 :
$$\mathbf{V} = \mathbf{V}(r, \theta, z) = V_r\mathbf{e_r} + V_\theta\mathbf{e_\theta} + V_z\mathbf{e_z}$$

$$\nabla \cdot \mathbf{V} = \frac{1}{r}\frac{\partial}{\partial r}(rV_r) + \frac{1}{r}\frac{\partial V_\theta}{\partial \theta} + \frac{\partial V_z}{\partial z} \tag{2.20}$$

球座標系 :
$$\mathbf{V} = \mathbf{V}(r, \theta, \Phi) = V_r\mathbf{e_r} + V_\theta\mathbf{e_\theta} + V_\Phi\mathbf{e_\Phi}$$

$$\nabla \cdot \mathbf{V} = \frac{1}{r^2}\frac{\partial}{\partial r}\left(r^2 V_r\right) + \frac{1}{r\sin\theta}\frac{\partial}{\partial \theta}(V_\theta \sin\theta) + \frac{1}{r\sin\theta}\frac{\partial V_\Phi}{\partial \Phi} \tag{2.21}$$

2.2.7 ベクトル場の回転

p.114 次のベクトル場を考える.

$$\mathbf{V} = \mathbf{V}(x,y,z) = \mathbf{V}(r,\theta,z) = \mathbf{V}(r,\theta,\Phi)$$

$\mathbf{V}$ は任意のベクトル量で良いが,再度 $\mathbf{V}$ を流れの速度と考える.もう一度,流線に沿って移動している流体要素を考える.この流体要素が流線に沿って移動するとき,この要素が角速度 ω で回転していることは可能である.第 2.9 節で,ω は $\mathbf{V}$ の**回転** (curl) の半分に等しいことを証明する.ここで,$\mathbf{V}$ の回転は $\nabla \times \mathbf{V}$ と書かれる.$\mathbf{V}$ の回転はベクトル量である.すなわち,ベクトル場の微分係数を定義でするもう 1 つのものである.最初のものは $\nabla \cdot \mathbf{V}$ (第 2.2.6 節,ベクトル場の発散をみよ) である.異なる座標系については次を得る.

デカルト座標系: $\quad \mathbf{V} = V_x \mathbf{i} + V_y \mathbf{j} + V_z \mathbf{k}$

$$\boxed{\nabla \times \mathbf{V} = \begin{vmatrix} \mathbf{i} & \mathbf{j} & \mathbf{k} \\ \dfrac{\partial}{\partial x} & \dfrac{\partial}{\partial y} & \dfrac{\partial}{\partial z} \\ V_x & V_y & V_z \end{vmatrix} = \mathbf{i}\left(\dfrac{\partial V_z}{\partial y} - \dfrac{\partial V_y}{\partial z}\right) + \mathbf{j}\left(\dfrac{\partial V_x}{\partial z} - \dfrac{\partial V_z}{\partial x}\right) \\ + \mathbf{k}\left(\dfrac{\partial V_y}{\partial x} - \dfrac{\partial V_x}{\partial y}\right)} \quad (2.22)$$

円柱座標系: $\quad \mathbf{V} = V_r \mathbf{e_r} + V_\theta \mathbf{e_\theta} + V_z \mathbf{e_z}$

$$\boxed{\nabla \times \mathbf{V} = \dfrac{1}{r} \begin{vmatrix} \mathbf{e_r} & r\mathbf{e_\theta} & \mathbf{e_z} \\ \dfrac{\partial}{\partial r} & \dfrac{\partial}{\partial \theta} & \dfrac{\partial}{\partial z} \\ V_r & rV_\theta & V_z \end{vmatrix}} \quad (2.23)$$

球座標系: $\quad \mathbf{V} = V_r \mathbf{e_r} + V_\theta \mathbf{e_\theta} + V_\Phi \mathbf{e_\Phi}$

$$\boxed{\nabla \times \mathbf{V} = \dfrac{1}{r^2 \sin\theta} \begin{vmatrix} \mathbf{e_r} & r\mathbf{e_\theta} & (r\sin\theta)\mathbf{e_\Phi} \\ \dfrac{\partial}{\partial r} & \dfrac{\partial}{\partial \theta} & \dfrac{\partial}{\partial \Phi} \\ V_r & rV_\theta & (r\sin\theta)V_\Phi \end{vmatrix}} \quad (2.24)$$

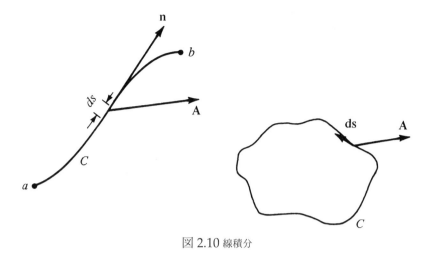

図 2.10 線積分

2.2.8 線積分

次のようなベクトル場を考える．

$$\mathbf{A} = \mathbf{A}(x,y,z) = \mathbf{A}(r,\theta,z) = \mathbf{A}(r,\theta,\Phi)$$

p.115 また，図 2.10 の左側に示されるように，2 点，a, b を結ぶ空間の曲線 C を考える．ds を曲線の要素長さとし，$\mathbf{n}$ を曲線に接する単位ベクトルとする．ベクトル $\mathbf{ds} = \mathbf{n}\,ds$ と定義する．点 a から点 b まで曲線 C に沿った $\mathbf{A}$ の 線積分は次式で与えられる．

$$\oint_a^b \mathbf{A} \cdot \mathbf{ds}$$

もし，曲線 C が図 2.10 の右側に示されるように閉じているなら，そのとき，この線積分は次式で与えられる．

$$\oint_C \mathbf{A} \cdot \mathbf{ds}$$

ここに，C の反時計方向まわりを正と考える．(慣例により，閉曲線まわりの正方向は C で囲まれた領域を常に左側にあるよう移動する方向である．)

2.2.9 面積積分

図 2.11 に示されるように閉曲線 C により囲まれた開いた面 S を考える．面上の点 P において，dS をその面の要素面積とし，p.116 $\mathbf{n}$ を面に垂直な単位ベクトルとする．$\mathbf{n}$ の方向は C に沿って移動する場合の右手法則に従う方向である．(C まわりを移動する方向に右手指を捻る．すなわち，そうすると親指が $\mathbf{n}$ の方向に向いている．) ベクトル要素面積を $\mathbf{dS} = \mathbf{n}\,dS$ と定義する．$\mathbf{dS}$ 項を用いて，面 S 上の**面積積分**は 3 つの方法で定義できる．すなわち，

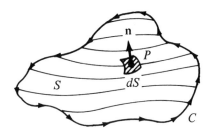

図 2.11 面積積分．3 次元面 S は閉曲線 C により囲まれている．

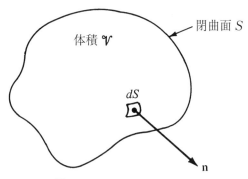

図 2.12 閉曲面 S により囲まれた体積 $\mathcal{V}$

$$\iint_S p\,\mathbf{dS} = 開いた面\,S\,上のスカラー\,p\,の面積積分\,(結果はベクトル)$$

$$\iint_S \mathbf{A}\cdot\mathbf{dS} = 開いた面\,S\,上のベクトル\,\mathbf{A}\,の面積積分\,(結果はスカラー)$$

$$\iint_S \mathbf{A}\times\mathbf{dS} = 開いた面\,S\,上のベクトル\,\mathbf{A}\,の面積積分\,(結果はベクトル)$$

もし，S が閉じているなら (例えば，球または立方体の表面)，$\mathbf{n}$ は，図 2.12 に示されるように，囲まれた体積から離れる，表面から外側へ向いている．閉曲面上の面積積分は次のように書かれる．

$$\oiint_S p\,\mathbf{dS} \qquad \oiint_S \mathbf{A}\cdot\mathbf{dS} \qquad \oiint_S \mathbf{A}\times\mathbf{dS}$$

2.2.10 体積積分

空間においてある体積 $\mathcal{V}$ を考える．ρ をこの空間における 1 つのスカラー場とする．量 ρ の体積 $\mathcal{V}$ での体積積分は次式のように書ける．

$$\iiint_{\mathcal{V}} \rho\, d\mathcal{V} = 体積\,\mathcal{V}\,におけるスカラー量\,\rho\,の体積積分\,(結果はスカラー量)$$

$\mathbf{A}$ を空間の 1 つのベクトル場とする．量 $\mathbf{A}$ の体積 $\mathcal{V}$ における体積積分は次のように書ける．

$$\iiint_{\mathcal{V}} \mathbf{A}\, d\mathcal{V} = 体積\,\mathcal{V}\,におけるベクトル量\,\mathbf{A}\,の体積積分\,(結果はベクトル量)$$

2.2.11 線積分，面積積分および体積積分の関係

p. 117 図 2.11 に示されるように，再び閉曲線 C に囲まれた面積 S を考える．$\mathbf{A}$ をある 1 つのベクトル場とする．C まわりの $\mathbf{A}$ の線積分は *Stokes* の定理により，S 上の $\mathbf{A}$ の面積積分と結び付いている．すなわち，

$$\boxed{\oint_C \mathbf{A} \cdot \mathbf{ds} = \iint_S (\nabla \times \mathbf{A})\, \mathbf{dS}} \tag{2.25}$$

図 2.12 に示されるように，閉曲面 S に囲まれた体積 $\mathcal{V}$ を再び考える．ベクトル場 $\mathbf{A}$ の面積および体積積分は**発散定理** (*divergence theorem*) により結び付いている．すなわち，

$$\boxed{\iint_S \mathbf{A} \cdot \mathbf{dS} = \iiint_{\mathcal{V}} (\nabla \cdot \mathbf{A})\, d\mathcal{V}} \tag{2.26}$$

もし，p がある 1 つのスカラー場であれば，式 (2.26) に類似したベクトル関係式は**勾配定理** (*gradient theorem*) により与えられる．すなわち，

$$\boxed{\iint_S p\, \mathbf{dS} = \iiint_{\mathcal{V}} \nabla p\, d\mathcal{V}} \tag{2.27}$$

2.2.12 要約

本節では引続き行う論議でツールとして用いるベクトル解析の基本式に関する簡素な説明をした．これらのツール，特に，ボックスで囲まれた式を納得するまで，これらに関する説明を読みかえすべきである．

2.3 流体モデル:検査体積と流体要素

　空気力学は物理的な観察に重きをなす,基礎的な科学である.本書を読み進んで行くとき,題材に対する"物理学的感覚"を徐々に高めるよう全力で努力するべきである.成功する空気力学者(もちろん,すべての成功する技術者,科学者)の1つの重要な力は,彼らは困難な問題に対して,理にかなった判断を下すことのできる,思考と経験に基づいた良き"物理学的直観力"を持っているということである.本章は方程式と,(一見したところ)難解な概念に満ちあふれているけれども,今がこの物理学的感覚をつける出発点である.

　本節で,空気力学の基礎方程式を導くことを始める.p. 118 これらの方程式を導く際に関係する次に示すような,ある,物理科学的な手順がある.

1. 自然のマクロ的観察により揺るぎないものとなっている3つの基本的物理原理を用いる.すなわち,

    a. 質量は保存される(すなわち,質量は生成も消滅もしない).

    b. Newtonの第二法則:力 = 質量 × 加速度

    c. エネルギーは保存される.すなわち,エネルギーは一方から他の形に変わるのみ

2. 適切な流体モデルを決定する.流体は押し潰されやすい物質であり,そのため,通常,きちっと定義できる固体よりも記述がより難しいということを思い出すべきである.したがって,第1項目で述べられた基本原理を適用できる理にかなった流体モデルを採用しなければならない.

3. 流れの物理的現象を適切に表す数学的方程式を得るために,第2項目で決定した流体モデルに第1項目に列挙した基本物理原理を適用する.次に,対象となる特定の空気力学的流れの問題を解析するために,これらの基本方程式を用いる.

　本節では第2項目に焦点を合わせる,すなわち,次の質問は,適切な流体モデルは何か,である.流体に3つの基本物理原理を適用するために,この潰れやすい物質をどのように考えれば良いであろうか.この問いに対して単一の答えは存在しない.すなわち,むしろ,3つの異なったモデルが空気力学の現代的発展を通して成功裏に用いられてきた.それらは,(1) 有限の検査体積 (finite control volume),(2) 微小流体要素 (infinitesimal fluid element),および (3) 分子 (molecular) である.これらのモデルが何を含み,また,どのように適用されるかを調べてみよう.

2.3.1 有限検査体積法

　図2.13において,流線で表されるような一般的な流れの場を考える.流れの場の有限な領域内に描かれた1つの閉じた体積を考える.この体積は p. 119 **検査体積** $\mathcal{V}$ を定義する.そして,**検査面** S は検査体積を囲む閉曲面として定義される.この検査体積は図2.13の左側のように流体が通過するように空間に固定されていてもよい.また,図2.13の右側に示されるように,検査体積内の流体粒子が常に同じであるように検査体積は流体とともに移動してもよい.どち

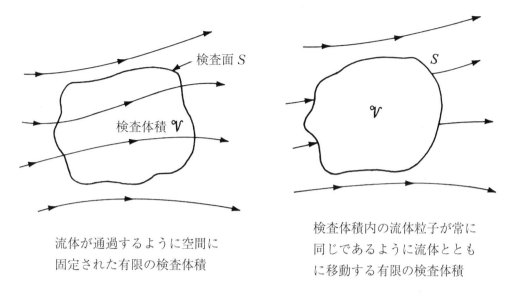

図 2.13 有限検査体積法

らの場合でも，検査体積は適当に大きな，有限な流れの領域である．基本的な物理原理が検査体積内の流体に，また，(もし，検査体積が空間に固定されているなら，) 検査面を通過する流体に適用される．したがって，全流れの場を一度に眺めるのではなく，検査体積モデルを使い，検査体積自身の有限な領域にある流体のみに注目する．

2.3.2 微小流体要素法

図 2.14 の流線により表されるような一般的な流れの場を考える．この流れの中に，体積 dV をもつ，微小な流体要素を考える．この流体要素は微分学と同じ感覚での微小である．しかしながら，それは，巨大な数の分子を含んでいるので，それは連続媒体と見なすことができるのである．この流体要素は図 2.14 の左側に示されるように，流体がそれを通過し，空間に固定されているとして良い．また，それは，それぞれの点で流れの速度に等しい速度 **V** で流線に沿って移動していても良い．再び，全流れの場を一度に眺める代わりに，基本物理原理は流体要素それ自身に適用される．

2.3.3 分子法

もちろん，実際には，流体の運動はその原子や分子の平均運動の連なりである．したがって，第 3 の流れのモデルは微視的な方法で，流体の特性を定義するために適切な統計的平均値を用い，基本物理原理をそれぞれの原子や分子に直接適用する．この方法はいわゆる**気体分子運動理論**の範囲内にあり，p. 120 そしてそれは長い目で見れば多くの利点がある非常に格調の高い方法である．しかしながら，それは本書の程度を越えている．

要約すると，流体における流れの一般方程式の導出に関していろいろな方法が異なる教科書に見出すことができるが，流れのモデルは通常，上で述べた方法の 1 つに分類できる．

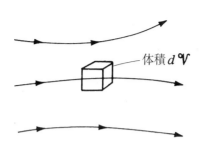
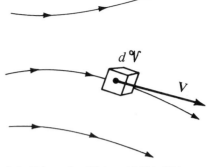

流体が通過するように空間に
固定された微小流体要素

それぞれの点で流れの速度に等しい
速度 V で流線に沿って移行する
微小流体要素

図 2.14 微小流体要素法

2.3.4 速度の発散の物理的意味

引き続き出てくる方程式に，速度の発散，$\nabla \cdot \mathbf{V}$，がよく現れる．本節を終える前に，以前に (第 2.2 節) 述べたこと，すなわち，$\nabla \cdot \mathbf{V}$ は物理的に，固定された質量をもつ，移動する流体要素の，単位体積当たりの体積の時間変化率であるということを証明する．流体とともに移動する検査体積 (図 2.13 の右に示された場合) を考える．この検査体積は，それが流れとともに移動しても常に同じ流体粒子で構成されている．それゆえ，その質量は固定され，時間に対して変動しない．しかしながら，その体積 $\mathcal{V}$ と検査面 S は，異なった値の ρ が存在する流れの領域を移動するとき，時間的に変化している．すなわち，この，質量が固定された移動する検査体積は，流れの特性に従い，絶え間なくその体積を増加または減少させ，また，その形状を変えている．時間のある瞬間における，この検査体積が図 2.15 に示されている．図 2.15 に示されるように，局所速度 $\mathbf{V}$ で移動する微小面積要素 dS を考える．時間増加 Δt でちょうど dS が移動することによりこの検査体積の変化，$\Delta \mathcal{V}$ は，図 2.15 から，底面積 dS，そして，高さ $(\mathbf{V}\Delta t) \cdot \mathbf{n}$ をもつ，長く，薄い柱状体の体積に等しい，すなわち，

$$\Delta \mathcal{V} = [(\mathbf{V}\Delta t) \cdot \mathbf{n}] dS = (\mathbf{V}\Delta t) \cdot \mathbf{dS} \tag{2.28}$$

時間増加 Δt で，この検査体積全体の体積変化の合計は式 (2.28) の全検査面にわたる合計に等しい．$dS \to 0$ の極限において，その総和は面積積分となる．

$$\iint_S (\mathbf{V}\Delta t) \cdot \mathbf{dS}$$

p. 121 もし，この積分を Δt で割ると，その結果は，物理的に，$D\mathcal{V}/Dt$ と書かれる検査体積の時間変化率である．すなわち，

$$\frac{D\mathcal{V}}{Dt} = \frac{1}{\Delta t} \iint_S (\mathbf{V}\Delta t) \cdot \mathbf{dS} = \iint_S \mathbf{V} \cdot \mathbf{dS} \tag{2.29}$$

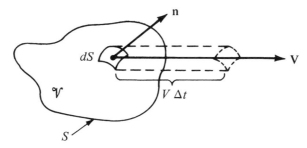

図 2.15 速度の発散の物理的意味を説明するために用いられる移動する検査体積

(演算記号 D/Dt の意味は第 2.9 節で明らかになる) 発散定理, 式 (2.26) を式 (2.29) の右辺に適用すると,

$$\frac{D\mathcal{V}}{Dt} = \iiint_{\mathcal{V}} (\nabla \cdot \mathbf{V}) \, d\mathcal{V} \tag{2.30}$$

を得る. さて, 図 2.15 の移動する検査体積が非常に小さな体積 $\delta\mathcal{V}$ に縮小したと想像しよう. これは本質的に図 2.12 に示される微小な移動する流体要素になることである. そのとき式 (2.30) は次のように書ける.

$$\frac{D(\delta\mathcal{V})}{Dt} = \iiint_{\delta\mathcal{V}} (\nabla \cdot \mathbf{V}) \, d\mathcal{V} \tag{2.31}$$

$\delta\mathcal{V}$ が十分小さいので, $\nabla \cdot \mathbf{V}$ は本質的に $\delta\mathcal{V}$ 内の至る所で同じ値であると仮定する. そうすると, 式 (2.31) の積分は $(\nabla \cdot \mathbf{V}) \delta\mathcal{V}$ と近似できる. 式 (2.31) から, 次式を得る.

$$\frac{D(\delta\mathcal{V})}{Dt} = (\nabla \cdot \mathbf{V}) \, \delta\mathcal{V}$$

すなわち,

$$\boxed{\nabla \cdot \mathbf{V} = \frac{1}{\delta\mathcal{V}} \frac{D(\delta\mathcal{V})}{Dt}} \tag{2.32}$$

を得る. 式 (2.32) を吟味する. それは, $\nabla \cdot \mathbf{V}$ が物理的に, **単位体積あたりの, 移動する流体要素の体積の時間変化率**であることを述べている. ゆえに, $\nabla \cdot \mathbf{V}$, 最初に第 2.2.6 節で与えられたベクトル場の発散の意味が証明された.

2.3.5 流れの場の詳細

第 2.2.3 節で, スカラーおよびベクトル場 (*fields*) の 2 つを定義した. ここで, この場の概念をより直接的に空気力学的流れに適用する. 空力学的流れの詳細を記述する最も直接的な方法の 1 つは単純に 3 次元空間における流れを考え, 空気力学的特性値の変化を空間と時間の関数として書くことである. 例えば, デカルト座標系において, 方程式,

$$p = p(x, y, z, t) \tag{2.33a}$$
$$\rho = \rho(x, y, z, t) \tag{2.33b}$$
$$T = T(x, y, z, t) \tag{2.33c}$$

および

$$\mathbf{V} = u\mathbf{i} + v\mathbf{j} + w\mathbf{k} \tag{2.34a}$$

ここに,

$$u = u(x, y, z, t) \tag{2.34b}$$
$$v = v(x, y, z, t) \tag{2.34c}$$
$$w = w(x, y, z, t) \tag{2.34d}$$

は流れの場 (*flow field*) を表す．式 (2.33a–c) は，それぞれ，スカラー流れの場の変数，圧力，密度および温度の変化を与える．(平衡状態の熱力学において，p や ρ のような 2 つの状態量を指定すると T のような他の状態量が一意的に決まる．この場合，式 (2.33) の 1 つが余分なものとなる．) 式 (2.34a–d) はベクトル流れの場の変数における速度 $\mathbf{V}$ の変化を与える．ここに，$\mathbf{V}$ の x, y, z 方向のスカラー成分は，それぞれ，u, v および w である．

図 2.16 は式 (2.33) および式 (2.34) により定められた流れの場を移動するある与えられた流体要素を示している．図 2.16 に示されるように，時刻 t_1 において，この流体要素は (x, y, z) の点 1 にある．

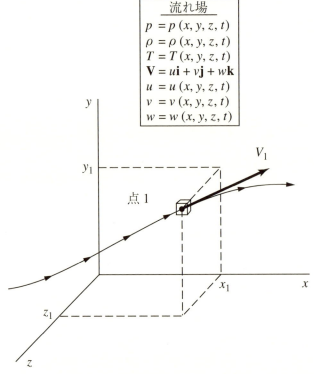

図 2.16 流れの場の点 1 を通過する流体要素

この瞬間におけるその速度は $\mathbf{V}_1$ であり，その圧力は

$$p = p(x_1, y_1, z_1, t_1)$$

で与えられ，その他の流れ変数も同様である．

定義により，**非定常** (*unsteady*) 流れは任意の与えられた点における流れの場変数が時間により変化しているものである．例えば，もし，目を図 2.14 の点 1 に合わせ，点 1 に固定し続けるとし，そして，流れが非定常であれば，p. 123 p, ρ 等が時間により変動することを観察するであろう．式 (2.33) および式 (2.34) は時間 t が独立変数の 1 つとして含まれているので，非定常流れの場を表している．対照的に，**定常** (*steady*) 流れは，与えられた，どのような点においても流れの場の変数が時間に関して不変である流れである．すなわち，もし，目を点 1 に合わせると，常に p, ρ や $\mathbf{V}$ 等が同じ一定の値であることを観察するであろう．定常流れの場は次の式により与えられる．

$$p = p(x, y, z)$$
$$\rho = \rho(x, y, z)$$
$$\text{etc.}$$

流れの場の概念や図 2.16 に示されるような流れの場を移動する流体要素については第 2.9 節で再度取り扱う．そこでは実質微分係数の概念を定義し，論議する．

[例題 2.1]
―――――――――――――――――――――――――――――――――――
余弦形状の (波状) 壁を過ぎる亜音速圧縮性流れが図 2.17 に示されている．この壁の波長および振幅は，図 2.17 に示されるように，それぞれ，ℓ および h である．流線は定性的に壁と同じ形状となるが，壁からの距離が大きくなるにしたがって振幅が小さくなる．最終的に，$y \to \infty$ になると，p. 124 流線は直線となる．この直線の流線に沿って，自由流の速度および Mach 数はそれぞれ V_∞ および M_∞ である．デカルト座標系における速度は

$$u = V_\infty \left[1 + \frac{h}{\beta}\frac{2\pi}{\ell}\left(\cos\frac{2\pi x}{\ell}\right)e^{-2\pi\beta y/\ell}\right] \quad (2.35)$$

および

$$v = -V_\infty h \frac{2\pi}{\ell}\left(\sin\frac{2\pi x}{\ell}\right)e^{-2\pi\beta y/\ell} \quad (2.36)$$

で与えられ，ここに，

$$\beta \equiv \sqrt{1 - M_\infty^2}$$

$\ell = 1.0$ m, $h = 0.01$ m, $V_\infty = 240$ m/s および $M_\infty = 0.7$ である場合に存在する特定の流れを考える．また，流れの場において流線に沿って移動する決まった質量の流体要素を考える．この流体要素は点 $(x/\ell, y/\ell) = (\frac{1}{4}, 1)$ を通過する．この点において，単位体積あたりの流体要素に関する体積の時間変化率を計算せよ．

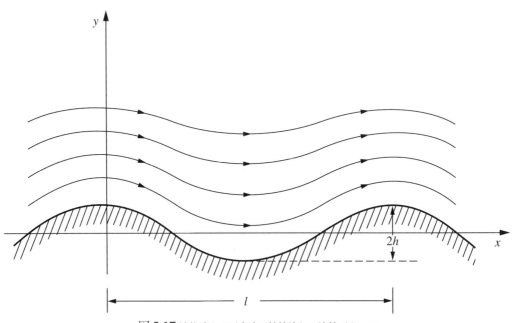

図 2.17 波状壁上の亜音速圧縮性流れ；流線パターン

[解答]

第 2.3.4 節より，固定された質量の移動する流体要素の，単位体積あたりの体積変化の時間変化率は速度の発散，$\nabla \cdot \mathbf{V}$ で与えられることがわかる．デカルト座標系において，式 (2.19) から

$$\nabla \cdot \mathbf{V} = \frac{\partial u}{\partial x} + \frac{\partial v}{\partial y} \tag{2.37}$$

を得る．式 (2.35) より，

$$\frac{\partial u}{\partial x} = -V_\infty \frac{h}{\beta} \left(\frac{2\pi}{\ell}\right)^2 \left(\sin \frac{2\pi x}{\ell}\right) e^{-2\pi \beta y/\ell} \tag{2.38}$$

また，式 (2.36) より，

$$\frac{\partial v}{\partial y} = +V_\infty h \left(\frac{2\pi}{\ell}\right)^2 \beta \left(\sin \frac{2\pi x}{\ell}\right) e^{-2\pi \beta y/\ell} \tag{2.39}$$

式 (2.38) と式 (2.39) を式 (2.37) に代入して，

$$\nabla \cdot \mathbf{V} = \left(\beta - \frac{1}{\beta}\right) V_\infty h \left(\frac{2\pi}{\ell}\right)^2 \left(\sin \frac{2\pi x}{\ell}\right) e^{-2\pi \beta y/\ell} \tag{2.40}$$

を得る．式 (2.40) を点，$x/\ell = \frac{1}{4}$，$y/\ell = 1$ で計算すると，

$$\nabla \cdot \mathbf{V} = \left(\beta - \frac{1}{\beta}\right) V_\infty h \left(\frac{2\pi}{\ell}\right)^2 e^{-2\pi\beta} \tag{2.41}$$

式 (2.41) は流体要素が点，$(x/\ell, y/\ell) = (\frac{1}{4}, 1)$ を通過するとき，その単位体積あたりの体積変化の時間変化率を与える．それは有限値 (ゼロでない値) であることに注意すべきである．すなわち，流体要素の体積は，それが流線に沿って移動するとき変化しているのである．これは圧縮性流れの定義に一致し，そこでは密度が変数であり，それゆえ，固定された質量の体積は変化しなければならない．式 (2.40) から，$\nabla \cdot \mathbf{V} = 0$ となるのは $x/\ell = 0, \frac{1}{2}, 1, 1\frac{1}{2}, \ldots$ の垂直線上のみであることに注意すべきである．それらでは $\sin(2\pi x/\ell)$ がゼロになるのである．これは余弦形状の壁面上における流れ場の周期性による特殊性である．ここで考えている特定の流れでは，$\ell = 1.0$ m, $h = 0.01$ m, $V_\infty = 240$ m/s, $M_\infty = 0.7$ であり，ここに，

$$\beta = \sqrt{1 - M_\infty} = \sqrt{1 - (0.7)^2} = 0.714$$

である．式 (2.41) は

$$\nabla \cdot \mathbf{V} = \left(0.714 - \frac{1}{0.714}\right)(240)(0.01)\left(\frac{2\pi}{1}\right) e^{-2\pi(0.714)} = \boxed{-0.7327 \text{ s}^{-1}}$$

となる．この結果の物理的意味は次のとおりである．流体要素が流れの場の点 $(\frac{1}{4}, 1)$ を通過するとき，それは単位時間あたり 73 パーセントの体積減少率を経験する (負の値は体積の減少を示す)．すなわち，流体要素の密度は増加している．したがって，点 $(\frac{1}{4}, 1)$ は流れの圧縮領域にあり，そこでは流体要素は密度の増加の作用を受ける．膨張領域は式 (2.40) の正弦関数が負となる x/ℓ の値により定義される．そこでは，逆に $\nabla \cdot \mathbf{V}$ の値が正となり，流体要素の体積の増加，すなわち，密度の減少となる．明らかに，この流体要素がこの流れの場を流線に沿って流れると，それには，他の流れ場の特性値と同じ様に，密度の周期的な増減が生じるのである．

2.4 連続方程式

第 2.3 節において，流体の運動を調べるのに用いることができるいくつかの流体モデルについて論議した．第 2.3 節の初めに示した哲学にしたがって，ここで，そのような流体モデルに基本物理学原理を適用する．移動する有限検査体積のモデルを用い，$\nabla \cdot \mathbf{V}$ の物理的意味を求めた前節と異なり，ここでは図 2.13 の左側に示された，固定された有限検査体積のモデルを用いる．ここで，この検査体積は空間に固定され，流れはこれを通過する．前節の展開と異なり，体積 $\mathcal{V}$ と検査面 $\mathbf{S}$ は時間に対して一定であり，この検査体積内に含まれる流体の質量は (流れの場の非定常な変動により) 時間の関数として変化できる．

空気力学の基本方程式を導くことを始める前に，これらの方程式にとって重要な概念，すなわち，**質量流量**の概念を検証しよう．図 2.18 に示されるように，流れの場で任意の方向に向いた 1 つの与えられた面 A を考える．図 2.18 においては，面 A を真横から見ている．流れの速度 $\mathbf{V}$ が A 全体で一様であるように，A は十分小さいとする．A を通過する速度 $\mathbf{V}$ の流体要素を考える．A を通過後の時間 dt において，流体要素は距離 $\mathbf{V}dt$ だけ移動しており，図 2.18 に示される斜線を引かれた体積を通り過ぎている．この体積は，底面積 A 掛ける 柱の高さ

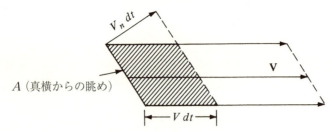

図 2.18 流れの場における面 A を通過する質量流量について

$V_n dt$ に等しい．ここに，V_n は A に垂直な速度成分である．すなわち，

$$体積 = (V_n dt) A$$

したがって，斜線を付けた体積内の質量は，

$$質量 = \rho (V_n dt) A \tag{2.42}$$

これが時間 dt で A を通過した質量である．定義によると，A を通過する**質量流量**は単位秒あたり A を通過する質量である(例えば，キログラム/秒，スラグ/秒)．$\dot{m}$ を質量流量とする．式 (2.42) より，

$$\dot{m} = \frac{\rho (V_n dt) A}{dt}$$

すなわち，

$$\boxed{\dot{m} = \rho V_n A} \tag{2.43}$$

式 (2.43) は A を通過する質量流量が次の積により与えられることを示している．

$$\boxed{面積 \times 密度 \times 面に垂直な流れの速度成分}$$

これと関連した概念は**単位面積あたりの質量流量**と定義される**質量流束**である．

$$\boxed{質量流束 = \frac{\dot{m}}{A} = \rho V_n} \tag{2.44}$$

代表的な質量流束の単位は $\text{kg}/(\text{s}\cdot\text{m}^2)$ および $\text{slug}/(\text{s}\cdot\text{ft}^2)$ である．

　質量流量と質量流束の概念は重要である．式 (2.44) から，表面を通過する質量流量は，密度と表面に垂直な速度成分との積に等しいことに注意すべきである．空気力学の方程式の多くは密度と速度の積を含んでいる．例えば，デカルト座標系において，$\mathbf{V} = V_x \mathbf{i} + V_y \mathbf{j} + V_z \mathbf{k} = u\mathbf{i} + v\mathbf{j} + w\mathbf{k}$，ここに，$u$，$v$ および w は，それぞれ，速度の x，y，z 方向成分である．(速度の x，y，z 方向成分を表すために V_x，V_y，V_z のかわりに u，v，w を用いることは空気力学文献ではごく普通である．これ以降，u，v，w 表記を採用する．) 多くの空気力学方程式の中に，ρu，ρv や ρw の

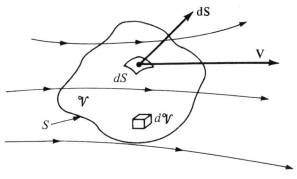

図 2.19 空間に固定された有限検査体積

積があることを見出すであろう．すなわち，これらの積は，それぞれ，x, y および z 方向の質量流束であることを常に覚えておくべきである．もっと一般的に言えば，もし，V が任意方向の速度の大きさであるとすれば，積，ρV は物理学的に V の方向に垂直に向いた面を通過する質量流束 (単位面積当たりの質量流量) である．

ここで，空間に固定された有限な検査体積に第 1 の物理学原理を適用する準備ができた．

物理学原理 質量は生成も消滅もしない

すべての特性値が空間位置および時間で変化する，例として $\rho = \rho(x,y,z,t)$ のような，流れの場を考える．この流れの場において，図 2.19 に示す固定された検査体積を考える．この検査面上の 1 点において，流れの速度は **V** であり，ベクトル要素面積は $d\mathbf{S}$ である．また，$d\mathcal{V}$ は検査体積内の要素体積である．この検査体積に適用すると，上述の物理学原理は次の意味である．

$$\text{面 } S \text{ を通過し検査体積から流出する全質量流量} = \text{検査体積 } \mathcal{V} \text{ 内の質量減少の時間変化率} \quad (2.45a)$$

すなわち
$$B = C \quad (2.45b)$$

ここに，B および C は，それぞれ，式 (2.45a) の左辺および右辺を単に表す記号である．まず，図 2.19 に示された記号を用いて B を表す式を求めよう．式 (2.43) から，面積 dS を通過する要素質量流量は

$$\rho V_n dS = \rho \mathbf{V} \cdot d\mathbf{S}$$

図 2.19 を見ると，慣例により，$d\mathbf{S}$ は常に検査体積から出る方向に向いていることに注意すべきである．それゆえ，**V** が (図 2.19 に示されるように) 検査体から出る方向であるとき，積，$\rho \mathbf{V} \cdot d\mathbf{S}$ は正である．さらに，**V** が検査体積から出る方向のとき，質量流量は物理的に検査体積から離れている（すなわち，それは**流出**である）．したがって，正の $\rho \mathbf{V} \cdot d\mathbf{S}$ は流出流量を示す．次に，**V** が検査体積内へ向いているとき，$\rho \mathbf{V} \cdot d\mathbf{S}$ は負である．さらに，**V** が内向きのとき，質量流量は物理的に検査体積へ入っている（すなわち，それは**流入**である）．したがって，負の $\rho \mathbf{V} \cdot d\mathbf{S}$ は**流入流量**を示す．全検査面 S から流出する全質量流量はこの要素質量流量の S 上での総和である．極限において，これは面積積分となり，そして，物理的には式 (2.45a) および式 (2.45b) の左辺となる．すなわち，

$$B = \oiint_S \rho \mathbf{V} \cdot d\mathbf{S} \tag{2.46}$$

さて，式 (2.45a) と式 (2.45b) の右辺を考える．要素体積 $d\mathcal{V}$ 内に含まれる質量は，

$$\rho \, d\mathcal{V}$$

したがって，検査体積に含まれる全質量は，

$$\iiint_{\mathcal{V}} \rho \, d\mathcal{V}$$

そうすると，$\mathcal{V}$ 内の質量増加の時間変化率は，

$$\frac{\partial}{\partial t} \iiint_{\mathcal{V}} \rho \, d\mathcal{V}$$

次に，$\mathcal{V}$ 内の質量**減少**の時間変化率は，上式を負にしたものである．すなわち，

$$-\frac{\partial}{\partial t} \iiint_{\mathcal{V}} \rho \, d\mathcal{V} = C \tag{2.47}$$

式 (2.46) および式 (2.47) を式 (2.45b) に代入すると，

$$\boxed{\oiint_S \rho \mathbf{V} \cdot d\mathbf{S} = -\frac{\partial}{\partial t} \iiint_{\mathcal{V}} \rho \, d\mathcal{V}}$$

すなわち，

$$\boxed{\frac{\partial}{\partial t} \iiint_{\mathcal{V}} \rho \, d\mathcal{V} + \oiint_S \rho \mathbf{V} \cdot d\mathbf{S} = 0} \tag{2.48}$$

を得る．式 (2.48) は空間に固定された有限検査体積に対して質量保存の物理原理を適用した最終結果である．式 (2.48) は**連続の式**と呼ばれる．これは流体力学の最も基本的な方程式の 1 つである．

式 (2.48) は積分形の連続の式であることに注意すべきである．この形式の式を使う場合が沢山あるであろう．それは，流れの場で与えられた特定の点で，正確に何が生じているかの詳細を気にすることなく，有限の空間領域の空気力学的現象を関連づけることができるという利点がある．他方，流れの詳細に関心を持ち，**与えられた点における**流れの特性値を関連付ける方程式を得たいと思うときも多くある．そのような場合，式 (2.48) のような積分形は特別に使いにくい．しかしながら，式 (2.48) は，次に示すように，与えられた点における流れの特性値を関連付ける他の形式にすることができる．まず第一に，式 (2.48) を得るために用いた検査体積

は空間に固定されているので，積分の上，下限もまた固定されている．したがって，時間微係数は体積積分の中に置くことができ，そして，式 (2.48) は次のように書くことができる．

$$\iiint_{\mathcal{V}} \frac{\partial \rho}{\partial t} d\mathcal{V} + \iint_{S} \rho \mathbf{V} \cdot \mathbf{dS} = 0 \tag{2.49}$$

発散定理，式 (2.26) を適用して，式 (2.49) の左辺第二項を次のように書くことができる．

$$\iint_{S} (\rho \mathbf{V}) \cdot \mathbf{dS} = \iiint_{\mathcal{V}} \nabla \cdot (\rho \mathbf{V}) d\mathcal{V} \tag{2.50}$$

式 (2.50) を式 (2.49) に代入すると次式を得る．

$$\iiint_{\mathcal{V}} \frac{\partial \rho}{\partial t} d\mathcal{V} + \iiint_{\mathcal{V}} \nabla \cdot (\rho \mathbf{V}) d\mathcal{V} = 0$$

すなわち，

$$\iiint_{\mathcal{V}} \left[\frac{\partial \rho}{\partial t} + \nabla \cdot (\rho \mathbf{V}) \right] d\mathcal{V} = 0 \tag{2.51}$$

式 (2.51) の被積分関数を調べてみる．もし，被積分関数が有限値であれば，式 (2.51) は全積分がゼロになるように，検査体積の一部分での積分が残りの検査体積での積分と値が同じで符号が反対であることを要求している．しかしながら，有限の検査体積は空間に**任意に描いたもの**である．すなわち，ある領域が他の領域と相殺することを期待できる理由は存在しない．したがって，式 (2.51) が任意の検査体積に関してゼロとなる唯一の道は，被積分関数がこの検査体積内で常にゼロのときのみである．ゆえに，式 (2.51) より次の結果を得る．

$$\boxed{\frac{\partial \rho}{\partial t} + \nabla \cdot (\rho \mathbf{V}) = 0} \tag{2.52}$$

式 (2.52) は偏微分方程式形の連続の式である．この式は，有限な空間を取り扱う式 (2.48) と異なり，**流れの中の 1 点における**，流れの場の変数を関連づけるものである．

式 (2.48) および式 (2.52) は，等しく質量保存の物理原理を述べていることを心に銘記しておくことは重要である．それらは数学的な表現であるが，それらが常に発している言葉，すなわち，質量は生成もされず，また，消滅もしないということを常に憶えておくべきである．

上述の方程式を求めるときに，流体に対して行った唯一の仮定はそれが連続体であるということである．したがって，式 (2.48) および式 (2.52) は一般的に，流体のどのようなタイプの流れ，すなわち，非粘性，粘性，圧縮性，非圧縮性，の 3 次元，非定常流れにおいても成立することに注意すべきである．(注：方程式を導く際に用いたすべての仮定を見失わないようにすることは重要である．なぜなら，それらは最終結果の限界を示し，それゆえ，その式が有効でない場合に用いられることを防ぐからである．本節以降の方程式を導く際に，最終結果の式にともなうすべての仮定を記録しておく習慣をつけるべきである．)

非定常流れと定常流れの違いを強調することは重要である．**非定常流れ**において，流れの場の変数は空間位置と時間の両方の関数である．例えば，

$$\rho = \rho(x, y, z, t)$$

である．この式は，もし，空間の決まった点に目を固定すると，その点における密度が時間と共に変化することを意味している．その様な非定常変動は時間により変わる境界 (例えば，時間により頭上げと頭下げをする翼型，または開けたり閉じたりされている風洞への空気供給弁) により引き起こされる．式 (2.48) と式 (2.52) はその様な非定常流れに成り立つ．他方，実際的な空気力学的問題の非常に多くの場合は定常流れを含んでいる．ここで，流れの場の変数は空間位置のみの関数である．例えば，

$$\rho = \rho(x, y, z)$$

この式は，目を空間の決まった点に固定すると，その点における密度は決まった値になり，時間に対して不変である．定常流れにおいて，$\partial/\partial t = 0$ であり，それで，式 (2.48) と式 (2.52) は次のようになる．

$$\boxed{\oiint_S \rho \mathbf{V} \cdot \mathbf{dS} = 0} \tag{2.53}$$

および

$$\boxed{\nabla \cdot (\rho \mathbf{V}) = 0} \tag{2.54}$$

2.5 運動量方程式

Newton の第二法則はしばしば次のように書かれる．

$$\mathbf{F} = m\mathbf{a} \tag{2.55}$$

ここに，$\mathbf{F}$ は質量 m の物体に作用する力であり，$\mathbf{a}$ は加速度である．しかしながら，式 (2.55) のもっと一般的な形式は

$$\mathbf{F} = \frac{d}{dt}(m\mathbf{V}) \tag{2.56}$$

であり，一定質量の物体では式 (2.55) になる．式 (2.56) において，$m\mathbf{V}$ は質量 m の物体の運動量である．式 (2.56) は理論流体力学が基づいている第 2 の基本原理を表している．

物理学原理　力 = 運動量の時間変化率

この原理を [式 (2.56) の形式で]，図 2.19 に示されているように空間に固定された有限検査体積のモデルに適用する．我々の目的は良く知られた流れの場の変数，$p, \rho, \mathbf{V}$ などの項で式 (2.56) の左辺および右辺両方の式を得ることである．最初に，[p. 131] 式 (2.56) の左辺に集中しよう (すなわち，$\mathbf{F}$ の式を得ることであり，それは流体が検査体積を通過するときにそれに作用する力である)．この力は 2 つの源からくる．すなわち，

1. **体積力**：重力，電磁気力，または その他の，$\mathcal{V}$ 内の流体に対して**距離に関係して働く力**
2. **表面力**：検査面 S に働く圧力とせん断応力

$\mathbf{f}$ を $\mathcal{V}$ 内の流体に働く単位質量あたりの体積力とする．したがって，図 2.19 の要素体積 $d\mathcal{V}$ に作用する体積力は

$$\rho \mathbf{f} \, d\mathcal{V}$$

であり，そして，検査体積内にある流体に作用する全体積力は体積 $\mathcal{V}$ で上に示したもの総和である．

$$\text{体積力} = \iiint_\mathcal{V} \rho \mathbf{f} \, d\mathcal{V} \tag{2.57}$$

要素面積 dS に働く圧力による要素表面力は

$$-\rho \, \mathbf{dS}$$

である．ここに，負の符号はこの力が $\mathbf{dS}$ とは反対の向きであることを示している．すなわち，検査面は，検査体積内部へ向いている圧力による力を受けている．そして，それはまわりの流体からの圧力によるものである．さらに，図 2.19 を詳しく見ると，そのような内向きの力は $\mathbf{dS}$ の反対方向であることがわかる．圧力によるすべての力は全検査面にわたり要素に働く力を総和したものである．すなわち，

$$\text{圧力による力} = -\oiint_S p \, \mathbf{dS} \tag{2.58}$$

粘性流において，剪断および垂直応力もまた表面力をつくりだす．これらの粘性応力の詳しい計算は今の論議段階では必要ない．$\mathbf{F}_{\text{viscous}}$ が検査面に働く全粘性力とすることにより，この効果を簡単に表すものとする．ここで，式 (2.56) の左辺の式を書く準備ができた．流体が固定された検査体積を通過するとき受けるすべての力は式 (2.57) と式 (2.58) および $\mathbf{F}_{\text{viscous}}$ の和により与えられる．すなわち，

$$\mathbf{F} = \iiint_\mathcal{V} \rho \mathbf{f} \, d\mathcal{V} - \oiint_S p \, \mathbf{dS} + \mathbf{F}_{\text{viscous}} \tag{2.59}$$

さて，式 (2.56) の右辺を考える．固定された検査体積を通過するとき，流体の運動量の時間変化率は次に示す 2 つの項の和である．すなわち，

$$\text{検査面 } S \text{ を通過し，検査体積から流出する運動量の総和} \equiv \mathbf{G} \tag{2.60a}$$

および，

$$\mathcal{V} \text{ 内における流体特性値の非定常変動による運動量の時間変化率} \equiv \mathbf{H} \tag{2.60b}$$

式 (2.60a) で **G** と表された項を考える．流れが図 2.19 の検査体積に流れ込むときある量の運動量を持っている．そして，一般的に，検査体積を出るときに ($\mathcal{V}$ 内を移動している間に，一部，流体に作用する力 **F** により)，異なった運動量をもつ．検査面 S を通過し，検査体積から流出する正味の運動量の流れは単純に，検査面を通過する運動量の流出量から流入量を引いたものである．この運動量の変化が上で示したように，**G** である．**G** の式を得るために，要素面積 dS を通過する質量流量は $(\rho\,\mathbf{V}\cdot\mathbf{dS})$ であることを思い出すべきである．すなわち，dS を通過する単位時間あたりの運動量の流れは，

$$(\rho\,\mathbf{V}\cdot\mathbf{dS})\,\mathbf{V}$$

である．S を通過し，検査体積から流出する正味の運動量の流れは上の要素面積の値を総計したものである．すなわち，

$$\mathbf{G} = \oiint_S (\rho\,\mathbf{V}\cdot\mathbf{dS})\,\mathbf{V} \tag{2.61}$$

式 (2.61) において，$(\rho\,\mathbf{V}\cdot\mathbf{dS})$ の正の値は検査体積から流出する質量流量を表し，負の値は検査体積へ流入する流量を表していることを思い出すべきである．したがって，式 (2.61) において，全検査面上の積分は正の部分 (運動量の流出) と負の部分 (運動量の流入) の組み合わせであり，積分の結果は正味の運動量の流出量を表している．もし，**G** が正の値をもつと，この検査体積に単位時間あたりに流入するよりももっと多くの流出する運動量がある．逆に，もし，**G** が負の値をもつと，検査体積に単位時間あたりに流出するよりもより多い流入する運動量がある．

さて，式 (2.60b) から **H** を考える．図 2.19 に示された要素体積 $d\mathcal{V}$ 内にある流体の運動量は

$$(\rho\,d\mathcal{V})\,\mathbf{V}$$

である．したがって，任意の瞬間に検査体積に含まれる運動量は

$$\iiint_\mathcal{V} \rho\,\mathbf{V}\,d\mathcal{V}$$

となる．そして非定常流れ変動による運動量の時間変化率は

$$\mathbf{H} = \frac{\partial}{\partial t}\iiint_\mathcal{V} \rho\,\mathbf{V}\,d\mathcal{V} \tag{2.62}$$

式 (2.61) と式 (2.62) を組み合わせると，流体が固定された [p.133] 検査体積を通過するとき，流体の運動量に関する全時間変化率の式を得る．そして，それは式 (2.56) の右辺を表している．すなわち，

$$\frac{d}{dt}(m\mathbf{V}) = \mathbf{G} + \mathbf{H} = \oiint_S (\rho\,\mathbf{V}\cdot\mathbf{dS})\,\mathbf{V} + \frac{\partial}{\partial t}\iiint_\mathcal{V} \rho\,\mathbf{V}\,d\mathcal{V} \tag{2.63}$$

式 (2.59) と式 (2.63) から，Newton の第二法則

$$\frac{d}{dt}(m\mathbf{V}) = \mathbf{F}$$

第 2 章 空気力学：基本原理および方程式

を流体流れに適用すると，

$$\frac{\partial}{\partial t} \iiint_\mathcal{V} \rho \mathbf{V}\, d\mathcal{V} + \oiint_S (\rho \mathbf{V} \cdot \mathbf{dS}) \mathbf{V} = - \oiint_S p\, \mathbf{dS} + \iiint_\mathcal{V} \rho \mathbf{f}\, d\mathcal{V} + \mathbf{F}_{\text{viscous}} \qquad (2.64)$$

式 (2.64) は積分形の運動量方程式である．これはベクトル方程式であることに注意すべきである．連続方程式の積分形の場合とまったく同じように，式 (2.64) は流れの中の与えられた点で正確に何が起きているかの詳細に関係なく，空間の有限領域での空気力学現象を関連付けることができる利点がある．この利点については第 2.6 節で説明される．

式 (2.64) から，空間の 1 点における流れの場の特性値を関連づける偏微分方程式を導こう．そのような方程式は式 (2.52) で与えられる連続方程式の微分形に対応するものである．勾配定理，式 (2.27) を式 (2.64) の右辺第 1 項に適用すると，

$$- \oiint_S p\, \mathbf{dS} = - \iiint_\mathcal{V} \nabla p\, d\mathcal{V} \qquad (2.65)$$

また，検査体積が固定されているので，式 (2.64) の時間微分は積分記号の中へ入れることができる．したがって，式 (2.64) は

$$\iiint_\mathcal{V} \frac{\partial (\rho \mathbf{V})}{\partial t} d\mathcal{V} + \oiint_S (\rho \mathbf{V} \cdot \mathbf{dS}) \mathbf{V} = - \iiint_\mathcal{V} \nabla p\, d\mathcal{V} + \iiint_\mathcal{V} \rho \mathbf{f}\, d\mathcal{V} \\ + \mathbf{F}_{\text{viscous}} \qquad (2.66)$$

と書くことができる．式 (2.66) はベクトル方程式であることを思い起こすべきである．この方程式を 3 つのスカラー方程式として書くのが便利である．デカルト座標系を用いると，そこでは

$$\mathbf{V} = u\mathbf{i} + v\mathbf{j} + w\mathbf{k}$$

である．式 (2.66) の x 方向成分は

$$\iiint_\mathcal{V} \frac{\partial (\rho u)}{\partial t} d\mathcal{V} + \oiint_S (\rho \mathbf{V} \cdot \mathbf{dS}) u = - \iiint_\mathcal{V} \frac{\partial p}{\partial x} d\mathcal{V} + \iiint_\mathcal{V} \rho f_x\, d\mathcal{V} \\ + (F_x)_{\text{viscous}} \qquad (2.67)$$

[注 p.134：式 (2.67) において，積 $(\rho \mathbf{V} \cdot \mathbf{dS})$ はスカラーであり，それゆえ各座標方向の成分はない．] 発散定理，式 (2.26) を式 (2.67) の左辺の面積積分に適用する．すなわち，

$$\oiint_S (\rho \mathbf{V} \cdot \mathbf{dS}) u = \oiint_S (\rho u \mathbf{V}) \cdot \mathbf{dS} = \iiint_\mathcal{V} \nabla \cdot (\rho u \mathbf{V})\, d\mathcal{V} \qquad (2.68)$$

式 (2.68) を式 (2.67) に代入すると

$$\iiint_\mathcal{V} \left[\frac{\partial(\rho u)}{\partial t} + \nabla \cdot (\rho u \mathbf{V}) + \frac{\partial p}{\partial x} - \rho f_x - (\mathcal{F}_x)_{\text{viscous}} \right] d\mathcal{V} = 0 \qquad (2.69)$$

を得る．ここに，$(\mathcal{F}_x)_{\text{viscous}}$ は体積積分にしたときの粘性剪断応力の x 方向成分の被積分関数形 (この式は第 15 章で陽的に求められる) とする．第 2.4 節で述べたと同じ理由で，式 (2.69) の被積分関数は流れ場のすべての点で恒等的にゼロである．ゆえに，

$$\boxed{\frac{\partial(\rho u)}{\partial t} + \nabla \cdot (\rho u \mathbf{V}) = -\frac{\partial p}{\partial x} + \rho f_x + (\mathcal{F}_x)_{\text{viscous}}} \qquad (2.70\text{a})$$

式 (2.70a) は微分方程式形の運動量方程式の x 方向成分である．式 (2.66) にもどり，y および z 方向成分を書くと，同様にして，

$$\boxed{\frac{\partial(\rho v)}{\partial t} + \nabla \cdot (\rho v \mathbf{V}) = -\frac{\partial p}{\partial y} + \rho f_y + (\mathcal{F}_y)_{\text{viscous}}} \qquad (2.70\text{b})$$

および

$$\boxed{\frac{\partial(\rho w)}{\partial t} + \nabla \cdot (\rho w \mathbf{V}) = -\frac{\partial p}{\partial z} + \rho f_z + (\mathcal{F}_z)_{\text{viscous}}} \qquad (2.70\text{c})$$

を得る．ここに，f と $\mathcal{F}$ の添字 y および z はそれぞれ，体積力および粘性力の y および z 方向成分を表す．式 (2.70a) から式 (2.70c) はそれぞれ，運動量方程式のスカラーの x, y および z 方向成分である．すなわち，それらは流れの中の任意点における流れの場の特性値を関連づける偏微分方程式である．

式 (2.64) および式 (2.70a から c) はいかなる流体，圧縮性，または非圧縮性，粘性または非粘性の非定常，3 次元流れに適用できることに注意すべきである．体積力がない ($\mathbf{f} = 0$)，定常 ($\partial/\partial t \equiv 0$)，非粘性 ($\mathbf{F}_{\text{viscous}} = 0$) の流れに特定すると，これらの方程式は

$$\boxed{\oiint_S (\rho \mathbf{V} \cdot \mathbf{dS}) \mathbf{V} = -\oiint_S p \, \mathbf{dS}} \qquad (2.71)$$

p. 135 および

$$\boxed{\begin{aligned} \nabla \cdot (\rho u \mathbf{V}) &= -\frac{\partial p}{\partial x} \\ \nabla \cdot (\rho v \mathbf{V}) &= -\frac{\partial p}{\partial y} \\ \nabla \cdot (\rho w \mathbf{V}) &= -\frac{\partial p}{\partial z} \end{aligned}} \qquad \begin{aligned} &(2.72\text{a}) \\ &(2.72\text{b}) \\ &(2.72\text{c}) \end{aligned}$$

のようになる．第 3 章から 14 章において，大部分は体積力がない，定常，非粘性流れを仮定しているので，しばしば式 (2.71) および式 (2.72a から c) の形式の運動量方程式を用いる．

[式 (2.72a から c) のような] 非粘性流れの運動量方程式は *Euler* 方程式と呼ばれる．[式 (2.70a から c) のような] 粘性流れの運動量方程式は *Navier-Stokes* 方程式と呼ばれる．これ以降の章でこの用語が出てくる．

2.6 運動量方程式の適用：2 次元物体の抵抗

積分形式の運動量方程式の重要な適用の 1 つを調べるために，流体力学の基礎方程式を導くのを一時中断する．1930 年代から 1940 年代の間，米国航空評議委員会 (NACA) は (第 4 章で詳しく述べる) 系統的に設計された翼型について揚力および抵抗特性を測定した．これらの測定は翼模型が測定部幅と同じになる特別に設計された風洞で行われた (すなわち，両翼端とも風洞の測定部側壁に突き当たっていた)．これは，翼まわりに (3 次元的でない) 2 次元流れを作るためになされ，ゆえに，(有限翼幅翼でない) 翼型の特性を計測することができた．翼型の空気力学と有限翼幅翼のそれとの区別は第 4 章と 5 章で行われる．ここでの重要な点は翼が風洞測定部の両側壁間に取り付けられたので，NACA は揚力と抵抗を測定するために通常の力計測天秤を用いなかったことである．もっと正確に言えば，揚力は (翼の上，下方にある) 測定部上，下面壁上の圧力分布から得られ，抵抗は翼模型の下流における流れの速度計測から得られた．これらの測定は翼に働く空気力を測る方法としては奇妙に見えるかもしれない．実際，これらの測定は揚力と抵抗にどのように関係しているのであろうか．ここでは何がおきているのであろうか．これらの疑問に対する答えを本節で述べる．すなわち，それらは積分形の基礎運動量方程式の適用を含んでいて，空気力学でしばしば用いられる基本的な技術を説明しているのである．

図 2.20*a* に示されるような流れの中にある 2 次元物体を考える．図 2.20*a* の点線で与えられるような検査体積が物体まわりに描かれている．^{p. 137} この検査体積は次のものにより境界を形成されている．すなわち，

1. 物体の上，下面から遙かにはなれた，上方および下方の流線 (それぞれ，*ab* および *hi*)

2. 物体の遙か前方および後方における流れ速度に垂直な線 (それぞれ，*ai* および *bh*)

3. 物体表面をぐるりと囲む切断 (*cdefg*)

全検査体積は *abcdefghia* である．*z* 方向 (紙面に対して垂直方向) の幅は 1 である．断面 1 と断面 2 は，それぞれ，流入断面と流出断面である．

面 *abhi* が物体から十分離れており，*abhi* 上で圧力が至る所同じで，自由流圧力 $p = p_\infty$ に等しいと仮定する．また，流入速度 u_1 は (自由流または風洞測定部入り口のように) *ai* 上で一様であると仮定する．流出速度 u_2 は *bh* 上で一様ではない．なぜなら，物体があることにより流出断面で後流が作りだされるからである．しかしながら，u_1 および u_2 は共に *x* 方向であると仮定する．したがって，$u_1 = $ constant, $u_2 = f(y)$ である．

ある翼型の下流における後流の速度分布に関する実際の写真が図 2.20*b* に示されている．

図 2.20*a* に示される検査体積に働く表面力を考える．それは次の 2 つから生じる．

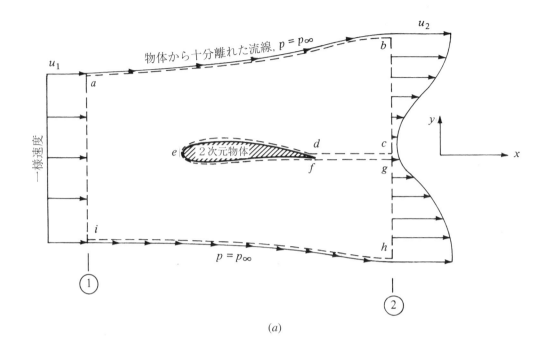

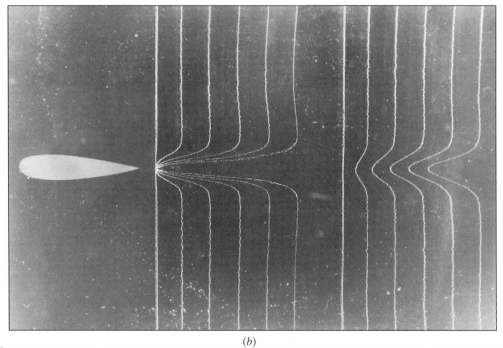

図 2.20 (a) 2次元物体に働く抵抗を求めるための検査体積．(b) 翼型下流における速度分布の写真．この速度分布は水中で，流れに垂直に張った細線にパルス電圧をかけ，水素気泡を発生させ，それが下流へ流速で流れることにより可視化された．(日本国 東海大学 中山泰喜教授の好意による．)

1. 面 $abhi$ 上の圧力分布

$$-\iint_{abhi} p\, \mathbf{dS}$$

2. 物体の存在により生じた 面 def 上の表面力

上の一覧表において，面 ab と hi に働く表面せん断応力を無視している．また，図 2.20a において，切断 cd と fg はお互いに隣接しているので，一方のせん断応力または圧力分布はもう一方の面のそれらとは大きさが等しく方向が反対である (すなわち，面 cd と面 fg に働く力はお互いに打ち消しあう) ことに注意すべきである．また，面 def に働く表面力は物体表面を過ぎる流れにより作りだされるせん断応力分布および圧力分布と大きさが同じで方向が反対の反作用であることにも注意すべきである．これをより明確に理解するため，図 2.21 を調べよう．図の左側に物体を過ぎる流れを示している．第 1.5 節で述べたように，運動する流体は物体表面上に圧力およびせん断応力分布を作用させ，それらは物体に対し単位幅あたりの空気力の合力，$\mathbf{R}'$ を作りだす．その結果，Newton の運動第三法則により，物体は流れ (すなわち，面 def に囲まれた検査面部分に) に対して，大きさが同じで方向が反対の圧力およびせん断応力分布を作用させる．したがって，物体は，図 2.21 の右に示されるように検査面に対して力 $-\mathbf{R}'$ を作用させる．このことを考慮して，全検査体積の全表面力は次式のようになる．

$$\text{表面力} = -\iint_{abhi} p\, \mathbf{dS} - \mathbf{R}' \tag{2.73}$$

p. 138 さらに，体積力は無視されるので，これが図 2.20a に示された検査体積に働く全力である．

式 (2.64) で与えられる積分形の運動量方程式を考える．この方程式の右辺は物理的に検査体積を通過する流体に働く力である．図 2.20a の検査体積に関して，この力は単純に式 (2.73) で与えられるものである．したがって，式 (2.73) で与えられる右辺の項を使って，式 (2.64) を用いると，

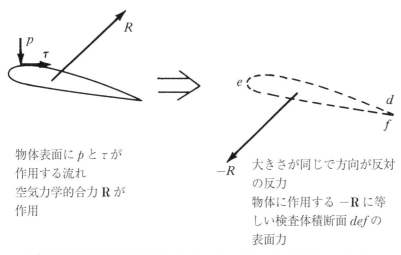

物体表面に p と τ が作用する流れ
空気力学的合力 $\mathbf{R}$ が作用

大きさが同じで方向が反対の反力
物体に作用する $-\mathbf{R}$ に等しい検査体積断面 def の表面力

図 2.21 物体と近接する検査面における大きさが同じで方向が反対である反力

$$\frac{\partial}{\partial t}\iiint_{\mathcal{V}} \rho\, \mathbf{V} d\mathcal{V} + \oiint_{S} (\rho\, \mathbf{V} \cdot \mathbf{dS})\, \mathbf{V} = -\iint_{abhi} p\, \mathbf{dS} - \mathbf{R'} \tag{2.74}$$

を得る．定常流を仮定すると，式 (2.74) は

$$\mathbf{R'} = -\oiint_{S} (\rho\, \mathbf{V} \cdot \mathbf{dS})\, \mathbf{V} - \iint_{abhi} p\, \mathbf{dS} \tag{2.75}$$

となる．式 (2.75) はベクトル方程式である．ここで再び図 2.20a の検査体積を考える．流入および流出速度，u_1, u_2 が x 方向であり，$\mathbf{R'}$ の x 方向成分が単位幅あたりの空気抵抗，D' であることに注意して，式 (2.75) の x 方向成分をとる．すなわち，

$$D' = -\oiint_{S} (\rho\, \mathbf{V} \cdot \mathbf{dS})\, u - \iint_{abhi} (p\, dS)_x \tag{2.76}$$

式 (2.76) において，最後の項は圧力による力の x 方向成分である．[$(p\, dS)_x$ は検査面積の要素面積 dS に働く圧力による力の x 方向成分である．] 検査面積の境界，$abhi$ は物体から十分離れて取られているので，p は^{p. 139}これらの境界に沿って一定である．一定圧力の場合，

$$\iint_{abhi} (p dS)_x = 0 \tag{2.77}$$

である．なぜなら，図 2.20a で，x 方向に沿って見ると，右方向に押す $abhi$ 上の圧力による力は左方向に押す圧力による力とちょうど釣り合うからである．これは，p が表面に沿って一定である限り，$abhi$ の形状によらず成立する．(このことの証明については演習問題 2.1 を見よ．) したがって，式 (2.77) を式 (2.76) に代入して

$$D' = -\oiint_{S} (\rho\, \mathbf{V} \cdot \mathbf{dS})\, u \tag{2.78}$$

を得る．式 (2.78) の面積積分を計算するさい，図 2.20a から次のことがわかる．すなわち，

1. 面 ab, hi および def は流れの流線である．定義により $\mathbf{V}$ は流線に対して平行であり，また，dS は検査面に対して垂直であるので，これらの面に沿って，$\mathbf{V}$ と $\mathbf{dS}$ はお互いに垂直なベクトルである．それゆえ，$\mathbf{V} \cdot \mathbf{dS} = 0$ である．その結果，式 (2.78) の積分に対する ab, hi および def の寄与はゼロである．

2. 切断 cd と fg とはお互いに隣接している．一方から流出する質量流束は厳密に他方へ流入するそれに等しい．ゆえに，式 (2.78) の積分に対する cd と fg の寄与はお互いに相殺する．

その結果，式 (2.78) の積分に対する寄与は面 ai および bh からのものだけである．これらの面は y 方向に向いている．また，この検査体積は z 方向 (紙面に垂直) に単位長さを持っている．したがって，これらの面において，$dS = dy(1)$ である．式 (2.78) の積分は

$$\oiint_{S} (\rho\, \mathbf{V} \cdot \mathbf{dS})\, u = -\int_{i}^{a} \rho_1 u_1^2 dy + \int_{h}^{b} \rho_2 u_2^2 dy \tag{2.79}$$

となる．式 (2.79) の右辺第 1 項の負符号は，面 ai (断面 1 は流入面) に沿って，$\mathbf{V}$ と $\mathbf{dS}$ が反対方向を向いているためであることに注意すべきである．これに対して，面 hb (断面 2 は流出面) で $\mathbf{V}$ と $\mathbf{dS}$ は同じ方向ある．それゆえ，第 2 項は正の符号を持っているのである．

式 (2.79) の計算をさらに進める前に，定常流に関する連続方程式の積分形，式 (2.53) を考えてみる．図 2.20a の検査体積に適用すると，式 (2.53) は

$$-\int_i^a \rho_1 u_1 dy + \int_h^b \rho_2 u_2 dy = 0$$

すなわち,

$$\int_i^a \rho_1 u_1 dy = \int_h^b \rho_2 u_2 dy \tag{2.80}$$

となる．p. 140 式 (2.80) に定数である u_1 を掛けると，

$$\int_i^a \rho_1 u_1^2 dy = \int_h^b \rho_2 u_2 u_1 dy \tag{2.81}$$

を得る．式 (2.81) を式 (2.78) に代入すると，

$$\oiint_S (\rho \mathbf{V} \cdot \mathbf{dS}) u = -\int_h^b \rho_2 u_2 u_1 dy + \int_h^b \rho_2 u_2^2 dy$$

すなわち,

$$\oiint_S (\rho \mathbf{V} \cdot \mathbf{dS}) u = -\int_h^b \rho_2 u_2 (u_1 - u_2) dy \tag{2.82}$$

を得る．式 (2.82) を式 (2.78) に代入すると次式となる．

$$\boxed{D' = \int_h^b \rho_2 u_2 (u_1 - u_2) dy} \tag{2.83}$$

式 (2.83) は本節での求めるべき結果である．すなわち，この式は物体の抵抗をわかっている自由流速度 u_1 と物体下流における垂直断面の流れ場の値，ρ_2 と u_2 の項で表している．これらの下流における値は風洞で測定できる．そして，物体の単位幅あたりの抵抗，D' は y の関数としての ρ_2 および u_2 の測定されたデータを用い，式 (2.83) の積分を数値的に計算することにより求められる．

式 (2.83) をもっと詳しく見てみよう．量，$u_1 - u_2$ は与えられた y 位置における速度減少である．すなわち，物体に働く抵抗により，その物体の下流に延びる後流が存在する．この後流の中において，流速の損失，$u_1 - u_2$ が生じる．$\rho_2 u_2$ は単純に質量流量である．すなわち，$u_1 - u_2$ を掛けるとそれは運動量の減少量となる．したがって，式 (2.83) の積分は物理的に，後流の断面で存在する運動量の流れの減少量である．そして，式 (2.83) から，この後流の運動量の減少量が物体に働く抵抗に等しいのである．

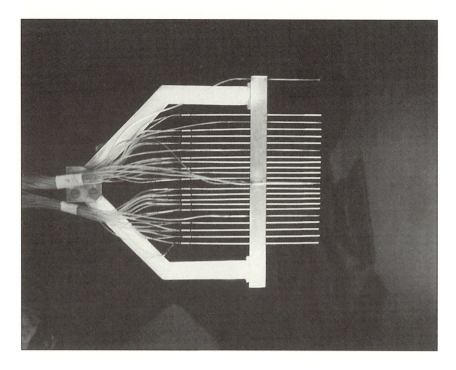

図 2.22 後流計測用櫛形 Pitot 管 (*John Anderson Collection* および *Maryland* 大学空気力学研究所の好意による．)

非圧縮流について，$\rho = $ constant で，また，わかっている．この場合，式 (2.83) は

$$D' = \rho \int_h^b u_2 (u_1 - u_2) \, dy \tag{2.84}$$

となる．式 (2.84) は本節の初めに掲げた問いに対する解答である．それは物体の後流における速度分布の測定によりいかにして抵抗を求めることができるかを示している．これらの速度分布は通常，図 2.22 に示されるような櫛形 Pitot 管により測定される．これは共通の支柱に並べて取り付けられた Pitot 管以外の何物でもない．そして，後流の断面の速度を同時に測定できる．(速度測定装置としての Pitot 管の原理は第 3 章で論議される．また，Pitot 管に関する初歩的論議については文献 2 の 168–182 ページを見るべきである．)

式 (2.84) で具体化された結果は積分形の運動量方程式のもつ力を説明している．すなわち，流れの場のある位置に置かれた物体に働く抵抗をまったく異なった位置における流れの場の変数に関係付けているのである．

p. 141 本節の初めにおいて，2 次元物体に働く揚力は物体の上方および下方の風洞上，下壁の圧力を測定して得られることを述べた．この式は，抵抗に関する式を求めた場合と同じようにして，積分形の運動量方程式から導くことができる．この式の導出は演習問題として残しておく．

[例題 2.2]

図 2.23 に描かれているように，翼弦長 c をもつ平板の表面に沿って発達する非圧縮性流の，層流境界層を考える．境界層の定義は第 1.10 節と 1.11 節で論議された．非圧縮性，層流平板

第2章 空気力学：基本原理および方程式

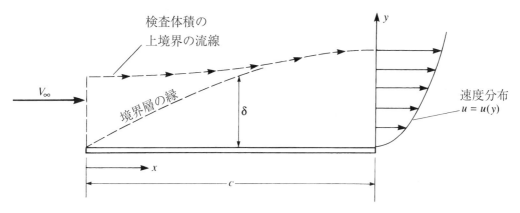

図 2.23 境界層と $x = c$ における速度分布．境界層厚さ δ は明確に示すために誇張されている．

境界層に関して，平板の後縁における境界層厚さ δ は

$$\frac{\delta}{c} = \frac{5}{\sqrt{\mathrm{Re}_c}}$$

である．また，平板の表面摩擦抵抗係数は

$$C_f \equiv \frac{D'}{q_\infty c(1)} = \frac{1.328}{\sqrt{\mathrm{Re}_c}}$$

である．ここで，Reynolds 数は翼弦長を基準としている．

$$\mathrm{Re}_c = \frac{\rho_\infty V_\infty c}{\mu_\infty}$$

[注：δ/c および C_f は共に Reynolds 数の関数である．すなわち，これは相似パラメータの威力を示すもう1つの例である．低速の p.142 非圧縮流を取り扱っているので，Mach 数はここでは関係ないパラメータである．] 境界層での速度分布はべき乗で与えられると仮定する．

$$u = V_\infty \left(\frac{y}{\delta}\right)^n$$

上で与えられた条件に合う n の値を計算せよ．

[解答]
式 (2.84) から，

$$C_f = \frac{D'}{q_\infty c} = \frac{\rho_\infty}{\frac{1}{2}\rho_\infty V_\infty^2 c} \int_0^\delta u_2 (u_1 - u_2)\, dy$$

ここに，積分は平板の後縁で計算する．ゆえに，

$$C_f = 2 \int_0^{\delta/c} \frac{u_2}{V_\infty} \left(\frac{u_1}{V_\infty} - \frac{u_2}{V_\infty}\right) d\left(\frac{y}{c}\right)$$

しかしながら，式 (2.84) において，図 2.23 の検査体積に適用すると，$u_1 = V_\infty$ である．したがって，

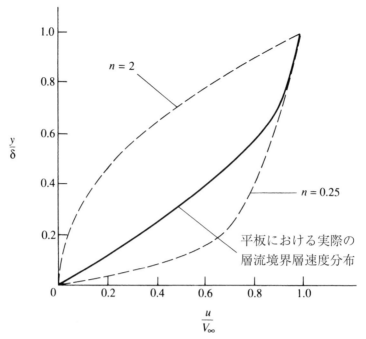

図 2.24 実際の層流境界層速度分布と例題 2.2 で計算された分布との比較

$$C_f = 2\int_0^{\delta/c} \frac{u_2}{V_\infty}\left(1 - \frac{u_2}{V_\infty}\right) d\left(\frac{y}{c}\right)$$

である．上で与えられる 2 つ，仮定した速度変化とともに層流境界層に関する C_f の結果を代入すると，この積分を

$$\frac{1.328}{\sqrt{\mathrm{Re}_c}} = 2\int_0^{\delta/c}\left[\left(\frac{y/c}{\delta/c}\right)^n - \left(\frac{y/c}{\delta/c}\right)^{2n}\right]d\left(\frac{y}{c}\right)$$

のように書ける．積分を実行すると，

$$\frac{1.328}{\sqrt{\mathrm{Re}_c}} = \frac{2}{n+1}\left(\frac{\delta}{c}\right) - \frac{2}{2n+1}\left(\frac{\delta}{c}\right)$$

を得る．p.143 $\delta/c = 5/\sqrt{\mathrm{Re}_c}$ であるから，ゆえに，

$$\frac{1.328}{\sqrt{\mathrm{Re}_c}} = \frac{10}{n+1}\left(\frac{1}{\sqrt{\mathrm{Re}_c}}\right) - \frac{10}{2n+1}\left(\frac{1}{\sqrt{\mathrm{Re}_c}}\right)$$

すなわち，

$$\frac{1}{n+1} - \frac{1}{2n+1} = \frac{1.328}{10}$$

すなわち，

$$0.2656n^2 - 0.6016n + 0.1328 = 0$$

2 次方程式の解の公式により，

$$n = 2 \quad \text{または} \quad 0.25$$

$u/V_\infty = (y/\delta)^n$ の形のべき乗則速度分布を仮定することにより，有限検査体積に適用された運動量則を満足する 2 つの異なった速度分布を得た．これら 2 つの速度分布が図 2.24 に示されている．そして，平板に関する非圧縮，層流境界層方程式を解くことにより得られた厳密な速度分布と比較されている．(この境界層解法は第 18 章で議論される．) $n = 2$ の結果は通常，境界層で観察される凸形の速度分布と比べ，本質的に物理的意味を持たない凹形の速度分布を与える．$n = 0.25$ の結果は定性的には物理的に正しい凸形速度分布を与える．しかしながら，この分布は，厳密解の分布との比較からわかるように，定量的には正確ではない．したがって，$u/V_\infty = (y/\delta)^n$ 形式である層流 p.144 境界層速度分布に関するべき乗則におけるもともとの仮定は，$n = 2$ または 0.25 のとき，この仮定された速度分布が 大きな有限検査体積に適用されると運動量則を満足することはするが，あまり良いものではないということである．

2.6.1　コメント

　本節において，運動量則 (Newton の第二法則) を流れの場にある大きな，固定された検査体積に適用した．一方で，検査面に沿って詳しい流れの特性を知ることにより，この適用は物体に働く抵抗などの全体に働く力に関する正確な結果，すなわち，圧縮流に関しては式 (2.83) そして非圧縮流に関しては式 (2.84) を導いたのである．他方，例題 2.2 において，運動量則は確かに全体としては満足されていても，有限検査体積法それ自身は，平板に働く全抵抗のような全体に働く力を知ることによって必ずしもその検査面に沿った詳しい流れの場の特性 (この場合は速度分布) を正確に計算できるものではないことを示した．例題 2.2 は，特にこの事実を示すために選ばれたものである．ここで，この弱点は検査面上の流れにおける特性値の変化についてある型を仮定する必要があることである．すなわち，例題 2.2 では，十分でなかったと証明されたべき乗速度分布の仮定である．

2.7　エネルギー式

　ρ が一定である非圧縮性流れでは，主な流れの場の変数は p と $\mathbf{V}$ である．前節において得られた連続および運動量方程式は 2 つの未知数，p と $\mathbf{V}$ に関する 2 つの方程式である．したがって，非圧縮性流れを調べるには，連続および運動量方程式がそのための十分なツールである．

　しかしながら，圧縮性流れに関しては，ρ が追加の変数である．そしてそのため，系を完成させるためにもう 1 つの基礎方程式を必要とする．この基礎方程式が本節で導くエネルギー方程式である．この導出の過程で，さらに 2 つの流れ場の変数が生じる．すなわち，内部エネルギー e と温度 T である．本節の後のほうで述べられるように，これらの変数に関する方程式も導入されなければならない．

　本節で論議されることは圧縮性流れの学びに密接に関係している．差し当たり非圧縮性流れの学びだけに興味のある読者に関しては，本節を飛ばし，後でここに戻っても良い．

　　　　物理学原理　　エネルギーは生成もまた消滅もしない；形を変えるのみである．

　この物理学原理は熱力学第一法則に具体化されている．熱力学に関する短い概要が第 7 章に与えられている．熱力学は圧縮性流れの学びにとって必須である．しかし，この段階では第一

法則のみを紹介し，熱力学に関する実質的な論議は圧縮性流れに集中して論議を始める第7章まで延ばすことにする．

p. 145 ある閉じた境界に含まれる決まった量の物質を考える．この物質はその**系**を規定する．この系の中にある分子や原子は常に運動しているので，この系はある量のエネルギーを持っている．簡単化のために，系は単位質量を含んでいるとする．次に，単位質量あたりの内部エネルギーを e とする．

系の外部領域は**環境** (*surroundings*) である．この環境から系に加えられる増加熱量を δq とする．また，δw を環境により系になされた仕事とする．(δq および δw は第7章でもっと詳しく論議される．) 熱と仕事，両者ともエネルギーの形であり，系に加えられたとき，系の内部エネルギーの量を変化させる．この内部エネルギーの変化を de とする．エネルギーは保存されるという物理学原理から，この系に関して

$$\delta q + \delta w = de \tag{2.85}$$

を得る．式 (2.85) は熱力学第一法則を示す．

この第一法則を図 2.19 に示される固定された検査体積を通過して流れる流体に適用する．

B_1 = 環境から検査体積内部の流体に加えられる熱の時間変化率

B_2 = 検査体積内部の流体に行われる仕事率

B_3 = 流体が検査体積を通過して流れるときの流体のもつエネルギーの時間変化率

とする．第一法則から，

$$B_1 + B_2 = B_3 \tag{2.86}$$

式 (2.86) の各項はエネルギー変化の**時間変化率**に関係していることに注意すべきである．すなわち，厳密にいうと，式 (2.86) は仕事率の式である．しかしながら，それはエネルギー保存という基本原理を表しているので，この方程式を慣例的に"エネルギー方程式"と呼ぶ．ここではその慣例に従う．

最初に，流体へ，または流体から伝達される熱の時間変化率を考える．それは，系の外側にある熱放射の吸収，あるいは，検査体積内の温度が十分高ければ，流体それ自身による局所の熱放射などによる検査体積内の流体の容積加熱として考えることができる．加えて，ジェットエンジンにおける燃料–空気燃焼のような，検査体積内で生じる化学燃焼プロセスが存在していても良い．この単位質量あたりの付加容積熱変化率を $\dot{q}$ とする．$\dot{q}$ の代表的な単位は J/s·kg または ft·lb/s·slug である．図 2.19 を調べると，要素体積内に含まれる質量は $\rho\, d\mathcal{V}$ である．ゆえに，この質量に加わる熱の時間変化率は $\dot{q}(\rho\, d\mathcal{V})$ である．検査体積全体にわたり加え合わせると，次式となる．

$$容積加熱の時間変化率 = \iiint_{\mathcal{V}} \dot{q}\, \rho\, d\mathcal{V} \tag{2.87}$$

加えて，もし流れが粘性流れであれば，熱伝導や検査面を越える質量拡散により熱が検査体積内へ伝達される．p. 146 この段階では粘性による付加熱項に関する詳しい導出は行わない．すなわち，それらは第15章で詳しく論議されるからである．むしろここでは粘性効果による検査体

第 2 章　空気力学：基本原理および方程式

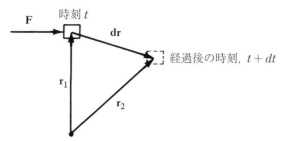

図 2.25 運動する物体に作用する力 F による仕事率

積への付加熱時間変化率を単純に $\dot{Q}_{viscous}$ と書くことにする．したがって，式 (2.86) において，全付加熱時間変化率は式 (2.87) プラス $\dot{Q}_{viscous}$ で与えられる．

$$B_1 = \iiint_{\mathcal{V}} \dot{q}\rho\, d\mathcal{V} + \dot{Q}_{viscous} \tag{2.88}$$

検査体積内の流体に対して行われる仕事率を考える前に，図 2.25 に描かれているように，力 F が作用し，運動している固体というより簡単な場合を考えてみる．物体の位置は固定された原点から半径ベクトル r で測られる．時間間隔 dt で，位置 r_1 から r_2 へ移動すると，その物体は dr だけ変位する．定義により，時間 dt で物体になされる仕事は $F \cdot dr$ である．したがって，行われる仕事の時間変化率は，単純に $F \cdot dr/dt$ である．しかしながら，$dr/dt = V$，すなわち運動する物体の速度である．ゆえに，

$$\text{運動する物体になされる仕事率} = F \cdot V$$

と述べることができる．言葉で表せば，運動する物体になされる仕事率はその物体の速度と，その速度方向の力成分の積に等しいということである．

この結果は次のように，B_2 の式に導く．図 2.19 の検査面の要素面積 dS を考える．この要素面積に働く圧力による力は $-p dS$ である．上に示した結果から，速度 V で dS を通過する流体に行われる仕事率は $(-p dS) \cdot V$ である．したがって，検査面上全体を加え合わせると

$$\begin{array}{c} S \text{ に働く圧力により } \mathcal{V} \text{ 内の} \\ \text{流体になされる仕事率} \end{array} = -\oiint_{S}(p\, dS) \cdot V \tag{2.89}$$

を得る．さらに，図 2.19 に示されるように，検査体積内にある要素体積 $d\mathcal{V}$ を考える．f が単位質量あたりの体積力であることを思い出すと，この体積力による要素体積になされる仕事率は $(\rho f\, d\mathcal{V}) \cdot V$ である．$^{p.\,147}$ 検査体積全体で加え合わせると，

$$\begin{array}{c} \text{体積力による } \mathcal{V} \text{ 内の} \\ \text{流体になされる仕事率} \end{array} = \iiint_{\mathcal{V}}(\rho\, f d\mathcal{V}) \cdot V \tag{2.90}$$

を得る．もし流れが粘性であると，検査面上のせん断応力もまた流れが検査面を通過するとき流体に仕事をする．再度，この項の詳しい導出は第 15 章まで延期する．これによる仕事率を簡

単に，$\dot{W}_{viscous}$ で表すことにする．すると，検査体積内の流体になされる全仕事率は式 (2.89) と式 (2.90) および $\dot{W}_{viscous}$ の和である．すなわち，

$$B_2 = -\iint_S p\mathbf{V}\cdot d\mathbf{S} + \iiint_\mathcal{V} \rho(\mathbf{f}\cdot\mathbf{V})d\mathcal{V} + \dot{W}_{viscous} \tag{2.91}$$

検査体積内のエネルギーを考えるためには式 (2.85) に述べられているように，熱エネルギー第一法則において，内部エネルギー e は系内部の原子や分子の不規則な運動によるものであることを思い出すべきである．式 (2.85) は静止系に関して書かれている．しかしながら，図 2.19 の検査体積内部の流体は静止してはいない．すなわち，それは局所速度 $\mathbf{V}$ で運動しており，単位質量あたり $V^2/2$ の運動エネルギーを持っている．したがって，運動している流体の単位質量あたりのエネルギーは内部エネルギーと運動エネルギーの和，$e + V^2/2$ である．この和は単位質量あたりの**総エネルギー**と呼ばれる．

今や，流体が検査体積を通過するとき流体の総エネルギー変化率である B_3 の式を求める準備ができている．質量はある量の総エネルギーを運びながら，図 2.19 の検査体積に流れ込むこと，また同時に，質量は，それと共に一般的には異なった量の総エネルギーを持ちながら検査体積から流出することに注意すべきである．dS を通過する要素質量流量は $\rho\mathbf{V}\cdot d\mathbf{S}$ であり，したがって，dS を通過する要素流れの総エネルギーは $(\rho\mathbf{V}\cdot d\mathbf{S})(e + V^2/2)$ である．全検査面に渡って加え合わせると

$$\text{検査面を通過する流れの正味の総エネルギー変化率} = \iint_S (\rho\mathbf{V}\cdot d\mathbf{S})\left(e + \frac{V^2}{2}\right) \tag{2.92}$$

となる．さらに，もし流れが非定常であると，流れ場の変数の過渡的変動により検査体積内に総エネルギーの時間変化率が存在することになる．要素体積 $d\mathcal{V}$ に含まれる総エネルギーは $\rho(e + V^2/2)d\mathcal{V}$ であるので，任意の時刻において，全検査体積内にある全エネルギーは，

$$\iiint_\mathcal{V} \rho\left(e + \frac{V^2}{2}\right)d\mathcal{V}$$

である．したがって，

$$\text{流れの場変数の過渡的変動による}\;\mathcal{V}\;\text{内の総エネルギーの時間変化率} = \frac{\partial}{\partial t}\iiint_\mathcal{V} \rho\left(e + \frac{V^2}{2}\right)d\mathcal{V} \tag{2.93}$$

p.148 その結果，B_3 は式 (2.92) と式 (2.93) の和である．すなわち，

$$B_3 = \frac{\partial}{\partial t}\iiint_\mathcal{V} \rho\left(e + \frac{V^2}{2}\right)d\mathcal{V} + \iint_S (\rho\mathbf{V}\cdot d\mathbf{S})\left(e + \frac{V^2}{2}\right) \tag{2.94}$$

本節の初めに述べた物理学原理を繰り返して述べると，流体が検査体積を通過して流れるときに，流体に加えられる熱の時間変化率＋流体に対して行われる仕事率は流体のもつ全エネルギーの時間変化率に等しい (すなわち，**エネルギーは保存される**)．次に，これらの言葉は式 (2.86),

第 2 章　空気力学：基本原理および方程式

式 (2.88)，式 (2.91) および式 (2.94) を組み合わせることにより次の式に直接翻訳される．すなわち，

$$\iiint_\mathcal{V} \dot{q}\rho \, d\mathcal{V} + \dot{Q}_{\text{viscous}} - \oiint_S p\mathbf{V} \cdot d\mathbf{S} + \iiint_\mathcal{V} \rho(\mathbf{f} \cdot \mathbf{V}) \, d\mathcal{V} + \dot{W}_{\text{viscous}}$$
$$= \frac{\partial}{\partial t} \iiint_\mathcal{V} \rho\left(e + \frac{V^2}{2}\right) d\mathcal{V} + \oiint_S \rho\left(e + \frac{V^2}{2}\right)\mathbf{V} \cdot d\mathbf{S} \quad (2.95)$$

式 (2.95) は積分形のエネルギー方程式である．すなわち，それは本質的に，流体の流れに適用された熱力学第一法則である．

完全さを求める点からすると，検査体積の内側に設置された動力機械 (ジェットエンジンの圧縮機など) を駆動している駆動軸が図 2.19 の検査面を貫いているとすると，この駆動軸による仕事率，$\dot{W}_{\text{shaft}}$ を式 (2.95) の左辺に加えなければならないことに注意すべきである．また，位置エネルギーが式 (2.95) に陽的に現れていないことにも注意すべきである．重力による力が $\mathbf{f}$ に含まれるときには位置エネルギーの変化は体積力の項に含まれる．本書で考える空気力学問題に関しては，駆動軸による仕事は取り扱われないし，位置エネルギーの変化は常に無視できるのである．

第 2.4 および 第 2.5 節で確立した方法にしたがって，総エネルギーに関する偏微分方程式を式 (2.95) で与えられる積分形から求めることができる．式 (2.95) の面積積分に発散定理を適用し，すべての項を同じ体積積分にまとめ，その被積分関数をゼロと置けば，

$$\frac{\partial}{\partial t}\left[\rho\left(e + \frac{V^2}{2}\right)\right] + \nabla \cdot \left[\rho\left(e + \frac{V^2}{2}\right)\mathbf{V}\right] = \rho\dot{q} - \nabla \cdot (p\mathbf{V}) + \rho(\mathbf{f} \cdot \mathbf{V})$$
$$+ \dot{Q}'_{\text{viscous}} + \dot{W}'_{\text{viscous}} \quad (2.96)$$

を得る．ここに，$\dot{Q}'_{\text{viscous}}$ および $\dot{W}'_{\text{viscous}}$ は第 15 章で求められる粘性項を表している．式 (2.96) は空間のある与えられた点における流れの場変数を関係づける偏微分方程式である．

もし，流れが定常 ($\partial/\partial t = 0$)，非粘性 ($\dot{Q}'_{\text{viscous}} = 0$ および $\dot{W}'_{\text{viscous}} = 0$)，断熱的 (加熱なし，$\dot{q} = 0$)，体積力なし ($\mathbf{f} = 0$) であれば，式 (2.95) および式 (2.96) は

$$\oiint_S \rho\left(e + \frac{V^2}{2}\right)\mathbf{V} \cdot d\mathbf{S} = -\oiint_S p\mathbf{V} \cdot d\mathbf{S} \quad (2.97)$$

p. 149 および

$$\nabla \cdot \left[\rho\left(e + \frac{V^2}{2}\right)\mathbf{V}\right] = -\nabla \cdot (p\mathbf{V}) \quad (2.98)$$

となる. 式 (2.97) および式 (2.98) は第 7 章の初めのところで詳しく論議され, また適用される.

エネルギー方程式に関連し, もう 1 つの未知の流れ場変数 e を持ち込んだ. 今や, 我々は 4 個の従属変数, ρ, p, $\mathbf{V}$ および e を含む 3 つの方程式, 連続, 運動量およびエネルギー方程式を手に入れた. 第 4 の方程式が e に関する熱力学的状態量の関係式から求められる (第 7 章を参照せよ). もし, 気体が熱量的に完全であれば, そのとき,

$$e = c_v T \tag{2.99}$$

そこに, c_v は定積比熱である. 式 (2.99) はまたもう 1 つの従属変数として温度を導入する. しかし, この系は以下の完全気体の状態方程式を用いることで確定する.

$$p = \rho R T \tag{2.100}$$

ここに, R は気体定数である. したがって, 式 (2.99) および式 (2.100) とともに連続, 運動量およびエネルギー方程式は 5 個の未知数, ρ, p, $\mathbf{V}$, e および T に関する 5 個の独立した方程式である. 完全気体についてと関連した方程式は第 7 章で詳しく検討する. すなわち, 本節において, 式 (2.99) および式 (2.100) は流体流れの基本方程式の導出を完結させるためだけの目的で示されている.

2.8 中間まとめ

この段階で立ち止まり, 展開して来たいろいろな方程式について考えてみよう. ここまで読者にとってすべてが同じに見えるこれらの方程式が単なる数学記号のよせ集めと見てしまう罠に陥らないようにしなければならない. まったく正反対に, これらの方程式はメッセージを語っている. すなわち, 式 (2.48), 式 (2.52), 式 (2.53) および式 (2.54) はすべて, 質量は保存されると言っている. 式 (2.64), 式 (2.70a, 70b, 70c), 式 (2.71) および式 (2.72a, 72b, 72c) は流体の流れに適用された Newton の運動第二法則である. 式 (2.95) から式 (2.98) はエネルギーは保存されると語っている. これらの方程式の背後にある物理学原理を理解できることは非常に重要である. ある方程式を見たとき, 数学記号の集合と見るのをやめ, そのかわりその方程式が表している物理的現象を読む能力を養うよう務めるべきである.

上で示した方程式は空気力学すべての基礎方程式である. それらを見返す時間を取るべきである. それらを導いた過程に精通すべきであり, それらの最終の形式に慣れるようにすべきである. このようにすれば, 読者はこれから取り上げる空気力学的応用をより容易に理解できることがわるであろう.

また, 図 2.3 に示すロードマップ上の現在位置に注意すべきである. 我々は, そのマップの左側の項目をちょうど終えた, すなわち, 流体流れの基本的な物理的現象を含んだ流れの基礎方程式を得たのである. 今からロードマップの p. 150 右側の項目へ進む. これは, 流れの基礎方程式を適用する際, 助けとなる有用な概念を集めたものである.

2.9 実質微分

図 2.26 に示されるように, ある流れの場を移動する小さな流体要素を考える. この図は基本的に図 2.16 の拡張である. その図では, ある特定の流れの場を移動する流体要素という概念を

導入した．速度場は $\mathbf{V} = u\mathbf{i} + v\mathbf{j} + w\mathbf{k}$ で与えられる．ここに，

$$u = u(x, y, z, t)$$
$$v = v(x, y, z, t)$$
$$w = w(x, y, z, t)$$

さらに，密度場は

$$\rho = \rho(x, y, z, t)$$

で与えられる．時刻 t_1 に流体要素が流れの点1 (図2.26参照) にあり，そして，その密度は

$$\rho_1 = \rho(x_1, y_1, z_1, t_1)$$

である．時刻 t_2 においてその同じ流体要素が流れの場の他の点，例えば図2.26の点2に移動した．この新しい時刻と位置で流体要素の密度は

$$\rho_2 = \rho(x_2, y_2, z_2, t_2)$$

である．p.151 $\rho = \rho(x, y, z, t)$ であるので，この関数を次のように点1のまわりでTaylor展開することができる．すなわち，

$$\rho_2 = \rho_1 + \left(\frac{\partial \rho}{\partial x}\right)_1 (x_2 - x_1) + \left(\frac{\partial \rho}{\partial y}\right)_1 (y_2 - y_1) + \left(\frac{\partial \rho}{\partial z}\right)_1 (z_2 - z_1)$$
$$+ \left(\frac{\partial \rho}{\partial t}\right)_1 (t_2 - t_1) + \text{高次の微小項}$$

$(t_2 - t_1)$ で辺々を割り，高次の微小項を無視すると，

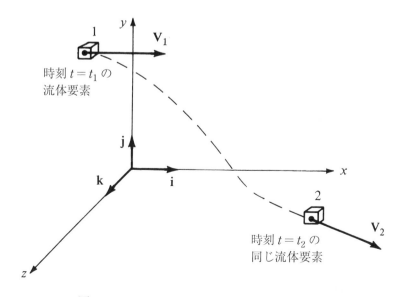

図2.26 流れの場を移動する流体要素-実質微分の説明図

$$\frac{\rho_2 - \rho_1}{t_2 - t_1} = \left(\frac{\partial \rho}{\partial x}\right)_1 \frac{x_2 - x_1}{t_2 - t_1} + \left(\frac{\partial \rho}{\partial y}\right)_1 \frac{y_2 - y_1}{t_2 - t_1}$$
$$+ \left(\frac{\partial \rho}{\partial z}\right)_1 \frac{z_2 - z_1}{t_2 - t_1} + \left(\frac{\partial \rho}{\partial t}\right)_1 \tag{2.101}$$

を得る．式 (2.101) の左辺の物理的意味を考えてみよう．流体要素が点 1 から点 2 へ移動するとき，項 $(\rho_2 - \rho_1)/(t_2 - t_1)$ は，この要素内の密度の**平均時間変化率**である．t_2 が t_1 に近づく極限において，この項は

$$\lim_{t_2 \to t_1} \frac{\rho_2 - \rho_1}{t_2 - t_1} = \frac{D\rho}{Dt}$$

となる．ここで，$D\rho/Dt$ は流体要素が点 1 を通過して移動するとき，それの密度の**瞬間的時間変化率**を表す記号である．定義により，この記号は**実質微分** D/Dt と呼ばれる．$D\rho/Dt$ は**与えられた流体要素**が空間を移動するとき，その密度の時間変化率であることに注意すべきである．ここで，流体要素が移動しているとき，我々はこの流体要素に注目し，それが点 1 を通過するときに，その流体要素の密度変化を観察している．これは $(\partial\rho/\partial t)_1$ とは異なり，これは物理的には固定点 1 における密度の時間変化率である．$(\partial\rho/\partial t)_1$ の場合は，目を静止点 1 に固定し，流れの場の過渡的な変動による密度変化を観察することなのである．したがって，$D\rho/Dt$ と $\partial\rho/\partial t$ は物理的にも，また，数値的にも異なっているのである．

式 (2.101) に戻ると，

$$\lim_{t_2 \to t_1} \frac{x_2 - x_1}{t_2 - t_1} \equiv u$$
$$\lim_{t_2 \to t_1} \frac{y_2 - y_1}{t_2 - t_1} \equiv v$$
$$\lim_{t_2 \to t_1} \frac{z_2 - z_1}{t_2 - t_1} \equiv w$$

であることに注意すべきである．したがって，$t_2 \to t_1$ として，式 (2.101) の極限値を取ると

$$\frac{D\rho}{Dt} = u\frac{\partial \rho}{\partial x} + v\frac{\partial \rho}{\partial y} + w\frac{\partial \rho}{\partial z} + \frac{\partial \rho}{\partial t} \tag{2.102}$$

を得る．p. 152 式 (2.102) を詳しく調べる．そうすると，デカルト座標系における実質微分の式を得る．すなわち，

$$\frac{D}{Dt} \equiv \frac{\partial}{\partial t} + u\frac{\partial}{\partial x} + v\frac{\partial}{\partial y} + w\frac{\partial}{\partial z} \tag{2.103}$$

さらに，デカルト座標系において，ベクトル演算子 ∇ は次のように定義される．

$$\nabla \equiv \mathbf{i}\frac{\partial}{\partial x} + \mathbf{j}\frac{\partial}{\partial y} + \mathbf{k}\frac{\partial}{\partial z}$$

したがって，式 (2.103) は次のように書くことができる．

$$\boxed{\frac{D}{Dt} \equiv \frac{\partial}{\partial t} + (\mathbf{V} \cdot \nabla)} \tag{2.104}$$

第 2 章　空気力学：基本原理および方程式

式 (2.104) はベクトルで表した実質微分の定義である．すなわち，それは任意の座標系で有効である．

式 (2.104) に焦点を合わせると，もう一度 D/Dt が実質微分であることを強調しておく．そして，それは物理的に，移動する流体要素を追いかけたときの時間変化率である．すなわち，$\partial/\partial t$ は**局所微分**と呼ばれ，それは物理的に，1 つの固定点における変化の時間変化率である．$\mathbf{V}\cdot\nabla$ は**対流微分**とよばれ，それは物理的に，流れの変数が空間的に異なる流れの場において流体要素がある位置から別の位置に移動することによる変化の時間変化率である．実質微分はいかなる流れの場の変数にも適用される（例えば，Dp/Dt, DT/Dt, Du/Dt）．例として，

$$\frac{DT}{Dt} \equiv \underbrace{\frac{\partial T}{\partial t}}_{\text{局所微分}} + \underbrace{(\mathbf{V}\cdot\nabla)T}_{\text{対流微分}} \equiv \frac{\partial T}{\partial t} + u\frac{\partial T}{\partial x} + v\frac{\partial T}{\partial y} + w\frac{\partial T}{\partial z} \tag{2.105}$$

再び，式 (2.105) は，物理的に次のことを述べている．すなわち，流体要素の温度は流れの場のある点を通過する時，変化している．なぜなら，流れの場の温度はそれ自身時間により変化しても良い (局所微分) のと，流体要素が単に，流れの場の温度が異なる場所へ流れて行く (対流微分) からである．

実質微分の物理的意味を補強するのに助けとなる 1 つの例を考えてみる．読者が山でハイキングをして，今，まさに洞窟に入ろうとしていると想像する．洞窟の温度は外より涼しい．したがって，洞窟の入口を通過し歩いて行くと温度が下がるのを感じる．すなわち，これが式 (2.105) の対流微分に類似しているのである．しかし，同時に，読者の友人が雪玉を投げつけ，洞窟の入口を通る瞬間にそれが当たったとする．読者は雪玉が当たったとき，いっそうの，しかし瞬間的な温度の低下を感じるであろう．すなわち，これが式 (2.105) の局所微分に類似しているのである．したがって，読者が洞窟の入口から歩いて入るときに感じる正味の温度低下は温度が涼しい洞窟内部へ移動するという行動と，同時に雪玉に当たったことの 2 つの組み合わせである．すなわち，この正味の温度低下が式 (2.105) の実質微分に類似しているのである．

[例題 2.3]

p. 153 例題 2.1 で取り上げた波状壁を過ぎる亜音速圧縮性流れに戻る．その例題において，点 $(x/\ell, y/\ell) = (\frac{1}{4}, 1)$ で単位質量あたりの流体体積の時間変化率が $-0.7327\,\mathrm{s}^{-1}$ であると計算した．すなわち，流体要素がその点を通過する瞬間に，その体積は実質瞬間変化率である一秒あたり 73 % の**減少率**を被る．さらに，例題 2.1 において，体積が減少するので，したがって，密度が増加するのであるから，圧縮領域にいることにならなければならないことを注意した．これは流体要素が点 $(\frac{1}{4}, 1)$ を通過するとき，速度を落としていることを，すなわち，それが**減速**を被っていることを意味している．この点における減速度の値を計算せよ．

[解答]

加速度 (あるいは減速度) は物理的に速度の時間変化率である．運動する流体要素の速度の時間変化率は，実質微分の物理的意味から，速度の実質微分である．デカルト座標系で考える．例題 2.1 で考えられた 2 次元流れに関して，加速度の x, y 方向成分は，それぞれ a_x および a_y で示される．ここに，

$$a_x = \frac{Du}{Dt} = u\frac{\partial u}{\partial x} + v\frac{\partial u}{\partial y} \tag{E2.1}$$

および
$$a_y = \frac{Dv}{Dt} = u\frac{\partial v}{\partial x} + v\frac{\partial v}{\partial y} \tag{E2.2}$$

u および v の式は例題 2.1 に次式のように与えられている．
$$u = V_\infty\left[1 + \frac{h}{\beta}\frac{2\pi}{\ell}\left(\cos\frac{2\pi x}{\ell}\right)e^{-2\pi\beta y/\ell}\right] \tag{2.35}$$

および
$$v = -V_\infty h\frac{2\pi}{\ell}\left(\sin\frac{2\pi x}{\ell}\right)e^{-2\pi\beta y/\ell} \tag{2.36}$$

ここに，
$$\beta = \sqrt{1 - M_\infty^2}$$

式 (2.35) から，
$$\frac{\partial u}{\partial x} = -\frac{V_\infty h}{\beta}\left(\frac{2\pi}{\ell}\right)^2\left(\sin\frac{2\pi x}{\ell}\right)e^{-2\pi\beta y/\ell} \tag{E2.3}$$

および
$$\frac{\partial u}{\partial y} = -V_\infty h\left(\frac{2\pi}{\ell}\right)^2\left(\cos\frac{2\pi x}{\ell}\right)e^{-2\pi\beta y/\ell} \tag{E2.4}$$

^{p. 154} 式 (2.36) より，
$$\frac{\partial v}{\partial x} = -V_\infty h\left(\frac{2\pi}{\ell}\right)^2\left(\cos\frac{2\pi x}{\ell}\right)e^{-2\pi\beta y/\ell} \tag{E2.5}$$

および
$$\frac{\partial v}{\partial y} = V_\infty h\beta\left(\frac{2\pi}{\ell}\right)^2\left(\sin\frac{2\pi x}{\ell}\right)e^{-2\pi\beta y/\ell} \tag{E2.6}$$

例題 2.1 における波状壁に関して，その波長は $\ell = 1$ m であり，振幅は $h = 0.01$ m である（図 2.17 を参照）．また，例題 2.1 に，$V_\infty = 240$ m/s，そして $M_\infty = 0.7$ が与えられている．これらの条件と流体要素が $(x, y) = (\frac{1}{4}, 1)$ を通過するときの計算をしていることを思いだして，

$$\frac{2\pi}{\ell} = \frac{2\pi}{1.0} = 6.283$$

$$\beta = \sqrt{1 - M_\infty^2} = \sqrt{1 - (0.7)^2} = 0.714$$

$$\frac{2\pi\beta y}{\ell} = 6.283\,(0.714)\,(1.0) = 4.486$$

$$e^{-2\pi\beta y/\ell} = e^{-4.486} = 0.01126$$

第 2 章　空気力学：基本原理および方程式

$$\sin \frac{2\pi x}{\ell} = \sin \frac{2\pi}{4} = \sin \frac{\pi}{2} = 1$$

$$\cos \frac{2\pi x}{\ell} = \cos \frac{\pi}{2} = 0$$

式 (2.35) より，

$$u = V_\infty \left[1 + \frac{h}{\beta} \frac{2\pi}{\ell} \left(\cos \frac{2\pi x}{\ell} \right) e^{-2\pi \beta y/\ell} \right]$$

$$u = V_\infty = 240 \text{ m/s}$$

式 (2.36) より，

$$v = -V_\infty h \frac{2\pi}{\ell} \left(\sin \frac{2\pi x}{\ell} \right) e^{-2\pi \beta y/\ell}$$

$$v = -(240)\,(0.01)\,(6.283)\,(1)\,(0.01126)$$

$$v = -0.1698 \text{ m/s}$$

式 (E2.3) から，

$$\frac{\partial u}{\partial x} = -\frac{V_\infty h}{\beta} \left(\frac{2\pi}{\ell} \right)^2 \left(\sin \frac{2\pi x}{\ell} \right) e^{-2\pi \beta y/\ell}$$

$$\frac{\partial u}{\partial x} = -\frac{(240)\,(0.01)}{0.714} (6.283)^2\,(1)\,(0.01126)$$

$$\frac{\partial u}{\partial x} = -1.494 \text{ s}^{-1}$$

式 (E2.4) から，

$$\frac{\partial u}{\partial y} = -V_\infty h \left(\frac{2\pi}{\ell} \right)^2 \left(\cos \frac{2\pi x}{\ell} \right) e^{-2\pi \beta y/\ell}$$

$$\frac{\partial u}{\partial y} = 0$$

式 (E2.5) から，

$$\frac{\partial v}{\partial x} = -V_\infty h \left(\frac{2\pi}{\ell} \right)^2 \left(\cos \frac{2\pi x}{\ell} \right) e^{-2\pi \beta y/\ell}$$

$$\frac{\partial v}{\partial x} = 0$$

式 (E2.6) から，

$$\frac{\partial v}{\partial y} = V_\infty h\beta \left(\frac{2\pi}{\ell}\right)^2 \left(\sin\frac{2\pi x}{\ell}\right) e^{-2\pi\beta y/\ell}$$

$$\frac{\partial v}{\partial y} = (240)(0.01)(0.714)(6.283)^2(1)(0.01126)$$

$$\frac{\partial v}{\partial y} = 0.7617 \text{ s}^{-1}$$

上の数値を式 (E2.1) に代入すると,

$$a_x = u\frac{\partial u}{\partial x} + v\frac{\partial u}{\partial y} = (240)(-1.494) - (0.1698)(0)$$

$$a_x = -358.56 \text{ m/s}^2$$

式 (E2.2) から,

$$a_y = u\frac{\partial v}{\partial x} + v\frac{\partial v}{\partial y}$$

$$a_y = (240)(0) - (0.1698)(0.7617) = -0.129 \text{ m/s}^2$$

加速度の絶対値は

$$|a| = \sqrt{a_x^2 + a_y^2} = \sqrt{(-358.56)^2 + (-0.129)^2}$$

$$|a| = 358.6 \text{ m/s}^2$$

p. 156 しかしながら,a_x および a_y がともに負であること,したがって,この加速度は**負である**ことに,すなわち,この流体要素は点 $(\frac{1}{4}, 1)$ を通過するとき,

$$\boxed{減速度 = 358.6 \text{ m/s}^2}$$

の値で減速していることに注意すべきである.また,減速度は,y 方向のそれが非常に小さく,x 方向がはるかに大きいということに注意すべきである.

　地球上で海面における重力加速度は 9.8 m/s^2 である.本例題における流体要素は,重力加速度の 36.6 倍である絶対値をもつ減速度を受けていることに,すなわち,この流体要素が点 $(\frac{1}{4}, 1)$ を通過するとき,36.6 g という大きな減速度を受けることに気づくべきである.これは全体的に,この流体要素が一秒間に 73 パーセントという非常に急速な体積変化を同時に受けるという例題 2.1 からの結果と調和している.(人間に関連づけると,人類はわずか 10 g までの加速度または減速度に耐えられるだけであり,それに対しても命にかかわる身体的損傷を受けないのはわずかな数秒だけである.) 図 2.17 に示され,本例題と例題 2.1 で取り扱われた流れの場は比較的良性である.すなわち,実際のところ,それは一様流からの小さな変動のみを含む流れである.亜音速の微小じょう乱流れは第 11 章で取り扱われる.それでも,本例題から,ある与え

られた流体要素は，むしろ穏やかな流れの場を移動していても，激しく突き上げられるということを導き出せるのである．流体要素を突き上げる力は第 2.5 節で論議したように，流れの中の圧力勾配により供給されるのである．

2.10 実質微分を用いた基礎方程式

本節において，連続，運動量およびエネルギー方程式について実質微分を用いて書く．この過程において次のベクトル恒等式を用いる．すなわち，

$$\nabla \cdot (\rho \mathbf{V}) \equiv \rho \nabla \cdot \mathbf{V} + \mathbf{V} \cdot \nabla \rho \tag{2.106}$$

言葉で書くと，この恒等式は，スカラー掛けるベクトルの発散 は スカラー掛けるベクトルの発散とベクトル 掛けるスカラーの勾配の和に等しいことを述べている．

まず式 (2.52) の形式で与えられた連続の方程式を考える．

$$\frac{\partial \rho}{\partial t} + \nabla \cdot (\rho \mathbf{V}) = 0 \tag{2.52}$$

式 (2.106) で与えられたベクトル恒等式を用いると，式 (2.52) は

$$\frac{\partial \rho}{\partial t} + \mathbf{V} \cdot \nabla \rho + \rho \nabla \cdot \mathbf{V} = 0 \tag{2.107}$$

となる．^{p. 157} しかし，式 (2.107) の最初に示される 2 つの項の和は ρ の実質微分である [式 (2.104) を見よ]．ゆえに，式 (2.107) より，

$$\boxed{\frac{D\rho}{Dt} + \rho \nabla \cdot \mathbf{V} = 0} \tag{2.108}$$

式 (2.108) は実質微分を用いて書いた連続方程式である．

次に，式 (2.70a) の形式で与えられた運動量方程式の x 方向成分を考える．すなわち，

$$\frac{\partial (\rho u)}{\partial t} + \nabla \cdot (\rho u \mathbf{V}) = -\frac{\partial p}{\partial x} + \rho f_x + (\mathcal{F}_x)_{\text{viscous}} \tag{2.70a}$$

第 1 項は次のように展開できる．

$$\frac{\partial (\rho u)}{\partial t} = \rho \frac{\partial u}{\partial t} + u \frac{\partial \rho}{\partial t} \tag{2.109}$$

式 (2.70a) の第 2 項において，スカラー量を u，ベクトル量を $\rho \mathbf{V}$ として取り扱う．そうすると，この項は式 (2.106) のベクトル恒等式を用いて展開できる．すなわち，

$$\nabla \cdot (\rho u \mathbf{V}) \equiv \nabla \cdot [u (\rho \mathbf{V})] = u \nabla \cdot (\rho \mathbf{V}) + (\rho \mathbf{V}) \cdot \nabla u \tag{2.110}$$

式 (2.109) と式 (2.110) を式 (2.70a) に代入すると

$$\rho \frac{\partial u}{\partial t} + u \frac{\partial \rho}{\partial t} + u \nabla \cdot (\rho \mathbf{V}) + (\rho \mathbf{V}) \cdot \nabla u = -\frac{\partial p}{\partial x} + \rho f_x + (\mathcal{F}_x)_{\text{viscous}}$$

すなわち，

$$\rho \frac{\partial u}{\partial t} + u\left[\frac{\partial \rho}{\partial t} + \nabla \cdot (\rho \mathbf{V})\right] + (\rho \mathbf{V}) \cdot \nabla u = -\frac{\partial p}{\partial x} + \rho f_x + (\mathcal{F}_x)_{\text{viscous}} \tag{2.111}$$

を得る．かぎ括弧の中の2つの項を調べる．すなわち，それらはまさに連続方程式，式 (2.52) の左辺である．式 (2.52) の右辺はゼロであるから，かぎ括弧の中の和はゼロである．ゆえに，式 (2.111) は

$$\rho \frac{\partial u}{\partial t} + \rho \mathbf{V} \cdot \nabla u = -\frac{\partial p}{\partial x} + \rho f_x + (\mathcal{F}_x)_{\text{viscous}}$$

すなわち，

$$\rho \left(\frac{\partial u}{\partial t} + \mathbf{V} \cdot \nabla u\right) = -\frac{\partial p}{\partial x} + \rho f_x + (\mathcal{F}_x)_{\text{viscous}} \tag{2.112}$$

となる．式 (2.112) の括弧内の2つの項を調べると，それらの和は厳密に実質微分 Du/Dt である．したがって，式 (2.112) は

$$\boxed{\rho \frac{Du}{Dt} = -\frac{\partial p}{\partial x} + \rho f_x + (\mathcal{F}_x)_{\text{viscous}}} \tag{2.113a}$$

となる．p. 158 同様にして，式 (2.70b) および式 (2.70c) は

$$\boxed{\rho \frac{Dv}{Dt} = -\frac{\partial p}{\partial y} + \rho f_y + (\mathcal{F}_y)_{\text{viscous}}} \tag{2.113b}$$

$$\boxed{\rho \frac{Dw}{Dt} = -\frac{\partial p}{\partial z} + \rho f_z + (\mathcal{F}_z)_{\text{viscous}}} \tag{2.113c}$$

となる．式 (2.113a, 113b, 113c) は実質微分を用いて書いた**運動量方程式**の x, y および z 方向成分である．これらの方程式を式 (2.70a, 70b, 70c) と比較してみる．これら2組の方程式の右辺は変わらず，左辺のみが異なっていることに注意すべきである．

同じようにして，式 (2.96) で与えられたエネルギー式は実質微分を用いて書くことができる．導出は宿題として残しておく．その結果は，

$$\boxed{\rho \frac{D(e + V^2/2)}{Dt} = \rho \dot{q} - \nabla \cdot (p\mathbf{V}) + \rho (\mathbf{f} \cdot \mathbf{V}) + \dot{Q}'_{\text{viscous}} + \dot{W}'_{\text{viscous}}} \tag{2.114}$$

である．前と同じように，式 (2.96) と式 (2.114) の右辺は同じである．すなわち，左辺の形式のみ異なっているのである．

最近の空気力学において，式 (2.52)，式 (2.70a, 70b,70c) や式 (2.96) の形式を基礎方程式の**保存形**と呼ぶ習わしである (これらの方程式は左辺に発散項があるので，しばしば発散形とも言われる)．それとは反対に，式 (2.108)，式 (2.113a, 113b, 113c) や式 (2.114) は左辺に実質微分があるので**非保存形**と呼ばれる．両方の形式は等しく有効な基本原理を表すものである．そして，

ほとんどの場合，どちらを選んでも良い．非保存形がしばしば教科書や空気力学理論において見出される．しかしながら，ある空気力学的問題の数値解法に関して，しばしば保存形のほうがより精度の高い結果を導く．したがって，保存形と非保存形との区別は最近の数値流体力学の分野では重要となったのである．(より詳しいことに関しては文献7を参照せよ.)

2.11 流れの道すじと流線および色つき流線

密度，圧力，温度および速度場を知ることに加えて，空気力学では，"流れが流れて行くところ"の図を描きたい．これを実現するために，流れについての，流れの道すじ (pathlines) および，あるいは，流線 (streamlines) の図を作る．流れの道すじと流線との相違を本節で説明する．

$\mathbf{V} = \mathbf{V}(x, y, z, t)$ で与えられる速度場をもつ非定常流を考える．また，流れの場を移動する微小流体要素，たとえば，図 2.27a に示されるように，要素 A を考える．要素 A は点 1 を通過する．要素 A が点 1 から下流に移動するとき，その経路を追いかける．それは図 2.27a に破線で与えられている．そのような経路は要素 A の**流れの道すじ**と定義される．さて，他の流体要素，たとえば，図 2.27b に示されるように，要素 B の経路を追うことにする．要素 B も点 1 を，要素 A と少し異なった時刻に通過すると仮定する．要素 B の道すじは図 2.27b の破線で与えられる．流れが非定常であるので，点 1 (また，流れの全ての点) での速度は時間により変化する．したがって，要素 A と要素 B の道すじは図 2.27a および b にあるような異なった曲線である．一般的に，**非定常流では同じ点を通過する異なった流体要素の道すじは同じではない．**

第1.4節で，流線の概念が幾分発見的なかたちで与えられた．ここではもっと厳密になろう．定義により，**流線**は，任意の点での接線がその点における速度ベクトルの方向である曲線である．流線は図 2.28 に描かれている．流線はそれに沿った全ての点での接線がこれらの点での速度ベクトルと同じ方向であるように引かれている．もし流れが非定常ならば，流線のパターンは異なった時刻では異なる．なぜなら，速度ベクトルは大きさおよび方向とも時間により変動するからである．

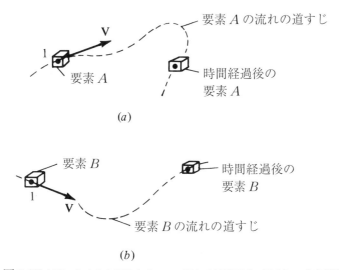

図 2.27 空間のある点を通過する 2 つの異なる流体要素の道すじ：非定常流

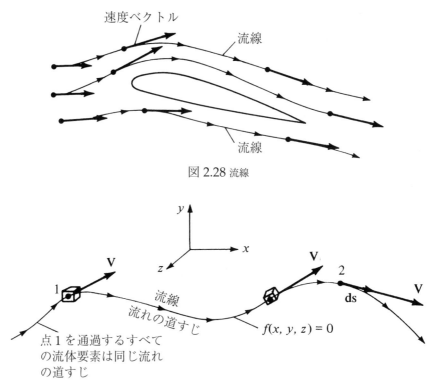

図 2.28 流線

図 2.29 定常流れでは，流線と流れの道すじは同一である．

　一般的に，流線は流れの道すじとは異なる．流れの道すじは与えられた流体要素の長時間露光写真で可視化できるが，流線のパターンは流れの動画における1コマのようなものである．非定常流れにおいて，流線パターンは変化する．それゆえ，その動画の"1コマ1コマ"が異なるのである．

　しかし，(本書におけるほとんどの問題に適用される) 定常流れに関しては，すべての点において速度ベクトルの大きさおよび方向は固定される，すなわち，時間に関して不変である．したがって，同一点を通過する異なった流体要素の流れの道すじは同じである．さらに，流れの道すじと流線は一致する．したがって，定常流において，流れの道すじと流線の間にいかなる相違もない．p. 160 すなわち，それらは空間で同じ曲線である．この事実は図 2.29 に強調されている．それは点1を通過する固定された，時間に対して不変の流線 (流れの道すじ) を示している．図 2.29 において，点1を通過する与えられた流体要素は1つの流れの道すじをたどる．それより遅い時刻に点1を通過する他のすべての流体要素は同一の流れの道すじをたどる．速度ベクトルは，すべての時刻でいつも流れの道すじ上におけるすべての点でこれに接しているので，流れの道すじもまた流線である．本書ではこれ以降，主に，流れの道すじより流線の概念を取り扱う．しかしながら，上で述べたこの相違を覚えておくべきである．

　疑問：もし，流れの速度場が与えられるなら，流線の数学的方程式をどのようにすれば得られるであろうか．明らかに，図 2.29 に描かれた流線は空間にある曲線であり，それゆえ，それば式 $f(x, y, z) = 0$ により表すことができる．どのようにしてこの関数を得られるであろうか．この問いに答えるために，**ds** を図 2.29 の点2に示されるような，流線の線素ベクトルとする．

第 2 章　空気力学：基本原理および方程式

点 2 における速度は **V** であり，また，流線の定義により，**V** は **ds** に平行である．したがって，ベクトル積の定義より [式 (2.4) を見よ]，

$$\boxed{\mathbf{ds} \times \mathbf{V} = 0} \tag{2.115}$$

式 (2.115) は流線に関する式である．これをもっとわかり易い形式にするために，式 (2.115) をデカルト座標系で展開する．すなわち，

$$\mathbf{ds} = dx\mathbf{i} + dy\mathbf{j} + dz\mathbf{k}$$

$$\mathbf{V} = u\mathbf{i} + v\mathbf{j} + w\mathbf{k}$$

$$\mathbf{ds} \times \mathbf{V} = \begin{vmatrix} \mathbf{i} & \mathbf{j} & \mathbf{k} \\ dx & dy & dz \\ u & v & w \end{vmatrix}$$

$$= \mathbf{i}(w\,dy - v\,dz) + \mathbf{j}(u\,dz - w\,dx) + \mathbf{k}(v\,dx - u\,dy) = 0 \tag{2.116}$$

式 (2.116) で与えられるベクトルはゼロであるので，それの各成分がゼロでなければならない．

$$\boxed{\begin{aligned} w\,dy - v\,dz &= 0 \\ u\,dz - w\,dx &= 0 \\ v\,dx - u\,dy &= 0 \end{aligned}} \quad \begin{aligned} &(2.117\text{a}) \\ &(2.117\text{b}) \\ &(2.117\text{c}) \end{aligned}$$

式 (2.117a, b, c) は流線に関する微分方程式である．x, y および z の関数として u, v および w がわかっているので，式 (2.117a, b, c) は流線の方程式，$f(x, y, z) = 0$ を得るために積分できる．

式 (2.117a, b, c) の物理的意味を補強するために，図 2.30a に描かれたように，2 次元の流線を考える．この流線の方程式は $y = f(x)$ である．したがって，流線上の点 1 において，その傾きは dy/dx である．しかしながら，x および y 方向成分がそれぞれ u, v である **V** は点 1 で流線と接している．したがって，流線の傾きはまた，図 2.30 に示されるように，v/u で与えられる．ゆえに，

$$\boxed{\frac{dy}{dx} = \frac{v}{u}} \tag{2.118}$$

式 (2.118) は 2 次元における流線の微分方程式である．式 (2.118) から，

$$v\,dx - u\,dy = 0$$

これは，厳密に式 (2.117c) である．したがって，式 (2.117a, b, c) および式 (2.118) は速度ベクトルが流線に接することを数学的に明瞭に述べているのである．

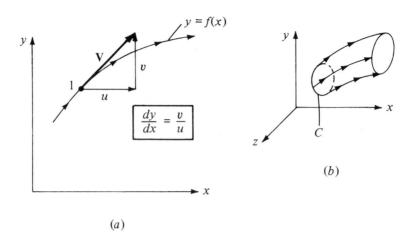

図 2.30 (a) 2 次元デカルト座標系における流線の方程式, (b) 3 次元空間における流管

流線に関連した概念は流管である．図 2.30b に示されるように，3 次元空間における任意の閉曲線 C を考える．この閉曲線 C 上のすべての点を通る流線を考える．これらの流線は図 2.30b に描かれているように，空間に管を形成する．すなわち，そのような管を**流管** (*streamtube*) と呼ぶ．例として，普通の庭園用ホースの管壁はホースを流れる水に関する流管を形成している．定常流に関して，連続の方程式の積分形 [式 (2.53)] を直接適用すると流管のすべての断面を通過する質量流量は一定であることが証明される．(読者自身でこれを証明すること.)

[例題 2.4]

$u = y/(x^2 + y^2)$，および $v = -x/(x^2 + y^2)$ で与えられる速度場を考える．点 (0,5) を通る流線の式を計算せよ．

[解答]

式 (2.118) から，$dy/dx = v/u = -x/y$ であるので，

$$ydy = -xdx$$

積分すると，

$$y^2 = -x^2 + c$$

を得る．ここに，c は積分定数である．

点 (0,5) を通過する流線は，

$$5^2 = 0 + c \quad \text{すなわち} \quad c = 25$$

を得る．ゆえに，この流線の方程式は，

$$x^2 + y^2 = 25$$

である．この流線は原点を中心とし，半径 5 の円であることに注意すべきである．

第2章 空気力学：基本原理および方程式

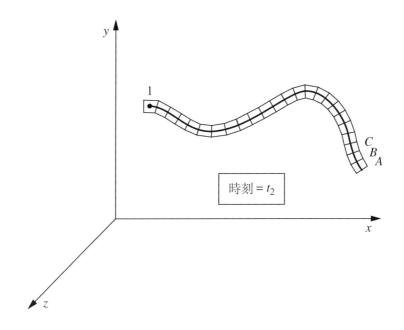

図 2.31 点 1 を通る色つき流線

　流線は流体の流れを視覚化する最も一般的な方法である．非定常流において，それは，また流れの場を移動するある与えられた流体要素の経路を追跡する，(すなわち，その流体要素の流れの道すじを描く) のに有用である．しかしながら，流線および流れの道すじの概念と別であるのは**色つき流線** *(streakline)* の概念である．図 2.31 の点 1 のような，流れの場における固定点を考える．与えられた時間間隔 $t_2 - t_1$ で，点 1 を通過したすべての，個々の流体要素を考える．図 2.31 に示されるこれらの流体要素は，鼻と尻尾がつながった象の列のように，お互いにつながっている．要素 A は時刻 t_1 のとき通過した流体要素である．p.163 要素 B は点 1 を，要素 A の直後に通過した次の流体要素である．要素 C は，要素 B の直後に点 1 を通過した流体要素であるなど．図 2.31 は時刻 t_2 での様子を示しており，時間間隔 $t_2 - t_1$ の間に点 1 を通過したすべての流体要素を示している．これらの流体要素すべてをつないだ線は，定義により，**色つき流線**である．色つき流線を，決められた点を通過した流体要素の軌跡として，より簡明に定義できる．色つき流線の概念をより視覚化する助けのため，点 1 で染料を連続的に流れの場に注入すると仮定する．その染料は点 1 から下流へ流れ，図 2.31 の x, y, z 空間に 1 つの曲線を形成する．この曲線が図 2.31 に示された**色つき流線**である．円柱を過ぎる水の流れの中における色つき流線の写真が図 3.48 に示されている．白い色つき流線は円柱表面に固定された小さな陽極の近くで電気分解により連続的に生成される白い粒子により可視化されている．これらの白い粒子は続いて下流へ流れ色つき流線を形成する．

　定常流れに関して，流れの道すじ，流線および色つき流線はすべて同一の曲線である．非定常流においてのみ，それらは異なる．そこで，本書で主として取り扱う流れのタイプである定常流に関しては，流れの道すじ，流線および色つき流線の概念は重複したものである．

2.12 角速度，渦度およびせん断歪

今まで述べてきたいくつかの論議において，流れの場を移動する流体要素の概念を使った．本節において，この運動をもっと詳しく，特に，流体要素が流線に沿って移動するときその方向と形状の変化に注意して調べてみる．この過程において，理論空気力学において最も強力な量の 1 つである渦度 (vorticity) の概念を導入する．

p.164 ある流れの場を移動している微小流体要素を考える．これが流線に沿って並進運動するとき，それはまた，**回転**し，加えて，図 2.32 に描かれているようにその形状が**変形する**であろう．回転と変形の量は速度場に依存する．すなわち，本節の目的はこの依存性を定量化することである．

x, y 平面における 2 次元流れを考える．また，この流れの中に 1 つの微小流体要素を考える．時刻 t において，この流体要素の形状は，図 2.33 の左側に示されるような長方形と仮定する．この流体要素が上方へ，そして右へ移動していると仮定する．すなわち，時刻 $t + \Delta t$ におけるその位置と形状が図 2.33 の右側に示されている．時間経過 Δt の間に，辺 AB と辺 AC はそれぞれ，角変位，$-\Delta\theta_1$，および $\Delta\theta_2$ だけ回転していることに注意すべきである．(慣例により反時計方向が正と考える．すなわち，p.165 線分 AB が図 2.33 において時計方向の回転として示されているので，その角変位は負，$-\Delta\theta_1$ である．) 今，線分 AC だけを考える．それは回転している．なぜなら，時間経過 Δt の間に，点 C が点 A とは異なった移動をしたからである．y 方向の速度を考える．時刻 t において点 A では，この速度は，図 2.33 に示すように，v である．点 C は点 A から距離 dx にある．すなわち，時刻 t において，点 C の垂直方向速度成分は $v + (\partial v/\partial x)dx$ で与えられる．したがって，

$$A \text{ 点の } \Delta t \text{ 間の } y \text{ 方向移動距離} = v\Delta t$$

$$C \text{ 点の } \Delta t \text{ 間の } y \text{ 方向移動距離} = \left(v + \frac{\partial v}{\partial x}dx\right)\Delta t$$

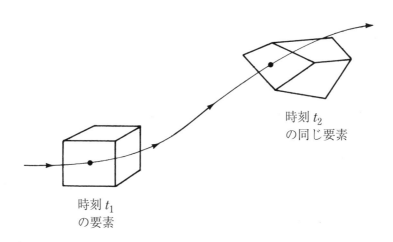

図 2.32 流線に沿った流体要素の運動は並進運動と回転の組み合わせである．加えて，それの形状が変形する．

第 2 章　空気力学：基本原理および方程式

$$C\text{点の}A\text{点に対する最終相対移動距離} = \left(v + \frac{\partial v}{\partial x}dx\right)\Delta t - v\Delta t$$

$$= \left(\frac{\partial v}{\partial x}dx\right)\Delta t$$

この正味の変位が図 2.33 の右側に示されている．図 2.33 の幾何学的形状から，

$$\tan \Delta \theta_2 = \frac{[(\partial v/\partial x)dx]\Delta t}{dx} = \frac{\partial v}{\partial x}\Delta t \tag{2.119}$$

$\Delta\theta_2$ が微小角であるので，$\tan\Delta\theta_2 \approx \Delta\theta_2$ である．ゆえに，式 (2.119) は

$$\Delta \theta_2 = \left(\frac{\partial v}{\partial x}\right)\Delta t \tag{2.120}$$

となる．さて，線分 AB を考える．時刻 t の点 A における x 方向速度成分は，図 2.33 に示されるように，u である．点 B が点 A から距離 dy にあるから，時刻 t における点 B の水平方向速度成分は $u + (\partial u/\partial y)dy$ である．上と同じ理由により，時間増加 Δt 間の A に相対的な B の正味の y 方向変位は，図 2.33 に示されるように，$[(\partial u/\partial y)dy]/\Delta t$ である．したがって，

$$\tan(-\Delta \theta_1) = \frac{[(\partial u/\partial y)dy]\Delta t}{dy} = \frac{\partial u}{\partial y}\Delta t \tag{2.121}$$

$-\Delta\theta_1$ は微小であるので，式 (2.121) は

$$\Delta \theta_1 = -\frac{\partial u}{\partial y}\Delta t \tag{2.122}$$

となる．線分 AB と線分 AC の角速度を考える．そして，それぞれ，$d\theta_1/dt$ および $d\theta_2/dt$ と定義する．式 (2.122) から

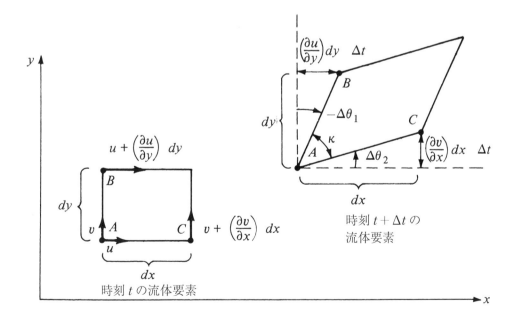

図 2.33 流体要素の回転と変形

$$\frac{d\theta_1}{dt} = \lim_{\Delta t \to 0} \frac{\Delta \theta_1}{\Delta t} = -\frac{\partial u}{\partial y} \tag{2.123}$$

が得られる．^{p.166} 式 (2.120) から

$$\frac{d\theta_2}{dt} = \lim_{\Delta t \to 0} \frac{\Delta \theta_2}{\Delta t} = \frac{\partial v}{\partial x} \tag{2.124}$$

が得られる．定義により，xy 面における流体要素の角速度は線分 AB の角速度と線分 AC の角速度との平均である．この角速度を ω_z とする．したがって，定義により，

$$\omega_z = \frac{1}{2}\left(\frac{d\theta_1}{dt} + \frac{d\theta_2}{dt}\right) \tag{2.125}$$

式 (2.123) を式 (2.125) と組み合わせると，

$$\omega_z = \frac{1}{2}\left(\frac{\partial v}{\partial x} - \frac{\partial u}{\partial y}\right) \tag{2.126}$$

上の論議において，xy 平面における運動のみを考えてきた．しかしながら，流体要素は一般的に 3 次元空間を移動し，その角速度は，図 2.34 に示すようにある一般的な方向を向いたベクトル $\boldsymbol{\omega}$ である．式 (2.126) において，$\boldsymbol{\omega}$ の z 方向成分のみを求めたのである．すなわち，これが式 (2.125) と式 (2.126) に添字 z がついている説明となる．$\boldsymbol{\omega}$ の x, y 成分も同様にしても求めることができる．3 次元空間における流体要素の角速度は，

$$\boldsymbol{\omega} = \omega_x \mathbf{i} + \omega_y \mathbf{j} + \omega_z \mathbf{k}$$

$$\boxed{\boldsymbol{\omega} = \frac{1}{2}\left[\left(\frac{\partial w}{\partial y} - \frac{\partial v}{\partial z}\right)\mathbf{i} + \left(\frac{\partial u}{\partial z} - \frac{\partial w}{\partial x}\right)\mathbf{j} + \left(\frac{\partial v}{\partial x} - \frac{\partial u}{\partial y}\right)\mathbf{k}\right]} \tag{2.127}$$

式 (2.127) は求める方程式である．すなわち，それは流体要素の角速度を速度場の項で表したものである．あるいは，もっと正確に言えば，速度場の微分係数の項で表したものである．

流体要素の角速度は，この後，すぐわかるように，理論空気力学において重要な役割を演じる．しかしながら，$2\boldsymbol{\omega}$ の式が^{p.167} よく現れるので，それゆえ，新しい量，**渦度**を定義する．そして，それは単純に，角速度の 2 倍である．渦度をベクトル $\boldsymbol{\xi}$ とする．すなわち，

$$\boldsymbol{\xi} \equiv 2\boldsymbol{\omega}$$

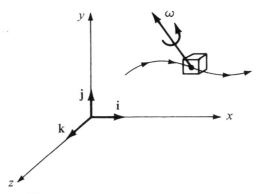

図 2.34 3 次元空間における流体要素の角速度

第2章 空気力学：基本原理および方程式

したがって，式 (2.127) より，

$$\xi = \left(\frac{\partial w}{\partial y} - \frac{\partial v}{\partial z}\right)\mathbf{i} + \left(\frac{\partial u}{\partial z} - \frac{\partial w}{\partial x}\right)\mathbf{j} + \left(\frac{\partial v}{\partial x} - \frac{\partial u}{\partial y}\right)\mathbf{k} \tag{2.128}$$

デカルト座標系における $\nabla \times \mathbf{V}$ に関する式 (2.23) を思い出してみよう．u，v および w はそれぞれ，速度の x，y，z 方向成分であるので，式 (2.23) と式 (2.128) の右辺は同一であることに注意すべきである．したがって，次の重要な結果を得る．

$$\xi = \nabla \times \mathbf{V} \tag{2.129}$$

流れの場において，速度の回転は渦度に等しい．

上記のことは次の2つの重要な定義を導く．

1. もし，流れの中にあるすべての点で $\nabla \times \mathbf{V} \neq 0$ であれば，その流れは**渦がある** という．これは流体要素が有限の角速度をもつことを意味する．

2. もし，流れの中にあるすべての点で $\nabla \times \mathbf{V} = 0$ であれば，その流れは**渦なし**であるという．これは流体要素がいかなる角速度も持たないことを意味する．すなわち，流体要素の空間での運動は純粋な並進運動である．

渦がある流れの場合が図 2.35 に描かれている．この図には，2つの異なった流線に沿って，いろいろな回転モードでもって移動する流体要素が示されている．それとは対照的に，渦なし流れの場合が図 2.36 に示されている．この図で，上の流線はその辺の角速度がゼロである流体要素を示している．下の流線は，2つの交差する辺の角速度が同じで，かつお互いに反対方向であり，それらの和がゼロとなる流体要素を示している．両方の場合ともに，流体要素の角速度はゼロとなる (すなわち，流れは渦なしである)．

p.168 もし，流れが2次元 (たとえば，xy 平面) であれば，式 (2.128) から，

$$\xi = \xi_z \mathbf{k} = \left(\frac{\partial v}{\partial x} - \frac{\partial u}{\partial y}\right)\mathbf{k} \tag{2.130}$$

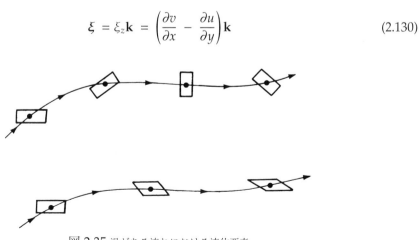

図 2.35 渦がある流れにおける流体要素

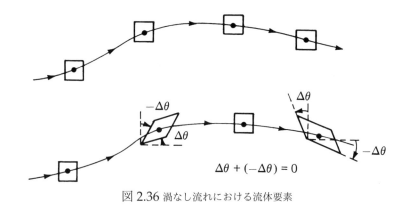

図 2.36 渦なし流れにおける流体要素

また，もし，流れが渦なしであれば，$\xi = 0$ である．したがって，式 (2.130) から，

$$\boxed{\frac{\partial v}{\partial x} - \frac{\partial u}{\partial y} = 0} \quad (2.131)$$

式 (2.131) は 2 次元流れに関する渦なしの条件である．これからひんぱんに，式 (2.131) を用いるであろう．

　なぜ渦がある流れと渦なし流れを区別するのは重要なのであろうか．これの解答は空気力学の学びを続けて行くとまぎれもなく明らかとなる．すなわち，渦なし流れは渦がある流れよりもずっと容易に解析できることを見いだすのである．しかしながら，渦なし流れは，ちょっと見ると，非常に特殊であり，その適用は限られていると考えられるかも知れない．驚くことに，これはそのようなものではない．流れの場が本質的に渦なしである多数の実際的空気力学問題がある．例えば，翼型を過ぎる亜音速流れ，微小迎え角の細長物体を過ぎる超音速流れやノズルでの亜音速–超音速流れなどである．そのような場合において，一般的に，物体表面には粘性流れの薄い境界層が存在する．すなわち，この粘性領域において，流れはまったくの渦がある流れである．しかしながら，この境界層の外側において，流れはしばしば渦なしである．結果として，渦なし流れの研究は空気力学の重要な一面である．

　図 2.33 に示された流体要素に戻る．辺 AB と辺 AC との間の角度を κ とする．その流体要素が流れの場を移動するにしたがって，κ は変化するであろう．図 2.33 で，時刻 t において，κ は最初，$90°$ である．時刻 $t + \Delta t$ において，κ は $\Delta \kappa$ だけ変化した．ここに，

$$\Delta \kappa = -\Delta \theta_2 - (-\Delta \theta_1) \quad (2.132)$$

p.169 定義により，xy 平面に見られるように，流体要素の**せん断歪**は κ の変化である．ここでは，正のせん断歪は**減少する** κ に対応する．したがって，式 (2.132) から，

$$せん断歪 = -\Delta \kappa = \Delta \theta_2 - \Delta \theta_1 \quad (2.133)$$

粘性流れ (第 15 章から第 20 章で論議される) において，せん断歪の時間変化率は重要な量である．せん断歪の時間変化率を ε_{xy} とし，ここで式 (2.133) を用い，

第 2 章　空気力学：基本原理および方程式

$$\varepsilon_{xy} \equiv -\frac{d\kappa}{dt} = \frac{d\theta_2}{dt} - \frac{d\theta_1}{dt} \tag{2.134}$$

式 (2.123) と式 (2.124) を式 (2.134) に代入すると，

$$\varepsilon_{xy} = \frac{\partial v}{\partial x} + \frac{\partial u}{\partial y} \tag{2.135a}$$

を得る．yz, zx 面についても同様にして，せん断歪時間変化率はそれぞれ次式のようになる．

$$\varepsilon_{yz} = \frac{\partial w}{\partial y} + \frac{\partial v}{\partial z} \tag{2.135b}$$

および

$$\varepsilon_{zx} = \frac{\partial u}{\partial z} + \frac{\partial w}{\partial x} \tag{2.135c}$$

角速度 (すなわち，渦度) とせん断歪の時間変化率はもっぱら流れ場の速度の微分係数に依存していることに注意すべきである．これらの微分係数は次のように行列で表すことができる．すなわち，

$$\begin{bmatrix} \dfrac{\partial u}{\partial x} & \dfrac{\partial u}{\partial y} & \dfrac{\partial u}{\partial z} \\ \dfrac{\partial v}{\partial x} & \dfrac{\partial v}{\partial y} & \dfrac{\partial v}{\partial z} \\ \dfrac{\partial w}{\partial x} & \dfrac{\partial w}{\partial y} & \dfrac{\partial w}{\partial z} \end{bmatrix}$$

対角線項の和は $\nabla \cdot \mathbf{V}$ に等しく，そして，それは第 2.3 節から流体要素体積の時間変化率に等しい．すなわち，対角線項は流体要素の**体積膨張率**を表している．非対角線項は式 (2.127)，式 (2.128) および式 (2.135a, 135b, 135c) に現れる相互微分係数である．したがって，非対角項は流体要素の回転と歪に関係している．

要約すると，本節において，流れの場を移動する流体要素の回転と変形を調べた．流れの場の 1 点における流体要素の角速度と対応する渦度は非粘性および粘性流れ両方の解析に有用な概念である．特に，粘性がないこと，すなわち渦なし流れは一般的に，これ以降でわかるように，流れの解析を簡単にする．これ以降の章で非粘性流れの取り扱いにおいてこの簡単化の利点を利用する．p.170 一方，第 15 章まではせん断歪の時間変化率を使わない．

[例題 2.5]

例題 2.4 で与えられた速度場に関して，渦度を計算せよ．

[解答]

$$\xi = \nabla \times \mathbf{V} = \begin{vmatrix} \mathbf{i} & \mathbf{j} & \mathbf{k} \\ \dfrac{\partial}{\partial x} & \dfrac{\partial}{\partial y} & \dfrac{\partial}{\partial z} \\ u & v & w \end{vmatrix} = \begin{vmatrix} \mathbf{i} & \mathbf{j} & \mathbf{j} \\ \dfrac{\partial}{\partial x} & \dfrac{\partial}{\partial y} & \dfrac{\partial}{\partial z} \\ \dfrac{y}{x^2+y^2} & \dfrac{-x}{x^2+y^2} & 0 \end{vmatrix}$$

$$= \mathbf{i}[0-0] - \mathbf{j}[0-0]$$

$$+ \mathbf{k}\left[\frac{(x^2+y^2)(-1) + x(2x)}{x^2+y^2} - \frac{(x^2+y^2) - y(2y)}{x^2+y^2}\right]$$

$$= 0\mathbf{i} + 0\mathbf{j} + 0\mathbf{k} = \mathbf{0}$$

この流れの場は，$x^2 + y^2 = 0$ である原点を除いたすべての点で渦なしである．

[例題 2.6]

例題 2.2 で用いた境界層速度分布，すなわち，$u/V_\infty = (y/\delta)^{0.25}$ を考える．この流れは渦のある流れか，あるいは渦なし流れか．

[解答]

2 次元流れに関して，渦なしの条件は式 (2.131) で与えられる．すなわち，

$$\frac{\partial v}{\partial x} - \frac{\partial u}{\partial y} = 0$$

この関係が例題 2.2 の粘性境界層流れで成り立つであろうか．この問いを調べてみる．

$$\frac{u}{V_\infty} = \left(\frac{y}{\delta}\right)^{0.25}$$

で与えられる境界層速度分布から

$$\frac{\partial u}{\partial y} = 0.25 \frac{V_\infty}{\delta}\left(\frac{y}{\delta}\right)^{-0.75} \tag{E2.7}$$

を得る．$\partial v/\partial x$ については何と言って良いのであろうか．例題 2.2 において，流れは非圧縮性であった．以下に再度示す式 (2.54) で与えられる定常流れの連続の方程式，

$$\nabla \cdot (\rho \mathbf{V}) = \frac{\partial(\rho u)}{\partial x} + \frac{\partial(\rho v)}{\partial y} = 0$$

から，$\rho = \text{constant}$ である，非圧縮流れについて，

$$\frac{\partial u}{\partial x} + \frac{\partial v}{\partial y} = 0 \tag{E2.8}$$

を得る．p.171 式 (E2.8) は次のようにして v に関する式を与えるであろう．すなわち，

$$\frac{\partial u}{\partial x} = \frac{\partial}{\partial x}\left[V_\infty \left(\frac{y}{\delta}\right)^{0.25}\right] \tag{E2.9}$$

しかしながら，例題 2.2 から，

$$\frac{\delta}{c} = \frac{5}{\sqrt{\text{Re}_c}}$$

であると述べた．この式は $x = c$ だけではなく，平板に沿った任意の x 位置で成り立つ．したがって，

$$\frac{\delta}{x} = \frac{5}{\sqrt{\mathrm{Re}, x}}$$

と書ける．ここに，

$$\mathrm{Re}, x = \frac{\rho_\infty V_\infty x}{\mu_\infty}$$

ゆえに，δ は次式により与えられる x の関数である．

$$\delta = 5\sqrt{\frac{\mu_\infty x}{\rho_\infty V_\infty}}$$

そして，

$$\frac{d\delta}{dx} = \frac{5}{2}\sqrt{\frac{\mu_\infty}{\rho_\infty V_\infty}}\, x^{-1/2}$$

式 (E2.9) に代入して，

$$\frac{\partial u}{\partial x} = \frac{\partial}{\partial x}\left[V_\infty\left(\frac{y}{\delta}\right)^{0.25}\right] = V_\infty y^{0.25}(-0.25)\delta^{-1.25}\frac{d\delta}{dx}$$

$$= -V_\infty y^{0.25}\delta^{-1.25}\left(\frac{5}{8}\right)\sqrt{\frac{\mu_\infty}{\rho_\infty V_\infty}}\, x^{-1/2}$$

$$= -\frac{5}{8}V_\infty y^{0.25}\left(\frac{1}{5}\right)^{1.25}\left(\frac{\mu_\infty}{\rho_\infty V_\infty}\right)^{-1/8} x^{-9/8}$$

が得られる．ゆえに，

$$\frac{\partial u}{\partial x} = -C y^{1/4} x^{-9/8}$$

ここに，C は定数である．これを式 (E2.8) に代入すると

$$\frac{\partial v}{\partial y} = C y^{1/4} x^{-9/8}$$

が得られる．y について積分すると，

$$v = C_1 y^{5/4} x^{-9/8} + C_2 \qquad (E2.10)$$

を得る．ここに，C_1 は定数であり，C_2 は x の関数でもあり得る．壁面で式 (E2.10) を計算すると，$v = 0$ および $y = 0$ であるので，$C_2 = 0$ を得る．したがって，

$$v = C_1 y^{5/4} x^{-9/8}$$

次に，上式を微分して次式を得る．

$$\frac{\partial v}{\partial x} = C_3 y^{5/4} x^{-17/8} \qquad (E2.11)$$

(注：v は境界層内で有限である．すなわち，境界層内の流線は上方へ曲げられる．しかしながら，この "排除" 効果は通常，x 方向の移動長さに比べ小さい．そして，v は u と比較して小さな大きさである．この2つのことについては第17, 18章で検証される．) 式(E2.7)を式(E2.11)のような一般的な形式に直すと，次のようになる．

$$\frac{\partial u}{\partial y} = 0.25 V_\infty y^{-0.75} \left(\frac{1}{\delta}\right)^{0.25}$$

$$= 0.25 V_\infty y^{-0.75} \left(\frac{1}{5\sqrt{\mu_\infty x / \rho_\infty V_\infty}}\right)^{0.25}$$

したがって，

$$\frac{\partial u}{\partial y} = C_4 y^{-3/4} x^{-1/8} \tag{E2.12}$$

式(E2.11)および(E2.12)から，つぎのように書ける．

$$\frac{\partial v}{\partial x} - \frac{\partial u}{\partial y} = C_3 y^{5/4} x^{-17/8} - C_4 y^{-3/4} x^{-1/8} \neq 0$$

したがって，渦なしの条件は**成り立たない**．すなわち，この流れは**渦あり**である．

例題2.6において，粘性流れにおいて一般的に成り立つ基本的な結果，すなわち，粘性流れは**渦あり**であるということを示した．これはほとんど直観的である．例として，図2.37に描かれたように，流線に沿って移動する微小な流体要素を考えてみる．もし，これが粘性流れであるとし，速度が上方向に増加している (すなわち，速度が上方の近接する流線上で高く，下方の近接流線上で低い) と仮定すると，流体要素の上面と下面におけるせん断応力は図に示された方向となるであろう．そのようなせん断応力は第15章で詳しく論議される．図2.37を調べると，明らかに，これらのせん断応力はこの流体要素の中心まわりに回転モーメントを作用させ，したがって，この流体要素を回転させるメカニズムを与えていることがわかる．p.173 この図は極端に簡単化されてはいるが，粘性流れが渦ありの流れであることを強調するのには役に立っている．他方，本節の初めに述べたように，後で説明する付加的な簡単化により渦なしである多くの非粘性流れの問題が存在する．いくつかの非粘性流れは渦ありの流れではあるが，非粘性，渦なし流れにより説明できる非常に多くの実際的な空気力学問題が存在するので，渦あり

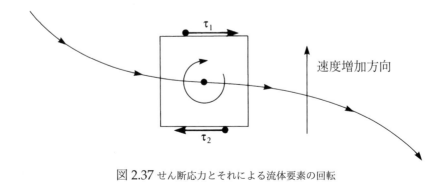

図2.37 せん断応力とそれによる流体要素の回転

第 2 章　空気力学：基本原理および方程式

と渦なし流れとの区別は 1 つの重要な考慮すべきことである．

[例題 2.7]

図 2.17 に示され，例題 2.1 で論議された，波状壁面を過ぎる非粘性亜音速圧縮性流れは渦なしであることを証明せよ．

[解答]

この流れは 2 次元である．式 (2.128) および式 (2.129) から，

$$\nabla \times \mathbf{V} = \left(\frac{\partial v}{\partial x} - \frac{\partial u}{\partial y} \right) \mathbf{k}$$

この速度場は次のように，式 (2.35) と式 (2.36) により与えられる．

$$u = V_\infty \left[1 + \frac{h}{\beta} \frac{2\pi}{\ell} \left(\cos \frac{2\pi x}{\ell} \right) e^{-2\pi\beta y/\ell} \right] \tag{2.35}$$

および

$$v = -V_\infty h \frac{2\pi}{\ell} \left(\sin \frac{2\pi x}{\ell} \right) e^{-2\pi\beta y/\ell} \tag{2.36}$$

式 (2.36) を微分すると，

$$\frac{\partial v}{\partial x} = -V_\infty h \left(\frac{2\pi}{\ell} \right)^2 \left(\cos \frac{2\pi x}{\ell} \right) e^{2\pi\beta y/\ell}$$

を得る．式 (2.35) を微分して，

$$\frac{\partial u}{\partial y} = V_\infty \frac{h}{\beta} \frac{2\pi}{\ell} \left(\cos \frac{2\pi x}{\ell} \right) e^{-2\pi\beta y/\ell} \left(-\frac{2\pi\beta}{\ell} \right)$$

$$= -V_\infty h \left(\frac{2\pi}{\ell} \right)^2 \left(\cos \frac{2\pi x}{\ell} \right) e^{-2\pi\beta y/\ell}$$

を得る．したがって，

$$\frac{\partial v}{\partial x} - \frac{\partial u}{\partial y} = -V_\infty h \left(\frac{2\pi}{\ell} \right)^2 \left(\cos \frac{2\pi x}{\ell} \right) e^{-2\pi\beta y/\ell}$$

$$- \left[-V_\infty h \left(\frac{2\pi}{\ell} \right)^2 \left(\cos \frac{2\pi x}{\ell} \right) e^{-2\pi\beta y/\ell} \right]$$

$$= 0$$

p.174 ゆえに，

$$\nabla \times \mathbf{V} = \left(\frac{\partial v}{\partial x} - \frac{\partial u}{\partial y} \right) \mathbf{k} = 0$$

結論：この波状壁面を過ぎる非粘性亜音速圧縮性流れは**渦なし**である．

例題 2.7 はもう 1 つの基本的な結果を示している．図 2.17 へ戻り，それを詳しく調べてみる．ここでは，(壁からずっと離れて示されている) 自由流は速度 V_∞ をもつ一様流であるところの非粘性流れである．一様流中では，$\partial u/\partial y = \partial v/\partial x = 0$ である．したがって，一様流は渦なしである．図 2.17 に示される流れの源は，それよりずっと上方に示されている一様流であることがわかる．そして，この流れの源が渦なしである．さらに，この全流れの場が非粘性である，すなわち，流れに渦度を作りだす，壁面に上のいかなる内部摩擦も，そしていかなるせん断応力も存在しない．したがって，物理学に基づいて，図 2.17 に示される流れは至るところ渦なしでなければならない．もちろん，例題 2.7 は，この流れが至るところで渦なしであることを**数学的**に証明している．しかしながら，これは幅広い概念の単なる一例にすぎない．すなわち，元々渦なしであり，せん断応力のような渦度を生成する内部的なメカニズムがない流れの場は至るところ渦なしのままである．これは合理的と言えよう．そうでしょう．

2.13 循環

読者は再び本章がいわゆるツールを作る章であることを思い出させられるであろう．個別に取り上げると，これまで展開してきたそれぞれの空気力学的ツールは格別に興奮させるものではないかも知れない．しかしながら，集合的に見ると，これらのツールはいくつかの非常に実用的で刺激的な空気力学問題の解を得るのを可能にしてくれる．

本節において，空気力学的揚力の計算にとって基礎であるツール，すなわち**循環** (circulation) を導入する．このツールは英国の Frederick Lanchester (1878-1946)，ドイツの Wilhelm Kutta (1867-1944) やロシアの Nikolai Joukowski (1847-1921) により独立的に用いられ，20 世紀になる変わり目で，空気力学的揚力に関する理論における躍進を創り出したのである．循環と揚力との関係およびこの躍進を取り囲んだ歴史的な環境は第 3 章および第 4 章で論議される．本節の目的は単に循環を定義し，それを渦度と関係づけることである．

図 2.38 に示されるような，流れの場の中に閉曲線 C を考える．**V** と **ds** をそれぞれ，C 上の 1 点における速度と線素ベクトルとする．Γ で表される循環は，

$$\boxed{\Gamma \equiv -\oint_C \mathbf{V} \cdot \mathbf{ds}} \tag{2.136}$$

のように定義される．循環は，簡単に言うと，流れの中のある閉曲線まわりの速度の線積分を負にしたものである．すなわち，それは速度場と閉曲線 C の選択にのみ依存する運動学的特性である．第 2.2.8 節，線積分の節，で論議されたように，p.175 数学的慣例に従い，線積分の正の方向は反時計方向である．しかしながら，空気力学において，正の循環を時計方向と考えるのが都合がよい．したがって，線積分の正が反時計方向であることと循環の正が時計方向であることを考慮するために，式 (2.136) により与えられる定義に負符号が現れるのである．[*1]

式 (2.136) の積分に**循環**という用語を使うことは少し間違いを引き起こすかもしれない．なぜなら，それは何かが輪を描いて動いているという一般的な印象を残すからである．実際，*American*

[*1] いくつかの本では循環の定義に負符号を用いていない．そのような場合，線積分と Γ の正方向が同一方向である．読者が特定の本あるいは論文で用いられている規約を知っている限り何の問題もない．

第 2 章 空気力学：基本原理および方程式

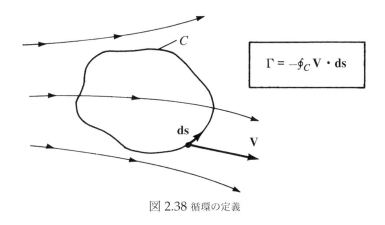

図 2.38 循環の定義

Heritage Dictionary of the English Language によれば，単語，"循環"に与えられた 1 番目の定義は "円運動または周囲を回ること"である．しかしながら，空気力学において，循環は非常に厳密な学術的意味を持っている．すなわち，式 (2.136) である．それは，流体要素がこの流れの場の中で円を描いて運動している，すなわち，空気力学の初学者が始めのころよくもつ誤解であるが，ということを必ずしも意味しない．むしろ，循環が流れの中に存在するとき，それは単に式 (2.136) の線積分が有限であることを意味するのである．例えば，もし，図 2.28 の翼型が揚力を発生しているとすると，(図 2.28 に描かれた流線から明らかにわかるように) 流体要素は決して翼型まわりに円を描いてはいないけれども，この翼型を囲む閉曲線まわりで計算した循環は有限となるであろう．

　循環はまた，次に示すように渦度と関係している．図 2.11 に戻ると，それは曲線 C で囲まれたある曲面を示している．この曲面が流れの場にあり，点 P における速度が $\mathbf{V}$ であると仮定する．ここに，P は (閉曲線 C 上にある点も含めた) この曲面上の任意点である．Stokes の定理 [式 (2.25)] から，

$$\Gamma = -\oint_C \mathbf{V}d\mathbf{s} = -\iint_S (\nabla \times \mathbf{V}) \cdot d\mathbf{S} \tag{2.137}$$

したがって，閉曲線 C まわりの循環は C により囲まれた曲面上で積分された渦度に等しい．これは次の結果に導く．すなわち，もし，流れが p.176 積分の経路内のいたるところで渦なしであれば，(すなわち，もし，C で囲まれた曲面で $\nabla \times \mathbf{V} = 0$ であれば)，そのとき，$\Gamma = 0$ である．関連した結果は曲線 C を微小な大きさに縮小することにより得られる．そして，この微小曲線まわりの循環を $d\Gamma$ により示すことにする．そのとき，C が無限に小さくなる極限において，式 (2.137) から，

$$d\Gamma = -(\nabla \times \mathbf{V}) \cdot d\mathbf{S} = -(\nabla \times \mathbf{V}) \cdot \mathbf{n}dS$$

すなわち，

$$(\nabla \times \mathbf{V}) \cdot \mathbf{n} = -\frac{d\Gamma}{dS} \tag{2.138}$$

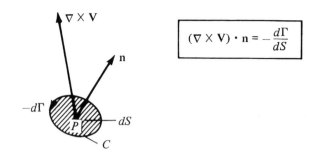

図 2.39 渦度と循環の関係

を得る．ここに，dS は微小曲線 C に囲まれた微小面積である．図 2.39 を参照すると，式 (2.138) は流れの中にある点 P において，dS に垂直な渦度の成分は"単位面積あたりの循環"を負にしたものに等しいことを述べている．ここに，この循環は dS の境界まわりにとる．

[例題 2.8]

例題 2.4 で与えられた速度場に関して，半径 5 m の円形経路まわりの循環を計算せよ．例題 2.4 に与えられた u, v はメートル/秒の単位であると仮定せよ．

[解答]

円形経路を取り扱っているので，この問題を極座標系で考えるのが容易である．ここに，$x = r\cos\theta$, $y = r\sin\theta$, $x^2 + y^2 = r^2$, $V_r = u\cos\theta + v\sin\theta$ および $V_\theta = -u\sin\theta + v\cos\theta$ である．したがって，

$$u = \frac{y}{x^2 + y^2} = \frac{r\sin\theta}{r^2} = \frac{\sin\theta}{r}$$

$$v = -\frac{x}{x^2 + y^2} = -\frac{r\cos\theta}{r^2} = -\frac{\cos\theta}{r}$$

$$V_r = \frac{\sin\theta}{r}\cos\theta + \left(-\frac{\cos\theta}{r}\right)\sin\theta = 0$$

$$V_\theta = -\frac{\sin\theta}{r}\sin\theta + \left(-\frac{\cos\theta}{r}\right)\cos\theta = -\frac{1}{r}$$

$$\mathbf{V} \cdot \mathbf{ds} = (V_r \mathbf{e}_r + V_\theta \mathbf{e}_\theta) \cdot (dr\mathbf{e}_r + rd\theta \mathbf{e}_\theta)$$
$$= V_r dr + rV_\theta d\theta = 0 + r\left(-\frac{1}{r}\right)d\theta = -d\theta$$

ゆえに，

$$\Gamma = -\oint_C \mathbf{V} \cdot \mathbf{ds} = -\int_0^{2\pi} -d\theta = \boxed{2\pi \text{ m}^2/\text{s}}$$

半径 5 m の円形経路を使わなかったことに注意すべきである．すなわち，この場合，Γ の値は経路の直径には無関係だからである．

2.14 流れ関数

本節において，2 次元定常流れを考える．第 2.11 節から，そのような流れにおける流線の微分方程式は式 (2.118) により与えられる．再度この式を以下に示す．

$$\frac{dy}{dx} = \frac{v}{u} \tag{2.118}$$

もし，u, v が x および y の関数としてわかっているとすれば，式 (2.118) を積分して，流線に関する代数方程式を得ることができる．すなわち，

$$f(x, y) = c \tag{2.139}$$

ここに，c は，異なる流線では異なる値である任意の積分定数である．式 (2.139) において，この x, y の関数を $\bar{\psi}$ で示す．したがって，式 (2.139) は

$$\bar{\psi}(x, y) = c \tag{2.140}$$

のように書ける．関数，$\bar{\psi}(x,y)$ は**流れ関数** (*stream function*) と呼ばれる．式 (2.140) から，流線に関する式は**流れ関数をある定数**，(すなわち，c_1, c_2, c_3 など) に等しいとすることにより与えられることがわかる．図 2.40 に 2 つの異なる流線が描かれている．すなわち，流線 ab と cd はそれぞれ，$\bar{\psi} = c_1$，および $\bar{\psi} = c_2$ で与えられる．

式 (2.139) および (2.140) において，積分の任意定数 c により，ある任意性が存在する．この任意性を少なくするために，流れ関数をもっと厳密に定義しよう．図 2.40 を参照して，流線 cd の $\bar{\psi} = c_2$ と流線 ab の $\bar{\psi} = c_1$ 間の差，$\Delta\bar{\psi}$ がこの 2 つの流線間の**質量流量**に等しいとなるように $\bar{\psi}$ の数値を定義する．図 2.40 は 2 次元流れであるので，2 つの流線間の質量流量はこの**ページに垂直な単位厚さあたり**として定義される．すなわち，図 2.40 において，$\Delta n \times$ 紙面に垂直な方向の単位厚さに等しい矩形断面をもつ，流線 ab と cd で囲まれた流管内の質量流量を考えているのである．ここで，Δn は図 2.40 に示されるように，ab と cd との間の垂直距離である．したがって，単位厚さあたりの流線 ab，cd 間の質量流量は，

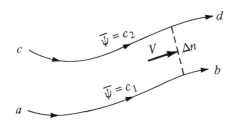

図 2.40 異なる値の流れ関数により与えられる異なる流線

$$\Delta\bar{\psi} = c_2 - c_1 \tag{2.141}$$

である．上の定義は式 (2.139) および式 (2.140) における積分定数の任意性を完全には取り除くことはない．しかし，それは事をもっと正確にする．例えば，与えられた 2 次元流れの場を考えるとする．流れの流線を 1 つ選び，それに流れ関数の任意の値を与える．すなわち，$\bar{\psi} = c_1$ とする．そうすると，流れの場にある他の流線の流れ関数の値，すなわち，$\bar{\psi} = c_2$ は式 (2.141) により与えられる定義により決まった値となる．どの流線を $\bar{\psi} = c_1$ に選ぶかや，c_1 にどのような数値を与えるかは，第 3 章で見るように，与えられた流れの場の幾何学的形状に依存する．

流線を表す $\bar{\psi}$ = constant と流線間の (単位厚さあたりの) 質量流量に等しい $\Delta\bar{\psi}$ との間の等価性は当然なことである．定常流れに関して，与えられた流管内の質量流量は流管に沿って一定である．すなわち，流管の任意の断面を通過する流量は同じである．定義により，$\Delta\bar{\psi}$ はこの質量流量に等しいので，$\Delta\bar{\psi}$ それ自身はある与えられた流管に関しては一定である．図 2.40 において，もし，$\bar{\psi}_1 = c_1$ が流管の下側の流線を示すとすると，$\bar{\psi}_2 = c_2 = c_1 + \Delta\bar{\psi}$ は，またこの流管の上面に沿って一定である．流管の定義 (第 2.11 節を参照) により，流管の上側の境界は流線そのものであるので，それで，$\bar{\psi}_2 = c_2$ = constant はこの流線を示さなければならない．

さらに，流れ関数の最も重要な特性を示さなければならない．すなわち，$\bar{\psi}$ の微分係数が流れの場の速度を与えるということである．この関係を得るために，再び，図 2.40 にある流線 ab および cd を考える．これらの流線は十分近接していると仮定する (すなわち，Δn が小さいと仮定する) と，流れの速度 V は Δn 上で一定となる．そのページに垂直な方向に厚さ 1 の流管を通過する質量流量は，

$$\Delta\bar{\psi} \equiv \rho V \Delta n(1)$$

すなわち，

$$\frac{\Delta\bar{\psi}}{\Delta n} = \rho V \tag{2.142}$$

$\Delta n \rightarrow 0$ のときの式 (2.142) の極限値を考える．すなわち，

$$\rho V = \lim_{\Delta n \to 0} \frac{\Delta\bar{\psi}}{\Delta n} \equiv \frac{\partial \bar{\psi}}{\partial n} \tag{2.143}$$

p.179 式 (2.143) は，もし，$\bar{\psi}$ がわかっていれば，$\bar{\psi}$ を V に対して**垂直な**方向に微分することにより，積 (ρV) を得ることを示している．デカルト座標系に関する式 (2.143) の実用的な形を求めるために，図 2.41 を考える．有向垂直距離 Δn は最初，y 方向に Δy だけ上方に移動し，次に，x の負方向の左に $-\Delta x$ だけ移動するのと等価であることに注意すべきである．質量の保存則により，Δn を通過する (単位厚さあたりの) 質量流量は Δy と $-\Delta x$ とを (単位厚さあたり) 通過する質量流量の和に等しい．すなわち，

$$質量流量 = \Delta\bar{\psi} = \rho V \Delta n = \rho u \Delta y + \rho v(-\Delta x) \tag{2.144}$$

cd を ab に接近させると，式 (2.144) は極限において

$$d\bar{\psi} = \rho u dy - \rho v dx \tag{2.145}$$

となる．しかしながら，$\bar{\psi} = \bar{\psi}(x, y)$ であるから，全微分の定義から，

第 2 章　空気力学：基本原理および方程式

$$d\bar{\psi} = \frac{\partial \bar{\psi}}{\partial x}dx + \frac{\partial \bar{\psi}}{\partial y}dy \tag{2.146}$$

式 (2.145) と式 (2.146) を比較すると

$$\rho u = \frac{\partial \bar{\psi}}{\partial y} \tag{2.147a}$$

$$\rho v = -\frac{\partial \bar{\psi}}{\partial x} \tag{2.147b}$$

を得る．式 (2.147a) および式 (2.147b) は重要である．もし，与えられた流れの場における $\bar{\psi}$ が知られていれば，そのとき，流れの任意の点で，積 ρu および ρv はそれぞれ $\bar{\psi}$ を u および v に垂直な方向に微分することにより得られる．

p.180　もし，図 2.41 を極座標系に関して書き直せば，同様にして

$$\rho V_r = \frac{1}{r}\frac{\partial \bar{\psi}}{\partial \theta} \tag{2.148a}$$

$$\rho V_\theta = -\frac{\partial \bar{\psi}}{\partial r} \tag{2.148b}$$

を得る．その導出は宿題として残しておく．

$\bar{\psi}$ の次元はこのページに垂直な単位厚さあたりの質量流量に等しいことに注意すべきである．すなわち，SI 単位系において，$\bar{\psi}$ はこのページに垂直な 1 メートルあたり，単位時間あたりのキログラム，すなわち，簡単に，kg/(s · m) である．

上で定義した流れ関数は圧縮性および非圧縮性流れの両方に適用できる．さて，非圧縮流れの場合のみを考える．そこでは，ρ = constant である．式 (2.143) は

$$V = \frac{\partial(\bar{\psi}/\rho)}{\partial n} \tag{2.149}$$

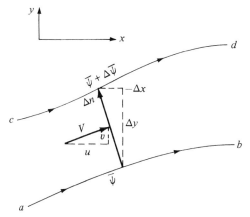

図 2.41　Δn を通過する質量流量は Δy および $-\Delta x$ を通過する質量流量の和である．

と書ける．非圧縮性流れだけの新しい流れ関数を $\psi \equiv \bar{\psi}/\rho$ のように定義する．それで，式 (2.149) は

$$V = \frac{\partial \psi}{\partial n}$$

となる．そして，式 (2.147) および式 (2.148) は，

$$u = \frac{\partial \psi}{\partial y} \tag{2.150a}$$

$$v = -\frac{\partial \psi}{\partial x} \tag{2.150b}$$

そして，

$$V_r = \frac{1}{r}\frac{\partial \psi}{\partial \theta} \tag{2.151a}$$

$$V_\theta = -\frac{\partial \psi}{\partial r} \tag{2.151b}$$

非圧縮性流れ関数 ψ はより一般的な圧縮性流れ関数 $\bar{\psi}$ と同じような特性を持っている．例えば，$\bar{\psi}(x,y) = c$ は流線の方程式であり，また，非圧縮性流れの ρ は一定であるので，そうすると，$\psi(x,y) \equiv \bar{\psi}/\rho = $ constant はまた (非圧縮性流れのみの) 流線の方程式である．加えて，$\Delta\bar{\psi}$ は (紙面に対して垂直方向単位厚さあたりの) 2 つの流線間の質量流量であり，そして，ρ は単位体積あたりの質量であるので，物理的に，$\Delta\psi = \Delta\bar{\psi}/\rho$ は 2 つの流線間のおける (単位厚さあたりの) **体積流量**を表している．SI 単位で，$\Delta\psi$ は紙面に垂直方向の単位メートルあたり，単位時間あたりの立方メートル，すなわち，簡単に，m^2/s として表される．

p.181 要約すると，流れ関数の概念は 2 つの主たる理由により空気力学における強力なツールである．$\bar{\psi}(x,y)$ [または $\psi(x,y)$] が 2 次元流れの場全体でわかっていると仮定すると，そのとき，

1. $\bar{\psi} = $ constant (または $\psi = $ constant) は流線の方程式を与える．

2. 流れの速度は $\bar{\psi}$ (または ψ) を，圧縮性流れについては式 (2.147) および式 (2.148) で，非圧縮性流れについては式 (2.150) および式 (2.151) で与えられるように，微分することにより得られる．$\bar{\psi}(x,y)$ [または $\psi(x,y)$] が最初にどのように求められるかについては，まだ議論していない．すなわち，それは知られていると仮定している．いろいろな問題に関する流れ関数を実際に求めることは第 3 章で議論される．

2.15　速度ポテンシャル

第 2.12 節から渦なし流れは渦度がすべての点でゼロである流れとして定義されることを思い出すべきである．式 (2.129) から，渦なし流れに関しては，

$$\xi = \nabla \times \mathbf{V} = 0 \tag{2.152}$$

第2章　空気力学：基本原理および方程式

次のようなベクトル恒等式を考える．もし，ϕ がスカラー関数であると仮定すれば，

$$\nabla \times (\nabla \phi) = 0 \tag{2.153}$$

すなわち，スカラー関数の勾配の curl (回転) は恒等的にゼロである．式 (2.152) と式 (2.153) とを比較すると，

$$\boxed{\mathbf{V} = \nabla \phi} \tag{2.154}$$

であることがわかる．式 (2.154) は，**渦なし流れ**に関して，速度が ϕ の勾配として与えられるような，1つのスカラー関数 ϕ が存在することを述べている，この ϕ を**速度ポテンシャル** (velocity potential) という．ϕ は空間座標の関数である．すなわち，$\phi = \phi(x, y, z)$ または $\phi = \phi(r, \theta, z)$ または $\phi = \phi(r, \theta, \Phi)$ である．式 (2.16) により与えられるデカルト座標系における勾配の定義からと，式 (2.154) から，

$$u\mathbf{i} + v\mathbf{j} + w\mathbf{k} = \frac{\partial \phi}{\partial x}\mathbf{i} + \frac{\partial \phi}{\partial y}\mathbf{j} + \frac{\partial \phi}{\partial z}\mathbf{k} \tag{2.155}$$

同じ単位ベクトルの係数は式 (2.155) の両辺で同じでなければならない．したがって，デカルト座標系において，

$$\boxed{u = \frac{\partial \phi}{\partial x} \quad v = \frac{\partial \phi}{\partial y} \quad w = \frac{\partial \phi}{\partial x}} \tag{2.156}$$

式 (2.17) および式 (2.18) で与えられる円柱および球座標系における勾配の定義から，円柱座標系については，

$$V_r = \frac{\partial \phi}{\partial r} \quad V_\theta = \frac{1}{r}\frac{\partial \phi}{\partial \theta} \quad V_z = \frac{\partial \phi}{\partial z} \tag{2.157}$$

p.182 そして，球座標系については，

$$V_r = \frac{\partial \phi}{\partial r} \quad V_\theta = \frac{1}{r}\frac{\partial \phi}{\partial \theta} \quad V_\Phi = \frac{1}{r\sin\theta}\frac{\partial \phi}{\partial \Phi} \tag{2.158}$$

速度ポテンシャルは，ϕ の微分係数が流れの場の速度を与えるという点で，流れ関数に類似している．しかしながら，ϕ と $\bar{\psi}$ (または ψ) の間には明確な相違が存在する．すなわち，

1. 流れの場の速度は ϕ を速度と同じ方向に微分することにより得られる．[式 (2.156) から式 (2.158) を見よ]．逆に，$\bar{\psi}$ (または ψ) は速度方向に対して垂直方向に微分される．[式 (2.147) から式 (2.148)，または式 (2.150) から式 (2.151) を見よ．]

2. 速度ポテンシャルは渦なし流れのみで定義される．対照的に，流れ関数は渦ありまたは渦なし流れのどちらかに用いることができる．

3. 速度ポテンシャルは 3 次元流れに適用できる．逆に，流れ関数は 2 次元流れのみで定義される．[*2]

[*2] 迎え角ゼロの円錐まわりの流れのような軸対称流れで $\bar{\psi}$ (または ψ) を定義できる．しかしながら，そのような流れに関しては，流れの場を記述するために，2つの空間座標のみが必要なだけである (第 6 章を見よ)．

流れの場が渦なしであるとき，したがって，速度ポテンシャルが定義できるので，大きな簡単化ができる．未知数として3つの速度成分 (すなわち，u，vとw)，したがって，これら3つの未知数に関する3個の方程式が必要となるが，を取り扱うかわりに，1個の未知数として速度ポテンシャルを扱えば良くなる．したがって，流れの場に関するわずか1個の方程式の解を求めれば良い．与えられた問題に関するϕがわかると，速度は式 (2.156) から (2.158) により直接求められる．これが，理論空気力学において，なぜ，渦なしと渦がある流れとの間の区別をするのかと，なぜ渦なし流れの解析が渦のある流れの解析より，より簡単になるかの理由である．

渦なし流れは速度ポテンシャルϕにより記述することができるので，そのような流れは**ポテンシャル流れ** (*potential flows*) と呼ばれる．

本節において，まず第一に，いまだにϕをどのようにして求めるのかを論議していない．すなわち，それはわかっていると仮定している．いろいろな問題に関する，実際のϕを求めることは第3，6，11および12章で論議される．

[例題 2.9]

例題 2.1 に与えられた波状壁を過ぎる流れ場に関する速度ポテンシャルを計算せよ．

[解答]

例題 2.1 において，uとvの式は次式で与えられる．

$$u = V_\infty \left[1 + \frac{h}{\beta} \frac{2\pi}{\ell} \left(\cos \frac{2\pi x}{\ell} \right) e^{-2\pi \beta y/\ell} \right] \tag{2.35}$$

p.183 および，

$$v = -V_\infty h \frac{2\pi}{\ell} \left(\sin \frac{2\pi x}{\ell} \right) e^{-2\pi \beta y/\ell} \tag{2.36}$$

式 (2.156) から，

$$u = \frac{\partial \phi}{\partial x} \quad \text{および} \quad v = \frac{\partial \phi}{\partial y}$$

である．ϕの式を見つけるために，次のように，最初，uをxについて積分し，次にvをyについて積分する．

$$\phi = \int \frac{\partial \phi}{\partial x} dx = \int u\, dx \tag{E2.13}$$

式 (2.35) を式 (E2.13) に代入すると，

$$\phi = \int \left[V_\infty + \frac{V_\infty h}{\beta} \frac{2\pi}{\ell} \left(\cos \frac{2\pi x}{\ell} \right) e^{-2\pi \beta y/\ell} \right] dx$$

$$\phi = V_\infty x + \frac{V_\infty h}{\beta} \frac{2\pi}{\ell} \left(\sin \frac{2\pi x}{\ell} \right) \left(\frac{2\pi}{\ell} \right)^{-1} e^{-2\pi \beta y/\ell}$$

$$\phi = V_\infty x + \frac{V_\infty h}{\beta} \left(\sin \frac{2\pi x}{\ell} \right) e^{-2\pi \beta y/\ell} + f(y) \tag{E2.14}$$

関数$f(y)$は，式 (E2.13) がxに関するだけの積分であるので，"積分定数" という意味で式 (E2.14) に加えられている．実際のところ，$u = \frac{\partial \phi}{\partial x}$であるので，式 (E2.14) が$x$で微分されたとき，$f(y)$の$x$に関する微分係数はゼロであり，$u$に関する式 (2.35) を得るのである．また，

$$\phi = \int \frac{\partial \phi}{\partial y} dy = \int v\,dy \tag{E2.15}$$

である．式 (2.36) を式 (E2.15) に代入すると，

$$\phi = \int \left[-V_\infty h \frac{2\pi}{\ell} \left(\sin \frac{2\pi x}{\ell} \right) e^{-2\pi\beta y/\ell} \right] dy$$

$$\phi = -V_\infty h \frac{2\pi}{\ell} \left(\sin \frac{2\pi x}{\ell} \right) e^{-2\pi\beta y/\ell} \left(-\frac{\ell}{2\pi\beta} \right)$$

$$\phi = V_\infty \frac{h}{\beta} \left(\sin \frac{2\pi x}{\ell} \right) e^{-2\pi\beta y/\ell} + g(x) \tag{E2.16}$$

を得る．ここに，式 (E2.16) における $g(x)$ は，式 (E2.15) が y に関するだけの積分であるので，前と同様に，"積分定数" である．式 (E2.16) が y で微分されると y に関する $g(x)$ の微分係数はゼロであり，v に関する式 (2.36) を得るのである．

式 (E2.14) と式 (E2.16) を比較する，同じ速度ポテンシャルに 2 つの式が存在する．ゆえに，式 (E2.14) において，$f(y) = 0$ であり，式 (E2.16) において，$g(x) = V_\infty x$ である．したがって，例題 2.1 の波状壁を過ぎる流れの速度ポテンシャルは

$$\phi = V_\infty x + \frac{V_\infty h}{\beta} \left(\sin \frac{2\pi x}{\ell} \right) e^{-2\pi\beta y/\ell} \tag{E2.17}$$

である．p.184 速度ポテンシャルはすべての渦なし流れに存在することを思い出すべきである．例題 2.7 において，図 2.17 に示された波状壁を過ぎる流れ場は例題 2.1 に特定されたように渦なしである．したがって，その流れの速度ポテンシャルは存在する．式 (E2.17) がその速度ポテンシャルなのである．

2.16　流れ関数と速度ポテンシャルとの関係

第 2.15 節において，渦なし流れに関して，$\mathbf{V} = \nabla \phi$ であることを示した．この段階で，少しの間，スカラー場の勾配に関する第 2.2.5 節で導入した学術用語のいくつかを復習してみる．ϕ 一定の線は ϕ の等値線である．すなわち，ϕ は速度ポテンシャルであるので，この等値線に特別な名称，**等ポテンシャル線** (*equipotential line*) を与える．加えて，すべての点で $\nabla \phi$ が接するような，空間に描かれた線は勾配線と定義される．しかしながら，$\nabla \phi = \mathbf{V}$ であるから，この勾配線は**流線**である．次に，第 2.14 節から，(2 次元流れに関する) 流線は $\bar{\psi}$ 一定の線である．勾配線と等値線は直交する (第 2.2.5 節，スカラー場の勾配を参照せよ) ので，等ポテンシャル線 (ϕ = constant) と流線 ($\bar{\psi}$ = constant) はお互いに直交する．

この結果をもっと明確に説明するために，デカルト座標系における 2 次元，渦なしの非圧縮性流れを考える．流線に関しては，$\psi(x, y)$ = constant である．したがって，流線に沿った この ψ の微分はゼロである．すなわち，

$$d\psi = \frac{\partial \psi}{\partial x} dx + \frac{\partial \psi}{\partial y} dy = 0 \tag{2.159}$$

式 (2.150a, b) から，式 (2.159) は

$$d\psi = -vdx + udy = 0 \tag{2.160}$$

のように書ける．式 (2.160) を dy/dx について解く．そして，それは ψ =constant の線の傾きである．すなわち，流線の傾きである．

$$\left(\frac{dy}{dx}\right)_{\psi=\text{const}} = \frac{v}{u} \tag{2.161}$$

同様に，等ポテンシャル線に関しては，$\phi(x, y)$ = constant である．この線に沿って，

$$d\phi = \frac{\partial \phi}{\partial x}dx + \frac{\partial \phi}{\partial y}dy = 0 \tag{2.162}$$

式 (2.156) から，式 (2.162) は

$$d\phi = udx + vdy = 0 \tag{2.163}$$

のように書ける．式 (2.163) を dy/dx について解くと，それは ϕ = constant の線の傾きである．すなわち，等ポテンシャル線の傾きであり，

$$\left(\frac{dy}{dx}\right)_{\phi=\text{const}} = -\frac{u}{v} \tag{2.164}$$

を得る．p.185 式 (2.161) と式 (2.164) を組み合わせると，

$$\left(\frac{dy}{dx}\right)_{\psi=\text{const}} = -\frac{1}{(dy/dx)_{\phi=\text{const}}} \tag{2.165}$$

を得る．式 (2.165) は ψ = constant の線の傾きが ϕ = constant の線に関する傾きの逆数を負にしたものである (すなわち，流線と等ポテンシャル線はお互いに直交する) ことを示している．

2.17 方程式をどのように解けば良いのか

　本章は数学方程式で満ちている．それらの方程式は空気力学的流れの場の特性を支配する基本的な物理原理を表している．大部分，これらの方程式は偏微分方程式形か，積分形かのいずれかである．これらの方程式は強力で，それ自身により我々が流体の流れの基本を理解するための複雑で知的な構造物を表している．しかしながら，これらの方程式自体は決して実用的ではない．特定の流れの条件において特定の物体を過ぎる実際の流れの場を得るためにはそれらを**解か**なければならない．例えば，もし，高度 30,000 ft を速度 800 ft/s で飛行している Boeing 777 ジェット旅客機まわりの流れの場を計算したいなら，この場合における支配方程式の**解法**を得なければならない．すなわち，空間位置および時間という独立変数の関数としての流れ場の従属変数，$p, \rho, \mathbf{V}$ などの結果を与える解法である．それから，その飛行機に働く揚力，抵抗およびモーメントのような他の実用的な情報を得るためにこの解法を絞り上げなければならない．どのようにしたら良いのであろうか．本節の目的はこの問いに対する 2 つの原理的解答を論議することである．特定の問題の実用解法に関しては，この問いに対して文字どおり数百の異なった解答がある．その多くはこの本の残りの内容を構成している．しかしながら，これらの解法のすべては次に述べる 2 つの原理的なアプローチの何れか一方の範疇に入る．

2.17.1 理論 (解析的) 解法

物理科学あるいは工学のいかなる分野を学んでいる学生も初めに，通常，物理学的問題に対する素敵な，そしてきちんとした解析解法を紹介される．そして，それらはそのような解が可能である程度に簡単化されているのである．例えば，Newton の第二法則を単純な，摩擦なしの振り子の運動に適用するとき，基礎物理学を学んでいる学生に振り子の時間周期に関する閉じた形の解析解が示される．すなわち，

$$T = 2\pi \sqrt{\ell/g}$$

ここに，T は周期，ℓ は振り子の長さ，そして g は重力加速度である．しかしながら，この方程式の背後にある重要な仮定は**微小振幅**振動の仮定である．同様にして，重力場における自由落下物体の運動を学ぶ場合，離した後の時刻 t で物体が落下した距離 y は [p.186] 次式で与えられる．

$$y = \frac{1}{2}gt^2$$

しかしながら，この結果は，物体が空気中を落下するとき，これに働くいかなる空気抵抗をも無視している．上の2つの例はそれらが基礎物理学の有名な結果であるがゆえに与えられている．それらは理論的な，閉じた形の解，すなわち，直接的な代数関係式である例である．

それぞれ第 2.4，2.5 および 2.7 節で導いた，連続，運動量およびエネルギー方程式のような空気力学の支配方程式は高度に非線形な偏微分方程式，あるいは積分方程式である．すなわち，現在まで，これらの方程式に対して，一般解析解は得られていない．この代わりに，2つの異なった哲学がこれらの方程式の有用な解を得るために起こってきた．それらの1つは理論的，すなわち解析的なアプローチである．そこでは，ある空気力学的応用の物理学的性質が十分な程度まで，支配方程式を簡単化することを可能とし，その簡単化された方程式の解析解が得られるのである．そのような1つの例は，第8章で論議する，垂直衝撃波を通過する流れの解析である．この流れは1次元である．すなわち，衝撃波を通過した流れの特性の変化は流れの方向のみに生じる．この場合，第 2.4，2.5 および 2.7 節からの連続，運動量およびエネルギーの支配方程式における y および z による微分係数は恒等的にゼロであり，得られた1次元方程式は，この考えている一次元の場合にも，なおも**厳密**であり，直接的な解析解法に使用しうる．そして，それは実際，衝撃波の厳密解法である．その他の例は第 11 および 12 章で考える翼型を過ぎる圧縮性流れである．もし，翼型が薄く，迎え角が微小であれば，そして，もし自由流の Mach 数が1近傍でもなく (遷音速でない)，また5より高くない (極超音速でない) とすれば，支配方程式における多くの項はその他の項と比べ微小であり，無視できる．結果として得られる簡単化された方程式は線形であり，解析的に解くことができる．これは**近似解法**の例である．そこでは，ある簡単化の仮定が解を得るためになされていたのである．

空気力学理論の展開の歴史はこの部類，すなわち，解析解が得られるように，与えられた応用に適切な厳密支配方程式の簡単化なのである．もちろん，この原理は限られた数の空気力学的問題にだけ有効である．しかしながら，古典的空気力学理論はこのアプローチで構築され，そして，それは本書でも幾分詳しく論議される．これ以降の章で，たくさんの閉じた形の解析解と，同時に，そのような解を得るために必要な近似によるそれらの限界に関する詳細な論議が与えられるのがわかるであろう．現在の空気力学分野において，そのような古典的な解析解法には3つの利点がある．すなわち，

1. これらの解を得ようとすることはその問題に含まれるすべての物理的現象を深く考えさせる.

2. 通常，閉じた形での解は，何が重要な変数であるのか，それと，解がこれらの変数の増減によりどのように変化するのかという情報を直接与える．例えば，第 11 章において，高亜音速流れにおける翼型の揚力係数におよぼす圧縮性効果に関する簡単な式を得る．この式，式 (11.52)，は揚力係数に及ぼす高い速度効果は M_∞ のみに支配されること，そして M_∞ が増加すると，揚力係数が増加することを示している．さらに，その方程式は揚力係数がどのように増加するか，すなわち，$(1-M_\infty^2)^{1/2}$ に逆比例することを示しているのである．これは，近似であるにもかかわらず，重要な情報である．

3. 最後に，閉じた形の結果は簡便計算のための簡単なツールを与え，それは，初期設計プロセスや他の実際的な応用において非常に重要である，格言的な "封筒裏の計算" を可能とするのである．

2.17.2 　数値解法−計算流体力学 (CFD)

　その他の，支配方程式の解への一般的アプローチは数値的である．20 世紀の最後の 3 分の 1 に出現した近代的高速デジタル計算機は空気力学問題の解法に革命を起こし，そして，まったく新しい学問分野，計算流体力学を起こしたのである．本章で導いた連続，運動量およびエネルギーの基礎支配方程式は積分形か偏微分形かのどちらかであることを思い起こすべきである．Anderson の "Computational Fluid Dynamics: The Basics With Applications, McGraw-Hill, 1995" において，計算流体力学は "これらの方程式にある積分，あるいは (場合によっては) 偏微分係数を離散化された代数形式で置き換え，次にそれらの代数方程式を時間と空間，あるいは空間において，離散点における流れ場の値の数値を得るために解く技術" として定義されている．(しばしば頭字語，CFD で表される) 計算流体力学は事実，閉じた形の解析解とは対照的に，数値の集合である．しかしながら，結局，多くの工学的解析の目的は，閉じた形であろうとなかろうと，問題の定量的な記述 (すなわち，**数値**) なのである．

　CFD の美しさは，原理的には，いかなる幾何学的または物理的な近似に頼ることなく，完全非線形方程式である連続，運動量およびエネルギー方程式を取り扱えることである．このことにより，以前は決して解かれなかった多くの複雑な空気力学的流れの場が CFD により解かれてきた．この一例が図 2.42 に示されている．文献 56 から得た，この図から，高迎え角 (示されているのは 14° の場合) における翼型を過ぎる非定常で，粘性，乱流，圧縮性のはく離した流れの場を見ることができる．自由流 Mach 数は 0.5 であり，翼弦長 (先端と後端の間の距離) を基準とした Reynolds 数は 300,000 である．ある時刻の瞬間に存在する瞬間的な流線パターンが示されており，翼型の上方にはく離し，逆流している流れの複雑な性質を表している．この流れは，いかなる幾何学的または物理的簡単化をも行わず，第 2.4，2.5 および 2.7 節で展開した，完全な粘性と熱伝導項を含んだ 2 次元非定常連続，運動量およびエネルギー方程式の CFD 解法により得られる．粘性項や熱伝導項すべてを陽的に示される方程式は第 15 章で展開される．すなわち，その形の場合，それらはしばしば *Navier-Stokes* **方程式**と呼ばれる．図 2.42 に示された流れに関しての解析解は存在しない．すなわち，解は CFD によってのみ得られるのである．

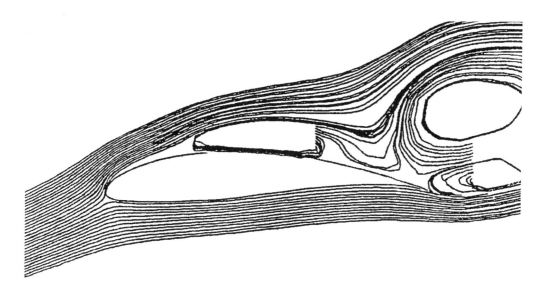

図 2.42 翼型まわりのはく離流に関する計算された流線パターン．$R_e = 300{,}000$，$M_\infty = 0.5$，迎え角 = $14°$

　CFD の背後にある基本的な原理を調べてみよう．再び，CFD 解法は完全な**数値解法**であり，それを実行するのに高速デジタル計算機を使われなければならないことを記憶しておくべきである．CFD 解法において，流れの場はたくさんの**離散**点に分割される．これらの点を通過する座標線は**格子**を形成し，離散点は**格子点**と呼ばれる．図 2.42 に示された流れの場を解くのに用いられた格子は図 2.43 に示されている．すなわち，ここで，格子は翼型まわりを包んでいる．そして，翼型は図の中心から左に小さな白い点として示されていて，格子は翼型から非常に大きな距離までひろがっているのがわかる．格子を流れの主流方向へ大きく伸ばすことは亜音速流れにとって必要である．なぜなら，亜音速流れにおけるじょう乱は物理的に翼型から大きく離れたところまで伝わるからである．これ以降の章でなぜそうなのかを学ぶであろう．翼型近傍の黒い領域は単に，翼型近傍の粘性流れをより精度良く表すために，翼型近傍での非常に多数の，密接した格子点を表すコンピュータグラフィックスの表示法によるものである．p, ρ, u, v などのような流れの場の特性は流れの支配方程式の数値解法により離散した格子点のみで計算され，それら以外では計算されない．これが CFD 解法を閉じた形の解析解法から区別する固有の特性である．解析解法は，その本質により，連続的な時間と空間，あるいは空間の関数として流れを表す閉じた形の式を作り出す．この連続的な空間にある無限の数の点から任意の 1 点を選び，閉じた形の式にその座標を代入し，そして，その点における流れの変数を得ることができる．CFD ではそうではなく，そこでは流れの場の変数は離散した格子点でのみ計算される．CFD 解法に関して，流れの支配方程式における偏微分係数または，場合によっては，積分が格子点での流れ場の変数のみを用いて**離散化される**のである．

　p.189 どのようにしてこの離散化を行うのであろうか．この問いに対して多くの解答がある．その概念を伝えるためいつくかの例を見てみる．

　$\partial u/\partial x$ のような，偏微分係数を考える．いかにしてこの偏微分係数を離散化すればよいのであろうか．最初に，図 2.44 に示されるように一様な矩形の格子点配列を選択する．格子点を x 方向を添え字 i，y 方向を添え字 j により識別する．図 2.44 にある点 P は点 (i, j) となる．点 j

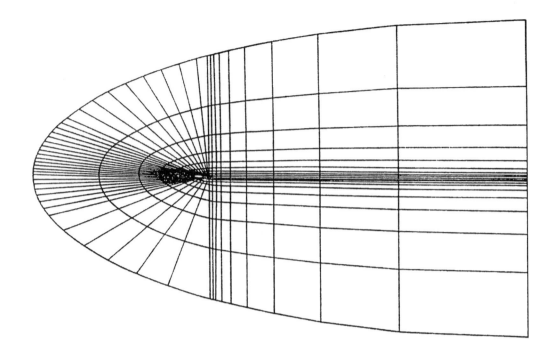

図 2.43 図 2.42 における翼型まわりの流れの数値解に用いられた格子．翼型は図の中央左にある小さな白点である．

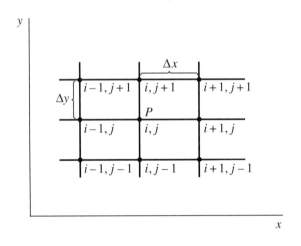

図 2.44 一様な，矩形格子における格子点配列

における変数 u の値は $u_{i,j}$ で表す．P のすぐ右の点における u は $u_{i+1,j}$ で表し，P のすぐ左は $u_{i-1,j}$ で表す．点 P のすぐ上とすぐ下の点での変数 u の値はそれぞれ，$u_{i,j+1}$，$u_{i,j-1}$ で表す．などなど．x 方向の格子点は増加分 Δx だけ離れている．そして y 方向は増加分 Δy だけ離れている．増加分 Δx および Δy は格子点の間では一定でなければならない．しかし，Δx は Δy と異なっても良い．点 P で計算される $\partial u/\partial x$ の離散式を得るために，最初に，点 P まわりで展開された $u_{i+1,j}$ の Taylor 級数展開式を次のように書く．すなわち，

第 2 章　空気力学：基本原理および方程式

$$u_{i+1,j} = u_{i,j} + \left(\frac{\partial u}{\partial x}\right)_{i,j} \Delta x + \left(\frac{\partial^2 u}{\partial x^2}\right)_{i,j} \frac{(\Delta x)^2}{2} + \left(\frac{\partial^3 u}{\partial x^3}\right)_{i,j} \frac{(\Delta x)^3}{6}$$
$$+ \left(\frac{\partial^4 u}{\partial x^4}\right)_{i,j} \frac{(\Delta x)^4}{24} + \dots \tag{2.166}$$

式 (2.166) を $(\partial u/\partial x)_{i,j}$ について解くと，

$$\left(\frac{\partial u}{\partial x}\right)_{i,j} = \underbrace{\frac{u_{i+1,j} - u_{i,j}}{\Delta x}}_{\text{前進差分}} \underbrace{- \left(\frac{\partial^2 u}{\partial x^2}\right)_{i,j} \frac{\Delta x}{2} - \left(\frac{\partial^3 u}{\partial x^3}\right)_{i,j} \frac{(\Delta x)^2}{6} + \dots}_{\text{打ち切り誤差}} \tag{2.167}$$

を得る．式 (2.167) はまだ数学的には厳密な式である．しかしながら，もし，$(\partial u/\partial x)_{i,j}$ を右辺の代数項だけで表すとすれば，すなわち，

$$\left(\frac{\partial u}{\partial x}\right)_{i,j} = \frac{u_{i+1,j} - u_{i,j}}{\Delta x} \qquad \text{前進差分} \tag{2.168}$$

そうすると式 (2.168) は偏微分係数に関する**近似式**を表している．ここで，この近似により入る誤差は，式 (2.167) に示されている打ち切り誤差である．それにもかかわらず，式 (2.168) は偏微分係数に関する代数式を与えるのである．すなわち，偏微分係数が離散化されたのである．なぜなら，それが**離散した格子点における値**，$u_{i+1,j}$ と $u_{i,j}$ により形成されているからである．式 (2.168) における代数差分商は**前進差分**と呼ばれる．なぜなら，それが点 (i, j) の前方の情報，すなわち，$u_{i+1,j}$ を用いているからである．また，式 (2.168) で与えられる前進差分は *1 次精度*をもつ．なぜなら，式 (2.167) における打ち切り誤差の主項が Δx の 1 乗項をもつからである．

式 (2.168) は唯一の $(\partial u/\partial x)_{i,j}$ の離散化形ではない．例えば，点 P まわりに展開した $u_{i-1,j}$ の Taylor 級数展開式は次のように書く．

$$u_{i-1,j} = u_{i,j} + \left(\frac{\partial u}{\partial x}\right)_{i,j} (-\Delta x) + \left(\frac{\partial^2 u}{\partial x^2}\right)_{i,j} \frac{(-\Delta x)^2}{2}$$
$$+ \left(\frac{\partial^3 u}{\partial x^3}\right)_{i,j} \frac{(-\Delta x)^3}{6} + \dots \tag{2.169}$$

p.191 $(\partial u/\partial x)_{i,j}$ について式 (2.169) を解くと，

$$\left(\frac{\partial u}{\partial x}\right)_{i,j} = \underbrace{\frac{u_{i,j} - u_{i-1,j}}{\Delta x}}_{\text{後退差分}} + \underbrace{\left(\frac{\partial^2 u}{\partial x^2}\right)_{i,j} \frac{\Delta x}{2} - \left(\frac{\partial^3 u}{\partial x^3}\right)_{i,j} \frac{(\Delta x)^2}{6} + \dots}_{\text{打ち切り誤差}} \tag{2.170}$$

を得る．したがって，偏微分係数を式 (2.170) に示されている後退差分で表すことができる．すなわち，

$$\left(\frac{\partial u}{\partial x}\right)_{i,j} = \frac{u_{i,j} - u_{i-1,j}}{\Delta x} \qquad \text{後退差分} \tag{2.171}$$

式 (2.171) は偏微分係数の近似式である．ここに，誤差は式 (2.170) で打ち切り誤差と記してあるものによって与えられる．式 (2.171) により与えられる後退差分は 1 次精度をもつ．なぜなら，

式 (2.170) における打ち切り誤差の主項が Δx の 1 乗項を持つからである．それぞれ式 (2.168) および 式 (2.171) で与えられる前進および後退差分は 1 次精度の $(\partial u/\partial x)_{i,j}$ に関する等しく有効な式である．

ほとんどの CFD 解法において，1 次精度は十分ではない．すなわち，少なくとも 2 次精度をもつ $(\partial u/\partial x)_{i,j}$ の離散化が必要である．これは式 (2.169) を式 (2.166) から引くことにより得られ，

$$u_{i+1,j} - u_{i-1,j} = 2\left(\frac{\partial u}{\partial x}\right)_{i,j} \Delta x + \left(\frac{\partial^3 u}{\partial x^3}\right)_{i,j} \frac{(\Delta x)^3}{3} + \ldots \tag{2.172}$$

式 (2.172) を $(\partial u/\partial x)_{i,j}$ について解くと，

$$\left(\frac{\partial u}{\partial x}\right)_{i,j} = \underbrace{\frac{u_{i+1,j} - u_{i-1,j}}{2\Delta x}}_{\text{中心差分}} - \underbrace{\left(\frac{\partial^3 u}{\partial x^3}\right)_{i,j} \frac{(\Delta x)^2}{3} + \ldots}_{\text{打ち切り誤差}} \tag{2.173}$$

を得る．ゆえに，この偏微分係数を式 (2.173) に示される**中心差分**により表すことができる．すなわち，

$$\left(\frac{\partial u}{\partial x}\right)_{i,j} = \frac{u_{i+1,j} - u_{i-1,j}}{2\Delta x} \qquad \text{中心差分} \tag{2.174}$$

式 (2.173) を調べると，式 (2.174) で与えられる中心差分式は 2 次精度をもつことがわかる．なぜなら，式 (2.173) の打ち切り誤差の主項が $(\Delta x)^2$ を持っているからである．多くの CFD 解法に関して，2 次精度は十分な精度である．

それで，これがいかに働くのか，すなわち，流れの支配方程式に表れる偏微分係数がどのように離散化されるのかということである．偏微分係数に関して，その他，たくさんの可能な離散形が存在する．すなわち，上で求めた前進，後退および中心差分はほんの数例なのである．Taylor 級数がこれらの離散化式を求めるのに用いられてきたことに注意すべきである．そのような Taylor 級数式は CFD における**有限差分解法**の基本的な基礎である．対照的に，もし，^{p.192}式 (2.48) と式 (2.64) のような，流れの支配方程式の積分形が用いられるとすると，個々の積分項が離散化され，再び，CFD における**有限体積法**の基本的な基礎である代数方程式となる．

[例題 2.10]

一次元，非定常流れを考える．そこでは，ρ, u などのような流れの場の変数は距離 x と時間 t の関数である．図 2.45 に示される格子を考える．そこでは，x 方向の格子点の並びは添字 i で示す．2 つの格子点列が示されている．1 つは時刻 t におけるもので，他方は時刻 $t + \Delta x$ の場合である．特に，時刻 $t + \Delta t$ において，格子点 i における未知量の密度，$\rho^{t+\Delta t}$ を計算したい．この未知の密度の計算法を求めよ．

[解答]

図 2.45 において，破線の環 (計算モジュールと呼ばれる) は時刻 t における格子点 $i-1$, i と $i+1$, i, そこでは流れの場がわかっている，そして時刻 $t + \Delta t$ における格子点 i, そこでは流れの場は未知である，を含んでいる．以下に再び示す非定常 1 次元流れについて書かれた連続方程式，式 (2.52),

第 2 章 空気力学：基本原理および方程式

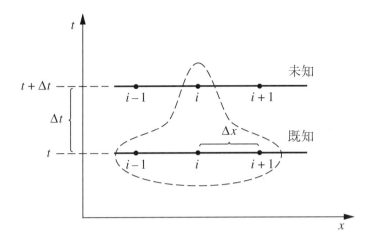

図 2.45 計算モデル．時刻 t における点 $i-1$, i, $i+1$ の既知量から時刻 $t+\Delta t$ における点 i の未知量の計算

$$\frac{\partial \rho}{\partial t} + \nabla \cdot (\rho \mathbf{V}) = 0 \tag{2.52}$$

から，

$$\frac{\partial \rho}{\partial t} + \frac{\partial (\rho u)}{\partial x} = 0 \tag{2.175}$$

を得る．式 (2.175) を並べ替えると，

$$\frac{\partial \rho}{\partial t} = -\frac{\partial (\rho u)}{\partial x}$$

すなわち，

$$\frac{\partial \rho}{\partial t} = -\rho \frac{\partial u}{\partial x} - u \frac{\partial \rho}{\partial x} \tag{2.176}$$

p.193 式 (2.176) において，$\partial \rho/\partial t$ を時間に関する前進差分で，そして，$\partial u/\partial x$ と $\partial \rho/\partial x$ を格子点 i を中心とする空間に関する中心差分で置き換えると，

$$\frac{\rho_i^{t+\Delta t} - \rho_i^t}{\Delta t} = -\rho_i^t \left(\frac{u_{i+1}^t - u_{i-1}^t}{2\Delta x} \right) - u_i^t \left(\frac{\rho_{i+1}^t - \rho_{i-1}^t}{2\Delta x} \right) \tag{2.177}$$

式 (2.177) は**差分方程式**と呼ばれる．すなわち，それは元の偏微分方程式，式 (2.176) の近似式である．そこでは，この近似による誤差は式 (2.177) を得るために用いられるそれぞれの有限差分に関係した打ち切り誤差の総和により与えられる．式 (2.177) を $\rho_i^{t+\Delta t}$ について解くと，

$$\rho_i^{t+\Delta t} = \rho_i^t - \frac{\Delta t}{2\Delta x} \left(\rho_i^t u_{i+1}^t - \rho_i^t u_{i-1}^t + u_i^t \rho_{i+1}^t - u_i^t \rho_{i-1}^t \right) \tag{2.178}$$

式 (2.178) において，右辺にあるすべての量は時刻 t でわかっている値である．したがって，式 (2.178) は時刻 $t+\Delta t$ における未知量，$\rho_i^{t+\Delta t}$ の直接計算を可能とする．

この例は非定常，1次元流れの場合において，与えられた流れのCFD解がどのようにして得られるかの簡単な説明である．時刻 $t + \Delta t$ における格子点 i での未知の速度および内部エネルギーは運動量方程式，式 (2.113a) およびエネルギー方程式，式 (2.114) の x 方向成分を適切な差分方程式に書き，同じようにして計算される．

上の例題は非常に分かりやすく見え，実際そうである．それは，ここに，CFD技法により意味することの説明のためにだけ与えられている．しかしながら．誤解してはならない．計算流体力学は程度の高い，難しい学問である．例えば，ここでは最終解の精度についてや，ある計算手法が安定であるのかそうでないのか (ある数値解を求める手法では計算の途中で不安定‐発散してしまう) や，与えられた方法が流れの場の解を得るのにどのくらいの計算機時間が必要なのかについて何も述べていない．また，その論議において，比較的簡単な格子の例を与えたのである．与えられた流れの問題に対する適切な格子生成はしばしば1つの挑戦である．そして，格子生成はCFDにおいてそれ自身の権利を獲得し副分野となってきている．これらの理由により，CFDは通常，ほとんどの大学において修士課程でのみ教えられている．しかしながら，学部レベルでいくつかのCFDの基本的な考え方を導入する努力の一つとして，本著者は最も基礎的なレベルでその主題を取り扱うために1冊の本，文献7を書いた．文献7は，学生たちが大学院レベルで書かれたCFDに関するより程度の高い本に進む前に読まれることを意図している．本書において，空気力学の全体的な基礎の一部として，しばしばいくつかのCFDの適用を論議するであろう．しかしながら本書はCFDについてのものではない．すなわち，文献7がそれである．

2.17.3 現代空気力学の全体像

p.194 空気力学の知的な理解の発展は，2500年よりも古く，古代ギリシャの科学まで遡るのである．本書で学んでいる空気力学はこの発展の産物である．(空気力学の詳しい歴史については

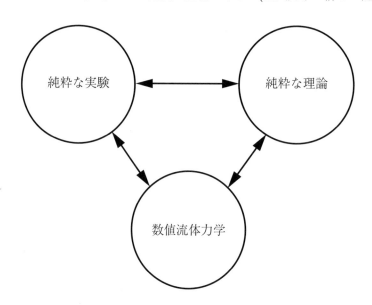

図 2.46 現代空気力学の3つの対等なパートナー

文献 62 を参照せよ.）ここでの論議に関連があるのは，主として，17 世紀中ごろ，フランスで発生した流体力学における実験的な伝統の発展や，同じ世紀の終わりに向かって Isaac Newton により始められた力学における理論解析の導入である．その時以来，20 世紀の中ごろまで，空気力学を含む流体力学の研究と応用は一方で純実験を，他方では純理論を扱ってきた．もし，読者が最近，例えば 1960 年に空気力学を学んでいるとすると，理論と実験という 2 つの研究方法の世界にいることになっていたであろう．しかしながら，計算流体力学は今や我々が空気力学を研究したり応用したりする方法を革命的に変えた．図 2.46 に示されるように，CFD は今日，空気力学的問題の解析と解決において純理論および純実験との**対等**のパートナーである．これは線香花火的な成功ということではない．すなわち，CFD は我々の進化した文明が続く限り，確実にこの役割を演じ続けるであろう．また，図 2.46 における双方向矢印は，今日ではそれぞれが常に対等なパートナーとして相互に影響しあっていることを示している．すなわち，それらは単独では成り立たず，むしろ空気力学という"大きな絵"を解明し，また，より良く理解するために互いに助けあうのである．

2.18 要約

図 2.3 で与えられた，本章のロードマップへ戻る．このマップの左右両方の分枝部分の説明を終え，そして，これ以降の章で実際の空気力学問題の解法に向かう準備ができた．図 2.3 の個々のブロックを注視すべきである．p. 195 すなわち，個々のブロックにより示されている重要な方程式や概念に心を輝かせるべきである．もし，その閃光が暗いなら，本章の適切な節へ戻り，これらの空気力学的ツールを理解できるまでそれを復習すべきである．

便利のため，最も重要な結果を以下に要約する．

流れの基礎方程式

連続方程式

$$\frac{\partial}{\partial t}\iiint_{\mathcal{V}} \rho d\mathcal{V} + \oiint_{S} \rho \mathbf{V} \cdot \mathbf{dS} = 0 \tag{2.48}$$

または

$$\frac{\partial \rho}{\partial t} + \nabla \cdot (\rho \mathbf{V}) = 0 \tag{2.52}$$

または

$$\frac{D\rho}{Dt} + \rho \nabla \cdot \mathbf{V} = 0 \tag{2.108}$$

運動量方程式

$$\frac{\partial}{\partial t}\iiint_{\mathcal{V}} \rho \mathbf{V} d\mathcal{V} + \oiint_{S}(\rho \mathbf{V} \cdot \mathbf{dS})\mathbf{V} = -\oiint_{S} p\mathbf{dS} + \iiint_{\mathcal{V}} \rho \mathbf{f} d\mathcal{V} + \mathbf{F}_{\text{viscous}} \tag{2.64}$$

または

$$\frac{\partial (\rho u)}{\partial t} + \nabla \cdot (\rho u \mathbf{V}) = -\frac{\partial p}{\partial x} + \rho f_x + (\mathcal{F}_x)_{\text{viscous}} \tag{2.70a}$$

(続く)

$$\frac{\partial(\rho v)}{\partial t} + \nabla \cdot (\rho v \mathbf{V}) = -\frac{\partial p}{\partial y} + \rho f_y + (\mathcal{F}_y)_{\text{viscous}} \quad (2.70\text{b})$$

$$\frac{\partial(\rho w)}{\partial t} + \nabla \cdot (\rho w \mathbf{V}) = -\frac{\partial p}{\partial z} + \rho f_z + (\mathcal{F}_z)_{\text{viscous}} \quad (2.70\text{c})$$

または

$$\rho \frac{Du}{Dt} = -\frac{\partial p}{\partial x} + \rho f_x + (\mathcal{F}_x)_{\text{viscous}} \quad (2.113\text{a})$$

$$\rho \frac{Dv}{Dt} = -\frac{\partial p}{\partial y} + \rho f_y + (\mathcal{F}_y)_{\text{viscous}} \quad (2.113\text{b})$$

$$\rho \frac{Dw}{Dt} = -\frac{\partial p}{\partial z} + \rho f_z + (\mathcal{F}_z)_{\text{viscous}} \quad (2.113\text{c})$$

エネルギー方程式 p.196

$$\frac{\partial}{\partial t} \iiint_{\mathcal{V}} \rho \left(e + \frac{V^2}{2}\right) d\mathcal{V} + \oiint_S \rho \left(e + \frac{V^2}{2}\right) \mathbf{V} \cdot d\mathbf{S} \quad (2.95)$$

$$= \iiint_{\mathcal{V}} \dot{q} \rho d\mathcal{V} + \dot{Q}_{\text{viscous}} - \oiint_S p \mathbf{V} \cdot d\mathbf{S}$$

$$+ \iiint_{\mathcal{V}} \rho (\mathbf{f} \cdot \mathbf{V}) d\mathcal{V} + \dot{W}_{\text{viscous}}$$

または

$$\frac{\partial}{\partial t}\left[\rho\left(e + \frac{V^2}{2}\right)\right] + \nabla \cdot \left[\rho\left(e + \frac{V^2}{2}\right)\mathbf{V}\right] = \rho \dot{q} - \nabla \cdot (p\mathbf{V}) + \rho (\mathbf{f} \cdot \mathbf{V})$$

$$+ \dot{Q}'_{\text{viscous}} + \dot{W}'_{\text{viscous}} \quad (2.96)$$

または

$$\rho \frac{D\left(e + V^2/2\right)}{Dt} = \rho \dot{q} - \nabla \cdot (p\mathbf{V}) + \rho (\mathbf{f} \cdot \mathbf{V}) + \dot{Q}'_{\text{viscous}} + \dot{W}'_{\text{viscous}} \quad (2.114)$$

実質微分

$$\frac{D}{Dt} \equiv \frac{\partial}{\partial t}_{\text{局所微分係数}} + (\mathbf{V} \cdot \nabla)_{\text{対流微分係数}} \quad (2.109)$$

第 2 章　空気力学：基本原理および方程式

流線は任意点における接線方向がその点における速度ベクトルの方向である曲線である．流線の方程式は

$$\mathbf{ds} \times \mathbf{V} = 0 \tag{2.115}$$

で与えられる．すなわち，デカルト座標系においては，

$$w\,dy - v\,dz = 0 \tag{2.117a}$$

$$u\,dz - w\,dx = 0 \tag{2.117b}$$

$$v\,dx - u\,dy = 0 \tag{2.117c}$$

任意の与えられた点における渦度 ξ は流体要素の角速度 ω の 2 倍である．そして，両者は速度場と次式のような関係である．

$$\xi = 2\omega = \nabla \times \mathbf{V} \tag{2.129}$$

$\nabla \times \mathbf{V} \neq 0$ のとき，流れは渦ありである．$\nabla \times \mathbf{V} = 0$ のとき，流れは渦なしである．

p.197 循環 Γ は揚力と関係し，次式のように定義される．

$$\Gamma \equiv -\oint_C \mathbf{V} \cdot \mathbf{ds} \tag{2.136}$$

循環は渦度と次のように関係している．

$$\Gamma \equiv -\oint_C \mathbf{V} \cdot \mathbf{ds} = \iint_S (\nabla \times \mathbf{V}) \cdot \mathbf{dS} \tag{2.137}$$

または

$$(\nabla \times \mathbf{V}) \cdot \mathbf{n} = -\frac{d\Gamma}{dS} \tag{2.138}$$

流れ関数 $\bar{\psi}$ は，$\bar{\psi}(x, y) =$ constant が流線の方程式である関数と定義され，2 つの流線間における流れ関数の差，$\Delta \bar{\psi}$ がこれらの流線間の質量流量に等しい．この定義の結果として，デカルト座標系では，

$$\rho u = \frac{\partial \bar{\psi}}{\partial y} \tag{2.147a}$$

$$\rho v = -\frac{\partial \bar{\psi}}{\partial x} \tag{2.147b}$$

円柱座標系では

$$\rho V_r = \frac{1}{r}\frac{\partial \bar{\psi}}{\partial \theta} \tag{2.148a}$$

$$\rho V_\theta = -\frac{\partial \bar{\psi}}{\partial r} \tag{2.148b}$$

(続く)

非圧縮流れに関して，$\psi \equiv \bar{\psi}/\rho$ が定義され，それで $\psi(x, y) = \text{constant}$ が流線を表し，2つの流線間の $\Delta\psi$ がこれらの流線間の体積流量に等しい．この定義の結果として，デカルト座標系では，

$$u = \frac{\partial \psi}{\partial y} \tag{2.150a}$$

$$v = -\frac{\partial \psi}{\partial y} \tag{2.150b}$$

円柱座標系においては

$$V_r = \frac{1}{r}\frac{\partial \psi}{\partial \theta} \tag{2.151a}$$

$$V_\theta = -\frac{\partial \psi}{\partial r} \tag{2.151b}$$

流れ関数は渦ありおよび渦なし流れの両方に用いられる．しかし，それは2次元流れのみに限定される．

p.198 速度ポテンシャル ϕ は渦なし流れにおいてのみ定義される．それで，

$$\mathbf{V} = \nabla \phi \tag{2.154}$$

デカルト座標系では

$$u = \frac{\partial \phi}{\partial x} \quad v = \frac{\partial \phi}{\partial y} \quad w = \frac{\partial \phi}{\partial z} \tag{2.156}$$

円柱座標系においては

$$V_r = \frac{\partial \phi}{\partial r} \quad V_\theta = \frac{1}{r}\frac{\partial \phi}{\partial \theta} \quad V_z = \frac{\partial \phi}{\partial z} \tag{2.157}$$

球座標系においては，

$$V_r = \frac{\partial \phi}{\partial r} \quad V_\theta = \frac{1}{r}\frac{\partial \phi}{\partial \theta} \quad V_\Phi = \frac{1}{r\sin\theta}\frac{\partial \phi}{\partial \Phi} \tag{2.158}$$

渦なし流れはポテンシャル流れと呼ばれる．

ϕ が一定の線は等ポテンシャル線である．等ポテンシャル線は (2次元渦なし流れでは) 流線と直交する．

2.19 演習問題

2.1 任意形状の物体を考える．もし，その物体の表面上の圧力分布が一定であるとすると，物体に働く圧力による力はゼロであることを証明せよ．[この事実は式 (2.77) に用いられている．]

第 2 章 空気力学：基本原理および方程式　　　187

2.2 風洞中の翼型を考える (すなわち，測定部幅の翼). 単位翼幅あたりの揚力は風洞の上下壁面の圧力分布 (すなわち，翼型の上方および下方の壁面圧力分布) から得られることを証明せよ.

2.3 速度の x, y 方向成分が $u = cx/(x^2 + y^2)$, $v = cy/(x^2 + y^2)$ で与えられる速度場を考える. ここに，c は定数である. 流線の式を求めよ.

2.4 速度の x, y 方向成分が $u = cy/(x^2 + y^2)$, $v = -cx/(x^2 + y^2)$ で与えられる速度場を考える. ここに，c は定数である. 流線の方程式を求めよ.

2.5 半径方向および接線方向の速度成分がそれぞれ，$V_r = 0$, $V_\theta = cr$, であり，c が定数である流れの場を考える. 流線の式を求めよ.

2.6 速度の x, y 方向成分が $u = cx$, $v = -cy$ で与えられる速度場を考える. ここに，c は定数である. 流線の式を求めよ.

2.7 ᴾ· ¹⁹⁹ 演習問題 2.3 で与えられる速度場は**わき出し流れ**と呼ばれる. そして，それは第 3 章で論議される. わき出し流れについて，次のものを計算せよ.

　a. 単位体積あたりの，流体要素の体積の時間変化率

　b. 渦度

ヒント：速度成分を極座標系成分に変換し，極座標系で考えるのがより簡単である.

2.8 演習問題 2.4 で与えられる速度場は**渦流れ**と呼ばれる. そして，それは第 3 章で論議される. 渦流れについて，次のものを計算せよ.

　a. 単位体積あたりの，流体要素の体積の時間変化率

　b. 渦度

ヒント：前と同様に容易にするため極座標系を用いよ.

2.9 演習問題 2.5 で与えられた流れの場は渦なしか. 読者の答えを証明せよ.

2.10 極座標系における流れの場を考える. そこでは，流れ関数が $\psi = \psi(r, \theta)$ で与えられる. 2 つの流線間における質量流量の概念から出発し，式 (2.148a,148b) を導け.

2.11 演習問題 2.6 で与えられた速度場が非圧縮性流れに関係していると仮定して，流れ関数と速度ポテンシャルを計算せよ. この結果を用い，ϕ 一定の線は ψ 一定の線と直交することを示せ.

2.12 U 字型に曲げられたある長さの管を考える. 管の内径は 0.5 m である. 空気が平均速度 100 m/s で一方の管から流入し，同じ速度でもう一方の管から流出する. そして，流れの方向は反対である. 入口と出口における流れの圧力はまわりの大気圧である. この空気流によってこの管に加わる力の大きさと方向を計算せよ. 空気密度は 1.23 kg/m³ である.

2.13 例題 2.1 で取り上げた波状壁を過ぎる亜音速圧縮性流れを考える．x と y の関数としての，この流れに関する速度ポテンシャルの式を導け．

2.14 例題 2.1 において，壁面から無限に離れた距離にある流線は直線であると述べた．このことを証明せよ．

第2部

非粘性，非圧縮性流れ

p. 201 第2部において，一定密度をもつ流体の流れ，すなわち，非圧縮性流れを取り扱う．これは水の流のような液体の流れに，また，気体の低速流れに適用される．ここで取り扱われる題材は大気中の低速飛行，すなわち，およそ 0.3 以下の Mach 数における飛行に適用できる．

第3章　非粘性，非圧縮性流れの基礎

p.203 難しい分野である理論流体力学は便宜上，一般的に2つの分野に分けられている．1つは摩擦なし流体，すなわち完全流体を取り扱うものと，他方は粘性流体，すなわち，不完全流体を取り扱うものである．摩擦なし流体は自然には存在しない，しかし，粘性流体，すなわち，自然に存在する流体に近似的に成り立つであろう重要な法則や原理の研究に役立てるために数学者達により仮定されたのである．

Albert F. Zahm, 1912
(Professor of aeronautics, and
developer of the first aeronautical
laboratory in a U.S. university,
The Catholic University of America)

プレビュー・ボックス

ここで，より多くの基礎的な事項の説明にもどろう．本章では，特定の流れ，すなわち非粘性，非圧縮性流れの基礎に焦点をあてる．実際，そのような流れは2つの点で神話(訳者注：理想的)である．第1は，現実において多かれ少なかれある程度，常に摩擦は存在し，そして，厳密に言えば，自然界には非粘性流れは存在しない．第2に，すべての流れは，多かれ少なかれ圧縮性があり，厳密に言えば，自然界に非圧縮性流れは存在しない．しかしながら，工学において，すべてのものに対して"厳密に言えば"であるとすれば，いかなるものも解析できないであろう．よって読者が勉強を進めていくと，実質的に，すべての工学的解析は関係する物理学について近似が行われていることがわかるであろう．

本章の題材に関連して，流れは非粘性で，非圧縮性に非常に近いので，それを仮定すると驚くほど正確な結果を得られる空気力学的応用例が多数存在する．ここで，低速風洞がどのように作動するかを考える．読者は p.204 Pitot 管と呼ばれる基本的な器具を用いる低速流れの速度計測法に気付くであろう．Pitot 管は飛行速度を計測するため，実際すべての飛行機に装着されている．これは，自動車に速度計があるのと同じように重要，かつ基本的な物なのである．また，なぜ野球の投手が球に回転を与えたときその球が曲がるのか，なぜゴルファーがゴルフボールを打ったとき，それがときどきフックしたりスライスしたりするのかを理解するだろう．

そして，多くの基礎事項の中でも，流体力学における最も有名な方程式である Bernoulli の式へ導かれる．すなわち，この方程式は，非粘性，非圧縮性流れにおいて，ある1つの点における速度と圧力を別の点で関係づけることがで

きる．さらに円形物体を過ぎる流れを計算する方法と，この流れの正確な流線を計算し，図示する方法も学ぶであろう．このようなことを学ぶことは興味深いことであり，空気力学をさらに深く勉強する際に重要性を持つものである．

よって，本章は基礎と応用が混在している．しかし，この基礎的事項をさらなる発展を試みるための基本概念とし，そして，その応用例に興味を持つべきである．

3.1 序論およびロードマップ

実用航空の世界は，1903 年 12 月 17 日に誕生した．その日，10：35 AM，冷たく，強い危険な風に向かって Orville Wright が Wright Flyer 号を操縦し，歴史的な 12 秒，120 ft の初飛行を行ったのである．図 3.1 は Wright Flyer 号の離昇の瞬間に，飛行機の右側を走り，翼端が砂面を引きずらないようそれを支えていた Wilbur Wright とともに写っている写真である．この写真は航空史において，最も重要な写真である．すなわち，それが示している出来事が航空工学を 20 世紀の主流としたのである．[*1]

Wright Flyer 号の飛行速度は約 30 mi/h であった．続く数十年間にわたり，飛行機の飛行速度は絶え間なく増加した．より強力なエンジンと抵抗の低減に注意することにより，第二次世界大戦の直前には約 300 mi/h に増加した．図 3.2 は第二次世界大戦直前の時代における代表的な戦闘機を示している．空気力学的観点から，0 から 300 mi/h の空気速度において，空気密度は，わずか数パーセント変わるだけで，本質的に一定である．したがって，図 3.1 および図 3.2 に示された 2 つの写真の間の期間に開発された飛行機の空気力学は**非圧縮性流れ**により記述できた．結果として，莫大な実験的および理論的空気力学結果が Wright Flyer 号から始まる 40 年間にわたり取得された．すなわち，非圧縮性流れに適用された結果である．今日でも，まだ，非圧縮性空気力学は非常に重要である．なぜなら，現代の大部分のジェネラル・アビエーション機は 300 mi/h より下の速さで飛行している．典型的な軽ジェネラル・アビエーション機を図 3.3 に示す．低速の航空工学応用に加えて，非圧縮性流れの原理は，例えば，パイプを流れる水流，太洋を航行する潜水艦や船の運動，ウインドタービン (風車の現代学術用語) の設計やその他多くの重要な応用などの流体の流れに適用される．

p. 205 上で述べたすべての理由により，非圧縮性流れの研究は Wright 兄弟の時代でそうであったように，今日でも適切である．ゆえに，第 3 章から第 6 章はもっぱら非圧縮性流れを取り扱う．さらに，大部分で，摩擦，熱伝導，あるいは拡散の効果を無視する．すなわち，これらの章では**非粘性**非圧縮流を取り扱う．[*2] 図 1.44 で示された空気力学的流れの分類を見ると， p. 207 第 3 章から第 6 章に含まれるものは統合されたブロック D と E 内にある．

本章の目的は非粘性，非圧縮性流れに適用できるいくつかの基本的関係を導くことと，いくつかの，簡単ではあるが重要な流れ場とその応用を論議することである．それで，本章の題材は第 4 章の翼型理論および第 5 章の有限翼幅翼理論のための打ち上げ基地として用いられる．

[*1] Wright 兄弟による動力初飛行への詳しい歴史については文献 2 を見よ．
[*2] 非粘性，非圧縮性流体はときどき**理想流体**とか**完全流体**と呼ばれる．この学術用語はここでは用いない．なぜなら，それが時おり，熱力学の "理想気体"，あるいは "完全気体" との混同を引き起こすからである．本著者は理想流体あるいは完全流体よりもより厳密な用語である "非粘性，非圧縮性流れ" 使うことを選ぶ．

第3章 非粘性,非圧縮性流れの基礎

図 3.1 1903年12月17日,Wright 兄弟により達成された人類初の重航空機による動力飛行の歴史的写真

図 3.2 Seversky P-35 (米国空軍の好意による).

　本章のロードマップが図 3.4 に与えられている.3つの大通りがある.すなわち,(1) Bernoulli の式の導出といくつかの直接的な適用;(2) Laplace の方程式の論議.この式は非粘性,非圧縮性,渦なし流れに関する支配方程式である;(3) いくつかの基本流れパターンの提示,すなわち,円柱を過ぎる非揚力および揚力流れを表すためにそれらを重ね合わせる方法,および,それらが,一般的な物体を過ぎる流れの解に関する,**パネル法** (*panel technique*) と呼ばれる一般的な数値解法をどのように形成しているかということである.本章を読み進んで行く際に,進む方向を保ち,いろいろな節がどのように関係しているかを知るためにこのロードマップをときど

194　第 2 部　非粘性，非圧縮性流れ

図 3.3 Cessna Model 425 Conquest ©Digital Vision/Getty RF

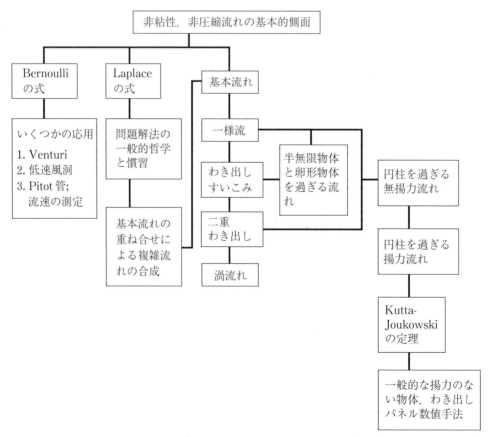

図 3.4 第 3 章のロードマップ

3.2 Bernoulli の式

　第 3.19 節に描かれるように，18 世紀の初頭には Johann および Daniel Bernoulli の仕事や，特に，Leonhard Euler により導かれた理論流体力学の開花が見られた．非粘性，非圧縮性流における圧力と速度との間の関係が最初に理解されたのは正にこの時代であった．結果の式は

$$p + \frac{1}{2}\rho V^2 = \text{const}$$

である．この式は，Euler により最初に上の形式で示されたが (第 3.19 節を見よ)，*Bernoulli の式* (*Bernoulli's equation*) と呼ばれている．Bernoulli の式はおそらく流体力学において最も有名な方程式である．そして，本節の目的は第 2 章で論議された一般方程式からこの式を導くことである．

　式 (2.113a) により与えられる運動量方程式の x 方向成分を考える．体積力がない非粘性流れに関して，この方程式は

$$\rho \frac{Du}{Dt} = -\frac{\partial p}{\partial x}$$

となる．すなわち

$$\rho\frac{\partial u}{\partial t} + \rho u\frac{\partial u}{\partial x} + \rho v\frac{\partial u}{\partial y} + \rho w\frac{\partial u}{\partial z} = -\frac{\partial p}{\partial x} \tag{3.1}$$

定常流に関しては，$\partial u/\partial t = 0$ である．式 (3.1) は

$$u\frac{\partial u}{\partial x} + v\frac{\partial u}{\partial y} + w\frac{\partial u}{\partial z} = -\frac{1}{\rho}\frac{\partial p}{\partial x} \tag{3.2}$$

と書ける．^{p. 208} 式 (3.2) に dx を掛ける．すなわち，

$$u\frac{\partial u}{\partial x}dx + v\frac{\partial u}{\partial y}dx + w\frac{\partial u}{\partial z}dx = -\frac{1}{\rho}\frac{\partial p}{\partial x}dx \tag{3.3}$$

3 次元空間における流線に沿った流れを考える．流線の方程式は式 (2.117a)，式 (2.117b) および式 (2.117c) により与えられる．特に，

$$udz - wdx = 0 \tag{2.117b}$$

および

$$vdx - udy = 0 \tag{2.117c}$$

を式 (3.3) に代入して，

$$u\frac{\partial u}{\partial x}dx + u\frac{\partial u}{\partial y}dy + u\frac{\partial u}{\partial z}dz = -\frac{1}{\rho}\frac{\partial p}{\partial x}dx \tag{3.4}$$

を得る．すなわち，

$$u\left(\frac{\partial u}{\partial x}dx + \frac{\partial u}{\partial y}dy + \frac{\partial u}{\partial z}dz\right) = -\frac{1}{\rho}\frac{\partial p}{\partial x}dx \tag{3.5}$$

微分計算法より，関数 $u = u(x, y, z)$ が与えられていると，u の微分は

$$du = \frac{\partial u}{\partial x}dx + \frac{\partial u}{\partial y}dy + \frac{\partial u}{\partial z}dz$$

であることを思い出すべきである．これは厳密に式 (3.5) の括弧内の項である．したがって，式 (3.5) は

$$udu = -\frac{1}{\rho}\frac{\partial p}{\partial x}dx$$

と書ける．すなわち，

$$\frac{1}{2}d(u^2) = -\frac{1}{\rho}\frac{\partial p}{\partial x}dx \tag{3.6}$$

同様にして，式 (2.113b) で与えられる運動量方程式の y 方向成分から出発し，非粘性，定常流に特定し，この結果を流線，式 (2.117a) および式 (2.117c) に沿った流れに適用すると，

$$\frac{1}{2}d(v^2) = -\frac{1}{\rho}\frac{\partial p}{\partial y}dy \tag{3.7}$$

を得る．同様に，運動量方程式の z 方向成分，式 (2.113c) から

$$\frac{1}{2}d(w^2) = -\frac{1}{\rho}\frac{\partial p}{\partial z}dz \tag{3.8}$$

を得る．式 (3.6) から式 (3.8) までを加えると，

$$\frac{1}{2}d(u^2 + v^2 + w^2) = -\frac{1}{\rho}\left(\frac{\partial p}{\partial x}dx + \frac{\partial p}{\partial y}dy + \frac{\partial p}{\partial z}dz\right) \tag{3.9}$$

となる．P. 209 しかしながら，

$$u^2 + v^2 + w^2 = V^2 \tag{3.10}$$

および，

$$\frac{\partial p}{\partial x}dx + \frac{\partial p}{\partial y}dy + \frac{\partial p}{\partial z}dz = dp \tag{3.11}$$

式 (3.10) および (3.11) を式 (3.9) に代入すると，

$$\frac{1}{2}d(V^2) = -\frac{dp}{\rho}$$

を得る．すなわち，

$$\boxed{dp = -\rho V dV} \tag{3.12}$$

第3章　非粘性，非圧縮性流れの基礎

式 (3.12) は *Euler の方程式* (*Euler's equation*) と呼ばれる．それは体積力がない非粘性流に適用され，また，ある流線に沿った速度変化，dV を同じ流線に沿った圧力変化，dp に関係づける．

式 (3.12) は非圧縮性流れに関して非常に特別なそして重要な形式をとる．$\rho =$ constant のような場合，式 (3.12) は流線に沿った任意の 2 つの点 1 と 2 との間で簡単に積分できる．$\rho =$ constant とした式 (3.12) から

$$\int_{p_1}^{p_2} dp = -\rho \int_{V_1}^{V_2} V dV$$

を得る．すなわち，

$$p_2 - p_1 = -\rho \left(\frac{V_2^2}{2} - \frac{V_1^2}{2} \right)$$

すなわち，

$$\boxed{p_1 + \frac{1}{2}\rho V_1^2 = p_2 + \frac{1}{2}\rho V_2^2} \tag{3.13}$$

式 (3.13) は *Bernoulli の式* (*Bernoulli's equation*) である．そして，それは流線上の点 1 における p_1 と V_1 を同じ流線上の異なる点 2 における p_2 と V_2 とに関係づける．また，式 (3.13) を次のように書くことができる．

$$\boxed{p + \frac{1}{2}\rho V^2 = 流線に沿って一定} \tag{3.14}$$

式 (3.13) および式 (3.14) を導く際に，流れに渦があるとか，渦なしとかのような，いかなる条件もつけられていない．すなわち，これらの式はどちらの場合でも流線に沿って成り立つのである．一般的な，渦のある流れに関して，式 (3.14) の定数の値はある流線からとなりの流線へ変わると異なる．しかしながら，もし，流れが渦なしであれば，その時，Bernoulli の式は流れ場の任意の 2 点間で成立し，それらは必ずしも同一流線上にある必要はない．渦なし流れに関して，式 (3.14) の定数はすべての流線について同じである．それで，

$$\boxed{p + \frac{1}{2}\rho V^2 = 流れ場全体で一定} \tag{3.15}$$

この式の証明は演習問題 3.1 として与えられている．

p. 210 Bernoulli の式の物理的重要さは式 (3.13) から式 (3.15) の式により明らかである．すなわち，速度が増加すると，圧力が減少し，また，速度が減少すると圧力が増加するということである．

Bernoulli の式は運動量方程式から導かれた．すなわち，それは体積力が働かない，非粘性，非圧縮性流れに関する Newton の運動第二法則を表していることに注意すべきである．しかしながら，式 (3.13) から式 (3.15) の次元は単位体積あたりのエネルギーであることに注意すべきである ($\frac{1}{2}\rho V^2$ は単位体積あたりの運動エネルギーである)．それゆえ，Bernoulli の式は，また，

非圧縮性流れにおける力学的エネルギーに関する式でもある．すなわち，それは圧力による力により流体になされた仕事は流れの運動エネルギーの変化に等しいことを述べている．実際，Bernoulli の式は，式 (2.114) のような一般的なエネルギー方程式から導くことができる．この導出は読者へ残しておく．Bernoulli の式が Newton の第二法則か，あるいはエネルギー方程式のどちらかに解釈されるという事実は，エネルギー方程式が非粘性，非圧縮性流れの解析に関して余分であることを明瞭に説明している．そのような流れに関して，連続および運動量方程式で十分である．(この同じ問題について第 2.7 節の初めにあるコメントを参照すると良い．)

非粘性，非圧縮性流れにおける大部分の問題を解くための戦略は次のようになる．すなわち，

1. 支配方程式から速度場を得る．これらの，非粘性，非圧縮性流れに関する適切な方程式は第 3.6 および第 3.7 節で詳しく議論される．

2. 一度速度場がわかれば，Bernoulli の式から対応する圧力場を得る．

しかしながら，そのような流れの解を求める一般的な方法 (第 3.7 節) を取り扱う前に，いくつかの連続方程式と Bernoulli 式の適用がダクト内の流れ (第 3.3 節) や Pitot 管 (Pitot tube) を用いた空気速度の測定 (第 3.4 節) へなされる．

[例題 3.1]

自由流速 50 m/s の標準海面条件において流れの中にある翼型を考える．翼型上の 1 つの与えられた点において，圧力が 0.9×10^5 N/m^2 である．この点における速度を計算せよ．

[解答]

標準海面条件において，$\rho_\infty = 1.23$ kg/m^3, $p_\infty = 1.01 \times 10^5$ N/m^2 である．それゆえ，

$$p_\infty + \frac{1}{2}\rho_\infty V_\infty^2 = p + \frac{1}{2}\rho_\infty V^2$$

$$V = \sqrt{\frac{2(p_\infty - p)}{\rho_\infty} + V_\infty^2} = \sqrt{\frac{2(1.01 - 0.9) \times 10^5}{1.23} + (50)^2}$$

$$\boxed{V = 142.8 \text{ m/s}}$$

[例題 3.2]$^{\text{p. 211}}$

非粘性，非圧縮性空気流をある流線に沿って考える．この流線に沿った空気の密度は 0.002377 slug/ft^3 である．これは，海面における標準大気密度である．この流線上の点 1 において，圧力と速度は，それぞれ，2116 lb/ft^2 および 10 ft/s である．この流線上の更に下流にある点 2 において，速度が 190 ft/s である．点 2 における圧力を計算せよ．この対応する速度変化と比較して，点 1 から点 2 への圧力における相対的な変化に対して考察せよ．

[解答]

式 (3.13) から，

$$p_1 + \frac{1}{2}\rho V_1^2 = p_2 + \frac{1}{2}\rho V_2^2$$

ゆえに，

$$p_2 = p_1 + \frac{1}{2}\rho\left(V_1^2 - V_2^2\right)$$

$$p_2 = 2116 + \frac{1}{2}(0.002377)[(10)^2 - (190)^2]$$

$$= 2116 + \frac{1}{2}(0.002377)(100 - 36100)$$

$$= 2116 - 42.8 = \boxed{2073.2 \text{ lb/ft}^2}$$

注：流れの速度がこの流線に沿って 10 ft/s から 190 ft/s に増加するので，圧力は 2116 lb/ft^2 から 2073.1 lb/ft^2 に減少する．これは，圧力におけるわずか，42.8/2116，すなわち，0.02 倍の減少に関して速度における 19 倍の増加になるということである．別の言いかたをすれば，圧力における，わずか 2 % の減少が流れの速度に 1900 % の増加を生じさせるのである．これが低速流れの一般的な特性の一例である．すなわち，速度における大きな変化を得るために，ほんの僅かな圧力変化だけが必要なのである．読者はこれを身の回りの天候で感じとれる．ある地点から他の地点へ気圧の僅かな変化が強い風を発生させうるのである．

3.3　ダクト内の非圧縮性流れ：venturi 管および低速風洞

図 3.5 に示されるようなダクトを通る流れを考える．一般的に，このダクトは 1 つの位置から次の位置で断面積が変化する楕円または長方形断面のような 3 次元形状であろう．そのようなダクトを流れる流れは 3 次元的であり，厳密に言えば，第 2 章で導いた完全 3 次元保存方程式により解析しなければならない．しかしながら，多くの応用において，面積変化 $A = A(x)$ は穏やかである．そして，そのような場合，流れ場の特性値は任意の断面全体で一様であり，それゆえに，x 方向にのみ変化すると仮定することは理にかなっている．図 3.5 において，一様流が断面 1 に描かれており，断面 2 には別のしかし違う一様流が描かれている．面積が x の関数として変化し，p. 212 そしてすべての流れ場の特性値が x のみの関数と仮定される，すなわち，$A = A(x)$, $V = V(x)$, $p = p(x)$, 等は**準 1 次元流れ** (quasi-one-dimensional flow) と呼ばれる．そのような流れはダクトの真の 3 次元流れの近似にすぎないのであるが，その結果は多くの空気力学的応用に対して十分に正確である．そのような準 1 次元流れの計算は工学においてよく用いられる．それらが本節の主題である．

下に示す連続の方程式の積分形を考える．

$$\frac{\partial}{\partial t}\iiint_\mathcal{V} \rho d\mathcal{V} + \oiint_S \rho \mathbf{V} \cdot \mathbf{dS} = 0 \tag{2.48}$$

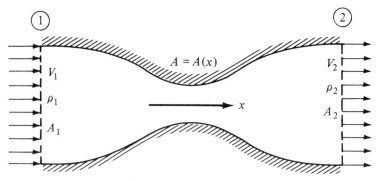

図 3.5 ダクト内の準 1 次元流れ

定常流れの場合，これは

$$\oiint_S \rho \mathbf{V} \cdot \mathbf{dS} = 0 \tag{3.16}$$

となる．式 (3.16) を図 3.5 に示すダクトに適用する．ここに，検査体積は左側で A_1，右側で A_2，そして，ダクトの上下壁で囲まれている．ゆえに，式 (3.16) は，

$$\iint_{A_1} \rho \mathbf{V} \cdot \mathbf{dS} + \iint_{A_2} \rho \mathbf{V} \cdot \mathbf{dS} + \iint_{\text{wall}} \rho \mathbf{V} \cdot \mathbf{dS} = 0 \tag{3.17}$$

である．壁に沿って，流れ速度は壁に接している．定義により，$\mathbf{dS}$ は壁に対して垂直であるので，壁に沿って，$\mathbf{V} \cdot \mathbf{dS} = 0$ である．そして，壁面上の積分はゼロとなる．すなわち，式 (3.17) において，

$$\iint_{\text{wall}} \rho \mathbf{V} \cdot \mathbf{dS} = 0 \tag{3.18}$$

断面 1 で，流れは A_1 全体で一様である．$\mathbf{dS}$ と $\mathbf{V}$ は断面 1 で反対方向である ($\mathbf{dS}$ は定義により検査体積の外へ向いている) ことを注意して，P. 213 式 (3.17) において，

$$\iint_{A_1} \rho \mathbf{V} \mathbf{dS} = -\rho_1 A_1 V_1 \tag{3.19}$$

である．断面 2 で，流れは A_2 全体で一様であり，$\mathbf{dS}$ と $\mathbf{V}$ とは方向が同じであるので，式 (3.17) において，

$$\iint_{A_2} \rho \mathbf{V} \cdot \mathbf{dS} = \rho_2 A_2 V_2 \tag{3.20}$$

である．式 (3.18) から式 (3.20) を式 (3.17) に代入すると

$$-\rho_1 A_1 V_1 + \rho_2 A_2 V_2 + 0 = 0$$

すなわち，

$$\boxed{\rho_1 V_1 A_1 = \rho_2 V_2 A_2} \tag{3.21}$$

第3章 非粘性，非圧縮性流れの基礎

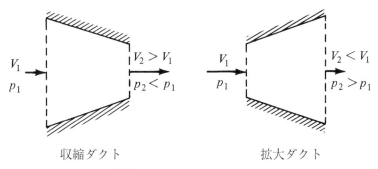

図 3.6 ダクト内の非圧縮性流れ

を得る．式 (3.21) は準 1 次元連続の方程式である．すなわち，それは圧縮性及び非圧縮性流れの両方に適用できる[*3]．物理的には，それはダクトを流れる質量流量が一定である (すなわち，入るものは出ていかなければならない) ということを述べているのである．式 (3.21) を質量流量に関する式 (2.43) と比較してみるとよい．

非圧縮性流れのみを考える．ここに，ρ = constant である．式 (3.21) において，$\rho_1 = \rho_2$ であるので，

$$A_1 V_1 = A_2 V_2 \tag{3.22}$$

を得る．式 (3.22) は非圧縮性流れに関する準 1 次元連続方程式である．物理的には，それはダクトを流れる体積流量 (立法フィート/秒または立方メートル/秒) が一定であることを述べている．式 (3.22) より，もし，面積が流れに沿って減少 (収縮ダクト) すると，速度は増加する．逆に，もし，面積が増加 (拡大ダクト) すると，速度は減少する．これらの変化は図 3.6 に示されている．すなわち，それらは[p. 214]非圧縮性連続方程式の基本的な結果であり，読者はそれらを完全に理解すべきである．さらに，Bernoulli の式，式 (3.15) から，速度が収縮ダクトにおいて増加するとき，圧力は減少する．逆に，速度が拡大ダクトで減少するとき，圧力は増加することがわかる．これらの圧力変化もまた図 3.6 に示されている．

図 3.7 に示されるような，収縮-拡大ダクトを流れる非圧縮性流れを考える．この流れは速度 V_1，圧力 p_1 でこのダクトに流れ込む．速度はダクトの収縮部で増加し，ダクトの最小面積のところで最大値 V_2 に達する．この最小面積部は**スロート** (throat) と呼ばれる．また，その収縮部において，圧力は，図 3.7 に描かれているように，減少する．スロートにおいて，圧力は最小値 p_2 に達する．スロートの下流の拡大部において，速度は減少し，圧力は増加する．図 3.7 に示されるダクトは venturi 管と呼ばれている．それは工学的に多くの応用が見出される装置であり，それが初めて用いられたのは 1 世紀以上さかのぼる．それの主な特性はスロートにおける圧力 p_2 が venturi 管の外の周囲圧力 (ambient pressure) p_1 より低いということである．この圧力差 $p_1 - p_2$ はいくつかの応用では利点として用いられる．たとえば，自動車のキャブレターにおいて，流入する空気を燃料と混合させる venturi 管が存在する．venturi 管のスロート部に燃料管の開口部がある．p_2 が周囲圧力 p_1 より低いので，圧力差 $p_1 - p_2$ は燃料を空気流に

[*3] 式 (3.21) のより簡単な，より初歩的な導出に関しては文献 2 の第 4 章を見よ．本論議において，一般的な積分形の連続方程式と矛盾しない，式 (3.21) のより厳密な導出を行った．

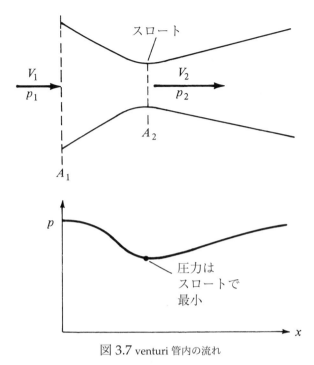

図 3.7 venturi 管内の流れ

吸い出し，スロート下流でそれを空気と混合するのを助けるのである．

　空気力学により近い応用において，venturi 管は空気の速さを測定するために用いられる．図 3.7 に示されるように，ある与えられた入口-スロート面積比 A_1/A_2 をもつ venturi 管を考える．この venturi 管が未知の速度 V_1 の空気流の中に挿入されたとする． p. 215 この速度を測定するために venturi 管を用いるとする．venturi 管それ自身に関しては，測定できるもっとも直接的な量は圧力差 $p_1 - p_2$ である．この測定は venturi 管の入り口とスロート両方の壁面に小さな孔 (圧力孔) を設置し，これらの孔から圧力導管 (管) で差圧計に，または U 字管マノメータ (第 1.9 節を見よ) の両方の管に接続することによりできる．そのようにして，圧力差 $p_1 - p_2$ を直接測定できる．この測定された圧力差は未知速度 V_1 と次のように関係付けることができる．Bernoulli の式，式 (3.13) から，

$$V_1^2 = \frac{2}{\rho}(p_2 - p_1) + V_2^2 \tag{3.23}$$

を得る．連続の式，式 (3.22) から，

$$V_2 = \frac{A_1}{A_2} V_1 \tag{3.24}$$

を得る．式 (3.24) を式 (3.23) に代入して，

$$V_1^2 = \frac{2}{\rho}(p_2 - p_1) + \left(\frac{A_1}{A_2}\right)^2 V_2^2 \tag{3.25}$$

第 3 章　非粘性，非圧縮性流れの基礎

を得る．式 (3.25) を V_1 について解くと，

$$V_1 = \sqrt{\frac{2(p_1 - p_2)}{\rho\left[(A_1/A_2)^2 - 1\right]}} \tag{3.26}$$

を得る．式 (3.26) は求めるべき結果である．すなわち，それは入口速度 V_1 を測定された圧力差 $p_1 - p_2$ とわかっている密度 ρ および面積比 A_1/A_2 の項で与える．このようにして，venturi 管は空気流速を測定するのに用いられる．事実，歴史的に，飛行機に搭載された最初の実用空気流速計は，Wright 兄弟の最初の動力飛行から 7 年以上経った 1911 年 1 月，フランス空軍大尉 A. Eteve (French Captain A. Eteve) により用いられた venturi 管であった．今日，最も一般的な空気流速測定器具は Pitot 管 (Pitot tube) (第 3.4 節で議論される) である．しかしながら，venturi 管は，自作機や簡単な実験機を含む，いくつかのジェネラル・アビエーション機に今なお見いだされる．

　ダクト内の非圧縮性流れのもう 1 つの適用は低速風洞である．大気中での実際の飛行を模擬する，実験室に気流を作りだすよう設計された地上の実験施設を建設する要望は 1871 年に遡る．その年に，イングランドの Francis Wenham が歴史上最初の風洞を建設し，用いた [*4]．その時から 1930 年代中頃まで，ほとんどすべての風洞は 0 から 250 mi/h の速度の気流を生じるよう設計された．そのような低速風洞は，p. 216 遷音速，超音速および極超音速風洞の補足するものとして今日でもまだたくさん用いられている．本節で展開された原理で，次に示すように，低速風洞の基本的な特性を調べることができる．

　本質的に，低速風洞は，気流がある種の電動機装置と結合された送風機により駆動される大きな venturi 管である．風洞送風機羽根は飛行機のプロペラと同じであり，気流を引き込み，風洞風路内を通るように設計される．風洞は開いた風路でも良い．ここでは，図 3.8a に示されるように，空気は前方で大気から直接吸入され，後方で再び大気へ直接排気される．または，風洞は閉じた風路でも良い．ここでは，図 3.8b に示されるように，排気口からの空気はループを形成する閉じたダクトにより風洞の前面へ直接戻される．いずれの場合でも，圧力 p_1 の気流が低速の V_1 でノズルへ流入する．そこの面積は A_1 である．ノズルは測定部 (test section) でより小さい面積 A_2 に収縮する．ここで，速度は V_2 へ増加し，圧力は p_2 へ減少する．空力実験模型 (飛行機の全機模型，または翼，尾翼，エンジンあるいはナセルのような飛行機の部分模型) を過ぎて流れた後，気流は**拡散胴** (*diffuser*) と呼ばれる拡大ダクトを通過する．ここで，断面積が A_3 に増加し，速度は V_3 に減少し，p. 217 圧力は p_3 に増加する．連続の式，式 (3.22) より，測定部空気流速度は，

$$V_2 = \frac{A_1}{A_2} V_1 \tag{3.27}$$

である．次に，拡散胴の出口での速度は

$$V_3 = \frac{A_2}{A_3} V_2 \tag{3.28}$$

[*4] 風洞の歴史に関する論議については文献 2 の第 4 章を見よ．

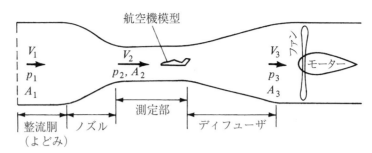

(a) 開風路風洞

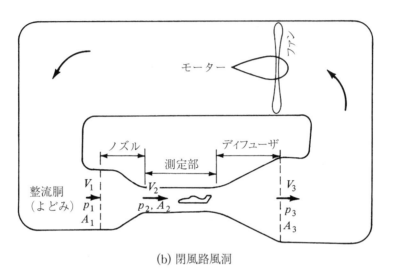

(b) 閉風路風洞

図 3.8 (a) 開風路風洞 (b) 閉風路風洞

である．風洞のいろいろな位置における圧力は Bernoulli の式により速度と関係づけられている．すなわち，

$$p_1 + \frac{1}{2}\rho V_1^2 = p_2 + \frac{1}{2}\rho V_2^2 = p_3 + \frac{1}{2}\rho V_3^2 \tag{3.29}$$

ある与えられた低速風洞の測定部における気流速度を制御する基本的な要因は圧力差 $p_1 - p_2$ である．これをもっとはっきりと理解するために，式 (3.29) を次のように書き換える．

$$V_2^2 = \frac{2}{\rho}(p_1 - p_2) + V_1^2 \tag{3.30}$$

式 (3.27) より，$V_1 = (A_1/A_2)V_2$ である．式 (3.30) の右辺に代入して，

$$V_2^2 = \frac{2}{\rho}(p_1 - p_2) + \left(\frac{A_2}{A_1}\right)^2 V_2^2 \tag{3.31}$$

を得る．式 (3.31) を V_2 について解くと，

$$\boxed{V_2 = \sqrt{\frac{2(p_1 - p_2)}{\rho[1 - (A_2/A_1)^2]}}} \tag{3.32}$$

第3章　非粘性，非圧縮性流れの基礎

を得る．面積比 A_2/A_1 は与えられた設計の風洞では決まった値である．さらに，密度は非圧縮性流れではわかっている定数である．したがって，式 (3.32) は，最終的に，測定部速度 V_2 は圧力差 $p_1 - p_2$ により支配されることを示している．風洞気流を駆動する送風機が空気に仕事をすることによりこの圧力差を作りだす．風洞オペレーターが風洞の"制御ノブ"を回し，送風機への電力調節するとき，オペレーターは本質的に圧力差 $p_1 - p_2$ を調整しており，そして，それは，式 (3.32) を介して速度を調整しているのである．

低速風洞において，圧力差 $p_1 - p_2$ を測定する方法，したがって，式 (3.32) により V_2 を測定する方法は第 1.9 節で論議したマノメータによるものである．式 (1.56) において，その密度はマノメータ内の液体の密度である (風洞内の空気密度ではない)．式 (1.56) における密度と重力加速度 g との積はマノメータ作動液体の単位体積あたりの重量である．この単位体積あたりの重量を w とする．p. 218 式 (1.56) に戻って，マノメータの p_a に関係している方が，圧力が p_1 である風洞の整流胴 (settling chamber) の圧力孔に接続され，もし，マノメータのもう一方 (p_b の側) が，圧力が p_2 である測定部の圧力孔に接続されるならば，その時，式 (1.56) から，

$$p_1 - p_2 = w \Delta h$$

ここに，Δh はマノメータを構成する 2 つの管の間にある作動液体の高さの差である．次に，式 (3.32) は次のように書ける．

$$V_2 = \sqrt{\frac{2w\Delta h}{\rho\left[1 - (A_2/A_1)^2\right]}}$$

マノメータの使用は圧力を測るための直接的な測定手法である．マノメータは，1643 年にイタリアの数学者，Evangelista Torricelli による発明までさかのぼる由緒ある器具である．フランスの工学者 Gustave Eiffel は，1909 年にパリで，彼の風洞に取り付けた翼模型の表面における圧力を測定するためにマノメータを用いた．そして，これは 20 世紀の大部分を通して風洞試験でマノメータを利用する始まりであった．今日，大部分の風洞において，マノメータは多段切り替え式電子圧力計測装置に置き換えられている．マノメータは，空気力学における伝統の一部であり，そして，それらは流体静力学の良い応用例であるので，ここでそれを論議するのである．

多くの低速風洞において，測定部は壁面に開けた溝によりまわりの大気へ通風されている．他には，測定部がダクトでなく，ノズル出口と拡散胴入口との間の開空間であるものがある．両方の場合において，周囲の大気圧が測定部気流を押している．すなわち，$p_2 = 1$ atm である．(亜音速流れにおいて，大気中へ自由に放出される噴流は大気圧と同じ圧力を取る．逆に，超音速自由噴流は，第 10 章で見るように，大気圧とは全く異なる圧力をもつであろう．)

本節で用いた基本方程式には，ある制限がある．すなわち，準 1 次元非粘性流れを仮定していることを記憶しておくべきである．無視した現象が実際に重要になるとき，そのような方程式はしばしば誤った結果を導く．例えば，もし，$A_3 = A_1$ (風洞入口面積が出口面積と等しい) ならば，式 (3.27) および式 (3.28) は $V_3 = V_1$ を与える．次に，式 (3.29) より，$p_3 = p_1$ である．すなわち，風洞風路全体で圧力差がないということである．もし，これが真実であるなら，風洞はどのような力も作用させることなく運転できることになる．すなわち，永久運動機械をもつことになる．現実的には，風洞壁での摩擦や測定部の空力試験模型に働く抵抗により気流には損失が存在する．Bernoulli の式，式 (3.29) はそのような損失を考慮していない．(第 3.2 節の

(a)

図 3.9 (a) 大型亜音速風胴の測定部；Maryland 大学 Glenn L. Martin 風洞 (Maryland 大学, Dr. Jewel Barlow の好意による)

Bernoulli の式の導出をみなおすこと．すなわち粘性効果は無視されていることに注意すべきである．) したがって，実際の風洞において，粘性および抵抗効果により圧力損失があり，$p_3 < p_1$ である．p. 219 風洞の電動機と送風機の働きは，気流が大気へ排気される (図 3.8a) か，高い圧力 p_1 のノズル入口へ戻れる (図 3.8b) ように，拡散胴から出てくる流れの圧力を増加させるために気流に力を加えることである．代表的な亜音速風洞が図 3.9a および図 3.9b に示される．

[例題 3.3]

標準海面条件の流れの中に置かれた，スロートと入口の面積比が 0.8 の venturi 管を考える．もし，入口とスロートとの間の圧力差が 7 lb/ft^2 であるなら，この venturi 管入口の流れの速度を計算せよ．

[解答]

標準海面条件では，$\rho = 0.002377$ slug/ft^3 である．ゆえに，

(b)

図 3.9：(b) Glenn L. Martin 風洞の電動送風機部 (*Maryland* 大学，*Dr. Jewel Barlow* の好意による)

$$V_1 = \sqrt{\frac{2(p_1 - p_2)}{\rho\,[(A_1/A_2)^2 - 1]}} = \sqrt{\frac{2(7)}{(0.002377)\left[\left(\frac{1}{0.8}\right)^2 - 1\right]}} = \boxed{102.3 \text{ ft/s}}$$

[例題 3.4]^{P. 221}

12/1 の縮流比のノズルをもつ低速の亜音速風洞を考える．もし，測定部における流れが 50 m/s の速度で，標準海面条件であるとすると，一方がノズルに，他方が測定部に接続された U 字管水銀マノメータの液柱差を計算せよ．

[解答]

標準海面条件で，$\rho = 1.23$ kg/m^3 である．式 (3.32) より，

$$p_1 - p_2 = \frac{1}{2}\rho V_2^2 \left[1 - \left(\frac{A_2}{A_1}\right)^2\right] = \frac{1}{2}(50)^2(1.23)\left[1 - \left(\frac{1}{12}\right)^2\right] = 1527 \text{ N/m}^2$$

しかしながら，$p_1 - p_2 = w\Delta h$ である．液状水銀の密度は 1.36×10^4 kg/m^3 である．ゆえに，

$$w = (1.36 \times 10^4 \text{ kg/m}^3)(9.8 \text{ m/s}^2) = 1.33 \times 10^5 \text{ N/m}^2$$

$$\Delta h = \frac{p_1 - p_2}{w} = \frac{1527}{1.33 \times 10^5} = \boxed{0.01148 \text{ m}}$$

[例題 3.5]

図 3.10 に示されるような，亜音速風洞に設置された飛行機模型を考える．風洞のノズルは 12 対 1 の縮流比を持っている．この飛行機模型の最大揚力係数は 1.3 である．この模型の主翼面積は 6 ft^2 である．この揚力は最大定格，1000 lb の機械式天秤で測定される．すなわち，もし，飛行機模型の揚力が 1000 lb を越すと，この天秤は損傷する．この飛行機模型の与えられた実験で，実験計画はこの模型を最大揚力係数 C_L の迎え角を含む全迎え角範囲で回転させるものである．この風洞の整流胴と測定部間の最大許容圧力差を計算せよ．ただし，測定部内で標準海面状態の密度 (すなわち，$\rho_\infty = 0.002377$ slug/ft^3) を仮定する．

[解答]

最大揚力は模型が最大揚力係数のとき生じる．最大許容揚力は 1000 lb であるので，これが生じる自由流速度は次式から得られる．

$$L_{\max} = \frac{1}{2}\rho_\infty V_\infty^2 S C_{L,\max}$$

すなわち，

図 3.10 大型風洞の測定部における代表的な模型設置；Maryland 大学 Glenn L. Martin 風洞

$$V_\infty = \sqrt{\frac{2L_{\max}}{\rho_\infty S C_{L,\max}}} = \sqrt{\frac{(2)(1000)}{(0.002377)(6)(1.3)}} = 328.4 \text{ ft/s}$$

p. 222 式 (3.32) より，

$$p_1 - p_2 = \frac{1}{2}\rho_\infty V_\infty^2 \left[1 - \left(\frac{A_1}{A_2}\right)^2\right]$$

$$= \frac{1}{2}(0.002377)(328.4)^2 \left[1 - \left(\frac{1}{12}\right)^2\right] = \boxed{127.3 \text{ lb/ft}^2}$$

[例題 3.6]

a. ある低速亜音速風洞の測定部における流れの速度が 100 mph である．この測定部は大気に通気されている．ここに，大気圧は 1.01×10^5 N/m^3 である．気流の空気密度は標準海面状態の 1.23 kg/m^3 である．ノズルの縮流比は 10 対 1 である．貯気槽圧力を気圧で計算せよ．

b. この風洞の測定部において 200 mph を達成するために貯気槽圧力はどの程度まで増加させなければならないであろうか．測定部の速度増加に対するこの圧力増加の大きさについて意見を述べよ．

[解答]p. 223

a. マイル/時は速度に関した統一の取れた単位ではない．m/s に変換するためには，1 mi = 1609 m，1 h = 3600 s であることに注意する．したがって，

$$1\,\frac{\text{mi}}{\text{h}} = \left(1\,\frac{\text{mi}}{\text{h}}\right)\left(\frac{1609\text{ m}}{1\text{ mi}}\right)\left(\frac{1\text{ h}}{3600\text{ s}}\right) = 0.447\text{ m/s}$$

(注：これは，ある単位の組み合わせを他のものに変換する本著者の鉄壁の方法である．元のマイル/時を取り，それに等価な "1" を掛ける．1609 m は 1 マイルと同じ距離であるので，(1609 m/ 1 mi) は本質的に "1" である．そして，1 時間は 3600 秒と同じ時間であるので，そうすると，比 (1 hr/3600 s) は本質的に "1" である．(mi/h) とこれら 2 つの等価単位比を掛けると，マイルが消える．そして時間が消え，メートル/秒の適切な数値が得られる．)
それゆえに，

$$V_2 = 100\text{ mph} = (1000)(0.447) = 44.7\text{ m/s}$$

式 (3.31) から，

$$p_1 - p_2 = \frac{\rho}{2}V_2^2\left[1 - \left(\frac{A_2}{A_1}\right)^2\right]$$

$$p_1 - p_2 = \frac{1.23}{2}(44.7)^2\left[1 - \left(\frac{1}{10}\right)^2\right] = 0.01217 \times 10^5\text{ N/m}^2$$

したがって，

$$p_1 = p_2 + 0.01217 \times 10^5 = 1.01 \times 10^5 + 0.01217 \times 10^5$$
$$p_1 = \boxed{1.022 \times 10^5\text{ N/m}^2}$$

atm で表すと，$p_1 = 1.022 \times 10^5 / 1.01 \times 10^5 = \boxed{1.01\text{ atm}}$

b. $V_2 = 200\text{ mph} = (200)(0.447) = 89.4\text{ m/s}$ である．

$$p_1 - p_2 = \frac{\rho}{2}V_2^2\left[1 - \left(\frac{A_2}{A_1}\right)^2\right] = \frac{1.23}{2}(89.4)^2(0.99) = 0.0487 \times 10^5\text{ N/m}^2$$

$$p_1 = 1.01 \times 10^5 + 0.0487 \times 10^5 = \boxed{1.056 \times 10^5\text{ N/m}^2}$$

atm で表すと，

$$p_1 = 1.059 \times 10^5 / 1.01 \times 10^5 = \boxed{1.049\text{ atm}}$$

この結果を上の (a) と比較すると，測定部流速を 100 mph から 200 mph に倍増するために，貯気槽圧力はわずか 0.039 atm (すなわち，3.9 %) だけ増加すれば良いことがわかる．このことは例題 3.2 で述べた一般的傾向，すなわち，低速流れにおいて，小さな圧力変化は大きな速度変化になるということを補強するのである．

3.4 Pitot 管：流速の測定

p.224 1732 年，フランス人，Henri Pitot はパリのセーヌ川の流速を測ろうと努力していた．彼が用いた測定装置の 1 つは彼自身の発明品–図 3.11 に示されるような L 字形に曲げられた奇妙な管であった．Pitot はその管の開口端の 1 つを流れに直接向くようにした．次に，彼はこの管内部の圧力を水流の速度を測定するために用いた．これが，歴史上，流体の速度の適切な測定がなされた最初であった．そして，Pitot の発明は今日まで，Pitot 管 (Pitot tube) として伝えられている．それは現代の空気力学研究室において，もっとも普通に，そしてしばしば用いられる計器である．さらに，Pitot 管は飛行機の飛行速度を計測する最も一般的な計器の 1 つである．本節の目的は Pitot 管の基礎原理を説明することである[*5]．

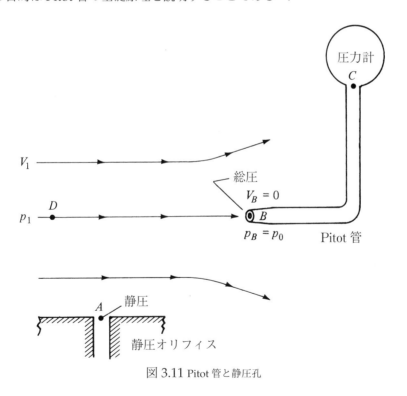

図 3.11 Pitot 管と静圧孔

[*5] Pitot 管の詳しい歴史の説明，Pitot が土木工学の基礎理論を覆すのにそれをどのように使ったかや，それがどのように工学界にある論争を巻き起こしたかとか，それがどのようにして最終的に航空学における応用を見出したかについては文献 2 の第 4 章を見よ．

図 3.11 の左側に示されているように，速度 V_1 で流れる圧力 p_1 の流れを考える．p_1 の意味をもっと詳しく考えてみることにする．第 1.4 節において，圧力は表面に衝突する，あるいは通過する気体分子の運動量の時間変化率に関係しているとした．すなわち，圧力は明らかにその気体分子運動に関係している．この，いろいろな速度を持ち，すべての方向に移動する分子の運動は非常に不規則である．さて，読者が流れの流体要素に飛び乗り，速度 V_1 で移動すると考える．気体分子は，それらの運動が不規則であるがゆえに，p. 225 それでも読者にぶつかる．そして，読者は気体の圧力 p_1 を感じるであろう．ここで，この圧力に特定の名称，**静圧** (*static pressure*) を付ける．静圧は純粋に，気体における分子の不規則運動の尺度である．すなわち，それは読者が局所流速で気体とともに移動するとき感じる圧力である．これまで本書で用いられたすべての圧力は静圧である．すなわち，前に出されたすべての方程式に現れた圧力 p は静圧であった．工学において，"圧力"にそれ以上の説明が付かない時はいつでも，その圧力は**静圧**と見なされる．さらに，小さな孔が表面に垂直に開けられた，壁のような，流れの境界を考える．孔の面は，図 3.11 において点 A に示されるように，流れに対し平行である．流れはその開口部の上を流れるので，点 A の圧力は気体分子の不規則運動によるもののみである．すなわち，点 A において，静圧が測定される．そのような，表面上の小さな孔は**静圧オリフィス** (*static pressure orifice*) とか，**静圧タップ** (*static pressure tap*) と呼ばれている．

対照的に，開口端を流れ方向に向けた Pitot 管を今，流れの中に入れたと考える．すなわち，Pitot 管の開口端の面は図 3.11 の点 B で示されているように流れに対して垂直である．Pitot 管のもう 1 端は図 3.11 の点 C のように圧力計に接続されている (すなわち，Pitot 管は点 C で閉じている)．Pitot 管が流れの中に挿入された後の最初の数ミリ秒の間，気体が開口部へ流れ込み，管を満たす．しかしながら，この管は点 C で閉じている．すなわち，気体が出ていく場所がなく，それゆえ，短い調整時間後，管内部の気体はよどむ．すなわち，管内部の気体速度がゼロとなる．実際，気体は結局積み重なり，点 B の開口部を含む，管内部の至る所でよどむ．結果として，Pitot 管の開口面へ直接飛び込む流れの流線 (図 3.11 における流線 DB) はこの面を流れに対する障害物と見る．流線 DB に沿う流体要素はそれらが Pitot 管へ近づくにつれ減速し，点 B ちょうどで速度をゼロとする．$V = 0$ である流れの中の点は流れの**よどみ点** (*stagnation point*) と呼ばれる．したがって，Pitot 管の開口面の点 B はよどみ点であり，そこでは $V_B = 0$ である．次に，Bernoulli の式から，速度が減少すると圧力が増加することが知られている．ゆえに，$p_B > p_1$ である．よどみ点における圧力は**よどみ圧力** (*stagnation pressure*)，または**総圧** (*total pressure*) と呼ばれ，p_0 で表す．ゆえに，点 B において，$p_B = p_0$ である．

上の論議から，与えられた流れに 2 つのタイプの圧力が定義できることがわかる．すなわち，静圧，それは局所速度 V_1 で流れと共に移動する際に感じる圧力である．そして，総圧，それは速度がゼロになるとき流れが示す圧力である．空気力学において，総圧と静圧の区別は重要である．すなわち，この区別を幾分詳しく論議してきたのである．そして，読者は更に先へ進む前に上の文節を理解しておかなければならない．(総圧および静圧の意味や重要性に関するさらなる詳しい説明は第 7 章でなされる．)

Pitot 管は流れ速度を測定するためにどのように用いられるのであろうか．この問いに答えるために，最初に，Pitot 管の入り口 (点 B) で流れにより働く圧力 p_0 は Pitot 管中で感知される (Pitot 管内に流れがない．したがって，管内のすべての所の圧力は P_0 である) ことを注意すべきである．したがって，点 C における圧力計は p_0 を示す．この計測値は，点 A における静圧 p_1 の計測値と共に，総圧と静圧との差，$p_0 - p_1$ を生じ，p. 226 Bernoulli の式により V_1 の計算

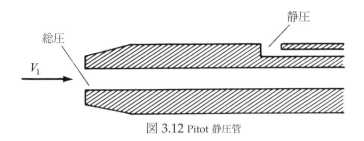

図 3.12 Pitot 静圧管

を可能とするのはこの圧力差である．特に，圧力および速度がそれぞれ，p_1 と V_1 である点 A と，圧力および速度がそれぞれ，p_0 と $V = 0$ である点 B 間で Bernoulli の式を適用する．すなわち，

$$p_A + \frac{1}{2}\rho V_A^2 = p_B + \frac{1}{2}\rho V_B^2$$

すなわち，

$$p_1 + \frac{1}{2}\rho V_1^2 = p_0 + 0 \tag{3.33}$$

式 (3.33) を V_1 について解くと，

$$\boxed{V_1 = \sqrt{\frac{2(p_o - p_1)}{\rho}}} \tag{3.34}$$

を得る．式 (3.34) により，測定した総圧と静圧との圧力差から簡単に速度を計算できる．総圧 p_0 は Pitot 管から得られ，静圧 p_1 は適切に設置された静圧孔から得られる．

総圧と静圧の測定を 1 つの計器，図 3.12 に示すような *Pitot 静圧管* (*Pitot-static probe*) にまとめることができる．Pitot 静圧管は p_0 をその先端で測定し，この先端から下流側の表面の適切な位置に開けた静圧孔で p_1 を測定する．

式 (3.33) において，項 $\frac{1}{2}\rho V_1^2$ は**動圧** (*dynamic pressure*) と呼ばれ，記号 q_1 で表す．$\frac{1}{2}\rho V^2$ の形式のグループは定義により動圧と呼ばれ，非圧縮性から極超音速まで，すべての流れで用いられる．すなわち，

$$q \equiv \frac{1}{2}\rho V^2$$

しかしながら，非圧縮性流れに関して，動圧は特別の意味を持っている．すなわち，それは厳密に総圧と静圧との差である．式 (3.33) をもう一度書くと次のようになる．

$$\underbrace{p_1}_{\text{静圧}} + \underbrace{\frac{1}{2}\rho V_1^2}_{\text{動圧}} = \underbrace{p_0}_{\text{総圧}}$$

すなわち，

$$p_1 + q_1 = p_0$$

すなわち，

$$q_1 = p_0 - p_1 \tag{3.35}$$

p.227 式 (3.35) は Bernoulli の式から得られたものであり，そして，それは**非圧縮性流れのみに**成り立つと言うことを憶えておくことは重要である．Bernoulli の式が成立しない圧縮性流れに関して，圧力差 $p_0 - p_1$ は q_1 に**等しくない**．さらに，式 (3.34) は非圧縮性流れのみに有効である．亜音速と超音速両方の圧縮性流れの速度は Pitot 管により測定できる．しかし，計算式は式 (3.34) とは異なる．(亜音速および超音速圧縮性流れにおける速度測定は第 8 章で論じる．)

この段階において，Bernoulli の式は非圧縮性流れのみに成り立ち，また，式 (3.26)，式 (3.32)，および式 (3.34) のような，Bernoulli 式から導き出された結果もまた非圧縮性流れのみに成立することを繰り返して言うことは重要である．経験から，初めて空気力学を学んだ学生の何人かは Bernoulli の式を福音のように受け入れ，それが有効でない多くの場合を含む，すべての問題にそれを用いようとする傾向にある．願わくば，繰り返し上で述べた警告がそのような傾向を押さえてもらいたいものである．

[例題 3.7]

ある飛行機が標準海面条件下で飛行している．翼端に取り付けられた Pitot 管から得られた測定値は 2190 lb/ft² である．この飛行機の速度はどのくらいか．

[解答]

標準海面圧力は 2116 lb/ft² である．式 (3.34) から，次を得る．

$$V_1 = \sqrt{\frac{2(p_0 - p_1)}{\rho}} = \sqrt{\frac{2(2190 - 2116)}{0.002377}} = \boxed{250 \text{ ft/s}}$$

[例題 3.8]

例題 3.5 で述べられた風洞気流中に，小さな Pitot 管が模型の直上流に取り付けられている．例題 3.5 と同じ流れの条件について Pitot 管で測定される圧力を計算せよ．

[解答]

式 (3.35) より，

$$\begin{aligned} p_0 &= p_\infty + q_\infty = p_\infty + \frac{1}{2}\rho_\infty V_\infty^2 \\ &= 2116 + \frac{1}{2}(0.002377)(328.4)^2 \\ &= 2116 + 128.2 = \boxed{2244 \text{ lb/ft}^2} \end{aligned}$$

第3章 非粘性，非圧縮性流れの基礎　　　215

　この例題において動圧は $\frac{1}{2}\rho_\infty V_\infty^2 = 128.2$ lb/ft^2 であることに注意すべきである．これは例題 3.5 で計算された，風洞において測定部に速度を発生させるのに必要な圧力差，$(p_1 - p_2)$ よりも，1 パーセント未満大きいだけである．なぜ $(p_1 - p_2)$ はそのように測定部動圧に近いのであろうか．答え：整流胴における速度 V_1 は非常に小さいので，p_1 は流れの総圧に近いからである．実際，式 (3.22) より，

$$V_1 = \frac{A_2}{A_1} V_2 = \left(\frac{1}{12}\right)(328.4) = 27.3 \text{ ft/s}$$

p. 228　測定部速度の 328.4 ft/s と比較して，V_1 は小さいことがわかる．速度が有限で，しかも小さい流れの領域において，局所静圧は総圧に近い．(実際，速度ゼロの流体という極限の場合，局所静圧は総圧と同じである．すなわち，ここでは，静圧および総圧の概念が重複する．例として，読者の部屋におけるまわりの空気を考えてみる．空気が運動していないと仮定し，かつ標準海面条件を仮定すると，圧力は 2116 lb/ft^2，すなわち，1 atm である．この圧力は静圧であろうか，あるいは総圧であろうか．答え：それは**両方**である．本節で与えられた総圧の定義により，局所流れ速度がそれ自身ゼロであると，局所静圧と総圧は厳密に同じである．)

[例題 3.9]

　標準大気の高度 4 km を巡航している，図 3.2 に示される P-35 を考える．(図 3.2 でわかるように) その右の主翼に取り付けられた Pitot 管により測定された圧力は 6.7×10^4 N/m^2 である．この P-35 の飛行速度はいか程か．

[解答]

　付録 D から，標準大気の高度 4 km において，自由流静圧および密度は，それぞれ，6.166×10^4 N/m^2 および 0.81935 kg/m^3 である．Pitot 管は 6.7×10^4 N/m^2 なる総圧を示している．式 (3.34) から，

$$V_1 = \sqrt{\frac{2(p_0 - p_1)}{\rho}} = \sqrt{\frac{2(6.7 - 6.166) \times 10^4}{0.81935}} = \boxed{114.2 \text{ m/s}}$$

注：例題 3.6 で得られたマイル/時と m/s の変換係数から，次を得る．

$$V_1 = \frac{114.2}{0.447} = 255 \text{ mph}$$

[例題 3.10]

　例題 3.9 の P-35 は高度 4 km で 114.2 m/s の巡航速度においてある動圧を受ける．さて，この P-35 が海面上を飛行していると仮定する．同じ動圧を受けるために海面上でこの飛行機はどのような速度で飛行しなければならないであろうか．

[解答]

　$V_1 = 114.2$ m/s，標準大気の高度 4 km，ここでは $\rho = 0.81935$ kg/m^3 である，において，

$$q_1 = \frac{1}{2}\rho V_1^2 = \frac{1}{2}(0.81935)(114.2)^2 = 5.343 \times 10^3 \text{ N/m}^2$$

この飛行機が $\rho = 1.23 \text{ kg/m}^3$ である海面上で同じ動圧を受けるためには，その新しい速度，V_e は次を満足しなければならない．

$$q_1 = \frac{1}{2}\rho V_e^2$$

$$5.343 \times 10^3 = \frac{1}{2}(1.23)V_e^2$$

すなわち，

$$V_e = \sqrt{\frac{2(5.343 \times 10^3)}{1.23}} = \boxed{93.2 \text{ m/s}}$$

例題 3.10 において，93.2 m/s なる速度は，真対気速度 (true airspeed) 114.2 m/s で高度 4 km を飛行している飛行機の**等価対気速度** (*equivalent airspeed*) である．等価対気速度の一般的な定義は次のようになる．ある高度をある真対気速度で飛行している飛行機を考える．この条件におけるその飛行機の**等価対気速度** (*equivalent airspeed*) は，それが同じ動圧 (dynamic pressure) を受けるために，標準大気の海面上を飛行しなければならない速度として定義される．例題 3.10 において，P-35 は真対気速度 114.2 m/s，同時に，等価対気速度 93.2 m/s で高度 4 km を飛行しているのである．

デザイン・ボックス

図 3.12 に示された Pitot 静圧管の形状は概略だけである．実際の Pitot 静圧管の設計はできる限り正確な計測器を作るための細心の注意が必要な工学の例である．Pitot 静圧管設計の全般的な特徴のいくつかを見てみよう．

とりわけ，この器具はこの実質的な部分の表面圧力が本質的に自由流静圧と同じとなるように長い，かつ流線型の形状でなければならない．そのような形状が図 3.13a に与えられている．器具の先端，総圧が測定される先端，は通常，先端の下流で滑らかな流線に沿った流れを保つために滑らかな半球形である．管の直径を d で表す．相当数の静圧孔が先端の下流，$8d$ から $16d$ に，下流の支持軸から少なくとも $16d$ 前方になる位置で管の周囲に放射に配列される．これに関する理由は図 3.13b に示されている．それは管の表面に沿った圧力係数の軸方向分布を与えている．第 1.5 節で与えられた圧力係数の定義と，式 (3.35) の形式の Bernoulli の式から，非圧縮性流れに関するよどみ点の圧力係数は

$$C_p = \frac{p - p_\infty}{q_\infty} = \frac{p_0 - p_\infty}{q_\infty} = \frac{q_\infty}{q_\infty} = 1.0$$

で与えられる．ゆえに，図 3.13b において，C_p 分布は先端で 1.0 の値から出発し，流れが先端に沿って流れるにつれ急速に低下する．圧力は p_∞ 以下に減少し，先端部の直後で最小値，$C_p \approx -1.25$ を生じる．さらに下流にいくと，圧力は回復しようとし，先端からある距離のとこ

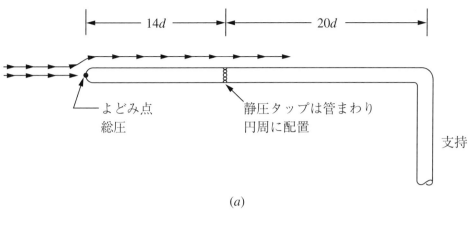

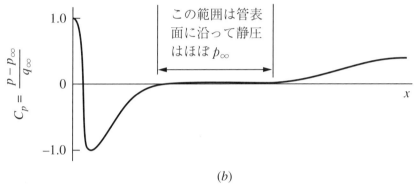

図 3.13 (a) Pitot 静圧管 (b) 管の外表面に沿った圧力分布の概略図

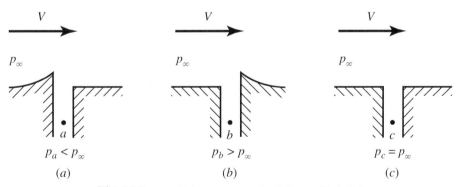

図 3.14 静圧孔の概略図 (a), (b)：悪い設計, (c) 適切な設計

ろ (代表的には約 8d) で, p_∞ にほぼ等しい値に近づく．管の表面に沿った静圧が p_∞ に非常に近い領域がそれに続いて存在する．それは図 3.13b で $C_p = 0$ の領域として示されている．これが静圧孔を配置すべき位置である．なぜなら，これらの静圧孔で測定した表面圧力は本質的に自由流静圧 p_∞ に等しいからである．さらに下流では，流れが支持軸に近づくにつれ，圧力は p_∞ 以上へ増え始める．これは支持軸の前方，約 16d の距離で始まる．図 3.13a において，静圧孔は先端の下流 14d, 支持軸の前方，20d の位置に示されている．

静圧孔の設計はそれ自身大変重要である．静圧孔まわりの面は，静圧孔内の圧力が，実際，

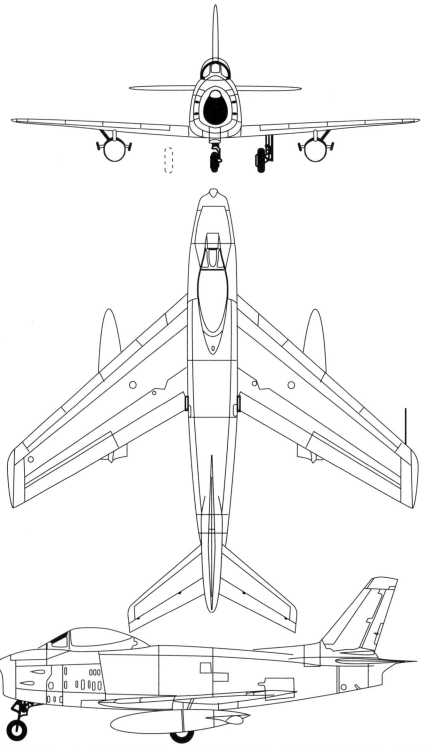

図 3.15 North American F-86H の三面図：主翼に搭載された Pitot 静圧管に注目するべきである． p. 231

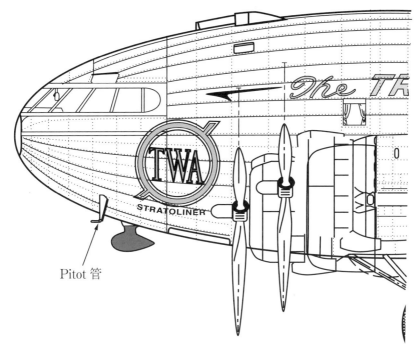

図 3.16 Boeing Stratoliner における機首搭載の Pitot 管．(Stratoliner の詳細図：Paul Matt, Alan and Drina Abel, and Aviation Heritages 社の許可を得て掲載．)

管に沿った表面圧力であることを保証できるほど滑らかでなければならない．静圧孔の適切な設計と同時に悪い設計例が図 3.14 に示されている．図 3.14a において，面には上流側にまくれがある．すなわち，局所の流れはこのまくれまわりで膨張し，静圧孔内部の a 点での圧力が p_∞ よりも低くなる原因となる．図 3.14b において，面には下流側にまくれがある．すなわち，局所流れはこの領域で減速させられ，静圧孔内部の b 点の圧力を p_∞ より大きくする原因となる．正しい設計が図 3.14c に示されている．すなわち，ここでは，静圧孔の開口部が表面と正確に面一である．それにより静圧孔内部の c 点の圧力が p_∞ と等しくなる．

Pitot 静圧管が飛行機のスピードの測定に用いられるとき，それは，飛行機それ自身によるまわりの局所流れへのいかなる大きな影響もない，本質的に自由流中にあるような位置に取り付けられなければならない．この 1 つの例を図 3.2 に見ることができる．ここでは，Pitot 静圧管が P-35 の右翼端近くに取り付けられ，主翼前方の自由流中に伸びているのがわかる．同様な主翼搭載のプローブが図 3.15 の North American F-86 の平面図 (上面図) に示されている．

今日，多くの現代の飛行機は胴体のどこかに Pitot 管を搭載し，p_∞ を胴体上のどこか別の位置に適切に配置された静圧孔から独立的に得ている．図 3.16 は Boeing[p. 232] Stratoliner, 1940 年代製の旅客機の機首付近における胴体搭載の Pitot 管を示している．Pitot 圧測定だけが要求されるとき，図 3.16 でわかるように，そのプローブは Pitot 静圧管よりはるかに短くて良い．この配置形式において，胴体上の静圧孔の位置が極めて重要である．すなわち，それは胴体上の表面圧力が p_∞ に等しい領域に設置されなければならない．図 3.13a に示されるように，Pitot 静圧管上に静圧孔をどこに配置するかについてかなり良いアイデアがある．しかし，ある，与えられた飛行機の胴体上の適切な位置は実験的に見いだされなければならない．そして，それは飛行機ごとに異なる．しかしながら，

基本的な考え方は図 3.17 に示されている．それは，迎え角ゼロにおける流線型物体上の測定された圧力係数分布を示している．$C_p = 0$ (すなわち，物体上の圧力が p_∞ と同じ) である 2 つの軸方向位置がある．もし，この物体が飛行機胴体であるとすれば，静圧孔はこれら 2 つの位置のうち 1 つに設置されなければならない．現実的には，通常，機首に近い前方の位置が選択される．

最後に，これらの計器のどれもが，それらがどこに設置されているのかに関係なく，完全に正確ではないということを知っておかなければならない．特に，p. 233 自由流方向に対するプローブの調整不良はそれぞれの特定の場合について評価しなければならない誤差の原因となる．幸いなことに，Pitot 管による総圧の測定はこの調整不良に対して比較的影響を受けない．図 3.13a に示すような半球形の先端をもつ Pitot 管は平均流れ方向に対して数度まで影響を受けない．図 3.12 に描かれたような，平らな先端の Pitot 管は最も影響を受けない．これらの Pitot 管に関して，総圧測定は 20° 程の大きな調整不良に対して，わずか 1 パーセント変

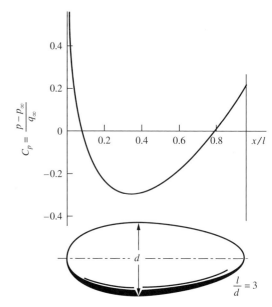

図 3.17 実験で測定された細長比 (長さ対直径比) 3 の流線型物体上の圧力係数分布；迎え角ゼロ，低速流

わるだけである．これに関する，より詳細なことについては文献 65 を見るべきである．

3.5　圧力係数

圧力それ自身は有次元量 (例えば，ポンド/平方フィート，ニュートン/平方メートル) である．しかしながら，第 1.7 および 1.8 節において，M，Re，C_L のような，いくつかの無次元パラメータの有用性を確立した．したがって，無次元圧力もまた，空気力学で利用できると考えるのは妥当である．そのような量は，第 1.5 節で初めて導入し，次式のように定義される**圧力係数** (*pressure coefficient*)，C_p である．

$$C_p \equiv \frac{p - p_\infty}{q_\infty} \tag{3.36}$$

ここに，

$$q_\infty = \frac{1}{2}\rho_\infty V_\infty^2$$

式 (3.36) で与えられる定義はまさしく定義そのものである．それは空気力学全体，非圧縮性から極超音速流まで用いられる．空気力学文献では，圧力それ自身より C_p で与えられる圧力がま

第3章 非粘性，非圧縮性流れの基礎

さしく一般的に用いられている．実際，圧力係数は，第1.7および1.8節で述べたリストに加えることのできるもう1つの相似パラメータである．

非圧縮性流れに関して，C_pは速度項だけで表すことができる．圧力p_∞，速度V_∞をもつ自由流中にある空気力学的物体を過ぎる流れを考える．流れの中の任意の点を選ぶ．ここでは圧力および速度は，それぞれ，pおよびVである．Bernoulliの式より，

$$p_\infty + \frac{1}{2}\rho V_\infty^2 = p + \frac{1}{2}\rho V^2$$

すなわち，

$$p - p_\infty = \frac{1}{2}\rho\left(V_\infty^2 - V^2\right) \tag{3.37}$$

式(3.37)を(3.36)に代入して，

$$C_p = \frac{p - p_\infty}{q_\infty} = \frac{\frac{1}{2}\rho\left(V_\infty^2 - V^2\right)}{\frac{1}{2}\rho V_\infty^2}$$

すなわち，

$$\boxed{C_p = 1 - \left(\frac{V}{V_\infty}\right)^2} \tag{3.38}$$

を得る．式(3.38)は圧力係数に関する有用な式である．しかしながら，式(3.38)の形式は非圧縮性流れでのみ成立することに注意すべきである．

p.234 式(3.38)から，非圧縮性流れにおける($V=0$である)よどみ点での圧力係数は常に1に等しい．これは，流れ場のいかなる場所においてでも，C_pが取り得る最高の値である．(圧縮性流れに関しては，よどみ点におけるC_pは，第14章で示されるように，1.0より大きい．) また，$V > V_\infty$ すなわち，$p < p_\infty$ である領域において，C_pは負の値であることを憶えておくべきである．

圧力係数のもう1つの興味深い性質は式(3.36)で与えられる定義を次のように書き直すことにより見いだせる．すなわち，

$$p = p_\infty + q_\infty C_p$$

明らかに，C_pの値は，動圧を掛けると，pがp_∞からどの位異なっているかを告げている．すなわち，もし，$C_p = 1$(非圧縮性流れにおけるよどみ点での値)であるとすると，その時，$p = p_\infty + q_\infty$，すなわち，局所圧力は自由流静圧より動圧の"1倍"だけ高いということである．もし，$C_p = -3$とすると，$p = p_\infty - 3q_\infty$である．すなわち，局所圧力は自由流静圧より動圧の3倍だけ低いということである．

[例題 3.11]

自由流速度150 ft/sの流れの中にある，ある翼型を考える．この翼型上の与えられた1点における速度が225 ft/sである．この点における圧力係数を計算せよ．

[解答]

$$C_p = 1 - \left(\frac{V}{V_\infty}\right)^2 = 1 - \left(\frac{225}{150}\right)^2 = \boxed{-1.25}$$

[例題 3.12]

例題 3.4 の飛行機模型を考える．それが高迎え角，C_L が最大になるときより少し小さい迎え角，にあるとき，翼型表面上のある 1 つの点で生じるピーク (負の) 圧力係数は -5.3 である．非粘性，非圧縮性流れを仮定して，(a) $V_\infty = 80$ ft/s および (b) $V_\infty = 300$ ft/s であるとき，この点における速度を計算せよ．

[解答]

式 (3.38) を用い，次の結果を得る．

a. $\quad V = \sqrt{V_\infty^2(1-C_p)} = \sqrt{(80)^2[1-(-5.3)]} = \boxed{200.8 \text{ ft/s}}$

b. $\quad V = \sqrt{V_\infty^2(1-C_p)} = \sqrt{(300)^2[1-(-5.3)]} = \boxed{753 \text{ ft/s}}$

この上の例は次に示すように，そのような流れの 2 つの側面を説明している．

1. 翼型表面上の 1 つの与えられた点を考える．C_p はこの点で，そして問題の説明文から与えられている．C_p は，速度が 80 ft/s から 300 ft/s に増加したとき，明らかに，**変わっていない**．なぜであろうか．答えは第 1.7 節における次元解析に関する論議のなかにある．すなわち，C_p は [p. 235] Mach 数，Reynolds 数，物体の形状と方向および物体上における位置にのみ依存するからである．ここで考えている低速非粘性流れに関して，Mach 数および Reynolds 数は関係なくなる．このタイプの流れに関しては，C_p の変化は物体の表面上の位置と物体の形状および方向のみの関数である．それゆえ，C_p は，流れが非粘性，非圧縮性と考えることができる限り，V_∞ あるいは ρ_∞ により変化しない．そのような流れでは，何らかの方法で，物体上の C_p 分布が一度決定されると，すべての V_∞ および ρ_∞ について，それと同じ C_p 分布となるのである．

2. 例題 3.12 の (b) において，C_p がピーク (負の) 値である点における速度は大きな値，すなわち，753 ft/s である．式 (3.38) はこの場合に有効なのであろうか．答えは本質的に否である．式 (3.38) は非圧縮性流れを仮定している．標準海面条件における音速は 1117 ft/s である．すなわち，それゆえ，その自由流 Mach 数は 300/1117 = 0.269 である．局所 Mach 数が 0.3 より低い流れは，本質的に非圧縮性と仮定できる．したがって，自由流 Mach 数はこの基準を満たす．一方，流れは翼型の上面で急速に膨張し，最小圧力点 (負のピーク C_p の点) で 753 ft/s の速度へ加速する．膨張領域内では音速は**減少する**．(第 3 部で何ゆえかがわかる．) したがって，最小圧力点において，局所 Mach 数は $\frac{753}{1117} = 0.674$ よりも大きい．す

第 3 章　非粘性，非圧縮性流れの基礎

なわち，流れはそのように高い局所 Mach 数へ膨張したので，それはもはや非圧縮性ではない．したがって，例題 3.12 の (b) で与えられた解答は正しくない．(第 3 部で正しい値を計算する方法を学ぶことになる．) ここで，述べておくべき興味深い点がある．ある模型が低速，亜音速風洞で試験されているからといって非圧縮性流れの仮定が流れ場すべてで成り立つことを意味しない．ここでわかるように，物体まわりの流れ場のある領域において，流れは圧縮性と考えなければならないような高い局所 Mach 数に到達できるのである．

3.6　非圧縮性流れの速度に関する条件

図 3.4 にある本章のロードマップを見ると，Bernoulli の式を扱う左側の分枝の項目を終えた．これから図 3.4 の中央の分枝で与えられる，非圧縮性流れのより一般的な考察を始める．しかしながら，Laplace の方程式を示す前に，非圧縮性流れにおける速度の基本的条件を次に説明するように，確立することが重要である．

まず，非圧縮性流れの物理学的な定義を考える．すなわち，$\rho =$ constant である．ρ は単位体積あたりの質量であり，ρ が一定であるので，非圧縮性流れ場を移動する質量固定の流体要素もまた，決まった，一定の体積を持たなければならない．式 (2.32) を思い出してみる．それは $\nabla \cdot \mathbf{V}$ は物理学的に，単位体積あたりの，移動する流体要素の体積の時間変化率であるということを示している．p. 236 しかしながら，非圧縮性流れに関して，流体要素の体積は一定であると述べたばかりである [例えば，式 (2.32) において，$D(\delta \mathcal{V})/Dt \equiv 0$ である]．ゆえに，非圧縮性流れに関して，

$$\boxed{\nabla \cdot \mathbf{V} = 0} \tag{3.39}$$

速度の発散が非圧縮性流れに関してゼロであるという事実は連続方程式，式 (2.52) から直接示すこともできる．すなわち，

$$\frac{\partial \rho}{\partial t} + \nabla \cdot \rho \mathbf{V} = 0 \tag{2.52}$$

非圧縮性流れに関して，$\rho =$ constant である．それゆえ，$\partial \rho/\partial t = 0$ および $\nabla \cdot (\rho \mathbf{V}) = \rho \nabla \cdot \mathbf{V}$ である．それから，式 (2.52) は次のようになる．

$$0 + \rho \nabla \cdot \mathbf{V} = 0$$

すなわち，

$$\nabla \cdot \mathbf{V} = 0$$

これは紛れもなく式 (3.39) である．

3.7　渦なし，非圧縮流れの支配方程式：Laplace の方程式

第 3.6 節で非圧縮性流れに関する質量保存の原理は式 (3.39) の形式を取りうることを確かめた．すなわち，

$$\nabla \cdot \mathbf{V} = 0 \tag{3.39}$$

加えて，渦なし流れに関して，第2.15節で，速度ポテンシャル ϕ が定義され，[式 (2.154) から] 次式となることがわかった．

$$\mathbf{V} = \nabla \phi \tag{2.154}$$

したがって，非圧縮性でかつ渦なしである流れに関して，式 (3.39) と式 (2.154) を組み合わせて，

$$\nabla \cdot (\nabla \phi) = 0$$

すなわち，

$$\boxed{\nabla^2 \phi = 0} \tag{3.40}$$

を得る．式 (3.40) は *Laplace の方程式*—数理物理学において最も有名で，非常に広く研究された方程式の1つ，である．Laplace の方程式の解は**調和関数** (*harmonic functions*) と呼ばれている．そして，それに関する非常にたくさんの文献が存在する．したがって，非圧縮性，渦なし流れがそれに関するたくさんの解が存在し，良く理解されている Laplace の方程式で記述されることは最も幸運なことである．

p. 237 便宜上，Laplace の方程式は下のように，第2.2節で採用された3つの一般的な直交座標系について書かれる．すなわち，

デカルト座標系： $\phi = \phi(x, y, z)$

$$\nabla^2 \phi = \frac{\partial^2 \phi}{\partial x^2} + \frac{\partial^2 \phi}{\partial y^2} + \frac{\partial^2 \phi}{\partial z^2} = 0 \tag{3.41}$$

円柱座標系： $\phi = \phi(r, \theta, z)$

$$\nabla^2 \phi = \frac{1}{r}\frac{\partial}{\partial r}\left(r\frac{\partial \phi}{\partial r}\right) + \frac{1}{r^2}\frac{\partial^2 \phi}{\partial \theta^2} + \frac{\partial^2 \phi}{\partial z^2} = 0 \tag{3.42}$$

球座標系： $\phi = \phi(r, \theta, \Phi)$

$$\nabla^2 \phi = \frac{1}{r^2 \sin\theta}\left[\frac{\partial}{\partial r}\left(r^2 \sin\theta \frac{\partial \phi}{\partial r}\right) + \frac{\partial}{\partial \theta}\left(\sin\theta \frac{\partial \phi}{\partial \theta}\right) + \frac{\partial}{\partial \Phi}\left(\frac{1}{\sin\theta}\frac{\partial \phi}{\partial \Phi}\right)\right] = 0 \tag{3.43}$$

第2.14節から，2次元非圧縮性流れに関して，流れ関数 ψ が定義され，式 (2.150a, 150b) から，次式のようになることを思い出すべきである．

$$u = \frac{\partial \psi}{\partial y} \tag{2.150a}$$

$$v = -\frac{\partial \psi}{\partial x} \tag{2.150b}$$

第3章 非粘性，非圧縮性流れの基礎

デカルト座標系で表した連続方程式，$\nabla \cdot \mathbf{V} = 0$ は，

$$\nabla \cdot \mathbf{V} = \frac{\partial u}{\partial x} + \frac{\partial v}{\partial y} = 0 \tag{3.44}$$

である．式 (2.150a, 150b) を式 (3.44) に代入して，

$$\frac{\partial}{\partial x}\left(\frac{\partial \psi}{\partial y}\right) + \frac{\partial}{\partial y}\left(-\frac{\partial \psi}{\partial x}\right) = \frac{\partial^2 \psi}{\partial x \partial y} - \frac{\partial^2 \psi}{\partial y \partial x} = 0 \tag{3.45}$$

を得る．数学的には，$\partial^2 \psi / \partial x \partial y = \partial^2 \psi / \partial y \partial x$ であるので，式 (3.45) から，ψ は自動的に連続方程式を満足することがわかる．実際，ψ の定義そのものとその使用は質量保存そのものである．そして，それゆえ，式 (2.150a, 150b) を連続方程式そのものの代わりに用いることができる．加えて，もし，非圧縮性流れが渦なしであるならば，式 (2.131) で表される渦なし条件から，

$$\frac{\partial v}{\partial x} - \frac{\partial u}{\partial y} = 0 \tag{2.131}$$

を得る．式 (2.150a, および b) を式 (2.131) に代入すると，

$$\frac{\partial}{\partial x}\left(-\frac{\partial \psi}{\partial x}\right) - \frac{\partial}{\partial y}\left(\frac{\partial \psi}{\partial y}\right) = 0$$

p. 238 すなわち，

$$\boxed{\frac{\partial^2 \psi}{\partial x^2} + \frac{\partial^2 \psi}{\partial y^2} = 0} \tag{3.46}$$

を得る．これは Laplace の方程式である．したがって，流れ関数もまた，ϕ と一緒に Laplace の方程式を満足する．

式 (3.40) および式 (3.46) から，次のような自明で，そして重要な結論を得る．

1. あらゆる渦なし，非圧縮性流れは Laplace の方程式を満足する速度ポテンシャルおよび (2次元流れの) 流れ関数をもつ．

2. 逆に，Laplace の方程式のあらゆる解は渦なし，非圧縮性流れに関する速度ポテンシャルまたは (2次元流れの) 流れ関数を表す．

Laplace の方程式は 2 次の線形偏微分方程式であることに注意すべきである．それが**線形** (*linear*) であるという事実は特に重要である．なぜなら，線形微分方程式の特解の和は，また，その方程式の解であるからである．例えば，もし，$\phi_1, \phi_2, \phi_3, \ldots, \phi_n$ が式 (3.40) の n 個の別々の解を表すとすると，そのとき，次の和

$$\phi = \phi_1 + \phi_2 + \phi_3 + \ldots + \phi_n$$

はまた，式 (3.40) の解である．渦なし，非圧縮性流れは Laplace の方程式に支配され，そして，Laplace の方程式が線形であるので，渦なし，非圧縮性流れに関する複雑な流れパターンは，同じく渦なし，非圧縮性である，多くの基本的な流れを加えることにより作りだせると結論できる．実際，これが渦なし，非圧縮性流れに関するこれからの議論の総合的戦略を確定するので

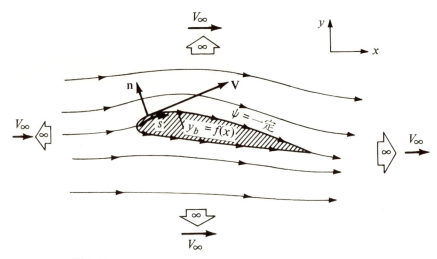

図 3.18 非粘性流れにおける無限遠点および物体における境界条件

ある．幾つかの異なった基本流れに関する流れ場の解を求める．そして，それら自身だけでは，現実の世界における実際の流れには見えないかもしれない．しかしながら，これらの基本流れを種々の方法で加える (すなわち，重ね合わせる) ことにする．すると合成された流れ場は実際的な問題に適したものとなる．

先に進む前に，球，円錐，あるいは飛行機の翼のような，異なった空気力学的物体を過ぎる渦なし，非圧縮性流れ場を考えてみる．明らかに，それぞれの流れははっきりと異なっているであろう．すなわち，球まわりの流線と圧力分布は円錐まわりのそれらとは全く異なっている．しかしながら，これらの異なった流れはすべて同じ方程式，すなわち，$\nabla^2 \phi = 0$ により支配されている．それでは，どのようにして異なった物体に対して異なった流れを得るのであろうか．答えは**境界条件** (boundary conditions) に見いだされる．異なった流れの支配方程式は同じであるが，その方程式に関する境界条件は異なった幾何学的形状に合わせなければならず，それゆえ，異なった流れ場の解が得られるのである．したがって，境界条件は空気力学的解析において，きわめて重要なものである．境界条件の性質についてさらに調べてみる．

図 3.18 に示す翼型のような，静止している物体を過ぎる外部空気力学的流れを考える．この流れは，p.239 (1) 物体から無限の距離において (理論的に) 生じる自由流と，(2) 物体それ自身の表面，により囲まれている．したがって，2 組の境界条件が次のように適用される．

3.7.1 無限遠点境界条件

すべての方向で，物体から (無限大に向かって) はるかに離れると，流れは一様な自由流条件に近づく．V_∞ を図 3.18 に示すように，x 方向に一致させる．したがって，無限遠方において，

$$u = \frac{\partial \phi}{\partial x} = \frac{\partial \psi}{\partial y} = V_\infty \tag{3.47a}$$

$$v = \frac{\partial \phi}{\partial y} = -\frac{\partial \psi}{\partial x} = 0 \tag{3.47b}$$

である．式 (3.47a), 式 (3.47b) は無限遠点における速度に関する**境界条件**である．それらは，図 3.18 に示されるように，物体の上，下，左および右，すべての方向の物体から無限の距離の所に適用される．

3.7.2 壁面における境界条件

　もし，図 3.18 の物体が固体表面を持っているとすると，流れがその表面を突き抜けることは不可能である．それどころか，もし，流れが粘性であるなら，流体と固体表面との間の摩擦の影響は物体表面でゼロ速度を生じさせる．そのような粘性流れは第 15 から 20 章で論議される．逆に，非粘性流れに関しては，物体表面における速度は有限である．しかし，流れは物体表面を突き抜けられないので，速度ベクトルは表面に**接**していなければならない．この "壁に接する条件" は図 3.18 に図示されていて，**V** が物体表面に接していることを示している．もし，流れが物体表面に接しているなら，表面に**垂直**な速度成分はゼロでなければならない．**n** を，図 3.18 に示されるように，表面に垂直方向の単位ベクトルとする．p. 240 壁面における境界条件は次のように書ける．

$$\mathbf{V} \cdot \mathbf{n} = (\nabla \phi) \cdot \mathbf{n} = 0 \tag{3.48a}$$

すなわち，

$$\frac{\partial \phi}{\partial n} = 0 \tag{3.48b}$$

式 (3.48a, または 48b) は壁面における速度に関する境界条件を与える．すなわち，それは ϕ の項で表されている．もし，ϕ でなく ψ を扱うとすると，壁面境界条件は

$$\frac{\partial \psi}{\partial s} = 0 \tag{3.48c}$$

ここに，s は図 3.18 に示されるように物体表面に沿って測った距離である．物体の外形は，図 3.18 にも示されるように，流れの流線であることに注意すべきである．ψ = constant が流線の方程式であることを思い出すべきである．したがって，もし，図 3.18 の物体の形状が $y_b = f(x)$ で与えられるなら，そのとき，

$$\psi_{\text{surface}} = \psi_{y=y_b} = \text{const} \tag{3.48d}$$

は式 (3.48c) で与えられる境界条件の別形式である．

　もし，ϕ も，また，ψ のどちらも使わず，速度成分 u と v それ自身を用いるとすると，壁面境界条件は流線の方程式，式 (2.118) から，物体表面上で計算し，得られる．すなわち，

$$\boxed{\frac{dy_b}{dx} = \left(\frac{v}{u}\right)_{\text{surface}}} \tag{3.48e}$$

式 (3.48e) は単に，物体表面は流れの流線であるということを述べている．物体表面において流れが接する条件に関して，式 (3.48e) で与えられる形式は非圧縮性から極超音速まですべての非粘性流れに用いられ，ϕ または ψ (または $\bar{\psi}$) で問題の式をたてているかどうかには依存しない．

3.8 中間まとめ

これまでの論議を反映させ，渦なし，非圧縮性流れの解を求める一般的な方法は次のように要約することができる．すなわち，

1. ϕ に関する Laplace の方程式 [式 (3.40)] または ψ に関する 式 [式 (3.46)] を適切な境界条件 [例えば，式 (3.47) および式 (3.48)] といっしょに解く．これらの解は通常，(次の節等で論議される) 基本解の和の形である．

2. 流れの速度を $\mathbf{V} = \nabla \phi$ または $u = \partial \psi / \partial y$ および $v = -\partial \psi / \partial x$ から得る．

3. 圧力を Bernoulli の式，$p + \frac{1}{2}\rho V^2 = p_\infty + \frac{1}{2}\rho V_\infty^2$ から求める．ここに，p_∞ および V_∞ は既知の自由流条件である．

$\mathbf{V}$ や p は非圧縮性流れに関する主要な従属変数であるので，流れが非圧縮性そして渦なしである限り，ステップ 1 からステップ 3 が与えられた問題を解くのに必要なすべてである．

3.9 一様流：第 1 の基本流れ

^{p. 241} 本節において，後でもっと複雑な非圧縮性流れを作るために重ね合わされる一連の非圧縮性流れの基本となるうち第 1 のものを示す．この章の残りの部分と第 4 章において，2 次元定常流れを取り扱う．3 次元の定常流は第 5 および第 6 章で取り扱う．

図 3.19 に描かれたような x の正方向に向いている速度 V_∞ をもつ一様流を考える．一様流は物理的に可能な非圧縮性流れであること (すなわち，それは $\nabla \cdot \mathbf{V} = 0$ を満足すること)，そして，それが渦なしであること (すなわち，それが $\nabla \times \mathbf{V} = 0$ を満足すること) は簡単に示すことができる．(演習問題 3.8 を見よ．) それゆえ，一様流の速度ポテンシャルは求められ，$\nabla \phi = \mathbf{V}$ である．図 3.19 を調べ，式 (2.156) を思い出すと，

$$\frac{\partial \phi}{\partial x} = u = V_\infty \tag{3.49a}$$

および，

$$\frac{\partial \phi}{\partial y} = v = 0 \tag{3.49b}$$

を得る．式 (3.49a) を x について積分すると，

$$\phi = V_\infty x + f(y) \tag{3.50}$$

を得る．ここに，$f(y)$ は y のみの関数である．式 (3.49a) を y について積分すると，

$$\phi = \mathrm{const} + g(x) \tag{3.51}$$

を得る．ここに，$g(x)$ は x のみの関数である．式 (3.50) および式 (3.51) において，ϕ は同じ関数である．それゆえ，これらの式を比較すると，$g(x)$ は $V_\infty x$ でなければならず，そして，$f(y)$ は定数でなければならない．したがって，

$$\phi = V_\infty x + \mathrm{const} \tag{3.52}$$

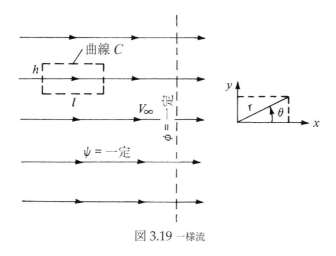

図 3.19 一様流

^{p. 242} 実際の空気力学的問題では ϕ の実際の値に意味があるのではなく，ϕ は常に微分することにより速度を得るために用いられる，すなわち，$\nabla\phi = \mathbf{V}$ ということに注意すべきである．定数の導関数はゼロであるので，式 (3.52) から，厳密さを失わずに定数を省略することができる．それゆえ，式 (3.52) を次のように書き換えることができる．

$$\phi = V_\infty x \tag{3.53}$$

式 (3.53) は x の正方向に向いている速度 V_∞ の一様流の速度ポテンシャルである．式 (3.53) を求めた方法は非圧縮性の仮定には無関係である．すなわち，それは圧縮性でも非圧縮性でも，どのような一様流に対しても適用できるということに注意すべきである．

非圧縮性流れ関数 ψ を考える．図 3.19 と式 (2.150a および 150b) から，

$$\frac{\partial \psi}{\partial y} = u = V_\infty \tag{3.54a}$$

および

$$\frac{\partial \psi}{\partial x} = -v = 0 \tag{3.54b}$$

を得る．式 (3.54a) を y について，式 (3.54b) を x について積分し，結果を比較すると，

$$\psi = V_\infty y \tag{3.55}$$

を得る．式 (3.55) は x の正方向に向いた非圧縮性一様流の流れ関数である．

第 2.14 節より，流線の方程式は ψ =constant で与えられる．したがって，式 (3.55) より，一様流の流線は $\psi = V_\infty y$ = constant により与えられる．V_∞ はそれ自身，一定であるので，それゆえ，流線は数学的に y =constant として (すなわち，一定の y の直線として) 与えられる．この結果は図 3.19 と一致している．それは，流線を水平線群として (すなわち，一定 y の線とし

て) 表している．また，式 (3.53) から，等ポテンシャル線は，図 3.19 の破線で示されている一定 x の直線群であることに注意すべきである．第 2.16 節における論議と一致して，ψ = constant および ϕ = constant の直線群はお互いに直交していることに注意すべきである．

式 (3.53) と式 (3.55) を極座標系について書くことができる．そこにおいて，図 3.19 に示されるように，$x = r\cos\theta$ および $y = r\sin\theta$ である．それゆえ，

$$\phi = V_\infty r \cos\theta \tag{3.56}$$

および

$$\psi = V_\infty r \sin\theta \tag{3.57}$$

p. 243　一様流における循環を考える．循環の定義は，

$$\Gamma \equiv -\oint_C \mathbf{V} \cdot \mathbf{ds} \tag{2.136}$$

により与えられる．式 (2.136) における閉曲線 C を図 3.19 の左側に示されている長方形とする．すなわち，h および l はそれぞれ，その長方形の垂直辺および水平辺である．そうすると，

$$\oint_C \mathbf{V} \cdot \mathbf{ds} = -V_\infty l - 0(h) + V_\infty l + 0(h) = 0$$

すなわち，

$$\Gamma = 0 \tag{3.58}$$

式 (3.58) は一様流中の任意の閉曲線で成り立つ．これを示すために，$\mathbf{V}_\infty$ が大きさと方向とも一定であることに注意すると，

$$\Gamma = -\oint_C \mathbf{V} \cdot \mathbf{ds} = -\mathbf{V}_\infty \cdot \oint_C \mathbf{ds} = \mathbf{V}_\infty \cdot 0 = 0$$

である．なぜなら，$\mathbf{ds}$ の閉曲線まわりの線積分は恒等的にゼロとなるからである．したがって，式 (3.58) から，**一様流においていかなる閉曲線まわりの循環もゼロである**と言える．

上の結果は式 (2.137) と一致する．そして，それは次式で示される．

$$\Gamma = -\iint_S (\nabla \times \mathbf{V}) \cdot \mathbf{dS} \tag{2.137}$$

以前に，一様流は渦なしである，すなわち，いたる所で，$\nabla \times \mathbf{V} = 0$ である，と述べた．それゆえ，式 (2.137) から $\Gamma = 0$ が得られる．

式 (3.53) および式 (3.55) は Laplace の方程式を満足 ([式 (3.41] を見よ) すること，そしてそれは簡単な代入により証明できることに注意すべきである．したがって，一様流はさらに複雑な流れを作るのに用いることのできる存在し得る基本流れである．

3.10 わき出し流れ：第2の基本流れ

　すべての流線が，図 3.20 の左側に示されるように，すべての流線が中心点 O から出る直線群である2次元非圧縮性流れを考える．さらに，それぞれの流線に沿った速度が点 O からの距離に反比例するものとする．そのような流れは**わき出し流れ** (*source flow*) と呼ばれる．図 3.20 を検討すると，半径および接線方向の速度成分は，それぞれ，V_r および V_θ であり，$V_\theta = 0$ であることがわかる．図 3.20 における座標系は z が紙面に垂直な円筒座標系である．(極座標は，単に，z = constant で与えられる単一平面に制限された円柱座標 r, θ であることに注意すべきである．) (1) わき出し流れは物理的に可能な非圧縮性流れである，すなわち，原点を除くすべての点で $\nabla \cdot \mathbf{V} = 0$ であり，原点では $\nabla \cdot \mathbf{V}$ が無限大となること，そして，(2) わき出し流れはすべての点で**渦なし** (*irrotational*) であることを容易に示すことができる (演習問題 3.9 を見よ)．

　p. 244　わき出し流れにおいて，流線は図 3.20 の左側に示されるように，原点から出ていっている．この逆の場合が**すいこみ流れ** (*sink flow*) である．ここでは，定義により，流線は図 3.20 の右に示されるように，原点に向かっている．すいこみ流れに関して，その流線も共通原点からの放射線群であり，そして，それに沿った流れの速度は点 O からの距離に逆比例して変化する．実際，すいこみ流れは，単純に負のわき出し流れである．

　図 3.20 の流れについては，別の，多少，哲学的な解釈ができる．原点，点 O を**わき出し点** (*discrete source*)，またはすいこみ点 (*discrete sink*) と考える．さらに，(電流が流れる導線まわりの空間に磁場が誘導されると同じように) 原点を囲む半径方向流れを原点にあるわき出し点またはすいこみ点により単純に**誘導された**と考える．わき出し流れにおいて，原点以外のすべての点で $\nabla \cdot \mathbf{V} = 0$ で，この原点で速度は無限大であることを思い出すべきである．したがって，原点は**特異点** (*singular point*) である．そして，この特異点をその点まわりに対応する誘導流れ場をもつ，与えられた強さのわき出し点またはすいこみ点であると解釈できる．この解釈は非常に便利であり，しばしば用いられる．二重わき出し (doublet) や渦 (vortices) のような他のタイプの特異点もこの後の節で導入される．実際，任意の物体まわりの非圧縮性流れ場は物体の表面上の，そのような特異点の適切な分布により誘導された流れとして表すことができる．この概念は翼型やその他の空気力学的物体まわりの非圧縮性流れに関する多くの理論解法のた

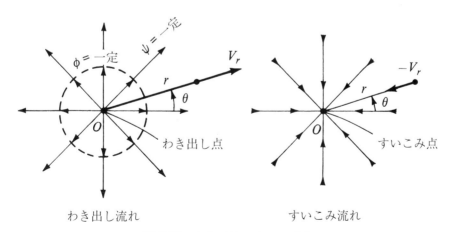

図 3.20 わき出し流れとすいこみ流れ

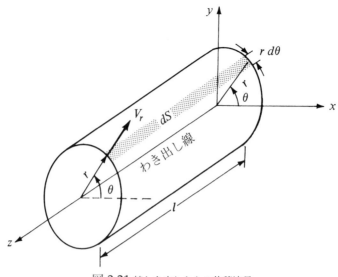

図 3.21 線わき出しからの体積流量

めの基礎であり，そして，それはそのような流れの解法に関する現代の数値解手法の中心そのものである．読者は第 4 章から第 6 章で，非圧縮性流れの解法における特異点分布の概念に関してより理解を深めるであろう．しかしながら，この段階においては，単独わき出し（またはすいこみ）を図 3.20 に示される流れを誘導する特異点と考えておけば良い．

わき出し点またはすいこみ点により誘導された速度場をもっと詳しく見てみよう．定義により，速度は半径方向距離 r に逆比例する．前に述べたように，この速度変化は物理的に可能な流れである．なぜなら，それは $\nabla \cdot \mathbf{V} = 0$ を満たすからである．さらに，それが，図 3.20 に示される半径方向流れに関して，式，p. 245 $\nabla \cdot \mathbf{V} = 0$ を満足する唯一の速度変化なのである．したがって，

$$V_r = \frac{c}{r} \tag{3.59a}$$

および

$$V_\theta = 0 \tag{3.59b}$$

ここに，c は定数である．この定数の値は次に述べるように，わき出しからの体積流量に関係している．図 3.20 において，紙面に垂直に長さ l の深さを考える．すなわち，z 軸方向の長さ l である．これは図 3.21 に 3 次元透視法で描かれている．図 3.21 において，z 軸に沿って線わき出しを見ることができる．そして，わき出し O は単にその一部である．したがって，2 次元流れにおいて，図 3.20 に描かれたわき出し点は，単純に，図 3.21 に示された線わき出し上の 1 点である．図 3.20 に示された 2 次元流れは z 軸に垂直な任意の平面上，すなわち，z = constant で与えられる任意の平面上のものと同じである．図 3.21 に示されるように，半径 r，高さ l の円柱表面を通過する質量流量を考える．図 3.21 に示される要素面積 $\mathbf{dS}$ を通過する要素質量流量は $\rho \mathbf{V} \cdot \mathbf{dS} = \rho V_r (r d\theta)(l)$ である．それゆえ，V_r は，固定された半径 r に関してどの θ の位置でも同一であることに注意すると，この円柱の表面を通過する全質量流量は

第3章　非粘性，非圧縮性流れの基礎

$$\dot{m} = \int_0^{2\pi} \rho V_r (rd\theta) l = \rho r l V_r \int_0^{2\pi} d\theta = 2\pi r l \rho V_r \tag{3.60}$$

である．ρ は単位体積あたりの質量として定義され，$\dot{m}$ は1秒あたりの質量であるので，$\dot{m}/\rho$ は単位秒あたりの体積流量である．この体積流量率を $\dot{v}$ と書くことにする．したがって，式 (3.60) から

$$\dot{v} = \frac{\dot{m}}{\rho} = 2\pi r l V_r \tag{3.61}$$

を得る．p. 246 さらに，円柱に沿った単位長さ当たりの体積流量率は $\dot{v}/l$ である．この単位長さあたりの体積流量 (図 3.20 の紙面に垂直方向の単位深さあたりのものと等しい) を Λ とする．したがって，式 (3.61) から

$$\Lambda = \frac{\dot{v}}{\rho} = 2\pi r V_r$$

すなわち，

$$\boxed{V_r = \frac{\Lambda}{2\pi r}} \tag{3.62}$$

を得る．それゆえ，式 (3.59a) と式 (3.62) を比較すると，式 (3.59a) の定数は $c = \Lambda/2\pi$ であることがわかる．Λ はわき出し強さ (*source strength*) を定義する．すなわち，それは物理的に，図 3.20 の紙面に垂直な単位深さあたりの，わき出しからの体積流量率である．Λ の代表的な単位は平方メートル/秒または平方フィート/秒である．式 (3.62) において，Λ の正の値はわき出しを表し，逆に，負の値はすいこみを表す．

わき出しの速度ポテンシャルは次のように求められる．式 (2.157)，式 (3.59a) および式 (3.62) から，

$$\frac{\partial \phi}{\partial r} = V_r = \frac{\Lambda}{2\pi r} \tag{3.63}$$

および

$$\frac{1}{r}\frac{\partial \phi}{\partial \theta} = V_\theta = 0 \tag{3.64}$$

式 (3.64) を r に関して積分すると，

$$\phi = \frac{\Lambda}{2\pi} \ln r + f(\theta) \tag{3.65}$$

を得る．式 (3.64) を θ に関して積分すると，

$$\phi = \text{const} + f(r) \tag{3.66}$$

を得る．式 (3.65) と式 (3.66) を比較すると，$f(r) = (\Lambda/2\pi) \ln r$ および $f(\theta) = \text{constant}$ であることがわかる．第 3.9 節で説明したように，定数は厳密性を失わずに省略できるので，式 (3.65) は

$$\phi = \frac{\Lambda}{2\pi} \ln r \tag{3.67}$$

となる．式 (3.67) は 2 次元わき出し流れの速度ポテンシャルである．

流れ関数は次のように求めることができる．式 (2.151a) と式 (2.151b)，式 (3.59b) および式 (3.62) より，

$$\frac{1}{r}\frac{\partial \psi}{\partial \theta} = V_r = \frac{\Lambda}{2\pi r} \tag{3.68}$$

および

$$-\frac{\partial \psi}{\partial r} = V_\theta = 0 \tag{3.69}$$

p. 247 式 (3.68) を θ について積分すると，

$$\psi = \frac{\Lambda}{2\pi}\theta + f(r) \tag{3.70}$$

を得る．式 (3.69) を r について積分すると，

$$\psi = \text{const} + f(\theta) \tag{3.71}$$

を得る．式 (3.70) と式 (3.71) を比較し，定数を省略すると，

$$\psi = \frac{\Lambda}{2\pi}\theta \tag{3.72}$$

を得る．式 (3.72) は 2 次元わき出し流れの流れ関数である．

流線の方程式は式 (3.72) を定数に等しいとすることにより得られる．すなわち，

$$\psi = \frac{\Lambda}{2\pi}\theta = \text{const} \tag{3.73}$$

式 (3.73) から，極座標において，$\theta = \text{constant}$ は原点からの直線の方程式である．それゆえに，式 (3.73) は図 3.20 に描かれたわき出し流れの図と一致する．さらに，式 (3.67) は等ポテンシャル線を $r = \text{constant}$，すなわち，図 3.20 で破線で表される，原点に中心をもつ円として与える．再度，流線と等ポテンシャル線はお互いに直交することがわかる．

わき出し流れに関する循環を計算するために，いたる所で $\nabla \times \mathbf{V} = 0$ が成り立つことを思いだすべきである．次に，式 (2.137) から，流れ場の中で選んだ任意の閉曲線 C に関して，

$$\Gamma = -\iint_S (\nabla \times \mathbf{V}) \cdot \mathbf{dS} = 0$$

それゆえ，第 3.9 節で論議した一様流の場合と同じように，わき出し流れについて循環は存在しない．

式 (3.67) と式 (3.72) が Laplace 方程式を満足することを示すのは円柱座標で書かれた $\nabla^2 \phi = 0$ と $\nabla^2 \psi = 0$ に単に代入して直接的に行える [式 (3.42) を見よ]．したがって，わき出し流れはより複雑な流れを作るのに用いられる存在し得る基本流れである．

3.11 一様流とわき出しやすいこみとの重ね合わせ

原点に強さ Λ のわき出しがある極座標系を考える.この流れに,図 3.22 に示されるように左から右に流れる速度 V_∞ の一様流を重ね合わせる.合成された流れの流れ関数は式 (3.57) と式 (3.72) の和である.すなわち,

$$\psi = V_\infty r \sin\theta + \frac{\Lambda}{2\pi}\theta \tag{3.74}$$

p. 248 式 (3.57) と式 (3.72) は共に Laplace の方程式の解であるので,式 (3.74) もまた Laplace の方程式を満足することがわかる.すなわち,式 (3.74) は実在し得る渦なし,非圧縮性流れを表している.合成流れの流線は式 (3.74) から次式のように得られる.

$$\psi = V_\infty r \sin\theta + \frac{\Lambda}{2\pi}\theta = \text{const} \tag{3.75}$$

式 (3.75) から得られる流線の形状は図 3.22 の右に描かれている.わき出しは点 D にある.速度場は式 (3.75) を微分することにより得られる.すなわち,

$$V_r = \frac{1}{r}\frac{\partial \psi}{\partial \theta} = V_\infty \cos\theta + \frac{\Lambda}{2\pi r} \tag{3.76}$$

および

$$V_\theta = -\frac{\partial \psi}{\partial r} = -V_\infty \sin\theta \tag{3.77}$$

第 3.10 節よりわき出しからの半径方向速度は $\Lambda/2\pi r$ であること,そして,第 3.9 節から自由流速度の半径方向成分は $V_\infty \cos\theta$ であることを注意すべきである.それゆえ,式 (3.76) は単に 2 つの速度場の直接的な和である.すなわち,Laplace の方程式の線型性と一致する結果である.したがって,より複雑な解を得るため ϕ または ψ の値を加算できるばかりでなく,それらの導関数,すなわち速度も同様に加算することができるのである.

流れの中のよどみ点は式 (3.76) および式 (3.77) をゼロと等しいとすることにより求められる.すなわち,

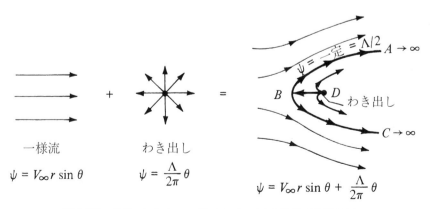

図 3.22 一様流とわき出しの重ね合わせ:半無限物体を過ぎる流れ

$$V_\infty \cos\theta + \frac{\Lambda}{2\pi r} = 0 \tag{3.78}$$

および

$$V_\infty \sin\theta = 0 \tag{3.79}$$

r と θ について解くと，1 個のよどみ点が存在し，$(r,\theta) = (\Lambda/2\pi V_\infty, \pi)$ にある．そして，それは図 3.22 において点 B と記されている．すなわち，よどみ点はわき出しのすぐ上流の距離 $(\Lambda/2\pi V_\infty)$ にある．この結果より，p. 249 距離 DB は，もし，V_∞ が増加すると小さくなり，もし，Λ が増加すると大きくなる．すなわち，直観と同じ傾向である．例えば，図 3.22 を見たとき，V_∞ を同じに保ち，わき出し強さを増加させるとすると，よどみ点 B はさらに上流へ吹き飛ばされるであろう．逆に，わき出し強さを同じに保ちながら，もし V_∞ を増加すると，よどみ点はさらに下流へ吹き飛ばされるであろう．

もし，B のよどみ点の座標を式 (3.75) に代入すると，

$$\psi = V_\infty \frac{\Lambda}{2\pi V_\infty} \sin\pi + \frac{\Lambda}{2\pi}\pi = \text{const}$$

$$\psi = \frac{\Lambda}{2} = \text{const}$$

を得る．それゆえ，よどみ点を通る流線は $\psi = \Lambda/2$ で表される．この流線は図 3.22 において曲線 ABC として示されている．

図 3.22 を調べると，1 つの重要な結論に達する．非粘性流れを扱っていて，そこでは固体壁物体の表面上の速度はその物体に接しているので，図 3.22 の右側にある合成流れのどの流線も同じ形状の固体壁に置き換えられ得る．特に，流線 ABC を考えてみる．それはよどみ点 B を含んでいるので，流線 ABC は**分離**流線 (*dividing* streamline) である．すなわち，それは自由流から来る流体とわきだしから出てくる流体を分離しているのである．ABC の外側の流体すべては自由流からのものであり，ABC の内部の流体すべてはわき出しからのものである．したがって，自由流のみに関心がある限り，ABC 内の全領域を同じ形状の固体壁物体で置き換えることができる．そして，外側の流れ，すなわち，自由流からの流れはその相違を感知しない．流線 $\psi = \Lambda/2$ は無限下流まで伸び，半無限物体を形成する．したがって，次のような重要な解釈を行う．もし，図 3.22 に示されるような曲線 ABC で表される固体壁をもつ半無限物体まわりの流れを作りたいときに，なすべきすべてのことは，速度 V_∞ の一様流を持ってきて，点 D にある強さ Λ のわき出しをそれに加えることである．この重ね合わせの結果は規定された，形状 ABC の固体半無限物体を過ぎる流れを表すのである．これは興味のある物体を過ぎるより複雑な流れを得るために基本流れを重ね合わせる実用性を具体的に示している．

図 3.22 に示された重ね合わせは半無限物体 ABC を過ぎる流れとなる．これは下流方向に無限に伸びている半物体である (すなわち，この物体は閉じていない)．しかしながら，もし，わき出しと同じ強さのすいこみを持ってきて，それを点 D の下流の流れに加えるとすると，このときの物体形状は閉じるであろう．この流れをもっと詳しく調べてみる．

図 3.23 に描かれているように，原点の左右にそれぞれ距離 b の位置に配置されたわき出しおよびすいこみのある極座標系を考える．わき出しとすいこみの強さはそれぞれ Λ および $-\Lambda$ である (等しい大きさで符号が反対)．加えて，図 3.23 に示されるように，速度 V_∞ の一様流を

第 3 章 非粘性，非圧縮性流れの基礎

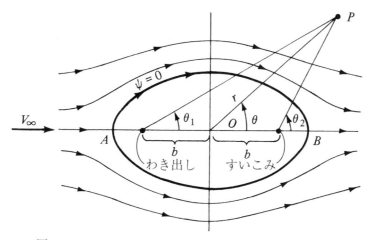

図 3.23 一様流とわき出し-すいこみの重ね合わせ：Rankine の卵形

重ね合わせる．p. 250 座標 (r, θ) の任意点 P における，合成流れの流れ関数は式 (3.57) および式 (3.72) から得られる．すなわち，

$$\psi = V_\infty r \sin\theta + \frac{\Lambda}{2\pi}\theta_1 - \frac{\Lambda}{2\pi}\theta_2$$

すなわち，

$$\psi = V_\infty r \sin\theta + \frac{\Lambda}{2\pi}(\theta_1 - \theta_2) \tag{3.80}$$

速度場は式 (2.151a) および式 (2.151b) に従って式 (3.80) を微分することにより得られる．図 3.23 の幾何学的形状から式 (3.80) における θ_1 と θ_2 は r, θ および b の関数であることに注意すべきである．次に，$V = 0$ と置くことにより，2 つのよどみ点，すなわち，図 3.23 の点 A と B, が見いだされる．これらのよどみ点は次に示す位置にある (演習問題 3.13 を見よ)．

$$OA = OB = \sqrt{b^2 + \frac{\Lambda b}{\pi V_\infty}} \tag{3.81}$$

流線の方程式は式 (3.80) により次式のように与えられる．

$$\psi = V_\infty r \sin\theta + \frac{\Lambda}{2\pi}(\theta_1 - \theta_2) = \text{const} \tag{3.82}$$

よどみ点を通過する特定の流線の方程式は点 A において $\theta = \theta_1 = \theta_2 = \pi$, 点 B で $\theta = \theta_1 = \theta_2 = 0$ であることに注意して，式 (3.82) から求められる．それゆえ，よどみ点流線に関して，式 (3.82) は定数としてゼロを与える．したがって，よどみ点流線は $\psi = 0$ により与えられる．すなわち，

$$V_\infty r \sin\theta + \frac{\Lambda}{2\pi}(\theta_1 - \theta_2) = 0 \tag{3.83}$$

図 3.23 に示されるような，卵形の方程式である．式 (3.83) は，また dividing streamline である．すなわち，わき出しからの流れはすべてすいこみに流れ込み，卵形の内部に含まれる．逆に，その卵形の外部の流れは一様流のみに由来している．したがって，図 3.23 において，卵形

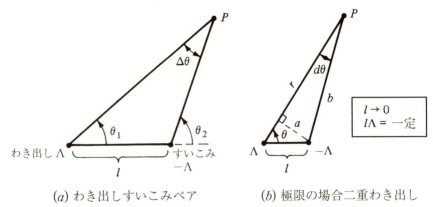

(*a*) わき出しすいこみペア　　　　(*b*) 極限の場合二重わき出し

図 3.24　わき出し-すいこみペアが極限で二重わき出しになる説明

内部の領域は^{p. 251} $\psi = 0$ により与えられる形状の固体壁物体で置き換えられる．そして，この卵形の外部の領域は固体壁物体を過ぎる非粘性，ポテンシャル (渦なし)，非圧縮性流れとして考えることができる．この問題は 19 世紀に，有名なスコットランドの技術者 W. J. M. Rankine により最初に解かれた．それゆえ，式 (3.83) で与えられ，図 3.23 に描かれた形状は Rankine の卵形 (Rankine oval) と呼ばれる．

3.12　二重わき出し：第 3 の基本流れ

二重わき出し (*doublet*) と呼ばれる特異点となる，わき出し–すいこみのペアの特別な変形された場合が存在する．この二重わき出しは非圧縮性流れの理論にしばしば用いられる．すなわち，本節の目的はその性質を説明することである．

図 3.24*a* に示されるように，距離 l だけ離れた，強さ Λ の一個のわき出しと同じ強さ (ただし符号が逆) である，$-\Lambda$ の 1 個のすいこみを考える．流れの中の任意点 P において，流れ関数は

$$\psi = \frac{\Lambda}{2\pi}(\theta_1 - \theta_2) = -\frac{\Lambda}{2\pi}\Delta\theta \tag{3.84}$$

である．ここに，図 3.24*a* からわかるように，$\Delta\theta = \theta_2 - \theta_1$ である．式 (3.84) は距離 l だけ離れた，わき出し–すいこみペアに関する流れ関数である．

さて，図 3.24*a* において，距離 l をゼロに近づけ，その一方で，わき出しとすいこみの強さを，積，$l\Lambda$ が一定値に保たれるように増加させる．この極限プロセスが図 3.24*b* に示されている．$l \to 0$ のとき，$l\Lambda$ が一定値に留まる極限において，二重わき出しと定義される特別な流れパターンを得る．二重わき出しの強さは κ と記され，$\kappa \equiv l\Lambda$ として定義される．二重わき出しの流れ関数は式 (3.84) から次のようにして得られる．すなわち，

$$\psi = \lim_{\substack{l \to 0 \\ \kappa = l\Lambda = \text{const}}} \left(-\frac{\Lambda}{2\pi}d\theta\right) \tag{3.85}$$

^{p. 252} ここに，極限において，$\Delta\theta \to d\theta \to 0$ である．(極限において，わき出し強さ Λ は無限大の値に近づくことに注意．) 図 3.24*b* において，r および b をそれぞれ，わき出しおよびすい

第3章 非粘性，非圧縮性流れの基礎

こみから点 P への距離とする．すいこみから r へ垂直な線をひき，この垂線の長さを a とする．微小な $d\theta$ に関して，図 3.24b の幾何学的関係から，

$$a = l\sin\theta$$
$$b = r - l\cos\theta$$
$$d\theta = \frac{a}{b}$$

を得る．それゆえ，

$$d\theta = \frac{a}{b} = \frac{l\sin\theta}{r - l\cos\theta} \tag{3.86}$$

式 (3.86) を式 (3.85) に代入すると，

$$\psi = \lim_{\substack{l \to 0 \\ \kappa = \text{const}}} \left(-\frac{\Lambda}{2\pi} \frac{l\sin\theta}{r - l\cos\theta} \right)$$

すなわち，

$$\psi = \lim_{\substack{l \to 0 \\ \kappa = \text{const}}} \left(-\frac{\kappa}{2\pi} \frac{\sin\theta}{r - l\cos\theta} \right)$$

すなわち，

$$\boxed{\psi = -\frac{\kappa}{2\pi} \frac{\sin\theta}{r}} \tag{3.87}$$

を得る．式 (3.87) は二重わき出しに関する流れ関数である．同様にして，二重わき出しに関する速度ポテンシャルは次式で与えられる (演習問題 3.14 を見よ)．

$$\boxed{\phi = \frac{\kappa}{2\pi} \frac{\cos\theta}{r}} \tag{3.88}$$

二重わき出し流れの流線は式 (3.87) から得られる．すなわち，

$$\psi = -\frac{\kappa}{2\pi} \frac{\sin\theta}{r} = \text{const} = c$$

すなわち，

$$r = -\frac{\kappa}{2\pi c} \sin\theta \tag{3.89}$$

式 (3.89) は二重わき出し流れにおける流線の方程式を与える．解析幾何学から，極座標系で次の方程式，

$$r = d\sin\theta \tag{3.90}$$

は垂直軸上において直径 d を持ち，座標原点の真上，$d/2$ に中心をもつ円であるということを思いだすべきである．式 (3.89) と式 (3.90) を比較すると，二重わき出しの流線は図 3.25 に描か

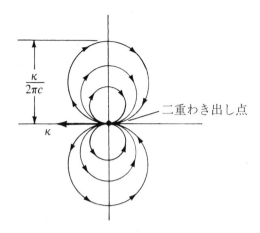

図 3.25 強さ κ の二重わき出しの流れ

れているように，直径が $\kappa/2\pi c$ の円群であることがわかる．異なる円はパラメータ c の異なった値に対応している．図 3.24 において，わき出しをすいこみの左側に置いたことに注意すべきである．それゆえ，図 3.25 において，流れの方向は原点から左方向へ向かい，p. 253 そして，右方向から原点へ戻るのである．図 3.24 において，同じようにすいこみをわき出しの左側に置くこともできる．そのような場合，式 (3.87) および式 (3.88) の符号は逆になり，図 3.25 における流れは反対方向となるであろう．したがって，二重わき出しはそれに関連した方向をもつ，すなわち，流れが円形の流線を移動する方向である．慣例により，二重わき出しの方向を図 3.25 に示されるように，すいこみからわき出しへ引いた矢印で示す．図 3.25 において，矢印は左へ向いている．そして，これは式 (3.87) と式 (3.88) の形と一致する．もし，矢印が右へ向いているとすると，回転の方向は逆となり，式 (3.87) は正の符号を持ち，式 (3.88) は負の符号をもつであろう．

図 3.24 へ戻ると，$l \to 0$ の極限において，わき出しとすいこみはお互いに重なりあう．しかしながら，それらは互いに消しあわない．なぜなら，それらの強さは極限において無限に大きくなり，強さ $(\infty - \infty)$ の特異点となるからである．すなわち，これは有限値をとることのできる不定形である．

わき出しまたはすいこみの場合と同じように，図 3.25 に示される二重わき出し流れを原点に置かれた強さ κ の二重わき出し点により**誘導された**ものと見なすことは有用である．したがって，二重わき出しは図 3.25 に示される，そのまわりに二重突出円形流れを誘導する特異点である．

3.13 円柱を過ぎる揚力が働かない流れ

図 3.4 に与えられたロードマップを見ると，3 番目の列をかなり進み，すでに，一様流，わき出しとすいこみ，そして二重わき出しを論議してきたことがわかる．それとともに，一様流とわき出しとの組み合わせで半無限物体まわりの流れをどのように模擬できるかや，卵形物体まわりの流れが，一様流とわき出し–すいこみペアを重ね合わせることによりどのように作りだせるのかを見てきた．円柱は p. 254 利用可能な，最も基本的な幾何学形状の 1 つであり，そのよう

第 3 章 非粘性，非圧縮性流れの基礎

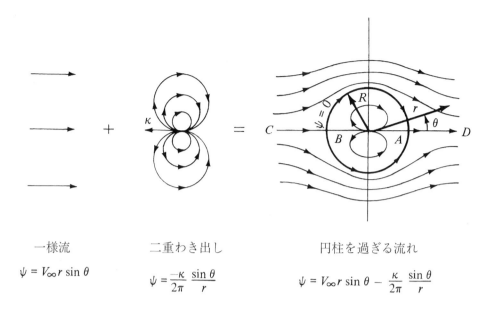

一様流　　　　　　　　　二重わき出し　　　　　　円柱を過ぎる流れ

$\psi = V_\infty r \sin\theta$ 　　　　$\psi = \dfrac{-\kappa}{2\pi} \dfrac{\sin\theta}{r}$ 　　　　$\psi = V_\infty r \sin\theta - \dfrac{\kappa}{2\pi} \dfrac{\sin\theta}{r}$

図 3.26 一様流と二重わき出しの重ね合わせ；揚力の無い円柱を過ぎる流れ

な円柱まわりの流れの研究は空気力学における標準的な問題である．

図 3.26 に示されるように，速度 V_∞ の一様流と強さ κ の二重わき出しの重ね合わせを考える．二重わき出しの方向は上流方向であり，一様流に対向している．式 (3.57) および式 (3.87) より，重ね合わせた流れの流れ関数は

$$\psi = V_\infty r \sin\theta - \frac{\kappa}{2\pi}\frac{\sin\theta}{r}$$

すなわち，

$$\psi = V_\infty r \sin\theta \left(1 - \frac{\kappa}{2\pi V_\infty r^2}\right) \tag{3.91}$$

である．$R^2 \equiv \kappa/2\pi V_\infty$ とする．すると，式 (3.91) は

$$\boxed{\psi = (V_\infty r \sin\theta)\left(1 - \frac{R^2}{r^2}\right)} \tag{3.92}$$

と書くことができる．式 (3.92) は一様流と二重わき出しとの組み合わせの流れ関数である．すなわち，それはまた，図 3.26 に示され，以下に説明されるような，半径 R の円柱を過ぎる流れに関する流れ関数でもある．

速度場は次のように，式 (3.92) を微分することにより得られる．すなわち，

$$V_r = \frac{1}{r}\frac{\partial \psi}{\partial \theta} = \frac{1}{r}(V_\infty r \cos\theta)\left(1 - \frac{R^2}{r^2}\right)$$

$$V_r = \left(1 - \frac{R^2}{r^2}\right)V_\infty \cos\theta \tag{3.93}$$

p. 255

$$V_\theta = -\frac{\partial \psi}{\partial r} = -\left[(V_\infty r \sin\theta)\frac{2R^2}{r^3} + \left(1 - \frac{R^2}{r^2}\right)(V_\infty \sin\theta)\right]$$

$$V_\theta = -\left(1 + \frac{R^2}{r^2}\right)V_\infty \sin\theta \tag{3.94}$$

よどみ点を求めるために，式 (3.93) と式 (3.94) をゼロと置く．すなわち，

$$\left(1 - \frac{R^2}{r^2}\right)V_\infty \cos\theta = 0 \tag{3.95}$$

$$\left(1 + \frac{R^2}{r^2}\right)V_\infty \sin\theta = 0 \tag{3.96}$$

式 (3.95) と式 (3.96) を r と θ について連立的に解くと，$(r,\theta) = (R,0)$ と (R,π) に位置する 2 つのよどみ点があることがわかる．これらの点は図 3.26 において，それぞれ A および B で示されている．

よどみ点 B を通る流線の方程式は B の座標を式 (3.92) に代入して得られる．$r = R$ と $\theta = \pi$ に対して，式 (3.92) は $\psi = 0$ を与える．同様に，点 A の座標を式 (3.92) に代入すると，また，$\psi = 0$ を得る．それゆえ，同じ流線が 2 つのよどみ点を通る．さらに，式 (3.92) から，この流線の方程式は，

$$\psi = (V_\infty r \sin\theta)\left(1 - \frac{R^2}{r^2}\right) = 0 \tag{3.97}$$

式 (3.97) はすべての θ について，$r = R$ により満足されることに注意すべきである．しかしながら，$R^2 \equiv \kappa/2\pi V_\infty$ であり，定数であることを思いだすべきである．さらに，極座標において，$r = \text{constant} = R$ は原点に中心をもつ，半径 R 円の方程式である．それゆえ，式 (3.97) は，図 3.26 に示されるように，半径 R の円柱を表している．さらに，式 (3.97) はすべての r の値に関して $\theta = \pi$ および $\theta = 0$ により満足される．それゆえ，遙か上流からはるか下流まで伸びる，点 A と B を通る水平軸全体はよどみ点流線の一部である．

$\psi = 0$ の流線は，それがよどみ点を通るので，分離流線 (dividing streamline) であることに注意すべきである．すなわち，$\psi = 0$ の内側 (円柱の内側) のすべての流れは二重わき出しからのもので，$\psi = 0$ の外側 (円柱の外側) のすべての流れは一様流からのものである．したがって，その円柱の内側を固体壁物体で置き換えることができる．そして，この外部流はその相違を認識しない．したがって，半径 R の円柱を過ぎる非粘性渦なし，非圧縮性流れは速度 V_∞ の一様流と強さ κ の二重わき出しを加えることにより作りだせる．ここに，R は次式により V_∞ と κ に関係している．

$$R = \sqrt{\frac{\kappa}{2\pi V_\infty}} \tag{3.98}$$

式 (3.92) と式 (3.94) から，図 3.26 に描かれた流線パターンで明らかにわかるように，この流れ場は円柱の中心を通る水平および垂直軸の両方に関して対称であることに注意すべきである．
p. 256 それゆえ，圧力分布もまた両軸まわりに対称である．結果として，円柱の上面の圧力分布

は円柱の下面の圧力分布と厳密に釣り合う (すなわち，**正味の揚力がない**). 同様に，円柱の前面の圧力分布は円柱の後面の圧力分布と厳密に釣り合う (すなわち，**正味の抵抗が無い**). 現実的には揚力ゼロの結果は受け入れ易い．しかし，抵抗ゼロの結果は理にかなっていない．実際の流れの中にある空気力学的物体には抵抗が働くことは知られている．抵抗がゼロであるという理論結果と現実には抵抗は有限であるという知識との間の矛盾に，フランス人 Jean Le Rond d'Alembert が 1744 年に遭遇した．そして，これは，そのとき以来，*d'Alembert* のパラドックス (*d'Alembert's paradox*) として知られている．d'Alembert やその他の，18，19 世紀における流体力学研究者たちにとって，このパラドックスは説明のできない，そして困惑させるものであった．もちろん，今日では，抵抗は，円柱表面において摩擦せん断応力を発生させ，円柱後面上で流れをはく離させ，この下流に大きな後流を作りだし，そして，この円柱を通る垂直軸に関する流れの対称性を破壊してしまう粘性効果によるものであるということはわかっている．これらの粘性効果は第 15 章から第 20 章に詳しく論議される．しかしながら，そのような粘性効果はここでの円柱を過ぎる非粘性流れの解析には含まれていない．結果として，非粘性理論は図 3.26 に描かれているように，流れは物体の後方で滑らかに，そして完全に閉じていることを示す．この理論はいかなる後流も，いかなる非対称性も与えず，抵抗ゼロという理論結果を示すのである．

上の論議を定量的に示すことにする．円柱表面の速度分布は $r = R$ とした式 (3.93) と式 (3.94) により与えられ，

$$V_r = 0 \tag{3.99}$$

および

$$V_\theta = -2V_\infty \sin\theta \tag{3.100}$$

である．円柱表面において，V_r は幾何学的に表面に垂直であることに，それゆえ，式 (3.99) が静止している固体表面に垂直な速度成分はゼロでなければならないという物理的境界条件と一致していることに注意すべきである．式 (3.100) は接線方向速度を与え，それは円柱表面での合速度の大きさである．すなわち，円柱表面において $V = V_\theta = -2V_\infty \sin\theta$ である．式 (3.100) の負符号は，図 3.27 に示されるように，V_θ は θ の増加する方向，すなわち，反時計方向が正であるという，極座標における符号の規約に一致している．しかしながら，図 3.26 において，$0 \leq \theta \leq \pi$ における表面速度は，明らかに θ が増加するのとは反対方向である．それゆえ，式 (3.100) における負符号は適正なものである．$\pi \leq \theta \leq 2\pi$ に関して，表面速度は θ の増加と同じ方向であるが，$\sin\theta$ が負である．それゆえ，この場合も式 (3.100) の負符号は適正であ

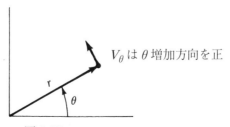

図 3.27 極座標における V_θ の速度の正方向

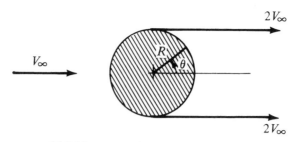

図 3.28 円柱を過ぎる流れにおける最大速度

る．式 (3.100) から，図 3.28 に示されるように，表面速度は円柱の頂点と最下面点 (それぞれ，$\theta = \pi/2$ および $3\pi/2$) で $2V_\infty$ の最大値になることに注意すべきである．実際，これらは，式 (3.93) と式 (3.94) からわかるように，円柱まわりの全流れ場における最大速度の点である．

圧力係数は式 (3.38) により与えられる．すなわち，

$$C_p = 1 - \left(\frac{V}{V_\infty}\right)^2 \qquad (3.38)$$

式 (3.100) と式 (3.38) を組み合わせると，円柱上の表面圧力係数は

$$\boxed{C_p = 1 - 4\sin^2\theta} \qquad (3.101)$$

であることがわかる．C_p はよどみ点における 1.0 から最大速度の点での -3.0 まで変化することに注意すべきである．この円柱表面上の圧力係数分布は図 3.29 に描かれている．円柱の上および下半面に対応する領域について図 3.29 の上の部分にそのことを示してある．明らかに，上半面の圧力分布は下半面の圧力分布と等しい．そして，それゆえに，前に論議したように揚力はゼロでなければならない．さらに，円柱の前方半面および後方半面に対応する領域につい

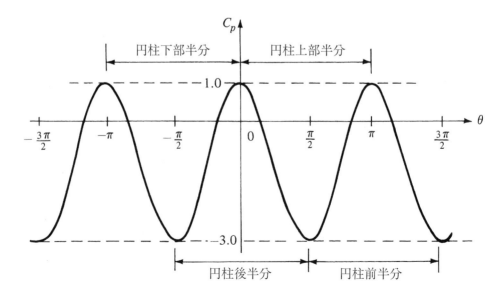

図 3.29 円柱表面における圧力係数分布；非粘性，非圧縮性流れに関する理論結果

て図 3.29 の下方に示してある．明らかに，前および後方半面の圧力分布は同じであり，それゆえに，また，前に論議されたように抵抗は理論的にゼロである．これらの結果は式 (1.15) および式 (1.16) により確認される．$c_f = 0$ (非粘性流を取り扱っている) であるから，式 (1.15) および式 (1.16) は [p. 258] それぞれ，

$$c_n = \frac{1}{c} \int_0^c \left(C_{p,l} - C_{p,u} \right) dx \tag{3.102}$$

$$c_a = \frac{1}{c} \int_{\text{LE}}^{\text{TE}} \left(C_{p,u} - C_{p,l} \right) dy \tag{3.103}$$

となる．円柱に関して，翼弦長 c は水平方向の直径である．図 3.29 より，翼弦に沿って計った，対応する位置において $C_{p,l} = C_{p,u}$ である．そして，それゆえに，式 (3.102) と式 (3.103) における積分は恒等的にゼロとなり，$c_n = c_a = 0$ となる．それにより，揚力と抵抗はゼロであり，したがって，再び，前に得られた結果を確証している．

[例題 3.13]

円柱を過ぎる揚力が働かない流れを考える．表面圧力が自由流圧力と等しい円柱表面上の位置を計算せよ．

[解答]

$p = p_\infty$ のとき，$C_p = 0$ である．式 (3.101) より，

$$C_p = 0 = 1 - 4\sin^2 \theta$$

それゆえ，

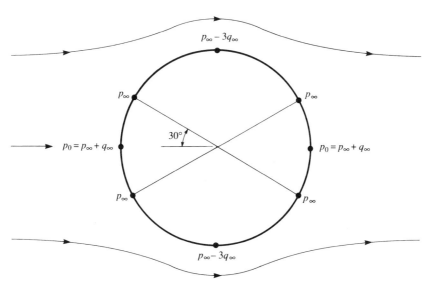

図 3.30 円柱表面の色々な位置における圧力値；揚力無しの場合

$$\sin \theta = \pm \frac{1}{2}$$

$$\theta = 30°, 150°, 210°, 330°$$

よどみ点や最小圧力の点などと同じように，これらの点は図 3.30 に図示されている．$C_p = 1$ であるよどみ点において，圧力は p.259 $p_\infty + q_\infty$ であることに注意すべきである．すなわち，圧力は物体まわりで膨張領域の最初の 30° で p_∞ へ減少し，そして $C_p = -3$ に対応する，円柱の頂点と最下点での最小圧力は $p_\infty - 3q_\infty$ である．

[例題 3.14]

円柱を過ぎる揚力が働かない流れにおいて，この円柱の表面に沿って移動する無限に微小な流体要素を考える．この流体要素の加速度が局所的に最大および最小になる円柱表面上の角度位置を計算せよ．

[解答]

式 (3.100) から，角度位置 θ の関数としての，円柱表面上の流体要素の局所速度は

$$V_\theta = -2V_\infty \sin \theta \tag{3.100}$$

である．流体要素の加速度は dV_θ/dt である．式 (3.100) から，

$$\frac{dV_\theta}{dt} = -2V_\infty (\cos \theta) \frac{d\theta}{dt} \tag{E3.1}$$

図 3.28 にもどる．$d\theta$ を θ における増加分とする．この $d\theta$ に対する円柱表面の増加長さは ds であり，

$$ds = R d\theta$$

で与えられる． p.260 したがって，

$$\frac{d\theta}{dt} = \frac{1}{R} \frac{ds}{dt} \tag{E3.2}$$

式 (E3.2) を式 (E.3.1) に代入して，

$$\frac{dV_\theta}{dt} = -2V_\infty (\cos \theta) \left(\frac{1}{R} \frac{ds}{dt} \right) \tag{E3.3}$$

を得る．時間 dt で距離 ds を移動する流体要素に関して，その直線速度は定義により ds/dt である．したがって，$V_\theta \equiv ds/dt$ である．式 (E3.3) における ds/dt を V_θ で置き換えると，

$$\frac{dV_\theta}{dt} = -2V_\theta (\cos \theta) \left(\frac{V_\theta}{R} \right) \tag{E3.4}$$

を得る．式 (3.100) を式 (E3.4) に代入すると，

$$\frac{dV_\theta}{dt} = \frac{4V_\infty^2}{R} \sin \theta \cos \theta \tag{E3.5}$$

三角関数公式より，

$$\sin 2\theta \equiv 2\sin\theta\cos\theta$$

式 (E3.5) は

$$\frac{dV_\theta}{dt} = \frac{2V_\infty^2}{R}\sin 2\theta \tag{E3.6}$$

となる．式 (E3.6) は，円柱表面に沿った角度位置 θ の関数として，表面流れの加速度，dV_θ/dt を与える．加速度が最大または最小である θ 位置を見つけるために，式 (E3.6) を θ で微分し，微分結果をゼロとおく．

$$\frac{d}{d\theta}\left(\frac{dV_\theta}{dt}\right) = \frac{4V_\infty^2}{R}\cos 2\theta = 0 \tag{E3.7}$$

式 (E3.7) を θ について解くと，加速度が局所的に最大または最小のどちらかになる位置を得る．すなわち，

$$\boxed{\theta = 45°,\ 135°,\ 225°,\ 315°} \tag{E3.8}$$

式 (E3.6) から，これらの位置におけるそれぞれの局所流れ加速度はそれぞれ，

$$\boxed{\frac{2V_\infty^2}{R},\ -\frac{2V_\infty^2}{R},\ \frac{2V_\infty^2}{R},\ -\frac{2V_\infty^2}{R}} \tag{E3.9}$$

である．

解説：図 3.27 と図 3.28 へ戻り，θ が後部よどみ点でゼロであり，**反時計まわりの** (*counterclockwise*) 方向に増加するという符号の規約に注意すべきである．すなわち，これが，θ が反時計まわりに増加する通常の極座標系であり，本章を通してこの規約に従ってきた．すなわち，θ が**反時計まわりに**移動するとき，$\theta = 90°$ は円柱の上面の頂点であり，$\theta = 180°$ は前方よどみ点の位置であり，$\theta = 270°$ は円柱の下面頂点である．図 3.27 に見られるように，V_θ に関する首尾一貫した符号規約は θ の増加する方向が正である．しかしながら，図 2.38 における V_∞ の方向は左から右である．したがって，円柱の**上面** (*top*) を過ぎる実際の左から右への流れは，それが図 2.37 に示された V_θ の正方向に対して**反対方向に** (*counter*) 流れているので，負の速度をもつのである．しかしながら，円柱の下面を過ぎる左から右への流れは，それが V_θ の正方向に流れているので，正の速度をもつのである．これは式 (3.100) で V_θ に関して与えられた結果とまったく一致しているのである．

$$V_\theta = -2V_\infty \sin\theta \tag{3.100}$$

θ が $0°$ から $180°$ に変化する円柱の上面において，式 (3.100) は負の値の V_θ を与える．反対に，θ が $180°$ から $360°$ へ変化する円柱の下面において，式 (3.100) は正の値の V_θ を与える．さて，このことを憶えながら，それぞれ式 (E3.8) および式 (E3.9) により与えられる局所的最大および最小加速度の位置と値を考察する．$\theta = 45°$ において，加速度は正の値である．すなわち，V_θ の時間変化率は正である．しかしながら，$\theta = 45°$ において，速度は負の値である．そして，正の時間変化率により，速度はより小さな負の値となる．すなわち，V_θ の絶対値より小さくなり続けるのである．$\theta = 45°$ における流体要素は**速度を落としている**．点 $\theta = 45°$ は，し

たがって，最大減速度(最小加速度)の点である．対照的に，$\theta = 135°$ において，速度は負の値をもつが，式 (E3.9) から，局所加速度もまた負である．これは，$\theta = 135°$ において，負の速度変化率により，速度そのものはより負になり，そして，その絶対値は増加を続ける．$\theta = 135°$ において，流体要素は速度を上げ続けていて．それで，$\theta = 135°$ は最大**加速度**の点である．

円柱の下面表面上で，V_θ は正である．$\theta = 225°$ において (これは円柱の上流に向いた面上にある)，式 (E3.9) からの加速度もまた正である．すなわち，$\theta = 225°$ において，流体要素は速度を上げ続けていて，したがって，$\theta = 225°$ は最大**加速度**の点である．$\theta = 315°$ において (これは円柱の下流に向いた面上にある)，式 (E3.9) からの加速度は負である．すなわち，$\theta = 315°$ において，流体要素は速度を落とし続けている．したがって，$\theta = 315°$ は最大減速度の点である．

要約すると，再度図 3.28 を調べると，円柱の前方側における表面上の流れは前方よどみ点 ($\theta = 180°$) における速度ゼロから出発し，$\theta = 135°$ と $\theta = 225°$ で生じる最大加速度を持ち，円柱の頂点 ($\theta = 90°$) と最下点 ($\theta = 270°$) で $2V_\infty$ なる最大速度へ加速するのである．この流れは，それから，円柱の後方側の表面上で減速し，$\theta = 45°$ と $\theta = 315°$ で生じる最大減速度を持ち，円柱の後方よどみ点 ($\theta = 0°$) で速度ゼロとなる．これは興味深いことであり，また，最大の加速度と減速度が幾何学的に円柱の 2 つのよどみ点と上，下面における最大速度となる点との間の中間点で生じるということは直観的な道理にかなっている．私たちはこの例題の最初からこれを正しいと推測してきたかもしれない．しかし，物理科学において，直感はしばしば我々を裏切るので，それで，正しい結果を見出すためにここで行ったように解析を行うことが必要なのである．

注：上で述べた解説はいくぶん長く，そして詳しく述べている．この解説は，式 (E3.9) における正または負の値が加速度あるいは減速度のどちらに対応するかを同定するために行われたのであり，図 3.27 および図 3.28 に示された極座標系に関する符号規約に対して常に注意を払わねばならなかった．この，反時計方向に増加する θ を用いる極座標系は標準的な数学の規約であり，それを本章全体で用いることを選択したのである．

最後に，$R = 1$ m そして $V_\infty = 50$ m/s に関しての実際の最大加速度と減速度を計算してみよう．式 (E3.9) から，

$$\frac{2V_\infty^2}{R} = \frac{2(50)^2}{(1)} = \boxed{5000 \text{ m/s}^2}$$

地球上で標準海面上での重力加速度の値は 9.8 m/s^2 であるので，本例題における円柱の表面上を流れる流体要素は心もすくむ次のような最大加速度および減速度を受けるのである．

$$\frac{5000}{9.8} = 510.2 \ g$$

それで，再び，例題 2.3 で見たように，むしろ穏やかに見える流れ場における流体要素は非常に大きな加速度を受けるのである．

3.14　渦流れ：第 4 の基本流れ

再び図 3.4 にある本章のロードマップを参照すると，3 つの基本流れ，すなわち，一様流，わき出し流れ，そして，二重わき出し流れを論議し，そして，卵形や円柱のような，いくつかの

第3章 非粘性，非圧縮性流れの基礎

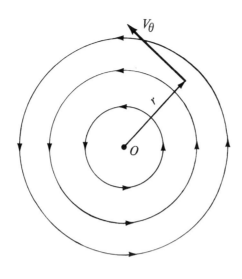

図 3.31 渦流れ

物体を過ぎる揚力が生じない流れを得るためにこれらの基本流れを重ね合わせてきた．本節において，第四の，そして最後の基本流れ，すなわち，渦流れを導入する．続いて，第 3.15 と第 3.16 節において，そのような渦を含む流れの重ね合わせがどのようにして有限な揚力をもつ場合になるかを見る．

図 3.31 に描かれるような，すべての流線が与えられた点まわりの同心円群である流れを考える．さらに，任意の与えられた円形流線に沿った速度が一定であるとする．しかし，それは 1 つの流線から次の流線に移ると共通の中心からの距離に反比例して変化するものとする．そのような流れは**渦流れ** (*vortex flow*) と呼ばれる．図 3.31 を調べてみる．半径および接線方向の速度成分はそれぞれ V_r および $V = \theta$ である．ここでは，$V_r = 0$ および $V_\theta = \text{constant}/r$ である．(1) 渦流れは物理的に可能な非圧縮性流れである，すなわち，すべての点で $\nabla \cdot \mathbf{V} = 0$ であること，および (2) 渦流れは渦なしである，すなわち，原点を除くすべての点で，$\nabla \times \mathbf{V} = 0$ であることが簡単に示される (読者自身で確かめよ)．

渦流れの定義より，

$$V_\theta = \frac{\text{const}}{r} = \frac{C}{r} \tag{3.104}$$

を得る．p. 263 定数 C を計算するために，半径 r の 1 つの与えられた流線まわりの循環を計算する．すなわち，

$$\Gamma = -\oint_C \mathbf{V} \cdot \mathbf{ds} = -V_\theta(2\pi r)$$

すなわち，

$$\boxed{V_\theta = -\frac{\Gamma}{2\pi r}} \tag{3.105}$$

式 (3.104) と式 (3.105) とを比較すると

$$C = -\frac{\Gamma}{2\pi} \tag{3.106}$$

がわかる．したがって，渦流れに関して，式 (3.106) は，すべての流線まわりに取った循環は同じ値，すなわち，$\Gamma = -2\pi C$ であることを示している．慣例により，Γ は渦流れの**強さ** (*strength*) と呼ばれる．そして，式 (3.105) は強さ Γ の渦流れに関する速度場を与える．式 (3.105) から，Γ が正のとき V_θ は負である，すなわち，正の強さの渦は**時計方向** (*clockwise*) に回転する，ということに注意すべきである．(これは第 2.13 節で定義した循環に関する符号の規約，すなわち，正の循環は時計方向である，の結果である.)

前に，渦流れは原点以外で渦なしであると述べた．$r = 0$ では何が起きるのであろうか．$\nabla \times \mathbf{V}$ の値は $r = 0$ でいかなるものであろうか．これらの問いに答えるために，循環と渦度を関係付ける式 (2.137) を思いだすべきである．すなわち，

$$\Gamma = -\iint_S (\nabla \times \mathbf{V}) \cdot \mathbf{dS} \tag{2.137}$$

p. 264 式 (3.106) と式 (2.137) を組み合わせると，

$$2\pi C = \iint_S (\nabla \times \mathbf{V}) \cdot \mathbf{dS} \tag{3.107}$$

を得る．2 次元流れを扱っているので，図 3.31 に描かれた流れは本書の紙面上で生じる．それゆえ，式 (3.107) において，$\nabla \times \mathbf{V}$ と $\mathbf{dS}$ は両者とも同じ方向，両方とも流れの面に対して垂直である．したがって，式 (3.107) は次のように書ける．

$$2\pi C = \iint_S (\nabla \times \mathbf{V}) \cdot \mathbf{dS} = \iint_S |\nabla \times \mathbf{V}| dS \tag{3.108}$$

式 (3.108) において，この面積積分は，循環 $\Gamma = -2\pi C$ を計算する流線の内側の円形面積上で計算される．しかしながら，Γ はすべての循環流線について同じである．特に，原点に望むだけ近い (すなわち，$r \to 0$ とする) 円を選ぶとする．循環はなおも $\Gamma = -2\pi C$ である．しかしながら，原点まわりのこの小さな円の内側の面積は無限に小さくなる．そして，

$$\iint_S |\nabla \times \mathbf{V}| dS \to |\nabla \times \mathbf{V}| dS \tag{3.109}$$

式 (3.108) と式 (3.109) を組み合わせると，$r \to 0$ なる極限において，

$$2\pi C = |\nabla \times \mathbf{V}| dS$$

すなわち，

$$|\nabla \times \mathbf{V}| = \frac{2\pi C}{dS} \tag{3.110}$$

を得る．しかしながら，$r \to 0$ のとき，$dS \to 0$ である．したがって，$r \to 0$ の極限において，式 (3.110) から，次を得る．

$$|\nabla \times \mathbf{V}| \to \infty$$

第3章　非粘性，非圧縮性流れの基礎

結論：渦流れは，渦度が無限大になる点 $r = 0$ 以外のあらゆるところで渦なしである．したがって，原点，$r = 0$ は流れ場における特異点である．わき出し，すいこみや二重わき出しと同じように，渦流れは特異点を持っていることがわかる．それゆえ，特異点それ自身，すなわち，図 3.31 における点 O を図 3.31 に示される，そのまわりに円形渦流れを誘起する渦点であると考えることができる．

渦流れの速度ポテンシャルは次のように得ることができる．

$$\frac{\partial \phi}{\partial r} = V_r = 0 \tag{3.111a}$$

$$\frac{1}{r}\frac{\partial \phi}{\partial \theta} = V_\theta = -\frac{\Gamma}{2\pi r} \tag{3.111b}$$

p. 265　式 (3.111b) および式 (3.111b) を積分すると，

$$\boxed{\phi = -\frac{\Gamma}{2\pi}\theta} \tag{3.112}$$

を得る．式 (3.112) は渦流れの速度ポテンシャルである．

流れ関数は同様にして決定される．すなわち，

$$\frac{1}{r}\frac{\partial \psi}{\partial \theta} = V_r = 0 \tag{3.113a}$$

$$-\frac{\partial \psi}{\partial r} = V_\theta = -\frac{\Gamma}{2\pi r} \tag{3.113b}$$

式 (3.113b) および式 (3.113b) を積分して，

$$\boxed{\psi = \frac{\Gamma}{2\pi}\ln r} \tag{3.114}$$

表 3.1

流れのタイプ	速度	ϕ	ψ
x 方向の一様流	$u = V_\infty$	$V_\infty x$	$V_\infty y$
わき出し	$V_r = \dfrac{\Lambda}{2\pi r}$	$\dfrac{\Lambda}{2\pi}\ln r$	$\dfrac{\Lambda}{2\pi}\theta$
渦	$V_\theta = -\dfrac{\Gamma}{2\pi r}$	$-\dfrac{\Gamma}{2\pi}\theta$	$\dfrac{\Gamma}{2\pi}\ln r$
二重わき出し	$V_r = -\dfrac{\kappa}{2\pi}\dfrac{\cos\theta}{r^2}$ $V_\theta = -\dfrac{\kappa}{2\pi}\dfrac{\sin\theta}{r^2}$	$\dfrac{\kappa}{2\pi}\dfrac{\cos\theta}{r}$	$-\dfrac{\kappa}{2\pi}\dfrac{\sin\theta}{r}$

を得る．式 (3.114) は渦流れに関する流れ関数である．ψ =constant は流線の方程式であるので，式 (3.114) は渦流れの流線は r =constant で与えられる，(すなわち，流線は円である) ことを述べていることに注意すべきである．したがって，式 (3.114) は渦流れの定義と一致する．また，式 (3.112) から，等ポテンシャル線は θ = constant で与えられる，すなわち，原点からの放射直線群であることに注意すべきである．再び，等ポテンシャル線と流線はお互いに直交することがわかる．

この段階で，表 3.1 に 4 つの基本流れについての関連する結果を示しておく．

[例題 3.15]

p. 266 本節で論議された渦流れを考える．読者が渦の中心から 20 フィートの位置に立っていて，そして，100 mi/h の風を感じているとする．この渦の強さはどのくらいであろうか．

[解答]

式 (3.105) から，

$$V_\theta = -\frac{\Gamma}{2\pi r}$$

本例題において，100 mi/h の風の方向は決められていない．すなわち，ここでの目的に関してそれは関係ない．渦の強さの大きさのみに関心があるからである．したがって，88 ft/s = 60 mi/h であることを思い出すと，次を得る．

$$|\Gamma| = 2\pi r V_\theta = 2\pi(20)(100)\frac{88}{60} = \boxed{1.843 \times 10^4 \text{ ft}^2/\text{s}}$$

コメント：循環についての実際の値はそれほど頻繁には引用されない．それゆえ，ほとんどの空気力学者は，ほとんどの応用における Γ の大きさについてのいわゆる "感覚 (feeling)" を持っていない．対照的に，我々は速度のような，より一般的な特性に対しての感覚を確実に持っている．すなわち，我々は，特に，熱帯性暴風の中にあえて出たことのあるものは誰でも，100 mi/h の風がどのようなものであるかの感覚を持っている．本例題の目的は Γ の数値を示すことである．すなわち，この場合，それはフィートと秒の英国単位で 18,000 以上である．ほとんどの場合において，実際，我々は Γ の値がどのくらいであるかを気にかけない．なぜなら，(次の節でわかるように) それは直ちに空気力学的揚力のような，より実用的なデータを求めるために使われるからである．

3.15 円柱を過ぎる揚力流れ

第 3.13 節において，図 3.26 に示すように，円柱を過ぎる流れを作るために一様流と二重わき出しを重ね合わせた．加えて，そのような流れでは揚力と抵抗は共にゼロであることを証明した．しかしながら，図 3.26 の右側に示された流線パターンは円柱まわりで理論的に可能な唯一の流れではない．それは，ゼロ揚力で成り立つだけの流れである．しかしながら，その他の可能な円柱を過ぎる流れ，すなわち，円柱に働く揚力がゼロとならない異なった流れパターン，が存在する．そのような揚力が働く流れ (lifting flow) を本節で論議する．

第3章 非粘性，非圧縮性流れの基礎

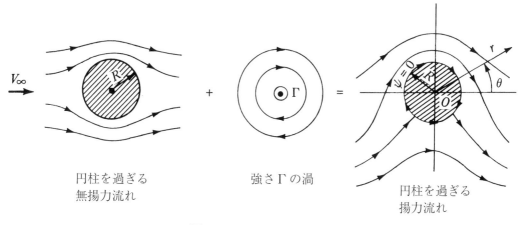

図3.32 円柱を過ぎる揚力流れ

　今，読者は，この時点で，揚力がどのようにして円柱に働けるのであろうかという問に躊躇し，当惑されるかも知れない．円柱は完全に対称ではなかったか，そして，すでに論議したように，そのような幾何学的形状は常に揚力がゼロとなる対称的な流れ場となるのではなかったのか．読者は非常に当惑するので，実験室へ駆け込み，静止円柱を低速風洞に設置し，揚力を測定しようとするかも知れない．読者の思ったように，揚力はゼロであり，本節の主題はばかげたものだ，すなわち円柱に揚力など働かない，とつぶやきながら実験室を出て行く．しかしながら，風洞へもどり，今度は，比較的高い回転数で軸まわりに**回転する**円柱を使って実験をやってみなさい．今度は，有限の揚力が測定される．また，このときまでに，他の状況を考えているかも知れない．すなわち，野球のボールの回転はボールをカーブさせ，また，ゴルフボールの回転はそれがフックしたり，スライスしたりする原因となることをである．明らかに，現実の世界ではこれらの，対称的な，回転している物体に働く非対称的な空気力が存在する．それで，結局のところ，本節の主題の内容はそれほど馬鹿げてもいないであろう．実際，読者はすぐに，円柱を過ぎる揚力のある流れの概念は，第4章で論議されるように，翼型により作りだされる揚力の理論へと直接導いてくれる出発点であることを理解するであろう．

　図3.32に示されるように，円柱を過ぎる揚力なしの流れと強さΓの渦点を重ね合わせた流れを考える．半径Rの円柱を過ぎる揚力なし流れに関する流れ関数は式(3.92)により与えられる．すなわち，

$$\psi_1 = (V_\infty r \sin\theta)\left(1 - \frac{R^2}{r^2}\right) \tag{3.92}$$

強さΓの渦点に関する流れ関数は式(3.114)により与えられる．流れ関数は任意定数を含めることができるので，それゆえ，式(3.114)は

$$\psi_2 = \frac{\Gamma}{2\pi}\ln r + \text{const} \tag{3.115}$$

のように書くことができる．定数(constant)の値は任意であるので，

$$\text{Const} = -\frac{\Gamma}{2\pi}\ln R \tag{3.116}$$

とする．式 (3.115) と式 (3.116) を組み合わせると，

$$\psi_2 = \frac{\Gamma}{2\pi} \ln \frac{r}{R} \tag{3.117}$$

を得る．p. 268 式 (3.117) は強さ Γ の渦点に関する流れ関数であり，前に得られた式 (3.114) とおなじく有効である．すなわち，これら 2 つの方程式の間について唯一の相違は式 (3.116) で与えられる定数の値だけであるからである．

図 3.32 の右側に示される流れに関する流れ関数は次のようになる．

$$\psi = \psi_1 + \psi_2$$

すなわち，

$$\boxed{\psi = (V_\infty r \sin \theta)\left(1 - \frac{R^2}{r^2}\right) + \frac{\Gamma}{2\pi} \ln \frac{r}{R}} \tag{3.118}$$

式 (3.118) から，もし，$r = R$ であるならば，その時，すべての θ に関して $\psi = 0$ である．$\psi = $ constant が流線の方程式であるので，$r = R$ は，それゆえ，この流れの流線である．しかるに，$r = R$ は半径 R の円の方程式である．ゆえに，式 (3.118) は図 3.32 の右側に示されるような，半径 R の円柱を過ぎる非粘性，非圧縮性流れに関する有効な流れ関数である．実際，式 (3.92) で与えられる，前に求めた結果は単に，$\Gamma = 0$ とした式 (3.118) の特別の場合なのである．

式 (3.118) により与えられる流線パターンは図 3.32 の右側に描かれている．流線はもはや点 O を通る水平軸に関して対称ではなく，また，(正しく) 推定したように円柱には有限の法線力が働くことに注意すべきである．しかしながら，流線は点 O を通る垂直軸に関しては対称である．そして，その結果として，すぐ後で証明するように，抵抗はゼロである．また，強さ Γ の渦点が流れに加えられたので，円柱まわりの循環は今や有限で，Γ に等しいことにも注意すべきである．

速度場は式 (3.118) を微分することにより得られる．速度を得るための等価な直接的な方法は渦点の速度場を揚力なし円柱の速度場に加えることである．(流れの線形性により，重ね合わされた基本流れの速度成分は直接加えあわされる．) したがって，半径 R の円柱を過ぎる揚力なし流れに関する式 (3.93) および式 (3.94) と，渦流れに関する式 (3.111b) および式 (3.111b) から，半径 R の円柱を過ぎる揚力流れに関して，次式を得る．

$$V_r = \left(1 - \frac{R^2}{r^2}\right) V_\infty \cos \theta \tag{3.119}$$

$$V_\theta = -\left(1 + \frac{R^2}{r^2}\right) V_\infty \sin \theta - \frac{\Gamma}{2\pi r} \tag{3.120}$$

流れにおけるよどみ点の位置を求めるために，式 (3.120) および式 (3.120) で $V_r = V_\theta = 0$ とし，その座標 (r, θ) について解く．すなわち，

$$V_r = \left(1 - \frac{R^2}{r^2}\right) V_\infty \cos \theta = 0 \tag{3.121}$$

$$V_\theta = -\left(1 + \frac{R^2}{r^2}\right) V_\infty \sin \theta - \frac{\Gamma}{2\pi r} = 0 \tag{3.122}$$

第3章 非粘性，非圧縮性流れの基礎

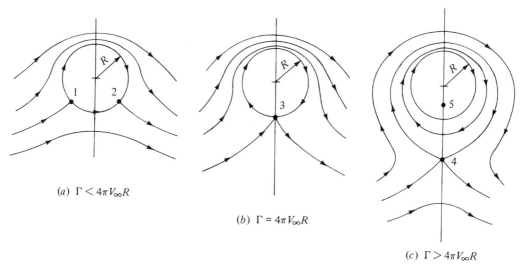

図 3.33 円柱を過ぎる揚力流れに関するよどみ点

p. 269 式 (3.122) より，$r = R$ である．この結果を式 (3.122) に代入し，θ について解くと，

$$\theta = \arcsin\left(-\frac{\Gamma}{4\pi V_\infty R}\right) \tag{3.123}$$

を得る．Γ は正の値であるので，式 (3.123) から，θ は第3および第4象限になければならない．すなわち，図 3.33a において，点1および点2により示されるように，円柱の下半面上に2つのよどみ点が存在し得るのである．これらの点は (R, θ) にあり，ここに，θ は式 (3.123) により与えられる．しかしながら，この結果は，$\Gamma/4\pi V_\infty R < 1$ の時のみ成り立つ．もし，$\Gamma/4\pi V_\infty R > 1$ であると，そのとき，式 (3.123) は意味を持たない．もし，$\Gamma/4\pi V_\infty R = 1$ であると，円柱表面上によどみ点が1つだけ存在する．すなわち，図 3.33b において，点3と表記された点 $(R, -\pi/2)$ である．$\Gamma/4\pi V_\infty R > 1$ の場合については，式 (3.122) へもどる．前に，その式は $r = R$ により満足されることを見た．しかしながら，それは，また，$\theta = \pi/2$ または $-\pi/2$ によっても満足される．$\theta = -\pi/2$ を式 (3.122) に代入し，r について解くと，

$$r = \frac{\Gamma}{4\pi V_\infty} \pm \sqrt{\left(\frac{\Gamma}{4\pi V_\infty}\right)^2 - R^2} \tag{3.124}$$

を得る．したがって，$\Gamma/4\pi V_\infty R > 1$ の場合，図 3.33c において，点4および点5で示されるように，2つのよどみ点，1つは円柱の内部に，他の1つは円柱の外部にあり，そして両方とも垂直軸上に存在する．[どのようにしてよどみ点の1つが円柱の**内部**に存在するのであろうか．$r = R$ すなわち $\psi = 0$ はちょうど，可能な流れの流線の1つであることを思い出すべきである．円柱の内部には理論的な流れ，すなわち，$r < R$ に関して，渦点を重ね合わされた，原点にある二重わき出しから出てくる流れ，が存在する．円形流線，$r = R$ はこの流れと一様流からの流れとの間の dividing streamline (分離流線) である．したがって，前と同じように，この dividing streamline を p. 270 固体物体，ここでは円柱，で置き換えることができる．そして，この**外部流**はその違いを認識しない．それゆえ，よどみ点の1つは物体内部 (点5) にあるけれども，実際には，それに対して関心はない．その代わり，半径 R の固体円柱を過ぎる流れという観点からすると，点4が，$\Gamma/4\pi V_\infty R > 1$ の場合における，唯一の意味のあるよどみ点である．]

図 3.33 に示された結果は次のように具体的に示すことができる．与えられた半径 R の円柱を過ぎる，与えられた自由流速度 V_∞ の非粘性非圧縮性流れを考える．もし，循環がなければ (すなわち，もし，$\Gamma = 0$ であれば)，流れは水平方向に対向するよどみ点 A および B をもつ図 3.26 の右側の図よって与えられる．さて，$\Gamma/4\pi V_\infty R < 1$ の循環が流れに加えられたとする．図 3.33a に示される流れとなる．すなわち，2 つのよどみ点は，点 1 および点 2 で示されるように，円柱の下面へと移動する．Γ が，$\Gamma/4\pi V_\infty R = 1$ になるまで増加すると仮定する．点 3 で示されるように，円柱の最下点に唯一のよどみ点をもつ，図 3.33b に描かれた流れとなる．そして，Γ がさらに増加して，$\Gamma > 4\pi V_\infty R$ になると，図 3.33c に描かれた流れとなる．よどみ点は円柱表面から離れ，点 4 で示されるように，円柱の真下における流れの中に現れる．

上の論議から，Γ は明らかに，自由に選ぶことのできるパラメータである．円柱を過ぎる流れを解く単一の Γ の値は存在しない．むしろ，循環はいかなる値も取り得るのである．したがって，円柱を過ぎる非圧縮性流れに関して，可能なポテンシャル解は無限に存在する．それは Γ の値に関して無限の選択があることに対応している．このことは円柱を過ぎる流れに限られたものではなく，むしろ，それは，すべての滑らかな 2 次元物体を過ぎる非圧縮性ポテンシャル流れに成り立つ一般的なことである．これらのことを後の節で再び取り上げる．

図 3.32 および図 3.33 に描かれた流れにおいて，その対称性がある，あるいはそれがないということから，以前には直観的に，有限の法線力 (揚力) は物体上に存在するが，抵抗はゼロである，すなわち，d'Alembert のパラドックスがなお支配しているのであると結論づけた．これらのことを次に示すように揚力と抵抗の式を計算することにより定量化してみよう．

円柱表面の速度は，$r = R$ として，式 (3.120) により与えられる．すなわち，

$$V = V_\theta = -2V_\infty \sin\theta - \frac{\Gamma}{2\pi R} \tag{3.125}$$

次に，圧力係数は式 (3.125) を式 (3.38) に代入して得られる．すなわち，

$$C_p = 1 - \left(\frac{V}{V_\infty}\right)^2 = 1 - \left(-2\sin\theta - \frac{\Gamma}{2\pi R V_\infty}\right)^2$$

すなわち，

$$C_p = 1 - \left[4\sin^2\theta + \frac{2\Gamma \sin\theta}{\pi R V_\infty} + \left(\frac{\Gamma}{2\pi R V_\infty}\right)^2\right] \tag{3.126}$$

p. 271 第 1.5 節において，空気力の係数を表面上の圧力係数と表面摩擦係数を積分することにより得る方法を詳しく論議した．非粘性流れに関しては，$c_f = 0$ である．したがって，抵抗係数 c_d は式 (1.16) により次のように与えられる．

$$c_d = c_a = \frac{1}{c}\int_{\text{LE}}^{\text{TE}} \left(C_{p,u} - C_{p,l}\right) dy$$

すなわち，

$$c_d = \frac{1}{c}\int_{\text{LE}}^{\text{TE}} C_{p,u}\,dy - \frac{1}{c}\int_{\text{LE}}^{\text{TE}} C_{p,l}\,dy \tag{3.127}$$

式 (3.127) を極座標に変換するとき，次のことに注意して，

$$y = R\sin\theta \quad dy = R\cos\theta\,d\theta \tag{3.128}$$

第3章 非粘性, 非圧縮性流れの基礎

式 (3.128) を式 (3.127) に代入し, $c = 2R$ であることに注意して,

$$c_d = \frac{1}{2}\int_\pi^0 C_{p,u}\cos\theta d\theta - \frac{1}{2}\int_\pi^{2\pi} C_{p,l}\cos\theta d\theta \tag{3.129}$$

を得る. 式 (3.129) における積分の上, 下限は次のように説明される. 第1項の積分において, 前縁 (円柱の1番先端の点) から積分を行い, 円柱の**上面**を移動する. したがって, θ は前縁で π に等しく, 上面を移動すると, 後縁でゼロに**減少する**. 第2項の積分において, 円柱の**下面**を移動し, 前縁から後縁へ積分する. それゆえ, θ は前縁で π に等しく, 下面を移動すると, 後縁で 2π に増加する. 式 (3.129) において, $C_{p,u}$ および $C_{p,l}$ は両方とも, 同じ解析式, すなわち, 式 (3.126) で与えられる. したがって, 式 (3.129) は

$$c_d = -\frac{1}{2}\int_0^\pi C_p\cos\theta d\theta - \frac{1}{2}\int_\pi^{2\pi} C_p\cos\theta d\theta$$

すなわち,

$$c_d = -\frac{1}{2}\int_0^{2\pi} C_p\cos\theta d\theta \tag{3.130}$$

と書くことができる. 式 (3.126) を式 (3.130) に代入し,

$$\int_0^{2\pi}\cos\theta d\theta = 0 \tag{3.131a}$$

$$\int_0^{2\pi}\sin^2\theta\cos\theta d\theta = 0 \tag{3.131b}$$

$$\int_0^{2\pi}\sin\theta\cos\theta d\theta = 0 \tag{3.131c}$$

であることに注意して, p. 272 ただちに

$$\boxed{c_d = 0} \tag{3.132}$$

を得る. 式 (3.132) は前になされた直観による結論を確証している. 非粘性, 非圧縮性流れにおける円柱に働く抵抗は, その流れが円柱まわりに循環をもつ, 持たないにかかわらず, ゼロである.

円柱に働く揚力は次のように, 同じようにして計算できる. $c_f = 0$ とした式 (1.15) から,

$$c_l = c_n = \frac{1}{c}\int_0^c C_{p,l}dx - \frac{1}{c}\int_0^c C_{p,u}dx \tag{3.133}$$

極座標に変換するさい,

$$x = R\cos\theta \quad dx = -R\sin\theta d\theta \tag{3.134}$$

を得る. 式 (3.134) を式 (3.133) に代入して,

$$c_l = -\frac{1}{2}\int_\pi^{2\pi} C_{p,l}\sin\theta d\theta + \frac{1}{2}\int_\pi^0 C_{p,u}\sin\theta d\theta \tag{3.135}$$

を得る．再び，$C_{p,l}$ と $C_{p,u}$ は両方とも同一の解析式，すなわち，式 (3.126) で与えられることに注意して，式 (3.135) は

$$c_l = -\frac{1}{2}\int_0^{2\pi} C_p \sin\theta d\theta \tag{3.136}$$

となる．式 (3.126) を式 (3.136) に代入し，

$$\int_0^{2\pi} \sin\theta d\theta = 0 \tag{3.137a}$$

$$\int_0^{2\pi} \sin^3\theta d\theta = 0 \tag{3.137b}$$

$$\int_0^{2\pi} \sin^2\theta d\theta = \pi \tag{3.137c}$$

であることを注意すると，ただちに

$$c_l = \frac{\Gamma}{RV_\infty} \tag{3.138}$$

を得る．c_l の定義から (第 1.5 節を見よ)，単位幅あたりの揚力 L' は

$$L' = q_\infty S c_l = \frac{1}{2}\rho_\infty V_\infty^2 S c_l \tag{3.139}$$

から求められる．^{p.273} ここで，平面積 $S = 2R(1)$ である．したがって，式 (3.138) と式 (3.139) を用いると，

$$L' = \frac{1}{2}\rho_\infty V_\infty^2 2R \frac{\Gamma}{RV_\infty}$$

すなわち，

$$\boxed{L' = \rho_\infty V_\infty \Gamma} \tag{3.140}$$

を得る．式 (3.140) は循環 Γ をもつ円柱の単位幅あたりの揚力を与える．それは驚くほど単純な結果である．そして，それは **単位幅あたりの揚力は循環に直接比例する** ということを述べている．式 (3.140) は理論空気力学において 1 つの強力な式である．それは *Kutta-Joukowski* の定理と呼ばれており，ドイツの数学者，M. Wilhelm Kutta (1867-1944) とロシアの物理学者，Nikolai E. Joukowski (1847-1921) に因んで命名された．彼らは 20 世紀の最初の 10 年の間に独立的にその定理を得たのである．第 3.16 節で，もっと詳しく Kutta-Joukowski の定理について述べる．

上で得られた理論的結果と現実との間の関係は何であろうか．前に述べたように，抵抗ゼロの理論結果は全くの誤りである．すなわち，粘性効果が常に有限の抵抗を作りだす表面摩擦や流れの剥離を引き起こすのである．本章で扱っている非粘性流れは抵抗計算に関する適切な物

第3章 非粘性，非圧縮性流れの基礎

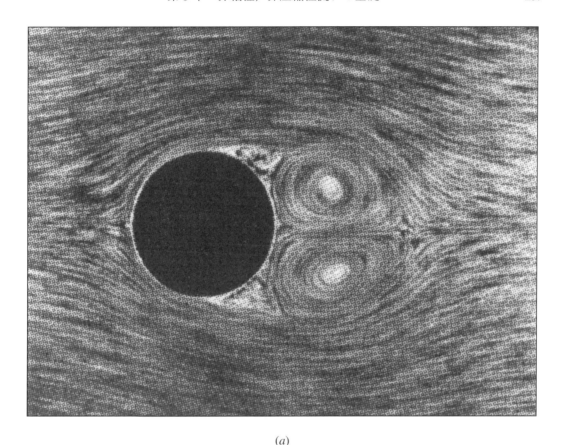

(a)

図 3.34 これらの流れ場の写真は水を用い撮影され，流線の方向を示すためにアルミ粉が水面に散布された．(a) 回転していない円柱 (出典：*Prandtl and Tietjens*，文献 8)

理をモデル化していない．一方，式 (3.140) による揚力の理論値は全く現実的である．本節の最初で述べた風洞実験にもどってみよう．もし，静止した，回転していない円柱が低速風洞内に設置されたならば，その流れ場は図 3.34a に示されるようなものになるであろう．円柱の前面まわりの流線は，図 3.26 の右側に描かれたような，理論値と類似している．しかしながら，粘性効果により，流れは円柱の後方面ではく離し，円柱の下流で後流内に再循環流を作りだす．このはく離した流れが円柱について測定される有限の抵抗に大きく関わっている．一方，図 3.34a は水平軸に関して，かなり対称的な流れを示している．そして，揚力の測定値は本質的にゼロである．さて，円柱をその軸を中心にして時計方向に**回転させる**とする．その場合の流れ場が図 3.34b と c に示してある．中程度の回転 (図 3.34b) の場合，よどみ点は図 3.33a に描かれた理論流れと同じように，円柱の下面へ移動する．もし，回転が十分に増加すると (図 3.34c)，よどみ点は，図 3.33c に描かれた理論流れと同じように，円柱表面から離れる．そして，もっとも重要なもの，**有限な揚力**が風洞の中で回転する円柱に関して計測される．ここでは何が起きているのであろうか．なぜ円柱を回転させることが揚力を発生させるのであろうか．実際には，流体と円柱表面との間の摩擦が表面近傍の流体を回転運動と同じ方向へ引っ張ろうとするのである．通常の回転していない流れの円柱の頂点に重ね合わされると，この**付加速度**が，図 3.35

(b)

(c)

図 3.34 (続き) これらの流れ場の写真は水を用い撮影され，流線の方向を示すためにアルミ粉が水面に散布された．(b) 回転する円柱：表面速度 $= 3V_\infty$ (c) 回転する円柱：表面速度 $= 6V_\infty$ (出典：*Prandtl and Tietjens*，文献 *8*)

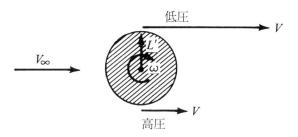

図 3.35 回転する円柱における揚力の生成

に描かれるように，円柱の頂点で通常よりも高い速度を，そして，円柱の最下点では通常よりも低い速度を作り出すのである．これらの速度は円柱表面の粘性境界層のすぐ外側のものと仮定する．Bernoulli の式から，速度が増加すると圧力は減少することを思い出すべきである．それゆえ，図 3.35 から，円柱の頂点の圧力は p.274 最下点のそれより低い．この圧力の不均衡が正味の上向きの力，すなわち，有限な揚力を作りだす．したがって，円柱まわりの流れが有限な揚力を作りだすという，式 (3.140) において具体化された理論結果は実験的観察により証明される．

　風洞の中で回転する円柱の揚力発生に関して上で議論した一般的な考えは回転する球にも適用される．これは，なぜ野球の投手がカーブを投げることができるのかや，なぜゴルファーがフック，あるいはスライスボールを打てるのかを説明する．すなわち，それらすべては，回転する物体まわりの非対称流れにより，そして，それゆえ，物体の角速度ベクトルに垂直な方向の空気力の発生によるものである．この現象は *Magnus* 効果と呼ばれており，1852 年にベルリンで最初にそれを観察し，説明を行ったドイツ人技術者に因んで命名されている．

　急速に回転する円柱は同じ平面面積の飛行機の翼よりもはるかに高い揚力を発生できるということは興味深いことである．しかしながら，その円柱に働く抵抗もまた，良く設計された翼のそれよりもはるかに高いのである．結果として，Magnus 効果は動力飛行には採用されていない．一方，1920 年代において，ドイツの技術者 Anton Flettner は船の帆を甲板に p.276 垂直な軸をもつ回転円柱に交換した．風があたると，この回転円柱は船の推進力を作りだした．さらに，Flettner は，直列に配置した，反対方向に回転する 2 つの円柱の作用により，船を回転させることができた．Flettner の装置は 1 つの技術的な成功であったが，経済的には失敗であった．なぜなら，必要とされる高速回転速度でその円柱を回転させる機械の整備があまりにも費用がかかるためであった．今日，Magnus 効果は回転するミサイルの性能に重要な影響を持っている．すなわち，実際に，現代の高速空気力学研究の相当な部分がミサイル応用に関した回転物体に作用する Magnus 力に焦点を合わせてきた．

[例題 3.16]
　円柱を過ぎる揚力流れを考える．揚力係数が 5 である．ピーク (負の) 圧力係数を計算せよ．

[解答]
　図 3.32 を調べ，円柱を過ぎる**揚力が働かない**流れに関する最大速度は $2V_\infty$ であること，そして，それは円柱の頂点と最下点で発生することに注意すべきである．図 3.32 における渦点が加えられると，渦による速度は円柱の頂点における速度と同じ方向であるが，円柱の最下点に

おける流れとは**反対**方向である．それゆえ，揚力が生じる場合の最大速度は円柱の**頂点**で生じ，揚力のない場合の値，$-2V_\infty$ と渦による速度，$-\Gamma/2\pi R$ の和に等しい．(**注**：ここではまだ通常の符号に関する規約にしたがっている．すなわち，円柱の頂点における速度は極座標系における θ を増加させる方向とは逆方向であるので，速度の大きさが負である．) それゆえ，

$$V = -2V_\infty - \frac{\Gamma}{2\pi R} \tag{E.1}$$

揚力係数と Γ は式 (3.138) のように関係している．すなわち，

$$c_l = \frac{\Gamma}{RV_\infty} = 5$$

それゆえ，

$$\frac{\Gamma}{R} = 5V_\infty \tag{E.2}$$

p. 277 式 (E.2) を式 (E.1) に代入すると，

$$V = -2V_\infty - \frac{5}{2\pi}V_\infty = 2.796V_\infty \tag{E.3}$$

を得る．式 (E.3) を式 (3.38) に代入すると，次を得る．

$$C_p = 1 - \left(\frac{V}{V_\infty}\right)^2 = 1 - (2.796)^2 = \boxed{-6.82}$$

この例題は 1 つ次の点を示すために出されている．非粘性，非圧縮性流れに関して，物体上の C_p 分布は物体の形状と方向のみに依存する，すなわち，速度や密度のような流れの特性はここでは無関係である，ということを思い出すべきである．式 (3.101) を思い出しなさい，それは C_p を θ のみの関数として与える，すなわち，$C_p = 1 - 4\sin^2\theta$ である．しかしながら，揚力が働く流れに関して，表面上の C_p 分布はもう 1 つの付加パラメータ，すなわち，揚力係数の関数である．明らかに，本例題において，c_l の値のみが与えられている．しかしながら，これは流れを唯一的に定義する程に強力である．すなわち，物体表面上の任意点における C_p の値は上の例題で示したように，揚力係数から直接的に求められるのである．

[例題 3.17]

例題 3.16 の流れ場に関して，よどみ点および圧力が自由流静圧と同じである円柱表面上の点の位置を計算せよ．

[解答]

式 (3.123) から，よどみ点は

$$\theta = \arctan\left(-\frac{\Gamma}{4\pi V_\infty R}\right)$$

で与えられる．例題 3.16 より，

第3章　非粘性，非圧縮性流れの基礎

$$\frac{\Gamma}{RV_\infty} = 5$$

したがって，

$$\theta = \arctan\left(-\frac{5}{4\pi}\right) = \boxed{203.4° \text{ および } 336.6°}$$

$p = p_\infty$ の位置を見つけるために，最初に円柱表面の圧力係数の式を導く．すなわち，

$$C_p = 1 - \left(\frac{V}{V_\infty}\right)^2$$

ここに，

$$V = -2V_\infty \sin\theta - \frac{\Gamma}{2\pi R}$$

したがって，

$$C_p = 1 - \left(-2\sin\theta - \frac{\Gamma}{2\pi R}\right)^2$$

$$= 1 - 4\sin^2\theta - \frac{2\Gamma \sin\theta}{\pi R V_\infty} - \left(\frac{\Gamma}{2\pi R V_\infty}\right)^2$$

例題3.16から，$\Gamma/RV_\infty = 5$ である．したがって，

$$C_p = 1 - 4\sin^2\theta - \frac{10}{\pi}\sin\theta - \left(\frac{5}{2\pi}\right)^2$$

$$= 0.367 - 3.183\sin\theta - 4\sin^2\theta$$

この式の検証は $\theta = 90°$ での C_p を計算し，それが例題3.16で得られた結果と合うかどうかを見ることにより得られる．$\theta = 90°$ について，

$$C_p = 0.367 - 3.183 - 4 = \boxed{-6.82}$$

を得る．これは例題3.16と同じ結果である．すなわち，この式は正しい．

$p = p_\infty$ の θ の値を見いだすために，$C_p = 0$ とする．すなわち，

$$0 = 0.367 - 3.183\sin\theta - 4\sin^2\theta$$

2次方程式の公式から，

$$\sin\theta = \frac{3.183 \pm \sqrt{(3.183)^2 + 5.872}}{-8} = \boxed{-0.897 \text{ または } 0.102}$$

したがって，

$$\theta = 243.8° \quad \text{および} \quad 296.23°$$

また，

$$\theta = 5.85° \quad \text{および} \quad 174.1°$$

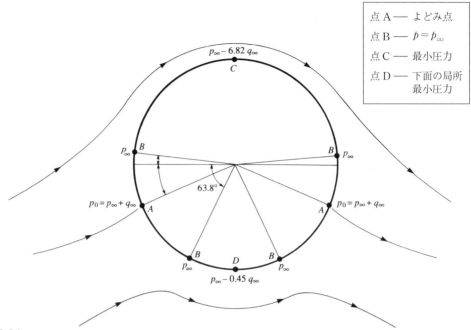

図 3.36 円柱表面のいろいろな位置における圧力値；有限な循環で，揚力のある場合：圧力値は例題 3.17 で論議された場合に対応している．

$p = p_\infty$ になるのは円柱表面上に四点ある．これらはよどみ点位置と共に図 3.36 に記してある．例題 3.14 に示されたように，最小圧力は円柱の頂点で生じ，$p_\infty - 6.82 q_\infty$ に等しい．円柱の下面における**局所**最小圧力は円柱の最下点で生じる．ここでは，$\theta = 3\pi/2$ である．この局所最小値は次式で与えられる．

$$C_p = 0.367 - 3.183 \sin\frac{3\pi}{2} - 4\sin^2\frac{3\pi}{2}$$

$$= 0.367 + 3.183 - 4 = \boxed{-0.45}$$

したがって，円柱の最下点において，$p = p_\infty - 0.45 q_\infty$ である．

[例題 3.18]

p.279 0.5 m の直径をもつ円柱を過ぎる揚力流れを考える．自由流速度は 25 m/s であり，この円柱表面上の最大速度は 75 m/s である．自由流条件は高度 3 km における標準状態のものである．この円柱に働く単位幅あたりの揚力を計算せよ．

[解答]

付録 D から，高度 3 km において，$\rho = 0.90926$ kg/m³ である．最大速度はこの円柱の頂点で生じ，そこは $\theta = 90°$ である．式 (3.125) より，

第3章 非粘性，非圧縮性流れの基礎

$$V_\theta = -2V_\infty \sin\theta - \frac{\Gamma}{2\pi R}$$

$\theta = 90°$ では，

$$V_\theta = -2V_\infty - \frac{\Gamma}{2\pi R}$$

すなわち，

$$\Gamma = -2\pi R(V_\theta + 2V_\infty)$$

p. 280 Γ は時計方向が正であり，V_θ は(図3.32を再度反映し)時計方向が負であることを思い出すと，

$$V_\theta = -75 \text{ m/s}$$

を得る．したがって，

$$\Gamma = -2\pi R(V_\theta + 2V_\infty) = -2\pi(0.25)[-75 + 2(25)]$$
$$\Gamma = -2\pi(0.25)(-25) = 39.27 \text{ m}^2/\text{s}$$

式(3.140)から単位幅あたりの揚力は次のようになる．

$$L' = \rho_\infty V_\infty \Gamma$$
$$L' = (0.90926)(25)(39.27) = \boxed{892.7 \text{ N/m}}$$

コメント：本例題において，循環の値，すなわち，$\Gamma = 39.27 \text{ m}^2/\text{s}$ を計算した．英国工学単位にすると，これは

$$\Gamma = 39.27 \frac{\text{m}^2}{\text{s}} \left(\frac{3.28 \text{ ft}^2}{1 \text{ m}}\right) = 422.5 \frac{\text{ft}^2}{\text{s}}$$

である．例題3.15において，循環の数値に関してコメントした．すなわち，その例題で，$18{,}430 \text{ ft}^2/\text{s}$ という，本例題よりもはるかに大きな値を得た．しかし，本例題の Γ の値は，数千ではないが，それでも数百オーダーであることがわかる．本当に興味深いことである．

3.16 Kutta-Joukowskiの定理と揚力の発生

式(3.140)により与えられる結果は円柱に関して導かれたけれども，それは一般的に任意の断面の筒状物体に適用される．例えば，図3.37に描かれたような，翼型を過ぎる非圧縮性流れを考える．曲線 A をその翼型を囲む流れ中の任意の曲線とする．もし，翼型が揚力を発生しているとすると，翼型まわりの速度場は，A まわりの速度の線積分が有限になる，すなわち，循環，

$$\Gamma \equiv \oint_A \mathbf{V} \cdot \mathbf{ds}$$

が有限になるようなものになるであろう．次に，翼型上の，単位翼幅あたりの揚力 L' は式(3.140)で表されたように，Kutta-Joukowskiの定理により与えられるであろう．すなわち，

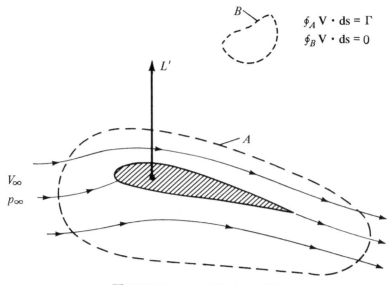

図 3.37 揚力をもつ翼型まわりの循環

$$L' = \rho_\infty V_\infty \Gamma \tag{3.140}$$

この結果は，第 2.13 節で定義された，循環の概念の重要性を強調している．Kutta-Joukowski の定理は 2 次元物体に働く単位幅あたりの揚力はその物体まわりの循環に直接的に比例すると述べている．実際，循環の概念はこの段階での議論に非常に重要なので，読者はこれからさらに先へ進む前に第 2.13 節を読み返すべきである．

　任意の断面の物体に関する式 (3.140) の一般的な導出は複素数の方法を用いて行うことができる．そのような数学は p. 281 本書の範囲を越えるものである．(複素数の任意関数は，非圧縮性ポテンシャル流れを支配する Laplace の方程式の一般解であることを示すことができる．それゆえ，そのような流れのより高等な扱いは重要なツールとして複素関数論を用いる．もっと上級レベルで特にわかりやすい非粘性，非圧縮性流れの取り扱いに関しては文献 9 を見よ．)

　第 3.15 節において，円柱を過ぎる揚力流れは一様流，二重わき出し点および渦点を重ね合わせて得られた．3 つの基本流れすべては，原点で渦度が無限大となる渦点の原点を除き，すべての点で渦なしであることを思い出すべきである．したがって，図 3.33 に示されるように，円柱まわりの揚力流れは原点を除いたすべての点で渦なしである．もし，原点を**囲まない**任意の曲線まわりの循環を計算すると，式 (2.137) から $\Gamma = 0$ なる結果を得る．式 (2.137) が，渦点の強さに等しい，有限の Γ を与えるのは，$\nabla \times \mathbf{V}$ が無限大となる原点を囲む曲線を選んだときだけである．同じことが図 3.37 における翼型を過ぎる流れにも言える．第 4 章で示すように，翼型**外部**の流れは渦なしであり，(図 3.37 における曲線 B のような) 翼型を**囲まない**任意の閉曲線まわりの循環は結果としてゼロである．他方，第 4 章において，また，翼型を過ぎる流れは翼型の表面，あるいは内部のいずれかに渦点を分布させて得られることも示す．これらの渦点は $\nabla \times \mathbf{V}$ に通常の特異点を持っている．したがって，もし，(図 3.37 における曲線 A のような) 翼型を囲む曲線を選ぶとすると，式 (3.140) は，翼型の表面あるいは内部に分布された渦の強さの和に等しい有限の Γ を与える．ここで重要な点は，Kutta-Joukowski の定理において，式 (3.140) で用いられる Γ の値は**物体を囲む閉曲線**まわりで計算されなければならないということである．

すなわち，その閉曲線は任意ではあるが，物体をその中に含んでいなければならないのである．

この段階で，立ち止まり，これまでの考えを評価してみよう．上で論議した方法，すなわち，揚力を得るために循環の定義と式 (3.140) を用いること，は p. 282 空気力学における**揚力の循環理論**の真髄である．20世紀の始まりにおいてそれが展開されたことは空気力学に決定的進展をもたらした．しかしながら，その重要性を正しく判断しよう．揚力の循環理論は空気力学的物体に働く揚力の発生についての**別方向**からの考え方なのである．物体に働く空気力の真の物理的源は，第 1.5 節で説明されたように，物体表面に働く圧力およびせん断応力分布であることを記憶しておくべきである．Kutta-Joukowski の定理は，単に，表面圧力分布の**結果**を表す別の方法である．すなわち，非粘性，非圧縮性流れの解析のために展開した特別なツールと密接に結びついた数学式である．実際，式 (3.140) は第 3.15 節で，表面の圧力分布を積分して導き出したことを思い出すべきである．したがって，循環が揚力を**引き起こす**と言うのはまったく適切ではない．むしろ，揚力は表面圧力分布の全体としての不均衡により**引き起こされ**，そして，循環は同じ圧力により決定される単なる定義された量である．(揚力 L' を生み出す) 表面圧力分布と循環との間の関係は式 (3.140) により与えられる．しかしながら，非圧縮性，ポテンシャル流れの理論において，一般的に，物体まわりの循環を決定することは詳しい物体表面圧力分布を計算することよりはるかに簡単である．ここに揚力の循環理論の力があるのである．

したがって，非圧縮性，非粘性流れにおける 2 次元物体に働く揚力の理論解析はその物体まわりの循環の計算に焦点を合わせるのである．一度 Γ が求まると，単位幅あたりの揚力は Kutta-Joukowski の定理より直接得られる．結果として，この後の節で，常に次の問いを言い続けるのである．すなわち，いかにしたら，与えられた非圧縮性，非粘性流れの中にある与えられた物体に関する循環を計算できるのかと．

3.17 任意物体を過ぎる揚力なし流れ：わき出しパネル法

本節において，揚力が生じない流れにもどる．すでに，半無限物体と Rankine の卵形まわりの揚力なし流れや円柱まわりの揚力のある流れおよび揚力なし流れ両方を取り扱ってきた．これらの場合について，基本流れをある方法で加え合わせた．そして，dividing streamline がそのような特別の形状に一致するようになることを見いだした．しかしながら，基本流れの，ある与えられた組み合わせから出発し，その組み合わせからどのような物体形状になるのかを見るという，この間接的な方法は任意形状の物体に対しては現実的にはほとんど用いることはできない．例えば，図 3.37 にある翼型を考えてみる．この特定の物体を過ぎる流れを作る基本流れの正しい組み合わせを前もってわかるであろうか．答えは否である．むしろ，望むものは直接法である．すなわち，任意の物体の形状を**特定**し，一様流との組み合わせで，その与えられ物体を過ぎる流れを作りだす特異点の分布について**解**こう．本節の目的は，ここでは揚力が生じない流れに限定されたそのような直接法を示すことである．高速デジタル計算機による解法に適切な 1 つの数値的方法を考える．この方法は p. 283 **わき出しパネル法** (*source panel method*) と呼ばれる．そして，それは 1960 年代後半以来，企業やほとんどの研究所において標準的な空気力学的ツールとなってきた．実際，わき出しおよび渦パネル法両方によるポテンシャル流れの数値解法は低速流れの解析に革命をもたらした．第 4 章から 6 章において，いろいろな数値パネル法を示すことになる．現代の空気力学を学ぶ学生として，読者はそのようなパネル法の基

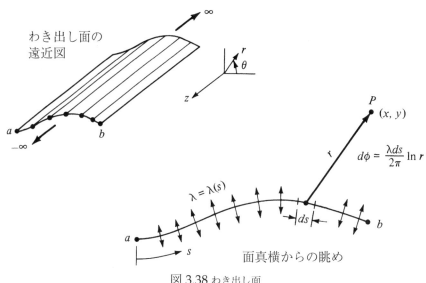

図 3.38 わき出し面

本に精通することは必要である．本節の目的はわき出しパネル法の基本的考え方を示すことであり，この方法は任意物体を過ぎる揚力が生じない流れに関する数値解法のための手法である．

最初に，第 3.10 節で導入したわき出し，あるいはすいこみの概念を拡張する．その節で，図 3.21 に示されるように，単一の線わき出しとして取り扱った．今，そのような線わき出しが無限個並列に並んでいると考える．ここに，それぞれの線わき出しの強さは微小である．これらの並列の線わき出しは，図 3.38 の左上に遠近法で示される**わき出し面** (*source sheet*) を形成する．もし，一連の線わき出しに沿った方向から見る (図 3.38 における z 軸方向から見る) とすると，わき出し面は図 3.38 の右下に描かれたように見えるであろう．ここで，わき出し面の端を見ているである．すなわち，すべての線わき出しは，この紙面に対して垂直である．s を端面から見たわき出し面に沿って測った距離とする．$\lambda = \lambda(s)$ を s に沿った，**単位長さあたりのわき出し強さ**と定義する．[この事の重要性を正しく判断するために，第 3.10 節から，単一線わき出しの強さ Λ は単位深さあたり，すなわち，z 方向の単位長さあたり，の体積流量として定義されたことを思い出すべきである．Λ に関する代表的な単位は平方メートル/秒または平方フィート/秒である．次に，わき出し面の強さ $\lambda(s)$ は (z 方向における) 単位深さおよび (s 方向における) 単位長さあたりの体積流量である．λ の代表的な単位はメートル/秒またはフィート/秒である．] したがって，わき出し面の微小部分 ds の強さは，図 3.38 に示されるように，λds である．わき出し面の，この小さな部分は強さ λds のわき出し点として扱うことができる．さて，ds から距離 r にある流れ場の中の点 P を考える．すなわち，P のデカルト座標は (x,y) である．強さ λds のわき出し面の微小部分は p. 284 点 P に微小なポテンシャル $d\phi$ を誘導する．式 (3.67) より，$d\phi$ は

$$d\phi = \frac{\lambda ds}{2\pi} \ln r \tag{3.141}$$

により与えられる．a から b の全わき出し面により誘導される，点 P における全速度ポテンシャルは式 (3.141) を積分することにより得られる．すなわち，

第3章 非粘性，非圧縮性流れの基礎

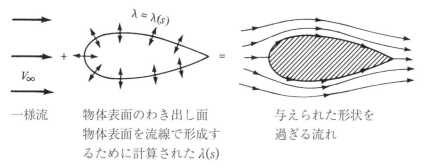

一様流　　物体表面のわき出し面　　　　　　与えられた形状を
　　　　　物体表面を流線で形成す　　　　　　過ぎる流れ
　　　　　るために計算された $\lambda(s)$

図 3.39 与えられた形状の物体まわりの流れを作るための一様流と物体上のわき出し面の重ね合わせ

$$\phi(x,y) = \int_a^b \frac{\lambda ds}{2\pi} \ln r \tag{3.142}$$

一般的に，$\lambda(s)$ はわき出し面に沿って正から負へ変化することができることに注意すべきである．すなわち，わき出し面は実際には線わき出しと線すいこみの組み合わせである．

次に，図 3.39 に示されるように，一様流速度 V_∞ の流れの中にある，ある与えられた任意形状の物体を考える．その決められた物体の表面をわき出し面で覆うこととする．ここに，強さ $\lambda(s)$ は，一様流とわき出し面が組み合わされた流れが翼型表面を流れの流線となるように変化するのである．今や，この問題は適切な $\lambda(s)$ を見つけるという問題となる．この問題の解法は次のように数値的に行われる．

わき出し面を図 3.40 に示されるように，一連の直線パネルで近似することにする．さらに，単位長さあたりのわき出し強さ λ は，与えられた1つのパネル上では一定であるが，パネルが変われば変化しても良いとする．すなわち，もし，全部で n 個のパネルがあるとすれば，単位長さあたりのわき出し強さは $\lambda_1, \lambda_2, \ldots, \lambda_j \ldots, \lambda_n$ である．これらのパネル強さは未知である．すなわち，パネル法の主要点は λ_j, $j=1$ から n について，物体表面が流れの流線となるように解くことである．この境界条件は，それぞれのパネルの中点を control point (コントロール・ポイント) と定義し，それぞれのコントロール・ポイントで流れ速度の垂直方向成分がゼロであるように数値的に λ の強さを決めることである．この戦略をこれから定量化しよう．

P を流れの中の (x,y) にある点とし，図 3.40 に示されるように，r_{Pj} を，j 番目パネル上の任意の点から P への距離とする．j 番目パネルによる P に誘導される速度ポテンシャル $\Delta\phi_j$ は，式 (3.142) から，

$$\Delta\phi_j = \frac{\lambda_j}{2\pi}\int_j \ln r_{Pj}\, ds_j \tag{3.143}$$

である．p.285 式 (3.143) において，λ_j は j 番目パネル上で一定である．そして，その積分は j 番目パネル上のみで行われる．次に，すべてのパネルによる P における速度ポテンシャルは，式 (3.143) をすべてのパネルにわたる総和を取ったものである．すなわち，

$$\phi(P) = \sum_{j=1}^n \Delta\phi_j = \sum_{j=1}^n \frac{\lambda_j}{2\pi}\int_j \ln r_{pj}\, ds_j \tag{3.144}$$

式 (3.144) において，距離 r_{pj} は

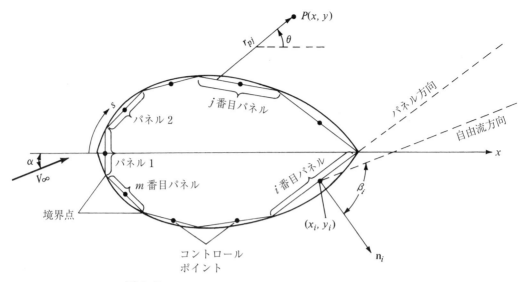

図 3.40 任意形状の物体における表面上のわき出しパネル配置

$$r_{pj} = \sqrt{(x - x_j)^2 + (y - y_j)^2} \quad (3.145)$$

により与えられる．ここに，(x_j, y_j) は j 番目パネルの表面に沿った座標である．点 P は単に，流れの中にある任意点であるので，P を i 番目パネルのコントロール・ポイントとする．図 3.40 に示されるように，このコントロール・ポイントの座標は (x_i, y_i) で与えられるとする．そのとき，式 (3.144) と式 (3.145) は

$$\phi(x_i, y_i) = \sum_{j=1}^{n} \frac{\lambda_j}{2\pi} \int_j \ln r_{ij} ds_j \quad (3.146)$$

および

$$r_{ij} = \sqrt{(x_i - x_j)^2 + (y_i - y_j)^2} \quad (3.147)$$

となる．式 (3.146) は物理的に，i 番目パネルのコントロール・ポイントにおけるポテンシャルへの全パネルの寄与である．

境界条件はコントロール・ポイントに適用されることを思い出すべきである．すなわち，流れ速度の垂直方向成分は，コントロール・ポイントにおいてゼロである．この成分を計算するために，最初に，このパネルに垂直な自由流速度の成分を考える．$\mathbf{n}_i$ を図 3.40 に示されるように，i 番目パネルに垂直な単位ベクトルとし，物体の外へ向いているとする．また，i 番目パネルの傾きは (dy/dx) であることに注意すべきである．一般的に，自由流速度は図 3.40 に示されるように，x 軸に対してある傾き角 α で傾いている．p. 286 したがって，図 3.40 の幾何学的検討から，i 番目パネルに垂直な $\mathbf{V}_\infty$ の成分は

$$V_{\infty,n} = \mathbf{V}_\infty \cdot \mathbf{n}_i = V_\infty \cos \beta_i \quad (3.148)$$

である．ここに，β_i は $\mathbf{V}_\infty$ と $\mathbf{n}_i$ との間の角度である．$V_{\infty,n}$ は物体から離れる時は正であり，物体に向かっている時は負であることに注意すべきである．

第 3 章 非粘性，非圧縮性流れの基礎

わき出しパネルにより (x_i, y_i) に誘導される速度の垂直方向成分は式 (3.146) より,

$$V_n = \frac{\partial}{\partial n_i}\left[\phi(x_i, y_i)\right] \quad (3.149)$$

である．ここに，その導関数は外向き単位垂直ベクトルの方向に取られる．そして，それゆえ，再び，V_n は物体から離れる方向のとき正である．式 (3.146) における微分が行われると，r_{ij} が分母に現れる．したがって，コントロール・ポイントそれ自身において，$j=i$ のとき $r_{ij}=0$ であるので，特異点が i 番目パネル上に生じる．$j=i$ のとき，導関数への寄与は簡単に，$\lambda_i/2$ であることを示すことができる．それゆえ，式 (3.146) と組み合わせた式 (3.149) は

$$V_n = \frac{\lambda_i}{2} + \sum_{\substack{j=1 \\ (j\neq i)}}^{n} \frac{\lambda_j}{2\pi} \int_j \frac{\partial}{\partial n_i}(\ln r_{ij})\,ds_j \quad (3.150)$$

とになる．式 (3.150) において，第 1 項の $\lambda_i/2$ は i 番目パネル自身により i 番目のコントロール・ポイント点に誘導される垂直速度である．そして，総和の項は他のすべてのパネルにより i 番目のコントロール・ポイントに誘導される垂直速度である．

i 番目のコントロール・ポイントにおける流れ速度の垂直成分は自由流によるもの [式 (3.148)] とわき出しパネルによるもの [式 (3.150)] との和である．境界条件はこの和がゼロにならなければならないと述べている．すなわち，

$$V_{\infty,n} + V_n = 0 \quad (3.151)$$

式 (3.148) と式 (3.150) を式 (3.151) に代入すると,

$$\frac{\lambda_i}{2} + \sum_{\substack{j=1 \\ (j\neq i)}}^{n} \frac{\lambda_j}{2\pi} \int_j \frac{\partial}{\partial n_i}(\ln r_{ij})\,ds_j + V_\infty \cos\beta_i = 0 \quad (3.152)$$

を得る．式 (3.152) はわき出しパネル法の急所である．式 (3.152) における積分の値はもっぱらパネルの幾何学的形状に依存する．すなわち，それらは流れに関連したものではない．$I_{i,j}$ を，コントロール・ポイントが i 番目パネル上にあり，積分が j 番目パネル上で行われるときの積分値とする．そのとき，式 (3.152) は

$$\frac{\lambda_i}{2} + \sum_{\substack{j=1 \\ (j\neq i)}}^{n} \frac{\lambda_j}{2\pi} I_{i,j} + V_\infty \cos\beta_i = 0 \quad (3.153)$$

と書くことができる．式 (3.153) は n 個の未知数，$\lambda_1, \lambda_2, \ldots, \lambda_n$ の線形代数方程式である．それは i 番目パネルのコントロール・ポイントで評価される流れの境界条件を表している．さて，境界条件をすべてのパネルのコントロール・ポイントに適用する．すなわち，式 (3.153) において，$i=1, 2, \ldots, n$ とする．結果は n 個の 未知数 $\lambda_1, \lambda_2, \ldots, \lambda_n$ をもつ，n 個の線形代数方程式の系である．そして，これらは通常の数値解法で連立的に解くことができる．

何が起きているかを見るべきである．$i=1, 2, \ldots, n$ の式 (3.153) で表される方程式系を解いた後，いまや，図 3.40 の物体表面が，適切に，流れの流線になる強さをもつわき出しパネルの配列を得るのである．この近似はパネルの数を増やすこと，それゆえ，図 3.39 に示される連続

的に変化する強さ $\lambda(s)$ のわき出し面をより近似的に表すことによりさらに精度を上げることができる．実際，わき出しパネル法の精度は驚くばかりに良い．すなわち，円柱はわずか 8 パネルで精度良く表され，大部分の翼型は 50 から 100 個のパネルで表すことができる．(翼型に関しては，前縁領域を，急激な表面曲率を正確に表すために多数の小さなパネルで覆い，翼型の比較的平らな部分ではより大きなパネルを用いるのが望ましい．一般的に，図 3.40 におけるパネル全部が異なった長さとすることができることに注意すべきである．)

一度，λ_i ($i = 1, 2, \ldots, n$) の値が求められると，それぞれのコントロール・ポイントにおいて面に接する速度を次のように計算できる．図 3.40 に示されるように，s を前から後ろへ，正方向に測った，物体表面に沿った距離とする．物体表面に接する方向の自由流速度の成分は

$$V_{\infty,s} = V_\infty \sin\beta_i \tag{3.154}$$

である．すべてのパネルにより誘導される，i 番目パネルのコントロール・ポイントにおける接線方向速度 V_s は式 (3.146) を s で微分することにより得られる．すなわち，

$$V_s = \frac{\partial \phi}{\partial s} = \sum_{j=1}^{n} \frac{\lambda_j}{2\pi} \int_j \frac{\partial}{\partial s} \left(\ln r_{ij} \right) ds_j \tag{3.155}$$

[平坦なパネル上の，パネル自身により誘導される接線方向速度はゼロである．それゆえ，式 (3.155) において，$j = i$ に対応する項はゼロである．これは直観により容易にわかる．なぜなら，パネルは，その表面から自身に直角の方向にしか流体を放出しないからである．] i 番目コントロール・ポイントにおける全表面速度 V_i は自由流からの寄与 [式 (3.154)] とわき出しパネルからのもの [式 (3.155)] の和である．すなわち，

$$V_i = V_{\infty,s} + V_s = V_\infty \sin\beta_i + \sum_{j=1}^{n} \frac{\lambda_j}{2\pi} \int_j \frac{\partial}{\partial s} \left(\ln r_{ij} \right) ds_j \tag{3.156}$$

次に，i 番目コントロール・ポイントにおける圧力係数は式 (3.38) から得られる．すなわち，

$$C_{p,i} = 1 - \left(\frac{V_i}{V_\infty} \right)^2$$

このように，わき出しパネル法は任意形状の揚力が働かない物体表面上の圧力分布を与えるのである．

上で述べたようにわき出しパネル解法を行うとき，その結果の精度は次のようにして確かめることができる．S_j を j 番目パネルの長さとする．λ_j が j 番目パネルの単位長さあたりの強さであることを思いだすべきである．それゆえ，j 番目パネル自身の強さは $\lambda_j S_j$ である．図 3.40 のような，閉じた物体に関して，p. 288 すべてのわき出しとすいこみ強さの和はゼロでなければならない．さもなければ，その物体自身が流れに質量を加えるか吸収していることになる．これはここで考えている場合については不可能な状況である．それゆえ，上で得られた λ_j の値は次の式を満足しなければならない．

$$\sum_{j=1}^{n} \lambda_j S_j = 0 \tag{3.157}$$

式 (3.157) は数値解の精度に関する，独立した検定方法を与えてくれる．

[例題 3.19]

わき出しパネル法を用い，円柱まわりの圧力係数分布を計算せよ．

[解答]

図 3.41 に示されるように，円柱を同じ長さのパネル 8 枚で表すとする．この選択は任意である．しかしながら，経験は，円柱の場合，図 3.41 に示された配置が十分な精度を与えることを示している．パネルは 1 から 8 と番号をつけ，それらのコントロール・ポイントはそれぞれの中点に黒丸で示されている．

式 (3.153) に現れる積分 $I_{i,j}$ を計算する．図 3.42 を考える．それは，2 つの任意に選んだパネルを示している．図 3.42 において，(x_i, y_i) は i 番目パネルのコントロール・ポイントの座標であり，(x_j, y_j) は j 番目パネル上を移動する座標である．i 番目パネルの境界点 (boundary points) の座標は (X_i, Y_i) と (X_{i+1}, Y_{i+1}) である．同じように，j 番目パネルの境界点の座標は (X_j, Y_j) と (X_{j+1}, Y_{j+1}) である．本例題において，V_∞ は x 軸方向である．それゆえ，x 軸と単位ベクトル $\mathbf{n}_i$ および $\mathbf{n}_j$ とがなす角度は，それぞれ，β_i および β_j である．一般的に，β_i と β_j は 0 から 2π まで変化することに注意すべきである．積分 $I_{i,j}$ は [p. 289] i 番目パネルのコントロール・ポイントで計算され，その積分は j 番目パネル上でなされることを思い出すべきである．すなわち，

$$I_{i,j} = \int_j \frac{\partial}{\partial n_i} \left(\ln r_{ij} \right) ds_j \tag{3.158}$$

$$r_{ij} = \sqrt{(x_i - x_j)^2 + (y_i - y_j)^2}$$

であるので，そのときは，

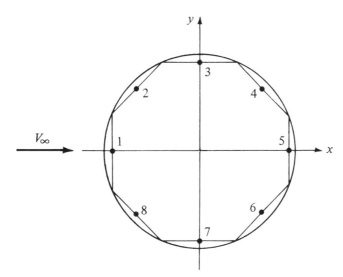

図 3.41 円柱まわりのわき出しパネル配列

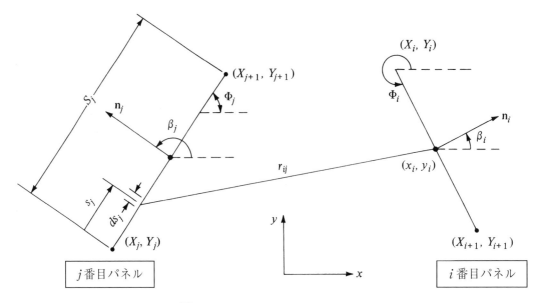

図 3.42 $I_{i,j}$ の計算のための幾何学的関係

$$\frac{\partial}{\partial n_i}(\ln r_{ij}) = \frac{1}{r_{ij}}\frac{\partial r_{ij}}{\partial n_i}$$

$$= \frac{1}{r_{ij}}\frac{1}{2}\left[(x_i - x_j)^2 + (y_i - y_j)^2\right]^{-1/2}$$

$$\times \left[2(x_i - x_j)\frac{dx_i}{dn_i} + 2(y_i - y_j)\frac{dy_i}{dn_i}\right]$$

すなわち,

$$\frac{\partial}{\partial n_i}(\ln r_{ij}) = \frac{(x_i - x_j)\cos\beta_i + (y_i - y_j)\sin\beta_i}{(x_i - x_j)^2 + (y_i - y_j)^2} \tag{3.159}$$

図 3.42 において, Φ_i および Φ_j は x 軸から各パネルの下面へ反時計方向に測った角度であることに注意すべきである. この幾何学的関係から,

$$\beta_i = \Phi_i + \frac{\pi}{2}$$

したがって,

$$\sin\beta_i = \cos\Phi_i \tag{3.160a}$$

$$\cos\beta_i = -\sin\Phi_i \tag{3.160b}$$

また, 図 3.38 の幾何学的関係から,

$$x_j = X_j + s_j \cos\Phi_j \tag{3.161a}$$

$$y_j = Y_j + s_j \sin\Phi_j \tag{3.161b}$$

を得る. p. 290 式 (3.159) から式 (3.161) を式 (3.158) に代入すると,

$$I_{i,j} = \int_0^{s_j} \frac{Cs_j + D}{s_j^2 + 2As_j + B} ds_j \tag{3.162}$$

を得る. ここに,

$$A = -(x_i - X_j)\cos\Phi_j - (y_i - Y_j)\sin\Phi_j$$
$$B = (x_i - X_j)^2 + (y_i - Y_j)^2$$
$$C = \sin(\Phi_i - \Phi_j)$$
$$D = (y_i - Y_j)\cos\Phi_i - (x_i - X_j)\sin\Phi_i$$
$$S_j = \sqrt{(X_{j+1} - X_j)^2 + (Y_{j+1} - Y_j)^2}$$
$$E = \sqrt{B - A^2} = (x_i - X_j)\sin\Phi_j - (y_i - Y_j)\cos\Phi_j$$

とすると, 積分公式集から式 (3.162) に関して次式を得る. すなわち,

$$I_{i,j} = \frac{C}{2}\ln\left(\frac{S_j^2 + 2AS_j + B}{B}\right) \tag{3.163}$$
$$+ \frac{D - AC}{E}\left(\tan^{-1}\frac{S_j + A}{E} - \tan^{-1}\frac{A}{E}\right)$$

式 (3.163) は任意の方向を向いた 2 つのパネルに関する一般式である. すなわち, それは円柱の場合だけに限定されてはいない.

さて, 式 (3.163) を図 3.41 に示される円柱に適用する. 説明のために, i 番目パネルとしてパネル 4 を, j 番目パネルとしてパネル 2 を選ぶことにする. すなわち, $I_{4,2}$ を計算する. 円柱に関して半径 1 を仮定して, 図 3.41 の幾何学的関係から,

$$X_j = -0.9239 \quad X_{j+1} = -0.3827 \quad Y_j = 0.3827$$
$$Y_{j+1} = 0.9239 \quad \Phi_i = 315° \quad \Phi_j = 45°$$
$$x_i = 0.6533 \quad y_i = 0.6533$$

であることがわかる. それゆえ, 上の式にこれらの数値を代入すると,

$$A = -1.3065 \quad B = 2.5607 \quad C = -1 \quad D = 1.3065$$
$$S_j = 0.7654 \quad E = 0.9239$$

を得る. 上の値を式 (3.163) に代入すると,

$$I_{4,2} = 0.4018$$

を得る. 図 3.41 と図 3.42 にもどる. もし, 今度は i 番目パネルとしてパネル 4 をそのままにして, j 番目パネルとしてパネル 1 を選ぶと, 同様の計算により, $I_{4,1} = 0.4074$ を得る. 同様にして, $I_{4,3} = 0.3528$, $I_{4,5} = 0.3528$, $I_{4,6} = 0.4018$, $I_{4,7} = 0.4074$, $I_{4,8} = 0.4084$ である.

図 3.41 と図 3.42 における i 番目パネルについて計算された式 (3.153) へもどる．パネル 4 について書くと，式 (3.153) は (各項に 2 を掛け，パネル 4 については p.291 $\beta_i = 45°$ であることに注意すると)，

$$0.4074\lambda_1 + 0.4018\lambda_2 + 0.3528\lambda_3 + \pi\lambda_4 + 0.3528\lambda_5$$
$$+ 0.4018\lambda_6 + 0.4074\lambda_7 + 0.4084\lambda_8 = -0.70712\pi V_\infty \quad (3.164)$$

となる．式 (3.164) は 8 個の未知数，$\lambda_1, \lambda_2, \ldots, \lambda_8$ の線形代数方程式である．もし，ここで，他の 7 つのパネルのそれぞれに関して式 (3.135) を計算すると，式 (3.164) を含め，全部で 8 個の方程式を得る．そして，8 個の未知数 λ について連立的に解くことができる．その結果は

$$\lambda_1/2\pi V_\infty = 0.3765 \quad \lambda_2/2\pi V_\infty = 0.2662 \quad \lambda_3/2\pi V_\infty = 0$$
$$\lambda_4/2\pi V_\infty = -0.2662 \quad \lambda_5/2\pi V_\infty = -0.3765 \quad \lambda_6/2\pi V_\infty = -0.2662$$
$$\lambda_7/2\pi V_\infty = 0 \quad \lambda_8/2\pi V_\infty = 0.2662$$

である．λ の対称的な分布に注意すべきである．そして，これは揚力のない円柱については予測されたことである．また，上の解の検証として，式 (3.157) へもどる．図 3.41 におけるそれぞれのパネルは同じ長さであるので，式 (3.157) は単純に

$$\sum_{j=1}^{n} \lambda_j = 0$$

と書ける．得られた λ の値を式 (3.157) に代入すると，その式が恒等的に満足されることがわかる．

i 番目パネルのコントロール・ポイントにおける速度は式 (3.156) から求めることができる．その方程式において，j 番目パネル上の積分は前と同じ様にして計算できる幾何学的量である．

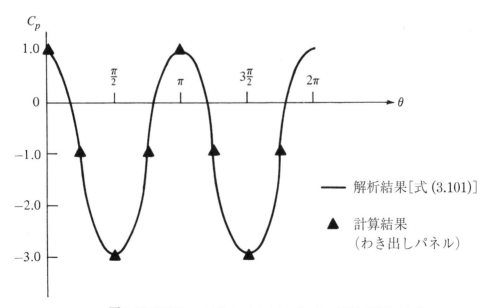

図 3.43 円柱面上の圧力分布；わき出しパネル法の結果と理論との比較

その結果は

$$\int_j \frac{\partial}{\partial s}\left(\ln r_{ij}\right) ds_j = \frac{D - AC}{2E} \ln \frac{S_j^2 + 2AS_j + B}{B} \tag{3.165}$$
$$-C\left(\tan^{-1}\frac{S_j + A}{E} - \tan^{-1}\frac{A}{E}\right)$$

である．式 (3.165) により計算された式 (3.156) の中にある積分と上で得られた $\lambda_1, \lambda_2, \ldots, \lambda_8$ の値を式 (3.156) に代入して，速度 $V_1, V_2, \ldots, V_8$ を得る．次に，圧力係数 $C_{p,1}, C_{p,2}, \ldots, C_{p,8}$ は

$$C_{p,i} = 1 - \left(\frac{V_i}{V_\infty}\right)^2$$

から直接得られる．この計算で得られた圧力係数に関する結果は図 3.43 において，厳密解析解，式 (3.101) と比較されている．図 3.41 に示された，比較的粗いパネル配列にもかかわらず，この数値解法による圧力係数は驚くほど良く合っている．

3.18 応用空気力学：円柱を過ぎる流れ–実在流れの場合

p. 292 円柱を過ぎる非粘性，非圧縮性流れは第 3.13 節で取り扱われた．得られた理論流線は図 3.26 に描かれており，円柱の後方で流れが"閉じている"対称パターンにより特徴づけられている．結果として，円柱の前方表面の圧力分布は後方表面のそれと同じである (図 3.29 を見よ)．これは圧力抵抗がゼロ，すなわち，d'Alembert のパラドックス，という理論結果となる．

実際の円柱を過ぎる流れは第 3.13 節で調べたものと非常に異なっている．その相違は摩擦の影響によるものである．さらに，円柱を過ぎる，実際の流れに関する抵抗係数は確かにゼロではない．**粘性**非圧縮流れに関して，次元解析 (第 1.7 節) の結果は抵抗係数が Reynolds 数の関数であることを明確に示している．円柱に関する $C_D = f(\mathrm{Re})$ の変化は図 3.44 に示されている．そして，それは豊富な実験データに基づいたものである．ここで，$\mathrm{Re} = (\rho_\infty V_\infty d)/\mu_\infty$ であり，ここに，d は円柱の直径である．C_D は $\mathrm{Re} < 1$ の小さな値では非常に大きい，しかし，$\mathrm{Re} \approx 300{,}000$ までは単調に減少することに注意すべきである．この Reynolds 数において，約 1 の値から 0.3 への C_D の切り立つような減少がある．そして，それから $\mathrm{Re} = 10^7$ の 0.6 まで少し回復する．(注：これらの結果は，低いおよび高い Re における円柱の C_D を対比させている図 1.54d および図 1.54e に示された比較と一致している．) Reynolds 数が約 300,000 に達したとき，何がこの C_D における急激な減少をもたらすのであろうか．詳しい答えは第 4 章と，後の第 4 部における粘性流れの議論を待たなければならない．しかしながら，今のところ，低い Re の値における境界層内の層流の，p. 293 より高い Re の値における乱流境界層への突然の遷移よって引き起こされると述べておく．なぜ乱流境界層はこの場合により小さな C_D という結果になるのであろうか．注意をそらさないでいるべきである．すなわち，答えは第 4 章で与えられる．

10^{-1} から 10^7 の Re 範囲にわたり図 3.44 に示されている C_D の変化は，以下のように箇条書きにされ，そして，図 3.45 に描かれるように，流れ場の定性的な様子における大きな変動に伴ったものである．

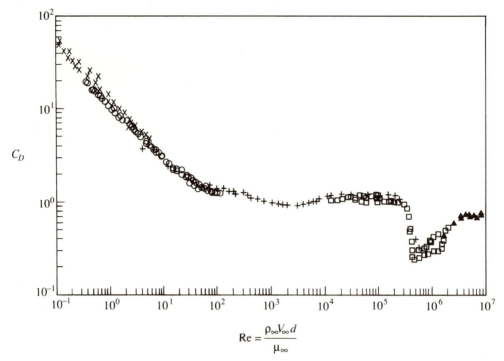

図 3.44 Reynolds 数による円柱抵抗係数の変化 (出典：Experimental data as compiled in Panton, Ronald, *Incompressible Flow*, Wiley-Interscience, New York, 1984)

1. 非常に低い値の Re, すなわち, $0 < \text{Re} < 4$ について, 流線はほとんど (しかし, 厳密ではないが) 対称的である. そして, 流れは図 3.45a に描かれているように付着している. この粘性流れ領域は *Stokes flow* (ストークス流れ) と呼ばれている. すなわち, それは任意の流体要素に働く圧力による力と摩擦力がほとんど釣り合うということにより特徴づけられる. 流れの速度が非常に低いので, 慣性力が非常に小さい. このタイプの流れの写真が図 3.46 に示されている. そして, それは Re = 1.54 の円柱まわりの水流を示している. 流線は水面上のアルミ粉を長露光時間することにより可視化されている.

2. $4 < \text{Re} < 40$ に関して, 流れは円柱の後面ではく離を生じ, 図 3.45b に示される位置に留まる 2 つの, はっきりした安定な渦を形成する. このタイプの流れの写真が図 3.47 に示されている. ここに, Re = 26 である.

3. Re が 40 以上に増加すると, 円柱後方の流れは不安定となる. すなわち, 図 3.45b において固定した位置にあった渦が今や円柱から規則正しく, そして下流へ交互に放出される. p. 296 この流れは図 3.45c に描かれている. このタイプの流れの写真が図 3.48 に示されている. ここに, Re = 140 である. これは, 色つき流線 (streaklines) が電解沈澱法により可視化されている水流である. (この方法において, 円柱表面に張り付けた金属が陽極として働き, 白い粒子が陽極の近くに電気分解により沈澱し, そしてこれらの粒子がその後下流へ流れ, 色つき流線 (streaklines) を形成する. 色つき流線の定義は第 2.11 節で与えられている.) 図 3.45c および図 3.48 に示される交互に放出される渦パターンは**カルマン渦列** (*Karman vortex street*) とよばれ, Theodore von Kármán に因んで命名された. 彼はドイツの Göttingen 大学に在

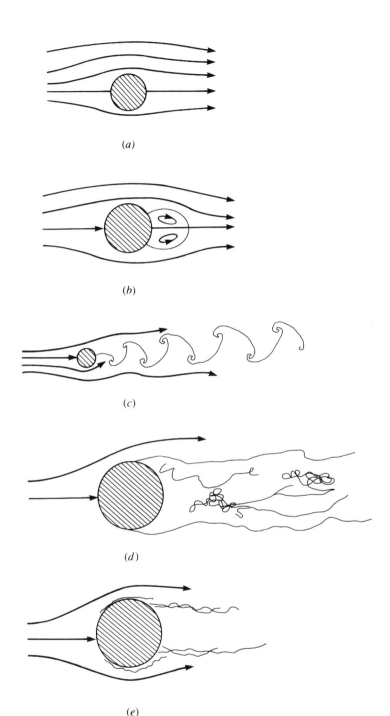

図 3.45 円柱まわりのいろいろな流れのタイプ (出典:Panton, Ronald, *Incompressible Flow*, Wiley-Interscience, New York, 1984)

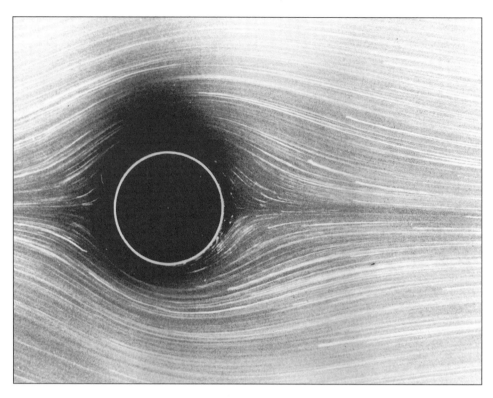

図 3.46 円柱まわりの流れ：Re = 1.54 (出典：撮影 Sadatoshi Taneda；Van Dyke 編, *An Album of Fluid Motion*, The Parabolic Press, Stanford, Calif., 1982)

図 3.47 円柱まわりの流れ：Re = 26 (出典：撮影 Sadatoshi Taneda；Van Dyke 編, *An Album of Fluid Motion*, The Parabolic Press, Stanford, Calif., 1982)

図 3.48 円柱まわりの流れ：Re = 140 Karman 渦列がこの Reynolds 数において円柱後方に存在する．(出典：撮影 Sadatoshi Taneda；Van Dyke 編，*An Album of Fluid Motion*, The Parabolic Press, Stanford, Calif., 1982)

学していた 1911 年にこの流れパターンの研究と解析を始めた．(von Karman はその後空気力学において，長い，しかも非常に際だった経歴を持ち，1930 年に California 工科大学に移り，20 世紀半ばにおいて，アメリカの最も良く知られた空気力学者となった．von Karman の自叙伝は 1967 年に出版された．文献 49 を見るべきである．この文献は 20 世紀における空気力学の歴史に関して正しい理解を求める人が読まなければならない "必須の" 本である．)

4. Reynolds 数が大きな値に増加するにつれて，カルマン渦列は乱れ，明確な後流へと変形し始める．円柱上の層流境界層は前方表面上，よどみ点から約 $80°$ の点で表面からはく離する．これが図 3.45d に描かれている．この流れの Reynolds 数は 10^5 のオーダーである．図 3.44 から，C_D は $10^3 < \mathrm{Re} < 3 \times 10^5$ において，1 に近い，比較的一定の値であることに注意すべきである．

5. $3 \times 10^5 < \mathrm{Re} < 3 \times 10^6$ に関して，層流境界層のはく離はまだ円柱の前方表面から生じている．しかしながら，はく離した領域の，円柱の上を過ぎる自由せん断層において，乱流への遷移が起きる．そうすると流れは円柱の後方表面上に再付着するが，よどみ点から測って約 $120°$ で再びはく離する．この流れは図 3.45e に描かれている．この乱流への遷移とそれに対応した，(図 3.45e を図 3.45d と比較して) より薄い後流が円柱に働く圧力抵抗を減少させる．そして，図 3.44 に示された，$\mathrm{Re} = 3 \times 10^5$ における C_D の急激な減少に関係している．(この現象に関するもっと詳しいことは第 4 章と第 4 部で取り上げられる．)

6. $\mathrm{Re} > 3 \times 10^6$ に関して，境界層は円柱の前方表面上のある点で直接乱流へ遷移し，その境界

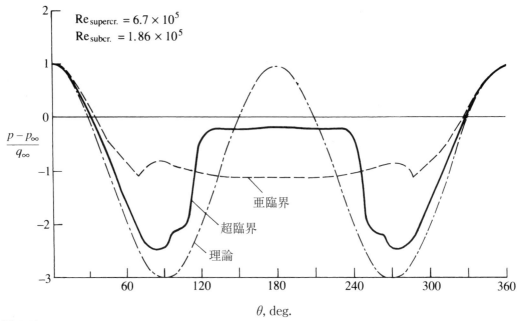

図 3.49 低速流れにおける円柱上の圧力分布：理論圧力分布と 2 つの実験による圧力分布との比較- 1 つは亜臨界 Re の場合，他方は臨界 Re より高い場合

層は後方表面上の 120° よりもはるかに小さい角度位置ではく離するまで完全に円柱表面に付着している．この流れの領域に関して，C_D は実際に Re が増加するにつれ，後面上のはく離点が円柱の頂点および最下点に近づき始め，より広い後流を生じ，それゆえ，より大きな圧力抵抗を作りだすために，少し増加するのである．

要約すると，本節における写真やスケッチから，円柱を過ぎる現実の流れは摩擦効果，すなわち，円柱の後方表面上における流れのはく離により支配される．続いて，有限の圧力抵抗が円柱に作りだされ，そして，d'Alembert のパラドックスが解決される．

抵抗の生成についてもっと詳しく調べてみよう．非粘性，非圧縮性流れにおける円柱表面上の理論圧力分布は図 3.29 に与えられた．それと対照的に，異なった Reynolds 数に関する実験による測定にもとづいたいくつかの現実の圧力分布が図 3.49 に示され，第 3.13 節で得られた理論非粘性流れの結果と比較されている．理論と実験は，円柱の前方表面上では良く一致しているということと，しかし，後方表面上で劇的な相違が起きているということに注意すべきである．理論結果は圧力がよどみ点における，初期総圧から前面表面に沿って減少し，円柱の頂点と最下点 ($\theta = 90°$ および 270°) で最小圧力に到達し，そしてそれから，後部表面に沿って再び増加し，後部よどみ点でもとの総圧に回復することを示している．対照的に，流れのはく離が生じる実際の場合において，後部表面に沿ったはく離した領域における圧力は比較的一定であり，自由流圧力よりも僅かに低い値をもつ．(はく離した流れの領域において，圧力はしばしばほとんど一定の値を示す．) 円柱後部表面のはく離領域において，圧力は，明らかに円柱前面に存在する高い圧力値へは回復しない．この後方面の圧力よりも高い前方面の圧力があるため，円柱の前方表面と後方表面との間の圧力分布に正味の不均衡が存在する．そして，この不均衡が円柱に働く抵抗を作るのである．

図 3.44 にもどり，Re の関数としての C_D の変化を再び調べてみる．Re ≈ 1 の Stokes 流れの

第3章 非粘性，非圧縮性流れの基礎 283

図 3.50 フランスの SPAD XIII 戦闘機，第一次世界大戦の支柱-張り線複葉機の 1 例．Eddie Rickenbacker 大尉がその飛行機の前に立っている．(米国空軍の好意による)

ような非常に低い Reynolds 数に関係した領域は p.298 通常，航空学応用には興味のないところである．例えば，標準海面条件において，30 m/s (約 100 ft/s，または 68 mi/h) の気流中の円柱を考える．ここに，$\rho_\infty = 1.23$ kg/m^3，および $\mu_\infty = 1.79 \times 10^{-5}$ kg/(m·s) である．円柱の直径が小さければ小さい程，Reynolds 数はより小さくなる．問い：Re = 1 にするには円柱の直径はどのくらいが要求されるであろうか．答えは

$$\mathrm{Re} = \frac{\rho_\infty V_\infty d}{\mu_\infty} = 1$$

から得られる．それゆえに，

$$d = \frac{\mu_\infty}{\rho_\infty V_\infty} = \frac{1.79 \times 10^{-5}}{(1.23)(30)} = 4 \times 10^{-7} \text{ m}$$

上の条件で，Re = 1 にするためには円柱の直径は非常に小さくなければならない．すなわち，$d = 4 \times 10^{-7}$ m という値は標準海面条件における平均自由行程 (the mean free path)，6.6×10^{-8} m よりわずかに大きいだけである．(平均自由行程の定義については第 1.10 節を見よ．) 明らかに，オーダーが 1 の Reynolds 数は実際の空気力学的重要性はほとんどないのである．

これが事実ならば，円柱を過ぎる流れに関してどの位の Re の値が実用上は重要なのであろうか．そのような例の 1 つとして，図 3.50 に示された SPAD XIII のような，第一次世界大戦時の複葉機の上，下翼間の翼間張り線を考えてみる．これらの張り線の直径は約 $\frac{3}{32}$ in，すなわち，0.0024 m である．SPAD の最高速度は 130 mi/h，すなわち，57.8 m/s であった．標準海

面条件におけるこの速度に関して，p. 299

$$\text{Re} = \frac{\rho_\infty V_\infty d}{\mu_\infty} = \frac{(1.23)(57.8)(0.0024)}{1.79 \times 10^{-5}} = 9532$$

を得る．この Re の値から，円柱を過ぎる流れに関する実用の空気力学の世界が始まるのである．図 3.44 から，SPAD 戦闘機の張り線に関して $C_D = 1$ であることがわかるのは興味深いことである．飛行機の空気力学からすると，これは航空機の構成要素に関しては高い抵抗係数である．実際，第一次世界大戦時代の複葉機に用いられた張り線はそのような飛行機の高い抵抗のもとであった．そういうことで，その戦争の初期に，対称翼型に似た断面を持つ張り線がこの抵抗を少なくするために用いられた．そのような張り線は Farnborough にある英国王立航空工廠でイギリス人により開発され，1914 年という早い時期に SE-4 複葉機に初めて実験的に試験された．非常におもしろいことに，SPAD 戦闘機は通常の丸い張り線を用いていたが，それにもかかわらず，すべての第一次世界大戦機の中で最速の航空機であった．

　本著者は 1989 年 9 月 28 日にハリケーン Hugo が破壊した直後の South Carolina 州 Charleston を旅行中に，もう 1 つの円柱に関する抵抗効果の例に驚かされた．Charleston から U.S. 国道 77 号線を北へ移動すると，小さな漁業の町，McClellanville の近くで Francis 国有林を通過する．この国有林はあのハリケーンにより実質的に破壊された．すなわち，60 フィート背丈の松の木が根元近くからへし折られており，おおよそ，p. 300 10 本のうち 8 本が倒されていた．その風景は第一次世界大戦でのフランスにおける戦場のシーンと不気味な類似を持っていた．このように 1 つの森全体を破壊できるのはどんなタイプの力であろうか．この問いに答えるために，気象局がそのハリケーンの間に最大 175 mi/h の暴風を観測したことに注目する．代表的な 60 フィート高さの松の木に働く風の力を長さ 60 ft，直径 5 ft の円柱に働く空気抵抗により近似してみる．$V = 175$ mi/h $= 256.7$ ft/s，$\rho_\infty = 0.002377$ slug/ft^3，そして，$\mu_\infty = 3.7373 \times 10^{-7}$ slug/(ft·s) であるから，その Reynolds 数は

$$\text{Re} = \frac{\rho_\infty V_\infty d}{\mu_\infty} = \frac{(0.002377)(256.7)(5)}{3.7373 \times 10^{-7}} = 8.16 \times 10^6$$

である．図 3.44 を調べると，$C_D = 0.7$ であることがわかる．C_D は前面投影面積と同時に単位長さあたりの抵抗にもとづいているので，60 ft 高さの木全体に作用する全抵抗に関して

$$D = q_\infty S C_D = \frac{1}{2} V_\infty^2 (d)(60) C_D$$

$$= \frac{1}{2}(0.002377)(256.7)^2(5)(60)(0.7) = 16{,}446 \text{ lb}$$

を得る．その木に 16,000 lb の力である．すなわち，森全体が破壊されたのも不思議ではない．（上の解析において，垂直円柱の端部まわりにおける流れの端部効果を無視している．さらに，標準海面空気密度をハリケーンの内部で観測される局所気圧減少に関して補正していない．しかしながら，これらは円柱に働く全体の力と比べ，比較的小さな効果である．）木の空気力学，特に，森に関するそれは，ここで論議されたよりももっと複雑である．実際，木の空気力学は実際に風洞に取り付けた木を用いて実験的に研究されてきている．[*6]

[*6] もっと詳しいことに関しては，John E. Allen による *Aerodynamics, The Science of Air in Motion*, McGraw-Hill, New York, 1982 における森の空気力学に関する興味深い論議を見よ．

3.19 歴史に関するノート：Bernoulli と Euler – 理論流体力学の原点

　式 (3.14) および式 (3.15) で表される Bernoulli の式は歴史的に，流体力学における最も有名な式である．さらに，Bernoulli の式を偏微分方程式形の一般的な運動量方程式から導いた．その運動量方程式はまさに，流体力学における3つの基本方程式のうちの1つである．その他は連続とエネルギー方程式である．これらの方程式は第2章で導かれそして論議され，第3章で非圧縮性流れに適用される．これらの方程式は最初はどこから発しているのであろうか．それらはどのくらい古いのか，そして，誰がそれらを導いたのであろうか．一般的には流体力学，特定すれば空気力学のすべてはこれらの基礎方程式の上に立てられているという事実を考えると，しばらく立ち止まり，それらの歴史的なルーツを調べることは重要である．

　^{p. 301} 第 1.1 節で論議したように，Isaac Newton は，1687 年の彼の *Principia* において，力，モーメントおよび加速度との間の関係を合理的な基礎に基づいて確立した最初の人物であった．彼は試みたけれどもこれらの概念を運動する流体に対して適切に適用することができなかった．理論流体力学の真の基礎は次の世紀まで築かれることはなかった．すなわち，それは Daniel Bernoulli, Leonhard Euler と Jean Le Rond d'Alembert の 3 巨頭により展開されたのである．

　最初に Bernoulli を考える．実際，Bernoulli の全家族を考えなければならない．なぜなら，Daniel Bernoulli は 18 世紀の初めの頃ヨーロッパの数学と物理学を支配した名門家の一員であったからである．図 3.51 は Bernoulli 家の家系図の一部である．それは Nikolaus Bernoulli から始まる．彼は 17 世紀の間，スイスの Basel における成功した商人であり，薬種商であった．この家系図に注目し，この名高い名家の彼に続くいく人かを簡単に書き出してみる．すなわち，

1. Jakob—Daniel の伯父．数学者であり物理学者．彼は Basel 大学の数学の教授であった．彼は微積分学の発展に主なる貢献をし，学術用語 "積分" を造った．

2. Johann—Daniel の父．彼はオランダの Groningen 大学，後に Basel 大学の数学教授であった．彼は有名なフランスの数学者 L'Hospital に微積分学の基礎を教えた．そして，1727 年の Newton の死後，彼は当時ヨーロッパの指導的数学者と考えられた．

3. Nikolaus—Daniel の従兄．彼は彼の伯父達の下で数学を学び，数学で修士号と法律学で博士号を取得した．

4. Nikolaus—Daniel の兄．彼は父 Johann のお気に入りの息子であった．彼は文学修士の学位を持ち，微積分学の発展に関係した父 Johann の Newton および Leibniz との往復書簡の多くに手助けを行った．

5. Daniel 本人—以下に述べる．

6. ^{p. 302}Johann—Daniel の弟．彼は Basel 大学数学講座教授の父の後を継ぎ，彼の研究に関して 4 回，Paris Academy の賞を獲得した．

7. Johann—Daniel の甥．秀才児である彼は 14 歳で法律学修士を取得した．彼が 20 歳のとき Berlin Academy の天文台を改組するために Frederick 2 世から招かれた．

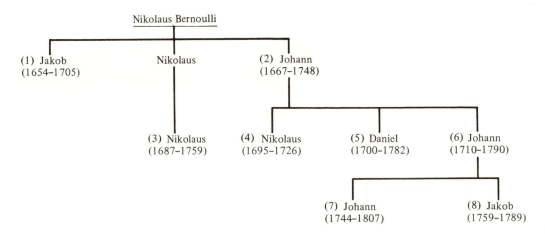

図 3.51 Bernoulli の家系図

8. Jakob——Daniel の別の甥．彼は法律学で卒業したが数学と物理学で研究を行った．彼はロシアの St. Petersburg にあるアカデミーの数学教授に任命された．しかし，彼は 30 歳で Neva 川で溺れ，約束された経歴を未開のまま終えた．

そのような家系であるので，Daniel Bernoulli は成功へ約束されていたのである．

　Daniel Bernoulli は 1700 年 2 月 8 日，オランダの Groningen で生まれた．彼の父，Johann は Groningen 大学の教授であったが，Jacob Bernoulli の死去により空席となった数学講座教授に就任するため 1705 年にスイスの Basel へ戻った．Basel 大学で，Daniel は 1716 年に哲学と論理学で修士号を取得した．彼は Basel, Heidelburg および Strasbourg で医学の勉強を続け，1721 年に解剖学と植物学で Ph.D. の学位を取得した．これらの勉学の間でも，彼は数学に活発な興味を持ち続けた．彼は短期間，Venice へ引っ越すことによりこの興味を追求した．ここで，彼は 1724 年に Exercitationes Mathematicae と題目を付けた重要な仕事を出版した．これが彼へ多くの注目を呼び，彼が Paris Academy により授与された賞–彼が最終的に受賞した 10 個の最初のもの，を得ることになった．1725 年に，彼は教員となるためロシアの St. Petersburg へ移った．St. Petersburg アカデミー は当時学術および知的達成に関して大いに尊敬を得ていた．次の 8 年間，Bernoulli は彼の最も生産的な期間を経験した．St. Petersburg にいる間に，彼は有名な本，Hydrodynamica を書き，1734 年に完成させた．しかし，1738 年まで出版しなかった．Daniel は 1733 年に解剖学と植物学講座教授に就任するため Basel に戻った．そして，1750 年に，彼のために特別に創設された物理学講座へ移った．彼は 1782 年，3 月 17 日に Basel で亡くなるまで本を書き，物理学に関する非常に平易なそしてたくさんの聴衆の集まる講義をし，数学と物理学への貢献を続けた．

　Daniel Bernoulli は生きているときにも有名であった．彼は事実上，すべての存在する学術協会や大学，例えば，Bologna, St. Petersburg, Berlin, Paris, London, Bern, Turin, Zurich や Mannheim などのメンバーであった．彼の流体力学における重要性は彼の書籍，Hydrodynamica (1783 年) に中心がある．(この本で，Daniel はこの学問に学術用語 hydrodynamics (流体力学) を導入した．) この本において，彼はジェット推進，マノメータや管内流れのような題目を含めた．最も重要なことは，彼は圧力と速度の間の関係を得ようとした．残念ながら，彼の導出はいささか不明瞭であった．そして，彼の Hydrodynamica を通して，歴史により Daniel に帰属する

と認められた Bernoulli の式は，少なくとも今日見るような [式 (3.14) や式 (3.15) のような] 形式では彼の本の中に見いだされない．式 (3.14) および式 (3.15) の正当性は彼の父，Johann によりさらに複雑にされた．彼の父は 1743 年に *Hydraulica* という題目の本を出版した．この後者の本から，その父は Bernoulli の定理を彼の息子よりもより良く理解していたことが明らかである．p. 303 すなわち，Daniel は圧力を厳密にマノメータの液柱の高さと考えていた．それに反して，Johann は圧力は流体に働く力であるというもっと基本的な理解を持っていた．(Johann Bernoulli は認められることに強い願望を持っている，なかなか敏感で怒りやすい人物であったということは興味深いことである．彼は Daniel の *Hydrodynamica* の衝撃を和らげようとした．それは *Hydraulica* の出版期日を，それが 2 つの書物のうちの最初であるとするために，1728 年とすることによってである．そこには息子と父の間には愛はほとんどなく失われていた．)

　Daniel Bernoulli の最も活動的であった年月の間，偏微分方程式がまだ数学や物理学に導入されていなかった．それゆえ，彼は，本書の第 3.2 節と同じような方法で Bernoulli の式の導出ができなかったのである．偏微分方程式の数理物理学への導入は 1747 年に d'Alembert によってであった．d'Alembert の流体力学における役割は第 3.20 節に詳しく述べる．ここでは，彼の貢献は，もしも Bernoulli のそれよりも重要でなかったとしても，同等であり，d'Alembert は 18 世紀における理論流体力学の基礎を造った 3 巨頭の 2 番目に登場する人物であると述べるだけで十分である．

　第 3 の，そして，この 3 巨頭の軸となる人物は Leonhard Euler であった．彼は 18 世紀の数学者および物理学者のなかの巨人であった．彼の貢献の結果として，彼の名前がたくさんの方程式や手法に付けられている．例えば，常微分方程式の Euler 数値解法，幾何学における Euler 角や非粘性流体流れの運動量方程式などである [式 (3.12) を見よ]．

　Leonhard Euler はスイスの Basel で，1707 年 4 月 15 日に生まれた．彼の父は気晴らしとして数学を楽しむプロテスタントの牧師であった．したがって，Euler は知的活動を奨励する雰囲気の家庭で成長した．13 歳で，Euler は当時，約 100 名の学生と 19 人の教授のいた Basel 大学に入学した．これらの教授の 1 人が Johann Bernoulli であった．そして，彼は Euler に数学を教えた．3 年後，Euler は哲学修士の学位を取得した．

　理論流体力学において初期の発展期の最も代表的な人物の 3 人，すなわち，Johann と Daniel Bernoulli および Euler，が同じ Basel に住み，同じ大学に関係し，同時期の人物であったということは興味深い．事実，Euler と Bernoulli 家は親しくそして尊敬し合う友人であった．すなわち，Daniel Bernoulli が 1725 年に St. Petersburg アカデミーで教え，研究するために引っ越したとき，彼はそのアカデミーを説得して Euler も雇われせることができたほどのものであった．この招聘により Euler はロシアへ向け Basel を離れた．すなわち，彼は生涯スイス市民であり続けたけれども，決してスイスへは帰らなかった．

　Euler の，流体力学の発展における Daniel Bernoulli との相互影響は St. Petersburg での年月の間に強まった．Euler が圧力を流体中の点から点で変化できる，点特性をもつものとして確信し，圧力と速度とを関連づける微分方程式，すなわち，式 (3.12) で与えられる *Euler の方程式* を得たのはまさにここであった．次に，Euler はその微分方程式を積分し，歴史上初めて式 (3.14) および式 (3.15) の形式の Bernoulli の式を得た．それゆえ，Bernoulli の式は実際上誤った呼称であることがわかる．すなわち，それは合法的に Euler によって共有されるべきものである．

p. 304 Daniel Bernoulli が 1733 年，Basel にもどったとき，Euler は St. Petersburg で物理学

の教授として彼の後を継いだ．Euler は活動的で多産家であった．すなわち，1741 年までに，彼は 90 編の論文を出版のために準備し，2 分冊の本，*Mechanica* を書き上げた．St. Petersburg を取り巻く雰囲気はそのような達成を促すもであった．Euler は 1749 年に次のように書いている．すなわち，"しばらくの間ロシア帝国アカデミーに招へいされるという幸運を得た私やその他の者は，現在の状況や得たすべてのものがこのアカデミーが与えてくれた好ましい境遇によっているのだということを十分にわかっている．"

しかしながら，1740 年に，St. Petersburg における政情不安は Euler を当時，Frederick 大王により設立されたばかりの Berlin Society of Sciences へ行く原因となった．Euler は次の 25 年間，Berlin に住んだ．ここで，彼はその学術団体を主要なアカデミーにした．ベルリンにおいて，彼は仕事における活動的なやり方を続け，少なくとも 380 編の論文を出版するために書いた．ここで，d'Alembert (第 3.20 節を見よ) の競争相手として，Euler は数理物理学の基礎を形づけた．

1766 年に，アカデミーのある財政面に関して Frederick 大王との大きな意見の相違により，Euler は St. Petersburg へ戻った．このロシアでの 2 度目の生活は病気に悩まされたものとなった．その同じ年に，彼は短い病気の後，片眼の視力を失った．1771 年の手術は彼の視力を回復させた．しかし，わずか数日であった．彼は手術後，適切な予防措置を受けなかった．そして，数日以内に彼は完全に盲目となった．しかしながら，彼は他の人の助けを借りて研究を続けた．彼の心は相変わらず冴え，そして，彼の精神は萎えることはなかった．彼の論文はなお増え続けた．すなわち，驚くことに，なんと彼の全論文のおおよそ半数は 1765 年以降に書かれたのであった．

1783 年 9 月 18 日，Euler はいつものように仕事をしていた．すなわち，数学の授業をし，気球の運動の計算をし，最近発見された惑星の天王星について友人と論議したのである．午後 5 時頃，彼は脳出血にかかった．彼の意識を失う直前の言葉は "私は死にかけている" だけであった．午後 11 時までに，歴史上最も偉大な人物の一人が亡くなった．

ここで，背景として Bernoulli, Euler および d'Alembert (第 3.20 節を見よ) の人生を考えながら，流体力学の基本方程式の系図を追ってみよう．例えば，式 (2.52) 形式の連続方程式を考えてみる．Newton は特定の物体の質量は一定であることを自明の理と仮定したが，この原理は 1749 年まで流体力学へ正しく適用されていなかった．この年，d'Alembert はパリで "Essai d'une nouvelle theorie de la resistance des fluides" という題目の論文を発表した．その中で，彼は平面および軸対称流れへの特別な応用に対して，質量保存に関する微分方程式を定式化した．Euler は d'Alembert の結果を採用し，8 年後，流体力学に関する一連の 3 つの基礎的な論文においてそれらを一般化した．これらの論文において，Euler は歴史上初めて式 (2.52) の形式で連続方程式を，粘性項のない，式 (2.113a) および式 (2.113c) の形式で運動量方程式を発表したのである．それゆえ，現代の流体力学で今日用いられる 3 つの基礎保存方程式の内 2 つは米国独立戦争よりはるか前に確定されたのである．すなわち，驚くべきことにそのような方程式は George Washington や Thomas Jefferson の時代と同時代なのである．

p. 305 粘性項のない，式 (2.96) 形式のエネルギー方程式の起源は 19 世紀における熱力学の発展にその源を持っている．それが最初に使われた正確な時期ははっきりせず，それは 19 世紀における物理科学の急速な発展のなかでどこかに埋もれているのである．

本節の目的は読者に流体力学の基礎方程式の歴史的な発展に関するある感覚を与えることであった．もしかすると，これらの方程式がずっと長いこと我々と共にあったということやそれ

第 3 章 非粘性，非圧縮性流れの基礎   289

らが 18 世紀の最も偉大な人物の幾人かの深い考察の産物であることを認識するとき，これらの方程式をより正しく評価することができるかもしれない．

3.20 歴史に関するノート：d'Alembert と彼のパラドックス

　読者は，Jean le Rond d'Alembert が "Traite de l'equilibre et des mouvements de fluids pour servir de siute au traite de dynamique" という題目の論文において，閉じた 2 次元物体を過ぎる非粘性，非圧縮性流れに関して抵抗ゼロの結果を得たとき，1744 年に彼が感じたフラストレーションを十分に想像できるであろう．異なった方法を用いて，d'Alembert は再び，1752 年に，"Essai sur la resistance" の題目の論文で，また，1768 年の "Opuscules mathematiques" でこの結果に遭遇している．この最後の論文において，本書の第 15 章の始めの部分に記載している引用が見いだせる．すなわち，本質的に，彼はこのパラドックスの原因を説明することを諦めてしまった．流体力学的抵抗の予測は d'Alembert の時代において非常に重要な問題ではあり，それに言及した多くの偉大な人物がいたにもかかわらず，粘性が抵抗に関係しているという事実は認識されていなかった．そのかわりに，d'Alembert の解析は摩擦なし流れに運動量の原理を用いた．そして，まったく自然に，彼は流れ場が物体の下流部分まわりで滑らかに閉じ，ゼロ抵抗の結果となることを見いだしたのである．この人物，d'Alembert は何者であろうか．彼のパラドックスが流体力学の発展に果たした役割を考えるとき，その人，自身を詳しく見てみる価値はある．

　d'Alembert は 1717 年 11 月 17 日，パリで庶子として生まれた．彼の母は当時有名なサロンのホステスの Madame De Tenun であった．そして，彼の父は騎兵将校の Chevalier Destouches-Canon であった．d'Alembert は生まれるとすぐさま母に捨てられた (彼女は強制的に修道女院へ連れ戻されるのを恐れていた元修道女であった)．しかしながら，彼の父はすぐ d'Alembert のため家庭を準備した．すなわち，Rousseau と言う名前の中産階級の家族を．d'Alembert はそれからの 47 年間その家族と過ごした．彼の父の支援により，d'Alembert は College de Quatre-Nations で教育を受けた．そこで，彼は法律と医学を学び，後に数学へ変わった．彼の残りの人生に関して，d'Alembert は彼自身を数学者と考えていたであろう．自習プログラムにより，d'Alembert は Newton や Bernoulli 父子の仕事を勉強した．彼の初期の数学は Paris Academy of Sciences の注目を引き，そして，彼は 1741 年にその会員となった．d'Alembert は，彼の競争相手よりも前に印刷されるように，頻繁にそして時には慌てて発表した．しかしながら，彼は，彼の時代の科学に実質的な貢献をしている．例えば，彼は，(1) 古典物理学の波動方程式を定式化した最初の人物，(2) 偏微分方程式の概念を発表した最初の人物，p. 306 (3) 偏微分方程式を解いた最初の人物，すなわち彼は変数分離を用いたのである．そして，(4) 流体力学の微分方程式を場の項で表した最初の人物であった．彼と同時代の人物，Leonhard Euler (第 1.1 および 3.18 節を見よ) は，後にこれらの方程式を大きく拡張し，そして，それらを流体力学解析のための真の合理的な手法へ発展させたのである．

　d'Alembert は，彼の生きている間に，振動，波動，そして天体力学を含む，多くの科学および数学の主題に興味を持った．1750 年代において，彼は "Encyclopedia" の科学編集者という名誉ある地位を得た．それは 18 世紀の主要なフランスの知的努力で，存在するすべての知識を一連の多くの本にまとめようとするものであった．歳を取るにつれ，彼はまた，科学以外の主題，主として，音楽構造，法律そして宗教に関する論文も書いた．

1765 年に，d'Alembert は大病を患った．彼は Mlle. Julie de Lespinasse の看護に助けられて回復した．この女性は，d'Alembert が彼の生涯をとおして唯一の愛人であった．結婚はしなかったけれども，d'Alembert は Julie de Lespinasse と，彼女が 1776 年に亡くなるまで，一緒に暮らした．d'Alembert は常に魅力的な紳士であり，彼の知力，陽気さ，そして大層な会話能力で名高かった．しかしながら，Mlle. de Lespinasse の死後，彼は失望し，そして気むずかしくなった．すなわち，絶望の人生を生きた．彼はこの様な状態のままで，1783 年 10 月 29 日，パリで亡くなった．

d'Alembert は 18 世紀の偉大な数学者や物理学者の 1 人であった．彼は Bernoulli や Euler 両者と活発な文通と対話を続けた．そして，現代流体力学の基を造った 1 人として彼らと共に名を連ねている．これが，過去 2 世紀の間流体力学の欠くことのできない部分として存在してきた，あのパラドックスの背後にあるその人である．

3.21 要約

図 3.4 のロードマップに戻るとする．非粘性，非圧縮性流れの基礎に関するこの論議において取ったルートを思い出すために，このロードマップのそれぞれのブロックを吟味すべきである．これよりさらに進む前に，それぞれのブロックにある詳しい項目を，そして，それぞれのブロックが考えや概念の全体的な流れとどのように関連しているかを確実に理解できるようにしておくべきである．

読者の便利のために，本章のいくつかの重要なものを要約して次に示す．

Bernoulli の式

$$p + \frac{1}{2}\rho V^2 = \text{const}$$

(a) 非粘性，非圧縮性流れのみに適用できる．
(b) 渦ありの流れに関しては 1 つの流線に沿って成り立つ．
(c) ポテンシャル流れのすべての点で成り立つ．
(d) 上で与えられた形式の場合，体積力 (重力など) は無視され，定常流を仮定している．

準一次元連続の方程式 p. 307

$$\rho AV = \text{const} \quad \text{(圧縮性流れの場合)}$$

$$AV = \text{const} \quad \text{(非圧縮性流れの場合)}$$

Pitot 圧 p_0 と静圧 p_1 の測定から，非圧縮性流れの速度は次式で与えられる．

$$V_1 = \sqrt{\frac{2(p_0 - p_1)}{\rho}} \tag{3.34}$$

第 3 章　非粘性，非圧縮性流れの基礎

圧力係数
定義：
$$C_p = \frac{p - p_\infty}{q_\infty} \tag{3.36}$$

ここに，動圧は $q_\infty \equiv \frac{1}{2}\rho_\infty V_\infty^2$ である．
摩擦のない，非圧縮性定常流れに関して，
$$C_p = 1 - \left(\frac{V}{V_\infty}\right)^2 \tag{3.38}$$

支配方程式

$$\nabla \cdot \mathbf{V} = 0 \qquad \text{(非圧縮性の条件)} \tag{3.39}$$

$$\nabla^2 \phi = 0 \qquad \text{(Laplace の方程式：渦なし，} \tag{3.40}$$
$$\text{非圧縮性流れで成立)}$$

または

$$\nabla^2 \psi = 0 \tag{3.46}$$

境界条件

$$u = \frac{\partial \phi}{\partial x} = \frac{\partial \psi}{\partial y} = V_\infty$$

　　　　　　　　　　　　無限遠点

$$v = \frac{\partial \phi}{\partial y} = -\frac{\partial \psi}{\partial x} = 0$$

$$\mathbf{V} \cdot \mathbf{n} = 0 \qquad \text{物体表面 (流れの正接条件)}$$

基本流れ P. 308

(a) 一様流：
$$\phi = V_\infty x = V_\infty r \cos\theta \tag{3.53}$$
$$\psi = V_\infty y = V_\infty r \sin\theta \tag{3.55}$$

(b) わき出し流れ：
$$\phi = \frac{\Lambda}{2\pi} \ln r \tag{3.67}$$
$$\psi = \frac{\Lambda}{2\pi} \theta \tag{3.72}$$
$$V_r = \frac{\Lambda}{2\pi r} \qquad V_\theta = 0 \tag{3.62}$$

(続く)

(c) 二重わき出し流れ：

$$\phi = \frac{\kappa}{2\pi}\frac{\cos\theta}{r} \tag{3.88}$$

$$\psi = -\frac{\kappa}{2\pi}\frac{\sin\theta}{r} \tag{3.87}$$

(d) 渦流れ：

$$\phi = -\frac{\Gamma}{2\pi}\theta \tag{3.112}$$

$$\psi = \frac{\Gamma}{2\pi}\ln r \tag{3.114}$$

$$V_\theta = -\frac{\Gamma}{2\pi r} \qquad V_r = 0 \tag{3.105}$$

円柱を過ぎる非粘性流れ

(a) 揚力なし (一様流と二重わき出し)

$$\psi = (V_\infty r \sin\theta)\left(1 - \frac{R^2}{r^2}\right) \tag{3.92}$$

ここに，R = 円柱の半径 = $\kappa/2\pi V_\infty$

表面速度： $\qquad V_\theta = -2V_\infty \sin\theta \tag{3.100}$

表面圧力係数： $\qquad C_p = 1 - 4\sin^2\theta \tag{3.101}$

$$L = D = 0$$

(b) 揚力あり (一様流 + 二重わき出し + 渦)

$$\psi = (V_\infty r \sin\theta)\left(1 - \frac{R^2}{r^2}\right) + \frac{\Gamma}{2\pi}\ln\frac{r}{R} \tag{3.118}$$

表面速度：p.309 $\qquad V_\theta = -2V_\infty \sin\theta - \frac{\Gamma}{2\pi R} \tag{3.125}$

$$L' = \rho_\infty V_\infty \Gamma \quad \text{(単位幅あたりの揚力)} \tag{3.140}$$

$$D = 0$$

Kutta-Joukowski の定理

任意形状の閉じた2次元物体に関して，単位幅あたりの揚力は $L' = \rho_\infty V_\infty \Gamma$ である．

> **わき出しパネル法**
>
> これは任意形状の物体を過ぎる揚力なし流れを計算する数値解法である．支配方程式：
>
> $$\frac{\lambda_i}{2} + \sum_{\substack{j=1 \\ (j \neq i)}}^{n} \frac{\lambda_j}{2\pi} \int_j \frac{\partial}{\partial n_i}\left(\ln r_{ij}\right) ds_j + V_\infty \cos\beta_i = 0 \quad (i = 1, 2, \ldots, n) \tag{3.152}$$

3.22 演習問題

注：次のすべての問題は非粘性，非圧縮性流れを仮定する．また，標準海面空気密度および気圧はそれぞれ，1.23 kg/m^3 (0.002377 slug/ft^3) および 1.01×10^5 N/m^2 (2116 lb/ft^2) である．

3.1 渦なし流れについて，Bernoulli の式は流線に沿っただけではなく流れの中のいかなる点の間でも成立することを示せ．

3.2 飛行機胴体の側面に設置された，スロートと入口の面積比が 0.8 の venturi 管を考える．この飛行機が標準海面条件下で飛行している．もし，スロートにおける静圧が 2100 lb/ft^2 であるとすると，この飛行機の速度を計算せよ．

3.3 スロートの側面に小さな孔を開けた venturi 管を考える．この孔が導管によって閉じた貯気槽に接続されている．この venturi 管の目的はこれが気流中に置かれたとき，貯気槽内に真空を創ることである．(真空は大気圧以下の差圧として定義される．) この venturi 管はスロートと入口の面積比，0.85 を持っている．標準海面条件で，この venturi 管が 90 m/s の気流中に置かれたとき，得られる貯気槽の最大真空を計算せよ．

3.4 入口対スロート面積比，12 をもつ低速吹き放し型亜音速風洞を考える．風洞が起動され，入口 (整流胴) と測定部との間の圧力差 p. 310 が U 字管水銀マノメータの液柱高さの差で，10 cm である．(水銀の密度は 1.36×10^4 kg/m^3 である．) 測定部における空気の速度を計算せよ．

3.5 演習問題 3.4 の風洞の測定部内に Pitot 管が挿入されたと考える．この風洞の測定部がまわりの大気と完全に遮断されているとする．風洞入り口での静圧が大気圧に等しいと仮定したとき，Pitot 管で測定される圧力を計算せよ．

3.6 標準大気条件下で飛行している飛行機の Pitot 管の読みが 1.07×10^5 N/m^2 である．この飛行機の速度はいくらか．

3.7 演習問題 3.6 において飛行機の翼面上の，ある与えられた点で，流速が 130 m/s である．この点における圧力係数を計算せよ．

3.8 速度 V_∞ の一様流を考える．この流れは物理的に可能な非圧縮性流れであること，およびそれが渦なしであることを示せ．

3.9 わき出し流れは，原点以外ではいたるところで物理的に可能な非圧縮性流れであることを示せ．また，それはいたるところで渦なしであることも示せ．

3.10 一様流に関する速度ポテンシャルおよび流れ関数，式 (3.53) および式 (3.55) はそれぞれ，Laplace の方程式を満足することを証明せよ．

3.11 わき出し流れに関する速度ポテンシャルおよび流れ関数，式 (3.67) および式 (3.72) はそれぞれ，Laplace の方程式を満足することを証明せよ．

3.12 第 3.11 節で論議された半無限物体を過ぎる流れを考える．もし，V_∞ が一様流の速度であり，よどみ点がわき出しの 1 ft 上流側にあるとすると，
 a. 得られる半無限物体をグラフ用紙に縮尺して描け．
 b. 物体上の圧力係数分布をプロットせよ．すなわち，物体中心線に沿った距離に対する C_p をプロットせよ．

3.13 式 (3.81) を導け．ヒント：図 3.18 に示される流れ場の対称性を用いよ．すなわち，よどみ点は V_∞ の方向に一致する軸上になければならないということから始めよ．

3.14 二重わき出しの速度ポテンシャルを導け．すなわち，式 (3.88) を導け．ヒント：最も簡単な方法は，流れ関数に関する式 (3.87) から出発し，そして速度ポテンシャルを求める方法である．

3.15 円柱を過ぎる揚力なしの流れを考える．この流れにおける任意点 (r, θ) における圧力係数の式を導け．そして，それが円柱表面上で式 (3.101) になることを示せ．

3.16 ある与えられた半径をもつ円柱を過ぎる揚力なし流れを考える．ここに，$V_\infty = 20$ ft/s である．もし，V_∞ が 2 倍，すなわち，$V_\infty = 40$ ft/s になると，流線の形は変わるであろうか．説明せよ．

3.17 与えられた半径と循環強さをもつ円柱を過ぎる揚力流れを考える．もし，循環を同じにして，V_∞ が 2 倍となるとすると，流線の形は変わるであろうか．説明せよ．

3.18 p.311 速度が 30 m/s で標準海面条件の一様流中にある回転円柱に働く揚力が単位幅あたり 6 N/m である．この円柱まわりの循環を計算せよ．

3.19 (図 3.50 に示されるフランスの SPAD のような) 典型的な第一次世界大戦複葉機はたくさんの垂直翼間支柱と対角張り線を持っている．ある与えられた飛行機に関して，垂直支柱の (足し合わせた) 合計長さが 25 ft であり，その支柱は直径 2 in の円柱であると仮定する．また，直径 $\frac{3}{32}$ in の円断面の張り線の合計長さが 80 ft であると仮定する．この飛行機が標準海面条件下で 120 mi/h で飛行しているとき，これらの支柱と張り線による抵抗 (単位：ポンド) を計算せよ．この抵抗成分をこの飛行機の全無揚力抵抗と比較せよ．そして，この飛行機の全翼面積は 230 ft² であり，無揚力抵抗係数は 0.036 である．

3.20 Kutta-Joukowski の定理，式 (3.140) は揚力をもつ円柱に関して厳密に導かれた．第 3.16 節で，式 (3.140) が一般的に任意形状の 2 次元物体にも適用できるということを証明なしに述べた．この一般的な結果は数学的に証明できるけれども，物理学的な議論をすること

第 3 章 非粘性，非圧縮性流れの基礎

によっても受け入れられる．物体まわりに閉曲線を描くことによりこの議論を行え．ここに，この閉曲線は物体からはるかに離れていて，それで，その物体はこの閉曲線で囲まれた領域の中心にある非常に小さな点となる．

3.21 図 3.26 の右側に描かれているような円柱まわりの流線を考える．この円柱の頂点の上方を通過する最初の 3 つの流線を選抜する．それぞれの流線をそれの流れ関数，ψ_1, ψ_2 および ψ_3 により示す．第 1 の流線は円柱の表面を被う．すなわち，$\psi_1 = 0$ とする．その上の流線は ψ_2 であり，その上の次の流線は ψ_3 である．これらの流線は等間隔で自由流から始まると仮定する．したがって，流線間の体積流量率は同じである．流線 ψ_2 は円柱の頂点となる真上の点 $(1.2R, \pi/2)$ を通過する．流線 ψ_3 が流れる，円柱の頂点となる真上の点の位置を計算せよ．円柱の頂点の真上における流線の間隔について述べよ．

3.22 低速の亜音速風洞の測定部において流れに垂直に設置された円柱を過ぎる流れ場を考える．標準海面条件下で，もし，この流れ場のある領域における流れ速度がおよそ 250 mi/h を越すと，圧縮性がその領域で効果をもち始める．圧縮性効果が重要となり始める，すなわち，我々が風洞測定部にある円柱を過ぎる完全な非圧縮性流れを正確に仮定できない，風洞測定部における流れの速度を計算せよ．

3.23 例題 2.1 に取り上げた流れ場は非圧縮性ではない，すなわち，例題 2.1 で証明なしで述べたように圧縮性流れであることを証明せよ．

第4章　翼型を過ぎる非圧縮性流れ

p.313 今，注目を集めている多くの問題のうち，次のものが緊急の重要性があると考えられ，本評議委員会は，そのための予算をできるだけ速く保証されるよう，考えている．すなわち，適度な圧力中心の移動で，しかも広い迎え角範囲で効率的な挙動を示す，経済的な構造のために適切な大きさにできる，実用的な形状の，より効率的な翼断面の進化である．

**From the first Annual Report of the
NACA, 1915**

プレビュー・ボックス

　ある迎え角を持つ低速の流れにおける翼型を考える．今，この翼型の揚力(あるいは，より重要な揚力係数)を得るよう求められたとする．読者は(混乱することは考えないで)何をするであろうか．読者の最初の意向は，その翼型模型を製作し，風洞に設置して，その揚力係数を測定することであろう．これが100年以上の間，空気力学者が行っている基本的なことである．本章の初めの部分はそのような低速風洞における翼型特性の実験的測定について述べる．この測定により得られる結果は，翼型の揚力，抵抗，およびモーメント係数と迎え角の関係に直観的な感覚を与えてくれる．この実験は翼型がどのような空力特性を持つのか，その理解を助けるものである．そして，このような事項は，本章の最初の3つの節で取り扱っている．

　一方，本章のそれ以外の大部分は，翼型特性をどのように得るか，すなわち，どのようにそれらを**計算する**のかという第2の目的を取り扱う．これは第1のものとは直接関係はない．こ

こでは，揚力の循環理論，すなわち，非粘性，非圧縮性流れにおける揚力を計算するための最高の宝石(訳者注：理論)，を紹介する．20世紀に入ってから，揚力の循環理論は揚力の理論計算における1つの飛躍的な進展であった．p.314 本章では，最初に，この理論を小さな迎え角における薄い翼型に適用する．これは薄翼理論と呼ばれ，第一次世界大戦中にドイツで展開され，翼型の揚力とモーメントについての解析解を求める最も扱いやすい方法である．しかし，その名称が意味するように，薄翼理論は小さな迎え角の薄い翼型についてのみ成り立つ．けれども，これは，思ったほど制約があるわけではない．なぜなら，これまでの多くの飛行機は比較的薄い翼型を持ち，比較的小さな迎え角で巡航しているからである．薄翼理論は理論的検討から特性を予測でき，これまで，たくさんの実用的結果を得ることができた．よって，この理論の学習に関心を持つことは意義が大きく，読者がそれに興味を持つと確信している．

1960 年代以来，高速デジタル計算機の出現と発展は，非粘性ポテンシャル流れの仮定の下に，揚力の循環理論に基づいた詳細な数値解法，すなわち，任意の迎え角における任意の形状と厚さの物体に働く揚力を求める解法を可能とした．これらの数値解法，すなわち第 3.17 節で論議されたパネル解法の拡張されたものが本章の後半で論議される．それは低速，非粘性流れの翼型計算の "黄金の標準法 (訳者注：最も一般的な手法)" であり，航空産業で広く，また，多くの航空研究開発研究所で用いられている．パネル解法の概念は揚力の循環理論の直感的な数値的適用であり，それは実用的に，任意の迎え角における任意の翼型について解析への扉を開いたのである．

それぞれの翼型は異なった形状をしている．1935 年までの翼型形状の歴史的変遷を図 4.1 に示す．1938 年の初頭，米国航空評議委員会 (NACA) は翼型表面上の境界層を層流に保ち，翼型に働く表面摩擦抵抗を減少させるように設計された革命的な翼型シリーズを開発した．これは層流翼型であり，その代表的な形状が図 4.2 に示されている．これらの形状は実際には期待されたとおりの層流を生じなかったけれども，幸運な巡り合わせにより，1945 年以降のジェット推進をもつ飛行機に対して優れた高速翼型となることが証明された．1965 年の初頭，連邦航空宇宙局 (NASA) は p.315 マッハ 1 近傍での効率的な飛行のために設計された，革命的な翼型形状，スーパークリティカル翼型なる別の翼型シリーズを開発した．この典型的なスーパークリティカル翼型形状は図 4.3 に示されている．一方，超音速流用の古典的な翼型形状が図 4.4 に示される．これは，鋭い前縁を持つ非常に薄い形であることに注意すべきである．図 4.1 から図 4.4 に示された翼型のすべてはそれらの時代において特定の目的のために設計され，数知れない飛行機に用いられてきた．今日，新しい翼型形状の適切な設計は今まで以上に重要である．航空機製造会社は通常数値計

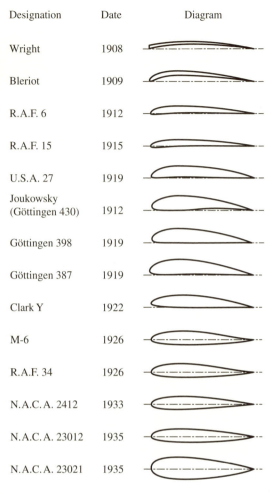

図 4.1 翼型の歴史的な変遷 (Millikan, Clark, B., *Aerodynamics of the Airplane*, Wiley, 1941.)

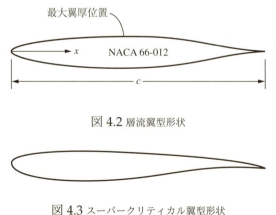

図 4.2 層流翼型形状

図 4.3 スーパークリティカル翼型形状

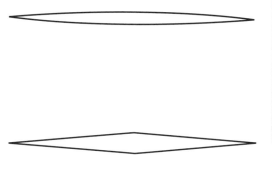

図 4.4 超音速翼型形状

図 4.5 DeHaviland DHC-6 Twin Otter
©PhotoDisc/Alamy RF

算手法を用い，新しい飛行機用の翼型形状，すなわち，特定の飛行機の設計要求に最も適合する形状を特別に設計する．本章はもっぱら翼型を取り扱う．すなわち，本章は翼型空気力学の基礎的側面を論議する．すなわち，翼型設計の真髄とその実績についてである．

図 4.5 はその主翼の空気力学的作動により空中に支えられた飛行中の飛行機を示している．

飛行機の翼は翼型から構成されており，翼の空気力学を理解するための第 1 段階は，この翼型の空気力学を理解することである．このように翼型空気力学は重要な題材である．つまり，これは本章の題材であることを意味する．また，それ以上に，それは真に興味深く，翼型を過ぎる流れを思い描き，翼型に生じる揚力を計算する方法を学ぶことは意義あることである．

4.1 序論

20 世紀初頭における動力飛行の成功に伴い，ほとんど一夜のうちに空気力学の重要性が急上昇した．まず，飛行機の固定翼 (fixed wing)，後にはヘリコプタの回転翼の空気力学的な作動を理解しようとすることに関心が高まった．1912–1918 年の期間に，ドイツ，Göttingen 大学の L. Prandtl と彼の共同研究者達が，翼の空気力学的考察は 2 つの部分に，すなわち，(1) 翼の**断面** p.316 (*section*)，すなわち翼型 (*airfoil*) の研究と，(2) 完全な，有限翼幅翼を考慮してそのような翼型特性の修正，に分けられることを示したとき，飛行機の翼の空気力学解析は大きく前進したのである．この手法は今日でもなお用いられている．すなわち，実際，新しい翼型特性に関する理論計算や実験的測定は，1970 年代と 1980 年代において，米国航空宇宙局 (NASA) により行われた航空学研究の主要部分であり続けたのである．(翼型開発に関する歴史については参考文献 2 の第 5 章を，現代翼型研究に関しては参考文献 10 を見よ．) Prandtl の考え方にしたがって，本章は，もっぱら翼型を取り扱い，それに対して，第 5 章は完全な，有限翼幅の翼の場合を取り扱う．したがって，本章と第 5 章において，飛行機に適用される空気力学への主要な旅をすることになる．

翼型とは何であろうか．図 4.6 に透視法で描かれた翼を考える．この翼は y 方向 (翼幅方向：span direction) へ伸びている．自由流速度 V_∞ は xz 平面に平行である．この xz 平面に平行な平面により切断された翼の任意の断面が**翼型** (*airfoil*) と呼ばれる．本章の目的は翼型特性の計算のための理論的方法を示すことである．本章の大部分において非粘性流れを取り扱う．そして，

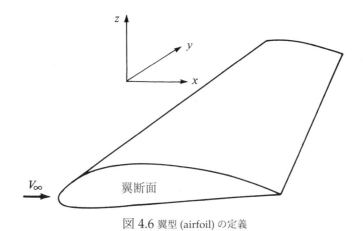

図 4.6 翼型 (airfoil) の定義

その流れでは翼型の抵抗を計算できない．すなわち，実際，d' Alembert のパラドックスはいかなる翼型でも抵抗はゼロであると告げている．これは明らかに現実的な答えではない．抵抗を計算できるのは第 4.12 節と第 15 章，および粘性流れの論議まで待たなければならない．しかしながら，翼型に働く揚力とモーメントは主として圧力分布によっている．そして，それは (失速より低い迎え角では) 非粘性流れにより表される．したがって，本章は翼型の揚力とモーメントの理論計算に集中する．

本章のロードマップが図 4.7 に与えられている．翼型の学術用語や翼型特性に関するいくつかの基本的な論議の後，低速翼型理論に対する 2 つの方法を示す．その 1 つは 1910 年から 1921 年の期間に展開された古典的薄い翼型の理論で (図 4.7 の右側の部分) である．もう一方は渦パネルを用い任意翼型に関する現代的数値法 p.318(図 4.7 の左側分枝) である．読者が本章を読み進むときにはこのロードマップを参照してもらいたい．

4.2 翼型用語

最初に特許となった翼型形状は 1884 年，Horatio F. Philips により開発された．Philips は最初の翼型に関する一連の風洞実験を行ったイングランド人であった．1902 年に，Wright 兄弟は彼ら自身の翼型の試験を風洞で行い，1903 年 12 月 17 日における最初の動力飛行成功に貢献した比較的効率的な形状を開発した (第 1.1 節を見よ)．明らかに，動力飛行の初期の時代において，翼型設計は基本的に特注的であり，そして個人的なものであった．しかしながら，1930 年代の初期に，NACA，すなわち，NASA の前身，が合理的でかつ系統的に組み立てられた翼型形状を用いた，一連の決定的な翼型実験を始めた．これらの NACA 翼型の多くは今日一般的に用いられている．したがって，本章において，NACA により定められた用語に従う．すなわち，そのような用語法は現在良く知られた基準なのである．

図 4.8 に描かれた翼型を考える．平均キャンバー線 (mean camber line) は平均キャンバー線自身に垂直に測られた上面と下面との中点の軌跡である．この平均キャンバー線の最前方および最後方点はそれぞれ前縁 (leading edge) および 後縁 (trailing edge) である．前縁と後縁を結んだ直線は翼型の翼弦線 (chord line) であり，翼弦長に沿って測られた，前縁から後縁の厳密な距離は，単に翼弦 (chord) c と呼ばれる．キャンバー (camber) は，翼弦線に垂直に測った，平均

第 4 章 翼型を過ぎる非圧縮性流れ

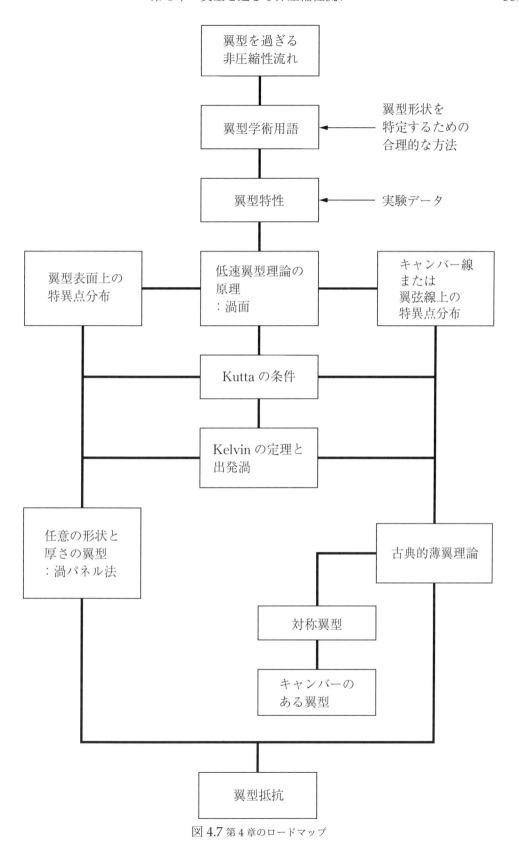

図 4.7 第 4 章のロードマップ

キャンバー線と翼弦線との間の最大距離である．**翼厚** (*thickness*) は，また，翼弦線に垂直に測った，翼型の上面および下面間の距離である．翼型の前縁における形状は，通常，円形であり，約 $0.02c$ の前縁半径を持っている．すべての標準 NACA 翼型の形状は平均キャンバー線の型を特定し，この平均キャンバー線まわりに特定の対称翼厚分布を重ねることにより創り出される．

翼型に関する力–モーメント系は第 1.5 節で論議されており，相対風，迎え角，揚力および抵抗は図 1.16 において定義された．読者は，さらに先に進む前に，これらの定義等を見直しておくべきである．

p.319 NACA は異なる翼型形状を論理的な数字系で同定した．例えば，1930 年代に開発された，NACA 翼型の最初のファミリーは NACA 2412 翼型のような，"4 字" 系列である．ここで，最初の数字は最大キャンバーであり，翼弦の 100 分の 1 で表す．2 番目の数字は最大キャンバーの，翼弦に沿った前縁からの距離であり，翼弦の 10 分の 1 で表す．そして，最後の 2 つの数字は最大翼厚で，翼弦の 100 分の 1 で表す．NACA 2412 翼型に関して，最大キャンバーは前縁から $0.4c$ に位置し，$0.02c$ である．そして，最大翼厚は $0.12c$ である．これらの数字を翼弦のパーセントで示すのが一般的慣習である．すなわち，40 パーセント翼弦長位置に 2 パーセントのキャンバーで，12 パーセントの翼厚である．キャンバーのない，すなわち，キャンバー線と翼弦線が一致する翼型は **対称翼型** (*symmetric airfoil*) と呼ばれる．明らかに，対称翼型の形は翼弦線の上と下で同じである．例えば，NACA 0012 翼型は 12 パーセントの最大翼厚をもつ対称翼型である．

NACA 翼型の 2 番目のファミリーは，NACA 23012 翼型のような，"5 字" 系列であった．ここでは，$\frac{3}{2}$ を掛けたときの第一の数字は，10 分の 1 にして設計揚力係数 (design lift coefficient)[*1] を与える．2 で割ったときの次の 2 つの数字は，前縁からの，翼弦に沿った最大キャンバーの位置を与え，翼弦の 100 分の 1 で表す．最後の 2 つの数字は最大翼厚を与え，翼弦の 100 分の 1 で表す．NACA 23012 翼型に関しては，設計揚力係数が 0.3，最大キャンバー位置は $0.15c$ であり，この翼型は 12 パーセントの最大翼厚を持っている．

最も広く用いられている NACA 翼型のファミリーの 1 つは "6 系列" 層流翼型であり，第二次世界大戦中に開発された．1 つの例は NACA 65-218 である．ここで，1 番目の数字は単に翼型系列を示し，2 番目の数字は (ゼロ揚力における基本対称翼厚分布に関して) 前縁からの最小圧力位置を与え，翼弦の 10 分の 1 で表す．3 番目の数字は設計揚力係数であり，10 分の 1 にして表す．そして，最後の 2 つの数字は最大翼厚を与え，翼弦の 100 分の 1 で表す．NACA

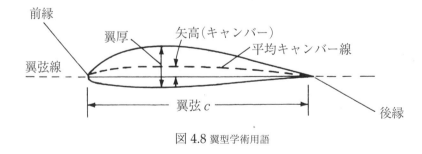

図 4.8 翼型学術用語

[*1] 設計揚力係数は，迎え角が，平均キャンバー線の前縁における傾きが自由流速度と平行になるようなときの翼型の理論揚力係数である．

65-218 翼型に関しては，6 は系列番号で，ゼロ揚力の基本対称翼厚分布の最小圧力は $0.5c$ で生じ，設計揚力係数は 0.2 である．そして，この翼型は 18 パーセントの厚さである．

完全な NACA 翼型番号システムは参考文献 11 に与えられている．実際のところ，参考文献 11 は 1949 年までの古典的 NACA 翼型研究の最も信頼のおける集大成である．それには翼型理論の論議，その応用，NACA 翼型の形状座標，およびこれらの翼型の非常にたくさんの実験データが含まれている．本著者は，読者に完全な翼型特性を収録してある参考文献 11 を読むことを強く勧める．

興味の 1 つとして，次に示すものは標準 NACA 翼型を用い，現在運用されている飛行機の一部を示すリストである．

飛行機	翼型
Beechcraft Sundowner	NACA 63A415
Beechcraft Bonanza	NACA 23016.5 (翼根部)
	NACA 23012 (翼端部)
Cessna 150	NACA 2412
Fairchild A-10	NACA 6716 (翼根部)
	NACA 6713 (翼端部)
Gates Learjet 24D	NACA 64A109
General Dynamics F-16	NACA 64A206
Lockheed C-5 Galaxy	NACA 0012 (改)

p.320 加えて，大きな航空機製造会社は今日その会社自身の特別な目的のための翼型を設計している．例えば，Boeing 727, 737, 747, 757, 767 および 777 すべてが特別に設計された Boeing 翼型を用いている．そのような能力は，パネル法または流れ場に関する偏微分支配方程式の直接的な数値差分解法のどちらかを用いた新しい翼型設計コンピュータプログラムにより可能とされている．(そのような方程式は第 2 章で展開されている．)

4.3 翼型特性

翼型特性の理論計算を論議する前に，いくつかの典型的な実験結果について調べてみよう．1930 年代および 1940 年代において，NACA は標準的な NACA 翼型に関して揚力，抵抗，および縦揺れモーメント係数の非常に多くの測定を行った．これらの実験は，翼弦一定の翼が測定部の一方の側壁から他方の側壁にわたる測定部幅である風洞において低速で行われた．このような場合，流れは翼端がない翼，すなわち，いわゆる無限翼幅の翼を"見る"のである．そして，それは理論的に翼幅に沿って (図 4.1 の y 方向に) 無限に伸びているのである．この無限翼幅翼に沿った任意の翼幅位置において翼型断面は同じであるので，この翼型の特性と無限翼幅翼の特性とは同一である．それゆえ，翼型データはしばしば無限翼幅翼データと称されるのである．(対照的に，第 5 章において，有限翼幅の翼の特性はそれに用いられている翼型の特性とは少し異なるということがわかる．)

ある翼型の揚力係数の迎角に対する典型的な変化の様子が図 4.9 に描かれている．低から中程度の迎え角において，c_l は α に対して線形的に変化する．すなわち，この直線の傾きは a_0 と書かれ，**揚力傾斜** (lift slope) と呼ばれる．この領域において，流れは翼型まわりを滑らに流れ，

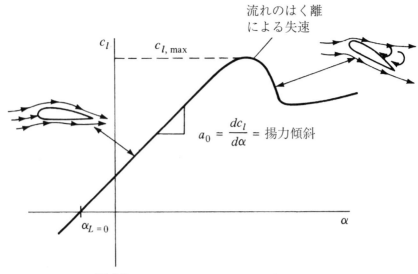

図 4.9 迎え角に対する翼型の揚力係数変化の概略図

図 4.9 の左の流線図に示されるように翼型表面の大部分で付着している．しかしながら，α が大きくなるにつれて，流れは翼型の上面からはがれるようになり，図 4.9 の右側に示されるように翼型後方に，相対的に "死水 (dead air)" である大きな後流を生じる．このはく離領域内において，流れは再循環していて，流れの一部は実際，自由流方向とは反対方向へ流れる．すなわち，いわゆる逆流である．(また，図 1.42 も参照せよ．) このはく離流は粘性効果によるものであり，第 4.12 と第 15 章で論議される．高い α でのこのはく離流の結果は揚力の急激な減少と抵抗の大きな増加である．すなわち，そのような条件下で，翼型は **失速 (stall)** しているといわれる．p.321 失速直前に生じる，c_l の最大値は $c_{l,max}$ で示される．すなわち，それは翼型性能の最も重要なものの一つである．なぜなら，それは飛行機の失速速度を決定するからである．$c_{l,max}$ が高ければ高いほど失速速度は低くなる．現代の翼型研究の多くの部分は $c_{l,max}$ を増大させることに向かってきていた．再び図 4.9 を調べると，流れのはく離が影響を与え始めるまで c_l は α に対して直線的に増加することがわかる．それから，その曲線は非線形となり，c_l が最大値に達し，そして最後にその翼型は失速する．図 4.9 を注意深く見ると，この揚力曲線のもう一方の端において，$\alpha = 0$ で揚力が有限である．すなわち，実際，翼型がいくらか負の迎え角にふれたときだけ，揚力はゼロとなる．揚力がゼロと等しくなる α の値は **無揚力角** (zero-lift angle of attack) と呼ばれ，$\alpha_{L=0}$ で示される．対称翼型に関しては，$\alpha_{L=0} = 0$ である．ところが，正のキャンバー (翼弦線より上方にあるキャンバー) をもつすべての翼型に関して，$\alpha_{L=0}$ は負の値であり，通常，$-2°$ または $-3°$ のオーダーである．

本章で論議される非粘性流れ翼型理論によりある与えられた翼型の揚力傾斜 a_0 と $\alpha_{L=0}$ を求められる．それにより $c_{l,max}$ を求めることはできない．そして，それは第 15 章から第 20 章で論議される，難しい粘性流れ問題なのである．

NACA 2412 翼型の揚力とモーメント係数に関する実験結果が図 4.10 に与えられている．ここで，モーメント係数は四分の一翼弦長点まわりに取られている．第 1.6 節から，翼型に作用する力-モーメント系は任意の都合の良い点へ移動させられ得ることを思い出すべきである．しかしながら，通常，4 分の 1 翼弦長点が用いられる．(第 1.6 節，特に図 1.25 を見直して，この

第4章 翼型を過ぎる非圧縮性流れ

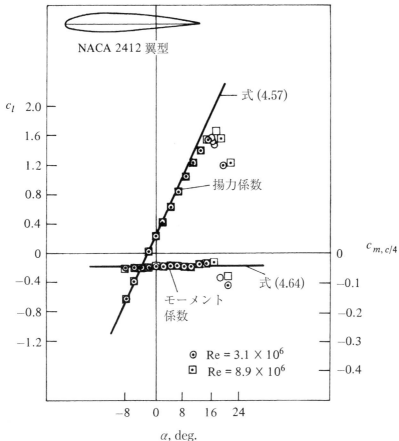

図 4.10 NACA 2412 翼型の揚力係数と 1/4 翼弦長点まわりのモーメント係数に関する実験データ (出典：参考文献 11，Abbott と von Doenhoff により得られたデータ) 第 4.8 節で述べる理論との比較も示す

概念に関する記憶をリフレッシュするべきである．) また，図 4.10 には，後で論議される理論結果も示されている．2 つの異なった Reynolds 数の実験データが与えられていることに注意すべきである．揚力傾斜 a_0 は Re により影響されない．しかしながら，$c_{l,\max}$ は Re に依存する．これは，合理的である．なぜなら，$c_{l,\max}$ は粘性効果により支配され，Re は，流れにおいて粘性力に相対的な慣性力の大きさを支配する相似パラメータであるからである．[(第 1.7 節および式 (1.35) を見よ．] p.322 モーメント係数もまた，大きな α を除いて Re により変化しない．NACA 2412 翼型は一般的に用いられる翼型であり，図 4.10 に与えられる結果はまったく典型的な翼型特性である．例えば，図 4.10 より，$\alpha_{L=0} = -2.1°$，$c_{l,\max} \approx 1.6$，そして失速は $\alpha \approx 16°$ で生じるということに注意すべきである．

本章は主として非粘性，非圧縮性流れに関する翼型理論を取り扱う．すなわち，そのような理論は，前に述べたように，翼型抵抗を求めることができない．しかしながら，完全さのために，NACA 2412 翼型の抵抗係数 c_d の実験データが迎え角の関数として図 4.11 に与えられる．[*2]

[*2] 例えば参考文献 11 のような，多くの文献において，c_d を α に対してではなく，c_l に対してプロットするのが一般的である．c_d 対 c_l の図は**抵抗極曲線** (*drag polar*) と呼ばれている．図 4.10 との一致を保つために，ここでは c_d を α に対してプロットすることを選ぶ．

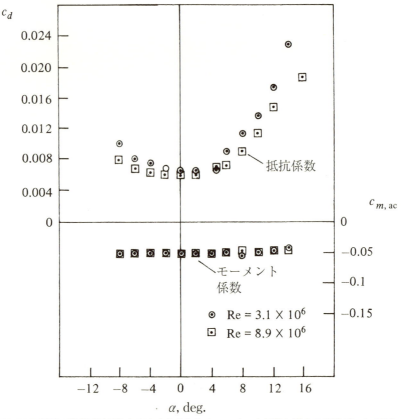

図 4.11 NACA 2412 翼型の形状抵抗係数と空力中心まわりのモーメント係数に関する実験データ (出典：参考文献 *11*, *Abbott* と *von Doenhoff* により得られたデータ)

この抵抗係数の物理的な源は表面摩擦抵抗と流れのはく離による圧力抵抗 (いわゆる形状抵抗 (form drag)) の両方である．これらの 2 つの p.323 効果の合計が翼型の**形状** (*profile*) 抵抗係数 c_d を生じ，それは図 4.11 にプロットされている．c_d が Re に敏感であることに注意すべきである．そして，それは，表面摩擦と流れのはく離は両方とも粘性効果であるので，予測されるとおりである．再び，c_d を理論的に求めるいくつかのツールを得るには第 4.12 節および第 15 章から 20 章まで待たなければならない．

また，図 4.11 に空力中心まわりのモーメント係数 $c_{m,ac}$ もプロットされている．一般的に，翼型のモーメントは α の関数である．しかしながら，翼型上にはそのまわりのモーメントが迎え角に関係しない一点が存在する．すなわち，そのような点は**空力中心** (*aerodynamic center*) と定義されている．図 4.11 のデータは，明らかに，α の広い範囲にわたり一定値の $c_{m,ac}$ を示している．

翼型および翼特性についての，基本的ではあるが詳しい論議については参考文献 2 の第 5 章を見るべきである．

[例題 4.1]

標準海面条件の気流中にある翼弦長 0.64 m の NACA 2412 翼型を考える．自由流速度は 70

m/s である．単位翼幅あたりの揚力は 1254 N/m である．この迎え角と単位翼幅あたりの抵抗を計算せよ．

[解答]p.324

標準海面条件では，$\rho = 1.23 \text{ kg/m}^3$ である：

$$q_\infty = \frac{1}{2}\rho_\infty V_\infty^2 = \frac{1}{2}(1.23)(70)^2 = 3013.5 \text{ N/m}^2$$

$$c_l = \frac{L'}{q_\infty S} = \frac{L'}{q_\infty c(1)} = \frac{1254}{3013.5(0.64)} = 0.65$$

図 4.10 から，$c_l = 0.65$ に関して，$\boxed{\alpha = 4°}$ を得る．

単位翼幅あたりの抵抗を求めるために，図 4.11 のデータを用いなければならない．しかしながら，$c_d = f(\text{Re})$ であるので，Re を計算しよう．標準海面条件で，$\mu = 1.789 \times 10^{-5}$ kg/(m・s) である．それゆえ，

$$\text{Re} = \frac{\rho_\infty V_\infty c}{\mu_\infty} = \frac{1.23(70)(0.64)}{1.789 \times 10^{-5}} = 3.08 \times 10^6$$

したがって，図 4.11 における Re = 3.1×10^6 のデータを用いて，$c_d = 0.0068$ であることがわかる．それゆえ，

$$D' = q_\infty S c_d = q_\infty c(1) c_d = 3013.5(0.64)(0.0068) = \boxed{13.1 \text{ N/m}}$$

[例題 4.2]

例題 4.1 で与えられた翼型と流れの条件に関して，空力中心まわりの単位翼幅あたりのモーメントを計算せよ．

[解答]

図 4.11 より，$c_{m,\text{ac}}$ は，迎え角に依存せず，-0.05 である．空力中心まわりの単位翼幅あたりのモーメントは

$$M'_\text{ac} = q_\infty S c c_{m,\text{ac}}$$
$$= (3013.5)(0.64)(0.64)(-0.05) = \boxed{-61.7 \text{ Nm}}$$

第 1.5 節で導入した空力モーメントの符号のつけ方を思い出すべきである．すなわち，ここで得られたように，負のモーメントは頭下げモーメントであり，迎え角を減少させようとする．

[例題 4.3]

NACA 2412 翼型に関し，0，4，8 および 12° の迎え角における揚抗比を計算し，比較せよ．Reynolds 数は 3.1×10^6 である．

[解答]

揚抗比，L/D は

$$\frac{L}{D} = \frac{q_\infty S c_l}{q_\infty S c_d} = \frac{c_l}{c_d}$$

により与えられる．p.325 図 4.10 および図 4.11 から，次を得る．

α	C_ℓ	C_d	C_ℓ/C_d
0	0.25	0.0065	38.5
4	0.65	0.0070	93
8	1.08	0.0112	96
12	1.44	0.017	85

迎え角が増加するにしたがって，揚抗比は最初増加し，ある最大値に達し，それから減少することに注意すべきである．最大揚抗比，$(L/D)_{max}$ は翼型性能における重要なパラメータである．すなわち，それは空気力学的効率の直接的な尺度である．$(L/D)_{max}$ の値が高い程，翼型はより効率的である．翼型に関する L/D の値は飛行機全体のそれと比べ非常に大きな数値である．飛行機のすべての部分に関係する付加的な抵抗のために，実際の飛行機の $(L/D)_{max}$ は 10 から 20 のオーダーである．

4.4 翼型を過ぎる低速流に関する理論解法の原理：渦面

第 3.14 節において，渦流れの概念が導入された．すなわち，与えられた点 O にある強さ Γ の渦点 (point vortex) により誘導される流れの概要を示す図 3.31 を参照すべきである．(反時計方向まわりの流れの図 3.31 は Γ の負の値に対応することを思い出すべきである．規約により，正の Γ は時計方向の流れを誘導する．) ここで，この渦点の概念を拡張する．図 3.31 を参照して，点 O を通るその紙面に垂直な直線を考え，そして，紙面の外と内へ共に無限に延長する．この線は強さ Γ の直線渦糸 (vortex filament) である．1 本の直線渦糸が図 4.12 に遠近法で描かれている．(ここには，時計方向流れを示してあり，その流れは正の Γ の値に対応する．) 直線渦糸に垂直な任意の平面においてこの渦糸自身により誘導される流れは強さ Γ の渦点により誘導される流れと同一である．すなわち，図 4.12 において，O および O' においてこの渦糸に垂直平面における流れはお互いに同一であり，強さ Γ の渦点により誘導された流れと同一である．実際，第 3.14 節で述べた渦点は単に直線渦糸の一断面なのである．

第 3.17 節において，わき出し面の概念を導入した．そして，それは微小なわき出し強さをもつ無限個のわき出し線が並列に並んだものである．渦流れに関して，類似の状況を考える．並列に並んだ無限個の渦糸を想像する．ここに，それぞれの渦糸の強さは微小である．これらの並列に並んだ渦糸は図 4.13 の左上に遠近的に示されているように，**渦面** (vortex sheet) を形成す

第 4 章 翼型を過ぎる非圧縮性流れ

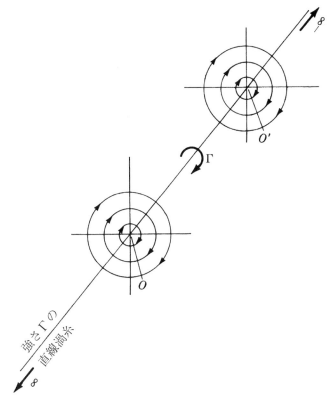

図 4.12 渦糸 p.326

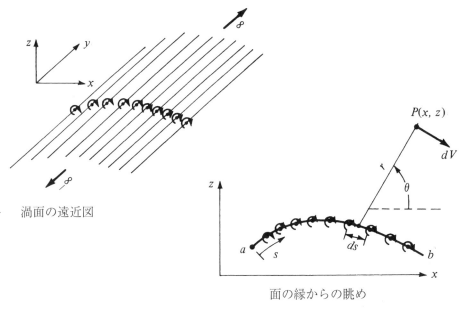

渦面の遠近図

面の縁からの眺め

図 4.13 渦面

る．もし，一連の渦糸の方向を眺める (図 4.13 の y 軸方向を眺める) とすると，この渦面は図 4.13 の右下に描かれたようになる．ここで，この渦面の端面を見ていることになる．すなわち，渦糸はすべてその p.327 紙面に対して垂直である．s をこの端面図の渦面に沿って測った距離とする．$\gamma = \gamma(s)$ を s に沿った，単位長さあたりの渦面の強さと定義する．したがって，渦面の微小部分 ds の強さは γds である．この渦面の微小部分は強さ γds の単独渦として取り扱える．さて，流れの中に，ds から距離 r にある点 P を考える．すなわち，P のデカルト座標は (x, z) である．強さ γds の渦面の微小部分は点 P に微小速度 dV を誘導する．式 (3.105) から，dV は

$$dV = -\frac{\gamma ds}{2\pi r} \tag{4.1}$$

で与えられる．そして，図 4.13 に示されるように，r に垂直な方向である．全渦面により点 P に誘導される速度は点 a から点 b まで式 (4.1) の総和である．r に垂直である dV は点 P において a から b まで合計するとき方向を変えることに注意すべきである．それゆえ，渦面の異なった部分により P 点に誘導される増加速度をベクトル的に加えなければならない．このために，しばしば，速度ポテンシャルを用いることがより便利である．再び図 4.13 を参照して，要素渦 γds により点 P に誘導される速度ポテンシャルの増分 $d\phi$ は式 (3.112) から，

$$d\phi = -\frac{\gamma ds}{2\pi}\theta \tag{4.2}$$

である．次に，a から b までの全渦面による P における速度ポテンシャルは

$$\boxed{\phi(x,z) = -\frac{1}{2\pi}\int_a^b \theta\gamma ds} \tag{4.3}$$

である．式 (4.1) は古典的薄い翼型理論の論議に関して特に有用である．対照的に，式 (4.3) は数値的渦パネル法にとって重要である．

第 3.14 節から，1 つの渦点まわりの循環 Γ はその渦の強さに等しいことを思い出すべきである．同様に，図 4.13 の渦面まわりの循環は要素渦の強さの総和である．すなわち，

$$\boxed{\Gamma = \int_a^b \gamma ds} \tag{4.4}$$

第 3.17 節で導入されたわき出し面はその面を通過すると速度の**法線** (normal) 成分の方向が不連続的に変化する (図 3.38 より，わき出し面を通過すると速度の法線方向成分が 180° 方向を変えることに注意)．ところが，速度の接線方向成分はそのわき出し面の上，下面のごく近傍において同じであることを思い出すべきである．対照的に，渦面に関して，速度の接線方向成分は渦面を通過すると不連続的に変化する．ところが，速度の法線方向成分は渦面を通過しても保たれる．この渦面を通過するさいの接線方向速度の変化は次のように渦面の強さと関係している．図 4.14 に描かれているような渦面を考える．p.328 長さ ds の渦面断面を囲む長方形の点線で表した経路を考える．この長方形経路の上辺および底辺に接する速度成分はそれぞれ u_1 および u_2 である．そして，左側辺および右側辺に接する速度成分はそれぞれ，v_1 および v_2 である．この経路の上辺および底辺は距離 dn だけ離れている．式 (2.136) により与えられる循環の

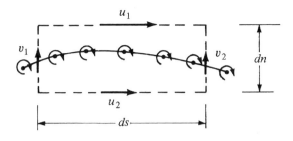

図 4.14 渦面を通過したときの接線方向速度の跳び

定義から，この点線経路まわりの循環は

$$\Gamma = -(v_2 dn - u_1 ds - v_1 dn + u_2 ds)$$

である．すなわち，

$$\Gamma = (u_1 - u_2) ds + (v_1 - v_2) dn \tag{4.5}$$

しかしながら，この点線の経路内に含まれる渦面の強さは γds であるので，また，

$$\Gamma = \gamma ds \tag{4.6}$$

を得る．したがって，式 (4.5) と式 (4.6) から，

$$\gamma ds = (u_1 - u_2) ds + (v_1 - v_2) dn \tag{4.7}$$

この点線経路の上辺および底辺を渦面へ限りなく近づけるとする．すなわち，$dn \to 0$ とする．極限において，u_1 と u_2 はそれぞれ，渦面の直近傍における渦面に接する方向の速度成分となる．そして，式 (4.7) は

$$\gamma ds = (u_1 - u_2) ds$$

となる．すなわち，

$$\boxed{\gamma = (u_1 - u_2)} \tag{4.8}$$

式 (4.8) は重要である．すなわち，それは，**渦面を通過するときの接線方向速度成分の局所的不連続は局所渦面の強さに等しい**ことを述べている．

さて，渦面の性質を定義し，かつ議論してきた．渦面の概念は翼型の低速特性の解析において有用である．非粘性，非圧縮流れの翼型理論の原理は次のようになる．図 4.15 に描かれるような，速度 V_∞ の自由流中の任意の形状と厚さの翼型を考える．翼型表面を，また図 4.15 に示されているように翼型表面を変化する強さ $\gamma(s)$ の渦面で置き換える．V_∞ の大きさの一様流に入れられたとき，この渦面からの誘導速度場が，p.329 この渦面 (すなわち翼型表面) を**流れの流線** (*streamline of the flow*) とするような s の関数としての γ を計算する．次に，翼型まわりの循環は

図 4.15 翼型表面に渦面を分布することによる任意翼型のシミュレーション

$$\Gamma = \int \gamma ds$$

により与えられる．ここに，この積分は翼型全表面にわたって行われる．最終的に，この翼型の揚力は Kutta-Joukowski の定理により与えられる．すなわち，

$$L' = \rho_\infty V_\infty \Gamma$$

この原理は新しいものではない．それは，1912–1922 年にドイツ，Göttingen 大学の Ludwig Prandtl と彼の同僚らにより，最初に信奉された．しかしながら，$\gamma = \gamma(s)$ に関する解析的な一般解は任意の形状，厚さの翼型に関して存在しない．むしろこの渦面の強さは数値的に見出されなければならない．そして，この原理の実際的な実行は 1960 年代の電子計算機の出現まで待たなければならなかった．今日，上で述べた原理は，第 4.9 節で論議する，現代的渦パネル (vortex panel) 法の基礎なのである．

図 4.15 の翼型表面を渦面で置き換えるという概念は数学的手段以上のものである．すなわち，それはまた物理的な重要性を持っている．現実の世界では，翼型表面と空気流れとの間での摩擦作用 (図 1.41 および図 1.46 を見よ) によりその表面に薄い境界層 (boundary layer) が存在する．この境界層は，大きな速度勾配が実質的な渦度を作り出す，粘性効果の大きな領域である．すなわち，境界層内では $\nabla \times \mathbf{V}$ が有限である．(渦度の論議に関しする第 2.12 節を復習すべきである．) したがって，現実には，粘性効果により翼型の表面に沿って渦度分布が存在することになり，翼型表面を (図 4.15 のように) 渦面で置き換えるこの原理は非粘性流れにおいてこの粘性効果をモデル化する 1 つの方法であると解釈できる．*3

図 4.15 の翼型が非常に薄くされると考える．もし，後ろへ下がり，遠く離れてこのような翼型を見たとすれば，p.330 翼型の上，下面の渦面の部分はほとんど一致してしまうであろう．これは，図 4.16 に描かれるように，薄い翼型を，それのキャンバー線上に単一の渦面を分布させたもので置き換えることにより近似する方法を生じさせる．この渦面の強さ $\gamma(s)$ は，自由流と組み合わせて，キャンバー線が流れの流線となるように計算される．図 4.16 に示された方法は図 4.15 に示された場合と比較して近似ではあるが，それは閉じた形の解析解を与える有利さがある．この薄翼理論の原理は Prandtl の同僚である Max Munk により 1922 年に最初に展開された (参考文献 12 を見よ)．この理論は第 4.7 節と 4.8 節で論議される．

---

*3 NASA による最近のいくつかの研究は今まで完全な粘性により支配された現象であると考えられた流れのはく離のような複雑な問題さえも渦あり流れのみを必要とする非粘性流れとして取り扱えることを示唆していることは興味深い．例えば，円柱を過ぎる流れに関するいくつかの非粘性流れ場数値解法は，渦度が非一様な自由流か曲がった衝撃波かどちらかの方法で導入されたとき，その円柱の後部側のはく離流れを正確に計算している．しかしながら，それらの結果は興奮を引き起こすものではあるが，まだあまりにも初歩的な段階である本書で取り上げない．別のやり方ではっきりと証明されるまで，流れのはく離を粘性による効果として第 15 章から 20 章において論議を続ける．この最近の研究は，ここでは，渦度，渦面，粘性および現実世界との間の物理的な係わりの 1 例として述べただけである．

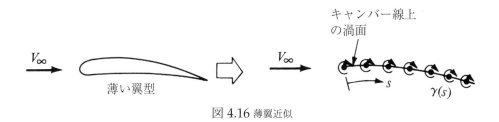

図 4.16 薄翼近似

4.5 Kutta の条件

円柱を過ぎる揚力流れは第 3.15 節で論議された．そこでは，Γ の値の選択が無限にあるために，無限のポテンシャル流れの解が可能であることを見た．例えば，図 3.33 は Γ の 3 つの異なる値に対応した，円柱を過ぎる 3 つの異なった流れを示している．同じ状況が翼型を過ぎるポテンシャル流れにも適用される．すなわち，ある与えられた迎え角における，ある与えられた翼型に関して，無限の Γ の選択が可能なために，無限の有効な理論解が存在する．図 4.17 は同一迎え角ではあるが循環の異なる値をもつ，同一翼型を過ぎる 2 つの異なる流れを示している．最初，これはジレンマを与えるように思われる．我々は経験から，与えられた迎え角における，与えられた翼型は単一の揚力の値を生じることを知っている (例えば，図 4.10 を見よ)．それで，無限の数の，可能なポテンシャル流れの解は存在するが，自然 (nature) は 1 つの特別な解の選び出し方を知っているのである．明らかに，前節で論議された原理は完全ではない．すなわち，与えられた α における 1 つの与えられた翼型について Γ を固定するさらなる条件が必要である．

この条件を見出すために，最初の静止状態から運動を開始した翼型まわりの流れ場の発達に関するいくつかの実験結果を検討してみる．図 4.18 は Prandtl-Tietjens (参考文献 8) から取られた翼型を過ぎる流れの極めて優れた一連の写真を示している．図 4.18a において，流れがちょうど始まり，流れパターンがちょうど翼型まわりに発達を始めている．これら流れが発達する初期の時期において，流れは，図 4.17 の左側に示された図と同じように，下面から上面へ尖った後縁をまがろうとしている．しかしながら，非粘性，非圧縮性流れのより高度な考察 (例えば，参考文献 9 を見よ) は速度は尖った角で無限に大きくなるという理論結果を示している．それゆえ，p.332 図 4.17 の左側に描かれた，また，図 4.18a に示されるタイプの流れは本来，そんなに長くは続かない．むしろ，現実の流れが翼型まわりに発達するにつれて，上面にある淀み点 (図 4.17 の点 2) は後縁方向へ移動する．図 4.18b はこの中間段階を示している．初期の遷移プロセスが収まった後，最終的に，図 4.18c に示される定常流に到達する．この写真は流れが**後縁で翼型の上面および下面を滑らかに流れ出ている**ことを示している．この流れパターンが図 4.17 の右側に描かれており，翼型を過ぎる定常流れで生じる流れパターンを表している．

図 4.17 および 図 4.18 を熟考すると，与えられた迎え角における，与えられた翼型を過ぎる定常流の確立において，自然は，流れが後縁から滑らかに流出するようになる特別な値の循環 (図 4.17 の Γ_2) を選ぶのだということを再度，強調しておく．この観察は 1902 年にドイツの数学者，M. Wilhelm Kutta により最初になされ，そして彼の理論的な解析に用いられた．したがって，それは *Kutta の条件 (Kutta condition)* として知られるようになった．

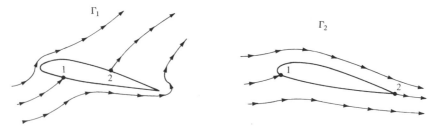

図 4.17 与えられた迎え角における，与えられた翼型まわりのポテンシャル流のおよぼす異なった循環値の効果．点 1 および 2 はよどみ点である

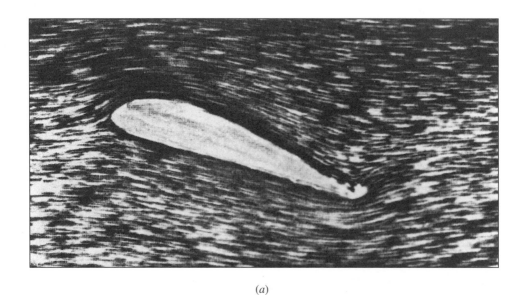

(a)

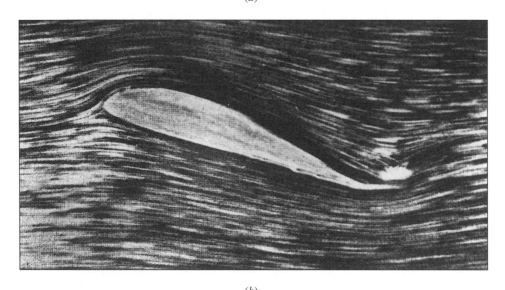

(b)

図 4.18 翼型を過ぎる定常流の発達；翼型は静止から衝撃的に出発し，流体中で定常速度に到達する．(a) 出発直後 (b) 中間時刻．(出典：Prandtl and Tietjens, 参考文献 8)

(c)

図4.18 (続き) 翼型を過ぎる定常流の発達；翼型は静止から衝撃的に出発し，流体中で定常速度に到達する．(c) 最終的な定常流れ．(出典：*Prandtl and Tietjens*, 参考文献 8)

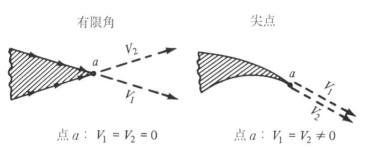

図4.19 可能な，異なった後縁の形状と，それらとKuttaの条件との関係

Kuttaの条件を理論解析に適用するために，後縁における流れの性質についてもっと厳密に見ていかなければならない．後縁は図4.17や図4.18に示されるように，また，図4.19の左側に描かれたように，有限な角度を持っても良いし，あるいは図4.19の右側に描かれたように尖点であっても良い．最初に，図4.19の左側に示されるように，有限な角度をもつ後縁を考える．上面および下面に沿った速度をそれぞれ，V_1 および V_2 で表示するとする．V_1 は点 a で上面に対して平行であり，V_2 は点 a で下面に対して平行である．有限後縁角 (finite trailing edge angle) の場合，もし，これらの速度が点 a で有限であるとすると，そのとき，図4.19の左側に示されるように，同一点で2つの異なった方向に向いた，2つの速度があることになる．しかしながら，これは物理的に不可能であり，唯一の救いは V_1 および V_2 が共に点 a でゼロであることである．すなわち，有限後縁角の場合，点 a はよどみ点である．ここに，$V_1 = V_2 = 0$ である．対照的に，図4.19の右側に示される尖点後縁 (cusped trailing edge) の場合，V_1 と V_2 は点 a で同じ方向である．そして，それゆえ，V_1 および V_2 は共に有限であって良い．しかしながら，点 a における圧力，p_2 は一価の，唯一の値である．そして，点 a のごく近傍の上，下面の両方に適用したBernoulliの式は

$$p_a + \frac{1}{2}\rho V_1^2 = p_a + \frac{1}{2}\rho V_2^2$$

すなわち,

$$V_1 = V_2$$

を与える．それゆえ，尖点後縁の場合，後縁で翼型の上，下面を離れる速度は有限で，大きさと方向が同一であることがわかる．

Kuttaの条件は次のように要約できる.

1. ある，与えられた迎角における，与えられた翼型に関して，その翼型まわりの Γ の値は，流れが後縁から滑らかに流出するような値である．

2. もし後縁角が有限であるならば，そのとき，後縁はよどみ点 (stagnation point) である．

3. もし後縁が尖っているならば，そのとき，後縁において上，下面を離れる速度は有限であり，大きさと方向が同一である．

第 4.4 節で論議されたように，翼型表面あるいはキャンバー線のどちらかに配置した渦面により翼型を模擬する原理を再び考える．そのような渦面の強さはその面に沿って変化し，$\gamma(s)$ で表す．この渦面に関する Kutta の条件は次のようになる．後縁 (TE) において，式 (4.8) から，

$$\gamma(\text{TE}) = \gamma(a) = V_1 - V_2 \tag{4.9}$$

を得る．しかしながら，有限後縁角の場合，$V_1 = V_2 = 0$ である．すなわち，式 (4.9) から，$\gamma(\text{TE}) = 0$ である．尖点後縁の場合は，$V_1 = V_2 \neq 0$ である．すなわち，式 (4.9) より，再び，$\gamma(\text{TE}) = 0$ なる結果を得る．したがって，渦面の p.334 強さで表した Kutta の条件は次式となる．

$$\boxed{\gamma(\text{TE}) = 0} \tag{4.10}$$

4.5.1 摩擦なしで揚力が得られるか

第 1.5 節において，流れの中にある物体に働く全空気力は物体表面上の圧力およびせん断応力分布を積分した実質の効果によることを強調した．さらに，第 4.1 節において，翼型の揚力は主に表面圧力分布によるのであり，せん断応力は実質的に揚力に効果を持たないことを述べた．なぜかを理解することはやさしい．例えば，図 4.17 や図 4.18 にある翼型形状を見てみる．圧力は面の**法線方向** (*normal*) に働くことを思い起こすべきであり，これらの翼型の場合，この圧力の法線方向は本質的に垂直方向，すなわち，揚力の方向である．対照的に，せん断応力は面に**接する** (*tangential*) 方向に作用し，これらの翼型の場合，この接線方向せん断応力の方向は主に水平方向である．すなわち，抵抗方向である．それゆえ，圧力が揚力の生成に支配的な役割であり，せん断応力は揚力に対して無視できる効果しか持たないのである．失速より低い翼型の揚力は本章で論議されるような**非粘性**理論により精度良く計算できるのはこの理由によるのである．

第 4 章　翼型を過ぎる非圧縮性流れ

しかしながら，もし，我々が完全な非粘性の世界に住んでいるとしたら，翼型は揚力を生じることができないであろう．実際，摩擦の存在が揚力を持てることの理由そのものであるからである．これらは奇妙で，しかも，前の文節における論議と矛盾さえもすることである．ここでは何が起きているのであろうか．答えは次のようなことである．現実世界において，自然が，流れは後縁で滑らかに流出することを保証する方法，すなわち，自然が図 4.18c に示される流れを選択するのに用いるメカニズムは粘性境界層が後縁までのすべての表面上で付着しているということである．**自然は摩擦により Kutta の条件を実施しているのである．**もし，境界層がない (すなわち，摩擦がない) としたら，現実の世界に Kutta の条件を達成するためのいかなる物理的メカニズムも存在しないであろう．

それで，表面圧力分布により生じる揚力，すなわち，非粘性現象，は摩擦のない (非粘性の) 世界では存在しないという最も予想に反した状況へと導かれたわけである．これについては，摩擦なしでは揚力を得られないと言うことができる．しかしながら，これを言えるのは上で論議されたように，情報を知らされた上でのことなのである．

4.6　Kelvin の循環定理と出発渦

本節において，これ以降の節で翼型理論それ自身の定量的な面を展開していく前に，翼型理論の全般的な原理へ最後の仕上げを行う．本節はまた，前節で述べた Kutta の条件により導入された曖昧さを解決するのである．特に，Kutta の条件は翼型まわりの循環は，流れが滑らかに後縁から流出するのを保証する，ずばりそのものの値であるということを述べている．**疑問**：自然はどのようにしてこの循環を発生させたのか． p.335 それはどこからともなく現れたのか，あるいは，循環は全流れ場にわたりともかくも保存されているのであろうか．これらのことについてもっと詳しく調べてみる．

図 4.20 に描かれたような任意の非粘性，非圧縮性流れを考える．すべての体積力 **f** はゼロと

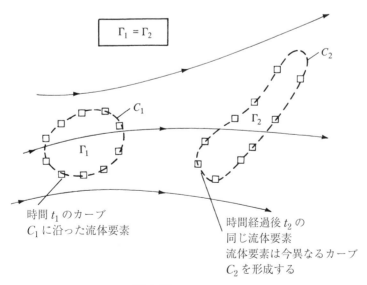

時間 t_1 のカーブ
C_1 に沿った流体要素

時間経過後 t_2 の
同じ流体要素
流体要素は今異なるカーブ
C_2 を形成する

図 4.20 Kelvin の定理

仮定する．任意の曲線 C_1 を選択し，ある与えられた瞬間 t_1 にこの曲線上にある流体要素を特定しておく．また，定義により，曲線 C_1 まわりの循環は $\Gamma_1 = -\int_{C_1} \mathbf{V} \cdot \mathbf{ds}$ である．さて，これらの特定された流体要素を下流へ移動させる．後のある時刻，t_2 において，これらの同一の流体要素は他の曲線 C_2 を形成するであろう．そして，その曲線まわりで循環は $\Gamma_2 = -\int_{C_2} \mathbf{V} \cdot \mathbf{ds}$ である．上で述べた条件に関して，容易に $\Gamma_1 = \Gamma_2$ であることを示すことができる．実際，特定の一組の流体要素を追いかけているので，流体要素が流れ場を移動するとき，これらの 1 組の連続する流体要素により形成される閉曲線まわりの循環は，一定であると言える．第 2.9 節から，実質微分は，ある与えられた流体要素に伴う変化の時間率を与えるということを思い出すべきである．それゆえ，上の論議の数学的な表し方は，簡単に，

$$\boxed{\frac{D\Gamma}{Dt} = 0} \tag{4.11}$$

である．そして，それは同一の流体要素により形成される閉曲線まわりの循環の時間変化率はゼロであることを述べている．この補強論議と共に式 (4.11) は Kelvin の循環定理 (Kelvin's circulation theorem) と呼ばれている．[*4 p.336] それについて第 1 の原理からの導出は演習問題 4.3 として残されている．また，第 4.4 節における渦面の定義と論議を思い出すべきである．Kelvin の循環理論の興味ある 1 つの結論はある瞬間に渦面である流面はいつでも渦面のままであるという保証である．

　Kelvin の定理は，次に示すように，翼型まわりの循環の発生について説明することを助けてくれる．図 4.21a に示されるように，静止流体中にある翼型を考える．至る所で $\mathbf{V} = 0$ であるので，曲線 C_1 まわりの循環はゼロである．さて，翼型を過ぎる流れの運動を開始させる．初期段階において，流れは第 4.5 節において説明され，図 4.17 の左側に描かれているように，流れは後縁まわりを巻く傾向を示すであろう．そのようになると，後縁における速度は理論的に無限大となる．現実には，その速度は非常に大きな有限の値になろうとする．その結果として，流れが始まった直後の間に，非常に大きな速度勾配 (それゆえ，高い渦度) の薄い領域が後縁に形成される．この高い渦度領域は同じ流体要素に固定され，したがって，その流体要素が後縁から下流へ移動を開始すると，その領域は下流へさっと流される．この高い渦度の薄いシートが下流へ移動するにつれ，それは不安定であり，そして巻上り，渦点と同じようなものを形成する傾向を示す．この渦は**出発渦** (starting vortex) と呼ばれていて，図 4.21b に示してある．翼型まわりの流れが，流れが後縁から滑らかに流出する (Kutta の条件)，定常状態になった後には，後縁における高い速度勾配は消滅し，渦度はもはや p.337 その点において生成されない．しかしながら，この出発渦は，始動過程の間に形成されており，そして，それは流れに乗って，いつまでも下流へ一定速度で移動するのである．図 4.21b は，定常流れが翼型まわりに達成された後のある程度時刻が経った，少し下流側に出発渦がある流れを表している．図 4.21a の曲線 C_1 を最初に形成していた流体要素は下流へ移動し，そして今や曲線 C_2 を形成している．そして，それは図 4.21b に示される閉じた経路 abcda である．したがって，Kelvin の定理から，(翼型と出発渦の両方を囲んでいる) 曲線 C_2 まわりの循環 Γ_2 は曲線 C_1 まわりのそれと同じである．すなわち，ゼロである．$\Gamma_2 = \Gamma_1 = 0$ となる．さて，切断 bd を入れることにより曲線 C_2 を

[*4] Kevin の定理は，また，$\rho = \rho(p)$，すなわち，密度が圧力の一価関数である，特別な場合の非粘性圧縮性流れでも成立する．等エントロピー流れの場合がそのようなものであり，後の章で取り扱われる．

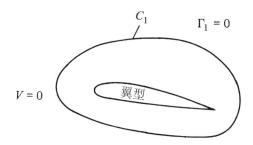

(a) 翼型に相対的に静止した流れ

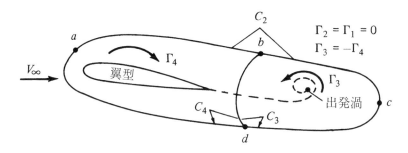

(b) 流れが出発した直後の図

図 4.21 出発渦の生成とそれによる翼型まわりの循環の発生

2 つの閉曲線に分割する．そして，それにより曲線 C_3 (経路 $bcdb$) および曲線 C_4 (経路 $abda$) が形成される．曲線 C_3 は出発渦を囲んでいて，曲線 C_4 は翼型を囲んでいる．曲線 C_3 まわりの循環 Γ_3 は出発渦によるものである．すなわち，図 4.21b を調べることにより，Γ_3 は反時計方向 (すなわち，負の値) であることがわかる．翼型を囲む曲線 C_4 まわりの循環は Γ_4 である．切断 bd は C_3 および C_4 に共通であるので，C_3 まわりと C_4 まわりの循環の和は，単純に，C_2 まわりの循環に等しい．すなわち，

$$\Gamma_3 + \Gamma_4 = \Gamma_2$$

しかしながら，すでに，$\Gamma_2 = 0$ が確定している．それゆえ，

$$\Gamma_4 = -\Gamma_3$$

すなわち，翼型まわりの循環は出発渦まわりの循環と等しく，方向が反対である．

　これは本節の核心に加えて次の要約に導く．翼型を過ぎる流れが始まると，鋭くとがった後縁における大きな速度勾配が，後縁の下流で巻上り，出発渦を形成する強い渦度領域を形成する結果となる．この出発渦は反時計方向の循環を持っている．したがって，大きさが等しく方向が反対である反作用として，翼型まわりに時計方向の循環が発生する．出発過程が続いているとき，後縁からの渦度は連続的に出発渦に供給され，それをますます強くし，より大きな反時計方向の循環を持たせることになる．その結果，翼型まわりの時計方向循環がより強くなり，後縁における流れをより Kutta 条件へ近づけ，そのため後縁から放出される渦度を弱める．最終的に，この出発渦は，出発渦と大きさが等しく方向が反対である時計方向の翼型まわりの循環が流れを後縁から滑らかに流出させる (Kutta 条件が厳密に満足される) ような，ちょうどそ

の強さになる．これが生じるとき，すなわち，後縁から放出される渦度がゼロとなるとき，その出発渦はもはや強さを増すことはない．そして，一定の循環が翼型まわりに存在するのである．

[例題 4.4]

例題 4.1 に与えられた条件における NACA 2412 について，定常状態の出発渦の強さを計算せよ．

[解答]p.338

例題 4.1 における与えられた条件，

$$L' = 1254 \text{ N/m}$$

$$V_\infty = 70 \text{ m/s}$$

$$\rho_\infty = 1.23 \text{ kg/m}^3$$

Kutta–Joukowski の定理，式 (3.140) から，

$$L' = \rho_\infty V_\infty \Gamma$$

から，この翼型を過ぎる流れに関係する循環は

$$\Gamma = \frac{L'}{\rho_\infty V_\infty} = \frac{1254}{(1.23)(70)} = 14.56 \ \frac{\text{m}^2}{\text{s}}$$

である．図 4.21 を参照すると，この定常出発渦はこの翼型まわりの循環と同じ強さで方向が反対の循環をもつ．したがって，

$$\boxed{\text{出発渦の強さ} = -14.56 \ \frac{\text{m}^2}{\text{s}}}$$

注：空気力学における実用的な計算に関して，循環に関する実際の数値はまれにしか必要とされない．循環は式 (2.136) により定義される数学的な量であり，揚力の循環理論という枠内における本質的な理論概念なのである．例えば第 4.7 節において，循環の解析的な式は式 (4.30) のように導出さる．そして，それから直ちに Kutta–Joukowski の定理である，式 (4.31) に代入され，揚力係数の式，式 (4.33) を与える．どこにも Γ の実際の値を計算する必要がまったくないのである．しかしながら，本例題において，出発渦の**強さ**は実際のところそれの循環により与えられ，したがって，いろいろな出発渦の強さを比較するために Γ の数値を計算することは適切なのである．これですら大学での演習のみであると考えることができる．本著者の経験において，実際の空気力学計算に出発渦の強さを要求するものはない．この出発渦は単に揚力をもつ 2 次元物体まわりの循環の発生と調和する理論的概念なのである．

4.7 古典的薄翼理論：対称翼型

いくつかの実験的に観察された翼型の特性やこれらの特性を理論的に求めるための考え方が先行する複数の節において論議されてきた．図 4.7 の本章のロードマップを参照すると，今や中央の分枝部分を終えたことになる．本節において図 4.7 の右側の分枝部分，すなわち薄翼理論の定量的展開へ移動する．翼型の揚力およびモーメントの計算に必要な基本方程式を対称翼型への適用により，本節で確立する．キャンバーのある翼型については第 4.8 節で取り扱う．

p.339 当分の間，薄い (thin) 翼型を取り扱う．すなわち，そのような場合，第 4.4 節で論議したように，翼型はキャンバー線に沿って分布させた渦面により模擬される．ここでの目的はキャンバー線が流れの流線となり，Kutta の条件が後縁で満足される，すなわち，$\gamma(TE) = 0$ [式 (4.10) を見よ]，ような $\gamma(s)$ の変化を計算することである．一度，これらの条件を満足する特定の $\gamma(s)$ を見つければ，次に，翼型まわりの全循環 Γ は前縁から後縁まで $\gamma(s)$ を積分して得られる．次に，揚力は Kutta-Joukowski の定理により Γ から計算される．

図 4.22a に描かれているように，キャンバー線上に分布させた渦面を考える．自由流速度は V_∞ であり，翼型は迎え角 α を取っている．x 軸は翼弦線に沿っていて，z 軸は翼弦に垂直である．キャンバー線に沿って測った距離を s とする．キャンバー線の形状は $z = z(x)$ で与えられ

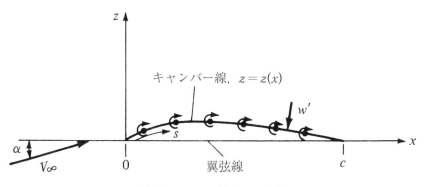

(a) キャンバー線上の渦面

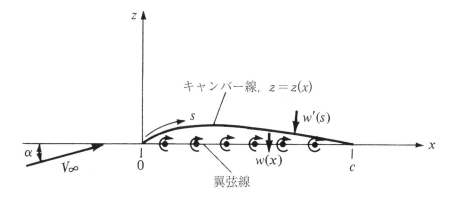

(b) 翼弦線上の渦面

図 4.22 薄翼解析の渦面

る．翼弦長は c である．図 4.22a において，w' は渦面により誘導された速度のキャンバー線に垂直な成分である．すなわち，$w' = w'(s)$ である．薄い翼型に関して，第 4.4 節において，遠くから眺めると，翼型表面の渦面分布はほとんどキャンバー線上にある渦面と同じに見えることを説明した．もう一度後ろに下がり遠くから図 4.22a を眺めてみよう．もし翼型が薄ければ，キャンバー線は翼弦線に近接している．そして，遠くから眺めるとその渦面は近似的に翼弦線に重なって見える．それゆえ，もう一度考え方を変え，図 4.22b に描かれているように，渦面を翼弦線上に配置しよう．ここで，$\gamma = \gamma(x)$ である．まだキャンバー線は流れの流線であるとしたい．そして，Kutta の条件 $\gamma(c) = 0$ のみならずこの条件を満足する $\gamma = \gamma(x)$ を計算する．すなわち，キャンバー線 (翼弦線ではない) が流線となるように翼弦線上の渦面の強さを決定する．

キャンバー線が流線であるためには，キャンバー線に垂直な速度成分がそのキャンバー線上のすべての点でゼロでなければならない．流れ場における任意の点における速度は自由流速度と渦面により誘導された速度との和である．$V_{\infty,n}$ を自由流速のキャンバー線に垂直な成分とする．したがって，キャンバー線が流線であるためには，キャンバー線上のすべての点で，

$$V_{\infty,n} + w'(s) = 0 \tag{4.12}$$

式 (4.12) における $V_{\infty,n}$ は図 4.23 を調べると得られる．キャンバー線上の任意点 P において，そこではキャンバー線の傾きが dz/dx であるので，図 4.23 の幾何学的関係から

$$V_{\infty,n} = V_\infty \sin\left[\alpha + \tan^{-1}\left(-\frac{dz}{dx}\right)\right] \tag{4.13}$$

が得られる．迎え角が小さい，薄い翼型において，α と $\tan^{-1}(-dz/dx)$ は両方とも小さいので $\sin\theta \approx \tan\theta \approx \theta$ なる近似を用いると，ここに，θ はラジアンの単位であり，式 (4.13) は

$$V_{\infty,n} = V_\infty\left(\alpha - \frac{dz}{dx}\right) \tag{4.14}$$

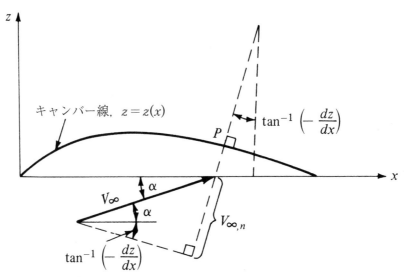

図 4.23 自由流速度のキャンバー線に垂直な方向成分の決定

第4章 翼型を過ぎる非圧縮性流れ

となる．式 (4.14) は式 (4.12) に用いる $V_{\infty,n}$ の式である．式 (4.14) の α はラジアンであること記憶しておくべきである．

式 (4.12) に戻って，渦面の強さを用いた $w'(s)$ の式を求めよう．再び図 4.22b を参照する．ここでは渦面は翼弦線に沿って存在する．そして，$w'(s)$ はこの渦面により誘導されたキャンバー線に垂直な速度成分である．$w(x)$ をまた図 4.22b に示してあるようにこの渦面により誘導される**翼弦線**に垂直な速度成分とする．もし翼型が薄ければ，キャンバー線は翼弦線に近接している．それで，次式のような近似は薄翼理論に合致する．

$$w'(s) \approx w(x) \tag{4.15}$$

渦面強さを用いた $w(x)$ の式は次のように式 (4.1) から容易に得られる．図 4.24 を考える．この図は翼弦線に沿った渦面を示している．位置 x における $w(x)$ を計算しようと思う．図 4.24 に示されるように，翼弦線に沿って原点から距離 ξ にある強さ $\gamma d\xi$ の要素渦を考える．渦面強さ γ は翼弦線に沿った距離により変化する．すなわち，$\gamma = \gamma(\xi)$ である．点 ξ にある要素渦により点 x に誘導される速度 dw は式 (4.1) により

$$dw = -\frac{\gamma(\xi)d\xi}{2\pi(x-\xi)} \tag{4.16}$$

として与えられる．次に，翼弦線に分布したすべての要素渦により点 x に誘導される速度 $w(x)$ は式 (4.16) を前縁 ($\xi = 0$) から後縁 ($\xi = c$) まで積分して得られる．すなわち，

$$w(x) = -\int_0^c \frac{\gamma(\xi)d\xi}{2\pi(x-\xi)} \tag{4.17}$$

式 (4.15) の近似を用いると，式 (4.17) は式 (4.12) に用いる $w'(s)$ の式を与える．

p.342 式 (4.12) はキャンバー線が流れの流線であるための境界条件であることを思い出すべきである．式 (4.14)，式 (4.15) および式 (4.17) を式 (4.12) に代入すると

$$V_\infty\left(\alpha - \frac{dz}{dx}\right) - \int_0^c \frac{\gamma(\xi)d\xi}{2\pi(x-\xi)} = 0$$

すなわち，

$$\boxed{\frac{1}{2\pi}\int_0^c \frac{\gamma(\xi)d\xi}{x-\xi} = V_\infty\left(\alpha - \frac{dz}{dx}\right)} \tag{4.18}$$

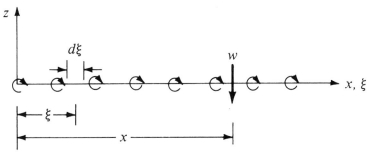

図 4.24 翼弦における誘導速度の計算

なる**薄翼理論の基礎方程式**を得る．すなわち，上式は単純にキャンバー線が流れの流線であることを述べているのである．

式 (4.18) は翼弦線上の与えられた 1 点 x のものであること，そして dz/dx はその点 x で計算されることに注意すべきである．変数 ξ は図 4.24 に示されるように，単に翼弦線に沿って 0 から c まで変化する積分のダミー変数である．渦の強さ $\gamma = \gamma(\xi)$ は翼弦線に沿った変数である．与えられた迎え角におけるある与えられた翼型に関して，式 (4.18) において α と dz/dx は 2 つとも既知の値である．実際，式 (4.18) における唯一の未知数は渦の強さ $\gamma(\xi)$ である．したがって，式 (4.18) は積分方程式であり，その解法はキャンバー線が流れの流線となるように $\gamma(\xi)$ の変化を与えるのである．薄翼理論の中心問題は $\gamma(\xi)$ について式 (4.18) を Kutta の条件，$\gamma(c) = 0$ のもとで解くことである．

本節において，対称翼型の場合を取り扱う．第 4.2 節で述べたように，対称翼型はキャンバーを持たない．すなわち，キャンバー線は翼弦線と一致する．したがって，この場合，$dz/dx = 0$ であり，式 (4.18) は

$$\frac{1}{2\pi}\int_0^c \frac{\gamma(\xi)d\xi}{x-\xi} = V_\infty \alpha \tag{4.19}$$

となる．また，薄翼理論の範囲内で，対称翼型は平板翼（flat plate）と同じものとして取り扱われる．すなわち，ここでの理論展開は翼型の翼厚分布を考慮しないことを注意すべきである．式 (4.19) は小さな迎え角の平板を過ぎる非粘性，非圧縮流れに関する**厳密式**である．

式 (4.18) および式 (4.19) の積分計算を容易にするために，ξ を次のような変換式により θ に変換する．すなわち，

$$\xi = \frac{c}{2}(1-\cos\theta) \tag{4.20}$$

x は式 (4.18) および式 (4.19) で固定点 (fixed point) であるので，特定の θ の値，すなわち θ_0 に対応する．それで，

$$x = \frac{c}{2}(1-\cos\theta_o) \tag{4.21}$$

また，式 (4.20) より，

$$d\xi = \frac{c}{2}\sin\theta d\theta \tag{4.22}$$

p.343 式 (4.20) から式 (4.22) までを式 (4.19) に代入し，積分の上下限が前縁 ($\xi = 0$) で $\theta = 0$，そして後縁 ($\xi = c$) で $\theta = \pi$ になることに注意して，

$$\frac{1}{2\pi}\int_0^\pi \frac{\gamma(\theta)\sin\theta d\theta}{\cos\theta - \cos\theta_0} = V_\infty \alpha \tag{4.23}$$

を得る．$\gamma(\theta)$ に関する式 (4.23) の厳密な解法は積分方程式に関する数学理論から求められる．しかし，それは本書の範囲を越えるものである．そのかわり，その解は次式のようになることだけ述べておく．

$$\boxed{\gamma(\theta) = 2\alpha V_\infty \frac{(1+\cos\theta)}{\sin\theta}} \tag{4.24}$$

第 4 章　翼型を過ぎる非圧縮性流れ

式 (4.24) を式 (4.23) に代入してこの解を調べることができる．そうすると，

$$\frac{1}{2\pi}\int_0^\pi \frac{\gamma(\theta)\,\sin\theta\,d\theta}{\cos\theta - \cos\theta_0} = \frac{V_\infty \alpha}{\pi}\int_0^\pi \frac{(1+\cos\theta)\,d\theta}{\cos\theta - \cos\theta_0} \tag{4.25}$$

を得る．次のような標準的な積分が翼型理論にしばしば現れ，それは参考文献 9 の付録 E で導かれている．すなわち，

$$\int_0^\pi \frac{\cos n\theta\,d\theta}{\cos\theta - \cos\theta_0} = \frac{\pi\,\sin n\theta_0}{\sin\theta_0} \tag{4.26}$$

式 (4.26) を式 (4.25) の右辺に適用すると，

$$\frac{V_\infty \alpha}{\pi}\int_0^\pi \frac{(1+\cos\theta)\,d\theta}{\cos\theta - \cos\theta_0} = \frac{V_\infty \alpha}{\pi}\left(\int_0^\pi \frac{d\theta}{\cos\theta - \cos\theta_0} + \int_0^\pi \frac{\cos\theta\,d\theta}{\cos\theta - \cos\theta_0}\right)$$

$$= \frac{V_\infty \alpha}{\pi}(0 + \pi) = V_\infty \alpha \tag{4.27}$$

を得る．式 (4.27) を式 (4.25) に代入すると

$$\frac{1}{2\pi}\int_0^\pi \frac{\gamma(\theta)\,\sin\theta\,d\theta}{\cos\theta - \cos\theta_0} = V_\infty \alpha$$

を得る．上式は式 (4.23) に等しい．したがって，式 (4.24) が式 (4.23) の解であることを証明した．また，$\theta = \pi$ である後縁において，式 (4.24) は

$$\gamma(\pi) = 2\alpha V_\infty \frac{0}{0}$$

となる．これは不定形である．しかしながら，式 (4.24) に L' Hospital の定理を用いると，

$$\gamma(\pi) = 2\alpha V_\infty \frac{-\sin\pi}{\cos\pi} = 0$$

ゆえに，式 (4.24) は，Kutta の条件も満足する．

p.344 今や薄い対称翼型の揚力係数を計算するところにいる．翼型まわりの全循環は，

$$\Gamma = \int_0^c \gamma(\xi)\,d\xi \tag{4.28}$$

である．式 (4.20) および式 (4.22) を用いると，式 (4.28) は

$$\Gamma = \frac{c}{2}\int_0^\pi \gamma(\theta)\,\sin\theta\,d\theta \tag{4.29}$$

に変換される．式 (4.24) を式 (4.29) に代入すると，

$$\Gamma = \alpha c V_\infty \int_0^\pi (1+\cos\theta)\,d\theta = \pi\alpha c V_\infty \tag{4.30}$$

を得る．式 (4.30) を Kutta-Joukowski の定理に代入すると，単位翼幅あたりの揚力は

$$L' = \rho_\infty V_\infty \Gamma = \pi\alpha c \rho_\infty V_\infty^2 \tag{4.31}$$

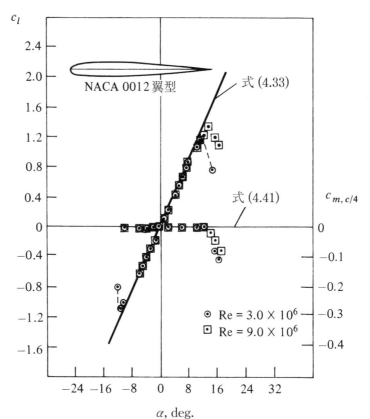

図 4.25 NACA 0012 翼型の揚力およびモーメント係数に関する理論と実験との比較 (出典：*Abbott and von Doenhoff*, 参考文献 *11*)

である．揚力係数は，

$$c_l = \frac{L'}{q_\infty S} \tag{4.32}$$

ここに，

$$S = c(1)$$

式 (4.31) を式 (4.32) に代入すると

$$c_l = \frac{\pi \alpha c \rho_\infty V_\infty^2}{\frac{1}{2}\rho_\infty V_\infty^2 c(1)}$$

すなわち，

$$\boxed{c_l = 2\pi\alpha} \tag{4.33}$$

および，

$$\boxed{\text{揚力傾斜 (lift slope)} = \frac{dc_l}{d\alpha} = 2\pi} \tag{4.34}$$

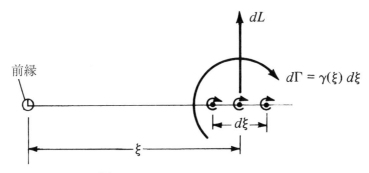

図 4.26 前縁回りのモーメントの計算

を得る．式 (4.33) および式 (4.34) は重要な結果である．すなわち，揚力係数は迎え角に線形的に比例するという理論結果を示している．そして，それは第 4.3 節で論議した実験結果がそれを支持している．これらの式は，また理論揚力傾斜が 2π rad^{-1}，すなわち 0.11 deg^{-1} に等しいことも示している．NACA 0012 対称翼型に関する実験揚力係数データが図 4.25 に与えられている．式 (4.33) が迎え角の広い範囲で c_l を正確に予測していることに注意すべきである．(NACA 0012 翼型は一般的に航空機の尾翼やヘリコプタの回転翼に使われている．)

前縁まわりのモーメントは次のように計算できる．図 4.26 に描かれているように，前縁から距離 ξ にある強さ $\gamma\,d\xi$ の要素渦を考える．この要素渦に関連した循環は $d\Gamma = \gamma(\xi)\,d\xi$ である．その結果，この要素渦による揚力増加 dL は $dL = \rho_\infty V_\infty d\Gamma$ である．この揚力増加は前縁まわりのモーメント $dM = -\xi(dL)$ を生じる．それゆえ，全渦面による前縁 (LE) まわりの (単位翼幅あたりの) 全モーメントは

$$M'_{\text{LE}} = -\int_0^c \xi(dL) = -\rho_\infty V_\infty \int_0^c \xi\,\gamma(\xi)\,d\xi \tag{4.35}$$

である．式 (4.20) および式 (4.22) を用いて式 (4.35) を変換し，積分を実行すると次式を得る (詳細は演習問題 4.4 に残しておく)．

$$M'_{\text{LE}} = -q_\infty c^2 \frac{\pi\alpha}{2} \tag{4.36}$$

モーメント係数は，

$$c_{m,\text{le}} = \frac{M'_{\text{LE}}}{q_\infty S c}$$

であり，ここで，$S = c(1)$ である．したがって，

$$c_{m,\text{le}} = \frac{M'_{\text{LE}}}{q_\infty c^2} = -\frac{\pi\alpha}{2} \tag{4.37}$$

しかしながら，式 (4.33) より

$$\pi\alpha = \frac{c_l}{2} \tag{4.38}$$

式 (4.37) と式 (4.38) を組み合わせると次式を得る．

$$\boxed{c_{m,\text{le}} = -\frac{c_l}{4}} \tag{4.39}$$

式 (1.22) から，1/4 翼弦長点まわりのモーメント係数は

$$c_{m,c/4} = c_{m,\text{le}} + \frac{c_l}{4} \tag{4.40}$$

式 (4.39) と式 (4.40) を組み合わせると

$$\boxed{c_{m,c/4} = 0} \tag{4.41}$$

を得る．第 1.6 節で，それまわりのモーメントがゼロの点を圧力中心 (center of pressure) とする定義が与えられている．明らかに，式 (4.41) は**対称翼型の圧力中心は** *1/4* **翼弦長点にある**という理論結果を示している．

第 4.3 節で与えられた定義により，モーメントが迎え角により変わらない翼型上の点は空力中心 (aerodynamic center) と呼ばれる．式 (4.41) から，1/4 翼弦長点まわりのモーメントはすべての α の値についてゼロである．したがって，対称翼型の場合，*1/4* **翼弦長点は圧力中心であり，かつ空力中心である**という理論結果を得るのである．

式 (4.41) における $c_{m,c/4} = 0$ なる理論結果は図 4.25 に与えられた実験データにより支持されている．また，$c_{m,c/4}$ の実験値は α の広い範囲で一定であること，したがって，このように実際の空力中心は本質的に 1/4 翼弦長点にあることを示していることに注意すべきである．

上の結果を要約しよう．薄翼理論の真髄は，Kutta の条件，$\gamma(TE) = 0$ を満足しながらキャンバー線を流れの流線にするような翼弦線に沿った渦面強さの分布を見つけることである．そのような渦分布は $\gamma(\xi)$ に関する式 (4.18) を解くか，または変換された独立変数 θ を用いて，$\gamma(\theta)$ に関する式 (4.23) を解くことにより得られる．[式 (4.23) は対称翼型について書かれたものであること思い起こすべきである．] 得られた対称翼型に関する渦分布 $\gamma(\theta)$ は式 (4.24) で与えられる．次に，この渦分布は，Kutta-Joukowski の定理に代入されると，p.347 次のような，対称翼型に関する重要な理論結果を与える．すなわち，

1. $c_l = 2\pi\alpha$

2. 揚力傾斜（lift slope）$= 2\pi$

3. 圧力中心，空力中心は共に前縁から 1/4 翼弦長点にある．

[例題 4.5]

迎え角が 5° である薄い平板を考える．(*a*) 揚力係数，(*b*) 前縁まわりのモーメント係数，(*c*) 1/4 翼弦長点まわりのモーメント係数，および (*d*) 後縁まわりのモーメント係数を計算せよ．

[解答]

第 4.7 節で得られた結果は，薄い対称翼型について表されているけれど，特に厚さゼロの平板に適用されることを思い出すべきである．
(*a*) 式 (4.33) から，

$$c_\ell = 2\pi\alpha$$

第4章 翼型を過ぎる非圧縮性流れ　　329

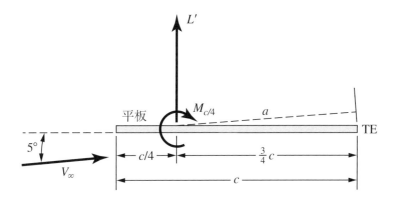

図4.27 迎え角5度における平板

そこで，α はラジアンで表されている．

$$\alpha = \frac{5}{57.3} = 0.0873 \text{ rad}$$

$$c_\ell = 2\pi(0.0873) = \boxed{0.5485}$$

(b) 式 (4.39) から，

$$c_{m,\ell_e} = -\frac{c_l}{4} = -\frac{0.5485}{4} = \boxed{-0.137}$$

(c) 式 (4.41) から，

$$c_{m,1/4} = \boxed{0}$$

(d) 図4.27 は平板翼に関する力とモーメント系を示す図である．1/4 翼弦長点まわりのモーメントとともに揚力を 1/4 翼弦長点に置く．p.348 これは平板翼に関する力とモーメント系を再現させている．力およびモーメント系は平板上の任意の点に働く揚力と，その点まわりのモーメントを与えることにより表すことができるという第1.6節における論議を思い出すべきである．ここで，便宜上揚力を 1/4 翼弦長点に置く．

揚力は V_∞ に垂直に働く．（式 (3.140) により与えられる Kutta-Joukowski の定理の一部は，循環 Γ に関係した力の方向は V_∞ に垂直であるということである．）図4.27 から，L' から後縁までのモーメントアームの長さは長さ a であり，ここに

$$a = \left(\frac{3}{4}c\right)\cos\alpha = \left(\frac{3}{4}c\right)\cos 5°$$

薄翼理論の仮定の1つは迎え角が小さいということであり，それゆえに cos $\alpha \approx 1$ と仮定できる．したがって，揚力の作用点から後縁までのモーメントアームは合理的に $\frac{3}{4}c$ により与えられる．（前に示した図4.26において，小さい α の仮定はすでに，このモーメントアームが平板に平行に描かれているので，事実上含まれていることに注意すべきである．）

図4.27 を調べると，後縁まわりのモーメントは

$$M'_{\text{te}} = \left(\frac{3}{4}c\right)L' + M'_{c/4}$$

$$c_{m,\text{te}} = \frac{M'_{\text{te}}}{q_\infty c^2} = \left(\frac{3}{4}c\right)\frac{L'}{q_\infty c^2} + \frac{M'_{c/4}}{q_\infty c^2}$$

$$c_{m,\text{te}} = \frac{3}{4}c_l + c_{m,c/4}$$

$c_{m,c/4} = 0$ であるので,次を得る.

$$c_{m,\text{te}} = \frac{3}{4}c_l$$

$$c_{m,\text{te}} = \frac{3}{4}(0.5485) = \boxed{0.411}$$

4.8 キャンバーのある翼型

キャンバーのある翼型に関する薄翼理論は第 4.7 節で論議した対称翼型の方法の一般化である.キャンバーのある翼型を取り扱うために,式 (4.18) に戻る.すなわち,

$$\frac{1}{2\pi}\int_0^c \frac{\gamma(\xi)d\xi}{x-\xi} = V_\infty\left(\alpha - \frac{dz}{dx}\right) \tag{4.18}$$

キャンバーのある翼型において,dz/dx は有限であり,これが,解析を $dz/dx = 0$ である対称翼型の場合より,より複雑にしている.もう一度式 (4.18) を式 (4.20) から式 (4.22) により変換すると,次式を得る.

$$\frac{1}{2\pi}\int_0^\pi \frac{\gamma(\theta)\sin\theta d\theta}{\cos\theta - \cos\theta_0} = V_\infty\left(\alpha - \frac{dz}{dx}\right) \tag{4.42}$$

p.349 式 (4.42) から $\gamma(\theta)$ に関する解を Kutta の条件 $\gamma(\pi) = 0$ のもとで得たいのである.そのような $\gamma(\theta)$ に関する解はキャンバー線を流れの流線とする.しかしながら,前と同じように,$\gamma(\theta)$ に関する式 (4.42) の厳密な解法は本書の範囲を越える.むしろ,その結果は以下のように表される.すなわち,

$$\gamma(\theta) = 2V_\infty\left(A_0\frac{1+\cos\theta}{\sin\theta} + \sum_{n=1}^\infty A_n \sin n\theta\right) \tag{4.43}$$

上の $\gamma(\theta)$ に関する式は対称翼型に関する式 (4.24) と良く似た第 1 項と係数 A_n のフーリエ正弦級数からなっていることに注意すべきである.A_n の値はキャンバー線の形状 dz/dx に依存し,そして,A_0 は以下に示すように,dz/dx と α の両方に依存する.

式 (4.43) の係数 A_0 および $A_n (n = 1, 2, \ldots)$ はキャンバー線が流れの流線であるように特定の値でなければならない.これらの特定の値を求めるために,式 (4.43) を式 (4.42) に代入すると,

$$\frac{1}{\pi}\int_0^\pi \frac{A_0(1+\cos\theta)d\theta}{\cos\theta - \cos\theta_0} + \frac{1}{\pi}\sum_{n=1}^\infty\int_0^\pi \frac{A_n \sin n\theta \sin\theta d\theta}{\cos\theta - \cos\theta_0} = \alpha - \frac{dz}{dx} \tag{4.44}$$

左辺第 1 項の積分は式 (4.26) で与えられる公式から計算される.残りの積分は参考文献 9 の付録 E に導かれているもう 1 つの公式から求められる.そして,その公式は以下に与えられる.

すなわち，

$$\int_0^\pi \frac{\sin n\theta \sin \theta d\theta}{\cos \theta - \cos \theta_0} = -\pi \cos n\theta_0 \tag{4.45}$$

したがって，式 (4.26) および式 (4.45) を用いると式 (4.44) は次のようになる．

$$A_0 - \sum_{n=1}^{\infty} A_n \cos n\theta_0 = \alpha - \frac{dz}{dx}$$

すなわち，

$$\frac{dz}{dx} = (\alpha - A_0) + \sum_{n=1}^{\infty} A_n \cos n\theta_0 \tag{4.46}$$

式 (4.46) は，薄翼理論の基礎式、式 (4.18)，の変換形である 式 (4.42) から直接得られたことに注意すべきである．

さらに，式 (4.18) は図 4.24 に描かれているように翼弦線に沿った，与えられた点 x で計算されることも思い出すべきである．したがって，式 (4.46) は，また，その与えられた点 x で計算される．すなわち，ここで，dz/dx と θ_0 は翼弦線上の同じ点 x のものである．また，dz/dx は θ_0 の関数であることをも思い出すべきである．ここに，式 (4.21) から $x = (c/2)(1 - \cos \theta_0)$ である．

式 (4.46) を詳しく見てみる．それは関数 dz/dx に関するフーリエ余弦級数の形式である．一般に，区間 $0 \leq \theta \leq \pi$ での関数 $f(\theta)$ のフーリエ余弦級数形は次式で表される．

$$f(\theta) = B_0 + \sum_{n=1}^{\infty} B_n \cos n\theta \tag{4.47}$$

p..350 ここに，フーリエ解析より，係数 B_0 および B_n は

$$B_0 = \frac{1}{\pi} \int_0^\pi f(\theta) d\theta \tag{4.48}$$

および

$$B_n = \frac{2}{\pi} \int_0^\pi f(\theta) \cos n\theta d\theta \tag{4.49}$$

により与えられる．(例えば，参考文献 6 の 271 ページを見よ．) 式 (4.46) において，関数 dz/dx は式 (4.47) で与えられる一般形の $f(\theta)$ に類似している．それゆえ，式 (4.48) および式 (4.49) から式 (4.46) の係数は

$$\alpha - A_0 = \frac{1}{\pi} \int_0^\pi \frac{dz}{dx} d\theta_0$$

すなわち

$$A_0 = \alpha - \frac{1}{\pi} \int_0^\pi \frac{dz}{dx} d\theta_0 \tag{4.50}$$

および

$$A_n = \frac{2}{\pi} \int_0^\pi \frac{dz}{dx} \cos n\theta_0 d\theta_0 \tag{4.51}$$

により与えられる．上式において，dz/dx は θ_0 の関数であること覚えておくべきである．式 (4.50) より A_0 は α とキャンバー線の形状 (dz/dx を介して) との両方に依存する，ところが式 (4.51) より A_n はキャンバー線の形状のみに依存することに注意すべきである．

ちょっと立ち止まり，これまでやってきたことについて考えてみる．ある与えられた迎え角 α における与えられた形状 dz/dx のキャンバーをもつ翼型を過ぎる流れを考えているのである．キャンバー線をこの流れの流線とするために，翼弦線に沿った渦面の強さは式 (4.43) により与えられる分布 $\gamma(\theta)$ を持たなければならない．そこで，係数 A_0 および A_n はそれぞれ，式 (4.50) および式 (4.51) により与えられる．また，式 (4.43) は Kutta 条件 $\gamma(\pi) = 0$ を満足することに注意すべきである．ある与えられた迎え角における，与えられた形状の翼型に関する A_0 と A_n の実際の数値は，単に，式 (4.50) および式 (4.51) に示された積分を実行することにより得られる．NACA 23012 翼型に適用されたそのような計算例に関して，本節の終わりにある例題 4.6 を見るべきである．また，$dz/dx = 0$ のとき，式 (4.43) は対称翼型に関する式 (4.24) になることに注意すべきである．したがって，対称翼型は式 (4.43) の特別な場合である．

さて，キャンバーのある翼型に関する空力係数の式を求めてみよう．前縁から後縁までの全渦面による総循環 Γ は

$$\Gamma = \int_0^c \gamma(\xi)d\xi = \frac{c}{2}\int_0^\pi \gamma(\theta)\sin\theta d\theta \tag{4.52}$$

$\gamma(\theta)$ に関する式 (4.43) を式 (4.52) に代入すると

$$\Gamma = cV_\infty \left[A_0 \int_0^\pi (1 + \cos\theta)d\theta + \sum_{n=1}^\infty A_n \int_0^\pi \sin n\theta \sin\theta d\theta \right] \tag{4.53}$$

を得る．p.351 積分公式集より，

$$\int_0^\pi (1+\cos\theta)d\theta = \pi$$

および

$$\int_0^\pi \sin n\theta \sin\theta d\theta = \begin{cases} \pi/2 & n=1 \\ 0 & n \neq 1 \end{cases}$$

したがって，式 (4.53) は

$$\Gamma = cV_\infty \left(\pi A_0 + \frac{\pi}{2}A_1\right) \tag{4.54}$$

となる．式 (4.54) から，単位翼幅あたりの揚力は

$$L' = \rho_\infty V_\infty \Gamma = \rho_\infty V_\infty^2 c\left(\pi A_0 + \frac{\pi}{2}A_1\right) \tag{4.55}$$

である．次に，式 (4.55) から次のような揚力係数が求まる．

第 4 章　翼型を過ぎる非圧縮性流れ

$$c_l = \frac{L'}{\frac{1}{2}\rho_\infty V_\infty^2 c(1)} = \pi(2A_0 + A_1) \tag{4.56}$$

式 (4.56) の係数 A_0 および A_1 は，それぞれ，式 (4.50) および式 (4.51) から計算されることを思い出すべきである．したがって，式 (4.56) は

$$\boxed{c_l = 2\pi\left[\alpha + \frac{1}{\pi}\int_0^\pi \frac{dz}{dx}(\cos\theta_0 - 1)\,d\theta_0\right]} \tag{4.57}$$

および

$$\boxed{\text{揚力傾斜 (Lift slope)} \equiv \frac{dc_l}{d\alpha} = 2\pi} \tag{4.58}$$

となる．

式 (4.57) および式 (4.58) は重要な結果である．対称翼型の場合と同じように，キャンバーのある翼型の理論揚力傾斜が 2π であることに注意すべきである．いかなる形状の翼型に関しても $dc_l/d\alpha = 2\pi$ であることが正に薄翼理論の一般的な結果なのである．しかし，c_l の式は対称翼型とキャンバーのある翼型とでは異なっている．そして，その差は式 (4.57) における積分項である．図 4.9 に戻る．それはある翼型の揚力係数曲線を示している．無揚力角を $\alpha_{L=0}$ と書き，そしてそれは負の値である．図 4.9 に示された幾何学的関係から，明らかに，

$$c_l = \frac{dc_l}{d\alpha}(\alpha - \alpha_{L=0}) \tag{4.59}$$

式 (4.58) を式 (4.59) に代入すると

$$c_l = 2\pi(\alpha - \alpha_{L=0}) \tag{4.60}$$

を得る．p.352 式 (4.60) と式 (4.57) を比較すると，式 (4.57) における積分項は明らかに，負の無揚力角であることがわかる．すなわち，

$$\boxed{\alpha_{L=0} = -\frac{1}{\pi}\int_0^\pi \frac{dz}{dx}(\cos\theta_0 - 1)\,d\theta_0} \tag{4.61}$$

したがって，式 (4.61) から，薄翼理論は無揚力角を計算する方法を与えてくれる．式 (4.61) は対称翼型に関しては $\alpha_{L=0} = 0$ を与えることに注意すべきである．そして，それは図 4.25 に示された結果と一致している．また，翼型のキャンバーを高くすればするほど $\alpha_{L=0}$ の絶対値が大きくなることにも注意すべきである．

図 4.26 に戻り，前縁まわりのモーメントを式 (4.43) の形式の $\gamma(\theta)$ を式 (4.35) の変換形に代入して求めることができる．この詳細は演習問題 4.9 のために残しておく．このモーメント係数の結果は

$$c_{m,\text{le}} = -\frac{\pi}{2}\left(A_0 + A_1 - \frac{A_2}{2}\right) \tag{4.62}$$

である．式 (4.56) を式 (4.62) に代入すると，

$$c_{m,\text{le}} = -\left[\frac{c_l}{4} + \frac{\pi}{4}(A_1 - A_2)\right] \tag{4.63}$$

を得る．$dz/dx = 0$ については $A_1 = A_2 = 0$ であり，式 (4.63) は対称翼型に関する式 (4.39) になることに注意すべきである．

1/4 翼弦長点まわりのモーメント係数は式 (4.63) を式 (4.40) に代入して得られる．

$$c_{m,c/4} = \frac{\pi}{4}(A_2 - A_1) \tag{4.64}$$

$c_{m,c/4} = 0$ である対称翼型と異なり，式 (4.64) は，キャンバーのある翼型の $c_{m,c/4}$ は有限であることを示している．したがって，キャンバーのある翼型の 1/4 翼弦長点は圧力中心ではない．しかし，A_2, A_1 はキャンバー線の形状にのみ依存し，迎え角には関係していないことに注意すべきである．従って，式 (4.64) から，$c_{m,c/4}$ は α によらない．それゆえ，キャンバーのある翼型の 1/4 翼弦長点は**空力中心の理論的な位置**である．

圧力中心の位置は式 (1.21) から求められる．すなわち，

$$x_{\text{cp}} = -\frac{M'_{\text{LE}}}{L'} = -\frac{c_{m,\text{le}}c}{c_l} \tag{4.65}$$

式 (4.63) を式 (4.65) に代入して，

$$x_{\text{cp}} = \frac{c}{4}\left[1 + \frac{\pi}{c_l}(A_1 - A_2)\right] \tag{4.66}$$

を得る．p..353 式 (4.66) はキャンバーのある翼型の圧力中心が揚力係数により変化することを示している．したがって，迎え角が変わると圧力中心も変化する．実際，揚力がゼロに近づくと x_{cp} は無限大方向へ移動する．すなわち，それは翼型から離れるのである．この理由のため，圧力中心は常に翼型の空気力系を定義する都合のよい点であるわけでない．むしろ，翼型に関する力–モーメント系は空力中心においてもっと都合よく考えることができる．（図 1.25 と翼型における力およびモーメント系の関係に関する第 1.6 節の末尾における論議に戻るべきである．）

[例題 4.6]

NACA 23012 翼型を考える．この翼型の平均キャンバー線は

$$\frac{z}{c} = 2.6595\left[\left(\frac{x}{c}\right)^3 - 0.6075\left(\frac{x}{c}\right)^2 + 0.1147\left(\frac{x}{c}\right)\right] \qquad 0 \le \frac{x}{c} \le 0.2025$$

および

$$\frac{z}{c} = 0.02208\left(1 - \frac{x}{c}\right) \qquad 0.2025 \le \frac{x}{c} \le 1.0$$

第4章 翼型を過ぎる非圧縮性流れ

により与えられる．(a) 無揚力角，(b) $\alpha = 4°$ のときの揚力係数，(c) 1/4 翼弦長点まわりのモーメント係数，および (d) $\alpha = 4°$ のとき，x_{cp}/c の形式の圧力中心の位置を計算せよ．これらの結果と実験データを比較せよ．

[解答]

dz/dx が必要である．与えられた平均キャンバー線の形状から，これは

$$\frac{dz}{dx} = 2.6595\left[3\left(\frac{x}{c}\right)^2 - 1.215\left(\frac{x}{c}\right) + 0.1147\right] \qquad 0 \leq \frac{x}{c} \leq 0.2025$$

および

$$\frac{dz}{dx} = -0.02208 \qquad 0.2025 \leq \frac{x}{c} \leq 1.0$$

である．x から θ に変換すると，ここに，$x = (c/2)(1 - \cos\theta)$ であるから，

$$\frac{dz}{dx} = 2.6595\left[\frac{3}{4}(1 - 2\cos\theta + \cos^2\theta) - 0.6075(1 - \cos\theta) + 0.1147\right]$$

すなわち $\quad = 0.6840 - 2.3736\cos\theta + 1.995\cos^2\theta \qquad 0 \leq \theta \leq 0.9335$ rad

および $\quad = -0.02208 \qquad 0.9335 \leq \theta \leq \pi$

を得る．

(a) 式 (4.61) から，

$$\alpha_{L=0} = -\frac{1}{\pi}\int_0^\pi \frac{dz}{dx}(\cos\theta - 1)\,d\theta$$

(注：簡単のために，θ から添字ゼロを落としている．すなわち，式 (4.61) において，θ_0 は積分変数である．すなわち，まさにそれもまた積分変数 θ として表すことができるのである．) dz/dx の式を式 (4.61) に代入すると，

$$\alpha_{L=0} = -\frac{1}{\pi}\int_0^{0.9335}(-0.6840 + 3.0576\cos\theta - 4.3686\cos^2\theta + 1.995\cos^3\theta)\,d\theta$$

$$-\frac{1}{\pi}\int_{0.9335}^\pi (0.02208 - 0.02208\cos\theta)\,d\theta \qquad\qquad \text{(E.1)}$$

を得る．積分公式集から，

$$\int \cos\theta\,d\theta = \sin\theta$$

$$\int \cos^2\theta\,d\theta = \frac{1}{2}\sin\theta\cos\theta + \frac{1}{2}\theta$$

$$\int \cos^3\theta\,d\theta = \frac{1}{3}\sin\theta(\cos^2\theta + 2)$$

であることがわかる．したがって，式 (E.1) は

$$\alpha_{L=0} = -\frac{1}{\pi}\left[-2.8683\theta + 3.0576\sin\theta - 2.1843\sin\theta\cos\theta \right.$$
$$\left. +0.665\sin\theta\left(\cos^2\theta + 2\right)\right]_0^{0.9335}$$
$$-\frac{1}{\pi}\left[0.02208\theta - 0.02208\sin\theta\right]_{0.9335}^{\pi}$$

となる．ゆえに，

$$\alpha_{L=0} = -\frac{1}{\pi}(-0.0065 + 0.0665) = -0.0191 \text{ rad}$$

すなわち，

$$\boxed{\alpha_{L=0} = -1.09°}$$

(b) $\alpha = 4° = 0.0698$ rad

式 (4.60) から，

$$c_l = 2\pi\left(\alpha - \alpha_{L=0}\right) = 2\pi(0.0698 + 0.0191) = \boxed{0.559}$$

(c) $c_{m,c/4}$ の値は式 (4.64) から求められる．このためには 2 つの Fourier 係数 A_1 と A_2 が必要である．式 (4.51) から，

$$A_1 = \frac{2}{\pi}\int_0^\pi \frac{dz}{dx}\cos\theta d\theta$$

$$A_1 = \frac{2}{\pi}\int_0^{0.0335}(0.6840\cos\theta - 2.3736\cos^2\theta + 1.995\cos^3\theta)d\theta$$
$$+\frac{2}{\pi}\int_{0.9335}^{\pi}(-0.02208\cos\theta)d\theta$$
$$= \frac{2}{\pi}\left[0.6840\sin\theta - 1.1868\sin\theta\cos\theta - 1.18680 + 0.665\sin\theta(\cos^2\theta + 2)\right]_0^{0.9335}$$
$$+\frac{2}{\pi}\left[-0.02208\sin\theta\right]_{0.9335}^{\pi}$$
$$= \frac{2}{\pi}(0.1322 + 0.0177) = 0.0954$$

p.355 式 (4.51) から，

$$A_2 = \frac{2}{\pi}\int_0^\pi \frac{dz}{dx}\cos 2\theta d\theta = \frac{2}{\pi}\int_0^\pi \frac{dz}{dx}(2\cos^2\theta - 1)d\theta$$
$$= \frac{2}{\pi}\int_0^{0.9335}\left(-0.6840 + 2.3736\cos\theta - 0.627\cos^2\theta\right.$$
$$\left. -4.747\cos^3\theta + 3.99\cos^4\theta\right)d\theta$$
$$+\frac{2}{\pi}\int_{0.9335}^{\pi}(0.02208 - 0.0446\cos^2\theta)d\theta$$

注：
$$\int \cos^4\theta d\theta = \frac{1}{4}\cos^3\theta\sin\theta + \frac{3}{8}(\sin\theta\cos\theta + \theta)$$

それゆえ，
$$\begin{aligned}A_2 &= \frac{2}{\pi}\left\{-0.6840\theta + 2.3736\sin\theta - 0.628\left(\frac{1}{2}\right)(\sin\theta\cos\theta + \theta)\right.\\ &\quad\left.-4.747\left(\frac{1}{3}\right)\sin\theta(\cos^2\theta + 2) + 3.99\left[\frac{1}{4}\cos^3\theta\sin\theta + \frac{3}{8}(\sin\theta\cos\theta + \theta)\right]\right\}_0^{0.9335}\\ &\quad + \frac{2}{\pi}\left[0.02208\theta - 0.0446\left(\frac{1}{2}\right)(\sin\theta\cos\theta + \theta)\right]_{0.9335}^{\pi}\\ &= \frac{2}{\pi}(0.11384 + 0.01056) = 0.0792\end{aligned}$$

式 (4.64) から，
$$c_{m,c/4} = \frac{\pi}{4}(A_2 - A_1) = \frac{\pi}{4}(0.0792 - 0.0954)$$

$$\boxed{c_{m,c/4} = -0.0127}$$

(d) 式 (4.66) から，
$$x_{\text{cp}} = \frac{c}{4}\left[1 + \frac{\pi}{c_l}(A_1 - A_2)\right]$$

したがって，
$$\frac{x_{\text{cp}}}{c} = \frac{1}{4}\left[1 + \frac{\pi}{0.559}(0.0954 - 0.0792)\right] = 0.273$$

実験データとの比較 NACA 23012 翼型のデータが図 4.28 に示されている．この図から次の表を得る．

	計算値	実験値
$\alpha_{L=0}$	$-1.09°$	$-1.1°$
c_l ($\alpha = 4°$ で)	0.559	0.55
$c_{m,c/4}$	-0.0127	-0.01

p.357 キャンバーをもつ翼型に関する薄翼理論による結果は実験データと非常に良く一致することに注意すべきである．対称翼型に関する薄翼理論と実験データとの良い一致はすでに図 4.25 で示されていたことを思い出すべきである．したがって，薄翼理論を展開するため本節で行ったすべてのことは確かに努力のしがいのあることである．さらに，このことは 1900 年代初期における薄翼理論の展開は理論空気力学における最高の成果の 1 つであり，そして，平均キャン

338 第2部　非粘性，非圧縮性流れ

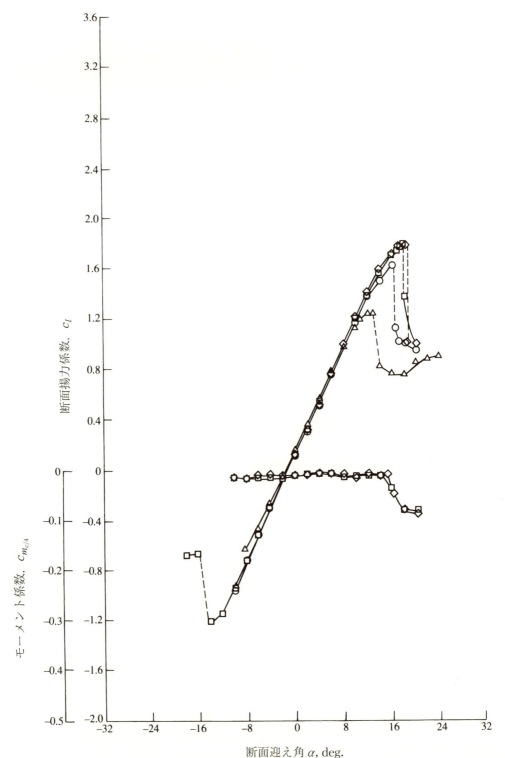

図 4.28 例題 4.6 で得られた理論結果と比較するための，NACA 23012 翼型に関する揚力およびモーメント係数データ p.356

バー線に沿って流れが接する条件で翼型の翼弦線を渦面で置き換える数学的方法が有効であることを示している．

これで古典的な薄翼理論の概論を終わる．図 4.7 のロードマップに戻ると，その右側の分枝部分を今や終えたのである．

4.9 空力中心：さらなる考察

空力中心の定義は第 4.3 節に与えられている．すなわち，それは，空気力学的に作りだされたモーメントが迎え角に無関係である物体上の点である．最初に考えると，そのような点が存在できるのを想像するのは難しい．しかしながら，図 4.11 のモーメント係数データ，それは迎え角に対して一定である，は空力中心の存在を実験的に証明している．さらに，第 4.7 節および第 4.8 節で導かれたように薄翼理論は，その理論に取り入れられた仮定の範囲内で，空力中心が実際に存在するだけでなく，それが翼型上の 1/4 翼弦長点にあることをも明確に示している．したがって，翼型に関する力とモーメント系を記述する 3 つの異なった方法が図 1.24 に示されている．ここで第 4 の方法，すなわち，空力中心に働く揚力と抵抗，そして空力中心まわりのモーメントの値を与える方法を追加できる．これが図 4.29 に描かれている．

大部分の通常翼型に関して，空力中心は 1/4 翼弦長点の近くにはあるが，必ずしも厳密にそこにあるわけではない．[p.358] 揚力係数曲線と任意点まわりで測定されたモーメント係数曲線のデータが与えられるならば，次のように空力中心の位置を計算できる．図 4.30 に示されるように，1/4 翼弦長点に関して取られた揚力とモーメントの系を考える．前縁から計った空力中心の位置を $c\bar{x}_{ac}$ とする．ここで，$\bar{x}_{ac}$ は翼弦長 c で割った空力中心の位置である．図 4.30 に ac と記された空力中心まわりにモーメントを取ると，

$$M'_{ac} = L'(c\bar{x}_{ac} - c/4) + M'_{c/4} \tag{4.67}$$

式 (4.67) を $q_\infty Sc$ で割ると，次を得る．

$$\frac{M'_{ac}}{q_\infty Sc} = \frac{L'}{q_\infty S}(\bar{x}_{ac} - 0.25) + \frac{M'_{c/4}}{q_\infty Sc}$$

すなわち，

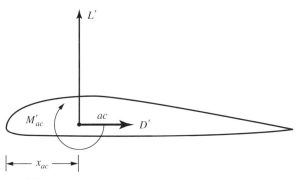

図 4.29 揚力，抵抗および空力中心まわりのモーメント

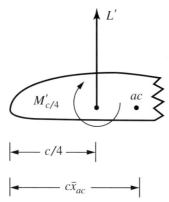

図 4.30 1/4 翼弦長点に関する揚力とモーメント系および空力中心位置を求めるための図

$$c_{m,ac} = c_l\,(\bar{x}_{ac} - 0.25) + c_{m,c/4} \tag{4.68}$$

を得る．式 (4.68) を迎え角 α に関して微分すると

$$\frac{dc_{m,ac}}{d\alpha} = \frac{dc_l}{d\alpha}(\bar{x}_{ac} - 0.25) + \frac{dc_{m,c/4}}{d\alpha} \tag{4.69}$$

を得る．しかしながら，式 (4.69) において，$dc_{m,ac}/d\alpha$ は空力中心の定義によりゼロである．それゆえ，式 (4.69) は

$$0 = \frac{dc_l}{d\alpha}(\bar{x}_{ac} - 0.25) + \frac{dc_{m,c/4}}{d\alpha} \tag{4.70}$$

となる．失速角以下の翼型に関して，揚力係数およびモーメント係数曲線の傾きは一定である．これらの傾きを

$$\frac{dc_l}{d\alpha} \equiv a_0 : \quad \frac{dc_{m,c/4}}{d\alpha} \equiv m_0$$

と書くとすると，p.359 式 (4.70) は次のようになる．

$$0 = a_0\,(\bar{x}_{ac} - 0.25) + m_0$$

すなわち，

$$\boxed{\bar{x}_{ac} = -\frac{m_0}{a_0} + 0.25} \tag{4.71}$$

したがって，式 (4.71) は，線形の揚力およびモーメント曲線，すなわち，a_0 と m_0 が固定された値である物体に関して，空力中心は翼型上の固定点として存在することを証明している．さらに，式 (4.71) によりこの点の位置の計算ができる．

[例題 4.7]

例題 4.6 で調べた NACA 23012 翼型を考える．この翼型の実験データは図 4.28 にプロットされており，また，参考文献 11 から得られる．それは，$\alpha = 4°$ において，$c_l = 0.55$ および

第4章 翼型を過ぎる非圧縮性流れ

$c_{m,c/4} = -0.005$ であることを示している．無揚力角は $-1.1°$ である．また，$\alpha = -4°$ において，$c_{m,c/4} = -0.0125$ である．(例題 4.6 の最後のところで表に載せてある"実験"値，$c_{m,c/4} = -0.01$ はある迎え角範囲における平均値であることに注意すべきである．薄翼理論から計算された $c_{m,c/4}$ の値は，1/4 翼弦長点が空力中心であることを述べているので，例題 4.6 において，計算された $c_{m,c/4}$ をある迎え角範囲で平均化された実験値と比較することは理にかなっている．しかしながら，本例題において，$c_{m,c/4}$ が実際には迎え角によって変化するのであるから，2 つの異なった迎え角における実際のデータを用いる．) この与えられた情報から，NACA 23012 翼型の空力中心の位置を計算せよ．

[解答]

$\alpha = 4°$ で $c_l = 0.55$ であり，$\alpha = -1.1°$ で $c_l = 0$ であるから，この揚力傾斜は

$$a_0 = \frac{0.55 - 0}{4 - (-1.1)} = 0.1078 \ \ 1/\text{degree}$$

モーメント係数曲線の傾きは，

$$m_0 = \frac{-0.005 - (-0.0125)}{4 - (-4)} = 9.375 \times 10^{-4} \ \ 1/\text{degree}$$

式 (4.71) から，

$$\bar{x}_{ac} = -\frac{m_0}{a_0} + 0.25 = -\frac{9.375 \times 10^{-4}}{0.1078} + 0.25 = \boxed{0.241}$$

この結果は Abbott と Von Doenhoff (参考文献 11) の 183 ページに記載されている測定値と厳密に一致している．

デザイン・ボックス

p.360 例題 4.7 の結果は NACA 23012 翼型の空力中心が 1/4 翼弦長点の前方にはあるがそれに非常に近い位置にあることを示している．いくつかの他の翼型系列について，空力中心は 1/4 翼弦長点の後方にあるが同様にその近くに存在する．ある与えられた翼型系列に関して，空力中心の位置は，図 4.31 に示されるように，翼厚に依存する．NACA 230XX 系列の翼厚による $\bar{x}_{ac}$ の変化は図 4.31a に与えられている．ここで，空力中心は 1/4 翼弦長点の前方にあり，翼型の厚さが増加するにしたがって漸次さらに前方となる．対照的に，NACA 64-2XX 系列の翼厚による $\bar{x}_{ac}$ の変化は図 4.31b に与えられている．ここで，空力中心は 1/4 翼弦長点の後方にあり，翼型の厚さが増加するにしたがって漸次さらに後方となる．

純粋に空気力学的観点から，空力中心の存在は興味あることである．しかし，図 4.29 に示されるように，空力中心に揚力と抵抗を置き，M'_{ac} の値を与えることにより翼型に関する力とモーメント系を表すことは，図 1.25 に示されるように翼型上の他の任意の点に揚力と抵抗を置き，その点で M' の値を与えることと比べてもそれ以上の有用性はない．しかしながら，飛

行力学，そして，特に飛行ビークルの安定性と操縦性を考える場合において，空力中心に揚力と抵抗を置き，そのまわりのモーメントを扱うことは特に都合がよい．飛行ビークルのM_{ac}が迎え角に無関係であるという事実は安定および操縦特性の解析を簡単にする．そして，それゆえに，空力中心を用いることが飛行機設計において重要になるのである．その設計の過程において，飛行機の様々な構成要素(主翼，尾翼，胴体等)の空力中心がどこに位置するかを，とりわけ飛行ビークル全体の空力中心の位置を知ることは重要である．第4.9節で空力中心に関して特に取り上げたのはこの理由によるのである．飛行機の安定性および操縦性概論に関して，本著者の著書，*Introduction to Flight, 5th editon*, McGraw-Hill, Boston, 2005 の第7章を見るとよい．空力中心に関するもっと詳しいことや，飛行機設計におけるその利用については本著者の別の著書，*Aircraft Performance and Design*, McGraw-Hill, Boston, 1999 を見るとよい．

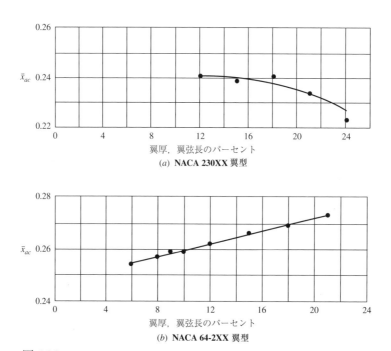

図 4.31 翼厚による空力中心の位置変化 (*a*) NACA 230XX 翼型 (*b*) NACA 64-2XX 翼型

4.10 任意物体を過ぎる揚力流れ:渦パネル法

第4.7および4.8節において説明した薄翼理論は，それが表しているそのものである．すなわち，それは小さな迎え角における薄い翼型にのみ適用されるのである．(読者は薄翼理論を展開する際，これらの仮定がどこでなされ，これらの仮定を行う理由を正確に理解していることを確かめるべきである．) 薄翼理論の利点は空力係数に関して閉じた形の式が得られることである．さらに，その結果は翼厚比がおよそ12パーセントまたはそれ以下の翼型に関して実験値と良好な一致を示す．しかしながら，多くの低速の飛行機に使われている翼型は12パーセント

よりも厚い．さらに，我々は，しばしば，離陸や着陸の際に生じるような，高迎え角に興味がある．最終的に，我々はときどき自動車または潜水艦のような飛行機以外の物体に働く揚力の生成を問題にする．したがって，空気力学的応用のすべての面を考えると，薄翼理論は非常に制限されたものである．任意の形状，厚さ，そして方向をもつ物体の空気力学的特性を計算できる方法が必要となる．そのような1つの方法が本節で説明される．特に，渦パネル法を取り扱う．これは1970年代初期の頃以来広く用いられてきた数値解法である．図4.7の本章のロードマップを見ると，今度は左側の分枝部分に移動するのである．また，本章は翼型を取り扱っているので，2次元物体に限定する．

渦パネル法は第3.17節で述べられたわき出しパネル法と直接的に類似している．しかしながら，わき出しは循環がゼロであるので，わき出しパネルは揚力の無い場合にのみ有用である．対照的に，渦は循環を持っている．そして，それゆえ，渦パネルは揚力のある場合に用いることができるのである．(わき出しパネル法と渦パネル法との間の類似性から，さらに先に進む前に第3.17節へ戻り，そして，わき出しパネル法の基本的な考え方を復習すべきである．)

物体表面を流線とするような強さの渦面で物体表面を覆うという考え方が第4.4節において論議された．その次に，図4.16に示されるように，翼型のキャンバー線上に渦面を置くことによりこの考え方を簡単化し，こうして，薄翼理論の基礎を確立した．ここで，図4.15に示されるように，物体の全表面を渦面で覆うという最初の考え方へ戻ることとする．p.362 物体表面が流れの流線となるような $\gamma(s)$ を見つけたいのである．$\gamma(s)$ に関して閉じた形の解析解は存在しない．それで，むしろ，その解を数値的に求めなければならない．これが渦パネル法の目的である．

前に図3.40で示されたように，一連の直線パネルにより図4.15に示される渦面を近似する．(第3章において，図3.40がわき出しパネルを論議するために用いられた．それで，ここでは，同じ図を渦パネルの論議に用いる．) 単位長さあたりの渦面強さ $\gamma(s)$ は与えられたパネル上では一定とするが，パネルから次のパネルで変化してもよいとする．すなわち，図3.40に示される n 個のパネルの場合，単位長さあたりの渦パネル強さは $\gamma_1, \gamma_2, \ldots, \gamma_j, \ldots, \gamma_n$ である．これらのパネル強さは未知数である．すなわち，パネル法の主たる要点は，物体表面が流れの流線となり，また Kutta の条件が満足されるような $j = 1$ から n の γ_j について解くことである．第3.17節で説明されたように，それぞれのパネルの中点は，境界条件が適用されるコントロール・ポイント (control point) である．すなわち，どのコントロール・ポイントにおいても，流れの速度の法線成分はゼロである．

P を流れの中における (x, y) にある点とする．そして，図3.40に示されるように，r_{pj} を j 番目パネル上の任意点から P への距離とする．半径 r_{pj} は x 軸に対して角度 θ_{pj} をなす．j 番目パネルにより P に誘導される速度ポテンシャル，$\Delta \phi_j$ は式 (4.3) から，

$$\Delta \phi_j = -\frac{1}{2\pi} \int_j \theta_{pj} \gamma_j ds_j \tag{4.72}$$

である．式 (4.72) において，γ_j は j 番目パネル上で一定であり，その積分は j 番目パネル上のみで行われる．角度 θ_{pj} は

$$\theta_{pj} = \tan^{-1} \frac{y - y_j}{x - x_j} \tag{4.73}$$

により与えられる．次に，すべてのパネルによる P での速度ポテンシャルは式 (4.72) をすべて

のパネルについて総計したものである．すなわち，

$$\phi(P) = \sum_{j=1}^{n} \Delta\phi_j = -\sum_{j=1}^{n} \frac{\gamma_j}{2\pi} \int_j \theta_{pj} ds_j \tag{4.74}$$

点 P は流れにおける任意の点であるので，P を図 3.40 に示される i 番目パネルのコントロール・ポイントに置くとする．このコントロール・ポイントの座標は (x_i, y_i) である．それゆえ，式 (4.73) と式 (4.74) は

$$\theta_{ij} = \tan^{-1} \frac{y_i - y_j}{x_i - x_j}$$

および，

$$\phi(x_i, y_i) = -\sum_{j=1}^{n} \frac{\gamma_j}{2\pi} \int_j \theta_{ij} ds_j \tag{4.75}$$

となる．式 (4.75) は物理的に i 番目パネルのコントロール・ポイントにおける速度ポテンシャルへの全パネルの寄与である．

p.363　これらのコントロール・ポイントにおいて，速度の法線成分はゼロである．すなわち，この速度は一様流速度とすべての渦パネルによって誘導された速度との重ね合わせである．i 番目パネルに垂直な V_∞ の成分は式 (3.148) により与えられる．すなわち，

$$V_{\infty,n} = V_\infty \cos\beta_i \tag{3.148}$$

渦パネルにより (x_i, y_i) に誘起される速度の垂直方向成分は

$$V_n = \frac{\partial}{\partial n_i}\left[\phi(x_i, y_i)\right] \tag{4.76}$$

である．式 (4.75) と式 (4.76) を結びつけると

$$V_n = -\sum_{j=1}^{n} \frac{\gamma_j}{2\pi} \int \frac{\partial \theta_{ij}}{\partial n_i} ds_j \tag{4.77}$$

を得る．ここに総和は全パネルについてである．i 番目パネルのコントロール・ポイントにおける流れの速度の法線成分は自由流によるもの [式 (3.148)] と渦パネルによるもの [式 (4.77)] との和である．境界条件はこの和がゼロでなければならないと述べている．すなわち，

$$V_{\infty,n} + V_n = 0 \tag{4.78}$$

式 (3.148) と式 (4.77) を式 (4.78) に代入すると，

$$V_\infty \cos\beta_i - \sum_{j=1}^{n} \frac{\gamma_j}{2\pi} \int_j \frac{\partial \theta_{ij}}{\partial n_i} ds_j = 0 \tag{4.79}$$

を得る．式 (4.79) が渦パネル法の核心である．式 (4.79) における積分の値は単純にパネルの幾何学的形状に依存する．すなわち，それらは流れのもつ特性ではない．J_{ij} をコントロール・ポイントが i 番目パネルにあるときのこの積分の値とする．したがって，式 (4.79) は

第 4 章 翼型を過ぎる非圧縮性流れ

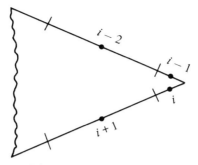

図 4.32 後縁における渦パネル

$$V_\infty \cos\beta_i - \sum_{j=1}^{n} \frac{\gamma_j}{2\pi} J_{ij} = 0 \tag{4.80}$$

と書ける．式 (4.80) は n 個の未知数，$\gamma_1, \gamma_2, \ldots, \gamma_n$ に関する線形代数方程式である．それは i 番目パネルのコントロール・ポイントにおいて評価される流れの境界条件を表している．もし，式 (4.80) をすべてのパネルのコントロール・ポイントに適用すると，n 個の未知数をもつ n 個の線形方程式の系を得る．

この点まで，意図的に第 3.17 節で与えられたわき出しパネル法に沿って論議を進めてきた．しかしながら，その類似性はここで終わりである．わき出しパネル法の場合，n 個の未知わき出し強さに関する n 個の方程式は簡単に解け，そして，揚力を持たない物体を過ぎる流れを与える．対照的に，渦パネルによる揚力がある場合，すべてのパネルに適用される式 (4.80) により与えられる n 個の方程式に加え，さらに Kutta 条件を満足しなければならない．これはいくつかの方法で行える．例えば，図 4.32 を考える．そして，その図は後縁における渦パネル配置を詳しく示している．それぞれのパネル長さは p.364 異なってもよいことに注意すべきである．すなわち，それらの長さやその物体上の分布は任意である．後縁における 2 つのパネル (図 4.32 の i および $i-1$ 番目パネル) は非常に小さいとする．Kutta の条件は後縁で**厳密**に適用され，それは $\gamma(TE) = 0$ により与えられる．これを数値的に近似するために，もし，コントロール・ポイント i および $i-1$ が後縁に十分近ければ，

$$\gamma_i = -\gamma_{i-1} \tag{4.81}$$

と書ける．そうすると，2 つの渦パネル，パネル i とパネル $i-1$ の渦面強さは，それらが後縁において接する点で厳密に相殺する．したがって，Kutta の条件を流れの解に課すために，式 (4.81) (あるいは等価な式) が含まれなければならない．すべてのパネルで計算される式 (4.80) と式 (4.81) は $n+1$ 個の式をもつ n 個の未知数の**過剰決定系** (overdetermined system) を構成していることに注意すべきである．それゆえ，確定系を得るために，式 (4.80) を物体上のコントロール・ポイントの一つで計算しない．すなわち，コントロール・ポイントの一つを無視するために選択し，式 (4.80) をそれ以外の $n-1$ 個のコントロール・ポイントで計算するのである．これと，式 (4.81) と組み合わせて，今や n 個の未知数をもつ n 個の線形代数方程式の系を得られ，それは標準的な方法で解けるのである．

この段階において，概念的に，物体表面を流れの流線にし，かつ，Kutta の条件を満足する $\gamma_1, \gamma_2, \ldots, \gamma_n$ の値を得たことになる．次に，物体表面に接する流れの速度は γ から直接求めら

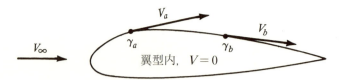

図 4.33 内部の速度がゼロである中実物体としての翼型

れる．このことをもっと明確に理解するために，図 4.33 に示される翼型を考える．翼型外部と翼型表面の流れのみに関心がある．それゆえ，図 4.33 に示されるように，速度を物体内部のすべての点でゼロとする．特に，翼型表面上の渦面のすぐ内側の速度はゼロである．p.365 これは式 (4.8) で $u_2 = 0$ に対応する．したがって，この渦面のすぐ外側の速度は，式 (4.8) から，

$$\gamma = u_1 - u_2 = u_1 - 0 = u_1$$

である．式 (4.8) において，u は渦面に平行な速度を表している．図 4.33 に示された図に従えば，点 a で $V_a = \gamma_a$ を，点 b では $V_b = \gamma_b$，等を得る．それゆえ，**翼型表面に接する局所速度は γ の局所の値に等しい**．次に，局所圧力分布は Bernoulli の式から求められる．

全循環とそれによる揚力は次のように求められる．s_j を j 番目パネルの長さとする．そうすると，j 番目パネルによる循環は $\gamma_j s_j$ である．その結果，すべてのパネルによる全循環は

$$\Gamma = \sum_{j=1}^{n} \gamma_j s_j \tag{4.82}$$

である．したがって，単位翼幅あたりの揚力は次式から得られる．

$$L' = \rho_\infty V_\infty \sum_{j=1}^{n} \gamma_j s_j \tag{4.83}$$

本節で示したことは渦パネル法の一般的な概要のみである．今日用いられている渦パネル法には多くの種類がある．それで，特に，それは 1970 年からの *AIAA Journal* および *Journal of Aircraft* に掲載されているので，読者に新しい論文を読むことを勧める．本節で述べた渦パネル法は，与えられた渦パネル上で一定値の γ を仮定しているので，"1 次オーダー" と言われている．これはわかりやすいように見えるが，実際の数値計算を行う際にはしばしば困難が伴う．例えば，ある与えられた物体に関する結果は，用いられるパネルの数，大きさ，そして，パネ

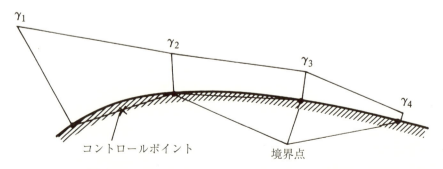

図 4.34 2 次オーダーパネル法：各パネルでの γ の線形変化

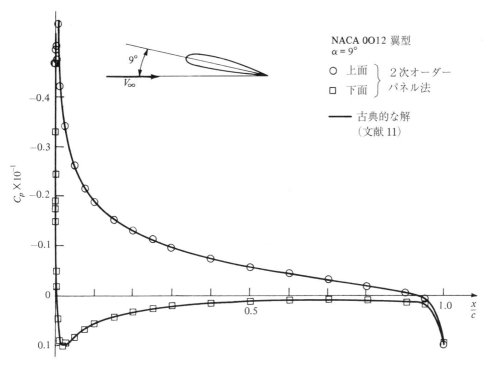

図 4.35 NACA 0012 翼型上の圧力係数分布：2 次オーダーパネル法と参考文献 11 の NACA 理論結果との比較 (パネル法による結果は著者の大学院生のひとり，Dr. Tae-Hwan Cho により得られた)

ルを物体表面に分布させる方法により影響を受ける　(すなわち，通常，翼型の前縁と後縁近傍に多数の小さなパネルを配置し，その中間部にはそれよりも少ない，大きめのパネルを配置するのが有利である)．n 個の未知数に対して n 個の方程式の確定系を得るために，コントロール・ポイントの一つを無視する必要性は，また，数値解法にある程度の任意性を導入することになる．どのコントロール・ポイントを無視するのか．異なった選択は，しばしば，表面の γ 分布に関して異なった数値解を生じるのである．さらに，得られる γ の数値分布が必ずしもいつも滑らかであるわけではなく，むしろ，数値的な誤差の結果として，パネルで変わる振動的な分布をもつ．上で述べた問題は，通常，実用に供するために比較的高度なパネル法のプログラムを開発した異なるグループにより異なった方法で解決されている．例として，今日，より一般的である方法は，パネル解法にわき出しと渦パネル (基本的に翼型の厚さを表すためのわき出しパネルと循環を導入するための渦パネル) の両方の組み合わせを用いるものである．この組み合わせはまさに論議した実際上の数値的な問題のいくつかを緩和するのに役立っている．再度，より多くの情報を得るために文献を調べることを勧める．

p.366 そのような精度に関する問題はまた，高次のパネル法の開発を促した．例として，"2 次オーダー" パネル法は，図 4.34 に描かれているように，与えられたパネル上で γ の線形 (linear) 変化を仮定する．ここで，それぞれのパネルの端における γ の値はそれの隣り合うパネルの値と一致する．そして，境界点 (boundary points) における $\gamma_1, \gamma_2, \gamma_3$ 等の値は解くべき未知数となる．流れが接するという境界条件は，また，前と同じように，各パネルのコントロール・ポイントに適用される．p.367 2 次オーダー渦パネル法を用いたいくつかの結果が図 4.35 に与えられている．そして，この図は迎え角 9° における NACA 0012 翼型の上面および下面の圧力係数

分布を示している．円および正方形の記号はMaryland大学で開発された2次オーダー渦パネル法による数値結果である．そして，実線は参考文献11に与えられているNACAの結果である．良好な一致が得られている．

再度，読者に，自分自身でパネル法による解法に着手する前に文献を調べることを勧める．例えば，参考文献14はパネル法に関する権威ある論文であり，参考文献15は，簡単な応用に関する実際のコンピュータプログラムのソースリストといっしょに多くのパネル法の基本的概念に力点を置き述べている．参考文献60は最近の論文を集めたものであり，その中のいくつかの論文は現在使われているパネル法を取り扱っている．最後に，KatzとPlotkin (参考文献67)はおそらく，これまででパネル法とそれらの基礎について最も包括的な論議を与えている．

4.11 現代の低速用翼型

標準NACA翼型の用語と空気力学的特性は第4.2および4.3節で論議されている．それで，これからさらに先に進む前に，読者の翼型のふるまいに関する知識を増強するために，特に，先に説明した翼型理論という照明を用いてこれらの節を復習すべきである．実際，本節の目的は第4.2および4.3節で論議された翼型の現代版続編を与えることにある．

1970年代にNASAは初期のNACAの翼型よりすぐれた性能の低速用翼型を設計した．標準NACA翼型はほとんど例外なく1930年代，および1940年代に得られた実験データにもとづいたものであった．対照的に，新NASA翼型は，粘性流れのふるまい(表面摩擦と流れのはく離)の数値的な予測とともに前節で論議したわき出しおよび渦パネル法と同様な数値手法を用いて電子計算機により設計された．それから，風洞試験が，計算機により設計された翼型を評価し，最終的な翼型特性を得るために行われた．この研究から，最初に，ジェネラル・アビエーション (general aviation)用のWhitcomb [GA(W)-1]翼型が出現した．それは，その後，LS(1)-0417と名称が変えられている．この翼型の形状は図4.36に与えられる．これは参考文献16から採られたものである．その翼型は前縁近くで通常発生する圧力係数のピークを平坦にするために大きな前縁半径(標準翼型の0.02c比べ，0.08c)を持っていることに注意すべきである．また，後縁近傍の下面が，キャンバーを増し，それにより後縁近傍における空力荷重を増加させるために尖った形状となっていることにも注意すべきである．これら2つの設計上の特徴は高い迎え角における翼型上面での流れのはく離を妨げるようにするもので，それにより，最大揚力係数のより高い値を生じるのである．実験により測定された(参考文献16からの)揚力およびモーメント特性が図4.37に与えられている．その図には，その実験値が，参考文献11から得られるNACA 2412の特性値と比較されている．NASA LS(1)-0417の$c_{l,\max}$がNACA2412のそれよりもかなり高いことに注意すべきである．

NASA LS(1)-0417翼型は最大翼厚が17パーセントで，設計揚力係数が0.4である．この翼型

図4.36 NASA LS(1)-0417翼型形状．最初に導入されたとき，この翼型はGA(W)-1と記された．この呼称は現在は破棄されている．(参考文献16による)

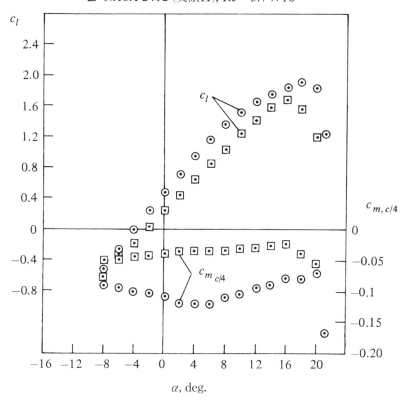

図 4.37 新しい NASA LS(1)-0417 翼型と標準 NACA 2412 翼型との比較

と同じキャンバー線を用いて，NASA はこの翼型を，例えば，NASA LS(1)-0409 や LS(1)-0413 のような，異なる翼厚の低速用翼型系列に拡張した．(詳しいことは参考文献 17 を見よ．) 同じ翼厚の標準 NACA 翼型と比較すると，これらの新しい LS(1)-04XX 翼型はすべて次の特徴をもつ．すなわち，

1. 約 30 パーセント高い $c_{l,max}$

2. 揚力係数が 1.0 での揚抗比 L/D が約 50 パーセント増加．$c_l = 1.0$ という値はジェネラル・アビエーション航空機での上昇時の典型的な揚力係数であり，L/D の高い値は上昇性能を大きく改善する．(p.369 飛行機性能概論と飛行機効率に及ぼす高い L/D の重要性については参考文献 2 を見よ．)

図 4.36 の翼型形状が第 11 章で論議する超臨界翼型 (supercritical airfoil) と非常に良く似ていることは興味深い．1965 年における NASA の空気力学者，Richard Whitcomb による超臨界翼型の開発はマッハ 1 近い，高亜音速域での翼型抵抗のふるまいに大きな改善をもたらした．超臨界翼型は高速空気力学におけるひとつの大きな技術躍進であった．最初 GA(W)-1 として導入された，図 4.36 に示される LS(1)-0417 低速翼型は超臨界翼型研究からの派生した翼型である．この NASA LS(1)-0417 翼型を最初に採用した量産飛行機は 1970 年後半に導入された Piper PA-38 Tomahawk であったことは興味深い．

要約すると，新翼型の開発は20世紀末の航空学においても生き残り，まだ健在である．さらに，純粋に実験的であった初期の翼型開発とは対照的に，現代では新しい翼型の設計にはパネル法や，先進的粘性流解法を用いる強力な計算機プログラムの恩恵に浴している．実際，1980年代において，NASA は Ohio 州立大学に公式の翼型設計センターを設立し，このセンターは翼型の設計や解析のために 30 を超す計算プログラムによりすべてのジェネラル・アビエーション飛行機製造会社の要求に応えている．そのような新低速翼型開発に関するこれ以上の情報については，参考文献 16 を読むことを強く勧める．その文献は参考文献 17 にある簡素な概説と同様に，これらの翼型を取り扱った極めて優れた最初の出版物である．

デザイン・ボックス

本章は翼型を過ぎる非圧縮性流れを取り扱っている．さらに，ここで論議された解析的な薄翼理論および数値的パネル法は**与えられた特定の形状の翼型**の空気力学的特性を計算するための手法である．そのような方法は**直接問題** (direct problem) と呼ばれている．そこでは物体の形状が与えられ，そして (例えば) 表面圧力分布が計算される．設計目的の場合，このプロセスをひっくり返すのが望ましい．すなわち，表面圧力分布，すなわち，より向上した翼型性能を達成できる圧力分布を指定し，その指定された圧力分布を生じる翼型の形状を計算することが望ましいのである．この方法は**逆問題** (inverse problem) と呼ばれる．高速デジタル計算機の出現や 1970 年代における計算流体力学という教科の同時的な興隆以前 (第 2.17.2 節を見よ) は，この逆問題の解析的な解法は困難であった．そしてそれは実際の飛行機設計者には用いられなかった．そのかわり，20 世紀以前やその間に設計された飛行機の大部分については，翼型形状の選択は (一番良くて) 適切な実験データや，(最悪では) 推測に基づいていたのである．この物語は参考文献 62 にいくらか詳しく述べられている．設計問題は 1930 年代初期に始まったいろいろな NACA 翼型系列の導入によって，より容易になった．これらの翼型の幾何学的設計に対して 1 つの論理的方法が用いられ，そして，(図 4.10, 図 4.11 および図 4.28 に示されるような) NACA 翼型に関する最も信頼のおける実験データが利用できるようになった．このことにより，20 世紀中期に設計された多くの飛行機は標準 NACA 翼型を用いたのである．今日でさえ，この NACA 翼型は，そのような翼型を用いた飛行機に関する，第 4.2 節の (完璧ではないが) 表に示されているように，しばしば，飛行機設計者の最も手近な選択肢である．

p.370 しかしながら，今日，計算流体力学 (CFD) の力は翼型設計とその解析に革命をもたらしている．逆問題，そして，その次の段階，すなわち，与えられた設計点における完全に最適化された翼型形状が得られる包括的な自動化された方法，が CFD により容易になりつつある．そのような研究の例が図 4.38 と図 4.39 に示されている．これらは Kyle Anderson と Daryl Bonhaus (参考文献 68) の最近の研究からのものである．ここでは，翼型設計の目的で圧縮性，粘性流れに関する連続，運動量，およびエネルギー方程式 (第 2.17.2 節で示した Navier-Stokes 方程式) の CFD 解法が実行されている．有限体積法と図 4.38 に示される格子を用い，この逆問題が解れている．翼型の上，

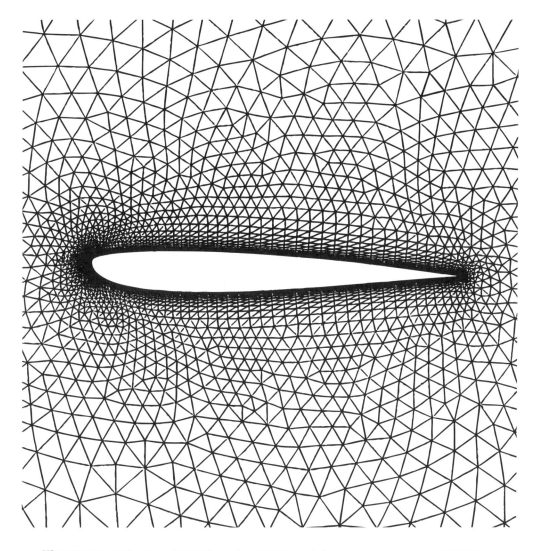

図 4.38 翼型を過ぎる流れの数値計算のための非構造格子 (出典：Anderson and Bonhous, 参考文献 68)

下面上の**指定された**圧力分布が図 4.39a における丸印で与えられている．この最適化法は反復法で，望ましい，指定された圧力分布ではないものから出発しなければならない．すなわち，初期分布は図 4.39a の実線の曲線で与えられている．そして，この初期圧力分布に対応した翼型形状が図 4.39b に実線の曲線で示されている．(図 4.39b において，縦軸のスケールを拡大しているので翼型形状がゆがんで見える．) 10 回の繰り返し計算の後，^{p.371} 図 4.39b の丸印で与えられるような，指定された圧力分布をもつ，最適化された翼型形状が得られる．また，初期翼型形状は図 4.38 に一定縮尺で示されている．

図 4.38 および図 4.39 に与えられる結果は，ここで，現代の翼型設計とその解析に関する特色を簡素に示すだけのために与えられている．これは将来の翼型設計法の方向を反映している．それで，読者に，この急速に発展している分野についてゆくために現代の文献を読むことを強く勧める．しかしながら，本章で論議された薄翼理論のより簡単な解析的方法，そして，特に，この理論の簡単で実用的な結果は，未来の設計者によっても使われるであろう方法という全体の**道具箱** (*toolbox*) の一部であり続ける

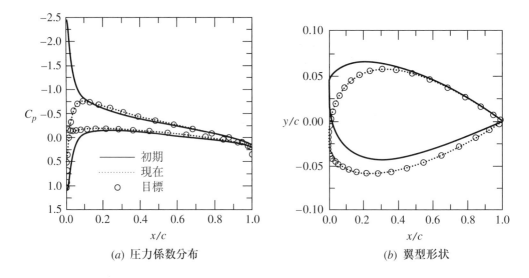

(a) 圧力係数分布　　　　　　　　(b) 翼型形状

図 4.39 計算流体力学を用いた翼型最適設計の例 (出典：*Anderson and Bonhaus*，参考文献 *68*)

ことを覚えておくべきである．薄翼理論に包含される基礎は空気力学の基礎の一部であり続け，そして，現代 CFD 手法のパートナーとして常にそこに存在し続けるであろう．

4.12　粘性流れ：翼型抵抗

　本節は第 1.11 節と同じ考え方における，もう 1 つの "独立した" 粘性流れに関する節である．それは本章の非粘性流れに関する論議の連続性を壊すものではない．すなわち，それは，むしろそれらを補間するように意図しているのである．さらに読み進む前に，読者には第 1.11 節に与えられている境界層に関する概要を復習することを勧める．

　翼型に働く揚力は，主にその表面に働く圧力分布による．すなわち，翼型に働くせん断応力分布は，揚力の方向に積分されると，通常無視できる．揚力は，したがって，後縁における Kutta の条件と共に非粘性流れを仮定して正確に計算される．抵抗を求めるときに，しかしながら，この同じ方法は抵抗がゼロという，常識に反する結果を与え，それは，2 次元物体を過ぎる非粘性流れに関してそのような抵抗計算を最初に行った，18 世紀フランスの数学者であり，科学者であった，Jean le Rond d'Alembert に因んで *d'Alembert* のパラドックスと呼ばれている (第 3.13 および 第 3.20 節を見よ)．

　p.372 このパラドックスは粘性 (摩擦) が流れに含まれるとすぐさま解消される．実際に，流れの粘性は翼型に働く空気抵抗のまったくの根源なのである．それは 2 つのメカニズムを通して働く．すなわち，

1. **表面摩擦抵抗** (*Skin-friction drag*)，表面に作用するせん断応力による (図 4.40*a*)，および

2. **流れのはく離による圧力抵抗** (*Pressure drag due to flow separation*)，時には**形状抵抗** (*form drag*) と呼ばれる (図 4.40*b*)．

第 4 章　翼型を過ぎる非圧縮性流れ

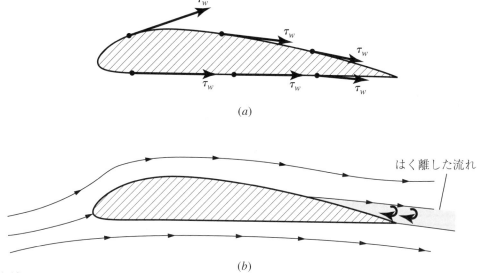

図 4.40 亜音速翼型抵抗は 2 つの成分による．すなわち，(a) 翼型表面に働くせん断応力と，(b) 流れのはく離による圧力抵抗

せん断応力が抵抗を作りだすということは図 4.40a から自明である．流れのはく離によって生じる圧力抵抗 (図 4.40b) はもっと捉えがたい現象であり，本節の終わりのほうで論議される．

4.12.1　表面摩擦抵抗の概算：層流

第 1 次近似として，翼型に働く表面摩擦抵抗は，図 4.41 に描かれているように，迎え角ゼロの平板に働く表面摩擦抵抗と本質的に同じであると仮定する．明らかに，この仮定は翼型がより薄く，そして，迎え角がより小さいほど正確になる．本章の後の部分との統一性をもたせるため，ひきつづき低速の非圧縮性流れを取り扱うことにする．

p.373 最初に，図 4.41 における翼型 (したがって，平板) 上で完全に層流 (laminar) である場合を取り扱う．平板上の層流境界層の流れに関する厳密解析解法が存在する．この解法の詳細は第 18.2 節で与えられる．そこでは，境界層理論をいくらか詳しく説明する．本節において，第 18.6 節の結果だけを用いることにする．

迎え角ゼロの平板上の非圧縮性層流に関する境界層厚さは式 (18.23) により与えられる．以下に式の番号を変え示す．すなわち，

$$\delta = \frac{0.5x}{\sqrt{\text{Re}_x}} \tag{4.84}$$

ここに，Re_x は前縁から測った距離 x を用いた Reynolds 数であり (図 4.42)，

$$\text{Re}_x = \frac{\rho_e V_\infty x}{\mu_\infty}$$

式 (4.84) から，$\delta \propto \sqrt{x}$，すなわち，境界層厚さは前縁からの距離にしたがい放物線的に厚くなることに注意すべきである．

図 4.41 翼型に働く表面摩擦抵抗を平板による推定

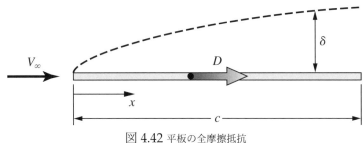

図 4.42 平板の全摩擦抵抗

局所せん断応力は，図 4.41 に示される平板の上および下面，両面にわたり積分されると，この平板に正味の摩擦抵抗，D_f を生じる．これが図 4.42 に描かれている．しかしながら，まず始めに，平板の上面または下面のどちらかの，1 つの表面のみを考えよう．上面のせん断応力分布は下面のそれと同じである．上面を選ぶことにする．この上面上でのせん断応力の積分はその面上に働くの正味の摩擦抵抗，$D_{f,\text{top}}$ を与える．明らかに，下面で積分されたせん断応力による正味の摩擦抵抗，$D_{f,\text{bottom}}$ は同じ値で，$D_{f,\text{bottom}} = D_{f,\text{top}}$ である．したがって，全表面摩擦抵抗，D_f は，

$$D_f = 2D_{f,\text{top}} = 2D_{f,\text{bottom}}$$

である．1 つの面を過ぎる流れについての表面摩擦抵抗係数を

$$C_f \equiv \frac{D_{f,\text{top}}}{q_\infty S} = \frac{D_{f,\text{bottom}}}{q_\infty S} \tag{4.85}$$

のように定義する．表面摩擦抵抗係数は Reynolds 数の関数であり，式 (18.22) により与えられ，以下に式の番号を変え示す．

$$C_f = \frac{1.328}{\sqrt{\text{Re}_c}} \tag{4.86}$$

ここに，Re_c は図 4.42 に示される翼弦長 c に基づく Reynolds 数

$$\text{Re}_c = \frac{\rho_\infty V_\infty c}{\mu_\infty}$$

である．

[例題 4.8]

NACA 2412 翼型を考える．そのデータは図 4.10 と図 4.11 に与えられている．翼弦長を基準とした 2 つの Reynolds 数についてのデータが与えられている．$\text{Re}_c = 3.1 \times 10^6$ の場合に関し，

次を計算せよ．すなわち，(a) 翼弦長 1.5 m の後縁における層流境界層厚さ，および，(b) この翼型の正味の層流表面摩擦抵抗係数．

[解答]
(a) 後縁，$x = c$ に適用した式 (4.84) から，

$$\delta = \frac{5.0c}{\sqrt{\text{Re}_c}} = \frac{(5.0)(1.5)}{\sqrt{3.1 \times 10^6}} = \boxed{0.00426 \text{ m}}$$

を得る．この境界層がいかに薄いかに注意すべきである．すなわち，境界層が最も厚い後縁において，境界層はわずか厚さ 0.426 cm である．
(b) 式 (4.86) から，

$$C_f = \frac{1.328}{\sqrt{\text{Re}_c}} = \frac{1.328}{\sqrt{3.1 \times 10^6}} = 7.54 \times 10^{-4}$$

上の結果は，平板の上面または下面のどちらか 1 つの平面に関する結果であることを思い出すべきである．両面を考慮すると，すなわち，

$$\text{正味 } C_f = 2(7.54 \times 10^{-4}) = \boxed{0.0015}$$

図 4.11 のデータから，$\text{Re} = 3.1 \times 10^6$ の迎え角ゼロにおいて，この翼型抵抗係数は 0.0068 である．この測定された値は今ちょうど例題で計算した値，0.0015 より約 4.5 倍高い．しかし，ちょっと待ってもらいたい．3.1×10^6 という比較的高い Reynolds 数に関して，翼型上の境界層は乱流 (turbulent) であって，層流ではない．それで，この層流計算は，この境界層厚さおよび翼型抵抗係数計算に関し，適切な計算ではない．次の段階へ進むことにする．

4.12.2 表面摩擦抵抗の概算：乱流

層流の場合と対照的に，乱流に関しては厳密な解析的解法は存在しない．この悲しい状況は第 19 章で論議される．いかなる乱流の解析にもある程度の実験データ (empirical data) を必要とする．すべての乱流の解析は近似的である．

平板上の乱流境界層の解析も例外ではない．第 19 章から，平板を過ぎる非圧縮性乱流に関する次のような結果を取り上げる．式 (19.1) から，以下に，式の番号を変え，p.375 示す．すなわち，

$$\delta = \frac{0.37x}{\text{Re}_x^{1/5}} \tag{4.87}$$

および，式 (19.2) から，以下に，式の番号を変え示す．すなわち，

$$C_f = \frac{0.074}{\text{Re}_c^{1/5}} \tag{4.88}$$

再度，式 (4.87) および式 (4.88) は単なる近似的な結果であり，それらは平板境界層に関する無数の異なる乱流解析のうちの単なる一つの組み合わせを表しているに過ぎないことを強調して

おく．それにもかかわらず，式 (4.87) および式 (4.88) は乱流に関する境界層厚さと表面摩擦係数を見積もるためのなかなか合理的な方法を与えている．層流の場合の Reynolds 数の平方根に逆比例する変化と対照的に，乱流の結果は Reynolds 数の 5 乗根の逆比例変化であることを示していることに注意すべきである．

[例題 4.9]

翼型上に乱流境界層を仮定して，例題 4.8 の計算を繰り返す．

[解答]

もう一度，この翼型を迎え角ゼロの平板で置き換える．

(a) $x = c$ $\text{Re}_x = \text{Re}_c = 3.1 \times 10^6$ である後縁における境界層厚さは式 (4.87) により与えられる．すなわち，

$$\delta = \frac{0.37x}{\text{Re}_x^{1/5}} = \frac{0.37(1.5)}{(3.1 \times 10^6)^{1/5}} = \boxed{0.0279 \text{ m}}$$

乱流境界層は後縁においてなおもまだ薄い，2.79 cm であるが，比較すると，例題 4.8 からの層流境界層厚さの 0.426 cm よりもかなり厚い．

(b) 表面摩擦抵抗係数 (平板の片面だけを基準としたもの) は式 (4.88) により与えられる．すなわち，

$$C_f = \frac{0.074}{\text{Re}_c^{1/5}} = \frac{0.074}{(3.1 \times 10^6)^{1/5}} = 0.00372$$

平板の上，下面両方を考慮した，正味の表面摩擦抵抗係数は，

$$\text{正味 } C_f = 2(0.00372) = \boxed{0.00744}$$

である．この結果は層流境界層の場合より 5 倍大きく，層流境界層による表面摩擦と比べ乱流境界層によるそれが非常に増加することの説明に役立っている．

例題 4.9 における表面摩擦抵抗係数に関する結果は測定された翼型の抵抗係数，0.0068 よりも大きい．この測定された翼型抵抗係数は p.376 表面摩擦抵抗と流れのはく離による圧力抵抗の和である．それで，この例題の結果は，明らかに，この翼型に関する表面摩擦抵抗を過大評価している．しかし，ちょっと待ってもらいたい．実際の場合，物体上の境界層は常に前縁からある距離まで，**層流境界層**として始まり，それから，前縁からのある下流点で乱流境界層へ遷移 (transition) する．表面摩擦抵抗は，それゆえに，翼型の前方部分における層流表面摩擦とその残りの部分における乱流表面摩擦の結合なのである．この状況を調べることにする．

4.12.3 遷移

第 4.12.1 節において，平板上の流れはすべて層流であると仮定した．同様に，第 4.12.2 において，すべて乱流であると仮定した．実際の場合，境界層流れは**常**に前縁から層流として始ま

る．それから，前縁の下流のある点で，層流境界層は不安定になり，小さな乱れの**破裂** (*bursts*) が流れの中に成長し始める．最終的に，**遷移領域** (*transition region*) と呼ばれるある領域を過ぎると，境界層は完全に乱流となる．解析のために，通常，図 4.43 に示される図を描く．その図において，層流境界層が平板の前縁から始まり，下流に向かって放物線的に発達する．それから，**遷移点** (*transition point*) において，それは下流側へ $x^{4/5}$ のオーダーという，より速い発達率で発達していく乱流境界層になる．遷移が生じる x の値は**臨界** (*critical*) 値，x_{cr} である．結果として，x_{cr} は遷移に関する**臨界 Reynolds 数** (*critical Reynolds number*) の定義を次のようにすることを可能とする．

$$\text{Re}_{x_{cr}} = \frac{\rho_\infty V_\infty x_{cr}}{\mu_\infty} \tag{4.89}$$

遷移は第 15.2 節でより詳しく論議される．層流から乱流への遷移現象に関する多くの論文が書かれてきた．明らかに，τ_w はこれらの 2 つの流れで異なっているので，すなわち，例題 4.8 と 例題 4.9 を比較することにより明確に説明されるように，遷移が表面のどこで生じるのかということを知ることは表面摩擦抵抗の正確な見積もりに不可欠である．遷移点位置 (現実的には，有限の領域) は第 15.2 節で論議されるように，多くの物理量に依存している．しかしながら，もし，臨界 Reynolds 数が (通常，与えられた物体を過ぎる与えられたタイプの流れに関する実験から) 与えられるなら，p.377 その流れに関する遷移の位置，x_{cr} を，その定義，式 (4.89) から直接計算することができる．

例として，50 m/s の一様流速度において流れの中に，与えられた表面荒さ (遷移位置に影響するファクターの 1 つ) をもつ翼型があるとし，遷移が前縁からどの程度離れて発生するのか見積もりたいと仮定する．そのような荒さをもつ表面を過ぎる低速流れに関する文献をくまなく調べた後，経験から決定された臨界 Reynolds 数は近似的に $\text{Re}_{x_{cr}} = 5 \times 10^5$ であることがわかるであろう．この経験値をこの問題に適用し，式 (4.89) を用い，また，標準海面に対応する熱力学的条件，ここに ρ_∞ = 1.23 kg/m^3 および μ_∞ = 1.879 × 10^{-5} kg/(m)(s) (第 1.11 節より) である，を仮定すると，

$$x_{cr} = \frac{\mu_\infty \text{Re}_{x_{cr}}}{\rho_\infty V_\infty} = \frac{(1.789 \times 10^{-5})(5 \times 10^5)}{(1.23)(50)} = 0.145 \text{ m}$$

を見出す．この例において，層流領域は前縁から，14.5 cm の前縁下流側に拡がっていることに注意すべきである．もし，今，自由流速度を 100 m/s と 2 倍にすると，この遷移点は，なおも，この臨界 Reynolds 数，$\text{Re}_{x_{cr}} = 5 \times 10^5$ により支配される．ゆえに，

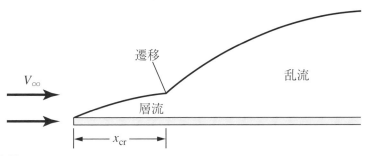

図 4.43 層流から乱流への遷移．境界層厚さは違いがわかるようにするため拡大されている

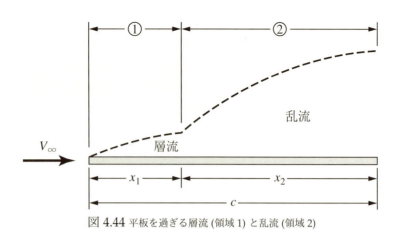

図 4.44 平板を過ぎる層流 (領域 1) と乱流 (領域 2)

$$x_{\text{cr}} = \frac{(1.789 \times 10^{-5})(5 \times 10^5)}{(1.23)(100)} = 0.0727 \text{ m}$$

したがって，流速が倍になると，遷移点はもとの半分の距離だけ前縁方向へ移動する．

要約すると，臨界 Reynolds 数が一旦わかると，式 (4.89) から x_{cr} を求められる．しかしながら，問題に適用できる，正確な $\text{Re}_{x_{\text{cr}}}$ の値をどこからか，すなわち，実験，自由飛行，あるいは何らかの経験的理論から得なければならない，そして，これを得るのは非常に困難であろう．この状況は，そのような流れの理解を深めるために，そして，実際的な問題における遷移の計算により有効な推論を適用できるようにするために，遷移と乱れの基礎的な研究がなぜ必要なのかについてある程度の見識を与えてくれるのである．

[例題 4.10]

例題 4.7 における NACA 2412 翼型と条件に関して，臨界 Reynolds 数が 500,000 であると仮定し，正味の表面摩擦抵抗係数を計算せよ．

[解答]

図 4.44 を考える．そして，それは前縁から遷移点まで距離，x_1 にわたり拡がる層流境界層 (領域 1) および遷移点から後縁までの距離 x_2 わたり拡がる乱流境界層 (領域 2) をともなう平板を示している．臨界 Reynolds 数は，

$$\text{Re}_{x_{\text{cr}}} = \frac{\rho_\infty V_\infty x_{\text{cr}}}{\mu_\infty} = 5 \times 10^5$$

である．p.378 ここに図 4.44 において，$x_{\text{cr}} = x_1$ である．したがって，

$$\text{Re}_{x_{\text{cr}}} = \frac{\rho_\infty V_\infty x_1}{\mu_\infty} = 5 \times 10^5$$

翼弦長を基準とした Reynolds 数は

$$\text{Re}_c = \frac{\rho_\infty V_\infty c}{\mu_\infty} = 3.1 \times 10^6$$

として与えられる．それゆえに，

第4章 翼型を過ぎる非圧縮性流れ

$$\frac{\mathrm{Re}_{x_{cr}}}{\mathrm{Re}_c} = \frac{5 \times 10^5}{3.1 \times 10^6} = 0.1613 = \frac{(\rho_\infty V_\infty x_1/\mu_\infty)}{(\rho_\infty V_\infty c/\mu_\infty)} = \frac{x_1}{c}$$

これは翼弦長に相対的な遷移点の位置を決定する．すなわち，図 4.44 において，

$$\frac{x_1}{c} = 0.1613$$

を得る．

表面摩擦抵抗係数に関する式における Reynolds 数は，常に，前縁から測られた長さに基づいているので，x_2 に基づいた Reynolds 数により，式 (4.88) を用い，領域 2 の乱流表面摩擦抵抗係数を単純に計算することはできない．もっと正確にいえば，次の手順を実行しなければならない．

平板の長さ全体にわたりすべて乱流を仮定すると，(平板の片面の) 抵抗は $(D_{f,c})_{\mathrm{turbulent}}$ である．ここに

$$(D_{f,c})_{\mathrm{turbulent}} = q_\infty S (C_{f,c})_{\mathrm{turbulent}}$$

いつものように，単位幅あたりの抵抗を取り扱っている．それゆえ，$S = c(1)$ である．

$$(D_{f,c})_{\mathrm{turbulent}} = q_\infty c (C_{f,c})_{\mathrm{turbulent}}$$

ちょうど領域 1 の乱流抵抗は $(D_{f,1})_{\mathrm{turbulent}}$ である．すなわち，

$$(D_{f,1})_{\mathrm{turbulent}} = q_\infty S (C_{f,1})_{\mathrm{turbulent}}$$

ここで，$S = (x_1)(1)$ である．すなわち，

$$(D_{f,1})_{\mathrm{turbulent}} = q_\infty x_1 (C_{f,1})_{\mathrm{turbulent}}$$

したがって，領域 2 だけの乱流抵抗，$(D_{f,2})_{\mathrm{turbulent}}$，は

$$(D_{f,2})_{\mathrm{turbulent}} = (D_{f,c})_{\mathrm{turbulent}} - (D_{f,1})_{\mathrm{turbulent}}$$

$$(D_{f,2})_{\mathrm{turbulent}} = q_\infty c (C_{f,c})_{\mathrm{turbulent}} - q_\infty x_1 (C_{f,1})_{\mathrm{turbulent}}$$

領域 1 における層流抵抗は $(D_{f,1})_{\mathrm{laminar}}$ である．

$$(D_{f,1})_{\mathrm{laminar}} = q_\infty S (C_{f,1})_{\mathrm{laminar}} = q_\infty x_1 (C_{f,1})_{\mathrm{laminar}}$$

平板の全表面摩擦抵抗，D_f は，そうすると，

$$D_f = (D_{f,1})_{\mathrm{laminar}} + (D_{f,2})_{\mathrm{turbulent}}$$

すなわち，

$$D_f = q_\infty x_1 (C_{f,1})_{\mathrm{laminar}} + q_\infty c (C_{f,c})_{\mathrm{turbulent}} - q_\infty x_1 (C_{f,1})_{\mathrm{turbulent}} \tag{4.90}$$

全表面摩擦抵抗係数は

$$C_f = \frac{D_f}{q_\infty S} = \frac{D_f}{q_\infty c} \tag{4.91}$$

式 (4.90) と式 (4.91) を組み合わせて，すなわち，

$$C_f = \frac{x_1}{c}(C_{f,1})_{\text{laminar}} + (C_{f,c})_{\text{turbulent}} - \frac{x_1}{c}(C_{f,1})_{\text{turbulent}} \tag{4.92}$$

$x_1/c = 0.1613$ であるので，式 (4.92) は

$$C_f = 0.1613(C_{f,1})_{\text{laminar}} + (C_{f,c})_{\text{turbulent}} - 0.1613(C_{f,1})_{\text{turbulent}} \tag{4.93}$$

となる．式 (4.93) における色々な表面摩擦抵抗係数は次のように得られる．領域 1 の Reynolds 数は

$$\text{Re}_{x_1} = \frac{\rho_\infty V_\infty x_1}{\mu_\infty} = \frac{x_1}{c}\left(\frac{\rho_\infty V_\infty c}{\mu_\infty}\right) = \frac{x_1}{c}\text{Re}_c = 0.1613(3.1 \times 10^6) = 5 \times 10^5$$

である．(もちろん，$x = x_1$ が，5×10^5 として与えられる臨界 Reynolds 数から決定された，遷移点であるのでこれを直接書き下ろし得たのである．) 層流に関する式 (4.86) から，x_1 にもとづく Reynolds 数を用いて，

$$(C_{f,1})_{\text{laminar}} = \frac{1.328}{\sqrt{\text{Re}_{x_1}}} = \frac{1.328}{\sqrt{5 \times 10^5}} = 0.00188$$

を得る．$(C_{f,c})_{\text{turbulent}}$ の値はすでに例題 4.8 で計算されている．すなわち，

$$(C_{f,c})_{\text{turbulent}} = 0.00372 \quad (\text{片面あたり})$$

x_1 にもとづいた Reynolds 数を用いて式 (4.88) から，

$$(C_{f,1})_{\text{turbulent}} = \frac{0.074}{\text{Re}_{x_1}^{1/5}} = \frac{0.074}{(5 \times 10^5)^{0.2}} = 0.00536$$

これらの値を式 (4.93) に代入すると，

$$C_f = 0.1613(0.00188) + 0.00372 - 0.1613(0.00536) = 0.00536$$

を得る．平板の両面を考慮すると，

$$\text{正味 } C_f = 2(0.003158) = \boxed{0.0063}$$

---

p. 380 図 4.11 におけるデータから，測定された翼型抵抗係数は 0.0068 である．そして，これは表面摩擦抵抗および流れのはく離による圧力抵抗の**両方**を含んでいる．例題 4.10 からの結果は，したがって，定量的に妥当であり，測定された全抵抗係数よりも僅かに小さな表面摩擦抵抗係数を与えている．しかしながら，この $C_f = 0.0063$ の計算結果は層流から乱流への遷移に関して 5×10^5 なる臨界 Reynolds 数についてのものである．図 4.11 におけるデータがもとづいている実験での臨界 Reynolds 数がいくらであるのかわからない．例題 4.10 において，$\text{Re}_{x_{\text{cr}}} = 500{,}000$

第4章　翼型を過ぎる非圧縮性流れ

の仮定は非常に控え目である．すなわち，より実際に近い値は 1,000,000 に近いのである．もし，この高い値の $\mathrm{Re}_{x_{cr}}$ を仮定したとすると，これは C_f の計算結果にどのような影響を与えるであろうか．これを調べてみよう．

[例題 4.11]

例題 4.10 を繰り返すが，臨界 Reynolds 数を 1×10^6 であると仮定する．

[解答]

$$\frac{x_1}{c} = \frac{1 \times 10^6}{3.1 \times 10^6} = 0.3226$$

これは，直ちに書き下せたように，例題 4.10 からの長さの 2 倍である．なぜなら，臨界 Reynolds 数が 2 倍大きいからである．式 (4.93) は

$$C_f = 0.3226(C_{f,1})_{\text{laminar}} + (C_{f,c})_{\text{turbulent}} - 0.3226(C_{f,1})_{\text{turbulent}} \tag{4.94}$$

となる．領域 1 に関して，

$$(C_{f,1})_{\text{laminar}} = \frac{1.328}{\sqrt{\mathrm{Re}_{x_1}}} = \frac{1.328}{\sqrt{1 \times 10^6}} = 0.001328$$

を得る．$(C_{f,1})_{\text{turbulent}}$ の値は前と同じである．すなわち，

$$(C_{f,c})_{\text{turbulent}} = 0.00372$$

もう一度．領域 1 について乱流を仮定すると，

$$(C_{f,1})_{\text{turbulent}} = \frac{0.074}{(\mathrm{Re}_{x_1})^{1/5}} = \frac{0.074}{(1 \times 10^6)^{1/5}} = 0.004669$$

を得る．上の結果を式 (4.94) に代入すると，

$$C_f = 0.3226(0.001328) + 0.00372 - 0.3226(0.004669) = 0.002642$$

を得る．この結果は平板の片面のものであるので，正味の表面摩擦抵抗係数は

$$\text{正味 } C_f = 2(0.002642) = \boxed{0.00528}$$

である．

注：例題 4.10 と例題 4.11 からの結果を比較すると，500,000 から 1,000,000 への $\mathrm{Re}_{x_{cr}}$ の増加は 16 パーセント小さい表面摩擦抵抗係数という結果となる．この違いは表面摩擦抵抗係数の計算に関して，遷移が表面のどこで生じるかを知ることの重要性を強調しているのである．
p. 381 また，表面摩擦抵抗係数に関するこの計算された結果と 0.0068 である測定された全抵抗係数を比較すると，例題 4.10 から，この計算された $C_f = 0.0063$ は流れのはく離による圧力抵抗が全抵抗の約 7.4 パーセントであることを意味しているであろう．例題 4.10 の結果である

$C_f = 0.00582$ は流れのはく離による圧力抵抗が全抵抗の約 22 パーセントであることを意味しているであろう.

　表面摩擦抵抗と圧力抵抗との間の定量的な分割は合理的であろうか. 1 つの答えは参考文献 92 に与えられた Lombardi らの最近の結果に見出すことができる. ここで, その著者らは精度の高い数値流体力学手法を用いて NACA 0012 翼型に関する表面摩擦抵抗係数と全抵抗係数の両方を計算した. 彼らの計算のさらなる詳細は第 20.4 節に与えられている. 翼弦長にもとづく Reynolds 数が 3×10^6 の場合に, そして, 遷移に関する 1 つのモデルを取り入れ, 彼らは, 0.00623 なる全抵抗係数と 0.00534 なる表面摩擦抵抗係数を計算した. そして, これは流れのはく離による圧力抵抗が全抵抗の 15 パーセントであること示している. 流線型の物体の場合, この抵抗分割は合理的である. すなわち, 流線型の 2 次元形状に働く抵抗は大部分表面摩擦抵抗であり, それと比べて圧力抵抗は小さい. 例えば, 抵抗の 80 パーセントを表面摩擦抵抗と, そして, 20 パーセントを流れのはく離による圧力抵抗と考えることは合理的なのである.

　これは流れのはく離による圧力抵抗が重要でないと言っているわけではない. すなわち, まったく正反対に, 物体が流線型でなくなる (より鈍い物体のようになる) と, 圧力抵抗は支配的な要因となる. この現象をさらに詳しく調べる必要がある.

4.12.4 流れのはく離

　翼型に働く圧力抵抗は流れのはく離により生じる. 翼型を過ぎる完全に付着した流れの場合, その後部表面に作用する圧力は, 後方に向いた力を作り出す前方表面に作用する圧力を完全に相殺する前方方向への力を生じ, そして, 圧力抵抗がゼロの結果となる. しかしながら, もし, 流れがその後部表面上で部分的にはく離するなら, 前方へ押す後部表面に働く圧力は完全に付着している場合よりも小さくなり, 後方へ押す前方表面に作用する圧力が完全には相殺されなくなるであろう. そして, 翼型に働く正味の圧力抵抗, すなわち, 流れのはく離による圧力抵抗を引き起こすのである.

　どのような流れの状況が流れのはく離へ導くのであろうか. この問いに答える助けとするために, 図 4.45 に示されるような, ゼロ迎え角にある NASA LS(1)-0417 翼型を過ぎる流れを考える. 流線はこの翼型を滑らかに移動する. すなわち, そのことにより流れのはく離は存在しないのである. この翼型上面における圧力係数の変化の計算流体力学解が図 4.45 の下部に示されている. 非圧縮性流れの場合, $C_p = 1.0$ である前縁におけるよどみ点から出発すると, 流れは上面まわりで急速に膨張する. 圧力は劇的に減少し, 前縁の下流側の 10 パーセント翼弦長の位置で最小圧力に落ち込む. それから, 流れがさらに下流方向に流れると, p. 382 圧力は徐々に増加し, 後縁において自由流圧力より僅かに高い値に到達する. この圧力が増加する領域は逆 (*adverse*) 圧力勾配の領域と呼ばれる. 定義により, 逆圧力勾配 (adverse pressure gradient) は, 圧力が流れの方向に増加する領域, すなわち, 図 4.45 において, dp/dx が正である領域である. 図 4.45 に示される状況の場合, 逆圧力勾配は穏やかである. すなわち, dp/dx は小さく, そして, 実用的に, この流れは (図 4.45 には示されていないが) 後縁近傍の小さな領域以外の翼型表面で付着しているのである.

　さて, 図 4.46 に示されているように, 18.4 度の非常に高い迎え角における同じ翼型を考える.

第 4 章　翼型を過ぎる非圧縮性流れ

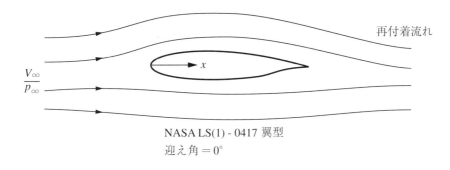

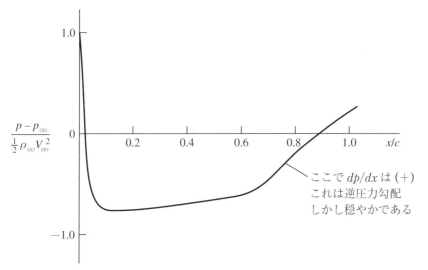

図 4.45 翼型を過ぎる付着流れに関する翼型上面の圧力分布．NASA Conference Publication 2046, *Advanced Technology Airfoil Research*, vol. II, March 1978, p. 11 からの 新 NASA 低速翼型に関する理論データ．(出典：McGhee, Beasley and Whitcomb)

　最初に，流れのはく離を伴わない純粋な非粘性流れ，すなわち，純粋な仮想的な状況，であると仮定する．非粘性流れに関する数値解法は図 4.46 における破線の曲線で示される結果を与える．この人工的な状況において，圧力は前縁の下流側で非常に急激にほぼ -9 の C_p 値に下がり，そしてそれから下流に向かって急速に増加し，後縁において p_∞ より僅かに高い値に回復している．この回復過程において，圧力は，図 4.45 に示される場合とは対照的に，急速に増加しするであろう．この逆圧力勾配は厳しいものであろう．すなわち，dp/dx が大きいであろう．そのような場合，**現実の粘性流**はその表面からはく離しようとする．この現実的なはく離流において，**実際に生じる**圧力分布は**実線の曲線**により図 4.46 に与えられている．そして，それは完全 Navier-Stokes 方程式 (第 15 章を見よ) を用いる計算流体力学粘性流計算から得られた．破線の曲線と比較すると，現実の圧力分布は圧力の最小値まで低くは落ちない．そして，後縁近傍の圧力は p_∞ より高い値に回復しない．

　図 4.46 に示される場合について翼型表面に働く圧力を可視化し，比較することは重要であり，この比較が図 4.47 に描かれている．ここで，大きな迎え角 (したがって，はく離を伴う) 翼型は，実線の矢印により表される実際の表面圧力分布と共に示されている．圧力は常に面に垂直に作用する．したがって，これらの矢印はすべて局所的に翼面に垂直である．この矢印の長さは圧力の大きさを表している．実線の曲線が，この圧力分布を容易に見ることができる "包絡線" を

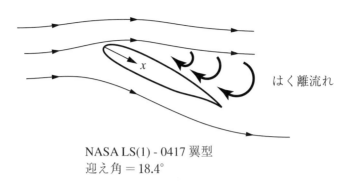

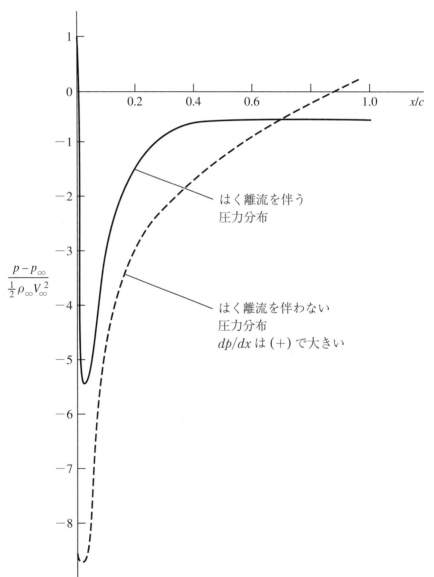

図 4.46 翼型を過ぎるはく離流に関する翼型上面における圧力分布．NASA Conference Publication 2045, *Advanced Technology Airfoil Research*, vol. I, March 1978, p. 380 からの 新 NASA 低速翼型に関する理論データ，(出典：Zumwalt, and Nack)[p.383]

第 4 章 翼型を過ぎる非圧縮性流れ

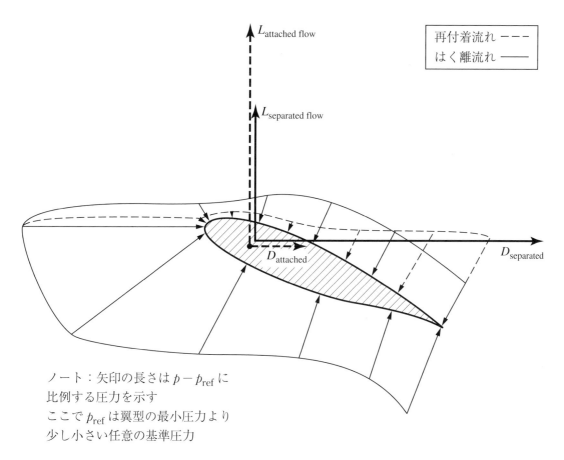

図 4.47 付着およびはく離流に関する圧力分布，揚力および抵抗の定性的比較．はく離流について，揚力は減少し，抵抗が増加することに注意すべきである

形成するためこれらの矢印の後端を結んで描かれている．しかしながら，もし流れがはく離しなければ，すなわち，もし，流れが付着しているとすれば，そのとき，圧力分布は破線の矢印 (および破線の包絡線) により示されるものとなるであろう． p. 385 図 4.47 における実線および破線の矢印は定性的に，それぞれ，図 4.46 における実線および破線の圧力分布に対応する．

　図 4.47 における実線および破線の矢印を注意深く比較しなければならない．それらは翼型を過ぎるはく離流の 2 つの主要な結果を説明しているのである．第一の結果は揚力の損失である．(自由流相対風はこの図において水平方向であると仮定して) 空気力学的揚力 (図 4.47 に示される垂直方向の力) はこの圧力分布の，図 4.47 における垂直方向への正味の成分である．高い揚力は下面の圧力が大きく，上面の圧力が小さいときに得られる．はく離は下面圧力分布に影響しない．しかしながら，**前縁のすぐ下流**の上面における実線および破線の矢印を比較すると，流れがはく離するとき，実線の矢印がより高い圧力を示していることがわかる．この，より高い圧力が下方へ押し下げ，よって揚力を減少させている．この揚力における減少はまた，前縁近傍の翼型上面の部分が図 4.47 においてほぼ水平であるという幾何学的な効果によってもその度合いを増す．流れがはく離するとき，翼型表面のこの部分に高い圧力を引き起こし，圧力が作用する方向は垂直線にほぼ一致し，それゆえ，増加した圧力の全効果がほとんど完全に揚力に効いてくるのである．流れがはく離するとき，前縁近傍の上面において増加した圧力とこの部

分の翼型表面が近似的に水平であるという事実の複合効果が非常に劇的な揚力の損失を導くのである．図 4.47 において，はく離した流れの揚力 (実線の垂直ベクトル) が，もし流れが付着しているなら存在するであろう揚力 (破線の垂直ベクトル) よりも小さいということに注意すべきである．

さて，**後縁近傍**の上面の部分に注目することにする．翼型表面のこの部分において，はく離した流れの圧力は，もし流れが付着しているとすれば存在する圧力よりも小さいのである．さらに，後縁近傍の上面は幾何学的により水平方向に対して一層大きく傾いている．抵抗は図 4.47 において水平方向であることを思い出すべきである．後縁近傍において上面の傾きのために，翼面のこの部分に働く圧力は水平方向に大きな成分をもつことになる．この成分は左方向に働き，右側へ押す翼型の前縁に働く高い圧力による水平方向の力の成分に逆らおうとするのである．翼型に働く正味の圧力抵抗は翼型の前方部分に働く右へ押す力と左方向へ押す翼型後方部分に働く力との差である．流れがはく離すると，翼型後方の圧力は流れがはく離しなければなるであろう圧力よりも低い．したがって，はく離した流れの場合，左方向へ押す後部側の力はより小さくなる．そして，右方向へ働く正味の抵抗がそれゆえに**増加**するのである．図 4.47 において，はく離流の抵抗 (実線の水平ベクトル) は流れが付着しているなら存在する抵抗 (破線の水平ベクトル) よりも大きいことに注意すべきである．

したがって，翼型上ではく離する流れの 2 つの主要な結果は以下のとおりである．すなわち，

1. 急激な揚力の損失 (失速 stalling)

2. 流れのはく離による圧力抵抗による抵抗の大きな増加

p. 386 流れはなぜ表面からはく離するのであろうか．その答えは第 15.2 節で詳しく論議される．簡単に言うと，逆圧力勾配の領域において，流線に沿って移動する流体要素は増加する圧力に向かって"上り坂"を登らなければならない．その結果として，この流体要素は逆圧力勾配の影響により減速する．速度 (それゆえに，運動エネルギー) が高い境界層の外側を移動する流体要素に関しては，あまり問題はない．これらの流体要素は下流へ移動し続ける．しかしながら，境界層内の深部にある流体要素を考えることにする．それの速度は，それが摩擦力により妨害されるために，すでに小さいのである．圧力は壁面に垂直な方向に変化なく伝達されるから，この流体要素はなおも同じ逆圧力勾配に遭遇するのである．しかし，それの速度はあまりにも低いのでその増加する圧力に対応できないのである．結果として，この要素は下流のどこかで停止してしまい，そして，それの進行方向を逆転させる．そのような逆流は，図 4.46 における上方の図に示されるように，一般的に，表面からはく離する流れ場を生じさせる．これが物理的にどのようにはく離流が発達するのかということの説明である．

4.12.5 コメント

本節において，ゼロ迎え角にある平板のモデルを用いて翼型に働く表面摩擦抵抗を見積もった．そして，層流に関しては式 (4.86)，乱流に関しては式 (4.88) のような平板の式を用いて翼型の表面摩擦抵抗を計算した．[*5] これはどのくらい合理的であろうか．平板に働く平板表面摩擦

[*5] 1921 年に，NACA TR111 における "The Variation of Airfoil Lift and Drag Coefficients with Changes in Size and Speed" なる題目の Walter Diehl の論文は翼型抵抗係数はゼロ迎え角の平板の抵抗係数と同じように変化するとい

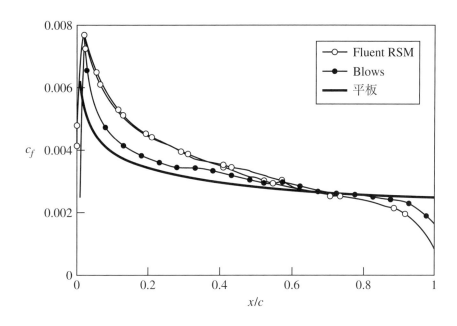

図 4.48 平板と比較した NACA 0012 翼型の局所表面摩擦係数

抵抗がどのくらい翼型に働くそれに近いのであろうか．平板の表面上の局所せん断応力分布がどのくらい翼型表面上のそれに似ているのであろうか．

いくつかの解答が，ゼロ迎え角における NACA 0012 翼型を過ぎる粘性流れに関する Lombardi らによる比較的厳密な数値流体力学計算 (参考文献 92) を平板のそれと比較することにより得ることができよう．前縁からの距離の関数として，$c_f = \tau_w/q_\infty$ のように定義される局所表面摩擦係数の変化は，その翼型および平板の両方について図 4.48 に与えられている．それらは非常に近い．すなわち，明らかに，本節の目的にとって，平板の結果を用いこの翼型の表面摩擦抵抗をモデル化することは合理的であるということである．

これをもって，低速における翼型抵抗の論議を終える．本章の主要な目的は結果として得られる揚力の見積もりのための翼型を過ぎる低速非粘性ポテンシャル流れであるけれども，本節は翼型の特性に対する粘性流れの効果とそれによる抵抗の生成を調べることによりある程度のバランスを取っているのである．翼型を過ぎる実在流れのそのほかの特性は第 4.13 節に与えられる．

4.13　応用空気力学：翼型を過ぎる実在流れ

p. 387　本章において，翼型を過ぎる非粘性，非圧縮性流れを調べてきた．低速の流れにおける翼型の実際の実験的揚力やモーメントを比較したとき，非粘性の仮定に基づいた理論結果は，歴然とした 1 つの例外以外，非常に良好であることを見てきた．実在流れの場合，迎え角があ

うことを示唆している．彼は翼型抵抗係数が平板のそれと等しいとは言っていないが，むしろ，それは同じ Reynolds 数による変化を持っていると言っている．Diehl の提案は，しかしながら，翼型抵抗を見積もるために，何らの形で平板を使う最初の試みであると考えられる．

る値，"失速"角 (stalling angle of attack)，を越えると流れのはく離が翼型の上面で発生する．第 4.3 節と第 4.12 節で述べたように，これは粘性効果である．図 4.9 に示されるように，揚力係数は $c_{l,max}$ と示される局所最大値に達する．そして，$c_{l,max}$ が得られる迎え角が失速角である．この値を越えた α の増加は (しばしば，むしろ急激な) 揚力の低下となる．失速角より十分低い迎え角において，実験データは明らかに α の増加とともに c_l の線形的な (linear) 増加を示している．すなわち，本章で示した理論により求められる結果である．実際，この線形領域において，非粘性理論は，図 4.10 に反映しているように，また，例題 4.6 で例示されたように，実験と非常よく一致する．しかしながら，非粘性理論は流れのはく離を求められず，そして，結果的に $c_{l,max}$ および失速角の予測は粘性流理論により何らかの方法で取り扱われなければならない．そのような粘性流解析が第 4 部の全範囲である．一方で，本節の目的は翼型を過ぎる実在流れの**物理的**な特徴を調べることである．そして，流れのはく離はこの実在流れの本質的な一部分である．それゆえに，迎え角が増加するにしたがって，翼型まわりの流れ場がどのように変化するのか，そして，揚力係数がそのような変化によりいかに影響されるのかをより詳しく見てみることにする．

異なった迎え角における NACA 4412 翼型まわりの流れ場が図 4.49 に示されている．ここで，流線は，p. 389 参考文献 50 に与えられている Hikaru Ito による実験結果から得られたものを縮尺して描かれている．実験の流線パターンはスモークワイヤー法により可視化されたもので，そこでは，表面を油で塗られた金属線が電気パルスにより加熱され，それにより生じる白い煙が流れ場に目に見える色つき流線 (streaklines) を作りだすのである．図 4.49 において，迎え角は，図 4.49a から e へ移るにつれ，連続的に増加する．すなわち，それぞれの流線図の右側に矢印があるが，その長さは与えられた迎え角における揚力係数の値に比例している．この翼型の実際の実験により測定された揚力曲線が図 4.49f に与えられている．図 4.49a の $\alpha = 2°$ のような，低い迎え角において，流線は自由流の形状から比較的乱されていない．そして c_l が小さいことに注意すべきである．α が，図 4.49b に示されるように，$5°$ に増加し，そして，図 4.49c に示されるように，$10°$ へ増加すると，これらの流線は前縁領域で大きく上方へ曲がり，続いて後縁領域で下方へ曲がる．この翼型のよどみ点は，迎え角が増加するにつれて翼型下面上を前縁の下流側へ連続的に移動することに注意すべきである．もちろん，α が増加するのにしたがって c_l は増加する．そして，この領域では図 4.49f に見られるように，この増加は線形的である．α が，図 4.49d に示されるように，$15°$ よりわずかに小さい角度に増加したとき，流線の曲率は特に顕著である．図 4.49d において，翼型の上面の流れ場はまだ付着している．しかしながら，α がさらに，$15°$ より僅かに大きい角度に増加したとき，図 4.49e に示されるように，大きな流れ場のはく離が翼型の上面で発生する．図 4.49d に示される角度から図 4.49e に示される角度へ α を僅かに増加させることにより，流れはまったく突然に前縁からはく離し，揚力係数は，図 4.49f に見られるように，急激に減少する．

図 4.49 に示される失速現象のタイプは**前縁失速** (leading-edge stall) と呼ばれている．すなわち，それは翼弦長の 10 から 16 パーセントの間の翼厚比をもつ比較的薄い翼型の特性である．上で見られるように，前縁で発生するこの流れのはく離は突然にそして激しく翼型の上面全体で生じる．図 4.49f に示される揚力曲線は，むしろ，失速角以上で c_l の急速な減少をともなう，$c_{l,max}$ 近傍が鋭く尖っていることに注意すべきである．

失速の第 2 のカテゴリーは**後縁失速** (trailing-dege stall) である．このふるまいは図 4.50 に示される NACA 4421 のようなより厚い翼型の特性である．ここで，α が増加するのにしたがっ

第 4 章 翼型を過ぎる非圧縮性流れ

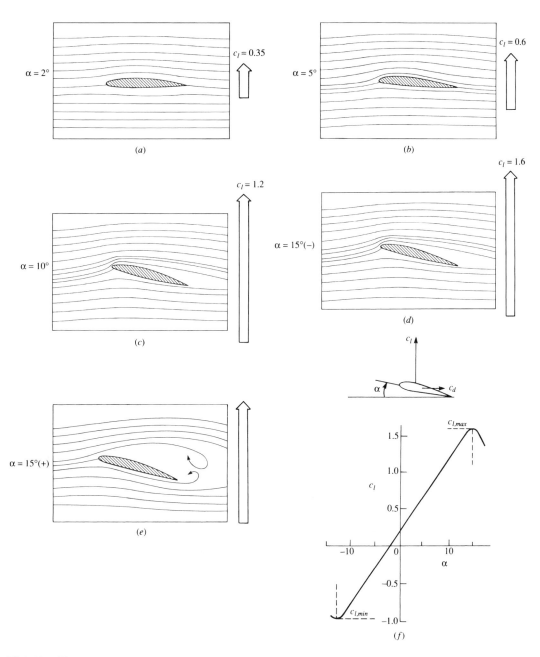

図 4.49 前縁失速の例．異なった迎え角における NACA 4412 翼型 の流線パターン (流線は参考文献 50 の伊藤光による実験データから縮尺して描いてある) $R_e = 2.1 \times 10^5$ および $V_\infty = 8\,m/s$，作動気体：空気 対応する実験により測定された揚力係数は各々の流線図の右側に矢印で示されている．ここで，それぞれの矢印の長さは揚力の相対的大きさを表す．この揚力係数はまた，(f) に示されている

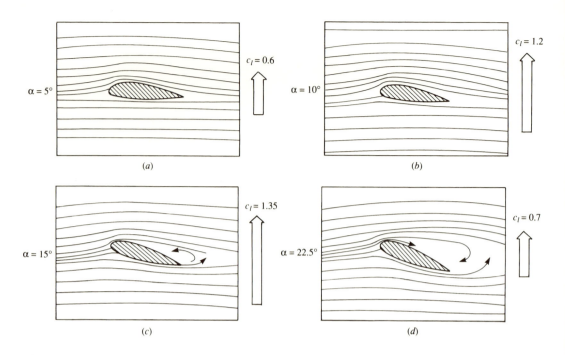

図 4.50 後縁失速の例．異なった迎え角における NACA 4421 翼型の流線パターン (参考文献 50 の伊藤 光による実験結果から縮尺して描いてある．) $R_e = 2.1 \times 10^5$, $V_\infty = 8 \, m/s$, 作動気体：空気

て，後縁から前縁へ連続的でゆっくりとしたはく離の移動が見られる．この場合の揚力曲線が図 4.51 に示されている．図 4.51 の実線は，前に図 4.49f で示した NACA 4412 翼型，すなわち，前縁失速型の翼型，の結果を再び示したものである．1 点鎖線の曲線が NACA 4421 翼型，後縁失速型の翼型，の揚力曲線である．これらの 2 つの曲線を比較すると，次の事項に注意すべきである．すなわち，

1. 後縁失速は最大揚力において揚力曲線の穏やかな減少をしめす．これは前縁失速型の c_l における鋭く，急激な減少と対照的である．後縁失速型の失速はソフトである．

2. 後縁失速型の $c_{l,max}$ の値はそれほど大きくない．

3. NACA 4412 および 4421 翼型の両方とも，それらの平均キャンバー線の形状は同じものである．本章で議論した薄翼理論から，p. 390 線形領域の力傾斜および無揚力角は両翼型とも同じでなければならない．すなわち，このことは図 4.51 の実験データにより確証される．この 2 つの翼型について間の唯一の相違は，一方が他方よりも厚いということである．したがって，図 4.49 に示された結果を図 4.51 と比較すると，翼型の翼厚の主な効果は $c_{l,max}$ の値におよぼすものであり，この効果は，より薄い翼型の前縁失速とより厚い翼型の後縁失速という相違に反映していると結論される．

第 3 の失速型が存在する．すなわち，非常に薄い翼型に関係したものである．これは，しばしば "薄翼失速 (thin airfoil stall)" と呼ばれる．非常に薄い翼型の極限の例が平板である．すなわち，平板の揚力曲線は図 4.51 で "thin airfoil stall (薄翼失速)" と書かれている破線で示されている．いろいろな迎え角における平板を過ぎる流れの流線パターンが図 4.52 に与えられてい

第 4 章　翼型を過ぎる非圧縮性流れ

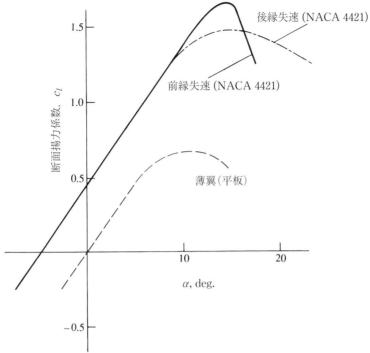

図 4.51 異なった空力特性をもつ 3 つの翼型の揚力曲線：後縁失速 (NACA 4421 翼型)，前縁失速 (NACA 4412 翼型)，薄翼失速 (平板翼)

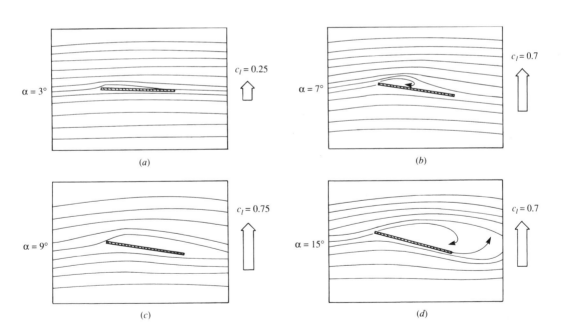

図 4.52 薄翼失速の例．迎え角のある平板の流線パターン (流線は参考文献 50 の Hikaru Ito による実験データから縮尺して描いてある)

る．この平板の厚さは翼弦長の 2 パーセントである．非粘性，非圧縮性流れの理論は，速度は鋭い凸型の角で無限に大きくなることを示している．すなわち，迎え角を取った平板の前縁がこのような場合になる．図 4.52 に示されるように，平板を過ぎる実在流れにおいて，自然は，非常に低い α の値の場合でさえ，流れを前縁ではく離させることにより，この特異的性質を告げている．$\alpha = 3°$ である，図 4.52a を調べると，前縁に小さなはく離流れの領域を観察できる．このはく離した流れは表面のさらに下流で再付着している．そして，前縁近傍の領域ではく離バブル (*separtion bubble*) を形成する．α が増加するにしたがって，その再付着点はさらに下流側へ移動する．すなわち，はく離バブルが大きくなるのである．これが図 4.52b に示されている．ここに，$\alpha = 7°$ である．$\alpha = 9°$ (図 4.52c) において，はく離バブルはほとんど平板全体に拡がっている．図 4.51 へ戻って見てみると，この迎え角が平板の $c_{l,max}$ に対応していることがわかる．α がさらに増加すると，図 4.52d に示されているように，全面的な流れのはく離となる．図 4.51 にある平板の揚力曲線は，約 $\alpha = 3°$ で早期に線形変化から離れることを示している．すなわち，これは前縁はく離バブルの形成に対応している．さらに α が増加するにしたがって，揚力曲線は徐々に曲がりはじめ，そして，非常に穏やかな，そして，"ソフト" な失速を示す．これは後縁失速の場合と同様な傾向である．しかし，流れの物理的な特徴はこれらの 2 つの場合の間でまったく異なっているのである．特に重要なのは，平板の $c_{l,max}$ が，図 4.51 で比較されている 2 つの NACA 翼型のものよりかなり小さいという事実である．それゆえ，図 4.51 から，$c_{l,max}$ の値は翼型の翼厚に決定的に依存すると結論できる．特に，平板を 2 つの NACA 翼型と比較することにより，ある厚さが高い値の $c_{l,max}$ を得るためにきわめて重要であることがわかる．しかしながら，その厚さを越えると，厚さの量が失速型 (前縁対後縁) に影響を及ぼし，そして，非常に厚い翼型は，翼厚が増加するにしたがって，$c_{l,max}$ が減少する傾向を示すのである．それゆえ，もし，$c_{l,max}$ を翼厚比に対してプロットすると，極大値が得られるであろう．図 4.53 に示されているように，それはまさにこの場合である．ここで，NACA 63-2XX 系翼型の $c_{l,max}$ に関する実験データが翼厚比の関数として示されている．翼厚比が小さな値から

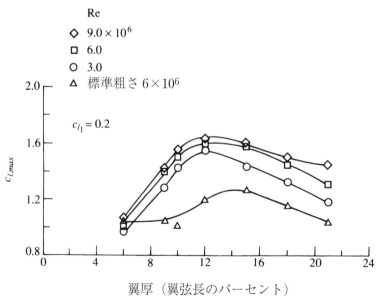

図 4.53 NACA 63-2XX 翼型系列に関する最大揚力係数に及ぼす翼厚の効果 (出典：*Abbott and Doenhoff*，参考文献 *11*)

増加するにしたがって，$c_{l,\max}$ は最初増加し，約 12 パーセントの翼厚比で最大値に達し，そして，それから，p. 393 より大きな翼厚比で減少することに注意すべきである．図 4.53 における実験データは Reynolds 数をパラメータとしてプロットされている．与えられた翼型に関する $c_{l,\max}$ は，高い Reynolds 数ほど $c_{l,\max}$ の高い値をもつので，明らかに Re の関数であることに注意すべきである．流れのはく離は，揚力係数が極大値を示す原因であり，流れのはく離は粘性による現象であり，そして，粘性による現象は Reynolds 数により支配されるのであるから，$c_{l,\max}$ が Re にある程度の敏感性を示すのは驚くことではない．

翼型の厚さの重要性が最初に理解され，そして，正しく評価されたのはいつであったのであろうか．この質問は第 4.13 節における歴史に関するノートで述べられている．そこでは，厚い翼型の空力特性が第一次世界大戦間の技術をも越え，その休戦条約に関連した政治に衝撃を与えたことを知るであろう．

翼型に関する空気力学においてその他のいくつかの側面，すなわち，この初期の学習では必ずしも正しく評価されていない面を調べてみよう．翼型による単純な揚力の発生は翼型設計において主要な考慮すべき問題ではない．なぜなら，迎え角のある納屋のドアでさえ揚力を発生するからである．むしろ，与えられた翼型の特性を判断するのに主として用いられる 2 つの性能係数 (figure of merit) がある．すなわち，

1. **揚抗比** (*lift-to-drag ratio*) L/D：効率のよい翼型は最小抵抗で揚力を発生する．すなわち，揚抗比は翼型の空気力学的効率の尺度である．本章で論議された標準的な翼型は高い L/D 値を持っている，すなわち，納屋のドアよりもずっと大きい値である．完全な形の飛行体の L/D 比はそれの飛行性能に重要な効果を持っている．例えば，その飛行体の航続距離は L/D 比に，直接的に比例する．(飛行機の飛行特性に与える L/D の働きに関する詳しい論議については参考文献 2 を見よ．)

2. **最大揚力係数** (*maximum lift coefficient*)，$c_{l,\max}$：効率のよい翼型は高い $c_{l,\max}$ の値を生じる．すなわち，納屋のドアが発生するそれよりもはるかに高い．

最大揚力係数については，ここでいくつかの追加の論議をする価値がある．完全な形の飛行体に関して，最大揚力係数 $C_{L,\max}$ は第 1.8 節の末尾にある "デザイン・ボックス (Design Box)" の中で論議されたように，その航空機の失速速度を決定する．以下に繰り返すと，式 (1.47) から，

$$V_{\text{stall}} = \sqrt{\frac{2W}{\rho_\infty S C_{L,\max}}} \tag{1.47}$$

したがって，式 (1.47) に反映しているように，より低い失速速度を得るとか，同じ速度でより高いペイロード重量を得るために，翼型の最大揚力係数を増加させようという非常に強い動機が存在する．それに加え，飛行機の操縦性 (すなわち，最小可能旋回半径と最速可能旋回率) は $C_{L,\max}$ の大きな値に依存する (参考文献 2 の第 6.17 節を見よ．) 他方では，与えられた Reynolds 数における翼型に関して，$c_{l,\max}$ の値は，主にその形状の関数である．一度，その形状が詳細に記述されると，$c_{l,\max}$ の値は，すでに見てきたように，自然が命ずるものとなる．したがって，そのような値を越えて $c_{l,\max}$ を増加させるために，いくつかの特別な処置を施さなければならない．そのような特別の処置は，基準になる翼型それ自身の $c_{l,\max}$ 以上にそれを増加させるために，フラップと前縁スラットを，または前縁スラットだけを用いることを含む．p. 394 これらは **高揚力装置** (*hight-lift devices*) と呼ばれ，以下に，もっと詳しく論議する．

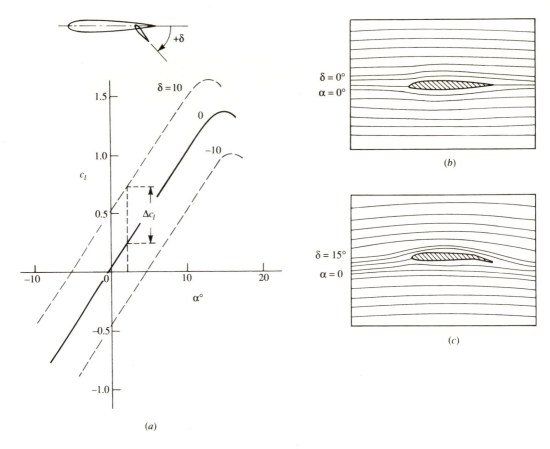

図 4.54 流線型物体におけるフラップ下げの効果 (流線は参考文献 50 の *Hikaru Ito* による実験データから縮尺して描かれている．) (*a*) 揚力係数に与えるフラップ下げの効果 (*b*) フラップを下げない場合の流線パターン (*c*) フラップ下げ角 15° の流線パターン

後縁フラップは，図 4.54*a* に示されるように，簡単に言えば，ヒンジで繋がれ，上方あるいは下方へ振ることができる，翼型の後縁部の一部である．フラップが下方へ下げられた (図 4.54*a* における正の角度 *delta*) とき，図 4.54*a* に示されるように，揚力係数は増加する．この増加は，フラップが下方に下げられると翼型の有効キャンバーが増加することによるのである．本章で説明した薄翼理論は，明らかに，無揚力角はキャンバーの大きさの関数であり [式 (4.61) を見よ]，キャンバーが増加するにしたがって，$\alpha_{L=0}$ は負方向に増加する．図 4.54*a* に示される揚力曲線に関して，フラップを下げていない基準の揚力曲線は，この翼型が対称であるので，原点を通過する．しかしながら，フラップが下げられると，$\alpha_{L=0}$ はより大きな負の値となるので，揚力曲線は単純に左方向へ平行移動する．図 4.54*a* において，±10° のフラップ角についての結果が与えられている．$\delta = 10°$ の場合をフラップを下げない場合と比較すると，与えられた迎え角において，揚力係数はフラップ下げにより，Δc_l だけ増加する．さらに，$c_{l,\max}$ が生ずる迎え角が若干減少するけれども，$c_{l,\max}$ の実際の値はフラップ下げにより増加する．フラップが下げられたときの流線パターンの変化が図 4.54*b* と図 4.54*c* に示されている．図 4.54*b* は $\alpha = 0$ および $\delta = 0$ (すなわち，対称流れ) の場合である．しかしながら，図 4.54*c* に示されるように，α をゼロに保つが，フラップを 15° 下げると，流れ場は非対称的となり，前に (すなわち，図 4.49

第4章　翼型を過ぎる非圧縮性流れ

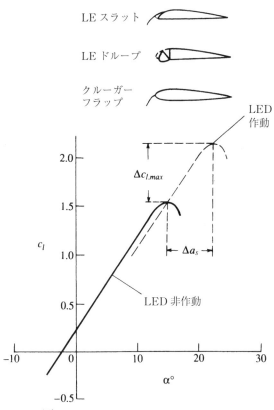

図 4.55 揚力係数における前縁フラップの効果

で) 示した揚力流れに似ている．すなわち，図 4.54c の流線は前縁近傍で上方へ，後縁近傍で下方へ偏向している．そして，よどみ点は，まさに，フラップが下げられたことによって，翼型の下面へ移動する．

高揚力装置は，図 4.55 の挿入図に示されるように，翼型の前縁にも応用できる．これらは前縁スラット，前縁ドループ，または前縁フラップの型式をとる．前縁スラットに絞って考えることにする．そして，これは簡単に言えば，前縁の前に展開された薄い弯曲した面である．翼型を過ぎる主流に加え，今度はスラットと翼型前縁との間の隙間を流れる 2 次流れが存在する．この下面から上面への 2 次流れは p. 396 上面の圧力分布を変える．すなわち，通常，上面の広い範囲に存在する逆圧力勾配がこの 2 次流れによりいくぶんか軽減され，それで上面の流れのはく離を遅くする．このように，前縁スラットは失速角を増加させ，それゆえ，図 4.55 の 2 つの揚力曲線，1 つは前縁高揚力装置がない場合の，他方はスラットを展開した場合の揚力曲線，により示されるように，高い $c_{l,max}$ を生じる．前縁高揚力装置の働きは本質的に後縁フラップのそれとは異なっていることに注意すべきである．$\alpha_{L=0}$ に変化はない．すなわち，むしろ，揚力曲線が単純により高い失速角へ伸び，その結果，$c_{l,max}$ の増加が得られるのである．展開した前縁スラットによる流れ場の流線が図 4.56 に示してある．その翼型は NACA 4412 断面である．(注：図 4.56 に示される流れは，一般的傾向は同じではあるが，図 4.55 に示された揚力曲線と厳密には対応していない．) スラットを展開していない NACA 4412 翼型の失速角は約 15° である．しかし，スラットが展開されたときは約 30° に増加する．図 4.56a において，迎え角

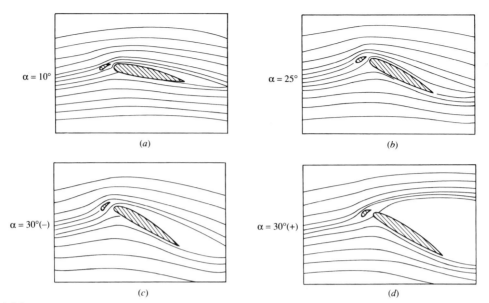

図 4.56 NACA 4412 翼型まわりの流線に関する前縁スラットの効果 (流線は参考文献 50 の実験データから縮尺して描かれている)

は 10° である．スラットとその前縁との間の隙間を通過する流れに注意すべきである．図 4.56b において，迎え角は 25° であり，流れはまだ付着している．これは，図 4.56c に示されるように，30° より僅かに低い迎え角まで保たれる．30° より僅かに高い迎え角で，流れのはく離が突然発生し，この翼型は失速する．

現代の高性能航空機に用いられている高揚力装置は，通常，前縁スラット (またはフラップ) と多要素後縁フラップの組み合わせである．これらの装置をもつ典型的な翼型形状が図 4.57 に描かれている．p. 397 高揚力装置を含む 3 つの形状が示されている．すなわち，A–高揚力装置を展開していない巡航形状；B–前縁および後縁高揚力装置を部分的に展開した離陸時の典型的形状；C–すべての高揚力装置を全開した着陸における典型的形状，である．C に関して，スラットと前縁との間に一つの隙間が，また，多要素後縁フラップの各要素翼の間に隙間があることに注意すべきである．そのような形状を過ぎる流線パターンが図 4.58 に示されている．ここでは，前縁スラットと多要素後縁フラップは全開である．迎え角は 25° である．翼型の上面を過ぎる主流は本質的にははく離しているけれども，多要素フラップの隙間を通過する局所流れは局所的にフラップの上面に付着している．すなわち，この局所的に付着した流れにより，その揚力係数が，それでもなお非常に高く，4.5 のオーダーである．

これでもって，翼型を過ぎる実在流れの論議を終える．振り返ってみて，高迎え角における実在流れは流れのはく離，すなわち，本章でた示した非粘性理論によってはモデル化できない現象，により支配されていると言える．一方，飛行機の巡航状態に関係した迎え角のような低い迎え角において，ここで与えた非粘性理論は翼型の揚力とモーメントの両方を求めるという非常に優れた働きをする．さらに，本節において，流れのはく離が生じる迎え角を決め，それゆえ，最大揚力係数に大きな影響を与えている翼型の厚さ (thickness) の重要性を明確に理解したのである．

第 4 章　翼型を過ぎる非圧縮性流れ

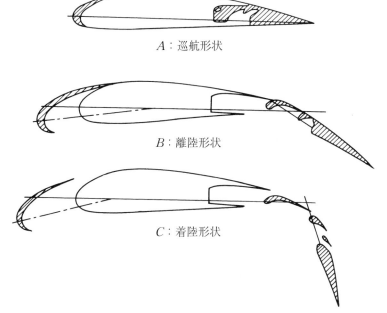

図 4.57 前縁および後縁高揚力装置をもつ翼型．後縁高揚力装置は多要素フラップである

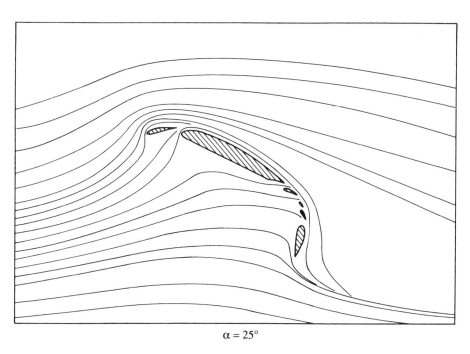

図 4.58 迎え角 25° における翼型まわりの流線パターンにおよぼす前縁および多要素フラップの影響 (流線は参考文献 50 の実験データから判断して描かれている)

4.14 歴史に関するノート：初期の飛行機設計と翼厚の役目

p. 398 1804年，最初の現代的飛行機形態はイングランドのGeorge Cayley卿により考えられ，製作された．すなわち，それは，図4.59に示されるような，全長約1メートルの，凧のような形の翼を持った，初歩的な手投げ滑空機(glider)であった．(飛行機開発において，George Cayleyが果たしたきわめて重要な役割については参考文献2の第1章における詳しい歴史論議を見よ．)現代飛行機形態の始まりからまさに，翼断面は非常に薄かったのである．すなわち，厚さがあるというのは，それはもっぱら翼の構造的な剛性のためであった．非常に薄い翼断面はイングランドのHoratio Philipsの研究により不滅のものとなった．Philipsは多くの翼型形状の空力特性を測定した，最初の重要な風洞実験を行った．(歴史的な翼型開発の話に関しては参考文献2の第5.20節を見よ．) Phillips翼型のいくつかが図4.60に示してある．それらは，特別に薄い翼型そのものであることに注意すべきである．ドイツにおけるOtto Lilienthalやアメリカにおける Samuel Pierpont Langleyのような初期の航空開拓者達(参考文献2の第1章を見よ)はこの薄い翼型の伝統を継承した．これは，特にWright兄弟について真である．彼らは，1901年から1902年の間に，Ohio州Deyton市で彼らの風洞を使って数百の異なった翼断面や翼平面形を試験したのである(第1.1節の議論と図1.7に示された模型を思い出すべきである)．Wright兄弟の翼型について，いくつかのスケッチが p. 399 図4.61に与えられている．すなわち，大部分が非常に薄い断面である．実際，そのような薄い翼型が1903年 Wright Flyer号に用いられた．そして，それは図4.62に示された Flyer号の側面図で直ちにわかる．ここで，

図4.59 歴史上初の現代的飛行機形態：1804年のGeorge Cayleyの模型滑空機

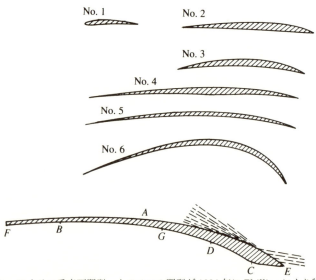

図4.60 Horatio Phillipsによる二重表面翼型．上の6つの翼型が1884年にPhillipsにより特許を取られた；一番下の翼型は1891年の特許である．薄い翼型形状に注意すべきである

第 4 章 翼型を過ぎる非圧縮性流れ

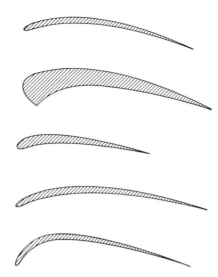

図 4.61 1902 年から 1903 年の間に Wright 兄弟により彼らの風洞で試験された代表的な翼断面形

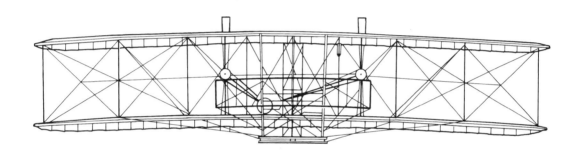

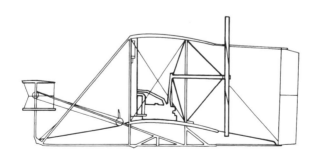

図 4.62 1903 年 Wright Flyer 号の正面図および側面図．薄い翼断面に注意すべきである (国立航空宇宙博物館の好意による)

重要な点は，初期の開拓期における飛行機のすべて，特に，Wright Flyer 号は非常に薄い翼断面を使っていたということである．すなわち，それは第 4.13 節で論議し，図 4.51 に (破線で)，また，図 4.52 の流線図で示される平板の結果と本質的に同じような性能を示す翼型なのであ

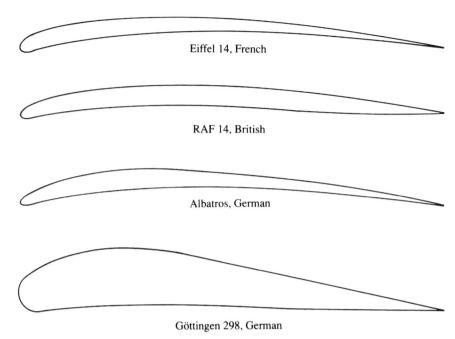

図 4.63 第一次世界大戦の飛行機に用いられた異なる翼型形状の例 (出典：*Loftin*，参考文献 *48*)

る．結論：これらの初期の翼型は小さな迎え角での流れ場のはく離に悩まされ，その結果，低い $c_{l,\max}$ 値であった．今日の基準を適用すれば，それらは高い揚力の発生に関しては単純に非常に低性能の翼型であった．

　この状況は第一次世界大戦の初期まで持ち込まれた．図 4.63 に，第一次世界大戦の飛行機に採用された 4 つの翼型が見られる．上の 3 つの翼断面は約 4 から 5 パーセントの翼厚比を持ち，1917 年までのすべての飛行機で用いられた代表的な翼断面である．例えば，SPAD XIII (図 3.50 に示されている)，第一次世界大戦戦闘機の中での最速機，は図 4.63 に示される Eiffel 翼断面に似た薄い翼断面を採用していた．なぜそのように薄い翼断面が，ほとんどの第一次世界大戦機の設計者により最良と考えられていたのであろうか．上で述べた，歴史的な伝統，すなわち，Cayley が始めた伝統，がその答えの一部であろう．また，当時，厚い (*thick*) 翼型は高い抵抗を生じるという，まったく明らかに誤った考えがあった．もちろん，今日ではその逆が真であることがわかっている．すなわち，この事実に関しては第 1.12 節の流線型物体の議論を見直してみるべきである．Laurence Loftin は参考文献 48 において，その誤った考えは初期の風洞試験により助長されたと要約している．初期に用いられていた風洞の性質，すなわち，測定部の小さな寸法と非常に遅い風速，によって，実験データは非常に低い Reynolds 数，すなわち，翼弦長を基準として 100,000 よりも小さい場合で得られたのである．これらの Reynolds 数は，実際の飛行機の飛行における典型的な値である 1,000,000 と同等であるべきものである．通常の厚い翼型を過ぎる低 Reynolds 数流れに関する最近の研究 (例えば，参考文献 51 を見よ) は実機の飛行による高い Reynolds 数で生じる低い抵抗値と対照的に，明らかに高い抵抗係数を示している．また，第一次大戦機の設計者が薄い翼型を好んだ理由は，鳥の翼，それは極めて薄い，の例に単純に従ったのではないかということである．いずれにしても，すべてのイギリス，フランスおよびアメリカの第一次大戦機は薄い翼型を用い，そして，その結果として，貧

第 4 章 翼型を過ぎる非圧縮性流れ

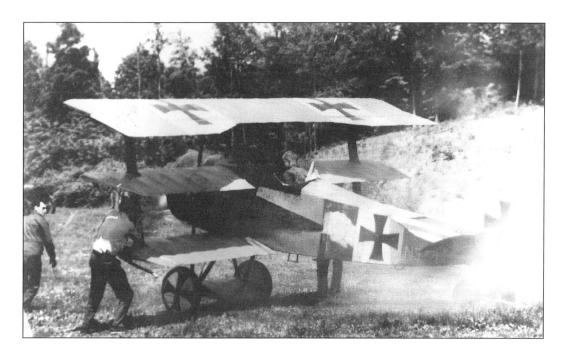

図 4.64 第一次大戦 Fokker Dr-1 三葉機，厚い翼型を最初に用いた戦闘機 (出典：*Loftin*，参考文献 *48*)

弱な高揚力特性に苦しんだ．今日我々が知っているような (そして，本書で示したような) 翼型の空気力学の基礎が第一次世界大戦中設計者たちに，単に，十分理解されていなかったのである．その結果，彼らは，自分たちが失っているものをまったくわからなかったのである．

　この状況は 1917 年に劇的に変わった．ドイツにおいて，Ludwig Prandtl の，有名な Göttingen 大学航空研究所で行われた研究 (Prandtl の伝記については第 5.8 節を見よ) は，図 4.63 の一番下に示された Göttingen 298 のような，厚い翼型の優位性を証明した．この革命的な発展は有名な設計者 Anthony Fokker によりすぐさま取り上げられた．そして，彼は，彼の新しい Fokker Dr-1，"赤い男爵 (Red Baron)"，Rittmeister [p. 402] Manfred Freiher von Richthofen が搭乗した，有名な三葉機に 13 パーセント翼厚比の Göttinen 298 を採用した．Fokker Dr-1 の写真が図 4.64 に示されている．Fokker が厚い翼型を採用したことから得られた主な利益は次のようなものである．

1. 主翼構造を完全に内部的にすることができた．すなわち，Dr-1 の主翼は片持ち設計であった．そして，それは他の飛行機で用いられる通常の張線支持の必要性をなくした．結果として，これは，第 1.11 節の末尾で論議したように，これらの翼間張線による高い抵抗をなくした．この理由により，この Dr-1 は第一次大戦機のなかで最小の，0.032 という無揚力抵抗係数を持っていた．(比較すると，フランスの SPAD XIII の無揚力抵抗係数は 0.037 であった．)

2. 厚い翼型は Fokker Dr-1 に高い最大揚力係数を与えた．その性能は図 4.51 に示される上のほう (*upper*) の曲線に類似していた．次に，これは Dr-1 に，高い操縦性と同時に，例外的に高い上昇率を与えた．すなわち，それらは格闘空中戦における支配的な特性であった．

図 4.65 第一次大戦機 Fokker D-VII，大戦における最も実戦に役立った戦闘機の1つ．それは厚い翼型により得られたその卓越した空気力学的性能による (出典：*Loftin*，参考文献 48)

　Anthony Fokker は，図 4.65 に示される，彼の D-VII の設計にも厚い翼型を使い続けた．これは，この D-VII に戦争末期における 2 機の主な対抗機よりもかなり大きい上昇率を与えた．すなわち，それらはイギリスの Sopwith Camel 戦闘機とフランスの SPAD XIII 戦闘機であり，両機ともまだ非常に薄い翼型を用いていた．その優れた操縦特性と同時に，この上昇性能は，Fokker D-VII を第一次大戦におけるすべてのドイツ戦闘機の中で最も実戦に役立った戦闘機としている．連合国によりこの飛行機に与えられた敬意は，休戦協定第 IV 条の一節によるものよりも明確に示しているものはない．その一節は p. 403 ドイツから連合国へ引き渡すべき軍需物資を載せている．この条項において，この Fokker D-VII がはっきり限定して載せられている．すなわち，この休戦協定で，すべての飛行機の中で明示的に述べられている唯一の飛行機である．本著者の知る限りでは，多少暗黙的ではあるが，これが，翼型技術の決定的な進展が主要な政治文書に本質的に反映された唯一で，一度だけのものである．

4.15 歴史に関するノート：Kutta, Joukowski, および揚力に関する循環理論

　Frederick W. Lanchester (1868年–1946年)，イギリスの技術者，自動車製作者，そして自認空気力学者，は循環の概念を揚力と結びつけた最初の人物であった．彼の考えは最初に1894年，Birmingham Natural History and Philosophical Society で発表され，そして，後に Physical Society に投稿された論文に含まれていた．そして，その学会はその論文を否とした．最終的に，彼は，1907年と1908年に，*Aerodynamics* と *Aerodonetics* という題目の2つの本を出版した．そこでは，彼の循環と揚力に関する考えが詳しく述べられている．彼の本は後に1909年にドイツ語に，そして，1914年にフランス語に翻訳された．不幸なことに，Lanchester の書き方は読み，理解するのが困難であった．すなわち，これは部分的に，Lanchester の研究に対してイギリスの科学者達により示された一般的な関心のなさに責任がある．p. 404 結果として，Lanchester の著作からはほとんどプラスの利益はなかった．(Lanchester のもっと詳しい人物像と彼の研究に関しては第5.7節を見よ．)

　まったく独立に，そして Lanchester の考えをまったく知らずに，M. Wilhelm Kutta (1867年–1944年) が揚力と循環を関係づける考えを展開した．Kutta は1867年，ドイツの Pitschen で生まれた．そして，1902年にミュンヘン大学から数学で Ph.D. を取得した．いくつかのドイツの工科大学や大学で数学の教授を勤めた後，彼は最終的に，1911年に Stuttgart 工科大学に着任し，1935年に引退するまでそこで教えた．Kutta の空気力学への興味は1890年から1896年間の，Berlin における Otto Lilienthal の滑空飛行の成功(参考文献2の第1章をみよ)によって起こされた．Kutta は Lilienthal によって用いられた彎曲した翼面に働く揚力を理論的に計算することを試みた．その過程で，彼は実験データから，流れが鋭い角をもつ物体後縁を滑らかに流れ去ること，そして，この状態が物体まわりの循環を定める(第4.5節で述べた Kutta の条件)ことを推測した．同時に，彼は，循環と揚力が結び付いていることを確信した．Kutta はこれらの考えを発表することに気が進まなかった．しかし，彼の先生である，S. Finsterwalder の強い勧めに従って，彼は "Auftriebskrafte in Stromenden Flussigkecten" (流れる流体における揚力) という題目の論文を書いた．これは実際のところ彼のもっと長い1902年の学位論文から要約したショートノートであった．しかしそれは，循環と揚力との関係のみならず Kutta の条件の概念が公式に発表された歴史上最初のものであることを表している．Finsterwalder は，1909年9月6日に行った講演で，彼の学生の考えを明確に繰り返している．すなわち，

> 上面において，循環運動は平行運動を増加させ，それゆえ，高い速度が存在し，その結果として低圧が存在する．ところが一方，下面において，2つの運動は反対方向であり，それゆえ，高い圧力を伴う低速があり，結果として上方向の推力が存在する．

　しかしながら，1902年に発表したノートにおいて，Kutta は循環と揚力間の正確な定量的関係を与えていない．これは Nikolai E. Joukowski (Zhukouski) へ残されたのである．Joukowski は1847年1月5日，中央ロシアにある Orekhovo で生まれた．技術者の息子である彼は数学と物理学の優秀な学生となり，1882年に Moscow 大学から応用数学で Ph.D. を取得し修了した．彼は続けて Moscow 大学と Moscow Higher Technical School における数学の教授として勤めた．Joukowski が1902年にロシアで最初の風洞を建設したのは後者の大学であった．Joukowski は航空学に深く興味を持ち，そして，彼はその分野における実験的な，また理論的な研究の両方に対する稀な才能を兼ね備えていた．彼は彼の建設した風洞を Moscow における主

要な空気力学研究所に拡張させた．実際，第一次世界大戦中，彼の研究所は軍パイロットに空気力学と飛行の原理を教育する学校として使われた．彼が1921年に亡くなったとき，Joukowskiはロシアにおいてずば抜けて名高い空気力学者であった．

　Joukowskiの名声の多くは1906年に発表した論文によるものであった．その論文で，彼は史上初めて式 $L' = \rho_\infty V_\infty \Gamma$，すなわち[p. 405]Kutta-Joukowskiの定理を与えている．Joukowski自身の言葉では，すなわち，

> もし，無限遠点で速度 V_∞ をもつ，渦無し2次元の流体流れが，速度の循環が Γ である任意の閉じた輪郭線を包んでいるとすれば，この閉じた輪郭線に作用する空気力学的圧力による力は速度に対して垂直な方向に働く．そしてそれは次の値をもつ．
>
> $$L' = \rho_\infty V_\infty \Gamma$$
>
> この力の方向は，循環の方向とは逆方向に，ベクトル V_∞ をそれの原点まわりに直角だけ回転させることにより得られる．

Joukowski は Kutta の1902年のノートに気がついていなかった．そして，循環と揚力に関する彼の考えを独立的に展開させた．しかしながら，Kutta の貢献が認識されると上で与えられた方程式は "Kutta-Joukowski の定理" として20世紀において広まった．

　したがって，1906年，すなわち，Wright 兄弟の初の動力飛行成功からちょうど3年までに，揚力の循環理論があり，そして設計や揚力面を理解することにおいて空気力学を助ける準備ができていたのである．特に，この原理は第4.7および第4.8節で述べた薄翼理論の礎石を形作った．薄翼理論は，第一次世界大戦の開戦から数年の間に，ドイツにおいて，Prandtl の同僚の Max Munk により展開された．しかしながら，薄翼理論の存在そのものが，その驚くほどに良くあう結果も同じように，それより10年前の，Lanchester, Kutta そして，Joukowski らにより築かれた基礎の上にあるのである．

4.16　要約

　図4.7に与えられたロードマップに戻る．読者がこのロードマップにあるそれぞれのボックスで表されている題材に違和感を抱かないことを，また，1つのボックスから他のボックスへ概念の流れを理解していることを確かめるべきである．もし，1つあるいはそれ以上について不確かであるなら，これよりさらに進む前に関係のある節を復習すべきである．

　本章のいくつかの重要な結果が以下にまとめられている．

渦面は翼型を過ぎる非粘性非圧縮性流れを作るのに用いることができる．もし，渦面に沿った距離を s で与え，渦面の単位長あたりの強さを $\gamma(s)$ であるとすると，それで，点 a から点 b に拡がる渦面により点 (x, y) に誘導される速度ポテンシャルは

$$\phi(x, y) = -\frac{1}{2\pi}\int_a^b \theta \gamma(s) ds \tag{4.3}$$

である．この渦面に関係した循環は

$$\Gamma = \int_a^b \gamma(s) ds \tag{4.4}$$

(続く)

第4章　翼型を過ぎる非圧縮性流れ

である．この渦面を横切る場合，接線方向速度の不連続が存在する．ここに，
$$\gamma = u_1 - u_2 \tag{4.8}$$

p. 406 Kuttaの条件は，与えられた迎え角における，与えられた形状の揚力を発生している翼型に関して，自然は流れが後縁で滑らかに流出するようになる，特別な値の翼型まわりの循環を選択するという観察である．もし，後縁角が有限であるならば，そのとき，後縁はよどみ点である．もし，後縁が尖点であるなら，そのとき，後縁で上，下面を流出する速度が有限であり，かつ大きさおよび方向が同じである．どちらの場合でも，
$$\gamma(TE) = 0 \tag{4.10}$$

薄翼理論は翼型を平均キャンバー線で置き換えることに根拠を置いている．渦面が翼弦線に沿って配置され，そしてその強さが，Kuttaの条件を同時に満足し，一様流と共に，そのキャンバー線が流れの流線となるように調整される．そのような渦面の強さは薄翼理論の基礎方程式から得られる．すなわち，
$$\frac{1}{2\pi}\int_0^c \frac{\gamma(\xi)d\xi}{x-\xi} = V_\infty\left(\alpha - \frac{dz}{dx}\right) \tag{4.18}$$

薄翼理論の結果

対称翼型 (*Symmetric airfoil*)

1. $c_l = 2\pi\alpha$

2. 揚力傾斜 (Lift slope) $= dc_l/d\alpha = 2\pi$

3. 圧力中心と空力中心は両方とも1/4翼弦長点にある．

4. $c_{m,c/4} = c_{m,\mathrm{ac}} = 0$

キャンバーのある翼型 (*Cambered airfoil*)

1.
$$c_l = 2\pi\left[\alpha + \frac{1}{\pi}\int_0^\pi \frac{dz}{dx}(\cos\theta_0 - 1)d\theta_0\right] \tag{4.57}$$

2. 揚力傾斜 $= dc_l/d\alpha = 2\pi$

3. 空力中心は1/4翼弦長点にある．

4. 圧力中心は揚力係数により変化する．

> p. 407 渦パネル法は，任意の形状，厚さ，および迎え角の物体を過ぎる非粘性，非圧縮性流れの解法のための，1 つの重要な数値的手法である．一定強さのパネルに関して，支配方程式は次式である．
>
> $$V_\infty \cos\beta_i - \sum_{j=1}^{n} \int_j \frac{\partial \theta_{ij}}{\partial n_i} ds_j = 0 \qquad (i = 1, 2, \ldots, n)$$
>
> および
>
> $$\gamma_i = -\gamma_{i-1}$$
>
> この式は後縁に接する上面側および下面側のパネルに関して Kutta の条件を表す 1 つの方法である．

4.17 演習問題

4.1 図 4.10 に与えられる NACA 2412 翼型に関するデータを考える．迎え角が 4° で，自由流は 50 ft/s の速度をもち海面上標準状態であるとき，この翼型の (単位翼幅あたりの) 揚力と 1/4 翼弦長点まわりのモーメントを計算せよ．翼型の翼弦長は 2 ft である．

4.2 海面上標準状態で速度 50 m/s の気流中にある翼弦長 2 m の NACA 2412 翼型を考える．もし，単位翼幅あたりの揚力が 1353 N であるとすると，この迎え角は何度か．

4.3 循環の定義から出発し，Kelvin の循環定理，式 (4.11) を導け．

4.4 式 (4.35) から出発し，式 (4.36) を導け．

4.5 迎え角 1.5° の薄い対称翼型を考える．薄翼理論の結果から，この揚力係数と前縁まわりのモーメント係数を計算せよ．

4.6 NACA 4412 翼型は次の平均キャンバー線を持っている．

$$\frac{z}{c} = \begin{cases} 0.25\left[0.8\dfrac{x}{c} - \left(\dfrac{x}{c}\right)^2\right] & 0 \leq \dfrac{x}{c} \leq 0.4 \\ 0.111\left[0.2 + 0.8\dfrac{x}{c} - \left(\dfrac{x}{c}\right)^2\right] & 0.4 \leq \dfrac{x}{c} \leq 1 \end{cases}$$

薄翼理論を用い，(a) $\alpha_{L=0}$　(b) $\alpha = 3°$ のとき c_l を計算せよ．

4.7 演習問題 4.6 に与えられた翼型に関して，$\alpha = 3°$ のとき，$c_{m,c/4}$ と x_{cp}/c を計算せよ．

4.8 演習問題 4.6 と 4.7 の結果を NACA 4412 翼型の実験データと比較せよ．そして，理論と実験との差をパーセントで記せ．(ヒント：実験による翼型データの良い資料は参考文献 11 である．)

4.9 p. 408 式 (4.35) および式 (4.43) から出発し，式 (4.62) を導け．

4.10 NACA 2412 翼型に関して，迎え角 −6° における揚力係数と 1/4 翼弦長点まわりのモーメント係数はそれぞれ −0.39 および −0.045 である．迎え角 4° において，これらの係数はそれぞれ 0.65 および −0.037 である．空力中心の位置を計算せよ．

4.11 演習問題 4.10 で論議された NACA 2412 翼型を再び考える．この翼型が標準高度 3 km (付録 D を見よ) で 60 m/s の速度で飛行している．この翼型の翼弦長は 2 m である．迎え角が 4° であるとき，単位翼幅あたりの揚力を計算せよ．

4.12 演習問題 4.11 の翼型に関して，この翼型まわりの循環の値を計算せよ．

4.13 第 3.15 節において，円柱を過ぎる揚力流れの場合を学んだ．現実において，流れの中で回転する円柱は揚力を生じるであろう．すなわち，そのような流れ場は図 3.34(b) および (c) の写真に示されている．ここで，流れと円柱表面間に働く粘性せん断応力が流れを円柱のまわりに回転方向へ引きずるのである．静止している流体中で，角速度 ω で回転する半径 R の円柱に関して，Navier-Stokes 方程式 (第 15 章) から得られる速度場に関する粘性流の解は

$$V_\theta = \frac{R^2 \omega}{r}$$

である．ここに，V_θ は円形の流線に沿った接線方向速度であり，r は円柱の中心からの半径方向距離である．(Schilichiting, *Boundary Layer Theory*, 6th ed., McGraw-Hill, 1986, p. 81 を見よ). V_θ は r に逆比例し，式 3.105) により与えられる渦点に関する非粘性流れ速度と同じ形であることに注意すべきである．もし，回転する円柱が 1 m の半径を持ち，演習問題 4.11 における翼型と同じ速度および高度で飛行しているとすると，演習問題 4.11 の翼型と同じ揚力を発生するために，角速度はどのくらいなければならないであろうか．(注：計算結果を Hoerner, *Fluid-Dynamic Lift*, 著者の自主出版, 1975, p. 21–4, Fig. 5 にある回転する円柱の揚力に関する実験データと比較できる．)

4.14 次の質問がしばしば尋ねられる．すなわち，翼型はひっくり返った状態で飛行できるだろうか．これに答えるために，次の計算を行え．無揚力角 −3° をもつ正のキャンバーの翼型を考える．この揚力傾斜は 0.1/度 である．(a) 迎え角が 5° における揚力係数を計算せよ．(b) さて，上下をひっくり返された，しかし，(a) の場合と同じ迎え角 5° である同一の翼型を考える．この揚力係数を計算せよ．(c) このひっくり返された翼型は，それが正常に迎え角 5° にある時に得られる揚力と同じ揚力を生じるために何度の迎え角に設定されなければならないであろうか．

4.15 第二次世界大戦の名機であるイギリスの Spitfire (図 5.19 を見よ) の主翼の翼型断面は主翼付根において NACA 2213 であり，翼端で NACA 2205 へと先細となっている．翼付根翼弦長は 8.33 ft である．NACA 2213 翼型の測定された形状抵抗係数は Reynolds 数 9×10^6 のとき 0.006 である．高度 18,000 ft を巡航している Spitfire を考える．(a) これは，9×10^6 である翼付根翼弦長基準の Reynolds 数の場合，どのような速度で飛行しているであろうか．(b) この速度および高度において，完全な乱流を仮定し，NACA 2213 翼型の表面摩擦抵抗係数を見積もり，これとこの翼型の全形状抵抗係数を比較せよ．

圧力抵抗による形状抵抗係数の占める割合を計算せよ．注：μ は，第1.8節で最初に論議されたように，温度の平方根として変化すると仮定せよ．

4.16 演習問題 4.15 に与えられた条件の場合，より合理的な表面摩擦係数の計算は最初層流境界層が前縁から始まり，そして，下流のある点で乱流境界層に遷移すると仮定することである．演習問題 4.15 に説明されている Spitfire の翼型に関する表面摩擦係数を計算せよ．しかし，今回は遷移に関して 10^6 の臨界 Reynolds 数を仮定する．

第5章　有限翼幅翼を過ぎる非圧縮性流れ

p. 411 空をかける猛禽たちを細心の注意を払ってじっと観察していた者が翼とそれらを使うことのできる人類を予見できるのである.

James Means, Editor of
the Aeronautical Annual, 1895

プレビュー・ボックス

Beechcraft Baron 58 双発ビジネス飛行機が図 5.1 に三面図として示されている. この飛行機の主翼は翼付根で 15 パーセント厚さの NACA 23015 翼型を持ち，翼端で 10 パーセント厚さへと先細にしている. 第 4 章において，翼型の特性を学び，与えられた翼型形状を使った飛行機の揚力および抵抗特性を予測できる. NACA 23015 に関する風洞試験データは，参考文献 11 に記されているように，NACA により用いられた標準様式で図 5.2 に与えられる. 翼型揚力係数と 1/4 翼弦長点まわりのモーメント係数が図 5.2a に翼型断面迎え角の関数として与えられている. 抵抗係数および空力中心まわりのモーメント係数は図 5.2b に揚力係数の関数として与えられている. この翼型形状は図 5.2b の上部に縮尺して示されている. また，図 5.2b の下部近くには，記号で表されるように，翼弦長に基づいた 3 つの異なる Reynolds 数の値における結果が示されている. "標準荒さ (standard roughness)"と記されたデータは，模型表面が紙やすりのような砂粒で覆われた特別な場合に適用される. なお，ここではこの特別な場合は検討しない.

p. 412 主翼が迎え角 4 度にあるように巡航している Beechcraft Baron 58 を考える. この主翼の揚力および抵抗係数はどのくらいの大きさであろうか. 図 5.2a から，$\alpha = 4°$ におけるこの翼型に関して，$c_l = 0.54$ を得る. 図 5.2b に示される最も高い Reynolds 数における抵抗係数データを用いると，$c_l = 0.54$ について対応する抵抗係数は，$c_d = 0.0068$ である. 翼型に関する小文字の係数のではなく，主翼の空力係数に大文字を用いて，次の質問をする. 主翼の C_L と C_D は翼型のそれらと同じであろうか. すなわち，$c_d = 0.0068$ である. 翼型に関して小文字で記述された空力係数と差別化するため，主翼の空力係数に大文字を用いて，次の質問をする. 主翼の C_L と C_D は翼型のそれらと同じであろうか (訳者注：一般に翼型は 2 次元，翼は 3 次元で使い分ける). すなわち，

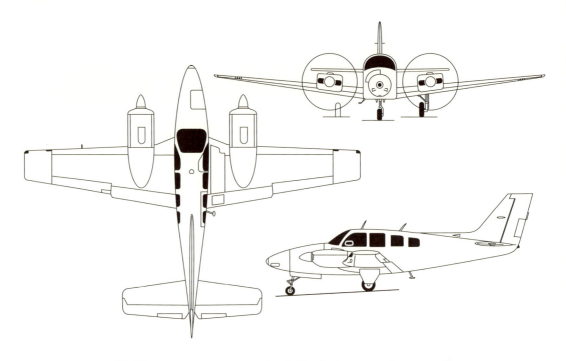

図 5.1 Beechcraft Baron 58, 4 から 6 人乗りジェネラル・アビエーション機

$$C_L = 0.54 \ (?) \quad C_D = 0.0068 \ (?)$$

であろうか．答えははっきりとした否である．それらに近い値でさえないのである．これは驚くことであるが，どうしてこうなるのであろうか．なぜ主翼の空力係数が，この翼を作り上げられている翼型形状の空力係数と同一ではないのであろうか．確かに，翼型の空力特性は有限翼幅翼の空力特性と何らかの関係を持たねばならない．そうでなければ，第 4 章における翼型の勉強は大きな時間の浪費ということになるであろう．

本章のただ 1 つの，そして，最も重要な目的はこの課題を解決することである．本章は現実の有限翼幅翼の空力特性に焦点をあてる．その解法は，有限翼幅翼を過ぎる流れの物理的な性質の知識と結びついたもので，興味深く，そして，数学的解法による．これは非常に重要な要素である．本章では，非圧縮性流れの仮定が妥当な速度で飛行する現実の飛行機における空気力学の核心に到達する．精力的に本書を読み進め，そして，この課題を解決しよう．

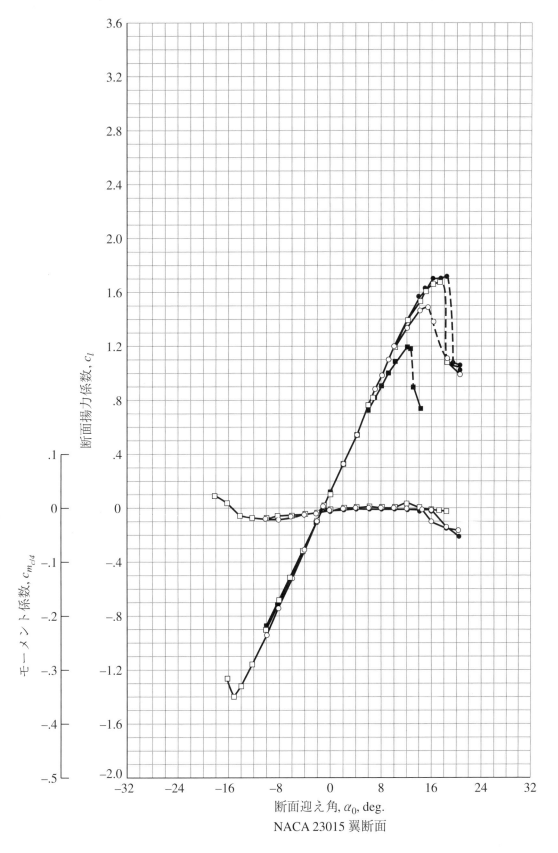

図 5.2a NACA23015 翼型に関する揚力係数および 1/4 翼弦長点まわりのモーメント係数 p. 413

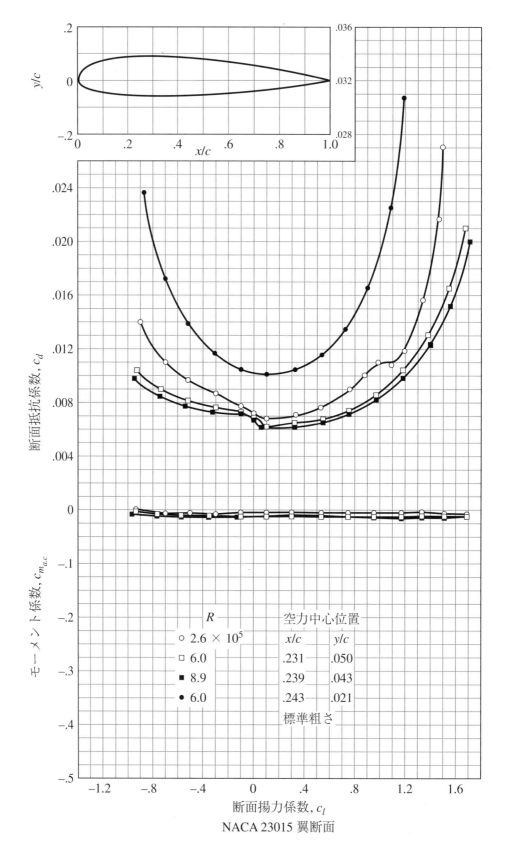

図 5.2b NACA23015 に関する抵抗係数および空力中心まわりのモーメント係数 p. 414

第5章 有限翼幅翼を過ぎる非圧縮性流れ

5.1 序論：吹下ろしと誘導抵抗

p. 415 第4章において，翼型の特性を論議した．それらは無限翼幅の翼の特性と同じものである．すなわち，実際に，翼型データは，しばしば"無限翼幅翼"のデータと言われる．しかしながら，すべての実際の飛行機は有限翼幅の翼を持っている．それで本章の目的は翼型特性の知識をそのような有限翼幅翼の解析に適用することである．これが，第4.1節で述べたように，Prandtlの翼理論の原理における第2ステップである．読者は，さらに先に進む前に第4.1節を復習すべきである．

質問：なぜ，有限翼幅翼の空気力学的特性はそれの翼型の特性と違うのであろうか．実際，翼型は単純に翼の断面であり，最初の考えでは，翼は翼型とまったく同じように働くと期待するかもしれない．しかしながら，第4章で学んだように，翼型を過ぎる流れは2次元的である．対照的に，有限翼幅翼は3次元物体であり，したがって，有限翼幅翼を過ぎる流れは3次元的である．すなわち，翼幅方向に流れの成分が存在する．これをもっとはっきりと見るために，図5.3を調べてみる，その図は有限翼幅翼の上面および正面図を与えている．翼に揚力が作りだされる物理的なメカニズムは翼下面の高い圧力と翼上面の低い圧力の存在である．この圧力分布の正味の不均衡が，第1.5節で論議したように，揚力を発生させる．しかしながら，p. 416 この圧力の不均衡の2次的産物として，翼端近傍の流れは翼端まわりを渦巻こうとし，翼端のすぐ下の高圧領域から翼上面の低圧領域へ押しやられる．この翼端をまわる流れは図5.3において翼の正面図の中に示されている．結果として，翼の上面において，一般的に翼端から翼付け根へ

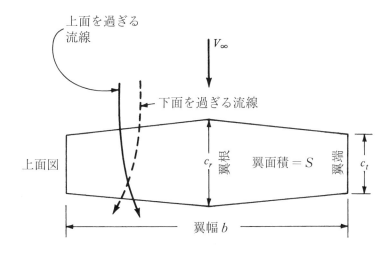

図 5.3 有限翼幅翼．図において，翼の上，下面上の流線の曲率は明確化のため誇張されている．

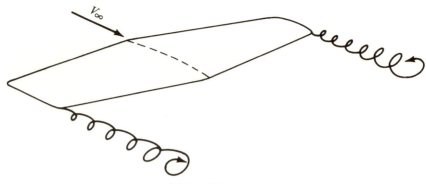

図 5.4 翼端渦の略図

向かう，流れの翼幅方向成分があり，図 5.3 の上面図に描かれているように，翼上面の流線を翼付け根側へ曲げる原因となる．同様に，翼の下面において，一般的に翼付け根から翼端へ向かう，流れの翼幅方向成分が存在し，下面の流線を翼端側へ曲げる原因となる．明らかに，有限翼幅翼を過ぎる流れは 3 次元的であり，そして，それゆえに，そのような翼の総合的な空気力学的特性はその翼が使っている翼型のそれらとは異なると考えられよう．

　流れが翼端をまわって"漏れる"傾向は，翼の空気力学に別の重要な効果をもつ．この流れは，翼の下流へたなびく回転運動を作りだす．すなわち，それぞれの翼端に後流渦 (trailing *vortex*) が形成される．これらの翼端渦が図 5.4 に描かれ，そして図 5.5 に写真により示されている．翼端渦は本質的に有限翼幅翼の下流にたなびく弱い"竜巻 (tornadoes)"である．(Boeing 747 のような大きな飛行機の場合，これらの翼端渦は，その後に続く軽飛行機があまりにも接近すると操縦不能にするほど強力である．そのような事故は発生していて，これが，空港で，連続して着陸あるいは離陸する航空機間の大きな間隔をとる 1 つの理由である．) これらの，翼の下流にある翼端渦はこの翼それ自身の近傍に気流速度の小さな下向き成分を誘導する．これは図 5.5 を調べることにより理解することができる．すなわち，2 つの渦は周囲の空気をそれらまわりに引きずろうとし，この 2 次的な運動が翼に対して下方向に小さな速度成分を誘導する．この下向きの速度成分は**吹下ろし** (*downwash*) と呼ばれ，記号 w で示される．結果として，この吹下ろしは自由流速 V_∞ と結び付いて，図 5.6 に描かれているように，翼の各翼型断面の近傍で下方向に傾いた**局所** (*local*) 相対風を作り出す．

　図 5.6 を詳しく調べてみる．翼弦線と V_∞ の方向との間の角度は，第 1.5 節で定義され，第 4 章で翼型理論の論議を通して使ってきたように，迎え角 α である．ここで，より正確に，α を**幾何学的迎え角** (the *geometric* angle of attack) と定義する．図 5.6 において，局所相対風は，p. 418 V_∞ の方向より，**誘導迎え角** (the *induced* angle of attack) と呼ばれる，角度 α_i だけ下へ傾いている．吹下ろしがあることと，その，局所相対風を下方へ傾ける効果は局所翼断面に対して，次に示すような，2 つの重要な効果を持っている．すなわち，

1. 局所翼型断面が実際に見ている迎え角は翼弦線と局所相対風との間の角度である．この角度は図 5.6 において，α_{eff} により与えられ，**有効迎え角** (the *effective* angle of attack) と定義される．したがって，翼は幾何学的迎え角 α を取っているが，局所翼型断面はそれより小さな角度，すなわち，有効迎え角 α_{eff} にある．図 5.6 から，

$$\alpha_{\text{eff}} = \alpha - \alpha_i \tag{5.1}$$

第 5 章　有限翼幅翼を過ぎる非圧縮性流れ

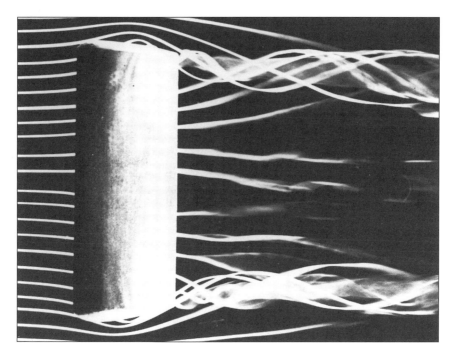

図 5.5 矩形翼の翼端渦．この翼は煙風洞に設置され，そこでのそれぞれ流管は煙線により可視化されている．(出典：Head, M.R., "*Flow Visualization II*", W. Merzkirch(Ed.), Hemisphere Publishing Co., New York, 1982, pp.399-403. また，Van Dyke, Milton, "*An Album of Fluid Motion*", The Palabolic Press, Stanford, CA, 1982) にも掲載. p. 471

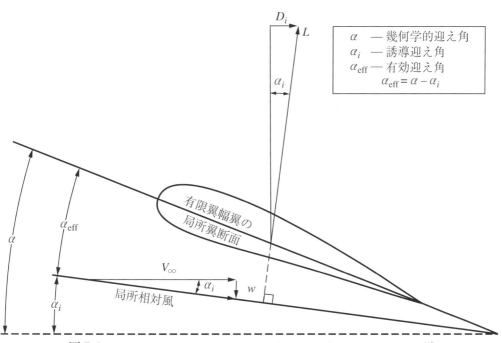

図 5.6 有限翼幅翼の局所翼断面における局所流れにおよぼす吹下ろしの効果 p. 417

2. 局所揚力ベクトルは局所相対風に垂直になり、それゆえ、図 5.6 に示されるように角度 α_i だけ垂直線に対して後ろへ傾いている。結果として、V_∞ の方向に局所揚力ベクトルの成分が存在する。すなわち、吹下ろしがあることにより作りだされた**抵抗**が存在するのである。この抵抗は**誘導抵抗** (induced drag) と定義され、図 5.6 において D_i で表されている。

したがって、有限翼幅翼まわりに吹下ろしが存在することは各翼断面での実際の迎え角を減少させ、そしてまた、それは抵抗成分、すなわち、誘導抵抗 D_i を作りだす。我々はまだ、非粘性、非圧縮性流れ、そこでは、表面摩擦、あるいは流れのはく離は存在しない、を取り扱っていることを心に留めておくべきである。そのような流れに関して、有限翼幅翼には**有限な** (finite) 抵抗、すなわち、誘導抵抗が存在する。D'Alembert のパラドックスは有限翼幅翼の場合生じないのである。

図 5.6 に示される揚力ベクトルを後方へ傾けることは誘導抵抗の物理的な発生を目で見えるようにする方法の 1 つである。別の 2 つの方法は次のようになる。すなわち、

1. 図 5.4 と図 5.5 に示される翼端渦により誘導される 3 次元流れは、単に、正味の圧力の不均衡が V_∞ の方向に存在する、(すなわち、抵抗が生じる) ように、有限翼幅翼の圧力分布を変える。この意味では、誘導抵抗は "圧力抵抗" の一種類である。

2. 翼端渦は大きな並進および回転の運動エネルギーを持っている。このエネルギーはどこからか来なければならない。すなわち、究極的には航空機エンジンにより供給される、それは飛行機の唯一の動力源であるからである。渦のエネルギーは役に立たないので、この動力は本質的に失われる。事実上、エンジンにより供給され渦に行ってしまう動力は、この誘導抵抗に打ち勝つために必要な動力である。

本節における論議から、明らかに、有限翼幅翼の特性はその翼のもつ翼型断面の特性と同じではない。それゆえ、有限翼幅翼の空気力学的特性を解析できる理論を展開することを始めよう。これを行う上で、図 5.7 に与えられるロードマップに従うことにする。すなわち、本章において論議を進めて行くときはこのロードマップと連係を保つのである。

p. 419 本章において、用語における相違について示す。前章において考えた 2 次元物体について、単位幅あたりの揚力、抵抗、およびモーメントを、例えば、L', D' および M' のように、プライムを付けて表してきた。そして、対応する揚力、抵抗およびモーメント係数を、例えば c_l, c_d, および c_m のように、小文字により表示してきた。対照的に、有限翼幅翼のような完全な 3 次元物体における揚力、抵抗、およびモーメントを、例えば L, D, および M のように、プライムを付けずに与える。そして、対応する揚力、抵抗、およびモーメント係数を、例えば C_L, C_D, および C_M のように、大文字で与える。この区別はすでに第 1.5 節で述べられている。

最後に、実際の亜音速有限翼幅翼の全抵抗は誘導抵抗 (the induced drag) D_i, 表面摩擦抵抗 (the skin friction drag) D_f と流れのはく離による圧力抵抗 (the pressure drag) D_p との和であることを示しておく。後者の 2 つの成分は粘性効果によるもので、第 15 章から 20 章で論議される。これらの 2 つの粘性に支配される抵抗成分の和は、第 4.3 節で論議されているように、**形状抵抗** (profile drag) と呼ばれる。NACA 2412 翼型の形状抵抗 c_d は図 4.11 に与えられた。適度な迎え角において、有限翼幅翼の形状抵抗は、本質的に、その翼の翼型断面と同一である。したがって、形状抵抗係数を

第 5 章 有限翼幅翼を過ぎる非圧縮性流れ

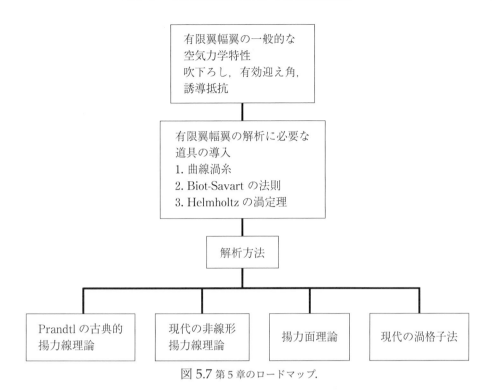

図 5.7 第 5 章のロードマップ.

$$c_d = \frac{D_f + D_p}{q_\infty S} \tag{5.2}$$

のように，そして誘導抵抗係数を

$$C_{D,i} = \frac{D_i}{q_\infty S} \tag{5.3}$$

のように定義すると，p. 420 有限翼幅翼の全抵抗係数 C_D は

$$C_D = c_d + C_{D,i} \tag{5.4}$$

により与えられる．式 (5.4) において，c_d の値は通常，図 4.11 および図 5.2b に与えられるような，翼型データから得られる．$C_{D,i}$ の値は本章で与えられる有限翼幅翼理論から得られる．事実，本章の中心的目的の 1 つは誘導抵抗係数の式を得て，有限翼幅翼のある設計特性によるその変化を調べることである．(有限翼幅翼の特性に関する追加の論議については参考文献 2 の第 5 章を見よ．)

5.2 渦糸，Biot-Savart の法則および Helmholtz の定理

　有限翼幅翼に関する合理的な空気力学理論を確立するために，いくつかの追加的な空気力学ツールを導入する必要がある．最初に，第 4.4 節で最初に導入された渦糸 (vortex filament) の概念を拡張する．第 4.4 節において，±∞ に伸びる**直線** (*straight*) の渦糸を論議した．(さらに先に進む前に，第 4.4 節のこの最初の文節を再読すべきである．)

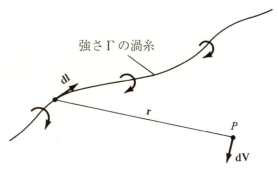

図 5.8 渦糸と Biot-Savart の法則の説明.

一般的に，渦糸は，図 5.8 に示されるように，**曲がって** (*curved*) いても良い．ここでは，渦糸の一部分のみが描かれている．この渦糸は，それのまわりに流れ場を誘導する．もし，循環がこの渦糸を囲む任意の経路で計算されるとすると，一定値 Γ が得られる．したがって，渦糸の強さは Γ と定義される．図 5.8 に示されるように，渦糸の微小要素ベクトル **dl** を考える．**dl** から空間の任意点 P への半径ベクトルは **r** である．微小要素 **dl** は点 P において

$$d\mathbf{V} = \frac{\Gamma}{4\pi} \frac{d\mathbf{l} \times \mathbf{r}}{|\mathbf{r}|^3} \tag{5.5}$$

に等しい速度を誘導する．式 (5.5) は *Biot-Savart* の法則と呼ばれ，非粘性，非圧縮性流れの理論における最も基本的な式の 1 つである．この式の導出はもっと程度の高い本に与えられている．(例えば，参考文献 9 を見よ．) ここでは，証明なしでそれを受け入れなければならない．p. 421 しかしながら，もし，電磁気学理論との類似を用いれば，読者にはよりわかり易くなるかも知れない．もし，図 5.8 における渦糸が電流 I が流れる導線として考えるとすれば，導線要素 **dl** の方向に流れる電流をもつ，要素 **dl** により点 P に誘導される磁場の強さ **dB** は

$$d\mathbf{B} = \frac{\mu I}{4\pi} \frac{d\mathbf{l} \times \mathbf{r}}{|\mathbf{r}|^3} \tag{5.6}$$

である．ここに，μ は導線囲んでいる媒質の透磁率である．式 (5.6) は式 (5.5) と型式が同じである．実際，Biot-Savart の法則はポテンシャル理論の一般な結果であり，そして，非粘性，非圧縮性流れのみならず電磁場もポテンシャル理論に記述される．実際，渦やわき出し等により生じる速度を述べる場合の "誘導された (induced)" という単語を使うのは，電流により誘導される電磁気場の研究からの引継ぎである．1911 年から 1918 年の間に有限翼幅翼の理論を展開していたとき，Prandtl と彼の同僚たちは抵抗の生成についてさえ電気工学の学術用語を引き継いだ．したがって，"誘導された (induced)" 抵抗である．

再び図 5.8 の渦糸の図へ戻るとする．この単一の渦糸および関連する Biot-Savart の法則 [式 (5.5)] は単に，非粘性，非圧縮性流体のより複雑な流れを作りだすために用いられる概念的な空気力学ツールであることを覚えておくべきである．それらは，すべての実用的な目的に関して，非粘性，非圧縮性流れの支配方程式，すなわち，Laplace の方程式の解である，そして，それら自身だけでは特別な価値があるわけではない．しかしながら，多数の渦糸を一様流とともに用いると，実用的な応用に適用できる流れを作ることが可能である．まもなくわかるようになるが，有限翼幅翼を過ぎる流れはそのような例の 1 つである．

第 5 章 有限翼幅翼を過ぎる非圧縮性流れ

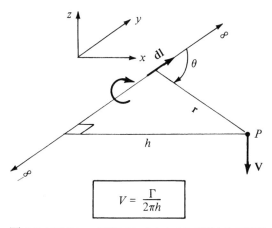

図 5.9 無限長さの直線渦糸により点 P に誘導される速度.

Biot-Savart の法則を，図 5.9 に描かれるように，無限長さの直線渦糸に適用する．渦糸の強さは Γ である．要素渦糸ベクトル dl により点 P に誘導される速度は式 (5.5) により与えられる．したがって，渦糸全体により点 P に誘導される速度は

$$\mathbf{V} = \int_{-\infty}^{\infty} \frac{\Gamma}{4\pi} \frac{\mathbf{dl} \times \mathbf{r}}{|\mathbf{r}|^3} \tag{5.7}$$

である．ベクトル積の定義 (第 2.2 節を見よ) から，$\mathbf{V}$ の方向は図 5.9 において下向きである．速度の大きさ，$V = |\mathbf{V}|$ は

$$V = \frac{\Gamma}{4\pi} \int_{-\infty}^{\infty} \frac{\sin\theta}{r^2} dl \tag{5.8}$$

で与えられる．図 5.9 において，h を点 P から渦糸への垂直距離とする．したがって，図 5.9 に示された幾何学的関係から，

$$r = \frac{h}{\sin\theta} \tag{5.9a}$$

$$l = \frac{h}{\tan\theta} \tag{5.9b}$$

$$dl = -\frac{h}{\sin^2\theta} d\theta \tag{5.9c}$$

式 (5.9a)，式 (5.9b)，式 (5.9c) を式 (5.8) に代入すると

$$V = \frac{\Gamma}{4\pi} \int_{-\infty}^{\infty} \frac{\sin\theta}{r^2} dl = -\frac{\Gamma}{4\pi h} \int_{\pi}^{0} \sin\theta d\theta$$

すなわち，

$$V = \frac{\Gamma}{2\pi h} \tag{5.10}$$

を得る．したがって，与えられた点 P から垂直距離 h にある無限直線渦糸によりこの点 P に誘導される速度は単純に $\Gamma/2\pi h$ であり，それはまさに，2 次元流れの渦点に関する式 (3.105) により与えられる結果である．[式 (3.105) の負符号は式 (5.10) にはないことに注意すべきである．

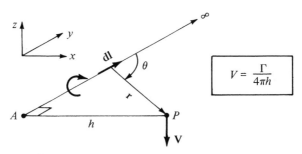

図 5.10 半無限直線渦糸により点 P に誘導される速度.

すなわち，このことは式 (5.10) の V が単に V の絶対値であり，それゆえ定義により，正だからである．]

図 5.10 に示される半無限 (semi-infinite) の渦糸を考える．この渦糸は点 A から ∞ へ延びている．点 A はこの流れの境界と考えて良い．点 P が，渦糸に垂直な，点 A を通る平面にあるとする．したがって，p. 423 上と同じような積分により (読者自身で試してみよ)，半無限渦糸により点 P に誘導される速度は，

$$V = \frac{\Gamma}{4\pi h} \tag{5.11}$$

である．この式 (5.11) を次節で用いる．

偉大なドイツの数学者であり物理学者かつ医者であった Hermann von Helmholtz (1821 – 1894) が非粘性，非圧縮性流れの解析にこの渦糸の概念を用いた最初の人物であった．その研究において，彼は，今日，Helmholtz の渦定理として知られている渦糸のふるまいに関するいくつかの基本原理を確立した．すなわち，

1. 渦糸の強さはその長さに沿って一定である．

2. 1 本の渦糸は流体内で端をもつことができない．すなわち，それは流体の境界 (±∞ も可) に伸びているか，閉じていなければならない

この定理を次節以降で用いる．

最後に，有限翼幅翼の翼幅方向に沿った**揚力分布** (lift distribution) の概念を導入しよう．与えられた翼幅方向位置 y_1 を考える，ここに局所翼弦が c で，局所幾何学的迎え角が α であり，そして，翼型断面は与えられた形状である．この位置における単位翼幅あたりの揚力は $L'(y_1)$

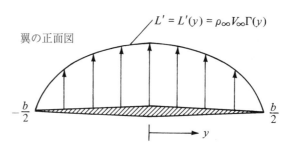

図 5.11 翼の翼幅方向の揚力分布に関する略図.

である．さて，この翼幅に沿った別の位置 y_2 を考える，そこにおいて c, α，そして翼型形状は異なっても良い．(多くの有限翼幅翼は，単純な矩形翼以外は変化する翼弦を持っている．また，多くの翼は幾何学的にねじられ，α は異なった翼幅位置で異なっている，すなわち，幾何学的ねじりである．もし，翼端が翼付根より低い α であるならば，翼は**ねじり下げ** (*washout*) をもつと言われる．そして，もし，翼端が翼付根より高い α であるなら，翼は**ねじり上げ** (*washin*) をもつ．加えて，多くの現代の飛行機の翼は，その翼幅に沿って異なった $\alpha_{L=0}$ の値をもつ異なった翼型を持っている．すなわち．それは**空気力学的ねじり** (*aerodynamic twist*) と呼ばれている．) 結果として，この異なった位置における単位翼幅あたりの揚力，$L'(y_2)$ は，一般的に，$L'(y_1)$ とは異なるであろう．したがって，図 5.11 に描かれているように，翼の翼幅方向に沿った単位翼幅あたりの揚力の分布，すなわち，$L' = L'(y)$, が存在する．その結果，循環もまた，y の関数であり，$\Gamma = L'(y)/\rho_\infty V_\infty$ である．図 5.11 から，揚力分布が両翼端でゼロなることに注意すべきである．すなわち，$y = -2/b$ と $y = b/2$ において，翼の下面と上面の圧力が厳密に等しくなるからである．それで，そのため，これらの点で揚力は発生しないのである．p. 424 揚力分布 $L(y)$ [または，循環分布 $\Gamma(y)$] の計算は有限翼幅翼の理論における中心的問題の 1 つである．それが以下の節で述べられている．

要約すると，有限翼幅翼の誘導抵抗，全揚力，および揚力分布を計算したいのである．これが本章の残りの節における目的である．

5.3 Prandtl の古典的揚力線理論

有限翼幅翼の空気力学的特性を求める最初の実用的な理論は，第一次世界大戦にわたる，1911 年から 1918 年の間に，ドイツの Göttingen 大学において Prandtl と彼の同僚らにより展開された．Prandtl の理論の有用性は非常に優れているので，それは今日においてもなお，有限翼幅翼特性の予備的計算に用いられている．本節の目的は Prandtl の理論を説明し，引き続く節で述べる現代的数値法に関する基礎を据えることである．

Prandtl は次のように考えた．流れの中の決まった位置に拘束された強さ Γ の渦糸，いわゆ

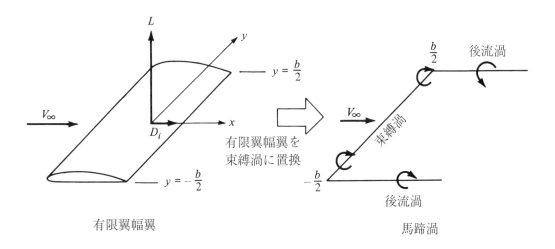

図 5.12 有限翼幅翼の束縛渦による置換．

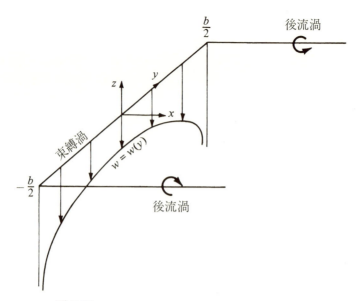

図 5.13 単一馬蹄渦に関する y 軸に沿った吹下ろし分布.

る束縛渦 (bound vortex) が，Kutta-Joukowski 定理から，$L = \rho_\infty V_\infty$ なる力を受けるであろう．この束縛渦は，同じ流体要素を伴って流体中を移動する**自由渦** (*free vortex*) とは対照的である．それゆえ，図 5.12 に描かれているように，翼幅 b の有限翼幅翼を $y = -b/2$ から $y = b/2$ に拡がる 1 本の束縛渦で置き換えよう．しかしながら，Helmholtz の定理より，渦糸は流体中で終わることができない．したがって，この渦糸は，また，図 5.12 にも示されるように，両翼端から無限遠下流へたなびく 2 つの自由渦として続くと仮定する．この渦 (束縛渦と 2 つの自由渦) は蹄鉄の形状であり．それで，**馬蹄渦** (*horseshoe vortex*) [**U 字渦**] と呼ばれる．

単一の馬蹄渦が図 5.13 に示されている．この馬蹄渦により，$-b/2$ から $b/2$ の束縛渦に誘導される吹下ろし w を考える．図 5.13 を調べると，束縛渦はそれ自身に沿っては速度を誘導しないことがわかる．しかしながら，2 つの後流渦は両方とも束縛渦に沿った誘導速度に貢献している．p. 425 そして，両方の誘導速度は下方向に向いている．図 5.13 の xyz 座標系にあわせると，そのような下向きの速度は負である．すなわち，w (z 方向である) は下向きのときは負の値で，上向きのときは正の値である．もし，原点が束縛渦の中点に取られれば，そのとき，半無限の後流渦により誘導される，束縛渦に沿った任意の点 y における速度は，式 (5.11) より，

$$w(y) = -\frac{\Gamma}{4\pi(b/2+y)} - \frac{\Gamma}{4\pi(b/2-y)} \tag{5.12}$$

式 (5.12) において，右辺の第 1 項は左側後流渦 ($-b/2$ から出ている) よる，そして，第 2 項は右側後流渦 ($b/2$ から出ている) による吹下ろし速度である．式 (5.12) は

$$w(y) = -\frac{\Gamma}{4\pi}\frac{b}{(b/2)^2 - y^2} \tag{5.13}$$

となる．この $w(y)$ の変化は図 5.13 に描かれている．w は，y が $-b/2$ または $b/2$ に近付くにつれ，$-\infty$ に近づくことに注意すべきである．

図 5.13 に示されている単一の馬蹄渦による吹下ろし分布は有限翼幅翼のそれを現実的に模擬していない．すなわち，翼端において無限大に近づく吹下ろしが特に困るのである．有限翼幅

第 5 章 有限翼幅翼を過ぎる非圧縮性流れ

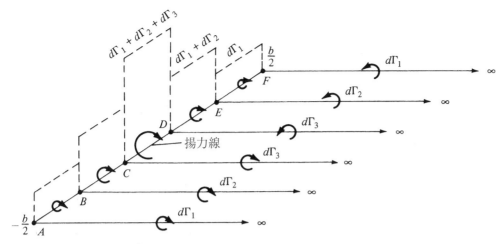

図 5.14 揚力線に沿った，有限個の馬蹄渦を重ね合わせ．

翼理論の進展の初期段階で，この問題が Prandtl や彼の同僚たちを当惑させた．数年にわたる努力により，この問題に対する解が得られた，それは，後から振り返ってみると，簡単で，直接的であった．翼を単一の馬蹄渦で代表させる代わりに，多数の馬蹄渦を重ね合わせよう．それぞれは異なった長さの束縛渦をもつが，p. 426 これらすべての束縛渦は 1 本の線，すなわち**揚力線** (lifting line) に一致するのである．この概念が図 5.14 に示されている．そこでは，明確にするため，わずか，3 つの馬蹄渦だけが示されている．図 5.14 において，強さ $d\Gamma_1$ が示されている．そこでは，束縛渦は $-b/2$ から $b/2$ (すなわち，点 A から点 F) まで，翼全幅にわたっている．これに，強さ $d\Gamma_2$ をもつ第 2 の馬蹄渦を重ね合わせる．ここに，その束縛渦は，点 B から点 E までの翼幅の一部分のみにわたっている．最後に，強さ $d\Gamma_3$ の第 3 の馬蹄渦をこれに重ね合わせる．ここに，その束縛渦は点 C から点 D の翼の一部のみにわたっている．結果として，循環は束縛渦の線，すなわち，上で定義した揚力線に沿って変化する．AB と EF に沿って，そこではわずか 1 本の渦だけなので，その循環は $d\Gamma_1$ である．しかしながら，BC および DE に沿っては，そこでは 2 つの渦が重ね合わされているので，その循環はそれらの和，$d\Gamma_1 + d\Gamma_2$ である．CD に沿っては，3 つの渦が重ね合わされている，それゆえ，その循環は $d\Gamma_1 + \Gamma_2 + \Gamma_3$ である．この，揚力線に沿った Γ の変化を図 5.14 では垂直なバーにより示されている．また，図 5.14 から，図 5.13 に示されるような翼端から下流へたなびく，わずか 2 本の渦ではなく，その翼幅方向に分布する一連の後流渦であることに注意すべきである．図 5.14 の後流渦の連なりはいくつもの一対の渦を表している．そのそれぞれの組は与えられた馬蹄渦と関連している．それぞれの後流渦の強さは揚力線に沿った**循環の変化量**に等しいことに注意すべきである．

図 5.14 の場合を，それぞれが非常に小さい強さ $d\Gamma$ をもつ，**無限個** (infinite number) の馬蹄渦が揚力線に沿って重ね合わされる場合に拡張してみよう，この場合が図 5.15 に示されている．図 5.14 においては垂直のバーであるものが，いまや，図 5.15 では揚力線に沿った，$\Gamma(y)$ なる連続的な分布となったことに注意すべきである．座標原点における循環の値は Γ_0 である．また，図 5.14 における有限個の後流渦は，図 5.15 においては揚力線の下流へたなびく**連続的な渦面** (continuous vortex sheet) となったことに注意すべきである．この渦面は V_∞ の方向に対して平行である．翼の翼幅方向に積分したこの渦面の全強さはゼロである．なぜなら，それは，無限の，強さが同じで方向が反対である一対の後流渦から形成されているからである．

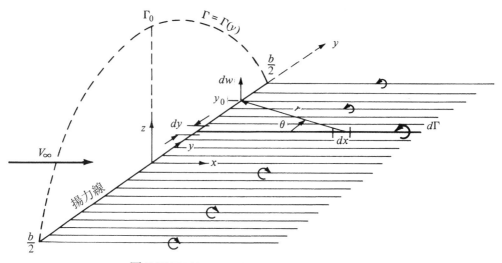

図 5.15 揚力線に沿った無限個の馬蹄渦の重ね合わせ.

p. 427 図 5.15 に示されるように，座標 y にある，揚力線の微小要素 dy を選びだすとする．y における循環は $\Gamma(y)$ である．そして，微小要素 dy まわりの循環の変化量は $d\Gamma = (d\Gamma/dy)dy$ である．その結果，y における後流渦の強さは，揚力線に沿った循環の変化量 $d\Gamma$ に等しくなければならない．すなわち，これは，図 5.14 における有限個の後流渦の強さについて得られた結果の単純な拡張である．図 5.15 に示されるように，座標 y で揚力線と交差する強さ $d\Gamma$ の後流渦をもう少し詳しく考えてみる．また，揚力線に沿った任意の位置 y_0 を考える．後流渦の任意の微小要素 dx は y_0 に，Biot-Savart の法則，式 (5.5) により与えられる大きさと方向をもつ速度を誘導する．その結果，y にある半無限後流渦全体により，y_0 に誘導される速度 dw は式 (5.11) により与えられ，図 5.15 に与えられる図の記号を用いると，

$$dw = -\frac{(d\Gamma/dy)\,dy}{4\pi(y_0 - y)} \tag{5.14}$$

である．式 (5.14) の負符号は図 5.15 に示される図と一致するために必要とされる．すなわち，示されている後流渦に関して，y_0 における dw の方向は上向きであり，それゆえ，正の値である，ところが，Γ は y 方向に減少しており，それで，$d\Gamma/dy$ が負の量になっている．式 (5.14) における負符号は正の dw を負の $d\Gamma/dy$ と矛盾しないようにするのである．

後流渦面全体により y_0 に誘導される全速度 w は，すべての渦糸に関する式 (5.14) の総和，すなわち，式 (5.14) の $-b/2$ から $b/2$ までの積分である．すなわち，

$$\boxed{w(y_0) = -\frac{1}{4\pi}\int_{-b/2}^{b/2}\frac{(d\Gamma/dy)\,dy}{y_0 - y}} \tag{5.15}$$

p. 428 式 (5.15) は，それがすべての後流渦による y_0 における吹下ろしの値を与えるということにおいて重要である．(w を吹下ろしとしているが，w は，xyz 直角座標系における通常の規約と一致するよう，上向き方向を正としてることを覚えておくべきである．)

ちょっと中断し，これまでの議論の状態を評価してみる．有限翼幅翼を，図 5.15 に示されるように，循環 $\Gamma(y)$ が連続的に変化する揚力線というモデルで置き換えた．その結果，式 (5.15)

で与えられる，揚力線に沿った吹下ろしの式を得た．しかしながら，我々の中心的問題は，まだ解かれずに残っている．すなわち，与えられた有限翼幅翼に関する $\Gamma(y)$ を計算し，併せて，対応する全揚力と誘導抵抗を**計算**したいのである．したがって，さらに先に進まなければならない．

図 5.6 に戻ってみる．それは有限翼幅翼の局所翼型断面を示している．この断面が任意の翼幅方向位置 y_0 に位置すると仮定する．図 5.6 から，誘導迎え角 α_i は

$$\alpha_i(y_0) = \tan^{-1}\left(\frac{-w(y_0)}{V_\infty}\right) \tag{5.16}$$

により与えられる．[図 5.6 において，w は下向きであり，それゆえ，負の量であることに注意すべきである．図 5.6 における α_i は正であるので，式 (5.16) の負符号は一致を保つために必要である．] 一般的に，w は V_∞ よりはるかに小さい，それゆえ，α_i はせいぜい数度のオーダーである小さな角度である．小さな角度に関して，式 (5.16) は

$$\alpha_i(y_0) = -\frac{w(y_0)}{V_\infty} \tag{5.17}$$

となる．式 (5.15) を式 (5.17) に代入すると，

$$\boxed{\alpha_i(y_0) = \frac{1}{4\pi V_\infty}\int_{-b/2}^{b/2}\frac{(d\Gamma/dy)\,dy}{y_0 - y}} \tag{5.18}$$

を得る．すなわち，翼に沿った循環分布 $\Gamma(y)$ で表した誘導迎え角の式である．

再び，図 5.4 に示されている，**有効迎え角** α_{eff} を考える．第 5.1 節で説明したように，α_{eff} は局所翼型断面が実際に出会う迎え角である．吹下ろしは翼幅方向で変化するので，それで α_{eff} もまた変化する．すなわち，$\alpha_{\text{eff}} = \alpha_{\text{eff}}(y_0)$ である．$y = y_0$ における翼型断面の揚力係数は

$$c_l = a_0\,[\alpha_{\text{eff}}(y_0) - \alpha_{L=0}] = 2\pi\,[\alpha_{\text{eff}}(y_0) - \alpha_{L=0}] \tag{5.19}$$

である．式 (5.19) において，局所翼断面揚力傾斜 a_0 は薄翼理論値の 2π (rad^{-1}) で置き換えられている．また，空気力学的ねじりをもつ翼については，式 (5.19) における無揚力角 $\alpha_{L=0}$ が y_0 により変化する．もし，空気力学的ねじりがなければ，$\alpha_{L=0}$ は翼幅方向にわたり一定である．いずれの場合でも，$\alpha_{L=0}$ は局所翼型断面の既知特性である．揚力係数の定義と Kutta-Joukowski の定理から，y_0 における局所翼型断面に関して

$$L' = \frac{1}{2}\rho_\infty V_\infty^2 c(y_0)c_l = \rho_\infty V_\infty \Gamma(y_0) \tag{5.20}$$

を得る．p. 429 式 (5.20) より，

$$c_l = \frac{2\Gamma(y_0)}{V_\infty c(y_0)} \tag{5.21}$$

を得る．式 (5.21) を式 (5.19) に代入し，α_{eff} について解くと，

$$\alpha_{\text{eff}} = \frac{\Gamma(y_0)}{\pi V_\infty c(y_0)} + \alpha_{L=0} \tag{5.22}$$

を得る．上の結果は，もし式 (5.1) を参照すると，はっきりする．すなわち

$$\alpha_{\text{eff}} = \alpha - \alpha_i \tag{5.1}$$

式 (5.18) と式 (5.22) を式 (5.1) に代入すると

$$\boxed{\alpha(y_0) = \frac{\Gamma(y_0)}{\pi V_\infty c(y_0)} + \alpha_{L=0}(y_0) + \frac{1}{4\pi V_\infty}\int_{-b/2}^{b/2}\frac{(d\Gamma/dy)\,dy}{y_0 - y}} \tag{5.23}$$

を得る．Prandtl の揚力線理論の基礎式である．すなわち，本方程式は単に，幾何学的迎え角は有効迎え角プラス誘導迎え角という和に等しいことを述べているのである．式 (5.23) において，α_{eff} は Γ の項で表され，そして，α_i は $d\Gamma/dy$ を含む積分の項で表されている．したがって，式 (5.23) は積分–微分方程式であり，その式において，唯一の未知数は Γ である．すなわち，他のすべての量，α, c, V_∞ および $\alpha_{L=0}$ は，与えられた速度をもつ自由流において，与えられた迎え角の与えられた設計の有限翼幅翼に関しては既知である．このように，式 (5.23) の解は $\Gamma = \Gamma(y_0)$ を与える，そこでは，y_0 は翼幅に沿って $-b/2$ から $b/2$ までにわたる．

式 (5.23) から得られる解 $\Gamma = \Gamma(y_0)$ は次のように，有限翼幅翼の 3 つの主要な空気力学的特性を与える．すなわち，

1. 揚力分布が Kutta-Joukowski の定理から得られる．すなわち，

$$L'(y_0) = \rho_\infty V_\infty \Gamma(y_0) \tag{5.24}$$

2. 全揚力は式 (5.24) を翼幅にわたって積分することにより得られる．すなわち，

$$L = \int_{-b/2}^{b/2} L'(y)\,dy$$

すなわち，

$$L = \rho_\infty V_\infty \int_{-b/2}^{b/2} \Gamma(y)\,dy \tag{5.25}$$

(簡単化のために，y の添字を省略したことに注意すること．) 揚力係数は式 (5.25) から直ちに次のようになる．すなわち，

$$C_L = \frac{L}{q_\infty S} = \frac{2}{V_\infty S}\int_{-b/2}^{b/2} \Gamma(y)\,dy \tag{5.26}$$

3. p. 430 誘導抵抗は図 5.4 を調べることにより得られる．単位翼幅あたりの誘導抵抗は，

$$D'_i = L' \sin \alpha_i$$

である．α_i は小さいので，この式は

$$D'_i = L' \alpha_i \tag{5.27}$$

となる．全誘導抵抗は式 (5.27) を翼幅にわたって積分することにより得られる．

$$D_i = \int_{-b/2}^{b/2} L'(y)\alpha_i(y)dy \tag{5.28}$$

すなわち,

$$D_i = \rho_\infty V_\infty \int_{-b/2}^{b/2} \Gamma(y)\alpha_i(y)dy \tag{5.29}$$

次に,誘導抵抗係数は

$$C_{Di} = \frac{D_i}{q_\infty S} = \frac{2}{V_\infty S}\int_{-b/2}^{b/2}\Gamma(y)\alpha_i(y)dy \tag{5.30}$$

である.式 (5.27) から式 (5.30) において,$\alpha_i(y)$ は式 (5.18) から得られる.したがって,Prandtl の揚力線理論において,$\Gamma(y)$ に関する式 (5.23) の解は,明らかに,有限翼幅翼の空気力学特性を得るための鍵である.この方程式の一般解について論議する前に,以下に示すような,特別な場合を考えることにする.

5.3.1 楕円揚力分布

次式で与えられる循環分布を考える.

$$\Gamma(y) = \Gamma_0\sqrt{1-\left(\frac{2y}{b}\right)^2} \tag{5.31}$$

式 (5.31) において,次のことに注意すべきである.

1. Γ_0 は図 5.15 に示されるように,原点における循環である.

2. 循環は翼幅に沿った距離 y により楕円的に変化する.すなわち,それは**楕円循環分布** (*elliptical circulation distribution*) と呼ばれる.$L'(y) = \rho_\infty V_\infty \Gamma(y)$ であるので,

$$L'(y) = \rho_\infty V_\infty \Gamma_0 \sqrt{1-\left(\frac{2y}{b}\right)^2}$$

を得る.ゆえに,**楕円揚力分布** (*elliptical lift distribution*) を取り扱う.

3. $\Gamma(b/2) = \Gamma(-b/2) = 0$ である.それで,循環,ゆえに,揚力が,図 5.15 に示されるように,両翼端で正しくゼロになる.式 (5.31) は式 (5.23) の直接解として求めたものではない.すなわち,むしろ,単に,楕円である揚力分布を規定しているのである.さて,我々は質問,「そのような楕円揚力分布をもつ有限翼幅翼の空気力学特性はどのようなものであろうか」,をするのである.

p. 431 最初に,吹下ろしを計算する.式 (5.31) を微分すると,

$$\frac{d\Gamma}{dy} = -\frac{4\Gamma_0}{b^2}\frac{y}{(1-4y^2/b^2)^{1/2}} \tag{5.32}$$

を得る．式 (5.32) を式 (5.15) に代入すると，

$$w(y_0) = \frac{\Gamma_0}{\pi b^2} \int_{-b/2}^{b/2} \frac{y}{(1 - 4y^2/b^2)^{1/2}(y_0 - y)} dy \tag{5.33}$$

を得る．この積分は次を代入することにより簡単に計算できる．

$$y = \frac{b}{2}\cos\theta \qquad dy = -\frac{b}{2}\sin\theta d\theta$$

したがって，式 (5.33) は

$$w(\theta_0) = -\frac{\Gamma_0}{2\pi b} \int_\pi^0 \frac{\cos\theta}{\cos\theta_0 - \cos\theta} d\theta$$

すなわち，

$$w(\theta_0) = -\frac{\Gamma_0}{2\pi b} \int_0^\pi \frac{\cos\theta}{\cos\theta - \cos\theta_0} d\theta \tag{5.34}$$

となる．式 (5.34) の積分は $n = 1$ とした式 (4.26) により与えられる．したがって，式 (5.34) は

$$\boxed{w(\theta_0) = -\frac{\Gamma_0}{2b}} \tag{5.35}$$

となる．これは**楕円揚力分布の吹下ろしは翼幅方向に一定である**という，興味ある，そして重要な結果を述べている．次に，式 (5.17) より，誘導迎え角に関して

$$\alpha_i = -\frac{w}{V_\infty} = \frac{\Gamma_0}{2bV_\infty} \tag{5.36}$$

を得る．楕円揚力分布に関して，誘導迎え角もまた，翼幅方向に一定である．式 (5.35) と式 (5.36) から翼幅が無限大になると，吹下ろしおよび誘導迎え角ともにゼロになることに注意すべきである．このことは前の翼型理論の論議と矛盾しない．

α_i に関するもっと有用な式は次のように得られる．式 (5.31) を式 (5.25) に代入すると，

$$L = \rho_\infty V_\infty \Gamma_0 \int_{-b/2}^{b/2} \left(1 - \frac{4y^2}{b^2}\right)^{1/2} dy \tag{5.37}$$

を得る．^{p. 432} 再び，変換 $y = (b/2)\cos\theta$ を用いると，式 (5.37) はすぐに積分でき，

$$L = \rho_\infty V_\infty \Gamma_0 \frac{b}{2} \int_0^\pi \sin^2\theta d\theta = \rho_\infty V_\infty \Gamma_0 \frac{b}{4}\pi \tag{5.38}$$

Γ_0 について式 (5.38) を解くと，

$$\Gamma_0 = \frac{4L}{\rho_\infty V_\infty b\pi} \tag{5.39}$$

を得る．しかしながら，$L = \frac{1}{2}\rho_\infty V_\infty^2 S C_L$ である．したがって，式 (5.39) は

$$\Gamma_0 = \frac{2V_\infty S C_L}{b\pi} \tag{5.40}$$

となる．式 (5.40) を式 (5.36) に代入すると

$$\alpha_i = \frac{2V_\infty S C_L}{b\pi}\frac{1}{2bV_\infty}$$

すなわち，

$$\alpha_i = \frac{SC_L}{\pi b^2} \tag{5.41}$$

を得る．有限翼幅翼の重要な幾何学的特性は**縦横比** (*aspect ratio*) であり，AR と書かれ，次のように定義される．

$$\mathrm{AR} \equiv \frac{b^2}{S}$$

したがって，式 (5.41) は

$$\boxed{\alpha_i = \frac{C_L}{\pi\mathrm{AR}}} \tag{5.42}$$

となる．式 (5.42) は，以下に示すように，誘導迎え角に関する有用な式である．

誘導抵抗係数は，α_i が一定であることに注意して，式 (5.30) から得られる．すなわち，

$$C_{D,i} = \frac{\alpha_i}{V_\infty S}\int_{-b/2}^{b/2}\Gamma(y)dy = \frac{2\alpha_i \Gamma_0}{V_\infty S}\frac{b}{2}\int_0^\pi \sin^2\theta d\theta - \frac{\pi\alpha_i\Gamma_0 b}{2V_\infty S} \tag{5.42a}$$

式 (5.40) と式 (5.42) を式 (5.42a) に代入すると，

$$C_{D,i} = \frac{\pi b}{2V_\infty S}\left(\frac{C_L}{\pi\mathrm{AR}}\right)\frac{2V_\infty SC_L}{b\pi}$$

すなわち，

$$\boxed{C_{D,i} = \frac{C_L^2}{\pi\mathrm{AR}}} \tag{5.43}$$

を得る．^{p. 433} 式 (5.43) は重要な結果である．それは，誘導抵抗係数は揚力係数の 2 乗に直接比例することを述べている．次に述べる理由により，誘導抵抗係数が揚力に依存することは驚くことではない，第 5.1 節において，誘導抵抗は翼端渦の存在による結果である．そして，それらは翼の上面と下面との間の圧力差により作りだされるのである．揚力はこの同じ圧力差によって作りだされる．それゆえ，誘導抵抗は有限翼幅翼の揚力生成に深く関係しているのである．実際，誘導抵抗は，しばしば**揚力による抵抗** (*drag due to lift*) と呼ばれている．式 (5.43) はこの点を劇的に説明している．明らかに，飛行機は無料で揚力を作りだすことはできない．すなわち，誘導抵抗は揚力を作るための対価である．誘導抵抗に打ち勝つために必要とされる飛行機のエンジンからのパワーは，簡単に言えば，飛行機の揚力を作るために必要なパワーである．また，$C_{D,i} \propto C_L^2$ であるので，誘導抵抗係数は，C_L が増加するにつれて急速に増加し，C_L が高いとき (例えば，離陸あるいは着陸におけるように，飛行機がゆっくりと飛行していると

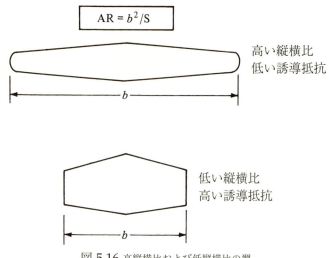

図 5.16 高縦横比および低縦横比の翼.

き), 全抵抗の大部分を占めるようになることに注意すべきである. 比較的高い巡航スピードのときでさえ, 誘導抵抗は, 典型的には, 全抵抗の 25 パーセントである.

誘導抵抗の, その他の特徴は式 (5.43) で明らかである. すなわち, $C_{D,i}$ は縦横比に逆比例するということである. それゆえ, 誘導抵抗を減らすためには, できるだけ最も高い縦横比をもつ有限翼幅翼が必要である. 高い縦横比の翼と低いそれの翼が図 5.16 に描かれている. 残念ながら, 十分な構造的強度をもつ非常に高い縦横比翼の設計は困難である. したがって, 通常の航空機の縦横比は相反する空気力学要求と構造要求との間の妥協の産物である. 1903 年の Wright Flyer 号の縦横比が 6 であることや, 今日, 通常の亜音速航空機の縦横比は, 典型的には, 6 から 8 の範囲であるということは興味あることである. (例外は AR = 14.3 をもつ Lockheed U-2 高々度偵察機や 51 というような高い縦横比をもつソアラーである. 例えば, [p. 434]1994 年に設計され, 2004 年までに 100 機以上製造された, Schempp-Hirth Nimbus 4 セールプレーン (長時間滑空機) は 39 という縦横比を持っている. 2000 年に設計され, 2004 年までに 6 機製造された, ETA セールプレーンは 51.3 という縦横比を持っている.)

楕円揚力分布のその他の特性は次のようである. 幾何学的ねじり下げなし (すなわち, α が翼幅方向にわたり一定である) および空気力学的ねじり下げなし (すなわち, $\alpha_{L=0}$ が翼幅方向にわたり一定である) の翼を考える. 式 (5.42) から, α_i が翼幅方向に沿って一定であることがわかる. よって, $\alpha_{\text{eff}} = \alpha - \alpha_i$ もまた, 翼幅方向に沿って一定である. 局所断面揚力係数 c_l は

$$c_l = a_0 (\alpha_{\text{eff}} - \alpha_{L=0})$$

で与えられるので, それで, a_0 はそれぞれの断面で同じ (薄翼理論から, $a_0 = 2\pi$) であるので, c_l は翼幅方向沿って一定でなければならない. 単位翼幅あたりの揚力は

$$L'(y) = q_\infty c c_l \tag{5.44}$$

により与えられる. 式 (5.44) を翼弦について解くと,

$$c(y) = \frac{L'(y)}{q_\infty c_l} \tag{5.45}$$

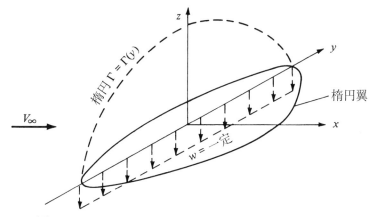

図 5.17 関係する特性の説明；楕円揚力分布，楕円平面形，一定吹下ろし．

を得る．式 (5.45) において，q_∞ および c_l は翼幅方向に沿って一定である．しかしながら，$L'(y)$ は，そのような楕円揚力分布に関して，**翼弦は翼幅方向沿って楕円的に変化しなければならない．**すなわち，上に与えられた条件において，**翼平面形は楕円である**．

これらの関連する特性，すなわち，楕円揚力分布，楕円平面形および一定吹下ろし，は図 5.17 に描かれている．楕円揚力分布は限定された，孤立した場合であるけれども，実際には，任意の有限翼幅翼の誘導抵抗係数に関する理にかなった近似を与えるのである．式 (5.43) により与えられる $C_{D,i}$ の形式は一般的な場合に関してはわずかに修正されるだけである．^{p. 435} 今度は，一般的な揚力分布をもつ有限翼幅翼の場合を考えるとする．

5.3.2 一般的揚力分布

次の変数変換を考える．

$$y = -\frac{b}{2}\cos\theta \tag{5.46}$$

ここに，翼幅方向の座標は，これより θ で与えられ，$0 \leq \theta \leq \pi$ である．式 (5.31) により与えられる楕円揚力分布は θ の項で

$$\Gamma(\theta) = \Gamma_0 \sin\theta \tag{5.47}$$

のように書ける．式 (5.47) は，Fourier の正弦級数が任意の有限翼幅翼の一般的な循環分布に関する適切な式になることを示唆している．よって，一般的な場合に関して

$$\Gamma(\theta) = 2bV_\infty \sum_{1}^{N} A_n \sin n\theta \tag{5.48}$$

であると仮定する．ここに，望む精度になるよう，この級数におけるできるだけ多くの項 N を選ぶことができる．式 (5.48) における係数 A_n（ここに，$n = 1,\ldots,N$）は未知数である．しかしながら，それらは Prandtl の揚力線理論の基礎方程式を満足しなければならない．すなわち，A_n は式 (5.23) を満足しなけばならない．式 (5.48) を微分すると，

$$\frac{d\Gamma}{dy} = \frac{d\Gamma}{d\theta}\frac{d\theta}{dy} = 2bV_\infty \sum_1^N nA_n \cos n\theta \frac{d\theta}{dy} \tag{5.49}$$

を得る．式 (5.48) と式 (5.49) を式 (5.23) に代入して，

$$\alpha(\theta_0) = \frac{2b}{\pi c(\theta_0)} \sum_1^N A_n \sin n\theta_0 + \alpha_{L=0}(\theta_0) + \frac{1}{\pi} \int_0^\pi \frac{\sum_1^N nA_n \cos n\theta}{\cos\theta - \cos\theta_0} d\theta \tag{5.50}$$

を得る．式 (5.50) における積分は式 (5.26) により与えられる標準形である．よって，式 (5.50) は

$$\boxed{\alpha(\theta_0) = \frac{2b}{\pi c(\theta_0)} \sum_1^N A_n \sin n\theta_0 + \alpha_{L=0}(\theta_0) + \sum_1^N nA_n \frac{\sin n\theta_0}{\sin\theta_0}} \tag{5.51}$$

となる．式 (5.51) を詳しく調べてみる．それは，与えられた翼幅位置において計算される．したがって，θ_0 は特定されている．その結果，b, $c(\theta_0)$ および $\alpha_{L=0}(\theta_0)$ は有限翼幅翼の幾何学的形状と翼型断面から既知量である．式 (5.51) における唯一の未知量は A_n である．よって，与えられた翼幅方向位置 (特定された θ_0) で書かれると，式 (5.51) は N 個の未知数，$A_1, A_2, \ldots, A_n$ を含む 1 つの代数方程式である．しかしながら，N 個の異なった翼幅方向の点を選び，そして，これら N 個の位置のそれぞれで，式 (5.51) を計算することにしよう．すると，N 個の未知数，すなわち，$A_1, A_2, \ldots, A_N$ の，N 個の独立な代数方程式系が得られる．このように，A_n に関する実際の数値が求められる．すなわち，式 (5.48) により与えられる一般的な循環分布が有限翼幅翼の基礎方程式，式 (5.23) を満足することを保証する数値である．

さて，$\Gamma(\theta)$ は式 (5.48) からわかるので，有限翼幅翼の揚力係数は式 (5.48) を式 (5.26) に代入することによりすぐに求められる．すなわち，

$$C_L = \frac{2}{V_\infty S} \int_{-b/2}^{b/2} \Gamma(y) dy = \frac{2b^2}{S} \sum_1^N A_n \int_0^\pi \sin n\theta \sin\theta d\theta \tag{5.52}$$

式 (5.52) において，この積分は

$$\int_0^\pi \sin n\theta \sin\theta d\theta = \begin{cases} \pi/2 & n = 1 \\ 0 & n \neq 1 \end{cases}$$

である．したがって

$$C_L = A_1 \pi \frac{b^2}{S} = A_1 \pi \mathrm{AR} \tag{5.53}$$

となる．C_L は Fourier 級数展開の第 1 項の係数のみに依存する．(しかしながら，C_L は A_1 のみに依存するけれども，A_1 を求めるためには A_n すべてを同時に求めなければならない．)

誘導抵抗係数は次のように，式 (5.48) を式 (5.30) に代入することにより求められる．

$$C_{D,i} = \frac{2}{V_\infty S} \int_{-b/2}^{b/2} \Gamma(y)\alpha_i(y) dy \tag{5.54}$$

$$= \frac{2b^2}{S} \int_0^\pi \left(\sum_1^N A_n \sin n\theta\right) \alpha_i(\theta) \sin\theta d\theta$$

第 5 章 有限翼幅翼を過ぎる非圧縮性流れ

式 (5.54) における誘導導迎え角 α_i は式 (5.46) と式 (5.49) を式 (5.18) に代入して得られる．そして，それは，

$$\alpha_i(y_0) = \frac{1}{4\pi V_\infty} \int_{-b/2}^{b/2} \frac{(d\Gamma/dy)dy}{y_0 - y}$$
$$= \frac{1}{\pi} \sum_1^N nA_n \int_0^\pi \frac{\cos n\theta}{\cos\theta - \cos\theta_0} d\theta \qquad (5.55)$$

を生じる．式 (5.55) における積分は式 (5.26) により与えられる標準形である．よって，式 (5.55) は

$$\alpha_i(\theta_0) = \sum_1^N nA_n \frac{\sin n\theta_0}{\sin\theta_0} \qquad (5.56)$$

となる．式 (5.56) において，θ_0 は，単に，翼の翼幅方向に 0 から π までにわたるダミー変数である．すなわち，それは θ で置き換えることができる．それで，式 (5.56) は [P. 437]

$$\alpha_i(\theta) = \sum_1^N nA_n \frac{\sin n\theta}{\sin\theta} \qquad (5.57)$$

のように書ける．式 (5.57) を式 (5.54) に代入すると，

$$C_{D,i} = \frac{2b^2}{S} \int_0^\pi \left(\sum_1^N A_n \sin n\theta\right)\left(\sum_1^N nA_n \sin n\theta\right) d\theta \qquad (5.58)$$

を得る．式 (5.58) を詳しく調べてみる．すなわち，それは 2 つの和の積を含んでいる．また，標準積分より

$$\int_0^\pi \sin m\theta \sin k\theta d\theta = \begin{cases} 0 & m \neq k \\ \pi/2 & m = k \end{cases} \qquad (5.59)$$

であることに注意すべきである．したがって，式 (5.58) において，($A_1 A_2$, $A_2 A_4$ などのような) 添字が異なる項の積は式 (5.59) から 0 に等しい．よって，式 (5.58) は

$$C_{D,i} = \frac{2b^2}{S}\left(\sum_1^N nA_n^2\right)\frac{\pi}{2} = \pi\mathrm{AR}\sum_1^N nA_n^2$$
$$= \pi\mathrm{AR}\left(A_1^2 + \sum_2^N nA_n^2\right)$$
$$= \pi\mathrm{AR}A_1^2\left[1 + \sum_2^N n\left(\frac{A_n}{A_1}\right)^2\right] \qquad (5.60)$$

となる．C_L に関する式 (5.53) を式 (5.60) に代入すると，

$$\boxed{C_{D,i} = \frac{C_L^2}{\pi\mathrm{AR}}(1+\delta)} \qquad (5.61)$$

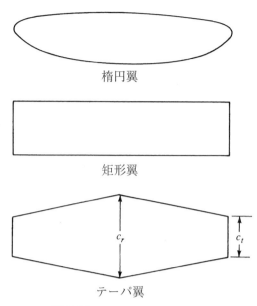

図 5.18 いろいろな平面形の直線翼.

を得る．ここに，$\delta = \sum_{2}^{N} n(A_n/A_1)^2$ である．$\delta \geq 0$ であることに注意すべきである．よって，式 (5.61) における係数 $1+\delta$ は 1 より大きいか，少なくとも 1 に等しいかのいずれかである．翼幅効率係数 (span efficiency factor)，e を $e = (1+\delta)^{-1}$ のように定義する．それで，式 (5.61) は

$$C_{D,i} = \frac{C_L^2}{\pi e \mathrm{AR}} \tag{5.62}$$

と書ける．ここに，$e \leq 1$ である．一般的な揚力分布に関する式 (5.61) および式 (5.62) と楕円揚力分布に関する式 (5.43) を比較すると，楕円揚力分布については $\delta = 0$，および $e = 1$ であることに注意すべきである．よって，最小誘導抵抗を生じる揚力分布は**楕円揚力分布** (elliptical lift distribution) である．これが，なぜ我々が楕円揚力分布に実際的な興味をもつかの理由である．

p. 438 空気力学的ねじり下げや幾何学的ねじり下げのない翼に関して，楕円揚力分布が図 5.18 の一番上に示されるように，楕円平面形の翼により作りだされることを思い出すべきである．過去に，楕円翼をもついくつかの航空機が設計された．すなわち，最も有名な航空機は，図 5.19 に示される，第二次世界大戦のイギリスの Spitfire である．しかしながら，楕円翼は，図 5.18 の真中に示されている，いわゆる単純な矩形翼よりも製作するのはより高価である．他方では，矩形翼は最良からは遠い揚力分布を作る．妥協は図 5.18 の一番下に示されているテーパ翼である．テーパ翼を，揚力分布が楕円分布に非常に近くなるようなテーパ比，すなわち，翼端翼弦長/翼付根翼弦長 $\equiv c_t/c_r$ で設計することができる．異なる縦横比の翼に関して，テーパ比の関数としての δ の変化は図 5.20 に示されている．そのような δ の計算は，有名な，イングランドの空気力学者，Hermann Glauert によって最初に行われ，1926 年に参考文献 18 で発表された．Glauert は式 (5.60) に与えられる級数展開においてわずか 4 つの項のみを用いた．図 5.20 に示される結果は級数展開において 50 に等しい項を用いた Penn State 大学の B. W. McCormick により行われた最近の電子計算機による計算にもとづいている．図 5.20 から，テーパ翼を，最小

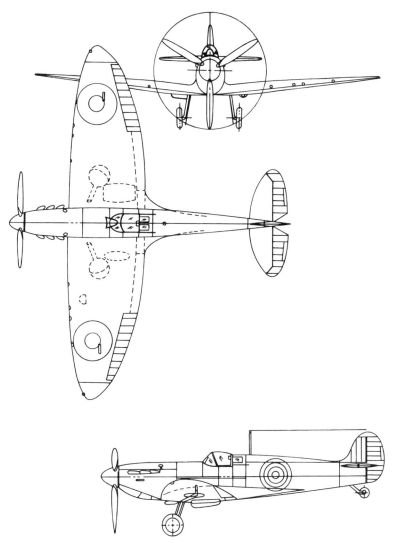

図 5.19 有名な第二次世界大戦の戦闘機，Supermarine Spitfire 三面図．

値に比較的近い誘導抵抗係数をもつように設計できることに注意すべきである．加えて，直線の前縁および後縁をもつテーパ翼は楕円平面形翼より製作するには，はるかに容易である．それゆえ，大部分の通常の航空機は楕円平面形よりもテーパ翼平面形を採用している．

5.3.3 縦横比の効果

式 (5.61) および式 (5.62) に戻ると，一般揚力分布をもつ有限翼幅翼の誘導抵抗係数は，楕円揚力分布の場合に関連し以前論議されたように，縦横比に逆比例することに注意すべきである．通常の亜音速機やソアラーの場合，典型的に，6 から 22 まで変わる AR は $C_{D,i}$ に対して δ よりももっと大きな効果をもつ．そして，図 5.20 より，δ は実用的なテーパ比の範囲では約 10 パーセント程度変わるだけだからである．したがって，誘導抵抗を最小にするための主たる設計上の要素は，楕円揚力分布への近さではなく，縦横比をできるだけ大きくする能力である．

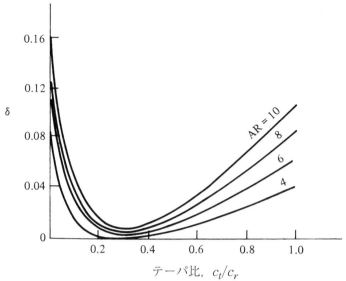

図 5.20 テーパ比の関数としての誘導抵抗ファクター δ. 式 (5.60) における級数展開で 50 に等しい項を用いた電子計算機による計算値 (データ：McCormick, B. W., *Aerodynamics, Aeronautics, and Flight Mechanics*, John Wiley & Sons, New York, 1979.)

$C_{D,i}$ が AR に逆比例するということがわかったことが Prandtl の揚力線理論の偉大な勝利の一つである．1915 年に，Prandtl はこの結果を，縦横比の異なる 7 つの矩形翼の揚力と抵抗を測定した優れた一連の実験により証明した．p. 440 これらの実験のデータは図 5.21 に与えられている．式 (5.4) から，有限翼幅翼の全抵抗は次式で与えられることを思い出すべきである．

$$C_D = c_d + \frac{C_L^2}{\pi e \mathrm{AR}} \tag{5.63}$$

式 (5.63) に示されるように，C_D の C_L に対して放物線的に変化することが図 5.21 のデータに反映されている．これは揚力係数対抵抗係数のプロット図であり，**抵抗極曲線** (*drag polar*) と呼ばれる．式 (5.63) は同じように抵抗極曲線の式である．もし，異なった縦横比 AR_1 と AR_2 の 2 つの翼を考えるとすると，式 (5.63) はこれら 2 つの翼の抵抗係数，$C_{D,1}$，$C_{D,2}$ を

$$C_{D,1} = c_d + \frac{C_L^2}{\pi e \mathrm{AR}_1} \tag{5.64a}$$

および

$$C_{D,2} = c_d + \frac{C_L^2}{\pi e \mathrm{AR}_2} \tag{5.64b}$$

として与える．これらの翼は同じ C_L であるとする．また，両方の翼に用いられている翼型も同じものであるので，c_d も本質的に同一である．さらに，これらの翼の間での e の変化はわずか数パーセントであり，それで，e の変化を無視できる．式 (5.64b) を式 (5.64a) から引くと，

$$C_{D,1} = C_{D,2} + \frac{C_L^2}{\pi e}\left(\frac{1}{\mathrm{AR}_1} - \frac{1}{\mathrm{AR}_2}\right) \tag{5.65}$$

を得る．式 (5.65) は縦横比 AR_2 の翼のデータを，もう 1 つの縦横比 AR_1 の翼に対応させるために，換算するのに使用できる．例として，Prandtl は p. 441 図 5.21 のデータを AR = 5 の翼に

第 5 章　有限翼幅翼を過ぎる非圧縮性流れ

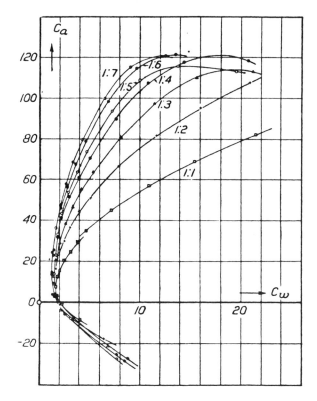

図 5.21　1 から 7 の，異なる 7 つの縦横比に関する Prandtl の優れた矩形翼データ；抵抗係数に対する揚力係数の変化曲線．歴史的な興味から，ここには Prandtl の得たグラフをそのまま載せている．彼の用語において，C_a = 揚力係数，であり，C_w = 抵抗係数，であることに注意すべきである．また，縦および横両軸の数値は実際の係数値の 100 倍であることにも注意すべきである．(出典：Prandtl, L., *Applications of Modern Hydrodynamics to Aeronautics*, NACA Report No. 116, 1921.)

対応させるため換算した．この場合，式 (5.65) は

$$C_{D,1} = C_{D,2} + \frac{C_L^2}{\pi e}\left(\frac{1}{5} - \frac{1}{AR_2}\right) \tag{5.66}$$

となる．図 5.21 からの $C_{D,2}$，AR_2 のそれぞれの値を式 (5.66) に代入することにより，Prandtl は，図 5-22 に示されるように，$C_{D,1}$ 対 C_L の換算したデータが本質的に，同一の曲線に重なることを見出した．よって，$C_{D,i}$ が AR に逆比例することが，実質的に，1915 年という早い時期に証明されたのである．

　翼型特性と有限翼幅翼の特性との間に 2 つの主だった相違が存在する．すでに 1 つの相違は論議し終えた．すなわち，有限翼幅翼は誘導抵抗を生じるということである．しかしながら，第 2 の主たる相違は揚力傾斜に現れる．図 4.9 において，翼型の揚力傾斜は $a_0 \equiv dc_l/d\alpha$ として定義された．有限翼幅翼の揚力傾斜を p.442 $a \equiv dC_L/d\alpha$ として示すとしよう．有限翼幅翼の揚力傾斜が翼型のそれと比較されたとき，$a < a_0$ であることがわかる．これをもっと明確に理解するため，図 5.6 へ戻るとする．そして，それは有限翼幅翼の局所翼型断面を過ぎる流れにおよぼす吹下ろしの影響を示している．有限翼幅翼の幾何学的迎え角は α であるけれども，その翼型断面は実際上，より小さな迎え角，すなわち α_{eff} にあるのである．ここに，$\alpha_{\text{eff}} = \alpha - \alpha_i$ である．しばらくの間，ねじり下げのない楕円翼を考える．すなわち，α_i および α_{eff} は両方とも翼

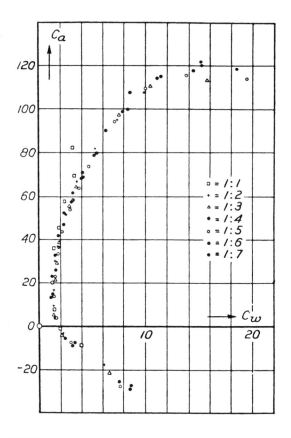

図 5.22 Prandtl により縦横比 5 に換算された図 5.21 のデータ．

幅に沿って一定である．さらに，c_l もまた，翼幅に沿って一定であるので，それゆえ，$C_L = c_l$ である．図 5.23 の上方の図に示されるように，有限翼幅翼の C_L を α_{eff} に対してプロットすると仮定する．α_{eff} を用いているので，この揚力傾斜は無限翼幅翼の揚力傾斜，a_0 に対応する．しかしながら，現実において，我々の裸眼は α_{eff} を見ることができず，我々が実際に観察するのは，その翼弦線と相対風との間のある角度をもつ有限翼幅翼である．すなわち，実際，我々は常に幾何学的迎え角 α を見ているのである．それゆえに，有限翼幅翼の C_L は図 5.23 の下方に描かれているように，一般的に α の関数として与えられる．$\alpha > \alpha_{\text{eff}}$ であるので，下の図の横軸は引き伸ばされ，ゆえに，下の図の揚力曲線はより小さな傾きである．すなわち，それは a に等しい揚力傾斜を持ち，図 5.23 は明らかに，$a < a_0$ であることを示している．有限翼幅翼の効果は揚力傾斜を**減少させる**ことである．また，揚力ゼロにおいて，いかなる誘導効果も存在しない．すなわち，$\alpha_i = C_{D,i} = 0$ である．よって，$C_L = 0$ のとき，$\alpha = \alpha_{\text{eff}}$ である．結果として，$\alpha_{L=0}$ は，図 5.23 に示されるように，有限翼幅翼と無限翼幅翼とで同一である．

p. 443 a_0 と a は次のように関係している．図 5.23 より，

$$\frac{dC_L}{d(\alpha - \alpha_i)} = a_0$$

積分すると，

$$C_L = a_0(\alpha - \alpha_i) + \text{const} \tag{5.67}$$

第 5 章　有限翼幅翼を過ぎる非圧縮性流れ　　　　　　　　　　　　　419

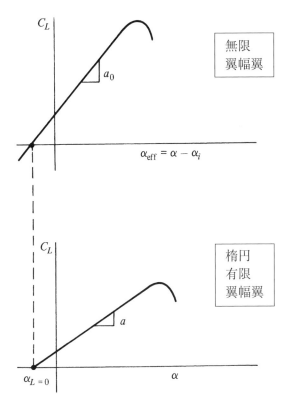

図 5.23 無限翼幅翼および楕円有限翼幅翼の揚力曲線.

を得る．式 (5.42) を式 (5.67) へ代入すると，

$$C_L = a_0 \left(\alpha - \frac{C_L}{\pi \mathrm{AR}} \right) + \mathrm{const} \tag{5.68}$$

を得る．式 (5.58) を α について微分し，$dC_L/d\alpha$ について解くと，

$$\frac{dC_L}{d\alpha} = a = \frac{a_0}{1 + a_0/\pi \mathrm{AR}} \tag{5.69}$$

を得る．式 (5.69) は，a_0 と楕円有限翼幅翼の a との間の求めるべき関係式である．一般的な平面形の有限翼幅翼に関して，以下に示すように，式 (5.69) を少し変形する．すなわち，

$$a = \frac{a_0}{1 + (a_0/\pi \mathrm{AR})(1 + \tau)} \tag{5.70}$$

p. 444 式 (5.70) において，τ は Fourier 係数 A_n の関数である．τ の値は 1929 年代初期に Glauert により最初に計算され，参考文献 18 に発表されている．そしてそれは詳細について必要な場合は参照すべきで文献である．τ の値は，典型的に，0.05 から 0.25 の間である．

式 (5.69) および式 (5.70) において最も重要なのは縦横比の変化である．低い AR の翼に関して，a_0 と a との間に実質的な相違があることに注意すべきである．しかしながら，AR $\to \infty$ であると，$a \to a_0$ である．揚力曲線に与える縦横比の効果は図 5.24 に劇的に示されている．それは 1915 年に Prandtl により矩形翼に関して得られたデータを与えている．AR が減少するにつ

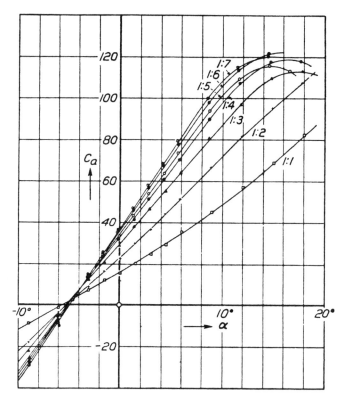

図 5.24 Prandtl の矩形翼データ．1 から 7 の，異なる 7 つの縦横比に関する揚力係数の迎え角に対する変化．記号および軸の数値は図 5.21 に与えられたものと同じである．

れ，$dC_L/d\alpha$ の減少に注意すべきである．さらに，上で得られた式を用いて，Prandtl は縦横比 5 に対応するように図 5.24 のデータを換算した．彼の実験結果は，図 5.25 に示されるように，本質的に，同じ曲線に重なった．このようにして，式 (5.69) と式 (5.70) に与えられた縦横比による変化が 1915 年という初期の時代に確証されたのである．

5.3.4 物理的意義

再び，Prandtl の揚力線理論の基礎をなす基本モデルを考える．図 5.15 へ戻り，それを注意深く調べてみる．無限個の，微小な強さの馬蹄渦が，下流にたなびく後流渦面とともに，翼の全幅にわたる揚力線を形成するように重ね合わされている．p. 445 この後流渦面は，揚力線に吹下ろしを誘導する手段である．最初，読者はこのモデルは幾分抽象的な，すなわち，驚くほど有用な結果を与える数学的便宜と考えるかもしれない．しかしながら，それとは正反対に，図 5.15 に示されたモデルは真の物理的意義を持っている．これをもっと明確に見るために，図 5.3 へ戻る．有限翼幅翼を過ぎる 3 次元流れにおいて，上面および下面から後縁を離れる流線は異なる方向を持っている，すなわち，後縁において，接線方向速度に不連続が存在することに注意すべきである．第 4 章から，渦面を通過するときの接線方向速度の不連続的な変化は理論的に許されることがわかる．現実には，そのような不連続は存在しない．すなわち，むしろ，後縁における異なる速度は大きな速度勾配をもつ薄い領域，すなわち，非常に大きい渦度をもつ薄

第5章 有限翼幅翼を過ぎる非圧縮性流れ

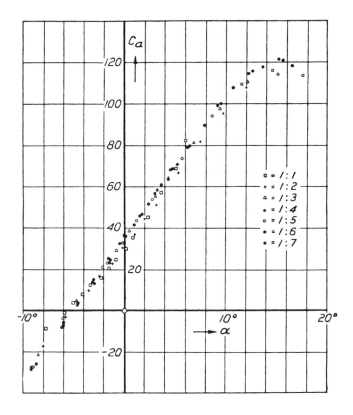

図 5.25 Prandtl により縦横比 5 に換算された図 5.24 のデータ.

い剪断流領域を生成する．それゆえ，渦度面が実際に有限翼幅翼の後縁から下流へなびいている．この渦度面は両端で巻あがる傾向を示し，図 5.4 に描かれている翼端渦を形成するのを助ける．したがって，後流渦面をともなう Prandtl の揚力線モデルは，実際の有限翼幅翼について，その下流の流れと物理的に一致しているのである．

[例題 5.1]

縦横比 8，テーパ比 0.8 の有限翼幅翼を考える．翼型断面は薄翼で対称である．この翼が迎え角 5° にあるとき，揚力係数と誘導抵抗係数を計算せよ．$\delta = \tau$ と仮定せよ．

[解答]

p. 446 図 5.20 から，$\delta = 0.055$ である．与えられた仮定から，τ もまた 0.055 に等しい．薄翼理論から，$a_0 = 2\pi$ と仮定して，式 (5.70) から，

$$a = \frac{a_0}{1 + a_0/\pi AR(1+\tau)} = \frac{2\pi}{1 + 2\pi(1.055)/8\pi} = 4.97 \text{ rad}^{-1}$$
$$= 0.0867 \text{ degree}^{-1}$$

翼型は対称であるので，$\alpha_{L=0} = 0°$ である．したがって，

$$C_L = a\alpha = (0.0867 \text{ degree}^{-1})(5°) = \boxed{0.4335}$$

式 (5.61) より,

$$C_{D,i} = \frac{C_L^2}{\pi \text{AR}}(1+\delta) = \frac{(0.4335)^2(1+0.055)}{8\pi} = \boxed{0.00789}$$

[例題 5.2]

縦横比 6, 誘導抵抗ファクター $\delta = 0.055$, 無揚力角 $-2°$ の矩形翼を考える. 迎え角 $3.4°$ において, この翼の誘導抵抗係数が 0.01 である. 同一迎え角の, しかし, 縦横比が 10 である同様の翼 (同じ翼型断面を用いた矩形翼) の誘導抵抗係数を計算せよ. 抵抗および揚力傾斜の誘導ファクター, δ および τ は, それぞれ, お互いに等しい (すなわち, $\delta = \tau$) と仮定せよ. また, AR = 10 の場合, $\delta = 0.105$ である.

[解答]

迎え角は, ここで比較している 2 つの場合 (AR = 6 および 10) に関しては同一であるが, C_L は, 揚力傾斜に関する縦横比効果により異なることを思い出さなければならない. まず, 縦横比 6 の翼の C_L を計算する. 式 (5.61) から,

$$C_L^2 = \frac{\pi \text{AR} C_{D,i}}{1+\delta} = \frac{\pi(6)(0.01)}{1+0.055} = 0.1787$$

よって,

$$C_L = 0.423$$

この翼の揚力傾斜は, それゆえ,

$$\frac{dC_L}{d\alpha} = \frac{0.423}{3.4° - (-2°)} = 0.078 \text{ /degree} = 4.485 \text{ /rad}$$

翼型 (無限翼幅翼) の揚力傾斜は式 (5.70) から求められる. すなわち,

$$\frac{dC_L}{d\alpha} = a = \frac{a_0}{1+(a_0/\pi \text{AR})(1+\tau)}$$

$$4.485 = \frac{a_0}{1+[(1.055)a_0/\pi(6)]} = \frac{a_0}{1+0.056 a_0}$$

a_0 について解くと, $a_0 = 5.989$ /rad であることがわかる. 2 番目の翼 (AR = 10) は同じ翼型であるので, a_0 は同一である. 2 番目の翼の揚力傾斜は次式により与えられる.

$$a = \frac{a_0}{1+(a_0/\pi \text{AR})(1+\tau)} = \frac{5.989}{1+[(5.989)(1.105)/\pi(10)]} = 4.95 \text{ /rad}$$
$$= 0.086 \text{ /degree}$$

それゆえ, 2 番目の翼の揚力係数は,

$$C_L = a(\alpha - \alpha_{L=0}) = 0.086[3.4° - (-2°)] = 0.464$$

である．次に，誘導抵抗係数は

$$C_{D,i} = \frac{C_L^2}{\pi \text{AR}}(1+\delta) = \frac{(0.464)^2(1.105)}{\pi(10)} = \boxed{0.0076}$$

注：この問題は，もし，迎え角ではなく揚力係数が 2 つの翼の間で同じであると規定されていたら，もっと直接的であったであろう．そのときは式 (5.61) は直接誘導抵抗係数を与えていただろう．本例題の目的は式 (5.65) の背後にある理論的根拠を強化することである．そしてその式は，**揚力係数が同じである限り**，ある縦横比から他の縦横比へ抵抗係数を直接換算することを可能とするのである．これは，図 5.22 におけるように，換算された抵抗係数データを C_L (迎え角ではなく) に対してプロットすることを可能とする．しかしながら，2 つの場合の間で迎え角が等しいとしている本例題において，揚力傾斜に与える縦横比の効果を上でやったように明示的に考慮しなければならないのである．

[例題 5.3]

例題 1.6 で論議された双発ジェットビジネス機を考える．例題 1.6 に与えられた情報に加えて，この飛行機の場合，無揚力角は $-2°$，翼断面の揚力傾斜が 0.1 /degree，揚力効率ファクター $\tau = 0.04$，および主翼の縦横比が 7.96 である．例題 1.6 で取り扱った巡航条件で，この飛行機の迎え角を計算せよ．

[解答]

ラジアンで表した翼断面の揚力傾斜は

$$a_0 = 0.1 \text{ /degree} = 0.1(57.3) = 5.73 \text{ /rad}$$

である．以下に改めて示す式 (5.70) から，

$$a = \frac{a_0}{1 + (a_0/\pi \text{AR})(1+\tau)}$$

計算結果は，

$$a = \frac{5.73}{1 + \left(\dfrac{5.73}{7.96\pi}\right)(1+0.04)} = 4.627 \text{ /rad}$$

すなわち，

$$a = \frac{4.627}{57.3} = 0.0808 \text{ /degree}$$

p. 448 例題 1.6 より，この飛行機は揚力係数 0.21 で巡航している．

$$C_L = a(\alpha - \alpha_{L=0})$$

であるから，次を得る．

$$\alpha = \frac{C_L}{a} + \alpha_{L=0} = \frac{0.21}{0.0808} + (-2) = \boxed{0.6°}$$

[例題 5.4]

本章のプレビュー・ボックスにおいて，主翼が迎え角 4° で飛行する Beechcraft Baron 58 (図 5.1) を考えた．この飛行機の主翼は翼付根で NACA 23015 を持ち，翼端で NACA 23010 へと薄くなっている．NACA 23015 のデータは図 5.2 に与えられている．このプレビュー・ボックスにおいて，読者に図 5.2 から $\alpha = 4°$ におけるこの翼型揚力および抵抗係数，すなわち，$c_l = 0.54$ および $c_d = 0.0068$ を読み取ることにより悩まし，質問した．すなわち，この主翼の揚力および抵抗係数は同じであろうか，すなわち，$C_L = 0.54$ であろうか，そして $C_D = 0.0068$ であろうかと．プレビュー・ボックスに与えられた答えははっきりした否であった．今やそれがなぜであるかを知っている．さらに，今や主翼の C_L と C_D を計算する方法を知っている．まさにそれを行うことに進もう．迎え角 4° にある Beechcraft Baron 58 の主翼を考える．この主翼は 7.61 の縦横比と 0.45 のテーパ比を持っている．この翼の C_L と C_D を計算せよ．

[解答]

図 5.2a から，この翼型の無揚力角，それは有限翼幅翼の場合も同じである，は

$$\alpha_{L=0} = -1.0°$$

である．この翼型揚力傾斜は，また図 5.2a から求められる．その揚力曲線は失速より低い迎え角で線形であるので，この曲線上の 2 点を任意に選ぶ．すなわち，$c_l = 0.9$ である $\alpha = 7°$ と $c_l = 0$ である $\alpha = 0°$ である．したがって，

$$a_0 = \frac{0.9 - 0}{7 - (-1)} = \frac{0.9}{8} = 0.113 \text{ /degree}$$

である．ラジアンで表したこの揚力傾斜は

$$a_0 = 0.113(57.3) = 6.47 \text{ /rad}$$

である．図 5.20 から，AR = 7.61 およびテーパ比 = 0.45 に関して，

$$\delta = 0.01$$

である．ゆえに，

$$e = \frac{1}{1+\delta} = \frac{1}{1+0.01} = 0.99$$

式 (5.70) から，$\tau = \delta$ を仮定すると，

$$a = \frac{a_0}{1 + \left(\frac{a_0}{\pi \text{AR}}\right)(1+\tau)} \qquad a \text{ と } a_0 \text{ は 1/rad}$$

ここに，

第 5 章 有限翼幅翼を過ぎる非圧縮性流れ

$$\frac{a_0}{\pi \mathrm{AR}} = \frac{6.47}{\pi(7.61)} = 0.271$$

$$(1+\tau) = 1 + 0.01 = 1.01$$

$$a = \frac{6.47}{1 + (0.27)(1.01)} = 5.08 \text{ /rad}$$

度 (degree) に戻すと,

$$a = \frac{5.08}{57.3} = 0.0887 \text{ /degree}$$

この有限翼幅翼の揚力曲線の線形部に関して,

$$C_L = a(\alpha - \alpha_{L=0})$$

$\alpha = 4°$ の場合, 以下を得る.

$$C_L = 0.0887[4 - (-1)] = 0.0887(5)$$
$$C_L = \boxed{0.443}$$

抵抗係数は式 (5.63) により与えられる. すなわち,

$$C_D = c_d + \frac{C_L^2}{\pi e \mathrm{AR}}$$

ここにおいて, c_d は図 5.2b に与えられる翼型断面抵抗係数である. 図 5.2b において, c_d が断面揚力係数 c_l に対してプロットされていることに注意すべきである. 図 5.2b から c_d を正確に読み取るために, この有限翼幅翼の翼型断面に実際に働く c_l の値, すなわち, その有効迎え角 α_{eff} における翼型に関する翼型 c_l の値, を知る必要がある. α_{eff} を見積もるために, この翼に楕円揚力分布を仮定するとしよう. これは完全には正しくないことを知っているが, $\delta = 0.01$ なる値であり, それはそれほど大きくかけ離れてはいない. 楕円揚力分布に関する式 (5.42) より, その誘導迎え角は

$$\alpha_i = \frac{C_L}{\pi \mathrm{AR}} = \frac{(0.443)}{\pi(7.61)} = 0.0185 \text{ rad}$$

度 (degree) では,

$$\alpha_i = (0.0185)(57.3) = 1.06°$$

図 5.6 から,

$$\alpha_{\mathrm{eff}} = \alpha - \alpha_i = 4° - 1.06° = 2.94° \approx 3°$$

そうすると, この翼型の揚力係数は

$$c_l = a_0(\alpha_{\mathrm{eff}} - \alpha_{L=0})$$
$$= 0.113[3 - (-1)] = 0.113(4) = 0.452$$

(この断面揚力係数がこの主翼全体の揚力係数の 0.443 にどのくらい近いのかということに注意すべきである．) 図5.2b から，$c_l = 0.452$ に関して，一番高い Reynolds 数のデータを用いると，

$$c_d = 0.0065$$

を得る．p. 450 式 (5.63) へ戻ると，

$$C_D = c_d + \frac{C_L^2}{\pi e \text{AR}}$$
$$= 0.0065 + \frac{(0.443)^2}{\pi(0.99)(7.61)}$$
$$= 0.0065 + 0.0083 = \boxed{0.0148}$$

それで，最後に，本例題の結果から，あの，プレビュー・ボックスにおいて与えられた答えがなぜはっきりした否であったのかがわかるのである．この有限翼幅翼の揚力係数は，プレビュー・ボックスにおいて与えられた翼型の値，0.54 と比較して 0.443 である．すなわち，有限翼幅翼の値は翼型の値より 18 パーセント低い．すなわち，実質的な相違がある．有限翼幅翼の抵抗係数は，翼型の値，0.0068 と比較して，0.0148 である．すなわち，有限翼幅翼の値は 2 倍以上も大きい．すなわち，劇的な相違である．これらの相違が本章で取り扱われている勉学の理由である．

デザイン・ボックス

飛行機設計において，縦横比は，誘導抵抗を減らすという観点から，翼平面形よりはるかに重要な考慮すべきものである．図 5.18 の一番上に描かれているような，楕円平面形は誘導抵抗を最小にする最良揚力分布を導くけれども，図 5.18 の一番下に描かれているような，テーパ翼は，楕円翼よりもわずか数パーセントだけ高い誘導抵抗を持ちながら，最良に近い揚力分布を作りだせる．直線の前縁および後縁をもつテーパ翼は，製作するためにはより安く，そしてより容易であるので，設計で選択される翼平面形はほとんど常にテーパ翼であり，楕円翼はほとんどない．

それでは，図 5.19 に示される，Supermarine Spitfire は，なぜ，そのような美しい楕円翼をもっているのであろうか．その答えは空気力学には関係ないのである．1935 年に，Supermarine 社は新しい戦闘機に関するイギリス航空省仕様書 F.37/34 に応じていた．設計技師 Reginald Mitchell は，初めは，テーパ翼の航空機を設計図上に描いていた．しかしながら，Mitchell はまた，その飛行機は 8 丁の 0.303 口径 Browning 機関銃を搭載しなければならないという航空省の要求に取り組んでいた．これらの機銃の 4 丁を片翼ごとにプロペラ回転面の十分外側に搭載すると，Mitchell は 1 つの問題を抱えこんだ，すなわち，そのテーパ翼の外翼部はそれらの機銃を搭載できる十分な翼弦長がなかったのである．彼の解決法は楕円平面形であった．そして，それはプロペラ面の外側の翼幅位置に機銃を装着できる十分な翼弦長を与えたのである．その結果が図 5.19 に示される美しい楕円平面形なのである．この翼の向上した空気力学的効率は，単に，実際の設計

第5章　有限翼幅翼を過ぎる非圧縮性流れ

における問題解決の副産物であったのである．予測できるように，楕円翼は製作が難しく，これが，第二次世界大戦の始まる前の重大な月日における生産の遅れの原因となった．2つ目の良好な空気力学的副産物は楕円翼の翼幅に沿った大きな翼弦長によりもたらされた．これにより，Mitchellは翼付根で13パーセント厚さ比の，翼端で7パーセント厚さ比という，より薄い翼型断面を選択し，その上なお，内部構造設計のための十分な絶対的厚さを確保することができた．これにより，Spitfireは大きな臨界マッハ数(第11.6節で論議する)をもち，急降下時に0.92という非常に高い自由流マッハ数に到達できた．

p. 451 亜音速における空気力学的効率に関して，飛行機設計者は非常に大きな縦横比の翼，すなわち，一般的な板すだれの1枚のブレードのように見える翼を採用したがる．しかしながら，存在している飛行機は主翼に板すだれのブレードをもつものはない．その理由は，そのような翼の構造設計が妥協をもたらすのであるということである．縦横比が大きくなればなるほど，翼付根から離れた位置の揚力分布による翼付根の曲げモーメントがますます大きい．そのような翼はより重い内部構造を必要とする．よって，翼の縦横比が増加すると，翼の構造重量はそのために増加する．空気力学と構造学との間の妥協の結果として，通常の亜音速飛行機の代表的な縦横比は6から8の範囲にある．

しかしながら，図5.26に示される，Lockheed U-2高々度偵察機の三面図を調べてみる．この飛行機は14.3という非常に高い縦横比をもっている．なぜであろうか．その答えはこの飛行機の任務に鍵がある．このU-2は本質的に一点設計(a *point design*)である．すなわち，それは，1950年代において，ソビエト連邦の上

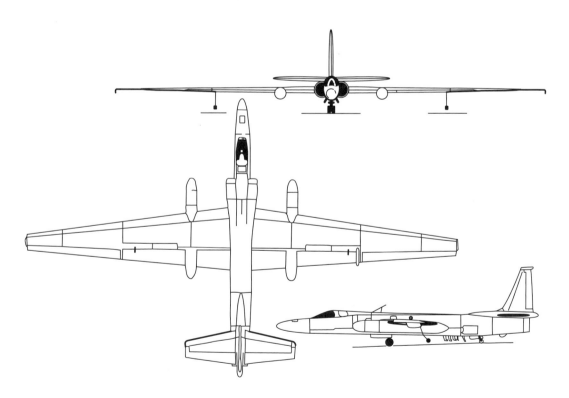

図5.26 Lockheed U-2高々度偵察機の三面図．

空を飛行する間, 迎撃機あるいは地対空ミサイルにより補足されないようにするため 70,000 ft あるいはそれ以上の例外的な高々度を巡航するということであった. この任務を達成するため, 非常に高い縦横比の翼を採用することが, 次に示す理由により最も重要であった. 定常, 水平飛行において, そこでは, 飛行機の揚力 L はその重量 W と等しくなければならないので,

$$L = W = q_\infty S C_L = \frac{1}{2}\rho_\infty V_\infty^2 S C_L \quad (5.71)$$

この飛行機がより高く飛ぶと, ρ_∞ は減少し, それゆえ, 式 (5.71) から, 揚力を重量に等しく保つために, C_L を増加しなければならない. その高々度巡航設計点として, U-2 は高い C_L, ちょうど失速限界, で飛行するのである. (これが, 通常の飛行機の, 通常の高度における標準的な巡航条件とまったくの対照的である. そこでは, 巡航の揚力係数は比較的小さいからである.) 巡航高度における U-2 の高い C_L において, その誘導抵抗係数 [それは式 (5.62) から C_L^2 で変化する] は, もし, 通常の縦横比を使ったとすれば, とても受け入れがたいほど高くなったであろう. したがって, Lockheed 社の設計グループ (the Lockheed Skunk Works 所属) は, それの誘導抵抗を適当な範囲内に保つために, 縦横比をできるだけ高く選ばざるを得なかった. 図 5.26 に示される翼設計がこの結果であった.

p. 452 誘導抵抗係数 $C_{D,i}$ ではなく, 誘導抵抗 D_i それ自身について観察してきた. これまで, 式 (5.62) にもとづいて, $C_{D,i}$ は縦横比を増加させることにより減少させることができることを強調してきた. 定常, 水平飛行している飛行機に関して, しかしながら, 次に示すように, 誘導抵抗それ自身は, 本質的に, 縦横比ではなく, 他の設計パラメータにより支配されるのである. 式 (5.62) から,

$$D_i = q_\infty S C_{D,i} = q_\infty S \frac{C_L^2}{\pi e AR} \quad (5.72)$$

を得る. 定常, 水平飛行に関して, 式 (5.72) より,

$$C_L^2 = \left(\frac{L}{q_\infty S}\right)^2 = \left(\frac{W}{q_\infty S}\right)^2 \quad (5.73)$$

を得る. 式 (5.73) を式 (5.72) に代入すると,

$$D_i = q_\infty S \left(\frac{W}{q_\infty S}\right)^2 \frac{1}{\pi e AR}$$

$$= \frac{1}{\pi e} q_\infty S \left(\frac{W}{q_\infty S}\right)^2 \left(\frac{S}{b^2}\right)$$

すなわち,

$$\boxed{D_i = \frac{1}{\pi e q_\infty}\left(\frac{W}{b}\right)^2} \quad (5.74)$$

を得る. これは, むしろ啓示的な結果である！ 定常, 水平飛行における誘導抵抗, すなわち, 抵抗力自身は, 明示的には, 縦横比に依存していない, しかし, むしろ, **翼幅荷重** (*span loading*) と呼ばれる別の設計パラメータ W/b に依存している.

$$\boxed{翼幅荷重 \equiv \frac{W}{b}}$$

式 (5.74) から, 翼幅 b を増加することにより, 与えられた重量の飛行機に関する誘導抵抗を簡単に減少できることがわかる. そうすることにより, 翼端渦 (誘導抵抗の物理的源) は単純にさらに遠くに移動させられ, それより, 翼の他の部分への影響を少なくし, そして, 誘導抵抗を減少する. これは直観的な道理にかなっている.

しかしながら, 飛行機の初期設計において, 翼面積 S は通常, 着陸, または離陸速度により決まる, その速度は, 僅かに, V_stall の約 10 から 20 パーセントほど大きいだけである. これは下に再度示す式 (1.47) からわかる.

$$V_\text{stall} = \sqrt{\frac{2W}{\rho_\infty S C_{L,\max}}} \quad (1.47)$$

飛行機の, 海面上における指定された V_stall, および与えられた $C_{L,\max}$ について, 式 (1.47) は, 与えられた重量の飛行機に必要な翼面積を決定

する．したがって，与えられた重量の飛行機の D_i を，単純に翼幅を増加することにより減少できると言うとき，S は通常，与えられた飛行機の重量の場合，固定されているので，式 (5.74) を熟考すると，明らかに，b を増加するので縦横比 b^2/S は増加するのである．それで，与えられた重量の飛行機に関して，翼幅を増加して D_i を減少できることを言うために式 (5.74) を用いるとき，これは，また，縦横比を増加させるという意味ももつのである．しかしながら，D_i が設計パラメータ，W/b に明示的に依存し，縦横比ではないということを注意することは有益である．すなわち，このことが式 (5.74) に込められたメッセージである．

疑問：誘導抵抗は，飛行機の全抵抗のどのくらいを占めるのであろうか．この疑問に対する一般的な回答は図 5.27 の棒グラフに示されている．ここで，一般的な亜音速ジェット輸送機の，典型的な巡航および離陸状態での有害抵抗 (白い部分) に相対的な誘導抵抗 (影をつけた部分) が示されている．有害抵抗 (parasite drag) は，主翼を含む，全機に関係した表面摩擦による抵抗と，流れのはく離による圧力抵抗の和である．p. 453 飛行機の全抵抗は有害抵抗と誘導抵抗の和である．図 5.27 は，誘導抵抗が，巡

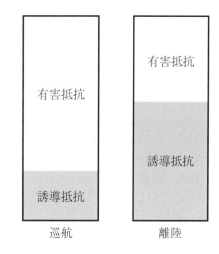

図 5.27 巡航 (高速) および離陸 (低速) における誘導および有害抵抗の相対的比較．

航時において，全抵抗の約 25 パーセントであるが，(飛行機が高い C_L で飛行している) 離陸時では全抵抗の 60 パーセント，あるいはそれ以上になることを示している．

飛行機の抵抗性能に関する，より詳しいことや，それらの関連した飛行機設計に与えるインパクトについては，本著者の書籍，"Aircraft Performance and Design, McGraw-Hill, Boston, 1999" を見てもらいたい．

5.4 数値的非線形揚力線法

第 5.3 節で論議された古典的な Prandtl 揚力線理論は c_l の α_{eff} に対する線形変化を仮定している．これは式 (5.19) で明らかである．しかしながら，迎え角が，失速角に近づき，そして，越えると，揚力曲線は図 4.9 に示されるように，非線形となる．この高迎え角領域は，現代の空気力学にとって重要である．例として，飛行機がきりもみに入ったとき，その迎え角は 40 から 90° の範囲にもなる．すなわち，高迎え角空気力学を理解することは，そのようなきりもみの防止にとって不可欠である．加えて，現代の戦闘機は，亜音速で高迎え角に引き起こすことにより最適な操縦性を得ている．それゆえ，非線形揚力曲線を考慮して，Prandtl の古典的理論を拡張する実用的理由が存在する．1 つの簡単な拡張を本節で説明する．

第 5.4 節で展開した古典的理論は本質的に閉じた形式である．すなわち，その結果は，純粋に数値的な解と違って，解析的な方程式である．もちろん，最終的には，与えられた翼の Fourier

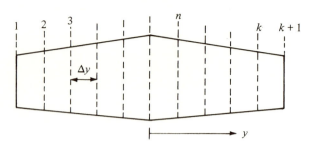

図 5.28 数値解法のための翼幅方向分割位置.

係数 A_n を，連立線形代数方程式系を解くことにより求めなければならない．現代のデジタル計算機が出現するまでは，これらの係数は手で計算されていた．今日，それらは標準的な行列法により計算機で容易に解かれる．しかしながら，この揚力線理論の基本が，非線形効果の取り扱いができる，直接的な数値解法に適用されるのである．さらに，この数値解法は揚力線理論の基本的な事柄をはっきりとさせてくれるのである．これらの理由により，本節において，そのような数値解法について概要を示す．

異なった翼幅位置で異なる翼断面を持ち，与えられた翼平面形と幾何学的ねじり下げのある有限翼幅翼という最も一般的な場合を考える．非線形領域を含む，その翼型断面の揚力曲線に関する実験データがあると仮定する．(すなわち，すべての与えられた翼型断面に関して，図 4.9 の状態がわかっている仮定するのである．) 有限翼幅翼特性に関する数値的な繰り返し解法は次のように求められる．すなわち，

1. 図 5.28 に示すように，翼を翼幅方向に多くの数に分割する．ここではある特定の分割点位置を示す n と共に $k+1$ 個の分割点位置を示してある．

2. 与えられた α における与えられた翼に関して，翼幅に沿った揚力分布を仮定する．すなわち，すべての分割点位置における Γ の値，$\Gamma_1, \Gamma_2, \ldots, \Gamma_n, \ldots, \Gamma_{k+1}$ を仮定するのである．そのような仮定する分布として，楕円分布は十分である．

3. ^{p. 454} この仮定した Γ の分布を用い，それぞれの位置において，誘導迎え角 α_i を式 (5.18) より計算する．すなわち，

$$\alpha_i(y_n) = \frac{1}{4\pi V_\infty} \int_{-b/2}^{/b2} \frac{(d\Gamma/dy)\,dy}{y_n - y} \tag{5.75}$$

この積分は数値的に計算する．Simpson の公式を用いると，式 (5.75) は

$$\alpha_i(y_n) = \frac{1}{4\pi V_\infty} \frac{\Delta y}{3} \sum_{j=2,4,6}^{k} \left[\frac{(d\Gamma/dy)_{j-1}}{y_n - y_{j-1}} + 4\frac{(d\Gamma/dy)_j}{y_n - y_j} + \frac{(d\Gamma/dy)_{j+1}}{y_n - y_{j+1}} \right] \tag{5.76}$$

となる．ここに，Δy は分割位置間の距離である．式 (5.76) において，$y_n = y_{j-1}$, y_j または y_{j+1} のとき，特異性が生じる (分母がゼロになる)．この特異性が生じたとき，それは与えられた項をすぐとなりの 2 つの断面に基づく平均値で置き換えることにより避けることができる．

第5章 有限翼幅翼を過ぎる非圧縮性流れ

4. ステップ3からの α_i を用い，各位置における有効迎え角 α_{eff} を

$$\alpha_{\text{eff}}(y_n) = \alpha - \alpha_i(y_n)$$

から計算する．

5. ステップ4から計算された α_{eff} の分布を用い，各位置における断面揚力係数 $(c_l)_n$ を求める．翼型のわかっている揚力曲線からこれらの値を読み取る．

6. ステップ5で得られた $(c_l)_n$ から，Kutta-Joukowski 定理と揚力係数の定義により**新しい循環分布を求める**．すなわち，

$$L'(y_n) = \rho_\infty V_\infty \Gamma(y_n) = \frac{1}{2}\rho_\infty V_\infty^2 c_n (c_l)_n$$

よって，

$$\Gamma(y_n) = \frac{1}{2}V_\infty c_n (c_l)_n$$

ここに，c_n は局所断面翼弦長である．上の全てのステップにおいて，n は 1 から $k+1$ まで変化する．

7. ステップ6で得られた新しい Γ の分布を最初にステップ3に使った値と比較する．もし，ステップ6からの結果がステップ3への入力値と一しなければ，そのときは新しい入力を作る．もし，ステップ3の入力を Γ_{old} と指定し，また，ステップ6の結果を Γ_{new} と指定とするならば，p. 455 ステップ3への新しい入力は

$$\Gamma_{\text{input}} = \Gamma_{\text{old}} + D(\Gamma_{\text{new}} - \Gamma_{\text{old}})$$

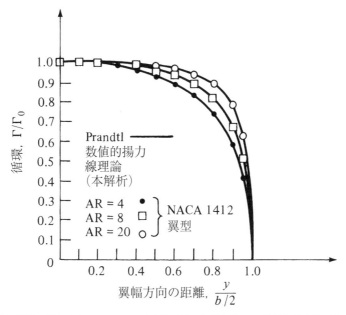

図 5.29 矩形翼の揚力分布；Prandtl の古典的理論と参考文献20の数値的揚力線理論との比較．

から決められる．ここに，D は繰り返し計算の減衰係数である．経験により，繰り返し計算には，D の代表的な値として 0.05 程度の，大きな減衰が必要であることがわかっている．

8. Γ_{new} と Γ_{old} とが，それぞれの翼幅位置の許容精度内で一致するまで，ステップ 3 からステップ 7 までを十分なサイクル数まで繰り返す．もし，この精度を，5 回前の繰り返しサイクル範囲で 0.01 パーセント以内と規定すると，そのとき，収束には，最低で，50，ときには，150 回ほどの多くの繰り返しが必要とされるであろう．

9. 収束した $\Gamma(y)$ から，揚力係数および誘導抵抗係数はそれぞれ，式 (5.26) および式 (5.30) により計算される．これらの式の積分は再び，Simpson 公式により行われる．

上で概説した手順は一般的に，高速デジタル計算機上でスムーズに，そして高速に働く．典型的な結果が図 5.29 に示されている，それは，3 つの異なる縦横比をもつ矩形翼の循環分布を示している．実線は Prandtl の古典的計算法 (第 5.3 節) からのものであり，3 つの記号は，上で説明した数値法からのものである．非常に良い一致が得られており，したがって，この数値法の完全性と精度を立証している．また，図 5.29 は，翼の中央部で適度に高いが，両翼端で急速にゼロに落ちている Γ をもつ，一般的な有限翼幅翼上の典型的な循環分布の一例として考えられるべきである．

p. 456 非線型領域にこの数値法を適用した例が図 5.30 に示されている．ここでは，矩形翼の $C_L - \alpha$ 対 α 曲線が $\alpha = 50°$，失速角を大きく越えた角度まで与えられている．この数値結果は，Maryland 大学で得られた既存の実験データ (参考文献 19) と比較されている．高迎え角における数値的揚力線理論解は 20 パーセントの誤差以内で実験値と一致している．そして，多くの場合ではこれよりも一致はより良い．したがって，そのような解法は高迎え角の失速後領域に関して，合理的な予備的工学結果を与える．しかしながら，揚力線理論の適用性をあまり拡張しないほうが良い．高い迎え角において，流れは非常に 3 次元的である．これは，図 5.31 に示される高迎え角における矩形翼上の表面油膜パターンにはっきりと見られる．高い α において，p. 457 マッシュルーム形状の流れのはく離域と結び付いた強い翼幅方向への流れが存在する．明らかに，古典的または数値的な揚力線理論の基本的仮定は，そのような 3 次元的な流れを適切

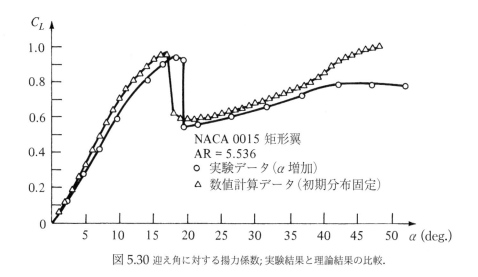

図 5.30 迎え角に対する揚力係数; 実験結果と理論結果の比較．

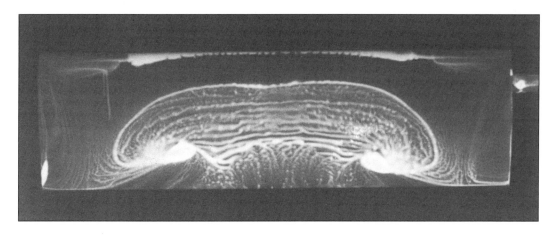

図 5.31 Clark Y-14 翼型断面をもつ失速した融点翼幅矩形翼上の表面油膜パターン．AR = 5, α = 22.8°, Re = 245,000 (翼弦長基準)．このパターンは，翼の表面を，着色した鉱物油を塗布し，模型翼を低速亜音速風洞に挿入することにより得られた．示されている写真において，流れは上から下へ流れている．非常に 3 次元的な流れパターンに注意すべきである．(Maryland 大学，Allen E. Winkelmann の好意による)．

に説明できない．

数値的揚力線法についてのより詳しいことや結果については，参考文献 20 を見てもらいたい．

5.5 揚力面理論および渦格子数値法

Prandtl の古典的揚力線理論 (第 5.3 節) は中程度から高い縦横比の直線翼に関して合理的な結果を与える．しかしながら，低縦横比の直線翼，後退翼，そして三角翼の場合，古典的な揚力線理論は不適当である．図 5.32 に描かれている，そのような翼平面形の場合，より精度の高いモデルを用いなければならない．本節の目的はそのような 1 つのモデルを紹介し，それの数値解法を論議することである．しかしながら，そのような高次のモデルの詳細について詳しく述べることはこの本の取り扱う程度を越える．それで，ここではその特色のみを与えることとする．読者に，文献を読んだり，また，より高度な空気力学を勉強することによりこの主題をさらに追求することを勧める．

図 5.15 に戻る．ここでは，単一の揚力線が，それに関係している後流渦を伴い，その翼の全

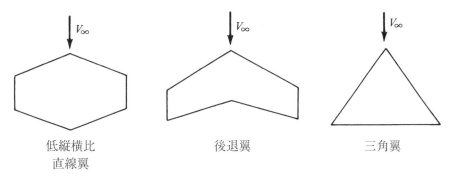

図 5.32 古典的揚力線理論が不適切である翼平面形．

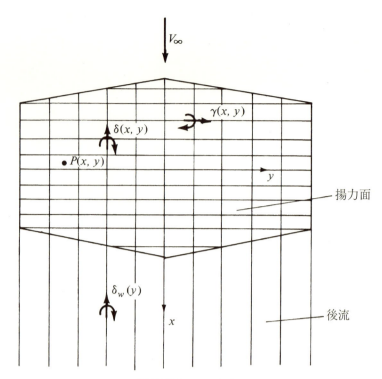

図 5.33 揚力面の概念図.

幅にわたっている．循環 Γ はこの揚力線に沿う y により変化する．異なる翼弦位置で，この翼の面上に一連の揚力線を配置することにより，このモデルを拡張しよう．すなわち，図 5.33 に示されるように，異なった値の x に位置し，すべて y 軸に平行な多数の揚力線を考えるのである．微小強さの無限個の揚力線という極限において，渦面を得ることになる．ここに，渦線は y 軸に平行に走っている．この渦面の強さ (x 方向の単位長さあたりについて) は γ で示す，ここに，γ は，図 5.15 における単一の揚力線の Γ の変化と同じように，y 方向に変化する．さらに，一般的にはそれぞれの揚力線は異なった強さをもつので，γ は x に関しても変化する．したがって，図 5.33 に示されるように $\gamma = \gamma(x, y)$ である．加えて，それぞれの揚力線は後流渦系を伴っていることを思い出すべきである．ゆえに，これらの一連の揚力線は x 軸に平行な，一連の重ね合わされた後流渦と交差する．無限個の微小強さ渦という極限において，これらの後流渦は強さ δ (y 方向単位長さあたり) の別の渦面を形成する．p. 458 [この δ は式 (5.61) に用いられている δ とは異なることに注意すべきである．両方の場合に同じ記号を使うのは普通である．その意味と状況がまったく異なっているので混同することはないであろう．] これをもっとはっきりさせるため，x 軸に平行な 1 本の線を考える．前縁から後縁へこの線に沿って移動すると，1 つの揚力線を横切るたびに重ね合わされた後流渦を拾うことになる．したがって，δ は x により変化しなければならない．さらに，これらの後流渦は簡明に言えば馬蹄渦系の一部であり，いろいろな揚力線を構成する前縁である．それぞれの揚力線まわりの循環は y 方向に変化するので，異なる後流渦の強さは，一般的に異なるであろう．よって，δ もまた y 方向に変化する．すなわち，図 5.33 に示されるように，$\delta = \delta(x, y)$ である．この 2 つの渦面，すなわち，1 つは強さ γ (x 方向単位長さあたり) をもつ，y 軸に平行に走る渦線による面と強さ δ (y 方向単位長

第5章 有限翼幅翼を過ぎる非圧縮性流れ

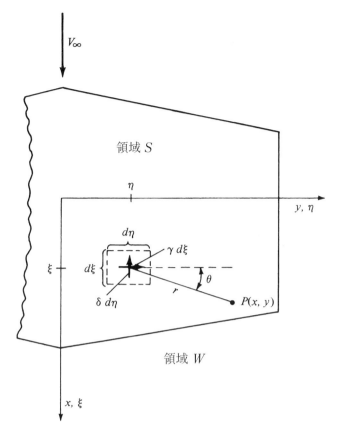

図 5.34 微小揚力面により点 P に誘導される速度．この速度は紙面に対し垂直である．

さあたり）をもつ x 軸に平行に走る渦線による面は，図 5.33 に示されるように，翼の全平面上に分布した**揚力面** *(a lifting surface)* となる．その揚力面上の任意の与えられた点において，揚力面の強さは γ と δ 両方で与えられ，それらは x と y の関数である．$\gamma = \gamma(x, y)$ を翼幅方向渦強さ分布を示し，$\delta = \delta(x, y)$ を翼弦方向渦強さ分布を示すとする．

　後縁の下流において翼幅方向渦線はなく，後流渦のみが存在する．したがって，後流は翼弦方向の渦のみで構成されている．この後流渦面の強さは，（y 方向単位長さあたりについて）δ_w により与えられる．後流において，後流渦はいかなる渦線とも交差しないので，与えられた後流渦の強さは x に対して一定である．よって，δ_w は y のみに依存し，そして，後流中にわたり，$\delta_w(y)$ は翼の後縁におけるその値に等しい．

　さて，揚力面を定義した．それはどんな役に立つのであろうか．図 5.33 に示されるように，翼面上の (x, y) にある点 P を考える．揚力面と後流渦面は両方とも点 P に法線方向速度成分を誘導する．この法線方向速度を $w(x, y)$ で示す．翼平面は流れの流面であるようにしたい．すなわち，点 P において，そして翼面上のすべての点に対して，誘導された $w(x, y)$ と自由流速度の法線方向成分の和がゼロになるようにしたいのである．これは翼表面において流れが接する条件である．（この論議において，翼を平板面として取り扱っていることを覚えておくべきである．）揚力面理論の中心主題は，翼面上のすべての点で流れが接するという条件が満足されるような $\gamma(x, y)$ と $\delta(x, y)$ を見つけることである．［後流中では，$\delta_w(x, y)$ が，$\delta(x, y)$ の後縁における

値に固定されていること，すなわち，それゆえ，厳密に言えば，$\delta_w(x,y)$ は未知の従属変数の1つではないということを思い出すべきである．]

　γ，δ および δ_w の項で表した誘導法線速度 $w(x,y)$ の式を求めよう．図 5.34 に与えられた図を考えると，それは有限翼幅翼の一部を示している．座標 (ξ, η) で与えられる点を考える．この点における翼幅方向の渦の強さは $\gamma(\xi, \eta)$ である．p. 460 x 方向に微小長さ $d\xi$ の翼幅方向渦面の薄いリボン，すなわち渦糸を考える．したがって，この渦糸の強さは $\gamma d\xi$ であり，そして，y（すなわち，η）方向に延びている．また，(x,y) にあり，点 (ξ, η) から距離 r だけ離れた点 P を考える．Biot-Savart の法則，式 (5.5) から，強さ $\gamma d\xi$ の渦糸の微小部分 $d\eta$ により点 P に誘導される微小速度は

$$|\mathbf{dV}| = \left|\frac{\Gamma}{4\pi}\frac{\mathbf{dl} \times \mathbf{x}}{|\mathbf{r}|^3}\right| = \frac{\gamma d\xi}{4\pi}\frac{(d\eta)r\sin\theta}{r^3} \tag{5.77}$$

である．図 5.34 を調べ，強さ γ に関する右手の法則に従うと，$|\mathbf{dV}|$ は翼平面下方（すなわち，負の z 方向）に誘導される．w は上向き（すなわち，z の正方向）の場合正であるとする通常の符号に関する規約に従うと，誘導速度 w への式 (5.77) で与えれる寄与分を $(dw)_\gamma = -|\mathbf{dV}|$ として記す．また，$\sin\theta = (x-\xi)/r$ であることに注意すべきである．したがって，式 (5.77) は

$$(dw)_\gamma = -\frac{\gamma}{4\pi}\frac{(x-\xi)d\xi d\eta}{r^3} \tag{5.78}$$

となる．強さ $\delta d\eta$ の翼弦方向の要素渦の，点 P における誘導速度への寄与を考えるとき，上と同じ議論により，

$$(dw)_\delta = -\frac{\delta}{4\pi}\frac{(y-\eta)d\xi d\eta}{r^3} \tag{5.79}$$

を得る．揚力面全体により P に誘導される速度を求めるために，式 (5.78) および式 (5.79) を図 5.34 において領域 S と示してある，翼面上で積分しなければならない．さらに，後流全体によって，P に誘導される速度は δ の代わりに δ_w を用いた，式 (5.79) に類似した方程式により与えられ，図 5.34 において領域 W として示されている，後流面上で積分される．

$$r = \sqrt{(x-\xi)^2 + (y-\eta)^2}$$

であることに注意して，揚力面と後流の両方により P に誘導される速度は

$$\boxed{\begin{aligned}w(x,y) =\ & -\frac{1}{4\pi}\iint_S \frac{(x-\xi)\gamma(\xi,\eta) + (y-\eta)\delta(\xi,\eta)}{[(x-\xi)^2 + (y-\eta)^2]^{3/2}}d\xi d\eta \\ & -\frac{1}{4\pi}\iint_W \frac{(y-\eta)\delta_w(\xi,\eta)}{[(x-\xi)^2 + (y-\eta)^2]^{3/2}}d\xi d\eta\end{aligned}} \tag{5.80}$$

である．揚力面理論の中心問題は，$w(x,y)$ と自由流速の法線成分との和がゼロとなるような，すなわち，流れが翼平面 S に接するような $\gamma(\xi,\eta)$ および $\delta(\xi,\eta)$ について式 (5.80) を解くことである．いろいろな揚力面解法の詳細はこの本の範囲を越えるものである．すなわち，むしろ，ここでの目的は単に，この基本モデルの特色を示すことであった．

　高速デジタル計算機の出現が揚力面概念に基づく数値解法の実行を可能としたのである．これらの解法は，翼面を多数のパネル，すなわち，要素に分割するということにおいて，第 3 章

第 5 章 有限翼幅翼を過ぎる非圧縮性流れ

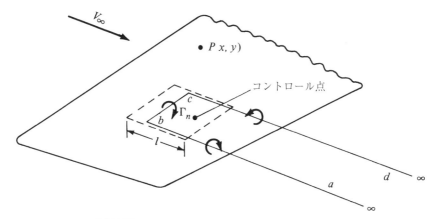

図 5.35 翼の渦システムの一部である単一馬蹄渦の略図.

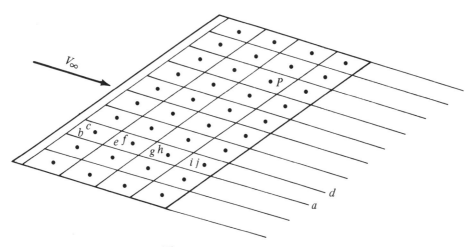

図 5.36 有限翼幅翼上の渦格子系.

および 4 章で論議した 2 次元流れに関するパネル法と類似している. p. 461 それぞれのパネルにおいて, γ および δ を一定, あるいは指定された変化のどちらかにすることができる. パネル上のコントロール・ポイント (control point) を選ぶことができ, その点において, 正味の法線方向の流れ速度がゼロである. これらのコントロール・ポイントで, 式 (5.80) のような方程式の数値を求めることで, すべてのコントロール・ポイントにおける γ および δ の値を求めるために解く連立代数方程式系が得られる.

関係はあるがもう少し簡単な方法は, 翼面上に異なる強さ, Γ_n の有限個の馬蹄渦 を重ね合わせることである. 例えば, 図 5.35 を考える, それは有限翼幅翼の一部を示している. 破線は翼平面上のパネルを表している, そこでは, l は流れ方向のパネル長さである. このパネルは台形である. すなわち, それは正方形である必要はなく, あるいは長方形である必要もない. 強さ Γ_n の馬蹄渦 $abcd$ が, 線分 bc がパネルの前面から距離 $l/4$ にあるように配置される. コントロール・ポイントはパネルの前面から距離 $\frac{3}{4}l$ の中心線上に置かれる. この単一の馬蹄渦だけにより任意点 P に誘導される速度は, 渦糸 ab, bc および cd のそれぞれを個別に取り扱うことにより Biot-Savart の法則から計算できる. さて, 図 5.36 に描かれているように, 有限個のパネ

ルにより表される翼全体を考える．一連の馬蹄渦を今重ね合わせる．例えば，p. 462 前縁における1つのパネル上に馬蹄渦 $abcd$ を置く．その後のパネルには馬蹄渦 $aefd$ を置く．次のパネルには $aghd$ を，その次には $aijd$ 等をである．この翼全体はこの馬蹄渦の格子で覆われている．それぞれは異なる未知の強さ Γ_n である．任意のコントロール・ポイント P において，すべての馬蹄渦により誘導される法線方向速度は Biot-Savart の法則から求められる．流れが接する条件をすべてのコントロール・ポイントに適用すると，未知数 Γ_n について解くことのできる連立代数方程式系となる．この数値法は渦格子法 (vortex lattice method) と呼ばれ，今日，有限翼幅翼の特性の解析に広く用いられている．もう一度言っておくが，上ではこの方法の香りだけを与えている．すなわち，本書の読者には，この渦格子法のいろいろなバージョンについて存在するたくさんの文献を読むことを勧める．特に，参考文献13はこの渦格子法に関する優れた入門論議があり，また，この方法の特徴点を明確に説明する計算例を含んでいる．

デザイン・ボックス

楕円揚力分布の高縦横比直線翼の揚力傾斜は Prandtl の揚力線理論により求められ，以下に再掲する式(5.69)により与えられる．すなわち，

$$a = \frac{a_0}{1 + a_0/\pi \mathrm{AR}}$$

高縦横比直線翼　　　(5.69)

この式やそれと似た他の式は構想設計過程で有用である，そこでは，近似であるが，簡単な式は，素早い，封筒裏でできる計算を可能とする．しかしながら，式(5.69)は，単純な揚力線理論からのすべての結果と同じように，高い縦横比の直線翼(経験的に，AR > 4)にのみ有効である．

ドイツの空気力学者 H. B. Helmbold は 1942 年に，式(5.69)を修正し，低い縦横比の翼に応用可能な，次の式を得た．

$$a = \frac{a_0}{\sqrt{1 + (a_0/\pi \mathrm{AR})^2} + a_0/(\pi \mathrm{AR})}$$

低縦横比直線翼　　　(5.81)

式(5.81)は AR < 4 の翼に関して驚く程正確である．これは図5.37に示してある，それは 0.5 から6でARの関数としての矩形翼の揚力傾斜の実験データを与えている．すなわち，これらのデータはPrandtlの揚力線理論，式(5.69)の結果と，Helmboldの式，式(5.81)の結果とを比較している．図5.37より，Helmboldの式はAR < 4のデータと非常に良い一致を与えていること，そして，AR > 6に関しては式(5.69)が好ましいということに注意すべきである．

後退翼に関して，Kuchemann (参考文献70)が次のような Helmbold の式の修正を提案している．

$$a = \frac{a_0 \cos \Lambda}{\sqrt{1 + [(a_0 \cos \Lambda)/(\pi \mathrm{AR})]^2} + (a_0 \cos \Lambda/(\pi \mathrm{AR}))}$$

後退翼　　　(5.82)

ここに，Λ は，図5.36に示すように，翼弦中央線に関する翼の後退角である．

式(5.69)，式(5.81)および式(5.82)は**非圧縮性流れ**に適用されることを憶えておくべきである．高いマッハ数効果を考慮した圧縮性補正は第10章で論議される．

また，上の式は構想設計のための，素早くで，容易な，いわゆる，"封筒裏"の計算を可能

第5章 有限翼幅翼を過ぎる非圧縮性流れ

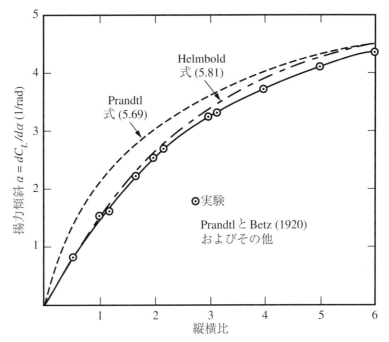

図 5.37 低速流れにおける直線翼に関する縦横比に対する揚力傾斜.

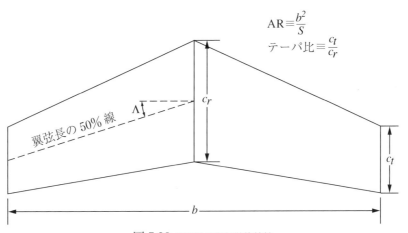

図 5.38 後退翼の幾何学的特性.

とすることを目的とした，簡便な式である．対照的に，今日，計算流体力学 p. 463 (CFD) の力は，任意の一般的形状 (任意の縦横比，翼後退角，テーパ比など) の有限翼幅翼まわりの流れ場の詳細な計算を可能としている．さらに，CFDと現代的最適化法の組み合わせは，最適翼平面形のみならず，翼幅に沿った翼型の最適変化を含んだ，翼全体の最適設計ができるようにしている．この，現代的最適翼設計は，通常，流れを圧縮性として取り扱わなければならない，高速飛行機に適用されるので，この現代的設計プロセスに関する論議は本書の第3部まで延期する．

5.6 応用空気力学：三角翼

p.464 本書の第3部において，超音速流れは，実質的にすべての点で亜音速流れとは劇的に異なることをみるであろう．すなわち，これら2つの流れ領域の数学及び物理学は全く異なっているのである．そのような相違は，亜音速飛行の航空機に比して，超音速飛行の飛行機の設計法にインパクトを与える．特に，超音速機は通常高い後退角の翼を持っている（この理由は第3部で論議される）．後退翼の特別な場合が，三角形の翼平面形，三角翼 (delta wing) と呼ばれている，をもつ航空機の場合である．一般的な後退翼の平面形の比較が図5.32に示された．三角翼をもつ航空機の，2つの典型的な例は，図5.39a に示される，Convair F-102A，米合衆国最初の三角翼実戦ジェット機，および，図5.39b に示される．基本的には極超音速機であるスペースシャトルである．実際，スペースシャトルの平面形は，より正確に言えば，二重三角 (double-delta) 形状である．事実上，現代の航空機に使われている基本三角翼にはいくつかの異形が存在する．すなわち，これらは図5.40に示してある．三角翼は世界中，多くの異なる型の高速飛行機に用いられている．すなわち，三角翼は1つの重要な空気力学的形状である．

疑問：三角翼航空機は高速飛行体であるので，なぜ，有限翼幅翼まわりの低速，非圧縮性流れを取り扱っている本章でこの題目を論議しているのであろうか．理解しやすい答えは，すべての高速飛行機は離陸や着陸のために低速で飛行するということ，さらに，大抵の場合，これらの飛行機は，亜音速でそれらの飛行時間のほとんどを費している，そして，任務に依存し，短時間の"超音速ダッシュ"のためにそれらの超音速能力を使うのであるということである．もちろん，いくつかの例外は，大洋上を超音速で巡航する Concorde 超音速旅客機や，地球の大気圏への再突入において大部分が極超音速であるスペースシャトルである．しかしながら，三角翼機の大部分は亜音速でそれらの飛行時間の大きな部分を費すのである．この理由により，三角翼の低速空気力学特性は非常に重要なのである．すなわち，これは，そのような三角翼に関係した，むしろ通常翼とは違う，独特な空気力学的特徴により目立たされているのである．それゆえに，三角翼の低速空気力学は，1930年代における，ドイツの Alexander Lippisch による三角翼に関する初期の研究にまで遡る，過去何年もの間，大変重要な研究主題で有り続けてきたのである．これが上で述べた疑問に対する答えである．すなわち，有限翼幅翼に関する論議からして，三角翼に，いくぶんかの特別な注意を向ける必要があるのである．迎え角をとった三角翼の上面における亜音速流れパターンが図5.41に描かれている．この流れの顕著な面は高い後退角をもつ前縁近傍に生じている2つの渦パターンである．これらの渦パターンは次のようなメカニズムにより生成される．迎え角のある翼の下面の圧力は上面の圧力より高い．したがって，前縁近傍における下面の流れは下面から上面へと前縁まわりを巻上がろうとする．もし，前縁が鋭いならば，流れは前縁の全長にわたりはく離するであろう．（低速，亜音速流れが鋭い凸状のかどを通過するとき，非粘性流理論はそのかどで無限大の速度を与えるということ，そして，p.465 自然は，そのかどで流れをはく離させることにより，この状況に対処するということを，すでに，数回，述べてきた．三角翼の前縁はそのような場合である．）このはく離流は，図5.41に示されるように，巻上がり，それぞれの前縁のちょうど内側の翼面上に存在する主渦となる．前縁ではく離した流面（図5.41における主はく離線 S_1）は翼面上で弧を描く，そして，p.468 主付着線（図5.41における線 A_1）に沿って再付着する．主渦はこの弧の内側に含まれる．2次渦が，この主渦の下に形成される，その2次渦は，図5.41で S_2 で示されるそれ自身のはく離線と，それ自身の再付着線 A_2 を持っている．表面流線は，再付着線 A_1 および A_2 の両側

第 5 章 有限翼幅翼を過ぎる非圧縮性流れ

(a)

図 5.39 三角翼機の例 (a) Convair F-102A．（米国空軍の好意による．）

で，それらから**離れる**ように流れること，ところが，この表面流線ははく離線 S_1 および S_2 へ向かって流れようとし，そして，これらの線に沿って表面を単純に離れていくということに注意すべきである．2 つの前縁渦間において，表面流線は付着していて，下流への流れは，この三角形の頂点から出る一連の直線の放射線に沿ってじょう乱を受けない．図 5.42 と図 5.43 の両方に，前縁渦の写真が示されている．図 5.42 に見られるのは，回流水槽に設置された，高い

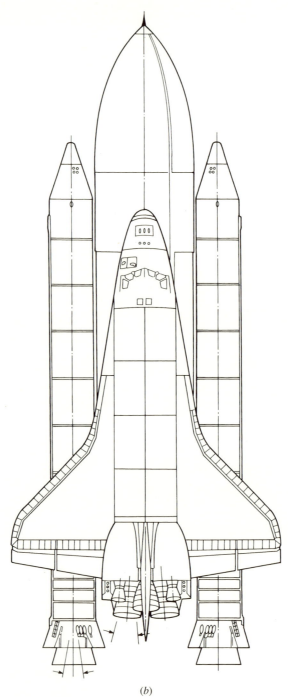

(b)

図 5.39：三角翼機の例 (b) スペースシャトル (NASA の好意による)

第 5 章 有限翼幅翼を過ぎる非圧縮性流れ

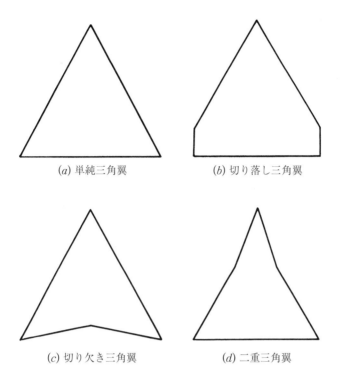

(a) 単純三角翼
(b) 切り落し三角翼
(c) 切り欠き三角翼
(d) 二重三角翼

図 5.40 4 種類の三角翼平面形. (*Loftin*, 参考文献 48 より転載.)

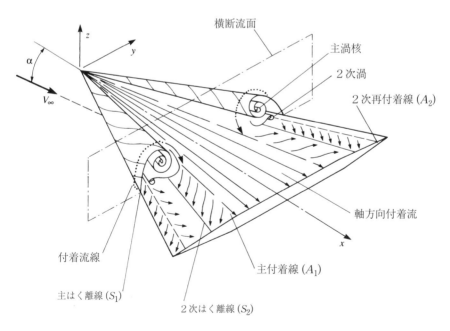

図 5.41 迎え角のある三角翼の上面における亜音速流れ場. (*John Stollery, Cranfield* 工科大学, *England* の好意による.)

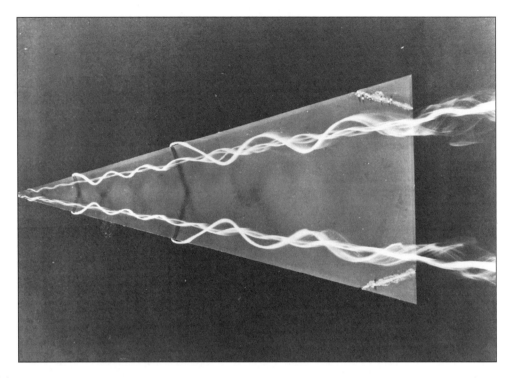

図 5.42 迎え角のある三角翼上面における前縁渦. これらの渦は水流中で染料の色つき流線により可視化されている. (H, Werle, ONERA, France の好意による. また, Van Dyke, Milton, An Album of Fluid Motion, The Parabolic Press, Stanford, CA, 1982 にも掲載.)

後退角の三角翼である. 着色染料の線が, それぞれの前縁の 2 箇所から出ている. この, 翼の上面を見下ろす角度から撮られた写真は, 着色染料が渦に流入するのを明確に示している. 図 5.43 は横断流面 (この横断流面は図 5.41 に示されている) における渦パターンの写真である. 図 5.42 および図 5.43 から, 前縁渦は実際に存在し, 前縁それ自身の上方で, 少し内側に位置していることが明確にわかる.

前縁渦は強く, そして安定している. 高エネルギーの, そして, 比較的高い渦度の流れの源であるので, これらの渦近傍における圧力は p. 469 小さい. それゆえ, この三角翼の上面のにおける表面圧力は前縁近くで減少し, それから高くなり, 翼の中間ではほぼ一定である. 翼幅方向 (図 5.41 に示されている y 方向) の圧力係数の定性的変化が図 5.44 に描かれている. 下面における翼幅方向の圧力変化は本質的に一定であり, p. 470 自由流圧力より高い (正の C_p). 上面において, 翼の中央部における翼幅方向変化は本質的に一定で, 自由流圧力より低い (負の C_p). しかしながら, 前縁の近くでは, 静圧はかなり低下する (C_p の値が負方向により大きくなる). これらの前縁渦は前縁近くの上面上に, まさしく強い "負圧" をつくり出している. 図 5.44 において, 垂直の矢印は, さらに, 翼幅方向揚力分布におよぼす効果を示すために示されている. すなわち, これらの矢印の相対的長さと同時にこれらの上向き方向は法線力分布に関する翼断面それぞれの局所的な寄与を示している. 前縁渦の負圧効果はこれらの矢印により明確に示されている.

前縁渦の負圧効果は揚力を増加させる. すなわち, この理由により, 三角翼の揚力係数曲線は, 通常の翼平面形では失速する α の値に対しても C_L の増加を示す. 60° 三角翼の α による

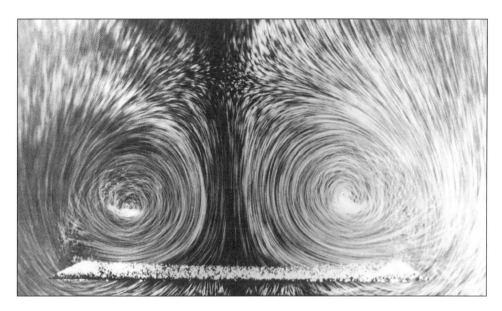

図 5.43 迎え角のある三角翼上の横断流面における流れ場．2 つの主前縁渦が示されている．これらの渦は水中における微細な空気泡により可視化されている．(*H. Werle, ONERA, France* の好意による．また，*Van Dyke, Milton*, An Album of Fluid Motion, *The Parabolic Press, Stanford, CA, 1982* にも掲載．)

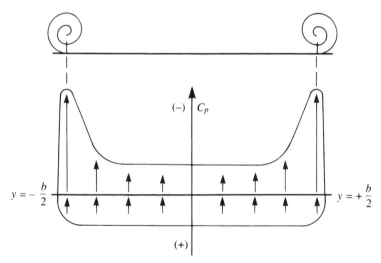

図 5.44 三角翼の横断面における翼幅方向圧力分布図 (*John Stollery, Cranfield* 工科大学，*England* の好意による．)

C_L の典型的な変化が図 5.45 に示されている．次に示すその特性に注意すべきである．

1. 揚力傾斜は小さく，およそ 0.05/degree である．

2. しかしながら，揚力は α の大きな値まで増加し続ける．すなわち，図 5.45 において，失速角はおおよそ 35° である．正味の結果はそれなりの $C_{L\max}$ の値，おおよそ 1.3 である．

p. 471 三角翼の飛行機が離陸あるいは着陸するのを，例えば，スペースシャトルの着陸のテレビ中継を，眺める機会があるとき，それの大きな迎え角に注目すべきである．さらに，読者はなぜ迎え角が大きいかを理解するであろう．すなわち，揚力傾斜が小さいので，それで，それゆ

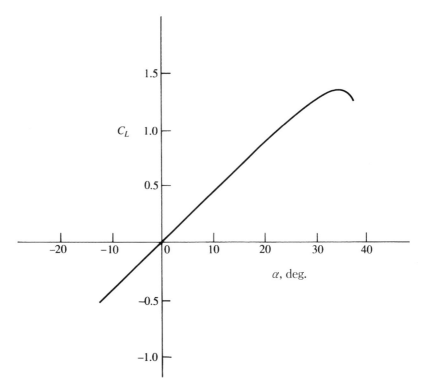

図 5.45 平板三角翼の迎え角に対する揚力係数変化. (*John Stollery*, *Cranfield* 工科大学, *England* の好意によるデータ.)

え，その迎え角は，低速飛行で必要な C_L の高い値を生じるだけ十分大きくなければならないからである．

　法線力を増加させるように働く前縁渦の負圧効果は，それが揚力を増加させると同時に抵抗を増加させる．それゆえ，これらの渦の空気力学的効果は，必ずしも都合がよいものではない．事実，三角翼の揚抗比 L/D は通常の翼ほど高くない．三角翼に関する，L/D の C_L による典型的な変化は図 5.46 に示されている．すなわち，鋭い前縁の，60° 三角翼に関する結果は下側の曲線で与えられている．この場合の L/D の最大値は約 9.3，すなわち，低速の航空機にとって特別驚くにはあたらない値であることに注目すべきである．

　図 5.46 のデータにより反映される他の 2 つの現象が存在する．最初のものは，三角翼の前縁を大きく丸めることによる効果である．p. 472 前の論議において，鋭い前縁の場合を取り扱ってきた．すなわち，そのような鋭い前縁は，流れが前縁ではく離し，前縁渦を形成する原因となる．これに対して，もし，前縁半径が大きければ，流れのはく離は最小化されるか，あるいは生じなくなるであろう．次に，上で論議した抵抗増加は存在しなくなり，それゆえ，その L/D は増加するであろう．図 5.46 の破線の曲線は十分丸い前縁をもつ 60° 三角翼の場合である．この場合の $(L/D)_{max}$ は約 16.5，鋭い前縁の場合のほぼ 2 倍であることに注意すべきである．しかしながら，これらは亜音速での結果であることを憶えておくべきである．この結果を反映した主要な設計上の妥協が存在する．本節の初めに，鋭い前縁をもつ三角翼は超音速飛行に有利であると述べた．すなわち，鋭い前縁を組み合わせた高い後退角の形状は低い超音速抵抗をもつ．しかしながら，超音速において，もし，前縁がある大きさに丸められると，この利点は打ち消

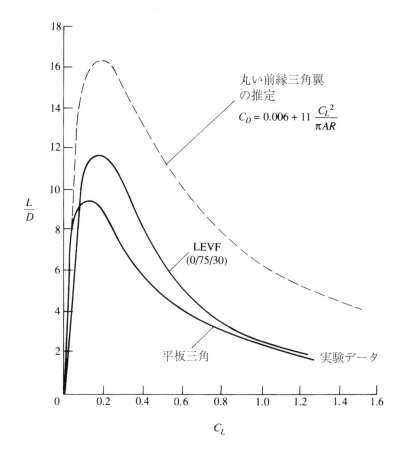

図 5.46 縦横比 2.31 の三角翼に関する揚抗比に及ぼす前縁の鋭さの効果．実線の 2 つの曲線は鋭い前縁に用い，破線の曲線は丸い前縁に用いる．LEVF は前縁渦フラップ付の翼を示す．(*John Stollery, Cranfield* 工科大学，*England* の好意による．)

されてしまうであろう．第 3 部の超音速流れに関する学習の中で，鈍い先端の物体は非常に大きな値の造波抵抗を生じることを見出すであろう．したがって，大きな半径を有する前縁は超音速航空機には適切ではない．すなわち，実際に，超音速飛行機に関して，実用的に可能であるなら，できるだけ鋭い前縁をもつことが望ましいのである．1 つの特異的な例外がスペースシャトルである．スペースシャトルの前縁半径は大きい．すなわち，これは，スペースシャトルにとって，そのような鈍い前縁を有利にするよう結び付ける 3 つの特徴によるのである．第 1 は，スペースシャトルは，巨大な空力加熱 (空力加熱については第 4 部で議論する) を避けるために地球大気圏への再突入の間，早期に減速しなければならない．したがって，この減速を得るために，高い抵抗がスペースシャトルにとって望ましいのである．すなわち，実際，スペースシャトルの再突入時の最大 L/D は約 2 である．高い抵抗を伴う，大きな前縁半径は，それゆえに有利なのである．第 2 は，第 4 部でわかるように，前縁それ自身−高い加熱領域−の空力加熱率は前縁半径の平方根に逆比例する．よって，前縁半径が大きければ大きいほど前縁の加熱率はより小さくなる．第 3 は，すでに上で説明したように，大きく丸められた前縁はシャトルの亜音速空気力学特性に対して，明らかに有利である．よって，十分丸い前縁は，あらゆる点で，スペースシャトルに関する 1 つの重要な設計の特徴である．しかしながら，これは通常の

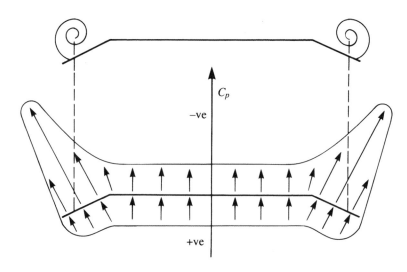

図 5.47 前縁渦フラップにより変えられた三角翼上面の翼幅方向圧力係数分布図. (*John Stollery, Cranfield* 工科大学, *England* の好意による.)

超音速航空機，それは非常に鋭い前縁を必要とする，の場合には当てはまらないことを思い出さなければならない．これらの航空機に関して，鋭い前縁をもつ三角翼は比較的悪い亜音速性能をもつのである．

これは，図 5.46 に出ている第 2 の現象に導くのである．図 5.46 の中央の曲線は LEVF と記されている．そして，それは前縁渦フラップ (the leading-edge vortex flap) を示す．これは，通常の後縁フラップの下げに似た，前縁を可変角で下方へ曲げることができる機械的な形態に関係している．この場合の翼幅方向圧力係数分布が図 5.47 に描かれている．前縁渦による負圧の方向は，以前，図 5.44 に示した，前縁フラップのない場合と比較して，変えられていることに注意すべきである．また，図 5.41 に戻ると，読者は，下方に曲げた前縁をもつ翼の形状がどのように見えるかをはっきりと思い浮かべることができる．p. 473 下方に曲げたフラップを前面から見ると，実際にある程度の前面射影面積を有するであろう．この前面面積上の圧力は低いので，正味の抵抗は減少する．この現象は図 5.46 の中央の曲線により示されている，それはフラップのない場合 (平板三角翼) と比べ，前縁渦フラップがある場合については，概してより高い L/D を示している．

最後に，三角翼が十分高い迎え角になったとき，我々はそれの上面を過ぎる流れに生じる激烈なある事に気づく．図 5.41 および図 5.42 に示されている主渦はその渦の長さ方向に沿ってどこかでばらばらになり始める．すなわち，これは**渦の崩壊** (vortex breakdown) と呼ばれ，図 5.48 に示されている．この写真と図 5.42 に示される低い迎え角において綺麗に振る舞う渦とを比較してみなさい．図 5.48 において，2 つの前縁渦はこの翼の上面上で，それらの長さ方向に沿った，約 3 分の 2 の位置で渦の崩壊を示している．特にこの写真は 2 種類の渦の崩壊を示しているので興味深い．この写真の上方の渦はらせん状の渦の崩壊を示している．そしてそこで，この崩壊は渦中心に沿って漸次生じており，渦中心がいろいろな方向に曲げられる原因となっている．写真の下側の渦はバブル状の渦の崩壊を示している．そしてそこで，渦は突然破裂し，混沌とした流れの大きなバブルを形成している．らせん状の渦の崩壊がより一般的である．渦の崩壊が生じたとき，三角翼の揚力と縦揺れモーメントが減少し，流れは非定常となり，そして，

第5章 有限翼幅翼を過ぎる非圧縮性流れ

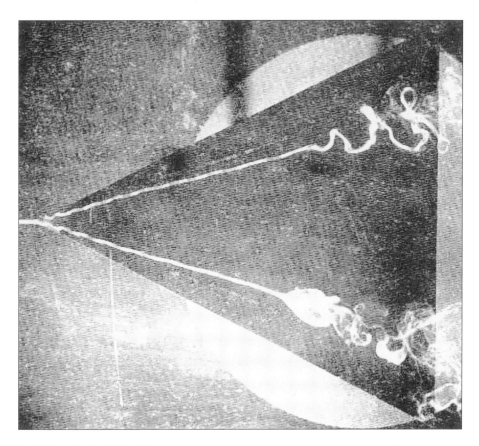

図 5.48 三角翼における渦の崩壊 (出典: N. C. Lambourne, and D. W. Bryer, "The Bursting of Leading Edge Vortices: Some Observation and Discussion of the Phenomenon," Aeronautical Research Council R&M 3282, 1962.)

翼のバフェッティング (buffeting) が発生する.

60-度後退角をもつ三角翼に関する漸次的な渦の崩壊の進展が図 5.49 に数値流体力学 (CFD) の結果により示されている. $\alpha = 5°$ (図 5.49a) において, 渦中心は乱れていない. $\alpha = 15°$ (図 5.49b) において, 渦の崩壊が始まる. $\alpha = 40°$ (図 5.49c) において, この三角翼の上面を過ぎる流れは完全にはく離し, [p. 474] この翼は失速している. 図 5.49 における結果はその他の理由によっても興味深い. 第 4.4 節にある脚注において, 非粘性流れ計算はしばしば流れのはく離の位置や性質を予言するということを示した. ここで, もう 1 つのそのような場合に出会うのである. 図 5.49 に示される渦の崩壊とはく離流れはオイラー方程式 (すなわち, 非粘性流れ計算) の CFD 解法から計算されたものである. 摩擦は渦の形成や崩壊に決定的な役割を演じていないということが明らかである.

(三角翼の翼面上における渦の崩壊に関するさらなる情報については, I. Gursul による最近の総説, "Recent Developments in Delta Wing Aerodynamics", *The Aeronautical Journal*, vol. 108, number 1087, September 2004, pp. 437–452 を見よ.)

要約すると, 三角翼は超音速航空機の一般的な平面形である. 本節において, そのような翼の低速空力特性を調べ, そして, これらの特性は, ある意味では通常の翼平面形とはまったく異なっていることがわかった.

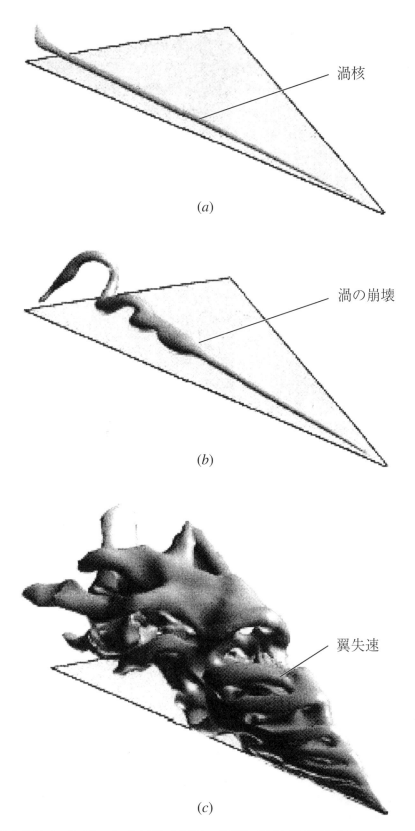

図 5.49 迎え角が (a) 5°, (b) 15°, (c) 40° と増加する場合の前縁渦の発達と崩壊過程 (出典: R. E. Gordnier and M. R. Visbal, "Computation of the Aeroelastic Response of Flexible Delta Wing at High Angle-of-Attack," AIAA Paper 2003-1728, 2003.)

5.7 歴史に関するノート：Lanchester と Prandtl–有限翼幅翼理論の初期の展開

p. 476 1866 年 6 月 27 日，大英帝国航空学会で発表された，"Aerial Locomotion" なる題目の論文において，イングランド人の Francis Wenham が歴史上初めて，有限翼幅翼の空気力学に関して縦横比の効果を述べている．彼は，翼の揚力の大部分は前縁近くの部分で生じ，そして，それゆえ，幅の長い，そして奥行の狭い翼が非常に効率的であろうということを (正しく) 理論づけている．彼は，要求される揚力を発生させるために，多数の，長くて薄い翼をお互いに重ねることを提案し，そして，彼の考えを (首尾よく) 証明するために 1858 年に 2 機の，それぞれ 5 枚の翼をもつ実物大グライダを製作した．(Wenham は，また，1871 年にイングランドの Greenwich に歴史上最初の風洞を設計し，建設したことで知られている．)

しかしながら，有限翼幅翼の空気力学の真の理解は，有限翼幅翼の理論解析に関する概念同様に，1907 年までなされなかった．その年に，Frederick W. Lanchester は *Aerodynamics* という表題の，今日有名な本を出版した．我々は，前に Lanchester と会っている．すなわち，揚力の循環理論の展開における彼の役割を考えた第 4.15 節においてである．

Lanchester の *Aerodynamics* において，翼端からたなびく渦についての最初の記述が見出される．図 5.50 は，彼の 1907 年本からの Lanchester 自身が描いた図の 1 つであり，翼端にできる "渦の幹 (vortex trunk)" を示している．さらに，彼は，渦糸は空間で端を持てない (第 5.2 節を見よ) ことを知っていた，それで，彼は，2 つの翼端渦を構成する渦糸は翼幅に沿ってその翼を横切らなければならないことを理論づけた．すなわち，翼幅方向の束縛渦に関する最初の概念である．したがって，馬蹄渦 (horseshoe vortex) 概念の本質は Lanchester に起源があった．彼自身の言葉では，

> したがって，本著者は，2 つの後方にたなびく渦を，翼自身を含んだ運動において，同じ強さの周期的な成分の存在の確たる証明であると考える．

p. 477 Lanchester の考え方の先見性と独自性を考えると，ここで少し立ち止まり，そして，彼自身の人となりを見てみよう．Lanchester は 1868 年 10 月 23 日にイングランドの Lewisham で生まれた．建築家の息子の Lanchester は，幼い年齢で工学に興味をもつようになった．(彼は，家族から，彼のその志は 4 歳で作り上げられたと言われた．) 彼は 1886 年から 1889 年の間，ロンドンの South Kensington にある Royal College of Science で工学と鉱山学を学ん

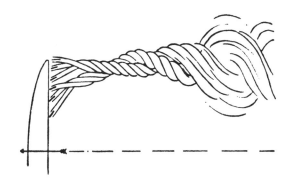

図 5.50 Lanchester の *Aerodynamics*, 1907 からの図．これは有限翼幅翼の翼端渦の，彼自身による図である．

だ．しかし，公式には卒業していない．彼は気が早い，そして革新的な思考者であった．そして，1889 年に Forward Gas Engine 社の設計技師となり，そして，内燃機関を専門とした．彼は工場長補佐の地位まで昇進した．1890 年代初期に，Lanchester は航空学に非常に興味をもつようになり，彼の高速エンジンの開発と並行して，彼は多くの空気力学実験を行った．揚力の循環理論と有限翼幅翼の渦概念の両方に関しての考えを明確に表したのはこの時期である．最初，王立学会に，次に物理学会へ投稿された，Lanchester により書かれた重要な論文は掲載を拒否された．すなわち，Lanchester にとっては決して忘れられないことである．最終的に，彼の航空学的概念はそれぞれ，1907 年と 1908 年に出版された彼の 2 冊の本，*Aerodynamics* および *Aerodonetics* の中で公表された．彼にとって不利であったのは，Lanchester は理解するのが容易でない書き方と説明のやり方をしていた．それで彼の研究は直ちには他の研究者達により，理解されなかったのである．Lanchester の論文や書籍に対する世間の受け入れに関する彼の苦い感情は，数十年後，Daniel Guggenheim Medal Fund への手紙にまざまざと目に見えるのである．1931 年 6 月 6 日付の手紙に，Lanchester は次のように書いている．すなわち，

> 航空学に関して言えば，私は失望以外の何ものも経験しなかったとしか言えない．すなわち，初めのころ，主に，揚力とスクリュー・プロペラの渦理論に関係した，(ある量の実験的な検証に基づいている) 私の理論的研究は，この国における 2 つの一流の学会により拒絶され，そして，私は，もし私が気の狂った人間の単なる夢想でしかない事にばちゃばちゃすると，私の技術者としての職業が駄目になるという厳しい警告を受けた．私が 1907 年と 1908 年に 2 冊の本を出版したとき，彼らはそれ全体を喜んで受け入れた．しかし，これは主に，Wright 兄弟の成功と，この主題に関して起き上がった広い関心によるものであった．

1899 年に，彼は Lanchester Motor Company, Limited を設立し，彼自身の設計による自動車を販売した．彼は，1919 年に結婚したが，子供はいなかった．Lanchester は 1946 年 3 月 8 日，77 歳で亡くなるまで自動車とそれに関連した機械装置に関心を持ち続けた．

1908 年に，Lanchester はドイツの Göttingen を訪問し，彼の翼理論を Ludwig Prandtl と，彼の学生である Theodore von Karman と十分論議した．Prandtl は英語を話さず，Lanchester はドイツ語を話さなかった．そして，Lanchester の，彼の考えの不明瞭な説明の方法から考えて，双方の間にほとんど理解しあえる機会はなかったと見られる．しかしながら，その後すぐに，Prandtl は彼自身の翼理論を展開し始めた．そして，翼幅に沿った束縛渦を用い，渦が両方の翼端から下流へたなびくという仮定を行った．有限翼幅翼に関する Prandtl の研究について最初の言及は 1911 年の O. Foppl による論文の中でなされている．それは，p. 478 Foppl の有限翼幅翼に関するいくつかの実験を論議している．彼の結果を解説して，Foppl は次のように言っている．すなわち，

> それらは有限翼幅翼をもつ飛行機まわりの流れに関する Prandtl 教授による理論研究と非常に良く一致する．すでに，Lanchester が，彼の本 (C. および A. Runge によりドイツ語に翻訳された) "Aerodynamics" において，飛行機の翼の両端に 2 つの渦のロープ (Wirbelzopfe) が取り付いており，ほぼ Kutta の理論にしたがって生じる飛行機まわりの流れから，両脇にあるじょう乱を受けていない流れへの移行を可能にしているということを指摘している．これら 2 つの渦のロープは Kutta の理論に従い，薄い層になる渦へと続くのである．
>
> 我々はこれは，渦が流体内で終わることができないという Helmholtz の定理によるものであることを認めざるをえない．いずれにしても，これらの二つの渦ロープは，空気中にアンモニアの雲を出すことにより，Göttingen Institute で可視化された．Prandtl の理論は実際に存在するこの流れを考えることにより構築されている．

その同じ年に，Prandtl はこの主題に関して彼自身の最初の公表された言葉を述べている．1911 年 11 月，Göttingen における Representatives of Aeronautical Science の会議において発表し

第 5 章 有限翼幅翼を過ぎる非圧縮性流れ

た，"Results and Purposes of the Model Experimental Institute of Göttingen" と題する論文において，Prandtl は次のように述べている．

> もう1つの理論的研究が飛行機の後方に空気により形成される流れの諸条件を関係づけるのである．飛行機により作りだされる揚力は，作用と反作用の原理により，必然的に，飛行機の後方で下降する流れと関係している．さて，この降下する流れを詳しく調べることは非常に有用であると思われた．この下降する流れは，一組の渦，飛行機の翼端から出発する渦糸により形成されることは明らかである．この2つの渦の距離は飛行機の翼幅に等しく，それらの強さは飛行機まわりの流れの循環に等しい，そして，飛行機近傍の流れは，一様流と3つの直線部からなる渦の流れとの重ね合わせにより完全に与えられる．

Prandtl は，彼の理論結果の論議において，同じ論文で，さらに続けて述べている．すなわち，

> この同じ理論は，横方向の渦からくる飛行機上の流れの変化を考慮して，飛行機の揚力に対する縦横比の依存性を示す関係式を与える．すなわち，特に，それは，このように実験的に得られた結果を無限翼幅翼の飛行機へ外挿して推定する可能性を与えるのである．我々により計測された最大縦横比 (1:9 から 1:∞) の結果から，揚力は特筆すべき程度に，約30 から 40 パーセント増加する．私はここで，この外挿推定による特筆すべき1つの結果を付け加えたい．それは，少なくとも，我々が小さなキャンバーと小さな迎え角を取り扱っている限りでは，無限翼幅翼の Kutta の理論の結果がこれらの実験結果により確証されたということである．
>
> この考えの線から出発すると，揚力が，前もって求められた決まった形で翼幅方向に分布しているので，我々は飛行機の翼面を計算する問題を攻めることができる．これらの計算の試みはまだなされていないが，近い将来に行われるであろう．

上の説明から，Prandtl が，Lanchester により以前に提案されていたモデルに，確実に従っていたことは明らかである．さらに，有限翼幅翼理論の主要な関心事は，最初は揚力の計算であった．すなわち，誘導抵抗については何の言及もないのである．p. 479 Prandtl の理論は，最初図 5.13 に描かれているような，単一馬蹄渦から始まったということは興味深い．その結果はまったく満足のいくものではなかった．1911 年から 1918 年の期間の間，Prandtl と彼の同僚達は彼の有限翼幅翼理論を拡張し，改良した，そして，図 5.15 にあるような，無限個の馬蹄渦からなる揚力線の概念へ進化した．1918 年に，Göttingen における Prandtl の同僚である Max Munk により学術用語 "誘導抵抗 (induced drag)" が造りだされた．Prandtl の有限翼幅翼理論に関する展開の多くは第一次世界大戦の間，ドイツ政府により機密とされた．最終的に，彼の揚力線理論は公表され，そして，彼の考え方は，Prandtl により書かれた特別 NACA 報告において英語で発表され，1922 年に，"Applications of Modern Hydrodynamics to Aeronautics" (NACA TR 116) と題して公刊された．したがって，第 5.3 節で要点を述べた理論は 80 年以上前に確立されたのである．

Prandtl の強さの1つは，彼の考えを適切な概念に基づかせ，ほとんどの技術者が理解し，正しく評価できる，比較的直接的な理論に帰結する直観を働かせる能力であった．これは Lanchester の難解な書き方と対照的である．結果として，Lanchester が揚力線理論の立つ基本的なモデルを最初に提案したことを見てきたけれども，有限翼幅翼の揚力線理論はずっと *Prandtl の揚力線理論* と言われてきているのである．

Lanchester の 1908 年における Prandtl 訪問と，それに続く Prandtl の揚力線理論の展開を考慮して，長年，Prandtl は，基本的には，Lanchester の着想を盗んだという，ある論議が存在してきた．しかしながら，これは，明らかにそのような事ではない．上の引用で，Prandtl の Göttingen グループは，1911 年という早い時期に，Lancheter にその着想があることを完全に認めていたことを見たのである．さらに，Lanchester は世の中へ，結果がすぐに得られる明確で，実用的な理論をまったく出さなかった．しかし，Prandtl はそれをしたのである．し

たがって，本書において，揚力線理論を Prandtl の名前と結びつける慣例に従っているのである．他方，イングランドや西ヨーロッパのいろいろな所では，非常に良い理由から，この理論は *Lanchester-Prandtl* 理論と呼ばれている．

その優先性を公平にするために，Lanchester は 1936 年に Daniel Guggenheim Medal を贈られた (Prandtl は既に，数年前にこの賞を受けていた)．このメダルの表彰状に次のような言葉がある．

> Lanchester は渦理論に基づいた，そして，みごとに Prandtl やその他の者達により引き継がれた，今や有名な飛行の理論を提案した最初の人物であった．彼は，最初に，彼の理論を，1894 年 6 月 19 日，Birmingham Natural History and Philosopical Society で発表した論文に記載した．そして，1897 年の 2 番目の論文，1907 年および 1908 年に出版した 2 冊の本の中で，そして，1916 年における Institute of Automobile Engineers で発表された論文の中で，彼はこの理論をさらに展開したのである．

おそらく，Lanchester に関する最良で最後の言葉は 1946 年 3 月の英国の雑誌，*Flight* に載った彼の追悼記事からの抜粋に含まれている．

> そして，今や，Lanchester は永遠に旅だったが我々の記憶からは消えていない．生前の彼をほとんど無視をしてきたこの国がともかくも彼の業績を空気力学の "偉大なる先人 (Grand Old Man)" という追悼称号により不朽のものとすることが望まれる．

5.8 歴史に関するノート：Prandtl - 偉大なる研究者

p. 480 空気力学という現代の科学は強固な基礎的な礎の上にあり，そして，それの大きな割合は 1 つの場所で，1 人の人物，すなわち，Göttingen 大学において，Ludwig Prandtl により確立されたのである．彼の空気力学および流体力学に対する貢献は，多くの人によりノーベル賞の価値があると考えられているが，Prandtl はノーベル賞を受賞しなかった．本書中で，読者は，空気力学における主要な発展に関係して，彼の名前に出会うであろう．すなわち，第 4 章における薄翼理論，第 5 章における有限翼幅理論，第 9 章における超音速衝撃波–膨張波理論，第 11 章における圧縮性補正，そして，彼の最も重要な貢献であるもの，すなわち，第 17 章における境界層概念である．流体力学にそのような主要な貢献をしたこの人物は誰であろうか．詳しく見てみよう．

Ludwig Prandtl は Bavaria の Freising で 1874 年 2 月 4 日に生まれた．彼の父は Alexander Prandtl で，Freising 近郊の Weihenstephan 農業大学で測量学と工学の教授であった．Prandtl 家には 3 人の子供が生まれたが，2 人は誕生のとき死んだ，そして，Ludwig は 1 人っ子として成長した．彼の母，結婚前の名前が Magdalene Ostermann，は長引く病を患っていた．そして，一部はこのことにより，Prandtl は父親っ子となった．幼い頃に，Prandtl は彼の父の物理学，機械装置，そして，機器類の書物に興味を持った．Prandtl の，直観的に物理問題の核心に至る驚くべき能力は，幼い頃の環境にまで遡る事ができる．家では，彼の父，大いなる自然愛好者は，Ludwig が自然現象を観察し，それらを熟考するように導いた．

1894 年，Prandtl は Munich にある Technische Hochschule (工科大学) において，彼の公式の科学的勉学を始めた．そこでは，彼の主たる教師は有名な力学教授，August Foppl であった．6 年後，彼は，Foppl の指導のもと，Ph.D. を取得して Munich 大学を卒業した．しかし，このときまでに，Prandtl は 1 人きりになっていた．彼の父は 1896 年に，そして，母は 1898 年に亡くなっていたのである．

第5章　有限翼幅翼を過ぎる非圧縮性流れ　　　　　　　　　　　　　　　　　　　455

1900年まで，Prandtlは，流体力学においていかなる研究もしていない，すなわち，それに全く興味を示していなかった．実際，University of Munich (ミュンヘン大学) における彼のPh.D.論文は，固体力学のもので，曲げとねじりが同時に働く不安定な弾性平衡を取り扱っている．(Prandtlが，彼の人生の大部分を通じて，固体力学への関心と研究を続けたことは，一般的に，流体力学分野の人達には知られていない．彼の固体力学に関する業績は流体流れの研究における偉大な貢献の陰に隠され，あまり知られていないのである．) しかしながら，Munich大学卒業後，ただちに，Prandtlは流体力学との最初の大きな出会いを持った．技術者としてMaschinenfabrick Augusburg社のNuremburg工場に就職したとき，Prandtlは新しい工場の機械設備を設計する部署で働いた．彼は機械加工による削りくずを負圧により除去する設備の再設計を任された．負圧の流体力学に関する科学的な文献に信頼できる情報がなかったので，Prandtlはその流れについてのいくつかの基礎方程式を解くために彼自身の実験を準備した．この研究の結果は削りくずクリーナーの新設計となった．その装置は改良された形状と寸法のパイプをもつように改良され，元の3分の1の消費電力で満足のいく運転がなされた．Prandtlの流体力学における貢献が始まったのであった．

p. 481　1年後の，1901年に，Hanover Technische Hochschule (Hanover工科大学) 機械工学科の力学の教授となった．(ドイツにおける"工科高等学校"は合衆国における工科大学と同じであることに注意してもらいたい．) Prandtlが流体力学に見出した新しい興味を増し，継続したのはこのHanoverにおいてであった．彼は，また，Hanoverにおいて，彼の境界層理論を展開し，そして，ノズルを通過する超音速流に興味をもつようになった．1904年に，PrandtlはHeidelbergでの第3回数学者会議において，彼の有名な，境界層の概念に関する論文を発表した．"Über Flussigkeitsbewegung bei sehr kleiner Reibung"と題するPrandtlのHeidelberg論文は，大部分の現代における表面摩擦，熱伝達，そして，流れのはく離に関する計算のための基礎を確立した (第15章から20章を見よ)．そのときから，Prandtlという星はまたたく間に天頂に昇ったのである．その年の後半に，彼は名門Göttingen大学に移り，工業物理学，後に，応用力学と改名された研究所の所長に就任した．Prandtlは残りの人生をGöttingenで過ごし，この研究所を1904年から1930年の期間における世界で最も偉大な空気力学研究センターにしたのである．

Göttingenにおいて，1905年から1908年の間，Prandtlはノズルを流れる超音速流に関する多くの実験を行い，斜め衝撃波および膨張波理論を展開した (第9章を見よ)．彼はノズル内を流れる超音速流の最初の写真を撮った．それには特別のシュリーレン光学系を用いたのである (参考文献21の第4章を見よ)．1910年から1920年において，研究の大部分を低速空気力学，特に，翼型および翼理論に向け，有限翼幅翼に関する有名な揚力線理論を展開したのである (第5.3節を見よ)．Prandtlは，1920年代には高速流れに戻り，その期間中に有名なPrandtl–Glauert圧縮性補正の発展に貢献した (第11.4節，および第11.11節を見よ)．

1930年代までに，Prandtlは流体力学の"元老"として世界中に認められていた．構造力学や気象学を含む，いろいろな分野の研究を続けたが，流体力学に対する"ノーベル賞レベル"の貢献はすべてなされてしまっていた．Prandtlは第二次世界大戦という混乱の間中，Göttingenに留まり，研究に没頭し，そして，外観上は，ナチスドイツにより引き起こされた激しい政治的，物理的な崩壊からは免れていた．実際，ドイツ航空省はPrandtlの研究所に新しい装置と財政的支援を与えていた．その戦争の終わりにおけるPrandtlの態度は，1945年にGöttingenを徹底的に調査した米国陸軍審問チームへの彼のコメントに反映されている．すなわち，彼は

図 5.51 Ludwig Prandtl (1875-1953). (*John Anderson collection* の好意による.)

家の屋根に対する爆弾による被害に苦情を述べ,そして,アメリカ軍が彼の現在および将来の研究を支援するためにどのように計画しているかを尋ねている. Prandtl は当時 70 歳であり,ますます元気であった.しかしながら,現在の Prandtl の研究所の運命は,Prandtl の同僚である,Irmgard Flugge-Lotz と Wilhelm Flugge の言葉に要約されている,彼らは 28 年後, *the Annual Review of Fluid Mechanics* (Vol.5, 1973) に次のように書いている.すなわち,

> 第二次世界大戦は我々すべてに襲いかかった.その終結時において,実験装置のあるものは解体され,そして,研究スタッフは風と共に散り散りとなった.多くはこの国 (合衆国) に,そして英国におり,ある者は国へ戻った. Prandtl により蒔かれた種は多くの場所で芽をふき,そして,今や,それであることさえ知らない,多くの "2 代目" の Göttingen 人が存在するのである.

p. 482Prandtl はどのようなタイプの人であったのであろうか.だれに聞いても,彼は丁寧な人で,学問に励み,好ましく,友好的で,そして,彼に興味を持たせるものに注意をすべて集中させたのである.彼は音楽を楽しみ,そして,堪能なピアニストであった.図 5.51 はむしろ仕事に励む内省的な人を示している. Prandtl の最も有名な学生の 1 人, Theodore von Kármán は彼の自伝, *The Wind and Beyond* (Little, Brown and Company, Boston, 1967) の中で, Prandtl は純真そのものであったと書いている.これらの線に沿って良く語られる話は次のようなものである.すなわち, 1909 年に, Prandtl は自分は結婚すべきであると決心した,しかし,彼はするべきことをまったく知らなかった.最終的に,彼は尊敬する先生の奥さんである Foppl 夫

人へ手紙を書き，2人の娘のうち1人と結婚する許しを願った．PrandtlとFopplの娘達は知合いであった．しかし，それ以上のものではなかった．さらに，Prandtlはどちらの娘か明記しなかった．Foppl家は，Prandtlは上の娘，Gertrudeと結婚すべきとの一家の決定を行った．von Kármánからのこの話は近年，Prandtlの親族の1人により異議が唱えられてきている．とは言っても，婚姻が行われ，そして，幸福な関係へと導いた．Prandtl家は1914年と1917年に生まれた2人の娘を持った．

p. 483 Prandtlは退屈な講義者と思われていた，なぜなら，彼は言うべきことが適切であると見なすまでは，それを話すことがほとんどできなかったからである．しかしながら，彼のもとには，後に流体力学において顕著な業績をあげることになる優秀な学生たちが集まったのである．それらの学生は，スイスZurichのJakob Ackeret，ドイツのAdolf Busemann，そして，ドイツAachen，後に米合衆国のCal Tech(カリフォルニア工科大学)のTheodore von Kármánらである．

Prandtlは1953年に亡くなった．彼は，明らかに，現代空気力学の父であった．すなわち，流体力学における不滅の人物である．彼の業績の大きさは来たるべき何世紀にもわたって伝えられるであろう．

5.9 要約

図5.7にある本章のロードマップに戻り，有限翼幅翼理論の展開で取った直接的な道筋を復習すべきである．さらに先に進む前に，概念の流れがわかっていることを確認すべきである．

本章における重要な結果の要約は以下のようになる．すなわち，

有限翼幅翼からの翼端渦は，局所翼断面の迎え角を実際上減少させる吹下ろしを誘導する．すなわち，

$$\alpha_{\text{eff}} = \alpha - \alpha_i \tag{5.1}$$

次に，吹下ろしの存在は誘導抵抗 D_i と定義される抵抗成分をもたらす．

渦面および渦糸は，有限翼幅翼の空気力学をモデル化するのに有用である．渦糸の，有向微小部分 $\mathbf{dl}$ により誘導される速度はBiot-Savartの法則により与えられる．すなわち，

$$\mathbf{dV} = \frac{\Gamma}{4\pi} \frac{\mathbf{dl} \times \mathbf{r}}{|\mathbf{r}|^3} \tag{5.5}$$

Prandtlの古典的な揚力線理論において，有限翼幅翼はそれに沿って循環 $\Gamma(y)$ が変化する単一の翼幅方向揚力線で置き換えられる．渦系がこの揚力線から下流へたなびき，そして，その系はその揚力線に吹下ろしを誘導する．循環分布は次の基礎方程式から決定される．

$$\alpha(y_0) = \frac{\Gamma(y_0)}{\pi V_\infty c(y_0)} + \alpha_{L=0}(y_0) + \frac{1}{4\pi V_\infty} \int_{-b/2}^{b/2} \frac{(d\Gamma/dy)dy}{y_0 - y} \tag{5.23}$$

p. 484 古典的揚力線理論からの結果：

楕円翼：

吹下ろしは一定である：

$$w = -\frac{\Gamma_0}{2b} \tag{5.35}$$

$$\alpha_i = \frac{C_L}{\pi \mathrm{AR}} \tag{5.42}$$

$$C_{D,i} = \frac{C_L^2}{\pi \mathrm{AR}} \tag{5.43}$$

$$a = \frac{a_0}{1 + a_0/\pi \mathrm{AR}} \tag{5.69}$$

一般的な翼：

$$C_{D,i} = \frac{C_L^2}{\pi \mathrm{AR}}(1+\delta) = \frac{C_L^2}{\pi e \mathrm{AR}} \tag{5.61) および (5.62}$$

$$a = \frac{a_0}{1 + (a_0/\pi \mathrm{AR})(1+\tau)} \tag{5.70}$$

低縦横比の翼，後退翼，および三角翼について，揚力面理論を用いなければならない．現代の空気力学において，そのような揚力面理論は渦パネル法あるいは渦格子法により実行される．

5.10 演習問題

5.1 半径 R の閉じた円ループの形状で，強さ Γ の渦糸を考える．Γ と R を用いて，このループの中心に誘導される速度の式を求めよ．

5.2 演習問題 5.1 と同じ渦糸を考える．このループの面に垂直で，ループの中心を通る直線を考える．A をループ面から測った，この直線に沿った距離とする．この渦糸により誘導される，直線上の距離 A における速度の式を求めよ．

5.3 NACA 23012 翼型の測定された揚力傾斜は 0.108 degree^{-1} である，そして，$\alpha_{L=0} = -1.3°$ である．この翼型を用い，AR = 8 で，テーパ比 = 0.8 の有限翼幅翼を考える．$\delta = \tau$ と仮定する．この翼の幾何学的迎え角 = 7° における揚力係数および誘導抵抗係数を計算せよ．

5.4 p. 485 Piper Cherokee (軽量，単発ジェネラル・アビエーション機) は 170 ft^2 の翼面積と 32 ft の翼幅をもっている．その最大全備重量は 2450 lb である．この翼は NACA 65-415 を

用いており，その翼型は揚力傾斜 0.1033 degree^{-1}，$\alpha_{L=0} = -3°$ をもつ．$\tau = 0.12$ と仮定せよ．もし，この飛行機がその最大全備重量で，標準海面高度において，120 mi/h で巡航しているとすると，この翼の幾何学的迎え角を計算せよ．

5.5 演習問題 5.4 に与えられた飛行機と飛行条件を考える．この全機の翼幅効率係数 e は，一般的に，有限翼幅翼単独のときの値よりかなり小さい．$e = 0.64$ と仮定せよ．演習問題 5.4 の飛行機の誘導抵抗を計算せよ．

5.6 縦横比 6 の有限翼幅翼を考える．楕円揚力分布を仮定せよ．翼型断面の揚力傾斜は 0.1 degree^{-1} である．(a) 直線翼，および (b) 翼弦中心線後退角が 45° の後退翼の揚力傾斜を計算し，比較せよ．

5.7 縦横比を 3 として，演習問題 5.6 の計算を行え．これら 2 つの演習問題に関する結果の比較から，揚力傾斜に与える後退角の効果と，この効果の大きさが縦横比によりどのように影響されるかについて，いくつかの結果を導け．

5.8 演習問題 1.19 において，Wright 兄弟は，彼らの 1900 年と 1901 年のグライダ設計に図 1.65 に与えられた Lilienthal 数表を用いたことを述べた．彼らは設計迎え角 3° を選択した．これは設計揚力係数 0.546 に対応する．しかしながら，1900 年と 1901 年に彼らが North Carolina 州 Kitty Hawk 近郊の Kill Devil Hills で彼らのグライダを試験したとき，彼らは Lilienthal 数表に基づいて自ら計算した揚力のわずか 3 分の 1 の揚力しか得られなかった．このことは，Wright 兄弟に Lilienthal データの有用性に対する疑いを持たせた．そして，これが今日まで存続している Lilienthal 数表を覆い隠してしまった．しかしながら，参考文献 62 において，本著者は，この Lilienthal データはそれなりに有効であること，および Wright 兄弟が 3 つの点で Lilienthal 数表におけるデータを間違って解釈したことを示している (参考文献 62 のページ 209 から 216 ページを見よ)．これらの点の一つは縦横比の相違であった．Wright 兄弟の 1900 年グライダは縦横比 3.5 の矩形翼であったが，それに対して Lilienthal 数表のデータは翼端が点となるように傾斜しており，6.48 の縦横比をもつオジャイブ平面形をもつ翼により得られたのである．Wright 兄弟は，当時，縦横比の空気力学的重要性を理解していたようには見えない．それで，もし彼らが理解していたとしても Lilienthal データを彼らの設計のために補正できるような素晴らしい理論は存在していなかった．(Prandtl の揚力線理論はそれから 18 年後に発表された．) もし，Wright 兄弟のグライダと Lilienthal により用いられた供試模型との間で，縦横比の相違だけが与えられたとしたら，Wright 兄弟は，数表から直接取った 0.546 の代わりにどんな値の揚力係数を用いるべきであっただろうか．(注：あまりにも高い揚力計算結果になった，Wright 兄弟による誤解が他に 2 つ存在する．詳しくは参考文献 62 を見よ．)

5.9 p. 486 図 5.19 に示されている Supermarine Spitfire を考える．最初の Spitfire は Mk. I であり，1936 年に初飛行した．それの最大速度は高度 18,500 ft で 362 mi/h である．その重量は 5820 lb，翼面積は 242 ft^2，そして，翼幅は 36.1 ft である．この飛行機は過給機付きの Merlin エンジンを搭載しており，このエンジンは高度 18,500 ft で 1050 馬力を生じる．(a) 18,500 ft で $V_{\max}$ の飛行条件における Spitfire の誘導抵抗係数を計算せよ．(b) この誘導抵抗係数は全抵抗係数の何パーセントであろうか．注：全抵抗を計算するため

に，この飛行機の定常，水平飛行において，$T=D$ であることを注意すべきである．ここに，T はプロペラによる推力である．次に，推力は基礎的な力学関係式 $TV_\infty = P$ で動力と関係している．ここに，P はプロペラとエンジンの組み合わせにより供給される動力である．プロペラにより生じる空気力学的損失のため，P はエンジンにより供給される軸動力より，プロペラ効率として定義される，比 η 倍と少なくなる．すなわち，もし，HP がエンジンにより供給される軸馬力であるとすると，また，550 ft·lb/s が 1 馬力に等しいので，フィート–ポンド/秒 でのエンジンとプロペラの組み合わせで供給される動力は $P = 550\eta\text{HP}$ である．もっと詳しいことに関しては参考文献 2 の第 6 章を見るべきである．本演習問題に関しては，Spitfire のプロペラ効率が 0.9 であると仮定せよ．

5.10 演習問題 5.9 における Spitfire の楕円翼がテーパ比が 0.4 のテーパ翼で置き換えられ，その他のすべては同じであるとして，誘導抵抗係数を計算せよ．この値を演習問題 5.9 で得られた値と比較せよ．高速におけるこの飛行機の抵抗に与える翼平面形変更の相対的効果について読者はどのような結論をだせるだろうか．

5.11 70 mi/h の着陸速度で，海面高度で着陸進入している演習問題 5.9 の Spitfire を考える．この低速の場合における誘導抵抗係数を計算せよ．この結果を演習問題 5.9 の高速の場合と比較せよ．これより，高速における誘導抵抗係数と比べ，低速におけるそれの相対的重要性について読者はどのような結論をだせるだろうか．

第6章　3次元非圧縮性流れ

p. 487　自然を，円柱，球，円錐，で，すべてを遠近法で扱え．
Paul Cézanne, 1890

プレビュー・ボックス

　本章では3次元流れの検討を行う．このような遠大で複雑な主題に関して，本章は驚くほど短い．これは，本章の目的がわずかに3つであるためである．第1の目的は，第3章で学んだ円柱が球に変形するときに生じることを理解することである．すなわち，球を過ぎる3次元流れを考慮するために理論をどのように修正すればよいであろうか，また，その結果は円柱の場合とどのように異なるのであろうか，である．2番目の目的は3次元緩和効果 (three-dimensional relieving effect) として知られている空気力学における一般的現象を示すことである．3番目は複雑な3次元飛行体を過ぎる空気の流れを手短に調べることである．これらの目的を達成することは重要であり，それは空気力学の魅力をさらに引きだしてくれるものである．本書を読み進めることで，その魅力に出会ってもらいたい．

6.1　序論

　本書の空気力学の論議においてこの地点までは，主に，2次元世界に関係してきた．すなわち，第3章で取り扱った物体まわりの流れや第4章における翼型は単一平面における2つの次元のみが関わっていた．すなわち，いわゆる平面流れである．第5章において，有限翼幅翼の解析は，有限翼幅翼を過ぎる詳細な流れは実際3次元的であるという事実にも関わらず，翼がある平面上で行われた．2つの次元を扱うという (すなわち，わずか2つの独立変数があるだけの) 相対的な単純性は自明であり，空気力学理論の大部分が2次元流れを取り扱っている理由である．幸運なことに，p. 488 2次元解析は多くの実用的な流れを理解するのに大いに役立っている．しかし，それらには，また，はっきりとした限界がある．

　空気力学が適用される実際の世界は3次元的である．しかしながら，もう1つの独立変数が加わるために，解析は一般的により複雑になる．3次元流れ場の正確な計算は空気力学研究の最も活発な領域であり続けたし，そして，今なお，そうである．

　本書の目的は空気力学の基礎を与えることである．それゆえ，詳細に説明することは本書の程度を越えることではあるが，3次元流れがほとんどであることを認識することは重要である．したがって，本章の目的は，3次元非圧縮性流れの，いくつかの非常に基本的なポイントを伝

えることである．本章は短い，それで，この章を案内するロードマップを必要としないのである．本章の役割は，単に，3次元流れの解析へのドアを開けることである．

流体流れの支配方程式は，すでに，第2章と第3章で3次元に展開されている．特に，もし，流れが渦なしであるなら，式(2.154)は

$$\mathbf{V} = \nabla\phi \tag{2.154}$$

である．ここに，もし，流れが，また，非圧縮性であるなら，速度ポテンシャルはLaplaceの方程式で与えられる．すなわち，

$$\nabla^2\phi = 0 \tag{3.40}$$

ある物体を過ぎる流れに関する式(3.40)の解は物体上で流れが接するという境界条件を満足しなければならない．すなわち，

$$\mathbf{V}\cdot\mathbf{n} = 0 \tag{3.48a}$$

ここに，**n**は物体表面に垂直な単位ベクトルである．上の方程式すべてにおいて，一般的に，ϕは3次元空間の関数である．すなわち，例えば，球座標系では$\phi = \phi(r,\theta,\Phi)$である．これらの方程式をいくつかの基本的な3次元非圧縮性流れを取り扱うのに使うことにする．

6.2 3次元わき出し

式(3.43)により与えられるように，球座標で書かれたLaplaceの方程式に戻る．次式で与えられる速度ポテンシャルを考える．

$$\phi = -\frac{C}{r} \tag{6.1}$$

ここに，Cは定数であり，rは原点からの半径座標である．式(6.1)は式(3.43)を満足する，そして，それゆえ，それは，物理的に可能な非圧縮性渦無し3次元流れを表す．式(6.1)を球座標における勾配の定義，式(2.18)と組み合わせると，次を得る．

$$\mathbf{V} = \nabla\phi = \frac{C}{r^2}\mathbf{e_r} \tag{6.2}$$

p. 489 速度成分で書くと，

$$V_r = \frac{C}{r^2} \tag{6.3a}$$

$$V_\theta = 0 \tag{6.3b}$$

$$V_\Phi = 0 \tag{6.3c}$$

を得る．明らかに，式(6.2)，すなわち，式(6.3a)，式(6.3b)，式(6.3c)は，図6.1に描かれているように，原点から出る直線の流線をもつ流れを示している．さらに，式(6.2)，または式(6.3a)から，その速度は原点からの距離の2乗に逆比例して変化する．そのような流れは**3次元わき出し**と定義される．しばしば，それは，第3.10節で論議した2次元の線わき出しと対比して，単に，**点わき出し**と呼ばれる．

第 6 章　3 次元非圧縮性流れ

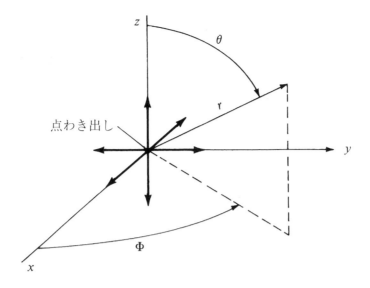

図 6.1　3 次元 (点) わき出し．

式 (6.3a) の定数 C を計算するために，原点に中心をもつ半径 r，面積 S の球を考える．式 (2.46) から，この球の表面を通過する質量流量は，

$$\text{質量流量} = \iint_S \rho \mathbf{V} \cdot \mathbf{dS}$$

である．したがって，λ で表す**体積**流量は

$$\lambda = \iint_S \mathbf{V} \cdot \mathbf{dS} \tag{6.4}$$

となる．この球の表面上において，速度は一定で，$V_r = C/r^2$ に等しい，そして，表面に垂直である．したがって，式 (6.4) は

$$\lambda = \frac{C}{r^2} 4\pi r^2 = 4\pi C$$

となる．したがって，

$$C = \frac{\lambda}{4\pi} \tag{6.5}$$

である．p. 490 式 (6.5) を式 (6.3a) に代入すると，

$$\boxed{V_r = \frac{\lambda}{4\pi r^2}} \tag{6.6}$$

を得る．式 (6.6) を式 (3.62) で与えられる 2 次元わき出しの対応する速度と比較してみる．3 次元効果は，r の 2 乗に逆比例する変化と，2π ではなく 4π が表れることに注意すべきである．

また，式 (6.5) を式 (6.1) に代入すると，点わき出しに関して次を得る．

$$\boxed{\phi = -\frac{\lambda}{4\pi r}} \tag{6.7}$$

上の方程式において，λ はわき出しの**強さ**と定義される．λ が負の値のとき，点すいこみを得る．

6.3 　3次元二重わき出し

図 6.2 に描かれているように，点 O と A に置かれた等しいが反対の強さをもつすいこみとわき出しを考える．わき出しとすいこみの間の距離は l である．すいこみから距離 r，わき出しから距離 r_1 に位置する任意点 P を考える．式 (6.7) から，P における速度ポテンシャルは，

$$\phi = -\frac{\lambda}{4\pi}\left(\frac{1}{r_1} - \frac{1}{r}\right)$$

すなわち，

$$\phi = -\frac{\lambda}{4\pi}\frac{r - r_1}{rr_1} \tag{6.8}$$

それらの強さが無限大になるにつれわき出しをすいこみに近づけるとする．すなわち，

$$\lambda \to \infty \quad \text{に対して} \quad l \to 0$$

p. 491 極限において，$l \to 0$ であると，$r - r_1 \to OB = l\cos\theta$ および $rr_1 \to r^2$ である．ゆえに，極限において，式 (6.8) は

$$\phi = -\lim_{\substack{l \to 0 \\ \lambda \to \infty}} \frac{\lambda}{4\pi}\frac{r - r_1}{rr_1} = -\frac{\lambda}{4\pi}\frac{l\cos\theta}{r^2}$$

すなわち，

$$\boxed{\phi = -\frac{\mu}{4\pi}\frac{\cos\theta}{r^2}} \tag{6.9}$$

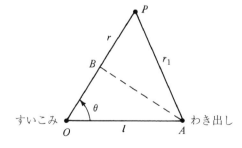

図 6.2 等しい強さのわき出しとすいこみ．$l \to 0$ なる極限で，3次元二重わき出しが得られる．

第 6 章　3 次元非圧縮性流れ

となる．ここに，$\mu = \lambda l$ である．式 (6.9) により作りだされる流れ場は **3 次元二重わき出し** (*three-dimensional doublet*) である．すなわち，μ は二重わき出しの強さと定義される．式 (6.9) を式 (3.88) で与えられる対応する 2 次元のものと比較してみる．3 次元効果は r の 2 乗に反比例する変化と 2 次元の 2π に対して，4π なる係数を導くことに注意すべきである．

式 (2.18) と式 (6.9) から，

$$\mathbf{V} = \nabla\phi = \frac{\mu}{2\pi}\frac{\cos\theta}{r^3}\mathbf{e_r} + \frac{\mu}{4\pi}\frac{\sin\theta}{r^3}\mathbf{e_\theta} + 0\mathbf{e_\Phi} \tag{6.10}$$

がわかる．この速度場の流線は図 6.3 に描かれている．流線は zr 平面で示されている．すなわち，それらはすべての zr 面で同一である (すなわち，Φ のすべての値に関してである)．したがって，3 次元二重わき出しにより誘導された流れは図 6.3 の流線を z 軸まわりに回転させて作られる一連の流面である．これらの流線を図 3.18 に描かれている 2 次元の場合と比較してみる．すなわち，それらは定性的には同じであるが，定量的には異なるのである．

^{p. 492} 図 6.3 における流れは Φ に関係しない．すなわち，実際，式 (6.10) は明らかに速度場は r と θ のみに依存することを示している．そのような流れは**軸対称流れ** (*axisymmetric flow*) と定義される．再び，2 つの独立変数の流れを得たのである．この理由で，軸対称流れは，しばしば "2 次元" 流れと呼ばれる．しかしながら，それは，前に論議した，2 次元平面流れとはまったく異なるのである．実際には，軸対称流れは縮退した 3 次元流れであり，そして，それを "2 次元的" と呼ぶことはいくぶん誤解を招く恐れがある．数学的には，それは 2 つの独立変数しか持たない，しかし，それは，後で論議する，3 次元緩和効果のような，一般的な 3 次元流れと同じ物理的特性のいくつかを示すのである．

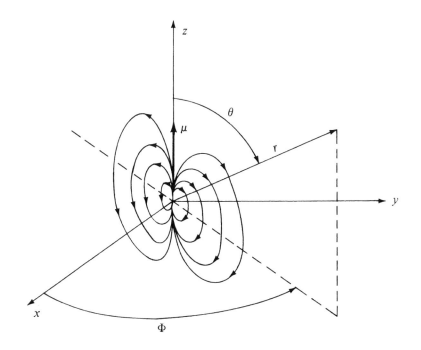

図 6.3　3 次元二重わき出しの zr 面 ($\Phi = $ 一定の面) における流線図．

6.4 球を過ぎる流れ

再び，図 6.3 に示される 3 次元二重わき出しにより誘導される流れを考える．この流れに，負の z 方向へ流れる，大きさ V_∞ の一様流速度場を重ね合わせる．水平方向，すなわち，左から右へ流れる一様流の方がよりわかりやすいので，図 6.3 の座標系をそちらへ倒すことにする．それが図 6.4 に示されている．

図 6.4 を調べると，自由流の球座標は

$$V_r = -V_\infty \cos\theta \tag{6.11a}$$

$$V_\theta = V_\infty \sin\theta \tag{6.11b}$$

$$V_\Phi = 0 \tag{6.11c}$$

である．自由流に関する V_r，V_θ および V_Φ，式 (6.11a)，式 (6.11b) および式 (6.11c) を式 (6.10) で与えられる二重わき出しのそれぞれの成分に加えると，p. 493 この重ね合わされた流れについて

$$V_r = -V_\infty \cos\theta + \frac{\mu}{2\pi}\frac{\cos\theta}{r^3} = -\left(V_\infty - \frac{\mu}{2\pi r^3}\right)\cos\theta \tag{6.12}$$

$$V_\theta = V_\infty \sin\theta + \frac{\mu}{4\pi}\frac{\sin\theta}{r^3} = \left(V_\infty + \frac{\mu}{4\pi r^3}\right)\sin\theta \tag{6.13}$$

$$V_\Phi = 0 \tag{6.14}$$

を得る．流れにおけるよどみ点を見つけるために，式 (6.12) と式 (6.13) において，$V_r = V_\theta = 0$ とする．式 (6.13) から，$V_\theta = 0$ は $\sin\theta = 0$ を与える．したがって，よどみ点は $\theta = 0$ および

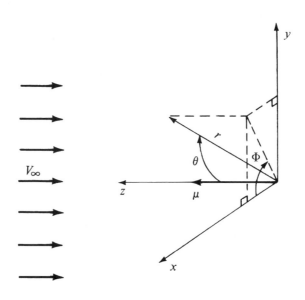

図 6.4 一様流と 3 次元二重わき出しの重ね合わせ．

π に存在する．$V_r = 0$ と式 (6.12) から，

$$V_\infty - \frac{\mu}{2\pi R^3} = 0 \tag{6.15}$$

を得る．ここに，$r = R$ はよどみ点の半径方向座標である．式 (6.15) を R について解くと，

$$R = \left(\frac{\mu}{2\pi V_\infty}\right)^{1/3} \tag{6.16}$$

を得る．よって，2 つのよどみ点は両方とも z 軸上にある，(r, θ) 座標では，

$$\left[\left(\frac{\mu}{2\pi V_\infty}\right)^{1/3}, 0\right] \text{ および } \left[\left(\frac{\mu}{2\pi V_\infty}\right)^{1/3}, \pi\right]$$

である．

式 (6.16) からの $r = R$ の値を式 (6.12) で与えられる V_r の式に代入して，

$$V_r = -\left(V_\infty - \frac{\mu}{2\pi R^3}\right)\cos\theta = -\left[V_\infty - \frac{\mu}{2\pi}\left(\frac{2\pi V_\infty}{\mu}\right)\right]\cos\theta$$
$$= -(V_\infty - V_\infty)\cos\theta = 0$$

を得る．したがって，すべての θ および Φ の値に関して，$r = R$ であるとき，$V_r = 0$ である．これが，まさに，半径 R の球を過ぎる流れに関する，流れが接する条件である．したがって，式 (6.12) から式 (6.14) により与えられる速度場は**半径 R の球を過ぎる非圧縮性流れ**である．この流れは図 6.5 に示してある．すなわち，それは，定性的には，図 3.19 に示される円柱を過ぎる流れと似ている，しかし，定量的には，2 つの流れは異なっているのである．

p. 494 $r = R$ である，球の表面において，接線方向速度は次のようにして式 (6.13) から求められる．すなわち，

$$V_\theta = \left(V_\infty + \frac{\mu}{4\pi R^3}\right)\sin\theta \tag{6.17}$$

式 (6.16) から，

$$\mu = 2\pi R^3 V_\infty \tag{6.18}$$

式 (6.18) を式 (6.17) に代入して，

$$V_\theta = \left(V_\infty + \frac{1}{4\pi}\frac{2\pi R^3 V_\infty}{R^3}\right)\sin\theta$$

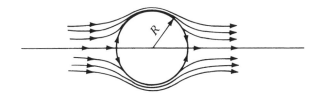

図 6.5 球を過ぎる非圧縮性流れ図．

を得る．すなわち，

$$V_\theta = \frac{3}{2} V_\infty \sin \theta \tag{6.19}$$

最大速度は球の頂点と最下点で生じ，その大きさは $\frac{3}{2} V_\infty$ である．これを式 (3.100) で与えられる 2 次元円柱の場合と比較してみる．2 次元流れに関しては，最大速度は $2V_\infty$ である．したがって，同じ V_∞ の場合，球の最大表面速度は円柱のそれよりも小さいのである．球を過ぎる流れは円柱を過ぎる流れと比べていくぶん "緩和" されている．球を過ぎる流れは固体物体から移動できるもう 1 つの方向を持っているのである．すなわち，流れは，上や下へと同じように脇へ移動できるのである．対照的に，円柱を過ぎる流れはもっと制限されている．すなわち，それは上と下へしか移動できないのである．したがって，球の表面における最大速度は円柱におけるものよりも小さいのである．これが **3 次元緩和効果**の一例である，そして，それはすべてのタイプの 3 次元流れにおける一般的な現象である．

球面上の圧力分布は式 (3.38) と式 (6.19) により，次のように与えられる．

$$C_p = 1 - \left(\frac{V}{V_\infty}\right)^2 = 1 - \left(\frac{3}{2} \sin \theta\right)^2$$

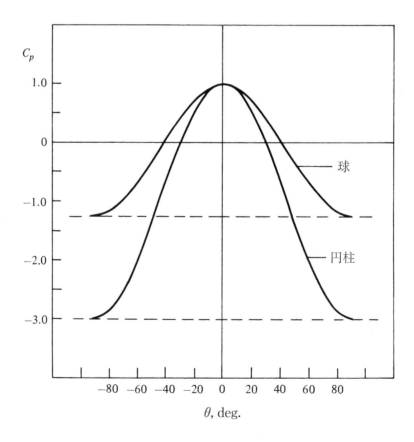

図 6.6 球および円柱表面上の圧力分布．3 次元緩和効果．

すなわち，

$$C_p = 1 - \frac{9}{4}\sin^2\theta \tag{6.20}$$

式 (6.20) を式 (3.101) で与えられる円柱に関する類似の結果と比較してみる．球に関する圧力係数の絶対値は円柱のそれよりも小さいということに注意すべきである．すなわち，それは，再び，3次元緩和効果の例である．球と円柱まわりの圧力分布が図 6.6 で比較されていて，そして，それは劇的に 3 次元緩和効果を示している．

6.4.1 3 次元緩和効果に関するコメント

3 次元緩和効果については良い物理的な理由が存在する．最初に，円柱を過ぎる 2 次元流れを思い浮かべてみる．円柱から離れるために，p. 495 この流れは 2 つの道しかない．すなわち，円柱上を上方に駆け登ることと下方へ駆け下ることである．対照的に，球を過ぎる 3 次元流れを思い浮かべてみる．この流れは，球の上方への駆け登りと下方への駆け下りの移動に加えて，横方向，球の上を左右に移動できるのである．この横方向への移動が流れにおよぼす 2 次元流れの拘束を緩和するのである．すなわち，流れは球を過ぎ去るために 2 次元流れのように増速する必要がなく，それゆえ，流れの圧力はそのように大幅に変化する必要がないのである．この流れは "より少ない圧迫を受けている"，すなわち，それはよりくつろいだ状態で球を過ぎてゆくのである．すなわち，それは "緩和され"，それゆえに速度と圧力における変化がより小さいのである．

6.5　一般的な 3 次元流れ：パネル法

現代の空気力学的応用において，3 次元，非粘性，非圧縮性流れは，ほとんどいつも数値的パネル法により計算されている．前の数章で議論した 2 次元パネル法の考え方を直ちに 3 次元に拡張する．その詳細は本書の範囲を越えるのである．事実，何十もの異なったバージョンがあり，それらによる計算機プログラムは長大で，複雑である．しかしながら，すべての，そのようなパネル法プログラムの背景にある一般的な概念は，3 次元物体を p. 496(点わき出し，二重わき出し，あるいは渦のような) 未知の特異点の分布があるパネルで覆うということである．そのようなパネル配置が図 6.7 に示されている．これらの未知量は，パネルの参照点で誘導速度を計算し，流れが接するという条件を適用することにより得られる連立線形代数方程式系により解かれる．図 6.7 に示されるような，揚力の働かない物体に関しては，わき出しパネルの分布で十分である．しかしながら，揚力のある物体については，わき出しパネルと渦パネル (あるいはそれらと等価なもの) の両方を必要とする．パネル法が，今日，3 次元の揚力をもつ物体に用いられる範囲についての驚くべき例が図 6.8 に示してある．それは，Boeing 社によってなされた，スペースシャトルを背負った形態の Boeing 747 を過ぎるポテンシャル流れの計算に用いられたパネル配置を示している．そのような適用は非常に深い感銘を与える．さらに，それらは工業的標準となり，今日，主要な航空機メーカーにより飛行機設計の一部として日常的に用いられている．

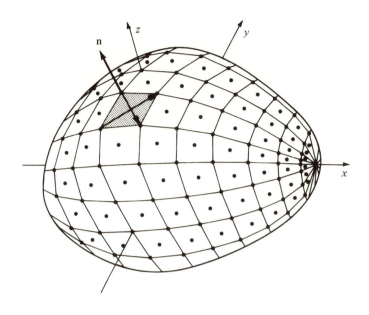

図 6.7 一般的な揚力の働かない物体上の 3 次元わき出しパネル分布 (文献 14).

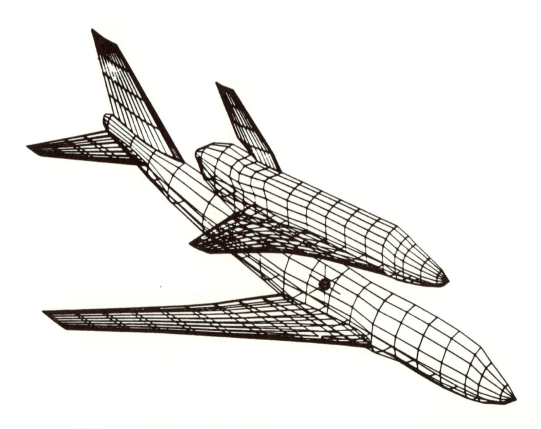

図 6.8 スペースシャトルオービターを空輸する Boeing 747 の解析のためのパネル分布.

第6章 3次元非圧縮性流れ

　図6.7および図6.8を調べると，1つの様相が浮かび上がってくる．すなわち，3次元物体上にパネルを分布させることの幾何学的な複雑さである．どのようにしてコンピュータに物体の正確な形状を"見"させられるであろうか．どのようにして物体上にパネルを分布させるのか．すなわち，翼の前縁により多くを，胴体にはより少なく配置すればよいのか等である．どのくらいの数のパネルを使うのか．これらはすべて重要な問題である．空気力学技術者が，複雑な物体上について最良のパネルの幾何学的分布を決定するために数週間，あるいは数ヵ月を費すことさえ異常なことではない．

　本節を次のようなことを述べて閉じるとする．1960年代に導入されたそのときから，パネル法は3次元ポテンシャル流れの計算に革命をもたらしてきた．しかしながら，これらの方法の応用がいかに複雑であろうとも，これらの手法はなおも，p.497 本章および以前の章すべてで論議した原理に基づいているのである．それは，特に，*Journal of Aircraft* や *AIAA Journal* などのような学術誌に出てくるので，読者には，そのような文献を読み，これらのことをさらに勉強することを勧める．

6.6　応用空気力学：球を過ぎる流れ – 実在流れの場合

　本節は，第3.18節に対する補完である，その節では円柱を過ぎる実在流れを論議したのである．本章は3次元流れを取り扱っているので，この段階で，円柱に類似する3次元物体，すなわち，球について論議するのは適切である．球を過ぎる実在流れの定性的な特徴は，第3.18節において円柱について論議したものと似ている，すなわち，流れのはく離現象，Reynolds数に

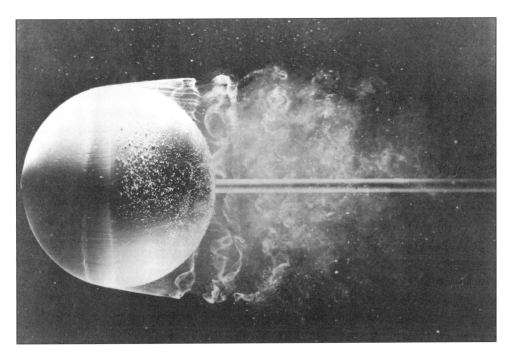

図6.9 層流の場合：球を過ぎる水の瞬間流れ，$R_e = 15,000$，流れは水中で染料により可視化されている．(H. Werle, ONERA, France の御好意による．また，*Van Dyke, Milton, An Album of Fluid Motion, The Parabolic Press, Stanford, CA, 1982*，に掲載．)

図 6.10 乱流の場合：球を過ぎる水の瞬間流れ．$R_e = 30,000$. 乱流流れは等分円前方のトリップワイヤーループにより強制的に作られた，そのワイヤーは層流流れが突然乱流になるようにするのである．この流れは水中で空気泡により可視化されている．(H. Werle, ONERA, France の好意による．また，*Van Dyke, Milton, An Album of Fluid Motion, The Parabolic Press, Stanford, CA, 1982* に掲載．)

よる抵抗係数変化，流れが，臨界 Reynolds 数において，はく離点の前方で層流から乱流に遷移したときの抵抗係数の急激な低下，そして，後流の一般的な構造などである．これらの項目は両方の場合で似ているのである．しかしながら，3 次元緩和効果により，球を過ぎる流れは円柱のそれとは**定量的**に異なるのである．これらの相違が本節の主題である．

 p. 498 球を過ぎる層流が図 6.9 に示されている．ここで，Reynolds 数は 15,000 で，確かに，球面上で層流を保つのに十分な低さである．しかしながら，非粘性，非圧縮性理論 (第 6.4 節と図 6.6 を見よ) により得られた球の背面における逆圧力勾配により，層流はその表面から容易にはく離する．実際，図 6.9 において，はく離は，明らかに，球の垂直均分円少し前側の**前方**表面で見られる．したがって，大きな，膨らんだ後流が球の下流へたなびき，その結果，物体には，(円柱について第 3.18 節で論議しそれと類似した) 大きな圧力抵抗が働く．対照的に，乱流の場合が図 6.10 に示される．ここでは，Reynolds 数は 30,000 であり，通常ではまだ層流を誘発する低い数字である．しかしながら，この場合，乱流が前方面の 1 つの垂直面にワイヤーの輪を取り付けることにより人工的に誘導されている．(実験空気力学において，トリップワイヤーが乱流への遷移を促すためにしばしば用いられる．すなわち，それは，乱流が自然には存在しない条件のもとで，そのような乱流を研究するための手段である．) 流れが乱流であるので，図 6.9 と図 6.10 とを比較してわかるように，はく離は背面のさらに後方で発生し，より薄い後流ができる．その結果として，圧力抵抗は乱流の場合，より小さくなる．

 球の Reynolds 数による抵抗係数 C_D の変化が図 6.11 に示される．この図を円柱に関する図 3.39 と比較してみる．p. 500 これらの C_D 変化は，両方とも，層流から乱流への自然遷移に一

致する，臨界 Reynolds 数 300,000 の近傍で，急激な C_D の減少をともない，定性的に似ている．しかしながら，**定量的には**これら 2 つの曲線は全く異なっている．実用的な問題に対する最も適当な Reynolds 数範囲，すなわち，$R_e > 1000$ において，球の C_D の値は円柱のそれよりもかなり小さい．すなわち，3 次元緩和効果を示す第一級の例である．円柱に関する図 3.39 を再考すると，臨界値よりわずかに低い R_e の C_D の値は約 1 であり，そして，臨界値よりわずかに高い R_e については 0.3 へ減少することを注意すべきである．対照的に，球については図 6.11 に示されるように，C_D は臨界値以下の Reynolds 数範囲で，約 0.4 であり，臨界値以上の Reynolds 数で，約 0.1 に落ちる．これらの，円柱および球両方の C_D における変化は空気力学における第一級の重要な結果である．それで，読者は，将来の参考と比較のために，これらの実際の C_D の値を記憶しておくべきである．

図 3.39 と図 6.11 の両方に関係した最後の指摘点として，乱流への遷移がはく離点の前方で生ずる臨界 Reynolds 数の値は，固定した，普遍的な値ではない．それどころか，遷移は，第 4 部で論議されるように，多くの因子により影響される．これらのなかで，自由流に含まれる乱れの量がある，すなわち，自由流乱れが高ければ高い程，遷移はより容易に生じる．その結果，自由流乱れが高ければ高い程，臨界 Reynolds 数の値は低くなるのである．この傾向のために，検定球が，風洞試験において，実際に測定部の自由流乱れの程度を調べるために用いられる，それは，単純にその球の臨界 Reynolds 数の値を測定することによるのである．

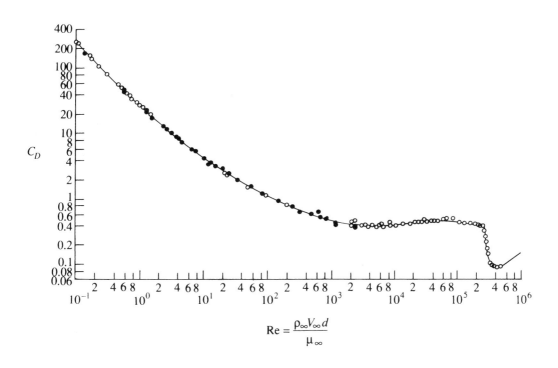

図 6.11 球に関する Reynolds 数による抵抗係数変化 (*Schlichting*, 文献 42 のデータ．)

6.7　応用空気力学：飛行機の揚力と抵抗

　航空宇宙技術者の一番関心のある3次元物体は，図6.8に示されるような全機 (whole airplane) であり，第5章で論議した単なる有限翼幅翼ではない．本節において，視野を広げ，完全な飛行機としての形状 (a complete airplane configuration) の揚力と抵抗を考えることとする．

　第1.5節において，空気中を運動する物体に作用する空気力は，2つの基本的な源，すなわち，その物体表面上に作用する圧力分布およびせん断応力分布にのみによるということを強調した．揚力は主として圧力分布により生じる．すなわち，せん断応力は揚力に対してはわずかな効果しか与えない．この事実を第3章の初めから本章までずっと用いてきた．そこでは，非粘性流れの仮定が循環をもつ円柱，翼型，そして有限翼幅翼に働く揚力について合理的な予測を与えてくれた．他方，抵抗は圧力分布とせん断応力分布の両方により生じる．そして，非粘性流れにのみもとづいた解析は抵抗の予測に関して不十分である．

6.7.1　飛行機の揚力

　われわれは普通飛行中の飛行機の揚力は翼により得られていると考える．確かにそのとおりである．しかしながら，迎え角を持った鉛筆でさえ，小さくはあるけれども，揚力を発生する．したがって，揚力は翼と同様に飛行機の胴体にも生じる．翼を胴体と結合することは**翼胴結合** (*wing-body combination*) と呼ばれる．翼胴結合体の揚力は，翼単独の揚力と胴体単独の揚力を単に加え合わせるだけでは求められない．そうではなく，翼と胴体が繋がるや否や，胴体を過ぎる流れ場は翼を過ぎる流れ場を変えてしまい，その逆も生じる．すなわち，これは**翼胴干渉** (*wing-body interaction*) と呼ばれる．

　翼胴空力干渉を適切に考慮した翼胴結合体の揚力を予測できる正確な解析式は存在しない．その形状を風洞で試験しなければならないか，または数値流体力学解析を行わなければならないかのどちらかである．この翼胴結合体の揚力がこれら2つの部分の合計よりも大きいのか，または小さいのかさえ前もって言えないのである．しかしながら，亜音速に関して，異なる翼

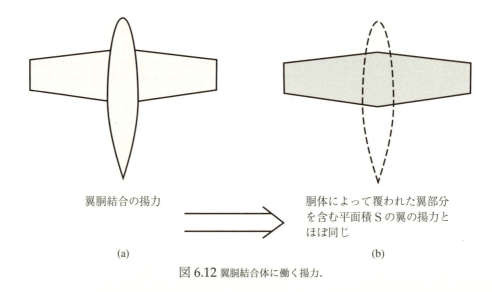

(a) 翼胴結合の揚力　　(b) 胴体によって覆われた翼部分を含む平面積Sの翼の揚力とほぼ同じ

図6.12 翼胴結合体に働く揚力．

幅 b の翼に取り付けられた異なる胴体厚さ d を用いて得られたデータは，翼胴結合体の全揚力は d/b の 0 (翼のみ) から 6 (短い，ずんぐりした翼をもつ，異常なくらい太い胴体) の範囲で d/b に対して本質的に一定であることを示している．したがって，翼胴結合体の揚力は単純に，胴体により隠された部分も含めた，完全な翼それ自身の揚力として取り扱うことができる．これが図 6.12 に示されている．より詳細なことについては，文献 69 の第 2 章を見るべきである．

もちろん，水平尾翼，先尾翼 (canard)，そして，ストレーキ (strake) などの飛行機の他の構成部分も，正や負のどちらかで，揚力に寄与している．再度ここで，全機に働く揚力の合理的な精度の予測は風洞試験，(図 6.8 に示されるパネル法の計算のような) 詳細な数値流体力学計算からのみ，そして，もちろんのことその飛行機の実際の飛行試験から得られるのであるということを強調しておく．

6.7.2 飛行機の抵抗

p. 502 読者が頭上を飛行する飛行機を観察するとき，あるいは飛行機に搭乗しているとき，直感的に，まっ先に思いうかぶ空気力学事項は揚力である．読者は，水平，直線飛行において，それの重量と等しい，十分な揚力を発生している飛行機を眺めているのである．これが飛行機を空中に支えているのである．すなわち，大切なものである．しかし，これが飛行機に関する空気力学の唯一の役割ではない．できるだけ効率的に，すなわち，できるだけ小さな抵抗でこの揚力を作りだすことが同じくらい重要なのである．揚力と抵抗の比，L/D は空気力学的効率についての良い尺度である．納屋の扉は迎え角を持てば揚力を発生する．しかし，それは，また同時に大きな抵抗を発生する．すなわち，その扉の L/D は非常に小さいのである．そのような理由で，抵抗を最小化することは応用空気力学の歴史的な展開において最も強力な駆動源の 1 つとなってきていたのである．そして，抵抗を最小にするために，まず第 1 に抵抗の予測のための方法を準備しなければならない．

揚力の場合と同じように，飛行機の抵抗は各々の構成部分に作用する抵抗の単純な総計として求められない．例えば，翼胴結合体の場合，その抵抗は通常，翼と胴体に働く別々の抵抗を総計したものより高く，干渉抵抗と呼ばれる付加的な抵抗成分が生じているのである．飛行機の抵抗予測に関するより詳細な論議について，文献 69 を見るべきである．抵抗予測という主題は非常に複雑であるので，それについて多数の本が書かれてきた．すなわち，代表的な 1 つは，Hoerner による文献 116 である．

本節において，飛行機への適用に関して，ここでの論議を式 (5.63) の簡単な拡張に限定する．以下に再掲する式 (5.63) は有限翼幅翼に適用する．

$$C_D = c_d + \frac{C_L^2}{\pi e \mathrm{AR}} \tag{5.63}$$

式 (5.63) において，C_D は有限翼幅翼の全抵抗係数であり，c_d は表面摩擦抵抗と流れのはく離による圧力抵抗による形状抵抗係数であり，$C_L^2/\pi e \mathrm{AR}$ は式 (5.62) で定義される翼幅効率係数 e を用いた誘導抵抗係数である．全機に関して，式 (5.63) を次のように書き換える．

$$C_D = C_{D,e} + \frac{C_L^2}{\pi e \mathrm{AR}} \tag{6.21}$$

ここに，C_D はこの飛行機の全抵抗係数であり，$C_{D,e}$ は**有害抵抗係数** (*parasite drag coefficient*) と定義される．そして，これは主翼の形状抵抗 [式 (5.63) における c_d] のみならず，尾翼面，胴体，エンジン・ナセル，着陸装置，そして，気流にさらされているその他の飛行機構成部分の摩擦および圧力抵抗をも含んでいる．迎え角が変わると，飛行機まわりの流れ場における変化のために，特に飛行機の構成部分における，はく離流の量の変化により，$C_{D,e}$ は迎え角により変化するであろう．揚力係数，C_L は明確な迎え角の関数であるので，$C_{D,e}$ は C_L の関数であると考えることができる．この関数についての合理的な近似は p. 503

$$C_{D,e} = C_{D,o} + r C_L^2 \tag{6.22}$$

である．ここに，r は実験的に決定される定数である．無揚力 (zero lift) において，$C_L = 0$ であるから，そうすると，式 (6.22) は $C_{D,o}$ を無揚力における有害抵抗係数，もっと一般的に言い換えると，**無揚力抵抗係数** (*zero-lift drag coefficient*) として定義する．式 (6.22) を用いて式 (6.21) を

$$C_D = C_{D,o} + \left(r + \frac{1}{\pi e \mathrm{AR}}\right) C_L^2 \tag{6.23}$$

のように書き換えることができる．式 (6.21) と式 (6.23) において，e は良く出てくる翼幅効率係数であり，それは一般的形状の翼における非楕円揚力分布を考慮するものである (第 5.3.2 節を見よ)．さて，e が揚力により有害抵抗が変化する効果を含むようにこれを**再定義**しよう．すなわち，式 (6.23) を

$$\boxed{C_D = C_{D,o} + \frac{C_L^2}{\pi e \mathrm{AR}}} \tag{6.24}$$

の形式に書くことにする．ここに，$C_{D,o}$ は**無揚力**における有害抵抗係数 (あるいは簡単に，飛行機の**無揚力抵抗係数** [*zero-lift drag coefficient*]) であり，項 $C_L^2/(\pi e \mathrm{AR})$ は誘導抵抗および揚力による有害抵抗への寄与の両方を含む**揚力による抵抗係数** (*drag coefficient due to lift*) である．

式 (6.24) において，再定義された e は *Oswald* 効率係数と呼ばれる (1932 年，NACA Report No. 408 でこの再定義項を最初に確立した W. Bailey Oswald に因んで名付けられた)．Oswald 効率係数について記号 e を用いることは空気力学文献では標準となってきた．そしてそのことが本書でもその標準を続ける理由である．混同を避けるために，第 5.3.2 節における有限翼幅翼について導入された e と式 (6.21) に用いられたものは有限翼幅翼に関する翼幅効率係数であり，式 (6.24) に用いられる e は全機に関する Oswald 効率係数であるということを覚えておくべきである．これらは異なった数値である．すなわち，異なる飛行機に関する Oswald 効率係数は，典型的に 0.7 と 0.85 の間で変化するのに対して，翼幅効率係数は典型的に 0.9 と多くても 1.0 の間で変化し，図 5.20 に示されるように，翼の縦横比とテーパ比の関数である．Daniel Raymer は文献 117 で次のような，実際の飛行機から得られたデータに基づいた，直線翼航空機に関する Oswald 効率係数の実験式を与えている．すなわち，

$$e = 1.78 \left(1 - 0.045 \mathrm{AR}^{0.68}\right) - 0.64 \tag{6.25}$$

Raymer は式 (6.25) は通常の飛行機の，通常の縦横比について用いられるべきで，長時間滑空機に関連した非常に大きな縦横比 (オーダーとして 25 以上) については用いるべきでないと言及している．

式 (6.24) は全機の抵抗を計算するための必要とする情報すべてを伝えている．しかし，それを使うために無揚力抵抗係数と Oswald 効率係数を知らなければならない．式 (6.24) は飛行機の**抵抗極曲線** (*drag polar*) と呼ばれ，C_L による C_D の変化を表している．それは飛行機の概念設計および与えられた航空機の性能予測のための礎である (より詳細に関しては文献 69 を見るべきである)．

[例題 6.1][P. 504]

図 3.2 に示される Seversky P-35 の写真へ再び戻る．この飛行機は 220 ft^2 の主翼面積と 32 ft の翼幅を持っている．また，図 1.58 に与えられている Seversky XP-41 の抵抗分類を再度調べてみる．例題 1.12 において，P-35 と非常に良く似た飛行機である XP-41 の抵抗分類を P-35 にも適用されると仮定した．ここでも，それと同じように行う．図 1.58 に与えられたデータを用い，P-35 の無揚力抵抗係数を計算せよ．

[解答]

図 1.58 に示される抵抗分類に関して，条件 18 は全機形態の抵抗である．条件 18 について，全抵抗係数は，この飛行機が $C_L = 0.15$ である特定の迎え角にあるとき，$C_D = 0.0275$ として与えられる．すなわち，式 (6.24) に使える C_D と C_L の値が同時にわかる．その式において，

$$\text{AR} = \frac{b^2}{S} = \frac{(36)^2}{220} = 5.89$$

そして，式 (6.25) からの Oswald 効率係数は

$$\begin{aligned} e &= 1.78 \left(1 - 0.045 \text{AR}^{0.68}\right) - 0.64 \\ &= 1.78 \left[1 - 0.045(5.89)^{0.68}\right] - 0.64 \\ &= 1.78 \left[1 - 0.045(3.339)\right] - 0.64 \\ &= 0.873 \end{aligned}$$

したがって，式 (6.24) は無揚力抵抗係数を与える．

$$\begin{aligned} C_{D,o} &= C_D - \frac{C_L^2}{\pi e \text{AR}} \\ &= 0.0275 - \frac{(0.15)^2}{\pi (0.873)(5.89)} \end{aligned}$$

すなわち，

$$\boxed{C_{D,o} = 0.026}$$

故 Larry Loftin は彼の優れた著書である *Quest for Performance: The Evolution of Modern Aircraft* (文献 48) において，20 世紀における非常に多数の歴史に残る飛行機の飛行性能データから抽出した無揚力抵抗係数を数表で掲載している．Seversky P-35 に関する彼の数値は $C_{D,o} = 0.0251$ である．本例題で計算された $C_{D,o} = 0.026$ の値は 3.6 パーセント以内で一致していることに注意すべきである．

飛行機の揚抗比　第 1.7 節で論議した次元解析は，与えられた Mach 数と Reynolds 数において，C_L, C_D, そして，それゆえ揚抗比 C_L/C_D は物体の形状と p.505 迎え角にのみ依存することを証明している．このことは図 6.13 に示される図によっても補強される．図 6.13a は飛行機の迎え角 α による C_L の変化を与えている．図 6.13b は α による C_D の変化を与えている．そして，図 6.13it c は α の関数としての揚抗比 C_L/C_D を与えている．これらはある与えられた飛行機に関係した**空力特性** (*aerodynamic properties*) である．合理的な Mach 数および Reynolds 数範囲において，特定の迎え角における特定の値として単にその揚力係数，抵抗係数および揚抗比について語ることができる．実際，p.506 例題 6.1 において，Seversky P-35 に関するその無

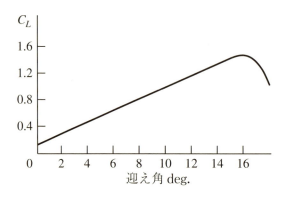

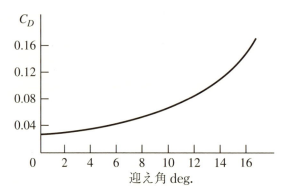

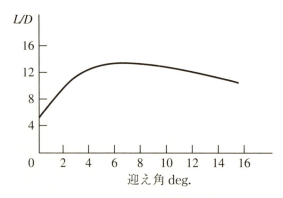

図 6.13 一般的な小型プロペラジェネラル・アビエーション機の揚力係数，抵抗係数および揚抗比の典型的な変化 (文献 2 の第 6 章の計算による．)

揚力抵抗係数を計算した．厳密に言えば，$C_{D,o}$ は Mach 数と Reynolds 数に依存するであろう．しかし，我々は，ここでの議論に関係する低速亜音速飛行機の通常の飛行範囲について，Mach 数と Reynolds 数によるこの飛行機の空力係数の変化は小さいと考えられることを知っている．それゆえ，例えば，我々はこの飛行機に関するこの機体の $C_{D,o}$ について意味を持って語ることができるのである．

図 6.13c を調べると，C_L/C_D は最初，α が増加すると増加し，ある値の α において最大値に到達する．そして，α がさらに増加するにしたがって減少する．最大揚抗比，$(L/D)_{max} = (C_L/C_D)_{max}$ は飛行機の空力的効率の直接的な尺度であり，それゆえに，その値は飛行機設計および飛行機性能の予測において非常に重要である (例えば，文献 2 や文献 69 を見るべきである)．$(L/D)_{max}$ は飛行機がもつ 1 つの空力特性であるので，その値をその他のわかっている空力特性から計算できなければならない．このことを見てみよう．

$$\frac{C_L}{C_D} = \frac{C_L}{C_{D,o} + C_L^2/(\pi e \mathrm{AR})} \tag{6.26}$$

最大の C_L/C_D を得るために，式 (6.26) を C_L で微分し，その結果を 0 とする．すなわち，

$$\frac{d(C_L/C_D)}{dC_L} = \frac{C_{D,o} + \dfrac{C_L^2}{\pi e \mathrm{AR}} - C_L[2C_L/(\pi e \mathrm{AR})]}{\left[C_{D,o} + C_L^2/(\pi e \mathrm{AR})\right]^2} = 0$$

したがって，

$$C_{D,o} + \frac{C_L^2}{\pi e \mathrm{AR}} - \frac{2C_L^2}{\pi e \mathrm{AR}} = 0$$

すなわち，

$$C_{D,o} = \frac{C_L^2}{\pi e \mathrm{AR}} \tag{6.27}$$

式 (6.27) は興味深い中間結果である．それは，飛行機が揚抗比が最大である特定の迎え角で飛行しているとき，無揚力抵抗と揚力による抵抗が厳密に等しくなることを述べている．式 (6.27) を C_L について解くと，

$$C_L = \sqrt{\pi e \mathrm{AR}\, C_{D,o}} \tag{6.28}$$

を得る．式 (6.28) は飛行機が $(L/D)_{max}$ で飛行しているときの C_L 値を与える．式 (6.25) へ戻る．この式は C_L の関数としての C_L/C_D を与える．式 (6.28) の C_L，それはまさに，L/D の最大値に関連している，を式 (6.25) に代入すると，最大揚抗比に関して，

$$\left(\frac{C_L}{C_D}\right)_{max} = \frac{(\pi e \mathrm{AR}\, C_{D,o})^{1/2}}{C_{D,o} + \dfrac{\pi e \mathrm{AR}\, C_{D,o}}{\pi e \mathrm{AR}}}$$

を得る．p.507 すなわち，

$$\boxed{\left(\frac{C_L}{C_D}\right)_{max} = \frac{(\pi e \mathrm{AR}\, C_{D,o})^{1/2}}{2\, C_{D,o}}} \tag{6.29}$$

式 (6.29) は強力である．それは，ある与えられた飛行機の揚抗比の最大値は無揚力抵抗係数 $C_{D,o}$，Oswald 効率係数，および主翼の縦横比にのみ依存するということを告げている．それで，与えられた飛行機の1つの空力特性である $(L/D)_{max}$ はその他のいくつかの空力特性にのみに依存するであろうという我々の初めにおける仮定が正しく，その他の空力特性は明瞭に $C_{D,o}$ と e であるということである．

[例題 6.2]

例題 6.1 で求めた情報を用いて，Seversky P-35 の最大揚抗比を計算せよ．

[解答]

例題 6.1 より，

$$C_{D,o} = 0.026$$
$$e = 0.873$$
$$AR = 5.89$$

を得る．式 (6.29) より，

$$\left(\frac{C_L}{C_D}\right)_{max} = \frac{(\pi e AR\, C_{D,o})^{1/2}}{2\, C_{D,o}}$$
$$= \frac{[\pi(0.873)(5.89)(0.026)]^{1/2}}{2(0.026)}$$
$$\left(\frac{C_L}{C_D}\right)_{max} = \boxed{12.46}$$

Loftin により文献 84 に与えられている P-35 の $(L/D)_{max}$ の値は $(L/D)_{max} = 11.8$ である．この値は本例題で計算した値の 5 パーセント以内である．

6.7.3　揚力と抵抗の計算に関する数値流体力学の適用

　連続，運動量，そしてエネルギー方程式の数値解法に関する数値流体力学 (CFD) の役割は第 2.17.2 において論議されている．純粋な非粘性流れ方程式の数値解法は "Euler 解法" と分類される．すなわち，第 13 章において論議される CFD の結果はそのような Euler 解法の例である．一般的な粘性流れ方程式の数値解法は "Navier-Stokes 解法" と分類される．すなわち，そのような Navier-Stokes 解法の例が第 20 章に与えられている．

　p. 508 これらの連続，運動量，およびエネルギー方程式の数値解法は流れ場の特性値，$(p, T, V$ など) の変化を流れ全体にわたり空間と時間の関数として与える．表面におけるせん断応力は式 (1.59) から得られる．この式を以下に再掲する．

$$\tau_w = \mu \left(\frac{dV}{dy}\right)_{y=0} \tag{1.59}$$

第 6 章 3 次元非圧縮性流れ

ここに，壁面における速度勾配，$(dV/dy)_{y=0}$ は片側差分 (第 2.17.2 節を見よ) を用いて壁に隣接した格子点で流れ速度の CFD 解から求められる．最終的に，表面上の圧力およびせん断応力を数値的に積分することにより飛行機の揚力と抵抗が求められる (第 1.5 節を見よ)．これが，CFD 結果が物体に働く揚力と抵抗を与えるために用いられる方法である．

全機まわりの流れ場に関するいくつかの最新の CFD 結果が *Journal of Aircraft*, Vol. 46, No. 2, March–April, 2009 に掲載された 7 編の論文に記述されている．これらの論文は，図 6.14 に示されるクランク翼形態である [p. 509] F-16XL まわりの流れ場に関して異なる計算プログラムとアルゴリズムを用いた研究者たちにより得られた CFD 結果を報告している．

NASA により発起され，AIAA の応用空気力学技術委員会 (Applied Aerodynamics Technical Committee) により運営されたクランク・アロー翼空力プロジェクト (CAWAP) の一部として，多数の研究者が，いろいろな飛行条件における F-16XL まわりの流れ場計算を行うよう招待された．その目的は，全機形態まわりの流れ場，特に，大きなはく離流をともなう比較的高い迎え角におけるこの飛行機について最新の CFD 計算を評価するためにこれらの結果を比較するこ

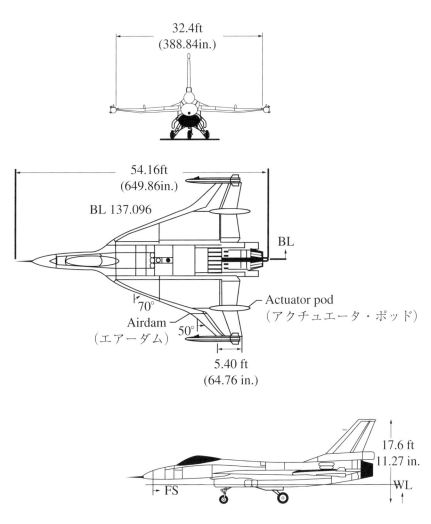

図 6.14 F-16XL の三面図 (BL= バトック・ライン，FS = 胴体ステーション，WL= ウォータ・ライン)

とである．これらの比較と結論の要約が参考文献118に与えられている．このプロジェクトの主目的は詳細な流れ場と表面圧力分布の計算を評価しそして比較することであったが，いくらかの揚力係数と抵抗係数の比較がなされた．代表的な比較が表6.1に与えられている．ここに，7つ異なる研究から得られたC_LおよびC_Dが表に示されている．これらの結果は，$M_\infty = 0.36$，迎え角$\alpha = 11.85°$，横すべり角 = $0.612°$，およびReynolds数 = 46.8×10^6 で飛行している F-16XL に適用する．表6.1において，異なる研究者を単に数字により示している．すなわち，実際の原典と特定のCFDコードは参考文献118で確認できる．

得られた最低と最高の数値間の相違はC_Lについては26パーセント，C_Dについては42パーセントであることに注意すべきである．しかしながら，もし，研究者3が除外されれば，これらの相違はC_Lについては6.7パーセント，C_Dについては21.5パーセントである．

表6.1におけるC_LおよびC_Dの値に関係している3次元流れ場は複雑である．すなわち，図5.41における三角翼を過ぎる流れで示されるのと良く似た主および2次渦を含んでいる．この飛行機は迎え角と横すべり角の両方がある状態であり，そして，結果としての流れ場は埋め込まれた渦と大きな流れのはく離領域を伴う高度に3次元的である．これはどの計算コードにとっても厳しい試験であり，実際のところ，この場合が全機の揚力と抵抗の計算についてのCFDコードを用いる説明のために本節で選択された理由である．クランク-アロー翼空気力学プロジェクト (Cranked-Arrow Wing Aerodynamics Project) において用いられた試験事例はおそらく，複雑さにおける上限を代表しているので，それゆえ，異なるCFDコード間の相違も最大になる，すなわち，一種の最悪の予想される展開を表している．

そのような注意事項を考えながら，C_Lの計算における差異は驚くほど小さいということと，C_Dに関するこれらの結果がかなり異なるということに注意すべきである．最も実用的な空気力学的な乗り物の正確な抵抗計算は[p. 510] 19世紀初期における飛行機械発明家 (flying machine inventors) まで遡る，数世紀間における挑戦であり問題であり続けてきた (例えば，第2.62節や，第11.5節を見よ)．驚くべきことに，高度技術と先進的CFD手法の現代において，順次改良はなされてきてはいるが，正確な抵抗予測は1つの問題として残っている．正確な抵抗のCFD予測は少なくとも次に示す事により妥協して解決される．すなわち，

1. 表面摩擦抵抗の計算はせん断応力の正確な計算が要求される．そして，それには表面における速度勾配の正確な計算が必要である [例えば，式 (1.59) を見よ]．そして，それは，壁面の上方，最初の数格子点における非常に精度の良い流れ速度を得るために，壁に隣接した非常

表 6.1

研究者番号	C_L	C_D
1	0.43846	0.13289
2	0.44693	0.13469
3	0.37006	0.11084
4	0.43851	0.15788
5	0.46798	0.13648
6	0.44190	0.16158
7	0.44590	0.14265

に細かい，密に分布した計算格子が必要である．そうすると，表面における速度勾配は片側差分によりこれらの速度から求められる．

2. どのような実用的大きさの乗り物でもその表面上の境界層は乱流であり，この流れのどのようなCFD計算でもこの効果を含まなければならない．乱れ (turbulence) は古典的物理学におけるいくつかのまだ解かれていない問題の1つであり続けていて，それで，その効果は空力計算においてモデル化されなければならない．大部分の乱流計算のCFD計算は，本書の第4部において論議されるReynolds平均ナビエ・ストークス方程式 [Reynolds averaged Navier-Stokes equations] (RANS) を用いている．そして，ある形式の乱流モデルを結合しなければならない．誇張なしに何十もの異なる乱流モデルの形式が存在し，それぞれの方法はそれぞれに依存し，あるいは実験データに依存している．乱流それ自身による乱流モデルは抵抗計算に大幅な不確定性を導入する．表6.1に記されている七つの異なるCFD計算はすべて異なる乱流モデルを用いた．

3. 流れがはく離する物体上の位置の計算はまた不確実である．CFDに関して，はく離した流れの計算はNavier-Stokes解法を用いてのみ行える．すなわち，わずかな (しかし，興味深い) 例においてのみ，Euler方程式の解法が見かけ上のはく離流れを計算できる．流れのはく離の性質と位置は層流と乱流とでは異なっている (例えば，第6.6節における球を過ぎる実在流れの論議を見よ)．はく離した流れの計算における不確定性，それは，一部前の方で論議した乱流のモデル化における不確定性に関係しており，表6.1に示される抵抗係数における不一致に関係したもう1つの理由である．F-16XLに関したこれらの試験事例に関係した高迎え角流れは複雑な流れのはく離の大きな領域を持っている．

これらの不確定性を考えると，表6.1に示されるC_Dの計算における不一致は，全体として，悪くはない．アルゴリズムとモデル化におけるなおいっそうの進展はより良い結果へ必ず導くであろう．さらに，C_Lは正確に計算され，流れ場それ自身の詳細がCFD計算で正確に捉えられているので，国際クランク・アロー翼空気力学プロジェクト [Cranked-Arrow Wing Aerodynamics Project International] (AWAPI) に参加した研究者たちは次のような結論に達した (参考文献118)．すなわち，

> 10の異なるCFDソルバーからの結果と計測値との比較において相違が見られたけれども，これらのソルバーはすべて複数の飛行条件における実際の飛行機に関して確固として，それらソルバーの結果の間に十分な一致をもたらし，[p. 511] CAWAPI試みの全体的な目的は達成されたと結論づけられた．特に，飛行試験観測結果を理解するためのツールとしてのCFDの地位が確定された．

これはまた，本書の飛行機揚力と抵抗の論議を終えるための適切な結論でもある．

6.8 要約

3次元 (点) わき出しに関して，

$$V_r = \frac{\lambda}{4\pi r^2} \tag{6.6}$$

および，

$$\phi = -\frac{\lambda}{4\pi r} \tag{6.7}$$

3次元二重わき出しに関しては，

$$\phi = -\frac{\mu}{4\pi}\frac{\cos\theta}{r^2} \tag{6.9}$$

および，

$$\mathbf{V} = \frac{\mu}{2\pi}\frac{\cos\theta}{r^3}\mathbf{e}_r + \frac{\mu}{4\pi}\frac{\sin\theta}{r^3}\mathbf{e}_\theta \tag{6.10}$$

球を過ぎる流れは 3 次元二重わき出しと一様流を重ね合わせて作りだせる．表面速度分布と圧力分布は

$$V_\theta = \frac{3}{2}V_\infty\sin\theta \tag{6.19}$$

および

$$C_p = 1 - \frac{9}{4}\sin^2\theta \tag{6.20}$$

により与えられる．円柱を過ぎる流れとの比較において，表面速度と圧力係数の大きさは，球の方が小さい．すなわち，3 次元緩和効果の例である．

現代の空気力学的応用において，複雑な 3 次元物体を過ぎる非粘性，非圧縮性流れは，通常，3 次元パネル法により計算される．

6.9 演習問題

6.1 [p. 512] 3 次元わき出し流れが渦なしであることを証明せよ．

6.2 3 次元わき出し流れが物理的に可能な非圧縮性流れであることを証明せよ．

6.3 球と円柱 (軸は流れに対して垂直) が同じ一様流中に取り付けられている．球の頂点に静圧孔があり，これがマノメータの一端に導管により接続されている．マノメータのもう一方の端は円柱表面の圧力孔に接続されている．この静圧孔は，マノメータの作動流体の変位が生じないような円柱の表面にある．この静圧孔の位置を計算せよ．

第3部

非粘性，圧縮性流れ

p. 513 第3部において，高速の流れ，すなわち，亜音速，超音速および極超音速を扱う．そのような流れにおいて，密度が変数である．すなわち，これば圧縮性流れである．

第7章　圧縮性流れ：いくつかの予備的なこと

p. 515 音速に等しい，あるいは何倍ものスピードの飛行機やミサイルの実現に伴い，熱力学が登場し，もはや決して我々の思考からいなくなることはないであろう．

Jakob Ackeret, 1962

プレビュー・ボックス

本章から，我々は困難を伴うが非常に興味深い高速流れの世界に移る．しかしながら，この世界へ飛び込むためにはいくつか準備を必要とする．本章では，この後の章で論議される高亜音速 (high-speed subsonic)，遷音速 (transonic)，超音速 (supersonic)，および極超音速 (hypersonic) 流れを取り扱うための準備を行う．まず，この章では基本原理と数学的関係式，すなわち高速流れを理解し，予測するために必要な細部に焦点をあてる．また，本章では基本原理や方程式に関して第 2 章に続き，高いエネルギー（訳者注：不断の努力を比喩した表現と，高速流れではエネルギー方程式が重要になることの 2 つの意味を含んでいる）により見事な考察がなされている．

エネルギーとは，どのような意味であろうか．読者が高速道路を時速 65 マイルで走っている自動車に乗っているとする．もし，読者が車窓から手を突き出したとすると，（ただし安全面から推奨しない），空気の流れに一定量のエネルギーを感じ，そして，手がいくらか押し戻されるであろう．さて，もし，650 mi/h で移動中に，（あくまでも仮定）手を突き出すとする．そのときは，非常に大きなエネルギーを手に感じ，とんでもない惨事が生じることが想像できる．この点が，高速流れが**高エネルギー流れ** (high-energy flow) であるということを意味する．エネルギーの科学は**熱力学** (thermodynamics) である．それで，本章は，大部分が熱力学の論議であるが，これは，次に続く高速流れへの適用に必要な範囲内について議論している．

高速流れは，また**圧縮性流れ** (compressible flow) である．本章では，もはや密度は一定であると仮定できない．つまり，密度を変数として取り扱う．これは，圧縮性流れの研究におけるすばらしい物理学と解析的な挑戦をもたらしてくれる．実際のところ，我々が踏み込もうとしている世界は，第 3 章から第 6 章で取り扱う非圧縮性の世界とまったく異なっている．これは，新しい挑戦である．さあ，新たな挑戦を始めよう．

7.1 序論

p. 516 1935年9月30日，世界中の指導的な空気力学者がイタリアのローマに集まった．彼らの何人かは，当時，130 mi/h のスピードで，重々しくぎこちなく飛んでいた飛行機で到着した．皮肉にも，これらの人達は130 mi/h ではなく，500 mi/h 以上の，信じられない速度の飛行機の空気力学を論議するために集まったのである．招待のみで，米合衆国からは Theodore von Karman と Eastman Jacobs，ドイツからは Ludwig Prandtl と Adolf Busemann，スイスからは Jakob Ackeret，イングランドから G.I. Taylor，イタリアからは Arturo Crocco と Enrico Pistolesi，そして，その他の人々が第5回 Volta 会議に集まったのである．その会議は"航空における高速度"をトピックとしていた．ジェットエンジンはまだ開発されいなかったけれども，これらの人達は航空の未来は"より速く，より高く (faster and higher)"であることを確信していた．当時，ある航空技術者たちは，飛行機は音の速さより決して速くは飛べないと感じていた．すなわち，"音の壁 (sound barrier)" 神話が航空界のあらゆるところに浸透していたのである．しかしながら，第5回 Volta 会議に参加した人達はより良く知っていた．6日間，神聖ローマ帝国時代に市役所として使われていた，見事なルネッサンス建造物の中で，個々の人達は高亜音速，超音速，そして極超音速さえもの飛行を論議する論文を発表した．これらの発表の中に，高速飛行のための後退翼概念が公に初めて発表された．すなわち，この概念を最初に考えついた，Adolf Busemann は，後退翼が高速で通常の直線翼よりなぜ抵抗が少ないかの技術的な理由を論議した．(1年後，後退翼概念はドイツ空軍により，軍事機密として機密扱いとされた．ドイツは第二次世界大戦間に非常に多くの後退翼研究を推し進め，そして，世界初の実戦用ジェット機–Me 262–の設計となった．そのジェット機は適度な後退角を採用していた．) Volta 会議における論議の多くは高亜音速速度における"圧縮性"の効果，すなわち，密度変化の効果，に集まっていた，なぜなら，これが，明らかに，将来の高速飛行機が遭遇する最初の問題になるであろうからであった．例えば，Eastman Jacos は高亜音速における標準 NACA 4字系および5字系翼型におよぼす圧縮性効果に関する風洞試験結果を発表し，ある自由流 Mach 数を越えると，非常に大きな抵抗増加があることを示した．超音速流れに関しては，Ludwig Prandtl がノズル内やいろいろな物体上の衝撃波を示す一連の写真を発表した，それらの写真には，Prandtl が超音速空気力学における真剣な研究を始めた 1907 年に遡るものもあった．(明らかに，Ludwig Prnadtl は，第4章と第5章で論議した，非圧縮性翼型および有限翼幅翼理論の展開で，とてつもなく忙しかった．) Jakob Ackeret は超音速風洞の設計に関する論文を発表した．超音速風洞は，彼の指導の下に，イタリア，スイス，およびドイツで建設されていた．また，ロケットやラムジェットを含む，高速飛行のための推進技術に関する発表もあった．Volta 会議に参加した人達を包んだ雰囲気は刺激的で，めまいを起こさせるようなものであった．すなわち，この会議は世界の航空界を高速の亜音速と超音速飛行の時代，今日では，1935年の130 mi/h の飛行速度と同じくらいありふれている時代へと向かわせたのである．本書のこれ以降における，8つの章の目的はそのような高速飛行の基礎的事項を示すことである．

p. 517 第3章から第6章で論議された低速，非圧縮性流れとは対照的に，高速流れの中枢的な特徴は密度が変数であるということである．そのような流れは**圧縮性流れ** (*compressible flow*) と呼ばれ，第7章から第14章の主題である．図1.38に戻る，それは，空気力学的流れのタイプを分類するブロック図を与えている．第7章から第14章において，ブロック D とブロック F に入る流れを論議する．すなわち，**非粘性圧縮性** (*inviscid compressible*) 流れを取り扱うのであ

第7章 圧縮性流れ：いくつかの予備的なこと

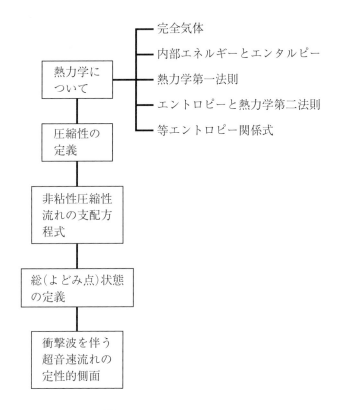

図 7.1 第7章のロードマップ

る．この過程において，ブロック G からブロック J に分類された流れ領域すべてに触れる．これらの流れ領域は図 1.44 に例示してある．すなわち，これよりさらに進む前に，図 1.44 および図 1.45 を注意深く調べ，第 1.10 節における関連した論議を復習すべきである．

変化する密度に加え，高速圧縮性流れのもう1つの中枢的な特徴は**エネルギー**である．高速流れは高エネルギー流れである．例えば，音速の2倍で移動している標準界面条件での空気の流れを考える．この空気の 1 kg の内部エネルギーは 2.07×10^5 J である．ところが，運動エネルギーはより大きく，すなわち，2.31×10^5 J である．流れの速度が減少すると，この運動エネルギーのある量が失われ，内部エネルギーの増加として再び現れ，よって，その気体の温度を上昇させる．したがって，高速流れにおいて，エネルギー変換と温度変化は重要な考慮すべき事柄である．そのような考慮すべき事柄は**熱力学** (*thermodynamics*) という科学の部類に入る．この理由により，熱力学は圧縮性流れの研究において極めて重要な要素である．本章の1つの目的は，後の圧縮性流れの論議に必須である熱力学の特有な側面を手短に見返すことである．

本章のロードマップが図 7.1 に与えられている．論議を進めて行くとき，我々の考えに関して，方向性を与えるためにこのロードマップを参照すべきである．

7.2 熱力学について

p. 518 圧縮性流れの解析と理解に関して熱力学の重要性は第 7.1 において強調された．それゆえ，本節の目的は，圧縮性流れに重要である熱力学のこれらの重要な側面を概説することであ

る．これは，決して，熱力学の詳しい論議をするつもりはなく，むしろ，これらの基本的概念や，引き続く章で直接用いることのできる式についてのみの説明である．もし，読者がすでに熱力学を勉強してきたとすれば，これはいくつかの重要な関係を直ちに思い起こさせるものとなるであろう．もし読者が熱力学を知らなければ，本節はある程度自己完結しているので，読者に基本的な概念や引き続く章でよく用いる式に関するある感覚を与えるであろう．

7.2.1 完全気体

第 1.2 節で述べたように，気体は多かれ少なかれ，不規則運動をしている粒子 (分子，原子，イオン，電子等) の集まりである．これらの粒子の電子的な構造により，力の場がそれらのまわりの空間に広がっている．1 つの粒子による力の場が伸び，隣の粒子と干渉する，そして反対の事も起きる．それゆえ，これらの場は**分子間力** (*intermolecular forces*) と呼ばれる．しかしながら，もし気体分子が十分離れているならば，分子間力の影響は小さく，そして，無視できる．分子間力が無視できる気体は**完全気体** (*perfect gas*) と定義される．完全気体に関して，p，ρ および T は次の**状態方程式** (*equation of state*) により結び付いている．すなわち，

$$p = \rho R T \quad (7.1)$$

ここに，R は特定の気体定数である．そして，異なる気体では異なる値である．標準状態の空気に関しては，$R = 287 \text{ J}/(\text{kg} \cdot \text{K}) = 1716 \text{ (ft} \cdot \text{lb)}/(\text{slug} \cdot °\text{R})$ である．

多くに圧縮性流れの応用の温度と圧力において，この気体粒子は，平均して，10 分子直径以上離れている．すなわち，これは十分離れているので，完全気体の仮定を満足している．したがって，本書のこのあとすべてにおいて，式 (7.1) の形式，またはそれに対応する形式，

$$pv = RT \quad (7.2)$$

を用いる．ここに，v は比体積，すなわち，単位質量あたりの体積；$v = 1/\rho$ である．（この章において，記号 v を比体積と y 方向速度成分の両方に用いていることに注意してもらいたい．このような用法は標準的であり，すべての場合において，自明であり，混乱はないはずである．）

7.2.2 内部エネルギーとエンタルピー

気体の個々の分子，例えば，空気中の 1 個の O_2 分子，を考える．この分子は不規則に空間を移動し，時々となりの分子と衝突している．空間を移動する速度により，その分子は並進運動の運動エネルギーを持つ．加えて，この分子は，いろいろな軸に沿って結び付いていると想像できる個々の原子から構成されている．すなわち，例えば，O_2 分子を，結合軸のそれぞれの端に O 原子が付いた "ダンベル" のように想像できるのである．そのような分子は，その並進運動に加え，空間で回転運動をすることができる．すなわち，この回転の運動エネルギーはこの分子の正味のエネルギーに加わる．また，与えられた分子を構成する原子は，分子の軸に沿って前後に，そして直角方向に振動し，この分子の振動のポテンシャルと運動エネルギー

に寄与する．最後に，分子を構成するそれぞれの原子核まわりにおける電子の運動はその分子の"電気"エネルギーに寄与する．したがって，与えられた分子のエネルギーはそれの並進，回転，振動及び電気エネルギーの総和である．

さて，たくさんの分子からなるある有限の体積を考える．この体積に含まれるすべての分子についてエネルギーの総和はその気体の"**内部エネルギー** (internal energy) と定義される．気体の単位質量あたりの内部エネルギーは比内部エネルギーと定義され，e で示される．関連する量は比エンタルピーであり，h で示され，次のように定義される．

$$h = e + pv \tag{7.3}$$

完全気体に関しては，e および h 共に温度だけの関数である．すなわち，

$$e = e(T) \tag{7.4a}$$
$$h = h(T) \tag{7.4b}$$

de と dh を，それぞれ e および h の微分とする．したがって，完全気体について，

$$de = c_v dT \tag{7.5a}$$
$$dh = c_p dT \tag{7.5b}$$

ここに，c_v および c_p は，それぞれ，一定体積および一定圧力における比熱である．式 (7.5a) および式 (7.5b) において，c_v と c_p はそれ自身 T の関数である．しかしながら，中位の温度について (空気については $T < 1000$ K)，これらの比熱はほぼ一定である．c_v と c_p が一定である完全気体は**熱量的に完全な気体** (calorically perfect gas) と定義される．そして，式 (7.5a) および式 (7.5b) は次のようになる．

$$\boxed{\begin{aligned} e &= c_v T \\ h &= c_p T \end{aligned}} \tag{7.6a} \tag{7.6b}$$

多くの実際の圧縮性流れの問題について，温度は中位である；この理由により，本書では，気体を常に熱量的に完全であるとして扱う．すなわち，比熱は一定であると仮定するのである．(高速で大気に再突入する飛行体，すなわちスペースシャトルまわりの高温の化学反応している流れのような) 比熱が一定でない圧縮性流れ問題の論議については，参考文献 21 を見よ．

式 (7.3) から式 (7.6) における，e および h は熱力学的状態変数である．すなわち，それらは気体の状態に依存し，いかなる過程にも無関係である．[p. 520]c_v と c_p がこれらの式に現れているが，一定体積だけとか，あるいは一定圧力だけとかの制限はない．むしろ，式 (7.5a) および式 (7.5b)，そして，式 (7.6a) および式 (7.6b) は熱力学的状態変数，すなわち，T の関数としての e と h についての式であり，生じる過程とは何の関係もないのである．

ある特定の気体について，c_p と c_v は次式で結び付いている．

$$c_p - c_v = R \tag{7.7}$$

式 (7.7) を c_p で割ると，次を得る．

$$1 - \frac{c_v}{c_p} = \frac{R}{c_p} \tag{7.8}$$

$\gamma \equiv c_p/c_v$ と定義する．標準状態における空気については，$\gamma = 1.4$ である．したがって，式 (7.8) は次のようになる．

$$1 - \frac{1}{\gamma} = \frac{R}{c_p}$$

すなわち，

$$\boxed{c_p = \frac{\gamma R}{\gamma - 1}} \tag{7.9}$$

同様に，式 (7.7) を c_v で割ると次式を得る．

$$\boxed{c_v = \frac{R}{\gamma - 1}} \tag{7.10}$$

式 (7.9) と式 (7.10) は，特に，すぐ次の圧縮性流れの論議において有用である．

[例題 7.1]

5 m × 7 m の長方形床と 3.3 m 高さの天井をもつ部屋を考える．この部屋の気圧と気温は，それぞれ，1 atm および 25 °C である．この部屋にある空気の内部エネルギーとエンタルピーを計算せよ．

[解答]

最初にこの部屋にある空気の質量を計算する必要がある．式 (7.1) から，

$$\rho = \frac{p}{RT}$$

ここに，それぞれの量は一貫性のある SI 単位で表されなければならない．1 atm = 1.01×10^5 N/m^2 であり，0 °C は 273 K であるので，

$$p = 1.01 \times 10^5 \text{ N/m}^2 \quad \text{および} \quad T = 273 + 25 = 298 \text{ K}$$

を得る．したがって，

$$\rho = \frac{p}{RT} = \frac{1.01 \times 10^5}{(287)(298)} = 1.181 \text{ kg/m}^3$$

この部屋の体積は $(5)(7)(3.3) = 115.5$ m^3 である．それゆえ，この部屋の空気の質量は

$$M = (1.181)(115.5) = 136.4 \text{ kg}$$

である．式 (7.6a) から，単位質量あたりの内部エネルギーは

$$e = c_v T$$

である．ここに，

$$c_v = \frac{R}{\gamma - 1} = \frac{(287)}{1.4 - 1} = \frac{287}{0.4} = 717.5 \text{ joule/(kg} \cdot \text{K)}$$

したがって，

$$e = c_v T = (717.5)(298) = 2.138 \times 10^5 \text{ joule/kg}$$

この部屋の内部エネルギー，E は，それゆえ，

$$E = Me = (136.4)(2.138 \times 10^5) = \boxed{2.92 \times 10^7 \text{ joule}}$$

である．式 (7.6b) から，単位質量あたりのエンタルピーは

$$h = c_p T$$

である．ここに，

$$c_p = \frac{\gamma R}{\gamma - 1} = \frac{(1.4)(287)}{0.4} = 1004.5 \text{ joule/(kg} \cdot \text{K)}$$

したがって，

$$h = c_p T = (1004.5)(298) = 2.993 \times 10^5 \text{ joule/kg}$$

部屋のエンタルピー，H は，したがって，

$$H = Mh = (136.4)(2.993 \times 10^5) = \boxed{4.08 \times 10^7 \text{ joule}}$$

2 つの答えのチェックは

$$\frac{h}{e} = \frac{c_p T}{c_v T} = \frac{c_p}{c_v} = \gamma = 1.4$$

であることがわかればできる．これらの答えから，

$$\frac{H}{E} = \frac{4.08 \times 10^7}{2.92 \times 10^7} = 1.4 \quad \text{チェック完了．}$$

この簡単な例題は次の二つの点を補強する意図を持っている．

1. 式 (7.1)，式 (7.6a)，式 (7.6b) のような，物理学からの基本的な方程式を用いて計算を行う場合，一貫性のある単位が用いられなければならない．ここでは，SI 単位を用いた．それは，与えられた情報がメートルと摂氏温度で与えられていたからで，この摂氏温度は一貫性のある温度単位の Kelvin の項ですぐに表せる．

2. 単位質量あたりの内部エネルギーとエンタルピーは式 (7.6a) と式 (7.6b) を用い，気体温度から直接計算された．"定積過程"，あるいは "定圧過程" を考える必要はなかった．すなわち，ここで考えるすべてにおいて，過程は存在しないのである．単位質量の内部エネルギーとエンタルピー，e と h は，単に，p. 522 状態変数であり，その系の熱力学的状態にのみ依存するのである．式 (7.6a) が c_v を含んではいるけれど，ここでは，定積過程は関係ないのである．

[例題 7.2]

超音速風洞の 1 つの型式は吹き放し風洞であり，そこでは，空気が高圧貯気槽に貯蔵され，それから，弁を開け，風洞の下流端における真空タンク，あるいは単純に開放大気中へ排気される．超音速風洞は第 10 章で論議される．本例題に関して，高圧圧縮機で空気を充填されている貯蔵タンクとしての高圧貯気槽のみを考える．空気は一定体積の貯気槽へ押し込まれているので，貯気槽内の空気圧は増加する．この圧縮機は望まれた圧力になるまで貯気槽を充填し続ける．

30 m^3 の内容積を持つ貯気槽を考える．空気が貯気槽へ圧送されると，貯気槽内部の空気圧は時間とともに連続的に増加する．この充填過程中において，この貯槽の圧力が 10 atm の瞬間を考える．貯気槽内部の空気温度は熱交換器により 300 K に一定に保たれていると仮定する．空気は 1 kg/s で貯気槽へ圧送されている．この瞬間における圧力の時間増加率を計算せよ．

[解答]

M を，任意の瞬間における貯気槽内における空気の全質量とする．空気は 1 kg/s の割合で貯気槽内へ送り込まれているので，そうすると，空気の全質量は，$dM/dt = 1$ kg/s の割合で増加している．任意の瞬間における空気密度は

$$\rho = \frac{M}{V} \tag{E7.1}$$

である．ここに，V は貯気槽の全体積であり，一定である．すなわち，$V = 30\,\mathrm{m}^3$ である．V が一定であるから，式 (E7.1) から，

$$\frac{d\rho}{dt} = \frac{1}{V}\frac{dM}{dt} = \frac{1\,\mathrm{kg/s}}{30\,\mathrm{m}^3} = 0.0333$$

式 (7.1) を時間に関して微分し，R と T が一定であることを思い出すと，

$$\frac{dp}{dt} = RT\frac{d\rho}{dt} \tag{E7.2}$$

$$\frac{dp}{dt} = (287)(300)(0.0333) = \boxed{2867.13\,\tfrac{\mathrm{N}}{\mathrm{m}^2\mathrm{s}}}$$

[例題 7.3]

例題 7.2 において，もし，圧送率 1 kg/s が充填プロセスの間，一定に保たれたとすれば，貯気槽圧を 10 atm から 20 atm へ増加させるためにどのくらい時間が必要であろうか．

[解答]p. 523

もし，圧送率が 1 kg/s に一定に保たれたとすれば，そのときの密度の時間変化率，$d\rho/dt = 0.0333$ kg/m^{3}s は一定のままであり，それゆえ，圧力増加率，$dp/dt = 2867.13$ N/m^{2}s は一定のままであろう．したがって，貯気槽圧を 10 atm から 20 atm へ増加させるのに必要な時間は，

$$\frac{(20 \text{ atm} - 10 \text{ atm})(1.01 \times 10^5)}{2867.13} = 352.27 \text{ s}$$

または，分に変換すると，

$$\frac{352.27}{60} = \boxed{5.87 \text{ min}}$$

7.2.3 熱力学第一法則

決まった質量の気体を考える．そして，それを**系** (*system*) と定義する．(簡単化のために，例えば 1 kg または，1 slug のような単位質量を仮定する．) この系の外側の領域は**環境** (*surroundings*) と呼ばれる．系と環境の間の界面は，図 7.2 に示されるように，**境界** (*boundary*) と呼ばれる．この系は静止していると仮定する．δq は，図 7.2 に示されるように，境界を通して系に加えられる熱の増加量とする．δq のもとになる例は，系にある質量により吸収される環境からの放射や，境界との温度勾配による熱伝導である．また，δw は環境によりこの系になされた (すなわち，系の体積をより小さい値に縮める，境界の移動による) 仕事を示すものとする．前に論議したように，気体の分子運動により，系は内部エネルギー e を持っている．この系に加えられた熱となされた仕事はエネルギーの変化を引き起こす．そして，系が静止しているので，このエネルギー変化は，単純に de である．すなわち，

$$\boxed{\delta q + \delta w = de} \tag{7.11}$$

これが**熱力学第一法則** (*first law of thermodynamics*) である．すなわち，経験により確証された経験則である．式 (7.11) において，e は状態変数である．よって，de は全微分であり，その値は系の最初と最後の状態にのみ依存する．対照的に，δq および δw は最初から最後の状態へ向かう過程に依存する．

与えられた de について，一般的に，系に熱を加え，そして仕事をするのに無限の異なる方法 (過程) が存在する．主に次の 3 つの過程を考える．すなわち，

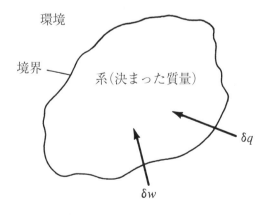

図 7.2 熱力学的系

1. **断熱過程** (*Adiabatic process*)．熱が系に加えられたり，取り去られたりしない過程．

2. **可逆過程** (*Reversible process*)．散逸現象が起きない，すなわち，粘性効果，熱伝導や質量散逸がない過程

3. **等エントロピー過程** (*Isentropic process*)．断熱的で可逆的である過程．

可逆過程について，$\delta w = -pdv$ であることを簡単に示すことができる．そこで，dv は系の境界の変位による体積増加である．したがって，式 (7.11) は

$$\delta q - pdv = de \tag{7.12}$$

となる．

7.2.4 エントロピーと熱力学第二法則

赤熱した鋼板と接触している氷の塊を考える．経験は，その氷は温かくなり (おそらく融け)，そして鋼板は冷たくなることを告げている．しかしながら，式 (7.11) は必ずしもこれが生じるとは言っていない．実際，第一法則は，氷がより冷たくなり，鋼板がより熱くなることを，すなわち，エネルギーがこの過程の間保存される限り，許している．明らかに，現実にはこのことは起きない．すなわち，そのかわり，自然はこの過程に対して別の条件，ある過程がどの**方向**を取るかを告げる条件を課すのである．過程の適切な方向を確定するために，新しい状態変数，エントロピーを次のように定義する．

$$ds = \frac{\delta q_{\text{rev}}}{T} \tag{7.13}$$

ここに，s は系のエントロピーであり，δq_{rev} は系に可逆的に加えられた熱の増加量である．そして，T は系の温度である．上で示した定義により混乱してはならない．それは，熱 δq_{rev} の可逆的増加項でエントロピー変化を定義しているのである．しかしながら，エントロピーは状態変数であり，どのような過程，可逆，非可逆過程にも用いることができる．式 (7.13) における δq_{rev} は単なるダミーである．すなわち，δq の有効な値は，常に，非可逆過程の始点と終点を関係づけるようにすることが可能であり，その過程において，実際に加えられた熱量は δq である．実際，別形式の，そしておそらくもっとわかりやすい式は

$$\boxed{ds = \frac{\delta q}{T} + ds_{\text{irrev}}} \tag{7.14}$$

である．式 (7.14) において，δq は実際の非可逆過程の間に系に加えられた実際の熱量である，そして，ds_{irrev} は p.525 非可逆的な，粘性の散逸現象，熱伝導，そして，この系の**内部**で生じている質量拡散によるエントロピーの生成である．これらの散逸現象は常にエントロピーを増加させるのである．すなわち，

$$\boxed{ds_{\text{irrev}} \geq 0} \tag{7.15}$$

式 (7.15) において，等号は可逆過程を示し，そして，そこでは，定義により，いかなる散逸現象もこの系の内部では生じない．式 (7.14) と 式 (7.15) を結び付けると，

$$ds \geq \frac{\delta q}{T} \tag{7.16}$$

を得る．さらに，もし，その過程が断熱的であれば，$\delta q = 0$ であり，そして式 (7.16) は

$$ds \geq 0 \tag{7.17}$$

になる．式 (7.16) および式 (7.17) は**熱力学第二法則**を表す式である．第二法則は 1 つの過程がどちらの方向を取るのかを告げるのである．1 つの過程は，系のエントロピーとそれの環境のエントロピーを加えたものが常に増加する，よくても，同じである方向へ進むのである．熱い鋼板と接した氷という例において，氷と鋼板両方が結合した系を考える．氷の加熱と鋼板の冷却が同時におこることはこの系のエントロピーに正味の増加をもたらす．他方，氷をより冷たく，そして，鋼板をより熱くするという不可能な状況はエントロピーにおける正味の減少，第二法則で禁じられた状況をもたらす．要約すると，第二法則と結び付いたエントロピーの概念は，自然が取る**方向**を教えてくれるのである．

エントロピーの実際の計算は次のように行われる．式 (7.12) において，熱が可逆的に加えられたと仮定する．そうすると，式 (7.12) に代入したエントロピーの定義，式 (7.13) は

$$Tds - pdv = de$$

となる．すなわち，

$$Tds = de + pdv \tag{7.18}$$

エンタルピーの定義，式 (7.3) から，

$$dh = de + pdv + vdp \tag{7.19}$$

を得る．式 (7.18) および式 (7.19) を結合して，

$$Tds = dh - vdp \tag{7.20}$$

を得る．式 (7.18) および式 (7.20) は重要である．すなわち，それらは，本質的にエンタルピーを用いて表した第一法則の別形式であるからである．完全気体について，式 (7.5a) および式 (7.5b) を思い出そう，すなわち，$de = c_v dT$ および $dh = c_p dT$ である．これらの関係式を p. 526 式 (7.18) と式 (7.20) に代入すると，

$$ds = c_v \frac{dT}{T} + \frac{pdv}{T} \tag{7.21}$$

および

$$ds = c_p \frac{dT}{T} - \frac{vdp}{T} \tag{7.22}$$

を得る．式 (7.22) を変形するには，状態方程式 $pv = RT$，すなわち $v/F = R/p$ を最後の項へ代入する．すなわち，

$$ds = c_p \frac{dT}{T} - R\frac{dp}{p} \tag{7.23}$$

それぞれ 1 および 2 で示される，最初および最後の状態をもつ 1 つの熱力学的過程を考える．状態 1 および状態 2 の間で積分された式 (7.23) は

$$s_2 - s_1 = \int_{T_1}^{T_2} c_p \frac{dT}{T} - \int_{p_1}^{p_2} R \frac{dp}{p} \tag{7.24}$$

になる．熱量的に完全な気体について，R および c_p の両方とも一定である．よって，式 (7.24) は

$$\boxed{s_2 - s_1 = c_p \ln \frac{T_2}{T_1} - R \ln \frac{p_2}{p_1}} \tag{7.25}$$

になる．同様にして，式 (7.21) は

$$\boxed{s_2 - s_1 = c_v \ln \frac{T_2}{T_1} + R \ln \frac{v_2}{v_1}} \tag{7.26}$$

となる．式 (7.25) および式 (7.26) は，2 つの状態間で熱量的に完全な気体のエントロピー変化を計算する実用的な式である．これらの式から，s は 2 つの熱力学的変数の関数，例えば，$s = s(p, T)$，$s = s(v, T)$，であることに注意すべきである．

7.2.5 等エントロピー関係式

等エントロピー過程を断熱的かつ可逆過程であるものと定義した．式 (7.14) を考える．断熱過程については，$\delta q = 0$ である．また，可逆過程については，$ds_{\text{irrev}} = 0$ である．したがって，断熱，可逆過程について，式 (7.14) は $ds = 0$ を与える．すなわち，エントロピーは一定である．よって，用語で，"等エントロピー的 (isentropic)" である．そのような等エントロピー過程について，式 (7.25) は

$$0 = c_p \ln \frac{T_2}{T_1} - R \ln \frac{p_2}{p_1}$$

$$\ln \frac{p_2}{p_1} = \frac{c_p}{R} \ln \frac{T_2}{T_1}$$

のように書かれる．すなわち，

第7章 圧縮性流れ：いくつかの予備的なこと

$$\frac{p_2}{p_1} = \left(\frac{T_2}{T_1}\right)^{c_p/R} \tag{7.27}$$

p. 527 しかしながら，式 (7.9) から，

$$\frac{c_p}{R} = \frac{\gamma}{\gamma - 1}$$

そして，よって，式 (7.27) は

$$\frac{p_2}{p_1} = \left(\frac{T_2}{T_1}\right)^{\gamma/(\gamma-1)} \tag{7.28}$$

のように書ける．同様にして，等エントロピー過程について書かれた式 (7.26) は

$$0 = c_v \ln \frac{T_2}{T_1} + R \ln \frac{v_2}{v_1}$$

$$\ln \frac{v_2}{v_1} = -\frac{c_v}{R} \ln \frac{T_2}{T_1}$$

$$\frac{v_2}{v_1} = \left(\frac{T_2}{T_1}\right)^{-c_v/R} \tag{7.29}$$

を与える．式 (7.10) より，

$$\frac{c_v}{R} = \frac{1}{\gamma - 1}$$

よって，式 (7.29) は

$$\frac{v_2}{v_1} = \left(\frac{T_2}{T_1}\right)^{-1/(\gamma-1)} \tag{7.30}$$

のように書ける．$\rho_2/\rho_1 = v_1/v_2$ であるので，式 (7.30) は

$$\frac{\rho_2}{\rho_1} = \left(\frac{T_2}{T_1}\right)^{1/(\gamma-1)} \tag{7.31}$$

になる．式 (7.28) と式 (7.31) を合わせると，等エントロピー関係式は

$$\boxed{\frac{p_2}{p_1} = \left(\frac{\rho_2}{\rho_1}\right)^\gamma = \left(\frac{T_2}{T_1}\right)^{\gamma/(\gamma-1)}} \tag{7.32}$$

のようにまとめることができる．式 (7.32) は非常に重要である．すなわち，それは等エントロピー過程について，圧力，密度および温度を関係づけているのである．この式はしばしば用いられる．それで，この式をしっかりと記憶に焼き付けておくべきである．また，式 (7.32) の出所も憶えておくべきである．すなわち，それは第一法則とエントロピーの定義から生じるのである．したがって，式 (7.32) は基本的に，等エントロピー過程のエネルギー式である．

なぜ，式 (7.32) がそのように重要なのであろうか．なぜ，その式はよく用いられるのであろうか．それはひどく制限的である．すなわち，断熱的かつ可逆的条件を必要とするのに，なぜ，そのように，この等エントロピー過程に興味を持つのであろうか．その答えは，非常に多くの

実際的な圧縮性流問題が等エントロピー的であると仮定できるという事実にある．すなわち，これは，読者が最初考えていたであろうこととは正反対であろう．例えば，翼型を過ぎる，あるいはロケットエンジンの中の流れを考える．翼型表面 p. 528 やロケットノズル壁の隣接する領域において，境界層が形成され，そこにおいては，粘性，熱伝導，そして拡散の散逸メカニズムが強いのである．よって，エントロピーはこれらの境界層内で増加する．しかしながら，この境界層の外側を移動する流体要素を考えてみる．ここでは，粘性等の散逸効果は非常に小さく，そして無視できる．さらに，熱が流体要素へ，あるいはそれからも伝達されない (すなわち，流体要素をブンゼンバーナーで加熱したり，冷蔵庫の中で冷却したりしていない). すなわち，境界層の外側の流れは断熱的である．したがって，境界層外の流体要素は断熱可逆過程をたどるのである，すなわち，等エントロピー流れである．非常に多くの実際的応用において，表面に隣接する境界層は，流れ場全体と比較して薄く，よって，流れ場の大きな領域を等エントロピー的と仮定できる．これが，なぜ等エントロピー流れの研究が多くの種類の実際的な圧縮性流れの問題に直接適用できるかの理由である．次に，式 (7.32) はそのような流れに関する強力な式であり，熱量的に完全な気体について成立するのである．

　これで，熱力学に関する短い概説を終える．この概説の目的は，これからの圧縮性流れの論議に使われる概念や方程式の理解しやすい要約を与えることであった．実際のところ，本著者は熱力学のいくつかの概念を呼び出さずに解くことができる圧縮性流れを取り扱う実際的な問題を知らない．すなわち，それは非常に重要なことなのである．熱力学の力と美しさについてのもっと包括的な論議に関しては，参考文献 22 から 24 のような，良い熱力学の教科書を見るべきである．

[例題 7.4]

　標準大気高度 36,000 ft を飛行している Boeing 747 を考える．翼面上のある 1 点における圧力が 400 lb/ft^2 である．翼まわりで等エントロピー流れを仮定し，この点における温度を計算せよ．

[解答]

　付録 E から，標準大気高度 36,000 ft において，$p_\infty = 476$ lb/ft^2 および $T_\infty = 391$ °R である．式 (7.32) から，

$$\frac{p}{p_\infty} = \left(\frac{T}{T_\infty}\right)^{\gamma/(\gamma-1)}$$

すなわち，

$$T = T_\infty \left(\frac{p}{p_\infty}\right)^{(\gamma-1)/\gamma} = 391\left(\frac{400}{476}\right)^{0.4/1.4} = \boxed{372\,°\text{R}}$$

[例題 7.5]

　例題 7.2 および 7.3 で論議された超音速風洞の貯気槽内の気体を考える．貯気槽内の空気の圧力および温度は，それぞれ，20 atm および 300 K である．貯気槽内の空気は風洞の風路を通

過して膨張される．この風路のある位置において，その圧力が 1 atm である．もし，(a) 膨張が等エントロピー的である，(b) 膨張が風路のこの位置までのエントロピー増加が 320 J/(kg·K) である非等エントロピー的であるなら．この位置における空気温度を計算せよ．

[解答]$^{p.\,529}$
(a) 式 (7.32) から，

$$\frac{p_2}{p_1} = \left(\frac{T_2}{T_1}\right)^{\gamma/(\gamma-1)}$$

すなわち，

$$T_2 = T_1 \left(\frac{p_2}{p_1}\right)^{\frac{\gamma-1}{\gamma}} = 300\left(\frac{1}{20}\right)^{\frac{0.4}{1.4}} = 300(0.05)^{0.2857}$$
$$= 300(0.4249) = \boxed{127.5 \text{ K}}$$

(b) 式 (7.25) から，

$$s_2 - s_1 = c_p \ln \frac{T_2}{T_1} - R \ln \frac{p_2}{p_1}$$

c_p の値を求めるために，式 (7.9) を用いると，

$$c_p = \frac{\gamma R}{\gamma - 1} = \frac{(1.4)(287)}{0.4} = 1004.5 \, \frac{\text{J}}{\text{kg} \cdot \text{K}}$$

式 (7.25) から，

$$320 = 1004.5 \ln\left(\frac{T_2}{300}\right) - (287)\ln\left(\frac{1}{20}\right)$$
$$= 1004.5 \ln\left(\frac{T_2}{300}\right) - (-859.78)$$

を得る．したがって，

$$\ln\left(\frac{T_2}{300}\right) = \frac{320 - 859.78}{1004.5} = -0.5374$$

$$\frac{T_2}{300} = e^{-0.5374} = 0.5843$$

$$T_2 = (0.5843)(300) = \boxed{175.3 \text{ K}}$$

コメント：パート (a) と (b) の結果を比較すると，エントロピー増加は $p = 1$ atm である膨張点において，等エントロピー膨張の場合と比較して，より高い温度になる結果を示すことに注意すべきである．これは理にかなっている．式 (7.25) から，エントロピーは温度と圧力両方の関数であり，温度増加により増加し，圧力増加により減少することがわかる．本例題において，(a)，(b) 両方の場合の最終圧力は同じであるが，(b) の場合のエントロピーはより高い．したがって，式 (7.25) から，(b) の場合の最終温度は (a) の場合の温度よりも高くなければならないことがわかる．より定性的な基礎に基づくと，エントロピーに変化をもたらす物理学的なメカニズムは粘性散逸 (摩擦)，風路内における衝撃波の存在，あるいは風路の壁を通過する環境からの熱の進入であろう．直観的に，これらすべての非可逆メカニズムは，定義により，断熱的，可逆的 (摩擦なし) 膨張である等エントロピー膨張よりもより高い気体温度をもたらすであろう．

7.3 圧縮率の定義

p. 530 すべての実在する物質は，大きいかまたは小さいかある程度，圧縮性を持っている．すなわち，それらを圧搾する，すなわち，それらを圧迫すると，それらの密度が変化するであろう．これは，特に，気体で顕著であり，液体についてはそれよりもっと小さく，固体については実質的にはわからない．物質が圧縮され得る量は，以下に定義される，**圧縮率** (*compressibility*) と呼ばれる物質の固有の特性により与えられる．

図 7.3 に描かれたように，体積 v の微小な流体要素を考える．この要素の側面に働く圧力は p である．圧力が，今，微小量 dp だけ増加すると考える．この要素の体積がそれに対応する量 dv だけ変化するであろう．すなわち，ここでは，体積は減少するであろう．したがって，図 7.3 に示される dv は負の量である．定義により，流体の圧縮率 τ は

$$\tau = -\frac{1}{v}\frac{dv}{dp} \tag{7.33}$$

である．物理的に，圧縮性は，圧力の単位変化あたりにおける流体要素の体積変化の割合である．しかしながら，式 (7.33) は十分に厳密ではない．経験から，気体が圧縮されるとき (例えば，自転車の空気入れポンプで)，その温度は増加する傾向にあり，そして，系の境界を通してその気体の中へ，あるいは外へ伝達される熱量により依存することが知られている．もし，図 7.3 の流体要素の温度が (ある熱伝達メカニズムにより) 一定に保たれたとすると，そのとき，τ は**等温圧縮率** (*isothermal compressibility*) と言われ，式 (7.33) から，

$$\tau_T = -\frac{1}{v}\left(\frac{\partial v}{\partial p}\right)_T \tag{7.34}$$

のように定義される．他方，熱が，流体要素に，加えられたり取り去られたりせず，また，摩擦が無視されれば，流体要素の圧縮は等エントロピー的に生じ，それで，τ は，**等エントロピー圧縮率** (isentropic compressibility) τ_s と言われ，式 (7.33) から

$$\tau_s = -\frac{1}{v}\left(\frac{\partial v}{\partial p}\right)_s \tag{7.35}$$

のように定義される．ここに，添字 s は，偏微分係数が一定のエントロピーにおいて計算されたことを示す．τ_T および τ_s は両者ともに流体の厳密な熱力学的特性である．すなわち，異なっ

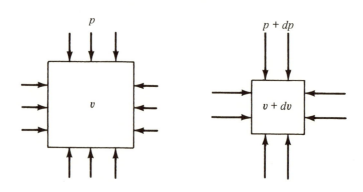

図 7.3 圧縮率の定義

た P. 531 気体や液体についての値は物理的特性に関するいろいろなハンドブックから求められる．一般的に，気体の圧縮率は液体のそれより数オーダー大きい値である．

運動している流体の特性を決めることにおける圧縮率 τ の役目は次のようにしてわかる．v を比体積 (すなわち，単位質量あたりの体積) と定義する．よって，$v = 1/\rho$ である．この定義を式 (7.33) に代入すると，

$$\tau = \frac{1}{\rho}\frac{d\rho}{dp} \tag{7.36}$$

を得る．したがって，流体が圧力変化 dp を受けるときはいつでも，式 (7.36) から，対応する密度変化 $d\rho$ は，

$$d\rho = \rho\tau dp \tag{7.37}$$

である．流体の流れ，それで，例えば，翼型を過ぎる流れを考える．もし，流体が**液体**であると，そこでは τ が非常に小さい，それで，流れの中で，1 点から次の点への，ある与えられた圧力変化 dp について，式 (7.37) は $d\rho$ は無視できる小ささであろうということを述べている．その結果，ρ が一定であること，そして，液体の流れは非圧縮性であることを合理的に仮定できる．他方では，もし，流体が**気体**であると，そこでは，圧縮率 τ は大きい，それで，流れの中で，1 点から他の点への，ある与えられた圧力変化 dp について，式 (7.37) は $d\rho$ が大きくなれることを述べている．したがって，ρ は一定ではない，そして，一般的に，気体の流れは**圧縮性流れ** (*compressible flow*) である．これに対する例外は気体の**低速流れ** (*low-speed flow*) である．すなわち，そのような流れにおいて，流れ場を通しての実際の圧力変化の大きさは，圧力それ自身と比べ小さい．したがって，低速流れについて，式 (7.37) における dp は小さい，そして，τ は大きいけれども，$d\rho$ の値は，この小さな dp により支配されるのである．そのような場合，ρ は一定であると仮定でき，よって，低速気体流れを (第 3 章から第 6 章で論議したように，) 非圧縮性流れとして解析できるのである．

後で，気体流れが非圧縮性と考えられるか，あるいはそれを圧縮性として取り扱わなければならないかどうかの，最も便利な指標は，第 1 章で，局所音速 a に対する局所流速度 V の比として定義された Mach 数 M であることを示す．すなわち，

$$M \equiv \frac{V}{a} \tag{7.38}$$

$M > 0.3$ であるとき，その流れを圧縮性と考えなければならないことを示す．また，気体における音速は式 (7.35) により与えられる等エントロピー圧縮率 τ_s に関係していることも示す．

7.4 非粘性，圧縮性流れの支配方程式

第 3 章から第 6 章において，非粘性，非圧縮性流れを調べた．すなわち，そのような流れの主要な従属変数は p と $\mathbf{V}$ であり，そして，それゆえ，これら 2 つの未知量について解くために，2 つの基礎方程式，すなわち，連続および運動量方程式のみ必要とすることを思い出すべきである．実際，これらの基礎方程式を組み合わせ，Laplace の P. 532 式と Bernoulli の式を得る．そして，これらは第 3 章から第 6 章で論議された応用に用いられる主たるツールである．ρ

と T の両方とも，そのような非粘性，非圧縮性流れにおいては一定であると仮定されていることに注意すべきである．結果として，その他の支配方程式は必要ない．すなわち，特に，エネルギー式，すなわち，一般的にエネルギー概念の必要性がないのである．基本的に，非圧縮性流れは，純粋に力学的法則に従い，そして，熱力学的な考慮を必要としないのである．

対照的に，圧縮性流れについて，ρ は変化し，そして，未知量となる．よって，もう1つの支配方程式，すなわち，エネルギー方程式が必要となる．そして，それは，次に，未知量として，内部エネルギー e を導入するのである．e は温度と関係しているので，それで，T もまた重要な変数となる．したがって，圧縮性流れを調べるための主たる従属変数は p, $\mathbf{V}$, ρ, e および T である．これらの5つの変数について解くために，5つの支配方程式を必要とする．この状況をさらに検討してみよう．

まず第1に，圧縮性流体の流れは第2章で導かれた基礎方程式により支配される．論議におけるこの時点において，読者はこれらの式を，それらの導出同様に熟知していることが非常に重要である．したがって，さらに先へ進む前に，第2章へ戻り，そこに含まれている基本的概念や式を注意深く復習すべきである．これは重要な勉学の秘訣であり，それで，もし読者がそれに従うなら，次の7つの章における題材は読者にとってもっと容易に流れるであろう．特に，連続の式 (第2.4節)，運動量の式 (第2.5節) およびエネルギー式 (第2.7節) の積分および微分形式を復習すべきである．すなわち，実際に，エネルギー式に特別な注意を払うべきである．なぜなら，これが圧縮性流れを非圧縮性流れから区別している1つの重要な特徴であるからである．便利のよいように，第2章から，非粘性，圧縮性流れについての支配方程式のより重要ないくつかの形式を下に繰り返して示すことにする．すなわち，

連続：式 (2.48) より，

$$\frac{\partial}{\partial t}\iiint_\mathcal{V} \rho \, d\mathcal{V} + \iint_S \rho \mathbf{V} \cdot d\mathbf{S} = 0 \tag{7.39}$$

式 (2.52) から，

$$\frac{\partial \rho}{\partial t} + \nabla \cdot \rho \mathbf{V} = 0 \tag{7.40}$$

運動量：式 (7.41) から，

$$\frac{\partial}{\partial t}\iiint_\mathcal{V} \rho \mathbf{V} d\mathcal{V} + \iint_S (\rho \mathbf{V} \cdot d\mathbf{S})\mathbf{V} = -\iint_S p d\mathbf{S} + \iiint_\mathcal{V} \rho \mathbf{f} \, d\mathcal{V} \tag{7.41}$$

式 (2.113a)，式 (2.113b) および式 (2.113c) から，

$$\rho \frac{Du}{Dt} = -\frac{\partial p}{\partial x} + \rho f_x \tag{7.42a}$$

$$\rho \frac{Dv}{Dt} = -\frac{\partial p}{\partial y} + \rho f_y \tag{7.42b}$$

$$\rho \frac{Dw}{Dt} = -\frac{\partial p}{\partial z} + \rho f_z \tag{7.42c}$$

p.533 **エネルギー**：式 (2.95) より，

$$\frac{\partial}{\partial t}\iiint_\mathcal{V} \rho\left(e+\frac{V^2}{2}\right)d\mathcal{V} + \iint_S \rho\left(e+\frac{V^2}{2}\right)\mathbf{V}\cdot\mathbf{dS}$$
$$= \iiint_\mathcal{V} \dot{q}\rho\,d\mathcal{V} - \iint_S p\mathbf{V}\cdot\mathbf{dS} + \iiint_\mathcal{V} \rho(\mathbf{f}\cdot\mathbf{V})\,d\mathcal{V} \tag{7.43}$$

式 (2.114) より,

$$\rho\frac{D(e+V^2/2)}{Dt} = \rho\dot{q} - \nabla\cdot p\mathbf{V} + \rho(\mathbf{f}\cdot\mathbf{V}) \tag{7.44}$$

上の連続,運動量およびエネルギー方程式は 5 つの未知量,p, $\mathbf{V}$, ρ, T および e の項で表した式である.熱量的に完全な気体を仮定すると,この系を完成させるために必要なもう 2 つの式は第 7.2 節から得られる.すなわち,

状態方程式: $\qquad\qquad\qquad p = \rho RT \tag{7.1}$

内部エネルギー: $\qquad\qquad\qquad e = c_v T \tag{7.6a}$

　圧縮性流れについての基礎方程式に関しては,第 3.2 節で導かれ,式 (3.13) により与えられるような Bernoulli の式は圧縮性流れでは成り立たないことにどうか注意してもらいたい.すなわち,それは,明らかに密度一定の仮定を含んでいる.よって,それは圧縮性流れでは無効であるからである.この警告は必要なのである.なぜなら,著者の経験から,空気力学を学んでいる学生のうち,ある程度の数の学生が,明らかに,Bernoulli 式の簡単さに魅了され,すべての場合,非圧縮性同様に圧縮性の場合にもそれを使おうとするからである.決してそれをしてはならない.常に,式 (3.13) の形式の Bernoulli 式は非圧縮性流れにのみ成り立つことを思い出すべきである.それで,圧縮性流れを取り扱うときにはそのことを我々の思考からなくしてはならないのである.

　本節の最後の注意として,これ以降の節において,上で示した方程式の積分形および微分方程式形の両方を用いる.次の節へ進む前に,これらの方程式になれているようにしておくべきである.

7.5　総 (よどみ) 状態の定義

　第 3.4 節の初めにおいて,静圧 p の概念をいくぶん詳しく論議した.静圧は,気体の中における純粋に分子の不規則運動の尺度である.すなわち,それは,局所流速で気体の中を移動するとき感じる圧力である.対照的に,総圧 (よどみ圧) は,$\mathbf{V}=0$ である流れ場の一点 (または複数の点) における圧力として,第 3.4 節で定義された.ここで,この総状態の概念をより正確に定義しよう.

　流れ場における与えられた 1 つの点を通過する流れを考える.そこにおいて,局所圧力,温度,密度,および速度は,それぞれ,p, T, ρ, M および $\mathbf{V}$ である.ここで,p, T および ρ は静的な量である (すなわち,それぞれ,静圧,静 p. 534 温度および静密度である).すなわち,それらは,局所流速で気体中を移動するとき感じる圧力,温度および密度である.さて,流体要素をつかまえ,それを速度ゼロへ**断熱的に**減速させたとする.明らかに,その流体要素が静止させられるにつれ,それの p, T および ρ の値が変化すると (正しく) 考えるであろう.特に,

流体要素が断熱的に静止させられた後のその温度の値は**総温** (total temperature) と定義され，T_0 で示される．それに対応するエンタルピーの値は**総エンタルピー** h_0 として定義される．そして，熱量的に完全な気体について，$h_0 = c_p T_0$ である．現実において，総温や総エンタルピーについて話をするために，流れを**実際**に静止させる必要がないことを覚えておくべきである．すなわち，むしろ，それらは，もし，(想像で，) 流体中のある点を通過する流体要素が断熱的に静止させられたとすると，その点で存在するであろうと**定義される値**である．したがって，静的な温度およびエンタルピーがそれぞれ T および h である，流れにおける与えられた 1 点において，また，上のように定義される総温 T_0 の値および総エンタルピー h_0 の値を決めることができる．

エネルギー方程式，式 (7.44) は，次のように，総エンタルピー，それゆえ，総温について，ある重要な情報を与えてくれる．流れが断熱的 ($\dot{q} = 0$) であること，また，体積力が無視できる (**f** = 0) ことを仮定する．そのような流れについて，式 (7.44) は，

$$\rho \frac{D(e + V^2/2)}{Dt} = -\nabla \cdot p\mathbf{V} \tag{7.45}$$

となる．次のようなベクトル恒等式を用いて式 (7.45) の右辺を展開する．

$$\nabla \cdot p\mathbf{V} \equiv p\nabla \cdot \mathbf{V} + \mathbf{V} \cdot \nabla p \tag{7.46}$$

また，第 2.9 節で定義された実質微係数は通常の微分法則に従うことに注意すべきである．すなわち，例えば，

$$\rho \frac{D(p/\rho)}{Dt} = \rho \frac{\rho Dp/Dt - p D\rho/Dt}{\rho^2} = \frac{Dp}{Dt} - \frac{p}{\rho}\frac{D\rho}{Dt} \tag{7.47}$$

式 (2.108) で与えられる連続の方程式を思い出すと，

$$\frac{D\rho}{Dt} + \rho \nabla \cdot \mathbf{V} = 0 \tag{2.108}$$

式 (2.108) を式 (7.47) に代入すると，

$$\rho \frac{D(p/\rho)}{Dt} = \frac{Dp}{Dt} + p\nabla \cdot \mathbf{V} = \frac{\partial p}{\partial t} + \mathbf{V} \cdot \nabla p + p\nabla \cdot \mathbf{V} \tag{7.48}$$

を得る．式 (7.46) を式 (7.45) に代入し，そして，式 (7.48) をその結果に加えると，

$$\rho \frac{D}{Dt}\left(e + \frac{p}{\rho} + \frac{V^2}{2}\right) = -p\nabla \cdot \mathbf{V} - \mathbf{V} \cdot \nabla p + \frac{\partial p}{\partial t} + \mathbf{V} \cdot \nabla p + p\nabla \cdot \mathbf{V} \tag{7.49}$$

を得る．次式に注意すべきである．

$$e + \frac{p}{\rho} = e + pv \equiv h \tag{7.50}$$

p. 535 式 (7.50) を式 (7.49) に代入し，そして，式 (7.49) の右辺におけるいくつかの項がお互いに打ち消しあうことに注意すると，

$$\rho \frac{D(h + V^2/2)}{Dt} = \frac{\partial p}{\partial t} \tag{7.51}$$

を得る．もし，流れが定常であれば，$\partial p/\partial t = 0$ である．そして，式 (7.51) は，

第 7 章 圧縮性流れ：いくつかの予備的なこと

$$\rho\frac{D(h+V^2/2)}{Dt}=0 \tag{7.52}$$

となる．第 2.9 節で与えられる実質微分の定義から，式 (7.52) は運動する流体要素の持つ $h+V^2/2$ の時間変化率はゼロであることを述べている．すなわち，1 つの流線に沿って，

$$\boxed{h+\frac{V^2}{2}=\text{const}} \tag{7.53}$$

である．式 (7.53) に導いた仮定は，流れが定常，断熱，そして，非粘性であるということを思い起こすべきである．特に，式 (7.53) は断熱流れで成り立つので，前に示した総エンタルピーの定義をさらに詳しく述べるのに用いることができる．h_0 は，もし，流体要素が断熱的に静止させられたとすると，存在するであろうエンタルピーとして定義されるので，$V=0$ および $h=h_0$ とした式 (7.53) から，式 (7.53) の定数は h_0 であることがわかる．したがって，式 (7.53) は

$$\boxed{h+\frac{V^2}{2}=h_0} \tag{7.54}$$

のように書ける．式 (7.54) は重要である．すなわち，その式は，流れの中の任意の点において，単位質量あたり，総エンタルピーは静的なエンタルピーと運動エネルギーの和により与えられることを述べているのである．これ以降に出てくるいかなる式においても $h+V^2/2$ なる組み合わせがあるときはいつでもそれを恒等的に h_0 で置き換えることができる．例えば，式 (7.52)，定常，断熱，非粘性流れで導かれた式は，

$$\rho\frac{Dh_0}{Dt}=0$$

すなわち，総エンタルピーは 1 つの流線に沿って一定であることを述べている．さらに，もし，流れのすべての流線が (通常はそうであるように)，共通の一様自由流をもとにしているなら，そのときは，それぞれの流線の h_0 は同じである．したがって，そのような定常，断熱流れについて，流れ全体にわたり，

$$\boxed{h_0=\text{const}} \tag{7.55}$$

であり，そして h_0 は自由流の値に等しいということを得る．式 (7.55) は，簡単な形であるが，強力なツールである．定常．非粘性，断熱流れについて，式 (7.55) はエネルギー式であり，そして，それゆえ，それを，式 (7.52) によって与えられるより複雑な偏微分方程式に代えて用いることができる．これは，以下の論議で見るように，1 つの大きな簡単化である．

p. 536 熱量的に完全な気体について，$h_0=c_p T_0$ である．したがって，上の結果は，また，熱量的に完全な気体の定常，非粘性，断熱流れ全体で，総温は一定であることを述べているのである．すなわち，

$$\boxed{T_0=\text{const}} \tag{7.56}$$

そのような流れについて，式 (7.56) を支配エネルギー方程式の一形式として用いることができる．

上の論議は 2 つの考えの脈絡を混在させていることを覚えておくべきである．すなわち，一方で，[式 (7.51) から式 (7.53) を得た] 断熱流れ場の一般的概念を取り扱い，他方で，[式 (7.54) を得た] 総エンタルピーの概念を取り扱っているのである．これら 2 つの考えの脈絡は，実際には別物であり，混同してはならない．例えば，熱伝達をともなう粘性境界層のような，一般的な**非断熱流れ**を考える．一般的な非断熱流れは図 7.4a に描かれている．明らかに，式 (7.51) から式 (7.53) は，そのような流れには成り立たない．しかしながら，式 (7.54) はその流れの中のそれぞれの点で局所的に成り立つ．なぜなら，式 (7.54) に含まれている断熱流れの仮定は h_0 **の定義**を通してなされたもので，一般的な流れ場全体とは関連していないからである．例えば，図 7.4a に示されているように，一般的な流れにおいて，二つの異なった点 1 および点 2 を考える．点 1 において，局所静的エンタルピーと速度はそれぞれ h_1 と V_1 である．よって，点 1 における局所総エンタルピーは $h_{0,1} = h_1 + V_1^2/2$ である．点 2 において，局所静的エンタルピーと速度はそれぞれ h_2 と V_2 である．よって，点 2 における局所総エンタルピーは $h_{0,2} = h_2 + V_2^2/2$ である．もし，点 1 と点 2 の間の流れが非断熱的であるならば，その場合，$h_{0,1} \neq h_{0,2}$ である．この流れがこの 2 点間で断熱的である特別な場合についてだけ，$h_{0,1} = h_{0,2}$ となるであろう．この場合が図 7.4b に示されている．もちろん，これが，式 (7.55) および式 (7.56) により扱われる特別な場合である．

本節の最初へ戻ってみる，そこでは，局所特性値が p, T, ρ, M および $\mathbf{V}$ である，流れの中の 1 点を通過する流体要素を考えた．もう一度，その流体要素を捕まえ，それを速度ゼロへ減速させると想像する．しかし，今度は，それを断熱的かつ可逆的に減速させるとする．すなわち，その流体要素を**等エントロピー的**に速度ゼロへ減速させるのである．この流体要素が等エントロピー的に静止させられたとき，その圧力と密度は総圧 p_0 と総密度 ρ_0 と定義される．(等エントロピー過程は，また，断熱的であるので，それによる温度は，前に論議したように，同一の総温 T_0 である．) 以前のように，総圧や総密度について語るために，現実において，実際に流れを静止させる必要はないことを覚えておくべきである．すなわち，むしろ，それらは，もし (想像で，) 流れの中の 1 点を通過する流体要素が等エントロピー的に静止させられたとすれば，その点に存在するであろう，**定義される**量とである．したがって，流れの中の与えられた点において，そこでは，静圧と静密度がそれぞれ p および ρ であるが，上のように，定義された総圧 p_0 および総密度 ρ_0 の値を与えることができる．

p_0 と ρ_0 の定義は速度ゼロへの等エントロピー圧縮を取り扱うのである．その等エントロピー仮定は定義にだけ関係していることを覚えておくべきである．総圧および総密度の概念は，どのような一般的な**非等エントロピー**流れ全体にも適用できる．例えば，図 7.4c に示されるような，一般的な流れ場における，2 つの異なった点 1，2 を考える．p. 537 点 1 において，局所静圧と局所静密度は，それぞれ，p_1 と ρ_1 である．すなわち，また，局所総圧と局所総密度は，上で定義されたように，それぞれ，$p_{0,1}$ および $\rho_{0,1}$ である．同様に，点 2 において，局所静圧と局所精密度は，それぞれ，p_2 と ρ_2 である．そして，局所総圧と局所総密度は，それぞれ，$p_{0,2}$ と $\rho_{0,2}$ である．もし，流れが点 1 と点 2 との間で非等エントロピー的であれば，そのとき，図 7.4c に示すように，$p_{0,1} \neq p_{0,2}$, $\rho_{0,1} \neq \rho_{0,2}$ である．他方，もし流れが点 1 と点 2 との間で等エントロピー的であれば，そのとき，図 7.4d に示すように，$p_{0,1} = p_{0,2}$, $\rho_{0,1} = \rho_{0,2}$ である．実際，全体の流れ場がすべて等エントロピー的であれば，p_0 と ρ_0 は両方とも流れ全部にわたっ

第7章 圧縮性流れ：いくつかの予備的なこと

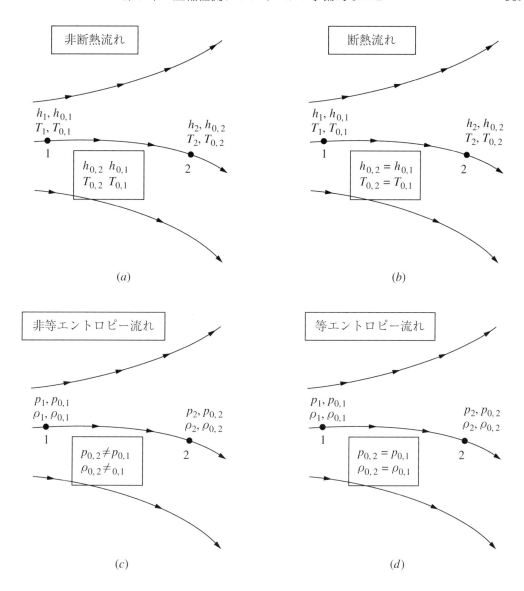

図7.4 流れの比較 (a) 非断熱流れ，(b) 断熱流れ，(c) 非等エントロピー流れ，(d) 等エントロピー流れ

て一定である．

以上の考察の帰結として，T^* で示される，別に定義された温度が必要である．そして，それは次のように定義される．局所静温度が T である，亜音速流れ中の1点を考える．この点において，流体要素が P. 538 **断熱的に音速** (sonic velocity, adiabatically) に加速されると想像する．そのような音速状態 (sonic conditions) においてそれが持つであろう温度を T^* として示す．同様に，この点において，流体要素が断熱的に音速まで減速されると考える．再び，そのような音速状態で持つであろう温度を T^* で示す．量 T^* は，T_0, p_0 や ρ_0 が定義された量であるとまったく同じことで，流れの中の，与えられた1点において単に定義された量なのである．また，$a^* = \sqrt{\gamma R T^*}$ である．

[例題 7.6]

ある空気流中の 1 点において，圧力，温度および速度が 1 atm, 320 K および 1000 m/s である．この点における総温と総圧を計算せよ．

[解答]

式 (7.54) から，

$$h + \frac{V^2}{2} = h_0$$

しかるに，

$$h = c_p T$$

であり，また，

$$c_p = \frac{\gamma R}{\gamma - 1}$$

であるので，

$$c_p T + \frac{V^2}{2} = c_p T_0$$

を得る．

$$T_0 = T + \frac{V^2}{2c_p} = T + \left(\frac{\gamma - 1}{2\gamma R}\right) V^2$$

$$T_0 = 320 + \left[\frac{0.4}{2(1.4)(287)}\right](1000)^2 = 320 + 497.8$$

$$T_0 = \boxed{817.8 \text{ K}}$$

定義により，総圧は，もし，流れが，その点において，等エントロピー的に速度ゼロに減速されたなら存在するであろう圧力である．したがって，総状態と静的状態を関係づけるために式 (7.32) の等エントロピー関係式を用いることができる．すなわち，式 (7.32) より，

$$\frac{p_0}{p} = \left(\frac{T_0}{T}\right)^{\frac{\gamma}{\gamma-1}}$$

ゆえに，

$$p_0 = p\left(\frac{T_0}{T}\right)^{\frac{\gamma}{\gamma-1}} = (1 \text{ atm})\left(\frac{817.8}{320}\right)^{\frac{1.4}{0.4}}$$

$$p_0 = \boxed{26.7 \text{ atm}}$$

注：上の総圧の計算において大気圧に**一貫性のない**単位を使い続けた．このことは，式 (7.32) が圧力の比を含んでいて，それゆえに，1 atm を 1.01×10^5 N/m^2 に変換することは単に余計な計算になり，そのまま計算を続行しても大丈夫なのである．結果は同じになる．

第7章 圧縮性流れ：いくつかの予備的なこと

[例題 7.7]p. 539

ある飛行機が 10,000 ft の標準大気高度を飛行している．機首に搭載された Pitot 管が 2220 lb/ft^2 の圧力を示している．この飛行機は 300 mph よりも速い高亜音速で飛行している．第 3.1 節におけるコメントから，この流れは**圧縮性**と考えられるべきである．この飛行機の速度を計算せよ．

[解答]

第 3.4 節における論議から，非圧縮性流れに沈められた Pitot 管により計測される圧力は総圧である．第 3.4 節で論議されたと同じ**物理的理由**により，Pitot 管は高速亜音速圧縮性流れにおける総圧もまた計測する．(これは，亜音速圧縮性流れにおける速度計測に関する第 8.7.1 節でさらに論議される．) 警告：この例題では圧縮性流れを取り扱っているので，速度を計算するために Bernoulli の式を用いることはできない．

Pitot 管前方の流れはこの管の口におけるゼロ速度まで等エントロピー的に圧縮される．したがって，この管口における圧力は総圧，p_0 である．式 (7.32) から，次のように書ける．すなわち，

$$\frac{p_0}{p_\infty} = \left(\frac{T_0}{T_\infty}\right)^{\gamma/(\gamma-1)} \tag{E.7.3}$$

ここに，p_0 および T_0 はそれぞれ，総圧および総温であり，p_∞ と T_∞ はそれぞれ自由流の静圧および静温度である．T_0 について上の式 (E.7.3) を解くと，

$$T_0 = T_\infty \left(\frac{p_0}{p_\infty}\right)^{(\gamma-1)/\gamma} \tag{E.7.4}$$

を得る．付録 E から，10,000 ft の標準大気高度における圧力と温度はそれぞれ 1455.6 lb/ft^2 および 483.04 °R である．これらは式 (E.7.4) における p_∞ および T_∞ の値である．したがって，式 (E.7.4) から，

$$T_0 = (483.04)\left(\frac{2220}{1455.6}\right)^{0.4/1.4} = 544.6\,°\text{R}$$

エネルギー方程式，式 (7.54) から，温度を用いて書くと，

$$c_p T + \frac{V^2}{2} = c_p T_0 \tag{E.7.5}$$

を得る．式 (E.7.5) において，T と V，両方とも自由流の値である．したがって，

$$c_p T_\infty + \frac{V_\infty^2}{2} = c_p T_0 \tag{E.7.6}$$

を得る．また，

$$c_p = \frac{\gamma R}{\gamma - 1} = \frac{(1.4)(1716)}{0.4} = 6006\,\frac{\text{ft} \cdot \text{lb}}{\text{slug} \cdot °\text{R}}$$

式 (E.7.6) を V_∞ について解くと次を得る．

$$V_\infty = [2c_p(T_0 - T_\infty)]^{1/2}$$
$$= [2(6006)(544.9 - 483.04)]^{1/2}$$
$$= \boxed{862 \text{ ft/s}}$$

注：p. 540 本例題から，亜音速圧縮性流れにおいて Pitot 管により計測された総圧はその流れの速度の指標であるが，その速度を計算するためには流れの静温度の値も必要であるということがわかる．第 8.7 節においてより基本的に，圧縮性流れ，亜音速あるいは超音速流れの Pitot 圧と流れの静圧との比が速度ではなく，Mach 数の直接的な指標であることを示す．詳細は後に残す．

7.6 超音速流れの特徴について：衝撃波

図 1.44 に示された，別の流れ領域へ戻ってみる．亜音速圧縮性流れは定性的に非圧縮性流れと同様である (しかし，定量的には異なる)．すなわち，図 1.44a は滑らかに変化する流線パターンを持つ亜音速流れを示している．そして，そこでは，物体のはるか前方の流れは物体の存在について前もって警告を受け，そして，それに従って，適応し始める．対照的に，超音速流れは，図 1.44d と図 1.44e に示されるように，まったく異なっている．ここでは，流れは衝撃波により支配され，そして，物体の上流の流れは，それが前縁衝撃波と遭遇するまではその物体の存在に気がつかない．実際，図 1.44b から図 1.44e に示された流れのような，超音速領域を伴ったどのような流れも衝撃波を免れ得ない．したがって，超音速流の研究における主要な内容の1つは衝撃波の形状と衝撃波強さの計算である．これが第 8 章と第 9 章の主たる要点である．

衝撃波は，代表的には，10^{-5} cm のオーダーの非常に薄い領域である．そして，それを越えると流れの特性値は劇的に変化する．衝撃波は，通常，図 7.5a に示すように，流れに対して斜め角を取っている．しかしながら，図 7.5b に示されるように，流れに垂直な衝撃波に関心を持つような多くの場合が存在する．垂直衝撃波は第 8 章で詳しく議論される，しかるに斜め衝撃波は第 9 章で考えられる．両方の場合において，衝撃波はほとんど爆発的な圧縮過程である．そして，そこでは圧力は衝撃波を越えるとほとんど不連続的に増加する．図 7.5 を詳しく調べてみる．衝撃波の前方の領域 1 において，Mach 数，流れ速度，圧力，密度，温度，エントロピー，総圧と総エンタルピーはそれぞれ，M_1, V_1, p_1, ρ_1, T_1, s_1, $p_{0,1}$ と $h_{0,1}$ で示される．衝撃波背後の領域 2 における類似の量はそれぞれ，M_2, V_2, p_2, ρ_2, T_2, s_2, $p_{0,2}$ と $h_{0,2}$ である．衝撃波を通過するときの定性的な変化は図 7.5 に示されている．圧力，密度，温度とエントロピーは衝撃波を通過すると増加する，ところが，総圧，Mach 数と速度は減少する．物理的に，衝撃波を通過する流れは断熱的である (例えば，我々は気体をレーザー光で加熱したり，または冷蔵庫でそれを冷却していない)．したがって，第 7.5 節における論議を思い出すと，総エンタルピーは衝撃波を横切っても一定である．斜め衝撃波と垂直衝撃波の両方において，衝撃波前方の流れは超音速 (すなわち，$M_1 > 1$) でなければならない．斜め衝撃波の背後において，流れは通常超音速 (すなわち，$M_2 > 1$) に留まる．しかし，Mach 数は減少している (すなわち，$M_2 < M_1$)．しかしながら，第 9 章で論議されるように，斜め衝撃波が十分強く下流の流れが亜音速 Mach 数に減速される特別な場合が存在する．したがって，$M_2 < 1$ が斜め衝撃波の背後で生じ得るのである．垂直衝撃波について，p. 541 図 7.5b に示されるように，下流の流れは

第7章 圧縮性流れ：いくつかの予備的なこと

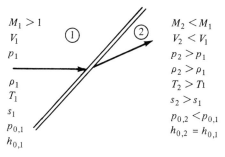

(a) 斜め衝撃波

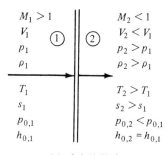

(b) 垂直衝撃波

図 7.5 斜め衝撃波と垂直衝撃波を通過する流れの定性的な図

常に亜音速 (すなわち，$M_2 < 1$) である．図7.5に描かれた定性的な変化をしっかりと勉強すべきである．それらは重要であり，読者はこれ以降続く議論のために，それらを記憶しておくべきである．第8章と第9章の主目的の1つは，これらの変化の定量的評価ができる衝撃波理論を展開することである．圧力は衝撃波を横切ると増加すること，上流の Mach 数は超音速でなければならないことなどを証明する．そしてまた，衝撃波を越えておこる変化を直接計算できる式を得るのである．

いくつかの衝撃波の写真が図7.6に示されている．空気が透明であるので，通常，衝撃波を肉眼で見ることはできない．しかしながら，衝撃波を横切ると密度が変化するので，流れの中を伝播する光線は衝撃波を通過すると屈折する．シャドウグラフ，シュリーレン，干渉計などの特別な光学系がこの屈折を利用し，スクリーンや写真ネガに可視化像を作る．これらの光学系の設計と特性の詳細については，参考文献25と26を見よ．(ある条件の下では，衝撃波から屈折された光を肉眼で見ることができる．図1.43bから，もし，自由流亜音速 Mach 数が十分高ければ，衝撃波が，翼型上面の局所超音速領域に形成され得るということを思い出すべきである．次の機会に，読者が旅客機に搭乗していて，太陽が頭上にあれば，窓から，主翼の翼幅方向を注視すべきである．もし，運が良ければ，主翼の上面を前後に動いている衝撃波を見られるであろう．)

p. 543 要約すると，圧縮性流れは空気力学的研究にいくつかの非常に面白い物理現象を導く．そしてまた，流れが亜音速から超音速に変化するとき，衝撃波が発生することに留まらず，流れの全性質が変化する．次に記述する7つの章の目的は，これらの流れを説明し解析することである．

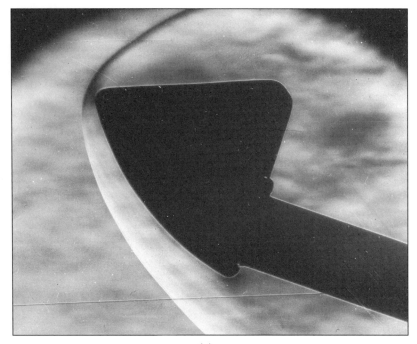

(a)

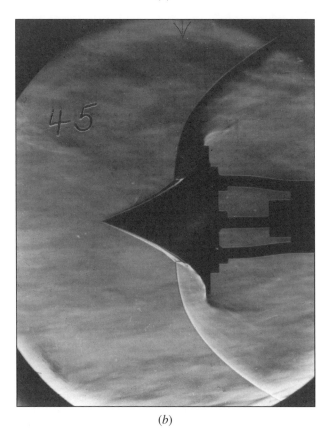

(b)

図 7.6：(a) いろいろな物体上の衝撃波を示すシュリーレン写真．Mach 8 における，アポロ指令船風洞模型 (b) Mach 8 における，火星再突入体として提案された "Tension shell" 体．(*NASA Langley* 研究センターの好意による)

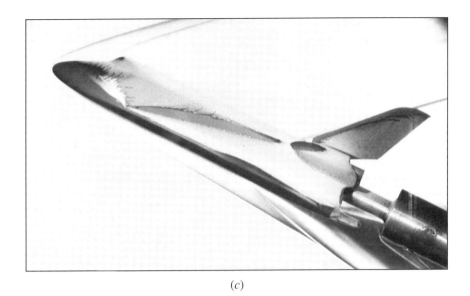

(c)

(d)

図 7.6 : (続き)(c) Mach 6 におけるスペースシャトル オービター模型．この写真は，また，相変化塗料可視化法により高い空力加熱領域も示している．(d) Mach 6 における構想極超音速飛行機 (NASA Langley 研究センターの好意による)

7.7 要約

p. 544 いつものように，本章についてのロードマップを調べ，さらに進む前にこのロードマップに示してある主題について困難さを感じていないことを明確にしておくべきである．

本章における重要な点のいくつかは以下のように要約される．

熱力学関係式:

状態方程式:
$$p = \rho RT \tag{7.1}$$

熱量的に完全な気体について,

$$e = c_v T \quad \text{および} \quad h = c_p T \tag{7.6a および 6b}$$

$$c_p = \frac{\gamma R}{\gamma - 1} \tag{7.9}$$

$$c_v = \frac{R}{\gamma - 1} \tag{7.10}$$

熱力学第一法則より:

$$\delta q + \delta w = de \tag{7.11}$$

$$T ds = de + p dv \tag{7.18}$$

$$T ds = dh - v dp \tag{7.20}$$

エントロピーの定義:

$$ds = \frac{\delta q_{\text{rev}}}{T} \tag{7.13}$$

また,

$$ds = \frac{\delta q}{T} + ds_{\text{irrev}} \tag{7.14}$$

熱力学第二法則:

$$ds \geq \frac{\delta q}{T} \tag{7.16}$$

または, 断熱過程について,

$$ds \geq 0 \tag{7.17}$$

エントロピー変化は(熱量的に完全な気体について,)次式から計算できる.

$$s_2 - s_1 = c_p \ln \frac{T_2}{T_1} - R \ln \frac{p_2}{p_1} \tag{7.25}$$

および

$$s_2 - s_1 = c_v \ln \frac{T_2}{T_1} + R \ln \frac{v_2}{v_1} \tag{7.26}$$

p. 545 等エントロピー流れについて,

$$\frac{p_2}{p_1} = \left(\frac{\rho_2}{\rho_1}\right)^\gamma = \left(\frac{T_2}{T_1}\right)^{\gamma/(\gamma-1)} \tag{7.32}$$

圧縮率に関する一般的定義:

$$\tau = -\frac{1}{v}\frac{dv}{dp} \tag{7.33}$$

等温過程については,

$$\tau_T = -\frac{1}{v}\left(\frac{\partial v}{\partial p}\right)_T \tag{7.34}$$

等エントロピー過程については,

$$\tau_s = -\frac{1}{v}\left(\frac{\partial v}{\partial p}\right)_s \tag{7.35}$$

非粘性, 圧縮性流れの支配方程式は次のとおりである.
連続方程式:

$$\frac{\partial}{\partial t}\iiint_\mathcal{V} \rho d\mathcal{V} + \iint_S \rho\mathbf{V}\cdot d\mathbf{S} = 0 \tag{7.39}$$

$$\frac{\partial \rho}{\partial t} + \nabla\cdot\rho\mathbf{V} = 0 \tag{7.40}$$

運動量方程式:

$$\frac{\partial}{\partial t}\iiint_\mathcal{V} \rho\mathbf{V}d\mathcal{V} + \iint_S (\rho\mathbf{V}\cdot d\mathbf{S})\mathbf{V} = -\iint_S pd\mathbf{S} + \iiint_\mathcal{V} \rho\mathbf{f}d\mathcal{V} \tag{7.41}$$

$$\rho\frac{Du}{Dt} = -\frac{\partial p}{\partial x} + \rho f_x \tag{7.42a}$$

$$\rho\frac{Dv}{Dt} = -\frac{\partial p}{\partial y} + \rho f_y \tag{7.42b}$$

$$\rho\frac{Dw}{Dt} = -\frac{\partial p}{\partial z} + \rho f_z \tag{7.42c}$$

エネルギー方程式:

$$\frac{\partial}{\partial t}\iiint_\mathcal{V} \rho\left(e+\frac{V^2}{2}\right)d\mathcal{V} + \iint_S \rho\left(e+\frac{V^2}{2}\right)\mathbf{V}\cdot d\mathbf{S}$$

(続く)

$$= \iiint_\mathcal{V} \dot{q}\rho d\mathcal{V} - \oiint_S p\mathbf{V}\cdot \mathbf{dS} + \iiint_\mathcal{V} \rho(\mathbf{f}\cdot \mathbf{V})d\mathcal{V} \tag{7.43}$$

$$\rho \frac{D(e+V^2/2)}{Dt} = \rho\dot{q} - \nabla\cdot p\mathbf{V} + \rho(\mathbf{f}\cdot \mathbf{V}) \tag{7.44}$$

p. 546 もし，流れが定常で断熱的であれば，式 (7.43) と式 (7.44) は次式により置き換えられる．

$$h_0 = h + \frac{V^2}{2} = \text{const}$$

状態方程式 (完全気体)：

$$p = \rho R T \tag{7.1}$$

内部エネルギー (熱量的に完全な気体)：

$$e = c_v T \tag{7.6}$$

総温 T_0 と総エンタルピー h_0 は，もし (想像で) 流れの中の 1 点において流体要素を断熱的に速度ゼロに減速させれば存在するであろう特性として定義される．同様にして，総圧 p_0 と総密度 ρ_0 は，もし (想像で) 流れの中の 1 点において流体要素を等エントロピー的に速度ゼロに減速させたなら存在するであろう特性として定義される．もし流れ場全体で断熱的であれば，h_0 は流れのいたるところで一定である．対照的に，もし流れ場が非断熱的であれば，h_0 は流れの中の点により変わる．同様に，もし流れ場全体が等エントロピー的であれば，p_0 と ρ_0 はその流れのいたるところで一定である．対照的に，もし流れ場が非等エントロピー的であるなら，p_0 と ρ_0 は流れの中の点により変わる．

衝撃波は，超音速流中における，非常に薄い領域で，それを通過すると圧力，密度，温度とエントロピーが増加する．すなわち，Mach 数，流れ速度，そして，総圧が減少するが，総エンタルピーは変わらない．

7.8 演習問題

注：次の演習問題において，国際単位系 (SI) (N，kg，m，s，K) と英国工学単位系 (lb，slug，ft，s，°R) の両方を取り扱うことになる．どちらの単位系を用いるかはそれぞれの問題ではっきりしている．すべての演習問題は，断りがない限り，気体として，熱量的に完全な空気を取り扱う．また，1 atm = 2116 lb/ft^2 = 1.01 × 10^5 N/m^2 である．

第7章 圧縮性流れ：いくつかの予備的なこと

7.1 高速ミサイルのよどみ点における温度と圧力はそれぞれ，934°R と 7.8 atm である．この点における密度を計算せよ．

7.2 [p. 547] 次の条件の c_p, c_v, e と h を計算せよ．

a. 演習問題 7.1 に与えられたよどみ点状態

b. 標準海面条件の空気

(もし，標準海面条件が何であるかわからないなら，それを，参考文献2のような，適切な参考書で見つけよ．)

7.3 衝撃波のすぐ上流において，空気の温度と圧力はそれぞれ，288 K と 1 atm である．そして，衝撃波のすぐ下流において，空気の温度と圧力はそれぞれ，690 K と 8.656 atm である．衝撃波を通過したときのエンタルピー，内部エネルギーとエントロピーにおける変化を計算せよ．

7.4 翼型を過ぎる等エントロピー流れを考える．自由流条件は $T_\infty = 245$ K と $p_\infty = 4.35 \times 10^4$ N/m^2 である．翼型上の一つの点において，圧力が 3.6×10^4 N/m^2 である．この点における密度を計算せよ．

7.5 超音速風洞ノズルを流れる等エントロピー流れを考える．貯気槽特性は $T_0 = 500$ K と $p_0 = 10$ atm である．もし，ノズル出口で，$p = 1$ atm であるとすれば，出口温度と密度を計算せよ．

7.6 0.2 atm の圧力にある空気を考える．τ_T と τ_s を計算せよ．答えは SI 単位で示せ．

7.7 流れの中の1つの点を考える．そこの点で，速度と温度がそれぞれ，1300 ft/s と 480 °R である．この点における総エンタルピーを計算せよ．

7.8 超音速風洞の貯気槽において，速度は無視でき，そして，温度が 1000 K である．ノズル出口における温度が 600 K である．ノズルで断熱流れを仮定し，その出口における速度を計算せよ．

7.9 ある翼型が，$p_\infty = 0.61$ atm，$\rho_\infty = 0.819$ kg/m^3 と $V_\infty = 300$ m/s である一様流中にある．翼型表面の1つの点において，圧力が 0.5 atm である．等エントロピー流れを仮定して，その点における速度を計算せよ．

7.10 もし，演習問題 7.9 が (間違って) 非圧縮性 Bernoulli 方程式を用いて解かれたとすると，そのパーセント誤差を計算せよ．

7.11 圧力が 0.3 atm である翼型の上の点について，演習問題 7.9 の計算を行え．

7.12 演習問題 7.11 の流れについて，演習問題 7.9 の計算を行え．

7.13 Bernoulli の式，式 (3.13)，式 (3.14)，または式 (3.15) は，第3章で，Newton の第二法則から導かれた．すなわち，それは，基本的には，力 = 質量×加速度 であるということである．しかしながら，Bernoulli の式における各項は単位体積あたりのエネルギーの次元を持っている (それを確かめよ)．そして，それは，Bernoulli の式は非圧縮性流れにつ

いてのエネルギー式であるという議論を生じさせる．もし，これが正しいなら，その場合，それは，本章で論議した圧縮性流れのエネルギー式から導かれなければならない．非粘性，断熱圧縮性流れについての式 (7.53) から出発し，非圧縮性流れに関する適切な仮定をし，そして，Bernoulli の式を得るには何が必要かを見いだせ．

第8章　垂直衝撃波とそれらの関連問題

p. 549 衝撃波：爆発により発生したり，媒体中における物体の超音速運動により引き起こされるような，大きな振幅の圧縮波．

**The American Heritage Dictionary
of the English Language, 1969**

プレビュー・ボックス

　超音速流れでは，衝撃波が発生する．衝撃波は，通常，このページの厚さよりはるかに薄く，これを過ぎると流れの特性が劇的に変化する．例として圧力を取り上げてみよう．衝撃波前方の気体の圧力を 1 atm とし，衝撃波直後において，圧力が 20 atm としよう．読者が衝撃波を通過する流体粒子であると想像してみよう．すなわち，ある瞬間，読者は 1 atm の圧力にあり，次の何分の 1 秒後に 20 atm の中にいる．もし，本著者が読者であるなら，大きなショックを受けるであろう．(おそらく，これが "衝撃" 波 ["shock" waves] と呼ぶ理由であろう．)

　本章はすべて衝撃波についての記述である．ここでは，衝撃波を通過したときの流れの特性の変化を計算する方法を学び，そして，衝撃波の重要な物理的側面や結果を検討する．本章において，流れに対して垂直である衝撃波，すなわち垂直衝撃波 (normal shock waves)，に焦点を合わせる．垂直衝撃波を学ぶことは，流れに対して斜め角 (oblique angle) を持つ衝撃波，すなわち，次章で論議する斜め衝撃波 (oblique shock waves) の学習に直接関係する．衝撃波現象の学習は超音速流れについて最も重要な項目の 1 つである．したがって，本章を重要な章として考えるべきである．また，衝撃波は刺激的な物理現象であり，この刺激的な現象に興味を持つべきある．

8.1　序論

p. 550 本章と第 9 章の目的は衝撃波理論を展開することであり，そうすれば，それは衝撃波を通過した場合の流れの特性における変化を計算する手段を与えてくれるのである．これらの変化は第 7.6 節で定性的に論議された．すなわち，読者は，これから前に進む前に，これらの変化を良くわかっているようにすべきである．

　本章は，図 7.4b に描かれたような，垂直衝撃波に焦点を当てる．最初，考えると，上流の流れに垂直である衝撃波は非常に特別な場合であるように見えるかも知れない．そして，それゆ

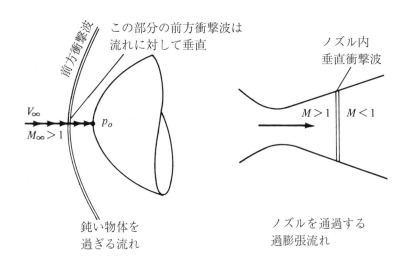

図 8.1 垂直衝撃波が重要である 2 つの例

え，ほとんど実際上の重要でない場合であると．しかし，それはまったくの見当違いである．垂直衝撃波はかなり頻繁に発生する．もっともっとたくさんあるのであるが，そのような例の 2 つが図 8.1 に示してある．鈍い物体を過ぎる超音速流れが図 8.1 の左側に示されている．ここでは，強い頭部衝撃波 (bow shock wave) がその物体の前に存在する．(そのような頭部衝撃波を第 9 章で学ぶ．) この衝撃波は曲がっているけれども，物体の先端に最も近い衝撃波の領域は，本質的に流れに対して垂直である．さらに，頭部衝撃波の，この部分を通過する流線は，その後物体の先端に衝突し，先端におけるよどみ点 (総) 圧と温度の値を支配するのである．高速の鈍い物体の先端領域は抵抗や空力加熱の計算で実際的に重要であるので，その衝撃波の垂直部分背後における流れの特性はかなりの重要性を帯びるのである．図 8.1 の右側に示される，もう 1 つの例において，超音速流れがノズル内に確立している (それは．超音速風洞，ロケットエンジン等でもあり得る)．そこでは，背圧が十分高いため垂直衝撃波がノズル内に立っている．(そのような，"過膨張 (overexpanded)" ノズル流れを第 10 章で論議する．) この衝撃波が発生する条件や垂直衝撃波下流のノズル出口における流れの特性を決めることは，両方とも答えを出さなければならない重要な問題である．要約すると，これらや，その他，多くの応用のために垂直衝撃波の研究は重要であるということである．

最後に，本章で導かれた垂直衝撃波の式の多くが，第 9 章で論議するように，斜め衝撃波の解析に直接用いられることを見いだすであろう．p. 551 それで，もう一度言うと，垂直衝撃波に費す時間は実りある時間なのである．

本章のロードマップが図 8.2 に与えられている．見てわかるように，我々の目的は比較的短く，直接的である．垂直衝撃波に関する基本的な連続，運動量，そしてエネルギー方程式の導出から始め，それから，これらの基本式を，垂直衝撃波を横切っての流れの特性計算についての詳しい式を得るために用いる．それに加えて，これらの方程式により示される物理的意味を重要視する．この目的への道程で，(1) 音速，(2) エネルギー方程式の特別の形式，および (3) いつ流れを圧縮性として取り扱わなければならないかの判定に用いる基準についての論議，を扱う 3 つの側道を行く．最終的に，本章の結果を Pitot 管を用いた圧縮性流れにおける気流速度

第 8 章　垂直衝撃波とそれらの関連問題　　　523

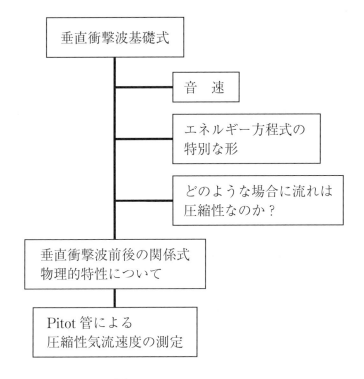

図 8.2　第 8 章のロードマップ

の測定に適用する．読者が本章を読み進むときには，図 8.2 のロードマップを常に心に抱いておくべきである．

8.2　垂直衝撃波基礎式

　図 8.3 に示される垂直衝撃波を考える．領域 1 は衝撃波上流の一様流である．そして，領域 2 は衝撃波下流の，もう一つの一様流である．領域 1 における圧力，密度，温度，Mach 数，速度，総圧，総エンタルピー，総温，およびエントロピーはそれぞれ p_1，ρ_1，T_1，M_1，u_1，$p_{0,1}$，$h_{0,1}$，$T_{0,1}$ および s_1 である．領域 2 の対応する変数は p_2，ρ_2，T_2，M_2，u_2，$p_{0,2}$，$h_{0,2}$，$T_{0,2}$ および s_2 で示される．(流速の大きさを V ではなく u で示していることに注意すべきである．この理由は先に進めば明らかとなる．) 垂直衝撃波の問題は，p. 552 簡単に，次のように言える．すなわち，衝撃波上流の流れ特性 (p_1，T_1，M_1 等) が与えられたとき，衝撃波下流の流れ特性 (p_2，T_2，M_2 等) を計算せよ，である．それでは先へ進もう．

　図 8.3 において，破線で与えられる長方形検査体積 $abcd$ を考える．衝撃波は，示されているように，検査体積の中にある．辺 ab はこの検査体積の左側面を横から見たものである．すなわち，この左面は流れに対して垂直である，そして，その面積は A である．辺 cd はこの検査体積の右側面を横から見たものである．すなわち，この右面も，また，流れに対して垂直であり，そして，その面積は A である．この検査体積に積分形の保存方程式を適用する．この過程において，図 8.3 に与えられた流れについて 3 つの重要な物理的事実を遵守する．すなわち，

1. 流れは定常である．すなわち，$\partial/\partial t = 0$ である．

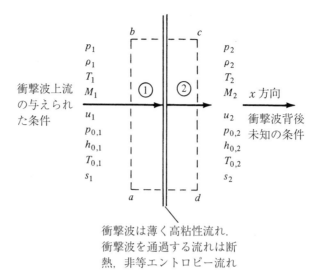

図 8.3 垂直衝撃波略図

2. 流れは断熱的である．すなわち，$\dot{q}=0$ である．この検査体積に対して熱を加えなければ取り去りもしないのである (例えば，ブンゼンバーナーで衝撃波を加熱してない)．温度は衝撃波を横切って上昇する，それは熱が加えられたからではなく，運動エネルギーが，衝撃波を横切って内部エネルギーに変換されたからである．

3. 検査体積の側面上で粘性効果は存在しない．衝撃波自身は，非常に高い速度勾配および温度勾配をもつ薄い領域である．すなわち，それゆえ，摩擦や熱伝導が衝撃波内部における流れの構造に関して重要な働きをする．しかしながら，衝撃波自身はこの検査体積の中に埋め込まれていて，保存方程式の積分形では，検査体積の内部で起きていることには関係しない．

4. 体積力はない．すなわち，$\mathbf{f}=0$ である．

p. 553 式 (7.39) の形式の連続方程式を考える．上で述べた条件について．式 (7.39) は

$$\oiint_S \rho \mathbf{V} \cdot \mathbf{dS} = 0 \tag{8.1}$$

となる．式 (8.1) を面 ab 上で計算するために，$\mathbf{V}$ は検査体積の中の方へ向いているのに対して，$\mathbf{dS}$ は定義によって検査体積の外，$\mathbf{V}$ の反対方向，へ向いている．したがって，$\mathbf{V} \cdot \mathbf{dS}$ は負である．さらに，ρ と $|\mathbf{V}|$ は面 ab 上で一様であり，それぞれ，ρ_1 と u_1 に等しい．したがって，面 ab の式 (8.1) における面積積分への寄与は，単純に，$-\rho_1 u_1 A$ である．右側の面 cd 上において，$\mathbf{V}$ と $\mathbf{dS}$ は両方とも同じ方向である．したがって，$\mathbf{V} \cdot \mathbf{dS}$ は正である．さらに，ρ と $|\mathbf{V}|$ は面 cd 上で一定であり，それぞれ，ρ_2 と u_2 に等しい．したがって，面積積分への面 cd の寄与は $\rho_2 u_2 A$ である．辺 bc と ad 上で，$\mathbf{V}$ と $\mathbf{dS}$ は常に直角をなしている．したがって，$\mathbf{V} \cdot \mathbf{dS} = 0$ である，そして，これらの面はその面積積分に寄与しないのである．したがって，図 8.3 に示される検査体積について，式 (8.1) は

$$-\rho_1 u_1 A + \rho_2 u_2 A = 0$$

すなわち,

$$\rho_1 u_1 = \rho_2 u_2 \tag{8.2}$$

となる．式 (8.2) は垂直衝撃波に関する連続の式である．

式 (7.41) の形式の運動量方程式を考える．ここで取り扱っている流れについて，式 (7.41) は

$$\oiint_S (\rho \mathbf{V} \cdot \mathbf{dS})\mathbf{V} = -\oiint_S p\mathbf{dS} \tag{8.3}$$

となる．式 (8.3) はベクトル方程式である．図 8.3 において，流れは一方向 (すなわち，x 方向) へのみ運動していることに注意すべきである．したがって，式 (8.3) のスカラー x 成分のみを考えればよい．そして，それは,

$$\oiint_S (\rho \mathbf{V} \cdot \mathbf{dS})u = -\oiint_S (pdS)_x \tag{8.4}$$

である．式 (8.4) において，$(pdS)_x$ はベクトル ($p\mathbf{dS}$) の x 成分である．面 ab 上において，$\mathbf{dS}$ は左方向 (すなわち，x の負方向) へ向いていることに注意すべきである．したがって，$(pdS)_x$ は面 ab 上で負である．同様の理由で，面 cd 上で，$(pdS)_x$ は正である．再び，すべての流れの変数は，面 ab と cd 上で一様であることに注意をして，式 (8.4) の面積積分は

$$\rho_1(-u_1 A)u_1 + \rho_2(u_2 A)u_2 = -(-p_1 A + p_2 A) \tag{8.5}$$

すなわち,

$$p_1 + \rho_1 u_1^2 = p_2 + \rho_2 u_2^2 \tag{8.6}$$

となる．式 (8.6) は垂直衝撃波に関する運動量方程式である．

p. 554 式 (7.43) の形式のエネルギー方程式を考える．体積力が働かない，定常，断熱，非粘性流れについて，この方程式は

$$\oiint_S \rho\left(e + \frac{V^2}{2}\right)\mathbf{V} \cdot \mathbf{dS} = -\oiint_S p\mathbf{V} \cdot \mathbf{dS} \tag{8.7}$$

となる．図 8.3 に示される検査面について式 (8.7) を計算すると,

$$-\rho_1\left(e_1 + \frac{u_1^2}{2}\right)u_1 A + \rho_2\left(e_2 + \frac{u_2^2}{2}\right)u_2 A = -(-p_1 u_1 A + p_2 u_2 A)$$

を得る．整理すると,

$$p_1 u_1 + \rho_1\left(e_1 + \frac{u_1^2}{2}\right)u_1 = p_2 u_2 + \rho_2\left(e_2 + \frac{u_2^2}{2}\right)u_2 \tag{8.8}$$

を得る．式 (8.2) で割る，すなわち，式 (8.8) の左辺を $\rho_1 u_1$ で，右辺を $\rho_2 u_2$ で割ると,

$$\frac{p_1}{\rho_1} + e_1 + \frac{u_1^2}{2} = \frac{p_2}{\rho_2} + e_2 + \frac{u_2^2}{2} \tag{8.9}$$

を得る．エンタルピーの定義から，$h \equiv e + pv = e + p/\rho$ である．したがって，式 (8.9) は

$$\boxed{h_1 + \frac{u_1^2}{2} = h_2 + \frac{u_2^2}{2}} \tag{8.10}$$

となる．式 (8.10) は垂直衝撃波に関するエネルギー方程式である．式 (8.10) は驚く結果ではない．すなわち，衝撃波を通過する流れは断熱的である，そして，第 7.5 節において，定常，断熱流れについて，$h_0 = h + V^2/2 = \text{const}$ であることを導いたからである．式 (8.10) は，単純に，h_0 (したがって，熱量的に完全な気体については，T_0) が衝撃波を横切って一定であることを述べている．したがって，式 (8.10) は第 7.5 節で得られた一般的な結果と一致しているのである．

明確にするために，上の結果を繰り返して示すと，垂直衝撃波基礎方程式は，

連続：
$$\rho_1 u_1 = \rho_2 u_2 \tag{8.2}$$

運動量：
$$p_1 + \rho_1 u_1^2 = p_2 + \rho_2 u_2^2 \tag{8.6}$$

エネルギー：
$$h_1 + \frac{u_1^2}{2} = h_2 + \frac{u_2^2}{2} \tag{8.10}$$

である．これらの方程式を詳しく調べてみる．図 8.3 から，衝撃波上流のすべての状態，ρ_1，u_1，p_1 等はわかっていることを思い出すべきである．したがって，上の方程式は 4 つの未知数，ρ_2，u_2，p_2 および h_2 についての 3 つの代数方程式系である．しかしながら，次のような熱力学式，

エンタルピー：
$$h_2 = c_p T_2$$

状態方程式：
$$p_2 = \rho_2 R T_2$$

を加えると，5 つの未知数．すなわち，ρ_2，u_2，p_2，h_2 および T_2 に関する 5 つの方程式を得ることになる．第 8.6 節において，衝撃波背後のこれらの未知量についてこれらの方程式を陽的に解く．p. 555 しかしながら，その解に直接向かうのではなく，まず最初に，図 8.2 のロードマップに示されているように 3 つの小旅行をすることにする．これらの小旅行は音速 (第 8.3 節)，エネルギー方程式の別形式 (第 8.4 節) と圧縮性 (第 8.5 節) の論議を含んでいる．これらすべては第 8.6 節で衝撃波の特性についての有用な論議に必要なものなのである．

最後に，式 (8.2)，式 (8.6) および式 (8.10) は垂直衝撃波に限定されたものではないことを注意しておく．すなわち，それらは，一方向のみが関係している，いかなる定常，断熱的，非粘性流れにおいて生じる変化を記述しているのである．すなわち，図 8.3 において，流れは x 方向のみである．この流れのタイプ，そこでは，流れ場の変数が x のみの関数 [$p = p(x), u = u(x)$ 等] である，は *1 次元流れ* (*one-dimensional flow*) と定義される．したがって，式 (8.2)，式 (8.6) および式 (8.10) は 1 次元，定常，断熱的，非粘性流れに関する支配方程式である．

8.3 音速

一般的な経験から，音は空気中をある有限な速度で伝播することがわかる．例えば，遠方に雷の閃光が見えても，少し後になりその雷鳴が聞こえてくる．音波が伝播する物理的なメカニズ

ムは何であろうか．それは，気体のどのような特性に依存しているのであろうか．音速 (speed of sound) は，圧縮性流れの物理的特性を決定する非常に重要な量であり，したがって，上の疑問に対する答えはこれからの論議にとって非常に重要なのである．本節の目的はこれらの疑問に答えることである．

気体中における音の伝播の物理的メカニズムは分子運動に基づいている．例えば，部屋に座っているとし，部屋の片隅で爆竹が爆発したとする．爆竹が爆発すると，化学エネルギー (基本的には熱の放出の形である) がその爆竹のすぐ近くの空気分子へ伝達される．これらの，エネルギーを与えられた分子はランダムに動きまわる．それらは，そのうち，周りの分子のいくつかと衝突し，それらの分子にエネルギーを伝達する．次に，これらの分子もそのうち，その周りの分子と衝突し，エネルギーを伝達する．この"ドミノ"効果により，爆竹によって放出されたエネルギーは分子衝突によって空気中を伝播するのである．さらに，気体の T, p および ρ は詳細で微視的な分子運動の，巨視的な平均値であるので，エネルギーをもらった分子の領域は，また，局所温度，圧力と密度においてわずかに変化のある領域である．したがって，この，爆竹からのエネルギー波が鼓膜を通過するとき，その波における微小な圧力変化を"聞く"のである．これが音 (sound) であり，そのエネルギー波の伝播が，簡単に言えば，気体における音波 (sound wave) の伝播である．

音波は分子衝突により伝播されるために，また，気体分子は分子運動論 (kinetic theory) により与えられる $\sqrt{8RT/\pi}$ なる平均速度で運動するので，音波の伝播速度は，近似的に，平均分子速度であろうと考えられる．実際，音波は，平均分子速度の約4分の3である．次に，平均分子速度について，上で与えた運動理論式は p. 556 気体の温度 (temperature) のみに依存しているので，音速は温度のみに依存すると考えられる．このことをさらに調べてみる．すなわち，これから，気体中の音速の式を実際に求めてみる．音の伝播は分子衝突によるものであるが，その導出にそのような微視的なことを用いない．むしろ，巨視的な特性，p, T, ρ 等が波を横切って変化するという事実を利用し，これらの変化を解析するために巨視的な連続，運動量およびエネルギー方程式を用いる．

図 8.4a に描かれているように，速度 a で気体中を伝播する音波を考える．ここで，音波は静止している気体 (領域 1) を右から左へ移動しており，そこでの局所圧力，温度および密度は，それぞれ，p, T および ρ である．音波の背後 (領域 2) において，気体の特性は僅かに異なり，

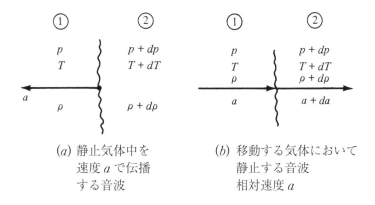

図 8.4 移動する音波と静止する音波；これらは視点だけが異なる

それぞれ $p+dp$, $T+dT$ および $\rho+d\rho$ により与えられる．さて，その波に乗り，それと一緒に移動するものとする．上流の領域 1 を見ると，図 8.4b に描かれているように，その気体が相対速度 a で向かって来るのがわかる．下流の領域 2 を眺めると，図 8.4 にも示されているように，気体は相対速度 $a+da$ で遠ざかるのがわかる．(これまでに十分な流体力学的直感力を獲得しているので，圧力が波を横切って dp だけ変化するので，その相対的な流れの速度は，波を横切ると，ある量，da だけ変化しなければならないことがわかる．したがって，波の背後における相対的流れの速度は $a+da$ であるのである．) したがって，図 8.4b における，速度 a で左から右へ移動する流れを伴った静止音波の図を得るのである．図 8.4a と図 8.4b において，図は相似である．すなわち，視点のみが異なるだけである．解析には，図 8.4b を用いることにする．

(注：図 8.4b は図 8.3 に示される垂直衝撃波の図と類似している．図 8.3 において，垂直衝撃波は静止していて，波より上流の流れが速度 u_1 で左から右へ移動している．もし，上流側の流れが突然せき止められたとすると，そのとき，図 8.3 の垂直衝撃波は，図 8.4a に示される移動する音波と同じように，u_1 なる波の速度で，突然左方向へ伝播するであろう．移動する波の解析は静止している波の解析よりほんの少し工夫が必要である．したがって，図 8.3 や 図 8.4b に示されるように，静止する波の図を用いて衝撃波や音波の研究を始めるのがより簡単である．p. 557 また，図 8.4b の音波は無限に弱い垂直衝撃波以外の何ものでもないことに注意してもらいたい．)

図 8.4b に示される音波を通過する流れを詳しく調べてみる．その流れは 1 次元である．さらに，それは断熱的である．なぜなら，その波へ，または波からの熱伝達の源がない，(例えば，レーザー光でその波を撃ったり，トーチで加熱したりしていない) からである．最後に，この波の内部における勾配は非常に小さい．すなわち，変化，dp, dT, $d\rho$ や da は微小である．したがって，散逸現象 (粘性と熱伝導) の影響は無視できる．結果として，音波を通過する流れは断熱的であり，かつ，可逆的である．すなわち，流れは**等エントロピー的**である．この流れが 1 次元で，等エントロピー的であることを確定したので，図 8.4b に示される流れに適切な支配方程式を適用しよう．

図 8.4b に連続方程式．式 (8.2) を適用すると，

$$\rho a = (\rho + d\rho)(a + da)$$

すなわち，

$$\rho a = \rho a + a\,d\rho + \rho\,da + d\rho\,da \tag{8.11}$$

を得る．2 つの差の積，$d\rho da$，は式 (8.11) における他の項と比較して無視できる．したがって，式 (8.11) を解いて，

$$a = -\rho \frac{da}{d\rho} \tag{8.12}$$

を得る．さて，図 8.4b に適用した，1 次元運動量方程式，式 (8.6) を考える．すなわち，

$$p + \rho a^2 = (p + dp) + (\rho + d\rho)(a + da)^2 \tag{8.13}$$

再び，差の積を無視すると，式 (8.13) は

$$dp = -2a\rho da - a^2 d\rho \tag{8.14}$$

第 8 章　垂直衝撃波とそれらの関連問題

となる．式 (8.14) を da について解くと，

$$da = \frac{dp + a^2 d\rho}{-2a\rho} \tag{8.15}$$

を得る．式 (8.15) を式 (8.12) に代入すると，

$$a = -\rho \frac{dp/d\rho + a^2}{-2a\rho} \tag{8.16}$$

を得る．式 (8.16) を a^2 について解くと，

$$a^2 = \frac{dp}{d\rho} \tag{8.17}$$

を得る．上で論議したように，音波を通過する流れは等エントロピー的である．したがって，式 (8.17) において，密度に関する圧力の変化率，$dp/d\rho$ は P. 558 等エントロピー変化である．したがって，式 (8.17) を次のように書き換えることができる．

$$\boxed{a = \sqrt{\left(\frac{\partial p}{\partial \rho}\right)_s}} \tag{8.18}$$

式 (8.16) は気体中のに関する基本方程式である．

　気体が熱量的に完全であると仮定する．そのような場合，式 (7.32) により与えられる等エントロピー式は成り立つ，すなわち，

$$\frac{p_1}{p_2} = \left(\frac{\rho_1}{\rho_2}\right)^\gamma \tag{8.19}$$

式 (8.19) から，

$$\frac{p}{\rho^\gamma} = \text{const} = c$$

すなわち，

$$p = c\rho^\gamma \tag{8.20}$$

を得る．式 (8.20) を ρ で微分すると，

$$\left(\frac{\partial p}{\partial \rho}\right)_s = c\gamma \rho^{\gamma-1} \tag{8.21}$$

を得る．式 (8.21) における定数 c について式 (8.20) を代入すると，

$$\left(\frac{\partial p}{\partial \rho}\right)_s = \left(\frac{p}{\rho^\gamma}\right)\gamma \rho^{\gamma-1} = \frac{\gamma p}{\rho} \tag{8.22}$$

を得る．式 (8.22) を式 (8.18) に代入して，

$$a = \sqrt{\frac{\gamma p}{\rho}} \qquad (8.23)$$

を得る．式 (8.23) は熱量的に完全な気体中の音速の式である．一見すると，式 (8.23) は，音速が p と ρ の両方に依存するとしているよう見える．しかしながら，圧力と密度は完全気体の状態方程式，

$$\frac{p}{\rho} = RT \qquad (8.24)$$

により結び付いている．したがって，式 (8.24) を式 (8.23) に代入すると，

$$a = \sqrt{\gamma RT} \qquad (8.25)$$

を得る，そして，これが音速に関する最終的な式である．すなわち，それは，**熱量的に完全な気体における音速は温度のみの関数である**と言うことを明確に述べているのである．これは，前に行った分子現象である音速の論議と一致し，したがって，それは，平均分子速度 $\sqrt{8RT/\pi}$ と関連しているのである．

p. 559 標準海面における音速は，覚えておくべき有用な値である．すなわち，それは，

$$a_s = 340.9 \text{ m/s} = 1117 \text{ ft/s}$$

である．

第 7.3 節に与えられた圧縮率の定義を思い出してみる．特に，以下にもう一度示す，等エントロピー圧縮率の式 (7.35) から，

$$\tau_s = -\frac{1}{v}\left(\frac{\partial v}{\partial p}\right)_s$$

そして，$v = 1/\rho$ (すなわち，$dv = -d\rho/\rho^2$) を思い出して，

$$\tau_s = -\rho\left[-\frac{1}{\rho^2}\left(\frac{\partial \rho}{\partial p}\right)_s\right] = \frac{1}{\rho(\partial p/\partial \rho)_s} \qquad (8.26)$$

を得る．しかしながら，式 (8.18) から $(\partial p/\partial \rho)_s = a^2$ であることを思い出すべきである．したがって，式 (8.26) は

$$\tau_s = \frac{1}{\rho a^2}$$

すなわち，

$$a = \sqrt{\frac{1}{\rho \tau_s}} \qquad (8.27)$$

となる．式 (8.27) は音速を気体の圧縮率と結び付けている．圧縮率が低ければ低いほど，音速はより高い．非圧縮性という極限に関しては，$\tau_s = 0$ であることを思い出すべきである．したがって，式 (8.27) は，理論的に非圧縮性流体における音速は無限大であることを述べている．次に，有限な速度 V の非圧縮性流れについて，Mach 数，$M = V/a$，はゼロである．したがって，第3章から第6章で取り扱った非圧縮性流れは，理論的に Mach 数ゼロの流れである．

最後に，Mach 数の付加的な物理的意味に関して，流線に沿って移動する流体要素を考える．それの単位質量あたりの運動と内部エネルギーは，それぞれ，$V^2/2$ と e である．それらの比 [式 (7.6a)，式 (7.10) と式 (8.25) を思い出して，]

$$\frac{V^2/2}{e} = \frac{V^2/2}{c_v T} = \frac{V^2/2}{RT/(\gamma-1)} = \frac{(\gamma/2)V^2}{a^2/(\gamma-1)} = \frac{\gamma(\gamma-1)}{2}M^2$$

したがって，Mach 数の2乗は気体流れの運動エネルギーと内部エネルギーとの比に比例することがわかる．言い替えると，Mach 数は，気体分子のランダムな熱運動と比較される気体の直進運動の比率である．

[例題 8.1]

速度 250 m/s で飛行している飛行機を考える．もし，その飛行機が標準大気の高度，(a) 海面高さ，(b) 5 km，(c) 10 km で飛行しているとすればその Mach 数を計算せよ．

[解答]p. 560

(a) 標準大気表の付録 D から，海面高さにおいて，$T_\infty = 288$ K である．

$$a_\infty = \sqrt{\gamma RT} = \sqrt{(1.4)(287)(288)} = 340.2 \text{ m/s}$$

したがって，

$$M_\infty = \frac{V_\infty}{a_\infty} = \frac{250}{340.2} = \boxed{0.735}$$

(b) 付録 D から，高度 5 km において，$T_\infty = 255.7$ K である．

$$a_\infty = \sqrt{(1.4)(287)(255.7)} = 320.5 \text{ m/s}$$
$$M_\infty = \frac{V_\infty}{a_\infty} = \frac{250}{320.5} = \boxed{0.78}$$

(c) 付録 D から，高度 10 km において，$T_\infty = 223.3$ K である．

$$a_\infty = \sqrt{(1.4)(287)(223.3)} = 299.5 \text{ m/s}$$
$$M_\infty = \frac{V_\infty}{a_\infty} = \frac{250}{299.5} = \boxed{0.835}$$

注：(1) ここで用いられる Mach 数は自由流 Mach 数である．飛行機あるいはその他のどんな飛行物体の Mach 数について述べるときは，それは自由流の音速で割った，その物体の速度である．

(2) 本例題における飛行機の Mach 数は明らかにそれが飛行している高度に依存する．なぜなら，音速は高度によって異なるからである．本例題において，250 m/s の飛行機の速度は，

海面高度で 0.735 である Mach 数に対応するが，高度 10 km においては，より高い 0.835 なる Mach 数に対応する．

[例題 8.2]

例題 7.3 に示された流れの中の点での流れ特性を考える．例題 7.3 では，温度が 320 K であり，速度は 1000 m/s である．この点における Mach 数を計算せよ．

[解答]

$$a = \sqrt{\gamma RT} = \sqrt{(1.4)(287)(320)} = 358.6 \text{ m/s}$$
$$M = \frac{V}{a} = \frac{1000}{358.6} = \boxed{2.79}$$

注：この簡単な計算は Mach 数が流れの局所特性であることを示すためにここに与えられている．すなわち，Mach 数は流れ場で点から点で変化する．これは例題 8.1 において計算された自由流 Mach 数とは対照的である．これら 2 つの例題の目的は 2 つの Mach 数の用い方を説明することである．

[例題 8.3]

Mach 数が (a) $M = 2$，および (b) $M = 20$ である空気流中の 1 点における運動エネルギーと内部エネルギーとの比を計算せよ．

[解答]$^{\text{P. 561}}$

(a) $\dfrac{V^2/2}{e} = \dfrac{\gamma(\gamma-1)}{2}M^2 = \dfrac{(1.4)(0.4)}{2}(2)^2 = \boxed{1.12}$

(b) $\dfrac{V^2/2}{e} = \dfrac{\gamma(\gamma-1)}{2}M^2 = \dfrac{(1.4)(0.4)}{2}(20)^2 = \boxed{112}$

注：これらの 2 つの結果を調べると，Mach 2 において，運動エネルギーと内部エネルギーはほぼ同じであるのに対して，20 である大きな極超音速マッハ数において，運動エネルギーは内部エネルギーの 100 倍以上であることがわかる．これが極超音速流れの 1 つの特性，すなわち，高い運動エネルギー対内部エネルギーの比，である．

[例題 8.4]

空気流中の一点を考える．その点において，圧力および密度は，それぞれ 0.7 atm および 0.0019 slug/ft^3 である．(a) 等エントロピー圧縮率の値を計算せよ．(b) 等エントロピー圧縮率から，流れの中のこの点における音速を計算せよ

[解答]

(a) 等エントロピー圧縮率，τ_s，は式 (7.35) により定義される．

$$\tau_s = -\frac{1}{v}\left(\frac{\partial v}{\partial p}\right)_s \tag{7.35}$$

等エントロピー過程に関する p と v の間の関係式は式 (7.32) により与えられる．その式は次のような形式に書ける．すなわち，

$$p = c\rho^\gamma = c\left(\frac{1}{v}\right)^\gamma \tag{E8.1}$$

ここに，c は定数である．式 (E8.1) を v について解くと

$$v = c_1 p^{-(1/\gamma)} \tag{E8.2}$$

が得られる．ここに，$c_1 = c^{(1/\gamma)}$ で，もう1つの定数である．式 (E8.2) を微分すると

$$\left(\frac{\partial v}{\partial p}\right)_s = c_1\left(-\frac{1}{\gamma}\right)p^{-(1/\gamma)-1} \tag{E8.3}$$

を得る．式 (E8.2) から，

$$c_1 = vp^{1/\gamma}$$

この c_1 の式を式 (E8.3) に代入すると

$$\left(\frac{\partial v}{\partial p}\right)_s = -\frac{1}{\gamma}\left(vp^{1/\gamma}\right)p^{-(1/\gamma)-1} = -\frac{v}{\gamma p}$$

この結果を式 (7.35) に代入すると，

$$\tau_s = -\frac{1}{v}\left(-\frac{v}{\gamma p}\right) = \frac{1}{\gamma p} \tag{E8.4}$$

p. 562 したがって，0.7 atm の圧力の空気に関して式 (E8.4) は

$$\tau_s = \frac{1}{(1.4)(0.7)} = \boxed{1.02 \text{ atm}^{-1}}$$

を与える．

(b) 式 (8.27) から

$$a = \sqrt{\frac{1}{\rho\tau_s}} \tag{8.27}$$

そして，τ_s について整合性のある単位を用いると，

$$\tau_s = 1.02 \text{ atm}^{-1}\left(\frac{1 \text{ atm}}{2116 \text{ lb/ft}^2}\right)$$
$$= 4.82 \times 10^{-4} \text{ (lb/ft}^2)^{-1}$$

$$a = \sqrt{\frac{1}{\rho\tau_s}} = \sqrt{\frac{1}{0.0019(4.82 \times 10^{-4})}} = \boxed{1045 \text{ ft/s}}$$

を得る．

チェック:

$$T = \frac{p}{\rho R} = \frac{(0.7)(2116)}{(0.0019)(1716)} = 454.3 \, °R$$

式 (8.25) から,

$$a = \sqrt{\gamma RT} = \sqrt{(1.4)(1716)(454.3)} = 1045 \text{ ft/s}$$

答えは一致する！

[例題 8.5]

17 世紀までには，音は空気中を有限な速度で伝播することは理解されていた．Isaac Newton が 1687 年に彼の *Principia* (プリンキピア) を出版したときまでに，砲術試験がすでに海水面における音速は 1140 ft/s であることを示していた．その結果と今日の海水面における標準音速，すなわち 1117 ft/s，と比較すると，これらの 17 世紀初期における測定が非常に正確であったということを示している．音速に関するこの実験結果で武装して，Isaac Newton は *Principia* において最初の音速計算を行った (参考文献 62 を見よ)．ここで，Newton は，音速が，圧縮率，τ，の逆数である，空気の "弾性 (elasticity)" と関係づけるという正しい理論化を行った．しかしながら，彼は音波における諸特性の変化が等温的に生じると間違って仮定した．Newton の音波についての等温変化仮定を用い，Newton により求められた海面における音速を計算せよ．

[解答]

等温圧縮率は

$$\tau_T = -\frac{1}{v}\left(\frac{\partial v}{\partial p}\right)_T \tag{7.34}$$

として定義される．

p. 563 状態方程式から，$v = RT/p$ である．したがって

$$\left(\frac{\partial v}{\partial p}\right)_T = -\frac{RT}{p^2}$$

この結果を式 (7.34) に代入すると,

$$\tau_T = -\frac{1}{v}\left(-\frac{RT}{p^2}\right) = \frac{RT}{(pv)p} = \frac{RT}{(RT)p} = \frac{1}{p} \tag{E8.5}$$

を得る．正しい等エントロピー圧縮率ではなく，式 (8.27) における圧縮率に等温の値を用いると,

$$a_T = \sqrt{\frac{1}{\rho \tau_T}} \quad \text{(Newton の間違った 結果)} \tag{E8.6}$$

を得る．標準大気の海水面では，$p = 2116 \text{ lb/ft}^2$ および $\rho = 0.002377 \text{ slug/ft}^3$ である．したがって，音波を通して等温状態を仮定した音速の計算は式 (E8.5) および式 (E8.6) から，

$$a_T = \sqrt{\frac{1}{\rho \tau_T}} = \sqrt{\frac{p}{\rho}} = \sqrt{\frac{2116}{0.002377}} = \boxed{943.5 \text{ ft/s}}$$

である．Isaac Newton は *Principia* において音速の値として 943.5 ft/s を書いている．これは本例題で計算した値より約 4 パーセント高い．この相違はむしろ Newton の時代に知られていた海水面大気特性における不完全さによるものであるということがもっともらしいと考えられる．
注：等エントロピー圧縮率は

$$\tau_s = \frac{1}{\gamma p} \tag{E8.4}$$

により与えられる．等温圧縮率は

$$\tau_T = \frac{1}{p} \tag{E8.5}$$

により与えられる．これらの 2 つの値は係数 γ だけ異なっている．等温圧縮率から計算された音速は等エントロピー圧縮率から計算されたものより小さく，係数 $(\gamma)^{-1/2}$，すなわち，0.845 倍である．等温計算は正しい値より約 15 パーセント低い音速を与える．Newton の音速計算値は，彼の *Principia* に記載されているように，当時の測定された値の 1140 ft/s より約 15 パーセント低かったということは興味深い．ひるまずに，Newton はその差を大気中のちりの粒子や水蒸気の存在によるものとして弁明を試みている．最終的に，1 世紀後，フランスの数学者 Laplace が，音波は断熱的であり，等温ではないと正しく仮定して Newton の誤りを正した．したがって，1820 年代の Napoleon の時代までに気体中における音波の伝播に関する過程と関係式は完全に理解されたのである．

8.3.1 コメント

例題 8.4 と例題 8.5 において音速の決定における圧縮率の役割を取り扱った．τ_T と τ_s の両方が圧力の関数であることがわかった．音速を得るために τ_s が式 (8.27) に用いられたとき，密度もその式に現れ，それが $a = a(\rho, p)$ であるように見せている．実際に，例題 8.4 と例題 8.5 の両例題に関して音速を計算するために p と ρ 両方の値を用いた．しかし，音速の式において p と ρ は常に p/ρ の形で出てきて [例えば，式 (8.23) を見よ]，完全気体の状態方程式から，$p/\rho = RT$ であることを覚えておくべきである．したがって，完全気体の音速は**温度のみの関数**であることを再度強調しておく．もし，ある気体を手に入れ，温度を一定に保ち圧力を 2 倍にしても，音速は同じままである．もし，温度を一定に保ったまま密度を半分にしても，音速は同じままである．平衡化学反応性気体および，または分子間力が重要である気体 (第 7.2.1 節で論議されたように，完全気体ではない気体) の場合には，音速は必ず温度と圧力両方の関数となるのである (例えば，参考文献 21 および 55 を見よ)．

[例題 8.6]

(*a*) 長さ 300 m の長い管を考える．この管は温度が 320 K の空気で満たされている．音波がこの管の一端で発生させられる．この音波が管の他端に到達するのにどのくらい時間がかかるであろうか．

(b) もし，この管が温度 320 K のヘリウムで満たされていて，この管の一端で音波が発生させられたとすれば，この管の他端に音波が到達するのにどのくらいかかるであろうか．ヘリウムのような単原子分子の場合，$\gamma = 1.67$ である．また，ヘリウムの場合，$R = 2078.5$ J/(Kg·K) である．

[解答]

(a) $$a = \sqrt{\gamma RT} = \sqrt{(1.4)(287)(320)} = 358.6 \text{ m/s}$$

l = 管の長さ そして，t = 音波が長さ l を移動するための時間 とすると，

$$t = \frac{l}{a} = \frac{300}{358.6} = \boxed{0.837 \text{ s}}$$

(b) $$a = \sqrt{\gamma RT} = \sqrt{(1.67)(2078.5)(320)} = 1054 \text{ m/s}$$

$$t = \frac{l}{a} = \frac{300}{1054} = \boxed{0.285 \text{ s}}$$

注：ヘリウムにおける音速は同じ温度において次の 2 つの理由で空気におけるものよりはるかに速い．すなわち，(1) ヘリウムの γ がより大きく，それ以上に重要なことは，(2) ヘリウムは分子量 $M = 4$ を持っていて，それは空気の分子量 $M = 28$ よりずっと軽いことである．$R = \Re/M$，ここに，$\Re$ は普遍気体定数であり，したがって，ヘリウムの R は空気のそれよりもかなり大きいのである．

8.4 エネルギー方程式の特別な形式

本節において，もともと，式 (7.44) で与えられるような，断熱流れについてのエネルギー方程式をより詳しく述べる．第 7.5 節において，定常，p. 565 断熱，非圧縮性流れについて，次の結果を得た．

$$h_1 + \frac{V_1^2}{2} = h_2 + \frac{V_2^2}{2} \tag{8.28}$$

ここに，V_1 と V_2 は 3 次元の流線に沿った任意の 2 つの点における速度である．現在の 1 次元流れの論議と一致させるために，式 (8.28) に u_1 と u_2 を用いることにする．すなわち，

$$h_1 + \frac{u_1^2}{2} = h_2 + \frac{u_2^2}{2} \tag{8.29}$$

しかしながら，本節における，これ以降のすべての結果は，一般的に，1 つの流線に沿って成り立ち，決して 1 次元流れのみに限定されないことを覚えておくべきである．式 (8.29) を熱量的に完全な気体に特化すると，そこでは $h = c_p T$ であり，

$$\boxed{c_p T_1 + \frac{u_1^2}{2} = c_p T_2 + \frac{u_2^2}{2}} \tag{8.30}$$

を得る．式 (7.9) より，式 (8.30) は

$$\frac{\gamma RT_1}{\gamma - 1} + \frac{u_1^2}{2} = \frac{\gamma RT_2}{\gamma - 1} + \frac{u_2^2}{2} \tag{8.31}$$

となる．$a = \sqrt{\gamma RT}$ であるので，式 (8.31) は

$$\boxed{\frac{a_1^2}{\gamma - 1} + \frac{u_1^2}{2} = \frac{a_2^2}{\gamma - 1} + \frac{u_2^2}{2}} \tag{8.32}$$

のように書ける．もし，式 (8.32) において，点 2 がよどみ点であると考えると，そこでは，よどみ点音速が a_0 で示され，それで，$u_2 = 0$ により式 (8.32) は (添字 1 を省略して，)

$$\boxed{\frac{a^2}{\gamma - 1} + \frac{u^2}{2} = \frac{a_0^2}{\gamma - 1}} \tag{8.33}$$

を生じる．式 (8.33) において，a と u は，それぞれ，流れの中の与えられた点における音速と流れの速度であり，a_0 はその点に関係したよどみ点 (すなわち総) 音速である．等価的には，もし，1 つの流線に沿った 2 つの点があると，式 (8.32) は，

$$\frac{a_1^2}{\gamma - 1} + \frac{u_1^2}{2} = \frac{a_2^2}{\gamma - 1} + \frac{u_2^2}{2} = \frac{a_0^2}{\gamma - 1} = \text{const} \tag{8.34}$$

であることを述べている．

p. 566 第 7.5 節の終わりに与えられた a^* の定義を思い出し，式 (8.32) における点 2 が音速流を表すとする．そこでは，$u = a^*$ である．その時，

$$\frac{a^2}{\gamma - 1} + \frac{u^2}{2} = \frac{a^{*2}}{\gamma - 1} + \frac{a^{*2}}{2}$$

すなわち，

$$\boxed{\frac{a^2}{\gamma - 1} + \frac{u^2}{2} = \frac{\gamma + 1}{2(\gamma - 1)} a^{*2}} \tag{8.35}$$

式 (8.35) において，a と u は，それぞれ，流れの中で与えられた任意点における音速と流速であり，a^* はその点に関係した特性値である．等価的には，もし，1 つの流線に沿って 2 つの点があれば，式 (8.35) は，

$$\frac{a_1^2}{\gamma - 1} + \frac{u_1^2}{2} = \frac{a_2^2}{\gamma - 1} + \frac{u_2^2}{2} = \frac{\gamma + 1}{2(\gamma - 1)} a^{*2} = \text{const} \tag{8.36}$$

であることを述べている．式 (8.34) と式 (8.36) の右辺を比較すると，流れと関係している a_0 と a^* は次式により関係付けられる．

$$\frac{\gamma+1}{2(\gamma-1)}a^{*2} = \frac{a_0^2}{\gamma-1} = \text{const} \tag{8.37}$$

明らかに，これらの定義された量，a_0 と a^* は両方とも定常，断熱，非粘性流れにおいて与えられた1つの流線に沿って一定である．もし，すべての流線が同じ自由流状態から出てくるなら，そのとき，a_0 と a^* は全流れ場にわたり一定である．

第7.5節で論議されたように，総温 T_0 の定義を思い出すべきである．式 (8.30) において，$u_2 = 0$ とする．したがって，$T_2 = T_0$ である．添字1を省略すると，

$$\boxed{c_p T + \frac{u^2}{2} = c_p T_0} \tag{8.38}$$

を得る．式 (8.38) は，定義された総温 T_0 を流れ場の任意の与えられた点における，与えられた実際の状態である T と u から計算できる公式である．等価的には，もし，定常，断熱，非粘性流れにおいて，1つの流線に沿って，任意の2点があると，式 (8.38) は

$$c_p T_1 + \frac{u_1^2}{2} = c_p T_2 + \frac{u_2^2}{2} = c_p T_0 = \text{const} \tag{8.39}$$

であることを述べている．もし，すべての流線が同じ一様自由流から出てくるとすれば，そのとき，式 (8.39) は単に1つの流線に沿っただけではなく，全流れにわたって成り立つ．

p. 567 熱量的に完全な気体について，総温に対する静温度の比 T_0/T は，次のように，Mach 数のみの関数である．式 (8.38) と式 (7.9) から，

$$\frac{T_0}{T} = 1 + \frac{u^2}{2c_p T} = 1 + \frac{u^2}{2\gamma RT/(\gamma-1)} = 1 + \frac{u^2}{2a^2/(\gamma-1)}$$
$$= 1 + \frac{\gamma-1}{2}\left(\frac{u}{a}\right)^2$$

を得る．したがって，

$$\boxed{\frac{T_0}{T} = 1 + \frac{\gamma-1}{2}M^2} \tag{8.40}$$

式 (8.40) は非常に重要である．すなわち，それは，M（と，もちろん，γ の値）のみが総温対静温度の比を支配することを述べている．

第7.5節で論議したように，総圧 p_0 と総密度 ρ_0 の定義を思い出すべきである．これらの定義には，速度ゼロへ，流れの等エントロピー圧縮を含んでいる．式 (7.32) から，

$$\frac{p_0}{p} = \left(\frac{\rho_0}{\rho}\right)^\gamma = \left(\frac{T_0}{T}\right)^{\gamma/(\gamma-1)} \tag{8.41}$$

式 (8.40) と式 (8.41) を結び付けると，

$$\boxed{\frac{p_0}{p} = \left(1 + \frac{\gamma-1}{2}M^2\right)^{\gamma/(\gamma-1)}} \tag{8.42}$$

$$\boxed{\frac{\rho_0}{\rho} = \left(1 + \frac{\gamma-1}{2}M^2\right)^{1/(\gamma-1)}} \tag{8.43}$$

を得る．T_0/T の場合と同様に，式 (8.42) と式 (8.43) から，総状態対静状態の比，p_0/p と ρ_0/ρ は M と γ のみにより決定されることがわかる．したがって，与えられた気体 (すなわち，与えられた γ) について，比，T_0/T，p_0/p および ρ_0/ρ はマッハ数のみに依存する．

式 (8.40)，式 (8.42) と式 (8.43) は非常に重要である．すなわち，読者はそれらの式を心に焼き付けねばならない．それらは，定義された値である T_0，p_0 および ρ_0 が (熱量的に完全な気体を仮定して)，全流れ場のある与えられた点における M，p および ρ なる実際の状態から計算できる式を与えている．それらは非常に重要であるので，それぞれ，式 (8.40)，式 (8.42) および式 (8.43) から得られた，T_0/T，p_0/p および ρ_0/ρ の値が (標準状態における空気に対応する) $\gamma = 1.4$ について付録 A において M の関数として表にしてある．

速度が厳密に音速 (すなわち，そこでは，$M = 1$) である，一般的な流れの 1 点を考える．この音速状態における静温，静圧力および静密度を p.568 それぞれ，T^*，p^* と ρ^* として示す．式 (8.40)，式 (8.42) および式 (8.43) へ，$M = 1$ を代入して，

$$\frac{T^*}{T_0} = \frac{2}{\gamma + 1} \tag{8.44}$$

$$\frac{p^*}{p_0} = \left(\frac{2}{\gamma + 1}\right)^{\gamma/(\gamma-1)} \tag{8.45}$$

$$\frac{\rho^*}{\rho_0} = \left(\frac{2}{\gamma + 1}\right)^{1/(\gamma-1)} \tag{8.46}$$

を得る．$\gamma = 1.4$ について，これらの比は

$$\frac{T^*}{T_0} = 0.833 \qquad \frac{p^*}{p_0} = 0.528 \qquad \frac{\rho^*}{\rho_0} = 0.634$$

であり，それらは，これ以降の論議で覚えておくべき有用な数値である．

本節における，最後の 1 つの項目がある．第 1 章において，Mach 数を $M = V/a$ (または本章の 1 次元の記号に従うと，$M = u/a$) と定義した．次に，これによりいくつかの流れの領域を定義した．そして，それらは，次のようなものである．

$M < 1$ （亜音速流れ）
$M = 1$ （音速流れ）
$M > 1$ （超音速流れ）

M の定義において，a は局所音速，$a = \sqrt{\gamma RT}$ である．超音速流れの理論において，しばしば，次のように定義される**特性 Mach 数** M^* を導入するのが都合が良い．

$$M^* \equiv \frac{u}{a^*}$$

そこで，a^* は音速状態における音速値であり，実際の局所の値ではない．これは，第 7.5 節の最後に導入され，式 (8.35) で用いられている a^* と同じものである．a^* は，$a^* = \sqrt{\gamma RT^*}$ により与えられる．さて，実際の M とこの定義された特性 Mach 数 M^* との関係を求めよう．式 (8.35) を u^2 で割ると，

$$\frac{(a/u)^2}{\gamma-1} + \frac{1}{2} = \frac{\gamma+1}{2(\gamma-1)}\left(\frac{a^*}{u}\right)^2$$

$$\frac{(1/M)^2}{\gamma-1} = \frac{\gamma+1}{2(\gamma-1)}\left(\frac{1}{M^*}\right)^2 - \frac{1}{2}$$

$$\boxed{M^2 = \frac{2}{(\gamma+1)/M^{*2} - (\gamma-1)}} \tag{8.47}$$

を得る. p. 569 式 (8.47) は M^* の関数としての M を与える. 式 (8.47) を M^{*2} について解くと,

$$\boxed{M^{*2} = \frac{(\gamma+1)M^2}{2+(\gamma-1)M^2}} \tag{8.48}$$

を得る. そして, それは M^* を M の関数として与える. 式 (8.48) に数値を代入してわかるように (読者自身いくつか試みて見るべきである),

もし, $M = 1$ であるなら, $M^* = 1$

もし, $M < 1$ であるなら, $M^* < 1$

もし, $M > 1$ であるなら, $M^* > 1$

もし, $M \to \infty$ $M^* \to \sqrt{\dfrac{\gamma+1}{\gamma-1}}$

したがって, M^* は, 実際の Mach 数が無限大に近づくとき, M^* が有限値へ近づくということ以外, 定性的には M と同じように振る舞う.

要約すると, 多数の方程式を本節で導いた. そしてそれらは, ともかく定常, 非粘性, 断熱流れについての基本エネルギー方程式に由来するのである. これからさらに先に進む前にこれらの方程式を理解し, 精通していることを確かめるべきである. これらの方程式は衝撃波の解析や, 一般的に圧縮性流れの研究において重要である.

[例題 8.7]

本節で導いた式を用いて例題 7.3 を解け.

[解答]

例題 8.2 において, 局所 Mach 数が $M = 2.79$ になることを計算した. 式 (8.40) から,

$$\frac{T_0}{T} = 1 + \frac{\gamma-1}{2}M^2 = 1 + \frac{0.4}{2}(2.79)^2 = 2.557$$

例題 7.3 から, $T = 320$ K である. したがって,

$$T_0 = 2.557\,T = (2.557)(320) = \boxed{818 \text{ K}}$$

式 (8.42) から,

$$\frac{p_0}{p} = \left[1 + \frac{\gamma-1}{2}(M)^2\right]^{\frac{\gamma}{\gamma-1}} = (2.557)^{\frac{1.4}{0.4}} = 26.7$$

例題 7.3 から, $p = 1$ atm である. したがって,

$$p_0 = 26.7\, p = 26.7(1) = \boxed{26.7 \text{ atm}}$$

これらの答えは例題 7.3 で得られた結果と一致する. ここで用いられた Mach 数から T_0 と p_0 を計算する方法は例題 7.3 で用いたものよりも哲学的にはもっと基本的である. 論議を続けていくにしたがって, 読者は Mach 数が圧縮性流れに関する主要な支配パラメータであること見出すであろう.

注：この例題において, 解答を得るために解析式を用いた. 次の例題では付録 A の数表を用いる. これらの数表は解析式から得られる. これらの数表はこれらの式を用いる計算のとき手間を省いてくれる便利なものである.

[例題 8.8]

局所 Mach 数, 静圧と静温度が, それぞれ 3.5, 0.3 atm と 180 K である空気流における 1 点を考える. この点において p_0, T_0, T^*, a^* および M^* の局所値を計算せよ.

[解答]

付録 A から, $M = 3.5$ について, $p_0/p = 76.27$ と $T_0/T = 3.45$ である. したがって,

$$p_0 = \left(\frac{p_0}{p}\right)p = 76.27(0.3 \text{ atm}) = \boxed{22.9 \text{ atm}}$$

$$T_0 = \frac{T_0}{T}T = 3.45(180) = \boxed{621 \text{ K}}$$

$M = 1$ について, $T_0/T^* = 1.2$ である. したがって,

$$T^* = \frac{T_0}{1.2} = \frac{621}{1.2} = \boxed{517.5 \text{ K}}$$

$$a^* = \sqrt{\gamma R T^*} = \sqrt{1.4(287)(517.5)} = \boxed{456 \text{ m/s}}$$

$$a = \sqrt{\gamma R T} = \sqrt{1.4(287)(180)} = \boxed{268.9 \text{ m/s}}$$

$$V = M\,a = 3.5(268.9) = 941 \text{ m/s}$$

$$M^* = \frac{V}{a^*} = \frac{941}{456} = \boxed{2.06}$$

M^* に対する上の結果は式 (8.48) から直接求めることもできる. すなわち,

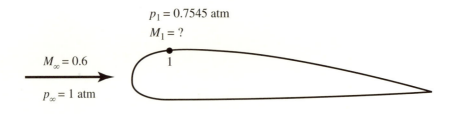

図 8.5 例題 8.9 の図

$$M^{*2} = \frac{(\gamma+1)M^2}{2+(\gamma-1)M^2} = \frac{2.4(3.5)^2}{2+0.4(3.5)^2} = 4.26$$

したがって，上で得られたように，$M^* = \sqrt{4.26} = 2.06$ である．

[例題 8.9]

例題 3.1 において，非圧縮性流れについて，翼型上の 1 点の圧力と自由流速度と圧力が与えられたとき，その点での速度の計算を説明した，(先へ進む前に例題 3.1 を復習することは有益であろう．) その解法は Bernoulli 式の使用を含んでいた．ここで，例題 3.1 に類似の圧縮性流れを調べてみる．図 8.5 に示されるように，$M_\infty = 0.6$ と $p_\infty = 1$ atm である自由流中にある翼型を考える．翼型上の点 1 において，圧力が $p_1 = 0.7545$ atm である．p.571 点 1 における局所 Mach 数を計算せよ．この翼型まわりで等エントロピー流れを仮定せよ．

[解答]

自由流 Mach 数が，その流れを圧縮性であるとして取り扱わなければならない程十分高いので，Bernoulli 式を用いることができない．$M_\infty = 0.6$ に対する自由流総圧は，付録 A から，

$$p_{0,\infty} = \frac{p_{0,\infty}}{p_\infty} p_\infty = (1.276)(1) = 1.276 \text{ atm}$$

等エントロピー流れについて，総圧は流れ全体で一定であることを思い出すべきである．したがって，

$$p_{0,1} = p_{0,\infty} = 1.276 \text{ atm}$$

すなわち，

$$\frac{p_{0,1}}{p_1} = \frac{1.276}{0.7545} = 1.691$$

付録 A から，1.69 に等しい総圧対静圧の比について，

$$\boxed{M_1 = 0.9}$$

を得る．これが図 8.5 における翼型上の点 1 での局所 Mach 数である．

[例題 8.10]

例題 8.9 において，流れの速度はその計算に入ってこなかったことに注意すべきである．圧縮性流れについて，Mach 数が速度よりももっと基本的な変数である．すなわち，このことを圧縮性流れで取り扱うこれ以降の節や章で再三見るのである．しかしながら，圧縮性流れ問題について，確かに速度を計算できるが，そのような場合，流れの温度レベルについて知る必要がある．例題 8.9 の条件の場合に，自由流温度が 59°F のとき，翼型上の点 1 における速度を計算せよ．

[解答]

一貫性のある単位系を扱う必要がある．0°F は 460°R と同じであるので，

$$T_\infty = 460 + 59 = 519 \,°R$$

流れは等エントロピー的であり，したがって，式 (7.32) から，

$$\frac{p_1}{p_\infty} = \left(\frac{T_1}{t_\infty}\right)^{\gamma/(\gamma-1)}$$

すなわち，

$$T_1 = T_\infty \left(\frac{p_1}{p_\infty}\right)^{(\gamma-1)/\gamma} = 519\left(\frac{0.7545}{1}\right)^{(1.4-1)/1.4} = 478.9\,°R$$

式 (8.25) から，点 1 における音速は，

$$a_1 = \sqrt{\gamma R T_1} = \sqrt{(1.4)(1716)(478.9)} = 1072.6 \text{ ft/s}$$

である．したがって，

$$V_1 = M_1 a_1 = (0.9)(1072.6) = \boxed{965.4 \text{ ft/s}}$$

8.5 どのような場合に流れは圧縮性なのか

第 8.4 節に対する帰結として，今や，どのような場合に流れを圧縮性と考えなければならないのか，すなわち，どのような場合に第 3 章から第 6 章で論議された非圧縮の解法ではなく第 7 章から第 14 章に基づいた解析を用いなければならないのであろうかという質問を調べる地点にいる．この質問に対して特定の答えは存在しない．すなわち，亜音速流れについては，密度を一定とするか，または変数として扱うかは必要とする精度の程度の問題である，ところが，超音速流れについては，流れの定性的な特徴が非常に異なっているので，密度を変数として取り扱わなければならない．前の数章で何度か，$M < 0.3$ のとき非圧縮性であると合理的に仮定でき，ところが $M > 0.3$ のときには圧縮性と考えなければならないという経験則を述べてきた．0.3 という値に何の魔法もないが，それは境界線として都合が良いのである．ここで，この経験則に中身を与えることにする．

最初静止している流体要素，たとえば，まわりの空気の要素を考える．静止しているこの気体の密度は ρ_0 である．さて，たとえば，ノズルにより空気を膨張させるように，この流体要素を等エントロピー的にある速度 V すなわち Mach 数 M へ加速させるとする．流体要素の速度が増加すると，その他の流れの特性は第 7 章や本章で導き出された基本支配方程式にしたがって変化するであろう．特に，流体要素の密度 ρ は式 (8.43) に従って変化する．すなわち，

$$\frac{\rho_0}{\rho} = \left(1 + \frac{\gamma - 1}{2}M^2\right)^{1/(\gamma - 1)} \tag{8.43}$$

$\gamma = 1.4$ について，この変化が図 8.6 に示されている．ここに，ρ/ρ_0 がゼロから音速流れまで M の関数としてプロットされている．実際，$M < 0.32$ では，ρ の値が ρ_0 値から離れるのは 5 パーセントよりも小さい．それで，すべての実用的な目的のためには，その流れは非圧縮性として取り扱える．しかしながら，$M > 0.32$ では，ρ における変化は 5 パーセントより大きく，M が増加するにつれて，その変化はさらに顕著になる．結果として，多くの空気力学者は，密度変化を 0.3 より上の Mach 数で考慮しなければならない，すなわち，流れは圧縮性として取り扱わなければならないという経験則を採用してきたのである．もちろん，すべての流れは，たとえ最低の Mach 数においてさえ，厳密に言えば，圧縮性であることを覚えておくべきである．非圧縮性流れは本当は作り話なのである．しかしながら，図 8.6 に示されるように，p. 573 非圧縮性流れの**仮定**は，低い Mach 数においては非常に合理的なのである．この理由により，第 3 章から第 6 章や現存する非常に多くの非圧縮性流れに関する論文における解析が，多くの空気力学的応用にとってまったく実用的であるのである．

図 8.6 の重要性のさらなる意味を得るため，比 ρ/ρ_0 が，与えられた速度変化に関係した圧力変化にどのように影響するかを考えてみよう．圧縮性流れの圧力と速度間の微分式は，以下に

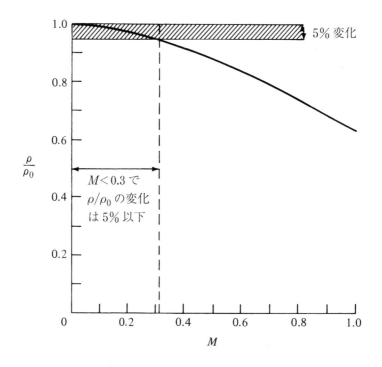

図 8.6 Mach 数による密度の等エントロピー変化

再提示される，Euler の式，式 (3.12) により与えられる．すなわち，

$$dp = -\rho V dV \tag{3.12}$$

これは次のように書ける．

$$\frac{dp}{p} = -\frac{\rho}{p} V^2 \frac{dV}{V}$$

この方程式は局所密度 ρ を持つ圧縮性流れについて，与えられた速度の分数変化に対する圧力の分数変化を与える．もし，ここで，密度が一定，たとえば，図 8.6 に示されるように，ρ_0 に等しいと**仮定**するならば，そのとき，式 (3.12) は，

$$\left(\frac{dp}{p}\right)_0 = -\frac{\rho_0}{p} V^2 \frac{dV}{V}$$

ここに，添字ゼロは一定密度の仮定を意味している．最後の 2 つの方程式を割り，同じ dV/V と p を仮定すると，

$$\frac{dp/p}{(dp/p)_0} = \frac{\rho}{\rho_0}$$

を得る．^{p. 574} したがって，図 8.6 に示されるように，ρ/ρ_0 が 1 からずれる度合いは，与えられた dV/V について得られる分数圧力変化と同じ度合いである．たとえば，もし $\rho/\rho_0 = 0.95$ であれば，それは図 8.6 において約 $M = 0.3$ で生じるが，局所密度 ρ の圧縮性流れの圧力における分数変化は，密度 ρ_0 の非圧縮性流れのそれと比較して，約 5 パーセント異なるであろう．上の比較は圧力における局所分数変化についてであって，実際の積分された圧力変化はもっと小さいことを覚えておくべきである．たとえば，貯気槽において，ほぼゼロ速度で，標準海面値である $p_0 = 2116$ lb/ft^2 と $T_0 = 510°$R で出発し，出口で 350 ft/s の速度に膨張する，ノズルを通過する空気流を考える．ノズル出口における圧力を，最初に非圧縮性流れを，そして，次に圧縮性流れを仮定して計算する．

非圧縮性流れ：Bernoulli の式より，

$$p = p_0 - \frac{1}{2}\rho V^2 = 2116 - \frac{1}{2}(0.002377)(350)^2 = \boxed{1970 \text{ lb/ft}^2}$$

圧縮性流れ：空気について $c_p = 6006$ [(ft)(lb)/slug°R] として，エネルギー方程式，式 (8.30) より，

$$T = T_0 - \frac{V^2}{2c_p} = 519 - \frac{(350)^2}{2(6006)} = 508.8°\text{R}$$

式 (7.32) から，

$$\frac{p}{p_0} = \left(\frac{T}{T_0}\right)^{\gamma/(\gamma-1)} = \left(\frac{508.8}{519}\right)^{3.5} = 0.9329$$

$$p = 0.9329 p_0 = 0.9329(2116) = \boxed{1974 \text{ lb/ft}^2}$$

この 2 つの結果は, 圧力の圧縮性値が非圧縮性値よりたった 0.2 パーセントだけ高く, ほとんど同じであることに注意すべきである. 明らかに, 非圧縮性流れの仮定 (したがって, Bernoulli 式の使用) が, この場合には確かに正当化される. また, 出口における Mach 数が 0.317 である (自分でこれを計算せよ) ことに注意すべきである. したがって, ゼロから約 0.3 までの Mach 数範囲内の流れについて, Bernoulli の式は圧力について適度に正確な値を与えることを示した. すなわち, $M < 0.3$ である流れは本質的に非圧縮性流れであるということに対する別の正当化である. 他方, もし, この流れが 900 ft/s の速度へ膨張し続けたとすれば, 上の計算の繰り返しは膨張の終わりにおける静圧についての次の結果を与える. すなわち,

非圧縮性 (Bernoulli の式): $p = 1153 \text{ lb/ft}^2$

圧縮性: $p = 1300 \text{ lb/ft}^2$

ここで, 2 つの結果の間の差はかなりのものである. すなわち, 13 パーセントの差である. この場合, 膨張の最後における Mach 数は 0.86 である. 明らかに, そのような値の Mach 数についてその流れを圧縮性として取り扱わなければならない.

p. 575 要約すると, いささか保守的ではあるが, 本著者は, 図 8.6 を含む, 上のすべての情報に基づいて, 局所 Mach 数が 0.3 を越える流れは圧縮性として取り扱われなければならないということを提唱する. さらに, $M < 0.3$ であるとき, 非圧縮性流れの仮定は断然正当化される.

8.6 垂直衝撃波特性の計算

再び図 8.2 に与えられるロードマップに戻る. 3 つの小旅行 (第 8.3 節から第 8.5 節まで) を終え, 今や, 垂直衝撃波を横切っての流れの特性変化の計算へと向かう大通りへ戻る準備ができたのである. 再び第 8.2 節に戻り, 式 (8.2), 式 (8.6) および式 (8.10) により与えられる基本衝撃波方程式を思い出すべきである. すなわち,

連続: $$\rho_1 u_1 = \rho_2 u_2 \tag{8.2}$$

運動量: $$p_1 + \rho_1 u_1^2 = p_2 + \rho_2 u_2^2 \tag{8.6}$$

エネルギー: $$h_1 + \frac{u_1^2}{2} = h_2 + \frac{u_2^2}{2} \tag{8.10}$$

加えて, 熱量的に完全な気体について,

$$h_2 = c_p T_2 \tag{8.49}$$

$$p_2 = \rho_2 R T_2 \tag{8.50}$$

を得る. 再び図 8.3 へもどり, 基本垂直衝撃波問題を思い出すべきである, すなわち, 衝撃波前方の領域 1 における状態が与えられたとき, 衝撃波背後の領域 2 における状態を計算せよ, である. 上で与えられた 5 つの方程式を調べると, それらは 5 つの未知数, すなわち, ρ_2, u_2, p_2, h_2 および T_2 を包含している. したがって, 式 (8.2), 式 (8.6), 式 (8.10), 式 (8.49) および

式 (8.50) は熱量的に完全な気体における垂直衝撃波背後の特性を決定するために十分である．先へ進むとする．

最初に，式 (8.6) を式 (8.2) で割ると，

$$\frac{p_1}{\rho_1 u_1} + u_1 = \frac{p_2}{\rho_2 u_2} + u_2$$

$$\frac{p_1}{\rho_1 u_1} - \frac{p_2}{\rho_2 u_2} = u_2 - u_1 \tag{8.51}$$

式 (8.23) から，$a = \sqrt{\gamma p/\rho}$ であることを思い出すと，式 (8.51) は，

$$\frac{a_1^2}{\gamma u_1} - \frac{a_2^2}{\gamma u_2} = u_2 - u_1 \tag{8.52}$$

となる．式 (8.52) は連続および運動量方程式の組合せである．エネルギー方程式，式 (8.10)，はその別形式の 1 つ，すなわち，式 (8.35) を用いることができ，下に，並べ替え，そして最初，領域 1 へ，次に p.576 領域 2 に適用すると，すなわち，

$$a_1^2 = \frac{\gamma + 1}{2}a^{*2} - \frac{\gamma - 1}{2}u_1^2 \tag{8.53}$$

および

$$a_2^2 = \frac{\gamma + 1}{2}a^{*2} - \frac{\gamma - 1}{2}u_2^2 \tag{8.54}$$

である．式 (8.53) と式 (8.54) は，衝撃波を横切る流れは断熱的であるので (第 7.5 節と第 8.5 節を見よ)，a^* は同じ定数である．式 (8.53) と (8.54) を式 (8.52) に代入すると，

$$\frac{\gamma + 1}{2}\frac{a^{*2}}{\gamma u_1} - \frac{\gamma - 1}{2\gamma}u_1 - \frac{\gamma + 1}{2}\frac{a^{*2}}{\gamma u_2} + \frac{\gamma - 1}{2\gamma}u_2 = u_2 - u_1$$

すなわち，

$$\frac{\gamma + 1}{2\gamma u_1 u_2}(u_2 - u_1)a^{*2} + \frac{\gamma - 1}{2\gamma}(u_2 - u_1) = u_2 - u_1$$

を得る．$u_2 - u_1$ で割ると，

$$\frac{\gamma + 1}{2\gamma u_1 u_2}a^{*2} + \frac{\gamma - 1}{2\gamma} = 1$$

を得る．a^* について解くと，

$$\boxed{a^{*2} = u_1 u_2} \tag{8.55}$$

式 (8.55) は Prandtl の関係式と呼ばれていて，垂直衝撃波についての有用な中間式である．たとえば，式 (8.55) から，

$$1 = \frac{u_1}{a^*}\frac{u_2}{a^*} \tag{8.56}$$

第8.4節で与えられた特性 Mach 数の定義, $M^* = u/a^*$ を思い出すべきである. したがって, 式 (8.56) は,

$$1 = M_1^* M_2^*$$

すなわち,

$$M_2^* = \frac{1}{M_1^*} \tag{8.57}$$

となる. 式 (8.48) を式 (8.57) に代入すると,

$$\frac{(\gamma+1)M_2^2}{2+(\gamma-1)M_2^2} = \left[\frac{(\gamma+1)M_1^2}{2+(\gamma-1)M_1^2}\right]^{-1} \tag{8.58}$$

を得る. 式 (8.58) を M_2^2 について解くと,

$$\boxed{M_2^2 = \frac{1+[(\gamma-1)/2]M_1^2}{\gamma M_1^2 - (\gamma-1)/2}} \tag{8.59}$$

を得る. 式 (8.59) は垂直衝撃波についての最初の主要な結果である. 式 (8.59) を詳しく調べてみる. すなわち, それは, 衝撃波背後の Mach 数 M_2 は p.577 衝撃波前方の Mach 数 M_1 のみの関数であるということを述べている. さらに, もし $M_1 = 1$ なら, そのとき, $M_2 = 1$ である. これは無限小に弱い垂直衝撃波の場合であり, **Mach 波** (*Mach wave*) と定義される. さらに, もし $M_1 > 1$ ならば, $M_2 < 1$ である. すなわち, 垂直衝撃波背後の Mach 数は**亜音速**である. M_1 が 1 以上に増加するにしたがって, 垂直衝撃波はより強くなり, M_2 は 1 よりどんどん小さくなる. しかしながら, $M_1 \to \infty$ なる極限において, M_2 は有限値へ近づく, すなわち, $M_2 \to \sqrt{(\gamma-1)/2\gamma}$ であり, 空気については 0.378 である.

さて, 垂直衝撃波を横切っての熱力学的特性の比, ρ_2/ρ_1, p_2/p_1 および T_2/T_1 を求めるとしよう. 式 (8.2) を並べ替え, そして, 式 (8.55) を用いると,

$$\frac{\rho_2}{\rho_1} = \frac{u_1}{u_2} = \frac{u_1^2}{u_1 u_2} = \frac{u_1^2}{a^{*2}} = M_1^{*2} \tag{8.60}$$

を得る. 式 (8.48) を式 (8.60) に代入して,

$$\boxed{\frac{\rho_2}{\rho_1} = \frac{u_1}{u_2} = \frac{(\gamma+1)M_1^2}{2+(\gamma-1)M_1^2}} \tag{8.61}$$

を得る. 圧力比を求めるために, 運動量方程式, 式 (8.6) にもどり, 連続方程式, 式 (8.2) と結び付ける. すなわち,

$$p_2 - p_1 = \rho_1 u_1^2 - \rho_2 u_2^2 = \rho_1 u_1(u_1 - u_2) = \rho_1 u_1^2 \left(1 - \frac{u_2}{u_1}\right) \tag{8.62}$$

式 (8.62) を p_1 で割り, $a_1^2 = \gamma p_1/\rho_1$ であることを思い出すと,

第8章 垂直衝撃波とそれらの関連問題

$$\frac{p_2 - p_1}{p_1} = \frac{\gamma \rho_1 u_1^2}{\gamma p_1}\left(1 - \frac{u_2}{u_1}\right) = \frac{\gamma u_1^2}{a_1^2}\left(1 - \frac{u_2}{u_1}\right) = \gamma M_1^2\left(1 - \frac{u_2}{u_1}\right) \tag{8.63}$$

を得る．式 (8.63) におけるに u_2/u_1 ついて，式 (8.61) を代入する．すなわち，

$$\frac{p_2 - p_1}{p_1} = \gamma M_1^2\left[1 - \frac{2 + (\gamma - 1)M_1^2}{(\gamma + 1)M_1^2}\right] \tag{8.64}$$

式 (8.64) を簡単化して，

$$\boxed{\frac{p_2}{p_1} = 1 + \frac{2\gamma}{\gamma + 1}(M_1^2 - 1)} \tag{8.65}$$

温度比を得るために，状態方程式 $p = \rho RT$ を思い出すべきである．したがって，

$$\frac{T_2}{T_1} = \left(\frac{p_2}{p_1}\right)\left(\frac{\rho_1}{\rho_2}\right) \tag{8.66}$$

式 (8.61) と式 (8.65) を式 (8.66) に代入し，$h = c_p T$ であることを思い出して，

$$\boxed{\frac{T_2}{T_1} = \frac{h_2}{h_1} = \left[1 + \frac{2\gamma}{\gamma + 1}(M_1^2 - 1)\right]\frac{2 + (\gamma - 1)M_1^2}{(\gamma + 1)M_1^2}} \tag{8.67}$$

を得る．

p. 578 式 (8.61)，式 (8.65) および式 (8.67) は重要である．それらを詳しく調べてみる．ρ_2/ρ_1，p_2/p_1 および T_2/T_1 は上流 Mach 数 M_1 のみの関数である．したがって，M_2 についての式 (8.59) と合わせて，上流 Mach 数 M_1 が，熱量的に完全な気体における垂直衝撃波を横切っての変化に対する決定パラメータであることがわかる．これが，圧縮性流れにおける支配パラメータとしての Mach 数の力の劇的な例である．上の複数の方程式において，もし，$M_1 = 1$ であるとすると，$p_2/p_1 = \rho_2/\rho_1 = T_2/T_1 = 1$ である．すなわち，強さゼロの垂直衝撃波–Mach 波の場合となる．M_1 が 1 より上に増加するにつれ，p_2/p_1，ρ_2/ρ_1 と T_2/T_1 は次第に 1 より上に増加する．式 (8.59)，式 (8.61)，式 (8.65) および式 (8.67) において，$M_1 \to \infty$ なる極限の場合，$\gamma = 1.4$ について，

$$\lim_{M_1 \to \infty} M_2 = \sqrt{\frac{\gamma - 1}{2\gamma}} = 0.378 \qquad \text{(以前論議されたとおり)}$$

$$\lim_{M_1 \to \infty} \frac{\rho_2}{\rho_1} = \frac{\gamma + 1}{\gamma - 1} = 6$$

$$\lim_{M_1 \to \infty} \frac{p_2}{p_1} = \infty \qquad \lim_{M_1 \to \infty} \frac{T_2}{T_1} = \infty$$

上流 Mach 数が無限大に向かって増加するにしたがって，圧力と温度は際限なく増加するのに対して，密度はむしろほどよい有限値に近づくことに注意すべきである．

前の方で，衝撃波は超音速流れで発生すると述べた．すなわち，図 8.3 に示されるような静止垂直衝撃波は亜音速流れには発生しない．つまり，式 (8.59)，式 (8.61)，式 (8.65) および式 (8.67)

において，上流 Mach 数は超音速 $M_1 \geq 1$ である．しかしながら，**数学原理**に基づくと，これらの方程式では $M_1 < 1$ の解もまた許されるのである．これらの方程式は連続，運動量およびエネルギー方程式を統合しており，原理的には M_1 の値が亜音速であるか，または超音速であるかは関係ないのである．ここに曖昧さがあり，これは，熱力学第二法則に訴えてのみ解決されるのである (第 7.2 節を見よ)．熱力学第二法則は，与えられた過程が取り得る**方向**を決定するということを思い出すべきである．この第二法則を垂直衝撃波を横切る流れに適用し，M_1 の取り得る値について示すことを調べてみる．

最初に，垂直衝撃波を横切ってのエントロピー変化を考える．式 (7.25) から，

$$s_2 - s_1 = c_p \ln \frac{T_2}{T_1} - R \ln \frac{p_2}{p_1} \tag{7.25}$$

式 (8.65) と式 (8.67) を代入して，

$$s_2 - s_1 = c_p \ln \left\{ \left[1 + \frac{2\gamma}{\gamma+1}(M_1^2 - 1) \right] \frac{2 + (\gamma-1)M_1^2}{(\gamma+1)M_1^2} \right\}$$
$$- R \ln \left[1 + \frac{2\gamma}{\gamma+1}(M_1^2 - 1) \right] \tag{8.68}$$

を得る．^{p. 579} 式 (8.68) から，衝撃波を横切ってのエントロピー変化は Mach 数のみの関数であることがわかる．第二法則は，

$$s_2 - s_1 \geq 0$$

を告げている．式 (8.68) において，もし，$M_1 = 1$ なら，$s_2 = s_1$ であり，もし，$M_1 > 1$ なら，そのとき $s_2 - s_1 > 0$ であり，両方の場合も第二法則に従っている．しかしながら，もし，$M_1 < 1$ であると，そのとき，式 (8.68) は $s_2 - s_1 < 0$ を与え，それは第二法則によって**許されない**．したがって，本質的に，$M_1 \geq 1$ なる場合のみが有効である．すなわち，垂直衝撃波は超音速流れのみに生じ得るのである．

なぜエントロピーは衝撃波を横切って増加するのであろうか．第二法則はそうでなければならないと告げている．しかし，自然はこの増加を成し遂げるためにどのようなメカニズムを用いるのであろうか．これらの疑問に答えるために，衝撃波は (10^{-5} cm のオーダーの) 非常に薄い領域であり，それを横切ると，ある大きな変化がほとんど不連続的に生じるということを思い出すべきである．したがって，衝撃波それ自身の内部において，速度と温度に大きな勾配が発生する．すなわち，摩擦と熱伝導の作用が強いのである．これらは，エントロピーを常に増加させる散逸的そして，非可逆的作用である．したがって，与えられた超音速 M_1 について式 (8.68) により得られる厳密なエントロピー増加は，衝撃波それ自身の内部領域で摩擦や熱伝導の形で自然にちょうどよく作り出されるのである．

第 7.5 節において，総温 T_0 と総圧 p_0 を定義した．衝撃波を横切るとこれらの総状態に何が生じるであろうか．この疑問に答えるのを助けるために，図 8.7 を考える．そして，この図は衝撃波前後の総状態の定義を説明している．衝撃波の前方の領域 1 において，流体要素は M_1，p_1，T_1 および s_1 なる実際の状態を持っている．さて，この流体要素を等エントロピー的に静止させ，衝撃波の前方に "仮想的な" 状態 1a を作ると想像する．状態 1a において，静止している流体要素は，圧力と温度それぞれ，$p_{0,1}$ と $T_{0,1}$，すなわち，それぞれ，領域 1 における総圧

第 8 章　垂直衝撃波とそれらの関連問題　　551

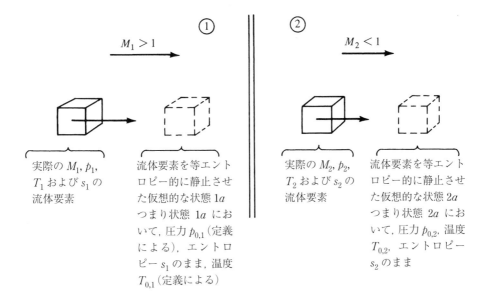

図 8.7 垂直衝撃波前後の総状態

と総温を持つであろう. p. 580 状態 $1a$ におけるエントロピーは，流体要素が等エントロピー的に静止させられたので，s_1 のままである．すなわち，$s_{1a} = s_1$ である．さて，衝撃波背後の領域 2 を考える．再び，図 8.7 に示されるように，M_2, p_2, T_2 および s_2 なる実際の状態を持つ流体要素を考える．そして，再び，この流体要素を等エントロピー的に静止させ，衝撃波背後に "仮想的な" 状態 $2a$ をつくり出すと想像する．状態 $2a$ において，静止している流体要素は圧力と温度がそれぞれ，$p_{0,2}$ と $T_{0,2}$，すなわち，それぞれ，領域 2 における総圧と総温を持っているであろう．状態 $2a$ におけるエンタルピーは，この流体要素が等エントロピー的に静止させられたので，s_2 のままである．すなわち，$s_{2a} = s_2$ である．ここで，質問が発せられる．すなわち，どのようにして，$T_{0,2}$ は $T_{0,1}$ と比べるのか，および，どのようにして，$p_{0,2}$ は $p_{0,1}$ と比べるのか，である．

これらの最初の問いに答えるために，式 (8.30) を考える．すなわち，

$$c_p T_1 + \frac{u_1^2}{2} = c_p T_2 + \frac{u_2^2}{2} \tag{8.30}$$

式 (8.38) から，総温は

$$c_p T_0 = c_p T + \frac{u^2}{2} \tag{8.38}$$

により与えられる．式 (8.30) と式 (8.38) を組み合わせると，

$$c_p T_{0,1} = c_p T_{0,2}$$

すなわち，

$$\boxed{T_{0,1} = T_{0,2}} \tag{8.69}$$

を得る. 式 (8.69) は総温は静止垂直衝撃波を横切って一定であることを述べている. これは驚くことではない. すなわち, 衝撃波を横切る流れは断熱的であり, 第 7.5 節において, 熱量的に完全な気体の定常, 断熱, 非粘性流れにおいて, 総温は一定であることを証明した.

垂直衝撃波を横切っての総圧の変化を調べるために, 仮想状態 $1a$ と $2a$ との間で式 (7.25) を書いてみる. すなわち,

$$s_{2a} - s_{1a} = c_p \ln \frac{T_{2a}}{T_{1a}} - R \ln \frac{p_{2a}}{p_{1a}} \tag{8.70}$$

しかしながら, 図 8.7 にある図のみならず, 上の議論から, $s_{2a} = s_2$, $s_{1a} = s_1$, $T_{2a} = T_{0,2}$, $p_{2a} = p_{0,2}$, そして, $p_{1a} = p_{0,1}$ を得る. したがって, 式 (8.70) は

$$s_2 - s_1 = c_p \ln \frac{T_{0,2}}{T_{0,1}} - R \ln \frac{p_{0,2}}{p_{0,1}} \tag{8.71}$$

となる. すでに, $T_{0,2} = T_{0,1}$ であることを示している. したがって, 式 (8.71) は

$$\boxed{s_2 - s_1 = -R \ln \frac{p_{0,2}}{p_{0,1}}} \tag{8.72}$$

すなわち,

$$\boxed{\frac{p_{0,2}}{p_{0,1}} = e^{-(s_2 - s_1)/R}} \tag{8.73}$$

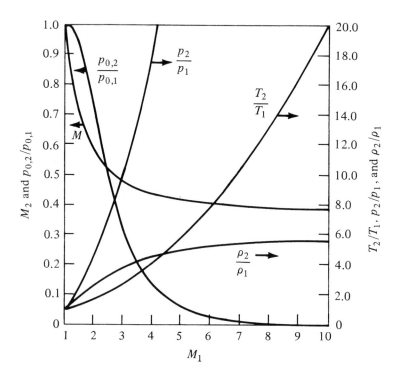

図 8.8 上流 Mach 数の関数としての垂直衝撃波を横切っての特性の変化：$\gamma = 1.4$

第8章 垂直衝撃波とそれらの関連問題

となる．p. 581 式 (8.68) から，垂直衝撃波について，$s_2 - s_1 \geq 0$ であることがわかる．したがって，式 (8.73) は $p_{0,2} < p_{0,1}$ であることを述べている．**総圧は衝撃波を横切ると減少する．** さらに，$s_2 - s_1$ は [式 (8.68) から] M_1 のみの関数であるので，式 (8.73) は，垂直衝撃波を横切る総圧比 $p_{0,2}/p_{0,1}$ は M_1 のみの関数であることを明確に示している．

要約すると，図 7.4b に描かれ，最初に第 7.6 節で論議された垂直衝撃波横切っての定性的な変化を実証した．さらに，熱量的に完全な気体の場合におけるこれらの変化についての閉じた形の解析式を得た．p_2/p_1, ρ_2/ρ_1, T_2/T_1, M_2 および $p_{0,2}/p_{0,1}$ が上流 Mach 数 M_1 のみの関数であることを知った．読者が垂直衝撃波特性のより強い物理的感覚を得るのを助けるために，これらの変数を M_1 の関数として図 8.8 にプロットしてある．(前に述べたように，) これらの曲線は，M_1 が非常に大きくなるにつれて，T_2/T_1 と p_2/p_1 もまた非常に大きくなるのではあるが，ρ_2/ρ_1 と M_2 は有限な極限値へ近づくのを示している．図 8.8 を注意深く調べ，示された傾向を良く覚えておくべきである．

式 (8.59), 式 (8.61), 式 (8.65), 式 (8.67) および式 (8.73) により与えられる結果は非常に重要であるので，それらを付録 B に $\gamma = 1.4$ について M_1 の関数として数表にしてある．

[例題 8.11]

空気中の垂直衝撃波を考える．ここに，上流の特性は，$u_1 = 680$ m/s, $T_1 = 288$ K および $p_1 = 1$ atm である．衝撃波の下流における速度，温度および圧力を計算せよ．

[解答] p. 582

$$a_1 = \sqrt{\gamma R T_1} = \sqrt{1.4(287)(288)} = 340 \text{ m/s}$$

$$M_1 = \frac{u_1}{a_1} = \frac{680}{340} = 2$$

付録 B より，$p_2/p_1 = 4.5$, $T_2/T_1 = 1.687$, $M_2 = 0.5774$ であるので，そのとき，

$$p_2 = \frac{p_2}{p_1} p_1 = 4.5(1 \, atm) = \boxed{4.5 \text{ atm}}$$

$$T_2 = \frac{T_2}{T_1} T_1 = 1.687(288) = \boxed{486 \text{ K}}$$

$$a_2 = \sqrt{\gamma R T_2} = \sqrt{1.4(287)(486)} = 442 \text{ m/s}$$

$$u_2 = M_2 a_2 = 0.5774(442) = \boxed{255 \text{ m/s}}$$

[例題 8.12]

超音速流における垂直衝撃波を考える．この衝撃波の上流における圧力が 1 atm である．上流 Mach 数が (a) $M_1 = 2$, (b) $M_1 = 4$ であるとき，この衝撃波を横切っての総圧損失を計算せ

よ．これらの2つの結果を比較し，それらのもつ意味について意見を述べよ．

[解答]
(a) 上流側の総圧は

$$p_{0,1} = \left(\frac{p_{0,1}}{p_1}\right)p_1$$

から得られる．ここに，付録Aから，$M_1 = 2$ に対して，$p_{0,1}/p_1 = 7.824$ である．したがって，

$$p_{0,1} = (7.824)(1 \text{ atm}) = 7.824 \text{ atm}$$

垂直衝撃波背後の総圧は

$$p_{0,2} = \left(\frac{p_{0,2}}{p_{0,1}}\right)p_{0,1}$$

から得られる．ここに，付録Bから，$M_1 = 2$ に対して，$p_{0,2}/p_{0,1} = 0.7209$ である．したがって，

$$p_{0,2} = (0.7209)(7.824) = 5.64 \text{ atm}$$

総圧の**損失**は

$$p_{0,1} - p_{0,2} = 7.824 - 5.64 = \boxed{2.184 \text{ atm}}$$

である．

(b) $M_1 = 4$ については，付録Aから，

$$p_{0,1} = \left(\frac{p_{0,1}}{p_1}\right)p_1 = (151.8)(1 \text{ atm}) = 151.8 \text{ atm}$$

p. 583 $M_1 = 4$ 似ついての垂直衝撃波背後の総圧は付録Bから，

$$p_{0,2} = \left(\frac{p_{0,2}}{p_{0,1}}\right)p_{0,1} = (0.1388)(151.8) = 21.07 \text{ atm}$$

のように求められる．総圧の**損失**は，

$$p_{0,1} - p_{0,2} = 151.8 - 21.07 = \boxed{130.7 \text{ atm}}$$

である．

注：いかなる流れにおいても，総圧は貴重な商品である．いかなる総圧の損失も流れが有用な仕事をする能力を減少させるのである．総圧の損失はどんな流れを用いる装置でもその性能を低下させ，高くつくことになる．このことをこれ以降の章で何度も何度も繰り返し見るであろう．本例題において，Mach 2 での垂直衝撃波の場合，総圧損失は 2.184 atm であるのに対して，マッハ数を単純に倍の4にすることにより総圧損失は非常に大きい 130.7 atm であった．この物語の教訓は，もし，流れに垂直衝撃波が生じて悩まされ，他のすべてのことが同一であるなら，垂直衝撃波を可能な最も低い上流 Mach 数で生じさせることである．

[例題 8.13]

ラムジェットエンジンは本質的に回転機構を持たない (回転する圧縮機羽根やタービン等がない) 空気吸入推進装置である．従来型のラムジェットの基本的な一般構成要素が図 8.9 に描かれている．左から右へ移動する流れが吸気口に流入する．そこで，流れは圧縮され，減速される．それから，この圧縮空気は非常に遅い亜音速で燃焼器に入る．そこで，それは燃料と混合され，燃焼される．それから，その高温気体はノズルを通って膨張する．全体としての結果は図 8.9 において左方向の推力の発生である．この図において，ラムジェットエンジンは超音速自由流中にあり，吸気口の前方に離脱衝撃波を伴っている．点 1 のすぐ左の衝撃波の部分は垂直衝撃波である．(超音速流におけるラムジェットエンジンの吸気口の前方に離脱垂直衝撃波があるのは理想的な運転条件ではない．すなわち，むしろ，流れが吸気口に流入する前に 1 つ以上の斜め衝撃波 (*oblique* shock waves) を通過するのが望ましいのである．斜め衝撃波は第 9 章で論議される．) p. 584 その衝撃波を通過した後，点 1 から，燃焼器に入口に位置する点 2 への流れは等エントロピー的である．このラムジェットエンジンが標準大気高度 10 km を Mach 2 で飛行している．そこでは，空気の気圧と温度は，それぞれ，$2.65 \times 10^4 \text{ N/m}^2$ と 223.3 K である．点 2 における Mach 数が 0.2 であるとき，この点における空気温度と圧力を計算せよ．

[解答]

$M_\infty = 2$ における自由流の総圧と総温は付録 A から求められる．

$$p_{0,\infty} = \left(\frac{p_{0,\infty}}{p_\infty}\right) p_\infty = (7.824)(2.65 \times 10^4) = 2.07 \times 10^5 \text{ N/m}^2$$

$$T_{0,\infty} = \left(\frac{T_{0,\infty}}{T_\infty}\right) T_\infty = (1.8)(223.3) = 401.9 \text{ K}$$

垂直衝撃波背後の点 1 において，総圧は，付録 B から，$M_\infty = 2$ について，

$$p_{0,1} = \left(\frac{p_{0,1}}{p_{0,\infty}}\right) p_{0,\infty} = (0.7209)(2.07 \times 10^5) = 1.49 \times 10^5 \text{ N/m}^2$$

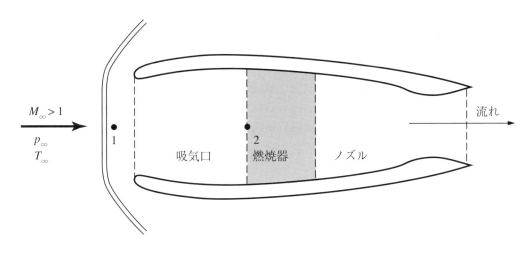

図 8.9 従来型亜音速燃焼ラムジェットエンジン略図

総温は衝撃波を横切って一定である．したがって，

$$T_{0,1} = T_{0,\infty} = 401.9 \text{ K}$$

流れは点1と点2の間で等エントロピー的であり，それゆえに，p_0 と T_0 はこれ等の点の間で一定である．したがって，$p_{0,2} = 1.49 \times 10^5 \text{ N/m}^2$，そして $T_{0,2} = 401.9 \text{ K}$ である．$M_2 = 0.2$ である点2において，総圧対静圧と総温対静温の比は，付録Aより，$p_{0,2}/p_2 = 1.028$ と $T_{0,2}/T_2 = 1.008$ である．したがって，

$$p_2 = \left(\frac{p_2}{p_{0,2}}\right)(p_{0,2}) = \frac{1.49 \times 10^5}{1.028} = \boxed{1.45 \times 10^5 \text{ N/m}^2}$$

$$T_2 = \left(\frac{T_2}{T_{0,2}}\right)(T_{0,2}) = \frac{401.9}{1.008} = \boxed{399 \text{ K}}$$

1 atm = $1.02 \times 10^5 \text{ N/m}^2$ であることを思い出すべきである．したがって，気圧で表した p_2 は，

$$p_2 = \frac{1.45 \times 10^5}{1.02 \times 10^5} = \boxed{1.42 \text{ atm}}$$

注：燃焼器に入る，およそ 1.42 atm と 399 K の空気圧力および空気温度は，低速亜音速燃焼については悪くない条件である．例題 8.14 において，この結果と，もっと高い Mach 数において存在する条件との間の比較を行う．

[例題 8.14]

自由流 Mach 数 $M_\infty = 10$ である以外は同じとして例題 8.13 を繰り返す．このラムジェットエンジンは点2における Mach 数が 0.2 となるよう再設計されたと仮定する．

[解答]p. 585

付録 A から，$M = 10$ について，

$$p_{0,\infty} = \left(\frac{p_{0,\infty}}{p_\infty}\right)p_\infty = (0.4244 \times 10^5)(2.65 \times 10^4) = 1.125 \times 10^9 \text{ N/m}^2$$

$$T_{0,\infty} = \left(\frac{T_{0,\infty}}{T_\infty}\right)T_\infty = (21)(223.3) = 4690 \text{ K}$$

を得る．点1において，$M_\infty = 10$ について付録Bから，

$$p_{0,1} = \left(\frac{p_{0,1}}{p_{0,\infty}}\right)(p_{0,\infty}) = (0.3045 \times 10^{-2})(1.125 \times 10^9) = 3.43 \times 10^6 \text{ N/m}^2$$

および，

$$T_{0,1} = T_{0,\infty} = 4690 \text{ K}$$

を得る．$M_2 = 0.20$ である点2において，例題 8.8 から，$p_{0,2}/p_2 = 1.028$ と $T_{0,2}/T_2 = 1.008$ を得る．また，流れは点1と点2間で等エントロピー的であるので，点2において，

第 8 章　垂直衝撃波とそれらの関連問題　　557

$$p_{0,2} = p_{0,1} = 3.43 \times 10^6 \text{ N/m}^2$$
$$T_{0,2} = T_{0,1} = 4690 \text{ K}$$

したがって，

$$p_2 = \left(\frac{p_2}{p_{0,2}}\right)(p_{0,2}) = \frac{3.43 \times 10^6}{1.028} = \boxed{3.34 \times 10^6 \text{ N/m}^2}$$

$$T_2 = \left(\frac{T_2}{T_{0,2}}\right)(T_{0,2}) = \frac{4690}{1.008} = \boxed{4653 \text{ K}}$$

気圧で表すと，

$$p_2 = \frac{3.34 \times 10^6}{1.02 \times 10^5} = \boxed{32.7 \text{ atm}}$$

　例題 8.13 で取り扱った場合について存在した点 2 におけるむしろ好都合な状況と比べ，本例題において燃焼器に入る空気は圧力と温度が 32.7 atm と 4653 K，すなわち，両方とも非常に厳しい状況である．温度がそのように高温であるため，燃焼器に噴入された燃料は燃焼せずに分解してしまい，ほとんど，あるいはまったく推力を発生しないであろう．さらに，圧力がそのように高いので，まず，そのような高温に耐える特別な耐熱物質が発見されたと仮定して，燃焼器の構造設計が非常に重構造とならなければならないであろう．端的に言うと，燃焼器に入る前に流れが亜音速 Mach 数に減速される従来型のラムジェットエンジンは高い，**極超音速 *Mach* 数** (high, hypersonic Mach numbers) では作動しないであろう．この問題に対する解決策は，エンジン内部の流れを低い亜音速に減速させることではなく，むしろ，それをより低いが，まだ超音速の速度に減速させることである．このようにして，エンジン内部の温度および圧力の増加はより小さくなり，許容できるようになる．そのようなラムジェットエンジンにおいて，燃焼器内部を含むそのエンジン内全体の流路は超音速のままである．これは，超音速流中への燃料の噴射と混合を必要とする．すなわち，挑戦すべき技術的な課題である．内部の流れがすべて超音速であるこのような形式のラムジェットは超音速燃焼ラムジェット (supersonic combustion ramjet) – 短く，スクラムジェット (SCRAMjet)，と呼ばれている． p. 586 スクラムジェットは，現在，たくさんの研究と先進的開発が行われている分野である．2005 年に，歴史上初めてスクラムジェットエンジンが極超音速飛行体，図 9.31 に示される実験機 X-43 に搭載され，おおよそ Mach 10 を達成した．スクラムジェットエンジンは，超音速巡航体のための唯一実行可能な空気吸入動力源なのである．スクラムジェットエンジンの設計に関することは第 9 章において論議される．

[例題 8.15]

　空気中における垂直衝撃波を横切っての圧力比が 4.5 である．この衝撃波の前方および背後の Mach 数はいくらになるか．この衝撃波を横切っての密度比および温度比はいくらになるか．

[解答]

　付録 B から，$p_2/p_1 = 4.5$ の場合，

$$M_1 = \boxed{2} \qquad \text{および} \qquad M_2 = \boxed{0.5774}$$

また，同じ数表から，

$$\frac{\rho_2}{\rho_1} = \boxed{2.667} \qquad および \qquad \frac{T_2}{T_1} = \boxed{1.687}$$

注：垂直衝撃波の場合，衝撃波を横切っての圧力比という明細事項は衝撃波前方の Mach 数，衝撃波背後の Mach 数，および衝撃波を横切ってのその他すべての熱力学的特性値の比を一意に決定する．

[例題 8.16]

空気中における垂直衝撃波を横切っての温度比が 5.8 である．この衝撃波の前方および背後の Mach 数はいくらか．この衝撃波を横切っての密度および圧力比はいくらか．

[解答]

付録 B から，$T_2/T_1 = 5.8$ の場合，

$$M_1 = \boxed{5} \qquad および \qquad M_2 = \boxed{0.4152}$$

また，この数表から，

$$\frac{\rho_2}{\rho_1} = \boxed{5} \qquad および \qquad \frac{p_2}{p_1} = \boxed{29}$$

注：垂直衝撃波の場合，温度比という明細事項は衝撃波前方の Mach 数，衝撃波背後の Mach 数およびその他すべての衝撃波を横切っての熱力学的特性値の比を一意に決定する．

[例題 8.17]^{p. 587}

垂直衝撃波背後の Mach 数が 0.4752 である．衝撃波前方の Mach 数はいくらか．衝撃波を横切っての密度，圧力および温度比はいくらか．

[解答]

付録 B から，$M_2 = 0.4752$ の場合，

$$M_1 = \boxed{3} \qquad \frac{\rho_2}{\rho_1} = \boxed{3.857} \qquad \frac{p_2}{p_1} = \boxed{10.33} \qquad \frac{T_2}{T_1} = \boxed{2.679}$$

注：垂直衝撃波の場合，衝撃波背後の Mach 数という明細事項は衝撃波前方の Mach 数およびその他すべての衝撃波を横切っての熱力学的特性値の比を一意に決定する．

[例題 8.18]

垂直衝撃波前方の流れの速度と温度は，それぞれ，1215 m/s および 300 K である．衝撃波背後の速度を計算せよ．

第 8 章　垂直衝撃波とそれらの関連問題　559

[解答]

$$a_1 = \sqrt{\gamma R T_1} = \sqrt{(1.4)(287)(300)} = 347.2 \text{ m/s}$$

$$M_1 = \frac{u_1}{a_1} = \frac{1215}{347.2} = 3.5$$

付録 B から，$M_1 = 3.5$ の場合，$M_2 = 0.4512$ および $T_2/T_1 = 3.315$ であるので，

$$T_2 = \left(\frac{T_2}{T_1}\right) T_1 = (3.315)(300) = 994.5 \text{ K}$$

$$a_2 = \sqrt{\gamma R T_2} = \sqrt{(1.4)(287)(994.5)} = 632.1 \text{ m/s}$$

$$u_2 = M_2 a_2 = (0.4512)(632.1) = \boxed{285.2 \text{ m/s}}$$

注：1 つの無次元量 (M_1 または，M_2 または，p_2/p_1 等) のみがその衝撃波を特定する，前の 3 つの例題と違って，本例題において衝撃波を特定するのに 2 つの量が必要とされる．これは，メータ/秒の速度やケルビンでの温度のような実際の次元をもつ量が与えられたからである．単純に速度それ単独では特定の衝撃波を定義しないし，また温度それ単独でも同様である．特定の衝撃波を定義するためには両方の量が必要であった．もちろん，本例題で最初に行ったことは与えられた u_1 と T_1 から Mach 数を計算することであった．再び強調すべきことは，速度ではなく，Mach 数が特定の垂直衝撃波を規定する強力な単独の量であるということである．

[例題 8.19]p. 588

　垂直衝撃波の背後の速度および温度がそれぞれ 329 m/s および 1500 K である．この衝撃波前方の速度を計算せよ．

[解答]

$$a_2 = \sqrt{\gamma R T_2} = \sqrt{(1.4)(287)(1500)} = 776.3 \text{ m/s}$$

$$M_2 = \frac{u_2}{a_2} = \frac{329}{776.3} = 0.4238$$

付録 B を調べると，$M_2 = 0.4238$ の数値がないことがわかる．すなわち，適切に言えば，この数値は $M_1 = 0.45$ における 0.4236 と $M_1 = 4.45$ における 0.4245 との間にある．補間により，

$$M_1 = 4.45 + \frac{(0.4245 - 0.4238)}{(0.4245 - 0.4236)}(4.5 - 4.45)$$

$$M_1 = 4.45 + 0.0389 = 4.4898$$

付録 B から，$M_2 = 0.4236$ において $T_2/T_1 = 4.875$，$M_2 = 0.4245$ において $T_2/T_1 = 4.788$ であることに気づく．$M_2 = 0.4238$ における T_2/T_1 を見出すために補間すると，

$$\frac{T_2}{T_1} = 4.788 + \frac{0.4245 - 0.4238}{0.4245 - 0.4236}(4.875 - 4.788)$$

$$\frac{T_2}{T_1} = 4.788 + 0.068 = 4.856$$

したがって,

$$T_1 = \frac{T_2}{T_2/T_1} = \frac{1500}{4.856} = 308.9$$

$$a_1 = \sqrt{\gamma R T_1} = \sqrt{(1.4)(287)(308.9)} = 352.3 \text{ m/s}$$

$$u_1 = M_1 a_1 = (4.489)(352.3) = \boxed{1581 \text{ m/s}}$$

注;もう一度,速度1つだけでは垂直衝撃波を特定できないことがわかる.しかしながら,温度と組み合わされた速度は確かにこの衝撃波を特定できる.衝撃波前方の u_1 と T_1 が衝撃波を特定した例題8.18と対比して,衝撃波背後の u_2 と T_2 も同じように衝撃波を特定するのに十分であることがわかる.

[例題 8.20]

例題8.19を繰り返すが,数値間の補間をせずに,数表における"最も近い値"を用いよ.この最も近い値を用いることは補間よりも精度の劣る計算ではあるが,それはより簡単でより迅速に計算できる.この精度の劣る結果をより精度の高い例題8.19の結果と比較せよ.

[解答]p. 589

例題8.19から,$M_2 = 0.4238$ である.付録Bにおける最も近い数値は $M_2 = 0.4236$ である.そして,それは $M_1 = 4.5$,および $T_2/T_1 = 4.875$ に対応する.この数値を用いると,

$$T_1 = \frac{T_2}{T_2/T_1} = \frac{1500}{4.875} = 307.7 \text{ K}$$

$$a_1 = \sqrt{\gamma R T_1} = \sqrt{(1.4)(287)(307.7)} = 351.6 \text{ m/s}$$

$$u_1 = M_1 a_1 = 4.5(351.6) = \boxed{1582 \text{ m/s}}$$

を得る.この結果を例題8.19からのものと比較すると,

$$u_1 = 1581 \text{ m/s} \quad (\text{補間法})$$
$$u_1 = 1582 \text{ m/s} \quad (\text{最も近い数値代用法})$$

を得る.少なくともこの場合において,最も近い数値によるものはわずか0.06パーセントの誤差を生じただけであり,例題という状況からすればまったく心配しなくて良い.

[例題 8.21]

上流側Mach数3.53の垂直衝撃波を考える.衝撃波背後のMach数を次の方法により計算せよ.すなわち,

第 8 章　垂直衝撃波とそれらの関連問題　　561

(a) 数表にある最も近い値を用いる方法
(b) 数表の数値を補間する方法
(c) 厳密な解析式を用いた計算
これらの結果の精度を比較せよ．

[解答]
(a) 付録 B における最も近い数値は $M_1 = 3.55$ である．数表のこの値に対して，

$$M_2 = \boxed{0.4492}$$

(b) $M_1 = 3.53$ は $M_1 = 3.5$，ここでは $M_2 = 0.4512$，と $M_1 = 3.55$，ここでは $M_2 = 0.4492$ の間にある．$M_1 = 3.53$ に対応する M_2 を求めるために補間すると，

$$M_2 = 0.4492 + \frac{(3.55 - 3.53)}{(3.55 - 3.5)}(0.4512 - 0.4492)$$

$$M_2 = 0.4492 + 0.0008 = \boxed{0.45}$$

を得る．
(c) 式 (8.59) から，

$$M_2^2 = \frac{1 + [(\gamma - 1)/2]M_1^2}{\gamma M_1^2 - (\gamma - 1)/2} = \frac{1 + 0.2(3.53)^2}{(1.4)(3.53)^2 - 0.2} = 0.2025$$

p. 590 したがって，

$$M_2 = (0.2025)^{1/2} = \boxed{0.45}$$

結果を比較する．すなわち，
(a) $M_2 = 0.4492$ (最も近い数値の使用法)
(b) $M_2 = 0.45$ (補間法)
(c) $M_2 = 0.45$ (厳密法)

結論：実用的目的に関して，これら 3 つすべての方法はほぼ同じ結果を与える．

8.6.1　圧縮性流れ問題を解くために数表を用いることに対するコメント

付録 A，B，および C は圧縮性流れに関するある問題の便利な計算のための数表を与えている．本章におけるこれまでの例題の多くはこれらの数表の有用性を説明している．これらの数表における**厳密**な値と対応しない条件を取り扱うときでさえ，実際のところ，通常はこの場合であるが，例題 8.19, 例題 8.20, および例題 8.21 の結果が示したように，数表における行間の簡単な線形補間法が答えとしてのかなり正確な数値を与えた．この正確さは例題 8.21 において示されたように厳密な解析式を用いてなされた計算により確かめられる．いろいろな圧縮性流れの数表が 1940 年代以来存在してきていて，それらの目的は，現在でもそうであるように，い

ろいろな圧縮性流れ問題の解法のために簡単で便利なツールを与えることであった．それらの数表は，むしろ，数値間を補間するために時間をかけるのではなく，数表中の最も近い数値を用いる方法を採用するとき，特に有用である．例題 8.20 および例題 8.21 は，(スペースの制限により長さが限られている) 本書の付録 A，B，C に与えられているよりもより細かな間隔の数値を含む数表を用いることにより精度がほとんど失われないことを実証している．規範的な一例は，高速流れを研究している大部分の空気力学者の机にあるいわゆる "聖書 (bible)" である，NACA TR-1135 (参考文献 119) に含まれる圧縮性流れ数表である．

これらの数表に代わる現代版は，もちろん，式 (8.40)，式 (8.42)，式 (8.43)，式 (8.59)，式 (8.61)，および式 (8.65) のような解析式を容易にプログラムできるデジタル計算機であり，付録 A，B，および C にある数値を電子卓上計算機で再現できる．これは，もし，式 (8.59) を用いて，垂直衝撃波前方のわかった Mach 数 M_1 の値から陽的に垂直衝撃波背後の M_2 を計算するような，直接的な計算法があるなら特に容易である．しかし，しばらくの間，式 (8.59) へ戻ってみる．もし，M_2 が与えられ，M_1 を求めようとしたらどうであろうか．これは，そうは便利でない式 (8.59) の陰的な計算であるのに対して，これらの数表を用いると，直ちに，付録 B へ行き，p. 591 M_2 の列を下へたどり，与えられた M_2 の値を見つけ，それから，そのページの左端を読むことにより対応する M_1 の値を見つけ出せる．

我々の目的，すなわち，本書における圧縮性流れに関する残りの論議に関して，しばしばこれらの数表を用いるであろう，そして，簡単化のため，"最も近い数値を用いる" 方法を採用するであろう．

8.7 圧縮性流れにおける速度の測定

低速，非圧縮性流れの速度を測定するために Pitot 管の利用については第 3.4 節で論議された．先に進む前に，第 3.4 節に戻り，非圧縮性流れを仮定して，Pitot 圧から流速を求めるために用いる式と同様に，Pitot 管の基本な側面を復習すべきである．

低速，非圧縮性流れについて，第 3.4 節において，流れの速度は，ある 1 つの点における総圧と静圧の両方の値から求められることを理解した．総圧は Pitot 管により測定される．そして，静圧は静圧孔，あるいはいくつかの独立した方法により得られる．第 3.4 節の重要な点は，静圧とともに，Pitot 管により測定された圧力が非圧縮性流れの流速を計算するために必要な全てであるということである．本節において，もし，速度の代わりに Mach 数を考えれば，亜音速と超音速の両方の圧縮性流れについて，同じことが成立することがわかる．亜音速および超音速圧縮性流れにおいて，それぞれの Mach 数領域について式は異なるが，Mach 数を計算するためには，Pitot 圧と静圧がわかっていれば十分である．このことをさらに調べてみる．

8.7.1 亜音速圧縮性流れ

図 8.10a に描かれるような，亜音速圧縮性流れの中にある Pitot 管を考える．いつものように，Pitot 管の開口部 (点 b) がよどみ領域である．したがって，流線 ab に沿って移動する流体要素は点 b において，等エントロピー的に静止させられる．次に，点 b において感知される圧力は自由流の総圧 $p_{0,1}$ である．これが Pitot 管の管後端で読まれる Pitot 圧である．加えて，もし，自由流の静圧 p_1 を知っていると，領域 1 における Mach 数は式 (8.42) から求められる．

第 8 章 垂直衝撃波とそれらの関連問題

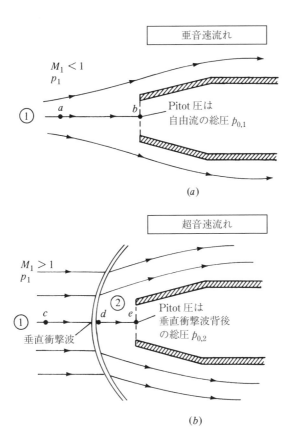

図 8.10 Pitot 管：(a) 亜音速流れと (b) 超音速流れ

$$\frac{p_{0,1}}{p_1} = \left(1 + \frac{\gamma}{2}M_1^2\right)^{\gamma/(\gamma-1)} \tag{8.42}$$

すなわち，M_1^2 について解くと，

$$\boxed{M_1^2 = \frac{2}{\gamma - 1}\left[\left(\frac{p_{0,1}}{p_1}\right)^{(\gamma-1)/\gamma} - 1\right]} \tag{8.74}$$

p. 592 明らかに，式 (8.74) から，Pitot 圧 $p_{0,1}$ と静圧 p_1 により Mach 数を直接計算できるのである．

流れの速度は，$M_1 = u_1/a_1$ であることを思い出すことにより，式 (8.74) から求められる．したがって，

$$u_1^2 = \frac{2a_1^2}{\gamma - 1}\left[\left(\frac{p_{0,1}}{p_1}\right)^{(\gamma-1)/\gamma} - 1\right] \tag{8.75}$$

式 (8.75) から，非圧縮性流れとは異なり，$p_{0,1}$ と p_1 だけでは u_1 を求めるのに不十分であることがわかる．すなわち，自由流の音速 a_1 も必要なのである．

8.7.2 超音速流

　図 8.10b に描かれたような超音速流中にある Pitot 管を考える．いつものように，Pitot 管の開口部 (点 e) がよどみ領域である．したがって，流線 cde に沿って移動する流体要素は点 e で静止させられる．しかしながら，自由流が超音速であり，この Pitot 管が流れに対して障害物であるので，この管の前方に強い前方衝撃波が存在し，鈍い物体を過ぎる超音速流れについての，図 8.1 の左側に示された図に良く似ている．したがって，p. 593 流線 cde は前方衝撃波の垂直部分を横切る．流線 cde に沿って移動する流体要素は，最初，この衝撃波の直後の点 d で亜音速速度へ非等エントロピー的に減速される．それから，それは点 e で速度ゼロへ等エントロピー的に圧縮される．結果として，点 e における圧力は，自由流の総圧ではなく，むしろ，**垂直衝撃波背後の総圧**，$p_{0,2}$ である．これが Pitot 管の管端で読まれる Pitot 圧である．衝撃波を横切ってのエントロピー増加により，衝撃波を横切っての総圧における損失があり，$p_{0,2} < p_{0,1}$ であることを覚えておくべきである．しかしながら，$p_{0,2}$ と自由流静圧 p_1 を知ることがなおも，次のように，自由流マッハ数 M_1 を計算するのに十分である．すなわち，

$$\frac{p_{0,2}}{p_1} = \frac{p_{0,2}}{p_2}\frac{p_2}{p_1} \tag{8.76}$$

ここで，$p_{0,2}/p_2$ は，垂直衝撃波直後の領域 2 における，総圧対静圧の比であり，p_2/p_1 は衝撃波を横切っての静圧比である．式 (8.42) から，

$$\frac{p_{0,2}}{p_2} = \left(1 + \frac{\gamma-1}{2}M_2^2\right)^{\gamma/(\gamma-1)} \tag{8.77}$$

ここに，式 (8.59) から，

$$M_2^2 = \frac{1 + [(\gamma-1)/2]M_1^2}{\gamma M_1^2 - (\gamma-1)/2} \tag{8.78}$$

また，式 (8.65) から，

$$\frac{p_2}{p_1} = 1 + \frac{2\gamma}{\gamma+1}(M_1^2 - 1) \tag{8.79}$$

式 (8.78) を式 (8.77) に代入し，式 (8.79) とこの結果を式 (8.76) に代入すると，いくらかの代数的簡単化を行った後に (演習問題 8.14 を見よ)，

$$\boxed{\frac{p_{0,2}}{p_2} = \left(\frac{(\gamma+1)^2 M_1^2}{4\gamma M_1^2 - 2(\gamma-1)}\right)^{\gamma/(\gamma-1)} \frac{1-\gamma+2\gamma M_1^2}{\gamma+1}} \tag{8.80}$$

を得る．式 (8.80) は *Rayleigh* の *Pitot* 管公式と呼ばれている．それは Pitot 圧 $p_{0,2}$ と自由流静圧 p_1 を自由流 Mach 数 M_1 と関係付けるものである．式 (8.80) は M_1 を $p_{0,2}/p_1$ の陰的関数として与え，わかっている $p_{0,2}/p_1$ から M_1 の計算を可能としている．計算をするのが便利なように，付録 B に，M_1 に対する圧力比 $p_{0,2}/p_1$ を数表にしてある．

[例題 8.22]

Pitot 管が，静圧が 1 atm である空気流中に挿入されている．Pitot 管による圧力が (a) 1.276 atm, (b) 2.714 atm および (c) 12.06 atm のとき，流れの Mach 数を計算せよ．

[解答]p. 594

最初に，この流れが亜音速かまたは超音速かを評価しなければならない．マッハ 1 において，Pitot 管は $p_0 = p/0.528 = 1.893p$ なる圧力を測定する．したがって，$p_0 < 1.893$ atm であれば，流れは亜音速であり，$p_0 > 1.893$ atm のとき，流れは超音速である．

(a) Pitot 管測定値 = 1.276 atm. この流れは亜音速である．したがって，Pitot 管はこの流れの総圧を直接測定している．付録 A より，$p_0/p = 1.276$ について，

$$\boxed{M = 0.6}$$

(b) Pitot 管測定値 = 2.714 atm. この流れは超音速である．したがって，Pitot 管は垂直衝撃波背後の総圧を測定している．付録 B より，$p_{0,2}/p_1 = 2.714$ について，

$$\boxed{M_1 = 1.3}$$

(c) Pitot 管測定値 = 12.06 atm. この流れは超音速である．付録 B より，$p_{0,2}/p_1 = 12.06$ について，

$$\boxed{M_1 = 3.0}$$

[例題 8.23]

20,000 ft の高度，そこでは圧力が 973.3 lb/ft^2，を Mach 8 で飛行している極超音速ミサイルを考える．このミサイルの先端が鈍く，図 8.1 の左に示されるような形状である．先端のよどみ点における圧力を計算せよ．

[解答]

図 8.1 に示される鈍い物体を調べると，よどみ点にぶつかる流線は頭部衝撃波の垂直部分横切っている．定義により，よどみ点において，$V = 0$ である．流れは衝撃波と物体との間で等エントロピー的であるので，物体上のよどみ点における圧力は，上流 Mach 数 8 の垂直衝撃波背後の総圧である．このよどみ点における圧力を p_s で示すとする．$p_{0,2}$ は垂直衝撃波背後の総圧であるので，そのとき，$p_s = p_{0,2}$ である．付録 B から，Mach 数 8 について，$p_{0,2}/p_1 = 82.87$ である．したがって，

$$p_s = p_{0,2} = \left(\frac{p_{0,2}}{p_1}\right)(p_1) = 82.87(973.3) = \boxed{8.07 \times 10^4 \text{ lb/ft}^2}$$

1 atm = 2116 lb/ft^2 であるので，

$$p_s = \frac{8.07 \times 10^4}{2116} = \boxed{38.1 \text{ atm}}$$

このミサイルの先端における圧力は非常に高い，すなわち，38.1 atm であることに注意すべきである．これは，低高度での極超音速飛行の代表的なものである．

計算のチェック この問題は，最初に，付録 A から上流の総圧を計算し，次に，付録 B から，垂直衝撃波を横切っての総圧比を用いることにより解ける．Mach 8 について付録 A から，$p_{0,1}/p_1 = 0.9763 \times 10^{-4}$ である．p. 595 したがって，

$$p_{0,1} = \left(\frac{p_{0,1}}{p_1}\right)p_1 = (0.9763 \times 10^4)973.3 = 9.502 \times 10^6$$

Mach 8 について付録 B から，$p_{0,2}/p_{0,1} = 8.8488 \times 10^{-2}$ である．したがって，

$$p_s = p_{0,2} = \left(\frac{p_{0,2}}{p_{0,1}}\right)p_{0,1} = (0.8488 \times 10^{-2})(9.502 \times 10^6) = \boxed{8.07 \times 10^4 \text{ lb/ft}^2}$$

これは前に得られたと同じ結果である．

[例題 8.24]

標準大気高度 25 km を飛行する，図 8.11 に示される Lockheed SR-71 Blackbird を考える．この飛行機の Pitot 管により測定した圧力が 3.88×10^4 N/m² である．この飛行機の速度を計算

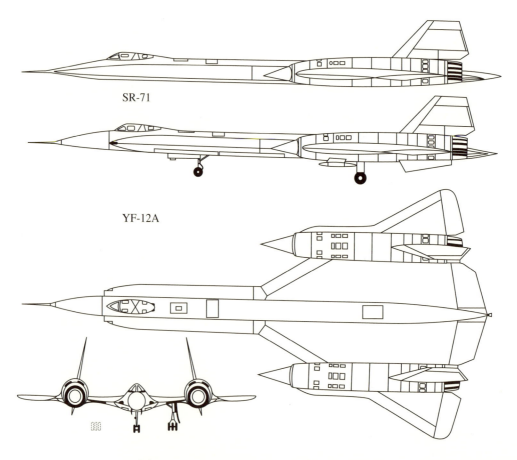

図 8.11 Lockheed SR-71/YF-12A Blackbird

第 8 章 垂直衝撃波とそれらの関連問題

せよ．

[解答]P. 596

付録 D から，高度 25 km において，$p = 2.5273 \times 10^3$ N/m^2，および $T = 216.66$ K である．したがって，

$$\frac{p_{0,1}}{p_1} = \frac{3.88 \times 10^4}{2.5273 \times 10^3} = 15.35$$

付録 B から，$p_{0,1}/p_1 = 15.35$ の場合，$M_1 = 3.4$ である．すなわち，

$$a_1 = \sqrt{\gamma RT} = \sqrt{(1.4)(287)(216.66)} = 295 \text{ m/s}$$

したがって，この飛行機の速度は

$$V_1 = M_1 a_1 = (3.4)(295) = \boxed{1003 \text{ m/s}}$$

8.8 要約

図 8.2 に与えられているロードマップに戻り，本章で扱った分野に困難さを感じていないことを確かめるべきである．より重要な式についての簡素な要約は次のようになる．

気体中の音速は

$$a = \sqrt{\left(\frac{\partial p}{\partial \rho}\right)_s} \qquad (8.18)$$

で与えられる．熱量的に完全な気体について，

$$a = \sqrt{\frac{\gamma p}{\rho}} \qquad (8.23)$$

すなわち，

$$a = \sqrt{\gamma RT} \qquad (8.25)$$

音速は気体の温度のみに依存する．

定常，断熱，非粘性流れについて，エネルギー方程式は次のように表せる．

$$h_1 + \frac{u_1^2}{2} = h_2 + \frac{u_2^2}{2} \qquad (8.29)$$

$$c_p T_1 + \frac{u_1^2}{2} = c_p T_2 + \frac{u_2^2}{2} \qquad (8.30)$$

(続く)

p. 597

$$\frac{a_1^2}{\gamma-1} + \frac{u_1^2}{2} = \frac{a_2^2}{\gamma-1} + \frac{u_2^2}{2} \tag{8.32}$$

$$\frac{a^2}{\gamma-1} + \frac{u^2}{2} = \frac{a_0^2}{\gamma-1} \tag{8.33}$$

$$\frac{a^2}{\gamma-1} + \frac{u^2}{2} = \frac{\gamma+1}{2(\gamma-1)}a^{*2} \tag{8.35}$$

流れにおける総状態は静的状態と次のように関係している.

$$c_p T + \frac{u^2}{2} = c_p T_0 \tag{8.38}$$

$$\frac{T_0}{T} = 1 + \frac{\gamma-1}{2}M^2 \tag{8.40}$$

$$\frac{p_0}{p} = \left(1 + \frac{\gamma-1}{2}M^2\right)^{\gamma/(\gamma-1)} \tag{8.42}$$

$$\frac{\rho_0}{\rho} = \left(1 + \frac{\gamma-1}{2}M^2\right)^{1/(\gamma-1)} \tag{8.43}$$

総特性と静特性との比は局所 Mach 数のみの関数であることに注意すべきである. これらの関数は付録 A に数表として与えられている.

基本的な垂直衝撃波方程式は

連続:
$$\rho_1 u_1 = \rho_2 u_2 \tag{8.2}$$

運動量:
$$p_1 + \rho_1 u_1^2 = p_2 + \rho_2 u_2^2 \tag{8.6}$$

エネルギー:
$$h_1 + \frac{u_1^2}{2} = h_2 + \frac{u_2^2}{2} \tag{8.10}$$

これらの方程式は, 上流 Mach 数 M_1 のみの関数としての垂直衝撃波を横切っての変化に関する式を導く. すなわち,

$$M_2^2 = \frac{1 + [(\gamma-1)/2]M_1^2}{\gamma M_1^2 - (\gamma-1)/2} \tag{8.59}$$

(続く)

第 8 章　垂直衝撃波とそれらの関連問題

p. 598

$$\frac{\rho_2}{\rho_1} = \frac{u_1}{u_2} = \frac{(\gamma+1)M_1^2}{2+(\gamma-1)M_1^2} \tag{8.61}$$

$$\frac{p_2}{p_1} = 1 + \frac{2\gamma}{\gamma+1}(M_1^2 - 1) \tag{8.65}$$

$$\frac{T_2}{T_1} = \frac{h_2}{h_1} = \left[1 + \frac{2\gamma}{\gamma+1}(M_1^2 - 1)\right] \frac{2+(\gamma-1)M_1^2}{(\gamma+1)M_1^2} \tag{8.67}$$

$$s_2 - s_1 = c_p \ln\left\{\left[1 + \frac{2\gamma}{\gamma+1}(M_1^2 - 1)\right] \frac{2+(\gamma-1)M_1^2}{(\gamma+1)M_1^2}\right\}$$

$$- R \ln\left[1 + \frac{2\gamma}{\gamma+1}(M_1^2 - 1)\right] \tag{8.68}$$

$$\frac{p_{0,2}}{p_{0,1}} = e^{-(s_2 - s_1)/R} \tag{8.73}$$

垂直衝撃波特性は付録 B に M_1 に対しての数表としてある．

熱量的に完全な気体について，総温は垂直衝撃波を横切って一定である．すなわち，

$$T_{0,2} = T_{0,1}$$

しかしながら，衝撃波を横切って総圧に損失が存在する．すなわち，

$$p_{0,2} < p_{0,1}$$

亜音速および超音速圧縮性流れについて，自由流 Mach 数は Pitot 圧対自由流静圧の比により決定される．しかしながら，方程式は異なる．すなわち，

亜音速流れ：
$$M_1^2 = \frac{2}{\gamma - 1}\left[\left(\frac{p_{0,1}}{p_1}\right)^{\gamma/(\gamma-1)} - 1\right] \tag{8.74}$$

超音速流れ：
$$\frac{p_{0,2}}{p_1} = \left[\frac{(\gamma+1)^2 M_1^2}{4\gamma M_1^2 - 2(\gamma-1)}\right]^{\gamma/(\gamma-1)} \frac{1-\gamma+2\gamma M_1^2}{\gamma+1} \tag{8.80}$$

8.9　演習問題

8.1 p. 599 230 K の温度である空気を考える．音速を計算せよ．

8.2 超音速風洞の貯気槽における温度が 519 °R である．測定部において，流速が 1385 ft/s である．測定部の Mach 数を計算せよ．風洞の流れは断熱的であると仮定せよ．

8.3 流れの中の与えられた1つの点において，$T = 300$ K, $p = 1.2$ atm および $V = 250$ m/s である．この点において，対応する p_0, T_0, p^*, T^* および M^* を計算せよ．

8.4 流れの中の1つの与えられた点において，$T = 700$ K, $p = 1.6$ atm および $V = 2983$ ft/s である．この点において，対応する p_0, T_0, p^*, T^* および M^* を計算せよ．

8.5 超音速ノズルを流れる等エントロピー流れを考える．もし，測定部の状態が $p = 1$ atm, $T = 230$ K および $M = 2$ により与えられるならば，貯気槽圧と温度を計算せよ．

8.6 翼型を過ぎる等エントロピー流れを考える．自由流条件は標準高度 10,000 ft と $M_\infty = 0.82$ に対応する．翼型の与えられた1点において，$M = 1.0$ である．この点における p と T を計算せよ．(注：この問題を解くには，付録Eの標準大気表を用いなければならないだろう．)

8.7 垂直衝撃波の直前の流れは $p_1 = 1$ atm, $T_1 = 288$ K および $M_1 = 2.6$ によって与えられる．垂直衝撃波直後における次の特性を計算せよ．すなわち，p_2, T_2, ρ_2, M_2, $p_{0,2}$, $T_{0,2}$ および衝撃波を横切ってのエントロピー変化．

8.8 垂直衝撃波の前方の圧力が1 atm である．この衝撃波の背後の圧力と温度は，それぞれ，10.33 atm と 1390 °R である．この衝撃波前方の Mach 数と温度および衝撃波背後の総温と総圧を計算せよ．

8.9 垂直衝撃波を横切ってのエントロピー増加が 199.5 J/(kg・K) である．上流の Mach 数はいくらか．

8.10 垂直衝撃波の直前の流れは，$p_1 = 1800$ lb/ft², $T_1 = 480$ °R と $M_1 = 3.1$ で与えられる．衝撃波背後の速度と M^* を計算せよ．

8.11 圧力 1 atm と温度 288 K の流れを考える．Pitot 管がこの流れの中に挿入され，測定された圧力が 1.555 atm である．流れの速度はどれくらいか．

8.12 圧力，温度がそれぞれ 2116 lb/ft² と 519 °R である流れを考える．Pitot 管がこの流れに挿入され，測定された圧力が 7712.8 lb/ft² である．この流れの速度はどれくらいか．

8.13 演習問題 8.11 と 8.12 を，(正しくないが) 非圧縮性流れについての Bernoulli の式を用いて計算せよ．Bernoulli 式を用いることにより入るパーセント誤差を計算せよ．

8.14 Rayleigh の Pitot 管公式，式 (8.80) を導け．

8.15 1990年3月16日に，空軍の SR-71 が大陸横断スピード新記録，高度 80,000 ft において，平均速度 2112 mi/h, を樹立した．p.600 この飛行機のよどみ点における温度 (華氏) を計算せよ．

8.16 超音速風洞の測定部において，流れの中の Pitot 管が圧力 1.13 atm を示している．(測定部側壁の圧力孔からの) 静圧測定は 0.1 atm を示している．この測定部における流れの Mach 数を計算せよ．

8.17 Apollo 指令船が月から地球へ帰還したとき，それは Mach 数 36 で地球の大気圏へ突入した．1.4 の比熱比をもつ熱量的に完全な気体についての，本章からの結果を用い，自由流の温度が 300 K である高度における Mach 36 での Apollo 指令船のよどみ点における気体の温度を予測せよ．この答えの妥当性を論ぜよ．

8.18 Apollo 指令船が大気に突入したとき，Mach 36 におけるそれのよどみ点温度は 11,000 K であった，そして，1.4 に等しいとした比熱比の熱量的に完全な気体の場合である演習問題 8.17 で得られたものと非常に異なる値である．この相違はこれらの高温中で空気に生じる化学反応，すなわち，解離と電離によるのである．一定比熱を持つ熱量的に完全な気体を仮定している本書の解析はそのような化学的に反応している流れについて有効ではない．しかしながら，工学的な近似として，熱量的に完全な気体の結果は，しばしば，高温の化学反応流れの効果を模擬するのを試みるために，比熱比の低い値，いわゆる，"有効ガンマ (effective gamma)" を用い適用される．本演習問題で述べられた状態について，よどみ点で 11,000 K の温度を生じるのに必要な有効ガンマの値を計算せよ．自由流温度は 300 K と仮定せよ．

8.19 総圧は等エントロピー流れ全体で一定であることを証明せよ

第9章　斜め衝撃波と膨張波

p. 601　空気の場合(そしてすべての気体について同じであるが)，衝撃波は非常に薄いので，1次元流れにもとづいた計算は，衝撃波に垂直な速度成分のみを考えると仮定すれば，流れの系の他の部分が1次元に限定されていないときでさえ，衝撃波を通過しての速度や密度の変化を決定するためになお，適用されるのである．

G. I. Taylor and J. W. Maccoll, 1934

プレビュー・ボックス

図 9.1 は，数値計算から求められた高度 15 km を Mach 1.7 で飛行する一般的な超音速輸送機により作りだされる衝撃波と膨張波 (expansion wave) の両方を含む波のパターンである．これらの波のすべては，第 8 章で論議された垂直衝撃波と対照的に，流れに対して傾いて (oblique) いる．本章は，主に斜め衝撃波 (oblique shock wave) と膨張波について議論する．

本章の題材は超音速流れの基礎的な理解において極めて重要である．さらに，経済的で実現可能な，そして環境的に適合する超音速輸送機を設計する場合，それは不可欠な内容である．図 9.1 の衝撃波はこの飛行機の主たる抵抗 (造波抵抗：wave drag) 源を作りだし，この波が地表に伝播すると，一般に良く知られる"ソニック・ブーム (sonic boom)"の原因となる．さらに，本章の題材は，極超音速飛行機のためのスクラムジェットエンジンを設計するときに不可欠である．そのようなエンジンの性能の一部は，エンジンの上流とその内部の斜め衝撃波パターンに依存している．また，本章の題材は，超音速および極超音速風洞を設計する場合にも不可欠である．このような風洞では，風洞に取りつけられた模型により，また模型下流にある拡散胴 (diffuser) 内に作りだされる斜め衝撃波パターンがその風洞の性能に影響する．このように，本章の題材は超音速流れにおける広範囲の応用に不可欠である．

これまで，本章における題材は読者の超音速流れの勉学には絶対に不可欠であると述べてきた．これはそのような流れを比喩により述べると，パンとバターのようなものである．つまり，パンにバターを塗り，そしてそれを食べるようにして本章を学ぼう．また，斜め衝撃波や膨張波を学ぶことは喜びに満ちたものである．

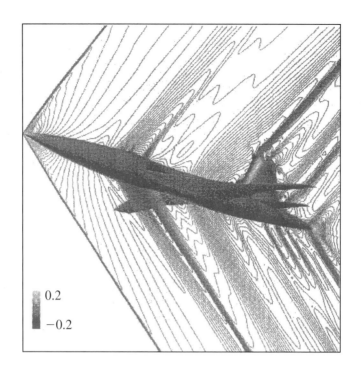

図 9.1 Mach 1.7 における (ナセルなし) の超音速輸送機形態の波のパターン．Y. Makino 等による数値流体力学計算，"Nonaxisymmetrical Fuselage Shape Modification for Drag Reduction of Low-Sonic-Boom Airplane," *AIAA Journal*, vol. 41, no. 8, August 2003, p. 1415

9.1 序論

p. 602 第 8 章において，垂直衝撃波，すなわち，上流流れと $90°$ の角度をなす衝撃波を論議した．垂直衝撃波の振る舞いは重要である．すなわち，さらに，垂直衝撃波の研究は衝撃波現象の比較的直接的な導入を与えてくれる．しかしながら，図 7.5 と図 7.6 に示された写真を調べると，一般的に，衝撃波は上流の流れに対して，斜め角をとるであろうと いうことがわかる．これらは**斜め衝撃波** (*oblique shock waves*) と呼ばれ，本章の主題の一部である．垂直衝撃波は，単純に，一般的な斜め衝撃波の種類の特別な場合，すなわち，衝撃波角が $90°$ の場合である．

それを越すと圧力が不連続的に増加する斜め衝撃波に加え，超音速流は，それを越すと圧力が**連続的に減少**する斜め膨張波によっても特徴づけられる．これら 2 つのタイプの波をさらに調べてみよう．図 9.2 に描かれているように，点 A にかどをもつ壁を過ぎる超音速流れを考える．図 9.2*a* において，p. 603 壁はふれの角 θ で上方向へ曲がっている．すなわち，このかどは凹面である．壁における流れは壁に平行でなければならない．したがって，壁における流線もまた角度 θ だけ曲げられる．気体は壁の上側にある．そして，図 9.2*a* において，流線は上側，流れの主部の方へ向く．超音速流れが，図 9.2*a* に示されるように"自分の方へ向く"ときはいつでも，斜め衝撃波が生じる．衝撃波前方の，もともと水平な流線は衝撃波を横切ると一様に曲げられ，波の後方の流線はお互い平行で，ふれの角 θ で上の方へ傾く．波を横切ると，Mach 数は不連続的に減少し，圧力，密度そして温度が不連続的に増加する．対照的に，図 9.2*b* は壁がかどでふれの角 θ だけ下方に回転している場合を示している．すなわち，そのかどは凸面で

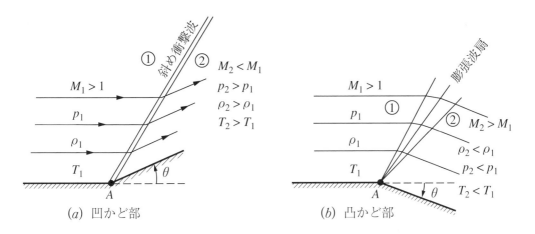

図 9.2 かどを過ぎる超音速流れ

ある．再び，壁における流れは壁に平行でなければならない．したがって，それで，壁における流線は角度 θ だけ下方へ回転する．気体は壁の上方にある．そして，図 9.2b において，流線は下方へ，流れの主部から離れる方へ向く．音速流れが図 9.2b に示されるように，"自分自身から離れる" ときはいつでも，膨張波が現れる．この膨張波はかどに中心をもつ扇の形をしている．この扇は，図 9.2b に示されるように，かどから連続的に離れるように開いている．膨張波前方の，もともと水平な流線は滑らかに，そして，連続的に膨張扇を通過して曲がり，波の後方の流線がお互いに平行で，ふれの角 θ で下方へ傾いている．膨張波を横切ると，Mach 数は増加し，圧力，温度および密度が減少する．したがって，膨張波は衝撃波と正反対のものである．

斜め衝撃波と斜め膨張波は 2 次元および 3 次元超音速流れで現れる．これらの波は，第 8 章で論議された 1 次元垂直衝撃波と対照的に，もともと，本質的に 2 次元的である．すなわち，図 9.2a と図 9.2b において，流れ場の特性は x と y の関数である．本章の目的はこれらの斜め波の特性を決定し，調べることである．

p. 604 超音速流において波を作りだす物理的なメカニズムは何であろうか．この疑問に答えるために，第 8.3 節で描いたように，分子衝突を介しての音波の伝播に関する絵を思い出すべきである．もし，気体中のある点でわずかなじょう乱が発生したとすると，その情報は，そのじょう乱の発生点からすべての方向へ伝播する音波によりその気体の他の点へ伝達される．さて，図 9.3 に描かれるような，流れの中にある物体を考える．この物体表面に衝突する気体分子は運動量の変化を被る．続いて，この変化は，不規則な分子衝突にしたがって，近傍の分子へ伝達される．このようにして，その物体の存在についての情報は分子衝突を介して周りの流れへ伝達されるようになる．すなわち，その情報は近似的に局所音速で上流へ伝播するのである．もし，上流の流れが，図 9.3a に示されるように，亜音速であるなら，このじょう乱が p. 605 はるか上流へ進むのに何ら問題がなく，したがって，向かって来る流れにその物体を避ける十分な時間を与えるのである．他方，もし，上流の流れが，図 9.3b に示されるように，超音速であるならば，そのじょう乱は上流へ進むことができない．それで，その物体からある有限の距離のところで，このじょう乱波は積み重なり，合体し，その物体の前方に定在波を形成する．したがって，超音速流れにおける波の物理的な生成は，衝撃波と膨張波の両方とも，分子衝突を介した

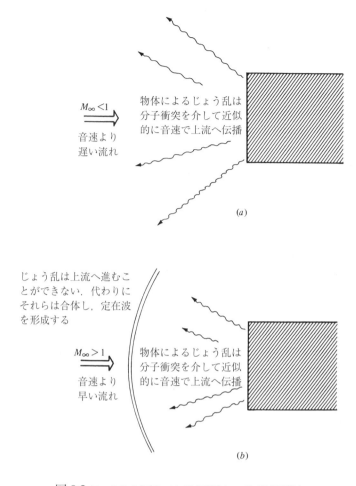

図 9.3 じょう乱の伝播. (a) 亜音速流れ. (b) 超音速流れ

情報の伝播によることと，そのような伝播が超音速流れのある領域へは進めないという事実によるものである．

　なぜ大部分の波が上流の流れに対して垂直でなく傾いているのであろうか．この疑問に答えるために，静止している気体中を移動する小さなじょう乱源を考える．それ以上のことがわからないので，このじょう乱源を"ビーパー"と呼ぶことにし，それは周期的に音を出す．最初に，図 9.4a に示されるように，**亜音速**で気体中を移動しているビーパーを考える．このビーパーの速度は V である．そこでは，$V < a$ である．時刻 $t = 0$ において，このビーパーは点 A に位置している．すなわち，この点において，それは音速，a ですべての方向へ伝播する音波を出す．それから後の時刻 t において，この音波は点 A から距離 at へ伝播していて，図 9.4a に示されるように，半径 at の円により表される．その同一時間の間に，このビーパーは距離 Vt だけ移動していて，今や，図 9.4a における点 B にある．さらに，A から B へ移動する間に，このビーパーはいくつかの他の音波を出していて，それらは，時刻 t において，図 9.4a における小さな円群により表されている．このビーパーは，常に一群の円形音波の内側にあるということ，および，波はずっとこのビーパーの前を移動することに注意すべきである．これは，このビーパーが亜音速 $V < a$ で移動しているからなのである．対照的に，図 9.4b に示されるように，気

第 9 章　斜め衝撃波と膨張波

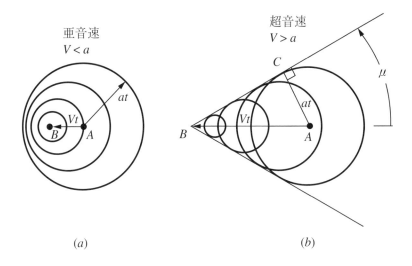

図 9.4 じょう乱の伝播について可視化する別の方法:(a) 亜音速流れ, (b) 超音速流れ

体中を**超音速** $V > a$ で移動しているビーパーを考える．時刻 $t = 0$ において，このビーパーは点 A に位置し，そこで，それは音波を出す．それより後の時刻 t において，この音波は点 A から距離 at に伝播しており，図 9.4b において半径 at の円として表されている．その同一時間の間に，このビーパーは点 B へ距離 $V t$ 移動している．さらに，A から B へ移動する間に，このビーパーはいくつかの他の音波を出している．そして，それらは，図 9.4b におけるより小さな円群により表されている．しかしながら，亜音速の場合と対照的に，このビーパーは，今や，常に，円形の音波群の外側にある．すなわち，それは，$V > a$ であるため，これらの波の前方を移動しているのである．さらに，何か新しいことが起きている．すなわち，これらの前方波面は直線 BC により与えられるじょう乱の包絡線を形成する．そして，それは一群の円に接している．このじょう乱の包絡線は *Mach 波* (*Mach wave*) と定義される．加えて，Mach 波が，このビーパーの移動方向に対してなす角度 ABC は *Mach 角* (*Mach angle*) μ と定義される．図 9.4b の幾何学的配列から，すぐに，

$$\sin \mu = \frac{at}{Vt} = \frac{a}{V} = \frac{1}{M}$$

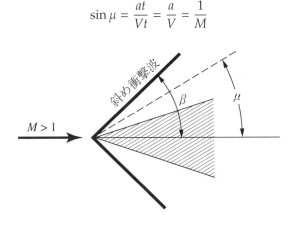

図 9.5 斜め衝撃波角と Mach 角との関係

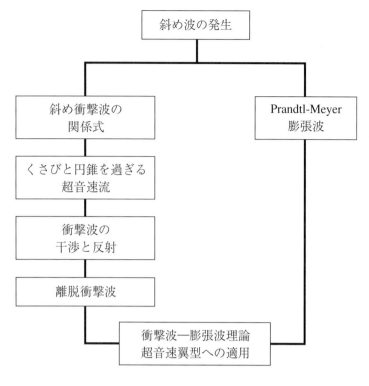

図9.6 第9章のロードマップ

がわかる．したがって，Mach角は局所Mach数により次のように簡単に決定される．

$$\mu = \sin^{-1}\frac{1}{M} \tag{9.1}$$

図9.4bを調べると，Mach波，すなわち，超音速流れにおけるじょう乱の包絡線は，明らかに，運動方向に対して斜めである．もし，じょう乱が純然たる音波よりも強ければ，そのとき，その前方波面はMach波より強くなり，自由流に対して角度βをなす斜め衝撃波を形成する．そこでは，$\beta > \mu$である．この比較を図9.5に示してある．しかしながら，斜め衝撃波を作り出す物理的メカニズムは，本質的には，上でMach波について説明したことと同じである．事実，Mach波は斜め衝撃波の極限の場合である(すなわち，それは無限に弱い斜め衝撃波なのである)．

　これで，超音速流れにおける斜め衝撃波の物理的源の論議を終える．さて，最初に，斜め衝撃波について，次に膨張波について，これらの斜め波を横切っての特性の変化を計算する式を展開するために先へ進むことにしよう．この過程において，図9.6に与えられたロードマップに従う．

[例題 9.1]

p. 607 ある超音速飛行機が高度16 kmにおいてMach 2で飛行している．この飛行機からの衝撃波パターン(図9.1を見よ)が急速に合体してこの飛行機の後方の地面と交わるMach波になり，地上の見物人により聞かれる"ソニックブーム"を引き起こすと仮定する．ソニックブーム

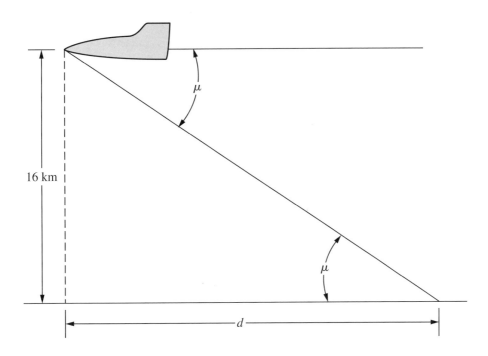

図 9.7 超音速飛行体からの Mach 波とそれの地面との衝突

が聞かれた瞬間において，この飛行機は見物人からどの程度前方にいるであろうか．

[解答]

後方に伸びる Mach 波をもつ高度 16 km における飛行機を示している図 9.7 を調べる．この Mach 波は飛行機からの地上距離 d で地面と交わる．式 (9.1) から，

$$\mu = \sin^{-1}\left(\frac{1}{M}\right) = \sin^{-1}\left(\frac{1}{2}\right) = 30°$$

図 9.7 から，

$$\tan\mu = \frac{16 \text{ km}}{d}$$

すなわち，

$$d = \frac{16 \text{ km}}{\tan\mu} = \frac{16}{0.577} = \boxed{27.7 \text{ km}}$$

9.2　斜め衝撃波の関係式

p. 608　図 9.8 に描かれた斜め衝撃波を考える．衝撃波と上流流れの方向との間の角度は**波の角** (*wave angle*) と定義され，β により示される．上流流れ (領域 1) は速度 V_1 と Mach 数 M_1 を持ち，水平である．下流流れ (領域 2) はふれの角 θ で上方に向き，速度 V_2 と Mach 数 M_2 をも

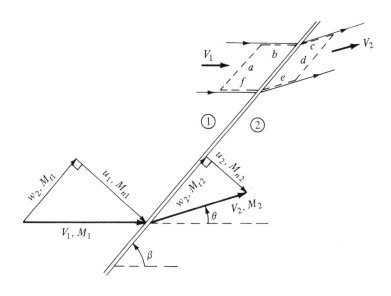

図 9.8 斜め衝撃波形状

つ．上流速度 V_1 は衝撃波に平行な成分と垂直な成分，それぞれ，w_1 および u_1 に分解され，その平行および垂直方向 Mach 数はそれぞれ $M_{t,1}$ および $M_{n,1}$ である．同様に，下流速度は平行および垂直成分，それぞれ，w_2 および u_2 に分解され，その Mach 数は $M_{t,2}$ と $M_{n,2}$ である．

図 9.8 の上の部分で破線により示される検査体積を考える．辺 a と辺 d はこの衝撃波に平行である．線分 b と線分 c は上側の流線に沿い，また，線分 e と線分 f は下側の流線に沿う．体積力のない定常，非粘性，断熱流れを取り扱っていることを覚えながら，この検査体積に保存形方程式の積分形を適用する．これらの仮定により，連続の方程式，式 (2.48) は，

$$\oiint_S \rho \mathbf{V} \cdot \mathbf{dS} = 0$$

となる．面 a と面 b で計算されたこの面積積分の結果は $-\rho_1 u_1 A_1 + \rho_2 u_2 A_2$ であり，ここに，$A_1 = A_2 =$ 面 a および面 b の面積 である．面 b，面 c，面 e および面 f は速度に平行であり，それで，面積積分の値はゼロである (すなわち，これらの面について，$\mathbf{V} \cdot \mathbf{dS} = 0$ である)．したがって，斜め衝撃波についての連続の方程式は

$$-\rho_1 u_1 A_1 + \rho_2 u_2 A_2 = 0$$

すなわち，

$$\boxed{\rho_1 u_1 = \rho_2 u_2} \tag{9.2}$$

である．式 (9.2) における u_1 と u_2 は衝撃波に垂直であることを覚えておくべきである．

運動量方程式の積分形，式 (2.64) はベクトル方程式である．したがって，それを衝撃波に平行と垂直の 2 つの成分に分解できる．最初に，今考えている流れのタイプを覚えながら，平行成分を考える．すなわち，

第 9 章　斜め衝撃波と膨張波

$$\oiint_S (\rho \mathbf{V} \cdot \mathbf{dS}) w = -\oiint_S (\rho dS)_{\text{tangential}} \tag{9.3}$$

式 (9.3) において，w は衝撃波に平行な速度成分である．$\mathbf{dS}$ はこの検査面に垂直であるので，面 a と面 d での $(pdS)_{\text{tangential}}$ はゼロである．また，面 b と面 f 上のベクトル $p\mathbf{dS}$ は大きさが等しく方向が反対であるので，式 (9.3) における圧力積分は面 b と面 f でお互いに相殺しあう 2 つの接線方向の力を含んでいる．面 c と面 e についても同じことが生じる．したがって，式 (9.3) は

$$-(\rho_1 u_1 A_1) w_1 + (\rho_2 u_2 A_2) w_2 = 0 \tag{9.4}$$

となる．式 (9.4) を式 (9.2) で割ると，

$$\boxed{w_1 = w_2} \tag{9.5}$$

を得る．式 (9.5) は重要な結果である．すなわち，**流れの速度の波に平行な成分は，斜め衝撃波を横切っても一定である**ことを述べている．

p. 610　積分形運動量方程式の垂直方向成分は，式 (2.64) から，

$$\oiint_S (\rho \mathbf{V} \cdot \mathbf{dS}) u = -\oiint_S (pdS)_{\text{normal}} \tag{9.6}$$

である．ここで，面 a と面 d で計算された圧力積分は正味の値 $-p_1 A_1 + p_2 A_2$ となる．もう一度，面 c と面 e でも同じであるが，面 b と面 f に働く大きさが等しく方向が反対の圧力は相殺する．したがって，式 (9.6) は，図 9.8 に示される検査体積について，

$$-(\rho_1 u_1 A_1) u_1 + (\rho_2 u_2 A_2) u_2 = -(-p_1 A_1 + p_2 A_2)$$

となる．$A_1 = A_2$ であるので，これは，

$$\boxed{p_1 + \rho u_1^2 = p_2 + \rho_2 u_2^2} \tag{9.7}$$

となる．再度，唯一，式 (9.7) に表れる速度は衝撃波に**垂直**な成分であることに注意すべきである．

最後に，エネルギー方程式の積分形，式 (2.95) を考える．ここで考えている場合について，この式は

$$\oiint_S \rho \left(e + \frac{V^2}{2} \right) \mathbf{V} \cdot \mathbf{dS} = -\oiint_S p \mathbf{V} \cdot \mathbf{dS} \tag{9.8}$$

のように書ける．再び，流れは面 b，面 c，面 f および面 e に平行であり，それゆえ，これらの面上で $\mathbf{V} \cdot \mathbf{dS} = 0$ であることに注意すると，図 9.8 の検査体積について，式 (9.8) は，

$$-\rho_1 \left(e_1 + \frac{V_1^2}{2} \right) u_1 A_1 + \rho_2 \left(e_2 + \frac{V_2^2}{2} \right) u_2 A_2 = -(-p_1 u_1 A_1 + p_2 u_2 A_2) \tag{9.9}$$

となる．式 (9.9) の各項をまとめると，

$$-\rho_1 u_1 \left(e_1 + \frac{p_1}{\rho_1} + \frac{V_1^2}{2}\right) + \rho_2 u_2 \left(e_2 + \frac{p_2}{\rho_2} + \frac{V_2^2}{2}\right) = 0$$

すなわち，

$$\rho_1 u_1 \left(h_1 + \frac{V_1^2}{2}\right) = \rho_2 u_2 \left(h_2 + \frac{V_2^2}{2}\right) \tag{9.10}$$

を得る．式 (9.10) を式 (9.2) で割ると，

$$h_1 + \frac{V_1^2}{2} = h_2 + \frac{V_2^2}{2} \tag{9.11}$$

を得る．$h + V^2/2 = h_0$ であるので，再び，総エンタルピーは衝撃波を横切っても一定であるという良く知られている結果を得るのである．さらに，熱量的に完全な気体について，$h_0 = c_p T_0$ である．したがって，総温は衝撃波を横切っても一定である，ということである．もう少し，式 (9.11) を考えるとして，図 9.8 から，$V^2 = u^2 + w^2$ であることに注意すべきである．また，式 (9.5) から，$w_1 = w_2$ がわかる．したがって，

$$V_1^2 - V_2^2 = (u_1^2 + w_1^2) - (u_2^2 + w_2^2) = u_1^2 - u_2^2$$

p. 611 したがって，式 (9.11) は

$$\boxed{h_1 + \frac{u_1^2}{2} = h_2 + \frac{u_1^2}{2}} \tag{9.12}$$

となる．

さて，結果をまとめてみよう．式 (9.2)，式 (9.7) および式 (9.12) を注意深く見てみるべきである．それらは，それぞれ斜め衝撃波についての連続，垂直方向運動量およびエネルギー方程式である．それらは速度の**垂直成分のみ**，u_1 と u_2 を含んでいる，すなわち，平行成分 w はこれらの方程式には表れないことに注意すべきである．したがって，**斜め衝撃波を横切っての変化は波に垂直な速度成分によってのみ支配される**ということである．

再び，式 (9.2)，式 (9.7) と式 (9.12) を詳しくながめてみる．これらは，式 (8.2)，式 (8.6) および式 (8.10) により与えられる，正しく，**垂直衝撃波についての支配方程式**である．したがって，第 8.6 節で垂直衝撃波に適用されたと同じ代数学を式 (9.2)，式 (9.7) および式 (9.12) に適用すると，上流 Mach 数の垂直方向成分 $M_{n,1}$ の項で表した，斜め衝撃波を横切っての変化について厳密に同じ式が導かれる．

$$M_{n,1} = M_1 \sin \beta \tag{9.13}$$

であることに注意すべきである．したがって，斜め衝撃波について，式 (9.13) で与えられる $M_{n,1}$ を用いて，式 (8.59)，式 (8.61) および式 (8.65) から，

第 9 章　斜め衝撃波と膨張波

$$M_{n,2}^2 = \frac{1 + [(\gamma-1)/2]M_{n,1}^2}{\gamma M_{n,1}^2 - (\gamma-1)/2} \tag{9.14}$$

$$\frac{\rho_2}{\rho_1} = \frac{(\gamma+1)M_{n,1}^2}{2 + (\gamma-1)M_{n,1}^2} \tag{9.15}$$

$$\frac{p_2}{p_1} = 1 + \frac{2\gamma}{\gamma+1}(M_{n,1}^2 - 1) \tag{9.16}$$

を得る．温度比 T_2/T_1 は状態方程式から得られる．すなわち，

$$\frac{T_2}{T_1} = \frac{p_2}{p_1}\frac{\rho_1}{\rho_2} \tag{9.17}$$

$M_{n,2}$ は衝撃波背後の垂直方向 Mach 数であることに注意すべきである．下流 Mach 数 M_2 そのものは，$M_{n,2}$ と図 9.8 の幾何学的関係から次のように求められる．

$$M_2 = \frac{M_{n,2}}{\sin(\beta - \theta)} \tag{9.18}$$

式 (9.14) から式 (9.17) を調べてみる．それらは，熱量的に完全な気体における斜め衝撃波の特性は上流 Mach 数の垂直方向成分 $M_{n,1}$ のみに依存することを述べている．しかしながら，式 (9.13) から，$M_{n,1}$ は M_1 と β 両方に依存することに注意すべきである．第 8.6 節から，垂直衝撃波を横切っての変化は 1 つのパラメータ – 上流 Mach 数 M_1 にのみに依存するということを思い出すべきである．p. 612 それに比べて，今，斜め衝撃波を横切っての変化は 2 つのパラメータ，すなわち，M_1 と β に依存するということがわかる．しかしながら，この相違は，実際には，垂直衝撃波は $\beta = \pi/2$ である斜め衝撃波の特別な場合であることから，少し議論の余地のあることではある．

　式 (9.18) は斜め衝撃波の解析にふれの角 θ を導入する．すなわち，M_2 を計算するためには θ を必要とするのである．しかしながら，θ は独立の，3 番目のパラメータではない．すなわち，θ は，下で導くように，むしろ M_1 と β の関数なのである．図 9.8 の幾何学的関係から，

$$\tan\beta = \frac{u_1}{w_1} \tag{9.19}$$

および

$$\tan(\beta - \theta) = \frac{u_2}{w_2} \tag{9.20}$$

式 (9.20) を式 (9.19) で割り，$w_1 = w_2$ であることを思い出して，連続方程式，式 (9.2) を使うと，

$$\frac{\tan(\beta-\theta)}{\tan\beta} = \frac{u_2}{u_1} = \frac{\rho_1}{\rho_2} \tag{9.21}$$

を得る．式 (9.21) を式 (9.13) および式 (9.15) と結び付けて，

$$\frac{\tan(\beta-\theta)}{\tan\beta} = \frac{2 + (\gamma-1)M_1^2\sin^2\beta}{(\gamma+1)M_1^2\sin^2\beta} \tag{9.22}$$

を得る．そして，これは M_1 と β の陰的な関数としての θ を与える．いくらかの三角関数の代入や整理の後，式 (9.22) は次のように θ について陽的に表すことができる．

$$\tan\theta = 2\cot\beta \frac{M_1^2 \sin^2\beta - 1}{M_1^2(\gamma + \cos 2\beta) + 2} \tag{9.23}$$

式 (9.23) は重要な方程式である．それは，$\theta - \beta - M$ 関係式と呼ばれ，θ を M_1 と β のユニーク関数として示すものである．この関係式は斜め衝撃波の解析にとって極めて重要である．そして，それによる結果が，$\gamma = 1.4$ について図 9.9 にプロットされている．この図を詳しく調べてみる．それは，Mach 数を媒介変数とした衝撃波角対ふれの角のプロットである．図 9.9 に与えられた結果はある程度詳しく示されている．すなわち，これが斜め衝撃波問題を解くために使う必要のある図である．

図 9.9 は斜め衝撃波に関係した豊富な物理現象を説明している．例えば，

1. ある与えられた上流 Mach 数 M_1 について，最大のふれの角 θ_{max} が存在する．もし，物理的な幾何学的形状が $\theta > \theta_{max}$ であるなら，そのとき，**直線的な斜め衝撃波の解は存在しない**．その代わりとして，自然は，かど，または物体の先端から離れた，曲線の衝撃波を生じさせる．これが図 9.10 に例示されている．ここで，図の左側は，与えられた上流 Mach 数について，ふれの角が θ_{max} より小さいくさびや凹かどを過ぎる流れを例示している．したがって，くさびの先端とかどに付着した直線の斜め衝撃波が見られるのである．図 9.10 の右側はふれの角が p. 615 θ_{max} より大きい場合を与えている．それゆえ，本節の始めの方で展開した理論から可能な直線斜め衝撃波解は存在しない．その代わり，くさびの先端，あるいはかどから離れた曲がった衝撃波が得られるのである．図 9.9 へ戻り，そして，θ_{max} の値は M_1 が増加すると増加することに注意すべきである．したがって，より高い Mach 数において，直線の斜め衝撃波解はより高いふれの角において存在できるのである．しかしながら，限界が存在する．すなわち，M_1 が無限大に近づくと，θ_{max} は ($\gamma = 1.4$ について) 45.5° に近づくのである．

2. θ_{max} より小さい，任意の与えられた θ に対して，与えられた上流 Mach 数について 2 つの直線斜め衝撃波解が存在する．例えば，もし，$M_1 = 2.0$ であり，そして，$\theta = 15°$ であるなら，図 9.9 から，β は 45.3° または 79.8° のどちらかでもありうる．β の小さなほうの値は **弱い** (*weak*) 衝撃波解と呼ばれ，β の大きいほうの値は **強い** (*strong*) 衝撃波解である．これらの 2 つの場合が図 9.11 に例示されている．p. 616 "弱い" および "強い" の分類は与えられた M_1 について，衝撃波角が大きければ大きいほど，上流 Mach 数の垂直方向成分 $M_{n,1}$ がより大きく，そして，式 (9.16) から，圧力比 p_2/p_1 がより大きくなるという事実から出ている．したがって，図 9.11 において，高い方の衝撃波角は低い方の衝撃波角よりも気体をより圧縮するので，したがって，"強い" 解と "弱い" 解となるのである．普通では弱い衝撃波解が優勢である．図 9.10 の左側に描かれたような，直線，付着斜め衝撃波が見られるときはいつでも，それらは，ほぼ常に弱い衝撃波解である．もし，それと反対の特別の情報がなければ，

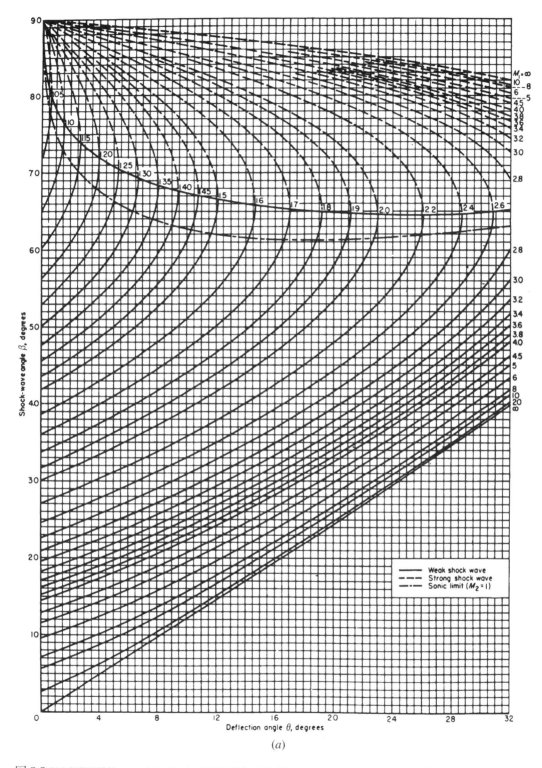

(a)

図 9.9 斜め衝撃波特性：$\gamma = 1.4$．$\theta - \beta - M$ 図 (出典：*NACA Report 1135, Ames Research Staff, "Equations, Tables and Charts for Compressible Flow"* 1953)

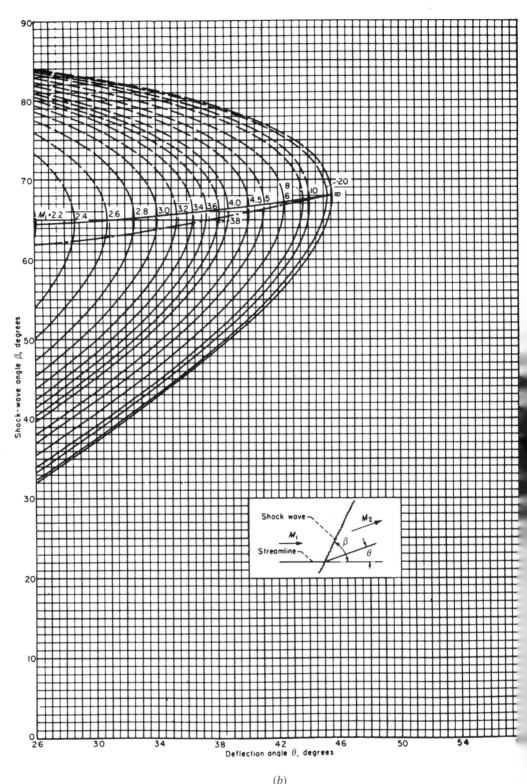

(b)

図 9.9：(続き)(出典：*NACA Report 1135, Ames Research Staff, "Equations, Tables and Charts for Compressible Flow"* 1953)

第 9 章 斜め衝撃波と膨張波

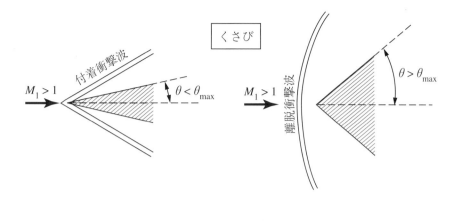

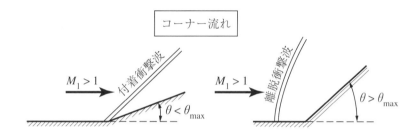

図 9.10 付着衝撃波と離脱衝撃波

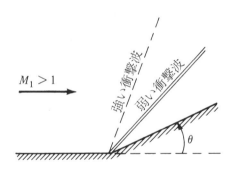

図 9.11 弱い衝撃波と強い衝撃波

この仮定をするのが安全である．図 9.9 において，すべての θ_{max} の値を結ぶ点の軌跡 (図 9.9 の中央をほぼ水平に横切る曲線) は弱い衝撃波解と強い衝撃波解とを分けていることに注意すべきである．この曲線の上方では，強い衝撃波解が優勢である (破線の $\theta-\beta-M$ 曲線で示されている)；この曲線の下方では，弱い衝撃波解が優勢である (そこでは，$\theta-\beta-M$ 曲線は実線で示されている)．この曲線の少し下には，また，図 9.9 をほぼ水平に走る別の曲線が存在する．この曲線は分割線で，その上で $M_2 < 1$ であり，その下で，$M_2 > 1$ である．強い衝撃波の解では，下流 Mach 数は常に亜音速 $M_2 < 1$ である．θ_{max} に非常に近い弱い衝撃波の解では，その下流 Mach 数は，また，亜音速である，しかし，ほとんどそうならない．弱い衝撃波解に関係するほとんどの場合について，下流 Mach 数は超音速 $M_2 > 1$ であ

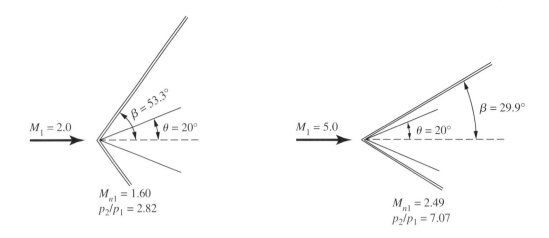

図 9.12 上流 Mach 数が増加する効果

る．弱い衝撃波解は，ほとんど常に事実上自然に生じる場合であるので，直線の，付着斜め衝撃波の下流の Mach 数はほとんど常に超音速であることを直ちに述べることができるのである．

3. もし，$\theta = 0$ であるなら，β は 90°，あるいは μ の何れかに等しい．$\beta = 90°$ の場合は垂直衝撃波に対応する (すなわち，第 8 章で論議された垂直衝撃波は強い衝撃波の解に属するのである)．$\beta = \mu$ の場合は図 9.4b に例示された Mach 波に対応する．この両方の場合において，流れの流線は波を横切ってもふれの角はない．

4. (特に断りがなければ，次のすべての論議において，弱い衝撃波の解のみを考える．) 図 9.12 に描かれたように，与えられた半頂角 θ のくさびを過ぎる超音速流におけるある実験を考える．さて，自由流 Mach 数 M_1 を増加させると考える．M_1 が増加すると，β が減少することが観察される．例えば，図 9.12 の左側に示されるように，$\theta = 20°$ および $M_1 = 2.0$ の場合を考える．図 9.9 より，$\beta = 53.3°$ であることがわかる．いま，図 9.12 の右側に描かれているように，θ を 20° と一定に保ったまま，M_1 が 5 に増加すると仮定する．ここで，$\beta = 29.9°$ であることがわかる．面白いことに，この衝撃波はより低い衝撃波角であるけれども，それは左側の衝撃波よりも強い衝撃波である．これは，右側の場合，$M_{n,1}$ がより大きいからである．β が小さい，それは $M_{n,1}$ が減少する，のであるが，上流 Mach 数 M_1 がより大きく，それが β の減少によるものを上回るのである．例えば，図 9.12 に与えられた $M_{n,1}$ と p_2/p_1 に注意すべきである．明らかに，p. 617 右側の Mach 5 の場合がより強い衝撃波を生じている．したがって，ある決まったふれの角をもつ付着衝撃波について，一般的に，上流 Mach 数 M_1 が増加するにしたがって，衝撃波角 β は減少し，衝撃波は強くなるのである．反対方向へ行くと，すなわち，M_1 が減少すると，衝撃波角が増加する，そして，衝撃波が弱くなるのである．最後に，もし，M_1 が十分に減少すると，衝撃波は離脱する．図 9.12 に示された $\theta = 20°$ の場合について，衝撃波は $M_1 < 1.84$ で離脱する．

5. 他の実験を考える．ここで，M_1 を固定し，ふれの角を増加させるとする．例えば，図 9.13 に示されるくさびを過ぎる超音速流れを考える．図 9.13 の左側に描かれているように，$M_1 = 2.0$

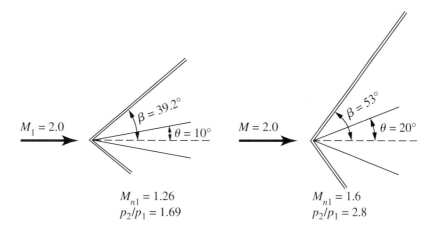

図 9.13 ふれの角を増加させることによる効果

と $\theta = 10°$ であると仮定する．この衝撃波角は (図 9.9 より) 39.2° である．さて，このくさびが蝶番で取り付けられており，M_1 を一定に保ちながら，そのふれの角を増加できると仮定する．そのような場合，図 9.13 の右側に示されるように，衝撃波角が増加する．また，$M_{n,1}$ も 増加し，p.618 だから，衝撃波はより強くなる．したがって，一般的に，一定上流 Mach 数の付着衝撃波について，ふれの角が増加するにしたがって，衝撃波角 β は増加し，そして，衝撃波はより強くなる．しかしながら，θ が一度，θ_{max} を越えると，その衝撃波は離脱する．図 9.13 における $M_1 = 2.0$ の場合について，$\theta > 23°$ のときにこのことが生じる．

このように論議された斜め衝撃波の物理特性は非常に重要である．さらに先に進む前に，これらの物理的な変化を完全にわかったと感じるまで何度かこの論議を復習しておくべきである．

[例題 9.2]

$M = 2.0$，$p = 1$ atm と $T = 288$ K なる超音速流を考える．この流れは 20° の圧縮角で偏向される．発生する斜め衝撃波背後の M，p，T，p_0 および T_0 を計算せよ．

[解答]

図 9.9 より，$M_1 = 2$ と $\theta = 20°$ について，$\beta = 53.4°$ である．したがって，$M_{n,1} = M_1 \sin 53.4° = 1.606$ である．付録 B から，$M_{n,1} = 1.60$ (数表の最も近い値に丸めてある) について，

$$M_{n,2} = 0.6684 \qquad \frac{p_2}{p_1} = 2.82 \qquad \frac{T_2}{T_1} = 1.388 \qquad \frac{p_{0,2}}{p_{0,1}} = 0.8952$$

したがって，

$$M_2 = \frac{M_{n,2}}{\sin(\beta - \theta)} = \frac{0.6684}{\sin(53.4 - 20)} = \boxed{1.21}$$

$$p_2 = \frac{p_2}{p_1} p_1 = 2.82(1\ \text{atm}) = \boxed{2.82\ \text{atm}}$$

$$T_2 = \frac{T_2}{T_1}T_1 = 1.388(288) = \boxed{399.7 \text{ K}}$$

$M_1 = 2$ について，付録 A から，$p_{0,1}/p_1 = 7.824$ および $T_{0,1}/T_1 = 1.8$ である．したがって，

$$p_{0,2} = \frac{p_{0,2}}{p_{0,1}}\frac{p_{0,1}}{p_1}p_1 = 0.8952(7.824)(1 \text{ atm}) = \boxed{7.00 \text{ atm}}$$

総温は衝撃波を横切っても一定である．したがって，

$$T_{0,2} = T_{0,1} = \frac{T_{0,1}}{T_1}T_1 = 1.8(288) = \boxed{518.4 \text{ K}}$$

注：斜め衝撃波について，付録 B にある $p_{0,2}/p_1$ の値を $p_{0,2}$ を求めるために用いることはできない．すなわち，付録 B におけるこの値は垂直衝撃波のみのものであり，式 (8.80) から直接求められる．次に，式 (8.80) は式 (8.77) を用いて導出される，その式で，M_2 は**実際の流れの** Mach 数であり，その垂直成分ではない．垂直衝撃波の場合においてのみ，これが衝撃波に垂直な Mach 数であるのである．したがって，式 (8.80) は垂直衝撃波についてのみ成立するのである．すなわち，その式は M_1 を $M_{n,1}$ で置き換えても斜め衝撃波には使えないのである．例えば，正しくない計算は $M_{n,1} = 1.60$ について p. 619 $p_{02}/p_1 = 3.805$ を用いることである．これは $p_{0,2} = 3.805$ atm，上で求めた正しい値の 7.00 atm と比較してまったく正しくない結果を与えるのである．

[例題 9.3]

30° の衝撃波角をもつ斜め衝撃波を考える．上流流れの Mach 数は 2.4 である．流れのふれの角，衝撃波を横切っての圧力比および温度比，そして，この衝撃波背後の Mach 数を計算せよ．

[解答]

図 9.9 から，$M_1 = 2.4$ および $\beta = 30°$ について，$\boxed{\theta = 6.5°}$ を得る．また，

$$M_{n,1} = M_1 \sin\beta = 2.4 \sin 30° = 1.2$$

付録 B より，

$$\frac{p_2}{p_1} = \boxed{1.513}$$

$$\frac{T_2}{T_1} = \boxed{1.128}$$

$$M_{n,2} = 0.8422$$

したがって，

$$M_2 = \frac{M_{n,2}}{\sin(\beta - \theta)} = \frac{0.8422}{\sin(30 - 6.5)} = \boxed{2.11}$$

注：斜め衝撃波の 2 つの特徴がこの例題に示されている．

1. これはかなり弱い衝撃波である．すなわち，わずか51パーセントの衝撃波を横切っての圧力増加である．実際，図9.9を調べると，この場合はMach波の場合に近いことがわかる．そこでは，$\mu = \sin^{-1}(1/M) = \sin^{-1}(\frac{1}{2.4}) = 24.6°$である．$30°$なる衝撃波角は$\mu$よりそんなに大きくない．すなわち，$6.5°$なるふれ角もまた小さいのである．すなわち，この衝撃波の相対的な弱さと一致しているのである．

2. 与えられた斜め衝撃波を一意的に決めるために，たった2つの特性を指定する必要があるだけである．この例題において，M_1とβがこれらの2つの特性である．例題9.2において，与えられたM_1とθがこの2つの特性である．斜め衝撃波について，いったん，任意の2つの特性が指定されれば，その衝撃波は一意的に決まるのである．これは第8章で学んだ垂直衝撃波の場合と類似している．そこでは，垂直衝撃波を横切ってのすべての変化はM_1のような，たった1つ特性を指定することにより一意的に決められることを証明した．しかしながら，第8章のすべてには，もう1つの特性が隠れていたのである．すなわち，垂直衝撃波の衝撃波角は$90°$であるということである．もちろん，垂直衝撃波は，単に，斜め衝撃波という範疇における1つの例，すなわち，$\beta = 90°$の衝撃波である．図9.9を調べると，垂直衝撃波は，前に論議したように，強い衝撃波解に属していることがわかる．

[例題 9.4] P. 620

$\beta = 35°$および，圧力比$p_2/p_1 = 3$をもつ斜め衝撃波を考える．上流Mach数を計算せよ．

[解答]

付録Bから，$p_2/p_1 = 3$の場合，$M_{n,1} = 1.64$（最も近い数値として）である．

$$M_{n,1} = M_1 \sin\beta$$

であるので，したがって，

$$M_1 = \frac{M_1}{\sin\beta} = \frac{1.66}{\sin 35°} = \boxed{2.86}$$

注：再度，斜め衝撃波は2つの特性，この場合では，βとp_2/p_1により一意的に決まる．

[例題 9.5]

Mach 3の流れを考える．この流れを亜音速へ減速したい．これを達成するための2つの異なった方法を考える．すなわち，(1) Mach 3の流れは垂直衝撃波を直接通過することにより減速される；(2) Mach 3の流れは，最初，衝撃波角$40°$の斜め衝撃波を通過し，それから，続いて，垂直衝撃波を通過する．これらの2つの場合が図9.14に描かれている．この2つの場合の最終総圧の比，すなわち，場合2の垂直衝撃波背後の総圧を場合1の垂直衝撃波背後の総圧で割った比を計算せよ．

[解答] P. 621

場合1について，$M = 3$において，付録Bより，

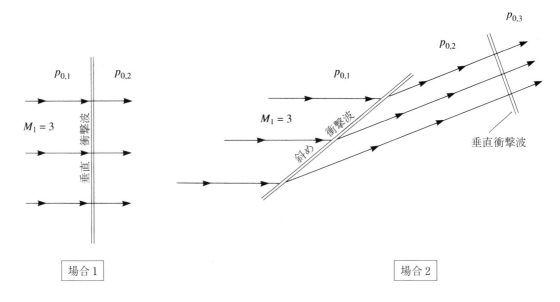

図 9.14 例題 9.5 についての図

$$\left(\frac{p_{0_2}}{p_{0_1}}\right)_{\text{case 1}} = 0.3283$$

場合 2 について，$M_{n,1} = M_1 \sin\beta = 3\sin 40° = 1.93$ を得る．付録 B より，

$$\frac{p_{0_2}}{p_{0_1}} = 0.7535 \quad \text{および} \quad M_{n,2} = 0.588$$

図 9.9 から，$M_1 = 3$ と $\beta = 40°$ について，ふれの角 $\theta = 22°$ を得る．したがって，

$$M_2 = \frac{M_{n,2}}{\sin(\beta - \theta)} = \frac{0.588}{\sin(40 - 22)} = 1.90$$

付録 B から，上流 Mach 数 1.9 をもつ垂直衝撃波について，$p_{0_3}/p_{0_2} = 0.7674$ を得る．それゆえ，場合 2 について，

$$\left(\frac{p_{0_3}}{p_{0_1}}\right)_{\text{case 2}} = \left(\frac{p_{0_2}}{p_{0_1}}\right)\left(\frac{p_{0_3}}{p_{0_2}}\right) = (0.7535)(0.7674) = 0.578$$

したがって，

$$\left(\frac{p_{0_3}}{p_{0_1}}\right)_{\text{case 2}} \bigg/ \left(\frac{p_{0_2}}{p_{0_1}}\right)_{\text{case 1}} = \frac{0.578}{0.3283} = \boxed{1.76}$$

例題 9.5 の結果は多段衝撃波系の場合 (場合 2) の最終総圧は単一垂直衝撃波 (場合 1) と比べ，76 パーセント高い．原理的に，総圧は気体によってどのくらい有用な仕事がされるのかの指針である．すなわち，これは，後で第 10.4 節において論議される．それ以外のものがすべて等しければ，総圧が高ければ高いほど，その流れはより有用である．実際，総圧損失は流体流れの

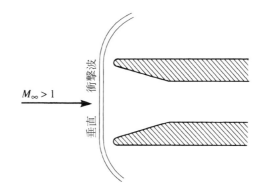

(a) 垂直衝撃波空気取入口

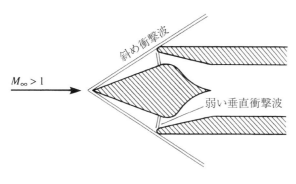

(b) 斜め衝撃波空気取入口

図 9.15 空気取入口図 (a) 垂直衝撃波空気取入口 (b) 斜め衝撃波空気取入口

効率の指標である．すなわち，総圧損失が低ければ低いほど，その流れの過程がより効率的であるということである．この例題において，場合2が場合1よりも，より効率的に流れを亜音速へ減速させる．なぜなら，場合2の多段衝撃波を横切っての総圧損失が単一の，強い垂直衝撃波による場合1よりも実際に少ないからである．これについての物理的な理由はわかりやすい．垂直衝撃波を横切っての総圧損失は上流 Mach 数が増加すると特に厳しくなる．すなわち，付録 B の $p_{0,2}/p_{0,1}$ の列を一目見るとこれが証明される．もし，流れのマッハ数について垂直衝撃波を通過する前に低くできれば，垂直衝撃波が弱くなるので総圧の損失はもっと少ない．これが，場合2における斜め衝撃波の役目，すなわち，流れの Mach 数について垂直衝撃波を通過する前に低くすることである．斜め衝撃波を横切っての総圧損失はやはりあるけれども，それは，同じ上流 Mach 数について，垂直衝撃波を横切ってのものよりもより少ないのである．垂直衝撃波を通過する前に流れの Mach 数を減少させる斜め衝撃波の正味の効果は，場合2の多段衝撃波系が，同一の流れ Mach 数において垂直衝撃波よりも小さな総圧損失であるという有益な結果により，斜め衝撃波を横切っての総圧損失の埋め合わせを十二分にするのである．

p. 622 これらの結果の実用的な応用はジェットエンジンの超音速空気取入口の設計である．垂直衝撃波空気取入口が図 9.15a に描かれている．ここでは，垂直衝撃波が空気取入口の前に形成され，総圧における大きな損失が存在する．対照的に，斜め衝撃波空気取入口が図 9.15b に示されている．ここでは，中心にある円錐が斜め衝撃波を発生させ，そして，流れは続いて，空

気取入口の入り口で相対的に弱い垂直衝撃波を通過する．同じ飛行条件 (Mach 数および高度) について，斜め衝撃波空気取入口の総圧損失は垂直衝撃波空気取入口のそれよりも小さい．したがって，他のものがすべて同じであれば，得られるエンジン推力は斜め衝撃波空気取入口の方が高いであろう．もちろん，これがなぜ現代の大部分の超音速機が斜め衝撃波空気取入口を持っているのかの理由である．

9.3 くさびと円錐を過ぎる超音速流

図 9.12 と図 9.13 に示されるように，くさびを過ぎる超音速流について，第 9.2 節で展開した斜め衝撃波理論は，その流れ場の**厳密な解**である．すなわち，いかなる簡単化の仮定もしていない．くさびを過ぎる超音速流は，p. 623 先端からの，付着した直線の斜め衝撃波，くさび表面に平行な衝撃波下流の一様流および斜め衝撃波背後の静圧 p_2 に等しい表面圧力により特徴づけられる．これらの特性は図 9.16a に要約されている．くさびは 2 次元形状であることに注意すべきである．すなわち，図 9.16a において，それはこの紙面に垂直にプラスまたはマイナス無限大に伸びる物体の断面である．したがって，くさび流れは，定義により，2 次元流れである．そして，ここでの 2 次元斜め衝撃波理論はこの場合にぴったり合うのである．

対照的に，図 9.16b に描かれるような，円錐を過ぎる超音速流を考える．くさびの場合とちょうど同じように，先端から出る直線の斜め衝撃波が存在するが，類似性はそこで終わりである．第 6 章の，3 次元物体を過ぎる流れは "3 次元緩和効果" を受けるということを思い出すべきである．すなわち，図 9.16 におけるくさびと円錐を比較すると，両方とも 20° の半頂角を持つが，円錐を過ぎる流れは，移動できるもう 1 つの次元があり，したがって，流れは 2 次元くさびと比較して，円錐体の存在に対して，より容易に適応できるのである．この 3 次元緩和効果の 1 つの結果が円錐上の衝撃波がくさび上のそれよりも弱いということである．すなわち，図 9.16 で

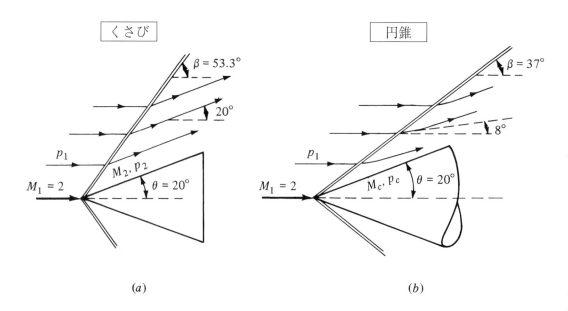

図 9.16 くさびと円錐流れの間の関係；3 次元緩和効果の例示

第 9 章　斜め衝撃波と膨張波

比較されているように，それはより小さい衝撃波角を持つのである．特に，同じ物体角 20° で，同じ上流マッハ数 2.0 に対して，くさびと円錐の衝撃波角は，それぞれ，53.3° と 37° である．くさび (図 9.16a) の場合，流線は衝撃波を通り厳密に 20° 曲げられ，したがって，衝撃波の下流で，流れは厳密にくさび表面に平行である．対照的に，円錐上の弱い衝撃波により，流線は，図 9.16b に示されるように，衝撃波を通過して，たった 8° だけ曲げられる．したがって，衝撃波と円錐表面との間で，流線はこの 20° 円錐を包むために上方へ徐々に曲がるのである．また，3 次元緩和効果の結果として，円錐表面の圧力，p_c はくさび表面の圧力 p_2 よりも低く，そして，円錐表面 Mach 数 M_c はくさび表面 Mach 数 M_2 より大きい．要約すれば，同じ物体角をもつ円錐およびくさびを過ぎる超音速流の間の主な相違は，(1) 円錐上の衝撃波は弱い，(2) 円錐表面圧力は低い，そして (3) 円錐表面の上方の流線は直線ではなく曲がっているということである．

円錐を過ぎる超音速流の解析は本章で与えられた斜め衝撃波理論よりもっと複雑である．円錐を過ぎる超音速流れの計算は第 13.6 節で論議される．超音速円錐流解析に関した詳細については，参考文献 21 の第 10 章を見るべきである．しかしながら，読者が円錐流れが本質的にくさび流れとは異なっていることを知り，そして，それらがどのように異なっているのかを知ることは重要である．これが，本節の目的であったのである．

[例題 9.6]

図 9.17 に描かれるように，Mach 5 の流れにある，半頂角 15° のくさびを考える．このくさびの抵抗係数を計算せよ．(図 9.17 に示されるように，底面の圧力は自由流静圧と同じであると仮定せよ．)

[解答]

このくさびの単位幅あたりの抵抗 D' を考える．したがって，

$$c_d = \frac{D'}{q_1 S} = \frac{D'}{q_1 c(1)} = \frac{D'}{q_1 c}$$

図 9.17 から，

$$D' = 2p_2 l \sin\theta - 2p_1 l \sin\theta = (2l\sin\theta)(p_2 - p_1)$$

しかしながら，

$$l = \frac{c}{\cos\theta}$$

したがって，

$$D' = (2c\tan\theta)(p_2 - p_1)$$

そして，

$$c_d = (2\tan\theta)\left(\frac{p_2 - p_1}{q_1}\right)$$

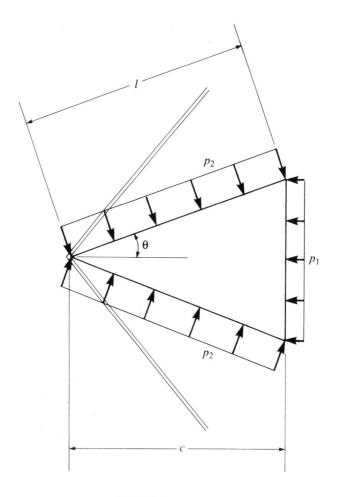

図 9.17 例題 9.6 の図

$$q_1 \equiv \frac{1}{2}\rho_1 V_1^2 = \frac{1}{2}\rho_1 \frac{\gamma p_1}{\gamma p_1} V_1^2 = \frac{\gamma p_1}{2a_1^2} V_1^2 = \frac{\gamma}{2} p_1 M_1^2$$

であることに注意すべきである．したがって，

$$c_d = (2\tan\theta)\left(\frac{p_2 - p_1}{(\gamma/2)p_1 M_1^2}\right) = \frac{4\tan\theta}{\gamma M_1^2}\left(\frac{p_2}{p_1} - 1\right)$$

図 9.9 から，$M_1 = 5$ と $\theta = 15°$ の場合，$\beta = 24.2°$ である．それゆえ，

$$M_{n,1} = M_1 \sin\beta = 5\sin(24.2°) = 2.05$$

付録 B から，$M_{n,1} = 2.05$ の場合，

$$\frac{p_2}{p_1} = 4.756$$

を得る．したがって，

$$c_d = \frac{4\tan\theta}{\gamma M_1^2}\left(\frac{p_2}{p_1} - 1\right) = \frac{4\tan 15°}{(1.4)(5^2)}(4.736 - 1) = \boxed{0.114}$$

(注：この場合の抵抗は有限である．2次元物体を過ぎる超音速あるいは極超音速非粘性流れにおいて，抵抗は常に有限である．D'Alembert のパラドックスは，衝撃波が表れるような自由流 Mach 数については生じない．ここでの抵抗生成の根本的原因は衝撃波の存在である．衝撃波は常に，散逸的な，抵抗生成メカニズムである．この理由により，この場合の抵抗は**造波抵抗** (*wave drag*) と呼ばれ，c_d は造波抵抗係数であり，より厳密には $c_{d,w}$ として示される．)

9.3.1 超音速揚力係数および抵抗係数に関するコメント

例題 9.6 において得られた結果は第 1.7 節で論議された 2 次元解析の妥当性の驚くほどすばらしい検証である．そこにおいて，ある与えられた迎え角におけるある与えられた物体に関して，空力係数は明瞭に Mach 数と Reynolds 数の関数であることを証明した [式 (1.42)，式 (1.43) および式 (1.44) を見よ]．図 9.17 に示される迎え角ゼロである半頂角 15°のくさびを考える．これは与えられた迎え角である与えられた形状の物体である．さらに，例題 9.6 においては，自由流 Mach 数のみが与えられ，このくさびの抵抗係数を計算するようにもとめられる．この流れは非粘性であるので，Reynolds 数は関係なくなる．一見して，抵抗係数を得るためには少なくとも自由流の圧力と速度が与えられる必要があると直観的に考えられるであろう．どうあろうとも，抵抗の物理的な根源は，第 1.5 節で強調したように，物体表面上すべてにわたって積分される圧力分布である．そして，その表面圧力分布が図 9.17 に概念図的に示されている．それでは，なぜ圧力の大きさや自由流の速度について情報が与えられないのであろうか．

その答えは，第 1.7 節の次元解析により明確に示されているが，抵抗係数はまさに，Mach 数に依存するということである．例題 9.6 において，自由流 Mach 数は Mach 5 として与えられている．その解法は抵抗の寄与する表面圧力分布を取り扱うことにより進んでゆくが，その解法は結局，圧力の値それ自身ではなく，圧力比のみを要求するのである．例題 9.6 における計算の最後において，抵抗係数が最終的に求められ，その計算に必要なすべてのものは自由流 Mach 数であった．第 1.7 節において論議された次元解析と第 1.8 節で与えられた流れの相似に関する概念の，なんとも驚くほどすばらしい妥当性の検証ではないだろうか．さらに，超音速流れに関するこれらの概念を検証した．もちろん，第 1.7 節および第 1.8 節における概念は基本的である．すなわち，それらは流れの領域，すなわち，亜音速，超音速，極超音速等，が何であろうとも有効である．

最後に，例題 9.6 において，抵抗**力** (*force*) を求められていたとすると，そのくさびの寸法や自由流の圧力のような追加の情報を必要としたであろう．しかし，力やモーメントそれら自身ではなくそれらの空力係数を取り扱う利点の 1 つは非粘性流れに関するそれらの**係数** (*coefficients*) が Mach 数，すなわち，Mach 数のみに依存するということである．

9.4 衝撃波の干渉と反射

図 9.2a に描かれた斜め衝撃波に戻るとする．この図において，この衝撃波がかどの上を無限大まで変わらずに伸びていると想像できる．しかしながら，現実世界ではそのようなことはない．現実的には，図 9.2a の斜め衝撃波は他の固体壁のどこかに衝突する，あるいは他の波，衝撃波または膨張波のいずれかと交差するであろう．そのような波の交差と干渉は，超音速飛行機，ミサイル，風洞，ロケットエンジン等の実際の設計や解析において重要である．波の干渉に適切な注意を払わないと生じうる結果に加えて，これのうってつけな歴史的例は 1960 年代初期に行われたラムジェット飛行試験計画である．この計画の期間に，ラムジェットエンジンが，4 から 7 の範囲の高い Mach 数における飛行試験のために X-15 極超音速飛行機の胴体下部に搭載された．(図 9.18 に示される，X-15 は，極超音速有人飛行の下限を調査するために設計された実験ロケット飛行機であった．) 最初の飛行試験の間に，エンジンカバーからの衝撃波が

図 9.18 X-15 極超音速実験機．1950 年代後半に設計，製造され，米国空軍と NASA の実験機として就役した (*the John Anderson Collection* の好意による)

第 9 章　斜め衝撃波と膨張波

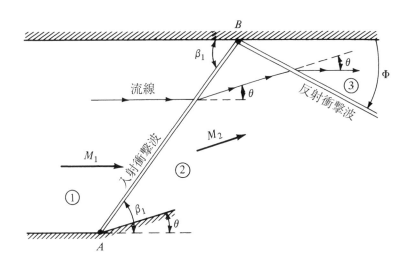

図 9.19 固体境界からの衝撃波の正常反射

p. 627 X-15 の下部胴体表面に当たり，その当たった領域における局所的に高い空力加熱によって，X-15 の胴体に焼け穴が開いた．この問題は後に是正されたけれども，それは，衝撃波干渉が実際の形状になし得ることの絵に描いたような例である．

　本節の目的は，衝撃波干渉の，主に定性的な論議を示すことにある．より詳細なことについては，参考文献 21 の第 4 章を見るべきである．

　最初に，図 9.19 に示されるように，凹かどで発生した斜め衝撃波を考える．そのかどにおけるふれの角は θ であり，したがって，点 A において，衝撃波角 β_1 の斜め衝撃波が発生する．また図 9.19 に示されるように，このかどの上方に直線の，水平な壁があると仮定する．点 A で発生した衝撃波，**入射衝撃波** (*incident shock wave*) と呼ばれる，が点 B で上方壁に当たる．

p. 628 **疑問**：衝撃波は，単純に，点 B で消えるのであろうか．もし，そうでないなら，それに何が起きるのであろうか．この疑問に答えるために，衝撃波の特性に関する知識を用いるのである．図 9.19 を調べると，入射衝撃波背後の領域 2 における流れはふれの角 θ で上方へ傾いていることがわかる．しかしながら，流れは至るところで上方壁に沿って平行でなければならない．すなわち，もし，領域 2 の流れが変化しないとすれば，それはその壁に飛び込み，行き場がなくなってしまうであろう．したがって，領域 2 における流れは，流れの上部壁への接線性を保つために，結局は下方へふれなければならない．自然は，この下方へのふれを図 9.19 における衝突点 B で発生する 2 次衝撃波により達成するのである．この 2 次衝撃波は**反射衝撃波** (*reflected shock wave*) と呼ばれる．反射衝撃波の目的は領域 2 における流れをふれさせ，流れが領域 3 において上部壁に平行であるようにさせることであり，それゆえに壁における境界条件を保つのである．

　反射衝撃波の強さは入射衝撃波よりも弱い．これは，$M_2 < M_1$ であるからであり，M_2 は反射衝撃波の上流 Mach 数を示す．ふれの角は同じであり，それに対して，反射衝撃波は低い上流 Mach 数に出会うので，第 9.2 節から，反射衝撃波はより弱くなければならないことがわかる．この理由により，反射衝撃波が上方壁となす角度 Φ は β_1 と同じではない (すなわち，衝撃波の反射は鏡面反射ではない)．反射衝撃波の特性は M_2 と θ により一意的に決まる．すなわち，M_2 は，まず，M_1 と θ により一意的に決まるので，反射衝撃波背後の領域 3 における特

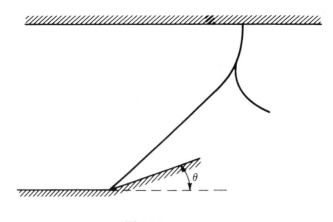

図 9.20 Mach 反射

性は角度 Φ 同様に，次のように，第 9.2 節の結果を用いることにより，与えられた条件である M_1 と θ から簡単に決定される．すなわち，

1. 与えられた M_1 と θ から，領域 2 における特性値を計算する．特に，この計算から M_2 を得る．
2. 上で計算された M_2 の値とわかっているふれの角 θ から領域 3 の特性値を計算する．

p. 629 興味ある状況が次のように生じることがある．M_1 が，与えられたふれの角 θ において，直線の付着衝撃波となるのに必要な最小 Mach 数よりわずかに大きいと仮定する．この場合について，第 9.2 節の斜め衝撃波理論により直線の付着入射衝撃波の解が許される．しかしながら，Mach 数は衝撃波を横切ると減少することがわかっている (すなわち，$M_2 < M_1$ である)．この減少が，M_2 が反射衝撃波を通過し，要求されるふれの角 θ についての最小 Mach 数よりも高くならないほど十分でありえる．そのような場合，斜め衝撃波理論は直線の反射衝撃波の解を与えない．図 9.19 に示されるような正常反射は不可能である．自然はこの状況を図 9.20 に示される衝撃波パターンをつくり出すことにより処理するのである．ここで，もともと直線である入射衝撃波は，上部壁に近づくにつれ曲がり，上部壁で垂直衝撃波となる．これは，衝撃波交差の背後で流線が壁に平行であることを許すのである．加えて，曲がった反射衝撃波はその垂直衝撃波から枝分かれし，下流へ伝播する．図 9.20 に示されるこの衝撃波パターンは Mach 反射 (Mach reflection) と呼ばれている．Mach 反射こついての衝撃波パターンと一般的な特性値の計算は第 13 章で論議されるような数値解法を必要とする．

もう 1 つの衝撃波干渉は図 9.21 に示されている．ここでは，衝撃波は点 G における凹かど部により生成される．この波を衝撃波 A として示す．衝撃波 A は **左向き波** (left-running wave) であり，もし，波の先頭に立って下流を見るとすると，衝撃波が左へ向かうのでそのように呼ばれるのである．別の衝撃波が点 H における凹かど部で生成され，下流へ伝播する．この波を衝撃波 B として示す．衝撃波 B は **右向き波** (right-running wave) であり，もし，その波の先頭に立ち，下流を見るとすると，衝撃波が右へ向かうのでそのように呼ばれるのである．図 9.21 に示される図は右向きおよび左向き衝撃波の交差である．交差は点 E で生じる．この交差点で，衝撃波 A は屈折し，衝撃波 D として存続する．同様に，衝撃波 B は屈折し，衝撃波 C として存続する．屈折した衝撃波 D の背後の流れは領域 4 で示される．また，屈折した衝撃波 C 背

第 9 章　斜め衝撃波と膨張波　　　601

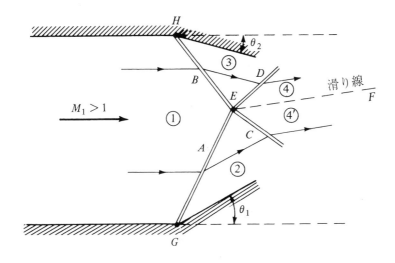

図 9.21　右向きおよび左向き衝撃波の交差

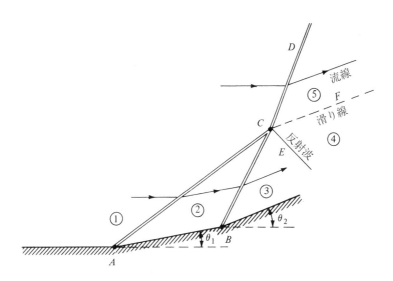

図 9.22　二つの右進行衝撃波の交差

後の流れは領域 4′ で示される．これらの 2 つの領域は滑り線 EF により別けられている．この滑り線を横切って，圧力は一定 (すなわち，$p_4 = p_{4'}$)，そして，流れの速度の方向 p.630 が同じ (しかし，必ずしも大きさは等しくない)，すなわち，滑り線に平行である．領域 4 と領域 4′ の他の特性値は異なる．特に注目されるのはエントロピーである ($s_4 \neq s_{4'}$)．これらの滑り線を横切って成り立たなければならない条件が，わかっている M_1，θ_1 および θ_2 とともに図 9.21 に示される衝撃波干渉を一意的に決定する．(この干渉に関する計算についての詳しいことは参考文献 21 の第 4 章をみよ．)

図 9.22 は，かど部 A と B で発生した 2 つの右進行衝撃波の干渉を例示している．交差は点 C で生じ，そこでは，この 2 つの衝撃波が合体して，より強い衝撃波 CD として，通常，弱い反射波 CE をともなって，伝播する．この反射波は，p.631 領域 4 と領域 5 における速度が同じ

方向になるよう，流れを調節するために必要なのである．再び，滑り線 CF が交差点の下流へ続いている．

上で示したものは，決して，超音速流れにおいて可能な衝撃波の干渉のすべてであるわけではない．しかしながら，それらは，実際にしばしば遭遇するより一般的な状況のいくつかを表しているのである．

[例題 9.7]

10° のふれの角をもつ圧縮かど部から発生した斜め衝撃波を考える．このかど部の前方における流れの Mach 数は 3.6 である．そして，流れの圧力および温度は標準海面上条件である．この斜め衝撃波は続いて，このかど部の反対側にある直線壁に当たる．この流れの様子は図 9.19 に与えられている．直線壁に対する，反射衝撃波の角度 Φ を計算せよ．また，反射衝撃波背後の圧力，温度および Mach 数を求めよ．

[解答]

図 9.9 の $\theta - \beta - M$ 図から，$M_1 = 3.6$ と $\theta = 10°$ について，$\beta_1 = 24°$ である．したがって，

$$M_{n,1} = M_1 \sin \beta_1 = 3.6 \sin 24° = 1.464$$

付録 B より，

$$M_{n,2} = 0.7157 \qquad \frac{p_2}{p_1} = 2.32 \qquad \frac{T_2}{T_1} = 1.294$$

また，

$$M_2 = \frac{M_{n,2}}{\sin(\beta - \theta)} = \frac{0.7157}{\sin(24 - 10)} = 2.96$$

である．これらは入射衝撃波背後の状態である．これらは反射衝撃波の上流流れ特性を構成する．この流れは反射衝撃波を通過するときに再び $\theta = 10°$ だけ偏向しなければならないことがわかる．したがって，$\theta - \beta - M$ 線図から，$M_2 = 2.96$ と $\theta = 10°$ について，反射衝撃波の衝撃波角 $\beta_2 = 27.3°$ を得る．β_2 は，反射衝撃波が上部壁と成す角度ではないことに，すなわち，衝撃波角の定義により，β_2 は，反射衝撃波と領域 2 における流れの方向との間の角度である注意すべきである．上部壁に対する衝撃波角は図 9.19 に示される幾何学形状から，

$$\Phi = \beta_2 - \theta = 27.3 - 10 = \boxed{17.3°}$$

である．また，反射衝撃波に対する，上流 Mach 数の垂直成分は $M_2 \sin \beta_2 = (2.96) \sin 27.3° = 1.358$ である．付録 B から，

$$\frac{p_3}{p_2} = 1.991 \qquad \frac{T_3}{T_2} = 1.229 \qquad M_{n,3} = 0.7572$$

したがって，

$$M_3 = \frac{M_{n,3}}{\sin(\beta_2 - \theta)} = \frac{0.7572}{\sin(27.3 - 10)} = \boxed{2.55}$$

標準海面上状態については，$p_1 = 2116 \text{ lb/ft}^2$ と $T_1 = 519°\text{R}$ である．したがって，

$$p_3 = \frac{p_3}{p_2}\frac{p_2}{p_1}p_1 = (1.991)(2.32)(2116) = \boxed{9774 \text{ lb/ft}^2}$$

$$T_3 = \frac{T_3}{T_2}\frac{T_2}{T_1}T_1 = (1.229)(1.294)(519) = \boxed{825°\text{R}}$$

反射衝撃波は入射衝撃波より弱いということ，それは，入射衝撃波の圧力比 $p_2/p_1 = 2.32$ に比べ，反射衝撃波がより低い圧力比 $p_3/p_2 = 1.991$ であることにより示されていることに注意すべきである．

9.5　鈍い物体の前方における離脱衝撃波

超音速流れにおける鈍い物体の前方に立つ曲がった頭部衝撃波が図 8.1 に描かれている．今や，この頭部衝撃波の特性を，次のように，より良く理解できる位置にいるのである．

図 8.1 における流れは図 9.23 にもっと詳しく描かれている．ここで，衝撃波は鈍い物体の先端前方，距離 δ に立っている．すなわち，δ は**衝撃波離脱距離** (shock detachment distance) と定義される．点 a において，この衝撃波は上流流れに対して垂直である．すなわち，点 a は

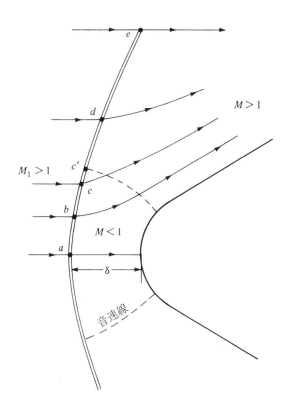

図 9.23 超音速鈍い物体を過ぎる流れ

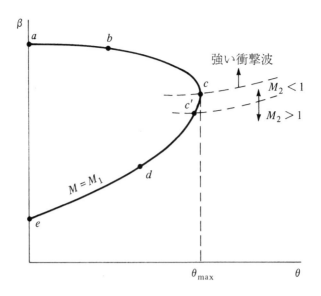

図 9.24 図 9.23 に示された図についての $\theta-\beta-M$

垂直衝撃波に対応する．点 a から離れると，この衝撃波はしだいに湾曲し，そして弱まり，ついには，(図 9.23 における点 e により例示されている) 物体から大きく離れた距離で Mach 波になる．

湾曲した頭部衝撃波は，与えられた自由流 Mach 数 M_1 について，すべての可能な斜め衝撃波解を同時に観察できる例の 1 つである．これは点 a と点 e との間で起こる．これをもっと鮮明に見るため，図 9.23 と共に，図 9.24 に描かれた $\theta-\beta-M$ 線図を考える．図 9.24 において，点 a は垂直衝撃波に対応し，点 e は Mach 波に対応する．中心線より少し上の，図 9.23 における点 b において，衝撃波は斜め衝撃波であるが，図 9.24 における強い衝撃波解に関係する．流れは，点 b において，衝撃波背後で少し上方へふれる．衝撃波に沿ってさらに移動すると，衝撃波角はより斜めになる，そして，流れのふれは点 c に行くまで増加する．頭部衝撃波上の点 c は図 9.24 に示された最大ふれの角に対応する．点 c の上，c から e まで，この衝撃波上のすべての点は弱い衝撃波の解に対応する．点 c より少し上，点 c' において，衝撃波背後の流れは音速流となる．a から c' まで，頭部衝撃波背後の流れは亜音速である．すなわち，c' から e まで，流れは超音速である．したがって，湾曲した頭部衝撃波と鈍い物体との間の流れ場は亜音速流れと超音速流れ両方の混合領域である．亜音速領域と超音速領域との間の分割線は**音速線** (*sonic line*) と呼ばれ，図 9.23 において破線で示されている．

離脱衝撃波の形状，離脱距離 δ, および衝撃波と物体との間の完全な流れ場は M_1 と物体の大きさおよび形状に依存する．この流れの解はトリビアなものではない．実際，p. 634 超音速鈍い物体問題は，1950 年から 1960 年代において超音速空気力学研究者たちの主たる問題であった．彼らは鈍い先端のミサイルや再突入体を過ぎる高速流を理解する必要によりかりたてられたのである．

実際，超音速鈍い物体流れについての工学的に十分な解を得られる数値解解法が利用できるようになったのは 1960 年代の後半になってであった．これらの現代的解法は第 13 章で論議される．

第 9 章 斜め衝撃波と膨張波

[例題 9.8]

図 9.25 に描かれた鈍い 2 次元放物線状物体の前方にある湾曲した離脱頭部衝撃波を考える．自由流は Mach 8 である．図 9.25 に示される点 a と b でこの衝撃波通過する 2 つの流線を考える．点 a における波の角度は $90°$ であり，点 b では $60°$ である．この衝撃波背後の流れにおける流線 a および b に関する (自由流と相対的な) エントロピーの値を計算し，比較せよ．

[解答]

本章で学ぶ斜め衝撃波特性は，図 9.2a にあるような衝撃波背後に一様流をともなう直線的な斜め衝撃波を基礎にして求められる．これらの解法は図 9.25 に示されるような湾曲した衝撃波背後の非一様流流れ場に適用されない．そのような鈍い物体の解法は第 13.5 節で取り扱われる．しかしながら，本章で取り扱う直線斜め衝撃波解法は与えられた点での局所波の角度がわかっている限り図 9.25 における**湾曲した衝撃波直後の任意の局所点における衝撃波特性を与える**．したがって，点 a における衝撃波直後において，この衝撃波はその点で垂直衝撃波であるので，

$$M_{n,1} = 8$$

を得る．付録 B から，$M_{n,1} = 8$ に対して，$p_2/p_1 = 74.5$ および $T_2/T_1 = 13.39$ である．式 (7.25) から，衝撃波を横切ってのエントロピーは

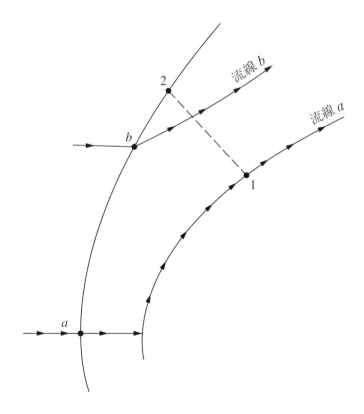

図 9.25 Mach 8 で鈍い物体の前方にある離脱衝撃波を横切る 2 つの流線

$$s_2 - s_1 = c_p \ln \frac{T_2}{T_1} - R \ln \frac{p_2}{p_1}$$

$$c_p = \frac{\gamma R}{\gamma - 1} = \frac{(1.4)(287)}{0.4} = 1004.5 \frac{\text{J}}{\text{kg} \cdot \text{K}}$$

であるので，それゆえ，

$$s_2 - s_1 = (1004.5) \ln 13.39 - (287) \ln 74.5$$

$$s_2 - s_1 = 1370 \frac{\text{J}}{\text{kg} \cdot \text{K}}$$

この衝撃葉の下流において，任意の与えられた流線に沿った流れは断熱的(熱伝達なし)および可逆的(摩擦などがない)であり，したがって，衝撃波背後のある与えられた流線に沿った流れは等エントロピー的である．それゆえに，流線 a に沿って，エントロピーは一定であり，衝撃波直後の点 a の値に等しい．したがって，流線 a に沿って，

$$s_2 - s_1 = \boxed{1370 \frac{\text{J}}{\text{kg} \cdot \text{K}}}$$

点 b における湾曲した頭部衝撃波直後において，そこでは $\beta = 60°$ であるので，

$$M_{n,1} = M_1 \sin \beta = 8 \sin 60°$$
$$= 8(0.866) = 6.928$$

を得る．付録 B から， $M_{n,1} = 6.9$ に最も近い値を用いると， $p_2/p_1 = 55.38$ および $T_2/T_1 = 10.2$ を得る．したがって，点 b において，流線 b に沿って，

$$s_2 - s_1 = c_p \ln \frac{T_2}{T_1} - R \ln \frac{p_2}{p_1}$$
$$= (1004.5) \ln 10.2 - (287) \ln 55.38$$
$$= \boxed{1180 \frac{\text{J}}{\text{kg} \cdot \text{K}}}$$

流線 b に沿ったエントロピーは流線 a に沿ったものよりも小さい．なぜなら，流線 b は湾曲した頭部衝撃波のより弱い部分を通過するからである．

9.5.1 湾曲した衝撃波背後の流れ場に関するコメント： エントロピー勾配と渦度

例題 9.8 により説明されたように，湾曲した衝撃波背後においてエントロピーは異なった流線に沿っては異なる値となる．例題 9.8 において取り扱った場合について，流線 a は点 a で垂直衝撃波を通過し，下流へ流れ，図 9.25 に示されるように，物体表面をなぞる．これが最大エントロピーの流線である．その他のすべての流線はそれより低い値のエントロピーをもつ．すなわち，流線 b は流線 a よりも小さなエントロピーをもつ．なぜなら，それは点 b で湾曲した

衝撃波より弱い部分を通過するからである．したがって，もし，図 9.25 における点 1 から点 2 まで流れ場を切断する直線を想像したとすると，エントロピーは物体から衝撃波までこの線に沿って減少する．すなわち，この流れにエントロピー勾配，∇s が存在する．先端が鈍い極超音速物体の場合，このエントロピー勾配が非常に大きくなりえるし，極超音速物体上における境界層と干渉する"エントロピー層"の根源である (例えば，参考文献 55 を見よ)．

湾曲した衝撃波背後の流れにエントロピー勾配が存在することは別の結果，すなわち，流れに渦度の生成をもたらす．エントロピー勾配と渦度間の物理学的な関係は Crocco の定理 (Crocco's theorem)，運動量方程式と結合された熱力学第一法則と第二法則との組み合わせにより定量化される．すなわち，

$$T\nabla s = \nabla h_o - \mathbf{V} \times (\nabla \times \mathbf{V}) \qquad \text{Crocco の定理}$$

この方程式において，∇s はエントロピー勾配であり，∇h_o は総エンタルピーの勾配である．そして，$\nabla \times \mathbf{V}$ は渦度である．Crocco の定理の導出については，例えば，参考文献 21 の第 6.6 節を見るべきである．我々の論議に関しては，単に，図 9.25 に示される湾曲した衝撃波背後における流れの重要な特徴を強調するために Crocco の定理を示しているのである．流れは断熱的である．したがって，∇h_o は流れの至る所でゼロである．しかしながら，∇s は有限であり，それゆえ，Crocco の定理から，$\nabla \times \mathbf{V}$ は有限でなければならない．

結論：湾曲した衝撃波背後の流れ場は**渦あり** (rotational) である．結果とした，本書の最初のほうで論議した解析的な有利さすべてをもつ速度ポテンシャルをこの鈍い物体の流れ場については定義できない．したがって，湾曲した衝撃波背後の流れ場は連続，運動量，およびエネルギー方程式の数値解法によって計算される．そのような数値流体力学解法は第 13.5 節で論議されている．

9.6 Prandtl-Meyer 膨張波

第 9.2 節から第 9.5 節で論議されたように，斜め衝撃波は，超音速流れが，流れ自身の方へ向かってふれるときに発生する (図 9.2a を見よ)．対照的に，超音速流れが流れ自身から離れるようにふれるとき，図 9.2b に描かれているように，膨張波が形成される．さらに先に進む前に，この図を注意深く調べ，第 9.1 節における関連の論議を復習すべきである．本節の目的は，そのような膨張波を横切っての流れの特性値における変化を計算することができる理論を展開することである．p. 637 この斜め衝撃波の論議の段階で，図 9.6 に示すロードマップの左側の分枝を終えたことになる．本節において，右側の分枝を扱う．

図 9.2b における膨張扇 (expansion fan) は，それぞれが局所流れの方向に対して Mach 角 μ をなす [式 (9.1) を見よ]，無限個の Mach 波として表すことができる**連続的な膨張領域**である．図 9.26 に描かれているように，膨張扇は，上流流れに対して角度 μ_1 をなす Mach 波を上流側境界とする．そこでは，$\mu_1 = \arctan(1/M_1)$ である．この膨張扇は下流流れに対して角度 μ_2 を成すもう一つの Mach 線を下流境界とする．そこでは，$\mu_2 = \arctan(1/M_2)$ である．波を通過しての膨張は連続的に続く Mach 波を横切ることにより起こり，また，それぞれの Mach 波について $ds = 0$ であるので，膨張は**等エントロピー的**である．これは斜め衝撃波を横切る流れと直接的な対照にあり，その斜め衝撃波を横切る流れは常にエントロピーの増加となるのである．

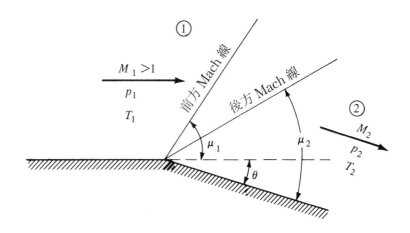

図 9.26 Prandtl-Meyer 膨張

膨張波を通過する流れは等エントロピー的であるという事実は，このあとすぐに評価するように，大きな簡単化をおこなえるのである．

図 9.2b や図 9.26 に描かれるように，鋭い凸かど部から出る膨張波は*有心膨張波*と呼ばれる．Ludwig Prandtl と彼の学生である Theodor Meyer は，最初に，1907–1908 年に，有心膨張波についての理論を研究し，そのような波は，広く，*Prandtl-Meyer 膨張波* (*Prandtl-Meyer expansion waves*) といわれる．

膨張波の問題は次のようなものである．すなわち，図 9.26 を参照して，上流流れ (領域 1) とふれの角 θ を与えられたとき，下流流れ (領域 2) を計算することである．次へ進むこととする．

図 9.27 に描かれているように，限りなく微小な流れのふれ $d\theta$ により生じた非常に弱い波を考える．ここで，$d\theta \to 0$ なる極限を考える．したがって，この波は本質的に，上流流れに対して角度 μ の Mach 波である．この波の前方の速度は V である．この流れは角度 $d\theta$ だけ下方へふれるので，速度は微小量 dV だけ増加し，それゆえ，波の背後の速度は，角度 $d\theta$ だけ傾いた $V + dV$ である．第 9.2 節における運動量方程式の取り扱いから，p. 638 波を横切っての速度

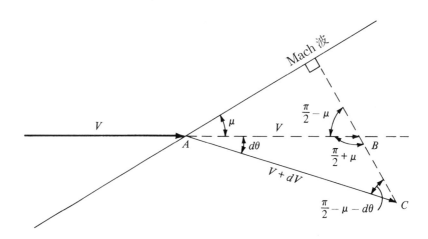

図 9.27 限りなく弱い波を横切っての微小な変化についての関係図

第 9 章 斜め衝撃波と膨張波

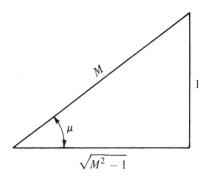

図 9.28 Mach 角に関する直角三角形

変化は波に**垂直**に生じることを思い出すべきである．すなわち，それの接線方向成分は波を横切っても変化しないのである．図 9.27 において，長さ V の水平な線分 AB が波の背後に描かれている．また，波の背後の新しい速度 $V + dV$ を表す線分 AC も描かれている．それに，線分 BC は，速度変化が起きる線を表しているので，波に対して垂直である．図 9.27 の幾何学的関係を調べると，三角形 ABC に正弦法則を適用して，

$$\frac{V+dV}{V} = \frac{\sin(\pi/2 + \mu)}{\sin(\pi/2 - \mu - d\theta)} \tag{9.24}$$

であることがわかる．しかしながら，三角関数の等値性から，

$$\sin\left(\frac{\pi}{2} + \mu\right) = \sin\left(\frac{\pi}{2} - \mu\right) = \cos\mu \tag{9.25}$$

$$\sin\left(\frac{\pi}{2} - \mu - d\theta\right) = \cos(\mu + d\theta) = \cos\mu\cos d\theta - \sin\mu\sin d\theta \tag{9.26}$$

式 (9.25) と式 (9.26) を式 (9.24) に代入すると，

$$1 + \frac{dV}{V} = \frac{\cos\mu}{\cos\mu\cos d\theta - \sin\mu\sin d\theta} \tag{9.27}$$

を得る．小さな $d\theta$ について，微小角仮定，$\sin d\theta \approx d\theta$ および $\cos d\theta \approx 1$ をすることができる．したがって，式 (9.27) は，

$$1 + \frac{dV}{V} = \frac{\cos\mu}{\cos\mu - d\theta\sin\mu} = \frac{1}{1 - d\theta\tan\mu} \tag{9.28}$$

p. 639 関数 $1/(1-x)$ は ($x < 1$ に対して) 次のように指数の級数に展開できることに注意すべきである．すなわち，

$$\frac{1}{1-x} = 1 + x + x^2 + x^3 + \ldots$$

したがって，式 (9.28) は (2 次以上の項を無視して) 次のように展開される．すなわち，

$$1 + \frac{dV}{V} = 1 + d\theta\tan\mu + \ldots \tag{9.29}$$

したがって，式 (9.29) から，

$$d\theta = \frac{dV/V}{\tan\mu} \tag{9.30}$$

式 (9.1) から，$\mu = \arcsin(1/M)$ であることがわかる．したがって，図 9.28 における右側の三角形は

$$\tan\mu = \frac{1}{\sqrt{M^2-1}} \tag{9.31}$$

であることを示している．式 (9.31) を式 (9.30) に代入すると，

$$\boxed{d\theta = \sqrt{M^2-1}\,\frac{dV}{V}} \tag{9.32}$$

を得る．式 (9.32) は，非常に弱い強さの波を横切っての速度の微少変化 dV を微小ふれの角 $d\theta$ と関係づけるのである．Mach 波という厳密な極限において，もちろん，dV はゼロである，したがって，$d\theta$ もゼロである．このように，式 (9.32) は有限な $d\theta$ についての近似式であるが，$d\theta \to 0$ のときは厳密式となる．図 9.2b，および図 9.26 に例示された膨張扇は無限個の Mach 波の領域であるので，式 (9.32) は膨張波内部の流れを厳密に記述する微分方程式である．

p. 640 図 9.23 に戻るとする．式 (9.32) を，ふれの角ゼロで，Mach 数が M_1 の領域 1 から，ふれの角が θ で，Mach 数が M_2 の領域 2 まで積分しよう．すなわち，

$$\int_0^\theta d\theta = \theta = \int_{M_1}^{M_2} \sqrt{M^2-1}\,\frac{dV}{V} \tag{9.33}$$

式 (9.33) の右辺の積分を実行するために，dV/V を次のようにして M の項で求めなければならない．Mach 数の定義，$M = V/a$ より，$V = Ma$ を得る．すなわち，

$$\ln V = \ln M + \ln a \tag{9.34}$$

式 (9.34) を微分すると，

$$\frac{dV}{V} = \frac{dM}{M} + \frac{da}{a} \tag{9.35}$$

を得る．式 (8.25) と式 (8.40) から，

$$\left(\frac{a_0}{a}\right)^2 = \frac{T_0}{T} = 1 + \frac{\gamma-1}{2}M^2 \tag{9.36}$$

を得る．式 (9.36) を a について解くと，

$$a = a_0\left(1 + \frac{\gamma-1}{2}M^2\right)^{-1/2} \tag{9.37}$$

を得る．式 (9.37) を微分すると，

$$\frac{da}{a} = -\left(\frac{\gamma-1}{2}\right)M\left(1 + \frac{\gamma-1}{2}M^2\right)^{-1}dM \tag{9.38}$$

を得る．そして，式(9.38)を式(9.35)に代入すると，

$$\frac{dV}{V} = \frac{1}{1 + [(\gamma - 1)/2]M^2} \frac{dM}{M} \tag{9.39}$$

を得る．式(9.39)はMの項のみによるdV/Vの式である．すなわち，これは正に，式(9.33)の積分に必要な式である．したがって，式(9.39)を式(9.33)に代入すると，

$$\theta = \int_{M_1}^{M_2} \frac{\sqrt{M^2 - 1}}{1 + [(\gamma - 1)/2]M^2} \frac{dM}{M} \tag{9.40}$$

を得る．式(9.40)において，積分，

$$\nu(M) \equiv \int \frac{\sqrt{M^2 - 1}}{1 + [(\gamma - 1)/2]M^2} \frac{dM}{M} \tag{9.41}$$

は $Prandtl\text{-}Meyer$ 関数と呼ばれ，ν で示される．この積分を実行すると，式(9.41)は

$$\boxed{\nu(M) = \sqrt{\frac{\gamma + 1}{\gamma - 1}} \tan^{-1} \sqrt{\frac{\gamma - 1}{\gamma + 1}(M^2 - 1)} - \tan^{-1} \sqrt{M^2 - 1}} \tag{9.42}$$

となる．通常，式(9.42)に表れる積分定数は重要ではない．なぜなら，式(9.42)が式(9.40)における定積分に用いられるときに，それは落ちてしまうからである．都合が良いように，積分定数はゼロに選ばれ，そうすることにより$M = 1$のとき，$\nu(M) = 0$である．最後に，式(9.40)を式(9.41)と一緒にして，

$$\boxed{\theta = \nu(M_2) - \nu(M_1)} \tag{9.43}$$

と書くことができ，そこで，$\nu(M)$は熱量的に完全な気体について式(9.42)により与えられる．Prandtl-Meyer関数νは非常に重要である．すなわち，それは，膨張波を横切っての変化の計算に対する鍵である．それの重要性から，νを付録Cに，Mの関数として数表として載せている．利用しやすいように，μの値も付録Cに数表として与えられている．

　上の結果はどのようにして図9.26に示されている問題を解くのか，すなわち，領域1のわかっている特性値とわかっているふれの角θから，どのようにして領域2の特性値を得ることができるのであろうか．その答えは容易である．すなわち，

1. 与えられたM_1について，付録Cから$\nu(M_1)$を求める．

2. わかっているθとステップ1で求めた$\nu(M_1)$を用いて，式(9.43)から$\nu(M_2)$を計算する．

3. ステップ2からの$\nu(M_2)$に対応するM_2を付録Cから求める．

4. 膨張波は等エントロピー的である．したがって，p_0とT_0はこの波の至る所で一定である．すなわち，$T_{0,2} = T_{0,1}$と$p_{0,2} = p_{0,1}$である．式(8.40)から，

$$\frac{T_2}{T_1} = \frac{T_2/T_{0,2}}{T_1/T_{0,1}} = \frac{1+[(\gamma-1)/2]M_1^2}{1+[(\gamma-1)/2]M_2^2} \quad (9.44)$$

を得る．式(8.42)から，

$$\frac{p_2}{p_1} = \frac{p_2/p_0}{p_1/p_0} = \left(\frac{1+[(\gamma-1)/2]M_1^2}{1+[(\gamma-1)/2]M_2^2}\right)^{\gamma/(\gamma-1)} \quad (9.45)$$

を得る．T_1 と p_1 と同様に，M_1 と M_2 の両方ともわかっているので，式(9.44)と式(9.45)により膨張波下流の T_2 と p_2 を計算できる．

[例題 9.9]

$M_1 = 1.5$，$p_1 = 1$ atm および $T_1 = 288$ K の超音速流れがふれの角 $15°$ で鋭いかどをまわり（図 9.26 を見よ）膨張している．M_2，p_2，T_2，$p_{0,2}$，$T_{0,2}$ と，波頭および波尾の Mach 線が上流流れに対して成す角度を計算せよ．

[解答]p. 642

付録 C より，$M_1 = 1.5$ に対して，$\nu_1 = 11.91°$ である．式(9.43)から，$\nu_2 = \nu_1 + \theta = 11.91 + 15 = 26.91°$ である．したがって，$\boxed{M_2 = 2.0}$ （数表における最も近い値に丸めている）．

付録 A から，$M_1 = 1.5$ に対して，$p_{0,1}/p_1 = 3.671$ と $T_{0,1}/T_1 = 1.45$ であり，$M_2 = 2.0$ に対して，$p_{0,2}/p_2 = 7.824$ と $T_{0,2}/T_2 = 1.8$ である．

この流れは等エントロピー的であるので，$T_{0,2} = T_{0,1}$ および $p_{0,2} = p_{0,1}$ である．したがって，

$$p_2 = \frac{p_2}{p_{0,2}}\frac{p_{0,2}}{p_{0,1}}\frac{p_{0,1}}{p_1}p_1 = \frac{1}{7.824}(1)(3.671)(1\text{ atm}) = \boxed{0.469\text{ atm}}$$

$$T_2 = \frac{T_2}{T_{0,2}}\frac{T_{0,2}}{T_{0,1}}\frac{T_{0,1}}{T_1}T_1 = \frac{1}{1.8}(1)(1.45)(288) = \boxed{232\text{ K}}$$

$$p_{0,2} = p_{0,1} = \frac{p_{0,1}}{p_1}p_1 = 3.671(1\text{ atm}) = \boxed{3.671\text{ atm}}$$

$$T_{0,2} = T_{0,1} = \frac{T_{0,1}}{T_1}T_1 = 1.45(288) = \boxed{417.6\text{ K}}$$

図 9.26 に戻ると，

$$\text{波頭 Mach 線の角度} = \mu_1 = \boxed{41.81°}$$

$$\text{波尾 Mach 線の角度} = \nu_2 - \theta = 30 - 15 = \boxed{15°}$$

を得る．

第9章 斜め衝撃波と膨張波

デザイン・ボックス

例題8.14において，高い Mach 数，極超音速飛行体用の空気吸入原動機が，なぜ超音速燃焼ラムジェットエンジン–SCRAM ジェットでなければならないかの理由を示した．そのようなエンジンの設計は，斜め衝撃波と膨張波の特性，すなわち，本章の主題，に非常に依存している．このデザイン・ボックスにおいて，SCRAM ジェットエンジンの基本的な設計特徴のいくつかを調べることにする．21世紀における空気力学の将来を予見すると，極超音速飛行は本質的に，より速く，より高く飛行するという我々の探求における最後の辺境である．将来の極超音速飛行体の多くは SCRAM ジェットエンジンを搭載するであろう．それで，このデザイン・ボックスにおける題材は窓から未来をのぞいたようなものである．

構想されている，SCRAM ジェットエンジンを搭載した飛行体のいつかのタイプが参考文献 71 から転載した図 9.29 に示されている．図 9.29a は極超音速空対地ミサイルを図示し，図 9.29b は構想攻撃/偵察機を示し，図 9.29c は宇宙へ行くための 2 段オービター機の第 1 段目の機体を示している．これら未来の飛行体のすべては Mach 8–12 の範囲で飛行することになり，すべて SCRAM ジェットエンジンを搭載することになるであろう．

SCRAM ジェットを搭載した一般的な極超音速機の側面図が図 9.30 に示されている．基本的には，この飛行体の下面全体は空気吸入 SCRAM ジェットエンジンの統合された一部である．飛行体の機首からの前部胴体衝撃波 (1) はこのエンジンにおける圧縮過程の開始の部分である．この衝撃波を通過する空気は圧縮され，それから，SCRAM ジェットエンジンモジュール (2) にはいる．そこでは，この空気はエンジンダクト内で反射衝撃波により更に圧縮され，^{p.643} 燃料と混合され，それから，このモジュールの後端から噴射膨張される．この飛

(*a*) SCRAMjet-powered air-to-surface-missile concept

(*b*) SCRAMjet-powered strike/reconnaissance vehicle concept

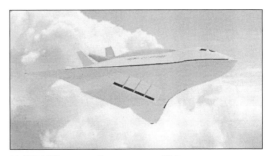

(*c*) SCRAMjet-powered space access vehicle concept

図 9.29 未来に可能な，SCRAM ジェットを搭載した極超音速機のコンピュータによる想像図 (米国空軍 の James Weber 氏の好意による)

行体の後端はこの噴射ガスの膨張を更に強めるため (3) のようにえぐられている．設計飛行条件において，前部胴体衝撃波はカウル (4) の前縁にちょうどあたり，それにより，空気のいく

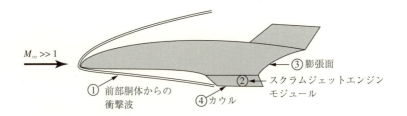

図 9.30 SCRAM ジェットエンジンを搭載した極超音速機

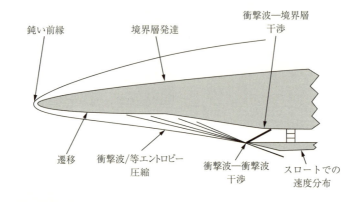

図 9.31 SCRAM ジェット極超音速機の前部胴体上の流れに関する概略図

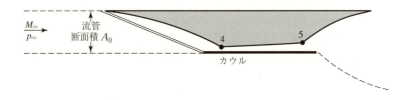

図 9.32 SCRAM ジェットエンジンの風路

らかが外に洩れることなく，この衝撃波を通過するすべての流れがエンジンに吸入されることになるであろう．

この衝撃波の下流に等エントロピー圧縮波を発生させることにより，空気がエンジンモジュールに入る前にさらに圧縮することがまた可能である．これが，参考文献 72 にしたがって描かれた図 9.31 に示されている．この飛行体の下面は，ちょうど等エントロピー圧縮を形成するように形づくられており，その圧縮波は，そのカウルの前縁に収束する，そこは，正しく前方衝撃波が当たるところでもある．等エントロピー圧縮波は，第 9.6 節で論議した等エントロピー膨張波の反対のものであるが，その特性値の計算は，この場合，局所 Mach 数が波を通過すると減少し，圧力が増加する以外，式 (9.42) で与えられた同じ Prandtl-Meyer 関数により支配される．そのような等エントロピー圧縮波を現実につくり出すことは非常に困難である．すなわち，物体表面の形状は特定の上流 Mach 数については特定の形でなければならないのである．そして，いろいろな超音速や極超音速流装置で等エントロピー圧縮波を発生させるための長年に渡る多くの研究は，通常，圧縮波が合

第 9 章 斜め衝撃波と膨張波

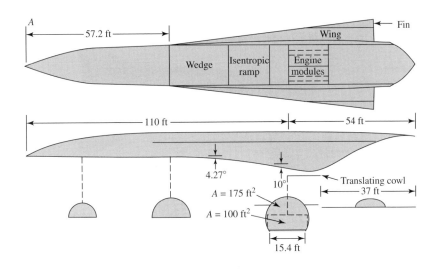

図 9.33 構想設計飛行体の図面 (出典：Billig, 参考文献 73)

M_∞	高度 (ft)	M_4	$\frac{A_0}{A_4}$	$\frac{p_4}{p_\infty}$	p_4 (lb/in^2)	T_4 (°R)	V_4 (ft/s)
7	80,077	3.143	10.85	47	19.03	1451	5,757
10	95,500	4.143	16.49	89.6	17.78	1958	8,744
15	114,250	5.502	25.23	185.9	15.94	2880	13,908
20	137,760	6.650	33.11	313.6	10.02	4074	19,648

体して，エントロピー増加と総圧損失に結びつく弱い衝撃波となるという結果になってきた．SCRAM ジェット機はそのような等エントロピー圧縮面を持つことになるであろう．SCRAM ジェットエンジン性能と機体の空気力学に影響するその他の物理的な現象が，また，図 9.31 に記されている．前縁は，先端における空力加熱を減少させるために鈍くしなければならない (第 14 章で論議の予定)．その機体の表面上の粘性境界層は抵抗と空力加熱を生じさせ，衝撃波が境界層に当たると，流れのはく離や局所的な再付着が発生し，局所的な高い熱伝達 (衝撃波/境界層干渉問題) を作りだすのである．常に，層流から乱流境界層流れへの遷移がどこで起きるのかというような重要な疑問がある．なぜなら，乱流境界層は空力加熱と表面摩擦を増加させるからである．p. 644 最

後に，前部胴体衝撃波がエンジンカウルの前縁に当たるとき，そのカウルの鈍い前縁で作られた局所の衝撃波と干渉し，そのカウルの前縁に局所的な高い加熱を作りだす衝撃波–衝撃波干渉問題を発生させる．これらのすべての現象は SCRAM ジェットモジュールに吸入される流れの質に影響する，そして，それらは，未来の SCRAM ジェットエンジンの設計者に困難な問題を提供しているのである．

SCRAM ジェットの流路を示す一般的な図が図 9.32 に示されている．ここで，再び，エンジンカウルの前縁に当たる前部胴体衝撃波と，衝撃波背後の等エントロピー圧縮をするための圧縮面形状がある．図 9.32 に記されているように，衝撃波を通過して流れる流管の断面積は衝撃波後方と圧縮波を通過すると大きく減少する，それは，これらの圧縮過程における空気密度の大きな p. 645 増加によるのである．このことにより，燃焼器に通じる流路は非常に小さな断面積を持つのである．図 9.32 において，点 4 と点 5 は，それぞれ，燃焼器の入口と出口を示している．Billig (参考文献 73) は，自由流 Mach 数 M_∞ と飛行高度の関数として燃焼器に入る (点 4 における) 代表的な流れ条件を計算している．彼の計算のいくつかが上の表に示

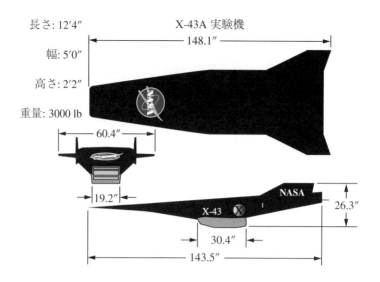

図 9.34 X-43A, Hyper-X 極超音速実験機 (NASA)

してある．ここに，A_0 は自由流における流管の断面積 (図 9.32 を見よ) であり，A_4 は位置 4 における断面積である．そして，M_4, p_4, T_4 および V_4 は，それぞれ，位置 4 における局所 Mach 数，圧力，温度および流速である．

この表から，与えられた条件において，燃焼器に入る局所 Mach 数は約 3 から 6 以上であることに注意すべきである．燃焼はこの高い Mach 数で生じる．すなわち，正に，SCRAM ジェットエンジンの真髄である．また，図 9.32 より，燃焼器の断面積はその長さに沿って，点 4 から点 5 にかけて増加することに注意すべきである．すなわち，これは，燃料の燃焼により付加される熱を取り込んで，なおかつ流れが超音速で流れるようにするためである．(とりわけ，参考文献 21 において，超音速流れに熱を加えると流れを減速する，ところが，第 10 章で，超音速流れの断面積を増加するとその速さが増加することを証明する．したがって，SCRAM ジェットの燃焼器の断面積は，この熱付加の過程が流れをあまりに減速させないように保つために流れ方向に増加しなければならないのである．)

SCRAM ジェットの超音速飛行体の構想設計に関する 2 つの図 (下面および側面図) が図 9.33

に与えられていて，Billing (参考文献 73) により論議された設計から取られたものである．空気力学的効率 (高い揚抗比) のための細長形状，エンジンモジュールに入る前に流れを圧縮するためのくさびおよび等エントロピーランプ，そして，自由流 Mach 数が変わったときに衝突衝撃波がカウル前縁に適切に位置するようにする遷移カウルに注意すべきである．再度，この飛行体の全下面は，SCRAM ジェットエンジン・サイクルの統合された一部であることを注意しておく．空気吸入極超音速飛行体について，機体/推進装置統合の問題は最も重要である．すなわち，それが，そのような航空機の主要な設計を左右する特徴なのである．

アメリカは，2004 年にその最初の SCRAM ジェット飛行体，X-43，また，Hyper-X と呼ばれるものを飛行させた．X-43 の三面図が図 9.34 に与えられている．この小さな無人試験機は，改修された Orbital Science Pegasus 第 1 段ブースターロケットにより発射された．このブースターは飛行中の B-52 から発射された．X-43 の主な目的は，地上実験施設における研究結果と対比して，実際の飛行条件における SCRAM ジェットエンジンの作動可能性を実証することである．特に，成功した 2 回の試験

飛行において，それは $M_\infty = 7$ と $M_\infty = 10$ における性能を成功のうちに実証したのである．X-43 は NASA の計画である．すなわち，それは超音速燃焼ラムジェットエンジンと統合された機体の最初の飛行であったのである．

[例題 9.10]

SCRAM ジェットエンジンに関する前の論議において，等エントロピー圧縮波を可能な圧縮メカニズムの1つとして言及した．図 9.35a に描かれた等エントロピー圧縮面を考える．波の上流の Mach 数および圧力は，それぞれ，$M_1 = 10$ と $p_1 = 1$ atm である．流れは全部で 15° ふれる．圧縮波背後の領域 2 における Mach 数と圧力を計算せよ．

[解答]

付録 C より，$M_1 = 10$ について，$\nu_1 = 102.3°$ である．領域 2 において，

$$\nu_2 = \nu_1 - \theta = 102.3 - 15 = 87.3°$$

付録 C より，$\nu_2 = 87.3°$ について，

$$\boxed{M_2 = 6.4}$$

を (最も近い値として) 得る．p. 647 付録 A から，$M_1 = 10$ について，$p_{0,1}/p_1 = 0.4244 \times 10^5$ と，$M_2 = 6.4$ について，$p_{0,2}/p_2 = 0.2355 \times 10^4$ である．流れは等エントロピー的であるので，$p_{0,2} = p_{0,1}$ であり，したがって，

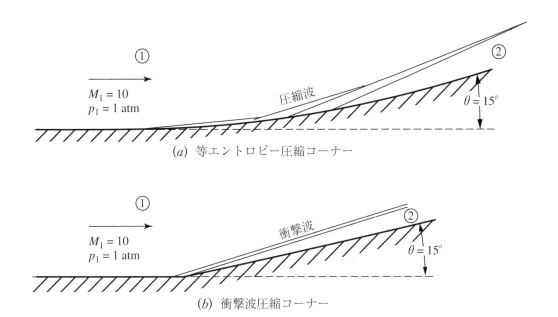

図 9.35 (a) 例題 9.10, (b) 例題 9.11

$$p_2 = \left(\frac{p_2}{p_{0,2}}\right)\left(\frac{p_{0,2}}{p_{0,1}}\right)\left(\frac{p_{0,1}}{p_1}\right)p_1 = \left(\frac{1}{0.2355 \times 10^4}\right)(1)(0.4244 \times 10^5)(1)$$

$$= \boxed{18.02 \text{ atm}}$$

[例題 9.11]

例題 9.10 のように，同じ上流条件 $M_1 = 10$ と $p_1 = 1$ atm で，同じふれの角 $\theta = 15°$ の圧縮かど部の流れを考える．ただし，この場合は，かど部は鋭く，圧縮は，図 9.35b に描かれるように，斜め衝撃波により生じるとする．領域 2 における下流 Mach 数，静圧および総圧を計算せよ．例題 9.10 で得られた結果と比較し，比較結果について考察を述べよ．

[解答]

図 9.9 から，$M_1 = 10$ と $\theta = 15°$ について，衝撃波角は $\beta = 20°$ である．衝撃波に垂直な上流 Mach 数の成分は

$$M_{n,1} = M_1 \sin\beta = (10)\sin 20° = 3.42$$

である．付録 B から，$M_{n,1} = 3.42$ について，（最も近い値として，）$p_2/p_1 = 13.32$，$p_{0,2}/p_{0,1} = 0.2322$ と $M_{n,2} = 0.4552$ を得る．したがって，

$$M_2 = \frac{M_{n,2}}{\sin(\beta - \theta)} = \frac{0.4552}{\sin(20-15)} = \boxed{5.22}$$

$$p_2 = (p_2/p_1)p_1 = 13.32(1) = \boxed{13.32 \text{ atm}}$$

領域 1 における総圧は次のように付録 A から求められる．$M_1 = 10$ について，$p_{0,1}/p_1 = 0.4244 \times 10^5$ である．よって，領域 2 における総圧は

$$p_{0,2} = \left(\frac{p_{0,2}}{p_{0,1}}\right)\left(\frac{p_{0,1}}{p_1}\right)(p_1) = (0.2322)(0.4244 \times 10^5)(1) = \boxed{9.85 \times 10^3 \text{ atm}}$$

である．検算として，次のように $p_{0,2}$ を計算できる．（この検算は，また，数表の最も近い値に丸めたときにこうむる誤差について警告してくれる．）$M_2 = 5.22$ について付録 A から，（最も近い値として，）$p_{0,2}/p_2 = 0.6661 \times 10^3$ である．したがって，

$$p_{0,2} = \left(\frac{p_{0,2}}{p_2}\right)(p_2) = (0.6661 \times 10^3)(13.32) = 8.87 \times 10^3 \text{ atm}$$

この答えは上で得られた結果より 10 パーセント低く，それは単純に数表で最も近い値に丸めたためであるということに注意すべきである．最も近い値を取ることによる誤差はこの例においては非常に高い Mach 数により悪化される．数表の数値間を適切に補間することにより良い精度が得られる．

第 9 章　斜め衝撃波と膨張波

本例題と例題 9.10 からの結果を比較すると，等エントロピー圧縮がより効率の良い圧縮過程であることが明らかにわかる．それは衝撃波の場合よりもかなり高い下流 Mach 数と圧力を生じるのである．衝撃波の非効率性は衝撃波を横切っての総圧の損失により測られる．すなわち，総圧は衝撃波を横切ると約 77 パーセントに落ちるのである．これが，なぜ，超音速および極超音速空気取入口設計者が等エントロピー圧縮波による圧縮過程を得ようとするのかを説明しているのである．しかしながら，SCRAM ジェットの論議において示したように，現実的にそのような圧縮を達成するのは非常に困難である．すなわち，圧縮面の形状は非常に正確でなければならず，それは与えられた上流 Mach 数に対する 1 点設計である．設計点から外れた Mach 数において，最良に設計された圧縮面でさえ，衝撃波を発生させるのである．

9.7　衝撃波-膨張波理論：超音速翼型への適用

図 9.36 に描かれているように，超音速流れにおいて迎え角 α にある翼弦長 c の平板 (flat plate) を考える．この上面において，流れはそれ自身から離れるように回る．すなわち，膨張波が前縁で発生し，上面の圧力 p_2 は自由流圧力より低く，$p_2 < p_1$ である．後縁において，この流れは，(厳密にではなく) おおよそ自由流方向に向かなければならない．ここで，流れは自分自身の方へもどるのであり，したがって，後縁で衝撃波が発生する．この下面において，流れは自分自身の方へ回る，すなわち，斜め衝撃波が前縁で発生し，下面圧力 p_3 は自由流圧力より高く，$p_3 > p_1$ である．後縁において，この流れは膨張波により，(厳密にではなく) おおよそ，自由流方向へ向かうのである．図 9.36 を調べると，この平板の上面および下面は，それぞれ，p_2 と p_3 なる一定の圧力分布であり，p. 649 $p_3 > p_2$ であることに注意すべきである．これは，図 9.36 に示されている，空気合力 R を生じる正味の圧力不均衡を作りだす．実際，単位翼幅について，合力とその成分である単位翼幅当たりの揚力と抵抗は

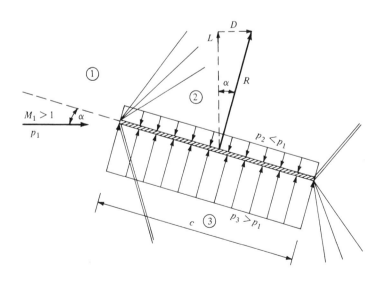

図 9.36 超音速流れにおける迎え角のある平板

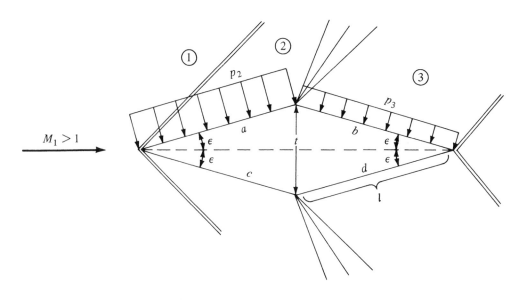

図 9.37 超音速流れにおけるゼロ迎え角のダイヤモンド-くさび翼型

$$R' = (p_3 - p_2)c \tag{9.46}$$
$$L' = (p_3 - p_2)c \cos\alpha \tag{9.47}$$
$$D' = (p_3 - p_2)c \sin\alpha \tag{9.48}$$

である．式 (9.47) と式 (9.48) において，p_3 は斜め衝撃波特性 (第 9.2 節) から計算され，p_2 は膨張波特性 (第 9.6 節) から計算される．また，これらは**厳密**な計算である．すなわち，いかなる近似もされていないのである．迎え角のある平板を過ぎる非粘性，超音速流れは，図 9.36 に描かれている衝撃波と膨張波の組み合わせにより厳密に与えられるのである．

上で与えられた平板は**衝撃波-膨張波理論**と呼ばれる一般的な方法の最も簡単な例である．直線分で構成された物体があり，ふれの角が十分小さく，離脱衝撃波が発生しないときにはいつでも，その物体回りの流れは一連の衝撃波と斜め衝撃波を通過し，表面の圧力分布 (したがって，揚力と抵抗) は本章で論議した，衝撃波理論と膨張波理論の両方から，**厳密**に求められるのである．

衝撃波-膨張波理論の適用のもう 1 つの例として，図 9.37 におけるダイヤモンド翼型を考える．この翼型は迎え角 0° にあると考える．この翼型を過ぎる超音速流は，最初は前縁における斜め衝撃波により圧縮され，角度 ϵ だけふれる．翼弦中央部で，流れは角度 2ϵ だけ膨張し，膨張波を発生する．後縁において，流れは別の斜め衝撃波により自由流へ戻る．この翼型の前方面と後方面における圧力分布が図 9.37 に描かれている．すなわち，面 a と面 c の圧力は一様で，p_2 に等しいこと，そして，面 b と面 d の圧力もまた一様であるが，p_3 に等しく，$p_3 < p_2$ であることに注意すべきである．揚力方向，すなわち，自由流に垂直な方向において，上面と下面における圧力分布は厳密に相殺する (すなわち，$L' = 0$ である)．対照的に，抵抗方向，すなわち，自由流に平行な方向において，面 a と面 c における圧力は面 b と面 d の圧力よりも大きい，そして，これは有限な抵抗となる．この (単位翼幅あたりの) 抵抗を計算するため，図 9.37 のダイヤモンド翼型の幾何学形状を考える．そこで，l はそれぞれの面の長さであり，t は翼型

第 9 章 斜め衝撃波と膨張波

の厚さである．それゆえ，

$$D' = 2(p_2 l \sin\epsilon - p_3 l \sin\epsilon) = 2(p_2 - p_3)\frac{t}{2}$$

したがって，

$$D' = (p_2 - p_3)t \qquad (9.49)$$

式 (9.49) において，p_2 は斜め衝撃波理論から計算され，p_3 は膨張波理論から求められる．また，これらの圧力は，ダイヤモンド翼型を過ぎる超音速，非粘性流れについての**厳密**な値である．

この段階で，物体に働く空気力のもとに関する第 1.5 節の論議を思い出すと役に立つ．特に，式 (1.1)，式 (1.2)，式 (1.7) と式 (1.8) を調べるべきである．これらの方程式は一般的形状の物体表面上の圧力と剪断応力分布から L' と D' を計算する方法を与えているのである．本節の結果，すなわち，平板についての式 (9.47) と (9.48) およびダイヤモンド翼型の式 (9.49) は単純に，第 1.5 節に与えられたより一般的な式からの特別な結果である．しかしながら，式 (1.7) と式 (1.8) にある積分を形式的に進めるのではなく図 9.36 と図 9.37 の簡単な物体についての結果をより直接的な方法で求めたのである．

本節の結果は非粘性，超音速流れの非常に重要な一面を例示している．平板に関する式 (9.48) とダイヤモンド翼型に関する式 (9.49) はこれらの 2 次元断面について有限な抵抗を与えることに注意すべきである．p. 651 これは，第 3 および第 4 章で論議したように，抵抗が理論的にはゼロである，低速，非圧縮性流れにおける 2 次元物体に関する結果と正に対照的である．すなわち，超音速流において，d'Alembert のパラドックスは生じないのである．超音速，非粘性流れにおいて，2 次元物体の単位幅あたりの抵抗は有限である．この新しい抵抗は**造波抵抗** (*wave drag*) と呼ばれ，それはすべての超音速翼型の設計において重要な考慮を払わなければならないものである．造波抵抗の存在は，本質的に翼型によって生じた斜め衝撃波を横切ってのエントロピーの増加に，したがって総圧損失に関係しているのである．

最後に，本節の結果は図 9.6 に示されたロードマップにおける左と右の分枝との合同部を表している．それで，超音速流れにおける斜め衝撃波の論議を終えることとする．

[例題 9.12]

Mach 3 の流れにおいて迎え角 5° の平板の揚力および抵抗係数を計算せよ．

[解答]

図 9.36 を参照する．まず，上面の p_2/p_1 を計算する．式 (9.43) から，

$$\nu_2 = \nu_1 + \theta$$

ここに，$\theta = \alpha$ である．付録 C より，$M_1 = 3$ について，$\nu_1 = 49.76°$ である．したがって，

$$\nu_2 = 49.76° + 5° = 54.76°$$

付録 C から，

$$M_2 = 3.27$$

付録 A から，$M_1 = 3$ について，$p_{0,1}/p_1 = 36.73$ である．$M_2 = 3.27$ について，$p_{0,2}/p_2 = 55$ である．$p_{0,1} = p_{0,2}$ であるから，

$$\frac{p_2}{p_1} = \frac{p_{0,1}}{p_1} \bigg/ \frac{p_{0,2}}{p_2} = \frac{36.73}{55} = 0.668$$

次に，下面における p_3/p_1 を計算する．$\theta - \beta - M$ 線図 (図 9.9) から，$M_1 = 3$ と $\theta = 5°$ について，$\beta = 23.1°$ である．したがって，

$$M_{n,1} = M_1 \sin\beta = 3 \sin 23.1° = 1.177$$

付録 B から，$M_{n,1} = 1.177$ について，$p_3/p_1 = 1.458$ (最も近い値) である．

式 (9.47) に戻り，

$$L' = (p_3 - p_2) c \cos\alpha$$

を得る．揚力係数は次式から求められる．

$$c_l = \frac{L'}{q_1 S} = \frac{L'}{(\gamma/2) p_1 M_1^2 c} = \frac{2}{\gamma M_1^2} \left(\frac{p_3}{p_1} - \frac{p_2}{p_1} \right) \cos\alpha$$

$$= \frac{2}{(1.4)(3)^2} (1.458 - 0.668) \cos 5° = \boxed{0.125}$$

p. 652 式 (9.48) から，

$$D' = (p_3 - p_2) c \sin\alpha$$

したがって，

$$c_d = \frac{D'}{q_1 S} = \frac{2}{\gamma M_1^2} \left(\frac{p_3}{p_1} - \frac{p_2}{p_1} \right) \sin\alpha$$

$$= \frac{2}{(1.4)(3^2)} (1.458 - 0.668) \sin 5° = \boxed{0.011}$$

もう少し簡単な c_d の計算は式 (9.47) と式 (9.48) から，あるいは図 9.36 の幾何形状からわかる．すなわち，

$$\frac{c_d}{c_l} = \tan\alpha$$

したがって，

$$c_d = c_l \tan\alpha = 0.125 \tan 5° = 0.011$$

9.8 揚力および抵抗係数についてのコメント

第 9.3.1 節でなされたコメントを拡張し，例題 9.6 で得られた結果に再び反映させよう．その例題では，Mach 5 の流れにある半頂角 15° のくさびについての抵抗係数を計算した．また，例題 9.12 で得られた結果にも反映させよう．そこでは，Mach 3 の流れにある迎え角 5° の平板についての揚力および抵抗係数を計算した．これらの係数を計算するために，自由流圧力，密度，あるいは速度を知る必要がなかったことを注意すべきである．知る必要のあるすべてのものは，

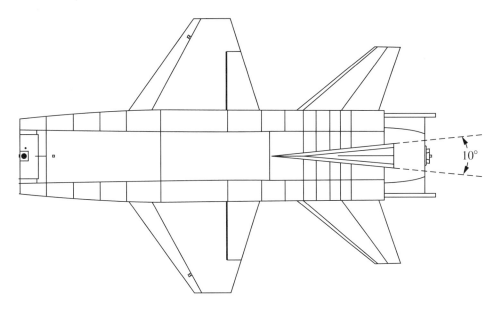

図 9.38 X-15 のくさび型尾翼の図

1. 物体の形状

2. 迎え角

3. 自由流 Mach 数

であった．これらの例は第 1.7 節において論議された次元解析の結果についての明確な例証であり，式 (1.42) と式 (1.43) に完全に合致している．そして，それらの式は，与えられた形状の物体についての揚力および抵抗係数は Reynolds 数，Mach 数および迎え角のみの関数であることを示しているのである．本章における例題については非粘性流れを取り扱っているので，Re は関係しない，すなわち M_∞ と α のみに関係しているのである．

9.9　X-15 とそのくさび型尾翼

　図 9.18 に示される X-15 極超音速実験機の写真を調べてみる．この写真の撮影地点はこの機体を上から見下ろしている．この飛行機の後部における垂直尾翼に注目すべきである．この垂直尾翼の翼断面がはっきりと見える．それは通常飛行機の垂直尾翼に採用される薄い対称翼型に比べてくさび断面である．このくさび形状は図 9.38 を調べるとさらに良くわかる．p. 653 この図は X-15 の胴体後部上面の図面である．このくさび翼型の頂角は 10° である．

　くさび型垂直尾翼は X-15 の独特な設計の特徴の 1 つである．それは極超音速速度における安定性問題の懸念から出てきたのである．前に製造された X-1 および X-2 超音速実験機がもっと低い Mach 数においてそのような問題に遭遇していた．そして，X-15 の設計における初期の主な関心事項の一つが Mach 7 までの安定性を与える解決法を見つけることであった．その解決法は NACA Langley 記念研究所の NACA 技術者である C. H. McLellan により与えられた．McLellan は極超音速における法線分力におよぼす翼型形状の影響の理論計算を行った．

彼は10°くさびが薄い超音速翼型よりも効率的であることを見出した．X-15の設計者たちはMcLellanの研究を知っていて，極超音速機に十分な方向安定性を与える10°くさび垂直尾翼を用いてこの飛行機を設計したのである．

なぜくさび尾翼が薄い翼型のものよりも効果的なのであろうか．この疑問に答えるのを助けるために，次の例題を考える．

[例題 9.13]

図9.39aに示される平板と図9.39bに示される頂角10°のくさびを考える．両方ともMach 7の空気流中で迎え角10°にある．(a) 平板の揚力係数を計算せよ．(b) くさびの揚力係数を計算せよ．

[解答]

(a) 最初に，平板の上面の膨張波を考える．付録Cから，$M_1 = 7$について，$\nu = 90.97°$である．

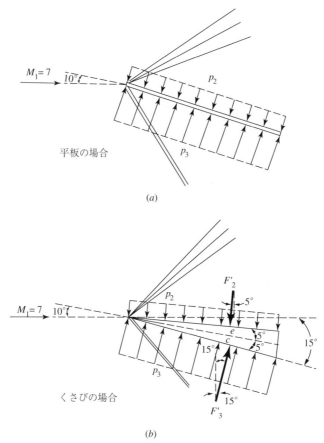

図9.39 迎え角10°における (a) 平板，および (b) くさび，を過ぎる極超音速流れの概略図．縮尺無用

式 (9.43) から，

$$\nu_2 = \nu_1 + \alpha = 90.97° + 10° = 100.97°$$

p. 654 付録 C から M_2 を求めるために補間を行うと，

$$M_2 = 9 + \frac{100.97 - 99.32}{102.3 - 99.32}(1) = 9.56$$

付録 A の等エントロピー流れの数表へ行き，p_o/p について記載数値間で補間を行うと $p_{o_2}/p_2 = 0.33 \times 10^5$ を得る．また，付録 A から，$M_1 = 7$ に対して，$p_{o_1}/p_1 = 0.14 \times 10^4$ を得る．p_o は膨張波をとおして一定であるので，そうすると，

$$\frac{p_2}{p_1} = \frac{p_{o_1}/p_1}{p_{o_2}/p_2} = \frac{0.414 \times 10^4}{0.33 \times 10^5} = 0.1255$$

さて，図 9.39a における平板の下面における衝撃波を考える．図 9.9 の $\theta - \beta - M$ 線図から，$M_1 = 7$ と $\alpha = 10°$ に対して，$\beta = 16.5°$ であり，

$$M_{n,1} = M_1 \sin\beta = 7 \sin 16.5° = 1.99$$

p. 655 付録 B から，$M_{n,1} = 1.99$ に対して，補間すると，

$$\frac{p_3}{p_1} = 4.407 + (0.093)(0.5) = 4.45$$

超音速あるいは極超音速平板の揚力係数は例題 9.12 において次のように導かれている．

$$c_\ell = \frac{2}{\gamma M_1^2}\left(\frac{p_3}{p_1} - \frac{p_2}{p_1}\right)\cos\alpha$$
$$= \frac{2}{(1.4)(7)^2}(4.45 - 0.1255) = \boxed{0.126}$$

(b) 最初にくさび上面の膨張波を考える．

$$\nu_2 = \nu_1 + 5° = 90.97° + 5° = 95.97°$$

付録 C から，補間を行うと，

$$M_2 = 8 + \frac{95.97 - 96.62}{99.32 - 95.62}(1) = 8.1$$

付録 A から，補間を行うと，

$$\frac{p_{o_2}}{p_2} = 0.9763 \times 10^4 + (0.211 \times 10^5 - 0.9763 \times 10^4)(1) = 1.0897 \times 10^4$$

翼弦長，c とくさびの面の長さ，ℓ との関係は

$$\ell = \frac{c}{\cos 5°} = \frac{c}{0.996} = 1.004c$$

である．このくさびの上面に働く，単位翼幅あたりの力，F_2' は

$$F'_2 = p_2\ell = \left(\frac{p_{o_1}/p_1}{p_{o_2}/p_2}\right)p_1\ell$$

である．$M_1 = 7$ に対して，付録 A から，$p_{o_1}/p_1 = 0.414 \times 10^4$ である．したがって，

$$F'_2 = \left(\frac{0.414 \times 10^4}{1.0897 \times 10^4}\right)p_1\ell = 0.38p_1\ell$$

このくさびの下面における衝撃波を考えると，$\theta - \beta - M$ 線図から，$M_1 = 7$ と $\theta = 15°$ に対して，$\beta = 23.5°$ を得る．したがって，

$$M_{n,1} = M_1 \sin\beta = 7 \sin 23.5° = 2.79$$

付録 B から，補間を行うと，

$$\frac{p_3}{p_1} = 8.656 + (8.98 - 8.656)(0.8) = 8.915$$

したがって，このくさびの下面に働く，単位翼幅あたりの力，F'_3 は

$$F'_3 = p_3\ell = \left(\frac{p_3}{p_1}\right)p_1\ell = 8.915p_1\ell$$

である．p. 656 単位翼幅あたりの揚力は自由流に垂直な F'_2 および F'_3 の分力を加え合わせたもある．図 9.39b を調べると，

$$L' = F'_3 \cos 15° - F'_2 \cos 5° = 0.9659 F'_3 - 0.9962 F'_2$$
$$L' = (0.9659)(8.915)p_1\ell - (0.9962)(0.38)p_1\ell$$
$$L' = 8.232p_1\ell$$

しかしながら，$\ell = 1.004c$ である．したがって，

$$L' = 8.232p_1(1.004c) = 8.265p_1c$$

揚力係数は

$$c_\ell = \frac{L'}{q_1 c} = \frac{L'}{(\gamma/2)p_1 M_1^2 c} = \frac{2L'}{\gamma p_1 M_1^2 c}$$

$L' = 8.265p_1c$ であるので，

$$c_\ell = \frac{2(8.265)p_1 c}{(1.4)p_1(7^2)c} = \boxed{0.241}$$

を得る．

例題 9.13 の結果から，くさびの揚力係数は平板の 2 倍である．"この揚力は，垂直尾翼に関して，この飛行機がじょう乱，すなわち偏揺れ方向にずれたとき垂直尾翼により生じる復元偏

揺れモーメントを作り出す**横力** (*side force*) である．" 明らかに，くさびは図 9.39a における平板によって代表される非常に薄い翼断面よりももっと強い復元モーメントを作り出す．

迎え角のあるくさびは，同じ迎え角の平板と比較したとき，物理的に，超音速衝撃波の非線形性の有利な点を取り込んでいる．例題 9.13a の平板が迎え角 10° に頭上げしたとき下面を過ぎる流れのふれの角度もまた 10° である．対照的に，例題 9.13b のくさびに関して，このくさびが迎え角ゼロにあるときに，その下面を過ぎる流れのふれの角はすでに 5° であり，このくさびが迎え角 10° に頭上げしたときそれはそのとき 15° に増加する．これは 23.5° の衝撃波角を与え，平板の 16.5° なる衝撃波角よりも大きいのである．式 (9.13) および式 (9.16) を調べると，斜め衝撃波を横切っての圧力比は本質的に波の角度の 2 乗 (*square*) で変化することがわかる．これが例題 9.13b のくさび下面の圧力比が例題 9.13a の平板のそれの 2 倍となる，すなわち，平板の $p_3/p_1 = 4.45$ と比べてくさびに関して $p_3/p_1 = 8.915$ となる理由である．くさびは，ゼロ迎え角においてすでに流れのふれの角度を持っているので，迎え角をとることにより，いわゆる"出資に見合う以上の価値を"得るのである．

最後に，X-15 のくさび垂直尾翼は，最先端の空気力学を切り開くために行われた理論空気力学研究が，X-15 という先駆的な飛行機の実際の設計で，開発を止めてしまうような重要な問題を解決するために後から図書館の書架より取り出されたというみごとな例である．p. 657 NACA における McLellan の研究は X-15 を可能ならしめるのを助けたのである．(参考文献 120 を見よ．)

9.10 粘性流れ：衝撃波/境界層の相互作用

衝撃波と境界層は混合しない．衝撃波が境界層に当たると悪いことが起こり得る．悪いことに，衝撃波/境界層の相互作用は実際の超音速流れにおいて頻繁に発生し，それゆえに本節でこの相互作用に注目することにする．衝撃波/境界層の相互作用の流体力学は複雑である (そして非常に興味深い)．そして，詳細に紹介することは本書の範囲を越えている．ここでは短い定性的な論議，すなわち，読者に基本的な構図を知ってもらうために十分なことを示す．

図 9.19 に描かれているように，ある平面を過ぎる超音速流れを考える．そこでは斜め衝撃波がその面に当たっている．この図において，流れは非粘性であると仮定され，入射衝撃波が上壁の点 B に当たり，同じ点から反射衝撃波が生じている．点 B において不連続な圧力増加，入射衝撃波と反射衝撃波を横切っての圧力増加を加え合わせたものが存在する．実際，点 B は特異点であり，そこでは無限に大きな逆圧力勾配が存在する．

突然に，図 9.19 の壁に沿って境界層ができたと想像する．点 B において，この境界層は無限に大きな逆圧力勾配に遭遇する．第 4.12 節において，境界層が大きな逆圧力勾配に遭遇するとき境界層に生じること，すなわちそれはその面からはく離すること，を論議した．これらは衝撃波/境界層の相互作用の基本的な要素である．入射衝撃波が境界層に強い逆圧力勾配を押しつけ，続いてそれは表面からはく離する．そして衝撃波が当たった近傍に生じる流れ場は境界層と衝撃波間での相互作用の流れ場となるのである．

この相互作用が図 9.40 に定性的に描かれている．ここで，説明しやすくするため，衝撃波は図 4.19 にあるような上面壁ではなく下面壁に当たる衝撃波を示している．図 9-40 において，境界層が平板に沿って発達していることがわかる．境界層外側の流れは超音速であるので，この境界層速度分布は壁の近傍で亜音速であり，境界層の外縁近くでは超音速である．少し下流域

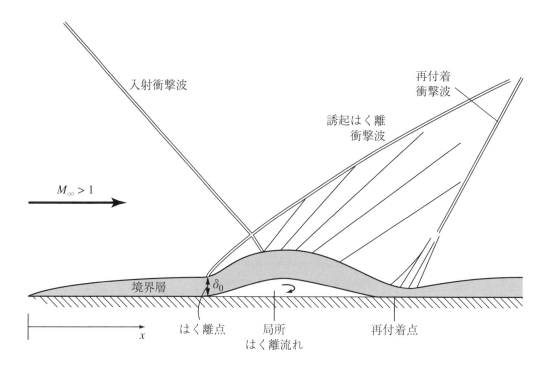

図 9.40 衝撃波/境界層相互作用の概略図

で入射衝撃波が境界層に当たっている．衝撃波を横切っての圧力上昇が境界層に加えられる厳しい逆圧力勾配として働き，したがって，境界層が局所的に壁表面からはく離させる．衝撃波背後の高い圧力が境界層の亜音速部分を通って上流側へ供給されるので，はく離は入射衝撃波の非粘性理論衝突点よりも前方で生じる．その結果，境界層は外縁外側の超音速流れの方向へ曲がり，したがって，**誘起はく離衝撃波** (induced separation shock wave) と呼ばれる 2 次衝撃波を誘起する．このはく離した境界層はその後平板の方へ戻り，少し下流の位置で表面に再付着する．p.658 ここで再び超音速流はもとの方向へふれ，**再付着衝撃波** (reattachment shock) と呼ばれる第 3 の衝撃波を生じさせる．境界層が壁面へふれて戻っているはく離と再付着衝撃波との間で，超音速流は壁面方向へ曲がり，図 9.40 に示される膨張波を発生させる．この再付着点で，境界層は相対的に薄くなり，圧力が高い．そして結果的にこれが高い局所的空力加熱領域となる．平板からさらに離れると，誘起はく離衝撃波と再付着衝撃波は合体し，図 9.19 に示されるように，非粘性流れから予測される通常の反射衝撃波を形成する．図 9.40 に示される相互作用の大きさと厳しさは境界層が層流かまたは乱流かに依存する．層流境界層は乱流境界層よりもっとすぐにはく離するので (第 4.12 節を見よ)，通常，層流相互作用が乱流相互作用よりももっと厳しい必然的結果をともなって発生する．しかしながら，図 9.40 に示される相互作用の一般的定性的特徴は 2 つの場合に関して同じである．

衝撃波/境界層の相互作用は壁面に沿った圧力分布，せん断応力分布，および熱伝達分布に対して大きな影響をもっている．再付着点における高い局所熱伝達率が特筆すべき結果なのである．その再付着点での熱伝達率は極超音速においてその近傍位置の点よりもより大きな値として突出したものになり得る．壁面圧力分布に与えるその効果に関する例が図 9.41a に示されている．それは NASA Ames 研究センター (Ames Research Center) の Baldwin と Lomax に

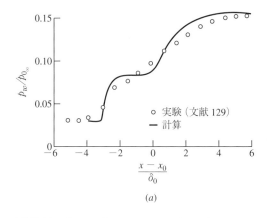 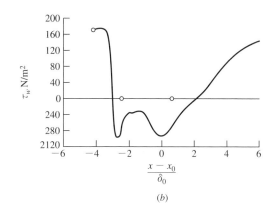

図 9.41 平板を過ぎる Mach 3 の乱流に関する (a) 圧力分布,および (b) せん断応力におよぼす衝撃波/境界層相互作用の影響

よる研究にもとづいている (B. S. Baldwin, and H. Lomax, "Thin Layer Approximation and Algebraic Model for Separated Turbulent Flows," AIAA Paper No. 78-257, January 1978). ここでは,相互作用領域における壁面に沿った圧力分布が[P.659]壁面に沿った距離,x に対してプロットされている.ここに,x_0 は非粘性流れの場合における入射衝撃波の理論的衝突点である.この圧力分布は中間位置に平坦部のある階段状の増加を示している.すなわち,この分布は典型的な衝撃波/境界層の相互作用のものである.外部流れは入射衝撃波の前方で Mach 3 であり,境界層は乱流である.実線は数値流体力学 (CFD) 計算値であり,丸記号は実験データである.圧力増加が理論非粘性衝突点の前方へ境界層厚さの約四倍に等しい距離に広がっていることに注意すべきである.せん断応力分布が図 9.14b に示されている.はく離した流れのポケットにおいて,τ_w は,低いエネルギーの再循環流れのため,小さくそしてその方向が逆転している (負の τ_w).

結果として発生するはく離流れ,増加する総圧の損失,および高いピーク熱伝達率のために,衝撃波/境界層相互作用は通常超音速航空機や流れの計測装置の設計においてはできるだけ避けなければならない.しかしながら,これは言うは易く行うは難しである.衝撃波/境界層相互作用は実際の超音速流れにおいては現実であり,そのことが本節でそれらの基本的特性を論議した理由である.他方,現代の創造的着想は,ジェットエンジン排気ノズルの設計点外性能を実際的に向上させるためやある種の流れ制御のために衝撃波/境界層相互作用によるはく離流れを有効に使うようになった.そのように,事態はまったくの暗黒ではないのである

9.11 歴史に関するノート:Ernst Mach の略伝

Mach 数は Ernst Mach の功績に因み名づけられている.Ernst Mach は,19 世紀後半の物理学において有名であり,かつ議論の多い人物でもあるオーストリアの物理学者,そして哲学者である.超音速飛行における,最初の意味のある実験を行い,その結果は 20 年後に Ludwig Prandtl に同じような興味を起こさせるきっかけとなった.[P.660]Mach はどんな人であろうか.超音速空気力学において実際に何を成し遂げたのであろうか.この人物をさらに見て行くとする.

Mach は 1838 年 2 月 18 日,オーストリアの Moravia 地方 Turas で生まれた.父,Johann

は古典文学の研究家であった．そして，1840 年に農園に家族とともに居を構えた．極端な個人主義者である Johann は閑居の雰囲気の中で家族を養い，カイコの養殖を含むいろいろな改良された農業の方法を試していた．他方，Ernst の母は法律家や医者の家系の出身であり，パーティーと音楽の愛好心をもたらした．Ernst は，このような家庭の雰囲気の中で成長したように思われる．14 歳まで，教育は父によるものだけであった．そして，父はギリシャとラテンの古典を深く研究していたのである．1853 年，Mach は公立学校に入学し，そこで，科学の世界に興味を持つようになった．1860 年に物理学で Ph.D. を取得するため Vienna 大学に進学し，電気放電と誘導に関する学位論文を書き上げた．1864 年，彼は Graz 大学における数学の正教授となり，1866 年には "Professor of Physics" の称号が与えられた．この期間における Mach の研究は光学に集中している．それは，残りの人生にわたり魅了した主題であった．1867 年という年は Mach にとって重要であった．すなわち，この年の間に，結婚し，また，Prague 大学における実験物理学の教授となり，その後 28 年間在職した．Prague 大学に在職している間に，100 編以上の技術論文を発表した．そして，その研究は大きな技術的な貢献を構成するものであった．

　超音速空気力学への Mach の貢献は 1873 年から 1893 年の期間における一連の実験を含んでいる．息子の Ludwig と共同で音波や衝撃波の伝播のみならず，超音速発射体を過ぎる流れを研究した．研究は隕石，爆発および気体噴流に関係した流れ場を含んでいた．主な実験データは写真であった．空気中の衝撃波を可視化するためにいくつかの写真撮影法を設計することにより光学における関心と超音速運動を結び付けた．彼は，空気力学にシュリーレンシステムを用いた最初の研究者であった．すなわち，このシステムは密度勾配を感知し，衝撃波がスクリーンあるいは写真用ネガ上に表れるようにするのである．また，流れにおける密度変化を直接感知する干渉計法を考案した．異なる密度の領域を通過する光線を重ね合わせることにより暗い帯と明るい帯が交互に並ぶパターンがスクリーン上に現れる．衝撃波は衝撃波に沿ったこのパターンの移動として可視化される．この光学装置は，現在でもなお，多くの空気力学研究所にある装置，Mach-Zehnder 干渉計の型で存在する．超音速空気力学における Mach の主な貢献は 1887 年に Vienna の Academy of Sciences に発表した論文に含まれている．ここで，史上初めて超音速で運動する細長い円錐上の弱い波の写真を示し，この波と飛行方向との間の角度 μ が $\sin \mu = a/V$ により与えられることを明らかにしている．この角度は，後に，Prandtl と彼の共同研究者により，1907 年と 1908 年における衝撃波と膨張波に関する研究のあとに Mach 波 (Mach wave) という名称とされた．また，Mach は，比 V/a が 1 より低いところから 1 より高くなると流れ場に生じる不連続的なそしてはっきりした変化を指摘した最初の人物であった．

　比 V/a を Mach 自身は Mach 数 (Mach number) として示してはいないことは興味あることである．むしろ，"Mach 数" は，スイス人 p. 661 技術者 Jacob Ackeret が Zurich にある Eidgenossiche 工科大学で 1929 年に員外講師の就任講義のなかで新しく造ったものである．したがって，"Mach 数" なる用語はかなり最近の用法であり，英語の論文には 1930 年代半ばまで使われいない．

　1895 年に，Vienna 大学は帰納法哲学科に Ernst Mach 講座を開設した．Mach はこの講座の教授に就任するため Vienna 大学に移った．1897 年に脳卒中を患い，からだの右側が麻痺してしまった．その後部分的に回復したが，1901 年に公式的には引退した．そのときから，1916 年 2 月 19 日に Munich 近郊で死去するまで活発な哲学者，講演者そして著述家であり続けた．

　今日，Mach は，初期における超音速流に関する実験と，もちろん Mach 数そのものにより

もっとも良く覚えられている．しかしながら，Mach の同時代の人達は，Mach 自身も思っていたように，哲学者および科学歴史家と見ていた．19 世紀の終わりになると，大部分の物理学者は Newton 力学に満足し，多くの人が，事実上，物理学のすべてがわかったのだと信じているとき，Mach の科学に関する見解は著書である *Die Mechanik* からの次のような一節により要約される．すなわち，

> 我々の熟慮による最も重要な結果は，明らかに最も簡単ないくつかの力学定理が，厳密には，非常に複雑な性質のものであるということである．すなわち，それらは不完全な経験，まさに，決して完全にはなり得ない経験に基づいているのである．我々の環境の許容し得る安定性の観点において，事実，それらは現実的に数学的な演繹の基礎として役立つよう保護されている．しかし，それらは決して数学的に確定した真理として考えられるのではなく，経験により一定の制約を受けるだけでなく，実際に経験を必要とする定理としてのみ考えられるのである．

言い替えると，Mach は，確立された自然法則は単に理論であるということ，そして，意識に明らかである観察のみが基本的な真理であるということを信じた確固とした経験主義者であった．特に，原子理論の基本的考えあるいは相対性理論の基礎を受け入れることができなかった．その2つは Mach の晩年に現れ始め，もちろん 20 世紀の現代物理学の基礎を形成したのである．結果として，Mach の哲学は当時の重要な物理学者の多くから支持を受けなかった．事実，亡くなったとき，Einstein の相対性理論の欠点を指摘する本を執筆しようとしていたのである．

Mach の哲学は議論のあるところではあったが，思想家として尊敬されていた．事実，相対性理論に対する Mach の批判的な見解にもかかわらず，Albert Einstein は Mach の亡くなった年に次のように言っている．すなわち，"私は，自分自身を Mach の反対者であると考えている人達も Mach の見解を持っていることを自身ではほとんどわかっていないと思っている．言ってみれば，それを母乳として育ったのだから．"

願わくば，本節が，読者が "Mach 数" という用語に出会うときはいつでも考えるべき新しい要素を与えたと信じている．おそらく，読者は立ち止まり，その人のことを思い，"Mach 数" という用語は人生を実験物理学に捧げ，しかし，同時に，自称哲学者の目を通して物理世界を大胆に眺めた人に敬意を表したものであることを認識してくれるであろう．

9.12 要約

p. 662 図 9.6 に与えられたロードマップは超音速流れにおける斜め衝撃波に関する論議の流れを示している．このロードマップを再吟味し，図 9.6 に表されているすべての考え方と結果を良く理解していることを確かめるべきである．

いくつかのより重要な結果を次のように要約して示す．すなわち，

> 多次元の超音速流れにおける無限小のじょう乱は上流速度と角度 μ を成す Mach 波を発生する．この角度は Mach 角と定義され，次式で与えられる．
>
> $$\mu = \sin^{-1} \frac{1}{M} \tag{9.1}$$

斜め衝撃波を横切っての変化は衝撃波前方の速度の垂直成分により決定される．熱量的に完全な気体について，上流 Mach 数の垂直方向成分は決定因子である．斜め衝撃波を横切っての変化は第 8 章で導かれた垂直衝撃波の式から，これらの式に $M_{n,1}$ を用いることにより得られる．ここに，

$$M_{n,1} = M_1 \sin\beta \tag{9.13}$$

斜め衝撃波を横切っての変化は 2 つのパラメータ，例えば，M_1 と β または M_1 と θ に依存する．M_1，β と θ との間の関係は図 9.9 で与えられる．それを詳しく調べるべきである．

固体面に入射する斜め衝撃波は，流れをその面に平行に保つように反射する．斜め衝撃波は，また，お互いに交差し，その交差の結果は衝撃波の配置に依存する．

有心膨張波の解析における支配因子は Prandtl-Meyer 関数 $\nu(M)$ である．下流 Mach 数 M_2，上流 Mach 数 M_1 とふれの角 θ を関係づける鍵となる方程式は

$$\theta = \nu(M_2) - \nu(M_1) \tag{9.43}$$

である．

直線の線分で構成される超音速翼型上の圧力分布は，通常，斜め衝撃波と膨張波の組み合わせから厳密に計算される．すなわち，厳密な衝撃波–膨張波理論から計算される．

9.13　演習問題

9.1 ᵖ·⁶⁶³ 細長いミサイルが低高度を Mach 1.5 で飛翔している．このミサイルの弾頭により作りだされる波は Mach 波と仮定する．この波が弾頭の 559 ft 後方で地面と交差する．このミサイルはいかなる高度で飛翔しているのであろうか．

9.2 Mach 4 の流れで衝撃波角 30° の斜め衝撃波を考える．上流の静圧および温度はそれぞれ，(標準大気高度 10,000 m に対応する) 2.65×10^4 N/m² および 223.3 K である．この衝撃波背後の静圧，温度，Mach 数，総圧および総温，それと，衝撃波を横切ってのエントロピー増加を計算せよ．

9.3 式 (8.80) は斜め衝撃波には**成り立たない**．したがって，付録 B の $p_{0,2}/p_1$ の列を，斜め衝撃波背後の総圧を求めるために，上流 Mach 数の垂直成分と関連して用いることはできない．他方，$p_{0,2}/p_{0,1}$ の列を $M_{n,1}$ を用いて，斜め衝撃波に用いることができる．なぜそうなるのかを説明せよ．

9.4 36.87° の衝撃波角をもつ斜め衝撃波を考える．上流の流れは $M_1 = 3$ および $p_1 = 1$ atm により与えられる．この衝撃波後方の総圧について次を用いて計算せよ．

　a. 付録 B から $p_{0,2}/p_1$ (正しい方法)

第 9 章 斜め衝撃波と膨張波

b. 付録 B から $p_{0,2}/p_1$ (誤った方法)

これらの結果を比較せよ．

9.5 半頂角 22.2° のくさびを過ぎる流れを考える．もし，$M_1 = 2.5$, $p_1 = 1$ atm および $T_1 = 300$ K であるとすれば，衝撃波角と p_2, T_2 および M_2 を計算せよ．

9.6 1 atm の圧力の Mach 2.4 の流れで，迎え角 α にある平板を考える．平板上で可能な，そして前縁でなお，付着衝撃波が存在する最大圧力は何か．これが生じるのはどのような値の α においてか．

9.7 半頂角 30.2° のくさびが $M_\infty = 3.5$ と $p_\infty = 0.5$ atm の自由流中に投入される．Pitot 管がこのくさびの上方で衝撃波背後に設置されている．この Pitot 管により測られる圧力の大きさを計算せよ．

9.8 圧力が 1 atm である Mach 4 の空気流を考える．この流れをできるだけ小さな総圧損失になるよう衝撃波系により亜音速に減速したい．次の 3 つの衝撃波系について総圧損失を比較せよ．

a. 単一の垂直衝撃波系

b. 後方に垂直衝撃波をともなうふれの角 25.3° の斜め衝撃波系

c. ふれの角 25.3° の斜め衝撃波で，後方にふれの角 20° の 2 番目の斜め衝撃波があり，最後に垂直衝撃波をともなう系

p. 664 (a)，(b) と (c) の結果から，いろいろな衝撃波系の効率について何が導き出せるか記せ．

9.9 ふれの角 $\theta = 18.2°$ の圧縮かど部で発生する斜め衝撃波を考える．図 9.19 に示されるように，このかど部の上方に水平な直線壁がある．もし，上流流れが，$M_1 = 3.2$, $p_1 = 1$ atm および $T_1 = 520°$R なる特性を持つとしたら，上方壁からの反射衝撃波背後の M_3, p_3 および T_3 を計算せよ．また，この反射衝撃波が上壁となす角度 Φ を求めよ．

9.10 図 9.25 に与えられているような，膨張かど部を過ぎる流れを考える．もし，このかど部の上流流れが $M_1 = 2$, $p_1 = 0.7$ atm, $T_1 = 630°$R で与えられるとすると，このかど部下流の M_2, p_2, T_2, ρ_2, $p_{0,2}$ および $T_{0,2}$ を計算せよ．また，上流流れに対する波頭および波尾 Mach 線の角度を求めよ．

9.11 $M_1 = 1.58$ と $p_1 = 1$ atm の超音速流が鋭いかど部で膨張する．もし，このかど部の下流の圧力が 0.1306 atm であるとすると，このかど部のふれの角を計算せよ．

9.12 $M_1 = 3$, $T_1 = 285$ K および $p_1 = 1$ atm の超音速流が $\theta = 30.6°$ の圧縮かど部で上方へふれ，それから続いて，流れの方向が最初と同じになるように，同じ角度を持つかど部で膨張する．この膨張かど部の下流の M_3, p_3 と T_3 を計算せよ．生じる流れは最初の流れと同じ方向であるので，$M_3 = M_1$, $p_3 = p_1$ と $T_3 = T_1$ となると考えられるであろうか．説明せよ．

9.13 Mach 2.6 の流れの中で迎え角が α である，無限に薄い平板を考える．次の条件での揚力係数および造波抵抗係数を計算せよ．

(a) $\alpha = 5°$ (b) $\alpha = 15°$ (c) $\alpha = 30°$

(注：第12章で使うので，この問題の結果を保存しておくこと．)

9.14 図 9.36 に示されるような半頂角 $\epsilon = 10°$ のダイヤモンド翼型を考える．この翼型が Mach 3 の自由流に対して $\alpha = 15°$ の迎え角にある．この翼型の揚力係数および造波抵抗係数を計算せよ．

9.15 音速流を考える．この流れが有心膨張波により膨張できる最大のふれの角を計算せよ．

9.16 (軸が流れの方向に垂直に向いた) 円柱と，迎え角ゼロの，半頂角 5° の対称ダイヤモンド–くさび翼型を考える．両物体とも同じ Mach 5 の気流中にある．この翼型の厚さと円柱の直径は同じである．円柱の (正面投影面積に基づいた) 抵抗係数は 4/3 である．円柱の抵抗とダイヤモンド翼型の抵抗の比を計算せよ．この結果は，超音速流中の鋭い先端の細長物体と比較した鈍い物体の空気力学的性能について何を物語っているか考えよ．

9.17 図 9.35 に描かれるように，迎え角のある平板を過ぎる超音速流を考える．第 9.7 節で述べられているように，後縁衝撃波と膨張波の後ろで，平板の後縁下流の流れ方向は p. 665 厳密には自由流方向と一致しない．なぜであろうか．後縁衝撃波と後縁膨張波の強さと後縁の下流流れの方向を計算する方法の概要を示せ．

9.18 (本問題の目的は 2 次元の膨張超音速流れを計算し，それと演習問題 10.15 にある類似の準 1 次元流れと比較することである．) 水平な直線の下面壁と $\theta = 3°$ で上方へ開いている直線の上面壁を持つ 2 次元ダクトを考える．このダクト入口の高さは 0.3 m である．Mach 2 の水平な一様流がダクトに入り，この入口の上面のかどに中心をもつ Prandtl-Mayer 膨張波を通過して行く．この波は下壁面へ伝播し，ここに，この膨張波の先頭波 (前方 Mach 波) はダクト入口から距離 x_A にある点 A において下面壁と交わる．点 A において下面壁に垂直な直線を引くとする．これは点 B で上壁面と交わる．点 A におけるダクトの局所高さはこの線分 AB の長さである．M は AB の膨張波内部にあるその部分に沿って線形的に変化すると仮定して，AB を過ぎる流れの**平均 Mach 数**を計算せよ．

9.19 $\theta = 30°$ として演習問題 9.18 を解け．再度，これらの結果を演習問題 10.16 における準 1 次元計算と比較する．この計算を繰り返す理由はもっと大きな膨張角による本問題で生じるより高度な 2 次元流れの影響を調べるためである．

9.20 平らな水平面上を流れる初期圧力 1 atm の Mach 3 の流れを考える．それから，この流れは 20° の膨張角のかど部に遭遇する．それには流れを水平に戻す 20° の圧縮かど部が続いている．圧縮かど部の下流における流れの圧力を計算せよ．注：圧縮かど部下流の圧力が，上流および下流流れが同じ方向，すなわち，水平であるにもかかわらず，膨張かど部の上流の圧力と異なることを見いだすであろう．なぜであろうか．

9.21 本演習問題の目的は本書の表紙に示される F-22 を過ぎる流れ場に生じる劇的な白い雲のパターンを何が引き起こすのかを説明することである．本問題は読者を巻き込む指導書であり定性的な計算でもある．最初に，必要な熱力学的背景を論議し，続いて，流れ場の物理的特性を調べる．

必要な熱力学的背景

F-22 を取り囲む白い雲はこの飛行機を過ぎる流れの中にある凝縮された水蒸気である．この雲の中で，水は 2 つの相，蒸気と液体で現れる．この雲の内側および外側両方で，媒体は空気と水の混合体である．すなわち，雲の外側で水は完全に蒸気の形であり，雲の内側で，空気，水蒸気および [p. 666] 凝縮された液体の水の混合体が存在する．この雲の内側および外側両方において，気体圧力 p は空気の分圧と，それより小さな水蒸気の分圧，それぞれ，p_{air} および p_{H2O} の総和である．すなわち，$p = p_{air} + p_{H2O}$ である．この水–空気混合気体に関する p_{H2O} 対温度のグラフについて，"相変化線図"を作ることができる．そこでは，この線図の一部において，水は蒸気相のみであり，その他の部分で水は液体と蒸気の混合体である．これらの 2 つの領域を分ける曲線は飽和曲線であり，それは右側へ行くと上方へアーチを描いている (飽和曲線上において，p_{H2O} は，温度が増加すると大きくなる曲線勾配 dp_{H2O}/dT により，温度増加にともない増加する)．この曲線の右側で水は完全に蒸気であり，この曲線の左側で水は蒸気と液体の混合体である．F-22 の上方で白い雲として見られるものは凝縮された水滴から反射された光である．すなわち，白い雲は，相変化線図の液体–蒸気領域，すなわち，飽和曲線の左側の領域にある流れの領域である．

飽和曲線上のすべての点は大気における相対湿度 100 % に対応する．この曲線上のそれぞれの点における温度は "露点 (dew-point)" 温度である．この曲線の右側の領域において，空気は湿度 100 % よりも低くあり，その温度は露点温度より高く，そして，水蒸気の凝縮はない．この曲線の左側の領域において，温度は露点温度より低くなり，凝縮が始まる．

この飽和曲線は実験により得られる．本演習問題において，Marks による *Mechanical Engineer's Handbook*, 6th Ed., McGraw-Hill, 1958 のページ 4-86 に見いだされる大気圧 1 atm に関する飽和曲線を用いる (古い版を用いているのはそれが本著者の手元の書架にあり，便利だからである)．これは，大気圧 1 atm における相対湿度 100 % の空気に関する p_{H2O} 対 T の曲線である．

本演習問題のために，この飽和曲線の特定の点，すなわち，$T = 520°R$ および $p_{H2O} = 38.16$ lb/ft^2 なる点を選ぶことにする．この点を A と名づける．点 A において，空気は 100 % の湿度を持ち，特定の圧力，$p_{H2O} = 38.16$ lb/ft^2 に対応する水蒸気量を含んでいる．この曲線の勾配，dp_{H2O}/dT は，点 A において，

$$dp_{H2O}/dT = 1.08 \text{ lb}/(\text{ft}^2 \cdot °R) \qquad \text{(飽和曲線)}$$

である．

流れ場の性質

本書の表紙にある F-22 は小さな迎え角において超音速で飛行している．すなわち，水の凝縮により見えるようになった翼端後流渦が非常に細く，そして密に巻いていること，超音速流れにおける翼端渦の特性，に注意すべきである．膨張波が主翼や尾翼と胴体の上面で生じている．この膨張領域は後縁衝撃波により終わる．本演習問題の目的は水の凝縮は膨張波内で起きるが，[p. 667] これが後縁衝撃波を通過するとき，この水は純粋な水蒸気相

に戻るということを証明することである．F-22 のまわりに示される白い雲は膨張波内の水の凝縮によってできること，そしてこの雲のかなり急な消滅が，流れが後縁衝撃波を通過するとき水の気化によるということに従う．

　この流れの簡単なモデルとして，図 9.36 に描かれているような，超音速流中で迎え角をもつ平板を考える．この平板の上面を過ぎる超音速流は最初膨張波を通り抜け，次に後縁衝撃波を抜け下流へ流れる．もし，平板の上流の自由流が十分高い湿気を持っているなら，凝縮された水蒸気の白い雲が膨張波内とその下流に形成されるであろう．しかしながら，この白い雲は，流れが後縁衝撃波を通過するので，この凝縮された水蒸気が気化するときに消えてしまう．それで，図 9.36 において，白い雲は膨張波により囲まれた上流領域と後縁衝撃波の下流領域に発生するであろう．これは，本書の表紙にある F-22 の上方に見られる白い雲の性質を模擬している．

問題の記述

図 9.36 に描かれた流れ場を考える．この超音速流れが 520°R の温度と 1 atm の圧力であること，およびそれが 100 % の湿度であることを仮定する．したがって，この自由流の熱力学的状態は，前に論議された相変化線図の飽和曲線上の点 A に対応する．

(a) 自由流からの流体要素は，膨張波の中へ入ったときに，水の凝縮を経験することを証明せよ．

(b) すでに膨張波の中や下流側にあり，そしてそれゆえにある程度の凝縮された水を含んだ流体要素は，後縁衝撃波を通り抜けるとき水の気化を経験することを証明せよ．

コメントとヒント

さて，読者はこれは明らかなことだと言うかもしれない．流れが膨張波を通過し膨張するとき，温度が減少し，そして，水は確かに凝縮するであろう．したがって，この流体要素は，相変化線図において，明らかに点 A を通過し，液相–蒸気相領域に入る．しかし，ちょっと待ってもらいたい．この流体要素が膨張波に入るとき，それの温度と圧力の**両方**とも減少するであろう．温度減少は，それ自身で，流体要素の特性を点 A の左側の液相–気相領域へ移動させるであろう．しかし，圧力減少はそれ自身，流体要素の特性を点 A から垂直に下方へ液相–蒸気相領域からさらに離れるように移動させるであろう．質問は次のようになる．すなわち，どちらの変化がより支配的なのか．温度減少か，あるいは圧力減少なのか．これが読者が見いだすべきことである．1 つのヒントとして，p.668 流体要素が膨張波に入ったとき，それの微係数，dp_{H2O}/dT の値を計算せよである．もしこの微係数が，以前に $dp_{H2O}/dT = 1.08 \text{ lb/ft}^2 \cdot °\text{R}$ として与えられた，点 A における飽和曲線の勾配よりも小さいならば，この流体要素が膨張波に入るにつれてそれの特性もまた点 A を越え，この相変化線図の液相–蒸気相部分に突入していき，明らかに水の凝縮が生じるであろう．

　同じように，流体要素が衝撃波を横切ると，読者は，温度は衝撃波を横切って増加する，それが気化を引き起こすのであるから，この流体要素に含まれる凝縮された水は気化するであろうということは自明であると言うかもしれない．しかし，再度，ちょっと待っ

第 9 章　斜め衝撃波と膨張波

てもらいたい．衝撃波直前にある流体要素の特性は点 A のちょうど左側の液相–蒸気相領域内にある．温度および圧力の**両方とも**衝撃波を横切って増加する．温度における増加は，この流体の特性を点 A の右側，液相–蒸気相領域を離れ，純粋な蒸気相領域へ移動させるであろう．しかし，圧力における増加はこの流体要素の特性を点 A の垂直に上方，液相–蒸気相領域の中へさらに移動させるであろう．再び質問である．すなわち，温度増加あるいは圧力増加のどちらの増加がより支配的であるのだろうか．これが読者が見いだすべきことである．ヒントとして，衝撃波を横切っての値，$dp_{H2O}/dT \approx \Delta p_{H2O}/\Delta T$ を計算すべきである．もしこの微係数が，以前に $dp_{H2O}/dT = 1.08$ lb/ft^2°R として与えられた，飽和曲線の点 A における勾配よりも小さいならば，その場合，流体要素が衝撃波を横切っていくにつれそれの特性も点 A における液相–蒸気相点を飛び出し，純粋な蒸気相領域に入り込むであろう．$\Delta p_{H2O}/\Delta T$ を計算するために，読者は衝撃波の強さを任意に仮定しなければならない．この衝撃波は 1.2 の上流 Mach 数である垂直衝撃波であるということと，この上流流れの特性が厳密に点 A の左側の値であると仮定すべきである．すなわち，衝撃波の前方に対して，$M_1 = 1.2$，$p_1 = 2116$ lb/ft^2，および $p_{H2O} = 38.16$ lb/ft^2 と仮定せよ．

解答

(a) 流体要素が膨張波に入ったとき，$dp_{H2O}/dT = 0.256$ lb/(ft^2·°R) である．これは点 A における飽和曲線の勾配よりも小さい．この流体の特性は液相–蒸気相領域に突入する．それゆえ，凝縮が生じるであろう．

(b) 点 A でちょうど液相–蒸気相領域内にある衝撃波前方の流体要素が衝撃波を横切るとき，$\Delta p_{H2O}/\Delta T = 0.2923$ lb/(ft^2·°R) である．これは飽和曲線の点 A における勾配よりも小さい．この流体要素の特性は純粋な蒸気相領域に突入するであろう．それで，気化が生じるであろう．

第10章　ノズル，ディフューザ，および風洞を流れる圧縮性流れ

p. 669 流体に力学原理をうまく適用することが固体に比べはるかに難しいのはどこから来るのかを考えて，そして，ついに，このことを私の心の中でより注意深く熟考して，私はその困難さの真の原因を見つけたのである．すなわち，私はそれが，(私が命名し，他の人は考えなかった) スロート (throat) を形成するのに重要な圧縮力の一部が無視され，そしてまた，重要ではないかのように考えられた事実にあることを見出したのである．そのようになったのは，スロートが，たとえば，流体が広い場所から狭い場所へ，あるいはその逆，狭いところから広いところへ通過するときいつでも起きるような，非常に小さい，あるいは無限に小さな流体量で構成されているという理由だけなのである．

Johann Bernoulli；
Hydraulics, 1743 からの引用

プレビュー・ボックス

航空宇宙技術者により自然界を利用した最良の例が図 10.1 に示されている．その写真は，スペースシャトルの主ロケットエンジンである．このエンジンは 400,000 lb 以上の推力を生みだす．自然法則がこのエンジンを設計するために用いられてきた．しかし，自然法則とは何であろうか．図 10.1 の見方を変えたとき，このロケットエンジンの大きな釣鐘に似た**末広** (divergent) ノズルがヒントである．なぜ，第 3.37 節で論議された低速風洞のノズルのような先細形状ではないのであろうか．図 10.1 では，ロケットノズルの部分だけを見ているのである．すなわち，図 10.1 における末広ダクトの左側にある配管により隠されているのは燃焼室である．それは高温で高圧の燃焼ガスを先細ダクトへ供給し，その後図 10.1 に見られる

図 10.1 スペースシャトルの主ロケットエンジン (NASA)

末広ダクトへ移行する．p. 670 燃焼室から排気口までの全ロケットエンジンノズルは図 10.2 に描かれているような先細-末広形状である．な

ぜであろうか．

これらの疑問に対する回答が本章において与えられる．本章では，様々な形状のダクトを流れる高速圧縮性気体の**内部** (internal) 流れを取り扱う．本章における題材はロケットエンジン，ジェットエンジン，超音速および極超音速風洞，およびすべての装置内における気体の圧縮性流れに関係する流体機械の設計に欠くことができない．前章における衝撃波の学習を圧縮性流れのバターつきパンと名づけた．それに対して，本章におけるノズル，ディフューザ，および風洞流れの学習は圧縮性流れのジャムつきロールパンとでも言える．本章にある題材の応用は現代の航空宇宙工学において日常的に行われている．さらに，この題材はおもしろい物理学的現象が詰まっていて，それらのいくつかは以前には思いもしなかったものであり，いく

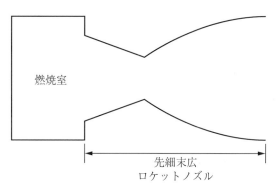

図 10.2 ロケットエンジンノズルの概略図

つかの例に驚異を見いだすであろう．本章は重要でありおもしろく，そして実り多いものとなるであろう．

10.1 序論

　第 8 および 9 章は超音速流における垂直衝撃波と斜め衝撃波を取り扱った．これらの波は超音速飛行している空気力学的物体上には必ず存在する．航空技術者は，衝撃波や膨張波パターンを含む流れ場の詳細と同じように，そのような飛行体の特性，特に，超音速における揚力や抵抗の生成を観察することに関心を持つのである．そのような観察を行うために，通常，次の二つの標準的な選択肢がある．すなわち，(1) 実機を用いて飛行試験を行う，および (2) 飛行体の縮尺模型で風洞試験を行う，である．飛行試験は，実機環境での最終的な答えを与えてくれるが，費用がかさみ，もし，その飛行体が安全と証明されていなければ，ひかえめどころではなく，危険である．したがって，大量の超音速空気力学データは地上の超音速風洞で得られてきたのである．そのような超音速風洞はどのような形をしているのであろうか．p. 671 どのようにして，実験室環境で超音速気体の一様流を作りだすのであろうか．超音速風洞の特性はどのようなものなのであろうか．これらや他の疑問への答えを本章で示すのである．

　Prandtl が衝撃波研究のために 1905 年という早い時期に小さな超音速施設を所有していたが，最初の実用的な超音速風洞は，1930 年代中頃，ドイツの Adolf Busemann により建設され，運用された．Busemann の風洞の写真が図 10.3 に示されている．そのような施設は第二次世界大戦の間および後に瞬く間に急増した．今日，現代におけるすべての空気力学研究所は 1 基，またはそれ以上の超音速風洞を所有していて，多くは，また，極超音速風洞も装備している．そのような装置はいろいろな大きさがある．比較的大きな極超音速風洞の例を図 10.4 に示す．

　本章において，ダクトを流れる圧縮性流れについての空気力学の基礎を論議する．そのような基礎は，例として，高速風洞，ロケットエンジン，高エネルギーガスダイナミクレーザーや化学レーザーおよびジェットエンジン等の適切な設計に極めて重要である．実際，本章で展開

第10章　ノズル，ディフューザ，および風洞を流れる圧縮性流れ　　　　641

図10.3　1930年代中頃にドイツのA. Busemannにより建設された最初の実用超音速風洞 (*John Anderson Collection* の好意による)

される題材は，現場の空気力学技術者によりほぼ日常的に用いられ，圧縮性流れを完全に理解するためには不可欠である．

本章のロードマップを図10.5に示す．支配方程式を導いた後，ノズルとディフューザを別々に取り扱う．その次に，超音速風洞の場合を調べるためにこれらを統合する．

10.2　準1次元流れの支配方程式

p.672　第8章で取り扱った1次元流れを思い出すべきである．そこでは，流れ場の変数がxのみの関数であると考えた．すなわち，$p = p(x)$, $u = u(x)$ 等である．厳密に言えば，そのような流れの流管は一定断面でなければならない．すなわち，p.673　第8章で論議された1次元流れは図10.6aに描かれるように，一定断面流れである．

対照的に，流管の面積がxの関数として変化する，すなわち，図10.6bに描かれるように$A = A(x)$であると仮定する．厳密に言えば，この流れは3次元的である．すなわち，流れ場の変数は，図10.6bを調べると簡単にわかるように，x, yとzの関数である．特に，流管の境界における速度はその境界に接していなければならず，それゆえ，それは軸方向のx方向と同じくyとz方向にも成分を持つのである．しかしながら，もし，面積変化が大きくなければyとz方向の速度成分はx方向の速度成分と比較して小さい．そのような場合，流れ場の変数はxのみにより変化すると仮定できる (すなわち，流れは，与えられたx位置において断面にわたり一様であると仮定できる)．そのような流れ，そこでは$A = A(x)$であるが$p = p(x)$, $\rho = \rho(x)$や$u = u(x)$等である，は図10.6bに描かれているように，**準1次元流れ** (*quasi-one-dimensional flow*) と定義される．そのような流れが本章の主題である．前の，第3.3節におけるダクトを流

図 10.4 Ohio 州 Dayton 市にある米国空軍 Wright 航空研究所の大きな極超音速風洞 (米国空軍および *John Anderson Collection* の好意による)

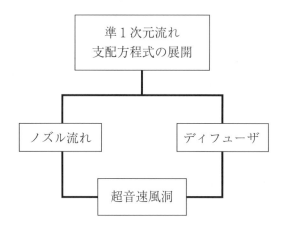

図 10.5 第 10 章のロードマップ

れる非圧縮性流れの論議において準 1 次元流れをすでに取り扱っている.第 3.3 節に戻り,さらに先に進む前にそこで示されている概念を復習すべきである.

準 1 次元流れの仮定は実際の断面積が変化するダクトの流れに対する近似ではあるが,保存方程式の積分形,すなわち,連続 [式 (2.48)],運動量 [式 (2.64)] およびエネルギー [式 (2.95)] を,次のように,物理的に矛盾のない,準 1 次元流れの支配方程式を得るのに用いることができる.図 10.7 に与えられる検査体積を考える.場所 1 において,断面積 A_1 を通過する流れは一様で,特性 p_1, ρ_1, u_1 等を持つと仮定する.同様に,場所 2 において,断面積 A_2 を通過す

第10章 ノズル，ディフューザ，および風洞を流れる圧縮性流れ

る流れは一様で，特性 p_2, ρ_2, u_2 等を持つと仮定する．第3.3節において，そのような断面積が変化する検査体積に対して連続方程式の積分形を適用した．定常，準1次元流れについての連続方程式の結果は式 (3.21) として与えられていて，図 10.7 の記号を用いると，

$$\boxed{\rho_1 u_1 A_1 = \rho_2 u_2 A_2} \tag{10.1}$$

で与えられる．

p.674 運動量方程式の積分形，式 (2.64) を考える．体積力のない，定常，非粘性流れについて，この方程式は

$$\iint_S (\rho \mathbf{V} \cdot \mathbf{dS}) \mathbf{V} = -\iint_S p\mathbf{dS} \tag{10.2}$$

式 (10.2) はベクトル方程式であるので，以下に与えられる，それの x 方向成分を調べることとする．すなわち，

$$\iint_S (\rho \mathbf{V} \cdot \mathbf{dS}) u = -\iint_S (pdS)_x \tag{10.3}$$

ここに，$(pdS)_x$ は圧力による力の x 方向成分である．式 (10.3) はスカラー方程式であるので，面積積分を行う場合にこの x 方向成分の符号に注意しなければならない．図 10.7 において右側を向いているすべての成分は正であり，左を向いているものは負である．図 10.7 の検査体積の上面および下面は流線である．すなわち，これらの面に沿っては，$\mathbf{V} \cdot \mathbf{dS} = 0$ である．また，A_1 を横切ると，$\mathbf{V}$ と $\mathbf{dS}$ は反対方向である．すなわち，$\mathbf{V} \cdot \mathbf{dS}$ は負である．それゆえ，式 (10.2) の左辺の積分は $-rho_1 u_1^2 A_1 + \rho_2 u_2^2 A_2$ となる．検査体積の面 A_1 と A_2 上で計算される，式 (10.2) の右辺の圧力積分は $-(-p_1 A_1 + p_2 A_2)$ となる．($p_1 A_1$ の前の負符号は，A_1 上で $\mathbf{dS}$ が左向きである，すなわち，x 方向成分の負方向であることによる．) この検査体積の上面および下面にわたり計算すると，圧力積分は

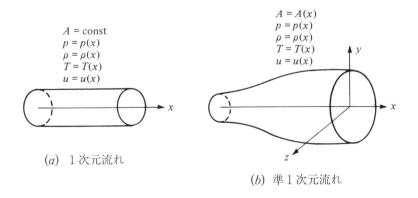

(a) 1次元流れ

(b) 準1次元流れ

図 10.6 1次元流れと準1次元流れ

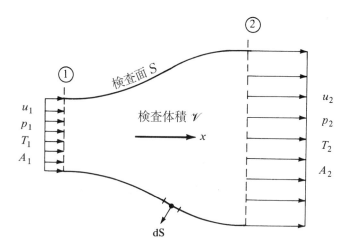

図 10.7 準1次元流れについての有限検査体積

$$-\int_{A_1}^{A_2} -pdA = \int_{A_1}^{A_2} pdA \tag{10.4}$$

のように表すことができ，ここに，dA は単純に，ベクトル $\mathbf{dS}$ の x 方向成分である．すなわち，x 軸に垂直な面へ投影された面積 dS である．式 (10.4) の左辺の積分における内部の負符号は，上面および下面の沿った $\mathbf{dS}$ の方向によるものである．すなわち，図 10.7 に示されるように，$\mathbf{dS}$ がこれらの面に沿って後向きであることに注意すべきである．したがって，pdS の x 方向成分は左向きであり，それゆえ，p. 675 これらの方程式において，負の成分として現れるのである．[第2.5節から，圧力積分の外部の，すなわち，式 (10.4) の左辺の積分において外側の負符号は，検査面に働く圧力による力 $p\mathbf{dS}$ は常に $\mathbf{dS}$ の反対方向に働くという物理的事実を示すために常に存在することを思い出すべきである．もし，読者がこれについてあやふやであるなら，第2.5節における運動量方程式の導出を復習すべきである．また，上の結果の符号に惑わされないようにしなければならない．すなわち，読者が x 方向成分の方向を追って行くなら，それらは全てまったく論理的であるからである．] 上の結果を用いると，式 (10.3) は

$$-\rho_1 u_1^2 A_1 + \rho_2 u_2^2 A_2 = -(-p_1 A_1 + p_2 A_2) + \int_{A_1}^{A_2} pdA$$

$$\boxed{p_1 A_1 + \rho_1 u_1^2 A_1 + \int_{A_1}^{A_2} pdA = p_2 A_2 + \rho_2 u_2^2 A_2} \tag{10.5}$$

式 (10.5) は定常，準1次元流れについての運動量方程式である．

式 (2.95) により与えられるエネルギー方程式を考える．体積力がない，非粘性，断熱的，定常流について，この方程式は

$$\oiint_S \rho\left(e + \frac{V^2}{2}\right)\mathbf{V}\cdot\mathbf{dS} = -\oiint_S p\mathbf{V}\cdot\mathbf{dS} \tag{10.6}$$

第10章 ノズル，ディフューザ，および風洞を流れる圧縮性流れ

となる．図10.7の検査体積に適用すると，式(10.6)は，

$$\rho_1\left(e_1+\frac{u_1^2}{2}\right)(-u_1A_1)+\rho_2\left(e_2+\frac{u_2^2}{2}\right)(u_2A_2)=-(-p_1u_1A_1+p_2u_2A_2)$$

すなわち，

$$p_1u_1A_1+\rho_1u_1A_1\left(e_1+\frac{u_1^2}{2}\right)=p_2u_2A_2+\rho_2u_2A_2\left(e_2+\frac{u_2^2}{2}\right) \tag{10.7}$$

式(10.7)を式(10.1)で割ると，

$$\frac{p_1}{\rho_1}+e_1+\frac{u_1^2}{2}=\frac{p_2}{\rho_2}+e_2+\frac{u_2^2}{2} \tag{10.8}$$

を得る．$h=e+pv=e+p/\rho$ であることを思い出すべきである．よって，式(10.8)は

$$\boxed{h_1+\frac{u_1^2}{2}=h_2+\frac{u_2^2}{2}} \tag{10.9}$$

となり，これは定常，断熱的，非粘性準1次元流れについてのエネルギー方程式である．式(10.9)を詳しく調べてみる．すなわち，それは，総エンタルピー，$h_0=h+u^2/2$ はこの流れ全体で一定であることを述べているのである．また，再び，これは驚くことではない，すなわち，式(10.9)は，単純に，第7.5節において論議された定常，非粘性，断熱流れについての一般的な結果のもう1つの例なのである．したがって，式(10.9)を次式で置き換えることができる．

$$\boxed{h_0=\text{const}} \tag{10.10}$$

p. 676 ちょっと立ち止まり，上で与えられた結果を検討してみる．図10.5にある検査体積に保存方程式の積分形を適用してきた．その結果として，準1次元流れについての連続，運動量及びエネルギー式として，それぞれ，式(10.1)，式(10.5)および式(10.9)または式(10.10)を得たのである．これらの方程式を検討してみる．これらは(運動量方程式の積分項を除くと)代数方程式である．図10.7において，流入条件，ρ_1, u_1, p_1, T_1 および h_1 は与えられていることと，断面積分布 $A=A(x)$ が存在することを仮定する．また，熱量的に完全な気体を仮定し，ここに，

$$p_2=\rho_2RT_2 \tag{10.11}$$

および

$$h_2=c_pT_2 \tag{10.12}$$

である．式(10.1)，式(10.5)，式(10.9)，または，式(10.10)，式(10.11)および式(10.12)は5個の未知数，ρ_2, u_2, p_2, T_2 および h_2 に関する5個の方程式を構成する．原理的に，これらの方程式を図10.7の場所2における未知の流れの量について直接解くことができる．しかしながら，そのような直接解法はたくさんの代数演算を行わなければならない．その代わりとして，第10.3節で述べるようなより簡単な方法を用いることにする．

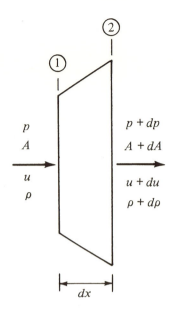

図 10.8 増分検査体積

　支配方程式の解を求める前に，準一次元流れの幾つかの物理的特性を調べてみる．この検証を支援するため，まず最初に，上で得られた代数方程式とは対照的に，支配方程式の幾つかの微分方程式を求める．例として，式 (10.1) を考え，それは断面が変化するダクトの至るところで

$$\rho u A = \text{const} \tag{10.13}$$

であることを述べている．式 (10.13) を微分すると

$$\boxed{d(\rho u A) = 0} \tag{10.14}$$

をえる，そして，それは準 1 次元流れについての連続方程式の微分形である．

　運動量方程式の微分形を得るために，式 (10.5) を図 10.8 に描かれる微小な検査体積に適用する．場所 1, そこでは断面積が A であるが，においてこの検査体積に入る流れは p, u および ρ なる特性を持っている．長さ dx を移動すると，面積は dA だけ変化し，この流れの特性はそれに対応する量 dp, $d\rho$ および du だけ変化する．したがって，場所 2 で流出する流れは図 10.8 に示されるように，$p + dp$, $u + du$ および $\rho + d\rho$ なる特性を有している．この場合は，[式 (10.5) における積分を図 10.8 における差の体積についての被積分関数で置き換えられることを注意して，] 式 (10.5) は

$$pA + \rho u^2 A + p dA = (p + dp)(A + dA) + (\rho + d\rho)(u + du)^2 (A + dA) \tag{10.15}$$

となる．式 (10.5) において，すべての差の積，例えば，$dp dA$, $d\rho (du)^2$ など，は非常に小さいので無視できる．したがって，式 (10.15) は

$$A dp + A u^2 d\rho + \rho u^2 dA + 2\rho u A du = 0 \tag{10.16}$$

第10章　ノズル，ディフューザ，および風洞を流れる圧縮性流れ　　　647

となる．p. 677 連続の方程式，式 (10.14) を展開し，u を掛けると，

$$\rho u^2 dA + \rho u A du + A u^2 d\rho = 0 \tag{10.17}$$

を得る．式 (10.16) から式 (10.17) を引くと，

$$\boxed{dp = -\rho u du} \tag{10.18}$$

を得る．そして，この式は定常，非粘性，準1次元流れについての運動量方程式の微分形である．式 (10.18) は *Euler* の方程式と呼ばれる．この式は，以前，式 (3.12) として知っているものである．第 3.2 節において，その式を 3 次元の一般的な運動量方程式の微分形から導いた．（さらに先に進む前にその導出を復習するようにすべきである．）第 3.2 節において，式 (3.12) は一般的な 3 次元流れにおいて，1 本の流線に沿って成り立つことを示した．さて，再び，式 (10.18) において Euler の方程式と出会うのである．そして，それは準 1 次元流れについての支配方程式から導かれたものである．

エネルギー式の微分形は式 (10.9) から直接求まる．この式は

$$h + \frac{u^2}{2} = \text{const}$$

であることを述べている．この式を微分すると，

$$\boxed{dh + u du = 0} \tag{10.19}$$

を得る．

要約すると，式 (10.14)，式 (10.18) と式 (10.19) は，それぞれ，定常，非粘性，断熱，準 1 次元流れについての連続，運動量およびエネルギー方程式である．それらは以前に導かれ，図 10.6 に示される図に適用された支配方程式の代数形から得られたのである．p. 678 読者は次のような質問をするかも知れない．すなわち，一般的な 3 次元流れに適用できる，第 2 章において連続，運動量およびエネルギー方程式の偏微分方程式を求めるのに時間を使ったのに，なぜ，それらの方程式において，単純に，$\partial/\partial y = 0$ と $\partial/\partial z = 0$ とし，本章で取り扱う 1 次元流れに適用できる微分方程式を得なかったのであろうか，と．その答えは，確かにそのような導出はできるし，式 (10.18) と式 (10.19) を直接求めることができるということである．[微分方程式，式 (2.113a) と式 (2.114) へ戻り，読者自身でこれを証明してみよ．] しかしながら，もし，一般的な連続方程式，式 (2.52) を用い，それを 1 次元化すると，$d(\rho u) = 0$ を得るのである．この結果を準 1 次元流れの式 (10.14) と比較すると，一致しないことがわかる．これは，断面が変化するダクト内の準 1 次元流れの**仮定**と，そのようなダクト内で実際に生じる 3 次元流れとの間に物理的な矛盾があることについての 1 つの例証なのである．式 (2.52) から得られた結果，すなわち，$d(\rho u) = 0$ は真に 1 次元の結果であり，第 8 章で考えられたような，**一定断面流れ**に適用されるのである．[第 8 章において，連続の式は $\rho u = \text{const}$ の形で用いられ，それは式 (2.52) と同等であることを思い出すべきである．] しかしながら，一度，準 1 次元流れの仮定，すなわち，断面が変化するダクト内で与えられた断面内で一様な特性が保たれる，としたのであるから，そ

うすると，式 (10.14) がそのような仮定された流れについての質量保存を保証する連続方程式の唯一の微分形なのである．

さて，準1次元流れの幾つかの物理的な特性を調べるために，上で得られた，支配方程式の微分形を用いてみよう．そのような物理的な情報は次のようにして，これらの方程式の特別な組み合わせにより得られる．式 (10.14) から，

$$\frac{d\rho}{\rho} + \frac{du}{u} + \frac{dA}{A} = 0 \tag{10.20}$$

となる．速度における変化 du を面積の変化 dA に関連づける式を得ることにする．したがって，式 (10.20) における $d\rho/\rho$ を消去するために，式 (10.18) を次のように書いて，

$$\frac{dp}{\rho} = \frac{dp}{d\rho}\frac{d\rho}{\rho} = -udu \tag{10.21}$$

ここでは非粘性，断熱流れを取り扱っていることを覚えておくべきである．さらに，しばらくの間，流れの中に衝撃波はないと仮定しておく．よって，流れは**等エントロピー的**である．特に，圧力変化 dp に対する密度変化 $d\rho$ は等エントロピー的に生じる，すなわち，

$$\frac{dp}{d\rho} \equiv \left(\frac{\partial p}{\partial \rho}\right)_s \tag{10.22}$$

である．音速についての式 (8.18) から，式 (10.22) は

$$\frac{dp}{d\rho} = a^2 \tag{10.23}$$

となる．p. 679 式 (10.23) を式 (10.21) に代入すると，

$$a^2 \frac{d\rho}{\rho} = -udu$$

すなわち，

$$\frac{d\rho}{\rho} = -\frac{udu}{a^2} = -\frac{u^2}{a^2}\frac{du}{u} = -M^2 \frac{du}{u} \tag{10.24}$$

を得る．式 (10.24) を式 (10.20) に代入して，

$$-M^2 \frac{du}{u} + \frac{du}{u} + \frac{dA}{A} = 0$$

すなわち，

$$\boxed{\frac{dA}{A} = (M^2 - 1)\frac{du}{u}} \tag{10.25}$$

を得る．式 (10.25) は dA を du と関連づける求める式である．すなわち，それは**断面積－速度関係式**と呼ばれている．

式 (10.25) は非常に重要である．それで詳しく調べてみる．この過程で，標準的な微分の慣例を思い起こすべきである．すなわち，例として，du の正の値は速度の**増加**を意味し，du の負の値は速度の**減少**を意味する等である．このことを念頭におくと，式 (10.25) は次のような情報を与えてくれる．すなわち，

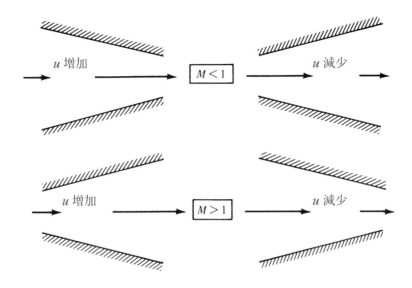

図 10.9 先細および末広ダクト内の圧縮性流れ

1. $0 \leq M < 1$ (亜音速流れ) について，式 (10.25) の括弧の中の量は負である．したがって，速度増加 (正の du) は面積の 減少 (負の dA) に関係している．同様に，速度減少 (負の du) は面積増加 (正の dA) に関係している．明らかに，亜音速流れについては，速度を増加させるために先細ダクト (convergent duct) を用いなければならない，そして，速度を減少させるために末広ダクト (divergent duct) を用いなければならない．これらの結果は図 10.9 の上の図に示されている．また，これらの結果は，第 3.3 節で学んだ非圧縮性流れの良く知られた傾向と似ている． p. 680 再度，亜音速圧縮性流れは定性的に非圧縮性流れと似ている (しかし定量的には同じではない) ことがわかるのである．

2. $M > 1$ (超音速流れ) について，式 (10.25) の括弧の中の量は正である．したがって，速度増加 (正の du) は面積の増加 (正の dA) と関係している．同様に，速度の減少 (負の du) は面積の減少 (負の dA) に関係している．超音速流れについて，速度を増加させるためには末広ダクトを使わなければならないし，速度を減少させるためには先細ダクトを用いなければならない．これらの結果は図 10.9 の下の図に示されている．すなわち，それらは亜音速流れの傾向とまったく反対である．

3. $M = 1$ (音速流れ) について，式 (10.25) は，有限な du が存在していても $dA = 0$ であることを示している．数学的に，これは面積分布における局所的な最大または最小値に対応する．物理的には，それは，以下に論議するように，最小面積に対応する．

静止している気体があり，それを等エントロピー的に超音速へ加速したいとする．上の結果は，最初に，この気体を先細ダクトで亜音速的に加速しなければならないことを示している．しかしながら，音速条件が達成されるや否や，さらにこの気体を末広ダクトにより超音速へ加速しなければならない．したがって，出口で超音速流れができるように設計されるノズルは，図 10.10 の上部に描かれたような，**先細‒末広**ダクト (convergent-divergent duct) である．このダクトの最小面積はスロート (throat) と呼ばれている．等エントロピー流れが亜音速から超音速へ

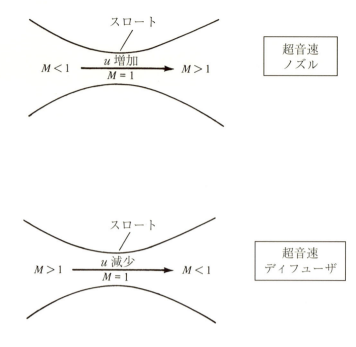

図 10.10 超音速ノズルと超音速ディフューザの説明図と比較

膨張するときはいつでも，p.681 その流れはスロートを通過しなければならず，さらに，そのような場合，スロートで $M = 1$ である．この逆もまた真である．すなわち，もし，超音速流れがあり，それを等エントロピー的に亜音速へ減速したいならば，最初に，その気体を先細ダクトで減速し，次に，音速流れとなったら直ちに，末広ダクトでそれをさらに亜音速へ減速しなければならない．ここでは，図 10.10 の下の図における先細–末広ダクトはディフューザとして作動している．等エントロピー流れが超音速から亜音度に減速されるときはいつでも，その流れはスロートを通過すればならず，さらにそのような場合，スロートで $M = 1$ であることに注意すべきである．

式 (10.25) ついての最後の注として，$M = 0$ の場合を考える．このとき，$dA/A = -du/u$ であり，積分して，$Au = $ const となる．これは第 3.3 節で導いた，そして，式 (3.22) で与えられるダクト内の非圧縮性流れについての良く知られた連続の方程式である．

10.3 ノズル流れ

本節において，図 10.5 に与えられた本章のロードマップの左側に示される分枝に移ることにする，すなわち，ノズルを通過する圧縮性流れを詳しく調べるのである．これを迅速に行うために，まず最初に，Mach 数をダクト面積対音速スロート面積の比に関係づける重要な式を導く．

図 10.11 に示されるダクトを考える．スロートで音速流が存在すると仮定する．ここに，面積が A^* である．スロートにおける Mach 数と速度は，それぞれ，M^* と u^* により示される．流れはスロートで音速であるから，$M^* = 1$ と $u^* = a^*$ である．(音速状態を示すために第 7.5 節でアステリスクを用いたことに注意すべきである．すなわち，この慣例を本論議にも続ける．) こ

第10章 ノズル，ディフューザ，および風洞を流れる圧縮性流れ

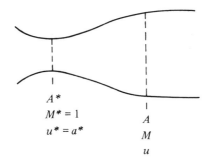

図 10.11 面積–Mach 数関係を導くためのノズル形状

のダクトのその他の断面において，面積，Mach 数と速度は，それぞれ，図 10.11 に示されるように，A，M および u で示される．A と A^* との間で式 (10.1) を書くと，

$$\rho^* u^* A^* = \rho u A \tag{10.26}$$

を得る．$^{p.\,682}u^* = a^*$ であるから，式 (10.26) は

$$\frac{A}{A^*} = \frac{\rho^*}{\rho}\frac{a^*}{u} = \frac{\rho^*}{\rho_0}\frac{\rho_0}{\rho}\frac{a^*}{u} \tag{10.27}$$

となり，ここに，ρ_0 は第 7.5 節で定義されたよどみ点密度であり，等エントロピー流れ全体にわたり一定である．式 (8.46) から，

$$\frac{\rho^*}{\rho_0} = \left(\frac{2}{\gamma+1}\right)^{1/(\gamma-1)} \tag{10.28}$$

を得る．また，式 (8.43) から，

$$\frac{\rho_0}{\rho} = \left(1 + \frac{\gamma-1}{2}M^2\right)^{1/(\gamma-1)} \tag{10.29}$$

を得る．さらに，式 (8.48) と共に，第 8.4 節における M^* の定義を思い出して，

$$\left(\frac{u}{a^*}\right)^2 = M^{*2} = \frac{[(\gamma+1)/2]M^2}{1 + [(\gamma+1)/2]M^2} \tag{10.30}$$

を得る．式 (10.27) を 2 乗し，式 (10.28) を式 (10.30) へ代入すると

$$\left(\frac{A}{A^*}\right)^2 = \left(\frac{\rho^*}{\rho_0}\right)^2\left(\frac{\rho_0}{\rho}\right)^2\left(\frac{a^*}{u}\right)^2$$

すなわち，

$$\left(\frac{A}{A^*}\right)^2 = \left(\frac{2}{\gamma+1}\right)^{2/(\gamma-1)}\left(1 + \frac{\gamma-1}{2}M^2\right)^{2/(\gamma-1)}\frac{1 + [(\gamma-1)/2]M^2}{[(\gamma+1)/2]M^2} \tag{10.31}$$

を得る．式 (10.31) を代数的に簡単化すると，

$$\boxed{\left(\frac{A}{A^*}\right)^2 = \frac{1}{M^2}\left[\frac{2}{\gamma+1}\left(1 + \frac{\gamma-1}{2}M^2\right)\right]^{(\gamma+1)/(\gamma-1)}} \tag{10.32}$$

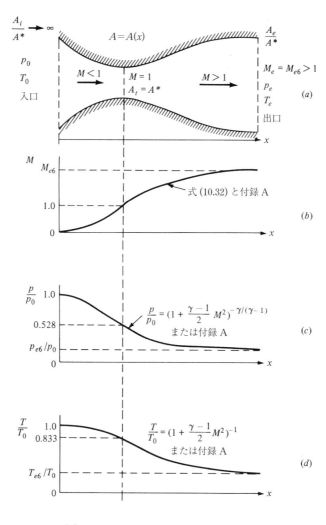

図 10.12 等エントロピー超音速ノズル流れ

で音速流である．すなわち，スロートにおいて $M = 1$ と $A_t = A^*$ である．を得る．式 (10.32) は非常に重要である．すなわち，それは，**断面積-Mach 数関係式**と呼ばれていて，驚くべき結果を含んでいるのである．式 (10.32) を"裏返したもの"は $M = f(A/A^*)$ であることを示している，すなわち，ダクトの任意の位置における Mach 数は局所のダクト断面積と音速スロート断面積の比の関数であるということである．式 (10.25) の論議から，A は A^* よりも大きいか，少なくとも等しくなければならないということ，そして，$A < A^*$ の場合は等エントロピー流れでは物理的に不可能であることを思い出すべきである．したがって，式 (10.32) において，$A/A^* \geq 1$ である．さらに，式 (10.32) は与えられた A/A^* に対して M について 2 つの解を与える，すなわち，亜音速値と超音速値である．与えられた場合において，実際に成り立つ M がどちらの値であるかは，後で説明するように，ダクトの入口と出口における圧力に依存している．式 (10.32) から求められた，M の関数としての A/A^* の結果は付録 A に数表として与えられている．付録 A を調べると，亜音速の M について，M が増加すると A/A^* は減少する (すなわち，ダクトは収縮する)．$M = 1$ において，付録 A では $A/A^* = 1$ である．最後に，超音速の M につ

いて，p.683 M が増加すると，A/A^* は増加する (すなわち，ダクトは拡大する). 付録 A におけるこれらの傾向は第 10.2 節の終わりのあたりにおける先細–末広ダクトの物理的な論議と一致している. さらに，付録 A は，A/A^* の関数としての M の 2 価特性を示している. 例として，$A/A^* = 2$ について，$M = 0.31$ または $M = 2.2$ を得るのである.

図 10.12a に描かれるような，ある与えられた先細–末広ノズルを考える. 入口における面積比 A_i/A^* は非常に大きいということと，入口の流れは，気体が本質的に静止している大きな貯気槽から供給されると仮定する. 貯気槽の圧力と温度は，それぞれ，p_0 と T_0 である. A_i/A^* は非常に大きいので，入口における Mach 数は非常に小さい，すなわち，$M \approx 0$ である. したがって，入口の圧力および温度は本質的に，それぞれ，p_0 および T_0 である. このノズルの断面積分布 $A = A(x)$ は指定されているので，A/A^* は p.684 ノズルに沿ってすべての位置でわかっている. スロートの面積を A_t で示し，出口面積を A_e で示す. 出口における Mach 数と静圧を，それぞれ，M_e および p_e で示す. このノズルにより気体の，出口において超音速 Mach 数 $M_e = M_{e,6}$ である等エントロピー膨張が得られると仮定する (添字 6 の理由は後で明らかになる). 対応する出口圧力は $p_{e,6}$ である. この膨張について，流れはスロートで音速流である. すなわち，スロートにおいて $M = 1$ と $A_t = A^*$ である. このノズルを流れる流れの特性は局所面積比 A/A^* の関数であり，次のように求められる.

1. x の関数としての局所 Mach 数は式 (10.32) から求められる. もしくは，より直接的には付録 A の数表から求められる. 指定された $A = A(x)$ について，対応する $A/A^* = f(x)$ がわかっている. 次に，($M < 1$ についての) 付録 A の第 1 部からノズルの先細部における亜音速 Mach 数と，($M > 1$ についての) 付録 A の第 2 部からノズルの末広部における超音速 Mach 数を読み取る. ノズル全体の Mach 数分布はこのようにして求められ，図 10.12b に描いてある.

2. Mach 数分布がこのようにわかると，温度，圧力および密度の対応する変化は，それぞれ，式 (8.40)，式 (8.42) と式 (8.43) から，もしくは，より直接的には付録 A から求められる. p/p_0 と T/T_0 の分布が，それぞれ，図 10.12c と図 10.12d に描かれている.

図 10.12 に示されたこれらの変化を調べてみる. 先細–末広ノズルによる気体の等エントロピー膨張について，Mach 数は入口におけるほぼ 0 からスロートにおける $M = 1$ へ，そして，出口における超音速の値の $M_{e,6}$ へ単調に増加する. 圧力は，入口における p_0 から，スロートにおける $0.528p_0$ へと，そして，出口でさらに低い $p_{e,6}$ へ単調に減少する. 同じ様に，温度は，入口における T_0 から，スロートの $0.833T_0$ へ，そして，出口でより低い $T_{e,6}$ へ単調に減少する. 図 10.12 に示された等エントロピー流れについて，このノズルにおける M の分布と，したがって，得られる p と T の分布は局所面積比 A/A^* のみの関数であるということを再度，強調しておく. これが等エントロピー，超音速，準 1 次元ノズル流れの解析に対する鍵である.

読者が先細–末広ノズルを取り，それを目の前のテーブルに置いたとする. 何が起こるであろうか. 空気はひとりでにそのノズルを通って流れ出すであろうか. もちろん，答えは否である. そうではなく，これまでの読者の空気力学に関する勉学により，読者の直観は，加速度をつけるためには気体に力を加えなければならないと告げるであろう. 事実，これは第 2.5 節において導いた運動量方程式の真髄である. ここで考える非粘性流れについては，気体に働く加速力を作りだす唯一のメカニズムは圧力勾配である. したがって，テーブルに置かれたノズルに戻ると，圧力差は入口と出口間で作られなければならない. すなわち，そのときだけ，気体はノ

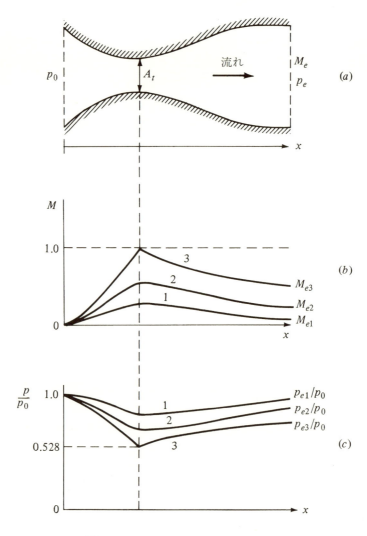

図 10.13 等エントロピー亜音速ノズル流れ

ズルを通って流れ始めるのである．出口圧力は入口圧力より低くなければならない，すなわち，$p_e < p_0$ である．さらに，もし，図 10.12 に描かれた等エントロピー超音速流れを作りたければ，p. 685 圧力 p_e/p_0 は**厳密**に，わかっている出口 Mach 数 $M_{e,6}$ について付録 A に明記された値でなければならない，すなわち，$p_e/p0 = p_{e,6}/p_0$ である．もし，圧力比が上の等エントロピー値と異なるならば，ノズルの内部あるいは外部のどちらかの流れは図 10.12 に示されたものとは異なるであろう．

p_e/p_0 が $M_{e,6}$ についての厳密な等エントロピー値に等しくないとき，すなわち，$p_e/p_0 \neq p_{e,6}/p_0$ のとき生じるノズル流れのタイプを調べてみよう．まず最初に，図 10.13a に描かれた先細–末広ノズルを考える．もし，$p_e = p_0$ であるなら，圧力差は存在せず，ノズル内にはいかなる流れも生じない．さて，p_e が p_0 よりわずかに下げられた，すなわち，$p_e = 0.999p_0$ と仮定する．この小さな圧力差はノズル内に非常に低速な亜音速流れ–本質的に穏やかな風，を作りだすであろう．局所 Mach 数は先細部を通過するとわずかに増加し，そして，図 10.13b における曲線

1 により示されるように，スロートで最大値に到達するであろう．このスロートにおける Mach 数は音速にはならず，むしろ，それは幾分小さな亜音速値となるであろう．このスロートの下流において，局所 Mach 数は末広部で減少し，出口で非常に小さい，しかし，有限な値の $M_{e,1}$ に到達するであろう．それに対応して，先細部の圧力は入口における p_0 から徐々にスロートにおける最小値に減少し，それから，出口における値 $p_{e,1}$ へ徐々に増加するであろう．この変化が図 10.13c における曲線 1 として示されている．この場合，流れはスロートで音速流ではないので，A_t は A^* と等しくないことに注意してもらいたい．式 (10.32) に出てくる A^* は音速スロート面積であることを思い出すべきである．先細–末広ノズルの流れが純粋に亜音速流れである場合，A^* は基準面積の性質を帯びる．すなわち，それは実際の幾何学的なノズルスロート面積 A_t と同じではない．むしろ，A^* は，もし，図 10.13 の流れがともかくも音速速度へ加速されたとすると，それが取るであろう面積なのである．もし，これが生じたとすると，流れの面積は図 10.13a に示されたものよりはもっと減少するであろう．したがって，純粋な亜音速流れについては，$A_t > A^*$ である．

図 10.13 における出口圧力をさらに下げたと仮定する．すなわち，$p_e = p_{e,2}$ へである．この流れは図 10.13 において 2 と記された曲線により図示されている．この流れはより速く流れる．そして，スロートにおける最大 Mach 数は増加するが，1 よりも小さく止まる．さて，p_e を，この流れがちょうどスロートで音速状態に到達するような，値 $p_e = p_{e,3}$ まで下げるとする．これが図 10.13 における曲線 3 により示されている．このスロートマッハ数は 1 であり，このスロート圧力は $0.528 p_0$ である．スロート下流の流れは亜音速である．

図 10.12 と図 10.13 を比較すると，1 つの重要な物理的な相違があることに気づかされる．与えられたノズル形状について，図 10.12 に示された超音速の場合に対して 1 つだけの等エントロピー解があるだけである．対照的に，$p_0 \leq p_e \leq p_{e,3}$ にある p_e の値に対応してそれぞれ，**無限個の等エントロピー亜音速解が存在する**のである．この無限の解のうち 3 つの解のみを図 10.13 に描いてある．したがって，先細–末広ノズルにおける純粋な亜音速流れの解析についての鍵となる因子は A/A^* と p_e/p_0 の両方である．

図 10.13 にある先細–末広ノズルを流れる質量流量を考える．出口圧力が減少するにつれて，スロートの流速度は増加する．したがって，質量流量は増加する．この質量流量はスロートで式 (10.1) を適用することにより計算できる．すなわち，$\dot{m} = \rho_t u_t A_t$ である．p_e が減少するにつれて，u_t が増加し，ρ_t は減少する．しかしながら，u_t における増加パーセントが ρ_t における減少パーセントよりもずっと大きいのである．結果として，$\dot{m}$ は，図 10.14 に描かれているように，増加する．$p_e = p_{e,3}$ のとき，スロートで音速流が達成され，$\dot{m} = \rho^* u^* A^* = \rho^* u^* A_t$ である．さて，もし，p_e がさらに $p_{e,3}$ より減少したとすると，スロートにおける状況は新しい様相を呈する，すなわち，それらが**不変となる**のである．第 10.2 節の論議から，スロートにおける Mach 数は 1 を越えることができない．したがって，p_e がさらに減少するとき，スロートでは M は 1 のままである．その結果として，質量流量は，図 10.14 に示されるように，p_e が $p_{e,3}$ より減少したとき，一定のままになるのである．ある意味では，スロートの上流と同じくスロートでの流れが**凍結される**のである．一度，スロートで流れが音速流となると，じょう乱はスロートの上流へは遡れない．したがって，ノズルの先細部の流れは，もはや出口圧力と連携できず，出口圧力が減少し続けていることを知る方法がないのである．この状況，流れがスロートで音速になり，p_e がどのくらい低く減少しようが関係なく質量流量が一定となること，は**閉塞流れ** (choked flow) と呼ばれる．これはダクトを流れる圧縮性流れの重要な側面であり，これ以

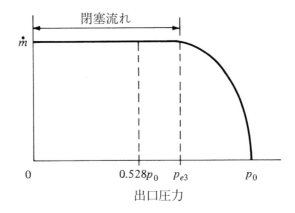

図 10.14 出口圧力による質量流量変化；閉塞流の説明

降の議論でさらに考えることにする．

図 10,13 に描かれた亜音速ノズル流れへもどるとする．疑問：p_e が $p_{e,3}$ より低くなるとこのダクト内では何が起きるのであろうか．先細部において，上で説明したように，何も起こらない．流れの特性値はダクトの先細部において曲線 3 で示される条件に固定されたままである (図 10.13b と図 10.13c の左側部分)．しかしながら，ダクトの末広部ではたくさんのことが起こる．出口圧力が $p_{e,3}$ より低くなると，超音速流れの領域がスロートの下流に現れる．しかしながら，出口圧力があまりに高いと末広部全体で等エントロピー超音速流れが実現しない．それどころか，$p_{e,3}$ より低いが完全な等エントロピー値の $p_{e,6}$ (図 10.12c を見よ) より実質的に高い p_e については，垂直衝撃波がスロートの下流に形成される．この状況が図 10.15 に描かれている．

図 10.15 において，出口圧力は $p_{e,4}$ に下げられている，そして，$p_{e,4} < p_{e,3}$ ではあるが，$p_{e,4}$ も，また実質的に $p_{e,6}$ よりも高いのである．ここで，スロートの下流の距離 d においてノズルの内側に立っている垂直衝撃波が観察される．スロートと垂直衝撃波の間で，図 10.15b と図 10.15c に示されるように，超音速等エントロピー解により与えられる．衝撃波の背後において流れは亜音速である．この亜音速流れは末広ダクトに流れ，それが出口へ向かうにつれて，等エントロピー的にさらに減速される．それに対応して，圧力は衝撃波を横切って不連続的な増加をし，それから流れが出口に向かって減速するにつれてさらに増加する．衝撃波の左右における流れは等エントロピー的である．しかしながら，エントロピーは衝撃波を横切って増加する．したがって，衝撃波の左側の流れは等エントロピー的であり，一つのエントロピー値 s_1 を持ち，衝撃波の右側の流れは等エントロピー的で，別の値のエントロピー s_2 をもつ．そこでは $s_2 > s_1$ である．図 10.15a において，d で与えられる，ノズル内部の衝撃波の位置は，衝撃波を横切っての圧力増加と衝撃波背後の亜音速流れの末広部における圧力を加えたものが出口においてちょうど $p_{e,4}$ とならなければならないという条件により決定される．p. 688 p_e がさらに低下すると，垂直衝撃波はよりノズルの出口に近い下流側へ移動する．出口圧力のある値 $p_e = p_{e,5}$ において，垂直衝撃波がちょうどノズル出口に立つようになる．これが図 10.16a から図 10.16c に描かれている．この段階において，$p_e = p_{e,5}$ のとき，ノズル全体の流れは，出口だけを除いて厳密に等エントロピー的である．

本節の議論におけるこの段階までノズル出口の右側の圧力である p_e を取り扱ってきた．図 10.12,

第10章 ノズル，ディフューザ，および風洞を流れる圧縮性流れ　　657

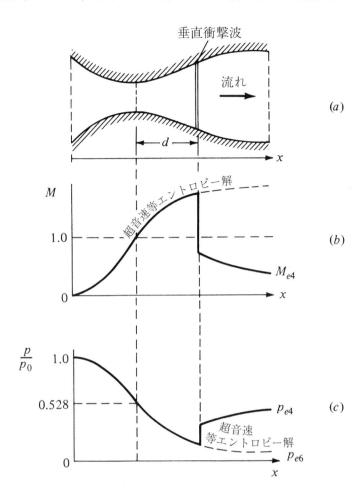

図 10.15 ノズル内に垂直衝撃波を伴う超音速ノズル流れ

図 10.13，図 10.15，および図 10.16a から図 10.16c において，ノズル出口の下流の流れについては注意をはらってこなかった．ここで，図 10.16a におけるノズルがその出口下流側の環境気体の領域へ直接排気されると考える．この環境は，例えば，大気であっても良いであろう．いかなる場合においても，ノズル出口の下流側の環境圧力は**背圧** (back pressure) と定義され，p_B で示される．ノズル出口における流れが亜音速であるとき，出口圧力は背圧と等しくなければならない，すなわち，$p_e = p_B$ である．なぜなら，圧力の不連続は定常亜音速流れでは保たれ得ないからである．すなわち，出口流れが亜音速であるとき，環境の背圧は出口流れに組み込まれているのである．したがって，図 10.13 において，曲線 1 については $p_B = p_{e,1}$，曲線 2 については $p_B = p_{e,2}$，および曲線 3 については $p_B = p_{e,3}$ である．同じ理由により，図 10.15 においては $p_B = p_{e,4}$ であり，図 10.16 においては $p_B = p_{e,5}$ である．したがって，これらの図についての議論において，p. 689 出口圧力 p_e を減少させ，そしてその結果を観察したと述べる代わりに，背圧 p_B を減少させたと述べることもできる．それは同じことになるのである．

本節における残りの議論のために，ここで，p_B を制御してきたということと，p_B を減少し続けようとしていると考えよう．この背圧が $p_{e,5}$ より低くされる場合を考えるとする．$p_{e,6} < p_B < p_{e,5}$ であるとき，背圧はまだノズル出口での等エントロピー圧力よりも高い．したがって，環境に

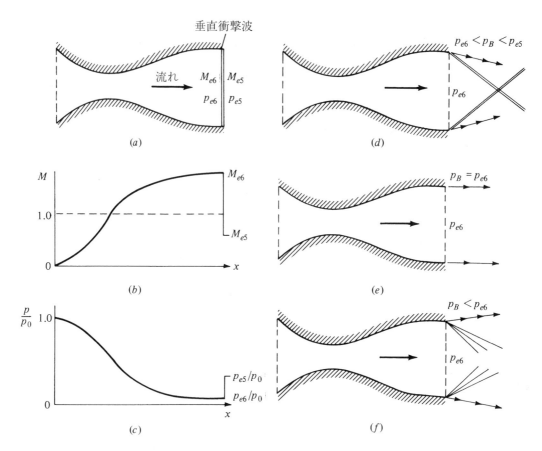

図 10.16 ノズル出口に波をもつ超音速ノズル流れ：(a), (b), (c) 出口に垂直衝撃波がある場合, (d) 過膨張ノズル, (e) 出口圧力に等しい背圧への等エントロピー膨張, (f) 不足膨張ノズル

流れでるとき，このノズルからの気体の噴流はその圧力が p_B と同じであるように少し圧縮されなければならない．この圧縮は図 10.16d に示されるように，出口に付着した斜め衝撃波を通して起こる．p_B が $p_B = p_{e,6}$ なる値に下げられたとき，出口圧力と背圧との間の差がなくなる．すなわち，このノズルの噴流はどのような波も伴わずに滑らかに環境へ排気される．これが図 10.16e に示されている．最後に，p_B が $p_{e,6}$ より減少されると，ノズルからの気体の噴流は，その，より低い背圧に合わせるためにさらに膨張しなければならない．この膨張は図 10.16f に示されるように，出口に付着した有心膨張波を通して生じるのである．

p. 690　図 10.16d の状況が存在するとき，そのノズルは**過膨張である** (*overexpanded*) と言われる．なぜなら，出口圧力が背圧より低く，$p_{e,6} < p_B$ のように，膨張したからである．すなわち，このノズルの膨張があまりにも行き過ぎ，この噴流は出口圧力より高い背圧に戻るために，斜め衝撃波を通過しなければならない．反対に，図 10.16f の状況が存在するとき，そのノズルは**不足膨張である** (*underexpanded*) と言われる．なぜなら，出口圧力が背圧よりも高く，$p_{e,6} > p_B$ であり，したがって，流れはノズルから出た後でさらなる膨張ができるのである．

図 10.12 から図 10.16 をざっと見渡して，図 10.12 に示されている純粋に等エントロピー的な超音速流れは，$p_B \leq p_{e,5}$ であるすべての場合についてノズル全体に存在するということに注意すべきである．例えば，図 10.16a において，等エントロピー超音速流解は，垂直衝撃波が存在

するノズル出口の右側以外は，ノズル全体で成立するのである．図 10.16d から図 10.16f において，出口面を含んだノズル全体の流れは等エントロピー超音速流解により与えられる．

本節におけるノズル流れ全体の論議は**与えられた形状のダクトがあることに基礎を置いている**ということを覚えておくべきである．$A = A(x)$ が指定されていると仮定しているのである．その場合，本章の準1次元理論はダクト内の流れの合理的な予測を与えるのであり，その結果は各断面において平均された平均特性と解釈される．この理論はわれわれにどのようにノズルの形状 (contour) を設計するかを**示さない**．実際には，もし，ノズル壁が正確に曲線となっていなければ，そのときには斜め衝撃波がそのノズル内に発生する．ノズル内に等エントロピー的な衝撃波なしの流れを作るような超音速ノズルの適切な形状を得るためには，実際の流れの3次元性を考慮しなければならない．これが特性曲線法，2次元および3次元の超音速流れを解析する方法の目的である．特性曲線法の短い紹介が第13章で与えられる．

[例題 10.1]

出口面積対スロート面積の比 10.25 をもつ先細–末広ノズルを流れる等エントロピー超音速流れを考える．貯気槽圧力と貯気槽温度は，それぞれ，5 atm と 600°R である．ノズル出口における M，p と T を計算せよ．

[解答]

$A_e/A^* = 10.25$ について，付録 A の超音速部から，

$$M_e = \boxed{3.95}$$

また，

$$\frac{p_e}{p_0} = \frac{1}{142} \quad \text{および} \quad \frac{T_e}{T_0} = \frac{1}{4.12}$$

$$p_e = 0.007 p_0 = 0.007(5) = \boxed{0.035 \text{ atm}}$$

したがって，

$$T_e = 0.2427 T_0 = 0.2427(600) = \boxed{145.6°\text{R}}$$

[例題 10.2]

出口面積対スロート面積の比が 2 の先細–末広ノズルを流れる等エントロピー流れを考える．貯気槽圧力と貯気槽温度は，それぞれ，1 atm と 288 K である．次の場合についてスロートと出口における Mach 数，圧力と温度を計算せよ．(a) 流れが出口で超音速である場合と，(b) スロートで $M = 1$ である以外，ノズル全体で流れが亜音速である場合．

[解答]

(a) スロートで，流れは音速である．したがって，

$$M_t = \boxed{1.0}$$

$$p_t = p^* = \frac{p^*}{p_0}p_0 = 0.528(1\ \text{atm}) = \boxed{0.528\ \text{atm}}$$

$$T_t = T^* = \frac{T^*}{T_0}T_0 = 0.833(288) = \boxed{240\ \text{K}}$$

出口において,流れは超音速である.したがって,$A_e/A^* = 2$ について,付録 A の超音速部から,

$$M_e = \boxed{2.2}$$

$$p_e = \frac{p_e}{p_0}p_0 = \frac{1}{10.69}(1\ \text{atm}) = \boxed{0.0935\ \text{atm}}$$

$$T_e = \frac{T_e}{T_0}T_0 = \frac{1}{1.968}(288) = \boxed{146\ \text{K}}$$

(b) スロートにおいて,流れはまだ音速である.したがって,上の結果から,$M_t = 1$,$p_t = 0.528$ atm および $T_t = 240$ K である.しかしながら,このノズルのその他すべての位置において,流れは亜音速である.$A_e/A^* = 2$ である出口において,付録 A の亜音速部より,

$$M_e = 0.3 \quad (\text{付録 A における最も近い数値に丸めたもの})$$

$$p_e = \frac{p_e}{p_0}p_0 = \frac{1}{1.064}(1\ \text{atm}) = \boxed{0.94\ \text{atm}}$$

$$T_e = \frac{T_e}{T_0}T_0 = \frac{1}{1.018}(288) = \boxed{282.9\ \text{K}}$$

[例題 10.3]

例題 10.2 のノズルについて,出口圧力が 0.973 atm であると仮定する.スロートと出口における Mach 数を計算せよ.

[解答]

例題 10.2 において,もし $p_e = 0.94$ atm であれば,流れはスロートで音速であるが,いたるところで亜音速であることを見た.したがって,$p_e = 0.94$ atm は図 10.13 における $p_{e,3}$ に対応する.p. 692 本例題において,$p_e = 0.973$ atm であり,$p_{e,3}$ よりも高い.したがって,この場合,流れはスロートを含め,ノズル全体で亜音速である.この場合については,A^* は基準値であり,実際の幾何学的なスロート面積は A_t により示される.出口において,

$$\frac{p_0}{p_e} = \frac{1}{0.973} = 1.028$$

$p_0/p_e = 1.028$ について,付録 A の亜音速部より,

$$M_e = \boxed{0.2} \quad \text{および} \quad \frac{A_e}{A^*} = 2.964$$

を得る．

$$\frac{A_t}{A^*} = \frac{A_t}{A_e}\frac{A_e}{A^*} = 0.5(2.964) = 1.482$$

$A_t/A^* = 1.482$ について，付録 A の亜音速部より，

$$M_t = \boxed{0.4} \quad (\text{最も近い数値})$$

を得る．

[例題 10.4]

ジェット推進装置の推力についての式は定常非粘性流れに関する積分形の運動量方程式 (式 (2.71)) をこのジェットエンジンを包む検査体積に適用することにより導き出せる．この導出は参考文献 21 の第 2 章で非常に詳しく行われている．そして，結果がロケットエンジンに特化されている参考文献 2 の第 9 章においてもっと簡単化された形式で導出されている．読者がこれらの導出を調べることを推奨する．すなわち，それらは検査体積概念の利用についての非常に良い例であるからである．ロケットエンジンに関する得られた推力式 (参考文献 2 の第 9.8 節を見よ) は

$$T = \dot{m}u_e + (p_e - p_\infty)A_e \tag{E10.1}$$

ここに，T は推力であり，$\dot{m}$ はエンジンを通過する質量流量であり，u_e はノズル出口における排気ガスの速度であり，p_e はノズル出口におけるガスの圧力であり，p_∞ はまわりの大気圧であり，A_e はノズル出口の面積である．

図 10.1 に示されるものと同じようなロケットエンジンを考える．液体水素と液体酸素が燃焼室で燃焼され，それぞれ，30 atm の燃焼ガス圧および 3500 K の燃焼温度を作り出す．このロケットノズルのスロートの面積は $0.4\ \text{m}^2$ である．このエンジンの出口面積は，この出口圧力が厳密に標準大気高度 200 km における大気圧に等しくなるように設計されている．比熱比の有効値 $\gamma = 1.22$，および一定の比気体常数 $R = 520\ \text{J/(kg)(K)}$ をもつ，このロケットエンジンノズルを流れる等エントロピー流れを仮定する．

(a) 式 (E10.1) を用いて，このロケットエンジンの推力を計算せよ．
(b) このノズル出口の面積を計算せよ．

[解答]

(a) 式 (E10.1) を調べると，最初に，質量流量 $\dot{m}$ と出口速度 u_e を求める必要がある．質量流量はこのノズルの至る所で一定であり，ノズルの任意の位置で計算される $\dot{m} = \rho u A$ に等しい．$\dot{m}$ を計算するのに都合の良い位置は [p. 693] スロートである．ここに，

$$\dot{m} = \rho^* u^* A^*$$

ρ^* を得るために，$\rho_0 = p_0/RT_0$ が必要である．(1 atm) $= 1.01 \times 10^5\ \text{N/m}^2$ であることに注意して，

$$\rho_0 = \frac{(30)(1.01 \times 10^5)}{(520)(3500)} = 1.665 \text{ kg/m}^3$$

式 (8.46) から，

$$\frac{\rho^*}{\rho_0} = \left(\frac{2}{\gamma+1}\right)^{\frac{1}{\gamma-1}} = \left(\frac{2}{1.22+1}\right)^{\frac{1}{1.22-1}} = \left(\frac{2}{2.22}\right)^{4.545} = 0.622$$

$$\rho^* = 0.622\rho_0 = 0.622(1.665) = 1.036 \text{ kg/m}^3$$

スロートにおいて，流れの速度は局所音速に等しく，$u^* = a^*$ である．式 (8.44) から，

$$\frac{T^*}{T_0} = \frac{2}{\gamma+1} = \frac{2}{2.22} = 0.901$$

$$T^* = 0.901 T_0 = 0.901(3500) = 3154 \text{ K}$$

$$a^* = \sqrt{\gamma R T^*} = \sqrt{(1.22)(520)(3154)} = 1415 \text{ m/s}$$

$$\dot{m} = \rho^* u^* A^* = (1.036)(1415)(0.4) = 586.4 \text{ kg/s}$$

これが式 (E10.1) に用いられるべき $\dot{m}$ の値である．

次に，出口速度 u_e を求める必要がある．まず，式 (8.42) から出口 Mach 数を求めることによりこれを行う．

$$\frac{p_0}{p_e} = \left(1 + \frac{\gamma-1}{2} M_e^2\right)^{\frac{\gamma}{\gamma-1}}$$

ここに，本例題では，p_e は標準大気高度 20 km における大気圧に等しい．付録 D から，20 km において，$p_\infty = 5.5293 \times 10^3 \text{ N/m}^2$ である．したがって，

$$p_e = p_\infty = 5529 \text{ N/m}^2$$

したがって，式 (8.42) から，

$$1 + \frac{\gamma-1}{2} M_e^2 = \left(\frac{p_0}{p_e}\right)^{\frac{\gamma-1}{\gamma}} = \left[\frac{(30)(1.01 \times 10^5)}{5529}\right]^{\frac{0.22}{1.22}} = (548)^{0.18} = 3.111$$

注：この解を後で用いるために，この値を別にしておく．

$$1 + \frac{\gamma-1}{2} M_e^2 = 3.111 \tag{E10.2}$$

したがって，式 (E10.2) から，

$$\frac{\gamma-1}{2} M_e^2 = 2.111$$

$$M_e^2 = (2.111)\left(\frac{2}{0.22}\right) = 19.19$$

$$M_e = 4.38$$

出口における音速を求めるために，式 (8.40) と式 (E10.2) から，

第10章　ノズル，ディフューザ，および風洞を流れる圧縮性流れ　　　663

$$\frac{T_0}{T_e} = 1 + \frac{\gamma-1}{2}M_e^2 = 3.111$$

$$T_e = \frac{T_0}{3.111} = \frac{3500}{3.111} = 1125 \text{ K}$$

$$a_e = \sqrt{\gamma R T_e} = \sqrt{(1.22)(520)(1125)} = 844.8 \text{ m/s}$$

したがって，

$$u_e = M_e a_e = (4.38)(844.8) = 3700 \text{ m/s}$$

中間チェック：u_e に関するこの 3700 m/s の値をエネルギー式，式 (8.38) を用いて直接的に確かめることができる．

$$c_p T_0 = c_p T_e + \frac{u_e^2}{2}$$

ここに，式 (7.9) から，

$$c_p = \frac{\gamma R}{\gamma - 1} = \frac{(1.22)(520)}{0.22} = 2883.6 \frac{\text{J}}{\text{kg} \cdot \text{K}}$$

したがって，式 (8.38) から，

$$u_e^2 = 2c_p(T_0 - T_e) = 2(2883.6)(3500 - 1125) = 1.3697 \times 10^7$$

すなわち，

$$u_e = 3700 \text{ m/s}$$

これは前に求められた u_e の値と一致する．

　最終的に，式 (E10.1) から推力をすぐに計算できる．本例題は $p_e = p_\infty$ を与えているので，式 (E10.1) の圧力項は落ちてしまう．そして，

$$T = \dot{m}u_e = (586.4)(3700) = \boxed{2.17 \times 10^6 \text{ N}}$$

を得る．1 N = 0.2247 lb であるので，

$$T = (2.17 \times 10^6)(0.2247) = \boxed{487,600 \text{ lb}}$$

を得る．
(b) 式 (10.32) から，

$$\left(\frac{A_e}{A^*}\right)^2 = \frac{1}{M_e^2}\left[\frac{2}{\gamma+1}\left(1 + \frac{\gamma-1}{2}M_e^2\right)\right]^{\frac{\gamma+1}{\gamma-1}}$$

この式において，いろいろな項の数値は，

$$\frac{\gamma+1}{\gamma-1} = \frac{2.22}{0.22} = 10.1$$

$$\frac{2}{\gamma+1} = \frac{2}{2.22} = 0.9$$

$$1 + \frac{\gamma-1}{2}M_e^2 = 3.111 \qquad (\text{式 (E10.2) から})$$

および,

$$M_e = 4.38$$

これらの値を式 (10.32) に代入すると,

$$\left(\frac{A_e}{A^*}\right)^2 = \frac{1}{(4.38)^2}[(0.9)(3.111)]^{10.1} = 1710.8$$

$$\frac{A_e}{A^*} = 41.36$$

したがって、

$$A_e = (41.36)A^* = (41.36)(0.4) = \boxed{16.5 \text{ m}^2}$$

[例題 10.5]

本章の終わりにある演習問題 10.5 において与えられる閉じた形式の解析式を用い,例題 10.4 に述べられたロケットエンジンを流れる質量流量を計算せよ.

[解答]

演習問題 10.5 より,閉塞したノズルを通過する質量流量に関する閉じた形の式は,

$$\dot{m} = \frac{p_0 A^*}{\sqrt{T_0}}\sqrt{\frac{\gamma}{R}\left(\frac{2}{\gamma+1}\right)^{(\gamma+1)/(\gamma-1)}} \tag{E10.3}$$

である.例題 10.4 から,$p_0 = 30$ atm,$T_0 = 3500$ K,$A^* = 0.4$ m^2,$R = 520$ J/(kg)(K),および $\gamma = 1.22$ を得る.

以下に注意して,

$$p_0 = 30 \text{ atm} = (30)(1.01 \times 10^5) = 3.03 \times 10^6 \text{ N/m}^2$$

$$\gamma/R = 1.22/510 = 2.346 \times 10^{-3}$$

$$\frac{2}{\gamma+1} = \frac{2}{2.22} = 0.9$$

$$\frac{\gamma+1}{\gamma-1} = \frac{2.22}{0.22} = 10.09$$

式 (E10.3) から,

$$\dot{m} = \frac{(3.03 \times 10^6)(0.4)}{\sqrt{3500}} \sqrt{(2.346 \times 10^{-3})(0.9)^{10.09}} = \boxed{583.2 \text{ kg/s}}$$

を得る．この，単一の式から得られた結果は，大きな蓄積される丸め誤差にさらされる連続計算から得られた値，586.4 kg/s と良く一致している (本著者は電卓を使い，通常，有効数字 4 桁に丸めている)．式 (E10.3) を用いて，ここで得られた結果はより正確であると考えるべきである．

10.3.1 質量流量についての補足

例題 10.5 における式 (E10.3) は例題 10.4 における $\dot{m}$ の漸次的な計算を上回るはっきりとした優位性を持っている．それは 1 ステップで直接的な答えに導くだけではなく，それは，我々に質量流量がどのような変数に依存し，またどのようにして関係するかを厳密に示してくれるのである．p. 696 式 (E10.3) から，この質量流量は主に，p_0, T_0, および A^* に依存すること，およびそれは，貯気槽圧力とスロートの面積により直接に，そして貯気槽温度の平方根に反比例して変化することがわかる．もし貯気槽圧を 2 倍にするなら，質量流量は 2 倍になる．もしスロート面積を 2 倍にするなら，質量流量は 2 倍になる．もし貯気槽温度を 4 倍にするなら，この質量流量は半分に減らされる．これらの変化はノズルの閉塞流れの基本的な物理的現象である．この比例関係，すなわち

$$\dot{m} \propto \frac{p_0 A^*}{\sqrt{T_0}} \tag{10.33}$$

が心にしっかりと留められていることを確かめるべきである．

この論議は図 10.14 に描かれた質量流量の変化とどのように関係しているのであろうか．図 10.14 は固定された値の p_e を含む，固定された貯気槽条件におけるノズル流れに関係していることを思い出すべきである．質量流量は出口圧力に対してプロットされている．もし出口圧力が p_0 に等しければ，このノズルを通して圧力差は存在しない．したがって，このノズルを通過する流れは存在しない (すなわち，図 10.14 において，$p_e = p_0$ の点は $\dot{m} = 0$ に対応する)．出口圧力が減少するにつれて，$\dot{m}$ は最初増加し，そして $p_e \leq p_{e,3}$ であるとき，台地状態に到達する．$p_{e,3} \leq p_e \leq p_0$ について，このノズル流れは閉塞しない．そして，質量流量の値は p_0, A^*, および T_0 のみならず，また p_e にも依存する．p_e が $p_{e,3}$ より低くなると，この流れは閉塞し，そして質量流量は，p_e がどんなに低く減少するかにも関係なく一定となる．図 10.14 における曲線の水平部分は閉塞流れに関連しており，この閉塞質量流量の大きさは p_0, A^*, および T_0 の値だけに依存し，p_e には依存しない．図 10.14 に示された場合に関しては，p_0, A^*, および T_0 の値は固定された，特定の値である．もし，何らかの理由で，p_0，または A^*，または T_0 が変えられたなら，そのとき，図 10.14 における水平な閉塞流れの線は，式 (10.33) により与えられる比例関係に支配され，適切に上昇するか下降するであろう．

10.4 ディフューザ

ディフューザの役目は最初に低速亜音速風洞に関連して第 3.3 節で紹介された．そこにおいて，ディフューザは，測定部の下流の末広ダクトで，その役目は測定部からの高い速度の空気を

その出口で非常におそい速度へ減速することであった (図 3.8 を見よ). 実際, 一般的には, ディフューザを, すべての, 流入する気体流をその出口で遅い速度へ減速するよう設計されたダクトとして定義できる. 流入する流れは, 図 3.8 において論議されたように, 亜音速でも良く, あるいは, 本節で論議されたように, 超音速でも良い. しかしながら, ディフューザの形状は, 流入する流れが亜音速であるか, あるいは超音速であるかにより, 劇的に異なるのである.

このことをさらに追求する前に, 第 7.5 節で論議されたように総圧 p_0 の概念を推敲してみよう. 半定性的には, 流れている気体の総圧はその流れがもつ有用な仕事をする能力の尺度である. 次の 2 つの場合を考えよう.

1. 10 atm の静止空気を貯蔵している圧力容器
2. $M = 2.16$ および $p = 1$ atm の超音速流れ

場合 1 において, 空気速度はゼロである. したがって, $p_0 = p = 10$ atm である. さて, 空気をピストン–シリンダー装置でピストンを駆動するのに用いようとしているとする. そこでは, 有用な仕事はピストンをある距離動かすことにより成される. この空気は, 自動車のレシプロ内燃機関と同じ感じで大きな多岐管からシリンダーへ供給される. この場合 1 において, 圧力容器は多岐管として働き, したがって, ピストンに働く圧力は 10 atm であり, ある量の有用な仕事がなされる, すなわち, W_1 である. しかしながら, 場合 2 において, 超音速流を, 多岐管に供給する前に, 低い速度へ減速しなければならないのである. もし, この減速過程が総圧損失なしで達成されるなら, この場合の多岐管における圧力もまた 10 *atm* ($V \approx 0$ を仮定して) であり, 同じ有用仕事量 W_1 がなされる. 逆に, この超音速流を減速するときに, 3 atm の損失が総圧に生じたと仮定する. そうすると, 多岐管の圧力はわずか 7 atm で, 得られる有用仕事は W_2 であり, 最初の場合よりも少ない. すなわち, $W_2 < W_1$ である. この簡単な例の目的は, 流動している気体の総圧が有用な仕事を行うそれの能力の尺度であることを示すことである. このことを基本にすると, 総圧の損失は常に非効率性, すなわち, ある量の有用仕事を行う能力における損失なのである.

上述のことを勘案し, ディフューザの定義を拡張しよう. ディフューザは, **できるだけ小さな総圧損失となるように**, 流入する気体の流れをその出口においてより低い速度に減速するように設計されたダクトである. したがって理想的なディフューザは速度を下げるための等エントロピー圧縮により特徴づけられるであろう. すなわち, これが図 10.17a に描かれている. そこでは, 超音速流が M_1 でディフューザに流入し, 等エントロピー的に先細ダクトにおいて断面積が A^* であるスロートで $M = 1$ に圧縮され, つぎに, 末広ダクトでさらに出口での低い亜音速 Mach 数へ等エントロピー的に圧縮される. この流れが等エントロピー的であるので, $s_2 = s_1$ であり, 式 (8.73) から, $p_{0,2} = p_{0,1}$ である. 実際, p_0 はディフューザ全体で一定である. すなわち, 等エントロピー流れの特性である. しかしながら, 常識は, 図 10.17a の理想ディフューザは決して達成されないことを告げるであろう. 超音速流において衝撃波を発生させずに減速することは非常に困難である. 例として, 図 10.17a にあるディフューザの先細部を調べてみる. 超音速流れがその進行方向へ曲がって来る. したがって, 収束する流れは本質的に斜め衝撃波を発生させ, そしてそれは流れの等エントロピー性を破壊してしまうであろうということに注意すべきである. それに加え, 現実には, 流れは粘性をもっている. すなわち, ディフューザ壁の境界層内でエントロピー増加が存在するであろう. これらの理由により, 理想的な等エントロピーディフューザを決して作ることができないのである. すなわち, 理想ディ

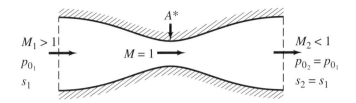

(a) 理想(等エントロピー)超音速ディフューザ

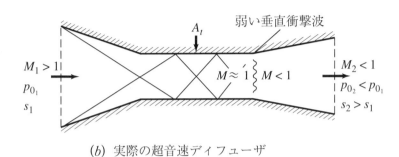

(b) 実際の超音速ディフューザ

図 10.17 理想(等エントロピー) ディフューザと実際のディフューザ

フューザは，技術者の心の中にある，単なる空想的な願望の，"永久機関"のようなものである．

現実的な超音速ディフューザが図 10.17b に描かれている．ここで，流入する流れは，最初，通常直線壁で構成された収縮部，次に，一定断面のスロートにおいて，一連の反射斜め衝撃波により減速される．衝撃波と壁近傍の粘性流れとの相互作用により反射衝撃波パターンはそのうち弱まり，まったく拡散してしまい，時には一定断面スロートの後端で弱い垂直衝撃波になる．最終的に，一定断面スロートの下流の亜音速流れは拡大部を通過することによりさらに減速される．ディフューザ出口において，明らかに，$s_2 > s_1$ である．したがって，$p_{0,2} < p_{0,1}$ である．ディフューザ設計の要領はできる限り小さな総圧損失を得る，すなわち，$p_{0,2}/p_{0,1}$ができるだけ 1 に近いように，先細，末広及び一定断面スロートを設計することである．残念ながら，多くの場合，その目標には達しない．超音速ディフューザに関するより詳細なことについては参考文献 21 の第 5 章と参考文献 1 の第 12 章を見るべきである．

衝撃波を横切ることによる，また，境界層内におけるエントロピー増加によって，現実的なディフューザのスロート面積 A_t は A^* よりも大きい．すなわち，図 10.17 において，$A_t > A^*$ である．

10.5 超音速風洞

図 10.5 に与えられたロードマップにもどるとする．左及び右側の分枝にある題材は，それぞれ，第 10.3 節と第 10.4 節で取り扱った．次に，これら二つの分枝を合わせることにより，本節で議論される超音速風洞の基本的な事項を得るのである．

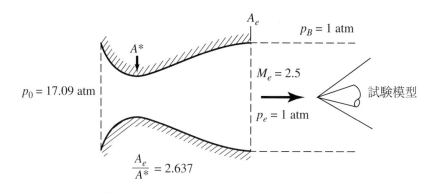

図 10.18 大気へ直接放出するノズル

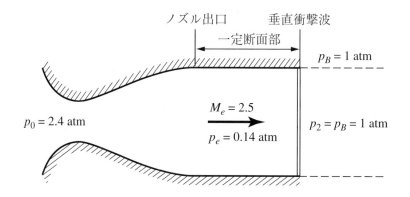

図 10.19 一定断面のダクト内へ噴き出すノズル，このダクト出口で垂直衝撃波が立っている

　超音速飛行体，例えば，円錐の模型を試験するために実験室で Mach 2.5 の一様流を作りたいとする．どのようにして実現すればよいであろうか．明らかに，面積比 $A_e/A^* = 2.637$ をもつ先細–末広ノズルが必要である (付録 A を見よ)．さらに，出口で衝撃波なしに $M_e = 2.5$ へ膨張させるために，このノズルで圧力比 $p_0/p_e = 17.09$ を達成しなければならない．読者は，最初，図 10.18 に描かれているように，ノズルが直接実験室内に噴き出すように考えるかもしれない．ここでは，Mach 2.5 の流れは "自由噴流" として環境に出ていくのである．p. 699 試験模型はノズル出口下流の流れの中に設置される．この自由噴流が衝撃波または膨張波を伴わないようにするため，ノズル出口圧力 p_e は，図 10.16e に最初に描かれたように，背圧 p_B と等しくなければならない．背圧は，単純に，自由噴流まわりの大気の圧力であるので，$p_B = p_e = 1$ atm である．したがって，このノズルでの適切な等エントロピー膨張を達成するためにノズル入口で，$p_0 = 17.09$ atm をもつ高圧貯気槽が必要である．このようにすれば，目的，すなわち，図 10.18 に描かれるように，超音速模型を試験するために，Mach 2.5 の空気流を作りだすことができるであろう．

　上の例において，17.09 atm の高圧空気源を得る問題を持つことになるであろう．空気圧縮機またはたくさんの高圧空気ボンベが必要である．そして，それらは両方とも高価である．高圧空気の貯槽を作ることは労力，つまり，お金が必要である．すなわち，圧力が高ければ高いほど，より費用がかかるのである．それで，この目的をもっと効率的な方法で，すなわち，費用をかけ

ずに達成できないであろうか．答えは，次のように，"できる"である．図10.18に描かれたような自由噴流の代わりに，ノズルの下流に長い一定断面部を取り付け，その一定断面部の出口に垂直衝撃波が立っていると考える．これを図10.19に示す．垂直衝撃波の下流の圧力は $p_2 = p_B = 1$ atm である．$M = 2.5$ において，垂直衝撃波を横切っての静圧比は $p_2/p_e = 7.125$ である．したがって，垂直衝撃波の上流の圧力は 0.14 atm である．一定断面部において流れは一様であるので，この圧力はまたノズル出口圧力に等しいのである，すなわち，$p_e = 0.14$ atm である．したがって，$p_0/p_e = 17.09$ なる圧力比が必要な，ノズル全体での適正等エントロピー流れを得るために，わずか，2.4 atm の圧力をもつ貯気槽が必要なのである．これは，図10.18で要求された 17.09 atm よりもかなりより効率的である．したがって，図10.18の方法と比較して，かなり費用を少なくして，(一定断面ダクト内に) Mach 2.5 の一様流を作りだしたのである．

図10.19において，垂直衝撃波はディフューザとして働いていて，最初は Mach 2.5 である空気を衝撃波背後で直ちに Mach 0.513 の亜音速値へ減速している．したがって，この"ディフューザ"を追加することにより，一様な Mach 2.5 の流れをより効率的に作ることができるのである．これがディフューザの働きの1つを説明しているのである．しかしながら，図10.19に描かれた"垂直衝撃波ディフューザ"はいくつかの問題を抱えている．すなわち，

1. 垂直衝撃波は最も強い衝撃波で，したがって，最も大きな総圧損失を生じる．もし，図10.19の垂直衝撃波をより弱い衝撃波で置き換えることができれば，総圧損失はもっと少なく，必要な貯気槽圧力 p_0 は 2.4 atm よりも低くなるであろう．

2. 垂直衝撃波をダクト出口に静止させることは非常に困難である．すなわち，実際のところ，流れの非定常性と不安定性は衝撃波が他の場所に動いたり，その位置が周期的に変動したりする原因となるであろう．したがって，一定断面ダクトにおける流れの質について決して確信を持てないであろう．

3. 試験模型が一定断面部に投入されるや否や，模型からの斜め衝撃波が下流へ伝播し，流れを2次元，あるいは3次元的にしてしまう．図10.19に描かれた垂直衝撃波は，そのような流れにおいては存在し得ないであろう．

したがって，図10.19の垂直衝撃波を図10.17bに示される斜め衝撃波ディフューザに取り換えるとする．得られるダクトは図10.20に描かれるようなものであろう．この図を詳しく調べ

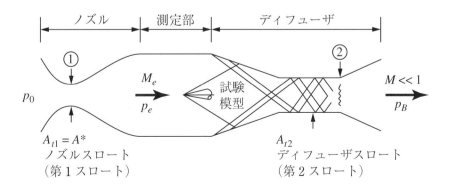

図10.20 超音速風洞概略図

ることにする．一様な超音速流を測定部 (test section) と呼ばれる一定断面ダクトへ供給する先細–末広ノズルがある．p. 701 この流れは，引き続きディフューザにより低い亜音速へ減速される．この配列，すなわち，先細–末広ノズル，測定部および先細–末広ディフューザ，は**超音速風洞** (supersonic wind tunnel) である．試験模型，図 10.20 の円錐，は測定部に設置され，そこで，揚力，抵抗や圧力分布などの空気力学的測定がなされる．模型からの波の系が下流へ伝播し，ディフューザにおいて多段反射した衝撃波と相互に影響する．この超音速風洞を運転するのに必要な圧力比は p_0/p_B である．これは，ノズルに対して，入り口に高圧貯気槽を取り付けて p_0 を高くするか，ディフューザの出口に真空源を接続して，p_B を低くするか，またはこれらの 2 つを同時に用いることにより達成できる．

超音速風洞における総圧損失の主な源はディフューザである．図 10.20 の斜め衝撃波ディフューザはどのようして図 10.19 の仮想的な垂直衝撃波ディフューザと同等とみなすのであろうか．図 10.20 にあるすべての反射斜め衝撃波を横切っての総圧損失は図 10.19 の単一の垂直衝撃波を横切ったものよりも大きいのか，または小さいのであろうか．これは重要な問いである．なぜなら，ディフューザにおける総圧損失が小さければ小さいほど超音速風洞を運転するのに必要な圧力比 p_0/p_B がより小さくなるからである．この問いに対する適切な答えは存在しない．しかしながら，超音速流の速度を一連の斜め衝撃波により低い超音速値へ段階的に低め，それからさらに，その流れを弱い垂直衝撃波により亜音速へ減少させることは，単純に，流れを，高い超音速 Mach 数で，単一で強い垂直衝撃波により亜音速へ減速させるよりもより小さな総圧損失になることは一般的に真である．この傾向は例題 9.5 により説明されている．したがって，図 10.17b と図 10.20 に示される斜め衝撃波ディフューザは，通常，図 10.19 に示される単純な垂直衝撃波ディフューザよりもより効率的である．しかしながら，これは必ずしも常に真ではない．なぜなら，実際の斜め衝撃波ディフューザにおいて，衝撃波は壁面上の境界層と相互に影響して，局所的に境界層を厚くし，そして，そのはく離をも引き起こすことになるからである．これはさらなる総圧損失を生じさせる．そのうえ，単純な，壁面に働く表面摩擦も総圧損失を発生する．したがって，実際の斜め衝撃波ディフューザは，仮想垂直衝撃波ディフューザより大きい効率を持つことにも，または小さい効率を持つことにもなるのである．そうではあるが，ほぼ，すべての超音速風洞は図 10.20 に示されるものと定性的には同じ様な斜め衝撃波ディフューザを用いている．

図 10.20 に示される超音速風洞は 2 つのスロートを持っていることに注意すべきである．すなわち，面積 $A_{t,1}$ のノズルスロートは**第 1 スロート** (first throat) と呼ばれ，面積 $A_{t,2}$ のディフューザのスロートは**第 2 スロート** (second thorat) と呼ばれる．ノズルを通過する質量流量は第 1 スロートで計算される，$\dot{m} = \rho u A$ のように表される．この断面は図 10.20 において位置 1 として示され，したがって，ノズルを通過する質量流量は $\dot{m}_1 = \rho_1 u_1 A_{t,1} = \rho_1^* a_1^* A_{t,1}$ である．次に，ディフューザを通過する質量流量は，位置 2 で計算される，$\dot{m} = \rho u A$ のように表され，すなわち，$\dot{m}_2 = \rho_2 u_2 A_{t,2}$ である．風洞を流れる定常流について，$\dot{m}_1 = \dot{m}_2$ である．したがって，

$$\rho_1^* a_1^* A_{t,1} = \rho_2 u_2 A_{t,2} \tag{10.34}$$

である．この気体の熱力学的状態は，試験模型により発生し，また，ディフューザ内で生じた衝撃波を通過することにより，非可逆的に変化しているので，明らかに，p. 702 ρ_2 は，そして，おそらく u_2 は，それぞれ，ρ_1^* と a_1^* とは異なっている．したがって，式 (10.34) から，**第 2 スロートは第 1 スロートと異なる面積を持たなければならない**，すなわち，$A_{t,2} \neq A_{t,1}$ である．

問い：$A_{t,2}$ は $A_{t,1}$ とどのくらい異なるのであろうか．図 10.20 の位置 1 と 2 の**両方**で音速流が生じると仮定しよう．したがって，式 (10.34) は

$$\frac{A_{t,2}}{A_{t,1}} = \frac{\rho_1^* a_1^*}{\rho_2^* a_2^*} \tag{10.35}$$

のように書ける．第 8.4 節から，a^* は断熱流れでは一定であることを思い出すべきである．また，衝撃波を横切る流れは断熱的である (しかし，等エントロピー的ではない) ことも思い出すべきである．したがって，図 10.20 に描かれた風洞を流れる流れは断熱的であり，それゆえ，$a_1^* = a_2^*$ である．次に，式 (10.35) は

$$\frac{A_{t,2}}{A_{t,1}} = \frac{\rho_1^*}{\rho_2^*} \tag{10.36}$$

となる．第 8.4 節から，T^* もまた，熱量的に完全な気体の断熱流れ全体で一定であることを思い出すべきである．したがって，状態方程式から，

$$\frac{\rho_1^*}{\rho_2^*} = \frac{p_1^*/RT_1^*}{p_2^*/RT_2^*} = \frac{p_1^*}{p_2^*} \tag{10.37}$$

である．式 (10.37) を式 (10.36) に代入すると，

$$\frac{A_{t,2}}{A_{t,1}} = \frac{p_1^*}{p_2^*} \tag{10.38}$$

を得る．式 (8.45) から，

$$p_1^* = p_{0,1} \left(\frac{2}{\gamma + 1}\right)^{\gamma/(\gamma - 1)}$$

および

$$p_2^* = p_{0,2} \left(\frac{2}{\gamma + 1}\right)^{\gamma/(\gamma - 1)}$$

を得る．上式を式 (10.38) に代入して，

$$\boxed{\frac{A_{t,2}}{A_{t,1}} = \frac{p_{0,1}}{p_{0,2}}} \tag{10.39}$$

を得る．図 10.20 を調べると，総圧は衝撃波を横切ると常に減少する．それゆえ，$p_{0,2} < p_{0,1}$ である．次に，式 (10.39) から，$A_{t,2} > A_{t,1}$ である．したがって，第 2 スロートは常に第 1 スロートよりも大きくなければならない．p_0 = constant である理想等エントロピーディフューザの場合のみ $A_{t,2} = A_{t,1}$ となるのであり，すでに，そのような理想ディフューザが不可能であることを論議してきた．

p.703 式 (10.39) は，もし，風洞の総圧比がわかっていると第 1 スロートに相対的な第 2 スロートの大きさを決める有用な式である．そのような情報がない場合，超音速風洞の予備設計に関しては，垂直衝撃波を横切っての総圧比を仮定する．

与えられた風洞について，もし，$A_{t,2}$ が式 (10.39) により与えられる値よりも小さい場合，このディフューザは "閉塞する (choke)" であろう．すなわち，このディフューザは，ノズルを通過した等エントロピー超音速膨張から流れて来る質量流量を流せないのである．この場合，Mノズル内に衝撃波が発生し風洞の流れが調整される．このとき測定部の Mach 数は減少し，全体的な総圧損失の減少とともに，より弱い衝撃波がディフューザに作り出される．すなわち，$p_{0,1}/p_{0,2} = p_{0,1}/p_B$ が式 (10.39) を満足するように総圧損失が自動的に調整されのである．しばしば，この調整は非常に厳しく，垂直衝撃波がノズル内に立ち，それで，測定部およびディフューザを流れる流れが完全に亜音速になる．明らかに，この閉塞状況は望ましいことではない，なぜなら，もはや測定部内で，必要な Mach 数の一様流を得ることができないからである．そのような場合に，超音速風洞は**始動していない** (*unstarted*) と言われる．この状況を直す唯一の方法は，$A_{t,2}/A_{t,1}$ を十分大きくすると，ディフューザがノズルにおける等エントロピー膨張からの質量流量を流せるのである．すなわち，式 (10.39) が，衝撃波なしの等エントロピーノズル流れを得られるのといっしょに満足されるのである．

総括的なコメントとしては，本章で論議された基本概念や関係式はノズル，ディフューザや超音速風洞に限定されない．むしろ，準1次元流れを論議してきたのであり，それはダクトの流れに関連した多くの応用に適用できるのである．例えば，ジェットエンジンの空気取入口，それは流れをエンジンの圧縮機に入る前に低い速度へ拡散させるのであるが，は同じ原理に従うのである．また，ロケットエンジンは基本的には，膨張噴流からの推力を最適化するために設計される超音速ノズルである．本章で示された概念の応用は非常に多くある．それで，読者は，さらに先に進む前にこれらの概念を理解していることを確かめておくべきである．

第1.2節で，空気力学を外部流れと内部流れとに分類した．読者は，本章における題材は専ら内部流れを扱っていることに注意すべきである．

[例題 10.6]

Mach 2 の超音速風洞に関する予備設計のために，ノズル面積に対するディフューザ面積の比を計算せよ．

[解答]

(出発点として，) 垂直衝撃波がディフューザの入口にあると仮定して，付録 B から，$M = 2$ について，$p_{0,2}/p_{0,1} = 0.7209$ である．したがって，式 (10.39) から，

$$\frac{A_{t,2}}{A_{t,1}} = \frac{p_{0,1}}{p_{0,2}} = \frac{1}{0.7209} = \boxed{1.387}$$

10.6 粘性流れ：ノズル内における衝撃波/境界層相互作用

p. 704 図 10.15 へ戻る．ここで，圧力比，$p_{e,4}/p_0$ は，垂直衝撃波がこのノズル内に立っているような場合であることがわかる．これは標準的な非粘性流れの図である．実際には，このノズル壁に沿って発達する境界層があり，衝撃波がこの境界層と相互作用をする．この相互作用にしたがって生じる可能な流れ場の1つが図 10.21 に描かれている．衝撃波を横切っての逆圧力勾

配は，境界層がこのノズルの壁面からはく離することを引き起こす．ラムダ型の衝撃波パターンが壁近傍に2本足の衝撃波の状態で発生し，今や壁からはく離したノズル流れの中心部はほぼ一定の面積で下流へ流れる．

このタイプの流れを示す一連のシュリーレン写真が図10.22に与えられている．これらはHunterの最近の研究から取ってきたものである (Craig A. Hunter, "Experimental Investigation

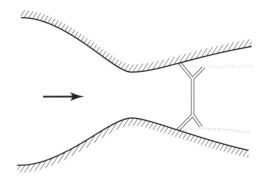

図 10.21 流れのはく離がある過膨張ノズルの概略図 (出典：*Craig Hunter, NASA*)

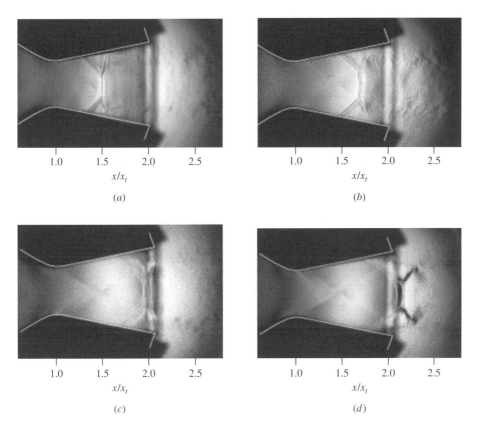

図 10.22 過膨張ノズル内における衝撃波/境界層相互作用のシュリーレン写真．出口圧と貯気層圧の比は (a) 0.5，(b) 0.417，(c) 0.333，(d) 0.294 である (出典：*Craig Hunter, NASA*)

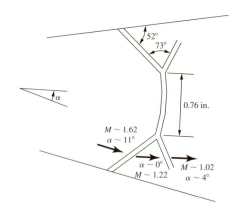

図 10.23 圧力比 0.417 の場合の衝撃波詳細図 (出典：Craig Hunter, NASA)

of Separated Nozzle Flows," *Journal of Propulsion and Power*, vol. 20, no. 3, May-June 2004, pp. 527–532). 図 10.22 におけるノズルに関して，出口面積対スロート面積の比，A_e/A_t，は 1.797 である．図 10.22a において，圧力比は $p_{e,4}/p_0 = 0.5$ である．すなわち，垂直衝撃波がノズル内に立ち，この衝撃波の両端におけるラムダ構造が明確に見える．ラムダ衝撃波パターンから下流に流れるはく離した流れが見える．図 10.22b，c，および d において，圧力比はそれぞれ，漸次 0.417，0.333 および 0.294 へ減少されている．圧力比 0.417 についての衝撃波パターンの詳細な概念図が図 10.23 に示されている．これは図 10.22b における流れに対応する．

これらの結果は，粘性流れという現実が非粘性流れについて得られた理想的な状況をいかに変えてしまうかという例である．前に引用した，Craig Hunter による最近の論文は，衝撃波がノズル内部に発生する状態における超音速ノズルにおける現実の流れについての優れた論文である．本読者が，この興味ある現象に関する啓発的な論議についてのこの文献を勉強することを勧める．

10.7　要約

p. 706 本章の結果を以下に示しておく．

準 1 次元流れは，断面積が変化するダクト内における実際の 3 次元流れに対する 近似である．すなわち，この近似は，面積は $A = A(x)$ のように変化するが，$p = p(x)$，$u = u(x)$，$T = T(x)$ 等であることを仮定するのである．したがって，準1次元の結果を，ある与えられた位置で，その断面上で平均化された平均の特性を与えることとして考えることができる．1 次元流れの仮定は多くの内部流れ問題について合理的な結果を与える．すなわち，それは圧縮性流れの日常的応用における "働き馬 (workhorse)" である．これについての支配方程式は

連続：
$$\rho_1 u_1 A_1 = \rho_2 u_2 A_2 \tag{10.1}$$

(続く)

第 10 章　ノズル，ディフューザ，および風洞を流れる圧縮性流れ

運動量：
$$p_1 A_1 + \rho_1 u_1^2 A_1 + \int_{A_1}^{A_2} p\, dA = p_2 A_2 + \rho_2 u_2^2 A_2 \tag{10.5}$$

エネルギー：
$$h_1 + \frac{u_1^2}{2} = h_2 + \frac{u_2^2}{2} \tag{10.9}$$

面積–速度関係式
$$\frac{dA}{A} = (M^2 - 1)\frac{du}{u} \tag{10.25}$$

は次のことを言っている．
1. 亜音速流れを加速 (減速) させるためには，断面積は減少 (増加) しなければならない．
2. 超音速流れを加速 (減速) するためには，断面積は増加 (減少) しなければならない．
3. 音速流れはスロート，すなわち，流れの最小断面積でのみ起こり得る．

ノズルを流れる熱量的に完全な気体の等エントロピー流れは次式により支配される．
$$\left(\frac{A}{A^*}\right)^2 = \frac{1}{M^2}\left[\frac{2}{\gamma+1}\left(1+\frac{\gamma-1}{2}M^2\right)\right]^{(\gamma+1)/(\gamma-1)} \tag{10.32}$$
この式は，ダクト内の Mach 数が音速スロート面積に対する局所ダクト面積の比にしたがって支配されることを述べていて，さらに，与えられた面積比については，式 (10.32) を満足する 2 つの Mach 数が存在する．すなわち，亜音速値と超音速値である．

p. 707　与えられた先細–末広ダクトについて，超音速流れで可能な等エントロピー流れの解がただ 1 つだけ存在する．対照的に，亜音速等エントロピー解は無限個存在し，それぞれ，ノズルを介した圧力比，$p_0/p_e = p_0/p_B$ に関係している．

超音速風洞において，第 1 スロート面積に対する第 2 スロート面積の比は近似的に
$$\frac{A_{t,2}}{A_{t,1}} = \frac{p_{0,1}}{p_{0,2}} \tag{10.39}$$
である．もし，$A_{t,2}$ がこの値よりも小さければ，このディフューザは閉塞し，風洞は始動しない．

10.8 演習問題

10.1 先細–末広ノズルの貯気槽圧力と温度は，それぞれ，5 atm と 520°R である．流れはこのノズルの出口で等エントロピー的に超音速へ膨張する．もし，出口対スロート面積比が 2.193 であるなら，ノズル出口における次の特性を計算せよ，すなわち，M_e, p_e, T_e, ρ_e, u_e, $p_{0,e}$, $T_{0,e}$

10.2 流れが，ある先細–末広ノズルで超音速へ等エントロピー的に膨張している．貯気槽および出口圧力は，それぞれ，1 atm および 0.3143 atm である．A_e/A^* の値は何か．

10.3 超音速ノズルの出口に挿入された Pitot 管の読みが 8.92×10^4 N/m^2 である．もし，貯気槽圧が 2.02×10^5 N/m^2 であるなら，このノズルの面積比 A_e/A^* を計算せよ．

10.4 演習問題 10.1 に与えられたノズル流れについて，そのスロート面積が 4 in^2 である．このノズルを流れる質量流量を計算せよ．

10.5 閉塞したノズルを流れる質量流量に関する閉じた形式の式は

$$\dot{m} = \frac{p_0 A^*}{\sqrt{T_0}} \sqrt{\frac{\gamma}{R}\left(\frac{2}{\gamma+1}\right)^{(\gamma+1)/(\gamma-1)}}$$

である．この式を導け．

10.6 演習問題 10.5 で導びいた式を用い，演習問題 10.4 を解き，演習問題 10.4 の答えを検証せよ．

10.7 スロート面積対出口面積比が 1.616 である先細–末広ノズルが，それぞれ，0.947 atm および 1.0 atm である出口および貯気槽圧力を持っている．このノズルで等エントロピー流れを仮定し，スロートにおける Mach 数と圧力を計算せよ．

10.8 演習問題 10.7 の流れについて，貯気槽温度が 288 K であり，スロート面積が 0.3 m^2 であると仮定して，このノズルを流れる質量流量を計算せよ．

10.9 P. 708 スロート面積対出口面積比が 1.53 の先細–末広ノズルを考える．貯気槽圧力は 1 atm である．ノズル内部に垂直衝撃波がある可能性以外，等エントロピー流れを仮定し，出口圧力 p_e が次の場合のとき，出口マッハ数を計算せよ．すなわち，

(a) 0.94 atm　　(b) 0.886 atm　　(c) 0.75 atm　　(d) 0.154 atm

10.10 半頂角 20° のくさびが迎え角 0° で超音速風洞の測定部に設置されている．風洞が運転されると，このくさび前縁からの衝撃波の角度が 41.8° と計測される．この風洞ノズルの出口面積対スロート面積の比はどれほどか．

10.11 ある超音速風洞のノズルは 6.79 の出口対スロート面積比を持っている．この風洞が運転されているとき，測定部に設置された Pitot 管により 1.44 atm を得る．この風洞の貯気槽圧力はいかほどか．

第10章　ノズル，ディフューザ，および風洞を流れる圧縮性流れ

10.12 測定部において標準海面状態で Mach 2.8 の流れを作り，1 slug/s の空気質量流量をもつ超音速風洞を設計しようと思う．必要とする，貯気槽圧力と温度，ノズルのスロートと出口の面積，およびディフューザのスロート面積を計算せよ．

10.13 水素と酸素を燃焼するロケットエンジンを考える．燃焼室に注入する燃料＋酸化剤の合わせた質量流量は 287.2 kg/s である．燃焼室温度は 3600 K である．この燃焼室がロケットエンジンの低速の流れがある貯気槽と仮定する．もし，ロケットノズルのスロート面積が 0.2 m^2 であるとすれば，燃焼室 (貯気槽) 圧力を計算せよ．エンジンを流れる流れは比熱比 $\gamma = 1.2$ と分子量 16 を持つと仮定せよ．

10.14 超音速及び極超音速風洞について，ディフューザ効率，η_D は，測定部の Mach 数における垂直衝撃波を横切った圧力比で割った，ディフューザ出口での総圧とノズル貯気槽の総圧との比として定義される．これは，垂直衝撃波による圧力回復に相対的なディフューザの効率の尺度である．直接大気へ放出する，測定部 Mach 数 3.0 で設計された超音速風洞を考える．このディフューザ効率は 1.2 である．この風洞を運転するために必要な最小の貯気槽圧力を計算せよ．

10.15 演習問題 9.18 に戻る．そこでは，ダクトにおける 2 次元流れの断面の平均 Mach 数が計算された．そして，そのダクトの上部壁の θ は 3° であった．準 1 次元を仮定して，ダクトの位置 AB における Mach 数を計算せよ．

10.16 演習問題 9.19 へ戻る．そこでは，ダクト内における 2 次元流れの断面の平均 Mach 数が計算された．そして，そのダクトの上部壁面の θ が 3° であった．準 1 次元流れを仮定して，ダクトの位置 AB における Mach 数を計算せよ．

10.17 P./709 最初，Mach 数 1 の水平に流れる流れが下方へ傾いている膨張かどを過ぎて流れる．したがって，有心 Prandtl-Meyer 膨張波を作りだす．膨張波の先頭波に入る流線は，図 9.2b に示されるように，この膨張波扇を通過し，滑らかに，そして連続的に下方へ曲がり，そして，この膨張波の後尾波の下流における下方へ傾いている壁表面に平行になる．この膨張のかど (Prandtl-Meyer 膨張波の頂点) に原点とする極座標系 r, Φ を考える．r は原点からの放射線に沿った通常の距離，Φ は水平から測られた r がなす極角度である．上流流れが Mach 1 であるので，膨張波の先頭は自由流に直角な Mach 波である．点 $(r, \Phi) = (r^*, \pi/2)$ においてこの膨張波の先頭に入ってくるある与えられた流線を考える．この膨張波の r と Φ の関数としてこの流線の形状を計算する方法を構築せよ．注：この問題を解くためには，第 9 章と第 10 章，両方の題材が必要である．

10.18 $M_1 = 1$ および $M_2 = 1.6$ である有心膨張波を考える．演習問題 10.17 において求められた方法を用いて，この膨張波を通過する流線をプロットせよ．

第11章 翼型を過ぎる亜音速圧縮性流れ：線形理論

p. 711 第二次世界大戦の間，Frank Whittle という名の英国の技術者がジェットエンジンを発明し，deHavilland が最初の生産型機種を製作した．彼は Vampire と命名されたジェット機を製造した．それは 500 mph を越えた最初の飛行機であった．それから彼は実験機 DH 108 を製作し，飛行試験のためにその実験機を息子の Geoffrey に託した．最初の慎重な試験において，その新しい飛行機は素晴しい性能を示した．が，しかし，Geoffrey がそのスピードを高めていったとき，彼は，疑いもなく，当時誰にも知られていない，後に，音の壁と命名された天空にある見えない壁，に近づいてしまった．そして，その壁はそれを突き抜けるように設計されていない飛行機を破壊してしまうのである．ある夕方，彼は音速を記録し，そして，その飛行機はバラバラになった．10 日間，若い Geoffrey の遺体は発見されなかった．

Reader's Digest, 1959 に
要約された
英国空軍飛行報告から

プレビュー・ボックス

第4章で翼型について学んだ．しかし，本当にすべてを学んだであろうか．第4章では低速の非圧縮性流れの翼型を取り扱った．これらの翼型を過ぎる高速の圧縮性流れでは何が起きているのであろうか．圧縮性流れについてこれまでの論議によると，圧縮性流れは非圧縮性流れとの特性の違いが生じる．しかし，それはどのような特性の違いであろうか，そして，何がどの程度違うのであろうか．本章と次章で答えの一端を得るであろう．

本章は高速亜音速流れにおける翼型を取り扱う．翼型が，音速に近い高い亜音速 Mach 数で飛行しているとき，何が起きるであろうか．圧縮性は翼型特性をどのように変えるのであろうか．そして，どの程度変えるのであろうか．どのようにしてこれらの圧縮性効果を解析し，計算するのであろうか．その答えが本章において与えられる．加えて，Mach 1 に近づくにつれて，翼型の抵抗は突然に急上昇し，視界から消えてしまうように見える (一般人向けの文献でしばしば参照されるような，いわゆる音の壁)．ここでは何が起こっているのであろうか．それをどのように扱えばよいのであろうか．

p. 712 これらはすべて非常に重要であり，実用的な疑問である．そして，それらはすべて本章において検討される．Mach 数 0.85 で巡航する Boeing 777 のような高速ジェット旅客機に搭乗し飛んでいる時はいつでも，これらの疑

問を思い出す現象に遭遇している．適切な答えがなければ，我々はこのタイプの飛行機を決して設計できないであろう．そのときには，現代の生活ペースがそう簡単には許容できない遅い飛行に追いやられるであろう．

しかし，本書の圧縮性流れの基礎を取り扱う最初の4章(第7章–第10章)は本質的に代数学レベルの数学を用いている．圧縮性流れの学習をさらに進めるために，ここで述べられた疑問に答えるためには，偏微分方程式の世界へ戻らなければならない．しかし，これは大した事ではない．つまり，前に，本書の第一部における非圧縮性流れの論議においてすでに学習している．よって，本章の題材に直接飛び込めば良い．この題材を勉強していくと専門的な成熟を増し，読者がそれを楽しむことが予想できる．そして，現代空気力学の最も重要で興味深いいくつかの応用を扱うであろう．

11.1 序論

上の引用は，Geoffrey deHavilland，英国の有名な飛行機設計者であるGeoffrey deHavilland卿の息子，が速度の世界記録に挑戦するためにDH 108 Swallowに搭乗した1946年9月27日に発生した事故についてである．当時，音の速さ，あるいはそれを越えて飛んだ飛行機は存在していなかった．そのSwallow号は後退翼を持ち，そして，尾翼の無いジェット推進の実験機であった．その最初の高速，低高度試験の間に，Swallow号は大きな圧縮性の問題に遭遇し，空中で分解してしまった．deHavillandは即死であった．この事故は，Mach 1は有人飛行に対して壁として立ち，いかなる飛行機も音速より速く飛行することはないだろうという，多くの人が抱いていた考えを強めてしまった．この"音の壁(sound barrier)"の神話は1930年代の初期に発している．それは1935年のVolta会議のときまでは最盛期であった(第7.1節を見よ)．本章の始めにある引用文から，音の壁の概念は1959年という年代に，1947年10月14日のCharles Yeager大尉による最初の超音速飛行成功の12年後でもなお，大衆誌の記事で論議されていたのである．

もちろん，今日，音の壁は実際に神話であることは知られている．すなわち，超音速旅客機ConcordeはMach 2で飛行し，いくつかの軍用機はMach 3やそれを少し越えるMach数能力がある．X-15極超音速実験機はMach 7で飛行してきたし，Apollo月ロケットの帰還モジュールはMach 36で地球の大気への再突入に成功した．超音速飛行は今や日常的な出来事である．それで，何が初期の音の壁について懸念を引き起こしたのであろうか．本章において，高速亜音速飛行に適用できる理論を展開し，その理論が$M_\infty \to 1$になるにしたがって，無限大に向かう，単調増加の抵抗を与えるのを見る．1930年代の初期に，多くの人達に音速を越えた飛行は不可能だと信じ込ませたのはこのタイプの結果であった．しかしながら，また，本章において，理論において行った近似がMach 1の近傍で成り立たなくなるということ，および，現実的には，Mach 1における抵抗係数は大きいけれど，それは，なおも有限値であるということを示すのである．

p. 713 特に，本章の目的は，もはや非圧縮性流れと仮定することができない0.3より上の，しかし，Mach 1より低いMach数における2次元翼型の特性を調べることである．すなわち，本章は，(非圧縮性流れに適用される)第4章における翼型論議の高速亜音速領域への拡張である．

この過程で，圧縮性流れの勉学において新しい段階へ上ることになる．もし，読者が圧縮性

第 11 章 翼型を過ぎる亜音速圧縮性流れ： 線形理論

流れのこれまでの議論を調べると，それらは垂直衝撃波やダクト内の流れなどのような 1 次元の場合を取り扱っていることがわかるであろう．実際は 2 次元的や 3 次元的である斜め衝撃波すら衝撃波に垂直な Mach 数成分にのみ依存するのである．したがって，多次元流れについて表だって注意を払ってはこなかったのである．結果として，これらの流れを解析する方程式は**代数方程式**であり，それゆえ，偏微分方程式と比べ解くのが比較的簡単である．第 8 章から第 10 章において，主に，そのような代数方程式を取り扱ってきた．これらの代数方程式は，積分形の保存方程式 [式 (2.48)，式 (2.64) および式 (2.95)] を，流れの特性が検査体積の流入面と流出面で一様となるような適切な検査体積に適用することにより得られたのである．しかしながら，一般的な 2 次元および 3 次元流れについては，通常，そのような贅沢品は与えられない．その代わり，偏微分方程式形 (第 2 章を見よ) の支配方程式を直接取り扱わなければならない．本章はそのようなものである．実際，本書における空気力学的議論の残りの部分について，主に，[式 (2.52)，式 (2.113a〜c) および式 (2.114) のような] 微分形の連続，運動量およびエネルギー方程式を用いるのである．

本章のロードマップが図 11.1 に与えられる．第 2.15 節で初めて導入された速度ポテンシャル概念へ戻るであろう．次に，これらの支配方程式を結びつけ，単純に速度ポテンシャルを用いた単一の方程式を得る．p. 714 すなわち，圧縮性流れについて，第 3.7 節の非圧縮性流れについて導いた Laplace の方程式 [式 (3.40) を見よ] に類似した方程式を得るのである．しかしながら，線形である Laplace の方程式と異なり，圧縮性流れの厳密な速度ポテンシャル方程式は非線形である．適切な近似をすることにより，この方程式を線形化でき，小さな迎え角のある薄い翼型へ適用できるようになる．この結果は非圧縮性翼型データに圧縮性の効果に関しての補正を行うことを可能としている．すなわち，いわゆる**圧縮性補正** (*compressibility corrections*) である．最後に，Mach 1 に近い速度での翼型や一般的な翼胴結合体における空気力学のいくつか

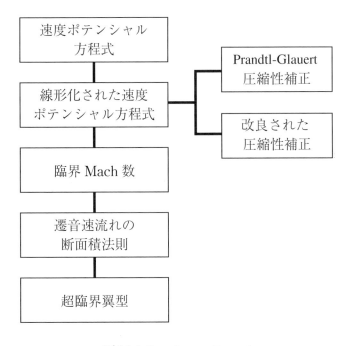

図 11.1 第 11 章のロードマップ

の特徴を論議して本章をまとめるのである．

11.2　速度ポテンシャル方程式

一様流中の物体を過ぎる非粘性，圧縮性，亜音速流れは渦なし (*irrotational*) である．すなわち，そのような流れには流体要素を回転させはじめるメカニズムがないのである (第2.12節を見よ)．したがって，速度ポテンシャル (第2.15 を見よ) を定義できる．渦なし流れと速度ポテンシャルを取り扱っているので，さらに先に進む前に第2.12 と第 2.15 節を復習すべきである．

2 次元，定常，渦なし，で等エントロピー流れを考える．速度ポテンシャル，$\phi = \phi(x, y)$ を [式 (2.154) から]

$$\mathbf{V} = \nabla \phi \tag{11.1}$$

のように定義できる．すなわちデカルト座標系での速度成分とすると，

$$u = \frac{\partial \phi}{\partial x} \tag{11.2a}$$

$$v = \frac{\partial \phi}{\partial y} \tag{11.2b}$$

連続，運動量およびエネルギー方程式の組み合わせを表す ϕ についての方程式を得ることに進むとする．そのような方程式は非常に有用である．なぜなら，それは，単純に，1 つの未知数，すなわち，速度ポテンシャル ϕ の単一の支配方程式であるからである．

定常，2 次元流れの連続方程式は式 (2.25) から次のように得られる．

$$\frac{\partial (\rho u)}{\partial x} + \frac{\partial (\rho v)}{\partial y} = 0 \tag{11.3}$$

すなわち，

$$\rho \frac{\partial u}{\partial x} + u \frac{\partial \rho}{\partial x} + v \frac{\partial \rho}{\partial y} + \rho \frac{\partial v}{\partial y} = 0 \tag{11.4}$$

式 (11.2a) と式 (11.2b) を式 (11.4) に代入して，

$$\rho \frac{\partial^2 \phi}{\partial x^2} + \frac{\partial \phi}{\partial x} \frac{\partial \rho}{\partial x} + \frac{\partial \phi}{\partial y} \frac{\partial \rho}{\partial y} + \rho \frac{\partial^2 \phi}{\partial y^2} = 0$$

すなわち，

$$\rho \left(\frac{\partial^2 \phi}{\partial x^2} + \frac{\partial^2 \phi}{\partial y^2} \right) + \frac{\partial \phi}{\partial x} \frac{\partial \rho}{\partial x} + \frac{\partial \phi}{\partial y} \frac{\partial \rho}{\partial y} = 0 \tag{11.5}$$

を得る．p. 715 ここでは ϕ のみで表した方程式を求めようとしている．したがって，式 (11.5) から ρ を消去しなければならない．これを行うために，Euler 方程式による運動量方程式を考える．すなわち，

$$dp = -\rho V dV \tag{3.12}$$

第 11 章 翼型を過ぎる亜音速圧縮性流れ: 線形理論

この方程式は定常,圧縮性,非粘性流れで成立し,1 つの流線に沿って p と V を関係づけるのである. 式 (3.12) が 1 本の流線に沿ってだけではなく,渦なし流れ全体でどの方向でも成り立つことは直ちに示すことができる (読者自身で証明を試みてみるべきである). したがって,式 (3.12) と式 (11.2a) および 式 (11.2b) から,

$$dp = -\rho V dV = -\frac{\rho}{2}d(V^2) = -\frac{\rho}{2}d(u^2 + v^2)$$

すなわち,

$$dp = -\frac{\rho}{2}d\left[\left(\frac{\partial \phi}{\partial x}\right)^2 + \left(\frac{\partial \phi}{\partial y}\right)^2\right] \tag{11.6}$$

を得る. また,この流れは等エントロピー的であると考えていることを思い出すべきである. したがって,流れにおける圧力変化 dp は自動的に,対応する密度の等エントロピー変化 $d\rho$ をともなうのである. したがって,定義により,

$$\frac{dp}{d\rho} = \left(\frac{\partial p}{\partial \rho}\right)_s \tag{11.7}$$

である. 式 (11.7) の右辺は単純に音速の 2 乗である. したがって,式 (11.7) は,

$$dp = a^2 d\rho \tag{11.8}$$

となる. 式 (11.8) を式 (11.6) の左辺に代入すると,

$$d\rho = -\frac{\rho}{2a^2}d\left[\left(\frac{\partial \phi}{\partial x}\right)^2 + \left(\frac{\partial \phi}{\partial y}\right)^2\right] \tag{11.9}$$

を得る. x 方向の変化を考えると,式 (11.9) から直接次式が求まる.

$$\frac{\partial \rho}{\partial x} = -\frac{\rho}{2a^2}\frac{\partial}{\partial x}\left[\left(\frac{\partial \phi}{\partial x}\right)^2 + \left(\frac{\partial \phi}{\partial y}\right)^2\right]$$

すなわち,

$$\frac{\partial \rho}{\partial x} = -\frac{\rho}{a^2}\left(\frac{\partial \phi}{\partial x}\frac{\partial^2 \phi}{\partial x^2} + \frac{\partial \phi}{\partial y}\frac{\partial^2 \phi}{\partial x \partial y}\right) \tag{11.10}$$

同様に,y 方向について,式 (11.9) は,

$$\frac{\partial \rho}{\partial y} = -\frac{\rho}{a^2}\left(\frac{\partial \phi}{\partial x}\frac{\partial^2 \phi}{\partial x \partial y} + \frac{\partial \phi}{\partial y}\frac{\partial^2 \phi}{\partial y^2}\right) \tag{11.11}$$

を与える. p. 716 式 (11.10) と式 (11.11) を式 (11.5) に代入し,それぞれの項に現れる ρ を消去し,そして,ϕ の 2 次微分を外に出して括ると,

$$\boxed{\left[1 - \frac{1}{a^2}\left(\frac{\partial \phi}{\partial x}\right)^2\right]\frac{\partial^2 \phi}{\partial x^2} + \left[1 - \frac{1}{a^2}\left(\frac{\partial \phi}{\partial y}\right)^2\right]\frac{\partial^2 \phi}{\partial y^2} - \frac{2}{a^2}\left(\frac{\partial \phi}{\partial x}\right)\left(\frac{\partial \phi}{\partial y}\right)\frac{\partial^2 \phi}{\partial x \partial y} = 0} \tag{11.12}$$

を得る．この式は**速度ポテンシャル方程式** (*velocity potential equation*) と呼ばれる．それはほとんど完全に ϕ の項で表されている．すなわち，ϕ に加え，音速のみが現れているだけである．しかしながら，a を，次のようにして，直ちに ϕ の項で表すことができる．式 (8.33) から，

$$a^2 = a_0^2 - \frac{\gamma-1}{2}V^2 = a_0^2 - \frac{\gamma-1}{2}(u^2+v^2)$$
$$= a_0^2 - \frac{\gamma-1}{2}\left[\left(\frac{\partial \phi}{\partial x}\right)^2 + \left(\frac{\partial \phi}{\partial y}\right)^2\right] \tag{11.13}$$

を得る．a_0 は流れの既知定数であるので，式 (11.13) は ϕ の関数としての音速 a を与える．したがって，式 (11.13) を式 (11.12) に代入すると未知数 ϕ の単一の偏微分方程式が得られる．この式は連続，運動量，およびエネルギー方程式の組み合わせを表している．原理的に，無限遠点と物体表面に沿っての通常の境界条件のもとで，任意物体まわりの流れ場の ϕ を得るために解くことができる．これらの ϕ に関する境界条件は第3.7節で詳しく説明されていて，式 (3.47a)，式 (3.47b) および式 (3.48b) により与えられる．

式 (11.12) は [式 (11.13) と共に] 1 つの従属変数 ϕ の単一方程式であるので，等エントロピー，渦なし，定常，圧縮性流れの解析は大きく簡単化される．すなわち，3 個またはそれ以上の式の代わりに 1 個の方程式を解けば良いからである．一度 ϕ がわかれば，他の流れすべての変数を次のようにして直接計算できる．すなわち，

1. 式 (11.2a) と式 (11.2b) から u と v を計算する．

2. 式 (11.13) から a を計算する．

3. $M = V/a = \sqrt{u^2+v^2}/a$ を計算する．

4. T，p および ρ を，それぞれ，式 (8.40)，式 (8.42) および式 (8.43) から計算する．これらの方程式において，T_0，p_0 および ρ_0 は既知量である．すなわち，それらは流れ場全体で一定であり，それゆえ，与えられた自由流条件から求められる．

式 (11.12) は，1 つの未知数の単一方程式である利点は有るけれども，それは，また，**非線形偏微分方程式である**というはっきりとした欠点も持っている．そのような非線形方程式を解析的に解くことは非常に難しく，現代の空気力学においては，通常，複雑な有限差分数値法によって式 (11.12) の解を求めている．事実，式 (11.12) の一般解析解は今日にいたるまで見つかっていない．p. 717 この状況を非圧縮性流れの場合と比べてみると良い．非圧縮性の場合は Laplace の方程式，すなわち，多くの解析解が知られている**線形偏微分方程式**により支配されているのである．

この状況を与えられて，空気力学者は長年，式 (11.12) を簡単化するために考えられた流れ場の物理的な性質に関して仮定を行ってきた．これらの仮定により考えられる流れは小さな迎え角を持つ細長物体まわりの流れに限定されるのである．亜音速および超音速流れにおいて，これらの仮定により**線形**であり，それゆえ，解析的に解くことができる式 (11.12) の**近似方程式**が得られる．これらは次の節の主題である．

定常，渦なし，等エントロピー流れの範疇において，式 (11.12) は**厳密**であり，亜音速から極超音速までのすべての Mach 数に，そして，薄いのから厚いのまで，全ての 2 次元物体について成り立つことを覚えておくべきである．

11.3 線形化された速度ポテンシャル方程式

図 11.2 に示される物体まわりの 2 次元, 渦なし, 等エントロピー流れを考える. この物体は正の x 方向に向いている速度 V_∞ を持つ一様流中にある. 流れ場の任意点 P において, 速度は $\mathbf{V}$ で, その x, y 方向の成分は, それぞれ, u と v で与えられる. ここで, 速度 $\mathbf{V}$ を一様流速度とある速度の増加分の和と考える. 例えば, 図 11.2 における速度の x 方向成分 u は V_∞＋速度の増加分 (正又は負) と考えられる. 同様に, 速度の y 方向成分 v は, 単純に速度増加分と考えられる. なぜなら, 一様流は y 方向に成分を持たないからである. これらの増加分はじょう乱 (*perturbations*) と呼ばれる. そして,

$$u = V_\infty + \hat{u} \qquad v = \hat{v}$$

ここに, $\hat{u}$ と $\hat{v}$ はじょう乱速度 (*perturbation velocities*) と呼ばれる. これらのじょう乱速度は必ずしも小さくはない. 実際, それらは図 11.2 に示される物体の鈍い先端のよどみ領域においては非常に大きいのである. 同じ文脈で, p. 718 $\mathbf{V} = \nabla \phi$ であるから, じょう乱速度ポテンシャルを次のように定義できる.

$$\phi = V_\infty x + \hat{\phi}$$

ここに,

$$\frac{\partial \hat{\phi}}{\partial x} = \hat{u}$$
$$\frac{\partial \hat{\phi}}{\partial y} = \hat{v}$$

したがって,

$$\frac{\partial \phi}{\partial x} = V_\infty + \frac{\partial \hat{\phi}}{\partial x} \qquad \frac{\partial \phi}{\partial y} = \frac{\partial \hat{\phi}}{\partial y}$$

$$\frac{\partial^2 \phi}{\partial x^2} = \frac{\partial^2 \hat{\phi}}{\partial x^2} \qquad \frac{\partial^2 \phi}{\partial y^2} = \frac{\partial^2 \hat{\phi}}{\partial y^2} \qquad \frac{\partial^2 \phi}{\partial x \partial y} = \frac{\partial^2 \hat{\phi}}{\partial x \partial y}$$

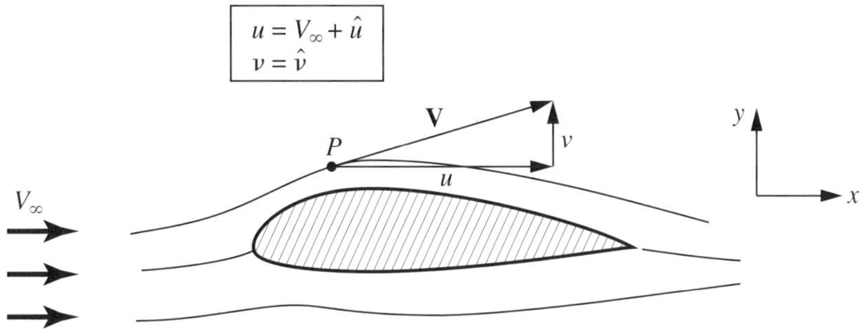

図 11.2 一様流とじょう乱流

上の定義式を式 (11.12) に代入し，a^2 を掛けると，

$$\left[a^2 - \left(V_\infty + \frac{\partial \hat{\phi}}{\partial x}\right)^2\right]\frac{\partial^2 \hat{\phi}}{\partial x^2} + \left[a^2 - \left(\frac{\partial \hat{\phi}}{\partial y}\right)^2\right]\frac{\partial^2 \hat{\phi}}{\partial y^2} - 2\left(V_\infty + \frac{\partial \hat{\phi}}{\partial x}\right)\left(\frac{\partial \hat{\phi}}{\partial y}\right)\frac{\partial^2 \hat{\phi}}{\partial x \partial y} = 0 \quad (11.14)$$

式 (11.14) は**じょう乱速度ポテンシャル方程式** (*perturbation velocity potential equation*) と呼ばれる．それは，ϕ の代わりに $\hat{\phi}$ で表した以外は式 (11.12) と厳密に同じ式である．それはまだ非線形方程式である．

以下の論議においてより良い物理的な見通しを得るために，式 (11.14) をじょう乱速度で書き換えてみよう．前に与えられた $\hat{\phi}$ の定義から，式 (11.14) は

$$\left[a^2 - (V_\infty + \hat{u})^2\right]\frac{\partial \hat{u}}{\partial x} + (a^2 - \hat{v})^2\frac{\partial \hat{v}}{\partial y} - 2(V_\infty + \hat{u})\hat{v}\frac{\partial \hat{u}}{\partial y} = 0 \quad (11.14a)$$

のように書ける．式 (8.32) の形式のエネルギー式から，

$$\frac{a_\infty^2}{\gamma - 1} + \frac{V_\infty^2}{2} = \frac{a^2}{\gamma - 1} + \frac{(V_\infty + \hat{u})^2 + \hat{v}^2}{2} \quad (11.15)$$

を得る．式 (11.15) を式 (11.14a) に代入し，代数的に並べ替えると，

$$(1 - M_\infty^2)\frac{\partial \hat{u}}{\partial x} + \frac{\partial \hat{v}}{\partial y} = M_\infty^2\left[(\gamma + 1)\frac{\hat{u}}{V_\infty} + \frac{\gamma + 1}{2}\frac{\hat{u}^2}{V_\infty^2} + \frac{\gamma - 1}{2}\frac{\hat{v}^2}{V_\infty^2}\right]\frac{\partial \hat{u}}{\partial x}$$

$$+ M_\infty^2\left[(\gamma - 1)\frac{\hat{u}}{V_\infty} + \frac{\gamma + 1}{2}\frac{\hat{v}^2}{V_\infty^2} + \frac{\gamma - 1}{2}\frac{\hat{u}^2}{V_\infty^2}\right]\frac{\partial \hat{v}}{\partial y}$$

$$+ M_\infty^2\left[\frac{\hat{v}}{V_\infty}\left(1 + \frac{\hat{u}}{V_\infty}\right)\left(\frac{\partial \hat{u}}{\partial y} + \frac{\partial \hat{v}}{\partial x}\right)\right] \quad (11.16)$$

p. 719 式 (11.16) はまだ渦なし，等エントロピー流れについて厳密である．式 (11.16) の左辺は線形であるが，右辺は非線形であることに注意すべきである．また，じょう乱 $\hat{u}$ および $\hat{v}$ の大きさは大きくも，あるいは小さくもある．すなわち，式 (11.16) は両方の場合にも成り立つことを覚えておくべきである．

ここで，**微小じょう乱** (*small perturbations*) の場合に限定しよう．すなわち，図 11.2 の物体は小さな迎え角にある細長い物体であると仮定する．そのような場合，$\hat{u}$ と $\hat{v}$ は V_∞ と比較して小さいであろう．したがって，

$$\frac{\hat{u}}{V_\infty}, \frac{\hat{v}}{V_\infty} \ll 1 \qquad \frac{\hat{u}^2}{V_\infty^2}, \frac{\hat{v}^2}{V_\infty^2} \ll 1$$

を得る．$\hat{u}$ および $\hat{v}$ とそれらの導関数との積もまた非常に小さいことを覚えておくべきである．これを考慮して，式 (11.16) を調べてみる．式 (11.16) の左辺と右辺の同一項 (同一の導関数の係数) を比較する．すると次のことがわかる．

1. $0 \leq M_\infty \leq 0.8$ または $M_\infty \geq 1.2$ について，

$$M_\infty^2\left[(\gamma + 1)\frac{\hat{u}}{V_\infty} + \ldots\right]\frac{\partial \hat{u}}{\partial x}$$

の大きさは

$$(1 - M_\infty^2)\frac{\partial \hat{u}}{\partial x}$$

の大きさと比較して小さい．したがって，前者を**無視する**．

2. (近似的に) $M_\infty < 5$ について,

$$M_\infty^2 \left[(\gamma-1)\frac{\hat{u}}{V_\infty} + \ldots\right]\frac{\partial \hat{v}}{\partial y}$$

は $\partial \hat{v}/\partial y$ と比較して小さい. それで, 前者を無視する. また,

$$M_\infty^2 \left[\frac{\hat{v}}{V_\infty}\left(1+\frac{\hat{u}}{V_\infty}\right)\left(\frac{\partial \hat{u}}{\partial y}+\frac{\partial \hat{v}}{\partial x}\right)\right] \approx 0$$

である.

上の大きさの比較により, 式 (11.16) は次のようになる.

$$(1-M_\infty^2)\frac{\partial \hat{u}}{\partial x} + \frac{\partial \hat{v}}{\partial y} = 0 \tag{11.17}$$

または, じょう乱速度ポテンシャルを用いて,

$$\boxed{(1-M_\infty^2)\frac{\partial^2 \hat{\phi}}{\partial x^2} + \frac{\partial^2 \hat{\phi}}{\partial y^2} = 0} \tag{11.18}$$

式 (11.18) を調べてみる. それは, **線形偏微分方程式**であり, それゆえ, それの元の方程式である, 式 (11.16) よりも解くのは本質的により簡単である. しかしながら, この簡単化のためにすでに対価を払っている. 式 (11.18) はもはや厳密ではない. それは流れの物理的過程に対する単なる近似なのである. 式 (11.18) を得るために行った仮定によって, p. 720 次に示す組み合わせにおいてかなり有効である (しかし, 厳密ではない). すなわち,

1. **微小じょう乱**, すなわち, 小さな迎え角の薄い物体

2. **亜音速**および**超音速** Mach 数

対照的に, 式 (11.18) は厚い物体や大きな迎え角については成り立たない. さらに, それを, $0.8 \leq M_\infty \leq 1.2$ の遷音速流れ, または $M_\infty > 5$ の極超音速流れには用いることができないのである.

　細長い物体の表面に沿った圧力分布を求めるために, 式 (11.18) を解くことを考えよう. いま, 近似方程式を取り扱っているので, 圧力係数の線形化された式を求めることは矛盾しない. すなわち, 式 (11.18) と同じオーダーに近似された式ではあるが, 非常に簡単で, 使いやすい式である. 線形化された圧力係数は次のように導かれる.

　最初に, 第 1.5 節に与えられた圧力係数 C_p の定義を思い出すべきである. すなわち,

$$C_p \equiv \frac{p-p_\infty}{q_\infty} \tag{11.19}$$

ここに, $q_\infty = \frac{1}{2}\rho_\infty V_\infty^2 =$ 動圧. 動圧は次のように, M_∞ を用いて表すことができる. すなわち,

$$q_\infty = \frac{1}{2}\rho_\infty V_\infty^2 = \frac{1}{2}\frac{\gamma p_\infty}{\gamma p_\infty}\rho_\infty V_\infty^2 = \frac{\gamma}{2}p_\infty\left(\frac{\rho_\infty}{\gamma p_\infty}\right)V_\infty^2 \tag{11.20}$$

式 (8.23) から，$a_\infty^2 = \gamma p_\infty/\rho_\infty$ を得る．したがって，式 (11.20) は

$$q_\infty = \frac{\gamma}{2} p_\infty \frac{V_\infty^2}{a_\infty^2} = \frac{\gamma}{2} p_\infty M_\infty^2 \tag{11.21}$$

となる．式 (11.21) を式 (11.19) に代入すると，

$$\boxed{C_p = \frac{2}{\gamma M_\infty^2}\left(\frac{p}{p_\infty} - 1\right)} \tag{11.22}$$

を得る．式 (11.22) は，単純に，M_∞ を用いて表した圧力係数の別形式である．それはまだ厳密な C_p の定義の式である．

　圧力係数の線形化された式を得るために，熱量的に完全な気体の断熱流れを取り扱っていることを思い出すべきである．したがって，式 (8.39) から，

$$T + \frac{V^2}{2c_p} = T_\infty + \frac{V_\infty^2}{2c_p} \tag{11.23}$$

式 (7.9) から，$c_p = \gamma R/(\gamma - 1)$ であることを思い出すと，式 (11.23) は，

$$T - T_\infty = \frac{V_\infty^2 - V^2}{2\gamma R/(\gamma - 1)} \tag{11.24}$$

と書くことができる．p. 721 また，$a_\infty = \sqrt{\gamma R T_\infty}$ であることを思い出すと，式 (11.24) は

$$\frac{T}{T_\infty} - 1 = \frac{\gamma - 1}{2}\frac{V_\infty^2 - V^2}{\gamma R T_\infty} = \frac{\gamma - 1}{2}\frac{V_\infty^2 - V^2}{a_\infty^2} \tag{11.25}$$

となる．じょう乱速度を使うと，

$$V^2 = (V_\infty + \hat{u})^2 + \hat{v}^2$$

式 (11.25) は

$$\frac{T}{T_\infty} = 1 - \frac{\gamma - 1}{2a_\infty^2}(2\hat{u}V_\infty + \hat{u}^2 + \hat{v}^2) \tag{11.26}$$

流れは等エントロピー的であるので，$p/p_\infty = (T/T_\infty)^{\gamma/(\gamma-1)}$ であり，そうすると，式 (11.26) は

$$\frac{p}{p_\infty} = \left[1 - \frac{\gamma - 1}{2a_\infty^2}(2\hat{u}V_\infty + \hat{u}^2 + \hat{v}^2)\right]^{\gamma/(\gamma-1)}$$

すなわち，

$$\frac{p}{p_\infty} = \left[1 - \frac{\gamma - 1}{2}M_\infty^2\left(\frac{2\hat{u}}{V_\infty} + \frac{\hat{u}^2 + \hat{v}^2}{V_\infty^2}\right)\right]^{\gamma/(\gamma-1)} \tag{11.27}$$

式 (11.27) はなおも厳密式である．しかしながら，いま，じょう乱は微小であるという仮定をしよう．すなわち，$\hat{u}/V_\infty \ll 1$，$\hat{u}^2/V_\infty^2 \ll 1$，および $\hat{v}^2/V_\infty^2 \ll 1$ である．この場合，式 (11.27) は次の形式である．

第11章　翼型を過ぎる亜音速圧縮性流れ：　線形理論

$$\frac{p}{p_\infty} = (1-\varepsilon)^{\gamma/(\gamma-1)} \tag{11.28}$$

ここに，ε は微小である．二項展開式から，高次項を無視すると，式 (11.28) は

$$\frac{p}{p_\infty} = 1 - \frac{\gamma}{\gamma-1}\varepsilon + \cdots \tag{11.29}$$

となる．式 (11.27) を式 (11.29) を比較すると，式 (11.27) を

$$\frac{p}{p_\infty} = 1 - \frac{\gamma}{2}M_\infty^2\left(\frac{2\hat{u}}{V_\infty} + \frac{\hat{u}^2+\hat{v}^2}{V_\infty^2}\right) + \cdots \tag{11.30}$$

として表すことができる．p.597 式 (11.30) を圧力係数の式，式 (11.22) に代入して，

$$C_p = \frac{2}{\gamma M_\infty^2}\left[1 - \frac{\gamma}{2}M_\infty^2\left(\frac{2\hat{u}}{V_\infty} + \frac{\hat{u}^2+\hat{v}^2}{V_\infty^2}\right) + \cdots - 1\right]$$

すなわち，

$$C_p = -\frac{2\hat{u}}{V_\infty} - \frac{\hat{u}^2+\hat{v}^2}{V_\infty^2} \tag{11.31}$$

を得る．$\hat{u}^2/V_\infty^2$ および $\hat{v}^2/V_\infty^2 \ll 1$ であるから，式 (11.31) は，

$$\boxed{C_p = -\frac{2\hat{u}}{V_\infty}} \tag{11.32}$$

となる．p.722 式 (11.32) は圧力係数の線形化された形式である．すなわち，その式は微小じょう乱にのみ有効である．式 (11.32) は線形化されたじょう乱速度ポテンシャル方程式，式 (11.18) と矛盾がない．式 (11.32) の単純さに注意すべきである．すなわち，それは速度じょう乱の x 方向成分，すなわち，$\hat{u}$ にのみ依存しているのである．

線形化された方程式の基礎に関する論議を完結するにあたり，式 (11.18) のどのような解も無限遠と物体表面において通常の境界条件を満足しなければならないことを注意しておく．無限遠において，明らかに，$\hat{\phi} = $ 一定 である．すなわち，$\hat{u} = \hat{v} = 0$ である．物体において，流れが物体表面に沿う条件が成立する．物体表面の接線と自由流との間の角度を θ とする．そうすると，物体表面において，境界条件は式 (3.48e) から求められる．すなわち，

$$\tan\theta = \frac{v}{u} = \frac{\hat{v}}{V_\infty + \hat{u}} \tag{11.33}$$

であり，物体表面において，流れが表面に沿う条件の厳密な式である．線形化理論と矛盾せず，もっと簡単な，式 (11.33) の近似式は，微小じょう乱については $\hat{u} \ll V_\infty$ であることに注意して得ることができる．したがって，式 (11.33) は

$$\hat{v} = V_\infty \tan\theta$$

すなわち，

$$\boxed{\frac{\partial\hat{\phi}}{\partial y} = V_\infty \tan\theta} \tag{11.34}$$

式 (11.34) は式 (11.18) と式 (11.32) と同じオーダーの精度を持ち，物体表面において流れが沿う条件についての近似式である．

11.4 Prandtl-Glauert圧縮性補正

微小な迎え角における薄い翼型を過ぎる非圧縮性流れの空気力学理論は第4章で与えられた．1903年から1940年間の飛行機について，そのような理論は翼型特性を求めるのに十分であった．しかしながら，第二次世界大戦により拍車をかけられた高馬力のレシプロ・エンジンの急速な発展により，軍用戦闘機の速度は 450 mi/h 近くに迫った．それから，1944年に最初の実用ジェット推進飛行機 (ドイツの Me 262) の出現により飛行速度は突然に 550 mi/h の領域やそれ以上へ上昇した．結果として，第4章の非圧縮性流理論はもはやそのような航空機には適用できなくなった．すなわち，むしろ，高速翼型理論は圧縮性流れを取り扱わなければならなかった．低速空気力学において，長年にわたってたくさんのデータや経験が集められてきていたためや，そのようなデータを全て捨ててしまいたくなかったため，高速亜音速空気力学への自然な方法は，存在する非圧縮性流れの結果に近似的に圧縮性の効果を考慮する比較的簡単な**補正**をする方法を研究することであった．p. 723 そのような方法は**圧縮性補正** (*compressibility corrections*) と呼ばれる．最初で，これらの補正の中で一番良く知られているのは Prandtl-Glauert 圧縮性補正であり，本節で導出する方法である．この Prandtl-Glauert 法は式 (11.18) で与えられる線形化されたじょう乱速度ポテンシャル方程式に基づいている．したがって，それは微小迎え角の薄い翼型に限定される．さらに，それは純粋に亜音速理論であり，$M_\infty = 0.7$ やそれ以上の値において不適切な結果を与え始めるのである．

図 11.3 に描かれた翼型まわりの，亜音速，圧縮性，非粘性流れを考える．この翼型の形状は $y = f(x)$ で与えられる．翼型は薄いということ，および迎え角は小さいということを仮定する．すなわち，そのような場合，この流れは式 (11.18) により合理的に近似できる．

$$\beta^2 \equiv 1 - M_\infty^2$$

を定義する．すると，式 (11.18) は

$$\beta^2 \frac{\partial^2 \hat{\phi}}{\partial x^2} + \frac{\partial^2 \hat{\phi}}{\partial y^2} = 0 \tag{11.35}$$

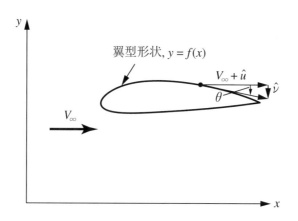

図 11.3 物理空間における翼型

第 11 章 翼型を過ぎる亜音速圧縮性流れ： 線形理論　　　　691

のように書ける．独立変数 x と y を新しい空間, ξ と η へ変換しよう．すなわち,

$$\xi = x \tag{11.36a}$$

$$\eta = \beta y \tag{11.36b}$$

さらに，この変換された空間において，次のような新しい速度ポテンシャル $\overline{\phi}$ を考える．

$$\overline{\phi}(\xi, \eta) = \beta \hat{\phi}(x, y) \tag{11.36c}$$

式 (11.35) を変換された変数の項で書き直すために，偏微分の連鎖律を思い出すべきである．すなわち,

$$\frac{\partial \hat{\phi}}{\partial x} = \frac{\partial \hat{\phi}}{\partial \xi}\frac{\partial \xi}{\partial x} + \frac{\partial \hat{\phi}}{\partial \eta}\frac{\partial \eta}{\partial x} \tag{11.37}$$

p. 724 および

$$\frac{\partial \hat{\phi}}{\partial y} = \frac{\partial \hat{\phi}}{\partial \xi}\frac{\partial \xi}{\partial y} + \frac{\partial \hat{\phi}}{\partial \eta}\frac{\partial \eta}{\partial y} \tag{11.38}$$

式 (11.36a) と式 (11.36b) から,

$$\frac{\partial \xi}{\partial x} = 1 \quad\quad \frac{\partial \xi}{\partial y} = 0 \quad\quad \frac{\partial \eta}{\partial x} = 0 \quad\quad \frac{\partial \xi}{\partial y} = \beta$$

を得る．したがって，式 (11.37) と式 (11.38) は

$$\frac{\partial \hat{\phi}}{\partial x} = \frac{\partial \hat{\phi}}{\partial \xi} \tag{11.39}$$

$$\frac{\partial \hat{\phi}}{\partial y} = \beta\frac{\partial \hat{\phi}}{\partial \eta} \tag{11.40}$$

となる．式 (11.36c) を思い出すと，式 (11.39) および式 (11.40) は

$$\frac{\partial \hat{\phi}}{\partial x} = \frac{1}{\beta}\frac{\partial \overline{\phi}}{\partial \xi} \tag{11.41}$$

および

$$\frac{\partial \hat{\phi}}{\partial y} = \frac{\partial \overline{\phi}}{\partial \eta} \tag{11.42}$$

式 (11.41) を (再度，連鎖律を用いて) x について微分すると,

$$\frac{\partial^2 \hat{\phi}}{\partial x^2} = \frac{1}{\beta}\frac{\partial^2 \overline{\phi}}{\partial \xi^2} \tag{11.43}$$

を得る．式 (11.42) を y について微分すると次の結果を得る．

$$\frac{\partial^2 \hat{\phi}}{\partial y^2} = \beta\frac{\partial^2 \overline{\phi}}{\partial \eta^2} \tag{11.44}$$

式 (11.43) と式 (11.44) を式 (11.35) に代入すると,

$$\beta^2 \frac{1}{\beta} \frac{\partial^2 \overline{\phi}}{\partial \xi^2} + \beta \frac{\partial^2 \overline{\phi}}{\partial \eta^2} = 0$$

すなわち,

$$\frac{\partial^2 \overline{\phi}}{\partial \xi^2} + \frac{\partial^2 \overline{\phi}}{\partial \eta^2} = 0 \tag{11.45}$$

式 (11.45) を調べてみる. すなわち, それは良く知られたものに見えるであろう. 実際, 式 (11.45) は Laplace の方程式である. 第3章から, Laplace の方程式は**非圧縮性流れ**の支配方程式であることを思い出すべきである. したがって, 流れが式 (11.35) から得られる $\hat{\phi}(x,y)$ により表される物理的 (x,y) 空間における亜音速圧縮性流れから出発し, p. 725 この流れを変換された (ξ, η) 空間における非圧縮性流れに関連付けた. その空間では, 流れは式 (11.45) から得られる $\overline{\phi}(\xi, \eta)$ により表されるのである. $\overline{\phi}$ と $\hat{\phi}$ との関係は式 (11.36c) により与えられる.

再び, 物理空間で $y = f(x)$ により与えられる翼型の形状を考える. 変換された空間における翼型の形状は $\eta = q(\xi)$ として表される. これら2つの形状を比較しよう. 最初に, $df/dx = \tan\theta$ なることを注意して, 物理空間において近似境界条件, 式 (11.34) を適用する.

$$V_\infty \frac{df}{dx} = \frac{\partial \hat{\phi}}{\partial y} = \frac{1}{\beta} \frac{\partial \overline{\phi}}{\partial y} = \frac{\partial \overline{\phi}}{\partial \eta} \tag{11.46}$$

を得る. 同様に, 変換された空間において流れが表面に沿う条件を適用すると, それは, 式 (11.34) から,

$$V_\infty \frac{dq}{d\xi} = \frac{\partial \overline{\phi}}{\partial \eta} \tag{11.47}$$

である. 式 (11.46) と式 (11.47) を詳しく調べてみる. これら2つの式の右辺は同じものであることに注意すべきである. したがって, これらの左辺から,

$$\frac{df}{dx} = \frac{dq}{d\xi} \tag{11.48}$$

を得る. 式 (11.48) は, 変換された空間における翼型の形状は物理空間におけるものと同じであることを意味している. したがって, 上の変換は (x,y) 空間における翼型を過ぎる圧縮性流れを同じ翼型を過ぎる (ξ, η) 空間における非圧縮性流れに関連付けるのである.

上で述べた理論は, 次のように, 非常に実用的な結果に導くのである. 線形化された圧力係数の式 (11.32) を思い出すべきである. 上の変換を式 (11.32) にあてはめると, 次式を得る.

$$C_p = \frac{-2\hat{u}}{V_\infty} = -\frac{2}{V_\infty} \frac{\partial \hat{\phi}}{\partial x} = -\frac{2}{V_\infty} \frac{1}{\beta} \frac{\partial \overline{\phi}}{\partial x} = -\frac{2}{V_\infty} \frac{1}{\beta} \frac{\partial \overline{\phi}}{\partial \xi} \tag{11.49}$$

質問：式 (11.49) における $\partial\overline{\phi}/\partial\xi$ の意味は何であろうか. $\overline{\phi}$ は変換された空間における非圧縮性流れのじょう乱速度ポテンシャルであることを思い出すべきである. したがって, 速度ポテンシャルの定義から, $\partial\overline{\phi}/\partial\xi = \overline{u}$ であり, $\overline{u}$ は非圧縮性流れのじょう乱速度である. したがって, 式 (11.49) は

第 11 章 翼型を過ぎる亜音速圧縮性流れ： 線形理論

$$C_p = \frac{1}{\beta}\left(-\frac{2\bar{u}}{V_\infty}\right) \tag{11.50}$$

のように書ける．式 (11.32) から，$(-2\bar{u}/V_\infty)$ は単純に非圧縮性流れの線形化された圧力係数である．この非圧縮性圧力係数を $C_{p,0}$ で表す．したがって，式 (11.50) は

$$C_p = \frac{C_{p,0}}{\beta}$$

を与える．p.726 あるいは $\beta \equiv \sqrt{1-M_\infty^2}$ であることを思い出すと，

$$\boxed{C_p = \frac{C_{p,0}}{\sqrt{1-M_\infty^2}}} \tag{11.51}$$

を得る．式 (11.51) は *Prandtl-Glauert* 法則 (*Pramdtl-Glauert rule*) と呼ばれている．すなわち，それは，もし，翼型まわりの非圧縮性圧力分布がわかっていると，そのとき，同一翼型まわりの圧縮性圧力分布は式 (11.51) から得られることを述べているのである．したがって，式 (11.51) は，正に，非圧縮性データに対する 1 つの**圧縮性補正** (*compressibility correction*) である．

この翼型の揚力およびモーメント係数を考える．非粘性流れについて，物体に働く空気力学的揚力とモーメントは，第 1.5 節で述べられているように，単に，物体上の圧力分布の積分である．(もし，このことにはっきりとした理解がないなら，先に進む前に第 1.5 節を復習すべきである．) 次に，揚力とモーメント**係数** (*coefficients*) は式 (1.15) から式 (1.19) により圧力係数の積分から得られる．式 (11.51) は圧縮性圧力係数と非圧縮性圧力係数を関係付けているので，したがって，同じ関係が揚力およびモーメント係数にも成り立たなければならない．すなわち，

$$\boxed{c_l = \frac{c_{l,0}}{\sqrt{1-M_\infty^2}}} \tag{11.52}$$

$$c_m = \frac{c_{m,0}}{\sqrt{1-M_\infty^2}} \tag{11.53}$$

式 (11.51) から式 (11.53) に具体化された Prandtl-Glauert 法則は，歴史的には，最初に得られた圧縮性補正である．1922 年という早いときに，Prandtl は，書いた証明なしではあったが，Göttingen 大学の講義でこの結果を用いていた．式 (11.51) から式 (11.53) の導出は，英国の空気力学者，Hermann Glauert により，1928 年，最初に公に発表された．したがって，この法則は両方の人物にちなんで名付けられているのである．Prandtl-Glauert 法則は，改善された圧縮性補正が開発された 1939 年まで，もっぱら用いられた．それらの簡単さの理由で，式 (11.51) から式 (11.53) は，今日でもなお，圧縮性効果の初期推定のために用いられている．

第 3 章と第 4 章の結果は，閉じた 2 次元物体まわりの流れは理論的に，抵抗がゼロとなるのを証明したことを思い出すべきである．すなわち，有名な d'Alembert のパラドックスである．同じパラドックスが非粘性，亜音速，圧縮性流れにも成立するのであろうか．その答えは，再び，抵抗の唯一の源は圧力分布の積分であることを注意すると得られるのである．もし，非圧縮性流れについてのこの積分がゼロであるとすると，そして，圧縮性圧力係数が非圧縮性圧力係数と一定の縮尺係数，β だけ異なるのであるから，圧縮性流れの積分もまたゼロである．しか

しながら，自由流 Mach 数が，p. 727 図 1.43b に示されるように，物体表面上に衝撃波を伴う局所的な超音速流れができるように十分な高さになるや否や，正の造波抵抗が生じ，d'Alembert のパラドックスはなくなる．

[例題 11.1]
翼型表面上の与えられた 1 点において，その圧力係数は，非常に遅い速度で -0.3 である．もし，自由流 Mach 数が 0.6 ならば，この点における C_p を計算せよ．

[解答]
式 (11.51) から，

$$C_p = \frac{C_{p,0}}{\sqrt{1 - M_\infty^2}} = \frac{-0.3}{\sqrt{1 - (0.6)^2}} = \boxed{-0.375}$$

[例題 11.2]
第 4 章から，非圧縮性流れにおける薄い対称翼型の理論揚力係数は，$c_l = 2\pi\alpha$ である．$M_\infty = 0.7$ についての揚力係数を計算せよ．

[解答]
式 (11.52) から，

$$c_l = \frac{c_{l,0}}{\sqrt{1 - M_\infty^2}} = \frac{2\pi\alpha}{\sqrt{1 - (0.7)^2}} = \boxed{8.8\alpha}$$

注：Mach 0.7 における圧縮性効果は，揚力傾斜を比 $8.8/2\pi = 1.4$ だけ，すなわち，40 パーセント増加させる．

11.5 改良された圧縮性補正

正確な圧縮性補正の重要性は，第二次世界大戦により生じた飛行機の速度の急速な上昇するなかで，非常に高まったのである．第 11.4 節で論議された Prandtl-Glauert 法則を改良する努力がなされた．より有名な公式のいくつかが以下に与えられる．

Karman-Tsien の法則は

$$C_p = \frac{C_{p,0}}{\sqrt{1 - M_\infty^2} + \left[M_\infty^2 / \left(1 + \sqrt{1 - M_\infty^2}\right)\right] C_{p,0}/2} \tag{11.54}$$

である．参考文献 27 と 28 において導出されているこの公式は，第二次世界大戦以来，航空産業界で広く採用されてきている．

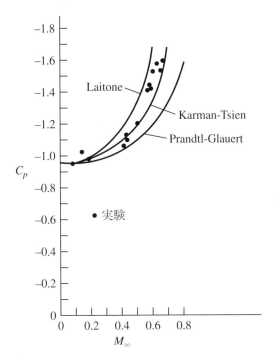

図 11.4 迎え角 $\alpha = 1°53'$ の NACA 4412 翼型の実験結果と比較した幾つかの圧縮性補正法．この実験データは，それらの歴史的な重要性から選ばれている．すなわち，それらは 1938 年に刊行された NACA Report No.646 (参考文献 30) から採られた．このレポートは，系統的に圧縮性問題を扱った最初の主要な NACA 刊行物であった．それは，Langley 航空研究所の $2-ft$ 高速風洞で行われた研究を網羅しており，その研究は 1935–1936 年の間に行われた．

Laitone の法則は

$$C_p = \frac{C_{p,0}}{\sqrt{1-M_\infty^2} + \left(M_\infty^2 \left\{1 + [(\gamma-1)/2]M_\infty^2\right\}/2\sqrt{1-M_\infty^2}\right)C_{p,0}} \tag{11.55}$$

である．この公式は Prandtl-Glauert の法則，あるいは Karman-Tsien の法則のどちらよりももっと最近のものである．それは参考文献 29 において導出されている．

p. 728 これらの圧縮性補正が図 11.4 において比較されていて，それは，NACA 4412 翼型上の 0.3 翼弦位置における C_p の Mach 数による変化についてのデータも示している．Prandtl-Glauert 法則は，適用するのは最も簡単ではあるが，実験データを下まわり，逆に，改良された圧縮性補正法は明らかにより正確である．Prandtl-Glauert の法則は線形理論に基づいていることを思い出すべきである．対照的に，Laitone と Karman-Tsien の法則は流れの非線型性の面をある程度考慮しようとしているのである．

11.6 臨界 Mach 数

図 11.1 に与えられるロードマップへ戻るとする．さて，線形化された流れとそれに関連する圧縮性補正の議論を終えたのである．そのような線形化理論は遷音速流領域，$0.8 \leq M_\infty \leq 1.2$ へは適用できないことを覚えておくべきである．p. 729 遷音速流れは高度に非線形であり，理論遷音速空気力学は挑戦的で複雑な主題である．本章の残りの部分について，定性的視点から，遷

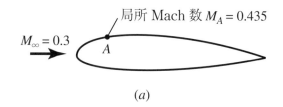

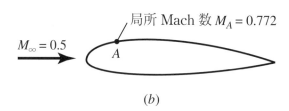

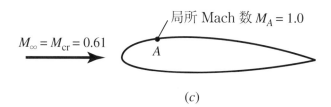

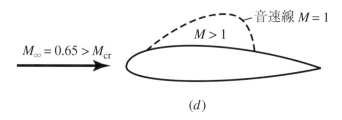

図 11.5 臨界 Mach 数の定義. 点 A は翼型表面上の最小圧力の位置である. (この図に示してある数値については本章の章末の演習問題 11.7 を見よ)

音速流れのいくつかの特徴について取り扱う. 遷音速空気力学の理論は本書の程度を越えるものである.

図 11.5a に描かれているように, 低速, 例えば, $M_\infty = 0.3$ の流れの中にある翼型を考える. この翼型の上面上での膨張により局所流れの Mach 数 M は増加する. 点 A は, 圧力が最小である, すなわち, M が最大である翼型表面上の位置を表すとする. 図 11.5a において, この最大値が $M_A = 0.435$ とする. さて, 自由流 Mach 数を徐々に増加すると仮定する. M_∞ が増加すると M_A もまた, 増加する. 例として, もし, M_∞ が $M = 0.5$ へ増加すると, M の最大局所値は, 図 11.5b に示されるように, 0.772 となるであろう. 図 11.5c に示されるように, ちょうど, 最小圧力点での局所 Mach 数が 1 に等しく, すなわち, $M_A = 1$ となるまで, M_∞ を増加し続けるとしよう. それになったとき, 自由流 Mach 数 M_∞ は**臨界 Mach 数** (*critical Mach number*) とよばれ, p. 730 M_{cr} で示される. 定義により, 臨界マッハ数は, 翼型表面上で音速流れが最初に生じる**自由流**の Mach 数である. 図 11.5c において, $M_{\mathrm{cr}} = 0.61$ である.

高速空気力学における最も重要な問題の1つは，与えられた翼型の臨界 Mach 数の決定である．なぜなら，M_{cr} よりわずかに高い M_∞ の値において，翼型は (第 11.7 節で論議した) 抵抗係数の劇的な増加に遭遇するからである．本節の目的は，M_{cr} を推定するための，どちらかと言えば直接的な方法を与えることである．

p_∞ と p_A を，それぞれ，図 11.5 における自由流と点 A における静圧を表すとする．総圧 p_0 が一定である，等エントロピー流れについて，これらの静圧は，次のように，式 (8.42) により関係づけられる．すなわち，

$$\frac{p_A}{p_\infty} = \frac{p_A/p_0}{p_\infty/p_0} = \left(\frac{1 + [(\gamma-1)/2]M_\infty^2}{1 + [(\gamma-1)/2]M_A^2}\right)^{\gamma/(\gamma-1)} \tag{11.56}$$

点 A における圧力係数は式 (11.22) により，次のように与えられる．

$$C_{p,A} = \frac{2}{\gamma M_\infty^2}\left(\frac{p_A}{p_\infty} - 1\right) \tag{11.57}$$

式 (11.56) と式 (11.57) を結びつけて，

$$C_{p,A} = \frac{2}{\gamma M_\infty^2}\left[\left(\frac{1 + [(\gamma-1)/2]M_\infty^2}{1 + [(\gamma-1)/2]M_A^2}\right)^{\gamma/(\gamma-1)} - 1\right] \tag{11.58}$$

を得る．式 (11.58) は非常に有用である．すなわち，与えられた自由流 Mach 数について，局所の C_p 値を局所 Mach 数と関係づけるのである．[式 (11.58) は，Bernoulli の式，式 (3.11) に類似の圧縮性流れの式であることに注意すべきである．式 (3.11) は与えられた自由流速度と圧力を持つ非圧縮性流れについて，流れの中の点における局所圧力をその点における局所速度と関係づけるのである．] しかしながら，ここでの目的のために，質問をしよう．局所 Mach 数が 1 のとき，局所 C_p の値はどのようなものであろうか．定義により，この圧力係数の値は**臨界圧力係数** (critical pressure coefficient) と呼ばれ，$C_{p,cr}$ で示される．与えられた自由流 Mach 数 M_∞ について，$C_{p,cr}$ の値は式 (11.58) に $M_A = 1$ を代入して得られる．すなわち，

$$C_{p,cr} = \frac{2}{\gamma M_\infty^2}\left[\left(\frac{1 + [(\gamma-1)/2]M_\infty^2}{1 + (\gamma-1)/2}\right)^{\gamma/(\gamma-1)} - 1\right] \tag{11.59}$$

式 (11.59) により，与えられた自由流 Mach 数 M_∞ について，局所 Mach 数が 1 である，流れの中の，任意点における圧力係数を計算できるのである．例えば，もし，M_∞ が M_{cr} よりわずかに大きいとすると，例とし，図 11.5d に示されるように，$M_\infty = 0.65$ とすれば，そのとき，超音速流の有限な領域が翼型上に存在するであろう．式 (11.59) は，$M = 1$ である点のみ，すなわち，図 11.5d における音速線 (sonic line) 上にある点のみの圧力係数を計算することを可能としているのである．さて，図 11.5c にもどり，自由流 Mach 数が厳密に臨界 Mach 数に等しくなったときには，$M = 1$ となるただ 1 つの点が存在する，すなわち，点 A である．p. 731 点 A における圧力係数は $C_{p,cr}$ となるであろう，そして，それは式 (11.59) から求められる．この場合，式 (11.59) における M_∞ は厳密に M_{cr} である．したがって，

$$\boxed{C_{p,cr} = \frac{2}{\gamma M_{cr}^2}\left[\left(\frac{1 + [(\gamma-1)/2]M_{cr}^2}{1 + (\gamma-1)/2}\right)^{\gamma/(\gamma-1)} - 1\right]} \tag{11.60}$$

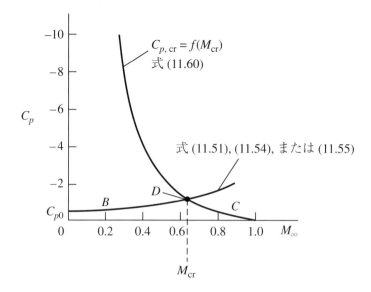

図 11.6 臨界 Mach 数の推定

式 (11.60) は $C_{p,\mathrm{cr}}$ が M_{cr} のみの関数であることを示している．すなわち，この変化が図 11.6 における曲線 C としてプロットされている．式 (11.60) は単に，等エントロピー流れの空気力学的関係式である，すなわち，与えられた翼型の形状とは何の関係もないということに注意すべきである．この意味において，式 (11.60) は，したがって，曲線 C は，すべての翼型に用いることができる "一般的関係式 (universal relation)" のタイプである．

式 (11.60) を，式 (11.51)，式 (11.54) または式 (11.55) で与えられる圧縮性補正のどれか一つと組み合わせると，次のように，与えられた翼型の臨界 Mach 数を概算することができる．すなわち，

1. ある方法，実験的，または理論的な方法で，与えられた翼型の最小圧力点における低速非圧縮性の圧力係数 $C_{p,0}$ の値を求める．

2. 圧縮性補正，式 (11.51)，式 (11.54) または式 (11.55) のどれかを用い，M_∞ による C_p の変化をグラフに描く．これが図 11.6 において曲線 B で表されている．

3. 曲線 B 上のどこかに，圧力係数が局所音速流れに対応する 1 点が存在するであろう．実際，この点は，図 11.6 の曲線 C で表されている，式 (11.60) と一致しなければならない．したがって，曲線 B と C の交点が，この翼型上の最小圧力位置における音速流に対応する点を表している．次に，この交点における M_∞ の値が，定義により，図 11.6 に示すように，臨界 Mach 数である．

p. 732 図 11.6 における図式解法は M_{cr} の厳密な推定法ではない．曲線 C は厳密ではあるが，曲線 B は近似である．なぜなら，それは，近似的な圧縮性補正だからである．したがって，図 11.6 は単に M_{cr} の概算を与えるだけである．しかしながら，そのような概算は初期設計にとって非常に有用であり，図 11.6 からの結果は大部分の応用には十分に正確である．

図 11.7 に描かれているように，2 つの翼型，1 つは薄く，もう一方は厚い翼型を考える．最初に，これらの翼型まわりの低速非圧縮性流れを考える．薄い翼型まわりの流れは自由流からほ

第 11 章 翼型を過ぎる亜音速圧縮性流れ： 線形理論　　699

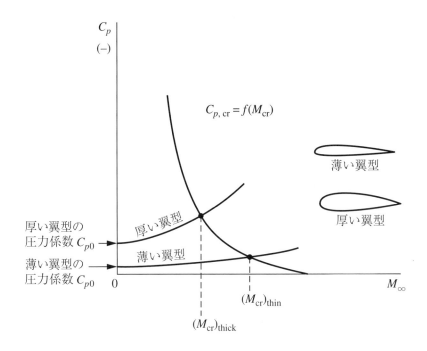

図 11.7 臨界 Mach 数に対する翼型の厚さの効果

んのわずかに変化するだけである．したがって，その上面における膨張は穏やかであり，最小圧力位置の $C_{p,0}$ は，図 11.7 に示されるように，負で，絶対値が小さなものである．[式 (11.32) から，$C_p \propto \hat{u}$ であることを思い出すべきである．したがって，じょう乱が小さければ小さいほど，C_p の絶対値は小さいのである．] 対照的に，厚い翼型まわりの流れは自由流から大きく変化している．その上面での膨張は強く，最小圧力点における $C_{p,0}$ は，図 11.7 に与えられるように負の大きな値である．もし，それぞれの翼型について，図 11.6 に与えられるように，同じ図を作るとすると，厚い翼型は薄い翼型よりも低い臨界 Mach 数を持つであろうということがわかる．これが，図 11.7 に明確に例示されている．高速の飛行機にとって，できる限り高い M_{cr} を持つことが望ましい．したがって，現代の高速亜音速飛行機は通常，比較的薄い翼型を用いて設計される．[超臨界翼型 (supercritical airfoil) の開発は，第 11.8 節で論議されるように，この基準をいくぶん緩和したのである．] 例として，Gates Lear Jet 高速ジェットビジネス機は 9 パーセント翼厚比の翼型を用いていて，これは低速の Piper Aztec，14 パーセント翼厚比の翼型を用いて設計された双発プロペラのジェネラル・アビエーション機 (general aviation aircraft) と対照的である．

[例題 11.3]p. 733

この例題で，(a) 本節で論議した図式解法と，(b) 式 (11.51) と式 (11.60) の組み合わせから得られた閉じた形式の方程式を用いる解析的方法を用い，翼型の臨界 Mach 数の概算を説明する．図 11.8 の一番上に示されるゼロ迎え角の NACA 0012 翼型を考える．低速風洞で測定された，この翼型の圧力係数分布が図 11.8 の一番下に与えられている．この情報から，NACA 0012 の

ゼロ迎え角における臨界 Mach 数を概算せよ．

[解答]

(a) 図式解法．最初に，式 (11.60),

$$C_{p,\text{cr}} = \frac{2}{\gamma M_{\text{cr}}^2} \left[\left(\frac{1 + [(\gamma-1)/2]M_{\text{cr}}^2}{1 + (\gamma-1)/2} \right)^{\gamma/(\gamma-1)} - 1 \right] \quad (11.60)$$

から $C_{p,\text{cr}}$ 対 M_{cr} の曲線を正確にプロットする． p. 734 $\gamma = 1.4$ について，式 (11.60) から，次の数表を作ることができる．

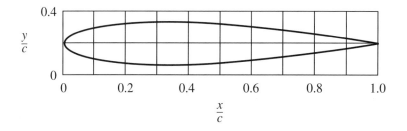

M_∞	0.4	0.5	0.6	0.7	0.8	0.9	1.0
$C_{p,\text{cr}}$	−3.66	−2.13	−1.29	−0.779	−0.435	−0.188	0

これらの数値を図 11.9 に曲線 C として図示する．$M_{\text{cr}} = 1.0$ のとき，$C_{p,\text{cr}} = 0$ であることに注意すべきである．これは物理的に意味がある．すなわち，もし，自由流 Mach 数がすでに 1 で

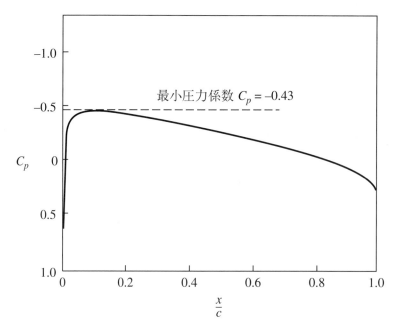

図 11.8 ゼロ迎え角における NACA 0012 翼型の表面上の低速圧力係数分布．$R_e = 3.65 \times 10^6$．(出典：R. J. Freuler and G. M. Gregorek, "An Evaluation of Four Single Element Airfoil Analytical Methods," in Advanced Technology Airfoil Research, NASA CP 2045, 1978, pp.133-162)

あるなら，そのとき，流れにおける局所点において Mach 1 になるようにするために圧力の変化は必要ないのである．したがって，圧力差 $(p_{cr} - p_\infty)$ はゼロであり，$C_{p,cr} = 0$ である．

前に述べた3ステップ手順にしたがって，ステップ1において，図11.8に与えられた圧力係数分布から，最小圧力係数の低速非圧縮性値 $(C_{p,0})_{\min}$ を得る．表面における C_p の最小値は -0.43 である．ステップ2にしたがって，式 (11.51) において，$(C_{p,0})_{\min} = -0.43$ であり，式 (11.51) から，

$$(C_p)_{\min} = \frac{(C_{p,0})_{\min}}{\sqrt{1-M_\infty^2}} = \frac{-0.43}{\sqrt{1-M_\infty^2}} \tag{11.61}$$

を得る．$(C_p)_{\min}$ のいくつかの値を下に数表にしてある．

M_∞	0	0.2	0.4	0.6	0.8
$(C_p)_{\min}$	-0.43	-0.439	-0.469	-0.538	-0.717

ステップ3に従って，これらの値が図 11.9 の曲線 B として図示されている．曲線 B と曲線 C の交点は点 D にある．点 D と関連する自由流 Mach 数が NACA 0012 翼型の臨界 Mach 数である．図 11.9 から，

$$\boxed{M_{cr} = 0.74}$$

を得る．

(b) **解析解法** P. 735 図 11.9 において，曲線 B は式 (11.61) により与えられる．

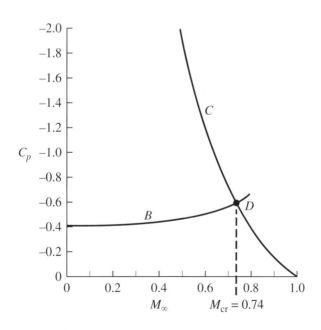

図 11.9 臨界 Mach 数の図式解法

$$(C_p)_{\min} = \frac{-0.43}{\sqrt{1-M_\infty^2}} \tag{11.61}$$

交点 D において，式 (11.61) の中の $(C_p)_{\min}$ は臨界圧力係数であり，M_∞ は臨界 Mach 数である．

$$C_{p,\mathrm{cr}} = \frac{-0.43}{\sqrt{1-M_{\mathrm{cr}}^2}} \qquad (D\ \text{点}) \tag{11.62}$$

また，点 D において，$C_{p,\mathrm{cr}}$ の値は式 (11.60) により与えられる．したがって，点 D において，式 (11.62) と式 (11.60) の右辺を等しいとすることができる．

$$\frac{-0.43}{\sqrt{1-M_{\mathrm{cr}}^2}} = \frac{2}{\gamma M_{\mathrm{cr}}^2}\left[\left(\frac{1+[(\gamma-1)/2]M_{\mathrm{cr}}^2}{1+(\gamma-1)/2}\right)^{\gamma/(\gamma-1)} - 1\right] \tag{11.63}$$

式 (11.63) は 1 つの未知数，すなわち，M_{cr} を持つ方程式である．式 (11.63) の解は，図 11.9 の交点 D に関係した M_{cr} の値を与える，すなわち，式 (11.63) の解は NACA 0012 翼型の臨界 Mach 数である．M_{cr} は式 (11.63) の両辺に複雑な形で表れているので，M_{cr} の異なった値を仮定することにより試行錯誤法でこの式を解く，すなわち，式 (11.63) の両辺の値を計算し，右辺の結果と左辺の結果の両方が同じ値になる M_{cr} を見つけるまで繰り返すのである．

M_{cr}	$\dfrac{-0.43}{\sqrt{1-M_{\mathrm{cr}}^2}}$	$\dfrac{2}{\gamma M_{\mathrm{cr}}^2}\left[\left(\dfrac{1+[(\gamma-1)/2]M_{\mathrm{cr}}^2}{1+(\gamma-1)/2}\right)^{\gamma/\gamma-1} - 1\right]$
0.72	−0.6196	−0.6996
0.73	−0.6292	−0.6621
0.74	−0.6393	−0.6260
0.738	−0.6372	−0.6331
0.737	−0.6362	−0.6367
0.7371	−0.6363	−0.6363

4 桁精度に対して，$M_{\mathrm{cr}} = 0.7371$ のとき，式 (11.63) の左辺と右辺の両方が同じ値となる．したがって，この解析解は

$$\boxed{M_{\mathrm{cr}} = 0.7371}$$

を与える．

注：(a) の図式解法の 2 桁精度の範囲内で，図式解法と解析解法の両方とも同じ値の M_{cr} を与える．

疑問：本例題における臨界 Mach 数の概算はどの程度正確なのであろうか．この問いに答えるために，高い自由流 Mach 数で得られた NACA 0012 翼型のいくつかの実験的圧力係数分布を調べてみる．高速流れにおけるゼロ迎え角のこの翼型についての表面圧力分布の風洞測定値を図 11.10 に示す．すなわち，図 11.10a については $M_\infty = 0.575$ であり，図 11.10b について

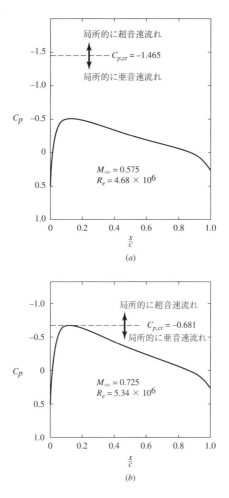

図 11.10 ゼロ迎え角における NACA 0012 翼型の表面圧力分布の風洞測定値．実験データ：Frueler and Gregorek, NASA CP 2045, (a) $M_\infty = 0.575$, (b) $M_\infty = 0.725$

は $M_\infty = 0.725$ である．図 11.10a において，$M_\infty = 0.575$ での $C_{p,cr} = -1.465$ の値を水平の点線として示す．臨界圧力係数の定義から，この水平線より上の局所値は局所的な超音速流に対応し，この水平線より下の局所値は局所的な亜音速流れに対応する．図 11.10a に示される $M_\infty = 0.575$ における測定された表面圧力係数分布から，明らかに，流れは翼型表面のすべての点で局所的に亜音速である．したがって，$M_\infty = 0.575$ は臨界 Mach 数以下である．高い Mach 数の場合である図 11.10b において，$M_\infty = 0.725$ での $C_{p,cr} = -0.681$ なる値が水平な点線として示されている．ここで，この翼型上の局所圧力係数は，最小圧力点以外のすべての点で $C_{p,cr}$ よりも高い．この最小圧力点では $(C_p)_{min}$ は本質的に $C_{p,cr}$ に等しい．これは，$M_\infty = 0.725$ について，流れは，本質的に流れが音速である最小圧力点以外のすべての点で局所的に亜音速であることを意味する．したがって，これらの実験の測定値はゼロ迎え角における NACA 0012 翼型の臨界 Mach 数は近似的に 0.73 であることを示している．この実験結果を本例題において計算された $M_{cr} = 0.74$ と比較すると，この計算値は約 1 パーセント以内の，驚くべき精度であることがわかる．

11.6.1 最小圧力 (最大速度) 位置について

図 11.8 の一番上に示される NACA 0012 翼型の形状を調べると、最大厚さは $x/c = 0.3$ にあることに注意すべきである。しかしながら、図 11.8 の一番下に示される圧力係数分布を調べると、最小圧力は $x/c = 0.11$、最大厚さ位置よりもかなり前方の表面で生じていることに注意すべきである。これは、最小圧力 (したがって、最大速度) の点は翼型の最大厚さ位置に対応しないという一般的な事実の図による説明である。直観は、最初は、迎え角ゼロ度の対称翼型については少なくとも表面の最小圧力 (最大速度) の位置が翼型の最大厚さ位置であろうと告げるかもしれないが、我々の直観は完全に間違っているのであろう。自然は最大速度を、ただ流れの局所的な領域に起こることだけではなく、**全流れ場**の物理的現象を満足する点に置くのである。最大速度の点は、局所領域の形状によってだけではなく、翼型の**全体**の形状にも支配されるのである。

また、M_∞ が非常に低い亜音速値から高い亜音速値に増加するとき、最小圧力の位置は、物体表面上の決まった点に留まるということは、第 11.4 節と第 11.5 節で論議した近似的な圧縮性補正や第 11.6 節で論議したように臨界 Mach 数の概算についてそれらを使用する場合に事実上含まれていることに気がつくのである。これは、確かに近似的なものではある。図 11.8 と図 11.10 の実験による圧力分布を調べてみる。それらは、低い、非圧縮性の値 (図 11.8) から $M_\infty = 0.725$ (図 11.10b) までの、3 つの異なる Mach 数についてのものである。それぞれの場合において、最小圧力点はほぼ同じ位置、すなわち、$x/c = 0.11$ であることに注意すべきである。

11.7 抵抗発散 Mach 数：音の壁

与えられた翼型をある固定された迎え角で風洞に設置し、それの抵抗係数 c_d を M_∞ の関数として測定しようとしていると考えよう。まず第一に、図 11.11 に示されている $c_{d,0}$ である低亜音速速度における抵抗係数を測定する。さて、自由流 Mach 数を徐々に増加するにつれて、図 11.11 に図示されているように、c_d は臨界 Mach 数に至るまで、ほぼ、一定のままであることがわかる。図 11.11 における点 a、b、および c に関係する流れ場は、それぞれ、図 11.5a、図 11.5b、および図 11.5c により表されている。p. 738 非常に注意深く M_∞ を M_{cr} のほんのわずか上、すなわち、図 11.11 の点 d へ増加すると、図 11.5d に示されるように、超音速流れの有限な領域が翼型上に現れる。この超音速流れの領域における Mach 数はほんのわずかだけ Mach 1 を上まわっている。代表的には、1.02 から 1.05 である。M_∞ をさらに高くしていくと、抵抗係数が突然増加をはじめる点に遭遇する。これが図 11.11 に点 e として与えられている。この突然の抵抗増加が始まる M_∞ の値は**抵抗発散 Mach 数** (drag-divergence Mach number) と定義される。この抵抗発散 Mach 数を越えると、抵抗係数は非常に大きくなり、代表的には、10 倍、あるいはそれ以上に増加する。この抵抗の大きな増加は、図 11.11 の挿入図に描かれているように、衝撃波で終わる、翼型まわりの広い超音速領域に関係しているのである。抵抗曲線上の点 f に対応しているこの挿入図は、M_∞ が 1 に近づくにつれて、翼型の上面および下面両方の流れが超音速になり、両方とも衝撃波で終わっている。例として、M_∞ が抵抗発散を越えたとき、元来低速用に設計された、適度な厚さの翼型の場合を考える。そのような場合、局所 Mach 数は 1.2、またはそれ以上となり得る。結果として、終端衝撃波は比較的強くなり得る。これら

第 11 章 翼型を過ぎる亜音速圧縮性流れ： 線形理論

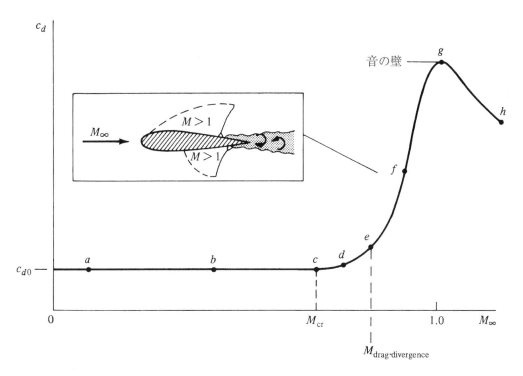

図 11.11 臨界および抵抗発散 Mach 数を説明し，Mach 1 近傍での大きな抵抗増加を示す，自由流 Mach 数による形状抵抗係数変化の図

の衝撃波は一般的にそれらの衝撃波の下流側で，抵抗にさらなる大きな増加を伴う，激しい流れのはく離を引き起こすのである．

さて，読者が 1936 年における航空技術者の立場だとしてみる．読者は式 (11.5) により与えられる Prandtl-Glauert 法則を良く知っている．$M_\infty \to 1$ になると，この式が，C_p の絶対値が無限大に近づくことを示すのに気がついている．これは Mach 1 近くでのある現実の問題をほのめかしている．さらに，p.739 図 11.11 の点 a から点 f の部分と似ている抵抗曲線を得た，いくつかの初期の高速亜音速風洞実験を知っている．$M_\infty = 1$ へ近づくと抵抗係数はどのくらいまで増加するのであろうか．c_d は無限大へ行くのであろうか．この段階で読者は悲観的になるであろう．読者は，抵抗増加が非常に大きいので，1936 年に存在する原動機を搭載した，あるいは将来に予想される原動機を搭載しても，飛行機は決して，この "壁 (barrier)" に打ち勝てないと考えるであろう．音の壁の概念を有名にし，そして，多くの人達に，人類は決して音速より速くは飛べないであろうと主張するようにしたのはこの種の考えであったのである．

もちろん，今日，我々は音の壁は神話であったことを知っている．c_d が $M_\infty = 1$ で無限大になるであろうということを議論するために Prandtl-Glauert 法則を用いることはできない．なぜなら，Prandtl-Galuert 法則は $M_\infty = 1$ においては成り立たないからである (第 11.3 節と第 11.4 節を見よ)．さらに，1940 年代後半に行われた初期の遷音速風洞試験は，明らかに，c_d は Mach 1 またはその近傍で最大となり，事実上，図 11.11 の点 g や点 f により示されるように，超音速領域に入ると減少することを示していたのである．必要とするすべてのものは，Mach 1 における大きな抵抗増加を克服するのに十分強力なエンジンをもつ航空機なのである．この音の壁の神話は 1947 年 10 月 14 日に終わりを迎えた．その日，Charles (Chuck) Yeager 大尉が，流

図 11.12 Bell XS-1 – 1947 年 10 月 14 日に音より速く飛行した最初の有人飛行機. (国立航空宇宙博物館 [*the National Air and Space Museum*] の好意による)

線型の，銃弾形状の Bell XS-1 に搭乗し，音よりも速く飛行した最初の人間になったのであった．このロケット推進実験機は図 11.12 に示されている．もちろん，今日，超音速飛行は一つの一般的な事実である．すなわち，戦闘機を Mach 1 まで加速し，垂直飛行させるのに十分に強力なエンジンをすでに手に入れているからである．そのような飛行機は Mach 3 で，また，それより速く飛行することが可能である．実際，速度は，高速における空力加熱 (およびそれによる構造問題) によってのみ制限されているのである．正しく現在，NASA は，Mach 5 以上の飛行のために，超音速燃焼ラムジェットエンジンの研究を行っているのである (第 9.6 節の終わりにある デザイン・ボックスを見よ)．しかしながら，非常に高い速度の飛行には大きな動力が必要であるために燃料消費が大きくなることを記憶しておくべきである．今日のエネルギーに敏感な世界において，この束縛は，高速飛行に対して，音の壁がかつてそう思われていたと同じ程度の障壁になり得るのである．

　1945 年以来，遷音速空気力学における研究は図 11.11 に示されている大きな抵抗増加を減少させることに焦点を当ててきた．Mach 1 における抵抗を 10 倍くらいにではなく，それを 2 ないし 3 倍に減少できないものであろうか．これが本章において残りの部分の主題である．

第 11 章 翼型を過ぎる亜音速圧縮性流れ： 線形理論　　　　707

デザイン・ボックス

　図 11.11 に見られるように，Mach 1 近くの大きな抵抗増加に対処するために，第二次世界大戦後の高速飛行機の設計者は，そのような航空機について臨界 Mach 数，それゆえ，抵抗発散 Mach 数を増加させるために 2 つの空力設計手法を用いてきた．これらの 2 つの特徴は今や標準的であり，ここで論議される．

　第一の設計手法は飛行機の翼に**薄い翼型** (*thin airfoil section*) を用いることであった．何よりもまず，翼型が薄ければ薄いほど，臨界 Mach 数は高いということはすでに論議した．これは図 11.7 に示されている．この現象は，1918 年という早い時期に，Ohio 州の Dayton にある陸軍の McCook Field で 2 人の研究技官，F. W. Caldwell と E. N. Fales により観察され，1920 年代および 1930 年代の間に，いろいろな実験により確実に確認された．さらなる歴史的な詳細は第 11.11 節に与えられ，そして，20 世紀の初期における圧縮性に関する研究の詳しい物語は参考文献 62 に語られている．実際に，Bell X-1 (図 11.12) は薄い翼型の重要性についての十分な知識を使って設計された．結果として，

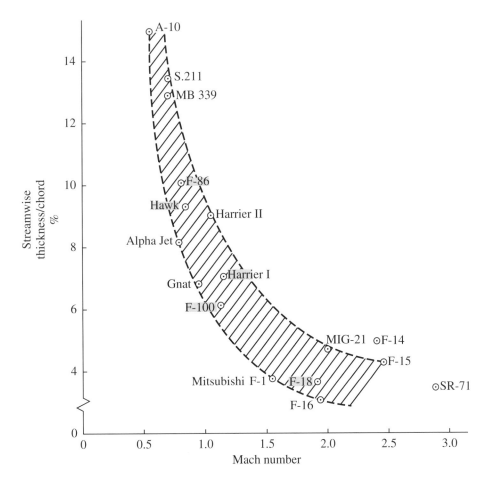

図 11.13 異なる代表的な飛行機の Mach 数による翼厚対翼弦長の変化 (出典：Ray Whitford, *Design for Air Combat*, Jane's Information Group, Surry, England, 1989)

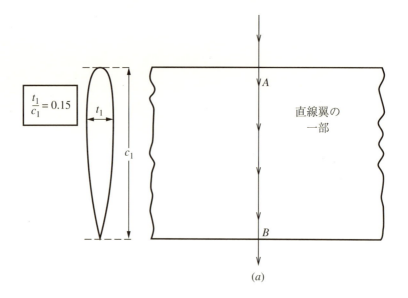

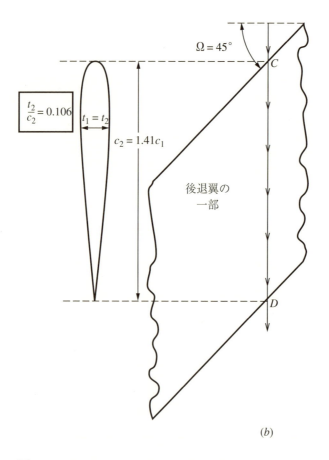

図 11.14 翼を後退させることにより，流線は結果的により薄い翼型と出会う． p. 742

第 11 章 翼型を過ぎる亜音速圧縮性流れ： 線形理論 709

X-1 は 2 種類の主翼，1 つはより通常の飛行のための 10 パーセント厚の翼型で，そして，もう 1 つは Mach 1 を突き破るための飛行用の 8 パーセント厚さの翼型で設計された．これら 2 つの主翼の翼断面は，それぞれ，NACA 65-110 と NACA 65-108 であった．これらの主翼は，当時の通常の飛行機よりもはるかに薄かったのである．それら通常の飛行機は典型的には，15 パーセント以上の翼厚であった．さらに，水平尾翼はもっと薄く，6 パーセント厚の NACA 65-006 翼型を用いていた．これは，主翼が大きな圧縮性効果に遭遇したとき，水平尾翼と昇降舵が，まだそのような問題に会わず，安定と操縦性の機能を持っていることを確保するためであった．しかしながら，Bell の技術者達は，かれらの賭けに保険を掛けて，また，尾翼を全動式とした．すなわち，昇降舵の効力が失われた場合や，この飛行機が Mach 1 を通過して飛行するときに，これのトリムを補助するために，飛行中に全水平尾翼面の取り付け角を変えることができたのである．Chuck Yeager は，X-1 での歴史的飛行中にこの全動式尾翼の特徴をうまく使ったのであった．

高速航空機に薄い翼型を用いることは，今日において，ほとんど標準的な設計法である．薄い翼型への設計の傾向は図 11.13 に例示されており，それは，異なる飛行機の翼型翼厚の変化が，それらの設計 Mach 数の関数として示されている．M_∞ が増加すると，明らかに，この傾向は薄い翼の方向である．

高速航空機に関する第 2 の設計手法は後退翼 (swept wings) を用いることである．後退翼概念の歴史を取り囲む話は参考文献 62 に述べられている．この概念の発案を 2 人の人物が分け合っている．すなわち，1935 年にドイツの技術者 Adolf Busemann と，1945 年に独立的にこの概念を考えついたアメリカの空気力学者 R. T. Jones である．p. 741 後退翼がどのように働くかを説明する方法はいくつかある (例えば，参考文献 2 を見よ)．しかしながら，ここでの目的のために，上で論議されたように，薄い翼型について説明した知識を用い後退翼の利点を説明するとしよう．直線翼 (straight wing)，図 11.14a に描かれた部分，を考える．直線翼を翼弦長の中点を結んだ線が自由流に対して垂直である翼と定義する．図 11.14a に示される矩形平面形が，確かに，この場合である．この直線翼は，図 11.14a の左側に示してあるように翼厚比 0.15 の翼断面を持っていると仮定する．この翼上を流れる流線 AB は $t_1/c_1 = 0.15$ の翼型と出会う．さて，この同じ翼が，図 11.14b に示されるように，角度 $\Lambda = 45°$ だけ後退させたと考える．(いかなる 3 次元曲率効果をも無視して，) この翼上を流れる流線 CD は，前と同じ厚さ ($t_2 = t_1$) である有効翼型と出会うが，その有効翼弦長 c_2 は 1.41 倍長くなっている (すなわち，$c_2 = 1.41 c_1$)．このことは，流線 CD から見た有効翼厚比を $t_2/c_2 = 0.106$ に等しくする．すなわち，直線翼の場合と比べほぼ 3 分の 1 薄いのである．したがって，翼を後退させることにより，流れはあたかも翼型がより薄いかのようにふるまい，それにより翼の臨界 Mach 数が増加するのである．その他がすべて同じならば，後退翼はより大きな臨界 Mach 数を持ち，それゆえ，直線翼よりより大きな抵抗発散 Mach 数を持つのである．この理由により，1940 年代の半ば以来，設計されたほとんどの高速飛行機は後退翼を持っている．p. 743 (図 11.12 に示される Bell X-1 が直線翼を持っている唯一の理由は，その設計が後退翼についての知識やデータが米合衆国で利用できる以前の 1944 年に始まったからである．後に，そのような後退翼のデータが 1945 年半ばにドイツから米合衆国へ押し寄せたときでも，Bell の技術者は保守的で，直線翼にこだわったのである．) 初期の後退翼戦闘機の素晴しい例は図 11.15 に示される朝鮮戦争時代の North American F-86 である．

最後に，前に，それぞれ，高縦横比の直線翼，低縦横比の直線翼および後退翼の揚力傾斜に関する概算のために与えられた 式 (5.69)，式 (5.81) と式 (5.82) に適用される圧縮性補正

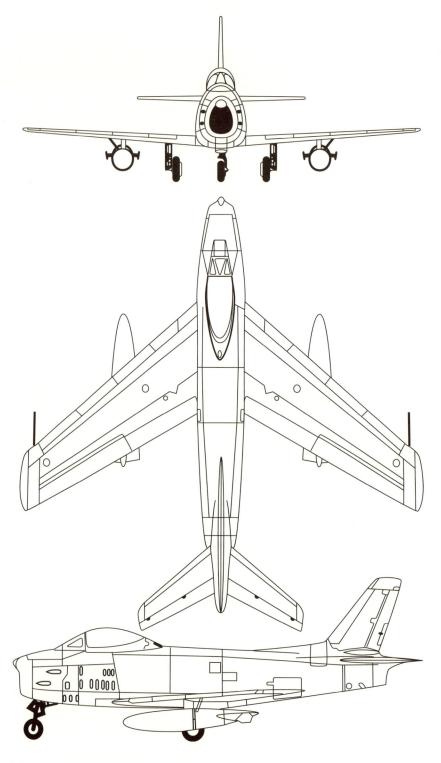

図 11.15 後退翼航空機の代表例．朝鮮戦争での名機である North American F-86 Saber[p. 744]

を示すこととする．これらの式は低速，非圧縮性流れに適用される．式 (11.51) により与えられる圧力係数の項で表された翼型についての Prandtl-Glauert 法則は，また，翼型の揚力傾斜についても成立する．a_0 を非圧縮性流れの有限翼幅翼の揚力傾斜とし，$a_{0,\text{comp}}$ を亜音速圧縮性流れにおける有限翼幅翼の揚力傾斜とすると，Prandtl-Glauert 法則から，

$$a_{0,\text{comp}} = \frac{a_0}{\sqrt{1 - M_\infty^2}} \tag{11.64}$$

を得る．Prandtl の揚力線理論から得られたように，有限翼幅翼の揚力傾斜を無限翼幅翼のそれへ関連づける式 (5.70) が亜音速圧縮性流れについても同様に成立すると仮定する．式 (5.70) における項，$(1 + \tau)^{-1}$ を e_1 で示される揚力傾斜の翼幅効率係数で置き換え，ここに，$e_1 = (1 + \tau)^{-1}$，そして，a_{comp} により有限翼幅翼の圧縮性揚力傾斜を示すと，式 (5.70) の圧縮性類似式は，

$$a_{\text{comp}} = \frac{a_{0,\text{comp}}}{1 + a_{0,\text{comp}}/(\pi e_1 AR)} \tag{11.65}$$

である．式 (11.64) を式 (11.65) に代入し，簡単化すると，

$$\boxed{a_{\text{comp}} = \frac{a_0}{\sqrt{1 - M_\infty^2} + a_0/(\pi e_1 AR)}} \tag{11.66}$$

を得る．式 (11.66) はわかっている，非圧縮性流れにおける無限翼幅翼の揚力傾斜 a_0 から亜音速 M_∞ の圧縮性流れにおける**高縦横比直線翼** (high-aspect-ratio straight wing) の揚力傾斜を概算する式である．

非圧縮性流れの低縦横比直線翼についての Helmbold の式，式 (5.81) は，その式における a_0 を $a_0/\sqrt{1 - M_\infty^2}$ で置き換えることにより修正でき，次式となる．

$$\boxed{a_{\text{comp}} = \frac{a_0}{\sqrt{1 - M_\infty^2 + [a_0/(\pi e_1 AR)]^2} + a_0/(\pi AR)}} \tag{11.67}$$

式 (11.67) は，非圧縮性流れにある無限翼幅翼の，わかっている揚力傾斜 a_0 から亜音速 M_∞ の圧縮性流れにある**低縦横比直線翼** (low-aspect-ratio straight wing) についての揚力傾斜を概算する式である．

最後に，後退翼についての式 (4.82) は，式にある a_0 を $a_0/\sqrt{1 - M_{\infty,n}^2}$ に置換することにより圧縮性効果について修正できる．ここに，$M_{\infty,n}$ はこの後退翼における翼弦の中点を結んだ線に垂直な自由流 Mach 数の成分である．もし，この中点を結んだ線が角度 Λ だけ後退していると，$M_{\infty,n} = M_\infty \cos \Lambda$ である．したがって，式 (5.82) の a_0 を $a_0/\sqrt{1 - M_\infty^2 \cos^2 \Lambda}$ で置換する．結果は，下に示す式 (11.68) である．式 (11.68) は，非圧縮性流れにある無限翼幅翼の，わかっている揚力傾斜 a_0 から亜音速 M_∞ の圧縮性流れにある**後退翼** (swept wing) の揚力傾斜を概算する式である．

$$\boxed{a_{\text{comp}} = \frac{a_0 \cos \Lambda}{\sqrt{1 - M_\infty^2 \cos^2 \Lambda + [(a_0 \cos \Lambda)/(\pi AR)]^2} + (a_0 \cos \Lambda)/(\pi AR)}} \tag{11.68}$$

11.8 断面積法則

ᵖ·⁷⁴⁵Mach 1 近傍の大きな抵抗増加に対処するために薄い翼型と後退翼を用いる標準的な方法に加え，近年，2つの，むしろ革命的な概念が音速近くやそれを越えたところの"音の壁"を破壊するのに大きな助けとなってきた．これらの1つ，断面積法則 (area rule)，が本節で論議される．他の一つ，超臨界翼型 (supercritical airfoils)，は第11.9節の主題である．

しばらくの間，ここでの論議を2次元翼型から全機 (complete airplane) に拡大しよう．本節において，全機の Mach 1 近傍における抵抗増加を効果的に減少させた設計概念を紹介する．

前に述べたように，最初の実用ジェット推進航空機は，第二次世界大戦の終わりにドイツの Me 262 として現れた．これは 550 mi/h 近い最高速度を持つ亜音速戦闘機であった．次の 10 年間には多くの型式のジェット機が設計され生産された．すなわち，それらはすべて Mach 1 近傍の大きな抵抗によって亜音速飛行しかできなかった．Convair F-102 三翼翼機のような，1950年代初期に米国空軍に超音速能力を与えるために設計された"センチュリー (century)"シリーズの戦闘機さえも，困難さに遭遇し，最初のころは水平飛行で音の壁を容易には突破できなかったのである．当時のジェットエンジンの推力は，単純に，Mach 1 近傍の大きなピーク抵抗を越えることができなかったのである．

その 10 年間の代表的な飛行機の平面図，断面および断面積分布 (断面積対飛行機の機軸に沿った距離) が図 11.16 に描かれている．A を任意の与えられた位置における総断面積を示すものとする．この断面積分布は機軸に沿って急激な ᵖ·⁷⁴⁶ 変化があり，主翼の領域で A と dA/dx の両方に不連続があることに注意すべきである．

対照的に，ほぼ1世紀の間，滑らかな断面積変化をする超音速弾丸すなわち砲弾の速度は急激

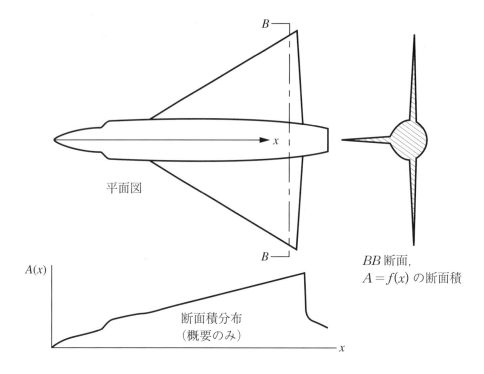

図 11.16 断面積法則を適用していない航空機の概要図

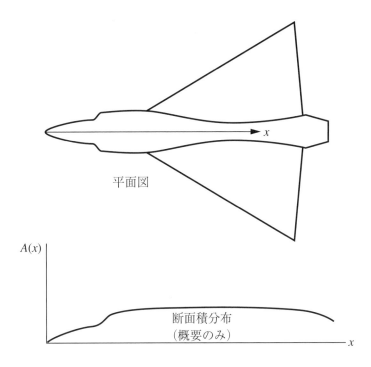

図 11.17 断面積法則を適用した航空機の概要図

な，すなわち不連続な面積分布を持つ発射体よりも高いということは弾道学者により良く知られていた．1950 年代の半ば，NACA Langley 航空研究所の航空学技術者，Richard T. Whitcomb がこの情報を飛行機の遷音速飛行の問題に適用した．Whitcomb は飛行機の断面積の変化は不連続を持たない，滑らかでなければならないと推論した．これは，主翼と尾翼の領域で，胴体の断面積から主翼と尾翼の断面積の増加分を削らなければならないことを意味している．これが，図 11.17 に示されるように，"コカコーラボトル (coke bottle)" の胴体形状を導いたのである．この図には，比較的滑らかな変化の $A(x)$ を持つ飛行機についての平面図と断面積分布が示されている．この設計思想は**断面積法則** (area rule) と呼ばれていて，それは，Mach 1 近傍のピーク抵抗を見事に減少させたので，1950 年代の半ばまでに，実用航空機は超音速で飛行できるようになった．断面積法則を適用した飛行機とそれを適用していない飛行機の M_∞ による抵抗係数の変化が図 11.18 に概要的に比較されている．すなわち，断面積法則は，代表的には，Mach 1 近傍のピーク抵抗を半減させるのである．

断面積法則の展開は高速飛行における劇的な成功であった，そして，それは Richard Whitcomb に実質的な名望をもたらした．その名望は第 11.9 節で論議されるが，後の遷音速翼型の設計における同様の成功によってさらに高いものとなった．初めて行われた断面積法則に関する研究は Whitcomb により参考文献 31 に発表されていて，詳細についてはそれを参照すべきである．

11.9 超臨界翼型

p. 747 2 次元の翼型へもどるとする．第 11.6 節の題材からと，特に，図 11.11 からの自然な結論は，高い臨界 Mach 数の翼型は大いに望ましく，高速亜音速航空機にとっては実際に必要で

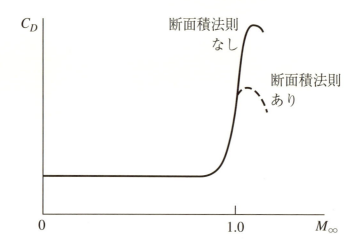

図 11.18 断面積法則と適用した航空機と適用していない航空機の抵抗増加特性 (概要のみ)

あるということである．もし，M_{cr} を増加できれば，そのときは，M_{cr} のすぐ後に続いている $M_{drag-divergence}$ を増加できるのである．これが 1945 年からおよそ 1965 年まで航空機設計に採用されてきた考え方であった．NACA 64-シリーズ翼型 (第 4.2 節を見よ) は，元来，層流流れが保たれるように設計されたのであるが，ほとんど偶然に，他の NACA 翼型と比較して相対的に高い値の M_{cr} を持っていることがわかったのである．したがって，NACA 64 - シリーズが高速飛行機への広範囲の適用が見られてきたのである．また，より薄い翼型がより高い値の M_{cr} を持つことが知られている (図 11.7 を見よ)．それゆえ，航空機設計者は高速飛行機には比較的薄い翼型を使ってきたのである．

しかしながら，実用的な翼型をどれくらい薄くすることができるかには限界が存在する．例えば，空気力学以外の考慮が翼型厚さに影響を与える．すなわち，翼型は，構造強度のためにある程度厚さを必要とし，燃料貯蔵のために空間がなければならないのである．これは次のような問いを発せられることになる．すなわち，与えられた厚さの翼型について，どのようにすれば大きな抵抗増加を高いマッハ数へまで遅れさせることができるであろうか．M_{cr} を増加することは，上で説明したように，自明の方針の 1 つである．しかし，別のやり方も存在する．M_{cr} を増加させるのではなく，M_{cr} と $M_{drag-divergence}$ との間の，Mach 数増加量を増加させることに努力しよう．すなわち，図 11.11 を参照して，点 e と点 c 間の距離を増加させるのである．この考え方は 1965 年以来追求されてきた，そして，本節の主題である，**超臨界翼型** (*supercritical airfoil*) という新しい翼型の系列の設計へと導いたのである．

超臨界翼型の目的は，M_{cr} をほとんど変化させないが $M_{drag-divergence}$ の値を増加させることである．超臨界翼型の形状が，図 11.19 に NACA 64 - シリーズ翼型と比較されている．ここで，NACA 64_2-A215 翼型が図 11.19a に，13 パーセント厚さの超臨界翼型が図 11.19c に示されている．(超臨界翼型と p. 748 第 4.11 節において論議された最新の低速翼型間の相似性に注意すべきである．) 超臨界翼型は比較的平坦な上面を持ち，NACA 64 - シリーズよりも低い局所 Mach 数値の M である超音速流れの領域を大きくしている．次に，終端衝撃波はより弱く，したがって，より低い抵抗を発生する．同様な傾向は NACA 64 - シリーズ (図 11.19b) と超臨界翼型 (図 11.19d) の C_p 分布を比較するとわかる．実際に，NACA 64 - シリーズ翼型についての図 11.19a および図 11.19b は図 11.19c および図 11.19d よりも低い自由流 Mach 数，$M_\infty = 0.69$

第 11 章 翼型を過ぎる亜音速圧縮性流れ： 線形理論 715

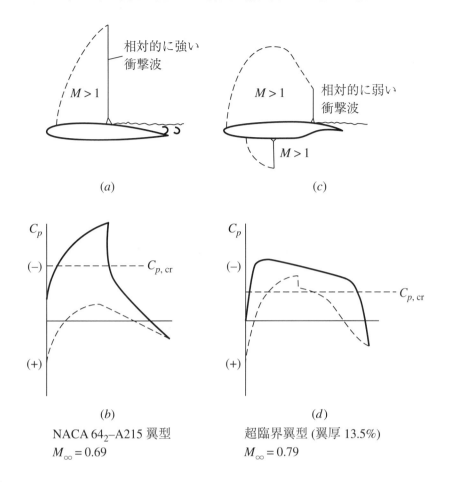

図 11.19 巡航揚力係数において超臨界翼型と比較した標準 NACA 64 シリーズ翼型 (出典：参考文献 32)

に関係しており，後者の図は，より高い自由流 Mach 数，$M_\infty = 0.79$ における超臨界翼型に関係しているのである．NACA 64 - シリーズ翼型がより低い M_∞ にあるにもかかわらず，超音速流の領域はこの翼型のずっと上方にまで達し，局所超音速 Mach 数はより高く，そして，終端衝撃波より強いのである．明らかに，超臨界翼型は，より望ましい流れ場特性を示している．すなわち，超音速流の領域が翼型表面により近く，局所超音速 Mach 数がより低く，そして，終端衝撃波がより弱いのである．結果として，超臨界翼型についての $M_{\text{drag-divergence}}$ の値はより高くなるであろう．これは，参考文献 32 から取った図 11.20 に与えられた実験データにより確かめられる．ここで，超臨界翼型の $M_{\text{drag-divergence}}$ の値は，NACA 64 シリーズ翼型の 0.67 に比べ，0.79 である．

p. 749 超臨界翼型の上面が比較的平坦であるために，この翼型の前部 60 パーセントは負のキャンバーを持っていて，それは揚力を低くする．これを補償するため，この翼型の後部 30 パーセントに大きなキャンバーをつけ揚力を増加させている．これが，この翼型の後縁近傍における下面が尖点に似た形状である理由である．

この超臨界翼型は，NASA Langley 研究センターにおいて，Richard Whitcomb により，1965 年に開発された．超臨界翼型について初期のいくつかの実験データのみならず，その論理的根拠の詳しい説明は Whitcomb により，参考文献 32 に与えられている．より詳しい説明を知り

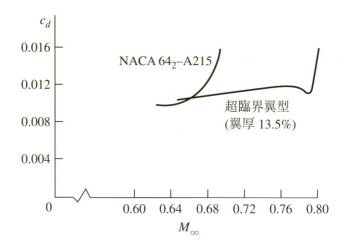

図 11.20 標準 NACA 64 - シリーズ翼型と超臨界翼型の抵抗発散特性

たければ参照すべき文献である．その超臨界翼型とそれから派生した多くの翼型は，今日において，新しい高速飛行機を設計している会社により採用されている．Boeing 757 と 767 および最新型の Learjet がそれらの例である．この超臨界翼型は 1945 年以来，遷音速飛行機空気力学においてなされた 2 つの主要な躍進のうちの 1 つであり，他のもう 1 つは第 11.8 節で論議した断面積法則である．Richard Whitcomb が両方に主たる役割を果たしていたということはこの人物の偉大さに対する証明書である．

11.10　CFD の応用：遷音速翼型と翼

　本章で論議され，Prandtl-Glauert 法則 (第 11.4 節) のような標準的圧縮性補正法となる翼型を過ぎる亜音速圧縮性流れの解析は，第 2.17.1 節で論議された，いわゆる，"閉じた形"の理論 ("closed form" theory) の範疇に入る．この理論は洗練され，有用ではあるが，次のものに制限されている．すなわち，

1. 微小な迎え角における薄い翼型

2. 1 にあまり近くない亜音速 Mach 数，すなわち，典型的には 0.7 より低い Mach 数

3. 非粘性，渦なし流れ

p. 750 しかしながら，新しい亜音速旅客機 (Boeing 747，777，等) はおよそ 0.85 の自由流 Mach 数で巡航し，高性能戦闘用軍用機は Mach 1 近くの高亜音速域で行動する．これらの飛行機は，第 1.10.4 節で論議され，図 1.44 に記されているように，**遷音速**飛行領域 (*transonic* flight regime) にいる．本章で論議された閉じた形の理論はこの飛行領域に適用されない．遷音速速度における翼型や翼特性の正確な計算ができる唯一の方法は計算流体力学を用いることである．CFD の基本的な原理は第 2.17.2 節で論議されている．そして，さらに先へ進む前に，復習すべき箇所である．

第11章 翼型を過ぎる亜音速圧縮性流れ： 線形理論

翼型や翼を過ぎる遷音速流を正確に計算する必要性は，CFD の展開の初期にそれの発展を押し進めた 2 つの分野の 1 つであり，他の分野は極超音速流であった．1960 年代および 1970 年代の間，高速民間ジェット輸送機の高まる重要性が遷音速流れの精度の高い計算について急を要するものとなり，そして，CFD が (今日でもなお，そうであるが，) そのような計算をする唯一の方法であった．本節において，そのような計算のさわりだけを示す．すなわち，さらに詳しいことについては，その最新の展開について現代の空気力学の論文同様に，参考文献 21 の第 14 章を見るべきである．

1960 年代に始まったときから，遷音速 CFD は時系列的に，次のように 4 つの明確な段階をへて発展したのである．すなわち，

1. 最も初期の計算は，式 (11.6) から，右辺の，$M_\infty = 1$ 近傍では小さくない第 1 項以外のすべての項を落として得られる遷音速流についての非線形微小じょう乱ポテンシャル方程式を数値的に解いたのである．これは，

$$(1 - M_\infty^2)\frac{\partial \hat{u}}{\partial x} + \frac{\partial \hat{v}}{\partial y} = M_\infty^2 \left[(\gamma + 1)\frac{\hat{u}}{V_\infty} \right] \frac{\partial \hat{u}}{\partial x}$$

となり，そして，じょう乱速度ポテンシャルで表すと，

$$(1 - M_\infty^2)\frac{\partial^2 \hat{\phi}}{\partial x^2} + \frac{\partial^2 \hat{\phi}}{\partial y^2} = M_\infty^2 \left[(\gamma + 1)\frac{\partial \hat{\phi}}{\partial x}\frac{1}{V_\infty} \right] \frac{\partial^2 \hat{\phi}}{\partial x^2} \qquad (11.69)$$

式 (11.69) は遷音速微小じょう乱ポテンシャル方程式である．すなわち，これは，従属変数 $\hat{\phi}$ の微係数の積が含まれている右辺の項により非線形である．この式には数値的な CFD 解法を必要とする．しかしながら，その結果はこの方程式に含まれる仮定，すなわち，微小じょう乱，したがって，小さな迎え角における薄い翼型に限定される．

2. 次の段階は，完全ポテンシャル方程式，式 (11.12) の数値解法であった．これは任意の迎え角における任意形状の翼型に適用できた．しかしながら，流れはまだ等エントロピーであると仮定され，計算結果に衝撃波が捉えられてはいたが，これらの衝撃波の特性を必ずしも正確に予測できるとは限らなかった．

3. CFD のアルゴリズムがより洗練されるにつれて，Euler 方程式 [(式 (7.40)，式 (7-42) および式 (7.44) のような，非粘性流についての完全連続，運動量およびエネルギーの各方程式] の数値解法が得られた．p. 751 これらの Euler 解法の利点は衝撃波を適切に取り扱えることであった．しかしながら，ステップ 1 から 3 で論議した何れの方法でも粘性流れの効果を考慮しておらず，遷音速流れにおけるその重要性は，衝撃波と境界層の相互作用のために，すみやかにより十分に理解された．流れのはく離を伴うこの相互作用は抵抗の計算に大きな影響を与えるのである．

4. これは遷音速流れに関して粘性流方程式 (式 (2.43)，式 (2.61) および式 (2.87) のような Navier-Stokes 方程式) の CFD 解法へと導いた．Navier-Stokes 方程式を第 15 章で詳しく展開する．そのような Navier-Stokes 方程式の CFD 解法は今では遷音速流れ計算において最も進んだものである．これらの解法は，乱流境界層を取り扱うためにある種の乱流モデルを含まなければならないということ以外，そのような流れのすべての現実的な物理的現象を含んでいる．そして，しばしば，そのような乱流モデルはこれらの計算のアキレス腱となる．

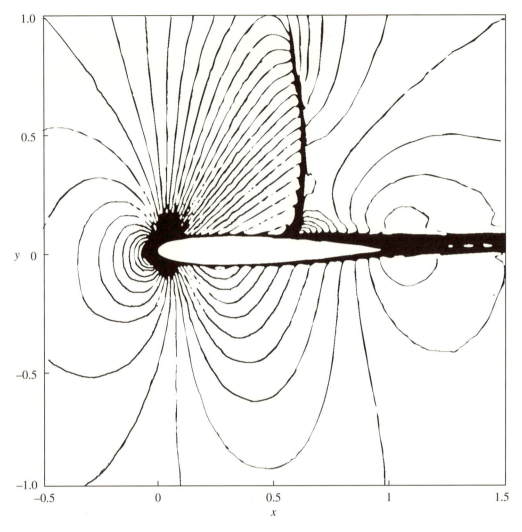

図 11.21 $M_\infty = 0.8$, 迎え角 2° の NACA 0012 翼型まわりの遷音速流れにおける等 Mach 線図（出典：Nakanishi and Deiwert, 文献 74）

　図 11.21 に，$M_\infty = 0.8$ で $\alpha = 2°$ における NACA 0012 を過ぎる遷音速流れの CFD 計算の例が示されている．ここで示されている等値線は等 Mach 線である．そして，これらの線が一緒に束なっているところは明らかに翼型上面で生じているほぼ垂直衝撃波を示している．迎え角ゼロにおける NACA 0012 翼型の臨界 Mach 数が 0.74 であることを示している例題 11.3 の計算や，図 11.10b に示されるこのことの実験による確認を参照すると，図 11.21 に示される同じ翼型を過ぎる流れは，明らかにこの臨界 Mach 数を十分に超えているのである．実際，図 11.21 における衝撃波の下流の境界層ははく離し，そして，はっきりと翼型は抵抗発散領域に存在するのである．この CFD 計算はこのはく離流れを予測しているのである．なぜなら，粘性流効果を考慮した (薄い剪断層近似と呼ばれる) Navier-Stokes 方程式の 1 つの近似式が数値的に解かれているからである．図 11.21 に示される結果は NASA Ames 研究センターの Nakanishi と Deiwert の研究 (文献 74) からのものである．すなわち，これらの結果は遷音速流に適用された CFD の威力を図的に説明しているのである．このようなタイプの CFD 計算の詳細については

第11章　翼型を過ぎる亜音速圧縮性流れ：　線形理論

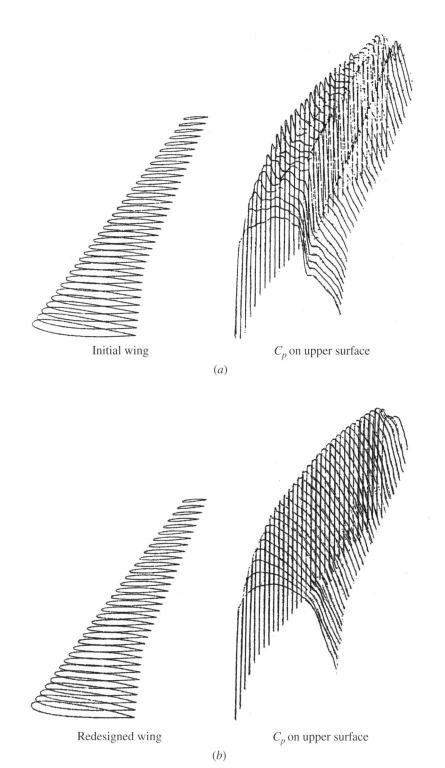

図 11.22 最適化遷音速翼設計における CFD の適用．$M_\infty = 0.83$．(a) 衝撃波を伴う基本翼 (b) 最適化された翼，ほぼ衝撃波無し 出典：Jameson, 文献 76

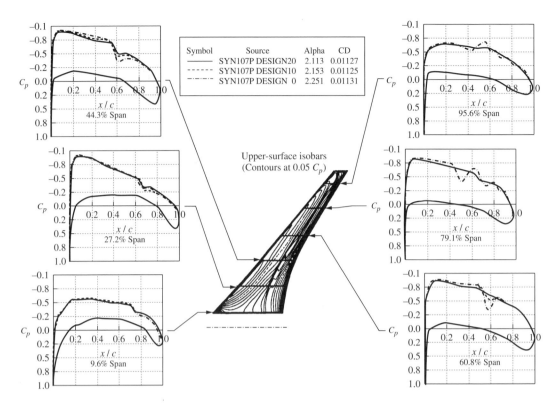

図 11.23 CFDを用いた最適化された遷音速翼設計の例 $M_\infty = 0.86$ (出典：Jameson, 文献 76)

Hirschによる代表的な書籍 (文献 75) を見るべきである．

今日，CFDは現代の遷音速翼型や翼の設計における統合された一部である．CFDが遷音速航空機における翼の設計のために現代の最適化設計法とどのように結びつけられているかの最近の例は，Jamesonによる調査論文 (文献 76) から持ってきた図 11.22 と図 11.23 に示されている．図 11.22a の左側に $M_\infty = 0.83$ における基本の，初期翼形状の半翼幅に沿った翼型分布が与えられ，右側には計算された圧力係数分布が示されている．これらの分布における C_p の急激な減少はこの翼に沿った比較的強い衝撃波によるものである．くり返し計算の後，同一の $M_\infty = 0.83$ における最適化された設計が図 11.22b に示されている．再度，新しい翼型形状分布がその左側に示され，その C_p 分布が右側に与えられている．図 11.22b に示される新しい，最適化された翼設計は，滑らかな C_p 分布により示されるように，ほぼ衝撃波がなく，それにより，抵抗が7.6パーセント減少している．図 11.22 に示される最適化は翼の厚さを同じに保つとする拘束条件のものである．もう1つ別の，しかし，同じような翼最適化設計が図 11.23 に示されている．ここでは，$M_\infty = 0.86$ についての最終的な最適化された翼平面形が示されている．そして，その平面形に最終的に計算された等圧線が示されている．図 11.23 の翼平面形の左右両方に示されているのは，6つの翼幅方向における圧力係数図である．点線の曲線は初期の基本翼の C_p 変化を示し，衝撃波を示唆する密告振動を伴っている．ところが，実線の曲線は最適化された翼の最終的な C_p 変化を表し，ほとんど衝撃波なしのより滑らかな変化を示している．図 11.22 と図 11.23 に示す結果が遷音速翼について CFD を用いる多くの分野に関係する最適設計を反映しているのである．これやその他の設計応用に関するより詳しいことに

第 11 章 翼型を過ぎる亜音速圧縮性流れ： 線形理論

ついては多分野に関係する最適設計について特集した特別号の *Journal of Aircraft*, Vol.36, No.1, Jan./Feb. 1999 を見るべきである.

11.11 応用空気力学：ブレンディッド・ウィング・ボディー

p. 754 本書は空気力学について学ぶための六つの良き理由を説明した 6 機の飛行ビークルの写真から始まった．特に，図 1.6 は画家によるブレンディッド・ウイング・ボディー (blended wing body) の概念図であり，長距離航空輸送にルネサンスを作り出すことを約束する新しい航空機である．ブレンディッド・ウイング・ボディー (BWB) は本書で論議された空気力学的基礎に深く根ざしている．それで，この BWB に関係するいくつかの応用空気力学を調べるためにこの機会を用いる.

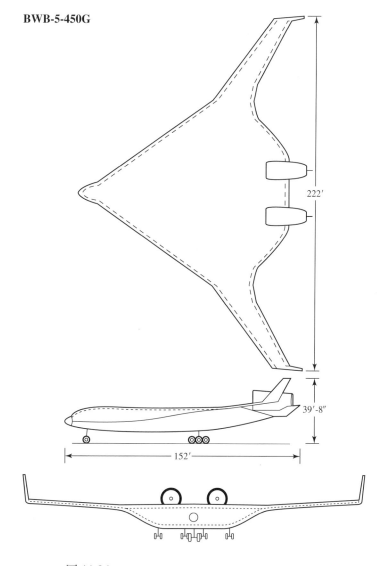

図 11.24 ブレンディッド・ウイング・ボディーの三面図

背景として，この BWB は 1988 年に Denis Bushnell が飛行機会社へ提出した挑戦状の副産物であった．NASA Langley 研究センター の主席科学研究官であった Bushnell が新しい，革新的な考え方が，歴史上重要な Boeing 707 (図 1.2) により開拓されたような，主翼下面にエンジン・ポットを搭載した標準的な筒状胴体の後退翼飛行機と比較して，効率と性能で定量的な跳躍ができるかどうかを尋ねた．p. 755 50 年後においても，この形状は，図 2.2 に示される Boeing 社の最新の設計，787 Dreamliner により強化されたように，実質上すべての輸送機の形状として依然として同じままである．この挑戦に応じて，Dr. Robert Liebeck に率いられた McDonnell Douglas 社の小さな空気力学者のグループがブレンディッド・ウイング・ボディーを思いついた．図 11.24 に示されているのがその一例である．p. 756 McDonnell Douglas 社が Boeing 社に吸収合併されたとき，Liebeck は NASA により研究費が与えられたこの BWB について研究を続けていた．図 11.24 はおよそ 2002 年に Boeing 社により行われた BWB の基礎研究から得られた形状を示している．

ブレンディッド・ウイング・ボディーの空気力学は本書において強調されている多くの基礎事項の適用に関する図式による説明である．この理由により，このブレンディッド・ウイング・ボディーが本応用空気力学の節で注意を引くために選ばれたのである．我々はこの BWB が本書の主題である基礎的な空気力学そのものを適用する先進的な未来の飛行機であること，そしてそのような基礎的事項が時間を超越しているという事実を明白にしていることを知るであろう．

まず第一に，図 11.24 を調べると，この BWB は明らかに弾丸状の機首を持つ，また翼型形状の中央胴体と一体化した全翼機であることを示している．通常の筒状の胴体をそれ自身が効率の良い揚力面である中央胴体に置き換えることにより，翼端から翼端までの翼幅方向揚力分

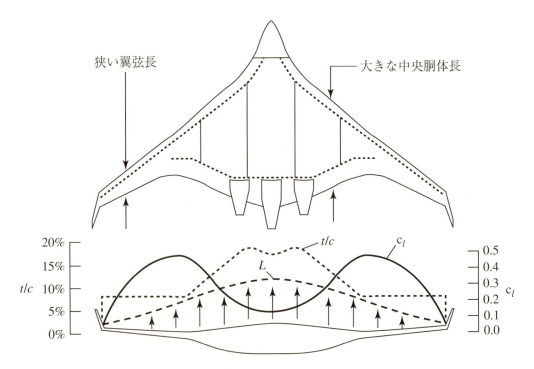

図 11.25 ブレンディッド・ウイング・ボディーに関する典型的な翼幅方向の揚力 L，揚力係数 c_l，および翼厚と翼弦長との比の分布

第 11 章　翼型を過ぎる亜音速圧縮性流れ：　線形理論　　723

布が理想的な楕円分布により近づく．第 5 章における有限翼幅翼の空気力学の学習は，楕円揚力分布が最小の誘導抵抗を生じるということを明白にした．この BWB は，図 11.25 に描かれているように，楕円揚力分布を保つように設計されている．ここで，この BWB 揚力分布が翼幅方向の翼型揚力係数 c_l および翼型翼厚と翼弦長の比 t/c ともにプロットされていることがわかる．c_l の変化と t/c の変化との間に直接的な関係が存在する．中央胴体は乗客やペイロードを収容できるだけ十分に大きくそして十分に厚くなければならない．そして，そのことが中央胴体断面の翼弦長と t/c の両方を増加させる方向に働く．この中央胴体上で楕円揚力分布を保つために，p. 757 中央胴体の翼断面は外翼面に用いられ翼型とは異なっている．それは，長い翼弦長と釣り合うように，そして，そのようにして滑らかな翼幅方向楕円揚力分布を保つように，より低い揚力係数を持つように選択される．(揚力分布は単位翼幅当たりの揚力 [lift force] の変化であることを思い出すべきである．そして，この揚力は局所の c_l 値と翼弦長の両方に比例するのである．)

この BWB 機は遷音速飛行領域の低い方の境界領域において飛行しようとする高速亜音速飛行機である．したがって，主要な努力はできるだけ高い抵抗発散マッハ数を得るためになされる．この目的に向かって，BWB 機は 2 つの設計における特徴を取り入れている．そして，この 2 つとも本章で論議された空気力学的基礎を取り扱っている．

1. **超臨界翼型**．超臨界翼型の機能は第 11.9 において論議されている．BWB 機の外翼部分は，図 11.19c に示されるものと同じような，後部キャンバーを持つ現代の超臨界翼型を組み込んでいる．この中央胴体の縦断面もまた翼断面形である．BWB 開発における第一世代において，選択された翼型形状は，マッハ数 0.7 において $c_l = 0.25$ となる 1 点設計された Liebeck LW102A 翼型 (参考文献 93) であった．結果として得られた中央胴体の縦断面の特徴図が図

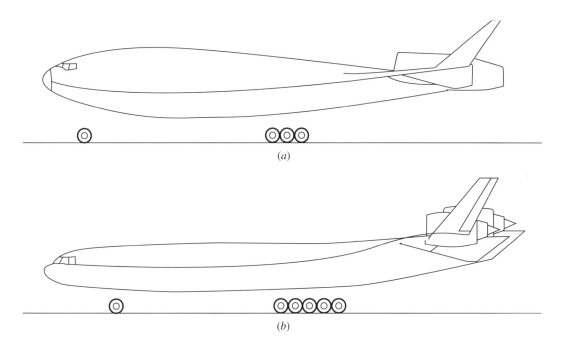

図 11.26 中央胴体断面：(a) 当初形状；(b) 最近の形状

11.26a に示されている．新世代の BWB 機は中央胴体縦断面として先進的なカスタマイズされた遷音速翼型形状を用いている．効率よく乗客，手荷物および貨物を収容するために要求される断面積における制限を考慮して，この新しい遷音速翼型形状が注意深い中央胴体の 3 次元的輪郭を描き，外翼と滑らかに一体化した．結果として得られた中央胴体形状が [p. 758] 図 11.26b に示され，図 11.26a の最初の形状よりもすっきりした，より流線型となった外見を与え，そして，より高い臨界 Mach 数を与えている．実際に，図 11.26b の新しい中央胴体形状はこの BWB 機の揚抗比を 4 パーセント増加させた．

2. **断面積法則** (*area rule*)．断面積法則の概念は第 11.8 節で論議されている．滑らかな輪郭と滑らかに変化する断面を持つブレンディッド・ウイング・ボディー機はほぼ自然に断面積法則を満たしている．図 11.27 は BWB 機 (実線) と通常型亜音速旅客機，MD-11 (点線) について胴体軸方向の関数としての断面積分布を比較している．明らかに，この BWB 機の断面積分布は MD-11 のそれよりもはるかにより滑らかであり，したがって，良い断面積法則特性を示すのである．Liebeck (参考文献 94) は BWB 機について，"巡航 Mach 数を 0.88 を超えて増加させることについて明確な限界は無いように見える"ということを述べている．実は，Mach 数 0.85，0.9，0.93 および 0.95 についてそれぞれにブレンディッド・ウイング・ボディー機が設計されていたのである．

遷音速非粘性流れの計算における計算流体力学 (CFD) の役割は第 11.10 において論議されている．この論議は第 20 章において Navier-Stokes 方程式の数値解法による粘性流れの CFD 解法へ拡大される．計算流体力学は現代の航空機設計においては欠くことのできない 1 つのツールである．そして，これは，Roman ら (参考文献 95) および Liebeck (参考文献 96) により論議されているように，ブレンディッド・ウイング・ボディー機に関しては特に重要である．図 11.28 は Navier-Stokes CFD 解法により得られた BWB 機の上面における等静圧線を示している．衝撃波は等圧線が寄り集まっている領域により示されている．これらの結果は，外翼上にはっきりと現れている，典型的な遷音速衝撃波が中央胴体上でより弱い圧縮波に押し広げられていることを示している．この CFD 解は中央胴体の流れパターンが迎え角に対して比較的鈍感であることを示した．また，これらの結果は外翼と中央胴体との間にある曲がり領域で流れのはく離の始まりを示した．さらなる CFD 結果が図 11.29 に，NASA Langley 研究所の国立遷音速施設 [National Transonic Facility] (NTF) においてほぼ実機 Reynolds 数で実験されたブレンディッド・ウイング・ボディー機模型で得られた実験結果と比較されている．図 11.29a は揚力係数 C_L による抵抗係数 C_D の変化 (抵抗極曲線の一部) を与える．図 11.29b は迎え角に対する C_L の図である．そして，図 11.29c はモーメント係数に対する揚力係数を与える．所有権の理由によりこれらの図の軸に数値が記されていないのではあるが，これらの比較からの最も重要な結論は，この BWB 機の CFD 結果は実験データと 1 % 以内で一致しているということである．Robert Liebeck の言葉 (参考文献 96) によれば，"この特筆すべき一致は，CFD が空気力学設計や解析のために信頼して用いられ得るということを示した．"

要約すると，我々はこの応用空気力学の節を，本書に示された基礎空気力学の理解が将来の航空機の設計においていかに重要であるかということの明確な例として示すのである．このブレンディッド・ウイング・ボディー機に関するもっと多くの情報については，参考文献 93–96 を見るべきである．

第11章 翼型を過ぎる亜音速圧縮性流れ： 線形理論

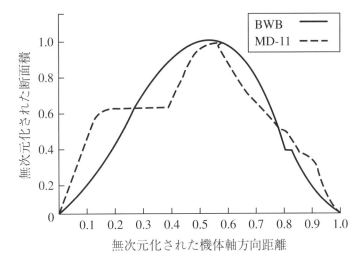

図 11.27 機体軸方向断面積分布，ブレンディッド・ウイング・ボディー機と通常型広胴民間輸送機，McDonell-Douglas MD-11 を比較している

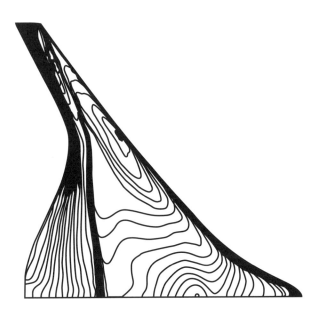

図 11.28 巡航条件における BWB 機の上面上における等静圧線の代表的 CFD 計算結果

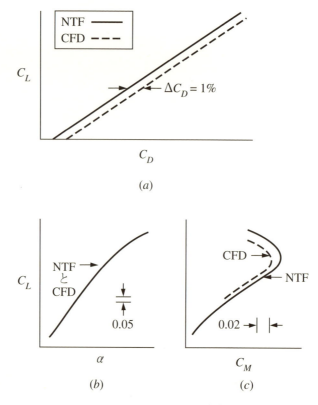

図 11.29 ブレンディッド・ウイング・ボディー機に関する CFD 計算と実験データとの比較．この CFD 計算は CFL3D コードで行われ，実験データは NASA Langley 研究所の National Transonic Facility (NTF) からのものである．

11.12　歴史に関するノート：高速翼型–初期における研究と開発

p. 760 20 世紀の空気力学は音速の近傍で飛行する物体における大きな抵抗増加の観察に独占的な権利を持ってはいない．むしろ，18 世紀において，弾道振り子 (the ballistic pendulum) の発明者であるイングランド人 Benjamin Robins は "物体がその抵抗を (V^2 から V^3 関係式へ) 移る速度は，音が空気中を伝播する速度とほとんど同じである" と報告している．彼の言っていることは，発射体を彼の弾道振り子装置へ発射した数多くの実験に基づいていたのである．しかしながら，これらの結果はこの世紀の初期の空気力学者にはほとんど無関係であった．そして，彼らは第一次世界大戦中とその直後に飛行機の速度を 150 mi/h に押し上げようと戦っていたのである．これらの人達にとって，音速に近い飛行は正に，おとぎ話であったのである．

驚くことに，1 つ例外がある! Spad や Nieuport のような第一次世界大戦機は先端が音速近くで回転するプロペラ翼を持っていたのである．p. 761 1919 年までにイギリスの研究者達は，すでに，1180 ft/s に達した，すなわち，音速よりほんのわずか大きい速度，に達した先端速度をもつプロペラについて推力の減少とブレード抵抗の大きな増加を観察していた．この結果をさらに確かめるために，両者とも Ohio 州 Dayton 近郊の McCook 基地にある米国陸軍工学部門 (今日の Wright-Patterson 空軍基地にある大規模な空軍研究開発施設の前身) の技師である F.

第 11 章　翼型を過ぎる亜音速圧縮性流れ：　線形理論　　　727

W. Caldwell と E. N. Fales が一連の高速翼型試験を行った．彼らは最初の高速風洞，直径 14 インチの測定部を持ち 675 ft/s までの速度を出せる設備，を設計し建設した．1918 年に，彼らは静止している翼型を過ぎる高速流れを含む最初の風洞試験を行った．彼らの結果は，迎え角のあるより厚い翼型について，揚力係数における大きな減少と，抵抗係数における大増加を示した．これらは歴史上最初に測定された翼型に関する "圧縮性効果 (compressibility effects)" であった．Caldwell と Fales は，そのような変化はある気流速度で起きることを言及している．そして，彼らはそれを "臨界速度 (critical speed)" と記している．すなわち，後日，臨界 Mach 数に発展した術語である．当時，Orville Wright は陸軍のコンサルタント (Wilbur は 1912 年に腸チフスで早逝していた) であり，Caldwell と Fales の試験のいくつかを見ていたということは興味あることである．しかしながら，この臨界速度現象の基本的な理解と説明がまったく欠けていた．当時，誰もこの，翼型を過ぎる高速流で実際何が生じているのか全然見当がつかなかったのである．

　米国航空諮問委員会 (NACA) の委員達は Caldwell-Fales の結果の重要性を十分認識していた．このことをそのまま忘れ去られないように，1922 年に，NACA は改良されたプロペラ翼型をめざして，翼型を過ぎる高速流の研究のために，米国基準局 (NBS) と研究契約を結んだ．NBS における研究には，0.95 の Mach 数を作りだせる，直径 12 in の高速風洞の建設が含まれていた．空気力学実験は Lyman J. Briggs (まもなく NBS の局長となった．) と Hugh Dryden (まもなく 20 世紀の指導的な空気力学者の 1 人になった．) により行われた．通常の力のデータに加えて，Briggs と Dryden は翼型表面の圧力分布も測定した．これらの圧力分布は流れの特性に関するより深い理解に貢献し，翼型の上面における流れのはく離をはっきりと示したのである．今日，そのような流れのはく離は衝撃波により誘起されることがわかっている．しかし，これらの初期の研究者たちは，当時，そのような衝撃波の存在について知らなかったのである．

　同じ時期において，高速翼型特性に関する唯一の意味のある研究はドイツの Prandtl とイングランドの Hermann Glauert により行われたのである．すなわち，式 (11.51) で与えられた Prandtl-Glauert 圧縮性補正法となった研究である．1922 年という早い時期に，Prandtl は，揚力係数が $(1 - M_\infty^2)^{-1/2}$ にしたがって増加すると述べていると言われている．すなわち，彼は Göttingen 大学での講義でこの結論を述べているが，証明はしていない．この結果は 6 年後，再び Prandtl の同僚である Jacob Ackeret により，証明なしで有名なドイツの "**物理学ハンドブック** (*Handbuch der Physik*)" シリーズに引用されたのである．その後，1928 年に，英国国立航空研究所 (Royal Aircraft Establishment) のイギリス人空気力学者，Hermann Glauert がこの概念を公式に確定したのである．(Glauert の小伝記について文献 21 の第 9 章を見るべきである．) *The Proceedings of the Royal Society*, vol. 118, p. 113 の，わずか 6 ページを使って，Glauert は，p. 762 $(1 - M_\infty^2)^{-1/2}$ 変化を確証する (第 11.4 節で説明したものと同様な) 線形微小じょう乱理論に基づいた導出を示している．この，"The Effect of Compressibility on the Lift of an Airfoil" の表題の論文において，Glauert は本書で式 (11.51) から式 (11.53) で与えられる，有名な Prandtl-Glauert 圧縮性補正を導いたのである．この結果は，次の 10 年間，変更なしに君臨したのである．

　それゆえ，1930 年において，最先端の高亜音速翼型研究は，流れのはく離により引き起こされるが，基本的な流れ場の根本的な理解がなされていない，抵抗発散現象の存在に関する実験的証明により特徴づけられていたのである．次に，事実上，Pradtl-Glauert 法則以外，理論的な裏付けがなかったのである．また，上で述べたすべての研究はプロペラ性能を理解する必要

性により行われたのであることを覚えておくべきである．なぜなら，当時，唯一，圧縮性効果に遭遇した飛行機の部位はプロペラ先端であったからである．

1930年代にはこれらすべてが変わった．1928年に，NACAは，Langley航空研究所にその最初の基礎的な高亜音速風洞を建設した．それは直径1 ftの測定部を持つものであった．その風洞施設長であるEastmanと主任研究官のJacobs John Stackは，いろいろな標準的な翼型に関する一連の実験を行った．自分達の流れ場についての理解不足に不満を感じていたので，彼らはErnst Mach (第9.9節を見よ) にしたがって，光学的方法を使うことにした．1933年に，彼らは直径3 inの読書用品質のレンズと瞬間スパーク光源からなる簡単なシュリーレン光学系を組み立てた．このシュリーレン系による円柱まわりの流れを扱った，彼らの最初の実験において，その結果は劇的であった．衝撃波が，それによる流れのはく離とともに観察されたのである．この結果を見るために訪問者がこの風洞に殺到した．その訪問者には，当時の一流の理論空気力学者の1人であるTheodor Theodorsenも含まれていた．当時の心理状態は，自由流が亜音速であるから衝撃波のように現れているのは"光学的な幻影 (optical illusion)"に違いない，というTheodorsenのコメントによりわかる．しかしながら，Eastman JacobとJohn Stackはそれとは違うことを知っていたのである．彼らは，一連の主要な翼型実験を，すなわち，標準NACA翼型を用いて，継続したのである．彼らのシュリーレン写真は臨界Mach数より高いMach数における翼型を過ぎる流れの秘密を明らかにしたのである．(図1.38bと付随するそのような超臨界流れの論議を見るべきである．) 1935年，Jacobsはイタリアへ行き，彼は第5回Volta会議 (第7.1節を見よ) でNACA高速翼型研究の結果を発表した．これは，史上初めて，標準翼型まわりの遷音速流れ場の写真が大きな公開の場で発表されたということである．

1930年代においてそのような研究が行われている間に，高速空気力学研究に関する動機はプロペラへの適用から飛行機それ自身の機体へと移った．1930年代半ばまでに，550 mi/hの飛行機の可能性は夢ではなくなっていた．すなわち，レシプロエンジンは十分強力になっていたので，十分そのような速度領域がプロペラ駆動の飛行機について可能と考えられたのである．次に，飛行機全体 (主翼，カウリング，尾翼等) が圧縮性効果に遭遇するであろう．これが，500 mi/h以上の測定部風速をもつ，Langleyにおける，大きな8 ft高速風洞の設計へ導いたのである．この風洞は，前に建設された1 ft風洞とともに，1930年代後半での高亜音速研究におけるNACAの主導権を確立したのである．

p. 763 1930年からの10年間において，状況は完全に変わったのである．1940年までに，翼型を過ぎる高速流れは比較的良く理解されるようになっていた．この期間の間に，StackとJacobsはそのような高速流れの実験的特徴に光を当てただけでなく，式(11.60)で与えられる，M_{cr}の関数としての$C_{p,cr}$についての式を導き，第11.6節で論議されたように，与えられた翼型についての臨界Mach数を算定する方法を示したのである．図11.30は，NACAにより撮られた，代表的な，p. 764 標準NACA翼型まわりの流れのシュリーレン写真を示している．これらの写真は1949年に撮影されたのではあるが，それらは1930年代にStackとJacobsにより得られた結果と同様である．これらの写真には測定された翼型の上面の圧力分布 (実線) と下面の圧力分布 (破線) が重ね合わされている．これらの写真を注意深く調べてみよう．図を下から上へ移動するにつれて，自由流Mach数の増加の影響を見ることができ，左から右へ行くと，翼型厚さの増加の影響を見ることができる．M_∞が増加するにつれて，衝撃波が下流方向へ移動し，最終的に，$M_\infty = 1.0$で後縁に到達することに注意すべきである．この場合，図の一番上の写真は翼型を過ぎるほぼ完全な超音速流れを示している．また，Mach数0.79，0.87および0.94に

ついて,衝撃波の下流に大きなはく離した流れの領域に注意すべきである.すなわち,このはく離した流れが Mach 1 近傍における大きな抵抗増加の主な原因なのである.1940 年までに,衝撃波を横切っての,ほとんど不連続的な圧力増加は翼型表面上に強い逆圧力勾配を作りだし,この逆圧力勾配が流れをはく離させているということが十分に理解されたのである.

高速翼型研究計画は NASA 内で今日も続いている.それは,1960 年代における超臨界翼型 (supercritical airfoils) (第 11.9 節および第 11.14 節を見よ) を作りだした.それは,現代において,翼型を過ぎる遷音速流れを理論的に解くための数値計算法を用いる膨大な研究を生み出している.そのような研究は成功のための出発点であり,多くの点において,今日,我々は,計算機で遷音速翼型を設計する能力を有している.しかしながら,今日のそのような能力は,1918 年の Caldwell と Fales にまで遡るルーツを有しているのである.

高速翼型研究の歴史についてのさらに詳しいことについては,*The High-Speed Frontier*,NASA SP-445, 1980 において John V. Becker により描写された楽しい物語を読むことを奨励する.

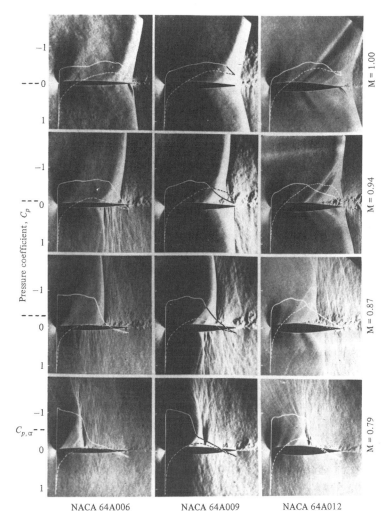

図 11.30 NACA 翼型まわりの遷音速流れについてのシュリーレン写真と圧力分布.これらの写真は 1949 年に NACA により撮影された (出典:John V. Becker, *"The High-Speed Frontier", NASA SP-445, 1980*)

11.13 歴史に関するノート：後退翼概念の原点

　高速飛行のための後退翼の概念は，ドイツ人空気力学者 Dr. Adolf Busemann により 1935 年のローマにおける第 5 回 Volta 会議において初めて紹介された．一般の高速飛行の進展に対するこの会議の重要性は第 7.1 節に記されている．それで，これからさらに読み続ける前に，それを読み返してもらいたい．この会議で発表された，最も先見性のある，そして重要な論文の 1 つが Busemann (図 11.31) により発表された．"Aerodynamischer Auftrieb bei Überschallgeschwindigkert" ("Aerodynamic Forces at Supersonic Speeds") なる表題の，この論文は超音速において遭遇する大きな抵抗増加を減少させるためのメカニズムとして後退翼の概念を歴史上初めて導入した．Busemann は翼を過ぎる流れは主にその前縁に垂直な速度成分により支配されると推論した．もし，翼が後退角を取ると，この速度成分が，図 11.32, Busemann の原著論文から直接持ってきた図，に描かれているように，減少する．したがって，超音速造波抵抗は減少するであろう．もし，この後退角が十分大きければ，速度の垂直成分は亜音速となり (それで，この超音速翼は "亜音速前縁 (subsonic leading edge)" を持つと言われる)，p. 765 造波抵抗の劇的な減少を伴うであろう．後退翼機の平面形を示している，図 11.33 もまた Busemann の論文からのものである．

　Volta 会議のとき，Adolf Busemann は比較的若かったけれども (34 歳)，熟達した空気力学者であった．1901 年，ドイツの Lübeck で生まれ，彼は故郷の町で高校を卒業し，Braunschweig にある Technische Hochschule から 1924 年および 1925 年に，それぞれ，工学卒業証書および p. 766 工学博士を取得した．Busemann は Ludwig Prandtl (第 5.8 節を見よ) の学生の 1 人とし

図 11.31 Adolf Busemann (1901–1986) 出典：(NASA)

第 11 章　翼型を過ぎる亜音速圧縮性流れ：　線形理論

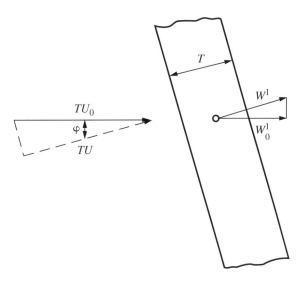

図 11.32　1935 年の Busemann の原著論文にある後退翼概念

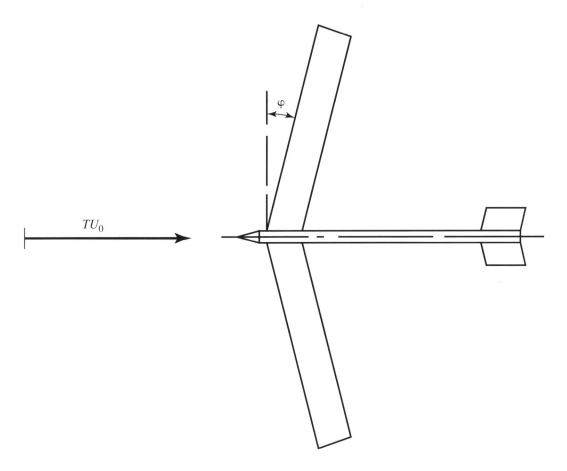

図 11.33　Busemann の 1935 年の原著論文からの後退翼機平面形

て研究を始めなかった，当時の数少ない重要なドイツの空気力学者の 1 人であった．しかし，1925 年に Busemann は Göttingen にある Kaiser Wilhelm Institute で働き始め，そして間もなく Prandtl の勢力範囲に入った．1931 年から 1935 年において，Busemann はその勢力範囲から抜け出て Dresden Technishe Hochschule のエンジン研究所で教鞭をとった．彼があの Volta 会議で彼の独創的な論文を発表したときはまだ Dresden に居たのである．その後，まもなく彼は航空研究所 (DFL) の気体力学部の部長として Braunschweig に赴任した．第二次世界大戦の終結時に連合国技術チームがドイツへ入ったとき，彼らは大量の空力データをすくい取っただけでなく，実質的に Busemann をもすくい取ったのである．そして，彼は最初，イングランドの Farnborough にある王立飛行機研究所に行ったが，1947 年に Paperclip 作戦のもとで NACA Langley 記念研究所で研究する招聘を受け入れた．Busemann は Langley 研究所に入ったあとに NACA のために彼の高速空気力学研究を続けた．彼は，後で Langley における先進研究委員会の議長になり，そして，その他の責務中に，有人宇宙飛行計画における初期の宇宙飛行士グループを訓練するために用いられて科学講義の準備を指揮した．1963 年に Busemann は Boulder にある Colorado 大学航空宇宙科学学科の教授になった．引退後も彼は Boulder にとどまり，1986 年に亡くなるまで活動的な生活を送った．

p. 767 Busemann の 1935 年の Volta 会議論文における後退翼概念はドイツ以外の誰にとってもかけ離れた考えであった．米合衆国の最高の空気力学者である，Theodore von Kármán やその他の出席者たちが Busemann の着想の重要性を認識するのに失敗した，それのみならず，それをまったく忘れ去ってしまったことを理解することが難しい．なぜなら，その発表の日の夜に，Busemann は von Kármán，Hugh Dryden (第 11.11 節を見よ)，そして この会議の組織委員長である Gaetano Arturo Crocco と晩餐会へ行っているのである．晩餐会の間に，Crocco は献立表の裏に後退翼，後退尾翼そして後退したプロペラを持つ飛行機を描き，それを，ふざけて，"Busemann の未来の飛行機" と呼んでいる．

ドイツではそのようなふざけは存在しなかった．ドイツ空軍はこの後退翼の軍事的重要性を認め，1936 年–この会議の 1 年後にこの概念を機密とした．その時から第二次世界大戦の終結まで，ドイツ人は莫大な量の後退翼研究，彼ら自身にしかわからない秘密，を行った．さらに，彼らはこの後退翼の水平線を高亜音速および遷音速飛行機へ拡張させた．それは Busemann の Volta 会議論文に述べられたと同じ空気力学的メカニズムがそのような飛行機の臨界 Mach 数を増加させるのに貢献するだろうということを認めたからである．高亜音速 Mach 数における後退翼の実験結果は図 11.34 に示されるように，1939 年に，Hubert Ludwieg により初めて報告された．ここで，直線翼と後退翼について (ドイツの記号で，揚力係数 C_A vs 抵抗係数 C_W として第 5.3.3 節で定義される) 抵抗極曲線が比較されている．これらはドイツの報告書 AVA-39/H/18, 1939 からの原著図である．これらは Göttingen にある Aerodynamische Versuchsanstalt (AVA) で新高速風洞において得られた最高機密データであった．そして，まさしく引き続いて出てくるドイツ後退翼研究という氷山の頂点を表していた．Peter Hamel は彼の最近の論文において ("Birth of Sweepback: Related Research at Luftfahrtforschungsanstalt–Germany," *Journal of Aircraft*, vol. 42, no. 4, July–August 2005, pp 801–813) このデータを "後退翼をもつ未来の遷音速航空機形状に関する世界初のデータベースを構築するための確立された系統的な風洞試験" からの最初のものと分類している．

そうしているときに，Robert T. Jones (図 11.35)，NACA Langely 記念研究所における指導的空気力学者，は独立的に後退翼の有利な点を発見した．Jones は自力の人であった．1910 年

第 11 章 翼型を過ぎる亜音速圧縮性流れ：線形理論

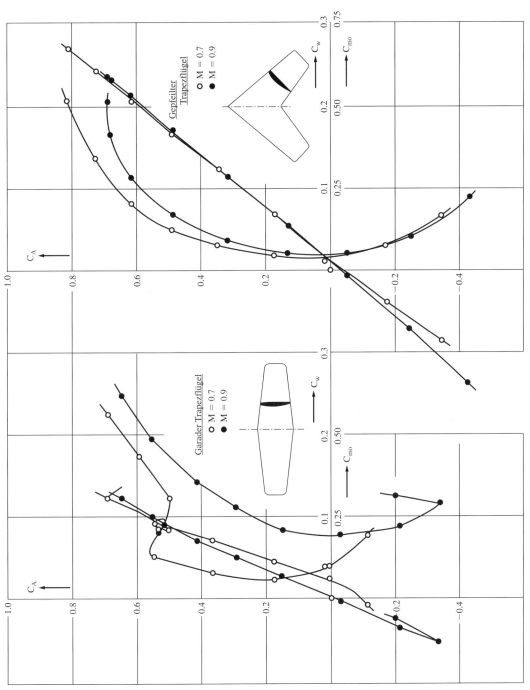

図 11.34 1939 年に Ludwieg により報告された直線翼 (左) および後退翼 (右) の Mach 0.7 および 0.9 における抵抗極曲線

図 11.35 Robert T. Jones (1910–1999) (NASA)

に Missouri 州 Macon で生まれ, Jones は幼い歳で航空学にすっかり魅了された. 彼は後の 1977 年に次のように書いている ("Recollections from an Earlier Period in American Aeronautics," *Annual Review of Fluid Mechanics*, vol. 9, M. Van Dyke et al (eds), pp. 1–11):

> 20 年代の終わりに近いころを通して週刊誌の *Aviation* が私の故郷である Missouri 州 Macon の新聞販売所に売られていた. *Aviation* 誌は B. V. Korvin-Krovkovsky, Alexander Klemin, およびその他の著名な航空技術者による記事を掲載していた. 強調すべきは *Aero Digest* 誌および *Aviation* 誌, 両方に掲載されていたのは近刊の *NACA Technical Reports and Notes* であった. これらは通常 10 セントで米国政府印刷局からそして時には単に Washington の NACA 本部へ手紙を書くことにより無料で入手できた. これらの報告書の内容は私にとって正規の高等学校や大学の履修課程よりもより興味深く見え, それで, 私は, 私の英語の先生たちは, 私が航空学に関する題材について彼らに書いた小論により非常に当惑させられたのではないかと思う.

p. 769 Jones は 1 年間 Missouri 大学に通ったが, 航空学に関連した仕事, 最初は Marie Meyer Flying Circus の団員として, 次に Missouri 州 Marshall にある Nicholas-Beazley Airplane Company の従業員として働くために大学を中退した. そして, その航空機会社はちょうど有名な英国の航空技術者である Walter H. Barling により設計された単発, 低翼単葉機を製造し始めていたのである. 当時, Nicholas-Beazley 社はこれらの航空機の 1 つを毎日製造し, 販売していた. しかしながら, この会社は世界大恐慌の犠牲になった. そして, 1933 年において, Jones は気がつくと Washington D. C. でエレベータ操作員として働き, そして, Max Munk が教えていた Catholic 大学における航空学に関する夜間講座を受講していた. その出会いは Jones と Monk との間の生涯にわたる友情の始まりであった. 1934 年, 公共事業局は連邦政府

第11章 翼型を過ぎる亜音速圧縮性流れ： 線形理論　　　　735

の中に多くの臨時科学研究官の職を創出した．Jones の故郷選出の下院議員 David J. Lewis の推薦により，Jones は NACA Langley Memorial Laboratory で九ヶ月間の雇用を得た．それが Jones の NACA/NASA における生涯にわたる経歴の始まりであった．空気力学に対する熱烈な興味と自力学習によって Jones は空気力学理論において非常に精通するようになった．彼の才能は Langley 研究所で認められ，そして，彼は次の二年間臨時および緊急的再雇用の繰り返しにより研究所に雇われ続けられた．大学卒の学位が要求される公務員規定のために彼を最下級の技師階級に昇任させることができないため，1936 年に，研究所管理陣は最終的に抜け穴を使って Jones を常勤として雇うことができた．すなわち，研究所は Jones を最下級より 1 つ上の階級で雇ったのである．それについては (前提とされてはいたが) 大学卒学位の要求が特に述べられていなかった．

p. 770　1944 年までに，Jones は NACA において最も尊敬される空気力学者の 1 人であった．当時，彼は陸軍航空隊の実験用空対空ミサイルの設計に従事しており，また彼は提案された，低い縦横比の三角翼を持つ滑空爆弾の空気力学を研究していた．Connecticut 州 Saybrook の Ludington-Griswald 社が彼らの設計した投げ槍形状のミサイルについて風洞試験を行っていた．そして，社長の Roger Griswold が そのデータを Jones へ 1944 年に示した．Griswold はそのミサイルの低縦横比三角翼に関する揚力データを Prandtl の試験済みで証明された揚力線理論 (第 5.3 節) からなされた計算と比較していた．Jones は Prandtl の揚力線理論は低縦横比翼には有効でないことを理解した．そして，彼は三角翼に関するより適切な理論を構築することを始めた．Jones は三角翼を過ぎる低速，非圧縮性流れに関するむしろ単純な解析方程式を得たが，この理論は "大まか (so crude)" であるので誰もそれに興味を持たないだろうと考えた．彼は彼の解析を自分の机にしまい他の研究を続けた．

1945 年の初めのころに，Jones は超音速ポテンシャル (渦なし) 流れの数学的理論を考察し始めた．三角翼に適用したとき，Jones は今は彼の机の中に埋もれている大まかな理論を用いて非圧縮性流れに関して見つけた式と同じものを得ていることに気づいた．それの説明を探していたとき，彼は，翼の空気力学的特性は主としてその前縁に垂直な自由流速度成分によって支配されるという，1924 年の Max Munk による意見を思い出した．それに対する解答は突然にまったく簡単になった．すなわち，三角翼に関して，彼の超音速で発見したことがらが彼が以前に低速で見つけたものと同じである理由は，三角翼の前縁が十分に後退しているので，前縁に垂直な自由流 Mach 数成分が亜音速であったということである．そして，それゆえ超音速後退翼があたかも亜音速流れにあるかのように振る舞ったのである．その新発見により，Jones は，Volta 会議での Busemann の論文の 10 年後ではあるが，それとは無関係に後退翼の高速空気力学的有利点を発見したのである．

Jones は NACA Langley 研究所の同僚と彼の後退翼理論を論議することを始めた．1945 年 2 月半ばに彼は Wright 航空基地 にいる陸軍航空隊の Jean Roche と Ezra Kotcher に彼の考えを概説した．1945 年 3 月 5 日，彼は Langley 研究所主任研究官の Gus Crowley へ覚え書きを送った．それは，彼は "最近，頂点を先にして移動する V 型形状の翼は圧縮性によって他の平面形の翼よりも影響を受けないであろうということを示す理論解析を行った．実際，もし V の角度が Mach 角よりも小さく保たれるなら，揚力および圧力中心は音速より高い速度およびそれより低い速度の両方で同じ値にとどまる．" と述べている．その同じ覚え書きにおいて Jones は Crowley に後退翼についての実験研究を認可するよう要望している．そのような研究はすぐに Robert Gilruth の指揮のもとで，Langley の飛行研究部により着手され，高空から落下させ

る後退翼をもつ試験体を用いる一連の自由飛行試験 (free-flight tests) から始まった．

　Jones は 1945 年 4 月の終わりごろに，圧縮性効果と後退翼概念を含んだ，彼の低い縦横比翼の理論に関する公式報告書を完成させた．しかしながら，その報告書の所内編集審査において，Theore Theodorsen がいくつかの重大な難点を提起した．Theodorsen は Jones の理論の極度に直観的な性質を好まなかった．そして彼は Jones に "ごまかし (hocus-pocus)" を相当な "真の数学 (real mathematics)" で明らかにするよう要求した．さらに，超音速流れは p. 771 亜音速流れとは物理的および数学的にも非常に異なっているため，Theodorsen は超音速における Jones の高い後退角の翼の "亜音速" 動作を受け入れることができなかった．Jones の後退翼概念全体を批判し，それを "罠と妄想 (a snare and a delusion)" と呼び，Theodorsen は Jones が後退翼についての部分を抜くことを主張した．

　Theoresen の主張が勝ち，Jones の報告書の発刊が延期された．しかしながら，1945 年 5 月末に，Gilruth の自由飛行試験が Jones の予言を劇的に証明した．それは翼を後退させることにより抵抗が 4 分の 1 に減少することを示していた．これらのデータに続いてすぐに Langley にある小さな超音速風洞において行われた風洞試験は細長い金属線が風洞測定部内に流れに対して実質的な後退角を持たせて設置されたとき，測定部におけるその金属線の断面に働く抵抗の大きな減少を示した．その，後退翼概念の妥当性についての実験的証明をそえて，Langley 研究所は Jones の報告書を出版のために Washington の NACA 本部へ発送した．しかし Theodorsen は諦めてはいないようであった．すなわち，NACA 本部への送付文書は "Dr. Theodore Theodorsen は (いまだに) 示された論拠や得られた結論に同意しておらず，したがって，この報告書を編集することに関わることを辞退した．" という一言を含んでいた．Theodorsen のその部分に対する強情さは 11 年前に John Stack の翼型を過ぎる遷音速流れのシュリーレン写真に見られる衝撃波が現実である (第 11.11 節を見よ) ということを認めることを拒否したことを思い出させる．Theodorsen は，確かに 1930 年において翼型理論に重要な貢献をした．しかし，彼もまた判断に誤りを犯したのである (すなわち，彼は人であったからである)．

　1945 年 6 月 21 日に，NACA は Jones の報告書を主に陸軍と海軍のために，機密覚書として発行した．3 週間後，この報告書は高等機密報告として再発行され，"知るべき必要性" のある企業にいる技術者たちへ書留郵便で郵送された．"高速飛行のための翼平面形" と題目が付けられた Jones の報告書は後退翼の概念を米合衆国における航空界の選ばれた人たちへ急速に広めた．しかし，そのときまでにドイツの後退翼研究の情報が同じ航空界に届き始めていた．Jones の研究は 1 年後，NACA TR 863，わずか 5 ページの技術報告ではあるが，後退翼がいかに空気力学的に作動するかの第一級の説明となるもの，として一般に公開された文献として現れた．

　高速飛行のための後退翼概念の栄誉を Busemann と Jones とで分かち合っている．10 年という時の離れと，ドイツおよび米合衆国の両国において軍事的安全保障のために閉ざされた職場で隔てられていたので，おのおのは，他者の研究を知ることなしに，独立してその概念を展開した．航空産業界に与えた後退翼概念の強烈な衝撃は，第二次世界大戦終結後，大西洋の両側から同じような情報のほぼ同時的な開示により直接やって来た．そして，この概念の有効性の確信を促進したのである．この情報が飛行機設計に用いられる速さは目を見張るばかりである．Boeing 社の主任空気力学者，George Schairer は 1945 年 4 月にドイツへ派遣された連合国技術情報チームのメンバーの一人であった．ドイツへの飛行のときに，Jones の後退翼概念および Jones の報告書が編集過程で停滞させられていることに気がついていた Schairer は，その概念が会話の主題であったと報告している．後退角をつけることが有効な概念であると結論

第 11 章　翼型を過ぎる亜音速圧縮性流れ： 線形理論　　　　　　　　　　　737

づけていたので，5 月 7 日にこの技術情報チームが Baunschweig でドイツの後退翼データを見たとき，Schairer はその価値を確信する必要がなかった．5 月 10 日に，彼は P. 772 新しい設計の直線翼ジェット爆撃機は直ちに後退翼形態に変更させるべきであることおよび他の航空機製造会社にドイツの後退翼研究について知らせるべきであることを指示する Boeing 社への生産的な，そして歴史的に重要な手紙を送った．Boeing 社において，この手紙の結果は図 11.36 に示される Boeing B-47 であった．そして，North American 社においては，その結果は有名な F-86 (図 11.15) であった．この B-47 は Boeing 707 後退翼ジェット輸送機 (図 1.2) の，そして，

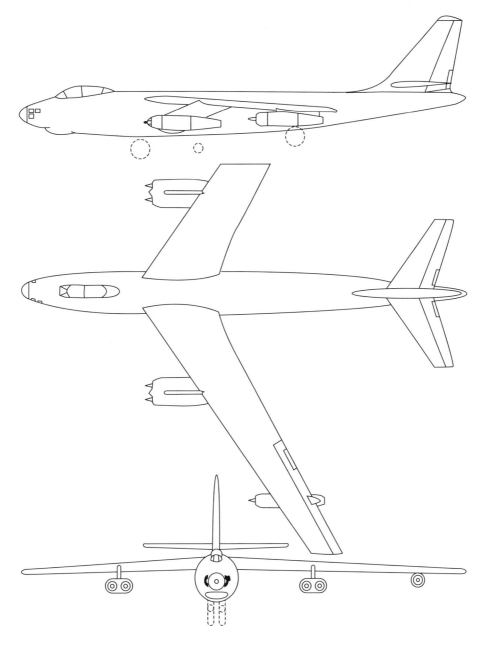

図 11.36 Boeing B-47 後退翼爆撃機三面図，およそ 1948 年

今日までのそれに続いた大型民間ジェット輸送機のための種をまいたのである．

　実際，1948年までに，後退翼は飛行機設計の1つの特徴として受け入れられていた．それは高速ジェット飛行機のために，流線化が1930年代において新型プロペラ飛行機に対して果たしたことを成し遂げた，すなわち，望む飛行領域における効率的な飛行のための空気力学的方法を与えたのである．実質的に，p. 773 現代のすべての高速，ジェット推進飛行機は高い前縁後退角の主翼を用いている．そして，これらの現代の航空機はそれらの祖先をたどると直接的にはB-47やF-86へと，そして，Adolf BusemannやRobert Jonesの革新的な概念や非凡な才能へとたどり着くのである．

　この後退翼の歴史についてのより詳しい論議については参考文献62と115を見るべきである．

11.14　歴史に関するノート：Richard T. Whitcomb–断面積法則と超臨界翼の開拓者

　断面積法則(第11.8節)と超臨界翼型(第11.9節)の開発は1950年以来，2つの空気力学における最も重要な進歩である．これら2つの開発が同一の人物，Richard T. Whitcombによりなされたということは特筆すべきである．この人は何者であろうか．どのような資質がそのような成果をもたらすのであろうか．これらのことについてさらに追ってみよう．

　Richard Whitcombは1921年2月21日，Illinois州のEvanstonで誕生した．幼い頃，彼は彼の祖父の影響を受けたのである．その祖父はThomas A. Edisonを知っていたのである．1969年8月31日に *Washington Post* 紙とのインタビューにおいて，Whitcombは，"私は祖父のそばに座り，Edisonについての話を聞いたものであった．彼は，まあ，私のアイドルになったという訳だ"，と言ったと報じられている．Whitcombは1939年にWorcester Polytechnic Instituteに入学した．(これは，ロケットの開拓者，Robert H. Goddardが31年前に卒業したと同じ大学である．) Whitcombは大学で優秀な成績を修め，1943年に首席で機械工学の学位を得て卒業した．*Fourtune* 紙のNACA Langley記念研究所における研究施設に関する記事に触発され，Whitcombは直ちにNACAに就職した．彼は風洞技術者となり，初期の研究として，Boeing B-29 Superfortressに関係した設計問題に取り組んだ．彼は1980年に退官するまで，NACAと，その後，後継組織であるNASAで働いた．すなわち，彼の全キャリアをLangley研究センターで風洞に捧げたのである．その間に，彼は，Langleyの8フィート風洞部の部長に昇進した．彼は2009年10月13日に，Virginia州Newport Newsにおいて肺炎により88歳で亡くなった．

　Whitcombは1951年には早くも断面積法則という着想を抱いていた．彼は自分の着想をLangleyの遷音速風洞で試験した．その結果が非常に有望であったので，航空機製造企業は途中で設計を変更した．例えば，Convair F-102 三角翼戦闘機は超音速飛行するように設計されていた，しかし，音速を越えることにおいてさえ大きな困難を抱えていた．すなわち，簡単に言ってMach 1近傍における抵抗増加があまりにも大きかったのである．このF-102はWhitcombの断面積法則を取り入れ再設計され，その後，最初に計画された超音速Mach数を達成できたのであった．この断面積法則は非常に重要な空気力学的成果であったので，1952年から，断面積法則を取り入れた飛行機が生産ラインから引きわたされはじめた1954年の間，"機密(secret)"とされた．1954年にはWhitcombに，"アメリカの航空界における最も偉大な業績"に対する

年間賞である Collier トロフィーが贈られた．

1960 年代の初期に，Whitcomb は，Mach 1 近傍での大きな抵抗増加を減少させるという目的を持って翼型設計に注意を向けた．翼型特性についての既存の知識と膨大な風洞試験および

p. 774 永年の経験により砥すまされた直観力を用い，Whitcomb は超臨界翼型を創りだした．この開発は航空産業界に再び大きな衝撃を与え，今日では，事実上すべての新しい民間輸送機およびビジネス機設計は超臨界翼を用いているのである．彼の超臨界翼型の開発に対して，NASA は，1974 年，Whitcomb に 25,000 ドルの賞金を贈った．それは，今までに NASA が 1 人の個人に贈った最高額の賞金であった．

Wright 兄弟と Richard Whitcomb の性格にはある相似点が存在する．すなわち，(1) 彼ら全員は飛行の問題に発揮した強力な直観的能力を持っていた，(2) 彼らはすべてを彼らの仕事に捧げた (彼らの誰も結婚しなかった)，そして，(3) 彼らは，彼ら自身の結果のみを信頼し，彼らの仕事の大部分を自分達で行ったのである．例として，ここに，上で述べた同じ *Washington Post* 紙のインタビューに掲載されている Whitcomb の話しの引用がある．超臨界翼型の開発における詳しい作業について，Whitcomb は次のように言っている．すなわち，

> 翼を試験するとき，私はその翼の形を自分自身で修正した．この方法がまったく明確でより容易なのだ．実際，翼の形状をやすりで削るという私の評判は有名になっていたので，North American 社の技術者たちは私に実機での作業をするために 10 フィートのやすりを準備すると冗談を言ってきたのである．

おそらく，Whitcomb の成功の本当の要因は，毎日長時間働いたことのみならず，彼の個人的な哲学である．彼自身の言葉で示すと，

> 私は 10 代からこれまでずっと，私の中であらゆること行うためのより良い方法を見出そうとする絶え間ない働きがある．大勢の非常に知的な人達は適応しようとする，しかしある程度までである．もし，人間の心が何かを行うためのより良い方法を描き出せるなら，そのように行おうではないか．私は何もしないでいることができない．私は考えなければならないのだ．

学生諸君はこれをしっかりと覚えておくべきである．

11.15 要約

図 11.1 にあるロードマップを再検討し，このロードマップに載せられているすべての概念を良く憶えていることを確かめるべきである．本章の重要なことのいくつかは次に示すものである．すなわち，

圧縮性流体の 2 次元，渦なし，等エントロピー，定常流れについて，厳密な速度ポテンシャル方程式は

$$\left[1 - \frac{1}{a^2}\left(\frac{\partial \phi}{\partial x}\right)^2\right]\frac{\partial^2 \phi}{\partial x^2} + \left[1 - \frac{1}{a^2}\left(\frac{\partial \phi}{\partial y}\right)^2\right]\frac{\partial^2 \phi}{\partial y^2} - \frac{2}{a^2}\left(\frac{\partial \phi}{\partial x}\right)\left(\frac{\partial \phi}{\partial y}\right)\frac{\partial^2 \phi}{\partial x \partial y} = 0 \quad (11.12)$$

(続く)

ここに，
$$a^2 = a_0^2 - \frac{\gamma-1}{2}\left[\left(\frac{\partial \phi}{\partial x}\right)^2 + \left(\frac{\partial \phi}{\partial y}\right)^2\right] \tag{11.13}$$

この方程式は厳密であるが，非線形であり，それゆえ，解くのが難しい．現在のところ，この方程式の一般的な解析解は存在しない．

p. 775 微小じょう乱の場合 (迎え角の小さな細長物体など)，厳密な速度ポテンシャル方程式は次式で近似できる．
$$\left(1 - M_\infty^2\right)\frac{\partial^2 \hat{\phi}}{\partial x^2} + \frac{\partial^2 \hat{\phi}}{\partial y^2} = 0 \tag{11.18}$$

この方程式は近似であるが線形である．それゆえ，より容易に解ける．この方程式は亜音速流 ($0 \leq M_\infty \leq 0.8$) と超音速流 ($1.2 \leq M_\infty \leq 5$) について成り立つ．すなわち，それは遷音速流 ($0.8 \leq M_\infty \leq 1.2$) や極超音速流 ($M_\infty > 5$) では成立しない．

Prandtl-Glauert 則は圧縮性効果を考慮するために，既存の非圧縮性流れのデータを修正する圧縮性補正である．すなわち，
$$C_p = \frac{C_{p,0}}{\sqrt{1 - M_\infty^2}} \tag{11.51}$$

また，
$$c_l = \frac{c_{l,0}}{\sqrt{1 - M_\infty^2}} \tag{11.52}$$

および
$$c_m = \frac{c_{m,0}}{\sqrt{1 - M_\infty^2}} \tag{11.53}$$

臨界 Mach 数は，物体の表面上のある点で初めて音速流が生じる自由流 Mach 数である．薄い翼型について，その臨界 Mach 数は図 11.6 に示されるように，算定できる．

抵抗発散 Mach 数は，図 11.11 に示されるように，抵抗係数に大きな増加が生じる自由流 Mach 数である．

第 11 章　翼型を過ぎる亜音速圧縮性流れ：　線形理論　　741

> 遷音速流の断面積法則は，胴体，主翼，および尾翼を含む飛行機の断面積分布がその飛行機の機軸に沿って滑らかな分布を持たなければならないことを述べている．

> 超臨界翼型は抵抗発散 Mach 数を増加するために特別に設計された翼型である．

11.16　演習問題

11.1 p. 776　速度ポテンシャルが次式で与えられる，デカルト座標系における亜音速圧縮性流れを考える．

$$\phi(x, y) = V_\infty x + \frac{70}{\sqrt{1-M_\infty^2}} e^{-2\pi \sqrt{1-M_\infty^2}\, y} \sin 2\pi x$$

もし，自由流特性が $V_\infty = 700$ ft/s, $p_\infty = 1$ atm および $T_\infty = 519°$R で与えられるならば，$(x, y) = (0.2\ \text{ft},\ 0.2\ \text{ft})$ なる位置における M, p および T を計算せよ．

11.2 Prandtl-Glauert 法則を用い，Mach 数 0.6 の自由流中における迎え角 5° の NACA 2412 の揚力係数を計算せよ．(基本の翼型データについて図 4.5 を参照せよ．)

11.3 低速の非圧縮性流れの条件において，ある翼型の与えられた点における圧力係数は −0.54 である．自由流 Mach 数が 0.58 であるとき，この点における C_p を以下の法則を用いて計算せよ．

　a.　Prandtl-Glauert 法則

　b.　Karman-Tsien 法則

　c.　Laitone 法則

11.4 低速の非圧縮性流れにおいて，ある翼型上の (最小圧力位置における) ピーク圧力係数が −0.41 である．Prandtl-Glauert 法則を用いてこの翼型の臨界 Mach 数を算定せよ．

11.5 ある与えられた翼型について，臨界 Mach 数が 0.8 である．$M_\infty = 0.8$ のとき，この翼型の最小圧力点における p/p_∞ の値を計算せよ．

11.6 Mach 数 0.5 の自由流中にある翼型を考える．この翼型の与えられた点における局所 Mach 数が 0.86 である．本書の末尾にある圧縮性流れの数表を用い，その点における圧力係数を計算せよ．その解を本章の適切な解析方程式を用いて検証せよ．[注：本問は，自由流速度とある点における速度が与えられ，圧力係数を式 (3.38) から計算する非圧縮性の問題に類似している．非圧縮性流れにおいては，流れ場の任意点における圧力係数はその点における局所速度と自由流速度のみの関数である．本問において，Mach 数は圧縮性流れについての適切な特性値であり，速度ではないことがわかる．非粘性圧縮性流れの圧力係数は局所 Mach 数と自由流 Mach 数のみの関数である．]

11.7 図 11.5 は同一翼型を過ぎる流れの 4 つの場合を示しており,そこでは M_∞ が 0.3 から $M_{cr} = 0.61$ までしだいに増加している.読者は図 11.5 の数字がどこから来たのか不思議に思わないだろうか.ここでそれを見つけられる.翼型上の点 A は翼型の最小圧力 (それゆえ,最大の M) の点である.M_∞ が増加するとき,最小圧力 (最大 Mach 数) はこの同じ点で生じるものと仮定する.$M_\infty = 0.3$ についての図 11.5 の (a) において,点 A における局所 Mach 数は,任意的に,$M_A = 0.435$ とした.この任意性は正当である.なぜなら,翼型形状を特定しておらず,そして,形状が何であっても最大 Mach 数 0.435 が翼型表面の点 A で生じるとだけ述べているからである.しかしながら,一度,(a) の Mach 数が与えられると,(b), (c) そして,(d) の Mach 数は任意ではない.M_A は残りの図についての M_∞ のみの関数なのである.このすべてを基礎条件として,図 11.5a に示されたデータを使い,$M_\infty = 0.61$ のときの M_A を計算してみよ.図 11.5d から,明らかに,その結果は $M_A = 1.0$ にならなければならない.なぜなら,$M_\infty = 0.61$ は臨界 Mach 数と言われているからである.別の言いかたをすると,この翼型の臨界 Mach 数が 0.61 であることを証明せよということである.ヒント:簡単化のために,Prandtl-Glauert 法則がこの問題の条件で成り立つと仮定せよ.

11.8 円柱を過ぎる流れを考える.そのような円柱を過ぎる非圧縮性流れは第 3.13 節で論議されている.また,球を過ぎる流れを考える.球を過ぎる非圧縮性流れは第 6.4 節で論議されている.円柱および球を過ぎる圧縮性流れは,対応する物体の非圧縮性流れと定性的には同様であるが,定量的には異なる.実際,これらの物体の "鈍さ (bluntness)" のために,それらの臨界 Mach 数は比較的低い.特に,

　　　　円柱:$M_{cr} = 0.404$
　　　　球　:$M_{cr} = 0.57$

なぜ,球が円柱より高い M_{cr} を持つのか物理学の基本にもとづいて説明せよ.

11.9 演習問題 11.8 において,円柱の臨界 Mach 数は,$M_{cr} = 0.404$ であると与えられている.この値は実験計測にもとづいている.そして,それゆえに適切な精度である.C_p の非圧縮性結果と Prandtl-Glauert 圧縮性補正を用いて円柱の M_{cr} を計算し,この結果を実験値と比較せよ.注:Prandtl-Glauert 則は微小じょう乱を仮定する線形理論にもとづいている.そして,それゆえ我々は円柱を過ぎる流れの場合に適用できるとは期待しないであろう.それにもかかわらず,読者がこの M_{cr} の計算をするためにそれを用いるとき,読者はその計算された値が実験値の 3.5 パーセント以内であることを知るであろう.興味深いことである.

第12章　線形化された超音速流れ

p. 779 水平安定板を 2° に設定するとスピードは約 Mach 数 0.98 から 0.99 に増加できた．そこでは，昇降舵と方向舵の効きが戻り，この飛行機は滑らかに正常な飛行特性へ戻るように見えた．この与えられた展開は確信を加え，この飛行機は操縦席の Mach 計が 1.02 を指すまで飛行を許されたのだ．この指示値で Mach 計は一瞬止まり，それから 1.06 へ跳んだ．このためらいは静圧測定面における衝撃波の影響によるものと推定された．この時点で，動力装置が切られ，この飛行機は亜音速飛行状態にもどるために減速した．

Charles Yeager 大尉による
初の有人超音速飛行 (1947 年 10 月 14 日) の説明

プレビュー・ボックス

　超音速における翼型の揚力と抵抗の計算は，夜が昼と異なっていると同じくらいに，低速における翼型の計算とは異なっている．超音速流れの物理的過程は亜音速流れのそれとは完全に異なっていて，そのため，第 4 章あるいは第 11 章で論議されたものは実質的に超音速における翼型の特性を計算するために用いることができない．それでは，何をすることができるのであろうか．その答えは，本章を読むことができるということである．本章は短いが楽しい内容である．そして，それは超音速翼型の空力特性を推定するために用いることができるいくつかの簡単な結果を与えてくれる．

12.1　序論

p. 780 第 11 章で導いた線形じょう乱速度ポテンシャル方程式，式 (11.18) は，

$$\left(1 - M_\infty^2\right)\frac{\partial^2 \hat{\phi}}{\partial x^2} + \frac{\partial^2 \hat{\phi}}{\partial y^2} = 0 \tag{11.18}$$

であり，亜音速及び超音速流れについて成立する．第 11 章において，式 (11.18) において $1 - M_\infty^2 > 0$ である亜音速流れの場合を取り扱った．しかしながら，超音速流れでは，$1 - M_\infty^2 < 0$ である．この，方程式の第 1 項の符号に関し何ともないような変化は，実際は，非常に劇的な変化なのである．数学的には，亜音速流れの $1 - M_\infty^2 > 0$ であるとき，式 (11.18) は**楕円型偏微**

分方程式であるが，超音速流れの $1 - M_\infty^2 < 0$ のとき，式 (11.18) は**双曲型偏微分方程式**となる．この数学的な相違の詳しいことは本書の範囲を越えるものである．しかしながら，重要な点は，相違が存在するということである．さらに，これは亜音速と超音速流れの物理的な様相における根本的な違いの前兆である．なお，そのうちのあるものは前のいくつかの章ですでに示してある．

本章の目的は超音速流れについての式 (11.18) の解を得ること，そして，この解を超音速翼型特性の計算に適用することである．この目的は直接的であり，また，本章は比較的短いので，考え方の流れについての案内をする本章のロードマップを必要としない．

12.2　線形化された超音速圧力係数の導出

超音速流れについて，式 (11.18) を次式のように書き換えよう．

$$\lambda^2 \frac{\partial^2 \hat{\phi}}{\partial x^2} - \frac{\partial^2 \hat{\phi}}{\partial y^2} = 0 \tag{12.1}$$

ここに，$\lambda = \sqrt{M_\infty^2 - 1}$ である．この方程式の解は次の基本的関係式である．

$$\hat{\phi} = f(x - \lambda y) \tag{12.2}$$

これが解であることを式 (12.2) を式 (12.1) に代入することにより示すことができる．式 (12.2) の x に関する偏微係数は次のように書ける．

$$\frac{\partial \hat{\phi}}{\partial x} = f'(x - \lambda y) \frac{\partial (x - \lambda y)}{\partial x}$$

すなわち，

$$\frac{\partial \hat{\phi}}{\partial x} = f' \tag{12.3}$$

式 (12.3) において，プライム ("′") は引き数 $x - \lambda y$ による f の微分を示す．式 (12.3) を再び x について微分すると，次式を得る．

$$\frac{\partial^2 \hat{\phi}}{\partial x^2} = f'' \tag{12.4}$$

同様に，

$$\frac{\partial \hat{\phi}}{\partial y} = f'(x - \lambda y) \frac{\partial (x - \lambda y)}{\partial y}$$

すなわち，

$$\frac{\partial \hat{\phi}}{\partial x} = f'(-\lambda) \tag{12.5}$$

式 (12.5) を再び y で微分すると，次式を得る．

第12章 線形化された超音速流れ

$$\frac{\partial^2 \hat{\phi}}{\partial x^2} = \lambda^2 f'' \tag{12.6}$$

式 (12.4) と式 (12.6) を式 (12.1) に代入すると，次の恒等式を得る．

$$\lambda^2 f'' - \lambda^2 f'' = 0$$

それゆえ，式 (12.2) は実際に式 (12.1) の解である．

式 (12.2) を詳しく調べてみる．この解は決して特別なものではない，なぜなら，f は $x - \lambda y$ の任意関数であるからである．しかしながら，式 (12.2) はこの流れについてある特別なことを語っている．すなわち，$\hat{\phi}$ が $x - \lambda y = \text{constant}$ の直線に沿って一定であるということである．これらの直線の傾斜は次式から求められる．

$$x - \lambda y = \text{const}$$

それゆえ，

$$\frac{dy}{dx} = \frac{1}{\lambda} = \frac{1}{\sqrt{M_\infty^2 - 1}} \tag{12.7}$$

式 (9.31) とそれに伴う図 9.25 から，

$$\tan \mu = \frac{1}{\sqrt{M_\infty^2 - 1}} \tag{12.8}$$

であることがわかる．ここでは，μ は Mach 角である．したがって，式 (12.7) と式 (12.8) を比較すると，$\hat{\phi}$ が一定である直線は *Mach* 線であることがわかる．この結果は図 12.1 に描かれている．それは，中央に小さなふくらみがある面のまわりの超音速流を示している．そしてそこで，θ はこの面の水平線に対する角度である．式 (12.1) から式 (12.8) により，(じょう乱ポテンシャル $\hat{\phi}$ により表される) 壁面で作りだされたじょう乱が Mach 波に沿って，変化せずに壁面から伝播して行くのである．すべての Mach 波は同じ傾斜，すなわち，$dy/dx = (M_\infty^2 - 1)^{-1/2}$ を持っているのである．この Mach 波は壁の上で**下流側**へ傾いていることに注意すべきである．このことから，**いかなる壁面におけるじょう乱も上流側へ伝播できない**のである．すなわち，じょう乱の影響は，それの発生する点から出る Mach 波の下流側の流れ領域に限定されるので

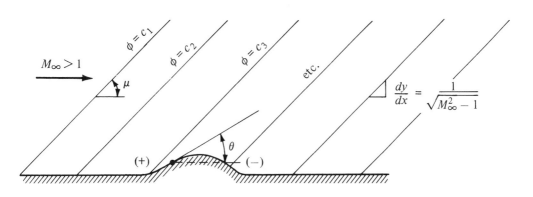

図 12.1 線形超音速流れ

ある．このことは前の章で述べた亜音速流と超音速流の間の主要な相違のさらなる実証である．すなわち，じょう乱は亜音速流のいたるところへ伝播するのに反して，定常超音速流においては上流へは伝播できないのである．

図 12.1 の図同様，上の結果は**線形超音速流れ**に付随するのだということを覚えておくべきである [なぜなら，式 (12.1) は線型方程式であるからである]．それゆえ，これらの結果は微小じょう乱を仮定している．すなわち，図 12.1 のふくらみは小さく，それで，θ も小さいのである．もちろん，第 9 章から，このふくらみの前方部により誘導され，膨張波がその後方部から出ることは既にわかっている．これらは有限な強さの波であり，線形理論の範疇ではない．線形理論は近似である．すなわち，この近似の結果の 1 つは，有限強さの波 (衝撃波と膨張波) は認められないのである．

上の結果により，次のように，超音速流れにおける圧力係数についての簡単な式が得られる．式 (12.3) から，

$$\hat{u} = \frac{\partial \hat{\phi}}{\partial x} = f' \tag{12.9}$$

および式 (12.5) から，

$$\hat{v} = \frac{\partial \hat{\phi}}{\partial y} = -\lambda f' \tag{12.10}$$

式 (12.9) と式 (12.10) から f' を消去すると，

$$\hat{u} = -\frac{\hat{v}}{\lambda} \tag{12.11}$$

を得る．以下に再度示す，式 (11.34) により与えられる，線形化された境界条件を思い出すべきである．すなわち，

$$\hat{v} = \frac{\partial \hat{\phi}}{\partial y} = V_\infty \tan \theta \tag{12.12}$$

微小じょう乱については θ が小さいことに注意して式 (12.12) をさらに簡単化できる．したがって，$\tan \theta \approx \theta$ であり，式 (12.12) は

$$\hat{v} = V_\infty \theta \tag{12.13}$$

となる．式 (12.13) を式 (12.11) に代入すると，

$$\hat{u} = -\frac{V_\infty \theta}{\lambda} \tag{12.14}$$

を得る．式 (11.32) により与えられる線形化された圧力係数を思い出すべきである．すなわち，

$$C_p = -\frac{2\hat{u}}{V_\infty} \tag{11.32}$$

式 (12.14) を式 (11.32) に代入し，そして，$\lambda \equiv \sqrt{M_\infty^2 - 1}$ であることを思い出すと，次式を得る．

$$\boxed{C_p = \frac{2\theta}{\sqrt{M_\infty^2 - 1}}} \tag{12.15}$$

p.783 式 (12.15) は重要である．それは線形化された超音速圧力係数であり，C_p が，自由流に関する局所表面の傾きに直接的に比例することを述べているのである．この式は θ が小さい任意の細長い 2 次元物体について成立する．

再び，図 12.1 へ戻ってみる．θ が水平線より上側であると正であり，下側であると負であることに注意すべきである．それゆえ，式 (12.15) から，C_p は，このふくらみの前方部分で正であり，後方部で負である．このことは図 12.1 に示されるふくらみの前と後に (+) 記号と (−) 記号により表示されている．これは，また，ある程度第 9 章における論議と矛盾しない．すなわち，このふくらみを過ぎる流れにおいて，流れが流れ自身の方へ曲がる前方部で衝撃波が形成される．それで，$p > p_\infty$ である．ところが，この突起の残りの部分には膨張波が発生し，圧力は減少する．図 12.1 に示された図を良く考えてみよう．すなわち，圧力はふくらみの前部で高く，後部で低い．結果として，このふくらみ部に抵抗が働くのである．この抵抗は**造波抵抗** (*wave drag*) と呼ばれ，超音速流れの 1 つの特性である．造波抵抗は，第 9.7 節で，超音速翼型に適用されたの衝撃波-膨張波理論に関連して論議された．そのような線形化された超音速理論において衝撃波そのものは取り扱われないが，この線形理論もまた有限な造波抵抗を与えるということは興味深いことである．

式 (12.15) を調べると，$C_p \propto (M_\infty^2 - 1)^{-1/2}$ であることがわかる．したがって，超音速流れにおいて，M_∞ が増加すると C_p は減少するのである．これは亜音速流れと正反対である．その流れでは，式 (11.51) は $C_p \propto (1 - M_\infty^2)^{-1/2}$ を示している．したがって，亜音速流れについては，M_∞ が増加すると C_p が増加するのである．これらの傾向は図 12.2 に示してある．亜音速，超音速の両側から $M_\infty \to 1$ となると $C_p \to \infty$ であるということに注意すべきである．しかしながら，式 (12.15) も式 (11.51) のどちらも Mach 1 近傍の遷音速範囲では成り立たないことを覚えておくべきである．

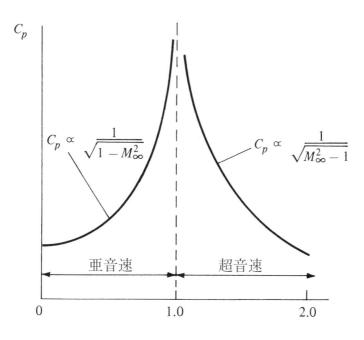

図 12.2 線形化された圧力係数の Mach 数による変化 (概略)

12.3 超音速翼型への適用

式 (12.15) は，図 12.3 に描かれているような，薄い超音速翼型の揚力と造波抵抗を見積もるのに非常に便利である．式 (12.15) を任意の表面に適用するとき，θ に関する形式的な符号の決め方に従って良い．そして，(図 12.3 の翼型の上側のように) 左向きの波の符号は (図 12.3 の翼型の下側のように) 右向きの波のそれと異なるのである．この符号の決め方は参考文献 21 に詳しく展開されている．しかしながら，式 (12.15) の θ に関係した符号について深刻になる必要はない．それよりも，面が流れの方向に向き上がるときに，線形理論は正の C_p を与えることを記憶しておくべきである．例えば，図 12.3 における点 A と点 B は流れの中へ傾いて面上に存在し，それゆえ，$C_{p,A}$ と $C_{p,B}$ は次式により与えられる正の値である．

$$C_{p,A} = \frac{2\theta_A}{\sqrt{M_\infty^2 - 1}} \quad \text{および} \quad C_{p,B} = \frac{2\theta_B}{\sqrt{M_\infty^2 - 1}}$$

逆に，面が自由流方向から下がるように傾くとき，線形理論は負の C_p を与える．例えば，図 12.3 の点 C と点 D は流れ方向から下がるように傾いているので，それゆえ，$C_{p,C}$ と $C_{p,D}$ は負の値であり，次式で与えられる．

$$C_{p,C} = -\frac{2\theta_C}{\sqrt{M_\infty^2 - 1}} \quad \text{および} \quad C_{p,D} = -\frac{2\theta_D}{\sqrt{M_\infty^2 - 1}}$$

上で示した式において，θ は常に正の量として扱われ，C_p の符号は，単純に，物体を眺めて，また，面が自由流から上がるのか，または下がるのかを見て決定されるのである．

式 (12.15) により与えられる翼型表面上の C_p 分布を用い，揚力および抵抗係数，c_l および c_d は，それぞれ，式 (1.15) から 式 (1.19) により与えられる積分から求められる．

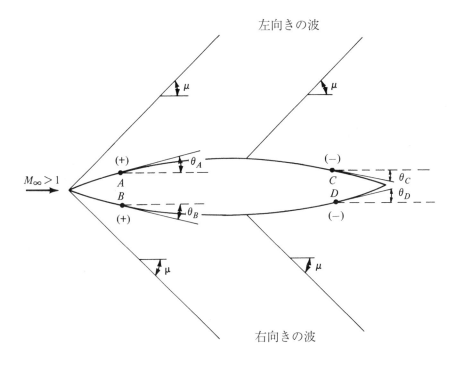

図 12.3 翼型まわりの線形超音速流れ

第12章 線形化された超音速流れ

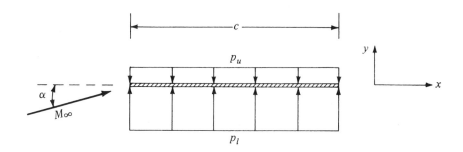

図 12.4 超音速流中の迎え角のある平板

最も簡単な翼型，すなわち，図 12.4 に示される，小さな迎え角 α の平板を考えてみよう．この図を良く見ると，この平板の下面は自由流に向かって角度 α で傾いた圧縮面であり，式 (12.15) から，

$$C_{p,l} = \frac{2\alpha}{\sqrt{M_\infty^2 - 1}} \tag{12.16}$$

である．面の傾き角は下面全部にわたって一定であるので，$C_{p,l}$ は下面では一定値である．同様に，上面は自由流方向から下がるように角度 α で傾いている面であり，式 (12.15) から，

$$C_{p,u} = -\frac{2\alpha}{\sqrt{M_\infty^2 - 1}} \tag{12.17}$$

である．$C_{p,u}$ は上面上で一定である．この平板の法線力係数は式 (1.15) から得られる．すなわち，

$$c_n = \frac{1}{c} \int_0^c \left(C_{p,l} - C_{p,u}\right) dx \tag{12.18}$$

式 (12.16) および式 (12.17) を式 (12.18) に代入すると，

$$c_n = \frac{4\alpha}{\sqrt{M_\infty^2 - 1}} \frac{1}{c} \int_0^c dx = \frac{4\alpha}{\sqrt{M_\infty^2 - 1}} \tag{12.19}$$

を得る．接線力係数は式 (1.16) により与えられる．すなわち，

$$c_a = \frac{1}{c} \int_{\text{LE}}^{\text{TE}} \left(C_{p,u} - C_{p,l}\right) dy \tag{12.20}$$

である．しかしながら，この平板は (理論的に) 厚さゼロである．それゆえ，式 (12.20) において，$dy = 0$ であり，結果として，$c_a = 0$ である．これは，また，p. 786 図 12.4 から明らかにわかる．すなわち，圧力は表面に垂直に働く，それで，x 方向の圧力による力の成分は存在しないのである．式 (1.18) と式 (1.19) から，

$$c_l = c_n \cos\alpha - c_a \sin\alpha \tag{1.18}$$

$$c_d = c_n \sin\alpha + c_a \cos\alpha \tag{1.19}$$

そして，α が小さい，したがって，$\cos\alpha \approx 1$ であり，$\sin\alpha \approx \alpha$ であるという仮定により，

$$c_l = c_n - c_a \alpha \tag{12.21}$$

$$c_d = c_n \alpha + c_a \tag{12.22}$$

を得る．式 (12.19) と $c_a = 0$ という事実を式 (12.21) に代入すると，

$$\boxed{c_l = \frac{4\alpha}{\sqrt{M_\infty^2 - 1}}} \tag{12.23}$$

$$\boxed{c_d = \frac{4\alpha^2}{\sqrt{M_\infty^2 - 1}}} \tag{12.24}$$

を得る．式 (12.23) と式 (12.24) は，それぞれ，平板を過ぎる超音速流れについての揚力および造波抵抗係数を与える．これらの式は線形化された理論の結果であり，それゆえ，小さな α でのみ有効であることを覚えておくべきである．

小さな迎え角における任意形状の薄い翼型について，線形化された理論は式 (12.23) と同一である c_l の式を与える．すなわち，

$$c_l = \frac{4\alpha}{\sqrt{M_\infty^2 - 1}}$$

である．線形化された理論の範囲内において，c_l は α のみに依存し，翼型の形状や厚さには無関係である．しかしながら，その同じ線形化された理論は次の形の造波抵抗係数を与える．すなわち，

$$c_d = \frac{4}{\sqrt{M_\infty^2 - 1}} \left(\alpha^2 + g_c^2 + g_t^2 \right)$$

ここに，g_c と g_t は，それぞれ，翼型のキャンバーと翼厚の関数である．さらに詳しいことについては参考文献 25 と 26 を見るべきである．

[例題 12.1]

線形化された理論を用い，Mach 3 の流れの中にある迎え角 5° の平板の揚力および抵抗係数を計算せよ．例題 9.12 で求められた厳密解と比較せよ．

[解答]

$$\alpha = 5° = 0.087 \text{ rad}$$

p. 787 式 (12.23) から，

$$c_l = \frac{4\alpha}{\sqrt{M_\infty^2 - 1}} = \frac{(4)(0.087)}{\sqrt{(3)^2 - 1}} = \boxed{0.123}$$

式 (12.24) から，

第 12 章　線形化された超音速流れ

$$c_d = \frac{4\alpha^2}{\sqrt{M_\infty^2 - 1}} = \frac{(4)(0.087)^2}{\sqrt{(3)^2 - 1}} = \boxed{0.011}$$

同じ問題についての例題 9.12 で計算された結果は厳密解であり，厳密な斜め衝撃波理論と，厳密な Prandtl-Meyer 膨張波解析を用いたのである．これらの結果は，

$$\left.\begin{array}{rcl} c_l &=& 0.125 \\ c_d &=& 0.011 \end{array}\right\} \text{例題 9.12 からの厳密解}$$

5° という比較的小さな迎え角について，線形化された理論結果はかなり正確である，すなわち，1.6 パーセント以内であることに注意すべきである．

[例題 12.2]

　図 12.5 に示される，Lockheed F-104 超音速戦闘機は Mach 2 での持続飛行をするように設計された最初の戦闘機であった．F-104 は良い超音速航空機設計を具体的に表している．すなわち，長く細い胴体，鋭く尖った機首，3.4 パーセント翼厚比およびカミソリのように鋭い前縁 (あまり鋭いので地上での取り扱いのために保護カバーが取り付けられる) を持つ非常に薄い翼型を用いた主翼である．これらのすべての特徴は 1 つの目的，すなわち超音速造波抵抗を減らすこと，を持っている．主翼の平面積は 18.21 m² である．高度 11 km で Mach 2 で定常，水平飛行している F-104 の場合を考える．この飛行機の重量は戦闘時重量の 9400 kg である．この飛行機の揚力は全部主翼の揚力である (すなわち，胴体および尾翼の揚力を無視する)．自由流に対するこの主翼の迎え角を計算せよ．

[解答]$^{\text{p. 788}}$

　最初に，水平飛行の場合，飛行機の揚力はそれの重量と等しくなければならないこと思い出して，与えられた飛行条件に関係した揚力係数を計算する．すなわち，

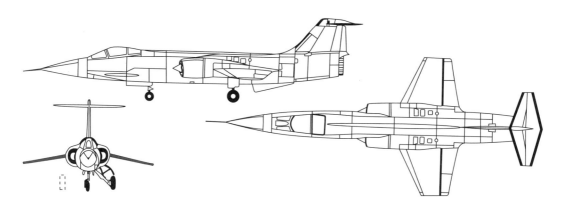

図 12.5 Lockheed F-104

$$C_L = \frac{L}{q_\infty S} = \frac{W}{q_\infty S}$$

高度 11 km において，付録 D から，$\rho_\infty = 0.3648 \text{ kg/m}^3$ および $T_\infty = 216.78$ K である．ゆえに，

$$a_\infty = \sqrt{\gamma RT} = \sqrt{(1.4)(287)(216.78)} = 295 \text{ m/s}$$
$$V_\infty = M_\infty a_\infty = (2)(295) = 590 \text{ m/s}$$
$$q_\infty = \frac{1}{2}\rho_\infty V_\infty^2 = \frac{1}{2}(0.3648)(590)^2 = 6.35 \times 10^4 \text{ kg/m}^2$$

また，この重量は 9400 kgf と与えられている．これは非一貫性の力の単位である．すなわち，SI 単位系においてニュートンが一貫性のある力の単位である．1 kgf = 9.8 N であるので，

$$W = (9400)(9.8) = 9.212 \times 10^4 \text{ N}$$
$$C_L = \frac{W}{q_\infty S} = \frac{9.212 \times 10^4}{(6.35 \times 10^4)(18.21)} = 0.08$$

を得る．主翼の揚力係数，C_L は主翼を形成している翼型の揚力係数，c_l と同じであるという仮定をする．亜音速飛行に関して第 5 章の論議からそのようにはならないことが知られている．しかしながら，非粘性流体中を超音速飛行している直線翼に関して，翼端の影響は実際上翼端の前縁に頂点を持つ Mach コーン内部に限定される．Mach 2 において，Mach コーンの半頂角は $\mu = \sin^{-1}\frac{1}{2} = 30°$ である．したがって，その翼のほとんどはこの翼端効果には影響を受けず，そして本章で論議した 2 次元流れを体験するのである．F-104 の翼断面は薄く，そしてすぐにわかるように，小さい迎え角にある．したがって，式 (12.23) は F-104 の主翼の揚力係数について良い近似であると結論できるのである．そういうわけで，式 (12.23) において，$c_l = C_L = 0.08$ を用いる．式 (12.23) から，

$$c_l = \frac{4\alpha}{\sqrt{M_\infty^2 - 1}}$$

すなわち，

$$\alpha = \frac{c_l}{4}\sqrt{M_\infty^2 - 1} = \frac{0.08}{4}\sqrt{(2)^2 - 1} = 0.035 \text{ rad}$$

度で表すと，主翼迎え角は

$$\alpha = (0.035)(57.3) = \boxed{1.98°}$$

これは小さな迎え角であり，明らかに式 (12.23) に包含されている微小角度近似を満足している．

　超音速飛行機の実際の飛行条件を反映しているところの，この結果はそのような飛行機は，式 (12.23) および式 (12.24) が有効である小さな迎え角で飛行することを示している．したがって，本章で論議された線形超音速理論は明らかに実用的な適用性を持っている．

第 12 章 線形化された超音速流れ

デザイン・ボックス

p. 789 第 11.8 節で論議した断面積法則は遷音速 (transonic) 断面積法則と名称をつけることができる．なぜなら，飛行機設計へそれを適切に適用すると遷音速飛行領域における最大抵抗が減少し，その飛行機がより速やかに超音速飛行に移行できるようになる．この遷音速断面積法則は自由流方向に垂直に測定した飛行機の断面積の滑らかな変化を要求するのである．例として，F-16 戦闘機の遷音速断面積法則化が図 12.6 に示されている．ここでは，胴体に沿った距離に対する自由流に垂直な断面積がプロットされている．

この断面積法則は超音速の速度にも適用される．しかしながら，この場合は，この関連した断面積は自由流の相対風に垂直なものではなく，自由流 Mach 角をもつ斜めの平面で切断した面積である．超音速造波抵抗の減少のために，超音速断面積法則はこの斜め断面積の滑らかな分布を要求するのである．例として，$M_\infty = 1.6$ で飛行している F-16 を考える．その場合，Mach 角は $\mu = \sin^{-1}(1/M_\infty) = \sin^{-1}(1/1.6) = 38.7\ deg$ である．図 12.7a に F-16 の側面図が，角度 $\mu = 38.7\ deg$ で描かれたこの斜め断面積のとともに示されている．胴体に沿った距離によるこの斜め断面積の変化が図 12.7b の上部に示されている．この断面積分布がほとんど滑らかであるということ，すなわち，F-16 の設計は $M_\infty = 1.6$ で超音速断面積法則を満足しているということに注意すべきである．同じことが $M_\infty = 1.2$ についても成立する．胴体に沿った距離の関数としての，$\mu = \sin^{-1}(1/1.2) = 56.4\ deg$ に関する斜め断面積が図 12.7b の下部にプロットされている．すなわち，この場合も，同じ様に滑らかな分布が保たれている．図 12.6 と図 12.7 は，F-16 の設計者たちが遷音速および超音速断面積法則の両方を使ったことを示している．

図 12.7 における実線の曲線は実際の F-16 の断面積分布を示している．それのすぐ近傍の破線の曲線は F-16 の設計における初期の段階で提案された面積分布を示している．すなわち，風洞試験に基づいて，最終的な形状は，より完

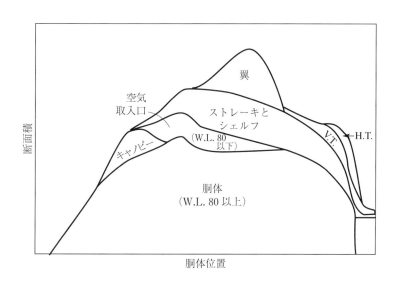

図 12.6 F-16 の遷音速断面積法則化．胴体軸に沿った位置の関数として垂直断面積の変化

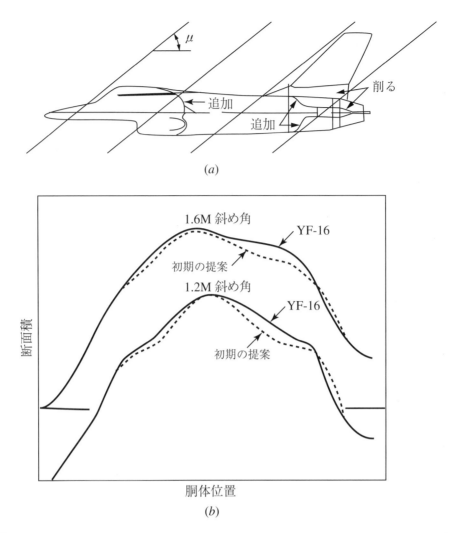

図 12.7 F-16 の超音速断面積法則化．胴体軸に沿った距離の関数としての斜め断面積の変化．実際の断面積分布と初期構想設計で提案された分布との比較

全に超音速断面積法則に従うように，この飛行機のいろいろな部分に加えたり，削ったりして得られたのである (図 12.7a を見よ)．

p. 790 超音速断面積法則は，最初に，有名な NACA および NASA の空気力学者，R. T. Jones により考え出され，この問題に関する彼の論文は，(NACA 1956 年度報告書に収録された) "Theory of Wing-Body Drag at Supersonic Speeds," NACA TR 1284, July 8, 1953, の題目で公表された．超音速断面積法則の適用に関するより詳しいことについてはこの報告書を参照すべきである．

12.4　粘性流れ：超音速翼型抵抗

低速流れにおける翼型の抵抗は第 4.12 節で論議された．驚くことに，圧縮性の影響は，超音速流れにおいてさえ，第 4.12 節において示されたように，表面摩擦抵抗の見積もりという基本的な方法を変えることはない．すなわち，数値だけが異なるのである．数値における変化の裏

第 12 章　線形化された超音速流れ

にある詳細は第 18 および第 19 章において与えられる．基本的に，その話は以下のようになる．
p. 791 層流の非圧縮性流れに関して，平板の表面摩擦抵抗は式 (4.86) により

$$C_f = \frac{1.328}{\sqrt{\mathrm{Re}_c}} \qquad \text{非圧縮性層流}$$

として与えられる．そして，乱流の非圧縮性流れに関しては，近似的に式 (4.88) により

$$C_f = \frac{0.074}{\mathrm{Re}_c^{1/5}} \qquad \text{非圧縮性乱流}$$

で与えられる．圧縮性流れに関しては，これらの方程式の分子は，もはや定数ではなく，Mach 数，壁面における温度と境界層外縁における温度との比 T_w/T_e，および Prandtl 数 Pr の関数と見なすことができる．Prandtl 数は $\mathrm{Pr} = \mu c_p/k$ と定義され，ここに，μ，c_p および k は，それぞれ，粘性係数，定圧比熱，および熱伝導率である．Prandtl 数の重要性は第 15 章で詳しく論議される．本質的には，層流の圧縮性流れに関して，

$$C_f = \frac{F(M_e, \mathrm{Pr}, T_w/T_e)}{\sqrt{\mathrm{Re}_c}} \tag{12.25}$$

を得る．そして，乱流の圧縮性流れに関して，近似的に，

$$C_f = \frac{G(M_e, \mathrm{Pr}, T_w/T_e)}{(\mathrm{Re}_c)^{1/5}} \tag{12.26}$$

を得る．与えられた M_e，Pr および T_w/T_e の値について，式 (12.25) および式 (12.26) における分子の数値は第 18 および第 19 章に論議されるように，境界層方程式の数値解法から求められる．いくつかの標準的な結果が図 19.1 に与えられている．それでこの図へ跳び，調べてみる．図 19.1 における結果は Pr = 0.75 の場合で，壁面への熱伝達がない場合 (断熱壁) に対応する温度比 T_w/T_e の場合を示している．**この図に見られる最も重要なことは，C_f は M_∞ が増加すると減少するということと，その減少は層流境界層のそれよりも乱流境界層のほうがより劇的であるということである．**

　表面摩擦抵抗に加えて，超音速翼型は，第 9.7 節と第 12.3 節で論議されるように，同様に超音速造波抵抗を受けるということを覚えておくべきである．造波抵抗の発生源は翼型表面上の圧力分布であり，この翼型を過ぎる流れにおける衝撃波および膨張波パターンの結果である．もちろん，表面摩擦抵抗の発生源は翼型表面に働くせん断応力であり，その流れにおける摩擦の結果である．造波抵抗および表面摩擦抵抗の物理的メカニズムは明らかにまったく異なっている．これら 2 つのタイプの抵抗を実際の流れにおいてどのように比較されるであろうか．次の例題がこの質問に対して答えている．

[例題 12.3]

　例題 12.2 で述べられた，高度 11 km で Mach 2 という同じ飛行条件をもつ同一の Lockheed F-104 戦闘機を考える．例題 12.2 で計算したように，p. 792 これらの条件に関して，主翼の迎え角は $\alpha = 0.035$ rad $= 1.98°$ である．この翼型の翼弦長が 2.2 m であると仮定し，そしてそれは，ほぼ，この主翼の空力平均翼弦長である．また，この翼型上で，完全な乱流を仮定する．次を計算せよ．すなわち，(a) 翼型表面摩擦抵抗係数，(b) 翼型造波抵抗係数．この 2 つの抵抗の値

を比較せよ.

[解答]
(a) 表面摩擦係数, C_f, を計算するために, Reynolds 数が必要である. 付録 D から高度 11 km において, $\rho_\infty = 0.3648$ kg/m^3, および $T_\infty = 216.78$ K である. 高度 11 km における音速は, したがって,

$$a_\infty = \sqrt{\gamma R T_\infty} = \sqrt{(1.4)(287)(216.78)} = 295 \text{ m/s}$$

したがって,

$$V_\infty = M_\infty a_\infty = (2)(295) = 590 \text{ m/s}$$

第 1.11 節および第 15.3 節において論議されるように, 粘性係数は温度の関数である. 式 (15.3) を借りてくることにする. この式は次式で与えられる粘性係数の温度変化に関する Sutherland の法則である. すなわち,

$$\frac{\mu}{\mu_0} = \left(\frac{T}{T_0}\right)^{3/2} \frac{T_0 + 110}{T + 110}$$

ここに, T はケルビン, そして, μ_0 は基準温度, T_0 における基準粘性係数である. 基準条件を $\mu_0 = 1.7894 \times 10^{-5}$ kg/(m)(sec) および $T_0 = 288.16$ K なる標準海面高度での値とする. したがって, Sutherland 法則から, $T = 216.78$ K における μ の値は

$$\mu = (1.7894 \times 10^{-5})\left(\frac{216.78}{288.16}\right)^{3/2}\left(\frac{288.16 + 110}{216.78 + 110}\right) = 1.4226 \times 10^{-5} \text{ kg/(m)(s)}$$

である. Reynolds 数は

$$\text{Re} = \frac{\rho_\infty V_\infty c}{\mu_\infty} = \frac{(0.3648)(590)(2.2)}{1.4226 \times 10^{-5}} = 3.33 \times 10^7$$

である. 図 19.1 を非常に注意深く読むと, Re = 3.33×10^7 の Mach 2 における乱流境界層に関して, $C_f = 2.15 \times 10^{-3}$ を得る. これは平板の片面の値である. 前に行ったように, 薄い翼型 (F-104 に使われている翼型は実際薄いということを思い出すべきである) の表面摩擦抵抗は平板に働くそれにより表されると仮定する. 表面摩擦抵抗は翼型の上面および下面の両方に働くので, F-104 の翼型に関する正味の表面摩擦抵抗係数について,

$$\text{Net } C_f = 2(2.15 \times 10^{-3}) = \boxed{4.3 \times 10^{-3}}$$

を得る.
(b) 造波抵抗係数は

$$c_d = \frac{4\alpha^2}{\sqrt{M_\infty^2 - 1}}$$

として式 (12.24) により与えられる. p. 793 ここで, $\alpha = 0.035$ rad であり, そして $M_\infty = 2$ である. ゆえに,

$$c_d = \frac{4(0.035)^2}{\sqrt{(2)^2 - 1}} = \boxed{2.83 \times 10^{-3}}$$

例題 12.3 から，超音速翼型の全抵抗係数は $c_d + C_f = 2.83 \times 10^{-3} + 4.3 \times 10^{-3} = 7.13 \times 10^{-3}$ であることがわかる．表面摩擦が全抵抗の 60 パーセントである．例題 12.3 における翼型の低い迎え角において，超音速造波抵抗はかなり小さい，この場合は表面摩擦抵抗より小さい．しかしながら，造波抵抗は迎え角の 2 乗により変化する．例題 12.3 の条件の場合，この造波抵抗は迎え角 $2.47°$ において表面摩擦抵抗と等しくなる．そして，迎え角がこの値を越えて増加すると，造波抵抗は急激に抵抗の大部分となるであろう．

例題 12.3 における翼型の揚抗比，L/D に注目しよう．まず最初に，非粘性流れ (すなわち，摩擦抵抗なし) の場合，例題 12.2 および例題 12.3 の結果は

$$\frac{L}{D} = \frac{c_l}{c_d} = \frac{0.08}{2.83 \times 10^{-3}} = 28.3 \quad (\text{非粘性})$$

であることを示している．表面摩擦抵抗を加えることにより，

$$\frac{L}{D} = \frac{c_l}{(c_d)_{\text{total}}} = \frac{0.08}{7.13 \times 10^{-3}} = 11.2$$

を得る．明らかに，表面摩擦抵抗はこの翼型の揚抗比を大きく減少させる．L/D の値は空気力学的効率の重要な尺度であるので，例えば翼型上で乱流境界層ではなく層流境界層に保つようにして，表面摩擦抵抗を減少させようとする試みは重要であることがわかる．実際，これは本質的に，低速亜音速流れから極超音速流れまで，Mach 数範囲すべてにおいて真である一般的な指針である．本節におけるこの超音速翼型の論議で，空力性能に関する表面摩擦抵抗の重要性を明確に理解することができる．

12.5 要約

線形化された超音速流れにおいて，情報は，Mach 角 $\mu = \sin^{-1}(1/M_\infty)$ である Mach 線に沿って伝播する．これらの Mach 線は，すべて M_∞ に基づいているので，物体から出て，下流側へ伝播する，まっすぐな，平行な線群である．このことにより，定常な超音速流れにおいて，じょう乱は上流へ伝播できない．

p. 794 線形理論に基づいた，自由流に対して小さな角度 θ で傾いた面における圧力係数は

$$C_p = \frac{2\theta}{\sqrt{M_\infty^2 - 1}} \tag{12.15}$$

である．もし，この面が自由流に向かうように傾いていれば C_p は正であり，もし，面が自流から外れるように傾いていれば C_p は負である．

> 線形理論に基づくと，迎え角のある平板の揚力および造波抵抗係数は
>
> $$c_l = \frac{4\alpha}{\sqrt{M_\infty^2 - 1}} \tag{12.23}$$
>
> および
>
> $$c_d = \frac{4\alpha^2}{\sqrt{M_\infty^2 - 1}} \tag{12.24}$$
>
> である．式 (12.23) は，また，任意形状の薄い翼型についても成立する．しかしながら，そのような任意翼型について，造波抵抗係数は平均キャンバー線の形状と翼型の翼厚の両方に依存する．

12.6　演習問題

12.1 線形化理論の結果を用い，迎え角が以下のような場合で，マッハ 2.6 の自由流中にある無限に薄い平板の揚力，および造波抵抗係数を計算せよ．
(a) $\alpha = 5°$　(b) $\alpha = 15°$　(c) $\alpha = 30°$
これらの近似解を演習問題 9.13 で求めた厳密な衝撃波-膨張波理論からの結果と比較せよ．本問における線形化理論の精度についてどのような結論をだせるかを示せ．

12.2 演習問題 12.1 の条件について，線形化理論を用い，平板の上面および下面の圧力を (p/p_∞ の形式で) 計算せよ．これらの近似解を演習問題 9.13 において厳密な衝撃波-膨張波理論から得られた結果と比較せよ．圧力計算のための線形化理論に関係したいくつかの適切な結論をだせ．

12.3 図 9.26 に示されるような，半頂角 $\epsilon = 10°$ を持つダイヤモンドくさび翼型を考える．この翼型が Mach 数 3 の自由流中に迎え角 $\alpha = 15°$ にある．線形理論を用い，この翼型の揚力および造波抵抗係数を計算せよ．これらの近似解を演習問題 9.14 において得られた厳密な衝撃波-膨張波理論からの結果と比較せよ．

12.4 線形超音速理論から，M_∞ が増加すると，式 (12.24) は平板の c_d が減少することを示している．これは，p. 795 M_∞ が増加すると抵抗それ自身が減少するということを意味しているのであろうか．この問いに答えるために，Mach 数の関数としての抵抗の式を導き，この式を評価せよ．

12.5 非粘性超音速流において迎え角のある平板を考える．線形理論から，最大揚抗比の値は何か，また，それが生じる迎え角は何度か．

12.6 粘性超音速流れにおいて迎え角のある平板を考える．すなわち，この平板には表面摩擦抵抗および造波抵抗両方が働く．揚力および抵抗係数については線形理論を用いよ．全表面摩擦抵抗係数を C_f で示し，そして，それは迎え角によって変わらないと仮定する．(a) C_f と Mach 数の関数としての，最大揚抗比が生じる迎え角についての式を導け．(b) C_f と Mach 数 M の関数としての最大揚抗比の式を導け．

解答:(a) $\alpha = (C_f)^{1/2}(M^2 - 1)^{1/4}/2$;
(b) $(c_l/c_d)_{\max} = (C_f)^{-1/2}(M^2 - 1)^{-1/4}$

12.7 例題 12.3 からの同じ飛行条件および同じ表面摩擦抵抗係数と演習問題 12.6 の結果を用いて,F-104 の主翼を模擬するために用いられる平板の最大揚抗比とそれが生じる迎え角を計算せよ.

12.8 演習問題 12.6 からの結果は最大揚抗比は Mach 数が増加すると減少することを示している.これは,超音速飛行機の設計者たちがより高い Mach 数で空気力学的に効率の良い飛行機を設計しようと奮闘すればするほど彼らに苦悩をもたらす真理である.この場合,自然は飛行機設計者に対して どのような物理的現象を用いているのであろうか.そして,この設計者はどのようにしてその挑戦に応戦するのであろうか

第13章　非線形超音速流れの数値法概論

p. 797 直接的な手段としての数値計算に関係して，ある理論家たちはそれの知的な価値ややりがいのある課題を過小評価する一方で，実際家たちは，しばしばそれの精度を無視し，その有効性を過大評価する．

C. K. Chu, 1978
Columbia University

プレビュー・ボックス

圧縮性流れの論議は代数学 (第 7 章–第 10 章) および線形偏微分方程式を必然的に含んでいた．すなわち，これまでの内容は扱いやすい数学である．その過程で，多くの実際的な応用を取り扱う．しかし，これは，我々が扱いやすい数学により許された解析解法を使える範囲においてである．現実のすべての応用については，流れはより複雑な非線形運動方程式により支配される．そして，それらに対しては閉じた形式の解析解法は存在しない．

このようなとき，解析を断念するべきであろうか．本章の見出しから，断念はしないが，代わりにこれまでの解析解法の世界を離れ，比較的新しい数値解法の世界へ入るのである．これは，流れを解くための巧みな方程式を求めるのではなく，流れを解くために直接的に計算をする．しかし，その手法は知的で芸術的な方法である．この手法により，第 2 章で得られた連続，運動量，およびエネルギー方程式から出発し，他のいかなる方法でも解くことができない，いくつかの重要な実用的問題について数値的に解くことができる．

本章では，次の 2 つの実用問題に焦点をあてる．最初のものは超音速ノズルの適切な輪郭線，すなわち適切な形状の設計である．第 10 章において，ノズル流れの特性を学んだ．しかし，そのノズルの形状 (すなわち面積比分布) は常に与えられていた．再び，図 10.1 に示されるロケットエンジンを思い出してみよう．そのp. 798 末広ノズルの実際の形状は実際にはどのように設計されたのであろうか．これは非常に重要な質問である．もし，その末広ノズルの形状が正しくないとすると，好ましくない衝撃波がこのノズル内に生じる．これは，このロケットエンジンの性能を低下させる衝撃波である．また，超音速風洞のノズルを設計するなら，このノズル内に生じるいかなる衝撃波も測定部内の気流特性をだめにしてしまう．そのようなことにより，超音速ノズルの適切な形状の設計は非常に重要である．それをどのように行うのか．本章においてそれを見いだすことができるであろう．

第 2 の問題は超音速流における鈍い先端の物体まわりの流れの解法である．次章にある

図 14.17 に示されるスペースシャトルを見てみる．図より，これは鈍い機首と鈍い前縁の主翼を持つ高速飛行体である．この鈍い形状について基本的な理由は第 1.1 において論議された (もし忘れているなら，第 1.1 節を見るべきである)．初期の高速飛行の時代，超音速飛行における鈍頭物体まわりの流れの解を得ることは困難であった．そして，それは，今もなお超音速空気力学の最も重要な問題の 1 つである．それを"超音速鈍頭物体問題"と呼んでいる．今日では，この問題を解くことができる．その方法を本章で見つけることができるであろう．

本章における題材は重要なものである．それは圧縮性流れの現代の局面を反映していて，今日，複雑な問題に対する解法がいかにして行われるのかについてその概念を与えてくれる．本章において，これが何であるかを理解するべきである．

13.1　序論：数値流体力学の原理

上に示した引用は，1960 年から 1980 年の間の 20 年間に技術者や科学者達が利用できるようになった電子計算機能力における非常に急速な増加を強調しているのである．この電子計算機能力における爆発的な発展は，見えているところでいかなる限界もなく，なおも，続いているのである．結果として，空気力学における新しい分野が過去 30 年の間に進化してきた，すなわち数値流体力学 (computational fluid dynamics : CFD) である．CFD は空気力学における，新しい"第 3 の次元 (third dimension)"であり，純実験と純理論という以前の 2 つの次元を補間しているのである．それにより，従来，古典的な解析的方法では手に負えなかった流体力学問題に対する解を得ることができるのである．その結果として，CFD は飛行機設計の過程を革命的に変え，多岐にわたり，現代的な航空学研究と開発に関わる方法を改善しているのである．これらの理由により，現代の空気力学を学ぶすべての学生は CFD の全体的な原理を知っていなければならないのである．なぜなら，読者は，その教育と仕事において，多かれ少なかれ，それに影響されることになっているからである．

計算流体力学の原理を第 2.17 節で紹介した．そこでは，CFD を閉じた形式の解析解を導く理論的方法と比較した．ここで立ち止まり，第 2.17 節にもどり，そこに示してある題材を再読すべきである．今や，読者はもっと進歩し，前の章で非圧縮性および圧縮性流れの両方についての，たくさんの解析解法を見てきたので，第 2.17 節で論議されたその原理は読者にとってより意味を持つのである．今，それをやるべきである．なぜなら，本章は，ほぼ，もっぱら第 2.17.2 節に関係して数値解法を扱うからである．しかるに，第 3 章から第 12 章は，ほぼ，もっぱら第 2.17.1 節に関係して解析解法を取り扱ってきたのである．

p. 799 本章において，本書で最初に計算流体力学の本当の真髄を経験するであろう．すなわち，第 2.17.2 節で，"流体運動の支配方程式における積分や (場合によって) 偏微分を離散化した代数式で置き換え，続いてそれを時間と空間または空間における離散点で流れ場の値の数値を得るために解く方法"として与えられた CFD の定義により意味するものを実際に見るのである．しかしながら，現代の CFD は，通常，大学院レベルの学習主題である非常に高度な科目であり，応用数学の基礎と直接に関係しているので，本章において初歩的な方法のみ示せるだけではあるが，その方法は CFD の真髄の一部を示すのに十分である．本書以上のレベルの CFD を学ぶ次のステップには，Anderson の "Computational Fluid Dynamics; The basics with Applications

(参考文献64)"を読むことを勧める．その著者はその本を学部学生が，CFDのより高度な勉学へ進む前に，その本質を理解するのを助けるために書いたのである．

本章の目的は非粘性超音速流れに適用されるCFDの基本的考えかたの一部を紹介することである．より詳しいことは参考文献21に与えられている．CFDは，近年，非常に急速に発展してきたので，ここでは本当に表面をかする程度しか紹介できない．事実，本章は，読者に現代の学問におけるこの主題をさらに勉強しようと思う動機と，基本的な背景の一部のみを与えることを意図しているのである．

本章のロードマップを図13.1に与えられている．まず，古典的な特性曲線法 (the method of characteristics)–1929年以来，空気力学で利用できるようになってきたが，現実的で，日常茶飯事的な実行のためには現代の電子計算機を待たなければならなかった数値法から始める．他の著者たちは特性曲線法をもっと古典的な見出しの下に置くかも知れないが，今述べた理由で，本著者は特性曲線法を数値法の一般的な見出しの下に分類するのである．p.800 また，特性曲線法が超音速ノズルの末広形状を設計するためにどのように適用されるかを示す．その次に，有限差分法の論議に移る．そして，それをノズル流れと超音速鈍頭物体まわりの流れへのCFDの適用を説明するために用いであろう．

第11章と第12章で論議した線形化された解法とは対照的に，CFDは，**厳密な** 非線形方程式，すなわち，微小じょう乱のような簡単化する仮定をしない方程式で，すべての速度領域，亜音速と超音速と同様に遷音速と極超音速に適用される式，の数値解法である．支配方程式を数値的に表すどのような方法においても数値的な丸めや打ち切り誤差が常に存在するけれども，それでもCFD解法を**厳密解法**と考える．

特性曲線法と有限差分法の両者とも共通点を持つ．すなわち，それらは，図13.2に示すように，空間における個別の格子点の集合により連続的な流れ場を表すのである．流れ場の諸特性

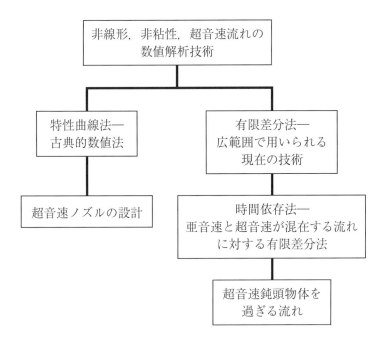

図13.1 第13章のロードマップ

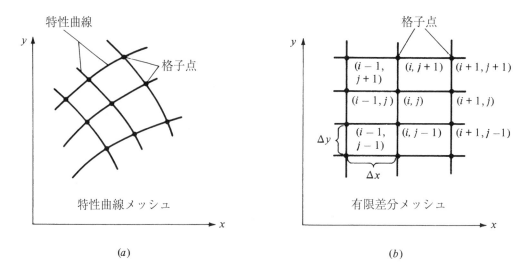

図 13.2 格子点

(u, v, p, T, 等) はこれらの格子点のそれぞれで計算される．これらの格子点で形成されるメッシュ (mesh) は，図 13.2a に示すように，特性曲線法では一般的に曲がるが，通常，図 13.2b に示すように，有限差分解法については長方形である．なぜこれらの異なったメッシュができるのかをすぐに理解するであろう．

13.2 特性曲線法の基礎

本節において，特性曲線法の基本的な基礎のみを紹介する．これの完全な議論は本書の範囲を越えるものである．より詳細なことについては参考文献 21, 25 および 34 を見るべきである．

図 13.2a に与えられるように，xy 空間において，2 次元，定常，非粘性，超音速流れを考える．流れの変数 (p, u, T, 等) はこの空間中で連続的である．p. 801 しかしながら，xy 空間に，流れ場の変数の**導関数** ($\partial p/\partial x$, $\partial u/\partial x$, 等) が**不定**であり，それを横切ると不連続でありさえする，ある曲線が存在する．そのような曲線は**特性曲線** (*characteristic lines*) と呼ばれている．これは，最初，奇妙に聞こえるかも知れない．しかしながら，そのような曲線が存在することを証明し，xy 平面におけるそれらの正確な方向を見出すことにしよう．

この流れが超音速，定常，非粘性，そして 2 次元であるということに加えて，それは，また，渦なしであると仮定する．そのような流れの厳密な支配方程式は式 (11.12) により与えられる．すなわち，

$$\left[1 - \frac{1}{a^2}\left(\frac{\partial \phi}{\partial x}\right)^2\right]\frac{\partial^2 \phi}{\partial x^2} + \left[1 - \frac{1}{a^2}\left(\frac{\partial \phi}{\partial y}\right)^2\right]\frac{\partial^2 \phi}{\partial y^2} - \frac{2}{a^2}\frac{\partial \phi}{\partial x}\frac{\partial \phi}{\partial y}\frac{\partial^2 \phi}{\partial x \partial y} = 0 \quad (11.12)$$

[式 (11.12) において完全速度ポテンシャル ϕ を扱っていて，じょう乱ポテンシャルでないことを覚えておくべきである．] $\partial \phi/\partial x = u$, $\partial \phi/\partial y = v$ であるから，式 (11.12) は次のように書ける．

$$\left(1 - \frac{u^2}{a^2}\right)\frac{\partial^2 \phi}{\partial x^2} + \left(1 - \frac{v^2}{a^2}\right)\frac{\partial^2 \phi}{\partial y^2} - \frac{2uv}{a^2}\frac{\partial^2 \phi}{\partial x \partial y} = 0 \quad (13.1)$$

第 13 章　非線形超音速流れの数値法概論

速度ポテンシャルとその導関数は x および y の関数であり，例えば，

$$\frac{\partial \phi}{\partial x} = f(x, y)$$

したがって，完全微分の式から，

$$df = \frac{\partial f}{\partial x}dx + \frac{\partial f}{\partial y}dy$$

次式を得る．

$$d\left(\frac{\partial \phi}{\partial x}\right) = du = \frac{\partial^2 \phi}{\partial x^2}dx + \frac{\partial^2 \phi}{\partial x \partial y}dy \tag{13.2}$$

同様に，

$$d\left(\frac{\partial \phi}{\partial y}\right) = dv = \frac{\partial^2 \phi}{\partial x \partial y}dx + \frac{\partial^2 \phi}{\partial y^2}dy \tag{13.3}$$

式 (13.1) から式 (13.3) を詳しく調べてみる．これらは二次の導関数 $\partial^2\phi/\partial x^2$，$\partial^2\phi/\partial y^2$ および $\partial^2\phi/\partial x\partial y$ を含んでいることに注意すべきである．もし，これらの導関数を"未知量"と考えると，そうすると，式 (13.1)，式 (13.2) および式 (13.3) は 3 つの未知数をもつ 3 つの方程式を表すのである．例えば，$\partial^2\phi/\partial x\partial y$ について解くために，次のように，Cramer の公式を用いる．

$$\frac{\partial^2 \phi}{\partial x \partial y} = \frac{\begin{vmatrix} 1-\frac{u^2}{a^2} & 0 & 1-\frac{v^2}{a^2} \\ dx & du & 0 \\ 0 & dv & dy \end{vmatrix}}{\begin{vmatrix} 1-\frac{u^2}{a^2} & -\frac{2uv}{a^2} & 1-\frac{v^2}{a^2} \\ dx & dy & 0 \\ 0 & dx & dy \end{vmatrix}} = \frac{N}{D} \tag{13.4}$$

p. 802　ここに，N と D は，それぞれ，分子と分母の行列式を表している．式 (13.4) の物理的意味は，図 13.3 に描かれているように，流れにおける点 A とそれのまわりの近傍を考えることにより理解できる．導関数 $\partial^2\phi/\partial x\partial y$ は点 A におけるある特定の値である．式 (13.4) は dx と dy の**任意**の値についての $\partial^2\phi/\partial x\partial y$ の解である．dx と dy を組み合わせると，図 13.3 に示されるように，点 A から出る任意の方向 ds を定義できる．一般的に，この方向は点 A を通過する流線の方向とは異なっている．式 (13.4) において，微分 du および dv は増量 dx と dy により生じる速度の変化を表している．したがって，dx および dy の選択は任意ではあるが，式 (13.4) における du と dv の値はこの選択に対応していなければならない．たとえ，dx と dy の値が任意に選ばれたものであっても，対応する du と dv の値は，式 (13.4) から点 A において常に同じ $\partial^2\phi/\partial x\partial y$ の値を得られることを保証するのである．

上で述べたことの唯一の例外は，dx と dy が，式 (13.4) において $D = 0$ となるように選択されたときに生じる．この場合，$\partial^2\phi/\partial x\partial y$ が定義されないのである．この状況は，図 13.3 における点 A から出る特定の方向 ds，$D = 0$ の特別な dx と dy の組み合わせで定義され方向について生じるであろう．しかしながら，$\partial\phi/\partial x\partial y$ は点 A における特定の定義された値であること

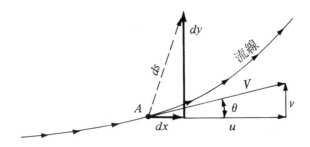

図 13.3 点 A から出る任意の方向 ds

がわかっている．ゆえに，$D = 0$ に関係した唯一の矛盾のない結果は $N = 0$ でもあることである．すなわち，

$$\frac{\partial^2 \phi}{\partial x \partial y} = \frac{N}{D} = \frac{0}{0} \tag{13.5}$$

ここで，$\partial^2 \phi / \partial x \partial y$ は不定形であり，有限の値がある，すなわち，わかっている $\partial^2 \phi / \partial x \partial y$ の値が点 A で存在するということである．ここでの重要な結論は，$\partial^2 \phi / \partial x \partial y$ が不定であるような，点 A を通るある方向(または，複数の方向)が存在するということである．$\partial^2 \phi / \partial x \partial y = \partial u / \partial y = \partial v / \partial x$ であるので，これは，流れの変数の導関数がこれらの曲線に沿って不定であることを意味する．したがって，流れ場において，流れの変数の導関数がそれに沿って不定であるような曲線が確かに存在することを証明した．すなわち，以前，そのような曲線を**特性曲線** (*characteristic lines*) と定義した．

もう一度，図 13.3 における点 A を考えてみる．上で述べた論議から，点 A を通る 1 つ以上の特性曲線が存在する．問い：どのようにしてこれらの特性曲線の正確な方向を計算できるであろうか．その答えは式 (13.4) において $D = 0$ と置くことにより得られる．式 (13.4) の分母の行列式を展開し，p. 803 それをゼロに等しいとすると，

$$\left(1 - \frac{u^2}{a^2}\right)(dy)^2 + \frac{2uv}{a^2} dx\, dy + \left(1 - \frac{v^2}{a^2}\right)(dx)^2 = 0$$

すなわち，

$$\left(1 - \frac{u^2}{a^2}\right)\left(\frac{dy}{dx}\right)^2_{\text{char}} + \frac{2uv}{a^2}\left(\frac{dy}{dx}\right)_{\text{char}} + \left(1 - \frac{v^2}{a^2}\right) = 0 \tag{13.6}$$

を得る．式 (13.6) において，dy/dx は特性曲線の傾きである．したがって，添字の "char" はこれを強調するために加えられたのである．$(dy/dx)_{\text{char}}$ について式 (13.6) を 2 次方程式の公式により解くと，

$$\left(\frac{dy}{dx}\right)_{\text{char}} = \frac{-2uv/a^2 \pm \sqrt{(2uv/a^2)^2 - 4(1 - u^2/a^2)(1 - v^2/a^2)}}{2(1 - u^2/a^2)}$$

すなわち，

第 13 章 非線形超音速流れの数値法概論

$$\left(\frac{dy}{dx}\right)_{\text{char}} = \frac{-uv/a^2 \pm \sqrt{(u^2+v^2)/a^2 - 1}}{1 - u^2/a^2} \tag{13.7}$$

を得る．図 13.3 から，$u = V\cos\theta$ と $v = V\sin\theta$ ということがわかる．したがって，式 (13.7) は

$$\left(\frac{dy}{dx}\right)_{\text{char}} = \frac{(-V^2\cos\theta\sin\theta)/a^2 \pm \sqrt{(V^2/a^2)(\cos^2\theta + \sin^2\theta) - 1}}{1 - [(V^2/a^2)\cos^2\theta]} \tag{13.8}$$

となる．局所 Mach 角 μ が $\mu = \sin^{-1}(1/M)$，すなわち $\sin\mu = 1/M$ で与えられることを思い出すべきである．したがって，$V^2/a^2 = M^2 = 1/\sin^2\mu$ であり，式 (13.8) は

$$\left(\frac{dy}{dx}\right)_{\text{char}} = \frac{(-\cos\theta\sin\theta)/\sin^2\mu \pm \sqrt{(\cos^2\theta + \sin^2\theta)/\sin^2\mu - 1}}{1 - (\cos^2\theta)/\sin^2\mu} \tag{13.9}$$

となる．かなりの代数および三角関数の計算を行った後，式 (13.9) は

$$\boxed{\left(\frac{dy}{dx}\right)_{\text{char}} = \tan(\theta \mp \mu)} \tag{13.10}$$

となる．式 (13.10) は重要な結果である．すなわち，それは，2 つの特性曲線，すなわち，1 つは傾きが $\tan(\theta - \mu)$ に等しく，もう 1 つは傾きが $\tan(\theta + \mu)$ に等しい，が図 13.3 の点 A を通過することを述べている．この結果の物理的な意味は図 13.4 に説明されている．ここで，点 A を通る流線は水平線に対して角度 θ で傾いている．点 A における速度は V であり，そして，それもまた水平線に対して角度 θ を成している．式 (13.10) は，点 A における 1 つの特性曲線は流線方向の**下側**に角度 μ で傾いていることを述べている．すなわち，この特性曲線は図 13.4 において，C_- と記号を付けられている．式 (13.10) は点 A におけるもう 1 つの特性曲線は流線方向の**上側**で角度 μ で傾いていることも述べている．すなわち，この特性曲線は図 13.4 において C_+ と記号を付けられている．図 13.4 を調べると，点 A を通過する特性曲線は，単純に，点 A を通る左および右向き **Mach** 波であることがわかる．したがって，p. 804 **特性曲線は Mach 線で**ある．図 13.4 において，左向き Mach 波は C_+ で示され，右向き Mach 波は C_- で示されている．したがって，図 13.2a にもどると，その特性曲線網は流れ場で交差する左向きおよび右向き Mach 波から構成されている．これらの波は無限に存在する．しかしながら，実際の計算のためには有限個の波，図 13.2a に示された格子点を形成する交点を取り扱う．特性曲線は空間で曲がっている，なぜなら，(1) 局所 Mach 角は，x, y の関数である局所 Mach 数に依存する，および (2) 局所流線方向 θ は流れ場中で変化するからであることに注意すべきである．

図 13.2a における特性曲線は，それ自身だけでは役に立たない．これらの曲線の実用的な意味は**流れを記述する支配偏微分方程式が特性曲線に沿っては常微分方程式になる**ということである．これらの方程式は**適合条件**と呼ばれ，次に示すように，式 (13.4) において $N = 0$ と置くことにより見出せる．$N = 0$ のとき，分子の行列式から

$$\left(1 - \frac{u^2}{a^2}\right)du\,dy + \left(1 - \frac{v^2}{a^2}\right)dx\,dv = 0$$

すなわち，

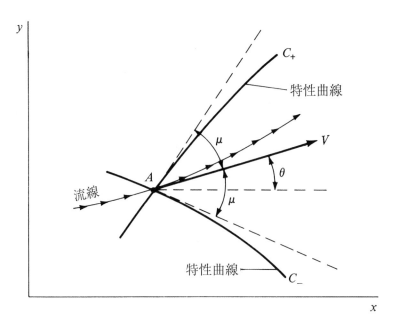

図 13.4 点 A を通過する左および右向き特性曲線

$$\frac{dv}{du} = \frac{-(1 - u^2/a^2)}{1 - v^2/a^2} \frac{dy}{dx} \tag{13.11}$$

が得られる．$D=0$ であるときのみ，不定形 0/0 であるにもかかわらず，流れ場変数の導関数を有限に保つために N をゼロと置くのだということ覚えておくべきである．$D=0$ のとき，前で説明したように，特性曲線に沿った方向のみを考えれば良い．したがって，$N=0$ のとき，同じことになる．したがって，式 (13.11) は特性曲線に沿ってのみ成立するのである．したがって，p. 805 式 (13.11) において，

$$\frac{dy}{dx} \equiv \left(\frac{dy}{dx}\right)_{\text{char}} \tag{13.12}$$

式 (13.12) と式 (13.7) を式 (13.11) に代入して，

$$\frac{dv}{du} = -\frac{1 - u^2/a^2}{1 - v^2/a^2} \frac{-uv/a^2 \pm \sqrt{(u^2 + v^2)/a^2 - 1}}{1 - u^2/a^2}$$

すなわち，

$$\frac{dv}{du} = \frac{uv/a^2 \mp \sqrt{(u^2 + v^2)/a^2 - 1}}{1 - v^2/a^2} \tag{13.13}$$

を得る．図 13.3 から，$u = V\cos\theta$ および $v = V\sin\theta$ であることを思い出すべきである．また，$(u^2 + v^2)/a^2 = V^2/a^2 = M^2$ である．したがって，式 (13.13) は

$$\frac{d(V\sin\theta)}{d(V\cos\theta)} = \frac{M^2 \cos\theta \sin\theta \mp \sqrt{M^2 - 1}}{1 - M^2 \sin^2\theta}$$

となり，それはいくらかの代数演算の後，次式のようになる．

$$\boxed{d\theta = \mp \sqrt{M^2 - 1}\frac{dV}{V}} \tag{13.14}$$

式 (13.14) を調べてみる．それは元の支配偏微分方程式，式 (13.1) から得られた**常微分方程式**である．しかしながら，式 (13.14) は式 (13.12) により与えられる制限を含んでいる．すなわち，式 (13.14) は特性曲線に沿って**のみ**成り立つのである．したがって，式 (13.14) は特性曲線に沿っての適合条件を与える．特に，式 (13.14) を式 (13.10) と比較すると，

$$d\theta = -\sqrt{M^2 - 1}\frac{dV}{V} \quad (C_- \text{特性曲線に沿って適用}) \tag{13.15}$$

$$d\theta = \sqrt{M^2 - 1}\frac{dV}{V} \quad (C_+ \text{特性曲線に沿って適用}) \tag{13.16}$$

であることがわかる．式 (13.14) をさらに調べてみる．それは良く知られているべきものである．すなわち，実際のところ，式 (13.14) は第 9.6 節で Prandtl-Meyer 流れについて求められた式，すなわち，式 (9.32) と同一である．したがって，式 (13.14) を積分し，式 (9.32) により与えられる Prandtl-Meyer 関数の項で結果を得ることができる．特に，式 (13.15) と式 (13.16) の積分は

$$\theta + \nu(M) = \text{const} = K_- \quad (C_- \text{特性曲線に沿って}) \tag{13.17}$$

$$\theta - \nu(M) = \text{const} = K_+ \quad (C_+ \text{特性曲線に沿って}) \tag{13.18}$$

となる．式 (13.17) において，K_- は与えられた C_- 特性曲線に沿った定数である．すなわち，それは異なった C_- 特性曲線では異なった値を持つのである．式 (13.18) において，K_+ は与えられた C_+ 特性曲線に沿った定数である．すなわち，それは異なった C_+ 特性曲線では異なった値を持つのである．適合条件は，今や，式 (13.17) と式 (13.18) で与えられることに注意すべきである．そして，これらは特性曲線に沿ってだけ成立する**代数**方程式である．p. 806 一般的な非粘性，超音速，定常流れにおいて，適合条件は常微分方程式である．すなわち，2 次元渦なし流れの場合に限り，それらはさらに代数方程式になるのである．

何が特性曲線および上で論議された特性曲線に関連した適合条件の利点であるのだろうか．単純にこれ，すなわち，非線形超音速流れを解くために，元の偏微分方程式の代わりに，常微分方程式 (あるいは，本場合においては，代数方程式) を取り扱うだけで良いということである．そのような常微分方程式の解を求めることは，通常，偏微分方程式を取り扱うことよりはるかに簡単なのである．

実際の問題を解くためには上の結果をどのように用いたら良いのであろうか．次節の目的は，そのような例，すなわち，ノズル内の超音速流れの計算と衝撃波がノズル内に現れないような，適切なノズル壁形状の決定を与えることである．この計算を実行するために，2 つのタイプの格子点を取り扱う．すなわち，(1) 壁から離れた，内点と (2) 壁面上の点である．これらの 2 つの格子点における特性曲線計算は次節のように行われる．

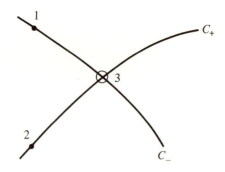

図 13.5 点 1 と点 2 における位置と流れの特性値がわかっているとき，点 3 の位置とそこで流れの特性値の計算に用いられる特性曲線網

13.2.1 内点

図 13.5 に示すように，内部格子点 1，2 および 3 を考える．これらの点 1，2 における流れの特性とそれらの位置がわかっていると仮定する．点 3 を点 1 を通る C_- 特性曲線と点 2 を通る C_+ 特性曲線との交点として定義する．前の論議から，$(K_-)_1 = (K_-)_3$ である．なぜなら，K_- は与えられた 1 つの C_- 特性曲線に沿って一定だからである．$(K_-)_1 = (K_-)_3$ の値は点 1 で計算される式 (13.17) から得られる．すなわち，

$$(K_-)_3 = (K_-)_1 = \theta_1 + \nu_1 \tag{13.19}$$

同様に，K_+ は与えられた 1 つの C_+ 特性曲線に沿って一定であるので $(K_+)_2 = (K_+)_3$ である．$(K_+)_2 = (K_+)_3$ の値は，点 2 で計算される式 (13.18) から得られる．すなわち，

$$(K_+)_3 = (K_+)_2 = \theta_2 - \nu_2 \tag{13.20}$$

p. 807 さて，点 3 で式 (13.17) と式 (13.18) を計算する．すなわち，

$$\theta_3 + \nu_3 = (K_-)_3 \tag{13.21}$$

および

$$\theta_3 - \nu_3 = (K_+)_3 \tag{13.22}$$

式 (13.21) および式 (13.22) において，$(K_-)_3$ と $(K_+)_3$ はわかっている値であり，式 (13.19) と式 (13.20) から得られる．したがって，式 (13.21) と式 (13.22) は 2 個の未知数 θ_3 と ν_3 に関する 2 個の代数方程式である．これらの方程式を解くと，

$$\theta_3 = \frac{1}{2}[(K_-)_1 + (K_+)_2] \tag{13.23}$$

$$\nu_3 = \frac{1}{2}[(K_-)_1 - (K_+)_2] \tag{13.24}$$

を得る．θ_3 と ν_3 がわかると，点 3 における他のすべての流れ特性値は次のように求められる．すなわち，

1. ν_3 を用い,付録 C から M_3 を求める.

2. M_3 と流れに関する既知の p_0 と T_0 (非粘性,断熱流れについて,総圧と総温は流れ全体で一定であることをおもいだすべきである) を用い,付録 A から p_3 と T_3 を求める.

3. T_3 がわかったので,$a_3 = \sqrt{\gamma R T_3}$ を計算し,次に $V_3 = M_3 a_3$ を計算する.

以前に述べたように,点 3 は,それぞれ,点 1 と点 2 を通る C_- および C_+ 特性曲線の交点に位置する.これらの特性曲線は曲線である.しかしながら,計算目的のために,特性曲線は点 1 と点 3 との間,および点 2 と点 3 との間で直線の線分であると仮定する.例えば,点 1 と点 3 の間の C_- 特性線の傾きは,これらの点の間の平均値であると仮定される,すなわち,$\frac{1}{2}(\theta_1 + \theta_3) - \frac{1}{2}(\mu_1 + \mu_3)$ である.同様に,点 2 と点 3 の間の C_+ 特性線の傾きは,$\frac{1}{2}(\theta_2 + \theta_3) + \frac{1}{2}(\mu_2 + \mu_3)$ で近似される.

13.2.2　壁面点

図 13.6 において,点 4 は壁面近傍の流れの内部点である.点 4 におけるすべての流れの特性がわかっていると仮定する.点 4 を通る C_- 特性線は点 5 で壁と交わる.点 5 において,壁の傾き θ_5 がわかっている.壁面点,点 5 における流れの特性は次のように点 4 における既知の特性から求められる.C_- 特性線に沿って K_- は一定である.したがって,$(K_-)_4 = (K_-)_5$ である.
p. 808 さらに,K_- の値は点 4 で計算する式 (13.17) からわかる.すなわち,

$$(K_-)_4 = (K_-)_5 = \theta_4 + \nu_4 \tag{13.25}$$

点 5 で式 (13.17) を計算すると,

$$(K_-)_5 = \theta_5 + \nu_5 \tag{13.26}$$

式 (13.26) において,$(K_-)_5$ と θ_5 は既知である.したがって,ν_5 は直ちに求まる.次に,点 5 における他のすべての流れの変数は,前に説明したように,ν_5 から求められる.点 4 と点 5 の間の特性線は,$\frac{1}{2}(\theta_4 + \theta_5) - \frac{1}{2}(\mu_4 + \mu_5)$ により与えられる平均傾斜を持つ直線の線分と仮定している.

内部点と壁面点の両者についての上の論議から,格子点における諸特性は他の格子点における既知の諸特性から計算されることがわかる.したがって,特性曲線法を用いる計算を始める

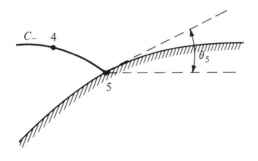

図 13.6 壁面点

ために，ある初期データ線に沿って流れの諸特性がわかっていなければならない．次に，この初期データ線から"下流側へ進んで行くこと"により特性曲線網と関係する流れの諸特性を継ぎ合わせるのである．これを次の節で説明する．

再度，特性曲線法は非粘性，非線形超音速流れの厳密解法であることを強調しておく．しかしながら，実際には，有限な格子による数値的な誤差が存在する．すなわち，格子点間の直線線分による特性曲線網の近似はそのような1例である．原理的に，特性曲線法は，無限個の特性曲線を用いるという極限においてのみ，真に厳密なのである．

2次元，渦なし，定常流れの特性曲線法を論議した．この特性曲線法は，非定常流れはもちろん，渦あり流れや3次元流れにも用いることができる．さらなる詳細については参考文献21を見るべきである．

13.3 超音速ノズルの設計

第10章において，気体を静止から超音速へ膨張させるために設計されるノズルは先細-末広形状を持たなければならないことを論議した．さらに，第10章の準1次元解析は，特定の形状(例えば，図10.10を見よ)のノズルの流れの諸特性をXの関数として与えている．この準1次元解析から得られた任意のx位置における流れの諸特性は与えられたノズル断面における流れの平均を表している．準1次元法の美しさはその簡単さである．それに反して，それの不利なことは，(1) それは先細-末広ノズルにおける実際の3次元流れの詳細を予測できないこと，そして，(2) それが，そのようなノズルの適切な壁面形状に関するいかなる情報も与えないこと，である．

本節の目的は，特性曲線法が，いかにして準1次元解析から失われている，上で述べた情報を提供できるのかを述べることである．単純にするために，図13.7に描かれているような，2次元流れを扱う．ここでは，流れの諸特性はxとyの関数である．そのような2次元流れは，図13.7の上側の挿入図のような長方形断面の超音速ノズルへ適用できる．2次元 p. 809(長方形)ノズルは多くの超音速風洞に用いられる．それらはまたガスダイナミック・レーザーの心臓部である (参考文献1を見よ)．加えて，現在，将来のために計画されている先進軍用ジェット機に長方形排気ノズルを採用しようという論議がある．

次の問題を考える．気体を静止から出口で与えられた超音速Mach数M_eへ膨張させる先細-末広ノズルを設計したい．ノズル内に衝撃波が存在しない，等エントロピー流れを得るように適切な形状をいかにして設計すればよいのであろうか．この疑問に対する答えが本節のこれ以降において論議される．

先細の，亜音速部について，他のどれよりも良い特定の形状は存在しない．経験に基づき，そして，亜音速理論を用いた経験法がある．しかしながら，ここではその詳細を扱わない．単純に，亜音速部の適切な形状を得ていると仮定する．

スロート領域における流れの2次元性により，図13.7に描かれているように，音速線は一般的に曲がる．**限界特性線** (*limiting characteristic*) と呼ばれる直線が音速線のすぐ下流に描かれている．限界特性線は，これの下流側で発生するいかなる特性曲線も音速線と交わらないような特性線と定義される．対照的に，音速線とこの限界特性線との間の小さな領域において発生する特性曲線は音速線と交差できる (限界特性線についてのもっと詳しいことについては参考

第13章 非線形超音速流れの数値法概論

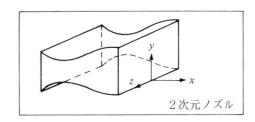

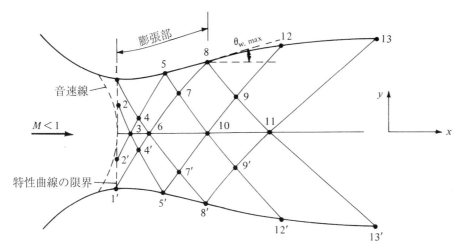

図 13.7 特性曲線法による超音速ノズル設計の概要

文献21を見よ）．特性曲線法の解法を開始するためには，この限界特性線の下流側にある初期データ曲線を用いなければならない．

p.810 スロート領域における亜音速-遷音速流れを別の独立した計算により，限界特性線上のすべての点における流れの諸特性がわかっていると仮定しよう．すなわち，この限界特性線を初期データー曲線として用いるのである．例えば，図13.7における限界特性線上の点1と点2における流れの諸特性はわかっている．また，スロートのすぐ下流の形状を考える．θ が壁面の接線と水平線との間の角度を示すものとすると，θ が増加する末広ノズルの部分は，図13.7に示されるように，**膨張部** (*expansion section*) と呼ばれる．膨張部の終端は $\theta = \theta_{max}$ のところで生じる (図13.7における点8)．この点の下流では，θ はそれがノズル出口でゼロになるまで減少する．θ が減少する形状の部分は**相殺部** (*straightening section*) と呼ばれる．膨張部の形はある程度任意である．すなわち，多くの超音速風洞の膨張部について，典型的には，大きな半径の円弧が用いられている．したがって，限界特性線に沿って流れの諸特性がわかっていることに加え，膨張部の特定の形状もわかっている．すなわち，図13.7における θ_1, θ_5 および θ_8 がわかっているのである．特性曲線法の適用の目的は，今や相殺部 (図13.7における点8から点13) の適切な設計となる．

図13.7に描かれた特性曲線網は非常に粗い．すなわち，これはこの論議を簡単に保つために意識的になされているのである．特性曲線網と関係する格子点における流れの諸特性は次のように計算される．すなわち，

1. 点2から C_- 特性線を引く，これは点3でノズルの中心線と交差する．点3で式 (13.17) を

計算すると，

$$\theta_3 + \nu_3 = (K_-)_3$$

を得る．上式において，$\theta_3 = 0$ である (流れは中心線に沿って平行である)．また，$(K_-)_3 = (K_-)_2$ であるので，$(K_-)_3$ は既知である．よって，上式は ν_3 について解ける．

2. 点 4 は点 1 からの C_- 特性曲線と点 3 からの C_+ 特性曲線の交差した位置にある．次に，内部点 4 における流れの諸特性は第 13.2 節の後半部で論議したように決定する．

3. 点 5 は点 4 からの C_+ 特性曲線と壁面との交差した位置にある．θ_5 は既知であるので，点 5 における流れの諸特性を壁面点に関する第 13.2 節において論議されたように決定する．

4. 点 6 から点 11 は上と同じように位置していて，これらの点における流れの諸特性は，内部点法あるいは壁面点法を適切に用いて，前に論議したように決定する．

5. 点 12 はこの形状の相殺部にある壁面点である．この相殺部の目的は膨張部により作りだされた膨張波を相殺することである．したがって，この相殺部から反射される波は存在しない．それで，点 9 から点 12 の間で，いかなる右進行波もこの特性曲線と交差しない．結果として，p. 811 点 9 と点 12 との間の特性曲線は直線であり，それに沿って θ は一定である．すなわち，$\theta_{12} = \theta_9$ である．点 8 と点 12 との間の壁面形状は $\frac{1}{2}(\theta_8 + \theta_{12})$ なる平均傾斜をもつ直線の線分により近似される．

6. 中心軸に沿って，Mach 数は連続的に増加する．点 11 で，設計出口マッハ数 M_e に到達すると仮定する．点 10 から点 13 への特性曲線は計算するべき最後のものである．再び，$\theta_{13} = \theta_{11}$ であり，点 12 から点 13 の形状は $\frac{1}{2}(\theta_{12} + \theta_{13})$ なる平均傾斜をもつ直線の線分で近似される．

上の説明は読者に特性曲線法の適用についての"感覚 (feel)"を与えることを意図している．もし，読者が実際のノズル設計を行おうと思い，また，もしより詳細なことに興味を持つなら，または，そのどちらかであるなら，参考文献 21 と 34 にある，より完全な論議を読むべきである．

図 13.7 において，ノズル流れはその中心軸まわりに対称であることに注意すべきである．したがって，中心軸の下の点 (1′, 2′ や 3′ 等) は，単純に，中心軸よりも上にある対応する点の鏡像である．このノズルを流れる流れの計算をする場合，図 13.7 の上半分，中心軸上とその上方の点のみを扱うだけでよい．

13.4 有限差分法の基礎

前節において正統的に説明した特性曲線法は計算流体力学の一部と考えられる．なぜなら，それは (式 (13.17) と式 (13.18) のような) 支配方程式の離散的な代数形を用いるからであり，それらの式は，流れの中の離散点 (図 13.5 に示してある特性曲線網) で解かれる．しかしながら，ほとんどの本の著者たちは，CFD は，主として，参考文献 64 で論議されているような，有限差分および有限体積法により代表されると考えている．そして，特性曲線法は通常 CFD の学習に含まれない．本節の目的は，読者に，多くの圧縮性流れの問題にすぐに適用できる 1 つの特定の方法を説明することにより有限差分法の香りを与えることである．

第 13 章　非線形超音速流れの数値法概論

　ここで論議される方法は，主流の CFD の代表的なものであるが，それは CFD という氷山の一角である．1960 年以来の CFD における集中的な研究は非常に多くのアルゴリズムや原理を生み出した．そして，そのような研究の詳細を述べることは本書の範囲を越えることである．入門レベルにおける CFD の詳しい紹介について参考文献 64 を見るべきである．それに加え，読者に，これに関する現行の文献，特に，*AIAA Journal*, *Computers and Fluids* や *Journal of Computational Physics* を読むことを勧める．超音速流れに適用される有限差分法の広範囲な論議については参考文献 21 を見るべきである．

　まず，第 2.17.2 節で，Taylor 級数を用い導かれた，偏導関数に関する離散的有限差分表示を思い出すべきである．特に式 (2.168)，式 (2.171) および式 (2.174) を思い出すべきである．便利のため，p.812 以下に式番号を変えて示す．すなわち，

$$\left(\frac{\partial u}{\partial x}\right)_{i,j} = \frac{u_{i+1,j} - u_{i,j}}{\Delta x} \quad (\text{前進差分}) \tag{13.27}$$

$$\left(\frac{\partial u}{\partial x}\right)_{i,j} = \frac{u_{i,j} - u_{i-1,j}}{\Delta x} \quad (\text{後退差分}) \tag{13.28}$$

$$\left(\frac{\partial u}{\partial x}\right)_{i,j} = \frac{u_{i+1,j} - u_{i-1,j}}{2\Delta x} \quad (\text{中心差分}) \tag{13.29}$$

y 方向の導関数について同様の式は次のようになる．すなわち，

$$\left(\frac{\partial u}{\partial y}\right)_{i,j} = \begin{cases} \dfrac{u_{i,j+1} - u_{i,j}}{\Delta y} & (\text{前進差分}) \\[2mm] \dfrac{u_{i,j} - u_{i,j-1}}{\Delta y} & (\text{後退差分}) \\[2mm] \dfrac{u_{i,j+1} - u_{i,j-1}}{2\Delta y} & (\text{中心差分}) \end{cases}$$

ここではこれらの得られた有限差分をどのように用いるのであろうか．xy 空間における流れが図 13.2b に示されるような格子網で覆われているとする．N 個の格子点があると仮定する．これらの格子点のすべてにおいて，連続，運動量およびエネルギー方程式を上で導いた有限差分で置き換えた導関数を使って計算する．例えば，式 (7.1) と式 (7.6a) に加えて，式 (7.40)，式 (7.42a)，式 (7.42b) および式 (7.44) における導関数を有限差分で置き換えると，$6N$ 個の未知数，すなわち，N 個の格子点のそれぞれにおける，ρ, u, v, p, T および e についての (総ての N 個の格子点に関する) $6N$ 個の連立非線形代数方程式系を得る．原理的に，すべての格子点における未知の流れの諸特性を求めるためにこの系を解くことはできる．実際には，言うは易く，行うは難しである．そのような多くの式のある連立非線形方程式を解くには厳しい問題が存在する．その上，しばしば電子計算機上で求めている解を"爆破する"もとになる数値的な不安定性にともなう問題を扱わなければならない．最後の，そして最も重要であるのは，境界条件を適切に説明しなければならない．これらを考慮することがすべての有限差分解法を無駄にならない努力とするのである．結果として，多くの，特化された有限差分法が進展し，多くのタイプの流れ問題を解くことや計算効率や精度を向上させることを目指してきた．これらの異なった方法を

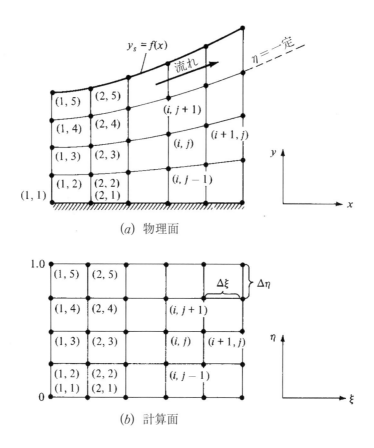

図 13.8 物理面および計算面における有限差分格子網

詳しく述べるのは本書の範囲を越えている．しかしながら，特に，1つの方法が，1970年代と1980年代の間広く用いられた．これが，NASA Ames 研究センターで Robert MacCormack により 1969 年に開発された方法である．それの相対的な簡単さ同様，当時，広く用いられ，受け入れられたことの理由により，MacCormack の方法を，読者にその方法をある程度理解してもらえるに十分な詳しさで説明しよう．この説明を次の例に関係して行う．

図 13.8a に示される末広ダクトを流れる 2 次元超音速流れを考える．流れは入り口で超音速であること，および p. 813 入り口におけるすべての特性はわかっていると仮定する．すなわち，格子点 (1, 1)，(1, 2)，(1, 3)，(1, 4) および (1, 5) における流れ場の変数がわかっているのである．このダクトは底面が平らな面で，そして，上面は $y_s = f(x)$ の決まった形状で構成されている．加えて，この流れは非粘性，断熱および定常であり，体積力はないと仮定する．それは，渦ありでも，渦なしでもあり得る．すなわち，その解法は同じだということである．これの支配方程式は式 (7.40)，式 (7.42a) と式 (7.42b)，式 (7.44)，式 (7.1) および式 (7.6a) から求められ，

$$\frac{\partial(\rho u)}{\partial x} + \frac{\partial(\rho v)}{\partial y} = 0 \tag{13.30}$$

$$\rho u \frac{\partial u}{\partial x} + \rho v \frac{\partial u}{\partial y} = -\frac{\partial p}{\partial x} \tag{13.31}$$

第 13 章 非線形超音速流れの数値法概論

$$\rho u \frac{\partial v}{\partial x} + \rho v \frac{\partial v}{\partial y} = -\frac{\partial p}{\partial y} \tag{13.32}$$

$$\rho u \frac{\partial (e + V^2/2)}{\partial x} + \rho v \frac{\partial (e + V^2/2)}{\partial y} = -\frac{\partial (pu)}{\partial x} - \frac{\partial (pv)}{\partial y} \tag{13.33}$$

$$p = \rho RT \tag{13.34}$$

$$e = c_v T \tag{13.35}$$

p. 814 これらの方程式を次のように少し異なる形式で書くことにする．式 (13.30) に u をかけ，その結果を式 (13.31) に加えると，

$$u\frac{\partial(\rho u)}{\partial x} + \rho u \frac{\partial u}{\partial x} + u\frac{\partial(\rho v)}{\partial y} + \rho v \frac{\partial u}{\partial y} = -\frac{\partial p}{\partial x}$$

すなわち，

$$\frac{\partial(\rho u^2)}{\partial x} + \frac{\partial(\rho uv)}{\partial y} = -\frac{\partial p}{\partial x}$$

すなわち，

$$\frac{\partial}{\partial x}(\rho u^2 + p) = -\frac{\partial(\rho uv)}{\partial y} \tag{13.36}$$

を得る．同様に，式 (13.30) に v を掛け，結果を式 (13.32) に加えると，

$$\frac{\partial(\rho uv)}{\partial x} = -\frac{\partial(\rho v^2 + p)}{\partial y} \tag{13.37}$$

を得る．式 (13.30) に $e + V^2/2$ を掛け，その結果を式 (13.33) に加えると，

$$\frac{\partial}{\partial x}\left[\rho u\left(e + \frac{V^2}{2}\right) + pu\right] = -\frac{\partial}{\partial y}\left[\rho v\left(e + \frac{V^2}{2}\right) + pv\right] \tag{13.38}$$

を得る．次の記号を定義する．

$$F = \rho u \tag{13.39a}$$

$$G = \rho u^2 + p \tag{13.39b}$$

$$H = \rho uv \tag{13.39c}$$

$$K = \rho u\left(e + \frac{V^2}{2}\right) + pu \tag{13.39d}$$

そうすると，式 (13.30) と式 (13.36) から式 (13.38) は次のようになる．

$$\frac{\partial F}{\partial x} = -\frac{\partial(\rho v)}{\partial y} \tag{13.40}$$

$$\frac{\partial G}{\partial x} = -\frac{\partial(\rho uv)}{\partial y} \tag{13.41}$$

$$\frac{\partial H}{\partial x} = \frac{\partial(\rho v^2 + p)}{\partial y} \tag{13.42}$$

$$\frac{\partial K}{\partial x} = -\frac{\partial}{\partial y}\left[\rho v\left(e + \frac{V^2}{2}\right) + pv\right] \tag{13.43}$$

式 (13.40) から式 (13.43) は，それぞれ，連続，x と y 方向運動量，およびエネルギー方程式である．ただし，通常よく見る形と少し異なっている．p. 815 上に示された方程式の形式はしばしば**保存形** (*conservation form*) と呼ばれる．さて，F, G, H および K を主要な従属変数として扱う．これらの諸量は，**プリミティブ変数** (*primitive variables*) と呼ばれる通常の p, ρ, T, u, v, e 等と対比して，**フラックス変数** (*flux variables*) と呼ばれる．重要なことは，いったん F, G, H および K がある与えられた点でわかると，その点におけるプリミティブ変数は式 (13.39a) から式 (13.39d) により見出され，そして，

$$p = \rho RT \tag{13.44}$$

$$e = c_v T \tag{13.45}$$

$$V^2 = u^2 + v^2 \tag{13.46}$$

であることに注意すべきである．すなわち，式 (13.39a) から式 (13.39d) と式 (13.44) から式 (13.46) は 7 つのプリミティブ変数，ρ, u, v, p, e, T および V に関する 7 つの代数方程式を構成する．

図 13.8*a* に与えられる物理問題へもどるとする．このダクトは末広がりであるので，直交する長方形格子網で扱うことは困難である．もっと適切に言えば，図 13.8*a* に示されるように，この系の境界に一致する格子網は曲がっている．一方，式 (13.27), 式 (13.28) または式 (13.29) に与えられているような有限差分商を用いるためには長方形の計算格子網が望ましい．それゆえ，**物理面**として知られている，図 13.8*a* に示される曲線格子網を**計算面**として知られている図 13.8*b* に示される長方形格子網へ**変換**しなければならない．この変換は次のように行える．次のものを定義する．

$$\xi = x \tag{13.47a}$$
$$\eta = \frac{y}{y_s}$$
$$y_s = f(x) \tag{13.47b}$$

上の変換において，η は底面壁の 0 から上面壁の 1.0 の範囲である．計算面 (図 13.8*b*) において，η = constant は水平な直線である．それに反して，物理面において，η = constant は図 13.8 に示される曲線である．計算面で有限差分を適用したいのであるから，x と y でなく ξ と η を用いた支配方程式が必要である．この変換を行うために，次のように，式 (13.47a) と式 (13.47b) を用い，微分の連鎖法則を適用する．すなわち，

$$\frac{\partial}{\partial x} = \frac{\partial}{\partial \xi}\frac{\partial \xi}{\partial x} + \frac{\partial}{\partial \eta}\frac{\partial \eta}{\partial x} = \frac{\partial}{\partial \xi} - \frac{y}{y_s^2}\frac{dy_s}{dx}\frac{\partial}{\partial \eta}$$

すなわち，

$$\frac{\partial}{\partial x} = \frac{\partial}{\partial \xi} - \left(\frac{\eta}{y_s}\frac{dy_s}{dx}\right)\frac{\partial}{\partial \eta} \tag{13.48}$$

および，

$$\frac{\partial}{\partial y} = \frac{\partial}{\partial \xi}\frac{\partial \xi}{\partial y} + \frac{\partial}{\partial \eta}\frac{\partial \eta}{\partial y} = \frac{1}{y_s}\frac{\partial}{\partial \eta} \tag{13.49}$$

p. 816 式 (13.48) と式 (13.49) を用いると，式 (13.40) から式 (13.43) は

$$\frac{\partial F}{\partial \xi} = \left(\frac{\eta}{y_s}\frac{dy_s}{dx}\right)\left(\frac{\partial F}{\partial \eta}\right) - \frac{1}{y_s}\frac{\partial(\rho v)}{\partial \eta} \tag{13.50}$$

$$\frac{\partial G}{\partial \xi} = \left(\frac{\eta}{y_s}\frac{dy_s}{dx}\right)\frac{\partial G}{\partial \eta} - \frac{1}{y_s}\frac{\partial(\rho uv)}{\partial \eta} \tag{13.51}$$

$$\frac{\partial H}{\partial \xi} = \left(\frac{\eta}{y_s}\frac{dy_s}{dx}\right)\frac{\partial H}{\partial \eta} - \frac{1}{y_s}\frac{\partial(\rho v^2 + p)}{\partial \eta} \tag{13.52}$$

$$\frac{\partial K}{\partial \xi} = \left(\frac{\eta}{y_s}\frac{dy_s}{dx}\right)\frac{\partial K}{\partial \eta} - \frac{1}{y_s}\frac{\partial}{\partial \eta}\left[\rho v\left(e + \frac{V^2}{2}\right) + pv\right] \tag{13.53}$$

になることがわかる．上の方程式において，ξ 導関数はすべて左辺に，そして η 導関数はすべて右辺にまとめられていることに注意すべきである．

さて，図 13.8 に示される問題の数値的有限差分解を得ることに集中することにしよう．もっぱら計算面，図 13.8b を扱う．そこでは，支配方程式の連続，x と y 方向運動量，およびエネルギー式は，それぞれ，式 (13.50) から式 (13.53) により与えられる．計算面における格子点 (1,1)，(2,1)，(1,2)，(2,2) 等は物理面における格子点 (1,1)，(2,1)，(1,2)，(2,2) 等に対応する．F，G，H，K を含み，入口におけるすべての流れの変数はわかっている．この入口の下流における流れの変数は MacCormack の方法を用いて見出せる．そしてその方法は次のように，F，G，H および K についての Taylor の級数展開に基づいている．すなわち，

$$F_{i+1,j} = F_{i,j} + \left(\frac{\partial F}{\partial \xi}\right)_{\text{ave}} \Delta \xi \tag{13.54a}$$

$$G_{i+1,j} = G_{i,j} + \left(\frac{\partial G}{\partial \xi}\right)_{\text{ave}} \Delta \xi \tag{13.54b}$$

$$H_{i+1,j} = H_{i,j} + \left(\frac{\partial H}{\partial \xi}\right)_{\text{ave}} \Delta \xi \tag{13.54c}$$

$$K_{i+1,j} = K_{i,j} + \left(\frac{\partial K}{\partial \xi}\right)_{\text{ave}} \Delta \xi \tag{13.54d}$$

式 (13.54a) から式 (13.54d) において，点 (i, j) における F，G，H および K は既知であると考えている．そして，これらの式は $(\partial F/\partial \xi)_{\text{ave}}$，$(\partial G/\partial \xi)_{\text{ave}}$，等の値を計算できると仮定して，点

$(i+1, j)$ における F, G, H および K を見つけるために用いられる．MacCormack の方法の真髄は，これらの平均導関数の計算である．式 (13.54a) から式 (13.54d) を調べると，この有限差分法は明らかに"下流進行 (downstream marching)"法であることがわかる．すなわち，点 (i, j) において流れが与えられると，点 $(i+1, j)$ における流れを見つけるために式 (13.54a) から式 (13.54d) が用いられるのである．それから，このプロセスが点 $(i+2, j)$ 等における流れを見つけるために繰り返されるのである．この下流へ進むことは特性曲線法でなされたことと同じである．

p. 817 式 (13.54a) から式 (13.54d) にある平均導関数は，以下に概略的に示す直接的な"予測子-修正子 (predictor-corrector)"法により見出される．この方法を実行する際に，流れの諸特性が，点 (i, j) のすぐ上および下の点すべて，すなわち，$(i, j+1)$, $(i, j+2)$, $(i, j-1)$, $(i, j-2)$ 等でわかっているとともに，点 (i, j) で知られていると仮定する．

13.4.1 予測子計算 (Predictor Step)

最初に，点 (i, j) における $\partial F/\partial \xi$ を計算する Taylor 級数を用いて，$F_{i+1,j}$ の値を求める．この求められた値を $\overline{F}_{i+1,j}$ で示す．すなわち，

$$\overline{F}_{i+1,j} = F_{i,j} + \left(\frac{\partial F}{\partial \xi}\right)_{i,j} \Delta \xi \tag{13.55}$$

式 (13.55) において，$(\partial F/\partial \xi)_{i,j}$ は連続方程式，式 (13.50) から，η 導関数についての前進差分を用いて得られる．すなわち，

$$\left(\frac{\partial F}{\partial \xi}\right)_{i,j} = \left(\frac{\eta}{y_s}\frac{dy_s}{dx}\right)_{i,j}\left(\frac{F_{i,j+1} - F_{i,j}}{\Delta \eta}\right) - \frac{1}{y_s}\left[\frac{(\rho v)_{i,j+1} - (\rho v)_{i,j}}{\Delta \xi}\right] \tag{13.56}$$

式 (13.56) において，右辺におけるすべての量はわかっている．そして，$(\partial F/\partial \xi)_{i,j}$ の計算ができ，次に，それを式 (13.55) に代入する．同様の手順が G, H および K の予測値，すなわち，$\overline{G}_{i+1,j}$, $\overline{H}_{i+1,j}$ および $\overline{K}_{i+1,j}$ を見出すために用いられる．すなわち，式 (13.51) から式 (13.53) において前進差分を使うのである．続いて，プリミティブ変数の予測値，$\overline{p}_{i+1,j}$, $\overline{\rho}_{i+1,j}$ 等は式 (13.39a) から式 (13.39d) および式 (13.44) から式 (13.46) により求められる．

13.4.2 修正子の計算 (Corrector Step)

上で得られた予測値は，式 (13.50) における後退差分を用い，導関数 $(\overline{\partial F}/\partial \xi)_{i+1,j}$ の予測値を得るのに用いられる．すなわち，

$$\left(\frac{\overline{\partial F}}{\partial \xi}\right)_{i+1,j} = \left(\frac{\eta}{y_s}\frac{dy_s}{dx}\right)_{i+1,j}\frac{\overline{F}_{i+1,j} - \overline{F}_{i+1,j-1}}{\Delta x} - \frac{1}{y_s}\frac{(\overline{\rho v})_{i+1,j} - (\overline{\rho v})_{i+1,j-1}}{\Delta \eta} \tag{13.57}$$

次に，式 (13.56) と式 (13.57) からの結果から次の平均導関数の計算ができる．

$$\left(\frac{\partial F}{\partial \xi}\right)_{\text{ave}} = \frac{1}{2}\left[\left(\frac{\partial F}{\partial \xi}\right)_{i,j} + \left(\frac{\overline{\partial F}}{\partial \xi}\right)_{i+1,j}\right] \tag{13.58}$$

最後に，この平均導関数は $F_{i+1,j}$ の修正された値を求めるために式 (13.54a) に用いられる．$G_{i+1,j}$，$H_{i+1,j}$ および $K_{i+1,j}$ の修正された値を見つけるために同様のプロセスをたどる．すなわち，式 (13.51) から式 (13.53) に後退差分を用い，式 (13.58) と同じようにして，$(\partial G/\partial \xi)_{ave}$ 等の平均導関数を計算するのである．

上の有限差分手順は，ある初期データ曲線から下流側へ進みながら，流れ場を一歩一歩計算することを可能とする．図 13.8 に与えられた流れ場において，p. 818 初期データ曲線は入口である．そこでは，諸特性は既知であると考える．すべての計算は変換された計算面で行われるが，計算面における点 (2,1)，点 (2,2) 等で得られた流れ場の結果は，物理面における点 (2,1)，点 (2,2) 等における値と同一である．

有限差分解法には上で説明していないその他のことがある．例として，数値的な安定を保つためには，式 (13.54a) から式 (13.54d)，式 (13.55)，式 (13.56)，および式 (13.57) における $\Delta\eta$ と $\Delta\xi$ にどのような値が許されるのであろうか．有限差分計算に課せられる壁面での流れの平行性はどのようにするのであろうか．これらは重要な問題ではあるが，ここではそれらを論議しない．これらの問題の詳細については参考文献 21 の第 11 章を見るべきである．ここでの目的は読者に有限差分法の性質を感じてもらうことだけであるからである．

13.5　時間依存法：超音速鈍頭物体への適用

第 13.2 節において論議された特性曲線法は超音速流れのみに適用される．すなわち，特性曲線は，定常な，亜音速流れでは定義されないのである．第 13.4 節で概要を示した特定の有限差分法もまた超音速流れにのみ適用されるのである．すなわち，もし，それが局所的に亜音速である領域に用いられたとすると，その計算は発散するであろう．上の 2 つのことの理由は，特性曲線法と定常流の前進有限差分法は数学的に "双曲型 (hyperbolic)" である支配方程式に依存しているということである．対照的に，定常亜音速流れの支配方程式は "楕円型 (elliptic)" である．(これらの数学的な分類の説明については参考文献 21 を見るべきである．) 支配方程式が局所的超音速から，局所的亜音速流れになるとそれらの数学的性質が変わるという事実は，歴史的に，理論空気力学者を悩ませてきたのである．特に，1 つの問題，すなわち，第 9.5 節で述べたように超音速鈍い物体まわりの亜音速-超音速混合流れが 1960 年代後半にその適切な数値解法についての躍進がなされるまで主要な研究分野であった．本節の目的は，亜音速-超音速混合流れの計算ができる 1 つの有限差分法，すなわち，**時間依存法** (time-dependent method) を説明することと，それが超音速鈍い物体流れを解くのにどのように用いられるかを示すことである．時間依存法は現在の数値流体力学において非常に一般的である．それで，空気力学を学ぶ者として，読者はそれらの原理を良く理解しておかなければならない．これらの方法は解が時間ステップを進めることにより得られるので**時間進行法** (time-marching techniques) とも呼ばれる．

図 13.9a に描かれているような，超音速流中にある鈍い物体を考える．この物体の形状は知られていて，$b = b(y)$ で与えられる．与えられた自由流 Mach 数 M_∞ について，離脱衝撃波と物体間の流れ場特性同様に，この衝撃波の形状とその位置を計算したい．p. 819 この流れの物理的なことについては第 9.5 節に述べられている．そして，読者は，これより先に進む前に，それを復習すべきである．

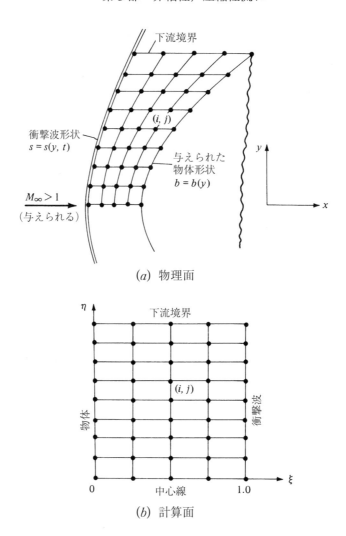

図 13.9 物理面および計算面における鈍い物体の流れ場

超音速流中の鈍い物体まわりの流れは渦ありである．何ぜであろうか．図 13.10 を調べてみる．そして，それには，この鈍い物体まわりにいくつかの流線が描かれている．この流れは非粘性で断熱的である．衝撃波の前方の一様な自由流において，エントロピーはそれぞれの流線で同一である．しかしながら，衝撃波を横切ると，それぞれの流線は衝撃波の異なった部分を横切り，それゆえに，異なったエントロピーの増加に会う．すなわち，図 13.10 の点 a における流線は垂直衝撃波を横切る，それゆえ，大きなエントロピー増加を受ける．ところが点 b における流線は，より弱い斜め衝撃波を横切り，それで，エントロピーのより小さな増加を受け，$s_b < s_a$ である．点 c における流線は衝撃波のもっと弱い部分を通過し，それゆえに，$s_c < s_b < s_a$ である．全体としての結果は，衝撃波と物体間において，1 つの与えられた流線に沿ったエントロピーは一定ではあるが，エントロピーは流線ごとに変化する．p. 820 すなわち，**エントロピー勾配** (*entropy gradient*) が流線に対して垂直方向に存在するのである．エントロピー勾配をもつ断熱流れは**渦あり** (*rotational*) であることを容易に示すことができる (第 9.5.1 節を見よ)．した

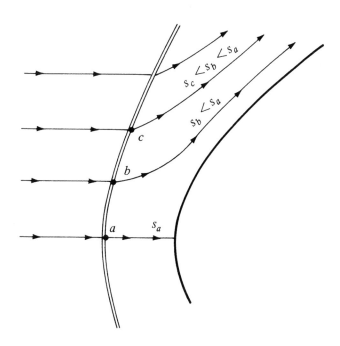

図 13.10 超音速鈍い物体の流れ場において，エントロピーは流線ごとに異なる

がって，超音速鈍い物体を過ぎる流れ場は渦ありである．

上で述べたことから，鈍い物体流れを解析するために速度ポテンシャル方程式を用いることができない．それで，式 (7.40)，式 (7.42a) と式 (7.42b)，および式 (7.44) により与えられる基本形の連続，運動量およびエネルギー方程式を採用しなければならない．体積力がないこれらの方程式は，

連続方程式：
$$\frac{\partial \rho}{\partial t} = -\left(\frac{\partial (\rho u)}{\partial x} + \frac{\partial (\rho v)}{\partial y}\right) \tag{13.59}$$

x 方向運動量：
$$\frac{\partial u}{\partial t} = -\left(u\frac{\partial u}{\partial x} + v\frac{\partial u}{\partial y} + \frac{1}{\rho}\frac{\partial p}{\partial x}\right) \tag{13.60}$$

y 方向運動量：
$$\frac{\partial v}{\partial t} = -\left(u\frac{\partial v}{\partial x} + v\frac{\partial v}{\partial y} + \frac{1}{\rho}\frac{\partial p}{\partial y}\right) \tag{13.61}$$

エネルギー：
$$\frac{\partial (e+V^2/2)}{\partial t} = -\left(u\frac{\partial (e+V^2/2)}{\partial x} + v\frac{\partial (e+V^2/2)}{\partial y} + \frac{1}{\rho}\frac{\partial (\rho u)}{\partial x} + \frac{1}{\rho}\frac{\partial (\rho v)}{\partial y}\right) \tag{13.62}$$

上の方程式の形に注目すべきである．すなわち，時間導関数が左辺にあり，すべての空間導関数が右辺にあるのである．これらの方程式は，以下に述べるように，時間依存有限差分解法に必要な形式である．

図 13.9a に戻る．物体の形と自由流条件が与えられていることおよび衝撃波と物体間の流れ場はもちろん，衝撃波の形状と位置を計算したいということを思い出すべきである．p. 821 鈍い物体を過ぎる**定常流れ**に興味があるのである．しかしながら，定常流れを得るために時間依存法を用いるのである．この方法の基本原理は次のようである．最初に，衝撃波の形と位置を仮

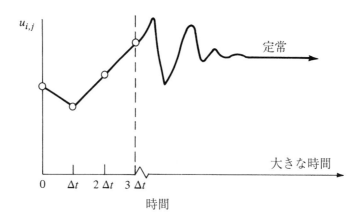

図 13.11 代表的流れの変数の時間変化の概略-時間依存法

定する．また，図 13.9a に描かれているように，一連の格子点で衝撃波と物体との間の流れ場を覆う．これらの格子点のそれぞれで，すべての流れの変数，ρ, u, v 等の値を**仮定する**．これらの仮定された値は，時刻 $t = 0$ における**初期条件**とされる．これらの仮定された値により，式 (13.59) から式 (13.62) の右辺にある空間導関数は (有限差分から求められる) 既知の値である．したがって，式 (13.59) から式 (13.62) により時間導関数，$\partial \rho / \partial t$, $\partial u / \partial t$ 等を計算できるのである．次に，これらの時間導関数により少し後の時間，すなわち，Δt でのそれぞれの格子点における流れの諸特性を計算できる．時刻 $t = \Delta t$ における流れの諸特性は $t = 0$ における値からは異なっている．このサイクルを繰り返すと，時刻 $t = 2\Delta t$ におけるすべての格子点で流れ場の諸特性が与えられる．このサイクルが何百回と繰り返されるので，それぞれの格子点における流れ場の諸特性は時間の関数として計算される．例えば，図 13.11 に，$u_{i,j}$ の時間変化が示してある．各時間ステップにおいて，$u_{i,j}$ の値は異なる．しかしながら，大きな時間経過後において，ある時間ステップから次のステップでの $u_{i,j}$ における変化は小さくなり，$u_{i,j}$ は，図 13.11 に示すように，定常状態の値に近づく．**求めたいのはこの定常状態値である．すなわち，時間依存法は単純にその目的のための方法である．** さらに，衝撃波形状と位置は時間により変わる．すなわち，各時間ステップにおける新しい衝撃波位置と形状は，衝撃波のすぐ後にある格子点のそれぞれにおいて衝撃波を横切る場合の衝撃波関係式を満足するように計算される．大きな時間経過後において，流れ場の変数は定常状態へ近づくので，衝撃波形状と位置もまた定常状態へ近づくのである．この衝撃波の時間依存運動により，衝撃波形状は図 13.9a に示されるように t と y の関数，$s = s(y, t)$ である．

　この原理が与えられたので，この方法のいくつかの細部を調べてみる．最初に，図 13.9a における有限差分格子は曲がっていることに注意すべきである．この有限差分を長方形格子に適用したいのである．したがって，式 (13.59) から式 (13.62) において，独立変数を

$$\xi = \frac{x - b}{s - b} \quad \text{および} \quad \eta = y$$

のように変換する．p. 822 ここに，$b = b(y)$ は物体の横座標を与え，$s = s(y, t)$ は衝撃波の横座標を与える．上の変換は，図 13.9b に示される，計算面における長方形格子生成する．そこでは物体は $\xi = 0$ に対応し，衝撃波は $\xi = 1$ に対応する．すべての計算はこの変換された計算面で

第 13 章　非線形超音速流れの数値法概論

行われる.

　有限差分計算それ自身は以下のように適用される MacCormack の方法 (第 13.4 節を見よ) を用いて実行される. 流れ場の変数は, 時間に関する Taylor 級数を用いて, 時間的に進ませることができる. すなわち, 例えば,

$$\rho_{i,j}(t + \Delta t) = \rho_{i,j}(t) + \left[\left(\frac{\partial \rho}{\partial t}\right)_{i,j}\right]_{\text{ave}} \Delta t \tag{13.63}$$

式 (13.63) において, 時刻 t において格子点 (i, j) の密度はわかっている. すなわち, $\rho_{i,j}(t)$ がわかっている. それから, もし, 平均時間導関数 $[(\partial \rho/\partial t)_{i,j}]_{\text{ave}}$ の値がわかれば, 式 (13.63) により, 時刻 $t + \Delta t$ における, 同じ格子点での密度, すなわち, $\rho_{i,j}(t + \Delta t)$ を計算できる. この時間導関数は時刻 t と時刻 $t + \Delta t$ との間の平均値であり, 次のように予測子-修正子法から求められる.

13.5.1　予測子計算 (Predictor Step)

　時刻 t で, すべての格子点における, 流れの変数はすべてわかっている. このことにより, (適切に $\xi\eta$ 平面に変換された) 式 (13.59) から式 (13.62) の右辺における空間導関数を, わかっている**前進差分**で置き換えることができる. それで, これらの方程式は時刻 t における時間導関数の値を与え, そして, 時刻 $t + \Delta t$ における流れ場の変数の**予測された**値を得るのに用いられる. すなわち, 例えば,

$$\overline{\rho}_{i,j}(t + \Delta t) = \rho_{i,j}(t) + \left[\left(\frac{\partial \rho}{\partial t}\right)_{i,j}\right]_t \Delta t$$

このに, $\rho_{i,j}(t)$ は既知であり, $[(\partial \rho/\partial t)_{i,j}]_t$ は, 支配方程式, (適切に変換された) 式 (13.59) から, 空間導関数に対して**前進差分**を用いて求められ, $\overline{\rho}_{i,j}(t + \Delta t)$ は時刻 $t + \Delta t$ における予測された密度である. その他すべての流れ変数, $\overline{u}_{i,j}(t + \Delta t)$ 等の予測値は同様なやり方ですべての格子点において求められる.

13.5.2　修正子計算 (Corrector Step)

　上で得られた流れの変数を, 空間導関数に**後退差分**を用いて, 支配方程式, 式 (13.59) から式 (13.62) へ代入すると, 時刻 $t + \Delta t$ における時間導関数, 例えば, $[(\overline{\partial \rho/\partial t})_{i,j}]_{t+\Delta t}$ の予測された値が得られる. 次に, 平均時間導関数を得るために, これらと予測子計算からの時間導関数を平均する. 例えば,

$$\left[\left(\frac{\partial \rho}{\partial t}\right)_{i,j}\right]_{\text{ave}} = \frac{1}{2}\left\{\left[\left(\frac{\partial \rho}{\partial t}\right)_{i,j}\right]_t + \left[\left(\overline{\frac{\partial \rho}{\partial t}}\right)_{i,j}\right]_{(t+\Delta t)}\right\} \tag{13.64}$$

p. 823 最終的に, 式 (13.64) から得られた平均時間導関数を式 (13.63) に代入すると, 時刻 $t + \Delta t$ における密度の修正値が得られる. 同じ手順がすべての従属変数, u, v 等, に用いられる.

　$t = 0$ における仮定された初期条件から出発し, それぞれの時間ステップで, 上で述べた予測子-修正子アルゴリズムにしたがって式 (13.63) を繰り返し用いることにより時間の関数とし

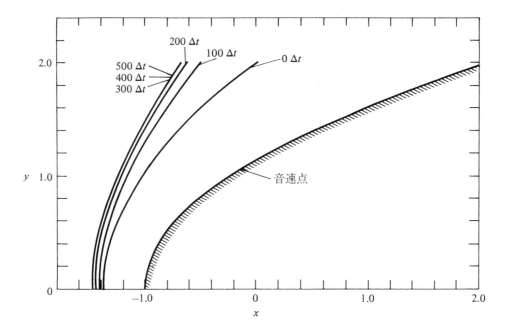

図 13.12 衝撃波の時間依存運動，放物線柱，$M_\infty = 4$

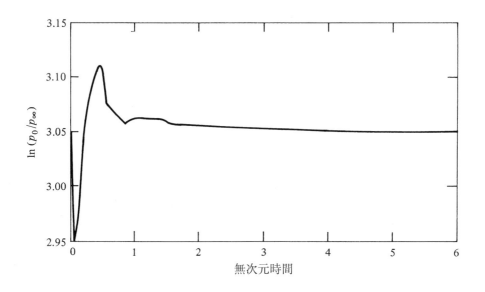

図 13.13 よどみ点圧力の時間変化，放物線柱，$M_\infty = 4$

て流れ場の変数と衝撃波の形状と位置の計算を可能となる．上で述べたように，多くの時間ステップの後，計算された流れ場の変数は定常状態へ近づくのである．ここでは，式 (13.63) において $[(\partial \rho/\partial t)_{i,j}]_{\text{ave}} \to 0$ ということである．もう一度，定常状態の解に興味があるのだということを強調しておく．そして，時間依存法はその目的のための単なる 1 つの方法なのである．

第13.4節で述べた定常流れ計算と本節で述べた時間依存計算について両方への MacCormack の方法の適用は類似していることに注意すべきである．すなわち，前者において，一定の y 線

第13章　非線形超音速流れの数値法概論　　787

に沿った既知の値から出発し，空間座標 x を前方へ進行するのに，後者では $t = 0$ において既知の流れ場から出発し，時間的に前進していくのである．

なぜ時間依存解法に悩まされるのであろうか．空間変数の x, y に加えて，余分な独立変数 t を扱うことはもう1つ複雑さを加えることではないだろうか．これらの疑問に対する答えは次のとおりである．式 (13.59) から式 (13.62) により与えられる非定常流れの支配方程式は，流れが局所的に亜音速か超音速かに関わらず，時間に関して双曲型である．図 13.9a において，格子点のいくつかは亜音速領域にあり，その他は超音速領域にある．しかしながら，時間依存解法は，局所 Mach 数に関係なくこれらすべての点で同じように進行するのである．したがって，時間依存法は，任意の範囲の亜音速-超音速混合流れの一様な計算ができる，今日知られている唯一の方法である．この理由で，それは独立変数をもう1つ加えることになるが，この時間依存手法の適用は，純粋な定常状態法では解くのが非常に困難である流れ場の直接的な解法を可能とするのである．

この時間依存手法の，より詳しい説明は参考文献 21 の第 12 章や，特に参考文献 7 に与えられている．そして，この文献はある特定の問題にこの手法を適用しようとする前に勉強すべきものである．読者に対して，本手法の原理と全般的な概要についての "感覚 (feeling)" をわかりやすく与えることがここでの説明の意図である．

超音速鈍い物体流れ場についてのいくつかの典型的な結果が図 13.12 から図 13.15 に与えられている．これらの結果は参考文献 35 に述べられている時間依存解法により得られた．図 13.12 と図 13.13 は解が定常状態へ近づいて行く間の時間依存解の振る舞いを示している．図 13.12 には，Mach 4 の自由流における放物線柱についての衝撃波の時間依存運動が示されている．$0\,\Delta t$ と記された衝撃波は $t = 0$ における最初に仮定された衝撃波である．初期の時間において，衝撃波は急速に物体から離れて行く．しかしながら，約 300 時間ステップの後，それはかなり減速され，300 から 500 時間ステップで，この衝撃波は実質的に動かない，すなわち，それは定常状態の形状と位置に到達したのである．よどみ点圧力の時間変化が [p. 824] 図 13.13 に与えら

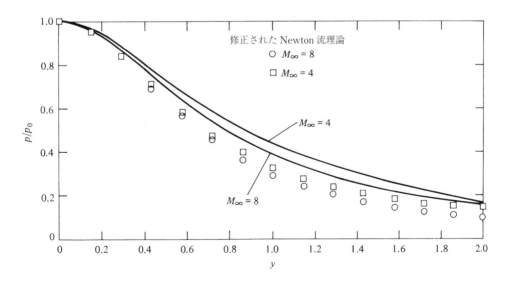

図 13.14 表面圧力分布，放物線柱

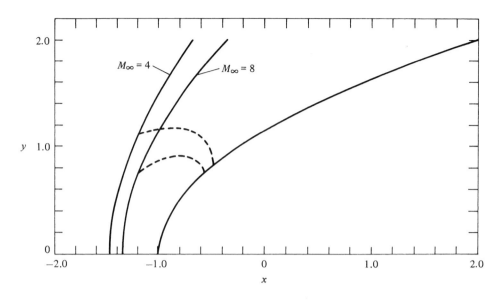

図 13.15 衝撃波形状と音速線，放物線柱

れている．この圧力は，初期の段階で，時間的に強い振動を示しているが，時間が大きく経過すると漸近的に定常値へ近づくことに注意すべきである．再度強調するが，必要なのはこの漸近的な定常状態であり，中間の過渡的な結果は，単に，その目的を達するための手段なのである．定常状態の結果にのみ注目するとき，図 13.14 は，$M_\infty = 4$ と 8 の 2 つの場合の物体表面上の (よどみ点圧力により無次元化された) 圧力分布を示している．p. 825 時間依存数値計算結果は実線で示されるが，白抜きの記号は第 14 章で議論される Newton 流理論からの結果である．圧力はよどみ点で最大値であり，よどみ点から遠ざかる距離の関数として減少する．すなわち，以前の空気力学的経験に基づいて，確実であると考えた変化であるということに注意すべきである．図 13.15 に，$M_\infty = 4$ と 8 の場合について，定常衝撃波の形状と音速線が示されている．Mach 数が増加するにつれ，衝撃波が物体により近づくことに注意すべきである．

13.6　円錐を過ぎる流れ

p. 826 第 9.3 節へ戻り，迎え角ゼロにおけるくさびを過ぎる超音速流と直円錐を過ぎるそれとの比較を再検討する．特に，図 9.16 を再度調べる．そして，それは半頂角 20° のくさびと半頂角 20° の円錐を過ぎる Mach 2 の流れを示している．円錐を過ぎる流れはくさびを過ぎる純粋な 2 次元流れと比べてより弱い衝撃波，より低い表面圧力，そして衝撃波背後の曲がった流線となる 3 次元緩和効果を受ける．円錐を過ぎる流れは 3 次元流れの特別な退化した場合であり，数値的に解かなければならない非線形微分方程式により支配される．この理由と，また，超音速空気力学における円錐流れの基本的な重要性のために，数値的方法に関する本章をそのような流れの詳細な議論により締めくくる．さらに本節の結果は極超音速ウエーブ・ライダの設計を議論する次章へ残されるであろう．

図 13.16 に示されるように，迎え角ゼロである回転体 (ある軸回りに，与えられた平面曲線を回転させることにより作り出される物体) を考える．円柱座標系 (r, Φ, z) が，V_∞ の方向に向い

第13章 非線形超音速流れの数値法概論

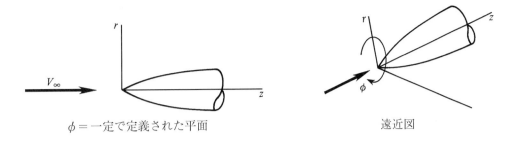

図 13.16 軸対称物体についての円柱座標系

た回転軸を z 軸として描かれている．図 13.16 を調べることにより，この流れ場は z 軸回りで対称でなければならない，すなわち，すべての特性は Φ に独立である．それで，

$$\frac{\partial}{\partial \Phi} \equiv 0$$

この流れ場は r と z のみに依存する．第 6.3 節の終わりにはじめて紹介されたように，そのような流れは軸対称流れと定義される．それは 3 次元空間において生じる流れであるが，2 つの独立変数，r および z のみであるので，軸対称流れはときどき "準 2 次元 (quasi-two-dimensional)" 流れと呼ばれる．

本節において，図 13.17 に描かれているように，さらに超音速流れにある先端が鋭い直円錐に特化するであろう．この場合は 3 つの理由により重要である．すなわち，

1. 非線形運動方程式はこの場合についての，数値的ではあるが，直接的に厳密な解法に役に立つ．

2. 円錐を過ぎる超音速流れは応用空気力学において大きな実用的重要性を持っている．すなわち，多くの高速のミサイルや発射体のノーズコーンは，ほとんどの超音速飛行機における胴体の機首領域と同じように，近似的に円錐形である．

3. p. 827 円錐を過ぎる超音速流れについての最初の解法は，超音速流れが流行するずっと以前の 1929 年に A. Busemann により得られた (参考文献 97 を見よ)．この解法は本質的に図式であり，重要な物理現象のいくつかを説明した．数年後，1933 年に，G. I. Taylor と J. W. Maccoll (参考文献 98 を見よ) は圧縮性流れの発展期における証明である数値解法を発表している．したがって，円錐流れの学習は歴史的にも重要性がある．さらに，円錐を過ぎる超音速流れに関する Taylor-Macoll 解法は非粘性超音速空気力学における標準的な場合である．

13.6.1 錐状流れの物理的特徴

図 13.17 に描かれた半頂角 θ_c の鋭い円錐を考える．この円錐は下流方向へ無限に伸びていると仮定する (半無限円錐)．この円錐は超音速流れの中にあり，それゆえ，斜め衝撃波がその頂点に付着する．この衝撃波の形状もまた円錐形である．超音速自由流れからの流線はそれがこの衝撃波を横切るとき変節し，衝撃波の下流で連続的に曲がり，漸近的に無限遠点で円錐表面

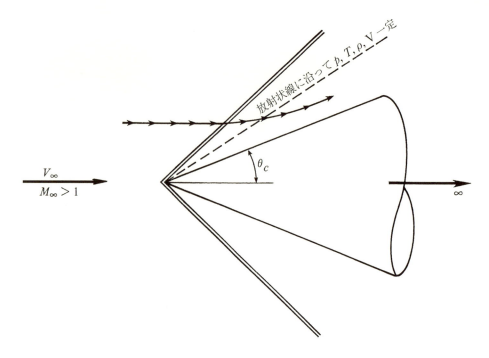

図 13.17 円錐を過ぎる超音速流れ

に平行となる．この流れについて 2 次元くさびを過ぎる流れ (図 9.16a) と対照としてみるべきである．その図において，衝撃波背後のすべての流線はすぐにそのくさび表面と平行となる．

この円錐は無限に広がっているので，この円錐の表面に沿った距離は無意味になる．すなわち，もし，圧力が円錐の表面に沿った 1 m と 10 m の位置で異なっていたとしたら，無限遠点でそれはどうなるのであろうか．これは圧力がこの円錐の表面に沿って一定であると，そして，他のすべての流れの特性もまた一定であると仮定することによってのみ調和されうるジレンマを提示している．p. 828 この円錐表面は単に頂点からの放射線であるので，図 13.17 に点線で描かれているように，円錐表面と衝撃波の間にあるような別の放射線を考える．流れの特性がこれらの放射線に沿っても一定であると仮定することのみが合理的である．実際に，錐状流の定義はすべての流れの特性がある与えられた頂点からの放射線に沿って一定であるようなものである．これらの特性は放射線ごとに変化する．この錐状流の特徴は実験的に証明されてきた．理論的には，これは，半無限円錐の場合，意味のある尺度となる長さが存在しないということからの結果である．

13.6.2 定式化

図 13.18a に描かれた重ね合わされたデカルト座標系と球座標系とを考える．z 軸は直円錐の対称軸であり，V_∞ は z 方向に向いている．この流れは軸対称である．すなわち，この流れの諸特性は Φ に対して独立である．それゆえ，この図は図 13.18b に示されるように，方向を変えることができる．ここに，r および θ は 2 つの独立変数であり，V_∞ は水平方向である．流れ場の任意点 e において，速度の半径方向および垂直方向の成分は，それぞれ，V_r および V_θ である．

第 13 章 非線形超音速流れの数値法概論

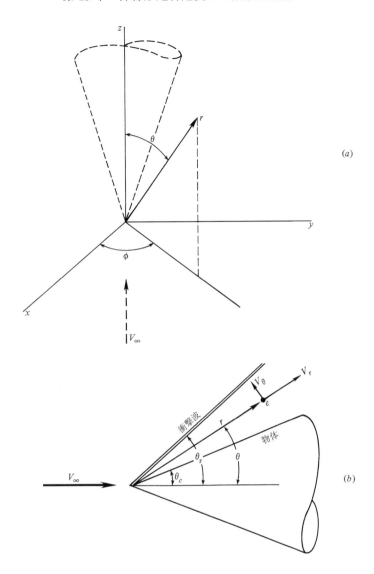

図 13.18 円錐についての座標系

我々の目的はこの物体と衝撃波との間の流れ場を解くことである．軸対称錐状流に関して，

$$\frac{\partial}{\partial \theta} \equiv 0 \quad \text{軸対称流}$$

$$\frac{\partial}{\partial r} \equiv 0 \quad \text{流れの特性は頂点からの放射線に沿って一定}$$

であることを思い出すべきである．定常流の連続方程式は式 (2.54) である．すなわち，

$$\nabla \cdot (\rho \mathbf{V}) = 0$$

球座標系におけるベクトルの発散は式 (2.21) により与えられる．したがって，球座標系の変数で表すと，式 (2.54) は

$$\nabla \cdot (\rho \mathbf{V}) = \frac{1}{r^2}\frac{\partial}{\partial r}(r^2 \rho V_r) + \frac{1}{r\sin\theta}\frac{\partial}{\partial \theta}(\rho V_\theta \sin\theta) + \frac{1}{r\sin\theta}\frac{\partial(\rho V_\phi)}{\partial \phi} = 0 \tag{13.65}$$

となる．導関数を計算し，上で述べた軸対称錐状流に関する条件を適用すると，式 (13.65) が

$$\frac{1}{r^2}\left[r^2\frac{\partial(\rho V_r)}{\partial r} + \rho V_r(2r)\right] + \frac{1}{r\sin\theta}\left[\rho V_\theta \cos\theta + \sin\theta\frac{\partial(\rho V_\theta)}{\partial \theta}\right] + \frac{1}{r\sin\theta}\frac{\partial(\rho V_\phi)}{\partial \phi} = 0$$

$$\frac{2\rho V_r}{r} + \frac{\rho V_\theta}{r}\cot\theta + \frac{1}{r}\left(\rho\frac{\partial V_\theta}{\partial \theta} + V_\theta\frac{\partial \rho}{\partial \theta}\right) = 0$$

$$2\rho V_r + \rho V_\theta \cot\theta + \rho\frac{\partial V_\theta}{\partial \theta} + V_\theta\frac{\partial \rho}{\partial \theta} = 0 \tag{13.66}$$

となることがわかる．式 (13.66) は軸対称錐状流に関する連続の方程式である．

^{p. 829} 図 13.17 および図 13.18 に描かれた錐状流へもどる．その衝撃波は直線であり，それゆえ，衝撃波を横切ってのエントロピーにおける増加はすべての流線に対して同じである．結果として，この錐状流場全体で，$\nabla s = 0$ である．さらに，この流れは断熱的で定常である．それゆえ，式 (7.55) は $\nabla h_o = 0$ であることを述べている．非粘性圧縮性流れにおいて，エントロピー勾配 ∇s，総エンタルピーの勾配 ∇h_o，そして渦度 $\nabla \times \mathbf{V}$ は参考文献 21 で導かれている Crocco の定理 (*Crocco's theorem*) により関連付けられている．そして，それはここに証明なしに与えられる．すなわち，

$$T\nabla s = \nabla h_o - \mathbf{V} \times (\nabla \times \mathbf{V}) \tag{13.67}$$

^{p. 830} ここで考えている錐状流に関して，$\nabla s = \nabla h_o = 0$ であるので，式 (13.67) は

$$\nabla \times \mathbf{V} = 0$$

を与える．これゆえに，この錐状流は渦なし (*irrotational*) である．Crocco の定理は運動量方程式とエネルギー式両方を基礎にして導出される．それゆえ，関係式 $\nabla \times \mathbf{V} = 0$ はどちらかの式に代わって用いられる．球座標系において，

$$\nabla \times \mathbf{V} = \frac{1}{r^2 \sin\theta}\begin{vmatrix} \mathbf{e}_r & r\mathbf{e}_\theta & (r\sin\theta)\mathbf{e}_\phi \\ \frac{\partial}{\partial r} & \frac{\partial}{\partial \theta} & \frac{\partial}{\partial \phi} \\ V_r & rV_\theta & (r\sin\theta)V_\phi \end{vmatrix} = 0 \tag{13.68}$$

ここに，$\mathbf{e}_r$，$\mathbf{e}_\theta$，および $\mathbf{e}_\phi$ は，それぞれ，r，θ，および ϕ 方向の単位ベクトルである．展開すると，式 (13.68) は

$$\nabla \times \mathbf{V} = \frac{1}{r^2 \sin\theta}\left\{\mathbf{e}_r\left[\frac{\partial}{\partial \theta}(rV_\phi \sin\theta) - \frac{\partial}{\partial \phi}(rV_\theta)\right]\right.$$
$$- r\mathbf{e}_\theta\left[\frac{\partial}{\partial r}(rV_\phi \sin\theta) - \frac{\partial}{\partial \phi}(V_r)\right]$$
$$\left. + (r\sin\theta)\mathbf{e}_\phi\left[\frac{\partial}{\partial r}(rV_\theta) - \frac{\partial V_r}{\partial \theta}\right]\right\} = 0 \tag{13.69}$$

となる．軸対称錐状流条件を適用すると，式 (13.69) は劇的に次式のように簡単化さる．

第13章 非線形超音速流れの数値法概論

$$V_\theta \equiv \frac{\partial V_r}{\partial \theta} \tag{13.70}$$

式 (13.70) は軸対称錐状流に関する渦なし条件である.

この流れが渦なしであるので，Euler 方程式を式 (3.12) の形式でいかなる方向へも適用できる．すなわち，

$$dp = -\rho V dV$$

ここに，

$$V^2 = V_r^2 + V_\theta^2$$

これゆえに，式 (3.12) は

$$dp = -\rho(V_r dV_r + V_\theta dV_\theta) \tag{13.71}$$

となる．等エントロピー流れに関して，

$$\frac{dp}{d\rho} \equiv \left(\frac{\partial p}{\partial \rho}\right)_s = a^2$$

を思い出すべきである． p. 831 それゆえに，式 (13.71) は

$$\frac{d\rho}{\rho} = -\frac{1}{a^2}(V_r dV_r + V_\theta dV_\theta) \tag{13.72}$$

となる．式 (7.55) から，また，固定された貯気槽状態から得られる最大の理論速度として，新しい基準速度 $V_{\max}$ を定義すると ($V = V_{\max}$ のとき，流れは理論的にゼロ度まで膨張したのである，したがって，$h = 0$ である)，

$$h_o = \text{const} = h + \frac{V^2}{2} = \frac{V_{\max}}{2}$$

を得る．$V_{\max}$ はこの流れでは一定値であり，$\sqrt{2h_o}$ であることに注意すべきである．熱量的に完全な気体の場合，上の式は

$$\frac{a^2}{\gamma - 1} + \frac{V^2}{2} = \frac{V_{\max}^2}{2}$$

すなわち，

$$a^2 = \frac{\gamma - 1}{2}(V_{\max}^2 - V^2) = \frac{\gamma - 1}{2}(V_{\max}^2 - V_r^2 - V_\theta^2) \tag{13.73}$$

式 (13.73) を式 (13.72) に代入すると，

$$\frac{d\rho}{\rho} = -\frac{2}{\gamma - 1}\left(\frac{V_r dV_r + V_\theta dV_\theta}{V_{\max}^2 - V_r^2 - V_\theta^2}\right) \tag{13.74}$$

式 (13.74) は本質的に，錐状流を研究する場合に有用な形式の Euler 方程式である．

式 (13.66)，式 (13.70)，および式 (13.74) は 3 つの独立変数：ρ，V_r，および V_θ の 3 つの方程式である．軸対称錐状流条件により，わずか 1 つの独立変数，すなわち，θ のみが存在する．このゆえに，式 (13.66) および式 (13.70) における偏導関数はより適切に常微分導関数として書かれる．式 (13.66) から，

$$2V_r + V_\theta \cot\theta + \frac{dV_\theta}{d\theta} + \frac{V_\theta}{\rho}\frac{d\rho}{d\theta} = 0 \tag{13.75}$$

式 (13.74) から，

$$\frac{d\rho}{d\theta} = -\frac{2\rho}{\gamma-1}\left(\frac{V_r\dfrac{dV_r}{d\theta} + V_\theta\dfrac{dV_\theta}{d\theta}}{V_{\max}^2 - V_r^2 - V_\theta^2}\right) \tag{13.76}$$

式 (13.76) を式 (13.75) へ代入すると，

$$2V_r + V_\theta \cot\theta + \frac{dV_\theta}{d\theta} - \frac{2V_\theta}{\gamma-1}\left(\frac{V_r\dfrac{dV_r}{d\theta} + V_\theta\dfrac{dV_\theta}{d\theta}}{V_{\max}^2 - V_r^2 - V_\theta^2}\right) = 0$$

すなわち，

$$\frac{\gamma-1}{2}(V_{\max}^2 - V_r^2 - V_\theta^2)\left(2V_r + V_\theta\cot\theta + \frac{dV_\theta}{d\theta}\right) - V_\theta\left(V_r\frac{dV_r}{d\theta} + V_\theta\frac{dV_\theta}{d\theta}\right) = 0 \tag{13.77}$$

式 (13.70) から

$$V_\theta = \frac{dV_r}{d\theta}$$

を思い出すべきである．それゆえ，

$$\frac{dV_\theta}{d\theta} = \frac{d^2V_r}{d\theta^2}$$

この結果を式 (13.77) に代入すると，

$$\boxed{\begin{aligned}&\frac{\gamma-1}{2}\left[V_{\max}^2 - V_r^2 - V_\theta^2 - \left(\frac{dV_r}{d\theta}\right)^2\right]\left[2V_r + \frac{dV_r}{d\theta}\cot\theta + \frac{d^2V_r}{d\theta^2}\right]\\&- \frac{dV_r}{d\theta}\left[V_r\frac{dV_r}{d\theta} + \frac{dV_r}{d\theta}\left(\frac{d^2V_r}{d\theta^2}\right)\right] = 0\end{aligned}} \tag{13.78}$$

を得る．式 (13.78) は錐状流の解法のための Taylor-Maccoll 方程式である．これは，わずか 1 つの独立変数，V_r をもつ常微分方程式であることに注意すべきである．その解法は $V_r = f(\theta)$ を与える．V_θ は式 (13.70) から得られる．すなわち，

$$V_\theta = \frac{dV_r}{d\theta} \tag{13.79}$$

式 (13.78) について閉じた形式の解は存在しない．すなわち，それは**数値的**に解かれなければならないのである．その数値解法を迅速に進めるために，無次元速度 V' を次のように定義する．

$$V' \equiv \frac{V}{V_{\max}}$$

そうすると，式 (13.78) は

$$\frac{\gamma-1}{2}\left[1 - V_r'^2 - \left(\frac{dV_r'}{d\theta}\right)^2\right]\left[2V_r' + \frac{dV_r'}{d\theta}\cot\theta + \frac{d^2V_r'}{d\theta^2}\right]$$

$$- \frac{dV_r'}{d\theta}\left[V_r'\frac{dV_r'}{d\theta} + \frac{dV_r'}{d\theta}\left(\frac{d^2V_r'}{d\theta^2}\right)\right] = 0 \tag{13.80}$$

無次元速度 V' は Mach 数のみの関数である．このことをより明確に見るために，次のことを思い出すべきである．

$$h + \frac{V^2}{2} = \frac{V_{\max}^2}{2}$$

$$\frac{a^2}{\gamma-1} + \frac{V^2}{2} = \frac{V_{\max}^2}{2}$$

$$\frac{1}{\gamma-1} + \left(\frac{a}{V}\right)^2 + \frac{1}{2} = \frac{1}{2}\left(\frac{V_{\max}}{V}\right)^2$$

$$\frac{2}{\gamma-1} + \left(\frac{1}{M}\right)^2 + 1 = \left(\frac{V_{\max}}{V}\right)^2$$

$$\frac{V}{V_{\max}} \equiv V' = \left[\frac{2}{(\gamma-1)M^2} + 1\right]^{-1/2} \tag{13.81}$$

明らかに，式 (13.81) から，$V' = f(M)$ である．すなわち，M が与えられるといつでも V' を見出せ，あるいはその逆もできる．

13.6.3 数値計算手順

直円錐を過ぎる超音速流れの数値解法について，逆解法を選択するであろう．これにより，与えられた衝撃波が仮定され，そして，この与えられた衝撃波を支える特定の円錐が計算されるということを意味する．これは直接法に対して対照的であり，この直接法では，円錐の形状が与えられ，流れ場と衝撃波が計算される．数値計算手順は次のようになる．すなわち，

1. 図 13.19 に描かれているように，衝撃波角 θ と自由流 Mach 数 M_∞ を仮定する．この仮定から，衝撃波直後の Mach 数および流れの振れの角，それぞれ，M_2 および δ は斜め衝撃波の関係式から見出せる．前の用法とは異なり，流れの振れの角はここではそれを極座標 θ と混同されないようにするために δ により示されていることに注意すべきである．

2. M_2 および δ から，衝撃波直後における気流速度の半径方向および垂直方向成分，V_r' および V_θ' は，それぞれ，図 13.19 の形状から見出すことができる．V' は式 (10.16) に M_2 を代入することにより得られることに注意すべきである．

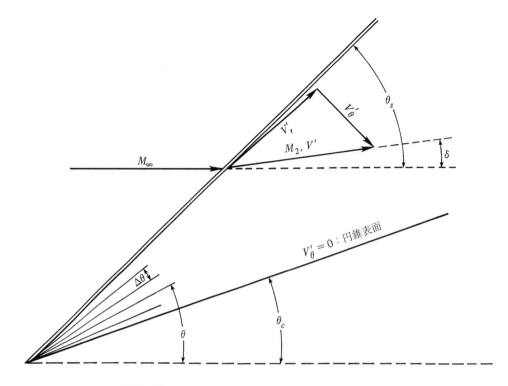

図 13.19 円錐を過ぎる流れの数値解法のための幾何図形配列

3. 上の衝撃波直後の V' の値を境界値として用いて，この衝撃波から進行しながら，θ を変えながら数値的に V' に関して式 (13.81) を解く．常微分方程式 (13.80) は Runge-Kutta 法のような，任意の標準数値計算法を用いて各 $\Delta\theta$ について解くことができる．

4. θ における各増分において，V' の値は式 (13.79) から計算される．ある θ の値で，すなわち，$\theta = \theta_c$ において $V' = 0$ を見出すであろう．突き抜けることができない面における速度の垂直方向成分はゼロである．したがって，$\theta = \theta_c$ において $V'_\theta = 0$ であるとき，θ_c はステップ 1 で仮定されたように，与えられた Mach 数 M_∞ において与えられた波の角度 θ_s の衝撃波を支える特定の円錐の表面を表していなければならない．すなわち，M_∞ および θ_s に適合する円錐角は θ_c である．θ_c における V'_r は式 (13.81) によりこの円錐表面に沿った Mach 数を与える．

5. ここでのステップ 1 からステップ 4 の過程において，衝撃波と物体の間の完全な速度流れ場が求められた．それぞれの点 (すなわち，放射線) において $V' = \sqrt{(V'_r)^2 + (V'_\phi)^2}$ そして M は式 (13.81) から得られることに注意すべきである．そして，それぞれの放射線に沿った圧力，密度，および温度は等エントロピー関係式，式 (8.42)，式 (8.43)，および式 (8.40) から求められる．

もし，異なった M_∞ および，または θ_s の値がステップ 1 で仮定されるとしたら，異なった流れ場と円錐角 θ_c がステップ 1 からステップ 5 により得られるであろう．これらの一連の計算を繰り返すことにより，超音速円錐の特性の表あるいはグラフを生成することができる．その

第13章 非線形超音速流れの数値法概論

797

ような表は文献，最も一般的である Kopal (参考文献 99) や Sims (参考文献 100) に掲載されている．

13.6.4 円錐を過ぎる超音速流の物理的特徴

第 13.6.3 節にある解法から得られたいつくかの典型的な数値計算結果が図 13.20 に示されている．そして，それは M_∞ をパラメータとして，衝撃波角 θ_s を円錐角 θ_c の関数として与えている．円錐についての図 13.20 は 2 次元くさびについての図 9.9 に類似している．すなわち，この 2 つの図は定性的に同じであるが，数値的には異なっている．

p. 835 図 13.20 を詳しく調べてみる．与えられた円錐角 θ_c と与えられた M_∞ に対して，2 つの可能な斜め衝撃波，すなわち，強い衝撃波解と弱い衝撃波解が存在することを注意すべきである．これは第 9 章において論議された 2 次元の場合と直接的な類似性がある．この弱い衝撃波解は実際の有限角の円錐において実際，ほとんど常に観察される．しかしながら，円錐の底

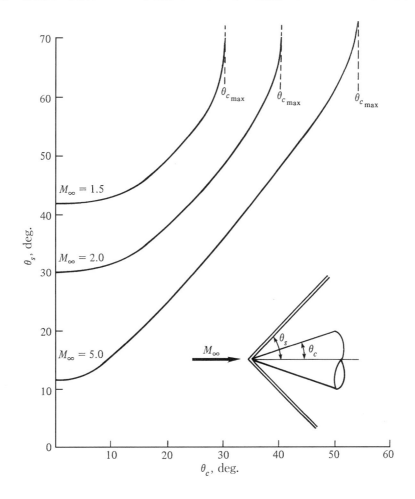

図 13.20 超音速流中における円錐についての $\theta_c - \theta_s - M$ 線図 (ここには示されていないが，これらの曲線の上部は強い衝撃波解のため反りかえっている．)

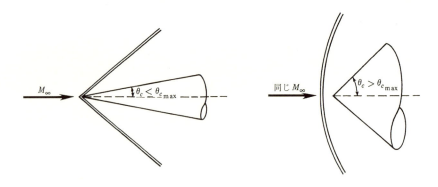

図 13.21 円錐に付着した衝撃波と離脱衝撃波

部近傍における背圧を独立的に増加させることにより無理やり強い衝撃波解にすることが可能である.

また，図 13.20 から，与えられた M_∞ の場合，それを越えると衝撃波が離脱する最大円錐角 $\theta_{c_{\max}}$ が存在することを注意すべきである．これが図 13.21 に示されている．$\theta_c > \theta_{c_{\max}}$ である

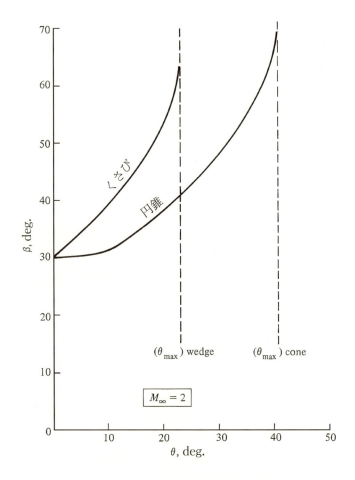

図 13.22 Mach 2 におけるくさびおよび円錐の衝撃波角の比較

第 13 章　非線形超音速流れの数値法概論

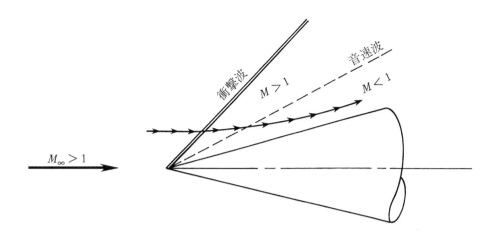

図 13.23 ある超音速錐状流れ場は円錐表面近傍において亜音速速度への等エントロピー圧縮により特徴づけられている．

とき，ここで与えられたような Taylor-Maccoll 解は存在せず，その代わりに，離脱衝撃波をともなう流れ場は第 13.5 節で論議されたような方法によって解かれなければならない．

くさびを過ぎる 2 次元流れと比較すると，円錐を過ぎる 3 次元流れは膨張方向にもう 1 つ次元を有している．この "3 次元緩和効果" は第 9.3 節で論議された．そして，読者は今それを復習すべきである．特に，図 9.16 から，与えられた角度の円錐における衝撃波は同じ角度のくさびの衝撃波よりも弱いということを思い出すべきである．p. 836 したがって，円錐はくさびよりも低い，表面圧力，温度，密度，およびエントロピーであるということがわかる．また，与えられた M_∞ について，付着衝撃波解のための最大許容円錐角が最大くさび角よりも大きいこともわかる．これは図 13.22 に明確に示されている．

p. 837 最後に，この数値計算結果は衝撃波と円錐表面との間の与えられた，いかなる流線も図 13.23 に描かれているように曲げられ，そして漸近的に無限遠点でこの円錐の表面に平行となることを示している．また，ほとんどの場合，衝撃波と円錐との間の全流れ場は超音速である．しかしながら，もし，円錐角が十分大きいが，まだ $\theta_{c_{max}}$ よりも小さいならば，流れがその表面の近傍で亜音速になる場合がある．この場合が図 13.23 に示されている．ここにおいて，この流れ場の放射線の 1 つが音速線となる．この場合において，我々は超音速流れ場が本当に超音速から亜音速へ等エントロピー的に圧縮される数少ない例の 1 つを実際に見るのである．超音速から亜音速流れへの遷移は第 8 章において論議されたようにほとんど例外なく衝撃波によって達成される．しかしながら，円錐を過ぎる流れはこの観察に対する例外になりうるのである．

13.7　要約

いまや，図 13.1 に示されたロードマップの 2 つの分枝両方の説明を終えた．読者は自分がこのロードマップに示されたすべての題材を理解していることを確かめるべきである．以下に，これらの重要点の短い要約を示す．

定常な，2次元，渦なし，超音速流れについて，特性曲線は Mach 線であり，これらの特性曲線に沿って成立する適合方程式は

$$\theta + \nu = K_- \qquad C_- \text{ 特性曲線に沿って}$$

および

$$\theta - \nu = K_+ \qquad C_+ \text{ 特性曲線に沿って}$$

そのような流れの数値解法は，適切な初期データ曲線から出発し，段階的にこれらの特性曲線に沿って適合方程式を解くことにより実行される．

p. 838 超音速ノズルの形状は，(通常，幾何学的なスロートの下流にある) 限界特性線の下流へ特性曲線法を適用することにより得られる．

有限差分法の要点は，流れの支配方程式にある偏導関数を有限差分商で置き換えることである．超音速定常流れについて，この方法は超音速流中の初期データ線に沿った既知のデータから出発し，下流へ計算を進めて行く．亜音速-超音速混合流れの解法については，時間依存手法を用いることができ，それは，時刻 $t = 0$ における仮定した初期条件から出発し，時間について前進的に計算を進めて行き，時間が大きく経過した極限で定常状態結果を達成するものである．

超音速定常流れについて，あるいは亜音速-超音速混合流れの時間依存解法にしろ，有限差分解法を実行するための良く用いられる手法は MacCormack による直接的な予測子-修正子手法である．

13.8 演習問題

注：次の問題の目的は，特性曲線法の単一過程を実行する演習を与える．全流れ場へのより大規模な適用は読者のやる気ひとつである．また，有限差分法を用いる大規模な実用的な問題は膨大な算術演算を必要とし，デジタル計算機によることのみが現実的である．時間のあるときにそのような問題に取りかかることを勧める．本章の主なる目的は，いくつかの数値法の要点を示すことであり，読者に，たくさんの計算や大きな計算プログラムを書く要求を課すものではない．

13.1 超音速流れの中に，2つの点を考える．これらの点はデカルト座標系で $(x_1, y_1) = (0, 0.0648)$ と $(x_2, y_2) = (0.0121, 0)$ にある．ここに単位はメートルである．点 (x_1, y_1) において，$u_1 = 639 \text{ m/s}$，$v_1 = 232.6 \text{ m/s}$，$p_1 = 1 \text{ atm}$，$T_1 = 288 \text{ K}$ である．点 (x_2, y_2)，$u_2 = 680 \text{ m/s}$，

$v_2 = 0$, $p_2 = 1$ atm および $T_1 = 288$ K である．点 1 と点 2 の下流に，点 2 を通る C_+ 特性線と点 1 を通る C_- 特性線の交点に位置する点 3 を考える．点 3 において，u_3, v_3, p_3 および T_3 を計算せよ．また，これらの点の間の特性線は直線であると仮定して，点 3 の位置を計算せよ．

第14章　極超音速流れの基礎

p. 839 ほとんどすべての人がその人自身の極超音速の定義を持っている．もし，これらの人達の間で世論調査のようなことを行い，それぞれの人に，気体の流れを極超音速として適切に説明できる Mach 数を挙げるように尋ねたとすると，主流の答えは 5 ないし 6 あたりであろう．しかし，だれかが，3 というような小さな Mach 数，あるいは 12 という高い Mach 数を推薦し，擁護することはまったく確かなことであろう．

P. L. Roe
ベルギーの von Karman Institute で
行われた講義 (1970 年 1 月) においてなされたコメント

プレビュー・ボックス

空気吸入極超音速飛行は，多くの人たちにより航空機設計の最後のフロンティアであると考えられている．これまで，ある程度の進展はしたがさらに研究しなければならないことが多い．大気中における持続的な極超音速飛行のための飛行体の現実的な設計は次世代の航空宇宙技術者たちにとって主要な挑戦事項である．

図 14.1 X-43 極超音速実験機 (NASA).

図 14.1 に示される X-43 Heyper-X 実験機が超音速燃焼ラムジェット・エンジン (SCRAMjet) は Mach 6.9 で 11 秒間の飛行を達成した．これは，2004 年 3 月に達成された航空分野における歴史的飛行である．11 月には，別の X-43 が，歴史上最速の飛行となる，ほぼ Mach 10 での連続飛行を達成した．これらの速度において，空力加熱が主要な問題となり，飛行体は特別な耐高温材料から製造されなければならなかった．X-43 の熱防御設計は図 14.2 に示されている．2004 年における X-43 の 2 つの成功した飛行は航空宇宙工学にとって新たな歴史である．すなわち，初めて

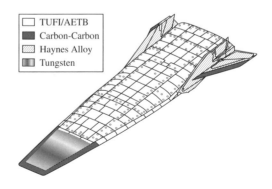

図 14.2 X-43 熱防御システム．

SCRAMjet エンジンが大気中での飛行において持続して作動したのである．40年以上の研究と技術開発の後に，十分な進歩がなされ，その設計方法により試験を成功させたのである．しかし，真に実用的なエンジンや機体を製造するためにはより多くの必要なことがある．これは読者の誰かが役割を担うことを期待している．すなわち，読者がこの最後のフロンティアへの挑戦者になるであろう．

p.840 そのほかの人間が製造した極超音速飛行をする飛行体は，ドイツの V-2 ロケットの先端に搭載され，高高度へ打ち上げられた WAC Coporal ロケットが知られている．このロケットは，New Mexico 州にある White Sands 実験場へ 5000 mph 以上の速度で大気圏にもどってきた事例であり (参考文献 55 を見よ)，1949 年以来，現実のものとなっていた．それ以来，スペースシャトルや Apollo 帰還モジュールのような宇宙機は，Mach 26 から Mach 36 の極超音速 Mach 数で大気圏に突入し，飛行したあと地球へ帰還してきた．このように，極超音速空気力学は比較的長い歳月の間知られてきた．しかし，あらゆる実用的な目的のためにはそれはまだ若く，発展途上の分野である．

本章の主題は極超音速空気力学である．何が超音速流れと異なっているのであろうか．本書において独立した章になり得る理由は何であろうか．結局のところ，極超音速流れは音速よりも速い速度をもつ流れであり，極超音速流れは一般的に音速よりもはるかに大きい速度で移動するということ以外は，超音速流れの定義で満足される．従来より，概ね極超音速流れをマッハ 5 以上の流れとしている．しかしながら，Mach 5 には何の魔法もない．もし，飛行体が Mach 4.99 で飛行していて，そして Mach 5.01 に加速しても，新しいことは何も生じないであろう．すなわち，流れが緑から赤に変わるわけではなく，雷の破裂音もないであろう．対照的に，もし，読者が Mach 0.99 で飛行していて，Mach 1.01 に加速したとすると，その流れは "緑から赤に変化する" であろう．(すなわち，その流れの物理的性質が，劇的に変化し，衝撃波の突然の発生により "雷の破裂音 (clap of thunder)" が聞こえるであろう．)　それでは，なぜ極超音速流れと超音速流れとの間で区別がなされるのであろうか．答えは，超音速において重要でない物理的現象が極超音速において支配的になるということである．これらの現象は第 14.2 節に述べられていて，その節では，4 ページにわたり極超音速流れの定義が述べられている．その内容を読み進め，それが何であるかを見出すべきである．

極超音速空気力学は最先端の空気力学である．それは感動的で，そして興味深い．本章では極超音速流れの特別な面と解析のいくつかを紹介する．それは，この分野の基礎であり，興味をそそる内容である．

14.1　序論

1903 年における Wright 兄弟の 35 mil/h の海面高度の飛行から始まり，1960 年代と 1970 年代の有人飛行へと幾何級数的に進歩した，航空の歴史は，"より速く，より高く" という哲学により押し進められてきた．有人飛行における現在の高度および速度記録は，1969 年に Apollo 宇宙船により記録された，月および，音速の 36 倍である 36,000 ft/s である．Apollo の飛行の大部分は宇宙，すなわち，地球の大気圏外で行われたものであるが，それの最も重大な局面の1つは p.841 月へのミッション終了後の大気圏再突入であった．大気圏再突入時に遭遇するような，非常に高速な飛行に関係した空気力学的現象は本章の主題である，**極超音速空気力学**として分類される．有人および無人の再突入飛行体に加えて，軍により現在検討されているラム

ジェットによる極超音速ミサイルや，現在，NASA が研究している基礎技術たる極超音速旅客機構想のような，その他の将来実現しそうな極超音速応用がある．したがって，極超音速空気力学は全飛行領域における一方の極限にあるが (第 1.10 節を見よ)，それは重要であるので，空気力学の基礎を与える本書において短い 1 つの章をおくことは正当である．

本章は短い．すなわち，その目的は極超音速流れのいくつかの基本的な考察を簡単に紹介することである．したがって，本章のロードマップ，あるいは章末における要約を必要としない．また，さらに先に進む前に，第 1 章へ戻り，第 1.10 節に与えられる極超音速流れに関する短い論議を復習すべきである．極超音速流れのもう 1 つ深い学習のためには，参考文献 55 として上げられている本著者の書籍を見るべきである．

14.2 極超音速流れの定性的特性

$M_\infty = 36$ で飛行している半頂角 15° のくさびを考える．図 9.9 から，この斜め衝撃波の波の角度がわずか 18° であることがわかる．すなわち，この斜め衝撃波がこの物体の表面に非常に近接しているのである．この状況が図 14.3 に描かれている．明らかに，この衝撃波と物体間の衝撃層は非常に薄い．そのように薄い衝撃層が極超音速流れの 1 つの特性である．薄い衝撃層の実際的な重要性は，主要な相互作用が，しばしば，衝撃波背後の非粘性流れと物体表面上の粘性境界層との間で生じることである．実際，極超音速飛行体は，一般的に高々度で飛行する．そこでは密度，したがって，Reynolds 数が低い．そして，それゆえ，境界層が厚いのである．さらに，極超音速において，細長物体上の境界層厚さは近似的には M_∞^2 に比例する．よって，高い Mach 数はさらに境界層を厚くするのに貢献するのである．p.842 多くの場合，境界層厚さは，図 14.3 の上側の挿入図に描かれているように，衝撃層厚さと同じ程度の大きさである．ここでは，衝撃層は完全に粘性層であり，衝撃波形状と表面圧力分布はそのような粘性効果により影響を受ける．これらの現象は**粘性干渉現象** (*viscous interaction phenomena*) と呼ばれる．そこでは，粘性流が外部の非粘性流れに大きく影響し，そして，もちろん，外部の非粘性流れが境界層に影響するのである．そのような粘性相互作用の図によるひとつの例が，図 14.4 に描かれているような，極超音速における平板で起きるのである．もし，流れが完全に非粘性である

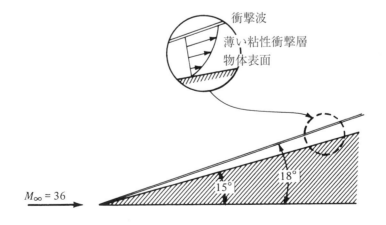

図 14.3 極超音速流に関して，衝撃層は薄く，そして，粘性層である．

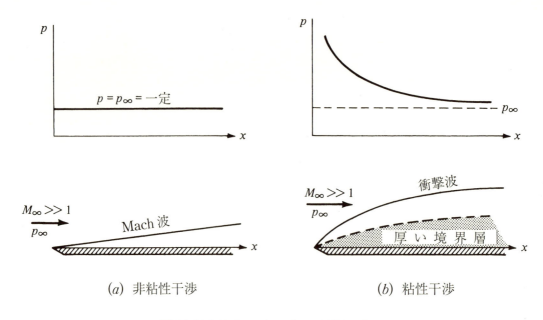

(a) 非粘性干渉　　　　　　　　　　(b) 粘性干渉

図 14.4 極超音速における平板上の粘性相互作用.

なら，図 14.4a に示される場合になるであろう．そこでは，1 本の Mach 波が前縁から下流方向へ伸びている．流れの振れがないので，平板の表面における圧力分布は一定であり，p_∞ に等しい．対照的に，現実には，平板の上には境界層が存在し，極超音速条件においては，その境界層は，図 14.4b に描かれたように厚くなる．この厚い境界層は外部の非粘性流を振れさせ，前縁から下流に伸びるかなり強い，弯曲した衝撃波を発生する．次に，表面圧力は，前縁から p_∞ よりかなり高く，図 14.4b に示されるように，前縁から遥か下流で p_∞ へ近づくだけである．空気力に影響を与えることに加え，そのような高い圧力は前縁において空力加熱を増加させる．したがって，極超音速粘性相互作用は重要となり，これは現代の極超音速空気力学研究の主要な分野の 1 つとなっている．

飛行体の大きな空力加熱とともに，超音速流れの第 2 の，そして，しばしば，より支配的な特徴，すなわち，衝撃層における高温度が存在する．例えば，図 14.5 に描かれているように，Mach 36 で大気に再突入する鈍い物体を考える．この離脱衝撃波の垂直部分のすぐ後方の衝撃層における温度を計算しよう．付録 B より，$M_\infty = 36$ の垂直衝撃波を横切っての静温度比は 252.9 である．すなわち，これは図 14.5 において T_s/T_∞ で示されている．さらに，59 km の標準高度において，$T_\infty = 258$ K である．したがって，$T_s = 65{,}248$ K，信じられない高温度，を得る．そして，それは太陽の表面よりも 6 倍も熱いのである！実際には，これは正しくない値である．なぜなら，$\gamma = 1.4$ の熱量的に完全な気体のみに有効な付録 B を用いたからである．しかしながら，高温度において，空気は化学反応性をもつ．すなわち，γ は，もはや 1.4 に等しくなく，一定でもなくなるであろう．それにもかかわらず，この計算から，衝撃層における温度は，65,248 K よりある程度低くなるとは言え，非常に高くなるであろうという印象を得るのである．事実，もし，化学反応性気体を考慮して，T_s の適切な計算がなされたとすると，$T_s \approx 11{,}000$ K であることを見出すであろう．それは，なおも非常に高い値である．高温度効果は極超音速流においては非常に重要であることは明らかである．

第 14 章　極超音速流れの基礎

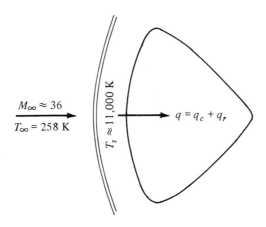

図 14.5 高温衝撃層.

これらの高温効果をもっと詳しく調べることにしよう．もし，$p = 1\,\text{atm}$，$T = 288\,\text{K}$ (標準海面状態) の空気を考えるとすると，その化学成分は，本質的に体積で，20 パーセントの O_2 と 80 パーセントの N_2 である．温度がずっと低ければ重要な化学反応は起こらない．しかしながら，もし，T を 2000 K に上げたとすると，O_2 が解離しはじめるのを観察できるであろう，すなわち，

$$O_2 \rightarrow 2O \qquad 2000\,\text{K} < T < 4000\,\text{K}$$

もし，温度が 4000 K に増加すると，O_2 の大部分は解離し，N_2 解離が始まるであろう．すなわち，

$$N_2 \rightarrow 2N \qquad 4000\,\text{K} < T < 9000\,\text{K}$$

もし，温度が 9000 K に増加すると，N_2 の大部分は解離し，電離がはじまるであろう．すなわち，

$$N \rightarrow N^+ + e^-$$
$$T > 9000\,\text{K}$$
$$O \rightarrow O^+ + e^-$$

したがって，図 14.5 へ戻ると，この物体の先端領域における衝撃層は一部イオン化したプラズマである．そして，それは N と O なる原子と N^+ と O^+ のイオンそして電子 e^- から構成されている．実際，衝撃層中におけるこれらの自由電子の存在は p. 844 再突入飛行体の軌道の部分で起きる，いわゆる "通信途絶" の原因である．

これら高温度効果の 1 つの結果は，一定である $\gamma = 1.4$ に依存している第 7 章から第 13 章で得られたすべての方程式や数表がもはや有効ではないということである．事実，図 14.5 における高温度，化学反応性の衝撃層についての支配方程式をその気体それ自身の適切な物理学と化学を考慮し，数値的に解かなければならない．そのような実在物理学的効果をともなう空気力学的流れの解析は，参考文献 21 の第 16 章と第 17 章に詳しく論議されている．すなわち，そのような問題は本書の範囲を越えているのである．

高温度衝撃層に関係しているのは極超音速飛行体の表面への大きな熱伝達量である．事実，再突入飛行体に関して，空力加熱が，第 1.1 節の最後に述べられているように，それらの飛行体の設計を支配するのである．(第 1.1 節において論議した 3 番目の歴史例は空力加熱を減少させる鈍い物体概念の進化であったことを思い出すべきである．すなわち，先に進む前に，この資料を復習すべきである．) 空力加熱の通常の様式は物体の表面における熱伝導により熱い衝撃層から表面へのエネルギーの伝達である．すなわち，もし，$\partial T/\partial n$ が表面に垂直な，気流中の温度勾配を表すとすれば，そのとき，$q_c = -k(\partial T/\partial n)$ は表面への熱伝達である．$\partial T/\partial n$ は，物体を過ぎる気体の流れにより作り出される流れ場の特性であるので，q_c は**対流加熱** (*convective heating*) と呼ばれる．ICBM に関係した再突入速度 (約 28,000 ft/s) に関して，これがその物体への熱伝達について唯一の意味ある様式である．しかしながら，より高い速度において，衝撃層の温度はいっそう熱くなる．経験から，すべての物体は熱放射することが知られている．そして，物理学から，黒体放射は T^4 で変化することが知られている．したがって，放射は高温における熱伝達の支配的な様式である．(例として，暖炉の火のそばに立つと感じる熱は炎と熱い暖炉壁からの放射加熱である．) 衝撃層が，図 14.5 に与えられた場合のように，温度が 11,000 K のオーダーに達したとき，熱気体からの熱放射は物体表面への全熱伝達の実質的な部分を占めるようになる．放射加熱を q_r で示すと，総空力加熱 q を対流加熱と放射加熱の和として表すことができる．すなわち，$q = q_c + q_r$ である．Apollo の再突入については，$q_r/q \approx 0.3$ であり，したがって，放射加熱は Apollo の熱防御の設計において重要な考慮すべき事柄であった．宇宙探査機の木星大気への突入については，速度が非常に高く，そして，衝撃層の温度が非常に大きいので，対流加熱は無視できるであろう．そして，その場合は $q \approx q_r$ である．そのような飛行体について，放射加熱はそれの設計における支配的な事項となるのである．図 14.6 は地球の大気へ突入する際の典型的な有人再突入飛行体に関する q_c と q_r の相対的重要性を示している．すなわち，速度が 36,000 ft/s より増加すると，q_r がいかに急速にその物体の空力加熱を支配するかに注意すべきである．衝撃層放射加熱の詳細は興味のあることであり，そして重要である．

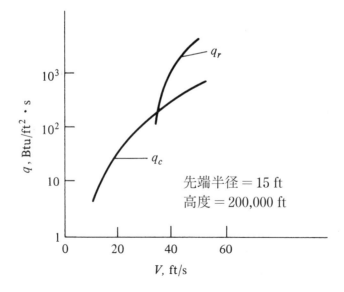

図 14.6 飛行速度の関数としての鈍い再突入飛行体の対流および放射加熱率 (出典：*Anderson*, 参考文献 36).

しかしながら，それらは本書の取り扱いの範囲を越えている．衝撃層放射熱伝達の工学的な側面の徹底した調査については，参考文献 36 を見るべきである．

要約すると，薄い衝撃層の粘性相互作用や高温度での化学反応性，そして放射効果は極超音速流れを P. 845 それよりも低い超音速領域から区別しているのである．極超音速流れは何冊かの書籍においてそれのみが取り扱われてきた主題である．例えば，参考文献 37 から 41 を見るべきである．特に，この主題に関する現代の教科書として参考文献 55 を見るべきである．

14.3 Newton 流理論

図 14.3 へ戻るとする．すなわち，衝撃波が物体表面にいかに近いかということに注意すべきである．この図は流線を付け加えて図 14.7 に再掲してある．遠く離れて眺めると，自由流における，直線で水平な流線は，ほぼその物体に衝突し，それからその物体に沿って接線方向へ移動している．図 1.7 へ戻る．そして，それは流体流れの Isaac Newton のモデルを説明している．それと図 14.7 に示された極超音速流れ場と比較をする．すなわち，それらは直接的な相似性がある．(また，さらに先に進む前に，図 1.7 に関係した論議を復習すべきである．) 実際，極超音速物体まわりの薄い衝撃層は流体力学における最も Newton モデルに近い例である．したがって，Newton モデルに基づいた結果は極超音速流れにある程度適用性があると期待できよう．これはその適用できる場合なのである．すなわち，Newton 流理論はしばしば極超音速物体上の圧力分布を見積もるのに用いられる．本節の目的は第 1.1 節で最初に述べた有名な Newton の正弦 2 乗法則を導くことと，それがいかにして極超音速流れに適用されるかを示すことである．

図 14.8 に描かれるように，自由流に対して角度 θ で傾いた面を考える．Newton モデルに従って，この流れは，この面に衝突し，それからその面に対して接線方向へ移動するたくさんの粒子から構成されている．その面との衝突の間に，これらの粒子は面に垂直な方向の運動量成分を失うが，接線方向成分は保たれる．運動量の垂直方向成分の時間変化率は粒子衝突により面へ加えられる力に等しい．このモデルを定量化するために，P. 846 図 14.8 を調べる．この面に垂直な自由流速度の成分は $V_\infty \sin\theta$ である．もし，この面の面積が A であるなら，この面にあたる質量流量は $\rho_\infty (A \sin\theta) V_\infty$ である．したがって，運動量の時間変化率は

$$\text{質量流量} \times \text{速度の垂直方向成分の変化}$$

すなわち，

$$(\rho_\infty V_\infty A \sin\theta)(V_\infty \sin\theta) = \rho_\infty V_\infty^2 A \sin^2\theta$$

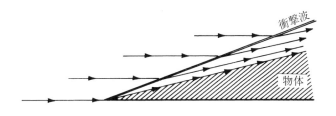

図 14.7 極超音速流れにおける流線．

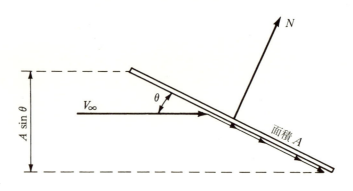

図 14.8 Newton の衝突理論についての概略図.

次に，Newoton の第二法則から，その表面に働く力は

$$N = \rho_\infty V_\infty^2 A \sin^2 \theta \tag{14.1}$$

である．この力は，図 14.8 に描かれているように，運動量の時間変化率と同一の線 (すなわち，面に垂直方向) に沿って働く．式 (14.1) から，単位面積あたりの法線力は，

$$\frac{N}{A} = \rho_\infty V_\infty^2 \sin^2 \theta \tag{14.2}$$

である．式 (14.2) における単位面積あたりの法線力，N/A の物理的意味を，最新の空気力学の知識に基づいて解釈してみよう．Newton のモデルは，すべてが直線で，平行な道筋で面へ移動する個々の粒子の流れを仮定している．すなわち，粒子は完全に方向の定まった直線運動をするということである．それらの粒子の不規則な運動は存在しない．すなわち，それは，単純に言えば，散弾銃からの散弾のような粒子の流れである．最新の概念に基づいて，運動する気体は分子の直線運動と同様にそれらの不規則運動の合成である分子運動をすることがわかっている．さらに，自由流静圧 p_∞ は，単純に，気体分子の純粋な**不規則運動**の尺度であることを知っている．したがって，Newton モデルにおいて，粒子の純粋な**直線運動** (*directed motion*) が単位面積あたりの力，式 (14.2) における N/A になるときには，p. 847 この単位面積あたりの法線力はその表面上における p_∞ より上の **差圧** (*pressure difference*)，すなわち，$p - p_\infty$ と解釈される．したがって，式 (14.2) は

$$p - p_\infty = \rho_\infty V_\infty^2 \sin^2 \theta \tag{14.3}$$

となる．式 (14.3) は，次のように，圧力係数 $C_p = (p - p_\infty)/\frac{1}{2}\rho_\infty V_\infty^2$ を用いて書ける．

$$\frac{p - p_\infty}{\frac{1}{2}\rho_\infty V_\infty^2} = 2\sin^2 \theta$$

すなわち，

$$\boxed{C_p = 2\sin^2 \theta} \tag{14.4}$$

式 (14.4) は Newton の正弦 2 乗法則である．すなわち，それは，圧力係数が面の接線方向と自由流方向との間の角度の正弦 (sine) の 2 乗に比例すると述べているのである．この角度 θ

第 14 章 極超音速流れの基礎

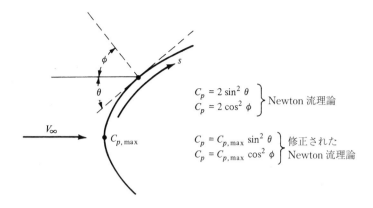

図 14.9 Newton 流理論に関する角度の定義.

は図 14.9 に図示されている．しばしば，Newton 流理論の結果は，図 14.9 に示されるように，ϕ で表される，面に垂直な方向と自由流方向との間の角度の項で書かれる．ϕ を用いると，式 (14.4) は

$$C_p = 2\cos^2\phi \tag{14.5}$$

となり，Newton 流理論の同じく有効な式である．

図 14.9 に描かれた鈍い物体を考える．明らかに，最大圧力，したがって C_p の最大値はよどみ点で生じる．そこでは，$\theta = \pi/2$ であり，$\phi = 0$ である．式 (14.4) はよどみ点で $C_p = 2$ を与える．この極超音速の結果と第 3 章における非圧縮性流れ理論で得られた結果と対比してみる．第 3 章ではよどみ点で $C_p = 1$ である．実際，よどみ点圧力係数は $M_\infty = 0$ での 1.0 から $M_\infty = 1.0$ での 1.28，$M_\infty \to \infty$ のとき，$\gamma = 1.4$ の場合，1.86 へ連続的に増加する．(読者自身で証明してみよ．)

最大圧力係数が，$M_\infty \to \infty$ で 2 に近づくという結果は 1 次元運動量方程式，すなわち，式 (8.6) から独立に求められる．図 14.10 に描かれるように，極超音速における垂直衝撃波を考える．p. 848 この流れについて，式 (8.6) は，

$$p_\infty + \rho_\infty V_\infty^2 = p_2 + \rho_2 V_2^2 \tag{14.6}$$

を与える．衝撃波を横切ると，流れの速度は減少する，すなわち，$V_2 < V_\infty$ であることをおもいだすべきである．実際，垂直衝撃波背後の流れは亜音速である．この変化は M_∞ が増加するほど激しくなるのである．したがって，極超音速において，$(\rho_\infty V_\infty^2) \gg (\rho_2 V_2^2)$ であると仮定でき，式 (14.6) において後者を無視できるのである．結果として，式 (14.6) は，$M_\infty \to \infty$ のような極限的な極超音速において，

$$p_2 - p_\infty = \rho_\infty V_\infty^2$$

すなわち，

$$C_p = \frac{p - p_\infty}{\frac{1}{2}\rho_\infty V_\infty^2} = 2$$

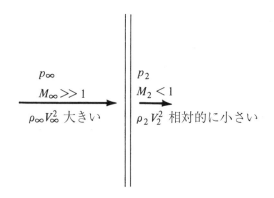

図 14.10 垂直衝撃波を横切る極超音速流れ.

となる.したがって,式 (14.4) からの Newton 流理論値を確認したのである.

上で述べたように,よどみ点において $C_p = 2$ であるという結果は $M_\infty \to \infty$ のときの極限値である.大きいが有限のマッハ数については,よどみ点における C_p の値は 2 より小さい.図 14.9 に示される鈍い物体に再び戻ってみる.表面に沿った距離 s の関数として C_p の分布を考えると,C_p の最も大きい値はよどみ点で起きるであろう.図 14.9 に示されるように,C_p のよどみ点値を $C_{p,\max}$ で表すことにする.与えられた M_∞ の場合の $C_{p,\max}$ は垂直衝撃波理論により直ちに計算できる.[もし,$\gamma = 1.4$ ならば,そのとき,$C_{p,\max}$ は $p_{0,2}/p_1 = p_{0,2}/p_\infty$ から得られ,付録 B に数表として与えられている.式 (11.22) から,$C_{p,\max} = (2/\gamma M_\infty^2)(p_{0,2}/p_\infty - 1)$ であることを思い出すべきである.] よどみ点の下流において,C_p は,Newton 流理論により得られる正弦の 2 乗変化に従うと仮定できる.すなわち,

$$C_p = C_{p,\max} \sin^2 \theta \tag{14.7}$$

式 (14.7) は修正された Newton 則と呼ばれる.鈍い物体まわりの C_p 分布の計算については,式 (14.7) のほうが式 (14.4) よりももっと精度が良い.

p. 849 図 13.14 へ戻るとする.その図は,$M_\infty = 4$ および 8 における鈍い,放物線柱まわりの圧力分布に関する数値計算結果を与えている.この図における白抜きの記号は修正された Newton 流理論,すなわち,式 (14.7) の結果を表している.この 2 次元物体に関して,修正された Newton 流理論は,より高い Mach 数で数値解との一致は改善されているけれども,先端近傍のみである程度の精度をもっているのである.一般的に,Newton 流理論は,M_∞ と θ の両方がより高い値においてはもっと精度が良いというのは真実である.軸対称物体,$M_\infty = 4$ における放物体については,図 14.11 に与えられている.ここでは,M_∞ が比較的低いのであるが,時間依存数値解 (第 13 章参照) と Newton 流理論との間の一致はより良い.Newton 流理論は 3 次元物体についてより良くあうということは一般的に正しいのである.一般的に,修正された Newton 流理論,式 (14.7) は十分正確であるので,それは,非常に頻繁に極超音速飛行体の初期設計に用いられるのである.したがって,Isaac Newton にはそのような適用は決して思い浮かばなかったであろうが,極超音速で合理的な良い精度をもつ法則を与えてくれたことに対して我々は彼へ感謝できるのである.そうではあるが,Newton の流体力学は,3 世紀後にとうとう適切な応用を見いだしたということである.

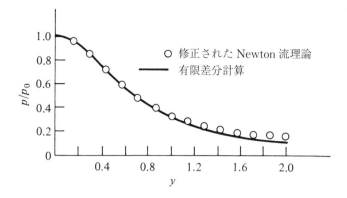

図 14.11 表面圧力分布，放物体，$M_\infty = 4$. 修正された Newton 流理論と時間依存有限差分計算との比較.

14.4　極超音速における翼の揚力と抵抗：迎え角のある平板に関する Newton 流理論による結果

　質問：亜音速において，翼の揚力係数 C_L と抵抗係数 C_D は迎え角 α によりどのように変化するであろうか．

　答え：第 5 章に示されたように，次のことを知っている．すなわち，

1. 揚力係数は，少なくとも失速までは，迎え角とともに**線形的**に変化する．すなわち，例えば図 5.24 を見るべきである．

2. [p. 850] 抵抗係数は，式 (5.63) で表されるように，抵抗極曲線で与えられる．これを以下に繰り返し示す．すなわち，

$$C_D = c_d + \frac{C_L^2}{\pi e \mathrm{AR}} \tag{5.63}$$

C_L は α に比例するので，C_D は α の **2 乗**により変化する．

　質問：超音速において，翼の C_L および C_D は α によりどのように変化するのか．

　答え：第 12 章において，超音速における翼型について以下のことを示した．すなわち，

1. 揚力係数は式 (12.23) からわかるように，α に対して線形的に変化する．それを以下に繰り返し示す．すなわち，

$$c_l = \frac{4\alpha}{\sqrt{M_\infty^2 - 1}} \tag{12.23}$$

2. 抵抗係数は，平板については式 (12.24) からわかるように，α の 2 乗により変化する．それを以下に繰り返し示す．すなわち，

$$c_d = \frac{4\alpha^2}{\sqrt{M_\infty^2 - 1}} \tag{12.24}$$

超音速における有限翼幅翼の特性は，本質的に，迎え角により翼型と同じ関数変化に従う．すなわち，C_L は α に比例し，C_D は α^2 に比例するのである．

質問：極超音速において，翼の C_L および C_D は α によりどのように変化するのであろうか．亜音速および超音速の両方において，C_L は α に比例することを示した．極超音速においても同じ比例関係が成り立つのであろうか．本節の目的はこれらの質問に答えることである．

近似的には極超音速流れにおける翼の揚力および抵抗特性は，図 14.12 に描かれているように，迎え角のある平板によりモデル化できる．平板を過ぎる厳密な流れ場は図 14.12 に示されるように，膨張波と衝撃波の連なりからなっている．p. 851 すなわち，厳密な揚力および造波抵抗係数は第 9.7 節に述べられているように，衝撃波-膨張波法から求められる．しかしながら，極超音速について，揚力および造波抵抗係数は，この方程式で記述されるように，Newton 流理論を用いてさらに近似できる．

図 14.13 を考える．ここでは，翼弦長 c の平板が自由流に対して迎え角 α を取っている．摩擦を含めていないので，また，表面圧力は常に平板の表面に垂直に働くので，合空気力は平板に垂直である．すなわち，この場合，法線力 N は合空気力である．(無限に薄い平板について，これは Newton 流理論，すなわち，極超音速流に限定されない一般的な結果である．) 次に，N は図 14.13 に示されるように，それぞれ，L と D で表示される揚力と抵抗に分解される．Newton 流理論により，下面の圧力係数は

$$C_{p,l} = 2\sin^2\alpha \tag{14.8}$$

である．図 14.13 に示される平板の上面は，Newton 流理論によると，自由流粒子の直接的な "衝突 (impact)" を受けない．すなわち，この上面は流れの "影 (shadow)" の中にあると言われる．したがって，Newton 流の基本モデルに矛盾しないで，上面には自由流圧力のみが働き，そして，次を得る．

$$C_{p,u} = 0 \tag{14.9}$$

第 1.5 節における空気力の係数の論議へ戻ると，法線力係数は式 (1.15) で与えられることがわかる．摩擦を無視すると，これは

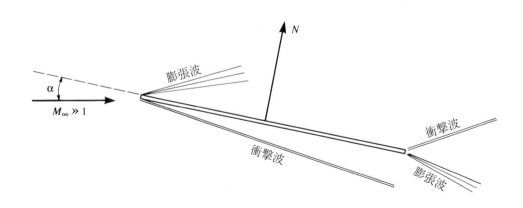

図 14.12 極超音速流における平板上の波系．

第14章 極超音速流れの基礎

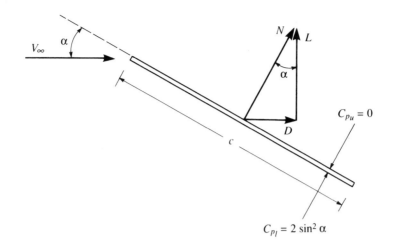

図 14.13 迎え角のある平板. 空気力について.

$$c_n = \frac{1}{c}\int_0^c (C_{p,l} - C_{p,u})dx \tag{14.10}$$

となり, ᵖ·⁸⁵² そこでは, x は前縁から翼弦に沿った距離である. (**注**：本節において, 平板を翼型として取り扱っている. したがって, 第1章で最初に述べたように, 力の係数を示すために小文字を用いる.) 式(14.8)と式(14.9)を式(14.10)に代入すると,

$$c_n = \frac{1}{c}(2\sin^2\alpha)c$$

すなわち,

$$= 2\sin^2\alpha \tag{14.11}$$

を得る. 図 14.13 の幾何学的関係から, それぞれ, $c_l = L/q_\infty S$ と $c_d = D/q_\infty S$, ただし, $S = (c)(l)$, として定義される揚力および抵抗係数は

$$c_l = c_n \cos\alpha \tag{14.12}$$

および

$$c_d = c_n \sin\alpha \tag{14.13}$$

により与えられる. 式 (14.11) を式 (14.12) と式 (14.13) へ代入すると,

$$c_l = 2\sin^2\alpha \cos\alpha \tag{14.14}$$
$$c_d = 2\sin^3\alpha \tag{14.15}$$

を得る. 最後に, 図 14.13 の幾何学的関係から, 揚抗比は

$$\frac{L}{D} = \cot\alpha \tag{14.16}$$

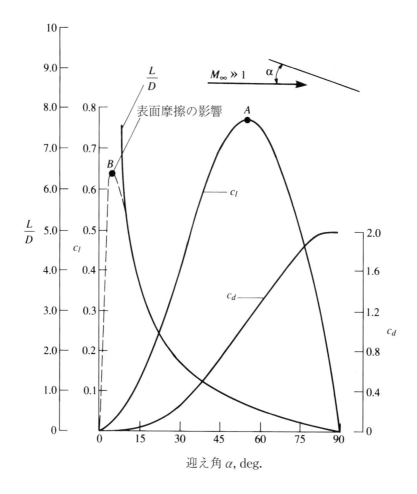

図 14.14 Newton 流理論による平板の空気力学的特性.

により与えられる．[注：式 (14.16) は，平板を過ぎる非粘性超音速または極超音速流れについての一般的な結果である．そのような流れについて，合空気力は法線力 N である．図 14.13 に示された幾何学的関係から，合空気力は揚力に対して角度 α を成す．そして，明らかに，L, D および N の間の直角三角形から，$L/D = \cot\alpha$ を得る．したがって，式 (14.16) は Newton 流理論に限定されない．]

Newton 流理論にもとづく平板の空気力学的特性は図 14.14 に示される．無限に薄い平板は，それ自身では実用的な空気力学的形状ではないけれども，極超音速におけるそれの空気力学的な振る舞いは他の極超音速物体の基本的な特性のいくつかと一致するのである．例えば，図 14.14 に示される c_l の変化を考える．最初に，小さな迎え角において，まあ，0° から 15° の α の範囲において，c_l は**非線形的**に変化する．すなわち，揚力曲線の傾きは**一定でない**のである．これは，第 4 章と第 5 章で学んだ亜音速の場合と明確に異なることであり，それらの章において，翼型，または有限翼幅翼の揚力係数は小さな迎え角において，失速角までは α に対して線形的に変化することを示した．これはまた第 12.3 節に取り上げられている線形化された超音速理論からの結果とも大きく異なっている．その理論により平板の α に対する c_l の線形変化を示す式 (12.23) を得たのである．しかしながら，図 14.14 に示される非線形揚力曲線は第 11.3 節で論

第14章 極超音速流れの基礎

議した結果と**完全に一致している**のである．そこでは，極超音速流れが，式 (11.18) により表される線形方程式にではなく，非線形速度ポテンシャル方程式により支配されることが示された．その節において，遷音速流れと p. 853 超音速流れの両方とも線形理論では記述できないことを注意した．すなわち，これらの流れはともに，低い迎え角においてさえ，本質的に非線形なのである．もう一度繰り返すと，図 14.14 に示される平板の揚力曲線ははっきりと極超音速流れの非線形性を証明しているのである．

また，図 14.14 の揚力曲線から，最初，c_l は，α が増加すると増加し，約 55°（正確には 54.7°）の迎え角で最大値に達し，それから減少し，$\alpha = 90°$ でゼロになることに注意すべきである．しかしながら，図 14.14 における $c_{l,max}$ (点 A) が生じるのは，亜音速流れで生じるものと類似の，いかなる粘性，はく離流れ現象によるものではない．むしろ，図 14.14 においては，最大 c_l が生じるのは純粋に幾何学的な効果である．このことをより良く理解するために，図 14.13 へ戻るとする．α が増加するにつれ，C_p は Newton 流の式

$$C_p = 2\sin^2\alpha$$

により増加し続けることに注意すべきである．すなわち，C_p は $\alpha = 90°$ で最大値に達するのである．次に，図 14.13 に示される**法線力** N は α が増加するにつれて増加し続け，また，$\alpha = 90°$ で最大値に達する．しかしながら，式 (14.12) から，p. 854 空気力の垂直成分，すなわち，揚力は

$$L = N\cos\alpha \tag{14.17}$$

により与えられることを思い出すべきである．したがって，α が 90° へ増加するとき，N は単調に増加を続けるのではあるが，L の値は $\alpha = 55°$ 位で最大値に到達し，式 (14.17) に示される $\cos$ 変化の効果によりそれより高い α で減少し始めるのである．すなわち，厳密に幾何学的な効果である．言い替えると，図 14.13 において，N は α とともに，増加するが，それがついには垂直方向に対して十分に傾き，それの垂直成分 (揚力) は徐々に減少を始めるのである．多数の実用極超音速形状は図 14.14 に示された角度の近傍の迎え角，すなわち，55° 程度において最大 C_L を得ているということは興味深い．

極超音速平板の最大揚力係数と，それが生じる迎え角は Newton 流理論を用いて容易に求められる．式 (14.14) を α に関して微分し，その導関数を (最大 c_l の条件として) ゼロとすると，

$$\frac{dc_l}{d\alpha} = (2\sin^2 2)(-\sin\alpha) + 4\cos^2\alpha\sin\alpha = 0$$

すなわち，

$$\sin^2\alpha = 2\cos^2\alpha = 2(1 - \sin^2\alpha)$$

すなわち，

$$\sin^2\alpha = \frac{2}{3}$$

したがって，

$$\alpha = 54.7°$$

これが c_l が最大である迎え角である．c_l の最大値は式 (14.14) へ α についての上の結果を代入することにより得られる．すなわち，

$$c_{l,\max} = 2\sin^2(54.7°)\cos(54.7°) = 0.77$$

c_l は迎え角の広い範囲上で増加する (c_l は $\alpha = 0°$ から $\alpha = 54.7°$ の範囲で増加する) けれども，それの増加率は小さい (すなわち，有効揚力傾斜が小さい) ことに注意すべきである．次に，結果としての最大揚力係数の値は比較的小さい．すなわち，少なくとも，低速流れに関係した非常に高い $c_{l,\max}$ 値と比較してではあるが (図 4.25 および図 4.28 を見よ)．図 14.14 へ戻ると，いまや，揚力曲線のピーク (点 A) に関係した**厳密な値**，すなわち，c_l のピーク値は 0.77 であり，それは迎え角 54.7° で生じることがわかるのである．

図 14.14 における抵抗係数 c_d の変化を調べると，それは，$\alpha = 0°$ のおけるゼロから $\alpha = 90°$ における最大値 2 まで，単調に増加することがわかる．抵抗に関する Newton 流理論結果は本質的に極超音速での**造波抵抗**である．なぜなら，非粘性流れを取り扱っており，したがって，摩擦抵抗が存在しないからである．図 14.14 において，低い迎え角範囲での α による c_d の変化は本質的に 3 乗変化であり，線形化された超音速流れの結果，すなわち，c_d が迎え角の二乗で変化することを示している式 (12.24) と大きく異なっている．c_d が α^3 で変化するという極超音速結果は式 (14.15) から容易に求められる．そして，^p. 855 その式は小さな α について，

$$c_d = 2\alpha^3 \tag{14.18}$$

となる．

Newton 流理論により求められた揚抗比の変化も図 14.14 に示されている．実線は純粋な Newton 流理論値である．すなわち，それは L/D が $\alpha = 0$ で無限大であり，単調に減少し，$\alpha = 90°$ でゼロになることを示している．$\alpha = 0$ における L/D の無限大の値は全くの架空である．すなわち，それは表面摩擦を無視したことによるのである．表面摩擦が図に加えられると，図 14.14 における破線の曲線で示されるように，L/D は小さな迎え角 (図 14.14 の点 B) で最大値に達し，それは $\alpha = 0$ でゼロに等しい．($\alpha = 0$ で，揚力は発生しないが，摩擦により有限な抵抗が存在する．したがって，$\alpha = 0$ で $L/D = 0$ なのである．)

$(L/D)_{\max}$ に関係する条件をもう少し詳しく調べてみよう．$(L/D)_{\max}$ の値とそれが生じる迎え角 (すなわち，図 14.14 における点 B の座標) は，厳密に，$c_{d,0}$ で示される無揚力抵抗係数の関数である．無揚力抵抗係数は単純に，ゼロ迎え角における平板表面上の表面摩擦によるものである．小さな迎え角において，この平板に働く表面摩擦は本質的にゼロ迎え角におけるものでなければならない．したがって，[式 (14.15) を参照して，] 全抵抗係数を次式のように書ける．

$$c_d = 2\sin^3\alpha + c_{d,0} \tag{14.19}$$

さらに，α が小さいとき，式 (14.14) と式 (14.19) を次のように書ける．

$$c_l = 2\alpha^2 \tag{14.20}$$

および，

$$c_d = 2\alpha^3 + c_{d,0} \tag{14.21}$$

式 (14.20) を式 (14.21) で割ると，

$$\frac{c_l}{c_d} = \frac{2\alpha^2}{2\alpha^3 + c_{d,0}} \tag{14.22}$$

を得る．最大揚抗比に関係した条件は式 (14.22) を微分し，その結果をゼロと置くことにより見いだせる．すなわち，

$$\frac{d(c_l/c_d)}{d\alpha} = \frac{(2\alpha^3 + c_{d,0})4\alpha - 2\alpha^2(6\alpha^2)}{(2\alpha^3 + c_{d,0})} = 0$$

すなわち，

$$8\alpha^4 + 4\alpha c_{d,0} - 12\alpha^4 = 0$$

$$4\alpha^3 = 4c_{d,0}$$

したがって，

$$\boxed{\alpha = (c_{d,0})^{1/3}} \tag{14.23}$$

式 (14.23) を式 (14.21) に代入すると，

$$\left(\frac{c_l}{c_d}\right)_{\max} = \frac{2(c_{d,0})^{2/3}}{2c_{d,0} + c_{d,0}} = \frac{2/3}{(c_{d,0})^{1/3}}$$

p. 856 すなわち，

$$\left(\frac{L}{D}\right)_{\max} = \left(\frac{c_l}{c_d}\right)_{\max} = \boxed{0.67/(c_{d,0})^{1/3}} \tag{14.24}$$

式 (14.23) および式 (14.24) は重要な結果である．それらは，摩擦を含むとき，図 14.14 における最大の L/D の座標 (図 14.14 の点 B) は，もっぱら $c_{d,0}$ の関数であることを明確に述べている．特に，$c_{d,0}$ が増加するにしたがって，$(L/D)_{\max}$ は減少する-すなわち，摩擦抵抗が高ければ高いほど L/D は低くなるという傾向を注意すべきである．また，最大 L/D が生じる迎え角は，$c_{d,0}$ が増加するほど増加するのである．$(L/D)_{\max}$ で成り立つ，なお，その他の面白い空気力学的条件があり，次のように導かれる．式 (14.23) を式 (14.21) に代入すると，

$$c_d = 2c_{d,0} + c_{d,0} = 3c_{d,0} \tag{14.25}$$

を得る．全抵抗係数は造波抵抗係数 $c_{d,w}$ と摩擦抵抗係数 $c_{d,0}$ の和であるので，

$$c_d = c_{d,w} + c_{d,0} \tag{14.26}$$

と書ける．しかしながら，最大 L/D の点 (図 14.14 における点 B) において，式 (14.25) から $c_d = 3c_{d,0}$ であることがわかる．この結果を式 (14.26) に代入すると，

$$3c_{d,0} = c_{d,w} + c_{d,0}$$

すなわち，

$$c_{d,w} = 2c_{d,0} \tag{14.27}$$

を得る．これは明らかに，極超音速平板について，最大揚抗比に関係する飛行条件において，Newton 流理論を用いると，造波抵抗は摩擦抵抗の 2 倍であることを示している．

これで，Newton 流平板流れ問題によりモデル化された極超音速における翼の揚力と抵抗についての短い論議を終える．本節で示した定性的および定量的な結果は多くの実用極超音速飛行体の極超音速空気力学的特性の合理的な説明である．すなわち，平板問題は，これらの特性を説明するための簡単な直接的な方法なのである．

14.4.1 精度について

極超音速物体上の圧力分布の計算における Newton 流理論はどのくらい正確なのであろうか．図 14.11 に示される比較は，式 (14.7) が**鈍い物体**の表面上でかなり正確な圧力分布を与えていることを示している．実際，極超音速における鈍い物体まわりの圧力分布の"封筒裏を使った見積もり"のための修正された Newton 流理論はまったく満足の行くものである．しかしながら，小さな迎え角における，比較的薄い物体についてはどうであろうか．本節で導いた Newton 流平板式を用い，解答を与えることができ，そして，小さな迎え角における平板について，これらの結果を厳密な衝撃波-膨張波理論 (第 9.7 節) と比較することができる．これが次に出てくる例題の目的である．

[例題 14.1]

p. 857 Mach 8 の流れの中に，迎え角 15° の無限に薄い平板を考える．上面および下面の圧力係数，揚力係数および抵抗係数，そして揚抗比を (a) 厳密な衝撃波-膨張波理論と，(b) Newton 流理論を用いて計算せよ．これらの結果を比較せよ．

[解答]
(a) 迎え角のある平板を示している図 9.35 の図を用い，例題 9.11 に与えられた衝撃波-膨張波法に従うと，上面に関して，$M_1 = 8$, $\nu_1 = 95.62°$ について，

$$\nu_2 = \nu_1 + \theta = 95.62 + 15 = 110.62°$$

付録 C から，数値の補間を行うと，

$$M_2 = 14.32$$

付録 A から，$M_1 = 8$ について，$p_{0,1}/p_1 = 0.9763 \times 10^4$ であり，$M_2 = 14.32$ について，$p_{0,2}/p_2 = 0.4808 \times 10^6$ である．$p_{0,1} = p_{0,2}$ であるので，

$$\frac{p_2}{p_1} = \frac{p_{0,1}}{p_1} \bigg/ \frac{p_{0,2}}{p_2} = \frac{0.9763 \times 10^4}{0.4808 \times 10^6} = 0.0203$$

第 14 章 極超音速流れの基礎

圧力係数は式 (11.22) により与えられ，図 9.28 において，自由流静圧は p_1 により示される．したがって，

$$C_{p_2} = \frac{2}{\gamma M_1^2}\left(\frac{p_2}{p_1} - 1\right) = \frac{2}{(1.4)(8)^2}(0.0203 - 1) = \boxed{-0.0219}$$

斜め衝撃波理論から下面の圧力係数を得るために，$M_1 = 8$ と $\theta = 15°$ について，θ–β–M 式より，$\beta = 21°$ を得る．すなわち，

$$M_{n,1} = M_1 \sin\beta = 8\sin 21° = 2.87$$

付録 B から，$M_{n,1} = 2.87$ について補間すると，$p_3/p_1 = 9.443$ である．したがって，下面の圧力係数は次のようになる．

$$C_{p_3} = \frac{2}{\gamma M_1^2}\left(\frac{p_3}{p_2} - 1\right) = \frac{2}{(1.4)(8)^2}(9.443 - 1) = \boxed{0.1885}$$

揚力係数は式 (1.15)，式 (1.16) および式 (1.18) により圧力係数から得られる．

$$c_n = \frac{1}{c}\int_0^c (C_{p,\ell} - C_{p,u})dx = C_{p_3} - C_{p_2} = 0.1885 - (-0.0219) = 0.2104$$

この平板に働く接線分力はゼロである．なぜなら，圧力は平板に垂直にのみ作用するからである．形状にもとづくと，式 (1.16) における dy/dx が平板の場合ゼロである．したがって，式 (1.18) から，

$$c_\ell = c_n \cos\alpha = 0.2104\cos 15° = \boxed{0.2032}$$

p. 858 式 (1.19) から，

$$c_d = c_n \sin\alpha = 0.2104\sin 15° = \boxed{0.0545}$$

したがって，

$$\frac{L}{D} = \frac{c_\ell}{c_d} = \frac{0.2032}{0.0545} = \boxed{3.73}$$

(b) Newton 流理論から，圧力係数は式 (14.4) により与えられる．そこでは，$\theta \equiv \alpha$ である．これは下面の圧力係数であり，したがって，

$$C_{p_3} = 2\sin^2\alpha = 2\sin^2 15° = \boxed{0.134}$$

式 (14.9) から，上面については，

$$C_{p_2} = \boxed{0}$$

したがって，

$$c_\ell = (C_{p_3} - C_{p_2})\cos\alpha = 0.134\cos 15° = \boxed{0.1294}$$

そして，
$$c_d = (C_{p_3} - C_{p_2}) \sin \alpha = 0.134 \sin 15° = \boxed{0.03468}$$

および
$$\frac{L}{D} = \frac{c_\ell}{c_d} = \frac{0.1294}{0.03468} = \boxed{3.73}$$

　論議：上の例題から，Newton 流理論は，下面の圧力係数を 29 パーセント少なく与え，そして，もちろん，上面の圧力係数を，厳密な理論による -0.0219 に比較して，ゼロを与えている．すなわち，100 パーセントの誤差である．また，Newton 流理論は c_l と c_d を 36.6 パーセント少なく与えている．しかしながら，Newton 流理論からの L/D の値はまったく正しい．これは，2 つの理由により，驚くべきことではない．第 1 の理由は，Newton 流理論の c_l と c_d の値はともに同じ量だけ少なく与えられていて，したがって，それらの比は影響されないのである．第 2 の理由は，平板を過ぎる超音速または極超音速非粘性流れについての L/D の値は，その上面および下面の圧力を得るためにどの理論が使われようとも，単純に幾何形状の問題なのである．なぜなら，圧力は面に垂直に働くので，空気力の合力は平板に垂直である（すなわち，この合力は法線力 N である）．図 1.16 を調べると，これがそのような場合において，ベクトル **R** とベクトル **N** は同じベクトルであり，L/D は幾何学的に，

$$\frac{L}{D} = \cot \alpha$$

により与えられる．上の例題では，$\alpha = 15°$ であるので，

$$\frac{L}{D} = \cot 15° = 3.73$$

を得る．p. 859 そして，それは，c_l と c_d を最初に求め，L/D を，比 $L/D = c_l/c_d$ から見出す上の計算と一致している．それで，平板へ適用された Newton 流理論の論議において導かれた式 (14.16) は Newton 流理論独特のものではないのである．すなわち，それは，空気力の合力が平板に垂直なときは，一般的に成り立つ結果なのである．

　例題 14.1 から，Newton 流 sin 2 乗法則，式 (14.4) は，図 12.3 に示される二重円弧翼のような，流れに対して小さな，あるいは中程度の迎え角にある，平坦でない 2 次元物体の表面における極超音速圧力分布を正確に与えないという一般的な事実がわかる．それに反して，一般的に，小から中程度の迎え角における細長物体の Newton 流による揚抗比はほぼ良い精度であるということになる．これらのことは，比熱比が実質的に 1 より大きい，例題 14.1 で扱った $\gamma = 1.4$ の空気のような，気体に当てはまる．次の節で，$M_\infty \to \infty$ および $\gamma \to 1$ になるにしたがって，Newton 流理論がもっと正確になることがわかるであろう．2 次元細長物体に適用された Newton 流理論の精度に関するこれ以上の情報については，この特定の問題の研究である参考文献 77 を見るべきである．

　最後に，Newton 流理論は，図 14.15 に示される 15° 半頂角の円錐のような，軸対称細長物体に働く圧力の計算に良い結果を与えることを注意しておく．

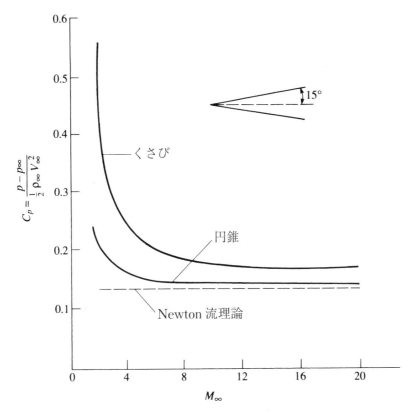

図 14.15 鋭いくさびと鋭い円錐上の圧力係数についての Newton 流の解と厳密解との比較. また, 高い Mach 数において, Mach 数非依存性の例示

14.5 極超音速の衝撃波関係式と Newton 流理論

p. 860 　基本的な斜め衝撃波関係式が第 9 章で導かれ, 議論された. これらは厳密な衝撃波関係式であり, 1 よりも大きいすべての Mach 数, (熱量的完全気体を仮定し) 超音速あるいは極超音速で成立する. しかしながら, これら衝撃波関係式のいくつかの面白い近似式や修正式が高い Mach 数の極限で求められる. これらの極限形は極超音速衝撃波関係式と呼ばれる. すなわち, 以下のように求められる.

　直線的な斜め衝撃波を通過する流れを考える. (例えば, 図 9.2 を見よ.) 上流および下流の状態を, それぞれ, 添字 1 および 2 で示す. 熱量的に完全な気体について, 斜め衝撃波を横切っての変化についての典型的な結果は第 9 章に与えられている. まず第 1 に, 衝撃波を横切っての圧力比についての厳密な斜め衝撃波式は式 (9.16) により与えられる. $M_{n,1} = M_1 \sin\beta$ であるので, この式は次のようになる.

厳密式 :
$$\frac{p_2}{p_1} = 1 + \frac{2\gamma}{\gamma-1}(M_1^2 \sin^2\beta - 1) \tag{14.28}$$

ここに, β は衝撃波角である. M_1 が無限大になる極限において, $M_1^2 \sin^2\beta \gg 1$ となり, した

がって，式 (14.28) は

$$M_1 \to \infty : \quad \boxed{\frac{p_2}{p_1} = \frac{2\gamma}{\gamma+1} M_1^2 \sin^2\beta} \tag{14.29}$$

となる．同じ様に，密度比と温度比は，それぞれ，式 (9.15) と式 (9.17) により与えられる．これらは次のように書ける．すなわち，

$$厳密式： \quad \frac{\rho_2}{\rho_1} = \frac{(\gamma+1)M_1^2 \sin^2\beta}{(\gamma-1)M_1^2 \sin^2\beta + 2} \tag{14.30}$$

$$M_1 \to \infty : \quad \boxed{\frac{\rho_2}{\rho_1} = \frac{\gamma+1}{\gamma-1}} \tag{14.31}$$

$$\frac{T_2}{T_1} = \frac{(p_2/p_1)}{(\rho_2/\rho_1)} \quad (状態方程式：p = \rho R T \text{ から})$$

$$M_1 \to \infty : \quad \boxed{\frac{T_2}{T_1} = \frac{2\gamma(\gamma-1)}{(\gamma+1)^2} M_1^2 \sin^2\beta} \tag{14.32}$$

Mach 数 M_1 と衝撃波角 β およびふれの角 θ との間の関係は，以下に再掲される式 (9.23) により与えられる，いわゆる $\theta - \beta - M$ 式により表される．

$$厳密式： \quad \tan\theta = 2\cot\beta \left[\frac{M_1^2 \sin^2\beta - 1}{M_1^2(\gamma + \cos 2\beta) + 2} \right] \tag{9.23}$$

p. 861 この関係は図 9.9 にプロットされている．そして，それは Mach 数をパラメータとした衝撃波角対ふれの角の標準的な図である．図 9.9 へ戻ると，極超音速の極限，そこでは θ が小さい，において，β も小さいことに気がつく．したがって，この極限において，式 (9.23) に通常の微小角近似を行う．すなわち，

$$\sin\beta \approx \beta$$
$$\cos 2\beta \approx 1$$
$$\tan\theta \approx \sin\theta \approx \theta$$

結果は

$$\theta = \frac{2}{\beta}\left[\frac{M_1^2\beta^2 - 1}{M_1^2(\gamma+1) + 2}\right] \tag{14.33}$$

である．式 (14.33) に高 Mach 数の極限を適用すると，

$$\theta = \frac{2}{\beta}\left[\frac{M_1^2\beta^2}{M_1^2(\gamma+1)}\right] \tag{14.34}$$

を得る．式 (14.34) において，M_1 は打ち消しあい，最終的に微小角で，また，極超音速極限において，

$M_1 \to \infty$ および θ と β が微小:
$$\boxed{\frac{\beta}{\theta} = \frac{\gamma+1}{2}} \tag{14.35}$$

を得る. $\gamma = 1.4$ について,

$$\boxed{\beta = 1.2\theta} \tag{14.36}$$

細いくさびについての極超音速極限において,衝撃波角はくさびの角度よりも 20 パーセント大きいだけであることをわかるのはおもしろい.すなわち,それは極超音速流れにおける薄い衝撃層の図的な証明である.

空気力学において,圧力分布は,通常,圧力それ自身よりも無次元の圧力係数 C_p により示される.圧力係数は次のように定義される.

$$C_p = \frac{p_2 - p_1}{q_1} \tag{14.37}$$

ここに,p_1 と q_1 は,それぞれ,上流 (自由流) 静圧と動圧である.第 11.3 節から,式 (14.37) は,また,式 (11.22) のように書けることを思い出すべきである.それを以下に再び示す.

$$C_p = \frac{2}{\gamma M_1^2}\left(\frac{p_2}{p_1} - 1\right) \tag{11.22}$$

式 (11.22) と式 (14.28) を結びつけると,斜め衝撃波背後の C_p についての厳密な式は次のように得られる.すなわち,

厳密式:
$$C_p = \frac{4}{\gamma+1}\left(\sin^2\beta - \frac{1}{M_1^2}\right) \tag{14.38}$$

p. 862 極超音速極限において,

$M_1 \to \infty$:
$$\boxed{C_p = \frac{4}{\gamma+1}\sin^2\beta} \tag{14.39}$$

ちょっと中断し,これらの結果を見直して見ることにする.上流 Mach 数が非常に大きくなる場合に成り立つ,斜め衝撃波式の極限形を得た.極超音速衝撃波式と呼ばれるこれらの極限形は式 (14.29),式 (14.31),および式 (14.32) により与えられる.そして,これらは $M_1 \to \infty$ のとき,衝撃波を横切っての圧力比,密度比,および温度比を与える.さらに,$M_1 \to \infty$ で θ が小さい (薄い翼型形状を過ぎる極超音速流のような) という極限において,ふれの角の関数として衝撃波角についての極限式は式 (14.35) により与えられる.最後に,斜め衝撃波背後の圧力係数は極超音速 Mach 数の極限において,式 (14.39) により与えられる.これらの方程式の極限形はそれらの対応する厳密式よりも常により簡単であることに注意すべきである.

実際の**定量的**な結果から見ると,極超音速流れについてさえも,常に,**厳密**な斜め衝撃波式を用いるべきであるということが推奨される.これは特に便利である.なぜなら,厳密な結果は付録 B に数表として与えられているからである. (上で述べたように) 極超音速極限で得られた式の値は,実際の数値の計算というよりは理論解析のためのものである.例えば,本節において,

極超音速衝撃波式を Newton 流理論の重要性をより良く理解するために用いるのである．次節において，同じ極超音速衝撃波式を Mach 数非依存の原理を示すために調べるつもりである．

Newton 流理論を第 14.3 節と第 14.4 節で十分に論議した．ここでの目的のために，一時的に Newton 流理論の考えを一切捨てることとし，単純に，式 (14.38) により与えられるような，C_p についての厳密な斜め衝撃波式を考えるとする．それを以下に再提示する (自由流条件を添字 1 ではなく，前に用いたように，∞ で表示する)．すなわち，

$$C_p = \frac{4}{\gamma + 1}\left[\sin^2\beta - \frac{1}{M_\infty^2}\right] \tag{14.38}$$

式 (14.39) は $M_\infty \to \infty$ のとき，C_p の極限値を与える．以下に再提示する．すなわち，

$$M_\infty \to \infty: \qquad C_p \to \frac{4}{\gamma + 1}\sin^2\beta \tag{14.39}$$

さて，$\gamma \to 1.0$ なるもう 1 つの極限をとる．式 (14.39) から，$M_\infty \to \infty$ と $\gamma \to 1.0$ なる両方の極限において，

$$C_p \to 2\sin^2\beta \tag{14.40}$$

を得る．式 (14.40) は厳密な斜め衝撃波理論からの結果である．すなわち，Newton 流理論をまったく使っていないのである．式 (14.40) における β は衝撃波角であり，ふれの角ではないことを覚えておくべきである．

さらに先へ進むことにする．式 (14.30) により与えられる，密度比 ρ/ρ_∞ に関する厳密な斜め衝撃波式を考える．この式を (再び添字 1 を ∞ に置き換えて) 以下に再提示する．p. 863 すなわち，

$$\frac{\rho_2}{\rho_\infty} = \frac{(\gamma + 1)M_\infty^2 \sin^2\beta}{(\gamma - 1)M_\infty^2 \sin^2\beta + 2} \tag{14.41}$$

式 (14.31) は $M_\infty \to \infty$ である極限値として得られた．すなわち，

$$M_\infty \to \infty: \qquad \frac{\rho_2}{\rho_\infty} \to \frac{\gamma + 1}{\gamma - 1} \tag{14.42}$$

$\gamma \to 1$ なるもう 1 つの極限において，

$$\gamma \to 1 \text{ および } M_\infty \to \infty: \qquad \boxed{\frac{\rho_2}{\rho_\infty} \to \infty} \tag{14.43}$$

であることがわかる．すなわち，衝撃波背後の密度は無限に大きくなる．次に，質量流量を考えると，衝撃波は物体表面と一致するのである．これはさらに式 (14.35) により立証され，$M_\infty \to \infty$ と小さなふれの角についても成り立つ．すなわち，

$$\frac{\beta}{\theta} \to \frac{\gamma + 1}{2} \tag{14.35}$$

$\gamma \to 1$ なるもう 1 つの極限において，

$$\gamma \to 1 \text{ および } M_\infty \to \infty \text{ および微小な } \theta \text{ と } \beta: \qquad \boxed{\beta = \theta}$$

すなわち，衝撃波は物体上に横たわるのである．この結果から，式 (14.40) は

$$C_p = 2\sin^2\theta \tag{14.44}$$

のように書ける．式 (14.44) を調べてみる．それは $M_\infty \to \infty$，かつ $\gamma \to 1$ の極限とした，厳密な斜め衝撃波理論からの結果である．しかしながら，それはまた，式 (14.4) で与えられるまったくの Newton 流理論の結果でもある．したがって，次のような結論を導き出せる．実際の極超音速流れ問題が $M_\infty \to \infty$ および $\gamma \to 1$ なる極限へ近づけば近づくほど，それはますます，物理的に Newton 流により説明されるものに近づくのである．この点については，Newton 流理論の真の重要性についてのより良い理解を得るのである．また，γ が常に 1 よりも大きい，現実の極超音速流問題への Newton 流理論の適用は理論的には適切ではなく，そして，しばしば実験結果との間に得られる一致はいくぶん偶然であると見なさなければならないと言えよう．それにもかかわらず，(たとえ偶然であろうと，)(しばしば) 合理的な結果が得られるとともに，Newton 流理論の簡明さがその理論を，極超音速物体の表面圧力分布，したがって，揚力および造波抵抗係数を計算するために広く用いられ，そして平易な工学的方法としているのである．

14.6 Mach 数非依存性

p. 864 再び，式 (14.29) により与えられるような圧力比に関する極超音速衝撃波式を考える．すなわち，自由流 Mach 数が無限大に近づくにつれ，圧力比それ自身もまた，無限に大きくなるのである．一方，極超音速極限において，式 (14.39) により与えられる衝撃波背後の**圧力係数**は *Mach* 数の高い値においては**一定値**である．これは，Mach 数が十分に高ければ，極超音速流れのある特性が Mach 数に依存しない状況を強く示唆している．これが，正式には**極超音速 *Mach* 数非依存性原理**と呼ばれる．Mach 数からの**独立形**である．この上の議論から，明らかに，C_p は Mach 数に依存しないことを証明している．次に，物体形状についての揚力および造波抵抗係数は式 (1.15)，式 (1.16)，式 (1.18) および式 (1.19) により示されるように，局所 C_p を積分することにより得られることを思い出すべきである．これらの式は，C_p が高い M_∞ の値において，Mach 数に依存しないのであるから，揚力および造波抵抗係数もまた，Mach 数に依存しないことを示している．これらの結果は極超音速衝撃波式の極限式に基づいた理論的なものであることを覚えておくべきである．

Mach 数非依存性を明確に説明する 1 つの例を調べてみよう．図 14.15 において，半頂角 15°のくさびと半頂角 15°の円錐の圧力係数が $\gamma = 1.4$ について，自由流 Mach 数に対してプロットされている．くさびの厳密な結果は式 (14.38) から得られ，円錐の厳密な結果は古典的な Taylor-Maccoll 方程式の解から得られる．(円錐を過ぎる超音速流れの解法の詳細な議論については参考文献 21 を見るべきである．その文献で，錐状流れの支配方程式の連続，運動量およびエネルギー方程式が Taylor-Maccoll 方程式と呼ばれる単一の微分方程式にまとめられることがわかるであろう．次に，この方程式により錐状流れ場の**厳密解**が得られる．) これらの 2 つの解が，図 14.15 において，破線で示される Newton 流理論，$C_p = 2\sin^2\theta$ と比較されている．この比較により Newton 流理論結果の 2 つの一般的な特徴がわかる．すなわち，

1. Newton 流理論による結果の精度は M_∞ が増加すると改善される．これは第 14.5 節におけ

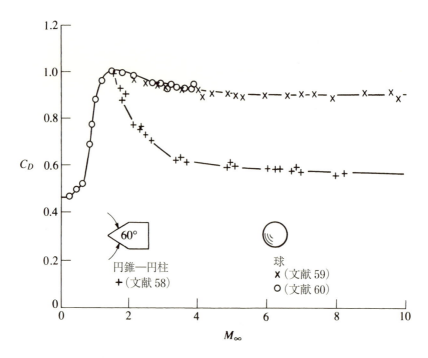

図 14.16 バリスティックレンジにより測定された球および円錐柱の抵抗係数；極超音速における Mach 数非依存性の例 (出典：*Cox and Crabtree*, 参考文献 *61*).

る議論から期待されることである．図 14.15 から，$M_\infty = 5$ 以下において，Newton 流理論結果はまったく離れているが，M_∞ が 5 より高くなるにしたがって，より近くなる．

2. Newton 流理論は通常，3 次元物体 (例えば，円錐) のほうが 2 次元物体 (例えば，くさび) より正確である．これは図 14.15 において明確に示されている．その図で，Newton 流理論値はくさびの結果より円錐の結果の方により近い．

しかしながら，図 14.15 は，Mach 数非依存性の点についてさらに，次のような傾向も示している．くさびと円錐の両方とも，厳密解は，低い超音速 Mach 数において，C_p は M_∞ が増加するにつれて急速に減少することを示している．しかしながら，極超音速において，その減少率はかなり小さくなり，そして，C_p は，M_∞ が大きくなると台地状に到達するように見える．すなわち，C_p は高い値の Mach 数で，相対的に M_∞ により変化しなくなる．これが Mach 数非依存性の真髄である．すなわち，高い Mach 数において，圧力係数，揚力および造波抵抗係数のようなある空気力学的量や (衝撃波形状や Mach 波パターンなどの) 流れ場の構造が本質的に Mach 数に対して依存しなくなるのである．実際，Newton 流理論は，式 (14.4) により明確に示されているように，Mach 数に完全に独立である結果を与えるのである．

別の Mach 数非依存性の例が図 14.16 に示されている．ここでは，球および半頂角の大きな円錐柱の測定された抵抗係数が Mach 数に対してプロットされており，亜音速，超音速および極超音速領域に広くおよんでいる．亜音速領域において，Mach 1 近傍で抵抗発散現象に関係した大きな抵抗増加と Mach 1 を越えた超音速領域における C_D の減少に注意すべきである．これら二つの変化は予想され，また良く理解されている．本節における目的に関して，特に，極超音速領域における C_D の変化に注意すべきである．すなわち，球および円錐柱の両方に関し

て，M_∞ が大きくなるにつれて，C_D は台地状に近づき，そして相対的に，Mach 数に対して依存しなくなる．また，球のデータが円錐柱データよりも低い Mach 数で *Mach* 数非依存性を達成しているように見えることにも注意すべきである．

上の解析から，Mach 数非依存になるのは無次元変数であるということを覚えておくべきである．p のような，次元を持つ変数のいくつかは Mach 数非依存ではない．すなわち，実際，$p \to \infty$ でありそして $M_\infty \to \infty$ である．

最後に，Mach 数非依存性原理は数学的に十分基礎を与えられているのである．適切な無次元量の項で表された非粘性流れの支配方程式 (Euler 方程式) は，極超音速の極限における境界条件に加えて，p. 866 それらに Mach 数が現れない．すなわち，それゆえ，定義により，これらの方程式の解は Mach 数に依存しないのである．もっと詳しいことについては参考文献 21 と 55 を見るべきである．

14.7 極超音速空気力学と計算流体力学

今日，極超音速飛行体の設計は，他のいかなる飛行領域における飛行体の設計よりも計算流体力学の利用に大きく依存している．これの主たる理由は，極超音速飛行に関係する Mach 数，Reynolds 数，および温度を同時にシミュレートする地上実験施設がないからである．そのようなシミュレーションには CFD が主なツールなのである．もう一度，図 2.46 に示される考え方をよく考えると，極超音速流れの領域において，3 つのパートナーは同等ではない．極超音速における純実験的研究は通常，必要な Mach 数，必要な Reynolds 数あるいは必要な温度レベルのいずれかの試験を含むのであるが，同時にそれら全部をできるわけでもなく，また，同じ実験施設でできるわけでもない．結果として，極超音速飛行体の設計のための実験データは異なった条件のもとで，異なった施設で取得された，異なったデータのパッチワークである．さらに，それらのデータは通常不完全，特に，風洞でシミュレートするのが困難である高温効果について不完全である．それで，設計者は特定の設計条件に関する情報を継ぎ合わせるために最善を尽くさなければならない．図 2.46 における次のパートナー，純粋理論は，極超音速流れの非線形性により大きく妨害され，したがって，数学的解法を手に負えなくしている．加えて，純粋な理論に高温度の化学反応性流れを適切に組み込むことは非常に困難である．これらの理由により，図 2.46 における第 3 のパートナー，計算流体力学，が主たる役わりを担うのである．第 14.2 節で論議されたすべての高温度効果を含んだ，非粘性，および粘性極超音速流れ両方の数値計算が，1960 年代以来，CFD 研究と設計への応用の主たる推進力であり続けている．実際，極超音速空気力学は CFD が始まったときからそれの展開を先導してきたのである．

本章にとって適切な極超音速飛行体へ適用された CFD の例として，図 14.17 に示されるスペースシャトルを考える．このシャトルまわりの 3 次元非粘性流れ場の数値解法が，参考文献 78 において，Maus 等により行われた．彼らは 2 つの計算，$\gamma = 1.4$ の完全気体に関する計算と，局所的に化学平衡にある化学反応性空気を仮定した計算を行った．両方の場合とも，自由流 Mach 数は 23 であった．これらの計算に用いられた CFD 手法は，第 13.5 節の論議に従った鈍い機首領域における流れの時間依存解法と第 13.4 節の論議に従った，音速線から下流側への進行法を含んでいた．スペースシャトルの風上方向中心線に沿った，完全気体 (丸記号) と化学反応がある場合 (三角記号) の両方についての計算された表面圧力分布が図 14.18 に示されている．機首まわりの膨張，比較的平坦な下面における圧力台地や p. 868 少し傾斜した機体の後部上

830   第3部　非粘性，圧縮性流れ

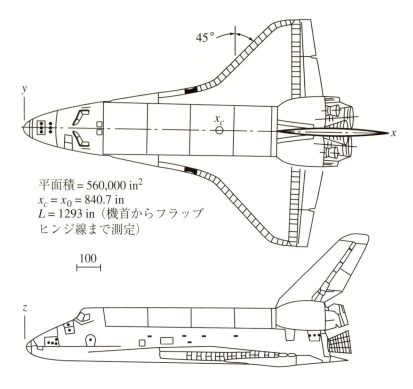

図 14.17 スペースシャトル

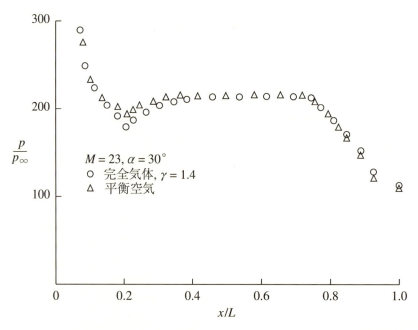

図 14.18 スペースシャトルの風上中心線に沿った圧力分布；熱量的完全気体計算と化学反応性平衡空気の計算との比較 (出典：Maus, et al., 参考文献 78)

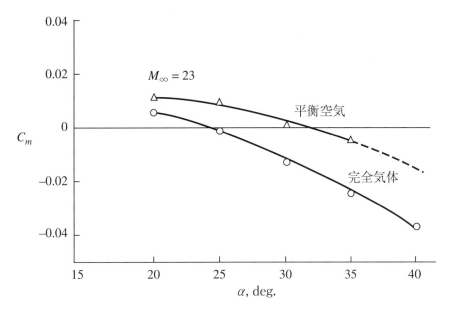

図 14.19 計算によるスペースシャトルの縦揺れモーメント係数；熱量的完全気体の計算と化学平衡における空気の計算との比較 (出典：Maus, et al., 参考文献 78)

でのさらなる膨張すべてが非常に明確である．また，2 つの場合の間で圧力分布にほとんど差がないことに注意すべきである．すなわち，これは，圧力は通常，化学反応効果により**最も影響されにくい**流れ変数であるという一般的な結果の 1 例である．

　しかしながら，ありきたりの，この機体の縦揺れモーメント係数のような飛行特性は化学反応性流れ効果により影響されるということは興味あることである．図 14.18 を詳しく調べると，化学反応性流れに関して，圧力はこのスペースシャトルの前方部分で少し高く，後部で少し低いことがわかる．これがより高い正の縦揺れモーメントの原因である．モーメントはモーメントアームを掛けた圧力の積分であるので，圧力の僅かな変化が実質的にモーメントに影響を与え得るのである．これが，図 14.19 に示されるように，まさにそれに該当するのである．そして，その図は迎え角の関数としての，計算されたスペースシャトルの縦揺れモーメント図である．明らかに，化学反応性の場合の縦揺れモーメントが実質的に大きい．Maus 等によるこの研究は，縦揺れモーメントにおよぼすこの影響を指摘した最初のものであり，そして，極超音速空気力学に関して，高温度流れの重要性を強調するのに役立っている．それはまた，極超音速流れの解析における CFD の重要性を強調するのにも役立っている．スペースシャトルの設計に用いられた縦揺れモーメントは，高温度効果をシミュレートしていない "冷たい流れ (cold-flow)" の風洞試験からのものであった．すなわち，設計者達は風洞で得られた $\gamma = 1.4$ の完全気体のデータを用いたのである．これは図 14.19 における下の曲線により表されている．スペースシャトルの初期の飛行実験は極超音速において，予測されたよりもはるかに高い縦揺れモーメントを示した．それは釣り合いを取るために予測されたよりも 2 倍以上の機体フラップ下げを必要としたのである．すなわち，危険な状況であった．この理由は現在わかっている．すなわち，高い Mach 数でスペースシャトルが遭遇した実際の飛行環境は p. 869 高温度化学反応性流れのものであった．それは図 14.19 における上方の曲線に表されている状況である．図 14.19 における二つの曲線について縦揺れモーメントの差はこのシャトルを釣り合わせるために必要な予測

14.8　極超音速粘性流れ：空力加熱

　空力加熱は極超音速において非常に厳しくなり得るので，それは極超音速飛行体の設計での最も考慮すべきものである．実際，第1.1の末尾で論議され，そして，図1.9および図1.10に描かれている理由により，極超音速飛行体の機首や前縁は尖らずにむしろ鈍くなければならず，そうしないと，その飛行体は空力加熱により破壊されてしまうであろう．飛行の歴史において，そのような破壊の最も不幸な例が2003年2月1日に起きた．そのとき，スペースシャトル*Columbia*号が地球大気圏へ再突入中にTexas上空で空中分解してしまった．主翼の前縁近傍における何枚かの熱防御タイルが打ち上げ時にデブリにより損傷されていたのである．これが高温気体が外板を突き抜け，翼の内部構造を破壊させたのである．

　大気加熱，すなわち，熱伝導と熱放射の両方を作り出す物理的メカニズムは第14.2節の末尾で簡単に論議されている．本節において，空力加熱を予測するいくつかの工学的方法を示し，それらをいくつかの極超音速流れの例に適用する．空力加熱はそれ自身で主要主題であり，本書の範囲を大きく越えている．(極超音速流れへ適用された空力加熱の詳しい論議に関しては参考文献55を見よ．) それにもかかわらず，極超音速機の設計に対するその重要性から本章でそれのいくつかの特徴を調べることが求められる．

14.8.1　空力加熱と極超音速流れ–関連性

　空力加熱をそのように激しくする極超音速飛行とは何であろうか．この問いに対して本章の後にある第16章および式(16.55)によって答える．それは次式のように定義されるStanton数，C_Hと呼ばれる無次元熱伝達係数である．

$$C_H = \frac{\dot{q}_w}{\rho_e u_e (h_{aw} - h_w)} \tag{14.45}$$

式(14.45)において，$\dot{q}_w$は物体表面におけるある与えられた点における単位面積あたりの熱伝達率である．英国工学単位系において，$\dot{q}_w$の単位はft-lb/(s·ft²)である．また，国際単位系ではその単位はW/m²である．また，式(14.45)において，ρ_eは与えられた点における境界層のへりにおける局所密度であり，u_eは境界層のへりにおける局所速度であり，h_wは壁面における気体のエンタルピーであり，p. 870 h_{aw}は，壁面温度が断熱壁面温度であるときの，すなわち，壁が非常に熱くなり壁近傍の気体からその壁面へエネルギーがもはや伝導されない温度である壁面における気体のエンタルピーとして定義される断熱壁エンタルピーである．

　迎え角ゼロの平板を過ぎる極超音速流れを考える，ここに，$\rho_e = \rho_\infty$および$u_e = V_\infty$(第14.2節で述べられているように，いかなる粘性相互作用をも無視する)．平板上の高Mach数層流に関して，T_wは自由流の総温よりも約12パーセント低い．ここでの目的のために，$T_{aw} \approx T_o$なる近似をする．そして，ゆえに，式(14.45)で，

$$h_aw \approx h_o \tag{14.46}$$

第14章 極超音速流れの基礎

ここに，h_o は自由流の総エンタルピーである．式 (7.54) から，

$$h_o = h_\infty + \frac{V_\infty^2}{2} \tag{14.47}$$

と書ける．極超音速において，V_∞ は非常に大きい．また飛行体の前方の大気は比較的冷たい．したがって，$h_\infty = c_p T_\infty$ は相対的に小さい．したがって，高速においては，式 (14.47) から，

$$h_o \approx \frac{V_\infty^2}{2} \tag{14.48}$$

この平板の表面温度は，通常の基準からすると熱いかも知れないが，まだその表面が溶融すなわち分解温度よりも低く保たれなければならない．そしてそれは通常，高 Mach 数における総温よりもはるかに低いのである．それゆえ，容易に

$$h_o \gg h_w \tag{14.49}$$

なる仮定をすることができる．式 (14.46)，式 (14.48)，および式 (14.49) から，

$$h_{aw} - h_w \approx h_o - h_w \approx h_o \approx \frac{V_\infty^2}{2} \tag{14.50}$$

を得る．平板について書かれた，式 (14.45) は

$$C_H = \frac{\dot{q}_w}{\rho_\infty V_\infty (h_{aw} - h_w)}$$

式 (14.50) により与えられる近似を導入すると，

$$C_H \approx \frac{\dot{q}_w}{\rho_\infty V_\infty (V_\infty^2/2)}$$

すなわち，

$$\dot{q}_w \approx \frac{1}{2} \rho_\infty V_\infty^3 C_H \tag{14.51}$$

式 (14.51) は**空力加熱は速度の 3 乗により変化する**ということを述べている．これは空力抵抗と対照的であり，抵抗は速度の 2 乗により変化するだけである．この理由により，非常な高速において，空力加熱は p. 871 極超音速飛行体の設計の支配的な特徴となるのである．これが空力加熱と極超音速流れとの間の関連性である．

14.8.2 極超音速流れにおける鈍い物体か細長物体か

極超音速飛行体の機首および翼の前縁は，これらの領域における空力加熱を減じるために，鋭くなくむしろ，鈍くなければならないと言ってきた．本節において，この事実を定量的に示そう．

第 14.8.1 節において，極超音速飛行体の表面の 1 点における単位面積あたりの局所熱伝達率，$\dot{q}_w$ に焦点を絞った．ここでは，単位時間あたりの，この飛行体に伝達される総熱量，dQ/dt に

注目する．そして，これはこの飛行体の全表面積にわたり積分された局所熱伝達率に等しい．積分された全 Stanton 数，$\overline{C}_H$ を式 (14.45) と同様の式により定義でき，

$$\overline{C}_H = \frac{dQ/dt}{\rho_\infty V_\infty (h_o - h_w) S} \tag{14.52}$$

である．ここに，S は，飛行体の揚力あるいは抵抗係数の定義におけると同じ考え方で，基準面積 (翼の平面形面積，球形の再突入体，あるいは似たような物体の断面積) である．第 14.8.1 節においてなされた近似を用いると，式 (14.52) は式 (14.15) と同じような式に近似できる．すなわち，

$$\frac{dQ}{dt} = \frac{1}{2} \rho_\infty V_\infty^3 S \overline{C}_H \tag{14.53}$$

再び，第 16 章と第 18 章から結果を借りてくる．すなわち，層流に対して式 (18.50) により表され，Reynolds の相似則と呼ばれる，表面摩擦と空力加熱との間の相似則が存在するということである．この式を以下に示す．すなわち，

$$\frac{C_H}{C_f} = \frac{1}{2} \Pr{}^{-2/3} \tag{18.50}$$

ここに，C_f は第 1.5 節で最初に定義された局所表面摩擦係数であり，Pr は第 15.6 節で定義される Prandtl 数である．ここでの解析のために，Pr = 1 を仮定しても安全である．また，式 (18.50) により表される Reynolds 相似則は積分された熱伝達係数と摩擦係数，それぞれ，$\overline{C}_H$ および C_f を用いて書くことができる．したがって，

$$\frac{\overline{C}_H}{C_f} = \frac{1}{2} \tag{14.54}$$

を得る．式 (14.54) を式 (14.53) へ代入すると次式を得る．

$$\frac{dQ}{dt} = \frac{1}{4} \rho_\infty V_\infty^3 S C_f \tag{14.55}$$

　宇宙でのミッションから非常に高い Mach 数で大気圏へ突入するある極超音速飛行体の場合を考えよう．再突入の間この飛行体を減速させる力は p. 872 空気抵抗である．Newton の第二法則から，

$$F = D = -m \frac{dV_\infty}{dt} \tag{14.56}$$

を得る．ここに，m はこの飛行体の質量であり，負符号は dV_∞/dt が負である，すなわち，この飛行体が減速しているために必要である．式 (14.56) から，

$$\frac{dV_\infty}{dt} = -\frac{D}{m} = -\frac{1}{2m} \rho_\infty V_\infty^2 S C_D \tag{14.57}$$

ここに，C_D はこの飛行体の抵抗係数である．数学的に，dQ/dt を $(dQ/dV_\infty)(dV_\infty/dt)$ と書くことができる．ここに，dV_∞/dt は式 (14.57) により与えられる．

$$\frac{dQ}{dt} = \frac{dQ}{dV_\infty} \left(-\frac{1}{2m} \rho_\infty V_\infty^2 S C_D \right) \tag{14.58}$$

第14章　極超音速流れの基礎

式 (14.55) と式 (14.58) を等しいとすると,

$$\frac{dQ}{dV_\infty}\left(-\frac{1}{2m}\rho_\infty V_\infty^2 S C_D\right) = \frac{1}{4}\rho_\infty V_\infty^3 S C_f$$

すなわち,

$$\frac{dQ}{dV_\infty} = -\frac{1}{2}mV_\infty \frac{C_f}{C_D}$$

すなわち,

$$dQ = -\frac{1}{2}m\frac{C_f}{C_D}\frac{dV_\infty^2}{2} \tag{14.59}$$

式 (14.59) を大気圏突入の始まり, ここに, $Q=0$ および $V_\infty = V_E$ から $Q = Q_\text{total}$ および $V_\infty = 0$ である再突入の終わりまで積分する. すなわち,

$$\int_0^{Q_\text{total}} dQ = -\frac{1}{2}\frac{C_f}{C_D}\int_{V_E}^0 d\left(m\frac{V_\infty^2}{2}\right)$$

すなわち,

$$\boxed{Q_\text{total} = \frac{1}{2}\frac{C_f}{C_D}\left(\frac{1}{2}mV_E^2\right)} \tag{14.60}$$

式 (14.60) は飛行体への総熱入力 Q_total を与える. それは 2 つのきわめて重要な結論を表している. すなわち,

1. 量, $\frac{1}{2}mV_E^2$ は飛行体が最初に大気圏に突入したときそれの初期運動エネルギーである. 式 (14.60) は総熱入力はこの初期運動エネルギーに直接的に比例する.

2. 総熱入力は表面摩擦抵抗と全抵抗の比, C_f/C_D に直接的に比例する.

これらの結論の 2 番めはここでの論議に直接関連している. 第 1.5 節から, 飛行体の空力抵抗は, 圧力抵抗 D_p と呼ばれる, その表面上に作用する圧力分布による抵抗と p. 873 表面摩擦抵抗 D_f と呼ばれる, その表面上に働くせん断応力による抵抗の総和であるということを思い出すべきである. 圧力抵抗係数 C_{D_p} と表面摩擦抵抗係数 C_f の項により,

$$C_D = C_{D_p} + C_f$$

を得る. 式 (14.60) から, 総空力加熱を最小にするためには, 比

$$\frac{C_f}{C_{D_p} + C_f}$$

を最小にする必要がある. さて, 2 つの極限的な空力形状を考える. すなわち, 図 14.20a に示される円錐のような, 鋭い先端の**細長物体**と図 14.20b に示される**鈍い物体**をである. 細長物体に関して, 表面摩擦抵抗は圧力抵抗と比較して大きい. したがって, $C_D \approx C_f$ であり, そして,

$$\frac{C_f}{C_D} \approx 1 \qquad \text{細長物体}$$

一方，鈍い物体に関しては，圧力抵抗は表面摩擦抵抗と比較して大きい．したがって，$C_D \approx C_{D_p}$ であり，そして，

$$\frac{C_f}{C_D} \ll 1 \qquad \text{鈍い物体}$$

p. 874 式 (14.60) により，次のきわめて重要な結論が得られる．すなわち，

空力加熱を最小にするために，飛行体は鈍い物体でなければならない．
すなわち，鈍い機首部を持たなければならない．

この理由から，大陸間弾道ミサイル (ICBM) から Apollo 月帰還船，スペースシャトルまでの実際に成功したすべての再突入飛行体は丸い機首と丸い前縁を用いていた．図 14.1 および図 14.2 に示される X-43 のような大気圏内で持続した極超音速飛行のために設計された飛行体でさえ，抵抗の最小化のため，したがって揚抗比の最大化のため，その曲率半径は小さいけれど，丸い機首と前縁を持っている．そして，揚抗比の最大化がそのような飛行体を設計するうえで重要となる．

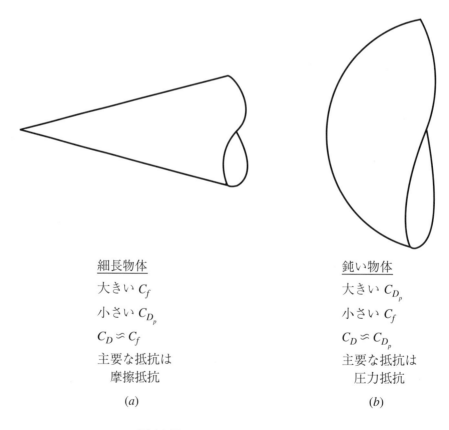

図 14.20 鈍い物体と細長い物体の比較

14.8.3 鈍い物体への空力加熱

鈍い物体が細長物体と比較して空力加熱を減少させるであろうという概念は，第 1.1 節で論議したように，1951 年に H. Julian "Harvey" Allen により初めて唱えられた．そのときから，鈍い物体の空力加熱の計算が極超音速飛行体の設計において最も重要であり続けている．本節において，鈍い物体のよどみ点への空力加熱に関する計算を調べる．なぜなら，よどみ点がしばしば (いつもというわけではないが) 極超音速飛行体への最大熱伝達率の点であるからである．

よどみ点の領域における境界層は層流であり，そして，第 18.5 節において論議される厳密解法に適している．読者が本書を読み進め，第 18 章を読むとき，このむしろすばらしい解法を楽しむ機会を得るであろう．しかしながら，本節において，第 18.5 節からの 1 つの結果だけ，すなわち，式 (18.83) により与えられることを強調したい．以下にその式を書くと，

$$\dot{q}_w \propto \frac{1}{\sqrt{R}} \tag{18.83}$$

ここに，R はよどみ点の機首部半径である．この式はよどみ点加熱は機首部半径の平方根に逆比例して変化することを述べている．したがって，空力加熱を減少するためには機首部半径を増加することである．ここにおいて，鈍い物体が空力加熱を減少させるという絶対的な数学的証明を得るのである．

よどみ点に関する層流境界層解法は第 18.5 節に述べられている．この解法はよどみ点空力加熱についての詳しい結果を与える．すなわち，円柱の場合は式 (18.65)，球の場合は式 (18.70) であり，よどみ点における詳細な流れ場特性の関数としてこの空力加熱を与える．空力加熱に関するもっと簡単な工学式は式 (14.51) の一般化された形式で Tauber と Meneses (参考文献 101) により次式のように与えられている．

$$\dot{q}_w = \rho_\infty^N V_\infty^M C \tag{14.61}$$

p. 875 ここに，よどみ点について，

$$M = 3, \ N = 0.5, \ C = 1.83 \times 10^{-8} R^{-1/2} \left(1 - \frac{h_w}{h_o}\right)$$

$\dot{q}_w$，V_∞ および ρ_∞ そして R の単位は，それぞれ，W/cm^2，m/s，kg/m^3 および m である．したがって，よどみ点について，式 (14.61) を用いると，

$$\dot{q}_w = \rho_\infty^{0.5} V_\infty^3 (1.83 \times 10^{-8} R^{-0.5}) \left(1 - \frac{h_w}{h_o}\right) \tag{14.62}$$

を得る．式 (14.62) において，よどみ点空力加熱は速度の 3 乗で変化するということ，そして，よどみ点空力加熱は機首部半径の平方根に逆比例して変化するという今やおなじみの結果を見るのである．式 (14.62) はまた，$\dot{q}_w$ が密度の平方根に比例して変わることを示している．そして，それは，最初，式 (14.51) と矛盾しているように見える．その式を以下に示すと，

$$\dot{q}_w = \frac{1}{2} \rho_\infty V_\infty^3 C_H \tag{14.51}$$

この関係式は $\dot{q}_w$ は密度の 1 乗に比例することを示しているように見える．しかしながら，もう一度，第 18 章の結果，そして，特に式 (14.54) からの結果を利用すると，層流に関する Stanton

数それ自身は Reynolds 数の平方根に逆比例するということがわかる．Reynolds 数は定義により ρ_∞ に比例するので，

$$C_H \propto \frac{1}{\sqrt{\text{Re}}} \propto \frac{1}{\sqrt{\rho_\infty}}$$

であると言える．そして，式 (14.51) から，

$$\dot{q}_w \propto \sqrt{\rho_\infty}$$

これは式 (14.62) と一致している．

[例題 14.2]

スペースシャトルの地球大気圏への再突入において，最大よどみ点空力加熱は 68.9 km の高度に対応する軌道点で発生する．そこでは，$\rho_\infty = 1.075 \times 10^{-4}$ kg/m^3，飛行速度 6.61 km/s である．その再突入軌道のこの点において，このシャトルは 40.2°の迎え角を取っている．これはよどみ点における有効機首部半径である 1.29 m を与える．もし，壁面温度が $T_w = 1110$ K であるならば，よどみ点空力加熱率を計算せよ．

[解答]

式 (14.62) は，ここに再度書くと，

$$\dot{q}_w = \rho_\infty^{0.5} V_\infty^3 (1.83 \times 10^{-8} R^{-0.5}) \left(1 - \frac{h_w}{h_o}\right)$$

p. 876 比，h_w/h_0 を計算するために，式 (14.48) から

$$h_o \approx \frac{V_\infty^2}{2} = \frac{(6610)^2}{2} = 2.185 \times 10^7 \text{ J/(kg·K)}$$

を得る．h_w に関して，壁面温度が 1110 K であるとき，熱量的完全気体を合理的に仮定できる．熱量的に完全である空気について例題 7.1 で計算されたように，$c_p = 1004.5$ J/(kg·K) である．したがって，

$$h_w = c_p T_w = (1004.5)(1110) = 1.115 \times 10^6 \text{ J/(kg·K)}$$

したがって，

$$\frac{h_w}{h_o} = \frac{1.115 \times 10^6}{2.185 \times 10^7} = 0.051$$

式 (14.62) から，よどみ点空力加熱率は

$$\dot{q}_w = \rho_\infty^{0.5} V_\infty^3 (1.83 \times 10^{-8} R^{-0.5}) \left(1 - \frac{h_w}{h_o}\right)$$

$$= (1.075 \times 10^{-4})^{0.5} (6610)^3 (1.83 \times 10^{-8}) \times (1.29)^{-0.5} (1 - 0.051)$$

$$= \boxed{45.78 \text{ W/cm}^2}$$

第14章　極超音速流れの基礎　　839

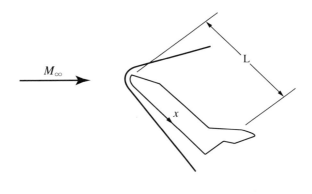

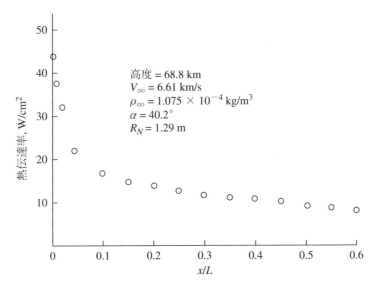

高度 = 68.8 km
V_∞ = 6.61 km/s
ρ_∞ = 1.075 × 10^{-4} kg/m^3
α = 40.2°
R_N = 1.29 m

図 14.21 スペースシャトルの風上方向中心線に沿った局所空力加熱率に関する実験データ．Zoby (参考文献 102) からのデータ

Zoby (参考文献 102) は再突入軌道における与えられた高度と速度においてスペースシャトルについて得られた実験データにもとづいて，45 W/cm^2 という最大よどみ点空力加熱率を示している．式 (14.62) からのここでの計算結果はこの実験データと非常に良く一致している．

　例題 14.2 において，よどみ点への空力加熱率を計算した．これは物体上の最大空力加熱率の点である．(下面上の) 風上側中心線に沿って，この空力加熱率はよどみ点からの下流側距離とともに急激に減少する．図 14.21 は参考文献 102 に報告されている局所空力加熱率についての実験データを与えている．図 14.21 に示されるように距離による $\dot{q}_w$ の変化と図 14.18 に示されるような距離による圧力の変化との間の定性的な相似性に注意すべきである．これらの 2 つの図に示される結果は少し異なる迎え角におけるものであるが，この比較は極超音速空気力学にしばしば見られる定性的な傾向，すなわち，表面上の空力加熱率が定性的に表面上の圧力分布にならう傾向があるということを明らかにしている．

14.9 応用極超音速空気力学：極超音速ウェーブ・ライダ

飛行体の最大揚抗比 $(L/D)_{max}$ は空気力学的効率の尺度である．残念ながら，超音速および極超音速飛行体の場合，自由流 Mach 数が増加するにしたがって，$(L/D)_{max}$ はむしろ激的に減少する．これがまさしく自然における真実であり，p. 877Mach 数が増加すると衝撃波強さが急激に増加し，その結果として造波抵抗が大きく増加することによりもたらされるのである．図 14.14 に示される平板の場合の迎え角に対する L/D の変化へ戻る．この実線は第 14.4 節において論議された Newton 流解析からのものである．これは非粘性流れの結果であり，迎え角がゼロに近づくとその L/D は無限大に近づく．現実には，この平板表面に働く粘性せん断応力が，L/D が α の低い値でピークとなり，$\alpha \to 0$ になるにしたがい，ゼロとなるようにする．これが図 14.14 における破線により明確に示されている．そして，それが第 18.4 節で論議される基準温度法によって予測される表面摩擦により変えられた L/D の変化を示している．その層流の場合の表面

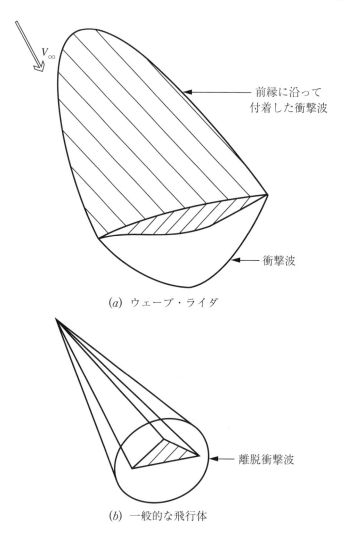

(a) ウェーブ・ライダ

(b) 一般的な飛行体

図 14.22 ウェーブ・ライダと一般的な極超音速形状の比較

第14章 極超音速流れの基礎

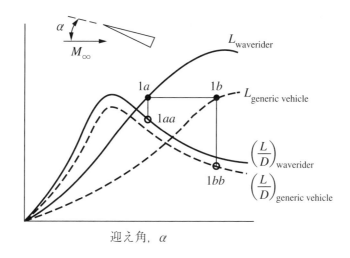

図 14.23 ウェーブ・ライダと一般的極超音速飛行体との間の揚力および L/D 曲線の比較

摩擦計算は Mach 数が 10 で，Reynolds 数が 3×10^6 のものである．この平板の $(L/D)_{max}$ が約 6.5 であることに注意すべきである．比較として，Mach 1 近傍における通常の巡航状態における Boeing 747 の $(L/D)_{max}$ は約 20 である．それで，図 14.14 に示されるような，極超音速平板の $(L/D)_{max}$ は低い値であり，極超音速飛行体により作られる低揚抗比を特徴的に示している．そして，無限に薄い平板が，有限厚さをもつ他の極超音速形状と比べて空気力学的には[p. 878]最も効率の良い揚力発生面である．**結論**：極超音速 Mach 数における飛行体の L/D は低い．これは，大気圏を継続飛行するように設計される将来の極超音速飛行体にとってはやっかいである．現行のそのような飛行体の設計のやり方は図 14.1 および図 14.2 に示される X-43 により説明される．

しかしながら，他の形状よりももっと高い L/D 値を生じる極超音速飛行体形状の種類がある．すなわち，ウェーブ・ライダである．ウェーブ・ライダは，図 14.22a に描かれているような，その前縁全体に沿って付着衝撃波を持つ超音速あるいは極超音速飛行体である．このことにより，この飛行体はそれの衝撃波の上に乗っているように見え，これゆえ "ウェーブ・ライダ" である．これがもっと通常的な極超音速飛行体と対照的なのである．その飛行体では通常，図 14.22b に描かれているように，衝撃波が前縁から離れているのである．図 14.22a のウェーブ・ライダの空気力学的利点はこの飛行体下面における衝撃波背後の高い圧力が前縁をまわってそれの上面へ "漏れ" ないということである．すなわち，[p. 879]下面の流れ場が封じ込められ，そして，高い圧力が保たれ，それゆえ，より大きい，この飛行体に働く揚力が作りだされるのである．対照的に，図 14.22b に示される飛行体については，下面の流れと上面の流れとの間で移動が存在する．すなわち，圧力が前縁まわりで漏れる傾向にあり，そして，下面における総積分された圧力のレベルが減少し，結果としてより低い揚力となる．このことにより，図 14.22b にある一般的形状の飛行体は図 14.22a のウェーブ・ライダと同じ揚力を発生するためにより高い迎え角 α で飛行しなければならないのである．これが図 14.23 に示されている．ここにおいて，図 14.22 に示される 2 つの飛行体の揚力曲線 (L vs. α) が描かれている．ウェーブ・ライダの揚力曲線が一般的な飛行体のそれと比較して，あの圧力閉じ込めによりずいぶん高いということに注意すべきである．同一の揚力において，図 14.23 の点 1a および点 1b は，それぞれ，ウェーブ・ラ

イダおよび一般的形状飛行体を表している．また，図 14.23 には，典型的な L/D の α に対する変化も示してある．それは，図 14.22a と図 14.22b の形状に関して，細長極超音速飛行体であるので，大きくは違っていない．(与えられた迎え角におけるウェーブ・ライダの揚力は下面における圧力封じ込めにより増加するけれども，造波抵抗も増加するのである．したがって，このウェーブ・ライダの与えられた迎え角における L/D 比は，一般的な形状の飛行体のそれよりも良いが，それほど大きくはないのである．) しかしながら，ウェーブ・ライダは，より大きな α (図 14.23 の点 1b) で飛行しなければならない一般的形状飛行体が作りだすよりもより小さな α (図 14.23 の点 1a) で同じ揚力を作りだすので，ウェーブ・ライダの L/D は一般的形状の点 (1bb) よりもかなり高い (1aa) であることに注意すべきである．したがって，大気圏内における持続した極超音速巡航については，ウェーブ・ライダ形状が明確な利点を持っている．

質問：衝撃波がその前縁全体に沿って付着するような飛行体形状をどのように設計すればよいのであろうか．すなわち，ウェーブ・ライダをどのように設計すればよいのであろうか．

1 つの回答は次のようになる．第 9.3 節で論議されたような超音速あるいは極超音速自由流中

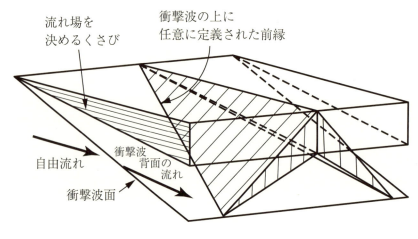

既知の流れ場から構成

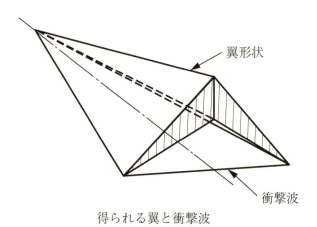

得られる翼と衝撃波

図 14.24 Nonweiler または "カレット・ウイング (Caret)"

第14章 極超音速流れの基礎

にあるくさびにより作りだされる単純な流れ場を考える．このくさびの上面は自由流に平行であると考える．したがって，この流れ場における唯一の衝撃波は，図 14.24 の上の方に描かれているように，このくさびの下方へ伝播する平面衝撃波である．さて，この衝撃波面上に任意に引かれた，この衝撃波の先頭の 1 点から出てくる，2 本の直線を想像する．これらの任意に引かれた直線から出るこの衝撃波後方のすべての流線を考える．p. 880 まとめると，これらの流線はこの衝撃波の上に任意に引かれた 2 本の直線により定義される前縁を持つ飛行体の表面と考えることができる流面を形成する．平面衝撃波背後の流れ場は平行な流線で形成される一様な流れ場であるので，これらの流面は図 14.24 に示されるように，記号の ∧ にちなんで命名されたカレット状断面を持つ飛行体を形成する平面である．もし，読者が図 14.24 の上方に示される仮想上の流れ場を心の中で取りさるとするならば，図 14.24 の下方にある飛行体形状が残るのである．図 14.24 の下方にある飛行体形状に注目すると，この飛行体の下面を形成する平面は平面斜め衝撃波背後に存在する流面，すなわち，衝撃波から始まる流線により形成される流面である．したがって，この衝撃波は，定義により，この飛行体の前縁に付着している．すなわち，この平面付着衝撃波が図 14.24 の下方に描かれた飛行体において 2 つの直線前縁の間に広がっている．したがって，定義により，この飛行体はウェーブ・ライダである．**注意**：ウェーブ・ライダは理論的に 1 点設計飛行体である．図 14.24 の上方に描かれている発生している斜め衝撃波は与えられた自由流 Mach 数および p. 881 この斜め衝撃波を生成する仮想くさびの与えられた流れのふれの角度に関係している．そうではあるが，図 14.24 の下方に示される飛行体を制作し，それをその与えられた M_∞ の自由流に，この飛行体の下面における流れのふれの角度が仮想的に生成したくさびのそれと同じになるような迎え角で投入するとしたら，衝撃波はこの飛行体の前縁全体に沿って付着することが確実となるであろう．すなわち，この飛行体はウェーブ・ライダとなるであろう．図 14.24 において，仮想的に生成したくさびをその上面が自由流に平行になるように配置したということ，したがって，このくさびの上面には衝撃波が存在しないということに注意すべきである．結果として，図 14.24 の下方に示される得られたカレット型ウェーブ・ライダの上面は自由流と一致している．そして，このウェーブ・ライダの上方には衝撃波は存在しない．

　理論的に，どのような形状もウェーブ・ライダ形状を造形する流れ場を生成する仮想物体として用いることができる．最も簡単な場合はまさに説明してきたようにくさびをその仮想物体に用いることである．これは，くさびが，第 9 章において取り扱われたように，容易に計算される簡単な既知の流れ場を作りだすという利点を持っている．この流れに関して CFD 解法を必要としない．超音速あるいは極超音速流れにおける迎え角ゼロの円錐を過ぎる流れは同じようにウェーブ・ライダ形状を生成するために用いることができる既知の流れ場である．この錐状流れ場は準 3 次元であるので，それはウェーブ・ライダ形状の生成においてもっと多くの柔軟性を与える．その考え方は同じである．図 14.25 の上方に描かれるように，ゼロ迎え角における直円錐を過ぎる超音速あるいは極超音速錐状流れ場を考える．この流れ場の厳密な数値解法は第 13.6 節で論議されている．この流れ場は Taylor-Maccoll 方程式，式 (13.78) の解から得られ，参考文献 99 および参考文献 100 に数表として与えられている．要するに，これは既知の流れ場である．図 14.25 の上方の図において，直円錐の頂点に付着した錐状衝撃波が見える．この円錐が単純にこの流れ場を生成する仮想物体である．

　図 14.25 の上方に描かれているように，錐状衝撃波の下の面に引かれた破線の曲線を考える．この破線の曲線を通過して流れるすべての流線は流面を形成する．次に，この流面は図 14.25

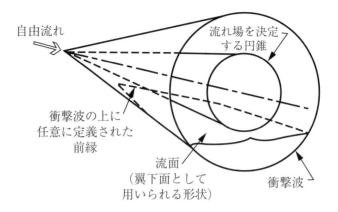

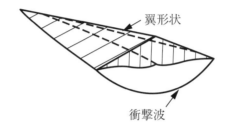

図 14.25 円錐流翼

の下方に描かれているように，破線の曲線で引かれた前縁を持つウェーブ・ライダの下面を定義する．どのような曲線もこの錐状衝撃波上に引くことができる．したがって，この衝撃波下流における錐状流れ場の任意の流面をウェーブ・ライダの表面として用いることができる．これがなされると，衝撃波は，図 14.25 に示されるように，このウェーブ・ライダの前縁全体にわたり付着するのである．さらに，この得られるウェーブ・ライダの付着衝撃波は，もちろん，図 14.25 の上方に示される錐状衝撃波の一部分である．

ウェーブ・ライダ概念は 1959 年に Nonweiler (参考文献 103) により考え出された．そして，彼は，前に説明したように，くさびにより作られる平面斜め衝撃波背後の 2 次元流れ場からカレット型ウェーブ・ライダを生み出したのである．Nonweiler は揚力を持つ大気圏再突入飛行体としてそのようなウェーブ・ライダに興味を持っていた．1963 年における Jones (参考文献 104) によるウェーブ・ライダの生成流れ場として錐状流れを用いるという，Nonweiler の概念について最初の拡張，および Jones らによるその他の軸対称生成流れ場へのさらなる拡張は参考文献 105 において論議されている．優れた，そして信頼できる 1979 年までのウェーブ・ライダ研究に関する概要は Townend により (参考文献 106) 与えられている．p. 882 1980 年代の初期に，Oklahoma 大学の Rasmussen と彼の共同研究者らは (例えば，参考文献 107–109 を見よ)，楕円錐のみならず直円錐を過ぎる流れ場からウェーブ・ライダを設計するために極超音速微小じょう乱理論を用いた．Rasmussen は，彼のウェーブ・ライダの解析解法と矛盾しないやり方で，また，流れの非粘性特性を用いることによりウェーブ・ライダ形状の最適化をするために

古典的変分法を用いることができた．

14.9.1 粘性最適化ウェーブ・ライダ

つい先ほど説明された研究において，ウェーブ・ライダ形状は，表面摩擦抵抗の効果を含まずに，非粘性流れ場にもとづいて設計 (そして，ときには最適化) された．その結果，そのような非粘性解析により予測される抵抗は単純に造波抵抗であり，有望そうにみえる非粘性 L/D の結果となったのである．しかしながら，ウェーブ・ライダは大きな濡れ面積を持つ傾向があり，常に，後でウェーブ・ライダ空力特性に加えられるこの表面摩擦抵抗が予測された非粘性揚抗比を大きく減少させる傾向にあった．このことがウェーブ・ライダに興味を引かないものとし，一時的な無関心に，実際，実行可能な極超音速形状としてのウェーブ・ライダに対する研究者たちや機体設計者たちによる明確な疑いへと導いたのである．1987 年になると，Maryland 大学における本著者と学生たちは異なるやり方を採用した．新しい一群のウェーブ・ライダが生成された．そこでは最大 L/D を持つウェーブ・ライダを計算するために，表面摩擦抵抗を最適化ルーチン内に含んでいた．この方法において，[p. 883] 造波抵抗と表面摩擦抵抗との間のトレード・オフは最適化過程の間に考慮され，得られる一群のウェーブ・ライダは L/D を最適化するような形状と濡れ面積を持つ．この一群のウェーブ・ライダは粘性最適化極超音速ウェーブ・ライダと呼ばれ，引き続き行われた CFD 計算や風洞試験がそれらの実行可能性を証明し，それゆえに，ウェーブ・ライダ概念に大きな現代的な興味を増強することになった．

粘性最適化ウェーブ・ライダについての設計過程は最初に参考文献 110 と参考文献 111 において発表された．1980 年代の後半に始められた，この研究は新しい種類のウェーブ・ライダを生みだした．そこにおいて，最適化過程は，L/D を最大化しながら，濡れ面積を減少させる，したがって表面摩擦抵抗を減少させるようにしている．詳細な粘性効果は簡単な解析式で表せないので，変分法にもとづく正規の最適化法を用いることができない．その代わりに，Nelder と Mead (参考文献 112) のシンプレックス法にもとづく数値的最適化法が用いられた．数値的最適化法を用いることにより，その他の現実的な形状の特徴，(自由流上面の標準的仮定，すなわち，すべての生成されたものの上面は自由流に平行であるということとは対照的に) 鈍い前縁や上面が膨張面となるようなことを粘性効果に加えて解析することができた．Bowcutt らによる研究結果はウェーブ・ライダの一つの新しい種類，すなわち，粘性最適化ウェーブ・ライダとなった．さらに，これらのウェーブ・ライダはこの後で論議されるように，比較的高い L/D の値を生じた．

粘性最適化ウェーブ・ライダ形状について，次のような考え方に従った．すなわち，

1. 下面 (圧縮面) は錐状衝撃波背後の流面により生成された．非粘性錐状流れ場が，第 13.6 節で導出されたように，Taylor-Maccoll 方程式の数値解法から得られた．

2. 上面は膨張面として取り扱われた．そして，ゼロ迎え角におけるテーパした軸対称柱まわりの非粘性流れの場合と同じように生成され，軸対称特性曲線法により計算された．

3. 粘性効果は，層流から乱流への遷移を含み，表面の流線に沿った積分型の境界層解析により計算された．

4. 鈍い前縁の効果は，許容できる前縁表面温度を作りだすに必要な最大前縁半径を決定し，それから前縁抵抗を修正された Newton 流理論により推算するということに含まれた．

5. 拘束条件として胴体細長比を持つ，与えられた Mach 数と Reynolds 数において最大 L/D に最適化された，最終のウェーブ・ライダ形状は，最適化過程それ自身において，ステップ 1 からステップ 4 に示されたすべての効果を考慮する数値的シンプレックス法から得られた．

次の論議がこの最適化過程に対するいくらかの見識を与えてくれる．まず，与えられた Mach 数の流れにおけるある与えられた錐状衝撃波，例えば，Mach 6 における錐状衝撃波角 $\theta_s = 11°$ を仮定する．前に論議されたように，p. 884 この衝撃波の面上にひとつの曲線を引く．この曲線から作りだされる流面はウェーブ・ライダの下面であり，その曲線自身はこのウェーブ・ライダの前縁を形成する．そのような曲線はこの錐状衝撃波上に無限に引くことができ，$M_\infty = 6$，$\theta_s = 11°$ をもつ錐状衝撃波を用いて無限のウェーブ・ライダを作りだすことができるのである．実際，これらの前縁曲線のいくつかが図 14.26 に示されている．この最適化手順はこれらの一連の前縁形状，それぞれはある揚抗比の新しいウェーブ・ライダを作りながら進行して行き，最終的に，L/D の最大値を生じる特定の前縁形状に落ち着くのである．これが与えられた $\theta_s = 11°$ の角度の生成錐状衝撃波について最適ウェーブ・ライダである．錐状衝撃波角 $\theta_s = 11°$ についての，得られる $(L/D)_{max}$ が図 14.27 に 1 つの点としてプロットされている．図 14.27 はまた対応する揚力係数 C_L と体積効率 $\eta = V^{2/3}/S_p$ も与えている．ここに，V はこの飛行体の体積であり，S_p は平面面積である．さて，流れ場を作りだすために，別の錐状衝撃波角，例えば，$\theta_s = 12°$ を選択し，前に説明した手順を繰り返し，最も高い L/D を生じるウェーブ・ライダを

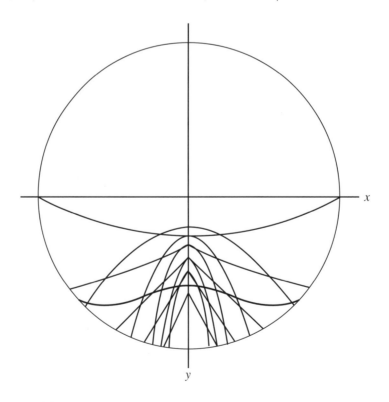

図 14.26 初期および最適化されたウェーブ・ライダの前縁形状の例

第 14 章 極超音速流れの基礎

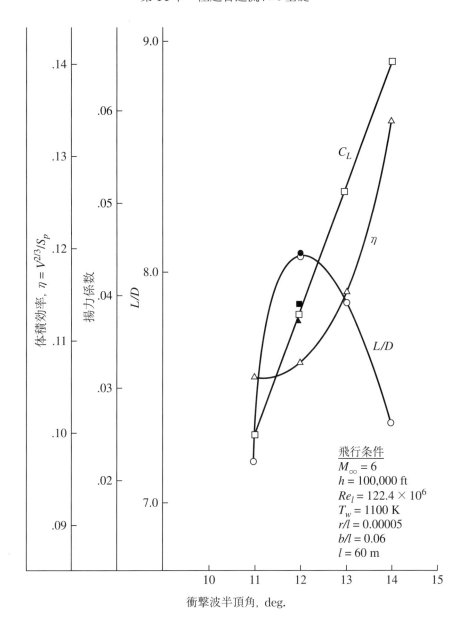

図 14.27 Mach 6 において一連の最適化されたウェーブ・ライダに関する結果；l = ウェーブ・ライダの全長，b/l = 胴体の細長比，そして，r = 前縁半径

生成する前縁形状を見つける．$\theta_s = 12°$ についての結果をすぐに図 14.27 にプロットする．それから，また別の錐状衝撃波角，例えば，$\theta_s = 13°$ を選択し，ふたたび手順を繰り返し，最も高い L/D を生じる特定のウェーブ・ライダを見つける．$\theta_s = 13°$ の点をすぐに図 14.27 にプロットする．同じように続ける．これらの最適化されたウェーブ・ライダ形状の正面図が図 14.28 に示されていて，それぞれに生成錐状衝撃波角が示されている．これらの同じ最適化されたウェーブ・ライダが図 14.29 に遠近法で示されている．図 14.27 へもどり，L/D vs θ_s の曲線はそれ自身 L/D の最大値を持っていること，p. 885 そしてそれが $\theta_s = 12°$ の場合に生じていることに

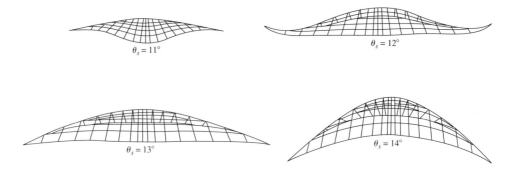

図 14.28 Mach 6 における一連の最適化されたウェーブ・ライダの結果

注意すべきである．これは"最適の最適"を与えており，図 14.27 に示される飛行条件に関して $M_\infty = 6$ における最終の粘性最適化ウェーブ・ライダを定義している．図 14.27 において，機体細長比が b/l で，ここに，b が主翼幅であり，l がこのウェーブ・ライダの全長であることに注意すべきである．細長比がこの最適化仮定における拘束条件としていることを思い出すべきである．この場合，$b/l = 0.06$ である．最後に，最も最適 (最適の最適) な，この場合では，それは $\theta_s = 12°$ に対応している，ウェーブ・ライダのまとめの三面図が図 14.30 に示されている．また，図 14.28 から図 14.30 において，ウェーブ・ライダの上面および下面上の線は非粘性流れの流線である．これらの図において，最適ウェーブ・ライダの形状は θ_s によりかなり変わるということに注意すべきである．さらに，(例えば) 図 14.30 を調べると，上面図および正面図両方においてかなり複雑な前縁の曲率に注意すべきである．すなわち，この最適化プログラムは総合的な L/D が最大になるように，造波抵抗と表面摩擦抵抗の両方を調整してウェーブ・

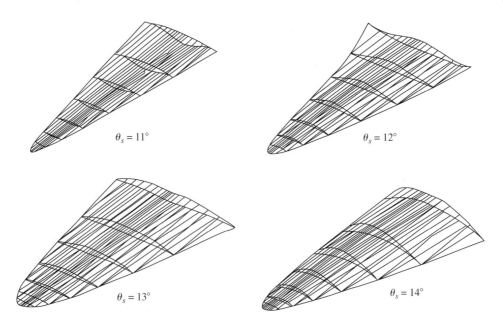

図 14.29 Mach 6 における一連のウェーブ・ライダの透視図

第14章 極超音速流れの基礎

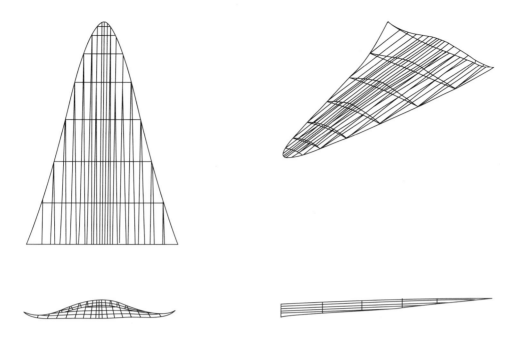

図 14.30 Mach 6 における最も最適化されたウェーブ・ライダの三面図と透視図

ライダを形造るのである．実際，ある与えられた M_∞ における最良最適形状は造波抵抗および表面摩擦抵抗の大きさは近似的に同じであり，2倍よりも大きく異なることがないとの結果である．最良最適よりも低い錐状衝撃波角 (例えば，図 14.28 および図 14.29 における $\theta_s = 11°$) の場合，表面摩擦抵抗は造波抵抗より大きい．対照的に，最良より上の錐状衝撃波角 (例えば，図 14.28 および図 14.29 における $\theta_s = 13°$ および $14°$) の場合，表面摩擦抵抗は造波抵抗より小さい．[注：第 14.4 節において，最大揚抗比に関係する飛行条件で，迎え角のある平板に関する Newton 流理論を用いたとき，造波抵抗は，式 (14.27) により証明されたように，摩擦抵抗の2倍である．]

図 14.27 から図 14.30 における結果は M_∞ に関連している．同様の手順を用いると，任意の超音速あるいは極超音速 Mach 数における最良最適ウェーブ・ライダ形状を得ることができる．例えば，$M_\infty = 25$ の最良最適化されたウェーブ・ライダの形状が図 14.31 に与えられている．M_∞ の最適形状 (図 14.30) を比較すると，Mach 25 の形状はより高い翼後退角を持っていることに注意すべきである．これは，より小さな衝撃波角の錐状流れ場に関連しており，これらの両方共，高い Mach 数においては直観的に予想されることである．しかしながら，$M_\infty = 6$ において機体細長比は (Concorde のような超音速旅客機に類似した) $b/l = 0.06$ であるように拘束されている．しかし，$M_\infty = 25$ において選択された拘束条件は，(水素燃料極超音速飛行機に類似した) $b/l = 0.09$ である．これらの2つの異なる細長比は，極超音速飛行という極限における2つの異なる任務をもつ2機の異なる航空機ということを基本に選択されているのである．

超音速および極超音速飛行体の場合，L/D は M_∞ が増加するときわだって減少する．実際，Kuchemann (参考文献 70) は実際の飛行体実験にもとづいて次のような $(L/D)_{max}$ に関する一般的な実験補正式を与えている．すなわち，

$$(L/D)_{max} = \frac{4(M_\infty + 3)}{M_\infty}$$

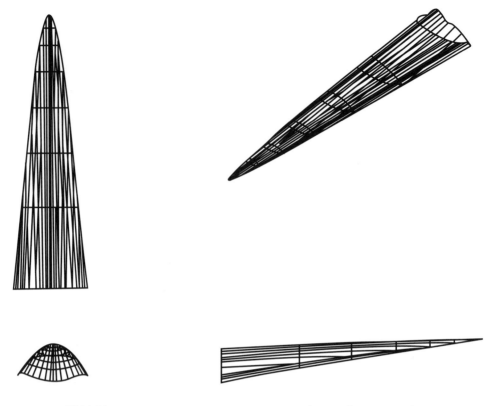

図 14.31 Mach 25 における最も最適化されたウェーブ・ライダの三面図と透視図

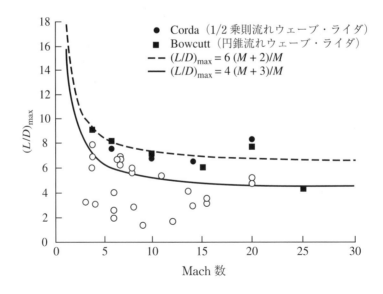

図 14.32 いろいろな極超音速形状に関する最大揚抗比の比較

この変化は図 14.32 において実線で示されている．この図はここでの議論にとって重要である．すなわち，それは粘性最適化ウェーブ・ライダの重要性を十分納得させるのである．図 14.32 における Kuchemann 曲線 (実曲線) は通常形式の飛行体にとって，突破することが困難である，"L/D の壁"を表している．ほとんど散弾銃の弾痕の散らばりをなしている，図 14.32 における白抜きの丸記号はいろいろの通常型飛行体のデータであり，いろいろな風洞試験や飛行試験を表している．(これらの点に関する正確な出処は参考文献 113 に与えられている．) p. 889 黒の中実記号はここで議論したいろいろな最適化された極超音速ウェーブ・ライダに関係がある．黒の中実正方形記号は以下に述べるような錐状生成流れにもとづくウェーブ・ライダの結果である．黒の中実丸記号は Corda と Anderson (参考文献 114) により得られた，1/2 累乗則オジーブ (累積度数曲線) 形状物体により生成される衝撃波とその下流の流面にもとづく別の一群の粘性最適化ウェーブ・ライダの結果である．図 14.32 から，これらの粘性最適化ウェーブ・ライダが L/D の壁を突破しているということ，すなわち，それらが Kuchemann 曲線よりも上に存在する $(L/D)_{max}$ の値を与えるということがわかる．実際，これらの粘性最適化ウェーブ・ライダの L/D 変化は次式によってより厳密に与えられる．

$$(L/D)_{max} = \frac{6(M_\infty + 2)}{M_\infty}$$

この変化は図 14.32 において破線の曲線として示されている．粘性最適化ウェーブ・ライダの重要性が図 14.32 に示される結果により確定される．これらの結果はいろいろな風洞試験により確かめられてきた．これらのことが，特に大気圏内を持続的に極超音速で巡航するための極超音速飛行体としてこのウェーブ・ライダ形状に再び注目が集まる理由である．

　極超音速流領域を定義する物理学的な特徴は第 14.2 節において議論された．ウェーブ・ライダ設計におよぼす粘性相互作用，高温流れ，そして空力加熱の影響は参考文献 55 (参考文献 55 の第 2 版のページ 361–374，409–413，および 644–646 を見よ) の第 2 版に詳しく議論されている．また，極超音速飛行体設計は層流から乱流への遷移位置に大きな影響を受け，そして，極超音速ウェーブ・ライダの設計も例外ではない．遷移位置が広い範囲，一方ですべて層流から，他方すべて乱流までにおよぶ，それらの間のいろいろな場合に変化させた $M_\infty = 10$ で行われた数値実験が参考文献 55, 111 および 113 に議論されている．これらの物理的現象は粘性最適化ウェーブ・ライダの最適化された形状に影響を持つけれど，得られる $(L/D)_{max}$ の値は大きくは変わらない．

　この最適化過程にこれらの実際の物理現象を取り込んだとしても，この粘性最適化極超音速

図 14.33 X-51 ウェーブ・ライダ (出典：*U.S. Air Force*)

ウェーブ・ライダは将来の極超音速飛行体の実行可能な形状として残るのである．実際，空軍が資金提供し，Boeing が設計した X-51，図 14.33 に示されている，は粘性最適化ウェーブ・ライダである．p. 890 SCRAMjet を搭載し，Mach 5 から 6 での飛行のために設計されているので，この X-51 は将来の大気巡航ミサイルのための技術を提供するであろう．本書を執筆している時点では，それの初飛行は 2009 年の終わりか 2010 年初めに計画されている．もし成功すれば，それは大気中で持続的飛行を成功した最初の極超音速ウェーブ・ライダとなり，そして，2 番目の，持続的大気飛行を成功したすべての型式の SCRAMjet 搭載極超音速飛行体となるであろう．最初に成功した飛行体は 2004 年における X-43 (図 14.1 および図 14.2) である．

14.10 要約

極超音速流れの基本的な原理のほんのいくつかを本節で，特に Newton 流結果を重点にして，示している．極超音速流れについての有用な情報はそのような結果から引き出すことができる．基本的な Newton 流の sin 2 乗法則を導いた．すなわち，

$$C_p = 2\sin^2\theta \tag{14.4}$$

そして，この結果を第 14.4 節において極超音速平板の場合を扱うために用いた．また，$M_\infty \to \infty$ なるとき，斜め衝撃波式の極限形を求めた．すなわち，極超音速衝撃波式である．これらの式から，Newton 流理論の重要性を徹底的に調べることができた．すなわち，式 (14.4) は，$M_\infty \to \infty$ と $\gamma \to 1$ の極限で，極超音速流れについての厳密式になるのである．最後に，これらの極超音速衝撃波式は Mach 数非依存性原理の存在を説明しているのである．

14.11 演習問題

14.1 演習問題 9.13 について次を用いて繰り返せ．

a. Newton 流理論

b. 修正された Newton 流理論

これらの結果を厳密な衝撃波-膨張波理論から得られた結果 (演習問題 9.13) と比較せよ．この比較から，低い超音速 Mach 数における Newton および修正された Newton 流理論の精度について考察せよ．

14.2 Mach 20 の一様流中にある $\alpha = 20°$ の平板を考える．元の Newton 流理論を用い，揚力および造波抵抗係数を計算せよ．これらの結果を厳密な衝撃波-膨張波理論と比較せよ．

14.3 標準高度 150,000 ft において，Mach 20 で飛行している，球形機首を持つ極超音速飛行体を考える．その高度において，大気温度および圧力は，それぞれ，500 R° および 3.06 lb/ft² である．よどみ点から 20° 離れた位置にある機首上の点において，(a) 圧力，(b) 温度，(c) Mach 数，および (d) 流れの速度を予測せよ．

第4部

粘性流れ

p. 891 第4部において，粘性と熱伝導により支配される流れ，すなわち，粘性流れを論じる．非圧縮性および圧縮性粘性流れの両方を取り扱う．

第15章　粘性流れの基本原理および方程式概論

p. 893 私は，どのようにすれば満足できる方法で，理論的に流体の抵抗を説明できるのかわからないことを認める．私にとって，細心の注意を払い，研究したこの理論が，少なくともほとんどの場合に完全にゼロの抵抗を与えるということは矛盾しているように思う．これは，私が数学者に残す特異パラドックスなのである．

Jean LeRond d'Alembert, 1768

プレビュー・ボックス

空気力学の現実性，これが本章および残りの章が関わる部分である．本章の以前の主な論議は非粘性流れであった．ここで誤った印象を持つべきではない．つまり，多くの実用的な空気力学の応用で見てきたように，非粘性流れを仮定することで適切に流れが取り扱われる．これは感謝すべきことである．なぜなら，非粘性流れは粘性流れよりも容易に解析できるからである．一方，空気力学の別の特徴である，表面摩擦抵抗，空力加熱，そして流れのはく離は，本質的に粘性流れである．この重要な特徴を論じるために，粘性流れの学習に取りかかる．つまり，この題材が本書の後半部分における主題となる．

本章では粘性流れの基本的な特徴について述べる．ここで，新しい定義，新しい概念，そしてNavier-Stokes 方程式の導出を含めた新しい方程式について述べる．これは粘性流れの連続，運動量，およびエネルギー方程式となる．粘性流れの基本的概念のいくつかは第 1 章で導入されたけれども，本章は第 1 章での論議より，さらに詳細な内容を論じる．本章では，以前の章で述べた内容の一部を繰り返し述べている．

p. 894 これは意図していることである．これは，本書の第 4 部を独立した粘性流れの説明とするためである．このような構成は，教育においては大いなる手助けとなり，粘性流れの概念や考え方に集中することができる．

15.1 序論

上の引用において，d'Alembert が言及している "理論" は非粘性，非圧縮性流理論である．すなわち，第3章で，そのような理論は閉じた2次元物体に働く抵抗はゼロである結果に導くことを見てきた，すなわち，これが d'Alembert のパラドックスである．現実においては，運動する流体中にあるいかなる物体にも有限な抵抗が働く．この，前に得られた抵抗ゼロの予測は自然の思わぬ幸運というよりも理論の不十分さの結果である．非粘性理論から求められる誘導抵抗や超音速造波抵抗を除くと，その他のすべての抵抗に関する計算は陽的に粘性の存在を考慮しなければならない．そして，粘性は前の非粘性解析には含まれていなかったのである．本書の残りの章における目的は，粘性流の基本的な特徴を論議することであり，そうして，空気力学の基本について，すべての紹介が "完結する (rounding out)" のである．そうするために，空気力学的抵抗と空力加熱の計算を説明する．ここでの論議を正しく判断する手助けとするため，図 1.45 に与えられている流れの種類のブロック図へ戻るべきである．本書のこれまでの論議はブロック D，E および F，すなわち，非粘性，非圧縮性および圧縮性流れに焦点を当ててきたのである．これより，残りの 6 章については，図 1.45 の左の分枝に移動し，ブロック C，E および F，すなわち，**粘性** (*viscous*)，非圧縮性および圧縮性流れを扱うのである．

本書での粘性流れの扱いは意識的に短い．すなわち，本書の目的は読者に粘性流れのごく初歩的な基礎を与えるだけ十分な基礎概念と方程式を示すことであるからである．粘性流理論の完全な提示は (最小限に見ても) 本書の 2 倍のページ数になり，明らかに本書の目的を越えているのである．粘性流れを学ぶことは空気力学の学びにおける必須の 1 つである．もっぱら，粘性流れを扱った多くの書籍が出版されている．すなわち，良い 2 つの例は参考文献 42 と 43 である．読者にこれらの参考文献を詳しく調べることを勧める．

本書の前の方に粘性流れを扱った節が存在していた．すなわち，第 1.11 節，第 4.12 節，第 9.10 節，第 10.6 節および第 12.4 節である．これらは，それらが出てくる章に関係のある粘性流れの特徴を取り扱う独立した節である．読者は 2 つの選択肢を持ってきた．すなわち，(1) 摩擦がその章における主要部で論議されるいくつかの理想非粘性流れにいかに影響を与えるかを見いだすためにこれらの粘性流れの節を読むこと，あるいは，(2) 結局のところ，本書の第 2 部および第 3 部の主目的である非粘性流れの学びの知的な連続性を保つためにこれらの節を無視することである．いまや，もっぱら粘性流れを扱う第 4 部にいるのである．第 1 の選択をした読者は第 4 部において若干の繰り返しを見いだすであろう．[p. 895] しかし，繰り返しは新しい主題を学ぶ場合には良いことである．第 2 の選択をした読者は第 4 部が前にある粘性流れの節を読んでいることに関係なく粘性流れの完全な自己完結な論議であることを見いだすであろう．しかしながら，この粘性に関する第 4 部の論議を進めていくうちに前に出てきた特定の節が非常に役に立つことがわかるであろう．

本章のロードマップが図 15.1 に与えられている．進む方向は，まず最初に図 15.1 の左の分枝に示されるように，粘性流れのいくつかの定性的な特徴を調べることである．次に，これらの特徴のいくつかを図の右側の分枝に与えられているように定量化する．進めて行く段階で，一般的な粘性流れの支配方程式，特に，Navier-Stokes 方程式 (運動量方程式) と粘性流れエネルギー方程式を求める．最後に，これらの方程式の数値解法を調べる．

第15章 粘性流れの基本原理および方程式概論

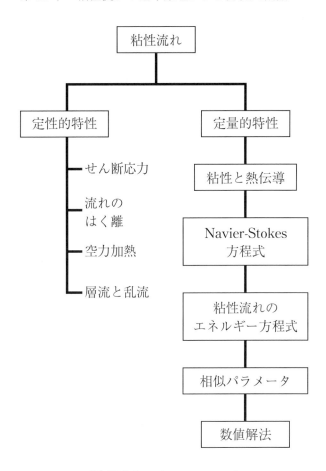

図 15.1 第15章のロードマップ

15.2 粘性流れの定性的特徴

粘性流れとは何であろうか．答え：粘性，熱伝導，および質量拡散の効果が重要な流れである．質量拡散の現象は，気体を構成する化学種に濃度勾配のある気体，例えば，ヘリウムが噴入されている平面を過ぎる流れ，あるいはジェットエンジン内，あるいは，高速再突入体を過ぎる化学反応している流れにおいて重要である．本書において，p. 896 拡散効果については取り上げない．それゆえ，粘性流れを粘性と熱伝導のみが重要な流れとして取り扱う．

最初に，粘性の影響を考える．この本をテーブルの上で横から押すときのように，お互いに滑っている2つの固体表面を考える．明らかに，これらの物体間に，それらの相対運動を阻止しようとする摩擦力が存在するであろう．同じことが固体表面を過ぎる流体の流れについても生じるのである．すなわち，固体表面と，その表面近傍の流体との間における摩擦の影響は相対運動を阻止する摩擦力を生ずるように作用する．これは固体表面と流体の両方に影響を与える．この固体表面は，流れの方向，すなわち，面の接線方向に"引っ張る"力を感じるのである．この単位面積あたりの接線方向の力は**せん断応力** (*share stress*) τ と定義されて，最初に第1.5節で紹介された．そして，図15.2に示されている．同一大きさの，反対方向に働く反作用として，物体近傍の流体は，図15.2の挿入図 *a* に示されるように，それの局所流速度を減少さ

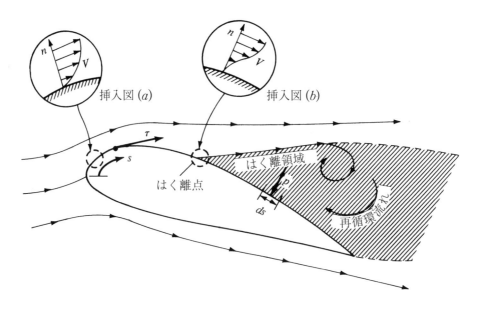

図 15.2 移動する流体の中にある物体におよぼす粘性の影響：せん断応力とはく離流れ

せる妨害力を感じるのである．実際のところ，摩擦の影響はまさしく物体表面上で $V = 0$ を生じさせる．すなわち，これが，粘性流れを支配する**滑りなし** (*no-slip*) 条件である．固体表面を過ぎる実在するいかなる連続流体の流れにおいて，流れの速度は物体表面上でゼロである．表面の直上で，流れの速度は有限であるが，挿入図 *a* に示されるように，遅くされている．もし，n が物体表面に垂直方向の座標とすると，その表面近傍の領域において，$V = V(n)$ であり，そこでは，$n = 0$ において $V = 0$ である．そして，n が増加すると V も増加する．挿入図 *a* に示されているように，n に対して V をプロットしたものを**速度分布** (*velocity profile*) と呼ぶ．明らかに，表面近くの領域は速度勾配，$\partial V/\partial n$ を持ち，そしてそれは物体表面と流体間の摩擦力により生じるのである．

　せん断応力の生成に加えて，摩擦は，また，図 15.2 の物体を過ぎる流れを左右する，別の (しかし，関連した) 役割を演じる．図 15.3 に描かれているように，表面近傍で，粘性流中を移動する流体要素を考える．流れが流れ始めたごく初期の段階であると仮定する．位置 s_1 において，流体要素の速度は V_1 である．この表面を過ぎる流れは流れ方向に増加する圧力分布を作りだすとする (すなわち，$p_3 > p_2 > p_1$ と仮定する)．そのような圧力が上昇する領域を**逆圧力勾配** (*adverse pressure gradient*) 領域と呼ぶ．さて，この流体要素が下流方向へ流れるときにそれを追って行くことにする．この要素の運動は摩擦の影響によりすでに妨害されている．加えて，それは，増大する圧力に逆らって，流れに沿って移動しなければならず，そしてそれはさらにその流体要素の速度を減少させる．したがって，表面に沿った位置 2 において，その速度 V_2 は V_1 よりも小さい．この流体要素が下流へ移動するにつれて，それは完全に "蒸気切れ (run out of steam)" となり，止まってしまう．そして，それから，逆圧力勾配の作用により，実際にその方向を逆転し，上流方向へ戻り始める．この "逆流 (reversed flow)" が図 15.3 における位置 s_3 に示されている．そこでは，流体要素が，今や，速度 V_3 で上流へ流れている．図 15.3 に示された図は流れ始めたごく初期の段階における表面のごく近傍における流れの詳細を示すためのものである．図 15.2 に示されるもっと後の時刻におけるこの流れのより広い範囲の図において，

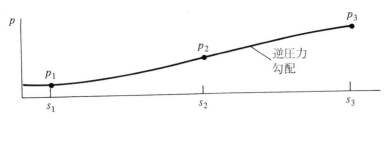

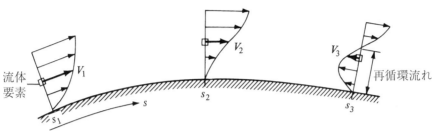

図15.3 逆圧力勾配により引き起こされるはく離流．本図は流れが流れ始めたごく初期における様子に対応する．流れが一度，点 2 と点 3 の間の面からはく離すると s_3 に示される流体要素は，現実的に，s_1 や s_2 に示されるのとは異なっている．なぜなら，図15.2 に示されるように，主流は表面から離れて流れているからである．

そのような逆流現象の結果は，**流れを表面からはく離させ**，この面の下流に再循環流れの大きな後流を作りだす原因となる．図15.2 で，その表面におけるはく離点は，図15.2 の挿入図 b に示してあるように，その表面での $\partial V/\partial n = 0$ のところで発生する．この点より後ろでは逆流が生じる．したがって，せん断応力の生成に加え，摩擦の影響は物体を過ぎる流れをその表面からはく離させる原因となり得るのである．そのようなはく離流が発生すると，物体表面上の圧力分布は大きく変わる．図15.2 の物体を過ぎる主流はもはやその完全な物体とは見ず，むしろ，それははく離点の前方物体形状を見て，p. 898 そのはく離点の下流においては，大きなはく離領域による大きく変形した "有効物体 (effective body)" を見るのである．正味の影響は，流れ方向の積分された力，すなわち，抵抗を生じる実際の物体表面上の圧力分布を作りだすことである．このことをもっと明確に理解するために，図15.4 に描かれているように，物体の上面上の圧力分布を考える．もし流れが付着しているなら，この物体の下流部の圧力は破線により与えられるであろう．しかしながら，はく離流については，この物体の下流部の圧力はより小さく，図15.4 の実線により与えられる．さて，図15.2 へ戻るとする．上面の後方における表面上の圧力が負の抵抗方向の力になることに注意すべきである．すなわち，図15.2 に示される面積要素 ds に働く p は上流方向に向いた水平成分を持っているのである．もし流れが非粘性，亜音速であり，付着し，物体が 2 次元的であるなら，図15.2 に示される圧力分布の前向きに働く成分は物体のその他の部分における圧力分布による後ろ向きに働く成分と厳密に相殺し，正味の，積分された圧力分布はゼロ抵抗の結果となるであろう．これが第 3 章で論議した d'Alembert のパラドックスである．しかしながら，粘性，はく離流れについて，p ははく離領域では減少するということがわかっている．したがって，それは物体のその他の部分における圧力分布を完全には相殺できないのである．その正味の結果は抵抗の生成である．すなわち，これは，**流れのはく離による圧力抵抗** (*pressure drag due to flow separation*) と呼ばれ，D_p により示される．

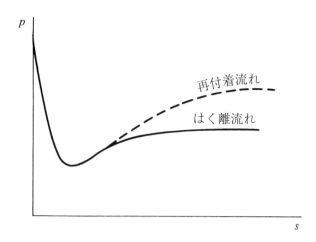

図 15.4 図 15.2 に示された物体の上面における付着流れとはく離流れについての圧力分布概略図

要約すると，粘性の影響は次に示すように，2 種類の抵抗を作りだす．すなわち，

D_f は表面摩擦抵抗，すなわち，物体まわりのせん断応力 τ の積分の抵抗方向成分である．
D_p ははく離による圧力抵抗，すなわち，物体まわりの圧力分布に関する積分の抵抗方向成分である．

p. 899 D_p はときどき**形状抵抗** (*form drag*) と呼ばれる．$D_f + D_p$ なる和は 2 次元物体の**翼型抵抗** (*profile drag*) と呼ばれる．全機のような 3 次元物体について，和である $D_f + D_p$ はしばしば**有害抵抗** (*parasite drag*) と呼ばれる．(異なる抵抗の区分についてのより詳細な論議については参考文献 2 を見るべきである．)

空気力学的物体を過ぎるはく離流が生じることは抵抗を増加させるだけでなく揚力の実質的な損失の原因ともなる．そのようなはく離流れは第 4.3 節で論議したように翼型失速の原因である．これらの理由により，はく離流を理解し，それを予測するという勉学は粘性流れの重要な側面である．

今度は熱伝導，摩擦に加え粘性流れのもう 1 つの包括的な物理的特性，の影響について考えるとする．再び，テーブルの上の本の運動のようなお互いに滑りあっている 2 つの固体についての類推を用いるとする．もし，この本をテーブルの上に強く押しつけ，そして，それをテーブルの上で前後に強く擦ったとすると，テーブルの表面同様にその本の表紙はすぐに温かくなるであろう．本をテーブルの上で押すために費したエネルギーのある量が摩擦により散逸されるであろう．そして，これは物体の加熱という形であらわれるのである．同じ様な現象は物体を過ぎる流体の流れにおいても生じる．移動する流体はある量の運動のエネルギーを持っている．すなわち，表面上を流れる過程において，前に論議したように，摩擦の影響により流れの速度が減少し，したがって，その運動のエネルギーが減少するのである．この失われた運動のエネルギーが流体の内部エネルギーの形で再登場する．したがって，温度が上昇するのである．この現象は流体内での**粘性散逸** (*viscous dissipation*) と呼ばれる．次に，流体の温度が上昇すると，より温かい流体とより冷たい物体との間に全体的な温度差が存在することになる．経験上，熱はより温かい物体からより冷たい物体の方へ伝達されることが知られている．それゆえ，熱はより温かい流体からより冷たい物体表面へ伝達されるであろう．これが物体の**空力加熱** (*aerodynamic*

第15章　粘性流れの基本原理および方程式概論

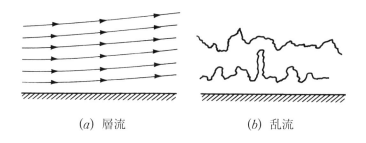

(a) 層流　　　　　　　(b) 乱流

図 15.5 層流および乱流の流れの道すじ

heating) のメカニズムである．空力加熱は，流れの速度が増加するにつれてより厳しくなる．なぜなら，摩擦によりより多くの運動のエネルギーが散逸されるからであり，したがって，温かい流体と冷たい表面との間の全体的な温度差が増加するのである．第 14 章で論議されたように，極超音速速度において，空力加熱はその流れの支配的な特徴となるのである．

　上で論議したすべての特徴，すなわち，せん断応力，流れのはく離，空力加熱など，は粘性流れにおける 1 つの主たる疑問により支配されているのである．すなわち，流れは層流であるのか，または乱流であるのか，である．図 15.5 に描かれているように，ある表面を過ぎる粘性流れを考える．もし，いろいろな流体要素の流れの道すじ (path lines) が，図 15.5a に示されるように，滑らかで規則正しいならば，p. 900 その流れは**層流** (laminar flow) と呼ばれる．対照的に，もし，流体要素の運動が，図 15.5b に示されるように，非常に不規則で，曲がりくねっているなら，その流れは**乱流** (turbulent flow) と呼ばれる．乱流における激しい運動により，流れの外側の領域からより高いエネルギーをもつ流体要素が表面近くへ押しやられる．したがって，固体表面近くの平均流速は乱流では層流と比較して大きくなるのである．この比較が図 15.6 に示されている．そして，その図は層流と乱流の速度分布を与えている．表面のすぐ上で，乱流の速度は層流のそれよりももっと大きいことに注意すべきである．もし，$(\partial V/\partial n)_{n=0}$ が表面における速度勾配を示すとすると，

$$\left[\left(\frac{\partial V}{\partial n}\right)_{n=0}\right]_{\text{turbulent}} > \left[\left(\frac{\partial V}{\partial n}\right)_{n=0}\right]_{\text{laminar}}$$

を得る．この違いにより，摩擦の影響が乱流ではもっと厳しいのである．すなわち，乱流では層流と比較して，摩擦応力および空力加熱の両方とも大きいのである．しかしながら，乱流は主要な埋め合せ的な価値を持っている．すなわち，乱流における物体表面に近い流体要素のエネルギーは大きいので，乱流は層流ほどすぐには表面からはく離しないのである．もし，物体を過ぎる流れが乱流であると，それは物体表面からよりはく離しにくくなる．そして，もし流れのはく離が生じると，そのはく離領域は層流と比べより小さいであろう．結果として，流れのはく離による圧力抵抗 D_p は乱流の場合より小さいであろう．

　この論議は空気力学における偉大な妥協の 1 つを指摘している．物体を過ぎる流れについて，好ましいのは層流，あるいは乱流なのであろうか．ぴったり合った答えは存在しないのである．すなわち，それは物体の形状に依存するのである．一般的に，もし，物体が図 15.7a に描かれたように，細長ければ，摩擦抵抗 D_f は D_p よりもずっと大きい．p. 901 この場合，D_f は層流の方が乱流よりも小さいので，細長い物体にとって層流が望ましい．対照的に，物体が，図 15.7b に描かれているように，鈍いなら，D_p は D_f よりもずっと大きい．この場合，層流よりも乱流

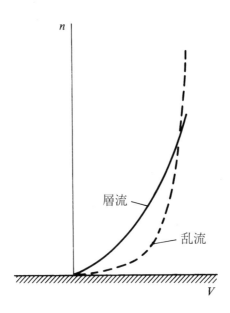

図 15.6 層流および乱流の速度分布概略図

の方が D_p は小さいので，鈍い物体では乱流が望ましいのである．上の解説は包括的なものではない．すなわち，それらは一般的な傾向を述べているのであり，ある与えられた物体について，乱流に対する層流の空気力学的利点を常に査定するべきである．

上の論議から，ある場合には層流が望ましいし，その他の場合には乱流が望ましいのではあるが，現実的には，実際に起きることに対してほとんど制御できないのである．大自然が，ある流れが層流であるか，または乱流であるかについての最終判断を行うのである．1つの系は，放置されると，常に，それの最大の無秩序状態へ移行するという一般的原理が実際に存在する．その系に秩序をもたらすために，一般的にはそれにいくらかの仕事をする，すなわち，なんらかの方法でエネルギーを費さなければならないのである．(この類似は日常生活へ当てはめができる．すなわち，もし，部屋を綺麗に保つようにいくらかの努力をしないと，またたく間に取り散らかされ，めちゃくちゃになるであろう．) 乱流は層流よりもはるかに "無秩序である (disordered)" ので，大自然は常に乱流の発生を促すであろう．事実，非常に多くの実用的な空気力学的問題において，通常，乱流が存在しているのである．

この現象をもっと詳しく調べてみよう．図 15.8 に描かれているように，平板を過ぎる粘性流れを考える．前縁のすぐ上流の流れは p. 902 自由流速度で一様である．しかしながら，前縁の下流において，摩擦の影響が，その表面に近接した流れを遅くさせはじめ，この減速される速度の範囲は，図 15.8 に示されるように，下流へ移動するにつれて，この平板上でより高く成長する．まず第 1 に，前縁の直後の下流における流れは層流である．しかしながら，ある距離下流へ行くと層流の中に不安定性が現れる．この不安定性は急速に成長し，乱流への遷移を引き起こす．層流から乱流への遷移は図 15.8 に描かれているように，有限な領域で起きる．しかしながら，解析のために，しばしば，この遷移領域を**遷移点** (*transition point*) と呼ばれる単一点としてモデル化する．この点の上流で流れは層流であり，下流では流れが乱流である．前縁から遷移点までの距離は x_{cr} で表示する．この x_{cr} の値は多数の現象に依存している．例えば，層流から乱流への遷移を促進させ，したがって，x_{cr} を減少させるいくつかの特性は次のようなもの

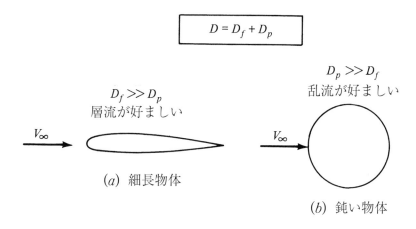

図 15.7 細長物体および鈍い物体に働く抵抗

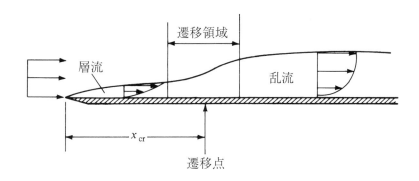

図 15.8 層流から乱流への遷移

である．すなわち，

1. **増加された表面粗さ．** 実際，物体に沿って乱流を促進するため，前縁近傍の表面に粗い砂を張り付け，"層流から乱流へ強制的に遷移させる (trip)" ことができる．これは，しばしば風洞試験で用いられる手法である．また，ゴルフボールの表面のディンプルは乱流を促進させる，したがって D_p を減少させるために設計されている．対照的に，NACA 6 シリーズ層流翼型を過ぎる流れのような，大きな層流領域が必要な場合において，その表面はできる限り滑らかでなければならない．そのような翼型が実験室で観察された大きな層流領域を実際の飛行において作り得ない主な理由は，製造時の不均一性や (信じるか，信じないか) 虫が張りついてできた点がその表面を粗くし，乱流への早期の遷移を促進するためである．

2. **増大した自由流における乱れ．** 特に，これは風洞試験において問題である．すなわち，もし，2 つの風洞が異なる大きさの自由流乱れを持っているとすると，一方の風洞で得られたデータがもう一方の風洞では再現されないのである．

3. **逆圧力勾配．** 前に論議したように，流れ場のはく離を引き起こすことに加え，逆圧力勾配は強力に乱流への遷移を助けるのである．対照的に，(p が下流方向に減少する) 強い順圧力勾配は初めの層流を保存する傾向がある．

4. **物体表面による流体の加熱．**もし，物体表面の温度が隣接する流体よりも温かく，その表面から流体へ熱が伝達されるならば，層流における不安定性が増幅され，したがって，早期の遷移を助長する．対照的に，冷たい壁面は層流を保つ傾向がある．

遷移に影響するその他多くのパラメータが存在する．もっと詳しい論議については参考文献42を見るべきである．これらの中に，流れの相似パラメータ，特に Mach 数と Reynolds 数がある．高い M_∞ の値と低い Re の値は層流を保つ傾向がある．したがって，高々度での極超音速飛行については，層流が非常に広範囲に保たれる可能性がある．Reynolds 数それ自身は乱流への遷移における支配的な係数である．図 15.8 を参照して，p. 903 **臨界 Reynolds 数**，Re_{cr} を次のように定義する．

$$\mathrm{Re}_{cr} \equiv \frac{\rho_\infty V_\infty x_{cr}}{\mu_\infty}$$

特定の条件における Re_{cr} の値は予測するのが困難である．すなわち，実際，遷移の解析は，今なお，現代の空気力学研究における非常に活発な分野である．実用的な適用における経験則として，しばしば $\mathrm{Re}_{cr} \approx 500{,}000$ を用いる．すなわち，もし，x 位置における流れが，$\mathrm{Re} = \rho_\infty V_\infty x/\mu_\infty$ が 500,000 よりかなり低いようであるなら，そのとき，その位置における流れは，ほぼ，層流である．そして，もし，Re の値が 500,000 よりかなり大きければ，そのとき，その流れはほぼ乱流である．

Re_{cr} についてのより良い感覚を得るために，図 15.8 にある平板が風洞試験模型であると考えよう．標準海面条件 [$\rho_\infty = 1.23\,\mathrm{kg/m^3}$ および $\mu_\infty = 1.79 \times 10^{-5}\,\mathrm{kg/(m \cdot s)}$] で実験を行い，ある自由流速度における x_{cr} を測定すると仮定する．例えば，$V_\infty = 120\,\mathrm{m/s}$ のとき，$x_{cr} = 0.05\,\mathrm{m}$ としよう．次に，この測定された x_{cr} は測定 Re_{cr} を次のように決定する．

$$\mathrm{Re}_{cr} = \frac{\rho_\infty V_\infty x_{cr}}{\mu_\infty} = \frac{1.23(120)(0.05)}{1.79 \times 10^{-5}} = 412{,}000$$

したがって，与えられた流れ条件と平板の表面特性については，遷移は，局所の Re が 412,000 を越えると，起きるのである．例えば，もし，V_∞ を倍にする，すなわち，$V_\infty = 240\,\mathrm{m/s}$ とすると，そのとき，Re_{cr} は同じ値に留まるので，遷移が $x_{cr} = 0.05/2 = 0.025\,\mathrm{m}$ で起こるのを観察するであろう．

これで，粘性流れの，初歩としての定性的な論議を終える．本節で論議した物理原理や傾向は非常に重要である．それで，読者はそれらを注意深く勉強し，さらに先に進む前にそれらを十分に理解しておくべきである．

15.3　粘性と熱伝導

流体における粘性と熱伝導の基本的な物理現象は不規則な分子運動による運動量とエネルギーの輸送によるのである．流体における各分子は運動量とエネルギーを持っている．そして，それは他の分子と衝突する前まで，空間のある位置から別の位置へ移動するときその運動量とエネルギーを運ぶのである．分子運動量の輸送は粘性と呼ばれる巨視的な効果を引き起こし，分子エネルギーの輸送は熱伝導と呼ばれる巨視的な効果を引き起こすのである．これが，粘性と熱伝導が**輸送現象**として名称づけられている理由である．分子レベルにおけるこれらの輸送現

第15章 粘性流れの基本原理および方程式概論

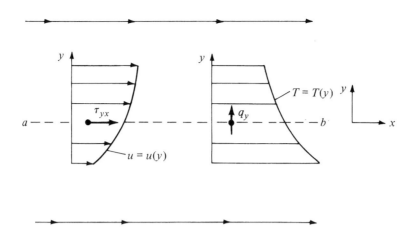

図 15.9 せん断応力と熱伝導の，それぞれ，速度勾配と温度勾配との関係

象の研究は気体分子運動論の一部であり，それは本書の範囲を越えている．そのかわりに，本節において，そのような分子運動の巨視的な結果をわかりやすく述べることとする．

図15.9 に描かれた流れを考える．簡単化のため，1次元のせん断流，すなわち，x 方向に水平な流線を持つが，y 方向に速度勾配，$\partial u/\partial y$ と温度勾配 $\partial T/\partial y$ を持つ流れを考える．図15.9 に示されるように，y 軸に垂直な面 ab を考える．この流れにより面 ab に加えられるせん断応力を τ_{yx} と表記され，y 方向の速度勾配に比例する，すなわち，$\tau_{yx} \propto \partial u/\partial y$ である．これの比例定数が**粘性係数** (*viscosity coefficient*) μ として定義される．したがって，

$$\tau_{yx} = \mu \frac{\partial u}{\partial y} \tag{15.1}$$

τ_{yx} の添字は，このせん断応力が x 方向に働き，そして，y 軸に垂直な面上に働いていることを示している．速度勾配 $\partial u/\partial y$ もまた，この面に垂直に (すなわち，y 方向に) 取られる．μ の次元は，もともと，第1.7節で述べたように，また，式 (15.1) からわかるように，質量/長さ×時間である．加えて，図15.9 における面 ab を横切る単位面積あたりの熱伝導の時間変化率は $\dot{q}_y$ で示され，y 方向の温度勾配に比例する．すなわち，$\dot{q}_y \propto \partial T/\partial y$ である．これの比例定数が**熱伝導率** (*thermal conductivity*) k と定義される．したがって，

$$\dot{q}_y = -k \frac{\partial T}{\partial y} \tag{15.2}$$

そこでは，負の符号は，熱が高温領域から低温の領域へ伝達される事実を考慮したものである．すなわち，$\dot{q}_y$ は温度勾配の方向と逆方向である．k の次元は 質量×長さ/(s$^2\cdot$K) であり，$\dot{q}_y$ が単位時間あたり，単位面積あたりのエネルギーであることを注意して式 (15.2) から求められる．

μ と k の両方とも流体の物理的な特性であり，たいていの正常な状況では温度だけの関数である．空気について，通常の温度変化に対する μ の式は Sutherland の法則により与えられる．すなわち，

$$\frac{\mu}{\mu_0} = \left(\frac{T}{T_0}\right)^{3/2} \frac{T_0 + 110}{T + 110} \tag{15.3}$$

p.905 ここで，T の単位はケルビンで，μ_0 は基準温度，T_0 における基準粘性である．例えば，もし，基準条件を標準海面値であるとすると，$\mu_0 = 1.7894 \times 10^{-5}$ kg/(m·s) および $T_0 = 288.16$ K である．k の温度変化は式 (15.3) に類似している．なぜなら，基礎的な分子運動論の結果は $k \propto \mu c_p$ であることを示している．すなわち，標準状態の空気については，

$$k = 1.45 \mu c_p \tag{15.4}$$

ここに，$c_p = 1000$ J/(kg·K) である．

　式 (15.3) と式 (15.4) は単なる近似であり，高温では成り立たない．それらは，用いるのに便利である代表的な式としてここに与えられているのである．詳しい粘性流れの計算に関しては，より精度の高い μ や k の値について公表された論文を参考にすべきである．

　せん断応力と粘性との間の関係の紹介を簡単化するために，図 15.9 における 1 次元せん断流れの場合を考えた．この図において，速度の y および z 成分，v および w は，それぞれ，ゼロである．しかしながら，一般的な 3 次元流れにおいて，u, v, および w は有限であり，このことは流体内における応力の取り扱いの一般化が必要であることを示している．図 15.10 に描かれた流体要素を考える．3 次元流れにおいて，流体要素のそれぞれの面には接線応力および垂直応力の両方が作用する．例えば，面 $abcd$ においては，τ_{xy} および τ_{xz} が接線応力であり，τ_{xx} は垂直応力である．前と同じ様に，表記法 τ_{ij} は i 軸に垂直な面に作用する j 方向の応力を示す．同様に，面 $abfe$ において，接線応力は τ_{yx} と τ_{yz} であり，垂直応力は τ_{yy} である．面 $adge$ においては，接線応力は τ_{zx} と τ_{zy} であり，垂直応力は τ_{zz} である．さて，流体要素の歪に関する，第 2.12 節の後半における論議，すなわち，図 2.33 に示される角度 κ の変化について思い出すべきである．図 2.33 に示されるこの変形をもたらす力は何であろうか．図 15.10 へ戻ると，その歪は接線方向のせん断応力によるものだと言わざるを得ないのである．p.906 しかしながら，応力が歪に比例する固体力学とは対照的に，流体力学において，応力は歪の時間変化率に比例する．xy 面における歪の時間変化率は第 2.12 節に式 (2.135a) として与えられた．すなわち，

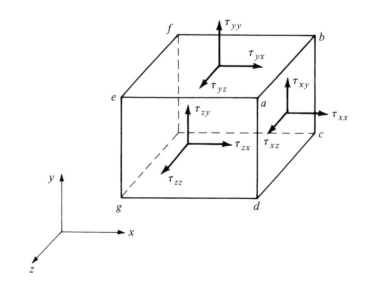

図 **15.10** 流体要素に粘性作用により引き起こされたせん断および垂直応力

第15章 粘性流れの基本原理および方程式概論

$$\varepsilon_{xy} = \frac{\partial v}{\partial x} + \frac{\partial u}{\partial y} \tag{2.135a}$$

図 15.10 を調べると，xy 面における歪は τ_{xy} と τ_{yx} によらなければならない．さらに，図 15.10 における流体要素のモーメントはゼロであると仮定する．したがって，$\tau_{xy} = \tau_{yx}$ である．最後に，上のことから，$\tau_{xy} = \tau_{yx} \propto \epsilon_{xy}$ であることがわかる．それの比例定数が粘性係数 μ である．したがって，式 (2.135a) から，

$$\tau_{xy} = \tau_{yx} = \mu \left(\frac{\partial v}{\partial x} + \frac{\partial u}{\partial y} \right) \tag{15.5}$$

を得る．そして，これは，式 (15.1) の一般化で，多次元流れの場合に拡張されたものである．他の面におけるせん断応力については，式 (2.135b) と式 (2.135c) から，

$$\tau_{yz} = \tau_{zy} = \mu \left(\frac{\partial w}{\partial y} + \frac{\partial v}{\partial z} \right) \tag{15.6}$$

および

$$\tau_{zx} = \tau_{xz} = \mu \left(\frac{\partial u}{\partial z} + \frac{\partial w}{\partial x} \right) \tag{15.7}$$

となる．

図 15.10 に示される垂直応力 τ_{xx}，τ_{yy}，および τ_{zz} は最初奇妙に見える．以前の非粘性流れの取り扱いにおいて，流体中で，面に垂直な唯一の力は圧力による力である．しかしながら，速度勾配，$\partial u/\partial x$，$\partial v/\partial y$，および $\partial w/\partial z$ が流体要素の表面で**非常に大きい**ならば，圧力に**加えて**，それぞれの面に，粘性により誘導されたゼロでない垂直力が存在できよう．これらの垂直応力はこの流体要素を圧縮あるいは膨張させるように働き，したがって，それの体積を変化させる．第 2.12 節から，導関数，$\partial u/\partial x$，$\partial v/\partial y$，および $\partial w/\partial z$ は流体要素の膨張，すなわち，$\nabla \cdot \mathbf{V}$ に関係している．したがって，垂直応力はこれらの導関数と関係があるのである．実際，

$$\tau_{xx} = \lambda (\nabla \cdot \mathbf{V}) + 2\mu \frac{\partial u}{\partial x} \tag{15.8}$$

$$\tau_{yy} = \lambda (\nabla \cdot \mathbf{V}) + 2\mu \frac{\partial v}{\partial y} \tag{15.9}$$

$$\tau_{zz} = \lambda (\nabla \cdot \mathbf{V}) + 2\mu \frac{\partial w}{\partial z} \tag{15.10}$$

を示すことができる．式 (15.8) から式 (15.10) において，λ は**体積粘性係数** (*bulk viscosity coefficient*) と呼ばれている．1845 年に，イングランド人の George Stokes が次式のように仮説を立てた．

$$\lambda = -\frac{2}{3}\mu \tag{15.11}$$

今日まで，この体積粘性係数の正しい式は，今もなお，いくらか論争の的である．それで，Stokes により与えられた上の式を使い続けることにする．もう一度，注意すると，垂直応力は，導関数，$\partial u/\partial x$，$\partial v/\partial y$，および $\partial w/\partial z$ が非常に大きいときのみ重要になるのである．ほとん

どの実際的な流れの問題において，τ_{xx}，τ_{yy}，および τ_{zz} は小さく，それゆえ，λ に関する不確定性は本質的に学問的な問題である．垂直応力が重要である例は衝撃波の内部構造の中の場合である．現実に，衝撃波は有限ではあるが小さな厚さである．もし，非常に短い距離 (典型的には 10^{-5} cm) で大きな速度変化が生じる垂直衝撃波を考えるならば，そのときは，明らかに，$\partial u/\partial x$ は非常に大きいであろう．そして，τ_{xx} はその衝撃波の内部で重要となるのである．

本論議におけるこの時点まで，輸送係数 μ と k を，不規則分子運動による運動量とエネルギーの輸送に関係した分子運動現象と考えてきた．この分子運動の考えかたは層流では有力である．μ および k の値は流体の物理的特性である．すなわち，それらは，*Handbook of Chemistry and Phisics* (The Chemical Rubber Co.) のような標準の参考文献から見出される．対照的に，乱流に関して，運動量とエネルギーの輸送は大きな乱流渦，すなわち流体のかたまりの不規則運動によっても生じ得るのである．この乱流輸送は，それぞれ，**渦粘性** (*eddy viscosity*) ϵ および**渦熱伝導率** (*eddy thermal conductivity*) κ と定義される粘性および熱伝導率の有効値を押し上げるのである．(記号 ϵ と κ の用法を，前に用いた歪の時間変化率と歪と混同しないよう注意すべきである．) これらの乱流輸送係数 ϵ と κ は分子運動値，μ や k よりもはるかに大きく (典型的には 10 から 100 倍大きい) なり得るのである．さらに，ϵ や κ は，速度勾配のような流れ場の特性に大いに依存するのである．すなわち，それらは，μ や k のような単なる分子運動の特性だけではないのである．与えられた流れについて ϵ や κ の適切な計算は過去 80 年間，最先端の研究問題であり続けている．すなわち，実際，渦粘性と渦熱伝導率を定義することにより乱流の複雑さをモデル化する試みすら疑問のあることなのである．乱流の詳細や基本的な理解は今日の物理学における最大の未解決問題の 1 つなのである．本書のここにおける目的のためには，率直に渦粘性と渦熱伝導率の概念を採用し，乱流における運動量とエネルギーの輸送については，式 (15.1) から式 (15.10) における μ と k を組み合わせである，$\mu + \epsilon$ と $k + \kappa$ で置き換えることにする．すなわち，

$$\tau_{yx} = (\mu + \epsilon)\left(\frac{\partial v}{\partial x} + \frac{\partial u}{\partial y}\right)$$

$$\dot{q}_y = -(k + \kappa)\frac{\partial T}{\partial y}$$

ϵ と κ の計算例は次のようになる．1925 年に，Prandtl は，支配的な速度勾配が y 方向である流れに対して，

$$\epsilon = \rho l^2 \left|\frac{\partial u}{\partial y}\right| \tag{15.12}$$

を提案した．p. 908 式 (15.12) において，l は**混合長** (*mixing length*) と呼ばれる．そして，それは適用対象が異なると異なる値となる．すなわち，それは実験から決定しなければならない実験定数である．実際に，すべての乱流モデルは実験データの入力が必要である．すなわち，自己完結した，純粋な理論的乱流モデルは，今日，存在しないのである．式 (15.12) で表される，Prandtl の混合長理論は多くの工学的問題には十分である簡素な関係である．これらの理由により，ϵ に関する混合長モデルは 1925 年以来大いに用いられてきた．κ に関しては，式 (15.4) に似た式を (定数に 1.0 を使い) 仮定できる．すなわち，

$$\kappa = \epsilon c_p \tag{15.13}$$

渦粘性や渦熱伝導率に関する本節の論評は純粋に入門的である．現代の空気力学者は選択すべき完全に安定な乱流モデルを持っている．そして，読者は，乱流解析に挑戦する前に，参考文献 42 から 45 のような書籍に述べられている新しい方法に精通しているべきである．

15.4 Navier-Stokes 方程式

第 2 章において，Newton の第二法則が，積分形および微分方程式形の流体流れの運動量方程式を求めるために適用された．特に，式 (2.113a) から式 (2.113c) を思い出すべきである．そこでは，粘性力の影響が包括的な，項，$(\mathcal{F}_x)_{\text{viscous}}$，$(\mathcal{F}_y)_{\text{viscous}}$ および $(\mathcal{F}_z)_{\text{viscous}}$ により簡単に表されていた．本節の目的は，粘性力が適切な流れ場の変数の項で陽的に表された，式 (2.113a) から式 (2.113c) と類似の式を得ることである．得られる式は *Navier-Stokes* **方程式**と呼ばれる．おそらく，理論流体力学のすべての方程式の中で最も要の方程式である．

第 2.3 節において，支配方程式を導き出す背景にある原理を論議した．すなわち，ある物理原理が流体の適切な**モデル**へ適用されるのである．さらに，そのような流体モデルは (移動するまたは空間に固定された) 有限な検査体積でも，あるいは (移動するまたは空間に固定された) 無限に小さい要素のどちらでも良いということを見てきた．第 2 章において，流体モデルとして，固定された有限検査体積を選び，このモデルから直接，連続，運動量およびエネルギー方程式の積分形式を得た．それから，間接的に，この積分形式から偏微分方程式を求めた．さらに先に進む前に，読者が第 2 章からこれらのことを復習するのは賢いことであろう．

多彩さを示すために，第 2 章で採用した，固定された，有限検査体積を使わないことにしよう．その代わり，本節では，図 15.11 に描かれているように，流体モデルとして質量が固定された，無限に小さな移動する流体要素を採用する．このモデルに対して，$\mathbf{F} = m\mathbf{a}$ 形式の Newton の第二法則を適用しよう．しばらくの間，Newton の第二法則の x 成分のみを考える．すなわち，

$$F_x = ma_x \tag{15.14}$$

p. 909 式 (15.14) において，F_x はこの流体要素に x 方向に働くすべての体積力と表面力の和である．体積力を無視しよう．したがって，図 15.11 の要素に働く正味の力は，この要素の表面上の圧力分布と粘性応力分布によるものだけである．例えば，面 $abcd$ における，x 方向の力はせん断応力，$\tau_{yx}dxdz$ によるもののみである．面 $efgh$ は面 $abcd$ の上方，距離 dy にある．したがって，面 $efgh$ に働く x 方向せん断力は $[\tau_{yx} + (\partial \tau_{yx}/\partial y)dy]dxdz$ である．面 $abcd$ と面 $efgh$ に働くせん断応力の方向に注意すべきである．すなわち，底面において，τ_{yx} は左 (負の x 方向) であり，ところが，上面においては，$\tau_{yx} + (\partial \tau_{yx}/\partial y)dy$ は右方向 (正の x 方向) である．これらの方向は，速度の 3 成分，u，v および w すべての正の増加は座標軸の正の方向に生じるという慣例によるのである．例えば，図 15.11 において，u は正の y 方向に増加する．したがって，面 $efgh$ に注目すると，u は，この面におけるより，その面よりもちょっと上のほうが大きいのである．すなわち，これは図 15.11 に示されるように，この流体要素を正の x 方向 (右方向) へ引っ張ろうとするいわゆる "牽引 (tugging)" 作用を引き起こすのである．次に，面 $abcd$ に注目すると，u はこの面におけるよりもこの面のすぐ下の方が小さい．すなわち，これが流体要素に働く減速あるいは引っ張り作用を引き起こすのである．そして，これは図 15.11 に示されるように，負の x 方向 (左方向) へ働く．τ_{xx} を含む，図 15.11 に示される他のすべての粘性応

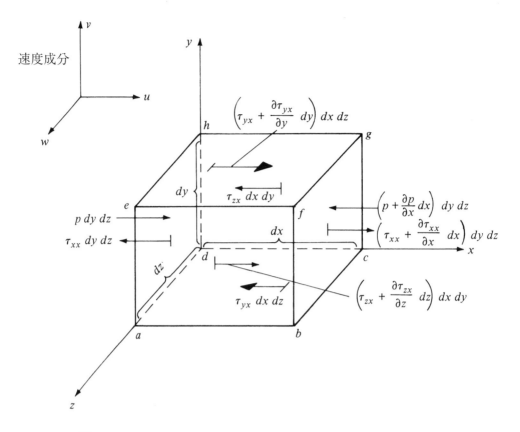

図 15.11 無限に小さい，移動する流体要素．x 方向の力のみが示されている．

力の方向は同じ様にして正しいことがわかる．特に，面 *dcgh* において，τ_{zx} は負の x 方向に働き，それに反して，面 *abfe* において，$\tau_{zx} + (\partial\tau_{zx}/\partial z)dz$ は正の x 方向に働く．x 軸に対して垂直である面 *adhe* において，p. 910 x 方向の唯一の力は，常に流体要素の**内側方向**へ働く，圧力による力 $pdydz$ と x の負方向へ働く $\tau_{xx}dydz$ である．図 15.11 において，面 *adhe* 上の τ_{xx} が左向きである理由は速度増加の方向についての，前に述べた慣例の要点である．ここで，慣例により，u における正の増加は正の x 方向に生じる．したがって，面 *adhe* のすぐ左側の u の値はこの面自身における u の値よりも小さい．結果として，垂直応力の粘性作用は，面 *adhe* において "**負圧 (suction)**" として働くのである．すなわち，この流体要素の運動を遅くしようとする左方向の牽引作用が存在する．対照的に，面 *bcgf* に，圧力による力 $[p + (\partial p/\partial x)dx]dydz$ がこの流体要素の内側方向 (負の x 方向) へかかり，面 *bcgf* のすぐ右側の u の値はその面上における u の値より大きいので，この流体要素を $[\tau_{xx} + (\partial\tau_{xx}/\partial x)dx]dydz$ に等しい力で右側 (正の x 方向) へ引っ張ろうとする粘性垂直応力による "**負圧 (suction)**" が存在する．

式 (15.14) へ戻るとする．図 15.11 を前の議論の光を使って調べると，この流体要素に作用する x 方向の正味の力を書くことができる．すなわち，

$$F_x = \left[p - \left(p + \frac{\partial p}{\partial x}dx\right)\right]dydz + \left[\left(\tau_{xx} + \frac{\partial \tau_{xx}}{\partial x}dx\right) - \tau_{xx}\right]dydz$$
$$+ \left[\left(\tau_{yx} + \frac{\partial \tau_{yx}}{\partial y}dy\right) - \tau_{yx}\right]dxdz + \left[\left(\tau_{zx} + \frac{\partial \tau_{zx}}{\partial z}dz\right) - \tau_{zx}\right]dxdy$$

第 15 章　粘性流れの基本原理および方程式概論

すなわち,

$$F_x = \left(-\frac{\partial p}{\partial x} + \frac{\partial \tau_{xx}}{\partial x} + \frac{\partial \tau_{yx}}{\partial y} + \frac{\partial \tau_{zx}}{\partial z}\right)dxdydz \tag{15.15}$$

式 (15.15) は式 (15.14) の左辺を表している．式 (15.14) の右辺を考えるとき，この流体要素の質量は固定され，それは

$$m = \rho dxdydz \tag{15.16}$$

であることを思い出すべきである．また，この流体要素の加速度は，それの速度の時間変化率であることも思い出すべきである．したがって，a_x で示される，x 方向の加速度成分は単純に u の時間変化率である．すなわち，移動する流体要素を追いかけているので，この時間変化率は**実質微分** (*substantial derivative*) により与えられる (実質微分の意味について復習のためには第 2.9 節を見るべきである)．したがって,

$$a_x = \frac{Du}{Dt} \tag{15.17}$$

式 (15.14) から式 (15.17) を結びつけると,

$$\boxed{\rho\frac{Du}{Dt} = -\frac{\partial p}{\partial x} + \frac{\partial \tau_{xx}}{\partial x} + \frac{\partial \tau_{yx}}{\partial y} + \frac{\partial \tau_{zx}}{\partial z}} \tag{15.18a}$$

を得る．p. 911 そして，これは粘性流れの運動量方程式の x 成分である．同様にして，y 成分および z 成分は次式のように求められる．

$$\boxed{\rho\frac{Dv}{Dt} = -\frac{\partial p}{\partial y} + \frac{\partial \tau_{xy}}{\partial x} + \frac{\partial \tau_{yy}}{\partial y} + \frac{\partial \tau_{zy}}{\partial z}} \tag{15.18b}$$

$$\boxed{\rho\frac{Dw}{Dt} = -\frac{\partial p}{\partial z} + \frac{\partial \tau_{xz}}{\partial x} + \frac{\partial \tau_{yz}}{\partial y} + \frac{\partial \tau_{zz}}{\partial z}} \tag{15.18c}$$

式 (15.18a)，式 (15.18b) および式 (15.18c) は，それぞれ，x，y および z 方向の運動量方程式である．それらはスカラー方程式であり，2 人の人物の栄誉を讃えて *Navier-Stokes* (**ナビエ・ストークス**) **方程式** と呼ばれている．その 2 人は，フランス人 M. Navier とイングランド人 G. Stokes であり，19 世紀前半にこれらの方程式を独立に得たのである．

式 (15.5) から式 (15.10) の $\tau_{xy} = \tau_{yx}$，$\tau_{yz} = \tau_{zy}$，$\tau_{zx} = \tau_{xz}$，τ_{xx}，τ_{yy} および τ_{zz} に関する式を用いて，Navier-Stokes 方程式の式 (15.18a) から式 (15.18c) は次のように書ける．

$$\boxed{\begin{aligned}\rho\frac{\partial u}{\partial t} + \rho u\frac{\partial u}{\partial x} + \rho v\frac{\partial u}{\partial y} + \rho w\frac{\partial u}{\partial z} &= -\frac{\partial p}{\partial x} + \frac{\partial}{\partial x}\left(\lambda\nabla\cdot\mathbf{V} + 2\mu\frac{\partial u}{\partial x}\right) \\ &+ \frac{\partial}{\partial y}\left[\mu\left(\frac{\partial v}{\partial x} + \frac{\partial u}{\partial y}\right)\right] + \frac{\partial}{\partial z}\left[\mu\left(\frac{\partial u}{\partial z} + \frac{\partial w}{\partial x}\right)\right]\end{aligned}} \tag{15.19a}$$

$$\rho\frac{\partial v}{\partial t} + \rho u\frac{\partial v}{\partial x} + \rho v\frac{\partial v}{\partial y} + \rho w\frac{\partial v}{\partial z} = -\frac{\partial p}{\partial y} + \frac{\partial}{\partial x}\left[\mu\left(\frac{\partial v}{\partial x} + \frac{\partial u}{\partial y}\right)\right]$$
$$+ \frac{\partial}{\partial y}\left(\lambda\nabla\cdot\mathbf{V} + 2\mu\frac{\partial v}{\partial y}\right) + \frac{\partial}{\partial z}\left[\mu\left(\frac{\partial w}{\partial y} + \frac{\partial v}{\partial z}\right)\right] \quad (15.19b)$$

$$\rho\frac{\partial w}{\partial t} + \rho u\frac{\partial w}{\partial x} + \rho v\frac{\partial w}{\partial y} + \rho w\frac{\partial w}{\partial z} = -\frac{\partial p}{\partial z} + \frac{\partial}{\partial x}\left[\mu\left(\frac{\partial u}{\partial z} + \frac{\partial w}{\partial x}\right)\right]$$
$$+ \frac{\partial}{\partial y}\left[\mu\left(\frac{\partial w}{\partial y} + \frac{\partial v}{\partial z}\right)\right] + \frac{\partial}{\partial z}\left(\lambda\nabla\cdot\mathbf{V} + 2\mu\frac{\partial w}{\partial z}\right) \quad (15.19c)$$

式 (15.19a) から式 (15.19c) は非定常，圧縮性，3次元粘性流れについての完全な Navier-Stokes 方程式を表している．非圧縮性粘性流れを解析するためには，式 (15.19a) から式 (15.19c) と連続方程式 [すなわち，式 (2.52)] で十分である．しかしながら，圧縮性流れに関しては，もう1つの式，すなわち，次節で論議するエネルギー方程式を必要とする．

p. 912 上の形式の Navier-Stokes 方程式は層流の解析に適している．乱流については，式 (15.19a) から式 (15.19c) における流れ変数は乱流変動の時間平均値と仮定でき，そして，第 15.3 節で論議されたように μ を $\mu + \varepsilon$ で置き換えることができる．さらなる詳細については参考文献 42 および 43 を見るべきである．

15.5 粘性流エネルギー方程式

エネルギー方程式は第 2.7 節で導かれた．そこでは，熱力学第一法則が空間に固定された有限検査体積に適用された．得られたエネルギー方程式の積分形は式 (2.95) により与えられ，微分形は式 (2.96) と式 (2.114) のように得られた．これらの方程式において，粘性効果の影響は一般的に $\dot{Q}'_{viscous}$ および $\dot{W}'_{viscous}$ のような項で表されていた．これからさらに先に進む前に，読者に第 2.7 節を復習することを勧める．

本節において，無限に微小な移動する流体要素のモデルを用い，粘性流れのエネルギー方程式を導く．これは，第 15.4 節における Navier-Stokes 方程式の導出と同じである．そこにおいて，微小要素は図 15.11 に示されていた．導出の過程で，流れ場の変数の項による $\dot{Q}'_{viscous}$ と $\dot{W}'_{viscous}$ の陽的な式を得る．すなわち，粘性項を詳しく示す以外は，式 (2.114) を再び導くのである．

再度，図 15.11 に示された移動する流体要素を考える．この要素に対して，熱力学第一法則を適用する．そして，その法則は次のことを述べている．

| 流体要素内の
エネルギー変化率 | = | 要素に流入する
正味熱量 | + | 要素の表面に働く圧力による力と
せん断力によりなされる仕事率 |

すなわち，

$$A = B + C \quad (15.20)$$

第15章 粘性流れの基本原理および方程式概論

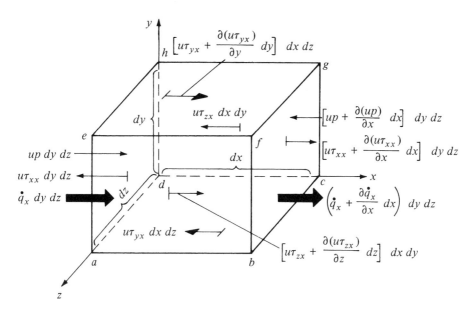

図 15.12 移動する微小流体要素に関係するエネルギーフラックス．簡単化のため x 方向のみのエネルギーフラックスを示す．

ここに，A，B および C はそれぞれ上の項に対応する．

まず最初に C を計算しよう．すなわち，この流体要素の表面に働く圧力とせん断応力により移動する流体要素になされる仕事率の式を得ることとする．(この導出において，体積力を無視することに注意すべきである．) これらの表面力は図 15.11 に図示されており，その図は簡単化のために x 方向の力のみを示している．第 2.7 節より，移動する物体にかかる力による仕事率はその力と力の方向に関する速度成分との積に等しいということを思い出すべきである．したがって，図 15.11 に示される x 方向の力により，この移動する流体要素になされる仕事率は，単純に，x 方向速度成分 u にこれらの力を掛けたものである．すなわち，例えば，面 $abcd$ において，$\tau_{xy}dxdz$ によりなされる仕事率は $u\tau_{xy}dxdz$ であり，他の面についても同様な式となる．これらのエネルギーを考えるにあたり，移動する流体要素を図 15.12 に描き直す．そして，そこでは，x 方向の力によりそれぞれの面でなされる仕事率が陽的に表されている．p. 913 読者は，それぞれの面で与えられている仕事の項を良く理解できるようになるまでいくどとなく図 15.11 を参照しながら，注意深くこの図を調べるべきである．x 方向の力によりこの流体要素になされる**正味**の仕事率を得るためには，正の x 方向の力は正の仕事を行い，負の x 方向の力は負の仕事をするということに注意すべきである．したがって，図 15.12 において，面 $adhe$ と面 $bcgf$ に働く圧力による力を比較すると，x 方向の圧力によってなされる正味の仕事率は

$$\left[up - \left(up + \frac{\partial(up)}{\partial x}dx\right)\right]dydz = -\frac{\partial(up)}{\partial x}dxdydz$$

である．同様に，面 $abcd$ と面 $efgh$ に働く x 方向のせん断応力によりなされる正味の仕事率は

$$\left[\left(u\tau_{yx} + \frac{\partial(u\tau_{yx})}{\partial y}dy\right) - u\tau_{yx}\right]dxdz = \frac{\partial(u\tau_{yx})}{\partial y}dxdydz$$

である．図 15.12 に示されるすべての力を考えると，移動する流体要素になされる正味の仕事

率は，簡単に，

$$\left[-\frac{\partial(up)}{\partial x} + \frac{\partial(u\tau_{xx})}{\partial x} + \frac{\partial(u\tau_{yx})}{\partial y} + \frac{\partial(u\tau_{zx})}{\partial z}\right]dx\,dy\,dz$$

である．上の式は x 方向の力のみを考えたものである．また，y および z 方向の力を含むと，同じ様な式が得られる (読者自身で図を描き，これらの式を導いてみるべきである)．総合すると，移動する流体要素になされる正味の仕事率は x, y および z 方向の全寄与量の和である．すなわち，これが式 (15.20) において C により示され，

$$\begin{aligned}C = \Bigg[&-\left(\frac{\partial(up)}{\partial x} + \frac{\partial(vp)}{\partial y} + \frac{\partial(wp)}{\partial z}\right) + \frac{\partial(u\tau_{xx})}{\partial x} + \frac{\partial(u\tau_{yx})}{\partial y} \\ &+ \frac{\partial(u\tau_{zx})}{\partial z} + \frac{\partial(v\tau_{xy})}{\partial x} + \frac{\partial(v\tau_{yy})}{\partial y} + \frac{\partial(v\tau_{zy})}{\partial z} + \frac{\partial(w\tau_{xz})}{\partial x} \\ &+ \frac{\partial(w\tau_{yz})}{\partial y} + \frac{\partial(w\tau_{zz})}{\partial z}\Bigg]dx\,dy\,dz\end{aligned} \quad (15.21)$$

により与えられる．式 (15.21) において，大きな括弧 "()" 内の項は単純に，$\nabla \cdot p\mathbf{V}$ であることに注意すべきである．

式 (15.20) の B，すなわち，流体要素に流れ込む正味の熱流束に注目することとする．この熱流束は，(1) 放射吸収あるいは放射放出のような体積加熱や (2) 温度勾配による表面を横切る熱伝達 (すなわち，熱伝導) によるものである．容積加熱を，第 2.7 節で行ったと同じ様に取り扱うこととする．すなわち，$\dot{q}$ を単位体積あたりに加えられる体積熱の時間割合と定義する．図 15.12 における移動する流体要素の質量は $\rho\,dx\,dy\,dz$ であることに注意すると，

$$\text{流体要素の容積加熱} = \rho\dot{q}\,dx\,dy\,dz \quad (15.22)$$

を得る．熱伝導は第 15.3 節において論議されている．図 15.12 において，熱伝導により面 $adhe$ を横切って移動する流体要素に伝達される熱は $\dot{q}_x\,dy\,dz$ である．そして，面 $bcgf$ を横切ってこの要素から外へ伝達される熱は $[\dot{q}_x(\partial\dot{q}_x/\partial x)dx]dy\,dz$ である．したがって，熱伝導によりこの流体要素に伝達される x 方向の正味の熱は

$$\left[\dot{q}_x - \left(\dot{q}_x + \frac{\partial\dot{q}_x}{\partial x}dx\right)\right]dy\,dz = -\frac{\partial\dot{q}_x}{\partial x}dx\,dy\,dz$$

である．図 15.12 におけるその他の面を横切る，y および z 方向の熱伝達を考慮すると，

$$\text{熱伝導による流体要素の加熱} = -\left(\frac{\partial\dot{q}_x}{\partial x} + \frac{\partial\dot{q}_y}{\partial y} + \frac{\partial\dot{q}_z}{\partial z}\right)dx\,dy\,dz \quad (15.23)$$

を得る．式 (15.20) における項 B は式 (15.22) と式 (15.23) の和である．また，式 (15.2) により例として示されるように，熱伝導は温度勾配に比例するということを思い出すと，

$$B = \left[\rho\dot{q} + \frac{\partial}{\partial x}\left(k\frac{\partial T}{\partial x}\right) + \frac{\partial}{\partial y}\left(k\frac{\partial T}{\partial y}\right) + \frac{\partial}{\partial z}\left(k\frac{\partial T}{\partial z}\right)\right]dx\,dy\,dz \quad (15.24)$$

を得る．

最後に，式 (15.20) における項 A は流体要素のエネルギーの時間変化率を示すのである．第 2.7 節において，運動する流体の単位質量あたりのエネルギーは内部および運動エネルギーの総

和，例えば，$e + V^2/2$ であると述べた．ここでは移動している流体要素を追いかけているのであるから，その単位質量あたりにおけるエネルギーの時間変化率は実質微分 (第 2.9 節を見よ) により与えられる．p. 915 この流体要素の質量は $\rho\, dx\, dy\, dz$ であるので，

$$A = \rho \frac{D}{Dt}\left(e + \frac{V^2}{2}\right) dx\, dy\, dz \tag{15.25}$$

を得る．

粘性流についてのエネルギー方程式の最終形は式 (15.21)，式 (15.24)，および式 (15.25) を式 (15.20) に代入することにより得られ，次のようになる．

$$\begin{aligned}\rho \frac{D(e + V^2/2)}{Dt} &= \rho \dot{q} + \frac{\partial}{\partial x}\left(k\frac{\partial T}{\partial x}\right) + \frac{\partial}{\partial y}\left(k\frac{\partial T}{\partial y}\right) \\ &\quad + \frac{\partial}{\partial z}\left(k\frac{\partial T}{\partial z}\right) - \nabla \cdot p\mathbf{V} + \frac{\partial(u\tau_{xx})}{\partial x} + \frac{\partial(u\tau_{yx})}{\partial y} \\ &\quad + \frac{\partial(u\tau_{zx})}{\partial z} + \frac{\partial(v\tau_{xy})}{\partial x} + \frac{\partial(v\tau_{yy})}{\partial y} + \frac{\partial(v\tau_{zy})}{\partial z} \\ &\quad + \frac{\partial(w\tau_{xz})}{\partial x} + \frac{\partial(w\tau_{yz})}{\partial y} + \frac{\partial(w\tau_{zz})}{\partial z}\end{aligned} \tag{15.26}$$

式 (15.26) は非定常，圧縮性，3 次元，粘性流についての一般的なエネルギー方程式である．式 (15.26) と式 (2.105) を比較してみる．すなわち，式 (15.26) には粘性項が陽的に書き表されているのである．[式 (15.26) における体積力項を無視していることに注意すべきである．] さらに，式 (15.26) に現れる垂直およびせん断応力は式 (15.5) から式 (15.10) により速度場の項により表される．この代入はここでは行わないことにする．なぜなら，得られる最終の式は単純に多くの紙面を占めてしまうからである．

本章で得られた粘性流方程式，すなわち，式 (15.19a) から式 (15.19c) により与えられる Navier-Stokes 方程式と式 (15.26) により与えられるエネルギー方程式を熟考すべきである．これらの方程式は明らかに，本章より前の章で扱った非粘性流れよりももっと複雑である．これは粘性流が本質的に非粘性流よりも解析がより困難であるという事実を示しているのである．これは，学生が空気力学を学ぶ場合に，なぜ非粘性流れに関係した概念を最初に導入するかの理由なのである．さらに，また，これは，現実社会における多くの実用的な空気力学的問題を非粘性流れとしてモデル化を試みる理由である．すなわち，簡単に言えば，そのような流れについて適切に解析を行えるようにするためである．しかしながら，粘性効果を考慮しなければならない，多くの空気力学的問題，特に，粘性効果を考慮しなければならない，抵抗と流れのはく離の予測に関係した問題が存在する．そのような問題の解析については，本章で導いた基礎方程式がその出発点なのである．

質問：粘性流れの連続の方程式はどのような形なのであろうか．この質問に答えるためには，第 2.4 節における連続の方程式の導出を復習すべきである．その導出には流れの粘性あるいは非粘性の性質は入ってこないことがわかるであろう．すなわち，連続の方程式は，単に，質量が保存されるということを示すのであり，それは流れが粘性，あるいは非粘性であるかどうかには無関係なのである．したがって，式 (2.52) は一般的に成立するのである．

15.6 相似パラメータ

p. 916 第1.7節において，次元解析の概念を示した．そして，それから，2つまたはそれ以上の異なった流れの間における力学的相似性を保証するために必要な相似パラメータを得た(第1.8節を見よ)．本節において，もう一度，支配相似パラメータを検討するが，それらに少し異なった光に当ててみる．

定常，2次元，粘性，圧縮性流れを考える．そのような流れの x 方向運動量方程式は式(15.19a)で与えられ，ここでの場合については，

$$\rho u \frac{\partial u}{\partial x} + \rho v \frac{\partial u}{\partial y} = -\frac{\partial p}{\partial x} + \frac{\partial}{\partial y}\left[\mu\left(\frac{\partial v}{\partial x} + \frac{\partial u}{\partial y}\right)\right] \tag{15.27}$$

となる．式(15.27)において，ρ, u, p 等は実際の次元を持った変数である．すなわち，$[\rho] = \mathrm{kg/m^3}$ 等である．次のような無次元変数を導入することにしよう．すなわち，

$$\rho' = \frac{\rho}{\rho_\infty} \quad u' = \frac{u}{V_\infty} \quad v' = \frac{v}{V_\infty} \quad p' = \frac{p}{p_\infty}$$
$$\mu' = \frac{\mu}{\mu_\infty} \quad x' = \frac{x}{c} \quad y' = \frac{y}{c}$$

ここに，ρ_∞, V_∞ および μ_∞ は基準値(すなわち，例えば，自由流の値)であり，c は基準長さ(すなわち，翼型の翼弦長)である．これらの無次元変数を用いると，式(15.27)は，

$$\rho' u' \frac{\partial u'}{\partial x'} + \rho' v' \frac{\partial u'}{\partial y'} = -\left(\frac{p_\infty}{\rho_\infty V_\infty^2}\right)\frac{\partial p'}{\partial x'} + \left(\frac{\mu_\infty}{\rho_\infty V_\infty c}\right)\frac{\partial}{\partial y'}\left[\mu'\left(\frac{\partial v'}{\partial x'} + \frac{\partial u'}{\partial y'}\right)\right] \tag{15.28}$$

となる．

$$\frac{p_\infty}{\rho_\infty V_\infty^2} = \frac{\gamma p_\infty}{\gamma \rho_\infty V_\infty^2} = \frac{a_\infty^2}{\gamma V_\infty^2} = \frac{1}{\gamma M_\infty^2}$$

および，

$$\frac{\mu_\infty}{\rho_\infty V_\infty c} = \frac{1}{\mathrm{Re}_\infty}$$

ここに，M_∞ と Re_∞ は，それぞれ，自由流の Mach 数と Reynolds 数であることに注意すると，式(15.28)は

$$\rho' u' \frac{\partial u'}{\partial x'} + \rho' v' \frac{\partial u'}{\partial y'} = -\frac{1}{\gamma M_\infty^2}\frac{\partial p'}{\partial x'} + \frac{1}{\mathrm{Re}_\infty}\frac{\partial}{\partial y'}\left[\mu'\left(\frac{\partial v'}{\partial x'} + \frac{\partial u'}{\partial y'}\right)\right] \tag{15.29}$$

となる．式(15.29)はある重要なことを告げているのである．異なった形状の2つの物体を過ぎる，2つの異なった流れを考える．一方の流れにおいて，比熱比，Mach 数および Reynolds 数はそれぞれ，$\gamma_1, M_{\infty 1}$ および $\mathrm{Re}_{\infty 1}$ であり，もう一方の流れにおいて，これらのパラメータはそれぞれ，$\gamma_2, M_{\infty 2}$ および $\mathrm{Re}_{\infty 2}$ である．式(15.29)は両方の流れで成立する．原理的に，x' と y' の関数としての u' を得るためにそれを解くことができる．しかしながら，γ, M_∞ および Re_∞ が2つの流れの場合で異なるので，p. 917 式(15.29)における導関数の係数は異なるであろう．これは次のように確かめられる．もし，

$$u' = f_1(x', y')$$

第15章　粘性流れの基本原理および方程式概論

が一方の流れの解を表し，

$$u' = f_2(x', y')$$

がもう一方の流れの解を表すとすると，すなわち，

$$f_1 \neq f_2$$

である．しかしながら，ここで，2つの異なる流れが同一の γ, M_∞ および Re_∞ を持つ場合を考えてみる．この場合，式 (15.29) における導関数の係数は同一となる，すなわち，式 (15.29) は2つの流れについて**数値的に同一**である．つけ加えて，これらの2つの物体が幾何学的に相似であると仮定する．そうすると，無次元変数の項で表した境界条件が同一である．したがって，$u' = f_1(x', y')$ と $u' = f_2(x', y')$ とする2つの流れについての式 (15.29) の解は同一でなければならない．すなわち，

$$f_1(x', y') \equiv f_2(x', y') \tag{15.30}$$

第1.8節に与えられた力学的相似流れの定義を思い出すべきである．そこにおいて，もし，V/V_∞，p/p_∞ 等の分布が，共通の無次元座標に対してプロットしたとき，その流れ場全体で同じであるならば，2つの流れは力学的に相似であると述べられている．式 (15.30) が述べているのはまさにこのことである．すなわち，x' と y' の関数である u' が2つの流れで同一なのである．すなわち，**無次元座標の関数としての無次元速度の変化がこれらの2つの流れで同一である**ということである．どのようにして式 (15.30) を得たのであろうか．単に，γ, M_∞ および Re_∞ が2つの流れで同一であり，そして，これらの2つの物体が幾何学的に相似であるからだと言えば良いのである．もともと，第1.8節で述べられたように，これらのことは2つの流れが力学的に**相似であるための厳密な基準であるのである**．

上述の導出で見てきたことは，流れの支配相似パラメータを知るための形式的な方法である．流れの支配方程式を無次元変数の項で表すことにより，これらの方程式における導関数の係数が無次元の相似パラメータであり，またはそれらの組み合わせであるということがわかるのである．

このことをもっと明確に見るためと，この解析をさらに拡張するため，定常の2次元粘性そして圧縮性の流れを考える．そして，それは式 (15.26) から，(容積加熱がないと仮定し，垂直応力を無視して) 次のように書ける．

$$\rho u \frac{\partial (e + V^2/2)}{\partial x} + \rho v \frac{\partial (e + V^2/2)}{\partial y} = \frac{\partial}{\partial x}\left(k\frac{\partial T}{\partial x}\right) + \frac{\partial}{\partial y}\left(k\frac{\partial T}{\partial y}\right) \\ - \frac{\partial (up)}{\partial x} - \frac{\partial (vp)}{\partial y} \\ + \frac{\partial (v\tau_{xy})}{\partial x} + \frac{\partial (u\tau_{yx})}{\partial y} \tag{15.31}$$

p. 918 式 (15.5) を式 (15.31) に代入すると，

$$\rho u \frac{\partial (e+V^2/2)}{\partial x} + \rho v \frac{\partial (e+V^2/2)}{\partial y} = \frac{\partial}{\partial x}\left(k\frac{\partial T}{\partial x}\right) + \frac{\partial}{\partial y}\left(k\frac{\partial T}{\partial y}\right)$$
$$-\frac{\partial(up)}{\partial x} - \frac{\partial(vp)}{\partial y}$$
$$+\frac{\partial}{\partial x}\left[\mu v\left(\frac{\partial v}{\partial x} + \frac{\partial u}{\partial y}\right)\right]$$
$$+\frac{\partial}{\partial y}\left[\mu u\left(\frac{\partial v}{\partial x} + \frac{\partial u}{\partial y}\right)\right] \quad (15.32)$$

を得る．前と同じ様に，同じ無次元変数を用い，また，

$$e' = \frac{e}{c_v T_\infty} \quad k' = \frac{k}{k_\infty} \quad V'^2 = \frac{V^2}{V_\infty^2} = \frac{u^2 + v^2}{V_\infty^2} = (u')^2 + (v')^2$$

を導入すると，式 (15.32) は，

$$\frac{\rho_\infty V_\infty c_v T_\infty}{c}\left(\rho' u' \frac{\partial e'}{\partial x'} + \rho' v' \frac{\partial e'}{\partial y'}\right) = -\frac{\rho_\infty V_\infty^3}{2c}\left[\rho' u' \frac{\partial}{\partial x'}(u'^2 + v'^2) + \rho' v' \frac{\partial}{\partial y'}(u'^2 + v'^2)\right]$$
$$+\frac{k_\infty T_\infty}{c^2}\left[\frac{\partial}{\partial x'}\left(k'\frac{\partial T'}{\partial x'}\right) + \frac{\partial}{\partial y'}\left(k'\frac{\partial T'}{\partial y'}\right)\right]$$
$$-\frac{V_\infty p_\infty}{c}\left(\frac{\partial(u'p')}{\partial x'} + \frac{\partial(v'p')}{\partial y'}\right)$$
$$+\frac{\mu_\infty V_\infty^2}{c^2}\left\{\frac{\partial}{\partial x'}\left[\mu' v'\left(\frac{\partial v'}{\partial x'} + \frac{\partial u'}{\partial y'}\right)\right]\right.$$
$$\left.+\frac{\partial}{\partial y'}\left[\mu' u'\left(\frac{\partial v'}{\partial x'} + \frac{\partial u'}{\partial y'}\right)\right]\right\}$$

すなわち，

$$\rho' u' \frac{\partial e'}{\partial x'} + \rho' v' \frac{\partial e'}{\partial y'} = \frac{V_\infty^2}{2 c_v T_\infty}\left[\rho' u' \frac{\partial}{\partial x'}(u'^2 + v'^2) + \rho' v' \frac{\partial}{\partial y'}(u'^2 + v'^2)\right] \quad (15.32\text{a})$$
$$+\frac{k_\infty}{c\rho_\infty V_\infty c_v}\left[\frac{\partial}{\partial x'}\left(k'\frac{\partial T'}{\partial x'}\right) + \frac{\partial}{\partial y'}\left(k'\frac{\partial T'}{\partial y'}\right)\right]$$
$$-\frac{p_\infty}{\rho_\infty c_v T_\infty}\left(\frac{\partial(u'p')}{\partial x'} + \frac{\partial(v'p')}{\partial y'}\right)$$
$$+\frac{\mu_\infty V_\infty}{c\rho_\infty c_v T_\infty}\left\{\frac{\partial}{\partial x'}\left[\mu' v'\left(\frac{\partial v'}{\partial x'} + \frac{\partial u'}{\partial y'}\right)\right]\right.$$
$$\left.+\frac{\partial}{\partial y'}\left[\mu' u'\left(\frac{\partial v'}{\partial x'} + \frac{\partial u'}{\partial y'}\right)\right]\right\}$$

と書ける．p. 919 式 (15.32a) の右辺のそれぞれの項における係数を調べると，次のことがわかる．

$$\frac{V_\infty^2}{c_v T_\infty} = \frac{(\gamma-1)V_\infty^2}{RT_\infty} = \frac{\gamma(\gamma-1)V_\infty^2}{\gamma RT_\infty} = \frac{\gamma(\gamma-1)V_\infty^2}{a_\infty^2} = \gamma(\gamma-1)M_\infty^2$$

第15章　粘性流れの基本原理および方程式概論

$$\frac{k_\infty}{c\rho_\infty V_\infty c_v} = \frac{k_\infty \gamma \mu_\infty}{c\rho_\infty V_\infty c_p \mu_\infty} = \frac{\gamma}{\mathrm{Pr}_\infty \mathrm{Re}_\infty}$$

注：上の式において，新しい無次元パラメータ，*Prandtl* 数 (*Prandtl number*)，$\mathrm{Pr}_\infty \equiv \mu_\infty c_p / k_\infty$ を導入した．その重要性は後に論議する．

$$\frac{p_\infty}{\rho_\infty c_v T_\infty} = \frac{(\gamma-1)p_\infty}{\rho_\infty RT_\infty} = \frac{(\gamma-1)p_\infty}{p_\infty} = \gamma - 1$$

$$\frac{\mu_\infty V_\infty}{c\rho_\infty c_v T_\infty} = \frac{\mu_\infty}{\rho_\infty V_\infty c}\left(\frac{V_\infty^2}{c_v T_\infty}\right) = \frac{1}{\mathrm{Re}_\infty}(\gamma-1)\frac{V_\infty^2}{RT_\infty} = \gamma(\gamma-1)\frac{M_\infty^2}{\mathrm{Re}_\infty}$$

したがって，式 (15.32) は

$$\begin{aligned}\rho' u'\frac{\partial e'}{\partial x'} + \rho' v'\frac{\partial e'}{\partial y'} &= \frac{\gamma(\gamma-1)}{2}M_\infty^2\left[\rho' u'\frac{\partial}{\partial x'}(u'^2+v'^2) + \rho' v'\frac{\partial}{\partial y'}(u'^2+v'^2)\right] \\ &\quad + \frac{\gamma}{\mathrm{Pr}_\infty \mathrm{Re}_\infty}\left[\frac{\partial}{\partial x'}\left(k'\frac{\partial T'}{\partial x'}\right) + \frac{\partial}{\partial y'}\left(k'\frac{\partial T'}{\partial y'}\right)\right] \\ &\quad -(\gamma-1)\left(\frac{\partial(u'p')}{\partial x'} + \frac{\partial(v'p')}{\partial y'}\right) \\ &\quad +\gamma(\gamma-1)\frac{M_\infty^2}{\mathrm{Re}_\infty}\left\{\frac{\partial}{\partial x'}\left[\mu' v'\left(\frac{\partial v'}{\partial x'}+\frac{\partial u'}{\partial y'}\right)\right]\right. \\ &\quad \left.+ \frac{\partial}{\partial y'}\left[\mu' u'\left(\frac{\partial v'}{\partial x'}+\frac{\partial u'}{\partial y'}\right)\right]\right\}\end{aligned} \quad (15.33)$$

と書ける．式 (15.34) を調べでみる．それは無次元方程式であり，原理的には $e' = f(x', y')$ について解ける．もし，2 つの異なった流れではあるが，同じ値の γ，M_∞，Re_∞ および Pr_∞ を持つとすれば，式 (15.34) はこれらの 2 つの流れについて数値的に同一であり，そして，幾何学的に相似である物体を考えると，その場合の解，$e' = f(x', y')$ はこれらの 2 つの流れについて同一となるであろう．

それぞれ無次元の x 方向運動量方程式とエネルギー方程式である式 (15.29) と式 (15.34) について良く考えてみると，明らかに，粘性，圧縮性流れについての支配相似パラメータは，γ，M_∞，Re_∞ および Pr_∞ であることがわかる．もし，上記のパラメータが，幾何学的に相似である物体における異なった 2 つの流れで同じであるならば，これらの流れは力学的に相似である．これらの結果は，2 次元流の x 方向運動量方程式とエネルギー方程式の両方を考えることにより得られたのである．p. 920 もし，3 次元流れと y および z 方向運動量方程式を考えれば，同じ結果を得るであろう．

相似パラメータである，γ，M_∞ および Re_∞ は運動量方程式から得られたことを注意すべきである．エネルギー方程式を考えるときには，もう一つの相似パラメータ，すなわち，Prandtl 数を得るのである．物理学の基本に基づくと，Prandtl 数は，摩擦により散逸するエネルギーと熱伝導により輸送されるエネルギーとの比に比例する指標である．すなわち，

$$\mathrm{Pr} \equiv \frac{\mu_\infty c_p}{k} \propto \frac{摩擦散逸}{熱伝導}$$

圧縮性，粘性流れを研究する場合において，Prandtl 数は γ，Re_∞ あるいは M_∞ と同様に非常に重要である．標準状態の空気に関しては，$\mathrm{Pr}_\infty = 0.71$ である．Pr_∞ は気体の性質の 1 つであ

ることに注意すべきである．気体が異なると Pr_∞ も異なるのである．また，μ や k と同様に，Pr_∞ は，一般的に，温度の関数である．しかしながら，ある温度範囲 (T_∞ = 600 K まで) における空気については，Pr_∞ = constant = 0.71 と仮定して良い．

15.7 粘性流の解法：予備的論議

　一般的な，非定常，圧縮性，粘性 3 次元流れに関する支配方程式である連続，運動量，およびエネルギー方程式は，それぞれ，式 (2.52)，式 (15.19a) から式 (15.19c)，および式 (15.26) により与えられる．これらの方程式を詳しく調べてみる．それらは非線形連立偏微分方程式である．さらに，それらは，第 3 部で取り扱った非粘性流れに関する同様な方程式と比べると，追加的な項，すなわち，粘性項が存在する．非線形非粘性流方程式が一般的な解析解法には向かないということをすでにわかっているので，確実に，これらの粘性流方程式もまた，いかなる一般解を持たないと言える (少なくとも，本書を執筆しているときには，いかなる一般解も見つかっていない)．このことは次の疑問を導くのである．すなわち，ある特定の結果を得るために，これらの粘性流方程式をどのように用いればよいのであろうか．答えは非粘性流れに対する解の方法に非常に良く似ている．次の選択肢がある．すなわち，

1. 物理学的および幾何学的特性により，Navier-Stokes 方程式における多くの項を厳密にゼロとでき，解析的，あるいは簡単な数値法のいずれかで解けるだけの簡単な方程式となるいくつかの粘性流問題が存在する．しばしば，この部類の解は Navier-Stokes 方程式の "**厳密解** (*exact solutions*)" と呼ばれる．なぜなら，この方程式を簡単化するためにいかなる簡単化のための**近似**をしていない，すなわち，この方程式を簡単化するために，ただ**厳密**な条件を適用するだけであるからである．第 16 章はもっぱらこの部類の解を取り扱う．すなわち，取り上げる例は (後に定義される) Couette 流れである．

2. 粘性流方程式におけるある項が小さく，そして無視できる，ある部類の物理問題を取り扱うことにより Navire-Stokes 方程式を簡単化できる．これは 1 つの近似であり，厳密なものではない．第 17 章において展開し，論議される境界層方程式 (boundary-layer equations) はまさにこの場合である．p. 921 しかしながら，後でわかるように，境界層方程式は，完全粘性流方程式よりも簡単ではある．しかし，それらはなおも非線形である．

3. 現代の数値法によりこの完全粘性流方程式の解を求めようとすることができる．例えば，非粘性流方程式の**厳密**解と関係した第 13 章で論議された数値流体力学アルゴリズムのいくつかは粘性流方程式の厳密解へ引き継がれるのである．これらの事を第 20 章で論議するであろう．

　粘性流解析と，第 2 部および第 3 部に示された非粘性流れの研究の間にはいくつかの本質的な，非常に重要な相違が存在する．本節のこれ以降でこれらの相違を明らかにする．

　まず第 1 に，粘性流れは**渦あり流れ** (*rotational flows*) であることは例題 2.5 においてすでに示してきた．したがって，速度ポテンシャルを粘性流れについて定義できないことになり，第 2.15 節と第 11.2 節で論議された速度ポテンシャルに付随する利点を失うのである．他方，流れ関数は定義される．なぜなら，流れ関数は連続方程式を満足し，流れが渦あり，または渦なしであるかに関係しないからである (第 2.14 節を見よ)．

第2に，粘性流れの固体表面における境界条件は**滑りなし条件**である．表面物質と隣接する流体の層との間における摩擦の存在により，その表面そのものにおける流体の速度はゼロである．この滑りなし条件を第15.2節で論議した．例えば，直角座標系において，面が $y = 0$ にあるとすると，そのとき，速度に関する滑りなし境界条件は

$$y = 0 \text{ において}: \qquad u = 0 \qquad v = 0 \qquad w = 0$$

である．これは，非粘性流れについての類似の境界条件，すなわち，第3.7節で論議されたように，表面における流れが接する条件と対照的であり，その第3.7節では，面に垂直な速度成分のみがゼロであるとしている．また，非粘性流れについて，温度に関する境界条件はないことを思い出すべきである．すなわち，非粘性流れにおいて，固体表面に隣接する気体の温度は流れ場の物理学により支配され，実際の壁面温度と何の関係も持たないのである．しかしながら，粘性流れについては，熱伝導のメカニズムは，表面と直接触れる流体の温度は物質面の温度と同じであることを確証しているのである．この点で，滑りなし条件は速度に適用されるものよりももっと一般的である．すなわち，壁面において $u = v = 0$ に加えて，壁面で $T = T_w$ を条件として持つのである．ここに，T は壁面に直接触れている気体の温度であり，T_w は表面物質の温度である．したがって，

$$y = 0 \text{ において}: \qquad T = T_w \tag{15.34}$$

多くの問題において，T_w は特定され，一定に保たれる．すなわち，この境界条件は容易に適用されるのである．しかしながら，次の，もっと一般的な場合を考えることとする．熱が表面から気体へ伝達されている，あるいはその反対であるような，ある面を過ぎる粘性流れを考える．また，流れが最初に流れ始めたとき，その面はある温度，T_w であり，T_w は，その面が流れにより加熱，または冷却されるかのいずれかのとき時間の関数として変化する [すなわち，$T_w = T_w(t)$] と仮定する．この時間変化は，p. 922 部分的に，計算される流れにより支配されるので，T_w はこの問題における1つの未知数となり，粘性流れの解と一緒に計算されなければならない．この一般的な場合に関して，表面における境界条件は，式(15.2) を表面に適用して得られる．すなわち，

$$y = 0 \text{ において}: \qquad \dot{q}_w = -\left(k\frac{\partial T}{\partial y}\right)_w \tag{15.35}$$

ここで，表面物質は，壁面への熱伝達 $\dot{q}_w$ に応答し，それゆえ，T_w を変え，そしてそれは $\dot{q}_w$ に影響をあたえるのである．この一般的な非定常熱伝達問題については，粘性流れと物質の熱応答を同時に取り扱うことにより解かなければならない．この問題は本書の範囲を越えるものである．

最後に，上で述べた非定常の場合を長時間追跡してみる．すなわち，超音速または極超音速流中に突然挿入された，室温である風洞模型を考える．初期の時刻，例えば，最初の数秒間において，表面温度は比較的冷たいままである．それで，一定壁面温度 T_w の仮定は合理的である [式(15.34)]．しかしながら，その模型への熱伝達により [式(15.35)]，その表面温度はすぐに増加し始め，前の文節で論議したように，時間の関数となる．しかしながら，T_w が増加するにつれ，加熱率は減少する．最後に，長時間たつと，T_w は十分高温となり，表面への正味の熱伝達率はゼロとなる．すなわち，式(15.35) から，

$$\dot{q}_w = -\left(k\frac{\partial T}{\partial y}\right)_w = 0$$

すなわち,

$$\frac{\partial T}{\partial y}\bigg|_w = 0 \tag{15.36}$$

熱伝達ゼロの状況となると，平衡状態が存在する．すなわち，これが生じる壁面温度は，定義により，平衡壁面温度，あるいは，より一般的に示すと，**断熱壁面温度** T_{aw} である．したがって，**断熱壁** (熱伝達なし) の場合について，壁面境界条件は式 (15.36) により与えられる．

要約すると，エネルギー方程式 [式 (15.26)] の解法に関係した壁面境界条件について，3つの可能な場合がある．すなわち，

1. T_w が特定された定数である，一定温度壁面 [式 (15.34)].
   この与えられた壁面温度に関して，壁面における温度勾配 $(\partial T/\partial y)_w$ は流れ場の解の一部として得られ，式 (15.35) により壁面における空力加熱を直接計算できる．

2. 一般的な非定常の場合，そこでは壁面への熱伝達 $\dot{q}_w$ が壁温 T_w を変化させ，そしてそれがまた $\dot{q}_w$ を変化させる．
   ここでは，T_w と $(\partial T/\partial y)_w$ の両方が時間の関数として変化し，この問題は壁の物質の熱応答と粘性流れを結びつけて解かなければならない (通常，それは，独立した熱伝導熱伝達数値解析である).

3. p. 923 **断熱壁の場合** (熱伝導ゼロ), そこでは，$(\partial T/\partial y)_w = 0$ [式 (15.36)].
   ここでは，境界条件は，壁面における温度勾配に適用され，壁温度そのものには適用されない．実際，この場合の壁温は断熱壁温度 T_{aw} として定義され，流れ場の解の一部として得られるのである．

最後に，応用空気力学の観点から，粘性流解析から得られる実用的な結果は面における表面摩擦と熱伝達であることを再度強調しておく．しかしながら，これらの値を求めるためには，通常，粘性流れ場の完全な解法が必要である．すなわち，そのような解法から得られるデータには壁面における速度勾配と温度勾配がある．次に，これらから次式により τ_w と $\dot{q}_w$ を直接計算できる．

$$\tau_w = \mu\left(\frac{\partial u}{\partial y}\right)_w$$

および

$$\dot{q}_w = -k\left(\frac{\partial T}{\partial y}\right)_w$$

粘性流解析により与えられるその他の実用的な結果は流れのはく離の予測と計算である．すなわち，前の数章で，空気力学物体まわりの圧力場が流れのはく離により大きく変えられる多くの場合を論議してきた．すなわち，円柱や球を過ぎる流れ (第 3.18 節および第 6.6 節を見よ) がまさにこの場合である．

第15章　粘性流れの基本原理および方程式概論　　　883

明らかに，粘性流れの学習は空気力学全体の中において重要である．次の章の目的はそのような流れの概論を与えることである．この学習を本節の始めに上げた3つの選択肢にしたがって構成することにする．すなわち，Navier-Stokes 方程式の，ある特別な"厳密"解法，境界層解法，そして Navier-Stokes 方程式の"'厳密"な数値解法を順番に取り扱うこととする．そのように行うことにより，読者が粘性流れの全分野の包括的，概論的に理解してもらうことを期待するのである．例えば，参考文献 42 や 43 は，もっぱらこの主題について書かれた書籍である．ここでは，そのように詳しく示すことはおそらくできない．むしろ，本書の目的は，単純に，この題材の"感覚"と基本的な理解を与えることなのである．それでは先へ進むこととする．

15.8　要約

さて，図 15.1 に与えられたロードマップを終えたのである．本章の主要な結果は以下のように要約される．

せん断応力や流れのはく離は粘性流れの 2 つの主要な分枝である．せん断応力は表面摩擦抵抗 D_f の原因であり，流れのはく離は，しばしば形状抵抗と呼ばれる圧力抵抗 D_p の発生源である．層流から乱流への遷移は D_f を増加させ，D_p を減少させる．

---

p. 924 流れにおけるせん断応力は速度勾配による．例えば，y 方向に速度勾配を持つ流れについては，$\tau_{yx} = \mu \partial u/\partial y$ である．同様に，熱伝導は温度勾配によるのである．例えば，$\dot{q}_y = -k\partial T/\partial y$ 等である．μ および k の両方ともに気体の物理的な性質であり，温度の関数である．

粘性流れの一般的方程式は，

x 方向運動量：　　$\rho \dfrac{Du}{Dt} = -\dfrac{\partial p}{\partial x} + \dfrac{\partial \tau_{xx}}{\partial x} + \dfrac{\partial \tau_{yx}}{\partial y} + \dfrac{\partial \tau_{zx}}{\partial z}$ 　　(15.18a)

y 方向運動量：　　$\rho \dfrac{Dv}{Dt} = -\dfrac{\partial p}{\partial y} + \dfrac{\partial \tau_{xy}}{\partial x} + \dfrac{\partial \tau_{yy}}{\partial y} + \dfrac{\partial \tau_{zy}}{\partial z}$ 　　(15.18b)

z 方向運動量：　　$\rho \dfrac{Dw}{Dt} = -\dfrac{\partial p}{\partial z} + \dfrac{\partial \tau_{xz}}{\partial x} + \dfrac{\partial \tau_{yz}}{\partial y} + \dfrac{\partial \tau_{zz}}{\partial z}$ 　　(15.18c)

(続く)

エネルギー：
$$\rho\frac{D(e+V^2/2)}{Dt} = \rho\dot{q} + \frac{\partial}{\partial x}\left(k\frac{\partial T}{\partial x}\right) + \frac{\partial}{\partial y}\left(k\frac{\partial T}{\partial y}\right) + \frac{\partial}{\partial z}\left(k\frac{\partial T}{\partial z}\right) - \nabla\cdot p\mathbf{V} \quad (15.26)$$

$$+ \frac{\partial(u\tau_{xx})}{\partial x} + \frac{\partial(u\tau_{yx})}{\partial y} + \frac{\partial(u\tau_{zx})}{\partial z} + \frac{\partial(v\tau_{xy})}{\partial x} + \frac{\partial(v\tau_{yy})}{\partial y}$$

$$+ \frac{\partial(v\tau_{zy})}{\partial z} + \frac{\partial(w\tau_{xz})}{\partial x} + \frac{\partial(w\tau_{yz})}{\partial y} + \frac{\partial(w\tau_{zz})}{\partial z}$$

ここに，

$$\tau_{xy} = \tau_{yx} = \mu\left(\frac{\partial v}{\partial x} + \frac{\partial u}{\partial y}\right)$$

$$\tau_{yz} = \tau_{zy} = \mu\left(\frac{\partial w}{\partial y} + \frac{\partial v}{\partial z}\right)$$

$$\tau_{zx} = \tau_{xz} = \mu\left(\frac{\partial u}{\partial z} + \frac{\partial w}{\partial x}\right)$$

$$\tau_{xx} = \lambda(\nabla\cdot\mathbf{V}) + 2\mu\frac{\partial u}{\partial x}$$

$$\tau_{yy} = \lambda(\nabla\cdot\mathbf{V}) + 2\mu\frac{\partial v}{\partial y}$$

$$\tau_{zz} = \lambda(\nabla\cdot\mathbf{V}) + 2\mu\frac{\partial w}{\partial z}$$

p. 925 流れの相似パラメータは支配方程式を無次元化することにより求められる．すなわち，無次元化された導関数の前の係数が相似パラメータ，あるいはそれらの組み合わせを与えるのである．粘性，圧縮性流れについて，主な相似パラメータは γ，M_∞，Re_∞ および Pr_∞ である．

完全な Navier-Stokes 方程式の厳密な解析解はわずかな非常な特定の場合にのみ存在するだけである．それよりも，この方程式は，流れについて適切な近似を行うことにより簡単化される．今日では，多くの実用的な問題に関して完全 Navier-Stokes 方程式の厳密解は，計算流体力学のいろいろな手法を用いて数値的に求められる．

15.9 演習問題

15.1 距離 h だけ離れている 2 つの無限に長い平行平板の間における空気の非圧縮性粘性流れを考える．下の平板は静止しており，上の平板はその平板方向に一定速度 u_e で移動している．流れの方向には圧力勾配はない仮定する．
  a. これら平板間の速度変化の式を求めよ．
  b. もし，$T = $ 一定 $= 320$ K，$u_e = 30$ m/s および $h = 0.01$ m ならば，上および下の平板におけるせん断応力を計算せよ．

15.2 演習問題 15.1 における 2 つの平行平板が両方とも静止しているが，流れ方向に一定の圧力勾配が存在していると仮定する (すなわち，$dp/dx = $ 一定)．
  a. これら平板間の速度変化の式を求めよ．
  b. dp/dx を用いた，これらの平板表面におけるせん断応力の式を求めよ．

第16章　特別な場合：Couette 流

p. 927 流体の各部における滑らかさの欠如から生じる抵抗は，他のものと同じように，流体の各部を互いに引きはなそうとする流速に比例するのである．

Isaac Newton, 1687,
彼の **Principia**
第 II 巻第 IX 節より

プレビュー・ボックス

人は走る前に歩くことを学ばなければならない，と言う古い名言がある．粘性流れの一般的な応用は複雑であり挑戦的である．すなわち，それらの解を得るためにいつも走り続けるのである．本章は読者に最初に歩くことを教える．ここでは，直接的な解法に役に立つ特別な粘性流れを取り扱う (行わなければならないことは，それらを得るために "歩く" ことである)．今までのところ，その解法は，表面摩擦や空力加熱を支配するパラメータを得て，そのパラメータを際立たせることで，一般的に重要な粘性流の特徴を説明するのである．ここで，"回復係数" や "Reynolds アナロジー" のような用語をともなういくつかの新しい概念を学ぶであろう．つまり，より複雑な流れへの応用にともなう余分な幾何学的複雑さを取り去った，粘性流れの基本的な物理的性質を理解することができる．本章は初めて聞く流れ，Couette 流に関係しているが，この結果は効果的である．実際に，本章において，粘性流れの基本的な解析法を取り巻く重要な概念を知るであろう．この概念を楽しもう．

16.1　序論

粘性流の一般的な方程式を第 15 章で導き，かつ論議した．特に，粘性流運動量方程式を第 15.4 節で取り扱い，それらは，式 (15.19a) から式 (15.19c) による偏微分方程式，すなわち，Navier-Stokes 方程式で与えられる．第 15.5 節で導かれた粘性流のエネルギー方程式，式 (15.26) と一緒に，p. 928 これらの方程式は粘性流を研究するための理論的なツールである．しかしながら，これらの方程式を詳しく調べてみるべきである．すなわち，第 15.7 節で論議したように，それらは，連立，非線形偏微分方程式，本書の第 2 および第 3 部で取り扱った非粘性流方程式より

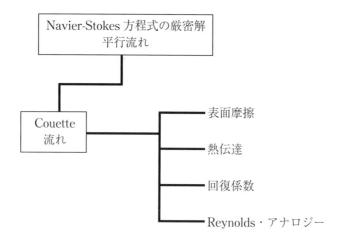

図 16.1 第 16 章のロードマップ

もより多くの項を持ち，本質的により複雑な方程式系なのである．これら方程式の3種類の解法を第 15.5 節に列挙した．第1の部類は，いくつかの特定の問題について Navier-Stokes 方程式のいわゆる "厳密" 解法である．それらは，流れの物理的，および幾何学的性質により，これらの支配方程式における多くの項を厳密にゼロとでき，解析的または簡単な数値法のいずれかで解ける十分簡単な方程式系になるのである．そのような厳密問題が本章の主題である．

本章のロードマップが図 16.1 に与えられている．ここで考える流のタイプは一般的に**平行流** (*parallel flows*) と言われている．なぜなら，流線が直線で，お互いに平行であるからである．このような流れの1つ，Couette 流を考える．そして，それについて論議を進めて行くうちに定義する．この Navier-Stokes 方程式の厳密解を示すことに加え，この流が，上のロードマップの右側に列挙されているような，すべての粘性流の重要な実用的な面のいくつかを例証しているのである．明確な，そして，複雑さがない状態で平面の表面摩擦や熱伝達を計算したり研究できるであろう．また，これらの結果を回復係数 (recovery factor) と Reynolds アナロジー (Reynolds analogy)，すなわち，表面摩擦と熱伝達の解析に良く用いられる，2つの実用的，工学的なツール，を定義するために用いるであろう．

16.2 Couette の流れ：総論

図 16.2 に示される流のモデルを考える．ここでは，距離 D だけ離れた2つの平行平板間に粘性流体がある．上の平板が速度 u で右方向へ移動している．滑りなし条件により，この平板と流体との間に相対的な運動は存在しない．すなわち，それにより，$y = D$ において，流の速度は $u = u_e$ であり，右方向を向いている．同様に，$y = 0$，静止している下の平板面，における流の速度は p. 929 $u = 0$ である．それに加えて，2つの平板は異なる温度であっても良い．すなわち，上の平板は温度 T_e であり，下の平板は温度 T_w にある．再び，第 15.7 節で論議した滑りなし条件により，$y = D$ における流体の温度は $T = T_e$ であり，$y = 0$ においては $T = T_w$ である．

明らかに，これらの2つの平板間に流れ場が存在する．すなわち，この流れの駆動力は上の平板の運動であり，摩擦のメカニズムを通して平板と一緒に流れを引きずっているのである．上

第16章 特別な場合：Couette 流　　　889

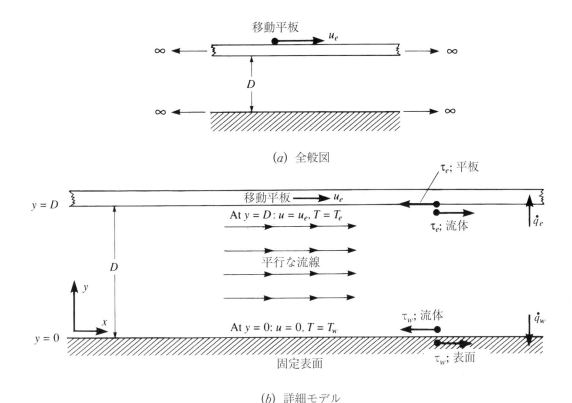

(a) 全般図

(b) 詳細モデル

図 16.2 Couette の流れモデル

方の平板は，$y = D$ において流体に対し，右方向に作用しているせん断応力 τ_e を働かせている，したがって，この流体が右方向へ動く原因となっている．大きさが等しく反対向きの反作用により，この流体は，この平板上に，それの運動を妨害しようとする左方向に作用するせん断応力 τ_e を働かせている．上方の平板はある外力により駆動されており，その外力は妨害するせん断応力に打ち勝ち，この平板を一定速度 u_e で移動させるだけ十分な大きさであると仮定する．同様に，下方の平板は，$y = 0$ において，流体に対して，左方向に作用するせん断応力 τ_w を働かせている．大きさが等しく反対向きの反作用により，この流体は下方の平板に右方向に作用するせん断応力 τ_w を働かせている．(これ以降の，粘性流れに関する図において，もし，何も注がなければ，面に働く，流体によるせん断応力のみを示すことにする．)

2つの平板の相対運動により誘導された流れ場に加え，次の2つのP.930メカニズムにより誘導される温度場もまた存在するであろう．

1. これらの平板は，一般には，異なった温度であり，したがって，流れに温度勾配を生じさせる．

2. 流れの運動エネルギーは，摩擦の影響により一部が散逸し，流体内において内部エネルギーに変換されるであろう．内部エネルギーにおけるこれらの変化は温度変化に反映されるであろう．この現象は**粘性散逸** (*visous dissipation*) と呼ばれるのである．

したがって，流れの内部には温度勾配が存在するであろう．そして，次に，これらの温度勾配は

この流体を通して熱伝達を引き起こす．特に興味があるのは，それぞれ，$\dot{q}_e$ および $\dot{q}_w$ で示される，上方および下方の平板面における熱伝達である．これらの熱伝達は図 16.2 に示されている．すなわち，$\dot{q}_e$ と $\dot{q}_w$ の方向は，両者において，流体から壁面へ伝達される熱を示している．熱が流体から壁面へ流れるとき，これは図 16.2 に示されるような場合で，**冷たい壁面** (*cold wall*) の場合と呼ばれる．熱が壁面から流体中へ流れるとき，これは**熱い壁面** (*hot wall*) の場合と呼ばれる．任意点において流体を通過する熱流束 (heat flux) は式 (15.2) により表される Fourier の法則により与えられる．すなわち，y 方向の熱流束は次のように表される．

$$\dot{q}_y = -k\frac{\partial T}{\partial y} \tag{15.2}$$

ここに，負符号は，熱は高い温度の領域から低い温度の領域へ伝達される，すなわち，$\dot{q}_y$ が温度勾配の方向と逆であるということを考慮するものである．

図 16.2 に図示されているような Couette 流の幾何学的状況を調べてみよう．$x-y$ デカルト座標系は，x 軸が流れ方向であり，y 軸は流れに対して直角方向である．これらの 2 つの平板は平行であるので，この図に矛盾しない，唯一可能な流れのパターンは，直線で，平行な流線の流れである．さらに，これらの平板が無限に長い (すなわち，x 方向の正と負の無限大に引き伸ばす) ので，このとき，流れの特性値は x により変化できない．(もし，これらの特性値が x により変化するとすれば，そのとき，流れ場の特性値は x の大きな値において無限に大きくなるか，または，限りなく小さくなるかであろう．すなわち，物理的な矛盾である．) したがって，x に関するすべての導関数はゼロである．流れ場の変数について唯一の変化は y 方向にのみ生じるのである．さらに，流れが定常であるので，すべての時間に関する導関数がゼロである．この幾何学的状況を記憶して，式 (15.19a) から式 (15.19c)，および式 (15.26) により与えられる支配方程式の Navier-Stokes 方程式へ戻るとする．これらの式において，Couette 流については，

$$v = w = 0 \qquad \frac{\partial u}{\partial x} = \frac{\partial T}{\partial x} = \frac{\partial p}{\partial x} = 0$$

である．したがって，式 (15.19a) から式 (15.19c) および式 (15.26) から，

$x-$ 方向運動量方程式：
$$\frac{\partial}{\partial y}\left(\mu\frac{\partial u}{\partial y}\right) = 0 \tag{16.1}$$

$y-$ 方向運動量方程式：
$$\frac{\partial p}{\partial y} = 0 \tag{16.2}$$

p. 931 エネルギー方程式：
$$\frac{\partial}{\partial y}\left(k\frac{\partial T}{\partial y}\right) + \frac{\partial}{\partial y}\left(\mu u \frac{\partial u}{\partial y}\right) = 0 \tag{16.3}$$

を得る．式 (16.1) から式 (16.3) は Couette 流の支配方程式である．これらの方程式は Couette 流の幾何学的状況に適用された Navier-Stokes 方程式の厳密形である．すなわち，いかなる近似もなされていないことに注意すべきである．また，式 (16.2) から，y 方向の圧力変化はゼロである．すなわち，これと，以前の $\partial p/\partial x = 0$ である結果は，流れ場全体にわたって**圧力が一定である**ことを意味していることに注意すべきである．Couette の流れは一定圧力の流れである．**非粘性流れ**である，以前，第 2 および第 3 部において論議されたすべての流れ問題は流れにおける**圧力勾配**の存在により生じ，かつ保たれたということは興味深いことである．これら

第 16 章　特別な場合：Couette 流

の問題において，圧力勾配は，流れを捉え，それを移動させる，大自然のメカニズムである．しかしながら，今，論議しているこの問題，すなわち，粘性流れにおいて，せん断応力は，大自然が流れに力を加えることのできるもう一つのメカニズムである．Couette 流について，移動する平板により流れに加えられるせん断応力は，流れを維持する唯一の駆動メカニズムである．すなわち，明らかに，圧力勾配は存在せず，また，必要でもないのである．

　本節は，Couette 流の一般的な性質を述べてきた．非圧縮性流れと圧縮性流れとの間の区別をしてこなかったことに注意すべきである．すなわち，ここで論議されたすべてのことは両方の場合に適用できるのである．また，Couette 流は，純理論的問題であるように見えるのであるが，本節に続くいくつかの節で，実際の工学的応用における多くの実用的粘性流れの特性を簡明に説明することを指摘しておく．

　次の2つの節で，非圧縮性と圧縮性 Couette 流を別々に取り扱う．比較的簡単である非圧縮性流れを最初に論議する．すなわち，これが第 16.3 節の主題である．それから，圧縮性 Couette 流と，それが非圧縮性の場合とどのように異なるかということを第 16.4 節で調べる．

　本節の最後にあたっての注釈として，これまでの Couette 流の論議から，流れ場の特性値は y 方向にだけ変化することは明らかである．すなわち，x 方向のすべての導関数はゼロである．それゆえ，数学的な厳密さからして，式 (16.1) から式 (16.3) におけるすべての偏導関数は常微分の導関数として書かける．例えば，式 (16.1) は

$$\frac{d}{dy}\left(\mu \frac{du}{dy}\right) = 0$$

のように書ける．しかしながら，Couette 流の論議は，より実用的であるがもっと複雑な問題，すなわち，x および y 方向に変化し，そして，**偏微分**方程式で記述される問題について，あたかも "氷を割る" ような，粘性流れの直接的な例として役立たせることにある．したがって，教育的な見地から，これらの概念を，それぞれ，第 17 章と第 20 章における境界層方程式および完全 Navier-Stokes 方程式へ拡張するときに，読者により理解しやすく感じてもらうために，単純にここでは偏微分表記を使い続けることにする．

16.3　非圧縮性 (一定特性) Couette 流れ

p. 932　粘性流れの学びにおいて，ρ, μ そして k を定数として扱う流れ場をしばしば "一定特性" の流れと呼ぶ．本節においてこの仮定をする．物理学に基づいて，これは非圧縮性流れ，そこでは ρ が一定である，を取り扱っているということを意味しているのである．また，μ と k は温度の関数 (第 15.3 節を見よ) であるので，一定特性流れは，また，T が一定であることを意味するのである．(この仮定は，本節の終わりで，少し緩和されるであろう．)

　Couette 流についての支配方程式を第 16.2 節で導出した．特に，y 方向運動量方程式，式 (16.2) は，$\partial p/\partial x = 0$ なる幾何学的な性質とともに，圧力は流れのいたるところで一定であることを述べている．したがって，速度場についてのすべての情報は x 方向運動量方程式から来るのである．以下に式 (16.1) を繰り返し示す．すなわち，

$$\frac{\partial}{\partial y}\left(\mu \frac{\partial u}{\partial y}\right) = 0 \tag{16.1}$$

一定の μ について，これは

$$\frac{\partial^2 u}{\partial y^2} = 0 \tag{16.4}$$

となる．y に関して2回積分すると，

$$u = ay + b \tag{16.5}$$

を得る．ここに，a と b は積分定数である．これらの定数を，次のように，図 16.2 に描かれている境界条件から決定できる．すなわち，

$y = 0$ において $u = 0$; したがって, $b = 0$
$y = D$ において $u = u_e$; したがって, $a = u_e/D$

したがって，非圧縮性 Couette 流についての速度の変化は式 (16.5) により

$$\boxed{u = u_e \left(\frac{y}{D}\right)} \tag{16.6}$$

のように与えられる．速度は流れを横切って**線形的**に変化するという重要な結果に注意すべきである．この結果は図 16.3 に描かれている．

一度，速度分布がわかると，式 (15.1) から，流れの中の任意点におけるせん断応力を求めることができる．この式を以下に再度示す (本問題において作用する唯一のせん断応力は x 方向のものであるので，ここでは添字 yx を省略している)．すなわち，

$$\tau = \mu \frac{\partial u}{\partial y} \tag{16.7}$$

式 (16.6) から，

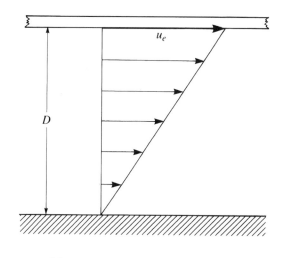

図 16.3 非圧縮性 Couette 流の速度分布

第 16 章　特別な場合：Couette 流

$$\frac{\partial u}{\partial y} = \frac{u_e}{D} \tag{16.8}$$

したがって，式 (16.7) と式 (16.8) から，

$$\boxed{\tau = \mu \left(\frac{u_e}{D} \right)} \tag{16.9}$$

を得る．せん断応力が流れを通して**一定**であることに注意すべきである．さらに，式 (16.9) により与えられるわかり易い結果は 2 つの重要な物理的傾向，すなわち，すべての粘性流れにおいてほとんど普遍的に現れる傾向を例証している．すなわち，

1. u_e が増加するにつれて，せん断応力は増加する．式 (16.9) から，τ は u_e に対して線形的に増加する．すなわち，これは Couette 流に関係した特別の結果である．その他の問題については，この増加は必ずしも線形的であるわけではない．

2. D が増加すると，せん断応力は減少する．すなわち，粘性せん断層の厚さが増加するにつれて，その他のものすべてが同一であると，せん断応力はより小さくなるのである．式 (16.9) から，τ は D に逆比例する．すなわち，再び，これも Couette 流に関係した結果である．その他の問題については，τ における減少は必ずしもせん断層厚さに**直接的**に逆比例するわけではない．

上の結果を念頭におき，しばらくの間，本章の最初に与えられている，Isaac Newton の *Principia* からの引用を熟考してみる．ここで，"滑らかさの欠如"は，現代的な用語で，せん断応力とすることができる．この，滑らかさの欠如は，Newton によれば，"流体の各部をお互いに引きはなそうとする速度に比例する"のである．すなわち，本問題の脈絡から，u_e/D に比例するということである．これは，正確に，式 (16.9) に含まれていることである．さらに現代に近い時代において，Newton の記述は式 (16.7) により与えられる形式に一般化され，そして，式 (15.1) によりさらに一般化されるのである．この理由により，式 (15.1) と式 (16.7) は，しばしば，Newton のせん断応力法則と呼ばれ，この法則に従う流体を**ニュートン流体** (*newtonian fluid*) と呼ばれるのである．[式 (15.1) あるいは式 (16.7) にも従わない，いくつかの特別な流体が存在する．すなわち，それらは非ニュートン流体と呼ばれる．そして，そのような 2 つの例は，いくつかの重合体 (polymers) や血液である．] 航空学における応用の大部分は，断然，ニュートン流体である空気あるいは他の気体を取り扱っている．水力学において，水が主要な媒質であり，それはニュートン流体である．それゆえ，本書においてはもっぱらニュートン流体のみを取り扱うことにする．したがって，本章の始めに与えられた引用は，流体力学への Newton の最も重要な貢献の 1 つである．すなわち，それは，せん断応力が速度勾配に比例すると認識された，歴史上の最初を表しているのである．

さて，Couette 流における熱伝達を考えることにしよう．ここでは，一定の ρ, μ および k の仮定を続けることとするが，同時に，温度勾配が流れの中に存在できるとする．しかしながら，この応用において，温度変化は小さい，実際，ρ, μ および k が**近似的**に一定であるぐらい小さいとし，それらを方程式においてそのように扱うと仮定する．他方，絶対値では小さいけれども，温度変化は，意味のある熱流束が流体を通過する程度十分である．この得られた結果は

高速流に関係する空力加熱における重要な傾向のいくつかを反映している．そして，空力加熱についてはこのあとの章で論議する．

熱伝達をともなうCouette流については，図16.2へ戻るとする．ここでは，上方平板の温度はT_eであり，下方平板の温度はT_wである．したがって，流体の温度に関する境界条件は次のようになる．すなわち，

$y = 0$ において： $T = T_w$
$y = D$ において： $T = T_e$

流れにおける温度分布はエネルギー式，式(16.3)により支配される．一定のρとkの場合，この方程式は

$$\frac{k}{\mu}\left(\frac{\partial^2 T}{\partial y^2}\right) + \frac{\partial}{\partial y}\left(u\frac{\partial u}{\partial y}\right) = 0 \tag{16.10}$$

のように書ける．また，μを一定であると仮定しているので，式(16.10)と式(16.1)は完全に独立である．すなわち，ここで考えている一定特性の流れについて，運動量方程式[式(16.1)]の解はエネルギー方程式[式(16.10)]の解から完全に独立している．それゆえ，本問題において，温度は変化できるのではあるが，速度場が図16.3に描かれるように，なおも式(16.6)で与えられるのである．

エネルギーを考えることが重要な流れを取り扱う場合に，エンタルピーhがしばしば，温度よりももっと基本的な変数である．すなわち，第3部でこのことをたくさん見てきた．そこでは，エネルギー変化が大変重要な考慮すべきことであった．本問題において，温度変化が，ρ，μおよびkを一定とする仮定が成り立つぐらい小さいのであるが，これはそれとはまったく異なる状況である．しかしながら，(エネルギー変化がいかに小さいかに関係なく)流れのエネルギー式である，式(16.10)を解かなければならないのと，より複雑な問題のための舞台を準備するための例としてCouette流を用いているので，P. 935(決して，必要であるということではないが)，式(16.10)をエンタルピーの項で表すことは理解を助けてくれるのである．一定比熱を仮定すると，

$$h = c_p T \tag{16.11}$$

を得る．式(16.11)は，一定熱容量のいかなる流体のCouette流についても成立する．すなわち，ここでは，関連する比熱は定圧比熱c_pである．なぜなら，流れ場全体が一定圧力にあるからである．これにより，式(16.11)は，熱力学第一法則を定圧力過程に適用し，単位温度変化あたりに加えられた熱としての基本的な熱容量の定義，$\delta q/dT$を思い出すことにより得られる結果である．もちろん，もし，流体が熱量的に完全な気体であるなら，そのとき，式(16.11)は過程が何であってもそれにまったく独立である気体の，基本的な熱力学特性である[第7.2節と式(7.6b)を見よ]．式(16.11)を式(16.10)に代入すると，

$$\frac{k}{\mu c_p}\frac{\partial^2 h}{\partial y^2} + \frac{\partial}{\partial y}\left(u\frac{\partial u}{\partial y}\right) = 0 \tag{16.12}$$

を得る．第15.6節からのPrandtl数の定義を思い出すと，すなわち，

$$\mathrm{Pr} = \frac{\mu c_p}{k}$$

である．式 (16.12) を，次のように，Prandtl 数の項で書ける．

$$\frac{1}{\mathrm{Pr}}\frac{\partial^2 h}{\partial y^2} + \frac{\partial}{\partial y}\left(u\frac{\partial u}{\partial y}\right) = 0$$

すなわち，

$$\frac{\partial^2 h}{\partial y^2} + \frac{\mathrm{Pr}}{2}\frac{\partial}{\partial y}\left(\frac{\partial u^2}{\partial y}\right) = 0 \tag{16.13}$$

y 方向に 2 回積分すると，式 (16.13) は

$$h + \left(\frac{\mathrm{Pr}}{2}\right)u^2 = ay + b \tag{16.14}$$

となる．ここに，a と b は積分定数である [式 (16.5) における a および b とは異なる]．a と b の式は，次のように境界において式 (16.14) を適用して見出される．すなわち，

$y = 0:$ において $\quad h = h_w \quad$ および $\quad u = 0$
$y = D:$ において $\quad h = h_e \quad$ および $\quad u = u_e$

したがって，境界において式 (16.14) から，

$$b = h_w$$

そして，

$$a = \frac{h_e - h_w + (\mathrm{Pr}/2)u_e^2}{D}$$

これらの値を式 (16.14) に代入し，整理すると，

$$h = h_w + \left[h_e - h_w + \left(\frac{\mathrm{Pr}}{2}\right)u_e^2\right]\frac{y}{D} - \left(\frac{\mathrm{Pr}}{2}\right)u^2 \tag{16.15}$$

を得る．p. 936 速度分布についての式 (16.6) を式 (16.15) に代入すると，

$$\boxed{h = h_w + \left[h_e - h_w + \left(\frac{\mathrm{Pr}}{2}\right)u_e^2\right]\frac{y}{D} - \left(\frac{\mathrm{Pr}}{2}\right)u_e^2\left(\frac{y}{D}\right)^2} \tag{16.16}$$

となる．h は流れに垂直な方向に，y/D に対して**放物線的**に変化することに注意すべきである．$T = h/c_p$ であるので，それで，流れに垂直な方向の温度分布もまた放物線的である．この放物線状曲線の正確な形状は h_w (または T_w)，h_e (または T_e)，および Pr に依存する．また，第 15.6 節における粘性流れの相似パラメータに関する議論から予想されるように，Prandtl 数が明らかにこの結果に強く影響することに注意すべきである．すなわち，式 (16.16) がそのような例の 1 つである．

ひとたび，エンタルピー (または温度) 分布が得られると，流れにおける任意点における熱流束を式 (15.2) から得ることができる．この式を以下に再度示す (この問題において，熱伝達の唯一の方向は y 方向であるとわかっているので，添字の y を省略してある)．すなわち，

$$\dot{q} = -k\frac{\partial T}{\partial y} \tag{16.17}$$

式 (16.17) は次のように書ける．

$$\dot{q} = -\frac{k}{c_p}\frac{\partial h}{\partial y} \tag{16.18}$$

式 (16.18) において，エンタルピーの勾配は式 (16.16) を次のように微分して得られる．すなわち，

$$\frac{\partial h}{\partial y} = \left[h_e - h_w + \left(\frac{\mathrm{Pr}}{2}\right)u_e^2\right]\frac{1}{D} - \mathrm{Pr}\, u_e^2 \frac{y}{D^2} \tag{16.19}$$

式 (16.19) を式 (16.18) に代入し，そして，k/c_p を μ/Pr と書くと，

$$\dot{q} = -\mu\left(\frac{h_e - h_w}{\mathrm{Pr}} + \frac{u_e^2}{2}\right)\frac{1}{D} + \mu u_e^2 \frac{y}{D^2} \tag{16.20}$$

を得る．式 (16.20) から、$\dot{q}$ は，前に論議したせん断応力と異なり，流れの垂直方向に一定ではない．むしろ，$\dot{q}$ は y に対して線形的に変化する．$\dot{q}$ の変化は物理学的に，流れの中で生じる，そして，流れにおけるせん断応力に関係した**粘性散逸**である．実際，式 (16.20) の最後の項は，式 (16.6) と式 (16.9) を考慮して，次のように書ける．

$$\mu u_e^2 \frac{y}{D^2} = \tau u_e\left(\frac{y}{D}\right) = \tau u$$

したがって，式 (16.20) は，

$$\dot{q} = -\mu\left(\frac{h_e - h_w}{\mathrm{Pr}} + \frac{u_e^2}{2}\right)\frac{1}{D} + \tau u \tag{16.21}$$

となる．流れに垂直方向の $\dot{q}$ の変化は式 (16.21) の最後の項によるのであり，そして，この項は流速をかけたせん断応力を含んでいるのである．この項，τu が p. 937 **粘性散逸**である．すなわち，それは，ある与えられた速度を持つ流線により，その隣接する，少し異なった速度の流線を"擦る"ために流れ場の１点に生じる熱，手をきつく擦りあわせたとき感じる熱と類似している，の時間変化率なのである．もし，u_e が無視できるほど小さければ，そのとき，粘性散逸は小さく，無視できることに注意すべきである．すなわち，式 (16.20) において，最後の項は無視され (u_e が小さい)，そして，式 (16.21) においては，最後の項が無視できる (もし，u_e が小さければ，τ も小さい)．この場合，熱流束は流れに垂直方向で一定となり，簡単に，

$$\dot{q} \approx -\frac{\mu}{\mathrm{Pr}}\left(\frac{h_e - h_w}{D}\right) \tag{16.22}$$

に等しい．この場合，流れに垂直方向の熱伝達の"駆動ポテンシャル"は，単純に，エンタルピー差 $(h_e - h_w)$ である，すなわち，言い替えると，流れに垂直方向の温度差 $(T_e - T_w)$ である．しかしながら，すでに強調したように，もし，u_e が無視できなければ，そのときには粘性散逸が流れに垂直方向の熱伝達を促す別のファクターとなるのである．

特に実用的観点から興味があるのは壁面における熱流束である．すなわち，ここでそれを**空力加熱** (*aerodynamic heating*) と名付ける．壁面における熱伝達を $\dot{q}_w$ として示す．さらに，壁

面における空力加熱について符号を付けずに論じるのが慣例である．例えば，もし，流体から壁面への熱伝達が 10 W/cm² であるとすると，または，反対に，壁面から流体への熱伝達が 10 W/cm² であるとすると，それは簡単に次のように言われる．すなわち，両方の場合において，$\dot{q}_w$ は符号を付けずに 10 W/cm² として与えられる．この要領で，式 (16.18) を

$$\dot{q}_w = \frac{k}{c_p}\left|\frac{\partial h}{\partial y}\right|_w = \frac{\mu}{\Pr}\left|\frac{\partial h}{\partial y}\right|_w \tag{16.23}$$

のように書く．ここに，添字 w は壁面での状態を意味する．壁面における正味の熱伝達の方向が，それが流体から壁面へか，あるいは壁面から流体へかどうかは，壁面における温度勾配から容易にわかるのである．すなわち，もし，壁面が隣接する流体より冷たければ，熱は壁へ伝達され，そして，もし，壁面が隣接する流体より熱ければ，熱は流体へ伝達される．その他の判定基準は，壁面温度を断熱壁温度と比較することである．この断熱壁温度はすぐ後で定義される．

図 16.2 における Couette 流の図に戻るとする．下方の壁面における熱伝達を計算するために，$y = 0$ で計算される式 (16.19) により与えられるエンタルピー勾配と式 (16.23) を用いる．すなわち，

$$\boxed{y = 0 \text{ において：} \qquad \dot{q}_w = \frac{\mu}{\Pr}\left|\frac{h_e - h_w + \frac{1}{2}\Pr u_e^2}{D}\right|} \tag{16.24}$$

である．上方の壁における熱伝達を計算するために，式 (16.19) を $y = D$ で計算し与えられるエンタルピー勾配と式 (16.23) を用いる．この場合，p. 938 式 (16.19) は，

$$\frac{\partial h}{\partial y} = \frac{h_e - h_w + \frac{1}{2}\Pr u_e^2}{D} - \frac{\Pr u_e^2}{D} = \frac{h_e - h_w - \frac{1}{2}\Pr u_e^2}{D}$$

となる．次に，式 (16.23) から，

$$\boxed{y = D \text{ において：} \qquad \dot{q}_w = \frac{\mu}{\Pr}\left|\frac{h_e - h_w - \frac{1}{2}\Pr u_e^2}{D}\right|} \tag{16.25}$$

となる．

3 つの異なった状況の場合について上の結果を調べてみる．すなわち，(1) 粘性散逸が無視できる場合，(2) 壁面温度が等しい場合，および (3) 断熱壁条件の場合 (壁面への熱伝導なし) である．論議を進めて行く中で，空力加熱の解析における 3 つの重要な概念を定義する．すなわち，(1) 断熱壁温度 (adiabatic wall temperature)，(2) 回復係数 (recovery factor) および (3) Reynolds アナロジー (Reynolds analogy) である．

16.3.1 粘性散逸が無視できる場合

この場合を流れの中の任意点における局所熱流束に関してすでにある程度論議して来た．もし，u_e が非常に小さく，したがって，τ が非常に小さければ，そのとき，粘性散逸の量は無視

できるほど小さく，式 (16.21) は

$$\dot{q} = -\frac{\mu}{\Pr}\left(\frac{h_e - h_w}{D}\right) \tag{16.26}$$

となる．この場合，明らかに，熱伝達は流れを横切って一定である．さらに，式 (16.16) により与えられるエンタルピー分布は，

$$h = h_w + (h_e - h_w)\frac{y}{D} \tag{16.27}$$

となる．$h = c_p T$ であるので，温度分布はエンタルピー分布とまったく同一である．すなわち，

$$T = T_w + (T_e - T_w)\frac{y}{D} \tag{16.28}$$

温度は，図 16.4 に描かれているように，流れに垂直な方向に**線形的に**変化することに注意すべきである．ここに示されたのは下方の壁面より高い温度である上方の壁面の場合である．p. 939 下方の壁面における熱伝達は u_e を無視して，式 (16.24) から得られる．すなわち，

$y = 0$ において：
$$\dot{q}_w = \frac{\mu}{\Pr}\left|\frac{h_e - h_w}{D}\right| \tag{16.29}$$

上方の壁面における熱伝達は，同じように次のように得られる．

$y = D$ において：
$$\dot{q}_w = \frac{\mu}{\Pr}\left|\frac{h_e - h_w}{D}\right| \tag{16.30}$$

式 (16.29) と式 (16.30) がまったく同一である．すなわち，これは驚くことではない．なぜなら，すでに，式 (16.26) により示されているように，流れに直角方向において熱流束は一定であること示した，それゆえ，両方の壁面における熱伝達は同一にならなければならないのである．式 (16.29) および式 (16.30) を温度の項で次のように書ける．

$$\dot{q}_w = k\left|\frac{T_e - T_w}{D}\right| \tag{16.31}$$

式 (16.29) から式 (16.31) を調べると，次のように，ほとんどの粘性流れへ一般化できるいくつかの結論を得ることができる．すなわち，

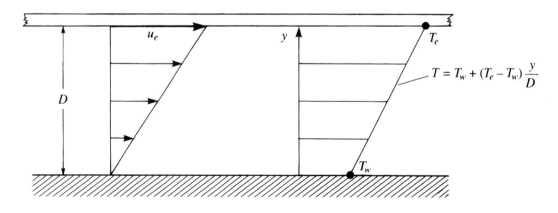

図 16.4 粘性散逸が無視できる場合の Couette 流の温度分布

1. 他をすべて同一とすると，粘性層を横切る方向の温度差が大きければ大きいほど壁面における熱伝達は大きい．温度変化，$(T_e - T_w)$，あるいは，エンタルピー差 $(h_e - h_w)$ は熱伝達の "駆動ポテンシャル (driving potential)" の役割を担うのである．ここで取り扱っている特別な場合については，壁面における熱伝達はこの駆動ポテンシャルに直接に比例する．

2. 他をすべて同一とすると，粘性層が厚ければ厚いほど (D が大きければ大きいほど)，壁面における熱伝達は小さい．ここで取り扱っている特別な場合については，$\dot{q}_w$ は D に逆比例するのである．

3. 熱は高温領域から低温領域へ流れる．粘性散逸が無視できる場合について，もし，粘性層の最上端における温度がその最下端における温度よりも高ければ，熱は上端から下端へ流れる．図 16.4 に描かれた場合，熱は上方平板から流体へ伝達され，それから，流体から下方平板へ伝達されるのである．

16.3.2 等壁面温度の場合

ここで，$T_e = T_w$ と仮定する．すなわち，$h_e = h_w$ である．この場合，エンタルピー分布は式 (16.16) から，

$$h = h_w + \frac{1}{2}\mathrm{Pr}\, u_e^2 \left(\frac{y}{D}\right) - \frac{1}{2}\mathrm{Pr}\, u_e^2 \left(\frac{y}{D}\right)^2 \tag{16.32}$$

$$= h_w + \frac{1}{2}\mathrm{Pr}\, u_e^2 \left[\frac{y}{D} - \left(\frac{y}{D}\right)^2\right]$$

である．温度の項で表すと，この式は

$$T = T_w + \frac{\mathrm{Pr}\, u_e^2}{2c_p}\left[\frac{y}{D} - \left(\frac{y}{D}\right)^2\right] \tag{16.33}$$

となる．p. 940 温度は図 16.5 に描かれているように，y に関して放物線的に変化することに注意すべきである．温度の最大値は，中点，$y = D/2$ で生じる．この最大値は $y = D/2$ で式 (16.33) を計算して求められる．

$$T_{\max} = T_w + \frac{\mathrm{Pr}\, u_e^2}{8c_p} \tag{16.34}$$

上，下の壁面における熱伝達は，式 (16.24) および式 (16.25) から次のように求められる．

$$y = 0\ \text{において}: \qquad \dot{q}_w = \frac{\mu}{2}\frac{u_e^2}{D} \tag{16.35}$$

$$y = D\ \text{において}: \qquad \dot{q}_w = \frac{\mu}{2}\frac{u_e^2}{D} \tag{16.36}$$

式 (16.35) と式 (16.36) は同一である．すなわち，上方および下方の壁面での熱伝達は等しいのである．この場合，図 16.5 に示される温度分布を調べるとわかるように，上方および下方壁の両方とも隣接する流体よりも冷たいのである．したがって，上方および下方両方の壁面において，熱は流体から壁面へ伝達されるのである．

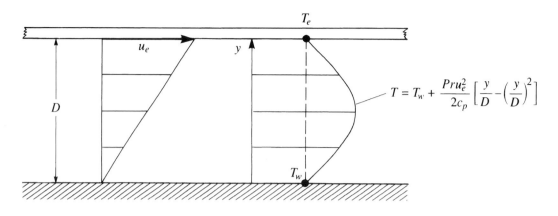

図 16.5 粘性散逸を伴う，同じ壁面温度についての Couette 流温度分布

疑問：これらの壁面は同じ温度であるので，この熱伝達はどこから来るのであろうか．**答え：粘性散逸である．** 図 16.5 に描かれているように，流れにおける局所的な温度増加は，もっぱら流体内部における粘性散逸によるのである．続いて，両方の壁面がこの粘性散逸による空力加熱効果を被るのである．このことは式 (16.35) および式 (16.36) において自明であり，そこでは，$\dot{q}_w$ が速度 u_e に依存している．実際，$\dot{q}_w$ は u_e の 2 乗に直接比例している．式 (16.9) を考慮して，式 (16.35) および式 (16.36) は次のように書ける．

$$\dot{q}_w = \tau \left(\frac{u_e}{2} \right) \tag{16.37}$$

この式は，$\dot{q}_w$ が，まったく，流れにおけるせん断応力の作用によるものであることをさらに強調しているのである．式 (16.35) から式 (16.37) により，ほとんどの粘性流れの一般的な性質を反映する次のような結論を導くことができる．すなわち，

1. 他をすべて同じとすると，空力加熱は流れの速度が増加すると増加する．これが，空力加熱が p. 941 高速空気力学で重要な設計ファクターとなるかの理由である．実際，大部分の極超音速飛行体について，読者は，粘性散逸がその飛行体に隣接する境界層内で非常に高い温度を発生させ，しばしば，空力加熱を主要な設計ファクターにすることを理解できるようになりはじめている．ここで示される Couette 流おいて，極超音速流れとはかけはなれてはいるが，$\dot{q}_w$ は u_e^2 に直接比例することがわかる．

2. 他をすべて同じとすると，空力加熱は，粘性層の厚さが増加すると減少する．本節で考えた場合については，$\dot{q}_w$ は D に逆比例する．この結論は，粘性散逸は無視できるが壁面温度が等しくない前節の結果と同じである．

16.3.3 断熱壁の場合 (断熱壁温度)

次のような場合を考えてみよう．図 16.5 に描かれた流れが確立していると仮定する．図に示されるように，放物線的な温度分布があり，ちょうど論議したように，壁面への熱伝達がある．しかしながら，両方の壁面温度が**固定されていて**，両方とも同じ一定値である．疑問：なぜ，熱が壁面へ伝達されているのに，壁面温度が固定されるのであろうか．**答え：**空力加熱が壁面へ

第16章 特別な場合：Couette 流

熱を送り込んでいると同じ割合で，同時に，熱を壁面から伝導する，ある独立したメカニズムが存在しなければならない．これが壁面温度が隣接する流体の温度よりある程度低い，決まった温度に留まり続ける唯一の方法である．例えば，壁面が，ほとんど温度変化をせずに熱を吸収できる，ある巨大な熱吸収体 (heat sink) であったり，あるいは，平板内部に，自動車のエンジンを冷却する冷却コイルのような，熱を取り去る冷却コイルがあっても良い．どのような場合においても，時間的に変化しない，一定の壁温をもつ，図 16.5 に示されたものを得るためには，ある外部のメカニズムが流体から壁面へ伝達される熱を取り去らねばならない．さて，下方壁面において，この外部メカニズムが突然切られたとする．この下方壁は $\dot{q}_w$ に呼応して熱くなりはじめるであろう．そして，T_w は時間とともに増加しはじめるであろう．この過渡過程の間の任意の与えられた瞬間において，下方壁への熱伝達は式 (16.24) により与えられ，以下に繰り返して示す．すなわち，

$$\dot{q}_w = \frac{\mu}{\Pr} \left| \frac{h_e - h_w + \frac{1}{2}\Pr u_e^2}{D} \right| \tag{16.24}$$

$t = 0$ において，外部の冷却メカニズムが，ちょうど切られたとき，$h_w = h_e$ であり，$\dot{q}_w$ は式 (16.35) により与えられる．すなわち，

時刻 $t = 0$ において： $\qquad \dot{q}_w = \frac{\mu}{2} \frac{u_e^2}{D}$

しかしながら，時間が経過するにつれ，T_w（そして，それゆえ，h_w）は増加する．h_w が増加するので，式 (16.24) から，分子の大きさが減少し，したがって，$\dot{q}_w$ は減少する．すなわち，

$t > 0$ において： $\qquad \dot{q}_w < \frac{\mu}{2} \frac{u_e^2}{D}$

である．p. 942 したがって，下方壁における外部冷却メカニズムが最初に切られた時刻から時間が経過するにつれて，その壁面温度は上昇し，壁面への空力加熱は減少する．次に，このことは，時間が経過するにつれて，T_w の増加率を遅くする．$\dot{q}_w$ と T_w の両方の過渡変化が図 16.6 に描かれている．図 16.6a において，時間が大きな値に増加すると，壁への熱伝達はゼロに近づく．すなわち，これは，**平衡** (*equilibrium*)，あるいは**断熱壁状態** (*adiabatic wall condition*) と定義される．断熱壁の場合，熱伝達は，定義により，**ゼロ**に等しい．同時に，壁面温度 T_w は**断熱壁温** (*adiabatic wall temperature*) T_{aw} と定義される極限値へ漸近し，そして，その対応するエンタルピーは**断熱壁エンタルピー** (*adiabatic wall enthalpy*) h_{aw} と定義される．

この論議の目的は断熱壁状態を定義することである．すなわち，この状態への時間的に到達する例は，まさに，わかりやすく，啓発的なものであった．さて，Couette 流れにおける下方壁が断熱壁であると仮定しよう．この場合について，この壁面への熱伝達の値がすでにわかっている．すなわち，定義により，それはゼロである．質問は今や次のようになる．断熱壁エンタルピー h_{aw} の値は，そして次に，断熱壁温度 T_{aw} の値は何であろうか．その答えは式 (16.23) により与えられる．ここに，断熱壁については $\dot{q}_w = 0$ である．

断熱壁： $\qquad \dot{q}_w = 0 \;\rightarrow\; \left(\frac{\partial h}{\partial y}\right)_w = \left(\frac{\partial T}{\partial y}\right)_w = 0 \tag{16.38}$

したがって，式 (16.19) から，定義により，$\partial h / \partial y = 0$，$y = 0$，および $h_w = h_{aw}$ であるので，

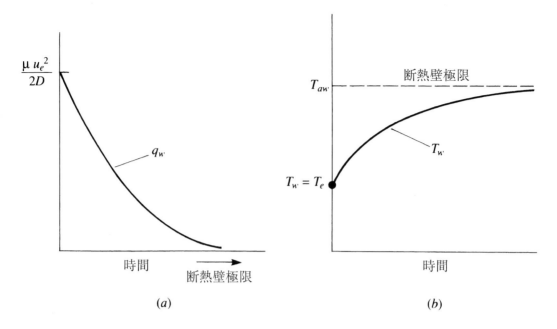

図 16.6 断熱壁および断熱壁温度の定義

$$h_e - h_{aw} + \frac{1}{2}\text{Pr}\, u_e^2 = 0$$

すなわち,

$$h_{aw} = h_e + \text{Pr}\,\frac{u_e^2}{2} \tag{16.39}$$

次に, 断熱壁温度は,

$$T_{aw} = T_e + \text{Pr}\,\frac{u_e^2}{2c_p} \tag{16.40}$$

により与えられる. 明らかに, u_e の値が高ければ高いほど, 断熱壁温度は高いのである.

この場合の流れに垂直な方向のエンタルピー分布は, 次のように式 (16.16) と式 (16.40) の組み合わせにより与えられる. 式 (16.16) において, $h_w = h_{aw}$ とおくと,

$$h = h_{aw} + \left(h_e + h_{aw} + \text{Pr}\,\frac{u_e^2}{2}\right)\frac{y}{D} - \frac{\text{Pr}}{2}u_e^2\left(\frac{y}{D}\right)^2 \tag{16.41}$$

を得る. 式 (16.39) から,

$$h_e - h_{aw} = -\text{Pr}\,\frac{u_e^2}{2} \tag{16.42}$$

式 (16.42) を式 (16.41) に代入すると,

第 16 章　特別な場合：Couette 流

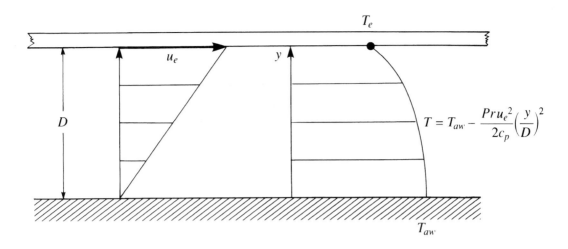

図 16.7 断熱壁についての Couette 流温度分布

$$h = h_{aw} - \text{Pr}\,\frac{u_e^2}{2}\left(\frac{y}{D}\right)^2 \tag{16.43}$$

式 (16.43) は流れに垂直方向のエンタルピー分布を与える．温度分布は式 (16.43) から次のようになる．

$$T = T_{aw} - \text{Pr}\,\frac{u_e^2}{2c_p}\left(\frac{y}{D}\right)^2 \tag{16.44}$$

この T の変化が図 16.7 に描かれている．T_{aw} は流れにおける最高温度であることに注意すべきである．さらに，この温度曲線は $y = 0$ の平板において垂直である．すなわち，下方の平板における温度勾配は，断熱壁について予想されるように，ゼロである．また，この結果は式 (16.44) を微分することにより得られる．すなわち，

$$\frac{\partial T}{\partial y} = -\text{Pr}\,\frac{u_e^2}{c_p D}\left(\frac{y}{D}\right)$$

そして，この式は $y = 0$ で $\partial T/\partial y = 0$ を与える．

16.3.4　回復係数

P. 944 上の断熱壁についての当然の結果として，回復係数を定義する．すなわち，それは，空力加熱の解析における有用な工学的パラメータである．(粘性せん断層の上方境界を代表している) 上方の平板における流れの総エンタルピーは，定義により，

$$h_0 = h_e + \frac{u_e^2}{2} \tag{16.45}$$

である．(総エンタルピーの意味と定義は第 7.5 節で論議されている．) 一般的定義である，式 (16.45) を，Couette 流のこの特別な場合についての式 (16.39) と比較する．その式を以下に再提示する．すなわち，

$$h_{aw} = h_e + \Pr \frac{u_e^2}{2} \tag{16.39}$$

h_{aw} は h_0 と異なることに注意すべきである．その相違は式 (16.39) に現れているように，Pr なる値によるのである．これから，次のように，式 (16.39) を，いかなる粘性流れにも成り立つ形式に一般化する．すなわち，

$$\boxed{h_{aw} = h_e + r\frac{u_e^2}{2}} \tag{16.46a}$$

同様に，式 (16.40) を次のように一般化できる．

$$\boxed{T_{aw} = T_e + r\frac{u_e^2}{2c_p}} \tag{16.46b}$$

式 (16.46a) および式 (16.46b) において，r は**回復係数** (*recovery factor*) と定義される．それは，断熱壁エンタルピーが粘性流れの上方境界における総エンタルピーにどのくらい近いかを告げるのである．もし，$r = 1$ ならば，そのとき，$h_{aw} = h_0$ である．回復係数についてのもう 1 つの表示式は，次のように，式 (16.46) と式 (16.45) を組み合わせることにより得られる．式 (16.46) から，

$$r = \frac{h_{aw} - h_e}{u_e^2/2} \tag{16.47}$$

式 (16.45) から，

$$\frac{u_e^2}{2} = h_0 - h_e \tag{16.48}$$

式 (16.48) を式 (16.47) に代入すると，

$$\boxed{r = \frac{h_{aw} - h_e}{h_0 - h_e} = \frac{T_{aw} - T_e}{T_0 - T_e}} \tag{16.49}$$

を得る．ここに，T_0 は総温である．式 (16.49) はしばしば回復係数の別定義式として用いられる．

p. 945 Couette 流という特別な場合において，式 (16.39) または式 (16.40) を式 (16.46a) または式 (16.46b) と比較することにより，

$$r = \Pr \tag{16.50}$$

であることがわかる．Couette 流について，その回復係数は単純に Prandtl 数である．もし，$\Pr < 1$ であるなら，そのとき，$h_{aw} < h_0$ であり，逆に，もし $\Pr > 1$ ならば，そのとき，$h_{aw} > h_0$ であることに注意すべきである．

より一般的な粘性流れにおいて，その回復係数は，簡単に，Prandtl 数ではない．しかしながら，一般的に，非粘性粘性流れの場合，回復係数は，Pr のある関数であることを見いだすであろう．したがって，Prandtl 数は，重要な粘性流れパラメータとしてその役割を果たしている．第 15.6 節から推測できるように，圧縮性粘性流れの場合，その回復係数は，Mach 数と比熱比とともに，Pr の関数である．

16.3.5　Reynolds アナロジー

空力加熱の解析のためのもう一つの有用な工学的な関係は Reynolds アナロジーである．そして，それは，Couette 流の論議の範囲内で容易に導入できるのである．Reynolds アナロジーは表面摩擦係数と熱伝達係数との間の関係である．表面摩擦係数 c_f は第 1.5 節で最初に紹介された．ここにおいて，表面摩擦係数を次のように定義する．

$$c_f = \frac{\tau_w}{\frac{1}{2}\rho_e u_e^2} \tag{16.51}$$

式 (16.9) から，Couette 流の場合，

$$\tau_w = \mu \left(\frac{u_e}{D}\right) \tag{16.52}$$

を得る．式 (16.51) と式 (16.52) を結びつけると，

$$c_f = \frac{\mu(u_e/D)}{\frac{1}{2}\rho_e u_e^2} = \frac{2\mu}{\rho_e u_e D} \tag{16.53}$$

を得る．Couette 流の Reynolds 数を次のように定義しよう．

$$\mathrm{Re} = \frac{\rho_e u_e D}{\mu}$$

そうすると，式 (16.53) は，

$$c_f = \frac{2}{\mathrm{Re}} \tag{16.54}$$

となる．式 (16.54) はそれ自身興味深い．それは，表面摩擦係数が Reynolds 数のみの関数であることを示している．すなわち，[必ずしも式 (16.54) で与えられるものと同じ関数ではないが，] 一般的に，他の非圧縮性粘性流れに適用される結果である．

p. 946　さて，**熱伝達係数** (heat transfer coefficient) を次のように定義しよう．

$$C_H = \frac{\dot{q}_w}{\rho_e u_e (h_{aw} - h_w)} \tag{16.55}$$

式 (16.55) において，C_H は Stanton 数と呼ばれる．すなわち，それは，空力加熱の解析に用いられる，熱伝達係数の幾つかの形式の 1 つである．それは，表面摩擦係数と同じような，無次元量である．Couette 流については，式 (16.24) から，そして，展開をやり易くするため絶対値記号を省略すると，

$$\dot{q}_w = \frac{\mu}{\Pr}\left(\frac{h_e - h_w + \frac{1}{2}\Pr u_e^2}{D}\right) \tag{16.56}$$

を得る．式 (16.39) を式 (16.56) に代入すると，Couette 流れについては，

$$\dot{q}_w = \frac{\mu}{\Pr}\left(\frac{h_{aw} - h_w}{D}\right) \tag{16.57}$$

を得る．式 (16.57) を式 (16.55) に代入すると，

$$C_H = \frac{(\mu/\Pr)[(h_{aw} - h_w)/D]}{\rho_e u_e (h_{aw} - h_w)} = \frac{\mu/\Pr}{\rho_e u_e D} = \frac{1}{\operatorname{Re}\Pr} \tag{16.58}$$

を得る．式 (16.58) はそれ自身興味深い．それは Stanton 数が Reynolds 数と Prandtl 数の関数であることを示している．すなわち，[その関数が必ずしも式 (16.58) で与えられるものと同じではないが，] 他の非圧縮性粘性流れに一般的に適用できる結果である．

さて，c_f と上で得られた C_H の結果を組み合わせる．式 (16.54) と式 (16.58) から，

$$\frac{C_H}{c_f} = \left(\frac{1}{\operatorname{Re}\Pr}\right)\frac{\operatorname{Re}}{2}$$

すなわち，

$$\boxed{\frac{C_H}{c_f} = \frac{1}{2}\Pr^{-1}} \tag{16.59}$$

式 (16.59) は Couette 流に適用される Reynolds アナロジーである．Reynolds アナロジーは，一般的に，熱伝達係数と表面摩擦係数との間の関係である．Couette 流れの場合，この関係は式 (16.59) により与えられる．C_H/c_f なる比は単純に Prandtl 数の関数である．すなわち，必ずしも式 (16.59) において与えられたものと同じ関数ではないが，通常，他の非圧縮性粘性流れに適用できる結果であるということに注意すべきである．

16.3.6 中間要約

本節において，非圧縮性 Couette 流を学んできた．それは，多少，純理論的な流れではあるが，それ自身，簡単で直接的な解を得られるという利点に加え，多くの実用的な粘性流れ問題のすべての特徴を有しているのである．この利点を使い，非圧縮性 Couette 流を非常に詳しく論議してきたのである．p. 947 この論議における主要な目的は，読者が，より多くの流体力学的複雑さにより曇らされることなく，粘性流れの解析において一般的に用いられる多くの概念に精通してもらうことなのである．Couette 流の学びということにおいて，もう 1 つの疑問を持つのである．すなわち，圧縮性効果とはなんであろうか．この疑問は次の節で論議される．

[例題 16.1]

図 16.2 に描かれた流れを考える．上方平板の速度は 200 ft/s であり，この 2 つの平板は距離 0.01 in だけ離れている．これらの平板の間にある流体は空気である．非圧縮流れを仮定する．両平板の温度は，標準海面上の値，519°R である．

(a) この流れの中央における速度を計算せよ．
(b) せん断応力を計算せよ．
(c) この流れにおける最高温度を計算せよ．
(d) 両方の壁面への熱伝達を計算せよ．
(e) もし，下方の壁面が，突然，断熱されたとすると，その温度を計算せよ．

[解答]
μ が流れ場全体で一定であり，標準海面上温度，519°R において，それが 3.7373×10^{-7} slug/ft/s であると仮定する．

(a) 式 (16.6) から，
$$u = u_e \left(\frac{y}{D}\right)$$

$$u = (200)\left(\frac{1}{2}\right) = \boxed{100 \text{ ft/s}}$$

(b) 式 (16.9) から，
$$\tau_w = \mu \frac{u_e}{D} \quad \text{ここに，} \quad D = 0.01 \text{ in} = 8.33 \times 10^{-4} \text{ ft}$$

$$\tau_w = \frac{(3.7373 \times 10^{-7})(200)}{8.33 \times 10^{-4}} = \boxed{0.09 \text{ lb/ft}^2}$$

せん断応力は比較的小さい，すなわち，一平方フィートあたり 1/10 ポンドよりも小さいことに注意すべきである．

(c) 式 (16.34) から，両方の壁面温度が等しいとき，$y/D = 0.5$ で生じる最高温度は，
$$T = T_w + \frac{\Pr}{c_p}\frac{u_e^2}{2}\left[\frac{y}{D} - \left(\frac{y}{D}\right)^2\right] = T_w + \frac{\Pr u_e^2}{8 c_p}$$

標準状態の空気については，$\Pr = 0.71$，および $c_p = 6006$ (ft·lb)/(slug·°R) である．したがって，

$$T = 519 + \frac{(0.71)(200)^2}{8(6006)} = 519 + 0.6 = \boxed{519.6\,°\text{R}}$$

この流れにおける最大温度は，壁面温度より，わずか 6/10 度だけ高いこと，すなわち，この，比較的低速の場合の粘性散逸は非常に小さいことに注意すべきである．p. 948 このことは，本節において，一定の ρ, μ および k の仮定が明らかに正当であることを示し，本質的に非圧縮性流れに関係するエネルギー変化に対する感覚を与えてくれる．すなわち，それらは非常時小さいということである．

(d) 式 (16.35) から，
$$\dot{q}_w = \frac{\mu}{2}\left(\frac{u_e^2}{D}\right) = \frac{(3.7373 \times 10^{-7})(200)^2}{(2)(8.33 \times 10^{-4})} = \boxed{8.97 \text{ (ft·lb)/(ft}^2\text{/s)}}$$

778 ft·lb が 1 Btu (英国熱量単位) であるので，

$$\dot{q}_w = 8.97 \text{ (ft·lb)/(ft}^2/\text{s)} = 0.0115 \text{ Btu/(ft}^2/\text{s)}$$

(e) 式 (16.40) から,

$$T_{aw} = T_e + \frac{\Pr}{c_p}\left(\frac{u_e^2}{2}\right) = 519 + \frac{(0.71)(200)^2}{(2)(6006)}$$
$$= 519 + 2.36 = \boxed{521.36°\text{R}}$$

上の例題において，断熱壁温度が，冷たい壁の場合の (c) で計算された最大流れ温度よりも高いことに注意すべきである．一般的に，冷たい壁面の場合，流れにおける粘性散逸は，流れ場の到るところで，気体を断熱壁温度まで高く温度を上げるほど十分ではないのである．また，比較的低い温度増加であることがわかる．すなわち，T_{aw} は，上方壁温度よりわずか 2.36° 高いだけである．対照的に，次の節で取り扱う圧縮性流れについては，この温度増加は実質的になり得るのである．すなわち，これが，圧縮性粘性流れを非圧縮性粘性流れと区別する主要な特徴の一つなのである．本例題において，上方平板の Mach 数は，

$$M_e = \frac{u_e}{a_e} = \frac{u_e}{\sqrt{\gamma R T_e}} = \frac{200}{\sqrt{(1.4)(1716)(519)}} = 0.18$$

であることに注意すべきである．再び，これは，本例題について，非圧縮性流れの仮定が確かに妥当であることを証明している．

16.4　圧縮性 Couette 流

　Couette 流の一般的モデルである図 16.2 へ戻るとする．さて，u_e が十分大きいと仮定する．したがって，流れの中における温度変化は十分に実質的であるので，ρ, μ および k を変数として扱わなければならない．すなわち，これが圧縮性 Couette 流である．$T = T(y)$ であるので，$\mu = \mu(y)$ であり，$k = k(y)$ である．また，幾何学的条件から，$\partial p/\partial x = 0$ であり，式 (16.2) より，$\partial p/\partial y = 0$ であるので，圧力は，第 16.3 節で論議した非圧縮性の場合とまさにしく同様に，圧縮性 Couette 流全体で一定である．状態方程式から，$\rho = p/RT$ である．すなわち，$T = T(y)$ であるから，ρ もまた y の関数であり，温度に対して逆比例する．

　p. 949 圧縮性 Couette 流についての支配方程式は，変数として μ と k を持つ，式 (16.1) から式 (16.3) である．これらの式を解き易い形に変形するとする．式 (16.1) から，

$$\frac{\partial}{\partial y}\left(\mu\frac{\partial u}{\partial y}\right) = \frac{\partial \tau}{\partial y} = 0 \tag{16.60}$$

すなわち，

$$\tau = \text{const} \tag{16.61}$$

したがって，非圧縮性の場合におけるとまったく同じように，せん断応力は流れを横切る方向において一定である．しかしながら，$\mu = \mu(y)$ であること，また，$\tau = \mu(\partial u/\partial y)$ から，明らかに，速度勾配，$\partial u/\partial y$, は流れを横切る方向において一定ではないということを覚えておくべきである．すなわち，これが圧縮性流れと非圧縮性流れとの間の本質的な一つの差異である．これらすべてから，以下に再掲してある式 (16.3) は，

第16章 特別な場合：Couette流

$$\frac{\partial}{\partial y}\left(k\frac{\partial T}{\partial y}\right) + \frac{\partial}{\partial y}\left(\mu u \frac{\partial u}{\partial y}\right) = 0 \tag{16.3}$$

$$\frac{\partial}{\partial y}\left(k\frac{\partial T}{\partial y}\right) + \tau \frac{\partial u}{\partial y} = 0 \tag{16.62}$$

と書ける．μ の温度変化は，本書で取り扱う温度範囲において，Sutherlandの法則により正確に与えられる．したがって，式 (15.3) と，Sutherlandの法則が国際単位 (ISU) で書かれていることを思いだすことにより，

$$\tau = \mu \frac{\partial u}{\partial y} = \mu_0 \left(\frac{T}{T_0}\right)^{3/2} \frac{T_0 + 110}{T + 110}\left(\frac{\partial u}{\partial y}\right) \tag{16.63}$$

を得る．

圧縮性Couette流についての解を求めるには式 (16.62) の数値解法を必要とする．変数として μ と k があるので，式 (16.62) は**非線形微分方程式**であり，述べられた条件に関して，それはきれいに整った，閉じた型の解析解を持たないことに注意すべきである．数値解法の必要性がわかったので，式 (16.62) を，実際にそうであるところの常微分方程式の項で書くことにしよう．(偏微分表記はNavier-Stokes方程式から受け継いだものとして，そして，Couette流の勉強のための方程式を，第17章から第20章において論議される2次元および3次元粘性流れを取り扱うときよりわかりやすくするために用いてきたのである．すなわち，ここにおいては，単なる教育的な手段なのであることを思い出すべきである．) すなわち，

$$\frac{d}{dy}\left(k\frac{\partial T}{\partial y}\right) + \tau \frac{du}{dy} = 0 \tag{16.64}$$

式 (16.64) を $T = T_w$ である $y = 0$ と，$T = T_e$ である $y = D$ の間で解かなければならない．流れにおける2つの異なった場所，すなわち，$y = 0$ と $y = D$ において境界条件が満足されなければならないことに注意すべきである．すなわち，これは**2点境界値問題**である．この問題の数値解に対する2つの方法を示すことにする．両方法とも p. 950 第17章から第20章において論議される，より複雑な粘性流れの解法に用いられる．このことが，引き続きなされる論議に関して，単純に "氷を割る" ように容易にするために，それらの方法がこのCouette流の解析の中で示される理由なのである．

16.4.1 狙い撃ち法

この方法は第17章で論議する境界層方程式の解のための古典的な方法である．圧縮性Couette流の解に関して，境界層方程式解法に適用するのと同じ原理に従うのであり，このことが，今，それを論議する理由なのである．この方法は二重繰り返しを含んでいる．すなわち，1つの主繰り返しに2つの従的な繰り返しが組み込まれているのである．このスキーム (scheme) は次のようになる．

1. 式 (16.64) における τ の値を**仮定する**．計算を開始するための合理的な仮定は非圧縮性の値，$\tau = \mu(u_e/D)$ である．また，$u(y)$ の変化は式 (16.6) からの非圧縮性結果により与えられる．

2. $y = 0$ において，既知の境界条件，$T = T_w$ から出発し，式 (16.64) を $y = D$ まで，流れを横切って積分する．良く知られた Runge-Kutta 法 (例えば，参考文献 52 を見よ) などの，標準的な常微分方程式に関する数値法を用いる．しかしながら，式 (16.64) が 2 階の微分方程式であるので，この数値積分を開始するために，$y = 0$ で，2 つの境界条件が与えられなければならない．ただ 1 つの物理的な条件，すなわち，$T = T_w$ があるのみである．したがって，第 2 の条件を仮定しなければならない．それで，壁面における温度勾配の値を仮定しよう．すなわち，$(dT/dy)_w$ の値を仮定する．第 16.3 節で論議した非圧縮性流れの解法に基づいた値は合理的な仮定である．$y = 0$ において，仮定した $(dT/dy)_w$ と既知の T_w を用い，式 (16.64) を $y = 0$ から出発し y の増加する方向に微小な増分，Δy だけ移動し，壁面から離れる方向に数値的に積分する．y 方向における各増加位置における T の値はこの数値的アルゴリズムにより得られる．

3. $y = D$ に到達したときこの数値積分を止める．$y = D$ における T の数値が決められた境界条件，$T = T_e$ に等しいかどうかを確かめる．ほとんどの場合，ステップ 2 で $(dT/dy)_w$ の値を仮定しなければならなかったので，それは等しくないであろう．したがって，ステップ 2 へ戻って，$(dT/dy)_w$ に別の値を仮定し，その積分をくり返す．ステップ 2 と 3 を収束を得るまで，すなわち，数値積分の後，$y = D$ で $T = T_e$ となるような $(dT/dy)_w$ を見いだすまで，くり返し続ける．ステップ 2 と 3 の繰り返しにより得られる，収束した温度分布から，両方の境界条件，すなわち，下方壁面において $T = T_w$，そして，上方壁面において $T = T_e$，を満足する，y の関数としての T の数値を得るのである．しかしながら，この収束解は，ステップ 1 で，τ の仮定した値と仮定した速度分布 $u(y)$ について得られたことを忘れてはならない．したがって，T の収束値は必ずしも正しい分布ではないのである．さらに先へ進まなければならない．すなわち，今度は τ の正確な値を求めるためにである．

4. ステップ 2 と 3 の繰り返しにより得られた収束温度分布から，式 (15.3) により $\mu = \mu(y)$ を得ることができる．

5. [p. 951] せん断応力の定義から，

$$\tau = \mu \frac{du}{dy}$$

$$\frac{du}{dy} = \frac{\tau}{\mu} \qquad (16.65)$$

を得る．運動量方程式，式 (16.60) の解から，τ は一定であることを思い出すべきである．ステップ 1 からの τ の仮定値とステップ 4 からの $\mu = \mu(y)$ の値を用い，式 (16.65) を $y = 0$ で $u = 0$ なる既知の境界条件を用いて $y = 0$ から数値積分を行う．式 (16.65) は 1 階であるので，この数値積分を始めるにはこの単一の境界条件だけで十分である．y における各増分，Δy における u の値はこの数値アルゴリズムにより計算される．

6. $y = D$ になったら数値積分を止める．$y = D$ において u の数値が，特定の境界条件，$u = u_e$ と等しいかどうかを調べる．ほとんどの場合，等しくない．なぜなら，ずっとさかのぼったステップ 1 において τ と $u(y)$ の値を仮定しなければならなかったからで，それが，この繰り返し計算解法におけるこの段階にも入り込んでいるのである．したがって，ステップ 5 へ

もどり，τ に別の値を仮定し，式 (16.65) の積分を繰り返す．ステップ 5 とステップ 6 を [ステップ 4 の $\mu = \mu(y)$ の値を用い]，収束するまで，すなわち，式 (16.65) の数値積分の後，τ が，$y = D$ で $u = u_e$ となる値になるまで繰り返す．ステップ 5 と 6 の繰り返しにより得られた収束した速度分布から，2 つの境界条件，すなわち，$y = 0$ で $u = 0$，$y = D$ で $u = u_e$ を満足する，y の関数としての u の数値を得るのである．しかしながら，この収束解は，最初に，ステップ 1 で仮定した τ と $u(y)$ を用いて得た，ステップ 4 の $\mu = \mu(y)$ を用いて得らたことを忘れてはならない．したがって，ここで得られた収束した u の分布は必ずしも正しい分布ではないのである．さらに大きなステップへ向かわなければならない．

7. ステップ 2 へ戻り，新しい τ の値と，ステップ 6 からの新しい $u(y)$ を用いる．総合的な収束が得られるまでステップ 2 から 7 を繰り返す．この二重繰り返しが終わると，ステップ 3 の最後のサイクルで得られる $T = T(y)$ の分布，ステップ 6 の最後のサイクルで得られる $u = u(y)$ の分布，そして，ステップ最後のサイクルで得られる τ の分布は，すべて，与えられた 境界条件について正しい結果である．この問題が解けたのである．

上で説明したように，この狙い撃ち法 (shooting method) を見渡すと，1 つの大きな繰り返しループに 2 つの小さなループが含まれているのがわかる．ステップ 2 とステップ 3 が最初の小繰り返しループを形成し，最終的に温度分布を与える．ステップ 5 と 6 は第 2 の小繰り返しループであり，最終的に速度分布を与える．ステップ 2 から 7 は 1 つの大きな繰り返しループを構成し，最終的に，適切な τ を与えるのである．

圧縮性 Couette 流の解を得るために上で説明した狙い撃ち法は，第 18 章で論議する境界層方程式の解法をほとんど直接的に実行しているのである．同様な意味で，第 20 章で説明される Navier-Stokes 方程式の解法として直接実行される圧縮性 Couette 流 についての p. 952 まったく異なった別解法が存在する．これは，最初に，第 13 章で論議され，第 13.5 節において超音速鈍い物体を過ぎる非粘性流れに適用された，時間依存の有限差分法である．第 20 章に関する準備するために，この方法を圧縮性 Couette 流の解法に適用することについて簡潔に論議する．

16.4.2 時間依存有限差分法

図 16.2 における Couette 流の図へ戻る．しばらくの間，上方および下方の平板の間は Couette 流ではない流れ場で満たされているとする．すなわち，例えば，圧力勾配を含む，x および y 方向に勾配のある任意の流れ場を考えれば良い．そのような流れは，上方の平板が運動を開始した直後における始動過程の，ある瞬間において存在すると考えることができる．これは過渡流れ場であり，そこでは，u, T, ρ 等が x と y と同時に t の関数である．最終的に，時間が十分経過した後，この流れは定常状態へ近づき，この定常状態が上で論議された Couette 流の解になるであろう．これを数値的にたどってみよう．すなわち，時刻 $t = 0$ において仮定された初期流れ場から出発し，非定常 Navier-Stokes 方程式を，大きく時間が経過したときに定常流れが得られるまで時間ステップを進めながらで解くのである．第 13.5 節で論議したように，時間漸近定常流れが求めるべき結果である．すなわち，時間依存法は，まさに，その目的を達成するための一方法なのである．この段階で，読者はさらに先へ進む前に，第 13.5 節で示されたこの原理を (細部までとは言わないが) 復習するのが良いであろう．

Navier-Stokes 方程式は式 (15.18a) から式 (15.18c) と式 (15.26) により与えられる．非定常，2 次元流れに関して，それらは，

連続方程式：

$$\frac{\partial \rho}{\partial t} = -\frac{\partial(\rho u)}{\partial x} - \frac{\partial(\rho v)}{\partial y} \tag{16.66}$$

x 方向運動量方程式：

$$\frac{\partial u}{\partial t} = -u\frac{\partial u}{\partial x} - v\frac{\partial u}{\partial y} - \frac{1}{\rho}\left[\frac{\partial p}{\partial x} - \frac{\partial \tau_{xx}}{\partial x} - \frac{\partial \tau_{yx}}{\partial y}\right] \tag{16.67}$$

y 方向運動量方程式：

$$\frac{\partial v}{\partial t} = -u\frac{\partial v}{\partial x} - v\frac{\partial v}{\partial y} - \frac{1}{\rho}\left[\frac{\partial p}{\partial y} - \frac{\partial \tau_{xy}}{\partial x} - \frac{\partial \tau_{yy}}{\partial y}\right] \tag{16.68}$$

エネルギー方程式：

$$\begin{aligned}\frac{\partial(e+V^2/2)}{\partial t} &= -u\frac{\partial(e+V^2/2)}{\partial x} - v\frac{\partial(e+V^2/2)}{\partial y} \\ &+ \frac{1}{\rho}\left\{\frac{\partial}{\partial x}\left(k\frac{\partial T}{\partial x}\right) + \frac{\partial}{\partial y}\left(k\frac{\partial T}{\partial y}\right) - \frac{\partial(pu)}{\partial x} - \frac{\partial(pv)}{\partial y}\right. \\ &\left. + \frac{\partial(u\tau_{xx})}{\partial x} + \frac{\partial(u\tau_{yx})}{\partial y} + \frac{\partial(v\tau_{xy})}{\partial x} + \frac{\partial(v\tau_{yy})}{\partial y}\right\}\end{aligned} \tag{16.69}$$

式 (16.66) から式 (16.70) を左辺が時間微分項で，右辺を空間微分項で書き表していることに注意すべきである．これらは式 (13.59) から式 (13.62) で与えられる Euler 方程式の形式と似ている．式 (16.67) から式 (16.70) において，τ_{xy}，τ_{xx} および τ_{yy} は，それぞれ，式 (15.5)，式 (15.8) および式 (15.9) により与えられる．

上の方程式を第 13 章で述べたように，MacCormack の方法により解くことができる．これは，予測子-修正子法であり，その時間依存法の展開のやり方は第 13.5 節で論議されている．圧縮性 Couette 流への適用の概略は次のようになる．

1. 2 つの平板の間の空間を，図 16.8a に描かれているように，有限差分格子に分割する．この格子の長さ L は幾分任意的ではあるが，ある最小値よりも長くなければならない．それはすぐに説明される．

2. $x = 0$ (流入境界) において，u，v，ρ および T ($e = c_v T$ であるので，e) の流入条件を決める．Couette 流の非圧縮性解が合理的な流入条件となる．

3. 残りのすべての格子点において，すべての流れ場の変数，u，v，ρ および T に任意の値を与える．$t = 0$ における初期条件を形成する，この任意の流れ場は有限な v を持ち得るし，圧力勾配を含むこともできる．

4. ステップ 3 で確定した初期流れ場から出発し，式 (16.66) から式 (16.70) を時間ステップ毎に解く．例えば，式 (16.67) の形式の x 方向運動量方程式を考える．この方程式に適用された MacCormack の予測子-修正子法は次のようになる．すなわち，

第16章 特別な場合：Couette 流

予測子：時刻 t において流れ場全体がわかっていると仮定する．そして，時刻 $t + \Delta t$ における流れ場の値を計算する．空間微分を前進差分で置き換える．すなわち，

$$\left(\frac{\partial u}{\partial t}\right)_{i,j} = -u_{i,j}\left(\frac{u_{i+1,j} - u_{i,j}}{\Delta x}\right) - v_{i,j}\left(\frac{u_{i,j+1} - u_{i,j}}{\Delta y}\right) \quad (16.70)$$

$$-\frac{1}{\rho_{i,j}}\left\{\frac{p_{i+1,j} - p_{i,j}}{\Delta x} - \left[\frac{(\tau_{xx})_{i+1,j} - (\tau_{xx})_{i,j}}{\Delta x}\right]\right.$$

$$\left. - \left[\frac{(\tau_{yx})_{i,j+1} - (\tau_{yx})_{i,j}}{\Delta y}\right]\right\}$$

右辺のすべての量は時刻 t において既知である．したがって，次の時刻 $t + \Delta t$ における流れ場の値に進みたいのである．すなわち，式 (16.71) の右辺は時刻 t において既知数である．$\bar{u}_{i,j}$ で示される，時刻 $t + \Delta t$ における $u_{i,j}$ の予測値を，次のように Taylor 級数の最初の 2 項から求める．

$$\bar{u}_{i,j} = \underbrace{u_{i,j}}_{\text{時刻 } t \text{ で既知}} + \underbrace{\left(\frac{\partial u}{\partial t}\right)_{i,j}}_{\text{式 (16.70) からの計算値}} \Delta t \quad (16.71)$$

p. 954　ρ，v および e の予測値，すなわち，$\bar{\rho}_{i,j}$，$\bar{v}_{i,j}$ および $\bar{e}_{i,j}$ を，それぞれ，式 (16.66)，式 (16.68) および式 (16.70) へ適用した同じ方法で計算する．これを図 16.8a におけるすべての格子点に対して行う．

修正子：式 (16.67) へ戻り，空間微分を予測子ステップで得られた (バーの付いた) 予測された値を用いた後退差分で置き換える．p. 955 すなわち，

$$\left(\frac{\partial u}{\partial t}\right)_{i,j} = -\bar{u}_{i,j}\left(\frac{\bar{u}_{i,j} - \bar{u}_{i-1,j}}{\Delta x}\right) - \bar{v}_{i,j}\left(\frac{\bar{u}_{i,j} - \bar{u}_{i,j-1}}{\Delta y}\right) \quad (16.72)$$

$$-\frac{1}{\bar{\rho}_{i,j}}\left\{\frac{\bar{p}_{i,j} - \bar{p}_{i-1,j}}{\Delta x} - \left[\frac{(\bar{\tau}_{xx})_{i,j} - (\bar{\tau}_{xx})_{i-1,j}}{\Delta x}\right]\right.$$

$$\left. - \left[\frac{(\bar{\tau}_{yx})_{i,j} - (\bar{\tau}_{yx})_{i,j-1}}{\Delta y}\right]\right\}$$

最終的に，$u_{i,j}^{t+\Delta t}$ で示される，時刻 $t + \Delta t$ における $u_{i,j}$ の修正子の値を式 (16.71) と式 (16.73) から得られる時間平均微分を用い，Taylor 級数の最初の 2 項から計算する．すなわち，

$$u_{i,j}^{t+\Delta t} = u_{i,j}^t + \frac{1}{2}\left[\underbrace{\left(\frac{\partial u}{\partial t}\right)_{i,j}}_{\text{式 (16.70) から}} + \underbrace{\left(\overline{\frac{\partial u}{\partial t}}\right)_{i,j}}_{\text{式 (16.72) から}}\right]\Delta t \quad (16.73)$$

$\rho_{i,j}^{t+\Delta t}$，$v_{i,j}^{t+\Delta t}$ および $e_{i,j}^{t+\Delta t}$ を得るために，式 (16.66)，式 (16.68) および式 (16.70) を用いて同様のプロセスを行う．それで，時刻 $t + \Delta t$ における全流れ場が求まる．

5. ステップ 4 を，前の時刻で新しく計算された流れ場の変数を用いて繰り返す．これらの流れ場の変数は時間ステップごとに異なるであろう．この過渡流れ場は平行な流線すら持たない

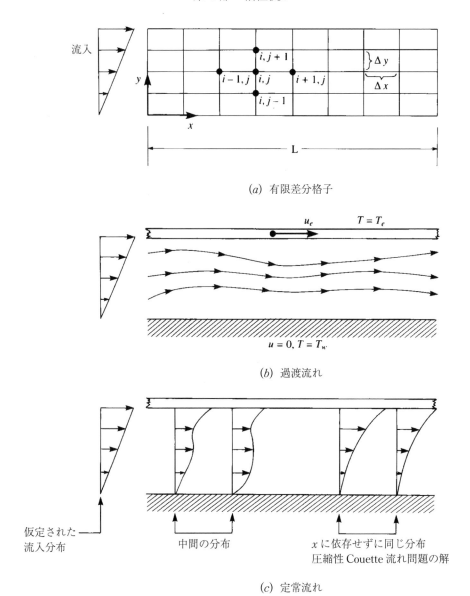

(a) 有限差分格子

(b) 過渡流れ

(c) 定常流れ

図 16.8 有限差分格子と定常状態に近づく遷移時間における流れの特性について

であろう (すなわち，この流れ全体にわたり有限な v が存在するであろう)．これが図 16.8b に描かれている．多くの時間ステップで計算をする．すなわち，大きく時間が経過すると，ある時間ステップから次の時間ステップになったときの流れ場変数の変化はより小さくなるであろう．最終的に，十分大きな時間 (ある問題においては，数百，時には，数千の時間ステップ) 進むと，流れ場の変数はもはや変化しなくなる，すなわち，図 16.8c に描かれているように，定常流れに到達するであろう．図 16.8c において，左から右へ移動すると，入口近くで，発達途上の流れがあり，仮定された流入速度分布に影響されているのがわかる．しかしながら，図 16.8c の右側においては，流入流れの変動が終わり，流れ場の速度分布は距

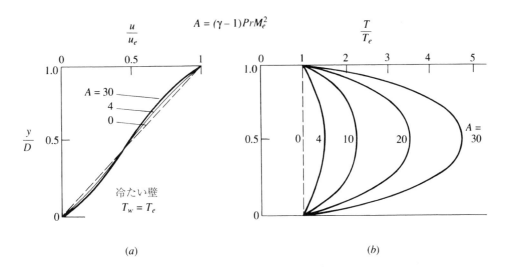

図 16.9 圧縮性 Couette 流に関する速度および温度分布. 冷壁の場合 (出典：White, 参考文献 43)

離に無関係になる. 実際, これが生じるように L を十分大きな長さに選んだのである. 出口近傍の流れ場は圧縮性 Couette 流問題についての求める解である.

式 (16.71) と式 (16.73) における Δt の値は任意ではない. 上で示された計算ステップの概要は陽的有限差分法を形成し, それゆえ, 計算の安定は Δt に依存しているのである. Δt の値は, ある特定の最大値より小さくなければならない. さもないと, この数値解は不安定となり, 計算機の中で爆発してしまう. p.956 Δt についての有用な式は Courant-Friedrichs-Lewy (CFL) 判定基準であり, それは, Δt は Δt_x と Δt_y の最小値でなければならないと述べている. ここに,

$$\Delta t_x = \frac{\Delta x}{u+a} \qquad \Delta t_y = \frac{\Delta y}{v+a} \tag{16.74}$$

式 (16.74) において, a は局所音速である. すべての格子点で式 (16.74) を計算し, その最小値が全流れ場を計算するのに用いられる.

上で述べた時間依存法は圧縮性 Navier-Stokes 方程式の解法における一般的な方法である. まさに, その理由で, ここにそれの概要を示したのである. 本節の目的はこの方法による Couette 流の解法の概要を与えることではなく, むしろ, この後での Navier-Stokes 解法の論議の先駆けとして示すことにあるのである.

16.4.3　圧縮性 Couette 流の結果

圧縮性 Couette 流に関するいくつかの定型的な結果が, 冷たい壁面については図 16.9 に, 下方壁面が断熱壁の場合については図 16.10 に示してある. これらの結果は, White (参考文献 43) から持ってきたものである. すなわち, それらは $\mu/\mu_{max} = (T/T_{ref})^{2/3}$ なる粘性-温度関係式を仮定しており, それは, 気体に対して, Sutherland の法則 [式 (15.3)] ほどには精度はない. 第 15.6 節から, 圧縮性粘性流れは次の相似パラメータ, すなわち, Mach 数, Prandtl 数, および比熱比 γ により支配されるということを思い出すべきである. したがって, 圧縮性 Couette 流に関

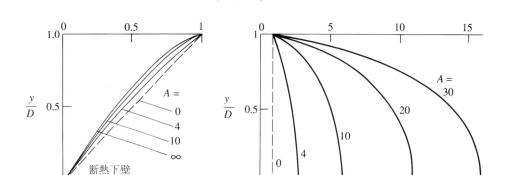

図 16.10 圧縮性 Couette 流に関する速度および温度分布．断熱下方壁の場合（出典：White，参考文献 43）

する結果は同じパラメータにより支配されるだろうと想像できる．それが図 16.9 と図 16.10 に示されている場合である．ここでは，p. 957 いろいろな値の結合パラメータ $A = (\gamma - 1)P_r M_e^2$ について，異なった流れ場の分布が得られているのがわかる．特に，同一温度の冷壁の場合について図 16.9 を調べると，次のことに気がつく．すなわち，

1. 図 16.9a から，速度分布は圧縮性にはそれほど影響されない．$A = 0$ と記された速度分布は，良く知られた直線的な非圧縮性の場合であり，$A = 30$ と記されたものは近似的に M_e が 10 に対応する．明らかに，(u/u_e 対 y/D で表した）速度分布はそのような大きな Mach 数範囲でもあまり大きく変化しないのである．

2. 対照的に，図 16.9b から，流れには大きな温度変化が存在する．すなわち，これらはもっぱら粘性散逸によるものであり，この粘性散逸が高い Mach 数における主たる影響である．例えば，$A = 30$ ($M_e \approx 10$) について，流れの中央における温度は壁温のほぼ 5 倍である．これと，非圧縮性流れについての例題 16.1 で計算された非常に小さな温度増加と対比してみるべきである．これが，図 16.9b の目盛りでは，非圧縮性の場合 ($A = 0$) が基本的に垂直線になっている理由である．

図 16.10 に示される断熱壁について，次のようなことがわかる．すなわち，

1. 図 16.10a から，速度分布は圧縮性にしたがって大きな弯曲を示している．

2. 図 16.10b から，温度増加は冷壁の場合よりも大きい．$A = 30$ ($M_e \approx 10$) について，最大温度は上方壁の 15 倍以上であることに注意すべきである．また，第 16.3 節における論議から，良く知られた結果である，温度は断熱壁で最大であること，すなわち，T_{aw} が最大温度であることに注意すべきである．予想したように，図 16.10b は，M_e が増加するにしたがって，T_{aw} が劇的に増加することを示している．

p. 958 要約すると，第 16.3 節において論議した非圧縮性流れとここで論議した圧縮性流れとの一般的な比較において，大きな**定性的**な相違は存在しない．すなわち，第 3 部で論議されたよう

な，非粘性流れの場合とは異なり，亜音速から超音速流れになっても流れ場の振る舞いに不連続的な変化は存在しないのである．定性的に，超音速粘性流れは亜音速粘性流れと同じである．一方，大きな**定量的な相違**，特に，高速の圧縮性粘性流れにおいて，大規模な粘性散逸により生じる大きな温度変化が存在する．粘性流れと非粘性流れとにおけるこの相違の物理的な理由は次のようなことである．非粘性流れにおいて，情報は，流れの中を移動する圧力波というメカニズムにより伝播する．このメカニズムは，流れが亜音速から超音速になると劇的に変化するのである．対照的に，粘性流れの場合，情報は μ と k の散逸輸送メカニズム(分子運動現象)により伝播するのであり，これらのメカニズムは，流れが亜音速から超音速になっても基本的には変化しないのである．これらのことは，ここで取り扱った Couette 流だけではなく，どのような粘性流れにおいても一般的に成り立つのである．

16.4.4 解析的考察

1000 K までの空気温度に関して，その比熱比は本質的に一定であり，それゆえ，この温度範囲に対して熱量的完全気体の仮定は正当化される．さらに，この温度範囲における μ と k の温度変化は実際上同一である．結果として，Prandtl 数, $\mu c_p/k$ は本質的に 1000 K オーダーの温度まで**一定**である．これが，Schetz (参考文献 53) から得た図 16.11 に示されている．空気に関して，Pr ≈ 0.71 であることに注意すべきである．すなわち，例題 16.1 に用いられたのはこの値なのである．

質問：p. 959 1000 K を越える流れの温度になるのはどのくらい高い Mach 数であろうか．**解答**：近似な答えは，総温が 1000 K である Mach 数を計算することである．静温を $T = 288$ K と仮定し，式 (8.40) から,

$$M = \sqrt{\frac{2}{\gamma-1}\left(\frac{T_0}{T}-1\right)} = \sqrt{\frac{2}{0.4}\left(\frac{1000}{288}-1\right)} = 3.5$$

したがって，Mach 数が 3.5 あるいはそれ以下の飛行に関係した大部分の航空工学的応用に関して，流れ場の粘性が卓越した部分内における温度は 1000 K を越えないであろう．数機の極超音速試験機を除くと実際上，今日の運用されているすべての航空機が 3.5，またはそれより低い Mach 数 範囲に入っているのである．

上述のことから見て，多くの粘性流れ解法は，**一定** *Prandtl* **数**なる正当化できる仮定をすることで行われている．圧縮性 Couette 流について，Pr = constant なる仮定により次のような解析ができる．以下に再度示すエネルギー式の式 (16.3) を考える．すなわち，

$$\frac{\partial}{\partial y}\left(k\frac{\partial T}{\partial y}\right) + \frac{\partial}{\partial y}\left(\mu u\frac{\partial u}{\partial y}\right) = 0 \tag{16.3}$$

$T = h/c_p$ および Pr = $\mu c_p/k$ であるから，式 (16.3) を次のように書ける．

$$\frac{\partial}{\partial y}\left(\frac{\mu}{\mathrm{Pr}}\frac{\partial T}{\partial y}\right) + \frac{\partial}{\partial y}\left(\mu u\frac{\partial u}{\partial y}\right) = 0 \tag{16.75}$$

すなわち，

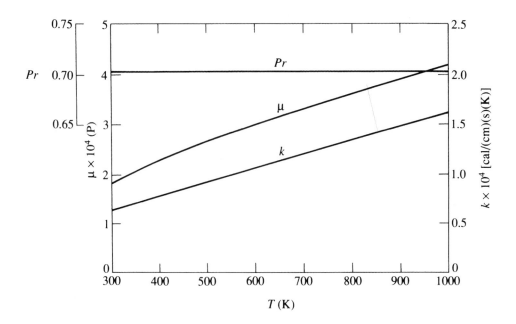

図 16.11 温度の関数としての空気に関する粘性係数,熱伝導率および Prandtl 数の変化

$$\frac{\partial}{\partial y}\left[\mu\left(\frac{1}{\Pr}\frac{\partial h}{\partial y}\right)+u\frac{\partial u}{\partial y}\right]=0 \tag{16.76}$$

式 (16.76) を y に関して積分すると,

$$\frac{1}{\Pr}\frac{\partial h}{\partial y}+u\frac{\partial u}{\partial y}=\frac{a}{\mu} \tag{16.77}$$

を得る.$\tau=\mu(\partial u/\partial y)$ であるので,$\mu=\tau(\partial u/\partial y)^{-1}$ を得る.また,式 (16.61) から τ が一定であることを思い出すと,式 (16.77) の右辺を次のように書ける.

$$\frac{a}{\mu}=\frac{a}{\tau}\frac{\partial u}{\partial y}=b\frac{\partial u}{\partial y}$$

ここに,b は定数である.これを用い,式 (16.77) は

$$\frac{1}{\Pr}\frac{\partial h}{\partial y}+\frac{\partial(u^2/2)}{\partial y}-b\frac{\partial u}{\partial y}=0 \tag{16.78}$$

となる.Pr = constant であることを憶えながら,式 (16.78) を y について積分すると,

$$\frac{h}{\Pr}+\frac{u^2}{2}-bu=c \tag{16.79}$$

を得る.p. 960 ここに,c はもう 1 つ別の積分定数である.b と c についての式は式 (16.79) を $y=0$ と $y=D$ で計算して得られる.$y=0$ において,$h=h_w$ と $u=0$ である.したがって,

$$c=\frac{h_w}{\Pr}$$

第16章　特別な場合：Couette流

$y = D$ において，$h = h_e$ および $u = u_e$ である．したがって，

$$b = \frac{1}{u_e}\left(\frac{h_e - h_w}{\Pr}\right) + \frac{u_e}{2}$$

b および c を式 (16.79) に代入すると，

$$h + \Pr\frac{u^2}{2} = h_w + \frac{u}{u_e}(h_e - h_w) + \frac{\Pr}{2}(uu_e) \tag{16.80}$$

を得る．下方壁が断熱的であるとする．すなわち，$(\partial h/\partial y)_w = 0$ である．式 (16.80) を y で微分すると，

$$\frac{\partial h}{\partial y} = -\Pr u\frac{\partial u}{\partial y} + \left(\frac{h_e + h_w}{u_e}\right)\frac{\partial u}{\partial y} + \frac{u_e\Pr}{2}\frac{\partial u}{\partial y}$$

すなわち

$$\frac{\partial h}{\partial y} = \left(-u\Pr + \frac{h_e - h_w}{u_e} + \frac{u_e\Pr}{2}\right)\frac{\partial u}{\partial y} \tag{16.81}$$

断熱壁の条件は $(\partial h/\partial y)_w = 0$ であることを思い出すべきである．$u = 0$ であり，定義により $h_w = h_{aw}$ である断熱壁について，$y = 0$ において式 (16.81) を適用すると，

$$\left(\frac{\partial h}{\partial y}\right)_w = \left(\frac{h_e - h_{aw}}{u_e} + \frac{u_e\Pr}{2}\right)\left(\frac{\partial u}{\partial y}\right)_w = 0$$

を得る．$(\partial u/\partial y)_w$ は有限であるので，

$$\frac{h_e - h_{aw}}{u_e} + \frac{u_e\Pr}{2} = 0$$

である．すなわち，

$$\boxed{h_{aw} = h_e + \Pr\frac{u_e^2}{2}} \tag{16.82}$$

これは，非圧縮性流れについて得た式 (16.39) と同一である．したがって，一定の Prandtl 数を仮定した圧縮性 Couette 流の回復係数は，また，次のようになる．

$$r = \Pr \tag{16.83}$$

非圧縮性および圧縮性の場合における回復係数が ($\Pr$ = constant である限り) 同一であるので，Reynolds アナロジーについてはどう言えるであろうか．式 (16.59) は圧縮性の場合に成り立つのであろうか．この疑問を調べてみよう．以下に再掲示する式 (16.3) にもどる．すなわち，

$$\frac{\partial}{\partial y}\left(k\frac{\partial T}{\partial y}\right) + \frac{\partial}{\partial y}\left(\mu u\frac{\partial u}{\partial y}\right) = 0 \tag{16.3}$$

p. 961 定義から，

$$\dot{q} = k\frac{\partial T}{\partial y} \tag{16.84}$$

および

$$\tau = \mu\frac{\partial u}{\partial y} \tag{16.85}$$

であることを思い出すと，式 (16.3) は

$$\frac{\partial \dot{q}}{\partial y} + \frac{\partial(\tau u)}{\partial y} = 0 \tag{16.86}$$

のように書ける．式 (16.86) を y について積分すると

$$\dot{q} + \tau u = a \tag{16.87}$$

を得る．ここに，a は積分定数である．$y = 0$ において，そこでは $u = 0$ および $\dot{q} = q_w$ であり，式 (16.87) を計算すると，

$$a = \dot{q}_w$$

であることがわかる．したがって，式 (16.87) は，

$$\dot{q} + \tau u = \dot{q}_w \tag{16.88}$$

式 (16.84) と式 (16.85) を式 (16.88) に代入すると

$$\dot{q}_w = k\frac{\partial T}{\partial y} + \mu u\frac{\partial u}{\partial y} \tag{16.89}$$

を得る．すなわち，

$$\frac{\dot{q}_w}{\mu} = \frac{k}{\mu}\frac{\partial T}{\partial y} + u\frac{\partial u}{\partial y} \tag{16.90}$$

せん断応力はこの流れ全体で一定であることを思い出すべきである．したがって，

$$\tau = \mu\frac{\partial u}{\partial y} = \tau_w$$

すなわち，

$$\mu = \frac{\tau_w}{\partial u/\partial y} \tag{16.91}$$

また，

$$\frac{k}{\mu} = \frac{c_p}{\Pr} \tag{16.92}$$

式 (16.91) を式 (16.90) の左辺に，そして，式 (16.92) を式 (16.90) の右辺に代入すると

第16章　特別な場合：Couette 流

$$\frac{\dot{q}_w}{\tau_w}\frac{\partial u}{\partial y} = \frac{c_p}{\Pr}\frac{\partial T}{\partial y} + \frac{\partial(u^2/2)}{\partial y} \tag{16.93}$$

を得る．$\dot{q}_w$, τ_w, c_p および $\Pr$ がすべて決まった値であることを注意して，式 (16.93) をこれらの 2 つの平板間で積分する．すなわち，

$$\frac{\dot{q}_w}{\tau_w}\int_0^D \frac{\partial u}{\partial y}dy = \frac{c_p}{\Pr}\int_0^D \frac{\partial T}{\partial y}dy + \int_0^D \frac{\partial(u^2/2)}{\partial y}dy$$

すなわち，

$$\frac{\dot{q}_w}{\tau_w}\int_0^{u_e} du = \frac{c_p}{\Pr}\int_{T_w}^{T_e} dT + \int_0^{u_e} d\left(\frac{u^2}{2}\right)$$

これは次式となる．

$$\frac{\dot{q}_w}{\tau_w}u_e = \frac{c_p}{\Pr}(T_e - T_w) + \frac{u_e^2}{2} \tag{16.94}$$

式 (16.94) を整理し，$h = c_p T$ であることを思い起こすと，

$$\dot{q}_w = \frac{\tau_w}{u_e \Pr}\left(h_e - h_w + \Pr\frac{u_e^2}{2}\right) \tag{16.95}$$

を得る．式 (16.82) を式 (16.95) に代入すると

$$\dot{q}_w = \frac{\tau_w}{u_e \Pr}(h_{aw} - h_w) \tag{16.96}$$

を得る．表面摩擦係数と Stanton 数は，それぞれ，式 (16.51) および式 (16.55) により定義される．したがって，これらの比は，

$$\frac{C_H}{c_f} = \frac{\dot{q}_w/[\rho_e u_e(h_{aw}-h_w)]}{\tau_w/(\frac{1}{2}\rho_e u_e^2)} = \frac{\dot{q}_w}{\tau_w}\left[\frac{u_e}{2(h_{aw}-h_w)}\right] \tag{16.97}$$

式 (16.96) を式 (16.97) に代入すると

$$\frac{C_H}{c_f} = \frac{(h_{aw}-h_w)}{u_e \Pr}\left[\frac{u_e}{2(h_{aw}-h_w)}\right]$$

を得る．すなわち，

$$\boxed{\frac{C_H}{c_f} = \frac{1}{2}\Pr^{-1}} \tag{16.98}$$

式 (16.98) が *Reynolds* アナロジーである．すなわち，熱伝達係数と表面摩擦係数との間の関係式である．さらに，それは，非圧縮性流れについて式 (16.59) で得られたとまったく同じ結果である．したがって，一定の Prandtl 数の場合，Reynolds アナロジーは非圧縮性および圧縮性流れでまったく同じ形式の式であるという結果を得るのである．

[例題 16.2]

図 16.2 に与えられる幾何学的形状を考える．2 つの平板は (例題 16.1 と同じように) 距離 0.01 in 離れている．これら 2 つの平板の温度は等しく，288 K (標準海面上温度) である．空気の圧力は流れのいたるところで一定であり，1 atm に等しい．上方平板が Mach 3 で移動している．下方壁面におけるせん断応力は 72 N/m² である．(これは約 1.5 lb/ft² である．すなわち，例題 16.1 で取り扱った低速の場合に関係したものよりかなり大きな値である．) どちらかの平板への熱伝達を計算せよ．(せん断応力が流れの至るところで一定であり，これらの平板の温度が等しいので，上方および下方平板への熱伝達は同じである．)

[解答]p. 963

上方平板の速度は

$$u_e = M_e a_e = M_e \sqrt{\gamma R T_e} = 3\sqrt{(1.4)(288)(287)} = 1020 \text{ m/s}$$

である．両方の平板における空気密度は (1 atm = 1.01×10^5 N/m² であることに注意して)，

$$\rho_e = \frac{p_e}{RT_e} = \frac{1.01 \times 10^5}{(287)(288)} = 1.22 \text{ kg/m}^3$$

である．したがって，表面摩擦抵抗係数は

$$c_f = \frac{\tau_w}{\frac{1}{2}\rho_e u_e^2} = \frac{72}{(0.5)(1.22)(1020)^2} = 1.13 \times 10^{-4}$$

である．Reynolds アナロジー，式 (16.92) から，

$$C_H = \frac{c_f}{2\text{Pr}} = \frac{1.13 \times 10^{-4}}{2(0.71)} = 8 \times 10^{-5}$$

を得る．断熱壁エンタルピーは，式 (16.82) から，

$$h_{aw} = h_e + \text{Pr}\frac{u_e^2}{2} = c_p T_e + \text{Pr}\frac{u_e^2}{2}$$

である．空気については，c_p = 1004.5 J/kg·K である．したがって，

$$h_{aw} = (1004.5)(288) + (0.71)\frac{(1020)^2}{2} = 6.59 \times 10^5 \text{ J/kg}$$

[注：これは，$T_{aw} = h_{aw}/c_p = (6.59 \times 10^5)/1004.5 = 656$ K を与える．断熱壁の場合，その壁は非常に熱くなるであろう．] したがって，Stanton 数の定義，[式 (16.55)] と，$h_{aw} = c_p T_w = (1004.5)(288) = 2.89 \times 10^5$ J/kg であることに注意して，

$$\dot{q}_w = \rho_e u_e (h_{aw} - h_w) C_H = (1.22)(1020)[(6.59 - 2.89) \times 10^5](8 \times 10^{-5})$$
$$= \boxed{3.68 \times 10^4 \text{ W/m}^2}$$

16.5 要約

本章で論議した平行流は，比較的わかりやすい解法に役に立つ付加的な利点を持っており，より複雑な粘性流れに一般的な特徴を表しているのである．この論議の目的は，流体力学的な複雑さによるわかり難さがないように粘性流れの，多くの基本的な概念を導入することであった．特に，Couette 流を調べ，次に示すことを見いだした．

1. 流れの駆動力は，移動する壁面と流体間のせん断応力である．せん断応力は，非圧縮性および圧縮性の場合ともに，流れに直角方向には一定である．

2. p. 964 非圧縮性 Couette 流の場合，

$$u = u_e \left(\frac{y}{D}\right) \tag{16.6}$$

$$\tau = \mu \left(\frac{u_e}{D}\right) \tag{16.9}$$

3. 熱伝達は壁面温度と粘性散逸の量に依存する．断熱壁に関して，壁面エンタルピーは

$$h_{aw} = h_e + r\frac{u_e^2}{2} \tag{16.46a}$$

Prandtle 数一定の非圧縮性および圧縮性 Couette 流の場合，回復係数は

$$r = \text{Pr}$$

であり，Reynolds アナロジーは両方の場合に成り立つ．すなわち，

$$\frac{C_H}{c_f} = \frac{1}{2}\text{Pr}^{-1} \tag{16.59}$$

第17章　境界層概論

p. 965 流体と固体物体との間の境界層における物理過程についての非常に満足の行く説明が，流体が壁面にへばりつくとの仮定，すなわち，流体と壁面間の相対速度ゼロの仮定により得られた．もし，粘性が非常に小さく，壁面に沿っても距離があまり大きくなければ，流体速度は壁面から非常に短い距離のところでそれの通常の値にならなければならない．しかしながら，薄い遷移層内において，小さな摩擦係数の場合でさえ，急激な速度変化は注目すべき結果を生じるのである．

　　Ludwig Prandtl, 1904

プレビュー・ボックス

　本章では，その内容に驚くであろう．摩擦の影響はあらゆる流れ内のあらゆる点に存在する．しかし，実際に，それは流体中の物体表面に隣接した薄い領域，あるいは速度が大きく異なった2つの流れの間の境界領域**以外**に通常は影響がない．前者の場合，この薄い領域は**境界層** (*boundary layer*) と呼ばれる．そして，後者の場合，それは**せん断層** (*shear layer*) と呼ばれる．摩擦を考慮して流れを解くことが，ほとんど無駄であった何世紀もあとに導入された境界層の概念は流体力学に革命をおこし，摩擦を持つ流れの解析を取り扱いやすくした．薄い境界層内で生じているものは表面摩擦や表面への空力加熱，そして，表面からの流れのはく離に関する物理的なメカニズムであるということは興味深い．表面摩擦や空力加熱を計算するためには，薄い境界層内の摩擦と熱伝導のみを考慮すべきであり，境界層外の主要な流れ場ではないということには注意が必要である．

　本章では境界層について述べる．このとき，この薄い層の流れの作用に驚くであろう．

17.1　序論

p. 966 上の引用は，1904年，ドイツのHidelbergにおける第3回数学者会議 (the third Congress of Mathematicians) でLudwig Prandtlにより発表された歴史的な論文からとられたものである．この論文において，境界層の概念が初めて導入された，すなわち，その概念は，20世紀において粘性流れの解析をついに革命化し，抵抗と空気力学的物体を過ぎる流れのはく離の実用

的な計算を可能としたものである．Prandtl の 1904 年の論文以前において，第 15 章で論議された Navier-Stokes 方程式は良く知られていたが，流体力学者達は，実際の工学問題についてこれらの方程式を解くのに悪戦苦闘していたのである．1904 年以降，様相はまったく変わったのである．Prandtl の，空気力学的面に隣接する境界層の概念を用いると，Navier-Stokes 方程式は **境界層方程式** (*boundary layer equations*) と呼ばれる，より取り扱いが容易な形式にすることができる．次に，これらの境界層方程式を解き，せん断応力分布やその面への空気力学熱伝達を得られるのである．Prandtl の境界層概念は，Nobel 賞に値する流体力学という科学における 1 つの成果であった，しかし，彼は決してそのような栄誉を受けることはなかったが．本章の目的は境界層の一般的な概念を示し，いくつかの代表的な応用例を与えることである．ここでの目的は境界層理論の概論を与えることのみである．すなわち，境界層解析と応用についてのより厳密な，そして包括的な論議については参考文献 42 を参照すべきである．また，一般的な境界層概論は第 1.11 節に与えられた．もし読者がその節を読んでいないとすれば，さらに先へ進む前に，今は立ち止まり，第 1.11 節へ戻る良い機会であろう．

境界層は何であろうか．この用語を本章より前の章のいくつかで用いてきた．すなわち，最初，第 1.10 節でこの概念を紹介し，図 1.42 にその概念を例示している．境界層は面に隣接する薄い流れの領域であり，そこでは，固体表面と流体との間の摩擦の影響により流れが減速される．例えば，超音速物体を過ぎる流れの写真が図 17.1 に示されている．そこでは，境界層が (衝撃波や膨張波，および後流とともに) **影写真** (*shadowgraph*) と呼ばれる特別な光学的方法により可視化されている (影写真法についての論議は参考文献 25 と 26 を見よ)．物体の大きさに比べ境界層がいかに薄いかということに注意すべきである．すなわち，境界層は，幾何学的には流れ場の小さな部分を占めているだけであるが，それの物体への抵抗と熱伝達に対する影響は非常に大きいのである．すなわち，上で引用された Prandtl 自身の言葉によると，それは "注目すべき結果" を作り出すのである．

本書の残りの章における目的はこれらの "注目すべき結果" を調べることである．本章のロードマップが図 17.2 に与えられている．次の節で，境界層の幾つかの基本的な特性を論議する．その次の節で境界層方程式を展開し，それらは物体に隣接する薄い粘性領域における流体に適用できる特別な形式で書かれた連続，運動量およびエネルギー方程式である．境界層方程式は境界層 **内部** に適用される偏微分方程式である．

最後に，本章は粘性流方程式の解法について第 15.7 節で論議された 3 つのオプション，すなわち，その他の項より小さい項を無視することによる Navier-Stokes 方程式の簡単化を示すのであることを注意しておく．これは，近似であり，第 16 章における Couette や Poiseuille 流の場合のように厳密な条件ではない．本章において，Navier-Stokes 方程式が面に隣接する薄い粘性境界層に適用されたとき，近似ではあるが，それらはより簡単な形になり，より簡単な解を与える．これらのより簡単な方程式が境界層方程式と呼ばれる．すなわち，それらが本章の主題である．

17.2 境界層特性

図 17.3 に描かれるような平板を過ぎる粘性流れを考える．粘性効果はその表面に隣接する薄い層の内側に含まれる．すなわち，図 17.3 においてその厚さははっきりわかるように誇張さ

第 17 章 境界層概論

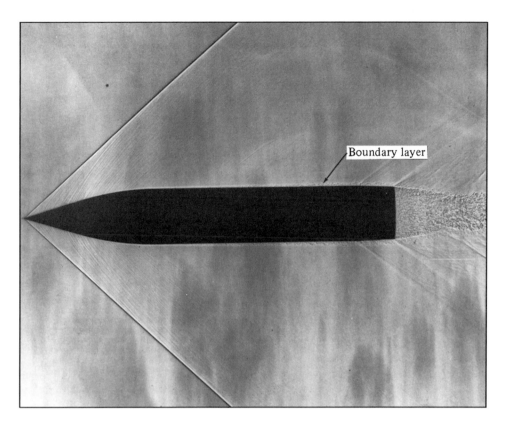

図 17.1 空気力学的物体上の境界層 (提供：the U.S. Army Ballistic Laboratory, Aberdeen, Maryland)

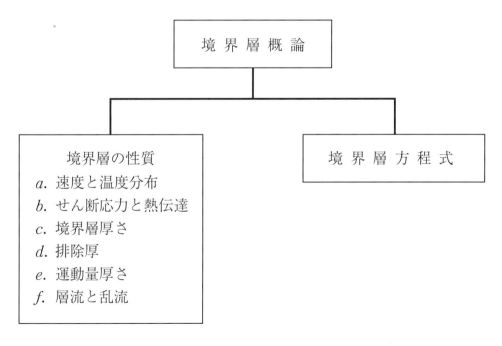

図 17.2 第 17 章ロードマップ

れている．表面で接する流れの速度はゼロである．すなわち，これが第15.2節で論議した"滑りなし (no-slip)"条件である．加えて，表面に接する流体の温度は表面の温度に等しい．すなわち，これは，図17.3に示されるように，**壁面温度** T_w と呼ばれる．この面から上で，流れの速度は，すべての実用的な目的にとって，それが一様流の速度に等しくなるまで y 方向に増加する．これは，図17.3に示されるように，壁面から上の δ の高さのところで生じる．より厳密には，δ は，$u = 0.99u_e$ である壁面からの距離として定義される．ここで，u_e は境界層の外縁における速度である．平板を過ぎる流れを示している図17.3において，境界層の縁における速度は V_∞ であろう．すなわち，$u_e = V_\infty$ である．一般的な形状の物体の場合，u_e は，物体表面 (あるいは後に述べる，"有効物体"表面) で計算される非粘性流れの解から得られる速度である．δ なる量は**速度境界層厚さ** (*velocity boundary-layer thickness*) と呼ばれる．任意の与えられた x なる位置において，$y = 0$ と $y = \delta$ との間の u の変化，すなわち，$u = u(y)$ は，図17.3に描かれているように，境界層内の**速度分布** (*velocity profile*) として定義される．この分布は異なる x 位置では異なる．同様に，流れの温度は，壁面から上で，$y = 0$ での $T = T_w$ から $y = \delta_T$ での $T = 0.99T_e$ まで変化するであろう．ここで，δ_T は**温度境界層厚さ** (*thermal boundary-layer thickness*) として定義される．任意の与えられた x 位置において，$y = 0$ と $y = \delta_T$ との間の T の変化，すなわち，$T = T(y)$ は，図17.3に描かれているように，境界層内における**温度分布** (*temperature profile*) と呼ばれる．(上の記述で，T_e は温度境界層の縁における温度である．図17.3に描かれているような，平板を過ぎる流れについては，$T_e = T_\infty$ である．一般的な物体については，T_e は物体表面，または，後に述べる"有効物体表面"で計算される非粘性流れの解から得られる．) したがって，2つの境界層を定義できる．すなわち，厚さ δ を持つ速度境界層と厚さ δ_T を持つ温度境界層である．一般的に，$\delta_T \neq \delta$ である．これらの相対的な厚さは *Prandtl* 数に依存する．すなわち，もし，Pr = 1 ならば，そのときは，$\delta_T = \delta$，もし，Pr > 1 ならば，$\delta_T < \delta$，もし，Pr < 1 ならば，$\delta_T > \delta$ であることを示すことができる．標準状態の空気については，Pr = 0.71 である．したがって，温度境界層は，図17.3に示されるように，速度境界層より厚いのである．この2つの境界層厚さは，前縁からの距離により増加する，すなわち，$\delta = \delta(x)$ および $\delta_T = \delta_T(x)$ であることに注意すべきである．

　壁面における速度勾配の結果が壁面における剪断応力，

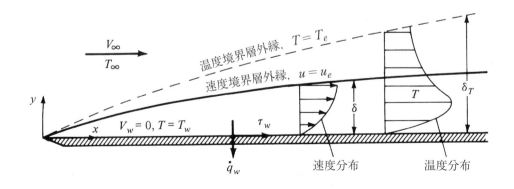

図 17.3 境界層特性

第 17 章 境界層概論

$$\tau_w = \mu \left(\frac{\partial u}{\partial y}\right)_w \tag{17.1}$$

の生成である．ここに，$(\partial u/\partial y)_w$ は $y = 0$ (すなわち，壁面) で計算される速度勾配である．同様に，壁面における温度勾配は壁面における熱伝達，

$$\dot{q}_w = -k \left(\frac{\partial T}{\partial y}\right)_w \tag{17.2}$$

を生じる．ここに，$(\partial T/\partial y)_w$ は $y = 0$ (すなわち，壁面) で計算される温度勾配である．一般的に，τ_w と $\dot{q}_w$ は両方とも前縁からの距離の関数である．すなわち，$\tau_w = \tau_w(x)$ および $\dot{q}_w = \dot{q}_w(x)$ である．境界層理論の中心的目的の 1 つは τ_w と $\dot{q}_w$ を計算することである．

しばしば用いられる境界層特性は次式で定義される**排除厚** (*displacement thickness*) である．

$$\boxed{\delta^* = \int_0^{y_1} \left(1 - \frac{\rho u}{\rho_e u_e}\right) dy \qquad \delta \leq y_1 \to \infty} \tag{17.3}$$

排除厚には 2 つの物理的な解釈がある．すなわち，

1. δ^* は境界層の存在による "失われる質量流量 (missing mass flow)" に比例する指標である．説明しよう．図 17.4 に示されるように，境界層の上方の点 y_1 を考える．また，$y = 0$ と $y = y_1$ を結ぶ垂直線を横切る (本紙面に垂直な単位深さあたりの) 質量流量を考える．そのとき，

$$A = 0 \text{ と } y_1 \text{ 間の実際の質量流量} = \int_0^{y_1} \rho u \, dy$$

$$B = \begin{matrix}\text{境界層なしの場合の}\\0 \text{ と } y_1 \text{ 間の}\\\text{仮想質量流量}\end{matrix} = \int_0^{y_1} \rho_e u_e \, dy$$

$$B - A = \begin{matrix}\text{境界層がある}\\\text{ときの減少量，}\\\text{失われる質量流量}\end{matrix} = \int_0^{y_1} (\rho_e u_e - \rho u) \, dy \tag{17.4}$$

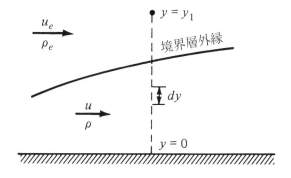

図 17.4 排除厚の構造図

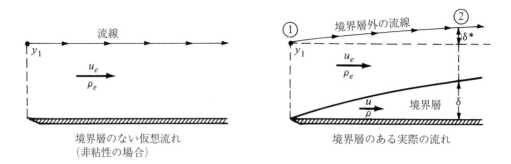

図 17.5 排除厚は，境界層の存在により外部流れの流線が振られる距離である．

p. 970 この失われる質量流量を $\rho_e u_e$ と δ^* の積として表す．すなわち，

$$\text{失われる質量流量} = \rho_e u_e \delta^* \tag{17.5}$$

式 (??) と式 (17.5) を等しいとおくと，

$$\rho_e u_e \delta^* = \int_0^{y_1} (\rho_e u_e - \rho u) dy$$

すなわち，

$$\delta^* = \int_0^{y_1} \left(1 - \frac{\rho u}{\rho_e u_e}\right) dy \tag{17.6}$$

を得る．式 (17.6) は式 (17.3) に与えられる δ^* の定義と同一である．したがって，明らかに，δ^* は失われる質量流量に比例する高さである．もし，この失われる質量流量が，流れの特性が ρ_e と u_e で一定である流管に詰め込まれたとすると，そのとき，式 (17.5) は，δ^* がこの仮想流管の高さであることを述べているのである．

2. δ^* の第 2 の物理的な解釈は上で論議されたものよりもっと実用的である．図 17.5 に描かれるような平板面を過ぎる流れを考える．左側にこの面を過ぎる仮想非粘性流れの図がある．すなわち，点 y_1 を通過する流線は直線であり，この面に平行である．p. 971 実際の粘性流れが図 17.5 の右側に示されている．すなわち，ここでは，境界層内部の減速された流れが自由流に対する部分的な障害物として働くのである．結果として，点 y_1 を通過する，境界層の外の流線は距離 δ^* だけ上方へ振られるのである．さて，この δ^* が厳密に式 (17.3) で定義された排除厚であることを証明する．図 17.5 の位置 1 において，この平面と境界層外の流線管の (本紙面に垂直方向の単位深さあたりの) 質量流量は，

$$\dot{m} = \int_0^{y_1} \rho_e u_e dy \tag{17.7}$$

である．位置 2 において，この平面と外部の流線間の質量流量は，

$$\dot{m} = \int_0^{y_1} \rho u dy + \rho_e u_e \delta^* \tag{17.8}$$

第17章 境界層概論

である．この平面と外部の流線は流管の境界を形成するので，位置1と位置2を横切る質量流量は等しい．したがって，式 (17.7) と式 (17.8) を等しいとおくと，

$$\int_0^{y_1} \rho_e u_e \, dy = \int_0^{y_1} \rho u \, dy + \rho_e u_e \delta^*$$

すなわち，

$$\delta^* = \int_0^{y_1} \left(1 - \frac{\rho u}{\rho_e u_e}\right) \tag{17.9}$$

を得る．したがって，図 17.5 における流線が境界層の存在により上方へ振られる高さ，すなわち，δ^* は，式 (17.9) により与えられる．しかしながら，式 (17.9) は，厳密に，式 (17.3) により与えられる排除厚の定義である．このように，最初に式 (17.3) により定義された，排除厚は，物理的に，外部の非粘性流れが境界層の存在により移動させられる距離である．

この2番目の δ^* についての解釈は**有効物体** (*effective body*) なる概念を導くのである．図 17.6 に描かれる空気力学的物体を考える．この物体の実際の外形は P. 972 曲線 ab で与えられる．しかしながら，境界層の排除効果により，流線から見た有効な物体形状は曲線 ab によっては与えられず，むしろ，自由流からは曲線 ac により与えられる有効物体が見えるのである．実際の物体 ab 上の境界層外縁における状態，ρ_e，u_e，T_e 等を得るために，非粘性流れ解法をこの有効物体について実行しなければならない．そして，ρ_e，u_e，T_e 等は，曲線 ac に沿って計算された，この非粘性解から得られる．

式 (17.3) から δ^* について解くために，境界層流れの解からの u と ρ の分布が必要であることに注意すべきである．次に，境界層流れを解くために，ρ_e，u_e，T_e 等を必要とする．しかしながら，ρ_e，u_e，T_e 等は δ^* に依存する．このことはくり返し解法に導くのである．図 17.6 における物体の表面上の圧力分布とともに境界層特性を精度良く計算するために，次のように計算を進める．すなわち，

1. 与えられた物体形状 ab について非粘性解法を実行する．曲線 ab に沿って ρ_e，u_e，T_e 等を計算する．

2. これらの ρ_e，u_e，T_e 等の値を用い，(第 17.3 節から第 17.6 節で論議された) 境界層方程式をこの物体のいろいろな位置で $u = u(y)$，$\rho = \rho(y)$ 等について解く．

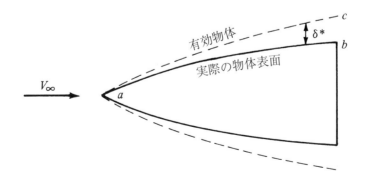

図 17.6 "有効物体" は，実際の物体形状+排除厚分布である．

3. これらの位置における δ^* を式 (17.3) から得る．これは正確な δ^* ではない．なぜなら，ρ_e, u_e, T_e 等が曲線 ab について計算され，適切な有効物体のものでないからである．この計算された δ^* を用い，(図 17.6 には示されていない) 曲線 ac' により与えられる有効物体を計算する．

4. 中間的有効物体 ac' を過ぎる流れの非粘性解法を実行し，ac' に沿って ρ_e, u_e, T_e 等の新しい値を計算する．

5. あるくり返しにおける解が，1 つ前のくり返しの解と本質的に違わなくなるまでステップ 2 からステップ 4 をくり返す．この段階で，収束解が得られ，最終結果は，図 17.6 に示される，適切な有効物体 ac を過ぎる流れのものとなるであろう．

ある場合には，境界層が非常に薄いので，有効物体は無視でき，境界層解法は，実際の物体 (図 17.6 における ab) 上で計算された非粘性解から得られる，ρ_e, u_e, T_e 等から直接的に求められる．しかしながら，高精度の解法や (第 14 章で論議した極超音速流れのような，) 境界層が比較的厚い場合については，上で述べたくり返し法を実行しなければならない．また，ついでに言うと，δ^* は通常 δ より小さい，すなわち，典型的には，$\delta^* \approx 0.3\delta$ であることを注意しておく．

その他の重要な境界層特性は，次により定義される**運動量厚さ** (*momentum thickness*) θ である．

$$\theta \equiv \int_0^{y_1} \frac{\rho u}{\rho_e u_e}\left(1 - \frac{u}{u_e}\right)dy \qquad \delta \leq y_1 \to \infty \tag{17.10}$$

p. 973 θ の物理的解釈を理解するために，再び，図 17.4 へ戻る．線分 dy を横切る質量流量を考える．それは $dm = \rho u\,dy$ により与えられる．それで，

$$A = dy \text{ を横切る運動量流} = dm\,u = \rho u^2 dy$$

もし，これと同じ要素質量流量が，速度が u_e である自由流であるとすると，

$$B = \begin{cases} \text{質量 } dm \text{ に関する} \\ \text{自由流速度における運動量流} \end{cases} = dm\,u_e = (\rho u\,dy)u_e$$

したがって，

$$B - A = \begin{cases} \text{質量 } dm \text{ に関係する} \\ \text{運動量流の欠損} \\ (\text{失われる運動量流}) \end{cases} = \rho u(u_e - u)\,dy \tag{17.11}$$

図 17.4 における $y = 0$ から $y = y_1$ の垂直線を横切る運動量流の全欠損は式 (??) の積分である．すなわち，

$$\text{運動量流の全欠損，すなわち，失われる運動量流} = \int_0^{y_1} \rho u(u_e - u)dy \tag{17.12}$$

失われる運動量流が $\rho_e u_e^2$ と高さ θ の積であると仮定する．それにより，

$$\text{失われる運動量流} = \rho_e u_e^2 \theta \tag{17.13}$$

式 (17.12) と式 (17.13) を等しいとおくと，

$$\rho_e u_e^2 \theta = \int_0^{y_1} \rho u (u_e - u) dy$$

$$\theta = \int_0^{y_1} \frac{\rho u}{\rho_e u_e}\left(1 - \frac{u}{u_e}\right) dy \tag{17.14}$$

を得る．式 (17.14) は，厳密に，式 (17.10) により与えられる運動量厚の定義である．したがって，θ は，境界層の存在による運動量流の欠損に比例する指標である．それは，自由流条件で，失われる運動量流を通す仮想流管の高さである．

$\theta = \theta(x)$ であることに注意すべきである．境界層理論におけるもっと詳しい論議において，与えられた位置，$x = x_1$ において計算される θ は前縁から x_1 まで，表面摩擦係数を積分したものに比例することを示すことができる．すなわち，

$$\theta(x_1) \propto \frac{1}{x_1} \int_0^{x_1} c_f dx = C_f$$

ここに，c_f は第 1.5 節で定義された局所表面摩擦係数であり，C_f は，$x = 0$ から $x = x_1$ までの長さの表面に関する全表面摩擦抵抗係数である．したがって，運動量厚の概念は抵抗係数の予測に有用である．

上で論議したすべての境界層特性は一般的な概念である．すなわち，それらは非圧縮流れと同様に圧縮性流れにも，そして，層流と同様に乱流にも適用される．p. 974 乱流と層流との間の相違は第 15.2 節に示している．ここで，乱流内で生じる運動量とエネルギー交換の増加が，乱流境界層を層流境界層より厚くするということに注目し，その論議を拡張する．すなわち，同一の状態，ρ_e，u_e，T_e 等の場合に，$\delta_{\text{turbulent}} > \delta_{\text{laminar}}$ および $(\delta_T)_{\text{turbulent}} > (\delta_T)_{\text{laminar}}$ を得る．境界層が，図 15.8 に描かれているように，層流から乱流に変化するとき，境界層厚さは大きく増加する．同様に，δ^* および θ は乱流の場合にはより大きいのである．

17.3 境界層方程式

本章の残りの部分について，2 次元定常流れを考える．(Navier-Stokes 方程式の 1 つの) x 方向運動量方程式の無次元形を第 15.6 節で展開した．そして，式 (15.29) で与えられた．すなわち，

$$\rho' u' \frac{\partial u'}{\partial x} + \rho' v' \frac{\partial u'}{\partial y'} = -\frac{1}{\gamma M_\infty^2} \frac{\partial p'}{\partial x'} + \frac{1}{\text{Re}_\infty} \frac{\partial}{\partial y'}\left[\mu'\left(\frac{\partial v'}{\partial x'} + \frac{\partial u'}{\partial y'}\right)\right] \tag{15.29}$$

さて，式 (15.29) を境界層内で十分合理的に成り立つ近似形に簡単化しよう．

図 17.7 に描かれているように，長さ c の平板に沿った境界層を考える．境界層理論の基本的な仮定は，境界層は物体の寸法に比べ非常に薄いということである．すなわち，

$$\boxed{\delta \ll c} \tag{17.15}$$

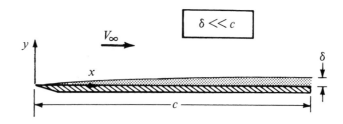

図 17.7 境界層理論の基本仮定：境界層は物体の寸法と比較して非常に薄い.

定常，2 次元流れの連続の方程式を考える．

$$\frac{\partial(\rho u)}{\partial x} + \frac{\partial(\rho v)}{\partial y} = 0 \tag{17.16}$$

式 (17.16) は第 15.6 節で定義された無次元変数を用いて次のようになる．

$$\frac{\partial(\rho' u')}{\partial x'} + \frac{\partial(\rho' v')}{\partial y'} = 0 \tag{17.17}$$

u' は壁面での 0 から境界層外縁での 1 に変化するので，u' は大きさのオーダー 1 であるということにし，$O(1)$ で表すとする．同様に，p. 975 $\rho' = O(1)$ である．また，x は 0 から c まで変化するので，$x' = O(1)$ である．しかしながら，y は 0 から δ まで変化し，$\delta \ll c$ であるので，y' はより小さなオーダーであり，$y' = O(\delta/c)$ で表す．一般性を失うことなく，c が長さ 1 であると仮定できる．したがって，$y' = O(\delta)$ である．これらの大きさのオーダーを式 (17.17) に代入すると，

$$\frac{[O(1)][O(1)]}{O(1)} + \frac{[O(1)][v']}{O(\delta)} = 0 \tag{17.18}$$

を得る．したがって，式 (17.18) から，明らかに，v' は δ のオーダーでなければならない．すなわち，$v' = O(\delta)$ である．さて，式 (17.29) における各項の大きさのオーダーを調べる．次に示すことがわかる．

$$\rho' u' \frac{\partial u'}{\partial x'} = O(1) \qquad \rho' v' \frac{\partial u'}{\partial y'} = O(1) \qquad \frac{\partial p'}{\partial x'} = O(1)$$

$$\frac{\partial}{\partial y'}\left(\mu' \frac{\partial v'}{\partial x'}\right) = O(1) \qquad \frac{\partial}{\partial y'}\left(\mu' \frac{\partial u'}{\partial y'}\right) = O\left(\frac{1}{\delta^2}\right)$$

したがって，式 (15.29) についてのオーダー方程式は次のように書ける．

$$O(1) + O(1) = -\frac{1}{\gamma M_\infty^2} O(1) + \frac{1}{\mathrm{Re}_\infty}\left[O(1) + O\left(\frac{1}{\delta^2}\right)\right] \tag{17.19}$$

さて，もう 1 つの境界層理論の仮定を導入しよう．すなわち，Reynolds 数が大きいということであり，実際，十分大きいので，

$$\boxed{\frac{1}{\mathrm{Re}_\infty} = O(\delta^2)} \tag{17.20}$$

第17章 境界層概論

である．それで，式(17.19)は

$$O(1) + O(1) = -\frac{1}{\gamma M_\infty^2}O(1) + O(\delta^2)\left[O(1) + O\left(\frac{1}{\delta^2}\right)\right] \tag{17.21}$$

となる．式(17.21)において，大きさのオーダーが他の項よりもっと小さいオーダーの項が1つ存在する．すなわち，積，$O(\delta^2)[O(1)] = O(\delta^2)$ である．この項は式(15.29)における $(1/\text{Re}_\infty)\partial/\partial y'(\mu'\partial v'/\partial x')$ に対応する．よって，この項を式(15.29)の他の項と比較して**無視する**．それで，

$$\rho'u'\frac{\partial u'}{\partial x'} + \rho'v'\frac{\partial u'}{\partial y'} = -\frac{1}{\gamma M_\infty^2}\frac{\partial p'}{\partial x'} + \frac{1}{\text{Re}_\infty}\frac{\partial}{\partial y'}\left(\mu'\frac{\partial u'}{\partial y'}\right) \tag{17.22}$$

を得る．次元を持つ変数の項を用いると，式(17.22)は

$$\rho u\frac{\partial u}{\partial x} + \rho v\frac{\partial u}{\partial y} = -\frac{\partial p}{\partial x} + \frac{\partial}{\partial y}\left(\mu\frac{\partial u}{\partial y}\right) \tag{17.23}$$

である．式(17.23)は高Reynolds数における薄い境界層内における流れに成り立つ近似x方向運動量方程式である．

p. 976 (垂直応力 τ_{yy} を無視して) 式(15.19b)から得られる，2次元，定常流についてのy方向運動量方程式を考える．

$$\rho u\frac{\partial v}{\partial x} + \rho v\frac{\partial v}{\partial y} = -\frac{\partial p}{\partial y} + \frac{\partial}{\partial x}\left[\mu\left(\frac{\partial v}{\partial x} + \frac{\partial u}{\partial y}\right)\right] \tag{17.24}$$

式(17.24)は無次元変数を用いると

$$\rho'u'\frac{\partial v'}{\partial x'} + \rho'v'\frac{\partial v'}{\partial y'} = -\frac{1}{\gamma M_\infty^2}\frac{\partial p'}{\partial y'} + \frac{1}{\text{Re}_\infty}\frac{\partial}{\partial x'}\left[\mu'\left(\frac{\partial v'}{\partial x'} + \frac{\partial u'}{\partial y'}\right)\right] \tag{17.25}$$

になる．式(17.25)に関するオーダー方程式は

$$O(\delta) + O(\delta) = -\frac{1}{\gamma M_\infty^2}\frac{\partial p'}{\partial y'} + O(\delta^2)\left[O(\delta) + O\left(\frac{1}{\delta}\right)\right] \tag{17.26}$$

である．式(17.26)から，$\gamma M_\infty^2 = O(1)$ と仮定して，$\partial p'/\partial y' = O(\delta)$ であるか，またはもっと小さいことがわかる．δ は非常に小さいので，このことは $\partial p'/\partial y'$ が非常に小さいことを意味している．ゆえに，境界層に特化したy方向運動量方程式から次式を得る．

$$\frac{\partial p}{\partial y} = 0 \tag{17.26a}$$

式(17.26a)は重要である．すなわち，ある与えられた位置xにおいて，**圧力は境界層内で，面に垂直な方向にわたり一定である**ことを述べている．このことは境界層の外縁における圧力分布が変化せず直接表面に作用することを意味している．よって，境界層のいたる所で $p = p(x) = p_e(x)$ である．

　もし，大きな極超音速マッハ数の場合のように，M_∞^2 が非常に大きいなら，式(17.26)から，$\partial p'/\partial y'$ は小さくなければならないことはない．例えば，もし，M_∞ が，$1/\gamma M_\infty^2 = O(\delta)$ なるほど十分大きいなら，$\partial p'/\partial y'$ はO(1)の大きさになり，式(17.26)がなおも満足されるであろう．

したがって，非常に大きな極超音速マッハ数の場合，p が境界層内の垂直方向に一定であるという仮定が常に有効とは限らないのである．

式 (15.26) により与えられる一般的なエネルギー方程式を考える．2 次元，定常流れについてのこの方程式の無次元形は式 (15.34) に与えられている．$e = h - p/\rho$ をこの式に代入し，速度を掛けた運動量方程式を引き，そして，上で述べたと同じ様な大きさについてのオーダー解析を行うと，境界層エネルギー方程式を次のように得られる．

$$\rho u \frac{\partial h}{\partial x} + \rho v \frac{\partial h}{\partial y} = \frac{\partial}{\partial y}\left(k\frac{\partial T}{\partial y}\right) + u\frac{\partial p}{\partial x} + \mu\left(\frac{\partial u}{\partial y}\right)^2 \tag{17.27}$$

詳細は読者のために残しておく．

要約すると，$\delta \ll c$ と $\text{Re} \geq 1/\delta^2$ の仮定を組み合わせると，第 15 章で導いた完全な Navier-Stokes 方程式は，境界層に適用できるより簡単な形式にすることができる．これらの境界層方程式は，

$$\boxed{\text{連続方程式：} \quad \frac{\partial(\rho u)}{\partial x} + \frac{\partial(\rho v)}{\partial y} = 0} \tag{17.28}$$

$$\boxed{x\text{ 方向運動量方程式} \quad \rho u\frac{\partial u}{\partial x} + \rho v\frac{\partial u}{\partial y} = -\frac{dp_e}{dx} + \frac{\partial}{\partial y}\left(\mu\frac{\partial u}{\partial y}\right)} \tag{17.29}$$

$$\boxed{y\text{ 方向運動量方程式：} \quad \frac{\partial p}{\partial y} = 0} \tag{17.30}$$

$$\boxed{\text{エネルギー方程式：} \quad \rho u\frac{\partial h}{\partial x} + \rho v\frac{\partial h}{\partial y} = \frac{\partial}{\partial y}\left(k\frac{\partial T}{\partial y}\right) + u\frac{\partial p}{\partial x} + \mu\left(\frac{\partial u}{\partial y}\right)^2} \tag{17.31}$$

Navier-Stokes 方程式の場合におけるように，境界層方程式は非線形であること注意すべきである．しかしながら，境界層方程式はより簡単であり，それゆえ，より簡単に解ける．また，$p = p_e$ であるので，式 (17.23) と式 (17.27) において $\partial p/\partial x$ で表される圧力勾配は式 (17.29) と式 (17.31) において dp_e/dx と表される．上述の方程式において，未知量は u, v, ρ および h である．すなわち，p は $p = p_e(x)$ からわかり，そして，μ と k は温度により変化する流体の特性である．この系を完成させるために，次式がある．

$$p = \rho RT \tag{17.32}$$

および

$$h = c_p T \tag{17.33}$$

したがって，式 (17.28)，式 (17.29)，および式 (17.31) から式 (17.33) は 5 つの未知数 u, v, ρ, T および h に関する 5 つの方程式である．

上の方程式に関する境界条件は次のようになる．すなわち，

壁面： $y = 0 \quad u = 0 \quad v = 0 \quad T = T_w$

境界層外縁： $y \to \infty \quad u \to u_e \quad T \to T_e$

境界層厚さは前もってわからないので，境界層外縁における境界条件は大きな y，実質的には無限大に近い y で与えられる．

17.4　境界層方程式をいかにして解くのか

再び，式 (17.28) から式 (17.31) により与えられる境界層方程式を調べてみる．これらの方程式の場合，なおも，現在まで，一般的な解析解が得られない，非線形で連立の偏微分方程式である，Navier-Stokes 方程式の場合と同じ "濃霧" のなかにいるのであろうか．p. 978 その答えは部分的にイエスであるが，少し異なっている．境界層方程式は Navier-Stokes 方程式よりも簡単である，特に，表面に沿った任意の位置において，圧力がその面の垂直方向に一定であると述べている，y 方向運動量方程式，式 (17.30) があるので，境界層内の流れについて意味のある解を得られる希望がより高いのである．ほぼ 100 年の間，技術者や科学者達は多くの異なった方法で境界層方程式を "突っついて" きた．そして，多くの実用的な問題について合理的な解を得てきた．そのような解に関する最も完全で権威のある書籍は Hermann Schlichting によるものである (参考文献 42)．

第 18 章と第 19 章において，これらの解法のいくつか，すなわち，それらの方法といくつかの実用的な結果を論議する．境界層方程式の解法は 2 つのグループに細別できる．すなわち，(1) 古典的解法，そのいくつかは 1908 年にさかのぼり，そして，(2) 現代の計算流体力学法により得られる数値解法である．これ以降の章において，両方のグループからの例を示すであろう．解法にもとづく細別に加え，境界層解は**物理的な基礎**に基づいて層流境界層と乱流境界層に細別される．この細別は第 15.2 節で論議した理由により自然である．すなわち，乱流の性質は層流のそれとはまったく異なっているからである．実際，あるタイプの流れの問題について，層流境界層について**厳密**解が得られるのである．乱流境界層について，現在まで，いかなる厳密解も得られていない．なぜなら，我々は，まだ，乱流を完全に理解していないからである，それゆえに，現在までのすべての乱流境界層に関する解は，ある乱流の近似モデルを用いなければならなかったのである．これらの対照的なことは層流境界層を扱う第 18 章と乱流境界層を扱う第 19 章を読むともっと明らかになるであろう．読者は，層流境界層はうまく取り扱えるが，乱流境界層はそうではことを理解するであろう．ある意味において，残念なことに，自然は常に乱流にしようとし，それにより，実際の境界層問題の大部分は乱流境界層を扱うのである．すなわち，もし，そうでなかったとしたら，面における表面摩擦や空力加熱の工学的な計算がもっと簡単で，そして，もっと信頼のおけるものであったであろう．

最後に，"境界層解 (boundary-layer solution)" の意味することに注意しておく．式 (17.28) から式 (17.31) の解は境界層における速度および温度分布を与える．しかしながら，**実際に必要な情報は** τ_w および $\dot{q}_w$，すなわち，それぞれ，表面におけるせん断応力および熱伝達である．これらは次により与えられる．

$$\tau_w = \mu_w \left(\frac{\partial u}{\partial y}\right)_w \tag{17.34}$$

および

$$\dot{q}_w = k_w \left(\frac{\partial T}{\partial y}\right)_w \tag{17.35}$$

ここに，添字 w は壁面における条件を示す．**疑問**：$(\partial u/\partial y)_w$ と $(\partial T/\partial y)_w$ の値はどこから来るのであろうか．**答え**：境界層方程式の解から得られる速度および温度分布からである．p. 979 そして，壁面で計算した分布が $(\partial u/\partial y)_w$ と $(\partial T/\partial y)_w$ の両方を与えるのである．したがって，工学上最も重要な結果と考えられる，壁面に沿った τ_w および $\dot{q}_w$ を得るために，最初に，通常，それ自身はあまり実用的な意味はない，境界層における速度および温度分布について境界層方程式を解かなければならないのである．

17.5 要約

図 17.2 に与えられているロードマップに戻り，各枠に示されている題材を理解していることを確かめるべきである．境界層に関する論議の重要点を次のように要約する．

境界層理論からの重要な基本的な量は，それぞれ，δ および δ_T の速度および温度境界層厚さ，壁面におけるせん断応力，τ_w，および表面への熱伝達，$\dot{q}_w$ である．その過程において，2 つの別の厚さを定義できる．すなわち，排除厚

$$\delta^* \equiv \int_0^{y_1} \left(1 - \frac{\rho u}{\rho_e u_e}\right) dy \qquad \delta \leq y_1 \to \infty \tag{17.3}$$

および運動量厚さ

$$\theta \equiv \int_0^{y_1} \frac{\rho u}{\rho_e u_e}\left(1 - \frac{u}{u_e}\right) dy \qquad \delta \leq y_1 \to \infty \tag{17.10}$$

である．δ^* と θ の両方とも境界層の存在による流量における減少に関係している．すなわち，δ^* は質量流量における減少に比例し，θ は運動量流における減少に比例している．さらに，δ^* は外部の非粘性流れが境界層により移動させられる，物体表面からの距離である．物体形状+δ^* が非粘性流から見た新しい有効物体となる．

大きさのオーダー解析により，2 次元流れに関する完全な Navier-Stokes 方程式は次の境界層方程式に簡単化される．すなわち，

連続方程式： $$\frac{\partial(\rho u)}{\partial x} + \frac{\partial(\rho v)}{\partial y} = 0 \tag{17.28}$$

x 方向運動量方程式： $$\rho u \frac{\partial u}{\partial x} + \rho v \frac{\partial u}{\partial y} = -\frac{dp_e}{dx} + \frac{\partial}{\partial y}\left(\mu \frac{\partial u}{\partial y}\right) \tag{17.29}$$

y 方向運動量方程式： $$\frac{\partial p}{\partial y} = 0 \tag{17.30}$$

(続く)

p. 980

エネルギー方程式： $$\rho u \frac{\partial h}{\partial x} + \rho v \frac{\partial h}{\partial y} = \frac{\partial}{\partial y}\left(k \frac{\partial T}{\partial y}\right) + u\frac{dp_e}{dx} + \mu \left(\frac{\partial u}{\partial y}\right)^2 \tag{17.31}$$

これらの方程式は次の境界条件支配される．すなわち，

壁面： $\quad y = 0 \quad u = 0 \quad v = 0 \quad h = h_w$

境界層外縁： $\quad y \to \infty \quad u \to u_e \quad h \to h_e$

上の境界層方程式における本質的な仮定は，$\delta \ll c$ であること，Re が大きいこと，そして，M_∞ が異常に大きくないことである．

第18章 層流境界層

p. 981 *Lamina* – 薄いウロコまたは薄板．互いに重なりあう層または塗り．
Funk and Wagnalls Standard Desk
Dictionary, 1964

プレビュー・ボックス

ここで，実際に境界層方程式を解き，表面摩擦や空力加熱について計算するための式を得る．しかしながら，その解法は境界層内の流れが層流であるのか，あるいは乱流であるのかに依存する．そして，この流れの違いによる相違は非常に大きく，その相違は重要なので，それぞれについて章を設ける．つまり，本章が層流境界層を扱い，第19章が乱流境界層を取り扱う．層流境界層は取り扱いやすく，最初に扱う理由となっている．層流境界層の解析は乱流境界層の解析よりもより理論的に"純粋で"ある．読者は本章に知的な満足を感じるであろう．それでは，ゆっくり腰を下ろし，この知的な体験に満足するべきである．

18.1 序論

境界層解析という範囲内で，**層流境界層**の解は乱流境界層の状況と比べ十分手におえる．本章はもっぱら層流境界層を取り扱う．すなわち，乱流境界層は第19章の主題である．層流および乱流の基本的な定義は第15.1節で論議されており，これら流れのいくつかの特性が図15.5と図15.6に示されている．そこで，さらに先へ進む前に，読者にそれらを復習することを勧める．

本章のロードマップを図18.1に示す．最初に，第18.2節で定義される用語である自己相似解 (self-similar solution)，という表題で出てくる，いくつかの良く知られた古典的な解を取り扱う．p. 982 これに関して，図18.1におけるロードマップの左側に示されているように平板を過ぎる非圧縮性および圧縮性流れの両方を取り扱うであろう．また，鈍い先端に関して物体上のよどみ点まわりの領域における境界層解を論議するつもりである．なぜなら，この解は，高速飛行体にとっては非常に重要であるよどみ点における空力加熱に関して重要な情報を与えるからである．圧縮性境界層の古典的解法の一部として，基準温度法を論議する．すなわち，この方法は，圧縮性流れの表面摩擦と空力加熱を予測するために，古典的な非圧縮性境界層の結果を用いる非常に有用な工学的な計算法である．その次に，図18.1のロードマップにおける右側へ

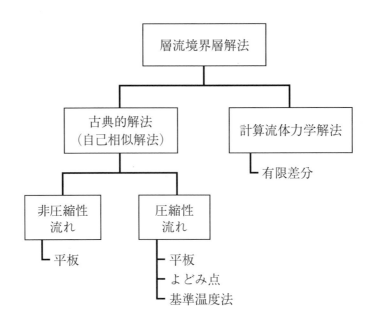

図 18.1 第 18 章のロードマップ

移動し，層流境界層に関する，いくつかのより現代的な計算流体力学解法を論議するであろう．平板やよどみ点領域のような，(重要ではあるが) いくつかの応用に限定されている古典的な自己相似解とは異なり，これらの CFD 数値解法は任意形状物体まわりの層流境界層を取り扱う．

注：本章を進むにつれて，第 16 章における Couette の流れの論議ですでに良く知られている概念や結果に出会うであろう．実際，これが第 16 章の主たる目的の 1 つ，すなわち，これらの概念を，より複雑な境界層解法を取り扱う前に，比較的直接的な流れの問題の範囲内で導入することなのである．

18.2　平板を過ぎる非圧縮性流れ：Blasius 解

図 17.7 に描かれるような，迎え角 0° の平板を過ぎる非圧縮性，2 次元流れを考える．そのような流れは，$\rho = \text{constant}$, $\mu = \text{constant}$ および $dp_e/dx = 0$ である (なぜなら，$\alpha = 0$ の平板を過ぎる非粘性流れは平板上で一定の圧力を生じるからである)．さらに，エネルギー方程式は p. 983 非圧縮性流れの速度場を計算するために必要ないことを思い出すべきである．したがって，境界層方程式，式 (17.28) から式 (17.31) は次のように簡単化される．

$$\frac{\partial u}{\partial x} + \frac{\partial v}{\partial y} = 0 \tag{18.1}$$

$$u\frac{\partial u}{\partial x} + v\frac{\partial u}{\partial y} = \nu \frac{\partial^2 u}{\partial y^2} \tag{18.2}$$

$$\frac{\partial p}{\partial y} = 0 \tag{18.3}$$

第18章　層流境界層

ここに，ν は，$\nu \equiv \mu/\rho$ として定義される，**動粘性係数** (*kinematic viscosity*) である．

さて，多くの境界層解法について一般的であるやり方を始めるとする．独立変数 (x, y) を (ξ, η) に変換しよう．ここに，

$$\xi = x \qquad \eta = y\sqrt{\frac{V_\infty}{\nu x}} \tag{18.4}$$

連鎖律を用いると，次の導関数を得る．すなわち，

$$\frac{\partial}{\partial x} = \frac{\partial}{\partial \xi}\frac{\partial \xi}{\partial x} + \frac{\partial}{\partial \eta}\frac{\partial \eta}{\partial x} \tag{18.5}$$

$$\frac{\partial}{\partial y} = \frac{\partial}{\partial \xi}\frac{\partial \xi}{\partial y} + \frac{\partial}{\partial \eta}\frac{\partial \eta}{\partial y} \tag{18.6}$$

しかしながら，式 (18.4) から，

$$\frac{\partial \xi}{\partial x} = 1 \qquad \frac{\partial \xi}{\partial y} = 0 \qquad \frac{\partial \eta}{\partial y} = \sqrt{\frac{V_\infty}{\nu x}} \tag{18.7}$$

を得る．($\partial \eta/\partial x$ を陽的に求める必要はない．なぜなら，これらの項は，最終的にここでの方程式から相殺されるからである．) 式 (18.7) を式 (18.5) と式 (18.6) へ代入すると

$$\frac{\partial}{\partial x} = \frac{\partial}{\partial \xi} + \frac{\partial \eta}{\partial x}\frac{\partial}{\partial \eta} \tag{18.8}$$

$$\frac{\partial}{\partial y} = \sqrt{\frac{V_\infty}{\nu x}}\frac{\partial}{\partial \eta} \tag{18.9}$$

$$\frac{\partial^2}{\partial y^2} = \frac{V_\infty}{\nu x}\frac{\partial^2}{\partial \eta^2} \tag{18.10}$$

を得る．また，流れ関数 ψ を次のように定義しよう．

$$\psi = \sqrt{\nu x V_\infty} f(\eta) \tag{18.11}$$

ここに，$f(\eta)$ は，厳密に，η のみの関数である．この ψ に関する式は恒等的に連続方程式，式 (18.1) を満足する．したがって，それは物理的に可能な流れ関数である．[読者自身で，ψ が式 (18.1) を満足することを証明せよ．すなわち，これのために，以下に示すと同様の演算の多くを行わなければならないであろう．] p. 984 流れ関数の定義と，式 (18.8)，式 (18.9) および式 (18.11) を用いると

$$u = \frac{\partial \psi}{\partial y} = \sqrt{\frac{V_\infty}{\nu x}}\frac{\partial \psi}{\partial \eta} = V_\infty f'(\eta) \tag{18.12}$$

$$v = -\frac{\partial \psi}{\partial x} = -\left(\frac{\partial \psi}{\partial \xi} + \frac{\partial \eta}{\partial x}\frac{\partial \psi}{\partial \eta}\right) = -\frac{1}{2}\sqrt{\frac{\nu V_\infty}{x}}f - \sqrt{\nu x V_\infty}\frac{\partial \eta}{\partial x}f' \tag{18.13}$$

を得る．式 (18.12) は特に注意すべき式である．式 (18.11) により定義される関数 $f(\eta)$ は，それの導関数 f' が次に示すように速度の x 方向成分を与える．

$$f'(\eta) = \frac{u}{V_\infty}$$

式 (18.8) から式 (18.10) と，式 (18.12) および式 (18.13) を運動量方程式，式 (18.2) に代入する．何が起きているかがわかるように，それぞれの項を陽的に書くと，

$$V_\infty f'\left(V_\infty \frac{\partial \eta}{\partial x} f''\right) - \left(\frac{1}{2}\sqrt{\frac{\nu V_\infty}{x}} f + \sqrt{\nu x V_\infty} \frac{\partial \eta}{\partial x} f'\right) V_\infty \sqrt{\frac{V_\infty}{\nu x}} f'' = \nu V_\infty \frac{V_\infty}{\nu x} f'''$$

を得る．簡単化すると，

$$V_\infty^2 \frac{\partial \eta}{\partial x} f' f'' - \frac{1}{2}\frac{V_\infty^2}{x} f f'' - V_\infty^2 \left(\frac{\partial \eta}{\partial x}\right) f' f'' = \frac{V_\infty^2}{x} f''' \tag{18.14}$$

を得る．第 1 項と第 3 項は相殺し，式 (18.14) は

$$\boxed{2f''' + f f'' = 0} \tag{18.15}$$

となる．式 (18.15) は重要である．すなわち，それは，H. Blasius に因んで *Blasius* **方程式**(*Blasius's equation*) と呼ばれている．彼は，1908 年に，彼の博士論文の中でその式を導いている．Blasius は Prandtl の学生であった．そして，式 (18.15) を用いた彼の平板解は，1904 年における Prandtl の境界層仮説の発表以来，それの最初の実際的な適用であった．式 (18.15) を詳しく調べてみる．驚くべきことだがそれは**常微分方程式**である．式 (18.1) から式 (18.3) により与えられる平板境界層についての偏微分方程式から出発して，式 (18.4) と式 (18.11) により，独立変数と従属変数の両方を変換すると，$f(\eta)$ についての常微分方程式を得るのである．同様な流れで，式 (18.15) は，また，$u = V_\infty f'(\eta)$ であるので，速度 u の方程式でもあると言える．式 (18.15) は単一の常微分方程式であるので，元の境界層方程式より簡単に解ける．しかしながら，それは，なおも非線形方程式であり，以下の変換された境界条件のもとで，数値的に解かなければならない．すなわち，

$\eta = 0$ おいて： $\quad\quad f = 0,\ f' = 0$

$\eta \to \infty$ において： $\quad\quad f' = 1$

p. 985 [$\eta = 0$ である壁面において，$u = 0$ であるので $f' = 0$ であり，それゆえ，式 (18.13) を壁面で計算すると $f = 0$ であることに注意すべきである．]

式 (18.15) は 3 階非線形常微分方程式である．すなわち，それは (参考文献 52 に述べられているような) Runge-Kutta 法のような標準的な方法により数値的に解くことができる．積分は壁面から始まり，壁面から離れ y の増加する方向に微小な Δy だけ増加させ実行される．しかしながら，式 (18.15) は 3 階であるので，$\eta = 0$ で 3 つの境界条件が知られていなければならない．すなわち，上で示したように，2 つの条件のみがわかっているだけである．第 3 の境界条件，すなわち，$f''(0)$ にある値を**仮定**しなければならない．そうすると，式 (18.15) を境界層を横切り η の大きな値まで積分できる．それから，大きな η における f' の値を調べる．それは

第 18 章　層流境界層

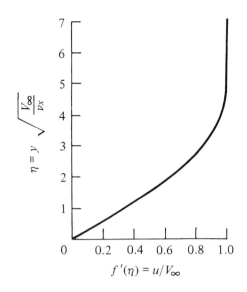

図 18.2 平板についての非圧縮性速度分布；Blasius 方程式の解

境界層の外縁における境界条件と一致している，すなわち，境界層の外縁で $f' = 1$ が満足されているであろうか．もし，満足されていなければ，別の $f''(0)$ の値を仮定し，積分を再度行う．この過程を収束するまでくり返す．この数値法は "狙い撃ち法 (shooting technique)" と呼ばれている．すなわち，それは古典的な方法で，それの基本的な原理や詳細は第 16.4 節に詳しく論議されている．式 (18.15) へのこの方法の適用は第 16.4 節における論議よりももっと直接的である．なぜなら，ここでは非圧縮性流れで，わずか 1 個の方程式，すなわち，式 (18.15) に表される運動量方程式を扱っているからである．

式 (18.15) の解が η の関数として $f'(\eta) = u/V_\infty$ の形式で図 18.2 にプロットされている．この曲線は**速度分布**であることおよびそれは η のみの関数であることに注意すべきである．しばらくの間この事について考えてみる．図 18.3 に示されるように，平板に沿った，2 つの異なる x 位置を考える．一般的に，$u = u(x, y)$ であり，与えられた x 位置において $u = u(y)$ の形の速度分布は**異なる**であろう．明らかに，壁面に垂直な方向の u の変化は，流れが下流へ進むにつれて変化するであろう．しかしながら，η に対してプロットすると，速度分布，$u = u(\eta)$ は，図 18.3 に示されるように，すべての x 位置で同一であることがわかる．この結果が，**自己相似解** (*self similar solution*)，すなわち，相似変数 η に対してプロットすると，境界層速度分布がすべての x 位置で同じである場合の例である．そのような，自己相似解について，支配境界層方程式は 1 つの変換された独立変数の項での 1 つあるいはそれより多い常微分方程式に簡単化される．自己相似解はある特殊なタイプの流れのみで生じる．すなわち，平板を過ぎる流れがそのような流れの 1 例である．一般的に，任意の物体を過ぎる流れについて，境界層解は非相似である．すなわち，支配偏微分方程式を常微分方程式へ持っていけないのである．

η に対して数表化された f，f' および f'' の数値は参考文献 42 に見いだせる．壁面における f'' の値が特別に関心のあるものである．すなわち，$f''(0) = 0.332$ である．$c_f = \tau_w / \frac{1}{2}\rho_\infty V_\infty^2$ として定義される局所表面摩擦係数を考える．式 (17.34) から，壁面におけるせん断応力は

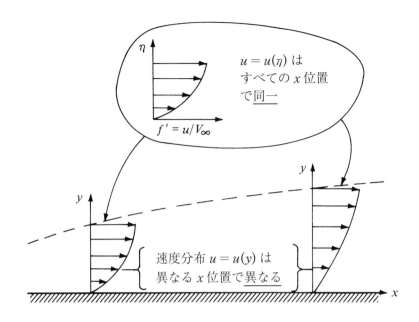

図 18.3 自己相似解の意味を示す，物理および変換面における速度分布

$$\tau_w = \mu \left(\frac{\partial u}{\partial y}\right)_{y=0} \tag{18.16}$$

で与えられる．しかしながら，式 (18.9) と式 (18.11) から，

$$\frac{\partial u}{\partial y} = V_\infty \frac{\partial f'}{\partial y} = V_\infty \sqrt{\frac{V_\infty}{\nu x}} \frac{\partial f'}{\partial \eta} = V_\infty \sqrt{\frac{V_\infty}{\nu x}} f'' \tag{18.17}$$

$y = \eta = 0$ である壁面において式 (18.17) を計算すると，

$$\left(\frac{\partial u}{\partial y}\right)_{y=0} = V_\infty \sqrt{\frac{V_\infty}{\nu x}} f''(0) \tag{18.18}$$

を得る．p. 987 式 (18.16) と式 (18.18) を結びつけると

$$c_f = \frac{\tau_w}{\frac{1}{2}\rho_\infty V_\infty^2} = \frac{2\mu}{\rho_\infty V_\infty^2} V_\infty \sqrt{\frac{V_\infty}{\nu x}} f''(0) \tag{18.19}$$

$$= 2\sqrt{\frac{\mu}{\rho_\infty V_\infty x}} f''(0) = \frac{2f''(0)}{\sqrt{\mathrm{Re}_x}}$$

を得る．ここに，Re_x は局所 Reynolds 数である．式 (18.15) の数値解から，$f''(0) = 0.332$ であるので，式 (18.19) は

$$\boxed{c_f = \frac{0.664}{\sqrt{\mathrm{Re}_x}}} \tag{18.20}$$

となる．そして，それは平板を過ぎる非圧縮性層流に関する局所表面摩擦係数のきわめて重要な式である．すなわち，境界層理論から直接得られる結果である．それの有効性は実験によっ

て十分に評価されてきている．$c_f \propto \mathrm{Re}_x^{-1/2} \propto x^{-1/2}$，すなわち，$c_f$ は前縁からの距離の平方根に逆比例して減少することに注意すべきである．図 17.7 に描かれた平板を調べると，この平板の上方表面の全抵抗は $x = 0$ から $x = c$ まで τ_w を積分したものである．C_f が表面摩擦抵抗係数を示すものとすると，式 (1.16) から，

$$C_f = \frac{1}{c} \int_0^c c_f \, dx \tag{18.21}$$

を得る．式 (18.20) を式 (18.21) に代入すると

$$C_f = \frac{1}{c}(0.664)\sqrt{\frac{\mu}{\rho_\infty V_\infty}} \int_0^c x^{-1/2} \, dx = \frac{1.328}{c}\sqrt{\frac{\mu c}{\rho_\infty V_\infty}}$$

を得る．すなわち，

$$\boxed{C_f = \frac{1.328}{\sqrt{\mathrm{Re}_c}}} \tag{18.22}$$

ここに，Re_c は，平板の全体の長さ c を基準とした Reynolds 数である．

図 18.2 を調べると，近似的に $\eta = 5.0$ において $f' = 0.99$ であることがわかる．したがって，$u = 0.99 u_e$ である．表面からの距離として，以前，定義された境界層厚さは，

$$\eta = y\sqrt{\frac{V_\infty}{\nu x}} = \delta\sqrt{\frac{V_\infty}{\nu x}} = 5.0$$

すなわち，

$$\boxed{\delta = \frac{5.0\, x}{\sqrt{\mathrm{Re}_x}}} \tag{18.23}$$

である．境界層厚さは，(局所距離 x を基準とした) Reynolds 数の平方根に逆比例することに注意すべきである．また，$\delta \propto x^{1/2}$ である．すなわち，p. 988 平板上の層流境界層は前縁からの距離に対して放物線的に発達するのである．

式 (17.3) により定義される排除厚 δ^* は非圧縮性流れについては

$$\delta^* = \int_0^{y_1}\left(1 - \frac{u}{u_e}\right) dy \tag{18.24}$$

となる．変換された変数，f' および式 (18.4) により与えられる η と式 (18.12) により，式 (18.24) の積分は，

$$\delta^* = \sqrt{\frac{\nu x}{V_\infty}} \int_0^{\eta_1} [1 - f'(\eta)] \, d\eta = \sqrt{\frac{\nu x}{V_\infty}}[\eta_1 - f(\eta_1)] \tag{18.25}$$

のように書ける．ここに，η_1 は境界層の上方における任意点である．式 (18.15) から得られる $f(\eta)$ についての数値解は，驚くべきことに，5.0 より大きいすべての η について $\eta_1 - f(\eta) = 1.72$ であることを示している．したがって，式 (18.25) から，

$$\delta^* = 1.72\sqrt{\frac{\nu x}{V_\infty}}$$

を得る．すなわち，

$$\delta^* = \frac{1.72x}{\sqrt{\mathrm{Re}_x}} \tag{18.26}$$

境界層厚さそれ自身における場合と同様に，δ^* は Reynolds 数の平方根に反比例して変化し，$\delta^* \propto x^{1/2}$ であることに注意すべきである．また，式 (18.23) と式 (18.26) を比較すると，$\delta^* = 0.34\delta$，すなわち，排除厚さは境界層厚さより小さいということがわかり，第 17.2 節で述べたことを証明している．

非圧縮性流れについての運動量厚さは，式 (17.10) から，

$$\theta = \int_0^{y_1} \frac{u}{u_e}\left(1 - \frac{u}{u_e}\right) dy$$

である．または，変換された変数の項では，

$$\theta = \sqrt{\frac{\nu x}{V_\infty}} \int_0^{\eta_1} f'(1-f')\, d\eta \tag{18.27}$$

式 (18.27) を $\eta = 0$ から $\eta > 0.5$ である任意の点まで数値的に積分できる．この結果は

$$\theta = \sqrt{\frac{\nu x}{V_\infty}}(0.664)$$

を与える．すなわち，

$$\theta = \frac{0.664x}{\sqrt{\mathrm{Re}_x}} \tag{18.28}$$

前に述べた厚さの場合のように，θ は Reynolds 数の平方根に逆比例して変化すること，そして，$\theta \propto x^{1/2}$ であることに注意すべきである．また，$\theta = 0.39\delta^*$ であり，p. 989 $\theta = 0.13\delta$ である．運動量厚さのその他の特性は図 17.7 に描かれている平板の後縁において θ を計算することにより示すことができる．この場合，$x = c$ であり，式 (18.28) から，

$$\theta_{x=c} = \frac{0.664c}{\sqrt{\mathrm{Re}_c}} \tag{18.29}$$

を得る．式 (18.22) と式 (18.29) を比較すると，

$$C_f = \frac{2\theta_{x=c}}{c} \tag{18.30}$$

を得る．式 (18.30) は，平板の積分された表面摩擦係数は後縁で計算された θ に直接比例することを示している．

18.3 平板を過ぎる圧縮性流れ

非圧縮性，層流，平板境界層の特性を第 18.2 節で展開した．これらの結果は，密度が境界層全体で本質的に一定である，低 Mach 数において成り立つ．しかしながら，密度が変数となる．高い Mach 数において，これらの特性に何が生じるであろうか．すなわち，圧縮性効果はどのようなものであろうか．本節の目的は平板を過ぎる層流についての導出と最終結果両方に及ぼす圧縮性の効果を簡素に示すことである．より詳しいことを述べるつもりはなく，むしろ，圧縮性境界層を非圧縮性境界層から区別するいくつかの顕著な特徴を調べてみる．

圧縮性境界層方程式は第 17.3 節で導びかれ，式 (17.28) から式 (17.31) として与えられている．$dp_e/dx = 0$ である，平板を過ぎる流れについて，これらの方程式は次のようになる．

$$\frac{\partial(\rho u)}{\partial x} + \frac{\partial(\rho v)}{\partial y} = 0 \tag{18.31}$$

$$\rho u \frac{\partial u}{\partial x} + \rho v \frac{\partial u}{\partial y} = \frac{\partial}{\partial y}\left(\mu \frac{\partial u}{\partial y}\right) \tag{18.32}$$

$$\frac{\partial p}{\partial y} = 0 \tag{18.33}$$

$$\rho u \frac{\partial h}{\partial x} + \rho v \frac{\partial h}{\partial y} = \frac{\partial}{\partial y}\left(k \frac{\partial T}{\partial y}\right) + \mu \left(\frac{\partial u}{\partial y}\right)^2 \tag{18.34}$$

これらの方程式を式 (18.1) から式 (18.3) により与えられる非圧縮性の場合の方程式と比較する．圧縮性境界層について，(1) エネルギー方程式を含まなければならないこと，(2) 密度を変数として扱うこと，そして，(3) 一般的に，μ と k は温度の関数であり，それゆえ，変数として扱わなければならないことに注意すべきである．結果として，圧縮性の場合の方程式の系，式 (18.31) から式 (18.34) は，非圧縮性の場合の，式 (18.1) から式 (18.3) の系よりももっと複雑である．

p. 990 エネルギー方程式における従属変数として，式 (18.34) に与えられる静的エンタルピーではなく，総エンタルピー，$h_0 = h + V^2/2$ を扱う方がしばしば都合が良い．v が小さいとしている，境界層近似と矛盾せずに，$h_0 = h + V^2/2 = h + (u^2 + v^2)/2 \approx h + u^2/2$ であることに注意すべきである．h_0 の項を用いたエネルギー方程式を得るために，式 (18.32) に u を掛け，次のように式 (18.34) に加える．u を掛けた式 (18.34) から，

$$\rho u \frac{\partial (u^2/2)}{\partial x} + \rho v \frac{\partial (u^2/2)}{\partial y} = u\frac{\partial}{\partial y}\left(\mu \frac{\partial u}{\partial y}\right) \tag{18.35}$$

式 (18.35) を式 (18.34) に加えると，

$$\rho u \frac{\partial (h + u^2/2)}{\partial x} + \rho v \frac{\partial (h + u^2/2)}{\partial y} = \frac{\partial}{\partial y}\left(k \frac{\partial T}{\partial y}\right) + \mu \left(\frac{\partial u}{\partial y}\right)^2 + u\frac{\partial}{\partial y}\left(\mu \frac{\partial u}{\partial y}\right) \tag{18.36}$$

を得る．熱量的に完全な気体については，$dh = c_p dT$ であることを思い出すべきである．したがって，

$$\frac{\partial T}{\partial y} = \frac{1}{c_p}\frac{\partial h}{\partial y} = \frac{1}{c_p}\frac{\partial}{\partial y}\left(h_0 - \frac{u^2}{2}\right) \tag{18.37}$$

式 (18.37) を式 (18.36) に代入すると,

$$\rho u \frac{\partial h_0}{\partial x} + \rho v \frac{\partial h_0}{\partial y} = \frac{\partial}{\partial y}\left[\frac{k}{c_p}\frac{\partial}{\partial y}\left(h_0 - \frac{u^2}{2}\right)\right] + \mu\left(\frac{\partial u}{\partial y}\right)^2 + u\frac{\partial}{\partial y}\left(\mu\frac{\partial u}{\partial y}\right) \tag{18.38}$$

を得る.次のことを注意すべきである.

$$\frac{k}{c_p}\frac{\partial}{\partial y}\left(h_0 - \frac{u^2}{2}\right) = \frac{\mu k}{\mu c_p}\frac{\partial}{\partial y}\left(h_0 - \frac{u^2}{2}\right) = \frac{\mu}{\Pr}\left(\frac{\partial h_0}{\partial y} - u\frac{\partial u}{\partial y}\right) \tag{18.39}$$

および

$$\mu\left(\frac{\partial u}{\partial y}\right)^2 + u\frac{\partial}{\partial y}\left(\mu\frac{\partial u}{\partial y}\right) = \frac{\partial}{\partial y}\left(\mu u\frac{\partial u}{\partial y}\right) \tag{18.40}$$

式 (18.39) と式 (18.40) を式 (18.38) に代入すると

$$\rho u \frac{\partial h_0}{\partial x} + \rho v \frac{\partial h_0}{\partial y} = \frac{\partial}{\partial y}\left[\frac{\mu}{\Pr}\frac{\partial h_0}{\partial y} + \left(1 - \frac{1}{\Pr}\right)\mu u\frac{\partial u}{\partial y}\right] \tag{18.41}$$

を得る.上式は境界層エネルギー方程式の別形式である.この方程式において, Pr は局所 Prandtl 数であり,それは,一般的に, T の関数であり,したがって,それは境界層内で変化する.

平板を過ぎる,層流,圧縮性流れについて,支配方程式の系は今や,式 (18.31) から式 (18.33) および式 (18.41) であると考えることができる.これらは非線形偏微分方程式である.非圧縮性の場合におけるように,自己相似解を求めてみよう.しかしながら,変換された独立変数は非圧縮性の場合とは p. 991 異なるふうに定義されなければならない.すなわち,

$$\xi = \rho_e \mu_e u_e x \qquad \xi = \xi(x)$$

$$\eta = \frac{u_e}{\sqrt{2\xi}}\int_0^y \rho dy \qquad \eta = \eta(x, y)$$

従属変数は次のように変換される.すなわち,

$$f' = \frac{u}{u_e} \quad \text{(この式は流れ関数 } \psi = \sqrt{2\xi}f \text{ の定義と矛盾しない)}$$

$$g = \frac{h_0}{(h_0)_e}$$

連鎖律を用いた変換は第 18.2 に述べられているのと同じである.したがって,(読者の楽しみのために残しておく) 正確なステップを詳しく説明することなしに,式 (18.32) と式 (18.41) は次式へ変換される.

$$\left(\frac{\rho\mu}{\rho_e\mu_e}f''\right)' + ff' = 0 \tag{18.42}$$

および

$$\left(\frac{\rho\mu}{\rho_e\mu_e}\frac{1}{\text{Pr}}g'\right)' + fg' + \frac{u_e^2}{(h_0)_e}\left[\left(1-\frac{1}{\text{Pr}}\right)\frac{\rho\mu}{\rho_e\mu_e}f'f''\right]' = 0 \qquad (18.43)$$

式 (18.42) と式 (18.43) を詳しく調べてみる．それらは常微分方程式である．それで，プライム記号は η に関する微分を示すことを思い出すべきである．したがって，平板を過ぎる圧縮性，層流はまさしく，$f' = f'(\eta)$ であり，$g = g(\eta)$ であり，自己相似解に役に立つのである．すなわち，η に対してプロットした速度および総エンタルピー分布が任意の位置で同一である．さらに，積，$\rho\mu$ は変数であり，一部温度に依存する．したがって，式 (18.42) は $\rho\mu$ を介してエネルギー方程式，式 (18.43) と結び付いている．もちろん，エネルギー方程式は式 (18.43) に現れている f，f' そして f'' により式 (18.42) に強く結び付いている．したがって，我々は同時に解かなければならない連立した常微分方程式の系を取り扱っているのである．これらの方程式についての境界条件は，

$\eta = 0$: $\qquad\qquad\qquad f = f' = 0 \qquad g = g_w$

$\eta \to \infty$: $\qquad\qquad\qquad f' = 1 \qquad g = 1$

式 (18.43) に現れる係数，$u_e^2/(h_0)_e$ は単純に Mach 数の関数である．すなわち，

$$\frac{u_e^2}{(h_0)_e} = \frac{u_e^2}{h_e + u_e^2/2} = \frac{1}{h_e/u_e^2 + \frac{1}{2}} = \frac{1}{c_pT_e/u_e^2 + \frac{1}{2}} = \frac{1}{RT_e/(\gamma-1)u_e^2 + \frac{1}{2}}$$
$$= \frac{1}{1/(\gamma-1)M_e^2 + \frac{1}{2}} = \frac{2(\gamma-1)M_e^2}{2 + (\gamma-1)M_e^2}$$

したがって，式 (18.43) は，パラメータとして，境界層の外縁で流れのマッハ数を含んでいる．すなわち，それは，平板の場合，p.992 自由流 Mach 数である．したがって，圧縮性境界層解は Mach 数に依存するということが明確にわかるのである．さらに，式 (18.43) に局所 Pr が現れているので，その解は，パラメータとして自由流 Prandtl 数にも依存する．最後に，境界条件から，壁面における g，g_w は与えられる量である事に注意すべきである．$u = 0$ である壁面において，$g_w = h_w/(h_0)_e = c_pT_w/(h_0)_e$ であることに注意すべきである．したがって，壁面において与えられるエンタルピー g_w の代わりに，通常，与えられる壁面の温度，T_w を取り扱うのである．与えられる T_w の値の代わりは**断熱壁**，すなわち，壁面への熱伝達が存在しない場合，の仮定である．もし，$\dot{q}_w = k(\partial T/\partial y)_w = 0$ であるなら，そのとき，$(\partial T/\partial y)_w = 0$ である．

要約すると，上の論議から，平板を過ぎる圧縮性層流についての数値的な自己相似解を得られることがわかる．しかしながら，この解は Mach 数，Prandtl 数，および (与えられた T_w の断熱壁または等温壁のどちらかである) 壁面の状態に依存するのである．そのような数値解法が行われてきた．すなわち，詳細については参考文献 43 を見るべきである．式 (18.42) と式 (18.43) の古典的な解法は第 16.4 節において説明した狙い撃ち法 (shooting method) である．この方法は第 16.4 節において論議した圧縮性 Couette の流れの解法に用いられた方法と直接的に類似している．式 (18.42) は 3 階であるので，$\eta = 0$ において 3 つの境界条件を必要とする．今の場合，2 つのみ，すなわち，$f = f' = 0$ があるだけである．したがって，$f''(0)$ の値を**仮定**し，境界層の外縁における境界条件，$f' = 1$ が得られるまでくり返すのである．同様に，式 (18.43) は 2 階の方程式である．それは，境界層を横切って，数値的に積分するためには，壁面において

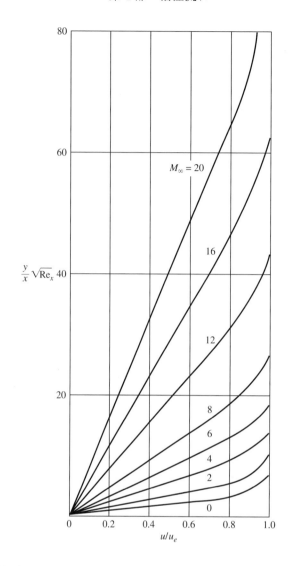

図 18.4 断熱平板上の圧縮性層流境界層における速度分布 (出典: *van Driest*, 参考文献 79)

2 つの境界条件を必要とする．しかし，わずか 1 つ，すなわち，$g(0) = g_w$ のみが与えられている．それゆえ，$g'(0)$ を仮定し，式 (18.43) を積分する．境界条件が満足されるまで，すなわち，$g = 1$ になるまで計算をくり返すのである．式 (18.42) は式 (18.43) と連結している，すなわち，式 (18.42) にある $\rho\mu$ は，境界層内のエンタルピー (すなわち，温度) 分布の知識を必要とするので，全体のプロセスを再度くり返さなければならない．これは，第 16.4 節における狙い撃ち法の論議において述べた，主くり返しの中に組み込まれた 2 つの従的なくり返しと直接的に類似している．ここにおける方法は，実質的に，第 16.4 節のおいて述べたと同じ原理である．そして，この段階でそれを復習すべきものである．したがって，ここでは，これ以上詳しくは述べない事とする．

平板上の圧縮性境界層の速度と温度分布に関する式 (18.42) と式 (18.43) の典型的な解は van Driest (参考文献 79) から得られた，図 18.4 から図 18.7 に示されている．図 18.4 と図 18.5 は，

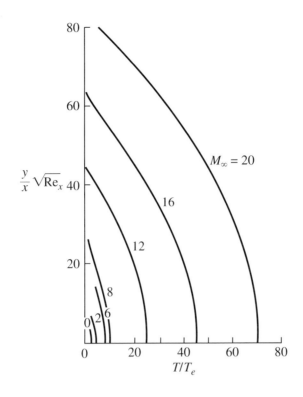

図 18.5 断熱平板上の圧縮性層流境界層における温度分布 (出典：*van Driest*，参考文献 79)

μ に関して Sutherland 法則を用い，一定の Prandtl 数=0.75 を仮定した，断熱平板 (熱伝達ゼロ) の結果である．0 (非圧縮性) から 20 という大きな極超音速までの Mach 数範囲の速度分布が図 18.4 に示されている．与えられた Re_x で，ある与えられた x において，境界層厚さは M_e が極超音速値へ増加するにつれて驚くほど増加することに注意すべきである．これは，明らかに，圧縮性境界層の最も重要な特徴の 1 つ，すなわち，境界層厚さは大きな Mach 数で大きくなることを示している．図 18.5 は図 18.4 と同じ場合についての温度分布を示す．M_e が大きな極超音速値へ増加するにしたがって，p. 993 温度が驚くほど増加するという明確な物理的傾向に注意すべきである．また，図 18.5 において，壁面 ($y = 0$) において，それは断熱された面 ($q_w = 0$) であるので，$(\partial T/\partial y)_w = 0$ であることに注意すべきである．図 18.6 と図 18.7 は，また，van Driest の結果を載せている．しかし，ここでは，壁面への熱伝達がある場合である．その様な場合は，$T_w < T_{aw}$ であるので，"冷たい壁面 (cold wall)" と呼ばれる．(反対の場合は "熱い壁面 (hot wall)" である．そこでは，熱は壁面から流体へ伝達される．すなわち，この場合は，$T_w > T_{aw}$ である．) 図 18.6 と図 18.7 に示される結果は，p. 994 $T_w/T_e = 0.25$ および Pr = 0.75 = 一定 の場合である．図 18.6 は，いろいろな値の M_e についての速度分布を示している．そして，再び，M_e が増加すると急激に境界層厚さが増加することを示している．加えて，境界層厚さに及ぼす冷たい壁面の効果は図 18.4 と図 18.6 を比較することによりわかる．例えば，両方の図における $M_e = 20$ の場合を考える．Mach 数，20 における断熱壁 (図 18.4) について，境界層厚さは，$(y/x)\sqrt{\mathrm{Re}_x} = 60$ の値を越える．しかるに，マッハ 20 の冷たい壁面 (図 18.6) については，境界層厚さは $(y/x)\sqrt{\mathrm{Re}_w} = 30$ を少し越える．これは，冷たい壁面の効

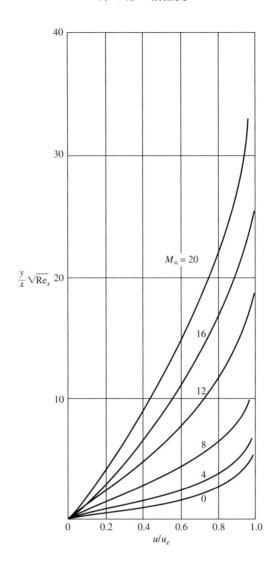

図 18.6 冷たい平板上の層流，圧縮性境界層における速度分布 (出典：*van Driest*，参考文献 79)

果は境界層厚さを減少させるという一般的な事実を例証している．この傾向は，図 18.7 を調べるとき，物理的な基本に基づき容易に説明でき，その図は冷たい壁面の境界層における温度分布を示しているのである．図 18.5 と図 18.7 を比較すると，予想したように，冷たい壁面の温度レベルは，断熱壁面の場合におけるよりもかなり低いことに気がつく．次に，両方の場合の圧力は同じであるので，状態方程式，$p = \rho RT$ から，冷たい壁面の場合の密度はもっと高いことがわかる．もし，密度がより高ければ，境界層内の質量流量を，より小さい境界層厚さの中に納めることができる．よって，冷たい壁面の効果は境界層を薄くするということである．また，図 18.7 において，境界層の外縁から出発し，壁面へ向かうと，温度は最初増加し，境界層内のどこかで頂点に達し，それから，決まっている冷たい壁の温度 T_w へ減少することに注意すべきである． p. 995 境界層内におけるピーク温度は境界層内で生じる粘性散逸量の指標である．図 18.7 は，明らかに，M_e が増加するにつれて，この粘性散逸の効果が急速に増加すること例

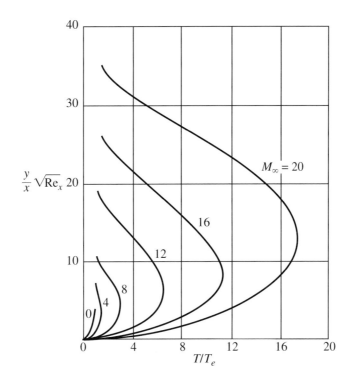

図 18.7 冷たい平板上の層流，圧縮性境界層における温度分布 (出典：*van Driest*，参考文献 79)

証している．すなわち，圧縮性境界層のもう 1 つの基本的な特徴である．

図 18.4 から図 18.7 に示されている境界層分布を注意深く研究してみる．それらは式 (18.42) と式 (18.43) の解から得られる詳細な結果の例である．p. 996 すなわち，実際に，これらの図は，(変換された変数 η の項ではなくむしろ) 物理的な (x, y) 空間に写した結果による，式 (18.43) と式 (18.42) の図的な表示である．次に，表面の値である c_f と C_H は，それぞれ，壁面で計算される速度および温度分布により与えられる壁面での速度および温度勾配から得られる．式 (16.51) と式 (16.55) から，c_f と C_H は次のように定義されることを思い出すべきである．

$$c_f = \frac{\tau_w}{\frac{1}{2}\rho_e u_e^2} \tag{16.51}$$

そして，

$$C_H = \frac{\dot{q}_w}{\rho_e u_e (h_{aw} - h_e)} \tag{16.54}$$

ここに，

$$\tau_w = \mu \left(\frac{\partial u}{\partial y}\right)_w \quad \text{および} \quad \dot{q}_w = -k \left(\frac{\partial T}{\partial y}\right)_w$$

であり，$(\partial u/\partial y)_w$ と $(\partial T/\partial y)_w$ は，それぞれ，壁面で計算される，速度および温度分布から求められる値である．次に，平板全体の表面摩擦抵抗係数 C_f は式 (18.21) を用い，平板上の c_f を積分することにより得られる．

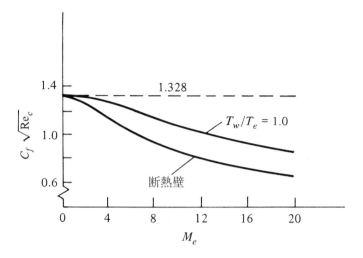

図 18.8 平板を過ぎる層流,圧縮性流れの摩擦抵抗係数.マッハ数および壁温効果を示す. $P_r = 0.75$ (*E.R. van Driest* による計算, *NACA Tech. Note 2597*)

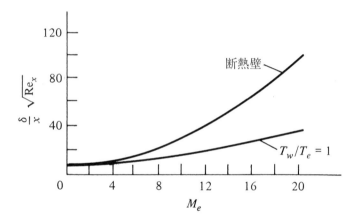

図 18.9 平板を過ぎる層流,圧縮性流れの境界層厚さ.Mach 数および壁温の効果を示す. $P_r = 0.75$ (*E.R. van Driest* による計算, *NACA Tech. Note 2597*)

非圧縮性流れに関する摩擦抵抗係数の式 (18.22) へもどるとする.これと類似の圧縮性の結果は次式のように書ける.

$$C_f = \frac{1.328}{\sqrt{\mathrm{Re}_c}} F\left(M_e, \mathrm{Pr}, \frac{T_w}{T_e}\right) \qquad (18.44)$$

p. 997 式 (18.44) において,関数 F は数値解から決定される.それらの例が図 18.8 に与えられている.そして,その図は,積, $C_f \sqrt{\mathrm{Re}_c}$ が M_e が増加するにつれて減少することを示している.さらに,断熱壁は $T_w/T_e = 1$ の場合の壁面よりも熱い.したがって,図 18.8 は,熱い壁面はまた $C_f \sqrt{\mathrm{Re}_c}$ を減少させることを例証している.

非圧縮性の平板境界層の厚さに関する式 (18.23) へ戻るとする.圧縮性流れに関する類似の結果は

第18章　層流境界層

$$\delta = \frac{5.0x}{\sqrt{\text{Re}_x}} G\left(M_e, \text{Pr}, \frac{T_w}{T_e}\right) \tag{18.45}$$

である．式 (18.45) において，関数 G は数値解から得られる．それらの例が図 18.9 に与えられている．そして，その図は，M_e が増加すると，積，$(\delta\sqrt{\text{Re}_x}/x)$ が増加することを示している．p. 998 その他をすべて等しいとすると，境界層は高い Mach 数でより厚い．この事実は，図 18.4 と図 18.6 に示されるように，すでに前に述べられていた．また，図 18.9 から，前に論議されたように，熱い壁面は境界層を厚くするということに注意すべきである．

第 16 章における Couette 流れに関する論議を思い出すべきである．そこでは，回復係数 r の概念を導入した．そこでは，

$$h_{aw} = h_e + r\frac{u_e^2}{2} \tag{18.46}$$

これは一般的な概念であり，ここで境界層解へ適用できるのである．もし，圧縮性平板流れについて一定の Prandtl 数を仮定すると，数値解は，平板に関して，

$$r = \sqrt{\text{Pr}} \tag{18.47}$$

であることを示している．式 (18.47) は，回復係数が Prandtl 数のみの関数である Couette 流れについて与えられる結果と類似している．しかしながら，平板については $r = \sqrt{\text{Pr}}$ である．しかるに，Couette 流れについては $r = \text{Pr}$ なのである．

平板の空力加熱は Reynolds アナロジーにより取り扱うことができる．Stanton 数と表面摩擦係数は，それぞれ，次式のように定義される．

$$C_H = \frac{\dot{q}_w}{\rho_e u_e (h_{aw} - h_w)} \tag{18.48}$$

および

$$c_f = \frac{\tau_w}{\frac{1}{2}\rho_e u_e^2} \tag{18.49}$$

(第 16 章におけるこれらの係数の論議を見るべきである．) Couette 流れに関する結果は，1 つの関係式が C_H と c_f との間に存在することを証明した．すなわち，Couette 流れについては式 (16.59) により与えられる Reynolds アナロジーである．さらに，この関係式において，比 C_H/c_f は Prandtl 数のみの関数であった．同じ結果が圧縮性平板流れに成立する．もし，Prandtl 数が一定であると仮定すると，そのとき，平板について，数値解から，Reynolds アナロジーは，

$$\boxed{\frac{C_H}{c_f} = \frac{1}{2}\text{Pr}^{-2/3}} \tag{18.50}$$

である．式 (18.50) において，非圧縮性平板流れについて，式 (18.20) により与えられる局所表面摩擦係数 c_f は，圧縮性平板流れについては次の形式となる．すなわち，

$$c_f = \frac{0.664}{\sqrt{\text{Re}}} F\left(M_e, \text{Pr}, \frac{T_w}{T_e}\right) \tag{18.51}$$

式 (18.51) において，F は，式 (18.44) に現れるのと同じ関数であり，それの M_e と T_w/T_e による変化は，図 18-8 に示されるものと同じである．

[例題 18.1]

p. 999 標準海面上条件 ($p_\infty = 1.01 \times 10^5$ N/m^2 と $T_\infty = 288$ K) の空気流中にある迎え角ゼロの平板を考える．この平板の翼弦長 (前縁から後縁までの距離) は 2 m である．この平板の平面面積は 40 m^2 である．標準海面上条件において，$\mu_\infty = 1.7894 \times 10^{-5}$ kg/(m)(s) である．壁面温度が断熱壁温度 T_{aw} であると仮定する．自由流の速度が，(a) 100 m/s，(b) 1000 m/s であるとき，平板の摩擦抵抗を計算せよ．

[解答]
(a) 自由流密度は，

$$\rho_\infty = \frac{p_\infty}{RT_\infty} = \frac{1.01 \times 10^5}{(287)(288)} = 1.22 \text{ kg/m}^3$$

である．音速は，

$$a_\infty = \sqrt{\gamma RT_\infty} = \sqrt{(1.4)(287)(288)} = 340.2 \text{ m/s}$$

である．Mach 数は $M_\infty = 100/340.2 = 0.29$ である．したがって，M_∞ は非圧縮性流れと仮定できるほど十分低く，式 (18.22) を用いることができる．

$$C_f = \frac{1.328}{\sqrt{\text{Re}_c}}$$

迎え角ゼロの平板を過ぎる流れについて，自由流速度と密度，V_∞ と ρ_∞ は，境界層外縁における速度と密度，u_e と ρ_e と同じであることに注意してほしい．したがって，これらの量は入れ換えて用いることができる．このように，

$$\text{Re}_c = \frac{\rho_\infty V_\infty c}{\mu_\infty} = \frac{(1.22)(100)(2)}{1.7894 \times 10^{-5}} = 1.36 \times 10^7$$

したがって，

$$C_f = \frac{1.328}{\sqrt{\text{Re}_c}} = \frac{1.328}{\sqrt{1.36 \times 10^7}} = 3.60 \times 10^{-4}$$

この平板の片面上の摩擦抵抗は次式により与えられる．

$$D_f = \frac{1}{2}\rho_\infty V_\infty^2 S C_f = \frac{1}{2}(1.22)(100)^2(40)(3.6 \times 10^{-4}) = 87.8 \text{ N}$$

摩擦による全抵抗はこの平板の上面と下面，両方に働く剪断応力により生じる．上の D_f は一つの面のみの摩擦抵抗であるので，

$$\text{全摩擦抵抗} = D = 2D_f = 2(87.8) = \boxed{175.6 \text{ N}}$$

を得る．

(b) $V_\infty = 1000$ m/s の場合,

$$M_\infty = \frac{V_\infty}{a_\infty} = \frac{1000}{340.2} = 2.94$$

である．この流れは明らかに圧縮性であり，式 (18.44) を用いるか，または直接，図 18.8 を用いなければならない．図 18.8 から，$M_\infty = M_e = 2.94$ と断熱壁について，

$$C_f \sqrt{\text{Re}_c} = 1.2$$

を得る．p. 1000 すなわち,

$$C_f = \frac{1.2}{\sqrt{\text{Re}_c}}$$

$$\text{Re}_c = \frac{\rho_\infty V_\infty c}{\mu_\infty} = \frac{(1.22)(1000)(2)}{1.7894 \times 10^{-5}} = 1.36 \times 10^8$$

したがって,

$$C_f = \frac{1.2}{\sqrt{1.36 \times 10^8}} = 1.03 \times 10^{-4}$$

片面の摩擦抵抗は,

$$D_f = \frac{1}{2}\rho_\infty V_\infty^2 S C_f = \frac{1}{2}(1.22)(1000)^2(40)(1.03 \times 10^{-4}) = 2513 \text{ N}$$

上，下面，両方を考慮すると．

$$全摩擦抵抗 = D = 2D_f = 2(2513) = \boxed{5026 \text{ N}}$$

18.3.1 速度による抵抗変化についてのコメント

第 1 章から始めると，実際，流体力学の最も基本的な学習から始めると，通常，流れている流体中にある物体に働く空気力学的力は流速の自乗に比例するということが示される．例えば，第 1.5 節から,

$$L = \frac{1}{2}\rho_\infty V_\infty^2 S C_L$$

および

$$D = \frac{1}{2}\rho_\infty V_\infty^2 S C_D$$

C_L と C_D が速度に依存しない限り，そのときは，明らかに，$L \propto V_\infty^2$ であり，$D \propto V_\infty^2$ である．これは，非粘性，非圧縮性流れの場合であり，そこでは，C_L と C_D は物体の形状と迎え角のみに依存する．しかしながら，第 1.7 節における次元解析から，C_L と C_D は，一般的に Reynolds 数と Mach 数，両方の関数でもあることを見いだした．すなわち,

$$C_L = f_1(\text{Re}, M_\infty)$$

$$C_D = f_2(\text{Re}, M_\infty)$$

もちろん，非粘性，非圧縮性流れについて，Re と M_∞ は何の役割もない (実際，非粘性流れでは，Re → ∞ であり，非圧縮性流れでは，M_∞ → 0 である)．しかしながら，他のすべてのタイプの流れについて，Re と M_∞ はプレーヤーであり，C_L と C_D の値は物体の形状や迎え角にのみ依存するだけでなく，Re と M_∞ にも依存するのである．この理由により，一般的に，空気力は，必ずしも厳密に速度の 2 乗に比例するわけではない．例えば，例題 18.1 の結果を調べてみる．(a) において，V_∞ = 100 m/s のとき，抵抗の値は 175.6 N と計算された．もし，抵抗が V_∞^2 に比例するとすれば，V_∞ = 1000 m/s で，10 倍である (b) の場合，抵抗は 100 倍大きくなる，すなわち，17,560 N になるであろう．これとは対照的に，(b) における計算は，その抵抗ははるかに小さい，すなわち，5026 N である．言い替えると，V_∞ が 10 倍に増加したとき，抵抗は，100 倍でなく，わずか，28.6 倍に増加するということである．p. 1001 この理由は自明である．C_f の値は，速度が増加すると減少する．なぜなら，(1) Reynolds 数が増加し，式 (18.22) から，C_f を減少させる．そして，(2) Mach 数が増加する，そして，それは，図 18.8 から，C_f を減少させるのである．

それで，空気力が速度の 2 乗により変わるという考え方に注意すべきである．非粘性，非圧縮性流れ以外の場合，このことは正しくないのである．

18.4 基準温度法

本節において，層流圧縮性流れの表面摩擦と熱伝達を予測する近似的な工学的方法を論議する．その方法は，非圧縮性流理論から得られた式を用いるという簡単な考えに基づいている．そこでは，諸式における熱力学および輸送特性は，境界層内のどこかの温度を表している，ある基準温度で計算される．この着想は，Rubesin と Johnson により参考文献 80 において最初に提唱され，Eckert (参考文献 81) により基準エンタルピーを含むように修正された．このように，ある意味では，古典的な非圧縮性の式が圧縮性効果について"補正"されたのである．基準温度 (または，基準エンタルピー) 法は，それらの簡単さにより，しばしば工学的解析に好んで用いられてきた．このような理由で，本節でその方法を簡単に説明する．

第 18.2 節において論議されたように，平板を過ぎる非圧縮性層流流れを考える．局所表面摩擦係数は式 (18.20) で与えられる．その式を以下に示す．すなわち，

$$c_f = \frac{0.664}{\sqrt{\text{Re}_x}} \tag{18.20}$$

平板を過ぎる圧縮性層流流れについて，それと類似した式，

$$\boxed{c_f^* = \frac{0.664}{\sqrt{\text{Re}_x^*}}} \tag{18.52}$$

を書く．ただし，ここで c_f^* と Re_x^* をある基準温度 T^* において計算する．すなわち，

$$\text{Re}_x^* = \frac{\rho^* u_e x}{\mu^*}$$

および
$$c_f^* = \frac{\tau_w}{\frac{1}{2}\rho^* u_e^2}$$

第18.3節から，圧縮性境界層について，c_f は M_e と T_w/T_e 両方の関数であることがわかる．したがって，基準温度 T^* は M_e と T_w/T_e の関数でなければならない．この関数は

$$\frac{T^*}{T_e} = 1 + 0.032 M_e^2 + 0.58\left(\frac{T_w}{T_e} - 1\right) \tag{18.53}$$

である．

p. 1002 圧縮性境界層の熱伝達について，式 (18.50) から，Reynolds アナロジーを用いる．それを以下に示す．

$$\frac{C_H}{c_f} = \frac{1}{2}\mathrm{Pr}^{-2/3} \tag{18.50}$$

c_f についての非圧縮の式，式 (18.20) を式 (18.50) に代入すると，

$$C_H = \frac{0.332}{\sqrt{\mathrm{Re}_x}} \mathrm{Pr}^{-2/3} \tag{18.54}$$

を得る．式 (18.54) を基準温度において計算すると，

$$\boxed{C_H^* = \frac{0.332}{\sqrt{\mathrm{Re}_x^*}} (\mathrm{Pr}^*)^{-2/3}} \tag{18.55}$$

を得る．ここに，

$$C_H^* = \frac{\dot{q}_w}{\rho^* u_e^* (h_{aw} - h_w)}$$

[例題 18.2]

例題 18.1b において説明されたと同じ流れ条件における同じ平板に働く摩擦抵抗を基準温度法により計算する．基準温度法の結果と，厳密な層流境界層理論を反映している例題 18.1b で得られた結果を比較せよ．

[解答]

基準温度は式 (18.53) から計算される．その式では比，T_w/T_e が必要である．本例題の場合，平板は断熱壁温度にある．したがって，T_{aw}/T_e を必要とする．これを得るために，回復係数を用いる．そして，平板層流境界層のものは式 (18.47) により与えられる．すなわち，

$$r = \sqrt{\mathrm{Pr}} \quad \text{ここに，} \quad \mathrm{Pr} = \frac{\mu c_p}{k}$$

標準状態の空気について，$\mathrm{Pr} = 0.71$ であり，そして，それは 800 K まで相対的に温度に対して一定である．したがって，$\mathrm{Pr} = \mathrm{Pr}^* = 0.71$ と仮定する．それで，

$$r = \sqrt{\mathrm{Pr}} = \sqrt{0.71} = 0.843$$

回復係数は式 (16.49) により，次のように定義される．

$$r = \frac{T_{aw} - T_e}{T_0 - T_e} \tag{16.49}$$

すなわち,

$$T_{aw} = T_e + r(T_0 - T_e)$$

すなわち

$$\frac{T_{aw}}{T_e} = 1 + r\left(\frac{T_0}{T_e} - 1\right) \tag{18.56}$$

p. 1003 付録 A から, $M_e = 2.94$ については, $\frac{T_0}{T_e} = 2.74$ である. したがって, 式 (18.56) は,

$$\frac{T_{aw}}{T_e} = 1 + r\left(\frac{T_0}{T_e} - 1\right) = 1 + 0.843\,(2.74 - 1) = 2.467$$

を与える. 式 (18.53) から,

$$\frac{T^*}{T_e} = 1 + 0.032 M_e^2 + 0.58\left(\frac{T_{aw}}{T_e} - 1\right)$$
$$= 1 + 0.032\,(2.94)^2 + 0.58\,(2.467 - 1) = 2.1275$$

したがって,

$$T^* = 2.1275 T_e = 2.1275\,(288) = 612.7\text{ K}$$

状態方程式から, T^* に対応する ρ^* は,

$$\rho^* = \frac{p^*}{RT^*} = \frac{1.01 \times 10^5}{(287)(612.7)} = 0.574\text{ kg/m}^3$$

である. また, T^* に対応する μ^* は式 (15.3) により与えられる Sutherland 法則から得られる.

$$\frac{\mu}{\mu_0} = \left(\frac{T}{T_0}\right)^{3/2} \frac{T_0 + 110}{T + 110} \tag{15.3}$$

注：式 (15.3) において, μ_0 は基準温度 T_0 における基準粘性係数である. 式 (15.3) において, T_0 は**基準**温度を示し, 総温ではない. ここでは, 2 つの異なる量に対して同じ記号を用いている場合であるが, 式 (15.3) における T_0 の意味はこの文脈から明らかである. T_0 と μ_0 に対して標準海面上状態を用いる. すなわち,

$$\mu_0 = 1.7894 \times 10^{-5}\text{ kg/(m)(s)} \quad \text{および} \quad T_0 = 288\text{ K}$$

したがって, 式 (15.3) から,

$$\frac{\mu^*}{\mu_0} = \left(\frac{T^*}{T_0}\right)^{3/2} \frac{T_0 + 110}{T + 110} = \left(\frac{612.7}{288}\right)^{3/2} \frac{288 + 110}{612.7 + 110} = 1.709$$

すなわち,

$$\mu^* = 1.709 \mu_0 = (1.709)(1.7894 \times 10^{-5}) = 3.058 \times 10^{-5}\text{ kg/(m)(s)}$$

したがって，

$$\mathrm{Re}_c^* = \frac{\rho^* u_e c}{\mu^*} = \frac{(0.574)(1000)(2)}{3.058 \times 10^{-5}} = 3.754 \times 10^7$$

この平板の全長にわたり式 (18.52) を積分すると，式 (18.22) と同じ形の式を得る．すなわち，

$$C_f^* = \frac{1.328}{\sqrt{\mathrm{Re}_c^*}} \tag{18.57}$$

したがって，

$$C_f^* = \frac{1.328}{\sqrt{\mathrm{Re}_c^*}} = \frac{1.328}{\sqrt{3.754 \times 10^7}} = 2.167 \times 10^{-4}$$

したがって，平板の片面に働く摩擦抵抗は，

$$D_f = \frac{1}{2}\rho^* V_\infty^2 S C_f^* = \frac{1}{2}(0.574)(1000)^2(40)(2.167 \times 10^{-4}) = 2844 \text{ N}$$

p. 1004 この平板の上面および下面の両方を考慮した全抵抗は，

$$D = 2(2488) = \boxed{4976 \text{ N}}$$

である．例題 18.1b において古典的な圧縮性境界層理論から得られた結果は $D = 5026$ N である．ここで用いた基準温度法による結果は例題 18.1b で見出された**厳密**値の数パーセント以内であり，少なくとも，ここで取り扱った場合において，基準温度法の精度に関する非常に素晴らしい例である．

18.4.1 最近の進歩：Meador-Smart 基準温度法

第 18.4 節において論議された基準温度法は 1940 年代後半にさかのぼる概念であるが，それはなお進化し続けている．ごく最近，Meador と Smart (William E. Meador, and Michael K. Smart, "Reference Enthalpy Method Developed from Solutions of the Boundary-Layer Equations," *AIAA Journal*, vol. 43, no. 1, January 2005, pp. 135–139) は基準温度の計算に関する改善された式を発表した．1 つは層流に関する式と，もう一方は乱流に関する式である．層流に関するこの結果は

$$\frac{T^*}{T_e} = 0.45 + 0.55\frac{T_w}{T_e} + 0.16\, r\left(\frac{\gamma - 1}{2}\right)M_e^2$$

であり，ここに，r は層流についての回復係数，$r = \sqrt{\mathrm{Pr}^*}$ である．

[例題 18.3]

基準温度についての Meador-Smart 方程式を用いて，例題 18.2 を繰り返す．

[解答]

Prandtl 数は合理的に一定であると仮定して，

$$r = \sqrt{Pr^*} = \sqrt{Pr} = \sqrt{0.71} = 0.843$$

また，この平板は断熱壁温度であるので，例題 18.2 から，

$$\frac{T_w}{T_e} = \frac{T_{aw}}{T_e} = 2.467$$

それで，Meador-Smart 方程式は

$$\frac{T^*}{T_e} = 0.45 + 0.55(2.467) + 0.16(0.843)(0.2)M_e^2$$

すなわち，

$$\frac{T^*}{T_e} = 1.807 + 0.027M_e^2$$

$M_e = 2.94$ の場合，

$$\frac{T^*}{T_e} = 1.807 + 0.027(2.94)^2 = 2.04$$

$$T^* = 2.04 T_e = 2.04(288) = 587.5 \text{ K}$$

$$\rho^* = \frac{p^*}{RT^*} = \frac{1.01 \times 10^5}{(287)(587.5)} = 0.599 \text{ kg/m}^3$$

$$\frac{\mu^*}{\mu_0} = \left(\frac{T^*}{T_0}\right)^{3/2} \frac{T_0 + 110}{T^* + 110} = \left(\frac{587.5}{288}\right)^{3/2} \frac{288 + 110}{587.5 + 110} = 1.664$$

$$\mu^* = 1.664 \mu_0 = 1.664(1.7894 \times 10^{-5}) = 2.978 \times 10^{-5}$$

$$\text{Re}_c^* = \frac{\rho^* u_e c}{\mu^*} = \frac{(0.599)(1000)(2)}{2.978 \times 10^{-5}} = 4.02 \times 10^{-5}$$

$$C_f^* = \frac{1.328}{\sqrt{\text{Re}_c^*}} = \frac{1.328}{\sqrt{4.02 \times 10^7}} = 2.09 \times 10^4$$

$$D_f = \frac{1}{2}\rho^* V_\infty^2 S C_f^* = \frac{1}{2}(0.599)(1000)^2(40)(2.09 \times 10^{-4}) = 2504 \text{ N}$$

$$D = 2(2504) = \boxed{5008 \text{ N}}$$

例題 18.2 からの結果は $D = 4976$ N であり，例題 18.1 からの厳密な結果は $D = 5026$ N である．Meador-Smart 法は式 (18.53) よりも正確である．すなわち，厳密値の 0.4 ％ 以内で一致している．

18.5 よどみ点空力加熱

読者が考えることと矛盾するけれど，流れの速度はよどみ点でゼロであるにもかかわらず，よどみ点で境界層を定義でき，そして，それは有限の厚さを持つのである．よどみ点境界層外縁における流れの状態は，よどみ点に関する非粘性解により与えられる．すなわち，特に，その境

第 18 章 層流境界層

界層外縁において，速度はゼロであり，温度は総温である．すなわち，$u_e = 0$ であり，$T_e = T_0$ である．これが図 18.10 に示されている．さらに，図 18.10 に示される η 方向の垂直線に沿って，境界層内のすべての点で $u = 0$ である．しかしながら，速度比，$(u/u_e) = 0/0$ は，境界層内のすべての点で有限値を持つ不定形である．第 18.2 節と第 18.3 節において論議された平板の解法の場合と同じ様に，$(u/u_e) = f'(\eta)$ なるような，関数 $f(\eta)$ を定義する．そして，f' は境界層内で決まった分布を持つ．実際，境界層の外縁を $(u/u_e) = f'(\eta) = 0.99$ である点として定義できる．最後に，よどみ点におけるせん断応力 (図 18.10 における点 A) はゼロである．これは，境界層方程式の解から得られるのみならず，よく眺めてみて明らかである．点 A より上の壁面に沿って，せん断応力は上向きに働き，点 A より下側では，それは下向きに働くのである．したがって，ちょうど点 A において，せん断応力はゼロでなければならないのである．

もし，上の論議が，むしろ理論上のことのように聞こえるとすれば，よどみ点境界層内の温度分布のほうがもっと容易に理解できる．境界層外縁における温度は総温 T_0 である．$\eta = 0$ の壁面における温度は T_w である．したがって，よどみ点境界層を通る垂直方向に温度分布が存在するのである．よどみ点における熱伝達は[p. 1006]点 A における温度勾配により与えられる．すなわち，

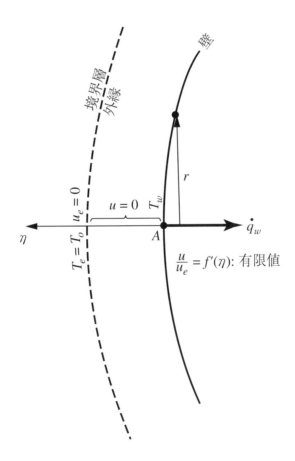

図 18.10 よどみ点領域の境界層概略図

$$\dot{q}_w = \left[-k\left(\frac{\partial T}{\partial y}\right)_w\right]_A \tag{18.58}$$

よどみ点境界層解法の現実的目的は熱伝達，$\dot{q}_w$ を計算することなのである．

よどみ点領域に適用された境界層方程式，式 (17.28) から式 (17.31) は第 18.3 節に述べられた変換法を用いて変換される．すなわち，

$$\xi = \int_0^x \rho_e \mu_e u_r dx \tag{18.59}$$

$$\eta = \frac{u_e}{\sqrt{2\xi}} \int_0^y \rho dy \tag{18.60}$$

$$f'(\eta) = \frac{u}{u_e} \tag{18.61}$$

$$g(\eta) = \frac{h}{h_e} \tag{18.62}$$

ここに，h は静的エンタルピーである ($u=0$ であるので，静的および総エンタルピーは同一である)．このことは，下に示すよどみ点境界層方程式へ導くのである．p. 1007 これらの方程式の詳しい導出については，例えば，参考文献 55 の第 6 章を見ると良い．

$$\boxed{(Cf'')' + ff'' = (f')^2 - g} \tag{18.63}$$

$$\boxed{\left(\frac{C}{\Pr}g'\right)' + fg' = 0} \tag{18.64}$$

ここに，$C = (\rho\mu/\rho_e\mu_e)$ である．式 (18.63) と式 (18.64) は，圧縮性，よどみ点境界層についての支配方程式である．これらの方程式を調べると，ξ に無関係であることがわかる．したがって，よどみ点境界層は自己相似の場合である．

式 (18.63) と式 (18.64) の数値解は，前に，平板の場合において述べた，"狙い撃ち法" により求められる．ここの論議において，その詳細を述べても意味がない．むしろ，参考文献 82 から得られた次の式に関係した，式 (18.63) と式 (18.64) を解いた結果を簡単に述べることにする．すなわち，

$$円柱： \quad \dot{q}_w = 0.57\Pr^{-0.6}(\rho_e\mu_e)^{1/2}\sqrt{\frac{du_e}{dx}}(h_{aw} - h_w) \tag{18.65}$$

もし，軸対称物体を考えるとすれば，式 (18.59) と式 (18.60) により与えられる元の変換は次のように少し変えられるであろう．すなわち，

$$\xi = \int_0^x \rho_e u_e \mu_e r^2 dx \tag{18.66}$$

および

$$\eta = \frac{u_e r}{\sqrt{2\xi}} \int_0^y \rho dy \tag{18.67}$$

ここに，r は，図 8.10 に示されるように，中心線から測った垂直座標である．式 (18.66) と式 (18.67) は，式 (18.63) と式 (18.64) にほとんど同一の軸対称よどみ点についての方程式を導く．すなわち，

$$(Cf'')' + ff'' = \frac{1}{2}[(f')^2 - g] \tag{18.68}$$

および

$$\left(\frac{C}{\Pr}g'\right)' + fg' = 0 \tag{18.69}$$

ここに，$C = (\rho\mu/\rho_e\mu_e)$ である．次に，得られる熱伝達式は次式 (参考文献 82) である．すなわち，

$$\text{球：} \quad \dot{q}_w = 0.763\Pr^{-0.65}(\rho_e\mu_e)\sqrt{\frac{du_e}{dx}}(h_{aw} - h_w) \tag{18.70}$$

2 次元円柱に関する式 (18.65) と軸対称球に関する式 (18.70) を比較する．これらの方程式は先頭の係数以外同一である．そして，その係数は球の方が大きい．その係数以外はすべて同じであるので，このことは，球のよどみ点の加熱は 2 次元円柱のそれより大きいことを示している．p. 1008 なぜであろうか．答えは 2 次元流れと 3 次元流れ間の基本的な相違にあるのである．2 次元流れにおいて，気体は物体に遭遇したときわずか 2 つの方向，すなわち，上方または下方，へ移動できるだけである．対照的に，軸対称流れにおいて，気体は 3 つの方向，すなわち，上方，下方および横方向，へ移動できる．そして，それゆえに，その流れは幾分 "緩和される"，すなわち，(円柱と球のような) 同じ縦方向の断面を持つ物体を過ぎる 2 次元および 3 次元流れを比較すると，3 次元流れについて，良く知られた 3 次元緩和効果が存在するのである．この緩和効果の結果，よどみ点において境界層厚さ δ が円柱よりも球の方が小さいのである．次に，壁面における温度勾配，$(\partial T/\partial y)_w$ は，(T_e/δ) のオーダーであるので，球の方が大きい．$\dot{q}_w = k(\partial T/\partial y)_w$ であるので，それゆえ，球の $\dot{q}_w$ の方が大きいのである．これは，式 (18.65) と式 (18.70) との比較から確かめられる．

よどみ点における空力加熱に関する上の結果は極超音速飛行体設計に驚くべき衝撃を与えるのである．すなわち，それらの結果は，その飛行体は尖った先端ではなく鈍い先端を持たなければならないという要求を突き付けているのである．これを理解するために，式 (18.65) と式 (18.70) に現れる，速度勾配，du_e/dx を考える．境界層の外縁へ適用された次に示す Euler の方程式，

$$dp_e = -\rho_e u_e du_e \tag{18.71}$$

から，

$$\frac{du_e}{dx} = -\frac{1}{\rho_e u_e}\frac{dp_e}{dx} \tag{18.72}$$

を得る．この表面上で Newton 流圧力分布を仮定すると，式 (14.4) から

$$C_p = 2\sin^2\theta$$

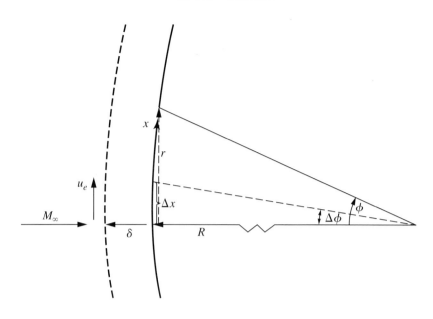

図 18.11 よどみ点領域図

を得る．ここに，θ は，この表面の接線と自由流方向との間の角度として定義される．もし，面に垂直な方向と自由流との間の角度として ϕ を定義すると，式 (14.4) は

$$C_p = 2\cos^2\phi \tag{18.73}$$

のように書ける．C_p の定義から，式 (18.73) は

$$\frac{p_e - p_\infty}{q_\infty} = 2\cos^2\phi$$

になる．すなわち，

$$p_e = 2q_\infty \cos^2\phi + p_\infty \tag{18.74}$$

式 (18.74) を微分すると，

$$\frac{dp_e}{dx} = -4q_\infty \cos\phi \sin\phi \frac{d\phi}{dx} \tag{18.75}$$

を得る．式 (18.72) と式 (18.75) を結びつけると，

$$\frac{du_e}{dx} = \frac{4q_\infty}{\rho_e u_e} \cos\phi \sin\phi \frac{d\phi}{dx} \tag{18.76}$$

を得る．p. 1009 式 (18.76) は物体のすべての点に適用される一般的な結果である．図 18.11 に描かれているような，よどみ点領域を考える．この領域において，Δx を，ϕ における微小変化，$\Delta\phi$ に対応する，よどみ点からの微小な表面上での距離とする．よどみ点領域における非粘性速度変化を

$$u_e = \left(\frac{du_e}{dx}\right)_s \Delta x \tag{18.77}$$

のように示すことができる．よどみ点において，ϕ は小さく，したがって，図18.11から，

$$\cos\phi \approx 1 \tag{18.78}$$

$$\sin\phi \approx \phi \approx \Delta\phi \approx \frac{\Delta x}{R} \tag{18.79}$$

$$\frac{d\phi}{dx} = \frac{1}{R} \tag{18.80}$$

ここに，R はよどみ点における物体の局所曲率半径である．最後に，よどみ点において，式(18.73)は

$$C_p = 2 = \frac{p_e - p_\infty}{q_\infty}$$

となる．すなわち，

$$q_\infty = \frac{1}{2}(p_e - p_\infty) \tag{18.81}$$

式(18.77)から式(18.81)を式(18.76)に代入すると，

$$\left(\frac{du_e}{dx}\right)^2 = \frac{2(p_e - p_\infty)}{\rho_e \Delta x}\left(\frac{\Delta x}{R}\right)\left(\frac{1}{R}\right)$$

すなわち，

$$\frac{du_e}{dx} = \frac{1}{R}\sqrt{\frac{2(p_e - p_\infty)}{\rho_e}} \tag{18.82}$$

を得る．式(18.82)を考慮して，式(18.65)と式(18.70)を調べると，

$$\boxed{\dot{q}_w \propto \frac{1}{\sqrt{R}}} \tag{18.83}$$

であることがわかる．これは，よどみ点空力加熱は物体機首の半径の平方根に逆比例して増加することを述べている．したがって，この空力加熱を減少させるためには，機首の半径を増加することである．これが，なぜ極超音速飛行体の機首と前縁が鈍いのかの理由である．すなわち，そうでなければ，よどみ点領域における厳しい空力加熱状態が鋭い前縁をまたたく間に融かしてしまうであろう．

第1.1節へもどり，細長い再突入物体と鈍い再突入物体の空力加熱を対比している定性的な論議を復習すべきである．そこの箇所で，空力加熱を最小にするために，鈍い機首を用いなければならないことを定性的な原理に基づき議論した．今や，この事実を式(18.83)の導出により定量的に証明したのである．

$\dot{q}_w$ が $\sqrt{R}$ に逆比例するという事実は，参考文献83から得られた図18.12において実験的に確かめられている．ここでは，よどみ点における C_H のいろいろな実験データが，機首の直径に基づいた Reynolds 数に対してプロットされている．すなわち，その横軸は本質的に R に比例しているのである．これは，対数対数の図であり，これらのデータは -0.5 の傾きを示している．したがって，$\dot{q}_w \propto 1/\sqrt{R}$ であることを立証している．

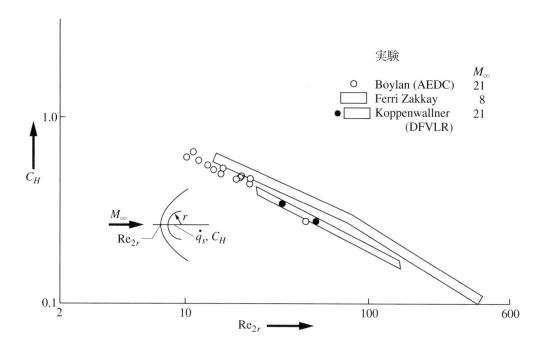

図 18.12 よどみ点 Stanton 数対機首半径を基準とする Re (出典：*Koppenwallner*, 参考文献 *83*)

18.6 　任意物体まわりの境界層：有限差分解法

p. 1011 　任意の形状の物体を過ぎる流れについての境界層方程式，式 (17.28) から式 (17.31) の**厳密解**は，高速デジタル計算機の出現まで得られず，究極的には計算流体力学の始まりまでなかったのである．本節において，一般的な境界層方程式を解くための有限差分法を論議する．すなわち，そのような有限差分解法は境界層の解析における現在の最先端を表しているのである．

　この論議の展望を示しておこう．式 (17.28) から式 (17.31) は一般的な境界層方程式である．平板なる特別の場合について，これらの方程式は式 (18.42) と式 (18.43) になり，よどみ点領域について，それらは式 (18.63) と式 (18.64) になったのである．両方の特別な場合において，変換された従属変数および独立変数の項によるこれらの方程式は (変換された η 方向にのみ流れが変化する) 自己相似解へと導いた．任意物体なる一般的な場合について，完全境界層方程式，式 (17.28) から式 (17.31) を，式 (18.59) から式 (18.62) により与えられる変換式により変換することはなおも有用である．これらの変換された方程式の詳しい導出については，参考文献 55 の第 6 章を見るべきである．その方程式の最終形は

x 方向運動量：

$$(Cf'')' + ff'' = \frac{2\xi}{u_e}\left[\left((f')^2 - \frac{\rho_e}{\rho}\right)\frac{du_e}{d\xi} + 2\xi\left(f'\frac{\partial f'}{\partial \xi} - \frac{\partial f}{\partial \xi}f''\right)\right] \tag{18.84}$$

y 方向運動量：

$$\boxed{\frac{\partial p}{\partial \eta} = 0} \tag{18.85}$$

エネルギー式：

$$\boxed{\left(\frac{C}{\Pr}g'\right)' + fg' = 2\xi\left[f'\frac{\partial g}{\partial \xi} + \frac{f'g}{h_e}\frac{\partial h_e}{\partial \xi} - g'\frac{\partial f}{\partial \xi} + \frac{\rho_e u_e}{\rho h_e}f'\frac{du_e}{d\xi}\right] - C\frac{u_e^2}{h_e}(f'')^2} \tag{18.86}$$

のようになる．ここに，前と同じ様に，$C = \rho\mu/\rho_e\mu_e$, $f' = u/u_e$ および $g = h/h_e$ である．式 (18.84) から式 (18.86) において，プライム " $'$ " は η に関する**偏微分**を示す．すなわち，$f' \equiv \partial f/\partial \eta$ である．式 (18.84) から式 (18.86) は，何も省略せずに，単に，式 (17.28) から式 (17.31) を変換したものである．

　式 (18.84) から式 (18.86) を調べてみる．すなわち，それらは変換された圧縮性境界層方程式である．それらはまだ，**偏微分**方程式であり，そこでは，f および g ともに，ξ と η の関数である．それらは，元の境界層方程式に関係したものを越えるような更なる近似または仮定を含んでいない．しかしながら，それらは，確かに，元の方程式よりもわかり難く，そして，幾分より複雑に見える形である．p. 1012 しかしながら，これにより惑わされてはならない．すなわち，実際には，式 (18.84) から式 (18.86) は実用的で，有用であることが証明された形式なのである．

　上記の変換された境界層方程式を次の境界条件により解かなければならない．物理的な境界条件は式 (17.28) から式 (17.31) のすぐ後に与えられている．すなわち，対応する変換された境界条件は次のようになる．すなわち，

壁面：　　　$\eta = 0$　　$f = f' = 0$　　$g = g_w$　　（決まった壁面温度）

または，

$$g' = 0 \quad \text{（断熱壁）}$$

境界層外縁：　　$\eta \to \infty$　　$f' = 1$　　$g = 1$

　一般的に，適切な境界条件に沿った式 (18.84)，式 (18.85) および式 (18.86) の解法は $u = u_e f'(\xi,\eta)$ および $h = h_e g(\xi,\eta)$ を介して，境界層内で変化する速度およびエンタルピーを与える．境界層を貫く圧力はわかっている．なぜなら，境界層の外縁において，わかっている圧力分布 (もしくは，等価的には，わかっている速度分布) が $p_e = p_e(\xi)$ で与えられており，この圧力は，任意の ξ 位置において垂直方向に $p = $ 一定 であることを述べている，式 (18.85) を介し，局所的に垂直方向に，境界層内で変化せずに作用しているからである．最後に，境界層内の h と p がわかれば，平衡状態の熱力学は適切な状態方程式により，例えば，$T = T(h,p)$, $\rho = \rho(h,p)$, 等，残りの変数を与えてくれるのである．

18.6.1　有限差分法

　ちょっとの間，計算流体力学のいくつかの概念を導入した第 2.17.2 へ戻り，特に，そこで導かれた有限差分式を復習すべきである．偏導関数を前進，後退，または中心差分で模擬することができることを思い出すべきである．これらの概念を次の論議に用いるとする．

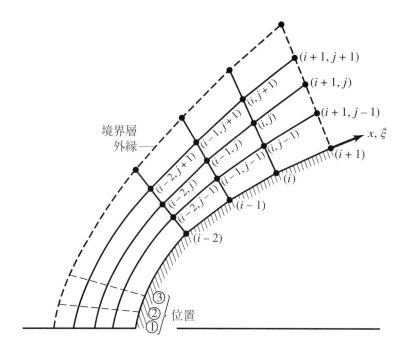

図 18.13 境界層の有限差分解法に関する格子

　また，境界層内における有限差分格子図を示す図 18.13 を考える．この格子は物理的な $x-y$ 空間に示されている．そこでは，それは曲線的で，不等間隔である．しかしながら，計算を行う，$\xi-\eta$ 空間において，この格子は，一様な間隔，$\Delta\xi$ と $\Delta\eta$ の長方形格子の形を取る．図 18.13 において，四つの異なる ξ (すなわち，x) 位置における格子点が示されている．すなわち，$(i-2)$，$(i-1)$，i および $(i+1)$ における点である．

　再び，式 (18.84) から式 (18.86) により与えられる一般的な，変換された境界層方程式を考える．図 18.13 における，位置 $(i+1)$ でこの境界層を計算したいとする．第 2.17.2 において論議したように，有限差分法の一般的な原理は，与えられた点において導関数をその点における有限差分商に置き換えることにより支配偏微分方程式を計算することである．例えば，図 18.13 における格子点 (i,j) を考える．この点において，式 (18.84) と式 (18.86) にある導関数を次の形式の有限差分式で置き換えるとする．p. 1013 すなわち，

$$\frac{\partial f}{\partial \xi} = \frac{f_{i+1,j} - f_{i,j}}{\Delta \xi} \tag{18.87}$$

$$\frac{\partial f}{\partial \eta} = \frac{\theta(f_{i+1,j+1} - f_{i+1,j-1})}{2\Delta\eta} + \frac{(1-\theta)(f_{i,j+1} - f_{i,j-1})}{2\Delta\eta} \tag{18.88}$$

$$\frac{\partial^2 f}{\partial \eta^2} = \frac{\theta(f_{i+1,j+1} - 2f_{i+1,j} + f_{i+1,j-1})}{(\Delta\eta)^2} + \frac{(1-\theta)(f_{i,j+1} - 2f_{i,j} + f_{i,j-1})}{(\Delta\eta)^2} \tag{18.89}$$

$$f = \theta f_{i+1,j} + (1-\theta) f_{i,j} \tag{18.90}$$

ここに，θ は，(以下で論議する予定の) いろいろな有限差分法に式 (18.87) から式 (18.90) を適合させるためのパラメータである．g についての同様な式が用いられる．式 (18.87) から式 (18.90) を，g に関する類似の式とともに，式 (18.84) と式 (18.86) に代入すると，2 つの代数方程式が

得られる．もし，$\theta = 0$ であれば，現れる未知数は，わずかに，$f_{i+1,j}$ と $g_{i+1,j}$ だけである．そして，これらは，2つの代数方程式から直接得られるのである．これは陽的な方法である．この方法を用いるとき，格子点 $(i+1, j)$ における境界層特性が，格子点 $(i, j+1)$, (i, j), および $(i, j-1)$ におけるわかっている特性により，陽的に解けるのである．この境界層解法は下流方向へ進行する方法である．すなわち，位置 $(i+1)$ における境界層分布は，その前の位置 (i) における流れが得られた後にのみ計算されるのである．

p. 1014 $0 < \theta \leq 1$ のときは，$f_{i+1,j+1}$, $f_{i+1,j}$, $f_{i+1,j-1}$, $g_{i+1,j+1}$, $g_{i+1,j}$, および $g_{i+1,j-1}$ が式 (18.84) と式 (18.86) において未知数として現れる．6つの未知数とわずか2つの方程式を持つことになる．したがって，式 (18.84) と式 (18.86) の有限差分形を，位置 $(i+1)$ における境界層内のすべての格子点で同時に計算しなければならず，それで，未知数の陰的な数式化となるのである．特に，もし $\theta = \frac{1}{2}$ であるならば，このスキームは良く知られた Crank-Nicolson 陰的手法となり，もし，$\theta = 1$ であるなら，このスキームは"完全陰的 (fully implicit) 手法"と呼ばれる．これらの陰的スキームは大きな連立代数方程式系となり，その係数はブロック三重対角行列 (block tridiagonal matrices) を構成する．

すでに，読者は，陰的解法が陽的解法よりも複雑であることを感じとれる．実際，本書の主題は空気力学の基礎であり，計算流体力学の詳細に踏み込むことは本書の目的を越えるものであることを思い出すべきである．したがって，これ以上詳しく説明は行わない．ここにおける目的は，境界層解への有限差分法の端緒を示すことなのである．陽的および陰的有限差分法に関するより詳しいことについては，本著者による書籍，*Computational Fluid Dynamics: The Basics with Applications* (参考文献 64) を見てもらいたい．

要約すると，一般的な，非相似の境界層の有限差分解法は次のように進められる．すなわち，

1. その解法は，前縁，あるいはよどみ点 (すなわち，図 18.13 の位置 1) における与えられた解から出発しなければならない．この出発解は適切な自己相似解から得られる．

2. 位置 2，次の下流位置，において，式 (18.87) から式 (18.90) により表される有限差分法が境界層を横切る流れ場変数の解を与える．

3. u と T の境界層分布が得られると，壁面における表面摩擦と熱伝達は次式から決定される．

$$\tau = \left[\mu\left(\frac{\partial u}{\partial y}\right)\right]_w$$

および

$$\dot{q} = \left(k\frac{\partial T}{\partial y}\right)_w$$

ここで，速度勾配は，次のように，一方向差分 (参考文献 64 を見よ) を用い，u と T のわかっている分布から求められる．

$$\left(\frac{\partial u}{\partial y}\right)_w = \frac{-3u_1 + 4u_2 - u_3}{2\Delta y} \tag{18.91}$$

$$\left(\frac{\partial T}{\partial y}\right)_w = \frac{-3T_1 + 4T_2 - T_3}{2\Delta y} \tag{18.92}$$

式 (18.91) と式 (18.92) において，添字，1，2，および 3 は壁面の格子点とそれより上にある 2 つの近接格子点を示す．もちろん，速度の滑りなしと固定された壁面温度という境界条件により，式 (18.91) および式 (18.92) において，$u_1 = 0$ および $T_1 = T_w$ である．

4. 上のステップを次の下流位置，すなわち，図 18.13 における位置 3 について繰り返す．このようにして，これらのステップの適用を繰り返すことにより，与えられた初期解から下流へ進行しながら，境界層全体を計算するのである．

そのような有限差分境界層解法から得られた結果の一例が図 18.14 と図 18.15 に与えられ，Blotter (参考文献 84) により得られたものである．これらは，高度 100,000 ft を 20,000 ft/s で飛行し，壁面温度が 1000 K である軸対称双曲体を過ぎる流れについて計算されたものである．これらの条件において，それの境界層は解離を含むであろう．そして，参考文献 84 における計算にはそのような化学反応を含んでいた．化学的に反応する境界層は本書の取り扱う範囲ではない．しかしながら，ここでは，参考文献 84 のいくつかの結果を有限差分法の説明をするための目的だけに示す．例えば，図 18.14 は，位置が $x/R_N = 50$ であるときの計算された速度および温度分布を与えている．ここに，R_N は先端の半径である．境界層外縁における速度お

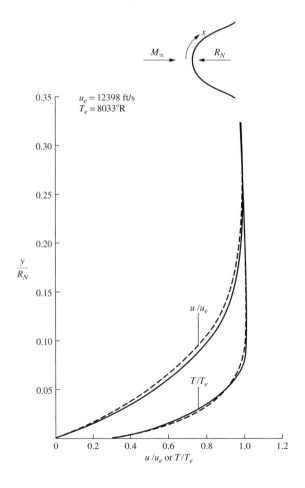

図 18.14 軸対称双曲体上の $x/R_N = 50$ における境界層の速度および温度分布 (出展：*Blottner*，参考文献 84)

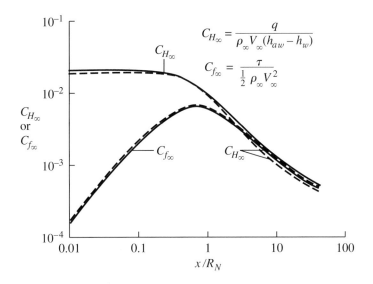

図 18.15 双曲体に沿った (自由流特性を基準とした) Stanton 数と表面摩擦係数 (出典: *Blottner*, 参考文献 *84*)

よび温度の局所値もまた図 18.14 に示してある．表面における特性を考えると，よどみ点からの距離の関数として C_H と c_f の変化が図 18.15 に示されている．図 18.15 に描かれている，次のような物理的な傾向に注意すべきである．

1. (いつものように，)よどみ点においてせん断応力はゼロであり，そしてそれは，先端近傍で増加し，最大値に達し，さらに下流になると減少する．

2. C_H の値は，先端近傍でほぼ一定であり，さらに下流で減少する．

3. Reynolds アナロジーは

$$C_H = \frac{c_f}{2s} \tag{18.93}$$

のように書ける．ここに，s は "Reynolds アナロジー係数 (Reynolds analogy factor)" である．平板の場合，式 (18.50) から，$s = \Pr^{2/3}$ であることがわかる．しかしながら，図 18.15 の結果から，明らかに，s は先端付近で変数であることがわかる．なぜなら，c_f は急速に増加する一方で，C_H はほぼ一定であるからである．対照的に，下流領域において，c_f と C_H は本質的に等しく，それで，Reynolds アナロジーが近似的に，$C_H/c_f = 1$ となると言えるのである．ここにおける要点は，Reynolds アナロジーは流れにおける強い圧力勾配に大きく影響されるということと，したがって，そのような場合，少なくとも，C_H と c_f が図 18.15 に示されるような自由流の特性値にもとづいているとき，工学的なツールとしての有用性はなくなるということである．

18.7 要約

p. 1017 本節で，層流境界層の議論を終える．図 18.1 に示されるロードマップに戻り，読者はこれまで議論してきた領域を思い出すべきである．いくつかの重要な結果を以下にまとめる．

平板を過ぎる非圧縮性層流流れについて，境界層方程式は Blasius 方程式となる．
$$2f''' + ff'' = 0 \tag{18.15}$$
ここに，$f' = u/u_e$ である．これは，表面に沿った，いかなる特定の x 位置にも関係しない，$f' = f'(\eta)$ の自己相似を生じる．式 (18.15) の数値解は次に示す結果に導く数値を与える．

局所表面摩擦係数：
$$c_f = \frac{\tau_w}{\frac{1}{2}\rho_\infty V_\infty^2} = \frac{0.664}{\sqrt{\mathrm{Re}_x}} \tag{18.20}$$

積分された摩擦抵抗係数：
$$C_f = \frac{1.328}{\sqrt{\mathrm{Re}_c}} \tag{18.22}$$

境界層厚さ：
$$\delta = \frac{5.0x}{\sqrt{\mathrm{Re}_x}} \tag{18.23}$$

排除厚：
$$\delta^* = \frac{1.72x}{\sqrt{\mathrm{Re}_x}} \tag{18.26}$$

運動量厚さ：
$$\theta = \frac{0.664x}{\sqrt{\mathrm{Re}_x}} \tag{18.28}$$

圧縮性効果は境界層解を Mach 数，Prandtl 数，そして，壁面対自由流の温度比の関数とする．典型的な圧縮性効果は図 18.8 に示されている．一般的に，圧縮性は C_f を減少させ，δ を増加させる．

基準温度法は，圧縮性を考慮し，しかし，c_f と C_H に非圧縮性方程式を用いる平板の表面摩擦と熱伝達についての容易な工学的計算法である．基準温度 T^* は次式により与えられる．
$$\frac{T^*}{T_e} = 1 + 0.032M_e^2 + 0.58\left(\frac{T_w}{T_e} - 1\right) \tag{18.53}$$

p. 1018 局所の表面摩擦係数は次式で与えられる．

$$c_f^* = \frac{0.644}{\sqrt{\mathrm{Re}_x^*}} \tag{18.52}$$

ここに，

$$c_f^* = \frac{\tau_w}{\frac{1}{2}\rho^* u_e^2}$$

および

$$\mathrm{Re}_x^* = \frac{\rho^* u_e x}{\mu^*}$$

(続く)

Stanton 数は
$$C_H^* = \frac{0.332}{\sqrt{\mathrm{Re}_x^*}}(\mathrm{Pr}^*)^{-2/3} \tag{18.55}$$
で与えられ，ここに，
$$C_H^* = \frac{\dot{q}_w}{\rho^* u_e (h_{aw} - h_w)}$$

18.8　演習問題

注：本章の演習問題を第 19 章の終わりまで延期する．そうすれば層流および乱流境界層の両者を一緒に取り扱えるようになるからである．

第19章　乱流境界層

p. 1019 乱れについて論争の余地のない一つの事実は，それが最も複雑な流体運動の種類であるということである．

Peter Bradshaw
Imperial College of Science and
Technology, London 1978

乱れは，過去においても，そして今もなお，大きな未解決である科学のミステリーの1つであり，それはその時代の最も秀でた科学者のいく人かの心を引きつけたのであった．例えば，*Arnold Sommerfeld*，1920年代の著名なドイツの理論物理学者であるが，かって，私に，自分が死ぬ前に，2つの現象，すなわち，量子力学と乱れを理解したいものだと語ってくれた．*Sommerfeld* は1924年に亡くなった．彼は現代物理学へ導いた発見である量子をほぼ完全な理解に達していたが，乱れについてはそうではなかったと私は思っている．

Theodore von Karman, 1967

プレビュー・ボックス

自然は，そのままにしていると，常に最大の無秩序の状態へ移行する．これは，特に現実の状態における層流境界層の流れについては真である．空気力学における大部分の応用の場合，境界層内の流れは主に乱流である．すなわち，自然は最大の無秩序の状態へ向かうのである．乱流境界層は不都合である．すなわち，同一の境界層外の流れの状態なら，乱流表面摩擦および空力加熱は層流表面摩擦および空力加熱よりも大きく，しばしば**非常に**大きいのである．しかし，乱流境界層はまた良い内容も含んでいる．なぜなら，流れは同じ境界層外流れの状態において，層流境界層よりもより下流まで表面に付着し流れるからである．それゆえ，流れのはく離による圧力抵抗が乱流境界層の物体は，層流境界層の物体と比較して一般的に小さい．

乱流境界層が本章の主題である．乱流境界層についての理論だけの結果は存在しない．すなわち，いかなる解析も何らかの形で実験データと組み合わなければならないのである．そのため，曖昧なやり方をしない．p. 1020 乱流境界層厚さや表面摩擦の概算 (それはまさしく見積もりでしかない) をすることができる実験式を求めることになる．乱流境界層の計算のために多くの方法が存在する．すべての方法は実験データからの入力値が必要である．そして，これまで，乱流を主題として書かれた多くの書籍が出版されてきた．この非常に短い本章の目的は不十分ではあるけれど，単純に乱流境界層を求めるための能力を与えることである．努力により，この短い章を学ぶべきである．

19.1 序論

　乱流という問題は，深く，広く研究されている．しかし，本書を執筆しているときにおいてもなおも不正確である．乱れの基本的な性質，そしてそれゆえ，その特性を予測する我々の能力は，古典物理学における今なお未解決の問題である．乱流についての多くの本が書かれ，そして，多くの人達がこの問題を研究するのに学者としての生命を捧げてきた．結論として，本章で，乱流境界層の総括的な論議を行うのはずうずうしいことである．そのような論議をするのではなく，本章の目的は，単純に，第18章における層流境界層の学びとの対比を与えることである．ここにおいて，乱流境界層の初歩を与えられるだけであろうが，これは，本書において必要なすべてである．乱れは，それ自身主題として読者が広く学ぶように残しておく題材である．

　さらに先へ進む前に，第15.2節へ戻り，そこで与えられる乱れの性質についての基本的な論議を復習すべきである．本章において，第15.2節で取り上げなかったところを取り上げる．

　また，乱流の**純理論**は存在しないことを注意しておく．あらゆる乱流の解析は実用的な答えを得るためにある種の**実験データ** (*empirical data*) を必要とする．引き続く節で乱流境界層の計算を調べると，この事実のインパクトが露骨に明らかとなるであろう．最後に，本章は短いので，案内としてのロードマップの必要はない．

19.2　平板上の乱流境界層に関する結果

　本節において，単に前の節で述べた層流境界層の結果と比較の元を与えるため，非圧縮性および圧縮性両方の平板上の乱流境界層に関するいくつかの結果を論議する．乱流境界層の問題に関するより詳細については参考文献42から参考文献44を参照すべきである．

　平板を過ぎる非圧縮性流れについて，境界層厚さは近似的に次式で与えられる．

$$\boxed{\delta = \frac{0.37x}{\mathrm{Re}_x^{1/5}}} \qquad (19.1)$$

p. 1021 式 (19.1) から，乱流境界層厚さは，層流境界層の $\mathrm{Re}_x^{-1/2}$ に対して，近似的に，$\mathrm{Re}_x^{-1/5}$ のように変化することに注意すべきである．また，乱流境界層の δ の値は表面に沿って，距離とともに急激に大きくなる．すなわち，層流の $\delta \propto x^{1/2}$ に対して，乱流については $\delta \propto x^{4/5}$ である．表面摩擦抵抗に関して，平板を過ぎる非圧縮性乱流については，

$$\boxed{C_f = \frac{0.074}{\mathrm{Re}_x^{1/5}}} \qquad (19.2)$$

である．乱流について，C_f は，層流についての $\mathrm{Re}_x^{-1/2}$ 変化に対して，$\mathrm{Re}_x^{1/5}$ として変化することに注意すべきである．したがって，乱流の式 (19.2) は層流の式 (18.22) と比較して，より大きな摩擦抵抗係数を生じるのである．

　式 (19.2) に及ぼす圧縮性効果は図 19.1 に示されている．そこでは，C_f が，M_∞ をパラメータとし，Re_∞ に対してプロットされている．乱流の結果は，乱流状態が生じると考えられるよ

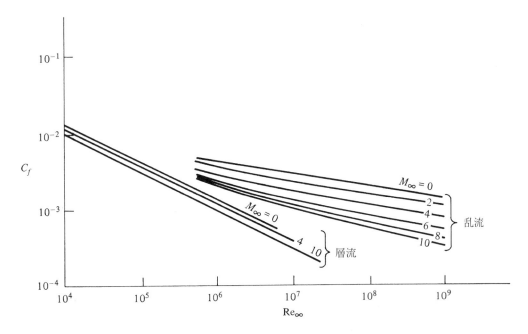

図 19.1 Reynolds 数と Mach 数の関数としての平板の乱流摩擦抵抗係数．断熱壁，Pr = 0.75．比較のため，いくつかの層流の結果も示してある．(データは *van Driest* の計算からのものである．参考文献 47)

り高い Reynolds 数である，図 19.1 の右側の方に示されており，層流の結果は Reynolds 数の低い，図の左側に示されている．この種の図，対数対対数面で Re の関数としての層流および乱流両方の摩擦抵抗係数を示す図，は標準的な図であり，それにより，すぐに，2 つのタイプの流れを対比できるのである．この図から，同一の Re_∞ の場合，乱流表面摩擦は層流よりも高いことが，また，乱流曲線の勾配が層流曲線の勾配よりも小さいことがわかる．すなわち，これは層流の $Re^{-1/2}$ 変化に対する $Re^{-1/5}$ 変化の図上の比較である．M_∞ が増加する効果は，一定の Re において C_f を減少させることに，そして，この効果は乱流の結果により強く現れることに注意すべきである．実際，乱流の C_f の結果は M_∞ が 0 から 10 へ増加するとき，(高い Re_∞ において，) ほぼ 1 ケタ減少する．層流については，M_∞ が同一の Mach 数範囲で増加するとき，C_f の減少は，はるかに少ないのである．

19.2.1　乱流に関する基準温度法

層流境界層について第 18.4 節において論議された基準温度法を乱流境界層にも同様に適用できる．式 (18.53) により与えられる基準温度 T^* を用い，式 (19.2) により与えられる C_f に関する非圧縮性乱流平板の結果を次に示すように圧縮性乱流のために修正できる．

$$C_f^* = \frac{0.074}{(Re_c^*)^{1/5}} \tag{19.3}$$

ここに，

$$C_f^* = \frac{D_f}{\frac{1}{2}\rho^* u_e^2 S} \tag{19.4}$$

[例題 19.1]

例題 18.1 に与えられた同じ外部流れ条件のもとにある同一の平板を考える．自由流速度が (a) 100 m/s，および (b) 1000 m/s の乱流境界層を仮定して平板に働く摩擦抵抗を計算せよ．

[解答]

(a) 例題 18.1a から，$\mathrm{Re}_c = 1.36 \times 10^7$ である．したがって，式 (19.2) から，

$$C_f = \frac{0.074}{(\mathrm{Re}_c)^{1/5}} = \frac{0.074}{(1.36 \times 10^7)^{1/5}} = \frac{0.074}{26.71} = 2.77 \times 10^{-3}$$

また，例題 18.1 から，$\rho_\infty = 1.22 \text{ kg/m}^3$ であり，$S = 40 \text{ m}^2$ である．したがって，平板の片面について，

$$D_f = \frac{1}{2}\rho_\infty V_\infty^2 S C_f = \frac{1}{2}(1.22)(100)^2(40)(2.77 \times 10^{-3}) = 675.9 \text{ N}$$

平板の両面を考慮した全摩擦抵抗は

$$D = 2D_f = 2(675.9) = \boxed{1352 \text{ N}}$$

この乱流についての結果を例題 18.1a における層流の結果と比較すると，

$$\frac{D_\mathrm{turbulent}}{D_\mathrm{laminar}} = \frac{1352}{175.6} = 7.7$$

を得る．p. 1023 乱流は，層流と比べて摩擦抵抗に 7.7 倍の増加をもたらす．読者は，乱流を理解し，予測すること，特に，流れがいつ層流から乱流に遷移するかの予測がなぜ非常に重要であるかを容易に理解できる．

(b) $V_\infty = 1000 \text{ m/s}$ について，例題 18.1b から，$\mathrm{Re}_c = 1.36 \times 10^8$ であり，$M_\infty = 2.94$ である．図 19.1 から，

$$C_f = 1.34 \times 10^{-3}$$

したがって，

$$D_f = \frac{1}{2}\rho_\infty V_\infty^2 S C_f = \frac{1}{2}(1.22)(1000)^2(40)(1.34 \times 10^{-3}) = 32,700 \text{ N}$$

全摩擦抵抗は

$$D = 2(32,700) = \boxed{65,400 \text{ N}}$$

再び，この結果を例題 18.1b の結果と比較して，

$$\frac{D_\mathrm{turbulent}}{D_\mathrm{laminar}} = \frac{65,400}{5026} = 13$$

を得る．2.92 の高い Mach 数において，乱流は抵抗を 13 倍に増加させ，しかるに，非圧縮性の場合に関しては，その増加は，より小さい，7.7 倍であることに注意すべきである．層流の抵抗と乱流の抵抗との間の相違は速度が高くなるほど顕著となる．

[例題 19.2]

基準温度法を用い，例題 19.1b を繰り返す．平板が断熱壁と仮定する．

[解答]

例題 18.2 で計算された結果を利用する．乱流の回復係数は層流のそれより少し異なっている．しかしながら，その違いを考慮せず，本例題の基準温度は例題 18.2 に与えられたものと同一であると仮定する．したがって，例題 18.2 から

$$\mathrm{Re}_c^* = 3.754 \times 10^7 \quad \text{および} \quad \rho^* = 0.574 \text{ kg/m}^3$$

を得る．式 (19.3) から，

$$C_f^* = \frac{0.074}{(\mathrm{Re}_c^*)^{1/5}} = \frac{0.074}{(3.754 \times 10^7)^{1/5}} = 2.26 \times 10^{-3}$$

を得る．式 (19.4) から，

$$D_f = \frac{1}{2}\rho^* u_e^2 S C_f^* = \frac{1}{2}(0.574)(1000)^2(40)(2.26 \times 10^{-3}) = 25{,}945 \text{ N}$$

したがって，

$$\boxed{D = 2(25{,}945) = 51{,}890 \text{ N}}$$

本解答と例題 19.1b において得られたものと比較すると，2 つの計算法との間に 20 パーセントの違いがあることがわかる．これは驚くべき事ではない．それは，単に，乱流表面摩擦の計算を行う場合における大きな不確かさを指摘しているのである．

19.2.2　乱流に関する Meador-Smart 基準温度法

p. 1024 第 18.4.1 において論議された，Meador と Smart により最近展開された方法は層流とは少し異なった乱流についての基準温度方程式を与える．乱流の場合，彼らの方程式は

$$\frac{T^*}{T_e} = 0.5\left(1 + \frac{T_w}{T_e}\right) + 0.16r\left(\frac{\gamma-1}{2}\right)M_e^2$$

である．また，彼らは次式のように非圧縮性流れに関する局所乱流表面摩擦係数を与えている．

$$c_f = \frac{\tau_w}{\frac{1}{2}\rho_e u_e^2} = \frac{0.02296}{(\mathrm{Re}_x)^{0.139}}$$

この平板の全長さ c にわたって積分すると，これは全表面摩擦抵抗係数

$$C_f = \frac{D_f}{\frac{1}{2}\rho_\infty V_\infty^2 S} = \frac{0.02667}{(\mathrm{Re}_c)^{0.139}}$$

を与える (読者自身で証明してみなさい).

[例題 19.3]

Meador-Smart 基準温度法を用いて例題 19.2 を繰り返す.

[解答]

上の式から

$$\frac{T^*}{T_e} = 0.5\left(1 + \frac{T_w}{T_e}\right) + 0.16r\left(\frac{\gamma-1}{2}\right)M_e^2$$

乱流の場合, 回復係数は近似的に

$$r = \Pr{}^{1/3} = (0.71)^{1/3} = 0.892$$

$$T_{aw} - T_e = r(T_0 - T_e)$$

すなわち

$$\frac{T_{aw}}{T_e} = 1 + r\left(\frac{T_0}{T_e} - 1\right)$$

である. $M_e = 2.94$ については,

$$\frac{T_0}{T_e} = 2.74$$

$$\frac{T_{aw}}{T_e} = 1 + 0.892(1.74) = 2.55$$

この平板は断熱壁を持っているので, $T_w = T_{aw}$ である. それゆえ, Meador-Smart 式は以下のようになる.

$$\frac{T^*}{T_e} = 0.5\left(1 + \frac{T_w}{T_e}\right) + 0.16(0.892)(0.2)(2.94)^2 = 0.5(1 + 2.55) + 0.2467 = 2.02$$

$$T^* = 2.02T_e = 2.02(288) = 581.8 \text{ K} \quad \text{p. 1025}$$

$$\rho^* = \frac{p}{RT^*} = \frac{1.01 \times 10^5}{(287)(581.8)} = 0.605 \text{ kg/m}^3$$

Sutherland の法則 (Sutherland の法則における T_0 は基準温度であり, 総温ではないことに注意すべきである) から

$$\frac{\mu^*}{\mu_0} = \left(\frac{T^*}{T_0}\right)^{3/2} \frac{T_0 + 110}{T^* + 110} = \left(\frac{581.8}{288}\right)^{3/2} \frac{398}{691.8} = 1.651$$

$$\mu^* = 1.651\mu_0 = 1.651(1.7894 \times 10^{-5}) = 2.95 \times 10^{-5} \text{ kg/m} \cdot \text{s}$$

第 19 章　乱流境界層

$$\mathrm{Re}_c^* = \frac{\rho^* u_e c}{\mu^*} = \frac{(0.605)(1000)(2)}{2.95 \times 10^{-5}} = 4.1 \times 10^7$$

乱流表面摩擦係数方程式として Meador-Smart 式の選択から，

$$C_f^* = \frac{0.02667}{(\mathrm{Re}_c^*)^{0.139}} = \frac{0.02667}{(4.1 \times 10^7)^{0.139}} = 2.32 \times 10^{-3}$$

$$D_f = \frac{1}{2}\rho^* V_\infty^2 S C_f^* = \frac{1}{2}(0.605)(1000)^2(40)(2.32 \times 10^{-3}) = 28070 \text{ N}$$

$$\text{全抵抗} = D = 2D_f = 2(28070) = \boxed{56140 \text{ N}}$$

注：この結果は例題 19.2 において得られたものよりも正確である．すなわち，それは例題 19.1b において得られた結果と比較して 14 パーセントの相違を示している．

19.2.3　翼型抵抗の推算

　層流については第 18 章において，そして，乱流については本章において求められた平板の結果は薄い翼型に働く表面摩擦抵抗の工学的推算に用いられる．第 18 章および第 19 章からの結果を用いて，低速の非圧縮性流れにおける翼型抵抗は第 4.12 節で取り扱われている．そして，超音速翼型抵抗は第 12.4 節で論議されている．もし，読者が第 4.12 節および第 12.4 節を読んでいないなら，今読むべきである．それらは，まさしくここで取り上げた境界層結果の重要な実用的適用を与えているのである．実際に，第 4.12 節と第 12.4 節はこの粘性流れに関する論議の，きわめて重要な続編を提供している．そして，それらは非粘性流れの説明においてある程度の粘性流れの現実性を与えるために初期の章に挿入されてはいたが，すべての実用的な目的のためには，本書の第 4 部に含められる節であると考えることができる．翼型抵抗の推算は空気力学における最も重要な特徴の 1 つである．それを真剣にとらえるべきであり，読者は第 4.12 節と第 12.4 節を読む，あるいは読み終えたということを確かめておくべきである．

19.3　乱流のモデル化

　平板を過ぎる乱流の境界層厚さと表面摩擦係数について，第 19.2 節で与えられた簡単な式は，非常に多くの実験にもとづいた，簡単化された結果である．任意の形状の物体を過ぎる乱流の最近の計算は^{p. 1026}ある乱流のモデルとともに，連続，運動量，およびエネルギー方程式の解法を含んでいる．それらの計算は数値流体力学手法により進められる．ここにおいて，1 つの乱流モデル，Baldwin-Lomax 乱流モデルのみを論議するつもりである．そして，それは，過去 20 年にわたりよく用いられてきたのである．以下の論議は読者に乱流モデルが意味することの要点を与えるためだけのものであることを強調しておく．

19.3.1 Baldwin-Lomax モデル

解析または計算に乱れの効果を入れるためには，まず，乱れそれ自身のモデルを持つ必要がある．乱れのモデル化は最新の研究題材であり，計算に適用されるそのようなモデルに関する最近の調査は参考文献 85 に与えられている．再び，いろいろな乱流モデルの詳しい説明をすることは本書の範囲を越えている．すなわち，そのようなことについては他の文献を参照すべきである．その代わり，ここでは，そのようなモデルの 1 つだけを論議することとする．なぜなら，(a) それが工学的な応用を目指している乱流モデルの代表的な例である，(b) それは乱流の亜音速，超音速および極超音速における現代の応用の大部分に用いられているモデルであり，(c) 次の章でこのモデルを用いるいくつかの適用例を論議するからである．このモデルは Baldwin-Lomax 乱流モデルと呼ばれ，参考文献 86 において最初に提案された．それは "渦粘性モデル (eddy viscosity model)" と呼ばれる部類にはいる．そこでは，(境界層方程式あるいは Navier-Stokes 方程式のような) 支配粘性流方程式における乱れの効果を輸送係数に付加項として加えることにより簡単に含められるのである．例えば，前に出てきたすべての粘性流方程式において，μ を $(\mu + \mu_T)$ で置き換え，k を $k + k_T$ で置き換えるのである．ここに，μ_T および k_T は，それぞれ，渦粘性係数および渦熱伝導率であり，両方とも乱れによるものである．これらの式において，μ と k は，それぞれ，"分子 (molecular)" 粘性係数および分子熱伝導率として示される．例えば，乱流についての x 方向運動量境界層方程式は次式のように書ける．

$$\rho u \frac{\partial u}{\partial x} + \rho v \frac{\partial u}{\partial y} = -\frac{\partial p}{\partial x} + \frac{\partial}{\partial y}\left[(\mu + \mu_T)\frac{\partial u}{\partial y}\right] \tag{19.5}$$

さらに，Baldwin-Lomax モデルは，また，"代数的 (algebraic)"，あるいは "ゼロ方程式 (zero equation)" の部類であり，この乱流モデルの式が，ちょうど，流れの特性を含む代数関係を用いるということを意味するモデルである．これは 1 方程式や 2 方程式モデルとは対照的である．そして，それらは，対流，乱流運動エネルギーの生成と散逸，そして，(しばしば，) 局所渦度についての偏微分方程式を含んでいるのである．(そのような，1 方程式や 2 方程式モデルの簡素な説明については参考文献 87 を見るべきである．)

Baldwin-Lomax 乱流モデルを以下に説明する．このモデルについて，ちょうど，"料理本 (cook-book)" 的な説明を与える．すなわち，このモデルの誘導と証明は参考文献 86 に詳しく述べられているのである．他のすべての乱流モデルのように，これは非常に実験的である．それの使用についての最終的な正当性は，広い Mach 数範囲において，亜音速から極超音速まで，合理的な結果を与えるということである．p. 1027 このモデルは，乱流境界層が二つの層，それぞれが異なった μ_T を持つ，内層および外層に分割されることを仮定している．すなわち，

$$\mu_T = \begin{cases} (\mu_T)_{\text{inner}} & y \leq y_{\text{crossover}} \\ (\mu_T)_{\text{outer}} & y \geq y_{\text{crossover}} \end{cases} \tag{19.6}$$

ここに，y は壁面からの局所垂直距離であり，内層から外層への crossover 点は $y_{\text{crossover}}$ により示される．定義により，$y_{\text{crossover}}$ は，$(\mu_T)_{\text{outer}}$ が $(\mu_T)_{\text{inner}}$ より小さくなる，乱流境界層内における点である．内層領域については，

$$(\mu_T)_{\text{inner}} = \rho l^2 |\omega| \tag{19.7}$$

ここに，

$$l = ky\left[1 - \exp\left(\frac{-y^+}{A^+}\right)\right] \tag{19.8}$$

$$y^+ = \frac{\sqrt{\rho_w \tau_w} y}{\mu_w} \tag{19.9}$$

そして，k と A^+ は2つの無次元定数で，後で特定する．式 (19.7) において，ω は局所渦度であり，2次元流れについて次のように定義される．

$$\omega = \frac{\partial u}{\partial y} - \frac{\partial v}{\partial x} \tag{19.10}$$

外層領域については，

$$(\mu_T)_{\text{outer}} = \rho K C_{\text{cp}} F_{\text{wake}} F_{\text{Kleb}} \tag{19.11}$$

ここに，K と C_{cp} はもう2つの定数であり，F_{wake} と F_{Kleb} は次の関数と関係している．

$$f(y) = y|\omega|\left[1 - \exp\left(\frac{-y^+}{A^+}\right)\right] \tag{19.12}$$

式 (19.12) は，与えられた垂直距離 y に沿って最大値を持つ．すなわち，この最大値と，それが生じる位置を，それぞれ，$F_{\max}$ と $y_{\max}$ で示す．式 (19.11) において，F_{wake} は $y_{\max} F_{\max}$ かまたは，$C_{\text{wk}} y_{\max} U_{\text{dif}}^2 / F_{\max}$ のいずれか小さい方を取る．ここに，C_{wk} は定数であり，

$$U_{\text{dif}} = \sqrt{u^2 + v^2} \tag{19.13}$$

また，式 (19.11) において，F_{Kleb} は Klebanoff 間欠係数 (intermittency factor) であり，

$$F_{\text{Kleb}}(y) = \left[1 + 5.5\left(C_{\text{Kleb}} \frac{y}{y_{\max}}\right)^6\right]^{-1} \tag{19.14}$$

で与えられる．上記の方程式に現れる6つの無次元定数は，$A^+ = 26.0$, $C_{\text{cp}} = 1.6$, $C_{\text{Kleb}} = 0.3$, $C_{\text{wk}} = 0.25$, $k = 0.4$ および $K = 0.0168$ である．これらの定数は，それらが一般的に多くの流れについて正確には正しい定数ではないが，多くの異なる適用で良い結果を与えているということを理解をし，参考文献 86 から直接採用した．[p. 1028] 特性長さにもとづいている多くの代数的渦粘性モデルとは異なり，Baldwin-Lomax モデルは局所渦度 ω にもとづいているということに注意すべきである．これは，はく離流のような，明確な混合長さを持たない流れの解析にはきわだった利点である．すべての渦-粘性乱流モデルと同じように，上で得られる μ_T の値は，流れ場特性 (例えば，ω や ρ)，それらに依存する．すなわち，これが，もっぱら，気体それ自身の特性である分子粘性係数 μ と対照的なことなのである．

分子粘性係数と熱伝導率の値は次の Prandtl 数を介して関係している．

$$k = \frac{\mu c_p}{\text{Pr}} \tag{19.15}$$

乱流熱伝導率 k_T に関する詳しい乱流モデルを展開する代わりに，通常用いられる手順は "乱流" Prandtl 数を $\text{Pr}_T = \mu_T c_p / k_T$ として定義することである．したがって，式 (19.15) と類似である

$$k_T = \frac{\mu_T c_p}{\text{Pr}_T} \tag{19.16}$$

を得る．ここに，通常の仮定は，$\text{Pr}_T = 1$ である．したがって，μ_T は (Baldwin-Lomax モデルのような，) 1 つの与えられた渦粘性モデルから得られ，その対応する k_T は式 (19.16) から得られる．

　乱れ (turbulence) それ自身は 1 つの流れ場である．すなわち，それは単純な気体の一特性ではないのである．これが，上で述べたように，代数的渦粘性モデルにおいて，μ_T と k_T の値が流れ場の解になぜ依存しているかという理由である．すなわち，それらは，μ や k がそうであるような気体のみの純粋な特性ではないのである．このことは，式 (19.7) を介しての Baldwin-Lomax モデルにおいて明確にわかるのである．その式において，μ_T は流れにおける局所渦度 ω，すなわち，いつでも利用できる特定の場合についての解の一部として得られる流れ場の変数，の関数なのである．

19.4　最終コメント

　本章と前の 2 つの章は境界層，特に，平板上の境界層を取り扱ってきた．図 19.2 に平板上の境界層における速度分布の発達を撮影した写真を示し本章を終える．その流体は水であり，左から右へ流れている．これらの速度分布は，図 16.13 に使われたと同一の方法である水素気泡法により可視化されている．Reynolds 数は低い (自由流速度はわずか 0.6 m/s である)．したがって，境界層厚さは大きい．しかしながら，この平板の厚さはわずか 0.5 mm であり，それ

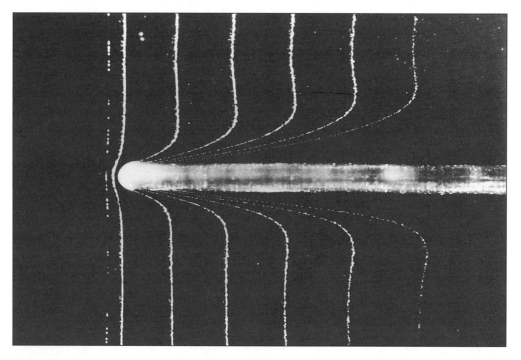

図 19.2 平板を過ぎる層流の速度分布写真．流れは左から右へである．(*Yasuki Nakayama, Tokai University, Japan* の好意による)

はここに示された境界層は 1 mm オーダーの大きさである．そして，それは，実際の寸法としてはなおも小さいのである．いずれにしても，もし，読者が境界層の存在にさらなる証明が必要であるなら，図 19.2 がそれである．

19.5 要約

p. 1029 平板を過ぎる乱流，非圧縮性流れの近似は

$$\delta = \frac{0.37x}{\mathrm{Re}_x^{1/5}} \tag{19.1}$$

$$C_f = \frac{0.074}{\mathrm{Re}_c^{1/5}} \tag{19.2}$$

圧縮性効果を考慮するために，図 19.1 に示されるデータを用いるか，または別方法として，基準温度法を採用できる．

連続，運動量，およびエネルギー方程式を乱流の解析のために用いるとき，あるタイプの乱流モデルを用いなければならない．渦粘性概念において，これらの方程式における粘性係数と熱伝達係数は分子と乱流値との和でなければならない．

19.6 演習問題

p. 1030 注：空気の標準海面高度における粘性係数は $\mu = 1.7894 \times 10^{-5}$ kg/(m·s) $= 3.7373 \times 10^{-7}$ slug/(ft·s) である．

19.1 Pipr Cherokee ジェネラル・アビエーション機の主翼は，翼幅 9.75 m，翼弦長 1.6 m の矩形である．この飛行機が海面高度を巡航速度 (141 mi/h) で飛行している．主翼に働く表面摩擦抵抗は同じ大きさの平板に働く抵抗により近似できると仮定する．この表面摩擦抵抗を計算せよ．
   a. もし，流れが完全に層流であるとしたら，(現実には存在しない)
   b. もし，流れが完全に乱流であるとしたら，(より現実に近い)

   この二つの結果を比較せよ．

19.2 演習問題 19.1 の場合について，次の条件で翼の後縁における境界層厚さを計算せよ．
   a. 完全な層流
   b. 完全な乱流

19.3 演習問題 19.1 の場合について，遷移を考慮して表面摩擦抵抗を計算せよ．遷移 Reynolds 数 $= 5 \times 10^5$ と仮定せよ．

19.4 翼弦長 5 in の平板を過ぎる，標準海面状態におけるマッハ 4 の流れを考える．すべて層流と，断熱壁条件を仮定し，単位幅あたりの平板に働く表面摩擦抵抗を計算せよ．

19.5 すべて乱流である場合について演習問題 19.4 を計算せよ．

19.6 平板上の圧縮性，層流境界層を考える．Pr = 1 と熱量的に完全な気体を仮定して，境界層内の総温分布は次のような

$$T_0 = T_w + (T_{0,e} - T_w)\frac{u}{u_e}$$

なる速度分布の関数であることを示せ．ここに，$T_w =$ 壁温 あり，そして，$T_{0,e}$ と u_e は，それぞれ，境界層の外縁における総温と速度である．[ヒント：式 (18.32) と式 (18.41) を比較せよ．]

19.7 35 km の標準高度を飛行している高速飛行体を考える．その高度では，大気圧と温度は，それぞれ，583.59 N/m² および 246.1 K である．この飛行体の球形先端の半径は 2.54 cm である．これらの条件における空気に関する Prandtl 数は 0.72 であり，c_p は 1008 joules/(kgK) であること，および粘性係数は Sutherland の法則により与えられると仮定せよ．先端における壁温は 400 K である．この先端における回復係数は 1.0 と仮定せよ．飛行速度 (a) 1500 m/s と (b) 4500 m/s におけるよどみ点への空力加熱を計算せよ．これらの結果から，熱伝達が飛行速度でどのように変わるかを説明せよ．

第20章　Navier-Stokes 解法：いくつかの例

p. 1031 *Reynolds* 平均の *Navier-Stokes* 方程式を用いた翼型を過ぎる流れの数値シミュレーションは，今日のスーパーコンピュータを用いれば，*1000* ドルに満たない使用費用で，わずか半時間足らずで行える．もし，そのようなシミュレーションの一つが *20* 年前に当時の計算機 (例えば，*IBM 704* クラスの計算機) で，そして，当時知られていたアルゴリズムで行われたとしたら，計算機の使用費用はおおよそ *1000* 万ドルになり，そして，この計算は終わるまで約 *30* 年かかるので，その単一の流れの結果は，今から *10* 年後にしか得られなかったであろう．

Dean R Chapman, NASA, 1977

プレビュー・ボックス

これは非常に広範囲にわたる主題，すなわち一般的な粘性流れの数値解法についての短い章である．数値解法は全流れ場にわたり，摩擦と熱伝導を含む一般的な流れ場を解くための究極的な方法である．本章は，すなわちそれ自体で全主題である数値流体力学の範囲に入る．本章の目的は単純に粘性流れの論議を締めくくり，そして，この主題の 1 つの終わりをもたらすことにある．それでは，本書の終わりに向かおう．

そうすることにより，表面摩擦抵抗の推算の精度を扱う節にしっかりと注意を払うべきである．我々がどのように一生懸命努力しようが，まだ改善の余地があることを知るであろう．これは良きことである．空気力学は一般的になおも進化し続けている知的な学問である．そして，その改善には，個人的な貢献ができるたくさんの余地が存在している．本著者は，本書を読むことにより読者がそのようにするために奮い立たされることを望んでいる．

空気力学においてよく述べられる，より前にそしてより高くを目指して．

20.1　序論

p. 1032 本章は短い．その目的は，第 15.7 節で論議されたように，粘性流れの解法の第 3 番目の選択肢，すなわち，完全 Navier-Stokes 方程式の厳密な数値解法を論議することである．この選択肢は，現代の計算流体力学の範囲である．すなわち，それは，現在急速な開発段階にある最新の研究活動なのである．この題材は今や現代の論文の多くを占めているのである．すなわち，基本的な取り扱いに関しては，参考文献 54 のような計算流体力学についての権威ある教科書を見るべきである．ここではいくつかの計算例のみを挙げることとする．

20.2 方法

第15章で導出した，Navier-Stokes方程式へ戻る．そして，便利のために以下に再掲し，番号を付け直す．すなわち，

連続：

$$\frac{\partial \rho}{\partial t} = -\left[\frac{\partial(\rho u)}{\partial x} + \frac{\partial(\rho v)}{\partial y} + \frac{\partial(\rho w)}{\partial z}\right] \quad (20.1)$$

x方向運動量：

$$\frac{\partial u}{\partial t} = -u\frac{\partial u}{\partial x} - v\frac{\partial u}{\partial y} - w\frac{\partial u}{\partial z} + \frac{1}{\rho}\left[-\frac{\partial p}{\partial x} + \frac{\partial \tau_{xx}}{\partial x} + \frac{\partial \tau_{yx}}{\partial y} + \frac{\partial \tau_{zx}}{\partial z}\right] \quad (20.2)$$

y方向運動量：

$$\frac{\partial v}{\partial t} = -u\frac{\partial v}{\partial x} - v\frac{\partial v}{\partial y} - w\frac{\partial v}{\partial z} + \frac{1}{\rho}\left[-\frac{\partial p}{\partial y} + \frac{\partial \tau_{xy}}{\partial x} + \frac{\partial \tau_{yy}}{\partial y} + \frac{\partial \tau_{zy}}{\partial z}\right] \quad (20.3)$$

z方向運動量：

$$\frac{\partial w}{\partial t} = -u\frac{\partial w}{\partial x} - v\frac{\partial w}{\partial y} - w\frac{\partial w}{\partial z} + \frac{1}{\rho}\left[-\frac{\partial p}{\partial x} + \frac{\partial \tau_{xz}}{\partial x} + \frac{\partial \tau_{yz}}{\partial y} + \frac{\partial \tau_{zz}}{\partial z}\right] \quad (20.4)$$

エネルギー：

$$\begin{aligned}\frac{\partial(e+V^2/2)}{\partial t} =& -u\frac{\partial(e+V^2/2)}{\partial x} - v\frac{\partial(e+V^2/2)}{\partial y} - w\frac{\partial(e+V^2/2)}{\partial z} + \dot{q} \\ &+ \frac{1}{\rho}\left[\frac{\partial}{\partial x}\left(k\frac{\partial T}{\partial x}\right) + \frac{\partial}{\partial y}\left(k\frac{\partial T}{\partial y}\right) + \frac{\partial}{\partial z}\left(k\frac{\partial T}{\partial z}\right)\right. \\ &- \frac{\partial(pu)}{\partial x} - \frac{\partial(pv)}{\partial y} - \frac{\partial(pw)}{\partial z} + \frac{\partial(u\tau_{xx})}{\partial x} \\ &+ \frac{\partial(u\tau_{yx})}{\partial y} + \frac{\partial(u\tau_{zx})}{\partial z} + \frac{\partial(v\tau_{xy})}{\partial x} + \frac{\partial(v\tau_{yy})}{\partial y} + \frac{\partial(v\tau_{zy})}{\partial z} \\ &+ \left.\frac{\partial(w\tau_{xz})}{\partial x} + \frac{\partial(w\tau_{yz})}{\partial y} + \frac{\partial(w\tau_{zz})}{\partial z}\right] \end{aligned} \quad (20.5)$$

これらの方程式は，左辺に時間微分項，右辺にすべての空間微分項がくるように書かれている．これは第13章と第16章で論議したように，p. 1033 この方程式の時間依存解法にとって適切な形式である．実際，式(20.1)から式(20.5)は，数学的には"楕円型"の特性をもつ偏微分方程式である．すなわち，物理的には，それらは，流れ場の情報と，流れ場で，上流および下流の両方向へ伝播する流れのじょう乱を扱うのである．時間依存法は，特にそのような問題に適しているのである．

式(20.1)から式(20.5)の時間依存解法は第16.4節における論議に対応して実行できる．読者がその節へもどり，MacCormack法を用いた圧縮性Couette流れの時間依存解法の論議を復習することは重要である．本書をさらに読む進む前にこれを行うことを勧める．その他の問題に対する式(20.1)から式(20.5)の解法は，まさしく同一である．それゆえ，ここではそれを説明しない．

20.3 解法の例

本節において，いくつかの完全 Navier-Stokes 方程式の解法の例を示す．これら解法の大部分は一般的に次のようなものである．すなわち，

1. 第 16.4 節に述べられいるように MacCormack の方法を用い，時間依存解法により求められた．

2. それらは Baldwin-Lomax 乱流モデルを用いる (このモデルの論議については第 19.3.1 節を見よ)．したがって，乱流がこれらの計算においてモデル化されている．

3. それらは，解を得るために，数千から 100 万点に近い格子点を必要とする．したがって，これらは大規模なデジタル計算機により解かなければならない問題である．

20.3.1 後向きステップを過ぎる流れ

後向きステップを過ぎる超音速粘性流れが参考文献 46 において調べられている．いくつかの結果が図 20.1 と図 20.2 に示されている．流れは左から右へ流れている．図 20.1 における速度ベクトル図において，ステップのすぐ下流側に，はく離した，再循環している流れ領域に注意すべきである．そのようなはく離した流れの計算は完全 Navier-Stokes 方程式の解法の得意分野である．対照的に，第 17 章で論議された境界層方程式ははく離した流れの解析には適さない．すなわち，境界層計算は通常，はく離した流れの領域で "発散する" のである．図 20.2 は図 20.1 における同じ流れについての温度線 (一定温度の線) を示している．

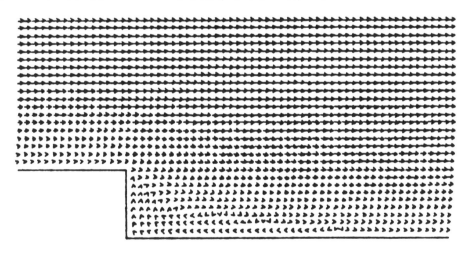

図 20.1 後向きステップを過ぎる流れの速度ベクトル図 $M = 2.19$, $T = 1005$ K, Re $= 70,000$ (基準長ステップ高さ) (参考文献 46)．ステップの下流側における再循環流れ領域に注意すべきである．

20.3.2 翼型を過ぎる流れ

一つの翼型を過ぎる粘性圧縮性流れが参考文献 56 で研究された．この問題の取り扱いに関して，図 20.3 に示されるように，非長方形有限差分格子で翼型まわりを包んでいる．式 (20.1) か

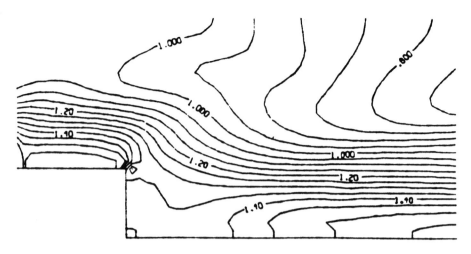

図 20.2 図 20.1 に示される流れの温度線. ステップのすぐ後方のはく離領域はほぼ一定の圧力および一定温度の領域である.

ら式 (20.5) を図 20.3 における新しい曲線座標系へ変換しなければならない. この詳細は本書の範囲を越える. すなわち, 完全な論議については参考文献 56 を見るべきである. 流線パターンについてのいくつかの結果が図 20.4a と図 20.4b に示されている. ここでは, 迎え角ゼロにおける Wortmann 翼型を過ぎる流れが示されている. 自由流 Mach 数は 0.5 であり, 翼弦長を基準とした Reynolds 数は比較的低く, Re = 100,000 である. この翼型を過ぎる完全な層流が図 20.4a に示されている. 翼型を過ぎるいくつかの低 Reynolds 数流れの奇妙な空力特性により (参考文献 51 および 56 を見よ), この層流が翼型の上面と下面の両方ではく離していることがわかる. しかしながら, 図 20.4b においては, 乱流モデルが計算に使われている. すなわち, その流れが今や完全に付着していることに注意すべきである. 図 20.4a と図 20.4b における相違は, 乱流が層流よりももっと強く流れのはく離に抵抗するという基本的な傾向をあざやかに示している.

20.3.3 全機を過ぎる流れ

この節では歴史をつくった計算を紹介して終えることとする. 参考文献 57 において, 全機を過ぎる流れ場について完全 Navier-Stokes 方程式の解法が報告されている. すなわち, そのようになされた最初の計算であった. この研究において, Shang と Scherr は, MacCormack の方法を用い, すなわち, 第 16.4 節でそれを論議したように, 時間依存解法を実行したのである. 詳細については参考文献 57 を見るべきである. また, この研究の長い説明を参考文献 55 の第 8 章に見いだすことができる. Shang と Scherr は, 彼らの計算を X-24C 極超音速実験機を過ぎる極超音速粘性流れに適用した. この結果を説明するために, 参考文献 57 で計算された, 機体表面の流線パターンを図 20.5 に示す. 実際には, 粘性流れにおいて, 流速は機体表面で

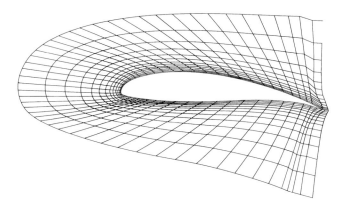

図 20.3 翼型を過ぎる流れの解法のための曲線で,境界層に適合した有限差分格子 (出典: *Kothari and Anderson*, 参考文献 *56*)

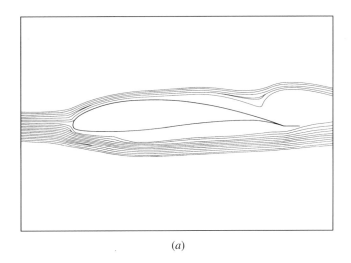

(*a*)

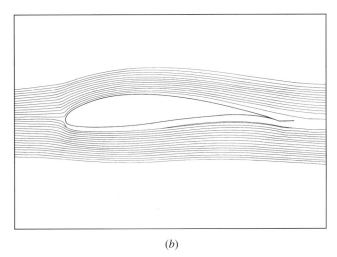

(*b*)

図 20.4 Wortmann 翼型を過ぎる低 Reynolds 数流れの流線. $R_e = 100,000$. (*a*) 層流. (*b*) 乱流 (出典: *Kothari and Anderson*, 参考文献 *56*)

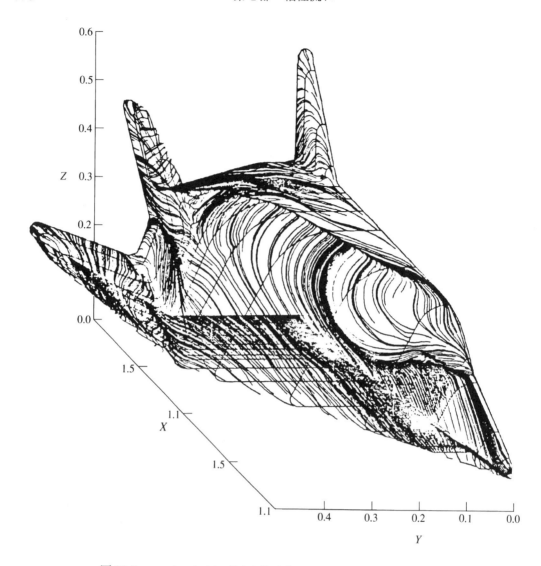

図 20.5 X-24C 上の表面せん断応力線 (出典：*Shang and Scherr*, 参考文献 57)

はゼロ (滑りなし条件) であるので，図 20.5 に示される線は表面におけるせん断応力の方向である．

20.3.4 衝撃波/境界層相互作用

衝撃波が境界層に衝突するときできる流れ場は，完全 Navier-Stokes 方程式の数値解法によってのみ計算できるのである．2 次元衝撃波-境界層相互作用の定性的な物理的状況が図 20.6 に描かれている．ここで，境界層が平板に沿って発達していて，そして，その平板の下流のある位置で，入射衝撃波がその境界層に衝突することがわかる．衝撃波を横切っての大きな圧力上昇は，この境界層に加えられる厳しい逆圧力勾配として働き，それゆえ，この境界層が局所的に表面からはく離する原因となるのである．衝撃波背後の高い圧力は，境界層の亜音速部分を

第20章 Navier-Stokes 解法：いくつかの例

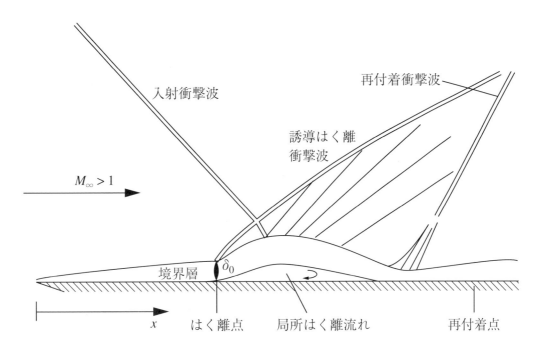

図 20.6 衝撃波/境界層相互作用図

通って上流へ供給されるので，はく離は入射衝撃波の衝突点の前方で生じる．次に，はく離した境界層は，ここで，誘導はく離衝撃波 (induced separation shock) とされる，衝撃波を誘発するのである．このはく離した境界層はすぐに平板の方へもどり，再付着衝撃波 (reattachment shock) のところで平板面に再付着する．境界層が表面へもどろうとしているはく離衝撃波と再付着衝撃波との間で膨張波が発生する．この再付着点において，境界層が相対的に薄くなり，圧力は高い．そして，これは，結果的に，高い局所空力加熱の領域となるのである．この平板からもっと遠くに離れると，はく離衝撃波と再付着衝撃波は一緒になり，古典的な非粘性の図 (例えば，図 9.19 を見よ) から予想される，通常の"反射衝撃波"を形成する．図 20.6 に示される相互作用の大きさと厳しさは，その境界層が層流であるか，あるいは乱流であるかによるのである．層流境界層は [p. 1038] 乱流境界層よりも容易にはく離するので，通常，層流相互作用が乱流相互作用よりも，より厳しい再付着現象をともない，容易に生じるのである．しかしながら，その相互作用の一般的定性的状況は図 20.6 に描かれているのと同一である．

衝撃波/境界層相互作用の物理的特徴についての本書における最初の論議は第 9.10 節にあり，そして第 10.6 節におけるノズル内の衝撃波について特定の適用がある．もし読者が第 9.10 節と第 10.6 節を読んでしまっていないならば，今が立ち止まり，これらの 2 つの節を読む時である．

図 20.6 に描かれている相互作用領域の流体力学的および数学的な詳細は複雑であり，この流れの完全な予測はなおも最先端の研究問題である．しかしながら，近年，この問題に計算流体力学の適用により長足の進歩をしてきており，図 20.6 に描かれた流れについての完全 Navier-Stokes 方程式の解が得られた．例えば，乱流平板境界層に衝突する衝撃波の 2 次元相互作用についての実験および計算データが図 20.7 に与えられている．そして，この図は参考文献 86 から取られたものである．図 20.7a において，表面圧力対自由流総圧の比が (相互作用が生じるより前方の境界層厚さ δ_0 で無次元化された) 表面に沿った距離に対してプロットされている．ここで，

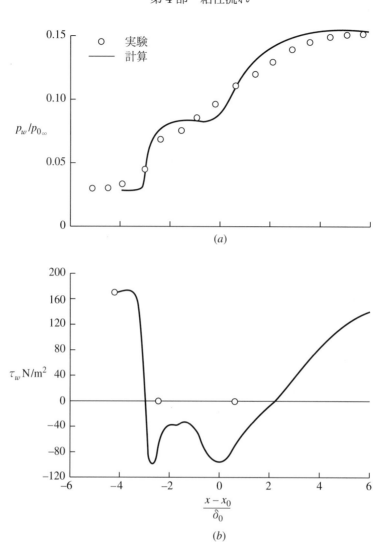

図 20.7 平板を過ぎる Mach 3 の乱流についての (a) 圧力分布，および (b) せん断応力におよぼす衝撃波/境界層干渉の効果

x_0 は，入射衝撃波についての理論的な非粘性流衝突点としている．自由流 Mach 数は 3 である．δ_0 を基準とした Reynolds 数は約 10^6 である．図 20.7a において，表面圧力は，最初，相互作用領域の前 (理論的な入射衝撃波衝突点の前方) で増加し，はく離域の中心で平坦となり，そしてそれから再付着点に近づくにつれて再び増加する．図 20.7a に示される圧力変化は 2 次元衝撃波–境界層相互作用についての典型的なものである．白丸記号は Reda と Murphy の実験による計測値 (参考文献 88) である．実線の曲線は，参考文献 86 に報告されているように Navier-Stokes 方程式の数値解法から得られるもので，第 19.3.1 節で論議した Baldwin-Lomax 乱流モデルを用いている．図 20.7b において，表面せん断応力の変化は，まっすぐにゼロへ落ちこみ，複雑に変化しその方向を逆転する (負の値)．そして，再付着点の近傍で，正の値へもどる．横軸上の 2 つの円記号は測定されたはく離点と再付着点を示し，そして，この実線の曲線は参考文献 86 の計算から得られるものである．

20.3.5 突起のある翼型を過ぎる流れ

ここで，翼型の下面から飛び出ている小さな突起の空気力学的効果研究するために行われた，いくつかのごく最近の Navier-Stokes 解法を示す．これらの計算は，本書の執筆時において完全 Navier-Stokes 解法の最新の例を表している．この研究は Beierle (参考文献 89) により行われた．翼型の基本形状は NACA 0015 断面であった．Navier-Stokes 方程式の数値流体力学解法が，NASA により開発された **OVERFLOW** と呼ぶ時間進行有限体積コード (参考文献 90) を用いて実行された．その流れは，自由流 Mach 数が 0.15, Reynolds 数が 1.5×10^6 の低速流れであった．完全乱流流れ場が 1 方程式乱流モデルを用い模擬された．

適切な格子を用いることはいかなる Navier-Stokes CFD 解法のためにも非常に重要である．本例の場合，図 20.8 から図 20.11 が用いられた格子を，格子全体の大きな図 (図 20.8) から翼型の下面の小さな突起まわりの格子の詳細 (図 20.11) まで順次に示されている．この格子はキメラ格子 (chimera grid) の 1 例であり，物体の個々の部分まわりと特定の流れ場に生成される，独立ではあるが重なった一連の格子である．

計算された流れ場のいくつかの例が 図 20.12 および図 20.13 に示してある．図 20.12 に，局所速度ベクトル場が示されている．すなわち，流れのはく離と 局所的に逆流する流れがその突起の下流側で認められる．図 20.13 に，等圧線が示されている．そして，小さな突起が，いかにしてこの対称翼型を過ぎる実質的に非対称である流れをつくり出すかを示している．

最後に，関連した 1 つの流れの結果を図 20.14 に示す．ここでは，下面側表面にある突起の代わりに，下面に分布した小さなジェットの列が，正味の流量がゼロとなるようにした，いわ

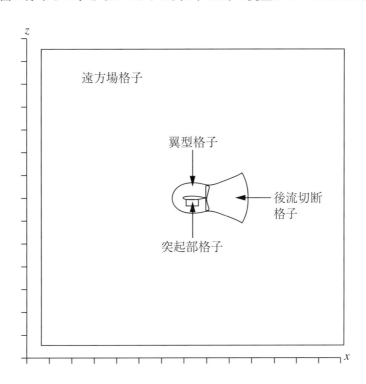

図 20.8 突起のある翼型を過ぎる流れを計算するためのキメラ格子法に用いられた個々の格子境界線

ゆる，"ゼロ質量組み合わせジェット (zero-mass synthetic jets)" であり，交互に流れの中へ吹き出したり流れから吸い取ったりする．結果として生じる大きなスケールの渦が図 20.14 に示されている．すなわち，完全 Navier-Stokes 解法によってのみ詳細に解くことのできる流れ場のもう1つの例である．(詳しいことについては，Hassan と JanakiRam，参考文献 91 を見るべきである．)

20.4　表面摩擦抵抗予測についての精度

　物体に働く空気力学的抵抗は圧力抵抗と表面摩擦抵抗の和である．付着した流れについて，圧力抵抗の予測値は，本書の第 2 部および第 3 部に示されたような，非粘性流れ解析から得られる．はく離した流れについては，圧力抵抗についてのいろいろな近似理論が前世紀をとおして進展してきた．しかし，今日，そのような流れについての圧力抵抗解析の唯一重要で，一般的な方法は完全な数値的 Navier-Stokes 解法である．

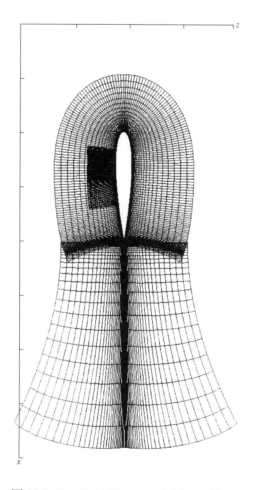

図 20.9 翼型，後流切断および突起部格子の拡大図

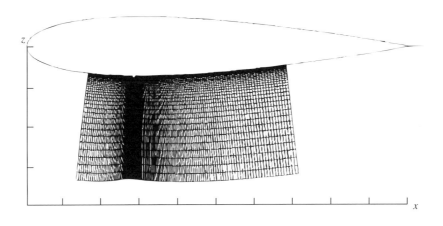

図 20.10 翼型の下面に沿った突起部格子の拡大図

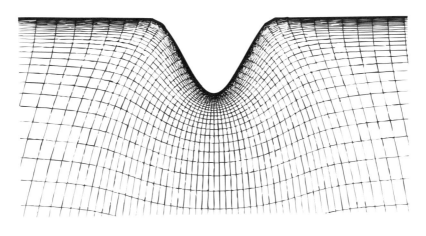

図 20.11 突起部近傍の格子の詳細図

図 20.12 突起の周辺とその下流の計算された速度ベクトル場

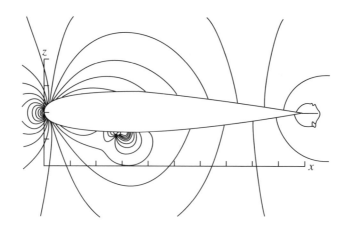

図 20.13 突起をもつ NACA 0012 まわりの計算された等圧線図

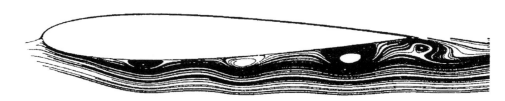

図 20.14 NACA 0012 翼型下面を過ぎる流線パターン．吹き出した正味の流量がゼロとなるよう，交互に気流へ噴射と吸い込みをするジェットの分布，ゼロ質量ジェット分布による．(出典：Hassan and JanakiRam，参考文献 91)

p. 1041 付着した流れにある物体の表面に働く表面摩擦抵抗の予測値は，境界層外縁の流れ条件を定義するために非粘性流れ解析と組み合わせた境界層解法により非常にうまく行われる．そのような方法は十分に展開され，そして，その計算は手元にある計算機であるワークステーションですぐに実行できる．したがって，表面摩擦と，空力加熱について境界層解法の利用は工学的方法として好まれる．しかしながら，上で述べたように，もし，流れのはく離領域が存在するなら，p. 1043 この方法を用いることができない．その代わりに，完全 Navier-Stokes 解法を局所表面摩擦と熱伝達を求めるために用いることができる．しかしこれらの Navier-Stokes 解法は，今もなお，"簡易工学的計算法 (quick engineering calculations)" の部類ではないのである．

このことは，表面摩擦抵抗と熱伝達に関する CFD Navier-Stokes 解法の精度の問題へ導くのである．τ_w と $\dot{q}_w$ (または同等に，c_f と C_H) の予測値についてそのような解法の精度を減少させる 3 つの状況が存在する．すなわち，

1. τ_w と $\dot{q}_w$ が求めるための正確な $(\partial u/\partial y)_w$ および $(\partial T/\partial y)_w$ の数値を得るためには**壁面近傍非常に密に配置した格子**を使う必要性．
2. 乱流を計算するとき，乱流モデルの精度における不確かさ．
3. 大部分の乱流モデルにおける，層流から乱流へ遷移を予測ための能力不足．

現在までに CFD において成し遂げられたすべての進歩，そして，乱流モデルのためになされたすべての研究にもかかわらず，本書の執筆時において，乱流における表面摩擦抵抗を求め

第20章 Navier-Stokes解法：いくつかの例

るためのNavier-Stokes解法の能力は，平均して，約20パーセント精度よりも良くないように思われる．Lombardiらによる研究[p. 1044] (参考文献92)はこのことを明らかにしている．彼らは，標準の境界層コードと3つの最新の乱流モデルと最新のNavier-Stokesソルバーの両方を用いて，低速の迎え角ゼロにおけるNACA 0012に働く表面摩擦抵抗を計算した．境界層コードからの摩擦抵抗の結果は実験により実証されてきていて，精度の基準と考えられた．境界層コードは，また，信頼性があると考えられている遷移を予測することができてきた．積分された摩擦抵抗係数C_fについて参考文献92で報告されているいくつかの代表的な結果は次のようになる．そこでは，NSは，Navier-Stokesソルバーを表し，括弧の中の乱流モデルを用いている．計算はすべて$Re = 3 \times 10^6$についてである．

	$C_f \times 10^3$
NS (Standard $\kappa - \epsilon$)	7.486
NS (RNG $\kappa - \epsilon$)	6.272
NS (Reynolds stress)	6.792
Boundary Layer Solution	5.340

明らかに，いろいろなNavier-Stokes計算の精度は18パーセントから40パーセントの範囲にある．

図20.15に示されるように，この翼型の表面に沿った局所表面摩擦係数c_fの空間分布からさらに多くの情報を得ることができる．再び，3つの異なるNavier-Stokes計算結果が境界層コードからの結果と比較されている．すべてのNavier-Stokes計算は前縁のすぐ下流でc_fの最大値を大きく過剰に見積もっており，後縁近傍ではc_fをやや過小に見積もっている．

[p. 1045] ここにおける精度に関する論議とは関係してはいないがまったく異なった理由で，ただ，翼型の表面に沿ったc_fと比較して平板に沿った物理的に異なるc_f分布を示し，対比する目的で，図20.16を示す．ここでは，太い実線は平板に関する前縁からの距離によるc_fの変化である．すなわち，単調な減少が前の平板境界層の論議から予想できる．対照的に，翼型に関しては，c_fはよどみ点におけるゼロ値から前縁のすぐ下流側でピーク値へ急速に増加する．この急激な増加は，境界層の外側の流れが前縁まわりを急激に膨張するので，急激に速度が増加

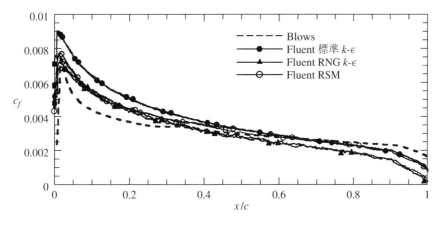

図20.15 低速流において迎え角ゼロにおけるNACA 0012翼型の表面上の表面摩擦係数分布．異なる乱流モデルを用いた3つのNavier-Stokes計算値と境界層計算からの結果との比較．境界層計算の結果は"Blow"と記された破線により与えられている．(出典：*Lombardi, Salvetti, and Pinelli*，参考文献92)

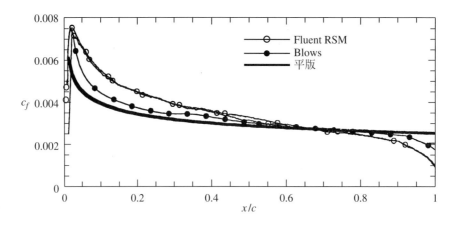

図 20.16 NACA 0012 翼型上の計算された表面摩擦係数分布，Navier-Stokes からの結果と境界層解法との比較．太い実線は平板の結果で，曲線である翼型表面上の表面摩擦分布との比較が可能である．(出典：*Lombardi*，他，参考文献 92)

したことによるのである．このピークを越えると，それから，c_f は，定性的には平板の場合と同じように単調に減少する．平板の c_f と比較したこれらの翼型まわりの c_f の変化に注意することは率直に興味深いことである．特に，前の数章で平板について特別に注意を向けていたからである．

20.5 要約

　本節で，粘性流れの論議を終える．第 4 部全部の目的は読者に粘性流れの基本的な特徴を紹介することであった．この題材は非常に広範囲であるので，それだけで 1 冊の本になる．すなわち，多くの本が書かれてきた (例えば，参考文献 41 から 45 を見るべきである)．本書では，読者に基本的な概念や結果のいくつかについての触りを与えるために十分なだけの題材を示した．これは空気力学において大変重要な主題であり，もし，読者が，自分の知識，通常，空気力学の専門知識を広げたいと思うならば，さらにこの主題について本を読むことを勧める．

　この本に与えられたスペースもなくなってきた．それゆえ，読者が，本書で示された空気力学の基礎を楽しみ，そして有益であると思ってくれることを望むものである．p. 1046 しかしながら，この本を閉じる前に，もう一度，図 1.44 へ戻ることは有益であると思う．そして，それは，異なるタイプの一般的な空気力学的流れを分類しているブロック図である．第 1 章を学んでいる間に，読者が最初にこの図を調べたとき持った，奇妙な，未経験の考えを思い出すべきである．そして，それらと，読者が，今や持っている教えられ，理解した考え，すなわち，本書のページにぎっしりと詰められた空気力学的知識で磨かれたものとを比較してみるべきである．図 1.44 にあるそれぞれのブロックが，最初に出発したときよりも，現在，読者にとってより実質的な意味を持っていることを望むものである．もし，そうであるならば，著者としての私の努力が無駄でなかったのである．

付録A 等エントロピー特性

M	$\dfrac{p_0}{p}$	$\dfrac{\rho_0}{\rho}$	$\dfrac{T_0}{T}$	$\dfrac{A}{A^*}$
0.2000 − 01	0.1000 + 01	0.1000 + 01	0.1000 + 01	0.2894 + 02
0.4000 − 01	0.1001 + 01	0.1001 + 01	0.1000 + 01	0.1448 + 02
0.6000 − 01	0.1003 + 01	0.1002 + 01	0.1001 + 01	0.9666 + 01
0.8000 − 01	0.1004 + 01	0.1003 + 01	0.1001 + 01	0.7262 + 01
0.1000 + 00	0.1007 + 01	0.1005 + 01	0.1002 + 01	0.5822 + 01
0.1200 + 00	0.1010 + 01	0.1007 + 01	0.1003 + 01	0.4864 + 01
0.1400 + 00	0.1014 + 01	0.1010 + 01	0.1004 + 01	0.4182 + 01
0.1600 + 00	0.1018 + 01	0.1013 + 01	0.1005 + 01	0.3673 + 01
0.1800 + 00	0.1023 + 01	0.1016 + 01	0.1006 + 01	0.3278 + 01
0.2000 + 00	0.1028 + 01	0.1020 + 01	0.1008 + 01	0.2964 + 01
0.2200 + 00	0.1034 + 01	0.1024 + 01	0.1010 + 01	0.2708 + 01
0.2400 + 00	0.1041 + 01	0.1029 + 01	0.1012 + 01	0.2496 + 01
0.2600 + 00	0.1048 + 01	0.1034 + 01	0.1014 + 01	0.2317 + 01
0.2800 + 00	0.1056 + 01	0.1040 + 01	0.1016 + 01	0.2166 + 01
0.3000 + 00	0.1064 + 01	0.1046 + 01	0.1018 + 01	0.2035 + 01
0.3200 + 00	0.1074 + 01	0.1052 + 01	0.1020 + 01	0.1922 + 01
0.3400 + 00	0.1083 + 01	0.1059 + 01	0.1023 + 01	0.1823 + 01
0.3600 + 00	0.1094 + 01	0.1066 + 01	0.1026 + 01	0.1736 + 01
0.3800 + 00	0.1105 + 01	0.1074 + 01	0.1029 + 01	0.1659 + 01
0.4000 + 00	0.1117 + 01	0.1082 + 01	0.1032 + 01	0.1590 + 01
0.4200 + 00	0.1129 + 01	0.1091 + 01	0.1035 + 01	0.1529 + 01
0.4400 + 00	0.1142 + 01	0.1100 + 01	0.1039 + 01	0.1474 + 01
0.4600 + 00	0.1156 + 01	0.1109 + 01	0.1042 + 01	0.1425 + 01
0.4800 + 00	0.1171 + 01	0.1119 + 01	0.1046 + 01	0.1380 + 01
0.5000 + 00	0.1186 + 01	0.1130 + 01	0.1050 + 01	0.1340 + 01
0.5200 + 00	0.1202 + 01	0.1141 + 01	0.1054 + 01	0.1303 + 01
0.5400 + 00	0.1219 + 01	0.1152 + 01	0.1058 + 01	0.1270 + 01
0.5600 + 00	0.1237 + 01	0.1164 + 01	0.1063 + 01	0.1240 + 01
0.5800 + 00	0.1256 + 01	0.1177 + 01	0.1067 + 01	0.1213 + 01
0.6000 + 00	0.1276 + 01	0.1190 + 01	0.1072 + 01	0.1188 + 01

M	$\dfrac{p_0}{p}$	$\dfrac{\rho_0}{\rho}$	$\dfrac{T_0}{T}$	$\dfrac{A}{A^*}$
0.6200 + 00	0.1296 + 01	0.1203 + 01	0.1077 + 01	0.1166 + 01
0.6400 + 00	0.1317 + 01	0.1218 + 01	0.1082 + 01	0.1145 + 01
0.6600 + 00	0.1340 + 01	0.1232 + 01	0.1087 + 01	0.1127 + 01
0.6800 + 00	0.1363 + 01	0.1247 + 01	0.1092 + 01	0.1110 + 01
0.7000 + 00	0.1387 + 01	0.1263 + 01	0.1098 + 01	0.1094 + 01
0.7200 + 00	0.1412 + 01	0.1280 + 01	0.1104 + 01	0.1081 + 01
0.7400 + 00	0.1439 + 01	0.1297 + 01	0.1110 + 01	0.1068 + 01
0.7600 + 00	0.1466 + 01	0.1314 + 01	0.1116 + 01	0.1057 + 01
0.7800 + 00	0.1495 + 01	0.1333 + 01	0.1122 + 01	0.1047 + 01
0.8000 + 00	0.1524 + 01	0.1351 + 01	0.1128 + 01	0.1038 + 01
0.8200 + 00	0.1555 + 01	0.1371 + 01	0.1134 + 01	0.1030 + 01
0.8400 + 00	0.1587 + 01	0.1391 + 01	0.1141 + 01	0.1024 + 01
0.8600 + 00	0.1621 + 01	0.1412 + 01	0.1148 + 01	0.1018 + 01
0.8800 + 00	0.1655 + 01	0.1433 + 01	0.1155 + 01	0.1013 + 01
0.9000 + 00	0.1691 + 01	0.1456 + 01	0.1162 + 01	0.1009 + 01
0.9200 + 00	0.1729 + 01	0.1478 + 01	0.1169 + 01	0.1006 + 01
0.9400 + 00	0.1767 + 01	0.1502 + 01	0.1177 + 01	0.1003 + 01
0.9600 + 00	0.1808 + 01	0.1526 + 01	0.1184 + 01	0.1001 + 01
0.9800 + 00	0.1850 + 01	0.1552 + 01	0.1192 + 01	0.1000 + 01
0.1000 + 01	0.1893 + 01	0.1577 + 01	0.1200 + 01	0.1000 + 01
0.1020 + 01	0.1938 + 01	0.1604 + 01	0.1208 + 01	0.1000 + 01
0.1040 + 01	0.1985 + 01	0.1632 + 01	0.1216 + 01	0.1001 + 01
0.1060 + 01	0.2033 + 01	0.1660 + 01	0.1225 + 01	0.1003 + 01
0.1080 + 01	0.2083 + 01	0.1689 + 01	0.1233 + 01	0.1005 + 01
0.1100 + 01	0.2135 + 01	0.1719 + 01	0.1242 + 01	0.1008 + 01
0.1120 + 01	0.2189 + 01	0.1750 + 01	0.1251 + 01	0.1011 + 01
0.1140 + 01	0.2245 + 01	0.1782 + 01	0.1260 + 01	0.1015 + 01
0.1160 + 01	0.2303 + 01	0.1814 + 01	0.1269 + 01	0.1020 + 01
0.1180 + 01	0.2363 + 01	0.1848 + 01	0.1278 + 01	0.1025 + 01
0.1200 + 01	0.2425 + 01	0.1883 + 01	0.1288 + 01	0.1030 + 01
0.1220 + 01	0.2489 + 01	0.1918 + 01	0.1298 + 01	0.1037 + 01
0.1240 + 01	0.2556 + 01	0.1955 + 01	0.1308 + 01	0.1043 + 01
0.1260 + 01	0.2625 + 01	0.1992 + 01	0.1318 + 01	0.1050 + 01
0.1280 + 01	0.2697 + 01	0.2031 + 01	0.1328 + 01	0.1058 + 01
0.1300 + 01	0.2771 + 01	0.2071 + 01	0.1338 + 01	0.1066 + 01
0.1320 + 01	0.2847 + 01	0.2112 + 01	0.1348 + 01	0.1075 + 01
0.1340 + 01	0.2927 + 01	0.2153 + 01	0.1359 + 01	0.1084 + 01
0.1360 + 01	0.3009 + 01	0.2197 + 01	0.1370 + 01	0.1094 + 01
0.1380 + 01	0.3094 + 01	0.2241 + 01	0.1381 + 01	0.1104 + 01
0.1400 + 01	0.3182 + 01	0.2286 + 01	0.1392 + 01	0.1115 + 01
0.1420 + 01	0.3273 + 01	0.2333 + 01	0.1403 + 01	0.1126 + 01
0.1440 + 01	0.3368 + 01	0.2381 + 01	0.1415 + 01	0.1138 + 01
0.1460 + 01	0.3465 + 01	0.2430 + 01	0.1426 + 01	0.1150 + 01
0.1480 + 01	0.3566 + 01	0.2480 + 01	0.1438 + 01	0.1163 + 01
0.1500 + 01	0.3671 + 01	0.2532 + 01	0.1450 + 01	0.1176 + 01
0.1520 + 01	0.3779 + 01	0.2585 + 01	0.1462 + 01	0.1190 + 01
0.1540 + 01	0.3891 + 01	0.2639 + 01	0.1474 + 01	0.1204 + 01
0.1560 + 01	0.4007 + 01	0.2695 + 01	0.1487 + 01	0.1219 + 01
0.1580 + 01	0.4127 + 01	0.2752 + 01	0.1499 + 01	0.1234 + 01
0.1600 + 01	0.4250 + 01	0.2811 + 01	0.1512 + 01	0.1250 + 01

付録 A 等エントロピー特性

M	$\dfrac{p_0}{p}$	$\dfrac{\rho_0}{\rho}$	$\dfrac{T_0}{T}$	$\dfrac{A}{A^*}$
0.1620 + 01	0.4378 + 01	0.2871 + 01	0.1525 + 01	0.1267 + 01
0.1640 + 01	0.4511 + 01	0.2933 + 01	0.1538 + 01	0.1284 + 01
0.1660 + 01	0.4648 + 01	0.2996 + 01	0.1551 + 01	0.1301 + 01
0.1680 + 01	0.4790 + 01	0.3061 + 01	0.1564 + 01	0.1319 + 01
0.1700 + 01	0.4936 + 01	0.3128 + 01	0.1578 + 01	0.1338 + 01
0.1720 + 01	0.5087 + 01	0.3196 + 01	0.1592 + 01	0.1357 + 01
0.1740 + 01	0.5244 + 01	0.3266 + 01	0.1606 + 01	0.1376 + 01
0.1760 + 01	0.5406 + 01	0.3338 + 01	0.1620 + 01	0.1397 + 01
0.1780 + 01	0.5573 + 01	0.3411 + 01	0.1634 + 01	0.1418 + 01
0.1800 + 01	0.5746 + 01	0.3487 + 01	0.1648 + 01	0.1439 + 01
0.1820 + 01	0.5924 + 01	0.3564 + 01	0.1662 + 01	0.1461 + 01
0.1840 + 01	0.6109 + 01	0.3643 + 01	0.1677 + 01	0.1484 + 01
0.1860 + 01	0.6300 + 01	0.3723 + 01	0.1692 + 01	0.1507 + 01
0.1880 + 01	0.6497 + 01	0.3806 + 01	0.1707 + 01	0.1531 + 01
0.1900 + 01	0.6701 + 01	0.3891 + 01	0.1722 + 01	0.1555 + 01
0.1920 + 01	0.6911 + 01	0.3978 + 01	0.1737 + 01	0.1580 + 01
0.1940 + 01	0.7128 + 01	0.4067 + 01	0.1753 + 01	0.1606 + 01
0.1960 + 01	0.7353 + 01	0.4158 + 01	0.1768 + 01	0.1633 + 01
0.1980 + 01	0.7585 + 01	0.4251 + 01	0.1784 + 01	0.1660 + 01
0.2000 + 01	0.7824 + 01	0.4347 + 01	0.1800 + 01	0.1687 + 01
0.2050 + 01	0.8458 + 01	0.4596 + 01	0.1840 + 01	0.1760 + 01
0.2100 + 01	0.9145 + 01	0.4859 + 01	0.1882 + 01	0.1837 + 01
0.2150 + 01	0.9888 + 01	0.5138 + 01	0.1924 + 01	0.1919 + 01
0.2200 + 01	0.1069 + 02	0.5433 + 01	0.1968 + 01	0.2005 + 01
0.2250 + 01	0.1156 + 02	0.5746 + 01	0.2012 + 01	0.2096 + 01
0.2300 + 01	0.1250 + 02	0.6076 + 01	0.2058 + 01	0.2193 + 01
0.2350 + 01	0.1352 + 02	0.6425 + 01	0.2104 + 01	0.2295 + 01
0.2400 + 01	0.1462 + 02	0.6794 + 01	0.2152 + 01	0.2403 + 01
0.2450 + 01	0.1581 + 02	0.7183 + 01	0.2200 + 01	0.2517 + 01
0.2500 + 01	0.1709 + 02	0.7594 + 01	0.2250 + 01	0.2637 + 01
0.2550 + 01	0.1847 + 02	0.8027 + 01	0.2300 + 01	0.2763 + 01
0.2600 + 01	0.1995 + 02	0.8484 + 01	0.2352 + 01	0.2896 + 01
0.2650 + 01	0.2156 + 02	0.8965 + 01	0.2404 + 01	0.3036 + 01
0.2700 + 01	0.2328 + 02	0.9472 + 01	0.2458 + 01	0.3183 + 01
0.2750 + 01	0.2514 + 02	0.1001 + 02	0.2512 + 01	0.3338 + 01
0.2800 + 01	0.2714 + 02	0.1057 + 02	0.2568 + 01	0.3500 + 01
0.2850 + 01	0.2929 + 02	0.1116 + 02	0.2624 + 01	0.3671 + 01
0.2900 + 01	0.3159 + 02	0.1178 + 02	0.2682 + 01	0.3850 + 01
0.2950 + 01	0.3407 + 02	0.1243 + 02	0.2740 + 01	0.4038 + 01
0.3000 + 01	0.3673 + 02	0.1312 + 02	0.2800 + 01	0.4235 + 01
0.3050 + 01	0.3959 + 02	0.1384 + 02	0.2860 + 01	0.4441 + 01
0.3100 + 01	0.4265 + 02	0.1459 + 02	0.2922 + 01	0.4657 + 01
0.3150 + 01	0.4593 + 02	0.1539 + 02	0.2984 + 01	0.4884 + 01
0.3200 + 01	0.4944 + 02	0.1622 + 02	0.3048 + 01	0.5121 + 01
0.3250 + 01	0.5320 + 02	0.1709 + 02	0.3112 + 01	0.5369 + 01
0.3300 + 01	0.5722 + 02	0.1800 + 02	0.3178 + 01	0.5629 + 01
0.3350 + 01	0.6152 + 02	0.1896 + 02	0.3244 + 01	0.5900 + 01
0.3400 + 01	0.6612 + 02	0.1996 + 02	0.3312 + 01	0.6184 + 01
0.3450 + 01	0.7103 + 02	0.2101 + 02	0.3380 + 01	0.6480 + 01
0.3500 + 01	0.7627 + 02	0.2211 + 02	0.3450 + 01	0.6790 + 01

付録 A 等エントロピー特性

M	$\dfrac{p_0}{p}$	$\dfrac{\rho_0}{\rho}$	$\dfrac{T_0}{T}$	$\dfrac{A}{A^*}$
0.3550 + 01	0.8187 + 02	0.2325 + 02	0.3520 + 01	0.7113 + 01
0.3600 + 01	0.8784 + 02	0.2445 + 02	0.3592 + 01	0.7450 + 01
0.3650 + 01	0.9420 + 02	0.2571 + 02	0.3664 + 01	0.7802 + 01
0.3700 + 01	0.1010 + 03	0.2701 + 02	0.3738 + 01	0.8169 + 01
0.3750 + 01	0.1082 + 03	0.2838 + 02	0.3812 + 01	0.8552 + 01
0.3800 + 01	0.1159 + 03	0.2981 + 02	0.3888 + 01	0.8951 + 01
0.3850 + 01	0.1241 + 03	0.3129 + 02	0.3964 + 01	0.9366 + 01
0.3900 + 01	0.1328 + 03	0.3285 + 02	0.4042 + 01	0.9799 + 01
0.3950 + 01	0.1420 + 03	0.3446 + 02	0.4120 + 01	0.1025 + 02
0.4000 + 01	0.1518 + 03	0.3615 + 02	0.4200 + 01	0.1072 + 02
0.4050 + 01	0.1623 + 03	0.3791 + 02	0.4280 + 01	0.1121 + 02
0.4100 + 01	0.1733 + 03	0.3974 + 02	0.4362 + 01	0.1171 + 02
0.4150 + 01	0.1851 + 03	0.4164 + 02	0.4444 + 01	0.1224 + 02
0.4200 + 01	0.1975 + 03	0.4363 + 02	0.4528 + 01	0.1279 + 02
0.4250 + 01	0.2108 + 03	0.4569 + 02	0.4612 + 01	0.1336 + 02
0.4300 + 01	0.2247 + 03	0.4784 + 02	0.4698 + 01	0.1395 + 02
0.4350 + 01	0.2396 + 03	0.5007 + 02	0.4784 + 01	0.1457 + 02
0.4400 + 01	0.2553 + 03	0.5239 + 02	0.4872 + 01	0.1521 + 02
0.4450 + 01	0.2719 + 03	0.5480 + 02	0.4960 + 01	0.1587 + 02
0.4500 + 01	0.2894 + 03	0.5731 + 02	0.5050 + 01	0.1656 + 02
0.4550 + 01	0.3080 + 03	0.5991 + 02	0.5140 + 01	0.1728 + 02
0.4600 + 01	0.3276 + 03	0.6261 + 02	0.5232 + 01	0.1802 + 02
0.4650 + 01	0.3483 + 03	0.6542 + 02	0.5324 + 01	0.1879 + 02
0.4700 + 01	0.3702 + 03	0.6833 + 02	0.5418 + 01	0.1958 + 02
0.4750 + 01	0.3933 + 03	0.7135 + 02	0.5512 + 01	0.2041 + 02
0.4800 + 01	0.4177 + 03	0.7448 + 02	0.5608 + 01	0.2126 + 02
0.4850 + 01	0.4434 + 03	0.7772 + 02	0.5704 + 01	0.2215 + 02
0.4900 + 01	0.4705 + 03	0.8109 + 02	0.5802 + 01	0.2307 + 02
0.4950 + 01	0.4990 + 03	0.8457 + 02	0.5900 + 01	0.2402 + 02
0.5000 + 01	0.5291 + 03	0.8818 + 02	0.6000 + 01	0.2500 + 02
0.5100 + 01	0.5941 + 03	0.9579 + 02	0.6202 + 01	0.2707 + 02
0.5200 + 01	0.6661 + 03	0.1039 + 03	0.6408 + 01	0.2928 + 02
0.5300 + 01	0.7457 + 03	0.1127 + 03	0.6618 + 01	0.3165 + 02
0.5400 + 01	0.8335 + 03	0.1220 + 03	0.6832 + 01	0.3417 + 02
0.5500 + 01	0.9304 + 03	0.1320 + 03	0.7050 + 01	0.3687 + 02
0.5600 + 01	0.1037 + 04	0.1426 + 03	0.7272 + 01	0.3974 + 02
0.5700 + 01	0.1154 + 04	0.1539 + 03	0.7498 + 01	0.4280 + 02
0.5800 + 01	0.1283 + 04	0.1660 + 03	0.7728 + 01	0.4605 + 02
0.5900 + 01	0.1424 + 04	0.1789 + 03	0.7962 + 01	0.4951 + 02
0.6000 + 01	0.1579 + 04	0.1925 + 03	0.8200 + 01	0.5318 + 02
0.6100 + 01	0.1748 + 04	0.2071 + 03	0.8442 + 01	0.5708 + 02
0.6200 + 01	0.1933 + 04	0.2225 + 03	0.8688 + 01	0.6121 + 02
0.6300 + 01	0.2135 + 04	0.2388 + 03	0.8938 + 01	0.6559 + 02
0.6400 + 01	0.2355 + 04	0.2562 + 03	0.9192 + 01	0.7023 + 02
0.6500 + 01	0.2594 + 04	0.2745 + 03	0.9450 + 01	0.7513 + 02
0.6600 + 01	0.2855 + 04	0.2939 + 03	0.9712 + 01	0.8032 + 02
0.6700 + 01	0.3138 + 04	0.3145 + 03	0.9978 + 01	0.8580 + 02
0.6800 + 01	0.3445 + 04	0.3362 + 03	0.1025 + 02	0.9159 + 02
0.6900 + 01	0.3779 + 04	0.3591 + 03	0.1052 + 02	0.9770 + 02
0.7000 + 01	0.4140 + 04	0.3833 + 03	0.1080 + 02	0.1041 + 03

付録 A 等エントロピー特性

M	$\dfrac{p_0}{p}$	$\dfrac{\rho_0}{\rho}$	$\dfrac{T_0}{T}$	$\dfrac{A}{A^*}$
0.7100 + 01	0.4531 + 04	0.4088 + 03	0.1108 + 02	0.1109 + 03
0.7200 + 01	0.4953 + 04	0.4357 + 03	0.1137 + 02	0.1181 + 03
0.7300 + 01	0.5410 + 04	0.4640 + 03	0.1166 + 02	0.1256 + 03
0.7400 + 01	0.5903 + 04	0.4939 + 03	0.1195 + 02	0.1335 + 03
0.7500 + 01	0.6434 + 04	0.5252 + 03	0.1225 + 02	0.1418 + 03
0.7600 + 01	0.7006 + 04	0.5582 + 03	0.1255 + 02	0.1506 + 03
0.7700 + 01	0.7623 + 04	0.5928 + 03	0.1286 + 02	0.1598 + 03
0.7800 + 01	0.8285 + 04	0.6292 + 03	0.1317 + 02	0.1694 + 03
0.7900 + 01	0.8998 + 04	0.6674 + 03	0.1348 + 02	0.1795 + 03
0.8000 + 01	0.9763 + 04	0.7075 + 03	0.1380 + 02	0.1901 + 03
0.9000 + 01	0.2110 + 05	0.1227 + 04	0.1720 + 02	0.3272 + 03
0.1000 + 02	0.4244 + 05	0.2021 + 04	0.2100 + 02	0.5359 + 03
0.1100 + 02	0.8033 + 05	0.3188 + 04	0.2520 + 02	0.8419 + 03
0.1200 + 02	0.1445 + 06	0.4848 + 04	0.2980 + 02	0.1276 + 04
0.1300 + 02	0.2486 + 06	0.7144 + 04	0.3480 + 02	0.1876 + 04
0.1400 + 02	0.4119 + 06	0.1025 + 05	0.4020 + 02	0.2685 + 04
0.1500 + 02	0.6602 + 06	0.1435 + 05	0.4600 + 02	0.3755 + 04
0.1600 + 02	0.1028 + 07	0.1969 + 05	0.5229 + 02	0.5145 + 04
0.1700 + 02	0.1559 + 07	0.2651 + 05	0.5880 + 02	0.6921 + 04
0.1800 + 02	0.2311 + 07	0.3512 + 05	0.6580 + 02	0.9159 + 04
0.1900 + 02	0.3356 + 07	0.4584 + 05	0.7320 + 02	0.1195 + 05
0.2000 + 02	0.4783 + 07	0.5905 + 05	0.8100 + 02	0.1538 + 05
0.2200 + 02	0.9251 + 07	0.9459 + 05	0.9780 + 02	0.2461 + 05
0.2400 + 02	0.1691 + 08	0.1456 + 06	0.1162 + 03	0.3783 + 05
0.2600 + 02	0.2949 + 08	0.2165 + 06	0.1362 + 03	0.5624 + 05
0.2800 + 02	0.4936 + 08	0.3128 + 06	0.1578 + 03	0.8121 + 05
0.3000 + 02	0.7978 + 08	0.4408 + 06	0.1810 + 03	0.1144 + 06
0.3200 + 02	0.1250 + 09	0.6076 + 06	0.2058 + 03	0.1576 + 06
0.3400 + 02	0.1908 + 09	0.8216 + 06	0.2322 + 03	0.2131 + 06
0.3600 + 02	0.2842 + 09	0.1092 + 07	0.2602 + 03	0.2832 + 06
0.3800 + 02	0.4143 + 09	0.1430 + 07	0.2898 + 03	0.3707 + 06
0.4000 + 02	0.5926 + 09	0.1846 + 07	0.3210 + 03	0.4785 + 06
0.4200 + 02	0.8330 + 09	0.2354 + 07	0.3538 + 03	0.6102 + 06
0.4400 + 02	0.1153 + 10	0.2969 + 07	0.3882 + 03	0.7694 + 06
0.4600 + 02	0.1572 + 10	0.3706 + 07	0.4242 + 03	0.9603 + 06
0.4800 + 02	0.2116 + 10	0.4583 + 07	0.4618 + 03	0.1187 + 07
0.5000 + 02	0.2815 + 10	0.5618 + 07	0.5010 + 03	0.1455 + 07

付録 B 　垂直衝撃波特性

p. 1053

M	$\dfrac{p_2}{p_1}$	$\dfrac{\rho_2}{\rho_1}$	$\dfrac{T_2}{T_1}$	$\dfrac{p_{0_2}}{p_{0_1}}$	$\dfrac{p_{0_2}}{p_1}$	M_2
0.1000 + 01	0.1000 + 01	0.1000 + 01	0.1000 + 01	0.1000 + 01	0.1893 + 01	0.1000 + 01
0.1020 + 01	0.1047 + 01	0.1033 + 01	0.1013 + 01	0.1000 + 01	0.1938 + 01	0.9805 + 00
0.1040 + 01	0.1095 + 01	0.1067 + 01	0.1026 + 01	0.9999 + 00	0.1984 + 01	0.9620 + 00
0.1060 + 01	0.1144 + 01	0.1101 + 01	0.1039 + 01	0.9998 + 00	0.2032 + 01	0.9444 + 00
0.1080 + 01	0.1194 + 01	0.1135 + 01	0.1052 + 01	0.9994 + 01	0.2082 + 01	0.9277 + 00
0.1100 + 01	0.1245 + 01	0.1169 + 01	0.1065 + 01	0.9989 + 00	0.2133 + 01	0.9118 + 00
0.1120 + 01	0.1297 + 01	0.1203 + 01	0.1078 + 01	0.9982 + 00	0.2185 + 01	0.8966 + 00
0.1140 + 01	0.1350 + 01	0.1238 + 01	0.1090 + 01	0.9973 + 00	0.2239 + 01	0.8820 + 00
0.1160 + 01	0.1403 + 01	0.1272 + 01	0.1103 + 01	0.9961 + 00	0.2294 + 01	0.8682 + 00
0.1180 + 01	0.1458 + 01	0.1307 + 01	0.1115 + 01	0.9946 + 00	0.2350 + 01	0.8549 + 00
0.1200 + 01	0.1513 + 01	0.1342 + 01	0.1128 + 01	0.9928 + 00	0.2408 + 01	0.8422 + 00
0.1220 + 01	0.1570 + 01	0.1376 + 01	0.1141 + 01	0.9907 + 00	0.2466 + 01	0.8300 + 00
0.1240 + 01	0.1627 + 01	0.1411 + 01	0.1153 + 01	0.9884 + 00	0.2526 + 01	0.8183 + 00
0.1260 + 01	0.1686 + 01	0.1446 + 01	0.1166 + 01	0.9857 + 00	0.2588 + 01	0.8071 + 00
0.1280 + 01	0.1745 + 01	0.1481 + 01	0.1178 + 01	0.9827 + 00	0.2650 + 01	0.7963 + 00
0.1300 + 01	0.1805 + 01	0.1516 + 01	0.1191 + 01	0.9794 + 00	0.2714 + 01	0.7860 + 00
0.1320 + 01	0.1866 + 01	0.1551 + 01	0.1204 + 01	0.9758 + 00	0.2778 + 01	0.7760 + 00
0.1340 + 01	0.1928 + 01	0.1585 + 01	0.1216 + 01	0.9718 + 00	0.2844 + 01	0.7664 + 00
0.1360 + 01	0.1991 + 01	0.1620 + 01	0.1229 + 01	0.9676 + 00	0.2912 + 01	0.7572 + 00
0.1380 + 01	0.2055 + 01	0.1655 + 01	0.1242 + 01	0.9630 + 00	0.2980 + 01	0.7483 + 00
0.1400 + 01	0.2120 + 01	0.1690 + 01	0.1255 + 01	0.9582 + 00	0.3049 + 01	0.7397 + 00
0.1420 + 01	0.2186 + 01	0.1724 + 01	0.1268 + 01	0.9531 + 00	0.3120 + 01	0.7314 + 00
0.1440 + 01	0.2253 + 01	0.1759 + 01	0.1281 + 01	0.9476 + 00	0.3191 + 01	0.7235 + 00
0.1460 + 01	0.2320 + 01	0.1793 + 01	0.1294 + 01	0.9420 + 00	0.3264 + 01	0.7157 + 00
0.1480 + 01	0.2389 + 01	0.1828 + 01	0.1307 + 01	0.9360 + 00	0.3338 + 01	0.7083 + 00
0.1500 + 01	0.2458 + 01	0.1862 + 01	0.1320 + 01	0.9298 + 00	0.3413 + 01	0.7011 + 00
0.1520 + 01	0.2529 + 01	0.1896 + 01	0.1334 + 01	0.9233 + 00	0.3489 + 01	0.6941 + 00
0.1540 + 01	0.2600 + 01	0.1930 + 01	0.1347 + 01	0.9166 + 00	0.3567 + 01	0.6874 + 00
0.1560 + 01	0.2673 + 01	0.1964 + 01	0.1361 + 01	0.9097 + 00	0.3645 + 01	0.6809 + 00
0.1580 + 01	0.2746 + 01	0.1998 + 01	0.1374 + 01	0.9026 + 00	0.3724 + 01	0.6746 + 00

M	$\dfrac{p_2}{p_1}$	$\dfrac{\rho_2}{\rho_1}$	$\dfrac{T_2}{T_1}$	$\dfrac{p_{0_2}}{p_{0_1}}$	$\dfrac{p_{0_2}}{p_1}$	M_2
0.1600 + 01	0.2820 + 01	0.2032 + 01	0.1388 + 01	0.8952 + 00	0.3805 + 01	0.6684 + 00
0.1620 + 01	0.2895 + 01	0.2065 + 01	0.1402 + 01	0.8877 + 00	0.3887 + 01	0.6625 + 00
0.1640 + 01	0.2971 + 01	0.2099 + 01	0.1416 + 01	0.8799 + 00	0.3969 + 01	0.6568 + 00
0.1660 + 01	0.3048 + 01	0.2132 + 01	0.1430 + 01	0.8720 + 00	0.4053 + 01	0.6512 + 00
0.1680 + 01	0.3126 + 01	0.2165 + 01	0.1444 + 01	0.8639 + 00	0.4138 + 01	0.6458 + 00
0.1700 + 01	0.3205 + 01	0.2198 + 01	0.1458 + 01	0.8557 + 00	0.4224 + 01	0.6405 + 00
0.1720 + 01	0.3285 + 01	0.2230 + 01	0.1473 + 01	0.8474 + 00	0.4311 + 01	0.6355 + 00
0.1740 + 01	0.3366 + 01	0.2263 + 01	0.1487 + 01	0.8389 + 00	0.4399 + 01	0.6305 + 00
0.1760 + 01	0.3447 + 01	0.2295 + 01	0.1502 + 01	0.8302 + 00	0.4488 + 01	0.6257 + 00
0.1780 + 01	0.3530 + 01	0.2327 + 01	0.1517 + 01	0.8215 + 00	0.4578 + 01	0.6210 + 00
0.1800 + 01	0.3613 + 01	0.2359 + 01	0.1532 + 01	0.8127 + 00	0.4670 + 01	0.6165 + 00
0.1820 + 01	0.3698 + 01	0.2391 + 01	0.1547 + 01	0.8038 + 00	0.4762 + 01	0.6121 + 00
0.1840 + 01	0.3783 + 01	0.2422 + 01	0.1562 + 01	0.7948 + 00	0.4855 + 01	0.6078 + 00
0.1860 + 01	0.3870 + 01	0.2454 + 01	0.1577 + 01	0.7857 + 00	0.4950 + 01	0.6036 + 00
0.1880 + 01	0.3957 + 01	0.2485 + 01	0.1592 + 01	0.7765 + 00	0.5045 + 01	0.5996 + 00
0.1900 + 01	0.4045 + 01	0.2516 + 01	0.1608 + 01	0.7674 + 00	0.5142 + 01	0.5956 + 00
0.1920 + 01	0.4134 + 01	0.2546 + 01	0.1624 + 01	0.7581 + 00	0.5239 + 01	0.5918 + 00
0.1940 + 01	0.4224 + 01	0.2577 + 01	0.1639 + 01	0.7488 + 00	0.5338 + 01	0.5880 + 00
0.1960 + 01	0.4315 + 01	0.2607 + 01	0.1655 + 01	0.7395 + 00	0.5438 + 01	0.5844 + 00
0.1980 + 01	0.4407 + 01	0.2637 + 01	0.1671 + 01	0.7302 + 00	0.5539 + 01	0.5808 + 00
0.2000 + 01	0.4500 + 01	0.2667 + 01	0.1687 + 01	0.7209 + 00	0.5640 + 01	0.5774 + 00
0.2050 + 01	0.4736 + 01	0.2740 + 01	0.1729 + 01	0.6975 + 00	0.5900 + 01	0.5691 + 00
0.2100 + 01	0.4978 + 01	0.2812 + 01	0.1770 + 01	0.6742 + 00	0.6165 + 01	0.5613 + 00
0.2150 + 01	0.5226 + 01	0.2882 + 01	0.1813 + 01	0.6511 + 00	0.6438 + 01	0.5540 + 00
0.2200 + 01	0.5480 + 01	0.2951 + 01	0.1857 + 01	0.6281 + 00	0.6716 + 01	0.5471 + 00
0.2250 + 01	0.5740 + 01	0.3019 + 01	0.1901 + 01	0.6055 + 00	0.7002 + 01	0.5406 + 00
0.2300 + 01	0.6005 + 01	0.3085 + 01	0.1947 + 01	0.5833 + 00	0.7294 + 01	0.5344 + 00
0.2350 + 01	0.6276 + 01	0.3149 + 01	0.1993 + 01	0.5615 + 00	0.7592 + 01	0.5286 + 00
0.2400 + 01	0.6553 + 01	0.3212 + 01	0.2040 + 01	0.5401 + 00	0.7897 + 01	0.5231 + 00
0.2450 + 01	0.6836 + 01	0.3273 + 01	0.2088 + 01	0.5193 + 00	0.8208 + 01	0.5179 + 00
0.2500 + 01	0.7125 + 01	0.3333 + 01	0.2137 + 01	0.4990 + 00	0.8526 + 01	0.5130 + 00
0.2550 + 01	0.7420 + 01	0.3392 + 01	0.2187 + 01	0.4793 + 00	0.8850 + 01	0.5083 + 00
0.2600 + 01	0.7720 + 01	0.3449 + 01	0.2238 + 01	0.4601 + 00	0.9181 + 01	0.5039 + 00
0.2650 + 01	0.8026 + 01	0.3505 + 01	0.2290 + 01	0.4416 + 00	0.9519 + 01	0.4996 + 00
0.2700 + 01	0.8338 + 01	0.3559 + 01	0.2343 + 01	0.4236 + 00	0.9862 + 01	0.4956 + 00
0.2750 + 01	0.8656 + 01	0.3612 + 01	0.2397 + 01	0.4062 + 00	0.1021 + 02	0.4918 + 00
0.2800 + 01	0.8980 + 01	0.3664 + 01	0.2451 + 01	0.3895 + 00	0.1057 + 02	0.4882 + 00
0.2850 + 01	0.9310 + 01	0.3714 + 01	0.2507 + 01	0.3733 + 00	0.1093 + 02	0.4847 + 00
0.2900 + 01	0.9645 + 01	0.3763 + 01	0.2563 + 01	0.3577 + 00	0.1130 + 02	0.4814 + 00
0.2950 + 01	0.9986 + 01	0.3811 + 01	0.2621 + 01	0.3428 + 00	0.1168 + 02	0.4782 + 00
0.3000 + 01	0.1033 + 02	0.3857 + 01	0.2679 + 01	0.3283 + 00	0.1206 + 02	0.4752 + 00
0.3050 + 01	0.1069 + 02	0.3902 + 01	0.2738 + 01	0.3145 + 00	0.1245 + 02	0.4723 + 00
0.3100 + 01	0.1104 + 02	0.3947 + 01	0.2799 + 01	0.3012 + 00	0.1285 + 02	0.4695 + 00
0.3150 + 01	0.1141 + 02	0.3990 + 01	0.2860 + 01	0.2885 + 00	0.1325 + 02	0.4669 + 00
0.3200 + 01	0.1178 + 02	0.4031 + 01	0.2922 + 01	0.2762 + 00	0.1366 + 02	0.4643 + 00
0.3250 + 01	0.1216 + 02	0.4072 + 01	0.2985 + 01	0.2645 + 00	0.1407 + 02	0.4619 + 00
0.3300 + 01	0.1254 + 02	0.4112 + 01	0.3049 + 01	0.2533 + 00	0.1449 + 02	0.4596 + 00
0.3350 + 01	0.1293 + 02	0.4151 + 01	0.3114 + 01	0.2425 + 00	0.1492 + 02	0.4573 + 00
0.3400 + 01	0.1332 + 02	0.4188 + 01	0.3180 + 01	0.2322 + 00	0.1535 + 02	0.4552 + 00
0.3450 + 01	0.1372 + 02	0.4225 + 01	0.3247 + 01	0.2224 + 00	0.1579 + 02	0.4531 + 00

付録 B 垂直衝撃波特性

M	$\dfrac{p_2}{p_1}$	$\dfrac{\rho_2}{\rho_1}$	$\dfrac{T_2}{T_1}$	$\dfrac{p_{0_2}}{p_{0_1}}$	$\dfrac{p_{0_2}}{p_1}$	M_2
0.3500 + 01	0.1412 + 02	0.4261 + 01	0.3315 + 01	0.2129 + 00	0.1624 + 02	0.4512 + 00
0.3550 + 01	0.1454 + 02	0.4296 + 01	0.3384 + 01	0.2039 + 00	0.1670 + 02	0.4492 + 00
0.3600 + 01	0.1495 + 02	0.4330 + 01	0.3454 + 01	0.1953 + 00	0.1716 + 02	0.4474 + 00
0.3650 + 01	0.1538 + 02	0.4363 + 01	0.3525 + 01	0.1871 + 00	0.1762 + 02	0.4456 + 00
0.3700 + 01	0.1580 + 02	0.4395 + 01	0.3596 + 01	0.1792 + 00	0.1810 + 02	0.4439 + 00
0.3750 + 01	0.1624 + 02	0.4426 + 01	0.3669 + 01	0.1717 + 00	0.1857 + 02	0.4423 + 00
0.3800 + 01	0.1668 + 02	0.4457 + 01	0.3743 + 01	0.1645 + 00	0.1906 + 02	0.4407 + 00
0.3850 + 01	0.1713 + 02	0.4487 + 01	0.3817 + 01	0.1576 + 00	0.1955 + 02	0.4392 + 00
0.3900 + 01	0.1758 + 02	0.4516 + 01	0.3893 + 01	0.1510 + 00	0.2005 + 02	0.4377 + 00
0.3950 + 01	0.1804 + 02	0.4544 + 01	0.3969 + 01	0.1448 + 00	0.2056 + 02	0.4363 + 00
0.4000 + 01	0.1850 + 02	0.4571 + 01	0.4047 + 01	0.1388 + 00	0.2107 + 02	0.4350 + 00
0.4050 + 01	0.1897 + 02	0.4598 + 01	0.4125 + 01	0.1330 + 00	0.2159 + 02	0.4336 + 00
0.4100 + 01	0.1944 + 02	0.4624 + 01	0.4205 + 01	0.1276 + 00	0.2211 + 02	0.4324 + 00
0.4150 + 01	0.1993 + 02	0.4650 + 01	0.4285 + 01	0.1223 + 00	0.2264 + 02	0.4311 + 00
0.4200 + 01	0.2041 + 02	0.4675 + 01	0.4367 + 01	0.1173 + 00	0.2318 + 02	0.4299 + 00
0.4250 + 01	0.2091 + 02	0.4699 + 01	0.4449 + 01	0.1126 + 00	0.2372 + 02	0.4288 + 00
0.4300 + 01	0.2140 + 02	0.4723 + 01	0.4532 + 01	0.1080 + 00	0.2427 + 02	0.4277 + 00
0.4350 + 01	0.2191 + 02	0.4746 + 01	0.4616 + 01	0.1036 + 00	0.2483 + 02	0.4266 + 00
0.4400 + 01	0.2242 + 02	0.4768 + 01	0.4702 + 01	0.9948 − 01	0.2539 + 02	0.4255 + 00
0.4450 + 01	0.2294 + 02	0.4790 + 01	0.4788 + 01	0.9550 − 01	0.2596 + 02	0.4245 + 00
0.4500 + 01	0.2346 + 02	0.4812 + 01	0.4875 + 01	0.9170 − 01	0.2654 + 02	0.4236 + 00
0.4550 + 01	0.2399 + 02	0.4833 + 01	0.4963 + 01	0.8806 − 01	0.2712 + 02	0.4226 + 00
0.4600 + 01	0.2452 + 02	0.4853 + 01	0.5052 + 01	0.8459 − 01	0.2771 + 02	0.4217 + 00
0.4650 + 01	0.2506 + 02	0.4873 + 01	0.5142 + 01	0.8126 − 01	0.2831 + 02	0.4208 + 00
0.4700 + 01	0.2560 + 02	0.4893 + 01	0.5233 + 01	0.7809 − 01	0.2891 + 02	0.4199 + 00
0.4750 + 01	0.2616 + 02	0.4912 + 01	0.5325 + 01	0.7505 − 01	0.2952 + 02	0.4191 + 00
0.4800 + 01	0.2671 + 02	0.4930 + 01	0.5418 + 01	0.7214 − 01	0.3013 + 02	0.4183 + 00
0.4850 + 01	0.2728 + 02	0.4948 + 01	0.5512 + 01	0.6936 − 01	0.3075 + 02	0.4175 + 00
0.4900 + 01	0.2784 + 02	0.4966 + 01	0.5607 + 01	0.6670 − 01	0.3138 + 02	0.4167 + 00
0.4950 + 01	0.2842 + 02	0.4983 + 01	0.5703 + 01	0.6415 − 01	0.3201 + 02	0.4160 + 00
0.5000 + 01	0.2900 + 02	0.5000 + 01	0.5800 + 01	0.6172 − 01	0.3265 + 02	0.4152 + 00
0.5100 + 01	0.3018 + 02	0.5033 + 01	0.5997 + 01	0.5715 − 01	0.3395 + 02	0.4138 + 00
0.5200 + 01	0.3138 + 02	0.5064 + 01	0.6197 + 01	0.5297 − 01	0.3528 + 02	0.4125 + 00
0.5300 + 01	0.3260 + 02	0.5093 + 01	0.6401 + 01	0.4913 − 01	0.3663 + 02	0.4113 + 00
0.5400 + 01	0.3385 + 02	0.5122 + 01	0.6610 + 01	0.4560 − 01	0.3801 + 02	0.4101 + 00
0.5500 + 01	0.3512 + 02	0.5149 + 01	0.6822 + 01	0.4236 − 01	0.3941 + 02	0.4090 + 00
0.5600 + 01	0.3642 + 02	0.5175 + 01	0.7038 + 01	0.3938 − 01	0.4084 + 02	0.4079 + 00
0.5700 + 01	0.3774 + 02	0.5200 + 01	0.7258 + 01	0.3664 − 01	0.4230 + 02	0.4069 + 00
0.5800 + 01	0.3908 + 02	0.5224 + 01	0.7481 + 01	0.3412 − 01	0.4378 + 02	0.4059 + 00
0.5900 + 01	0.4044 + 02	0.5246 + 01	0.7709 + 01	0.3180 − 01	0.4528 + 02	0.4050 + 00
0.6000 + 01	0.4183 + 02	0.5268 + 01	0.7941 + 01	0.2965 − 01	0.4682 + 02	0.4042 + 00
0.6100 + 01	0.4324 + 02	0.5289 + 01	0.8176 + 01	0.2767 − 01	0.4837 + 02	0.4033 + 00
0.6200 + 01	0.4468 + 02	0.5309 + 01	0.8415 + 01	0.2584 − 01	0.4996 + 02	0.4025 + 00
0.6300 + 01	0.4614 + 02	0.5329 + 01	0.8658 + 01	0.2416 − 01	0.5157 + 02	0.4018 + 00
0.6400 + 01	0.4762 + 02	0.5347 + 01	0.8905 + 01	0.2259 − 01	0.5320 + 02	0.4011 + 00
0.6500 + 01	0.4912 + 02	0.5365 + 01	0.9156 + 01	0.2115 − 01	0.5486 + 02	0.4004 + 00
0.6600 + 01	0.5065 + 02	0.5382 + 01	0.9411 + 01	0.1981 − 01	0.5655 + 02	0.3997 + 00
0.6700 + 01	0.5220 + 02	0.5399 + 01	0.9670 + 01	0.1857 − 01	0.5826 + 02	0.3991 + 00
0.6800 + 01	0.5378 + 02	0.5415 + 01	0.9933 + 01	0.1741 − 01	0.6000 + 02	0.3985 + 00
0.6900 + 01	0.5538 + 02	0.5430 + 01	0.1020 + 02	0.1635 − 01	0.6176 + 02	0.3979 + 00

M	$\dfrac{p_2}{p_1}$	$\dfrac{\rho_2}{\rho_1}$	$\dfrac{T_2}{T_1}$	$\dfrac{p_{0_2}}{p_{0_1}}$	$\dfrac{p_{0_2}}{p_1}$	M_2
0.7000 + 01	0.5700 + 02	0.5444 + 01	0.1047 + 02	0.1535 − 01	0.6355 + 02	0.3974 + 00
0.7100 + 01	0.5864 + 02	0.5459 + 01	0.1074 + 02	0.1443 − 01	0.6537 + 02	0.3968 + 00
0.7200 + 01	0.6031 + 02	0.5472 + 01	0.1102 + 02	0.1357 − 01	0.6721 + 02	0.3963 + 00
0.7300 + 01	0.6200 + 02	0.5485 + 01	0.1130 + 02	0.1277 − 01	0.6908 + 02	0.3958 + 00
0.7400 + 01	0.6372 + 02	0.5498 + 01	0.1159 + 02	0.1202 − 01	0.7097 + 02	0.3954 + 00
0.7500 + 01	0.6546 + 02	0.5510 + 01	0.1188 + 02	0.1133 − 01	0.7289 + 02	0.3949 + 00
0.7600 + 01	0.6722 + 02	0.5522 + 01	0.1217 + 02	0.1068 − 01	0.7483 + 02	0.3945 + 00
0.7700 + 01	0.6900 + 02	0.5533 + 01	0.1247 + 02	0.1008 − 01	0.7680 + 02	0.3941 + 00
0.7800 + 01	0.7081 + 02	0.5544 + 01	0.1277 + 02	0.9510 − 02	0.7880 + 02	0.3937 + 00
0.7900 + 01	0.7264 + 02	0.5555 + 01	0.1308 + 02	0.8982 − 02	0.8082 + 02	0.3933 + 00
0.8000 + 01	0.7450 + 02	0.5565 + 01	0.1339 + 02	0.8488 − 02	0.8287 + 02	0.3929 + 00
0.9000 + 01	0.9433 + 02	0.5651 + 01	0.1669 + 02	0.4964 − 02	0.1048 + 03	0.3898 + 00
0.1000 + 02	0.1165 + 03	0.5714 + 01	0.2039 + 02	0.3045 − 02	0.1292 + 03	0.3876 + 00
0.1100 + 02	0.1410 + 03	0.5762 + 01	0.2447 + 02	0.1945 − 02	0.1563 + 03	0.3859 + 00
0.1200 + 02	0.1678 + 03	0.5799 + 01	0.2894 + 02	0.1287 − 02	0.1859 + 03	0.3847 + 00
0.1300 + 02	0.1970 + 03	0.5828 + 01	0.3380 + 02	0.8771 − 03	0.2181 + 03	0.3837 + 00
0.1400 + 02	0.2285 + 03	0.5851 + 01	0.3905 + 02	0.6138 − 03	0.2528 + 03	0.3829 + 00
0.1500 + 02	0.2623 + 03	0.5870 + 01	0.4469 + 02	0.4395 − 03	0.2902 + 03	0.3823 + 00
0.1600 + 02	0.2985 + 03	0.5885 + 01	0.5072 + 02	0.3212 − 03	0.3301 + 03	0.3817 + 00
0.1700 + 02	0.3370 + 03	0.5898 + 01	0.5714 + 02	0.2390 − 03	0.3726 + 03	0.3813 + 00
0.1800 + 02	0.3778 + 03	0.5909 + 01	0.6394 + 02	0.1807 − 03	0.4176 + 03	0.3810 + 00
0.1900 + 02	0.4210 + 03	0.5918 + 01	0.7114 + 02	0.1386 − 03	0.4653 + 03	0.3806 + 00
0.2000 + 02	0.4665 + 03	0.5926 + 01	0.7872 + 02	0.1078 − 03	0.5155 + 03	0.3804 + 00
0.2200 + 02	0.5645 + 03	0.5939 + 01	0.9506 + 02	0.6741 − 04	0.6236 + 03	0.3800 + 00
0.2400 + 02	0.6718 + 03	0.5948 + 01	0.1129 + 03	0.4388 − 04	0.7421 + 03	0.3796 + 00
0.2600 + 02	0.7885 + 03	0.5956 + 01	0.1324 + 03	0.2953 − 04	0.8709 + 03	0.3794 + 00
0.2800 + 02	0.9145 + 03	0.5962 + 01	0.1534 + 03	0.2046 − 04	0.1010 + 04	0.3792 + 00
0.3000 + 02	0.1050 + 04	0.5967 + 01	0.1759 + 03	0.1453 − 04	0.1159 + 04	0.3790 + 00
0.3200 + 02	0.1194 + 04	0.5971 + 01	0.2001 + 03	0.1055 − 04	0.1319 + 04	0.3789 + 00
0.3400 + 02	0.1348 + 04	0.5974 + 01	0.2257 + 03	0.7804 − 05	0.1489 + 04	0.3788 + 00
0.3600 + 02	0.1512 + 04	0.5977 + 01	0.2529 + 03	0.5874 − 05	0.1669 + 04	0.3787 + 00
0.3800 + 02	0.1684 + 04	0.5979 + 01	0.2817 + 03	0.4488 − 05	0.1860 + 04	0.3786 + 00
0.4000 + 02	0.1866 + 04	0.5981 + 01	0.3121 + 03	0.3477 − 05	0.2061 + 04	0.3786 + 00
0.4200 + 02	0.2058 + 04	0.5983 + 01	0.3439 + 03	0.2727 − 05	0.2272 + 04	0.3785 + 00
0.4400 + 02	0.2258 + 04	0.5985 + 01	0.3774 + 03	0.2163 − 05	0.2493 + 04	0.3785 + 00
0.4600 + 02	0.2468 + 04	0.5986 + 01	0.4124 + 03	0.1733 − 05	0.2725 + 04	0.3784 + 00
0.4800 + 02	0.2688 + 04	0.5987 + 01	0.4489 + 03	0.1402 − 05	0.2967 + 04	0.3784 + 00
0.5000 + 02	0.2916 + 04	0.5988 + 01	0.4871 + 03	0.1144 − 05	0.3219 + 04	0.3784 + 00

付録C　Prandtl-Meyer 関数と Mach 角

p. 1057

M	ν	μ	M	ν	μ
0.1000 + 01	0.0000	0.9000 + 02	0.1800 + 01	0.2073 + 02	0.3375 + 02
0.1020 + 01	0.1257 + 00	0.7864 + 02	0.1820 + 01	0.2130 + 02	0.3333 + 02
0.1040 + 01	0.3510 + 00	0.7406 + 02	0.1840 + 01	0.2188 + 02	0.3292 + 02
0.1060 + 01	0.6367 + 00	0.7063 + 02	0.1860 + 01	0.2245 + 02	0.3252 + 02
0.1080 + 01	0.9680 + 00	0.6781 + 02	0.1880 + 01	0.2302 + 02	0.3213 + 02
0.1100 + 01	0.1336 + 01	0.6538 + 02	0.1900 + 01	0.2359 + 02	0.3176 + 02
0.1120 + 01	0.1735 + 01	0.6323 + 02	0.1920 + 01	0.2415 + 02	0.3139 + 02
0.1140 + 01	0.2160 + 01	0.6131 + 02	0.1940 + 01	0.2471 + 02	0.3103 + 02
0.1160 + 01	0.2607 + 01	0.5955 + 02	0.1960 + 01	0.2527 + 02	0.3068 + 02
0.1180 + 01	0.3074 + 01	0.5794 + 02	0.1980 + 01	0.2583 + 02	0.3033 + 02
0.1200 + 01	0.3558 + 01	0.5644 + 02	0.2000 + 01	0.2638 + 02	0.3000 + 02
0.1220 + 01	0.4057 + 01	0.5505 + 02	0.2050 + 01	0.2775 + 02	0.2920 + 02
0.1240 + 01	0.4569 + 01	0.5375 + 02	0.2100 + 01	0.2910 + 02	0.2844 + 02
0.1260 + 01	0.5093 + 01	0.5253 + 02	0.2150 + 01	0.3043 + 02	0.2772 + 02
0.1280 + 01	0.5627 + 01	0.5138 + 02	0.2200 + 01	0.3173 + 02	0.2704 + 02
0.1300 + 01	0.6170 + 01	0.5028 + 02	0.2250 + 01	0.3302 + 02	0.2639 + 02
0.1320 + 01	0.6721 + 01	0.4925 + 02	0.2300 + 01	0.3428 + 02	0.2577 + 02
0.1340 + 01	0.7279 + 01	0.4827 + 02	0.2350 + 01	0.3553 + 02	0.2518 + 02
0.1360 + 01	0.7844 + 01	0.4733 + 02	0.2400 + 01	0.3675 + 02	0.2462 + 02
0.1380 + 01	0.8413 + 01	0.4644 + 02	0.2450 + 01	0.3795 + 02	0.2409 + 02
0.1400 + 01	0.8987 + 01	0.4558 + 02	0.2500 + 01	0.3912 + 02	0.2358 + 02
0.1420 + 01	0.9565 + 01	0.4477 + 02	0.2550 + 01	0.4028 + 02	0.2309 + 02
0.1440 + 01	0.1015 + 02	0.4398 + 02	0.2600 + 01	0.4141 + 02	0.2262 + 02
0.1460 + 01	0.1073 + 02	0.4323 + 02	0.2650 + 01	0.4253 + 02	0.2217 + 02
0.1480 + 01	0.1132 + 02	0.4251 + 02	0.2700 + 01	0.4362 + 02	0.2174 + 02
0.1500 + 01	0.1191 + 02	0.4181 + 02	0.2750 + 01	0.4469 + 02	0.2132 + 02
0.1520 + 01	0.1249 + 02	0.4114 + 02	0.2800 + 01	0.4575 + 02	0.2092 + 02
0.1540 + 01	0.1309 + 02	0.4049 + 02	0.2850 + 01	0.4678 + 02	0.2054 + 02
0.1560 + 01	0.1368 + 02	0.3987 + 02	0.2900 + 01	0.4779 + 02	0.2017 + 02
0.1580 + 01	0.1427 + 02	0.3927 + 02	0.2950 + 01	0.4878 + 02	0.1981 + 02
0.1600 + 01	0.1486 + 02	0.3868 + 02	0.3000 + 01	0.4976 + 02	0.1947 + 02
0.1620 + 01	0.1545 + 02	0.3812 + 02	0.3050 + 01	0.5071 + 02	0.1914 + 02
0.1640 + 01	0.1604 + 02	0.3757 + 02	0.3100 + 01	0.5165 + 02	0.1882 + 02
0.1660 + 01	0.1663 + 02	0.3704 + 02	0.3150 + 01	0.5257 + 02	0.1851 + 02
0.1680 + 01	0.1722 + 02	0.3653 + 02	0.3200 + 01	0.5347 + 02	0.1821 + 02
0.1700 + 01	0.1781 + 02	0.3603 + 02	0.3250 + 01	0.5435 + 02	0.1792 + 02
0.1720 + 01	0.1840 + 02	0.3555 + 02	0.3300 + 01	0.5522 + 02	0.1764 + 02
0.1740 + 01	0.1898 + 02	0.3508 + 02	0.3350 + 01	0.5607 + 02	0.1737 + 02
0.1760 + 01	0.1956 + 02	0.3462 + 02	0.3400 + 01	0.5691 + 02	0.1710 + 02
0.1780 + 01	0.2015 + 02	0.3418 + 02	0.3450 + 01	0.5773 + 02	0.1685 + 02

M	ν	μ	M	ν	μ
0.3500 + 01	0.5853 + 02	0.1660 + 02	0.6400 + 01	0.8756 + 02	0.8989 + 01
0.3550 + 01	0.5932 + 02	0.1636 + 02	0.6500 + 01	0.8817 + 02	0.8850 + 01
0.3600 + 01	0.6009 + 02	0.1613 + 02	0.6600 + 01	0.8876 + 02	0.8715 + 01
0.3650 + 01	0.6085 + 02	0.1590 + 02	0.6700 + 01	0.8933 + 02	0.8584 + 01
0.3700 + 01	0.6160 + 02	0.1568 + 02	0.6800 + 01	0.8989 + 02	0.8457 + 01
0.3750 + 01	0.6233 + 02	0.1547 + 02	0.6900 + 01	0.9044 + 02	0.8333 + 01
0.3800 + 01	0.6304 + 02	0.1526 + 02	0.7000 + 01	0.9097 + 02	0.8213 + 01
0.3850 + 01	0.6375 + 02	0.1505 + 02	0.7100 + 01	0.9149 + 02	0.8097 + 01
0.3900 + 01	0.6444 + 02	0.1486 + 02	0.7200 + 01	0.9200 + 02	0.7984 + 01
0.3950 + 01	0.6512 + 02	0.1466 + 02	0.7300 + 01	0.9249 + 02	0.7873 + 01
0.4000 + 01	0.6578 + 02	0.1448 + 02	0.7400 + 01	0.9297 + 02	0.7766 + 01
0.4050 + 01	0.6644 + 02	0.1429 + 02	0.7500 + 01	0.9344 + 02	0.7662 + 01
0.4100 + 01	0.6708 + 02	0.1412 + 02	0.7600 + 01	0.9390 + 02	0.7561 + 01
0.4150 + 01	0.6771 + 02	0.1394 + 02	0.7700 + 01	0.9434 + 02	0.7462 + 01
0.4200 + 01	0.6833 + 02	0.1377 + 02	0.7800 + 01	0.9478 + 02	0.7366 + 01
0.4250 + 01	0.6894 + 02	0.1361 + 02	0.7900 + 01	0.9521 + 02	0.7272 + 01
0.4300 + 01	0.6954 + 02	0.1345 + 02	0.8000 + 01	0.9562 + 02	0.7181 + 01
0.4350 + 01	0.7013 + 02	0.1329 + 02	0.9000 + 01	0.9932 + 02	0.6379 + 01
0.4400 + 01	0.7071 + 02	0.1314 + 02	0.1000 + 02	0.1023 + 03	0.5739 + 01
0.4450 + 01	0.7127 + 02	0.1299 + 02	0.1100 + 02	0.1048 + 03	0.5216 + 01
0.4500 + 01	0.7183 + 02	0.1284 + 02	0.1200 + 02	0.1069 + 03	0.4780 + 01
0.4550 + 01	0.7238 + 02	0.1270 + 02	0.1300 + 02	0.1087 + 03	0.4412 + 01
0.4600 + 01	0.7292 + 02	0.1256 + 02	0.1400 + 02	0.1102 + 03	0.4096 + 01
0.4650 + 01	0.7345 + 02	0.1242 + 02	0.1500 + 02	0.1115 + 03	0.3823 + 01
0.4700 + 01	0.7397 + 02	0.1228 + 02	0.1600 + 02	0.1127 + 03	0.3583 + 01
0.4750 + 01	0.7448 + 02	0.1215 + 02	0.1700 + 02	0.1137 + 03	0.3372 + 01
0.4800 + 01	0.7499 + 02	0.1202 + 02	0.1800 + 02	0.1146 + 03	0.3185 + 01
0.4850 + 01	0.7548 + 02	0.1190 + 02	0.1900 + 02	0.1155 + 03	0.3017 + 01
0.4900 + 01	0.7597 + 02	0.1178 + 02	0.2000 + 02	0.1162 + 03	0.2866 + 01
0.4950 + 01	0.7645 + 02	0.1166 + 02	0.2200 + 02	0.1175 + 03	0.2605 + 01
0.5000 + 01	0.7692 + 02	0.1154 + 02	0.2400 + 02	0.1186 + 03	0.2388 + 01
0.5100 + 01	0.7784 + 02	0.1131 + 02	0.2600 + 02	0.1195 + 03	0.2204 + 01
0.5200 + 01	0.7873 + 02	0.1109 + 02	0.2800 + 02	0.1202 + 03	0.2047 + 01
0.5300 + 01	0.7960 + 02	0.1088 + 02	0.3000 + 02	0.1209 + 03	0.1910 + 01
0.5400 + 01	0.8043 + 02	0.1067 + 02	0.3200 + 02	0.1215 + 03	0.1791 + 01
0.5500 + 01	0.8124 + 02	0.1048 + 02	0.3400 + 02	0.1220 + 03	0.1685 + 01
0.5600 + 01	0.8203 + 02	0.1029 + 02	0.3600 + 02	0.1225 + 03	0.1592 + 01
0.5700 + 01	0.8280 + 02	0.1010 + 02	0.3800 + 02	0.1229 + 03	0.1508 + 01
0.5800 + 01	0.8354 + 02	0.9928 + 01	0.4000 + 02	0.1233 + 03	0.1433 + 01
0.5900 + 01	0.8426 + 02	0.9758 + 01	0.4200 + 02	0.1236 + 03	0.1364 + 01
0.6000 + 01	0.8496 + 02	0.9594 + 01	0.4400 + 02	0.1239 + 03	0.1302 + 01
0.6100 + 01	0.8563 + 02	0.9435 + 01	0.4600 + 02	0.1242 + 03	0.1246 + 01
0.6200 + 01	0.8629 + 02	0.9282 + 01	0.4800 + 02	0.1245 + 03	0.1194 + 01
0.6300 + 01	0.8694 + 02	0.9133 + 01	0.5000 + 02	0.1247 + 03	0.1146 + 01

付録D　標準大気，SI 単位

D.1　付録 D および E における標準大気表について

p. 1061 次の標準大気表は温度変化に関する平均実験データから編集され，対応する圧力と密度変化を計算するために物理法則と結び付けられている．用いられた物理法則は静水力学方程式 (式 1.52) および状態方程式 (式 7.1) である．標準大気表の構築は，それの全体を知るためには読むべきである，参考文献 2 の第 3 章に詳しく論議されている．付録 D および E において，温度，気圧および密度がいろいろな高度について表になっている．高度について 2 列あり，最初の列は幾何学的高度 h_G を，第 2 列はジオポテンシャル高度，h である．幾何学的高度は標準海面からの実際の高さであり，ジオポテンシャル高度は高度を計算するために用いられる一定の重力加速度の仮定に基づく高度である．相違についての説明に関しては参考文献 2 を見るべきである．本書において，ある値の標準高度に言及されるときはいつでも，それは，本表の第 1 列である幾何学的高度 h_G を意味している．

　付録 D は SI 単位の標準大気を与え，そして，付録 E は英国工学単位の標準大気を与える．長年にわたり，多くの機関により編集された標準大気表が存在する．付録 D および E に掲載された値は米合衆国空軍により編集された，1959 年 ARDC 大気モデルから得られている．

高度		気温 T, K	気圧 p, N/m²	密度 ρ, kg/m³
h_G, m	h, m			
−5,000	−5,004	320.69	1.7761 + 5	1.9296 + 0
−4,900	−4,904	320.03	1.7587	1.9145
−4,800	−4,804	319.38	1.7400	1.8980
−4,700	−4,703	318.73	1.7215	1.8816
−4,600	−4,603	318.08	1.7031	1.8653
−4,500	−4,503	317.43	1.6848	1.8491
−4,400	−4,403	316.78	1.6667	1.8330
−4,300	−4,303	316.13	1.6488	1.8171
−4,200	−4,203	315.48	1.6311	1.8012
−4,100	−4,103	314.83	1.6134	1.7854
−4,000	−4,003	314.18	1.5960 + 5	1.7698 + 0
−3,900	−3,902	313.53	1.5787	1.7542
−3,800	−3,802	312.87	1.5615	1.7388
−3,700	−3,702	212.22	1.5445	1.7234
−3,600	−3,602	311.57	1.5277	1.7082
−3,500	−3,502	310.92	1.5110	1.6931
−3,400	−3,402	310.27	1.4945	1.6780
−3,300	−3,302	309.62	1.4781	1.6631
−3,200	−3,202	308.97	1.4618	1.6483
−3,100	−3,102	308.32	1.4457	1.6336
−3,000	−3,001	307.67	1.4297 + 5	1.6189 + 0
−2,900	−2,901	307.02	1.4139	1.6044
−2,800	−2,801	306.37	1.3982	1.5900
−2,700	−2,701	305.72	1.3827	1.5757
−2,600	−2,601	305.07	1.3673	1.5615
−2,500	−2,501	304.42	1.3521	1.5473
−2,400	−2,401	303.77	1.3369	1.5333
−2,300	−2,301	303.12	1.3220	1.5194
−2,200	−2,201	302.46	1.3071	1.5056
−2,100	−2,101	301.81	1.2924	1.4918
−2,000	−2,001	301.16	1.2778 + 5	1.4782 + 0
−1,900	−1,901	300.51	1.2634	1.4646
−1,800	−1,801	299.86	1.2491	1.4512
−1,700	−1,701	299.21	1.2349	1.4379
−1,600	−1,600	298.56	1.2209	1.4246
−1,500	−1,500	297.91	1.2070	1.4114
−1,400	−1,400	297.26	1.1932	1.3984
−1,300	−1,300	296.61	1.1795	1.3854
−1,200	−1,200	295.96	1.1660	1.3725
−1,100	−1,100	295.31	1.1526	1.3597
−1,000	−1,000	294.66	1.1393 + 5	1.3470 + 0
−900	−900	294.01	1.1262	1.3344
−800	−800	293.36	1.1131	1.3219
−700	−700	292.71	1.1002	1.3095
−600	−600	292.06	1.0874	1.2972
−500	−500	291.41	1.0748	1.2849
−400	−400	290.76	1.0622	1.2728
−300	−300	290.11	1.0498	1.2607
−200	−200	289.46	1.0375	1.2487
−100	−100	288.81	1.0253	1.2368

付録D 標準大気, SI単位

高度		気温 T, K	気圧 p, N/m²	密度 ρ, kg/m³
h_G, m	h, m			
0	0	288.16	1.01325 + 5	1.2250 + 0
100	100	287.51	1.0013	1.2133
200	200	286.86	9.8945 + 4	1.2071
300	300	286.21	9.7773	1.1901
400	400	285.56	9.6611	1.1787
500	500	284.91	9.5461	1.1673
600	600	284.26	9.4322	1.1560
700	700	283.61	9.3194	1.1448
800	800	282.96	9.2077	1.1337
900	900	282.31	9.0971	1.1226
1,000	1,000	281.66	8.9876 + 4	1.1117 + 0
1,100	1,100	281.01	8.8792	1.1008
1,200	1,200	280.36	8.7718	1.0900
1,300	1,300	279.71	8.6655	1.0793
1,400	1,400	279.06	8.5602	1.0687
1,500	1,500	278.41	8.4560	1.0581
1,600	1,600	277.76	8.3527	1.0476
1,700	1,700	277.11	8.2506	1.0373
1,800	1,799	276.46	8.1494	1.0269
1,900	1,899	275.81	8.0493	1.0167
2,000	1,999	275.16	7.9501 + 4	1.0066 + 0
2,100	2,099	274.51	7.8520	9.9649 − 1
2,200	2,199	273.86	7.7548	9.8649
2,300	2,299	273.22	7.6586	9.7657
2,400	2,399	272.57	7.5634	9.6673
2,500	2,499	271.92	7.4692	9.5696
2,600	2,599	271.27	7.3759	9.4727
2,700	2,699	270.62	7.2835	9.3765
2,800	2,799	269.97	7.1921	9.2811
2,900	2,899	269.32	7.1016	9.1865
3,000	2,999	268.67	7.0121 + 4	9.0926 − 1
3,100	3,098	268.02	6.9235	8.9994
3,200	3,198	267.37	6.8357	8.9070
3,300	3,298	266.72	6.7489	8.8153
3,400	3,398	266.07	6.6630	8.7243
3,500	3,498	265.42	6.5780	8.6341
3,600	3,598	264.77	6.4939	8.5445
3,700	3,698	264.12	6.4106	8.4557
3,800	3,798	263.47	6.3282	8.3676
3,900	3,898	262.83	6.2467	8.2802
4,000	3,997	262.18	6.1660 + 4	8.1935 − 1
4,100	4,097	261.53	6.0862	8.1075
4,200	4,197	260.88	6.0072	8.0222
4,300	4,297	260.23	5.9290	7.9376
4,400	4,397	259.58	5.8517	7.8536
4,500	4,497	258.93	5.7752	7.7704
4,600	4,597	258.28	5.6995	7.6878
4,700	4,697	257.63	5.6247	7.6059
4,800	4,796	256.98	5.5506	7.5247
4,900	4,896	256.33	5.4773	7.4442

高度		気温 T, K	気圧 p, N/m²	密度 ρ, kg/m³
h_G, m	h, m			
5,000	4,996	255.69	5.4048 + 4	7.3643 − 1
5,100	5,096	255.04	5.3331	7.2851
5,200	5,196	254.39	5.2621	7.2065
5,400	5,395	253.09	5.1226	7.0513
5,500	5,495	252.44	5.0539	6.9747
5,600	5,595	251.79	4.9860	6.8987
5,700	5,695	251.14	4.9188	6.8234
5,800	5,795	250.49	4.8524	6.7486
5,900	5,895	249.85	4.7867	6.6746
6,000	5,994	249.20	4.7217 + 4	6.6011 − 1
6,100	6,094	248.55	4.6575	6.5283
6,200	6,194	247.90	4.5939	6.4561
6,300	6,294	247.25	4.5311	6.3845
6,400	6,394	246.60	4.4690	6.3135
6,500	6,493	245.95	4.4075	6.2431
6,600	6,593	245.30	4.3468	6.1733
6,700	6,693	244.66	4.2867	6.1041
6,800	6,793	244.01	4.2273	6.0356
6,900	6,893	243.36	4.1686	5.9676
7,000	6,992	242.71	4.1105 + 4	5.9002 − 1
7,100	7,092	242.06	4.0531	5.8334
7,200	7,192	241.41	3.9963	5.7671
7,300	7,292	240.76	3.9402	5.7015
7,400	7,391	240.12	3.8848	5.6364
7,500	7,491	239.47	3.8299	5.5719
7,600	7,591	238.82	3.7757	5.5080
7,700	7,691	238.17	3.7222	5.4446
7,800	7,790	237.52	3.6692	5.3818
7,900	7,890	236.87	3.6169	5.3195
8,000	7,990	236.23	3.5651 + 4	5.2578 − 1
8,100	8,090	235.58	3.5140	5.1967
8,200	8,189	234.93	3.4635	5.1361
8,300	8,289	234.28	3.4135	5.0760
8,400	8,389	233.63	3.3642	5.0165
8,500	8,489	232.98	3.3154	4.9575
8,600	8,588	232.34	3.2672	4.8991
8,700	8,688	231.69	3.2196	4.8412
8,800	8,788	231.04	3.1725	4.7838
8,900	8,888	230.39	3.1260	4.7269
9,000	8,987	229.74	3.0800 + 4	4.6706 − 1
9,100	9,087	229.09	3.0346	4.6148
9,200	9,187	228.45	2.9898	4.5595
9,300	9,286	227.80	2.9455	4.5047
9,400	9,386	227.15	2.9017	4.4504
9,500	9,486	226.50	2.8584	4.3966
9,600	9,586	225.85	2.8157	4.3433
9,700	9,685	225.21	2.7735	4.2905
9,800	9,785	224.56	2.7318	4.2382
9,900	9,885	223.91	2.6906	4.1864

付録 D 標準大気，SI 単位

高度		気温 T, K	気圧 p, N/m²	密度 ρ, kg/m³
h_G, m	h, m			
10,000	9,984	223.26	2.6500 + 4	4.1351 − 1
10,100	10,084	222.61	2.6098	4.0842
10,200	10,184	221.97	2.5701	4.0339
10,300	10,283	221.32	2.5309	3.9840
10,400	10,383	220.67	2.4922	3.9346
10,500	10,483	220.02	2.4540	3.8857
10,600	10,582	219.37	2.4163	3.8372
10,700	10,682	218.73	2.3790	3.7892
10,800	10,782	218.08	2.3422	3.7417
10,900	10,881	217.43	2.3059	3.6946
11,000	10,981	216.78	2.2700 + 4	3.6480 − 1
11,100	11,081	216.66	2.2346	3.5932
11,200	11,180	216.66	2.1997	3.5371
11,300	11,280	216.66	2.1654	3.4820
11,400	11,380	216.66	2.1317	3.4277
11,500	11,479	216.66	2.0985	3.3743
11,600	11,579	216.66	2.0657	3.3217
11,700	11,679	216.66	2.0335	3.2699
11,800	11,778	216.66	2.0018	3.2189
11,900	11,878	216.66	1.9706	3.1687
12,000	11,977	216.66	1.9399 + 4	3.1194 − 1
12,100	12,077	216.66	1.9097	3.0707
12,200	12,177	216.66	1.8799	3.0229
12,300	12,276	216.66	1.8506	2.9758
12,400	12,376	216.66	1.8218	2.9294
12,500	12,475	216.66	1.7934	2.8837
12,600	12,575	216.66	1.7654	2.8388
12,700	12,675	216.66	1.7379	2.7945
12,800	12,774	216.66	1.7108	2.7510
12,900	12,874	216.66	1.6842	2.7081
13,000	12,973	216.66	1.6579 + 4	2.6659 − 1
13,100	13,073	216.66	1.6321	2.6244
13,200	13,173	216.66	1.6067	2.5835
13,300	13,272	216.66	1.5816	2.5433
13,400	13,372	216.66	1.5570	2.5036
13,500	13,471	216.66	1.5327	2.4646
13,600	13,571	216.66	1.5089	2.4262
13,700	13,671	216.66	1.4854	2.3884
13,800	13,770	216.66	1.4622	2.3512
13,900	13,870	216.66	1.4394	2.3146
14,000	13,969	216.66	1.4170 + 4	2.2785 − 1
14,100	14,069	216.66	1.3950	2.2430
14,200	14,168	216.66	1.3732	2.2081
14,300	14,268	216.66	1.3518	2.1737
14,400	14,367	216.66	1.3308	2.1399
14,500	14,467	216.66	1.3101	2.1065
14,600	14,567	216.66	1.2896	2.0737
14,700	14,666	216.66	1.2696	2.0414
14,800	14,766	216.66	1.2498	2.0096
14,900	14,865	216.66	1.2303	1.9783

高度		気温 T, K	気圧 p, N/m²	密度 ρ, kg/m³
h_G, m	h, m			
15,000	14,965	216.66	1.2112 + 4	1.9475 − 1
15,100	15,064	216.66	1.1923	1.9172
15,200	15,164	216.66	1.1737	1.8874
15,300	15,263	216.66	1.1555	1.8580
15,400	15,363	216.66	1.1375	1.8290
15,500	15,462	216.66	1.1198	1.8006
15,600	15,562	216.66	1.1023	1.7725
15,700	15,661	216.66	1.0852	1.7449
15,800	15,761	216.66	1.0683	1.7178
15,900	15,860	216.66	1.0516	1.6910
16,000	15,960	216.66	1.0353 + 4	1.6647 − 1
16,100	16,059	216.66	1.0192	1.6388
16,200	16,159	216.66	1.0033	1.6133
16,300	16,258	216.66	9.8767 + 3	1.5882
16,400	16,358	216.66	9.7230	1.5634
16,500	16,457	216.66	9.5717	1.5391
16,600	16,557	216.66	9.4227	1.5151
16,700	16,656	216.66	9.2760	1.4916
16,800	16,756	216.66	9.1317	1.4683
16,900	16,855	216.66	8.9895	1.4455
17,000	16,955	216.66	8.8496 + 3	1.4230 − 1
17,100	17,054	216.66	8.7119	1.4009
17,200	17,154	216.66	8.5763	1.3791
17,300	17,253	216.66	8.4429	1.3576
17,400	17,353	216.66	8.3115	1.3365
17,500	17,452	216.66	8.1822	1.3157
17,600	17,551	216.66	8.0549	1.2952
17,700	17,651	216.66	7.9295	1.2751
17,800	17,750	216.66	7.8062	1.2552
17,900	17,850	216.66	7.6847	1.2357
18,000	17,949	216.66	7.5652 + 3	1.2165 − 1
18,100	18,049	216.66	7.4475	1.1975
18,200	18,148	216.66	7.3316	1.1789
18,300	18,247	216.66	7.2175	1.1606
18,400	18,347	216.66	7.1053	1.1425
18,500	18,446	216.66	6.9947	1.1247
18,600	18,546	216.66	6.8859	1.1072
18,700	18,645	216.66	6.7788	1.0900
18,800	18,745	216.66	6.6734	1.0731
18,900	18,844	216.66	6.5696	1.0564
19,000	18,943	216.66	6.4674 + 3	1.0399 − 1
19,100	19,043	216.66	6.3668	1.0238
19,200	19,142	216.66	6.2678	1.0079
19,300	19,242	216.66	6.1703	9.9218 − 2
19,400	19,341	216.66	6.0744	9.7675
19,500	19,440	216.66	5.9799	9.6156
19,600	19,540	216.66	5.8869	9.4661
19,700	19,639	216.66	5.7954	9.3189
19,800	19,739	216.66	5.7053	9.1740
19,900	19,838	216.66	5.6166	9.0313

高度		気温 T, K	気圧 p, N/m^2	密度 ρ, kg/m^3
h_G, m	h, m			
20,000	19,937	216.66	5.5293 + 3	8.8909 − 2
20,200	20,136	216.66	5.3587	8.6166
20,400	20,335	216.66	5.1933	8.3508
20,600	20,533	216.66	5.0331	8.0931
20,800	20,732	216.66	4.8779	7.8435
21,000	20,931	216.66	4.7274	7.6015
21,200	21,130	216.66	4.5816	7.3671
21,400	21,328	216.66	4.4403	7.1399
21,600	21,527	216.66	4.3034	6.9197
21,800	21,725	216.66	4.1706	6.7063
22,000	21,924	216.66	4.0420 + 3	6.4995 − 2
22,200	22,123	216.66	3.9174	6.2991
22,400	22,321	216.66	3.7966	6.1049
22,600	22,520	216.66	3.6796	5.9167
22,800	22,719	216.66	3.5661	5.7343
23,000	22,917	216.66	3.4562	5.5575
23,200	23,116	216.66	3.3497	5.3862
23,400	23,314	216.66	3.2464	5.2202
23,600	23,513	216.66	3.1464	5.0593
23,800	23,711	216.66	3.0494	4.9034
24,000	23,910	216.66	2.9554 + 3	4.7522 − 2
24,200	24,108	216.66	2.8644	4.6058
24,400	24,307	216.66	2.7761	4.4639
24,600	24,505	216.66	2.6906	4.3263
24,800	24,704	216.66	2.6077	4.1931
25,000	24,902	216.66	2.5273	4.0639
25,200	25,100	216.96	2.4495	3.9333
25,400	25,299	217.56	2.3742	3.8020
25,600	25,497	218.15	2.3015	3.6755
25,800	25,696	218.75	2.2312	3.5535
26,000	25,894	219.34	2.1632 + 3	3.4359 − 2
26,200	26,092	219.94	2.0975	3.3225
26,400	26,291	220.53	2.0339	3.2131
26,600	26,489	221.13	1.9725	3.1076
26,800	26,687	221.72	1.9130	3.0059
27,000	26,886	222.32	1.8555	2.9077
27,200	27,084	222.91	1.7999	2.8130
27,400	27,282	223.51	1.7461	2.7217
27,600	27,481	224.10	1.6940	2.6335
27,800	27,679	224.70	1.6437	2.5484
28,000	27,877	225.29	1.5949 + 3	2.4663 − 2
28,200	28,075	225.89	1.5477	2.3871
28,400	28,274	226.48	1.5021	2.3106
28,600	28,472	227.08	1.4579	2.2367
28,800	28,670	227.67	1.4151	2.1654
29,000	28,868	228.26	1.3737	2.0966
29,200	29,066	228.86	1.3336	2.0301
29,400	29,265	229.45	1.2948	1.9659
29,600	29,463	230.05	1.2572	1.9039
29,800	29,661	230.64	1.2208	1.8440

高度		気温 T, K	気圧 p, N/m²	密度 ρ, kg/m³
h_G, m	h, m			
30,000	29,859	231.24	1.1855 + 3	1.7861 − 2
30,200	30,057	231.83	1.1514	1.7302
30,400	30,255	232.43	1.1183	1.6762
30,600	30,453	233.02	1.0862	1.6240
30,800	30,651	233.61	1.0552	1.5734
31,000	30,850	234.21	1.0251	1.5278
31,200	31,048	234.80	9.9592 + 2	1.4777
31,400	31,246	235.40	9.6766	1.4321
31,600	31,444	235.99	9.4028	1.3881
31,800	31,642	236.59	9.1374	1.3455
32,000	31,840	237.18	8.8802 + 2	1.3044 − 2
32,200	32,038	237.77	8.6308	1.2646
32,400	32,236	238.78	8.3890	1.2261
32,600	32,434	238.96	8.1546	1.1889
32,800	32,632	239.55	7.9273	1.1529
33,000	32,830	240.15	7.7069	1.1180
33,200	33,028	240.74	7.4932	1.0844
33,400	33,225	214.34	7.2859	1.0518
33,600	33,423	241.93	7.0849	1.0202
33,800	33,621	242.52	6.8898	9.8972 − 3
34,000	33,819	243.12	6.7007 + 2	9.6020 − 3
34,200	34,017	243.71	6.5171	9.3162
34,400	34,215	244.30	6.3391	9.0396
34,600	34,413	244.90	6.1663	8.7720
34,800	34,611	245.49	5.9986	8.5128
35,000	34,808	246.09	5.8359	8.2620
35,200	35,006	246.68	5.6780	8.0191
35,400	35,204	247.27	5.5248	7.7839
35,600	35,402	247.87	5.3760	7.5562
35,800	35,600	248.46	5.2316	7.3357
36,000	35,797	249.05	5.0914 + 2	7.1221 − 3
36,200	35,995	249.65	4.9553	6.9152
36,400	36,193	250.24	4.8232	6.7149
36,600	36,390	250.83	4.6949	6.5208
36,800	36,588	251.42	4.5703	6.3328
37,000	36,786	252.02	4.4493	6.1506
37,200	36,984	252.61	4.3318	5.9741
37,400	37,181	253.20	4.2176	5.8030
37,600	37,379	253.80	4.1067	5.6373
37,800	37,577	254.39	3.9990	5.4767
38,000	37,774	254.98	3.8944 + 2	5.3210 − 3
38,200	37,972	255.58	3.7928	5.1701
38,400	38,169	256.17	3.6940	5.0238
38,600	38,367	256.76	3.5980	4.8820
38,800	38,565	257.35	3.5048	4.7445
39,000	38,762	257.95	3.4141	4.6112
39,200	38,960	258.54	3.3261	4.4819
39,400	39,157	259.13	3.2405	4.3566
39,600	39,355	259.72	3.1572	4.2350
39,800	39,552	260.32	3.0764	4.1171

付録 D 標準大気，SI 単位

高度		気温 T, K	気圧 p, N/m^2	密度 ρ, kg/m^3
h_G, m	h, m			
40,000	39,750	260.91	2.9977 + 2	4.0028 − 3
40,200	39,947	261.50	2.9213	3.8919
40,400	40,145	262.09	2.8470	3.7843
40,600	40,342	262.69	2.7747	3.6799
40,800	40,540	263.28	2.7044	3.5786
41,000	40,737	263.87	2.6361	3.4804
41,200	40,935	264.46	2.5696	3.3850
41,400	41,132	265.06	2.5050	3.2925
41,600	41,300	265.65	2.4421	3.2027
41,800	41,527	266.24	2.3810	3.1156
42,000	41,724	266.83	2.3215 + 2	3.0310 − 3
42,400	41,922	267.43	2.2636	2.9489
42,400	42,119	268.02	2.2073	2.8692
42,600	42,316	268.61	2.1525	2.7918
42,800	42,514	269.20	2.0992	2.7167
43,000	42,711	269.79	2.0474	2.6438
43,200	42,908	270.39	1.9969	2.5730
43,400	43,106	270.98	1.9478	2.5042
43,600	43,303	271.57	1.9000	2.4374
43,800	43,500	272.16	1.8535	2.3726
44,000	43,698	272.75	1.8082 + 2	2.3096 − 3
44,200	43,895	273.34	1.7641	2.2484
44,400	44,092	273.94	1.7212	2.1889
44,600	44,289	274.53	1.6794	2.1312
44,800	44,486	275.12	1.6387	2.0751
45,000	44,684	275.71	1.5991	2.0206
45,200	44,881	276.30	1.5606	1.9677
45,400	45,078	276.89	1.5230	1.9162
45,600	45,275	277.49	1.4865	1.8662
45,800	45,472	278.08	1.4508	1.8177
46,000	45,670	278.67	1.4162 + 2	1.7704 − 3
46,200	45,867	279.26	1.3824	1.7246
46,400	46,064	279.85	1.3495	1.6799
46,600	46,261	280.44	1.3174	1.6366
46,800	46,458	281.03	1.2862	1.5944
47,000	46,655	281.63	1.2558	1.5535
47,200	46,852	282.22	1.2261	1.5136
47,400	47,049	282.66	1.1973	1.4757
47,600	47,246	282.66	1.1691	1.4409
47,800	47,443	282.66	1.1416	1.4070
48,000	47,640	282.66	1.1147 + 2	1.3739 − 3
48,200	47,837	282.66	1.0885	1.3416
48,400	48,034	282.66	1.0629	1.3100
48,600	48,231	282.66	1.0379	1.2792
48,800	48,428	282.66	1.0135	1.2491
49,000	48,625	282.66	9.8961 + 1	1.2197
49,200	48,822	282.66	9.6633	1.1910
49,400	49,019	282.66	9.4360	1.1630
49,600	49,216	282.66	9.2141	1.1357
49,800	49,413	282.66	8.9974	1.1089

付録 D 標準大気，SI 単位

高度		気温 T, K	気圧 p, N/m²	密度 ρ, kg/m³
h_G, m	h, m			
50,000	49,610	282.66	8.7858 + 1	1.0829 − 3
50,500	50,102	282.66	8.2783	1.0203
51,000	50,594	282.66	7.8003	9.6140 − 4
51,500	51,086	282.66	7.3499	9.0589
52,000	51,578	282.66	6.9256	8.5360
52,500	52,070	282.66	6.5259	8.0433
53,000	52,562	282.66	6.1493	7.5791
53,500	53,053	282.42	5.7944	7.1478
54,000	53,545	280.21	5.4586	6.7867
54,500	54,037	277.99	5.1398	6.4412
55,000	54,528	275.78	4.8373 + 1	6.1108 − 4
55,500	55,020	273.57	4.5505	5.7949
56,000	55,511	271.36	4.2786	5.4931
56,500	56,002	269.15	4.0210	5.2047
57,000	56,493	266.94	3.7770	4.9293
57,500	56,985	264.73	3.5459	4.6664
58,000	57,476	262.52	3.3273	4.4156
58,500	57,967	260.31	3.1205	4.1763
59,000	58,457	258.10	2.9250	3.9482
59,500	58,948	255.89	2.7403	3.7307

付録 E　標準大気，英国工学単位

p. 1071

高度		気度 T, °R	気温 p, lb/ft²	密度 ρ, slugs/ft³
h_G, ft	h, ft			
−16,500	−16,513	577.58	3.6588 + 3	3.6905 − 3
−16,000	−16,012	575.79	3.6641	3.7074
−15,500	−15,512	574.00	3.6048	3.6587
−15,000	−15,011	572.22	3.5462	3.6105
−14,500	−14,510	570.43	3.4884	3.5628
−14,000	−14,009	568.65	3.4314	3.5155
−13,500	−13,509	566.86	3.3752	3.4688
−13,000	−13,008	565.08	3.3197	3.4225
−12,500	−12,507	563.29	3.2649	3.3768
−12,000	−12,007	561.51	3.2109	3.3314
−11,500	−11,506	559.72	3.1576 + 3	3.2866 − 3
−11,000	−11,006	557.94	3.1050	3.2422
−10,500	−10,505	556.15	3.0532	3.1983
−10,000	−10,005	554.37	3.0020	3.1548
−9,500	−9,504	552.58	2.9516	3.1118
−9,000	−9,004	550.80	2.9018	3.0693
−8,500	−8,503	549.01	2.8527	3.0272
−8,000	−8,003	547.23	2.8043	2.9855
−7,500	−7,503	545.44	2.7566	2.9443
−7,000	−7,002	543.66	2.7095	2.9035
−6,500	−6,502	541.88	2.6631 + 3	2.8632 − 3
−6,000	−6,002	540.09	2.6174	2.8233
−5,500	−5,501	538.31	2.5722	2.7838
−5,000	−5,001	536.52	2.5277	2.7448
−4,500	−4,501	534.74	2.4839	2.7061
−4,000	−4,001	532.96	2.4406	2.6679
−3,500	−3,501	531.17	2.3980	2.6301
−3,000	−3,000	529.39	2.3560	2.5927

付録 E 標準大気，英国工学単位

h_G, ft	h, ft	温度 T, °R	気圧 p, lb/ft²	密度 ρ, slugs/ft³
−2,500	−2,500	527.60	2.3146	2.5558
−2,000	−2,000	525.82	2.2737	2.5192
−1,500	−1,500	524.04	2.2335 + 3	2.4830 − 3
−1,000	−1,000	522.25	2.1938	2.4473
−500	−500	520.47	2.1547	2.4119
0	0	518.69	2.1162	2.3769
500	500	516.90	2.0783	2.3423
1,000	1,000	515.12	2.0409	2.3081
1,500	1,500	513.34	2.0040	2.2743
2,000	2,000	511.56	1.9677	2.2409
2,500	2,500	509.77	1.9319	2.2079
3,000	3,000	507.99	1.8967	2.1752
3,500	3,499	506.21	1.8619 + 3	2.1429 − 3
4,000	3,999	504.43	1.8277	2.1110
4,500	4,499	502.64	1.7941	2.0794
5,000	4,999	500.86	1.7609	2.0482
5,500	5,499	499.08	1.7282	2.0174
6,000	5,998	497.30	1.6960	1.9869
6,500	6,498	495.52	1.6643	1.9567
7,000	6,998	493.73	1.6331	1.9270
7,500	7,497	491.95	1.6023	1.8975
8,000	7,997	490.17	1.5721	1.8685
8,500	8,497	488.39	1.5423 + 3	1.8397 − 3
9,000	8,996	486.61	1.5129	1.8113
9,500	9,496	484.82	1.4840	1.7833
10,000	9,995	483.04	1.4556	1.7556
10,500	10,495	481.26	1.4276	1.7282
11,000	10,994	479.48	1.4000	1.7011
11,500	11,494	477.70	1.3729	1.6744
12,000	11,993	475.92	1.3462	1.6480
12,500	12,493	474.14	1.3200	1.6219
13,000	12,992	472.36	1.2941	1.5961
13,500	13,491	470.58	1.2687 + 3	1.5707 − 3
14,000	13,991	468.80	1.2436	1.5455
14,500	14,490	467.01	1.2190	1.5207
15,000	14,989	465.23	1.1948	1.4962
15,500	15,488	463.45	1.1709	1.4719
16,000	15,988	461.67	1.1475	1.4480
16,500	16,487	459.89	1.1244	1.4244
17,000	16,986	458.11	1.1017	1.4011
17,500	17,485	456.33	1.0794	1.3781
18,000	17,984	454.55	1.0575	1.3553
18,500	18,484	452.77	1.0359 + 3	1.3329 − 3
19,000	18,983	450.99	1.0147	1.3107
19,500	19,482	449.21	9.9379 + 2	1.2889
20,000	19,981	447.43	9.7327	1.2673
20,500	20,480	445.65	9.5309	1.2459
21,000	20,979	443.87	9.3326	1.2249

付録 E 標準大気，英国工学単位

高度		気温 T, °R	気圧 p, lb/ft^2	密度 ρ, slugs/ft^3
h_G, ft	h, ft			
21,500	21,478	442.09	9.1376	1.2041
22,000	21,977	440.32	8.9459	1.1836
22,500	22,476	438.54	8.7576	1.1634
23,000	22,975	436.76	8.5724	1.1435
23,500	23,474	434.98	8.3905 + 2	1.1238 − 3
24,000	23,972	433.20	8.2116	1.1043
24,500	24,471	431.42	8.0359	1.0852
25,000	24,970	429.64	7.8633	1.0663
25,500	25,469	427.86	7.6937	1.0476
26,000	25,968	426.08	7.5271	1.0292
26,500	26,466	424.30	7.3634	1.0110
27,000	26,965	422.53	7.2026	9.9311 − 4
27,500	27,464	420.75	7.0447	9.7544
28,000	27,962	418.97	6.8896	9.5801
28,500	28,461	417.19	6.7373 + 2	9.4082 − 4
29,000	28,960	415.41	6.5877	9.2387
29,500	29,458	413.63	6.4408	9.0716
30,000	29,957	411.86	6.2966	8.9068
30,500	30,455	410.08	6.1551	8.7443
31,000	30,954	408.30	6.0161	8.5841
31,500	31,452	406.52	5.8797	8.4261
32,000	31,951	404.75	5.7458	8.2704
32,500	32,449	402.97	5.6144	8.1169
33,000	32,948	401.19	5.4854	7.9656
33,500	33,446	399.41	5.3589 + 2	7.8165 − 4
34,000	33,945	397.64	5.2347	7.6696
34,500	34,443	395.86	5.1129	7.5247
35,000	34,941	394.08	4.9934	7.3820
35,500	35,440	392.30	4.8762	7.2413
36,000	35,938	390.53	4.7612	7.1028
36,500	36,436	389.99	4.6486	6.9443
37,000	36,934	389.99	4.5386	6.7800
37,500	37,433	389.99	4.4312	6.6196
38,000	37,931	389.99	4.3263	6.4629
38,500	38,429	389.99	4.2240 + 2	6.3100 − 4
39,000	38,927	389.99	4.1241	6.1608
39,500	39,425	389.99	4.0265	6.0150
40,000	39,923	389.99	3.9312	5.8727
40,500	40,422	389.99	3.8382	5.7338
41,000	40,920	389.99	3.7475	5.5982
41,500	41,418	389.99	3.6588	5.4658
42,000	41,916	389.99	3.5723	5.3365
42,500	42,414	389.99	3.4878	5.2103
43,000	42,912	389.99	3.4053	5.0871
43,500	43,409	389.99	3.3248 + 2	4.9668 − 4
44,000	43,907	389.99	3.2462	4.8493
44,500	44,405	389.99	3.1694	4.7346
45,000	44,903	389.99	3.0945	4.6227
45,500	45,401	389.99	3.0213	4.5134

高度		気温 T, °R	気圧 p, lb/ft²	密度 ρ, slugs/ft³
h_G, ft	h, ft			
46,000	45,899	389.99	2.9499	4.4067
46,500	46,397	389.99	2.8801	4.3025
47,000	46,894	389.99	2.8120	4.2008
47,500	47,392	389.99	2.7456	4.1015
48,000	47,890	389.99	2.6807	4.0045
48,500	48,387	389.99	2.2173 + 2	3.9099 − 4
49,000	48,885	389.99	2.5554	3.8175
49,500	49,383	389.99	2.4950	3.7272
50,000	49,880	389.99	2.4361	3.6391
50,500	50,378	389.99	2.3785	3.5531
51,000	50,876	389.99	2.3223	3.4692
51,500	51,373	389.99	2.2674	3.3872
52,000	51,871	389.99	2.2138	3.3072
52,500	52,368	389.99	2.1615	3.2290
53,000	52,866	389.99	2.1105	3.1527
53,500	53,363	389.99	2.0606 + 2	3.0782 − 4
54,000	53,861	389.99	2.0119	3.0055
54,500	54,358	389.99	1.9644	2.9345
55,000	54,855	389.99	1.9180	2.8652
55,500	55,353	389.99	1.8727	2.7975
56,000	55,850	389.99	1.8284	2.7314
56,500	56,347	389.99	1.7853	2.6669
57,000	56,845	389.99	1.7431	2.6039
57,500	57,342	389.99	1.7019	2.5424
58,000	57,839	389.99	1.6617	2.4824
58,500	58,336	389.99	1.6225 + 2	2.4238 − 4
59,000	58,834	389.99	1.5842	2.3665
59,500	59,331	389.99	1.5468	2.3107
60,000	59,828	389.99	1.5103	2.2561
60,500	60,325	389.99	1.4746	2.2028
61,000	60,822	389.99	1.4398	2.1508
61,500	61,319	389.99	1.4058	2.1001
62,000	61,816	389.99	1.3726	2.0505
62,500	62,313	389.99	1.3402	2.0021
63,000	62,810	389.99	1.3086	1.9548
63,500	63,307	389.99	1.2777 + 2	1.9087 − 4
64,000	63,804	389.99	1.2475	1.8636
64,500	64,301	389.99	1.2181	1.8196
65,000	64,798	389.99	1.1893	1.7767
65,500	65,295	389.99	1.1613	1.7348
66,000	65,792	389.99	1.1339	1.6938
66,500	66,289	389.99	1.1071	1.6539
67,000	66,785	389.99	1.0810	1.6148
67,500	67,282	389.99	1.0555	1.5767
68,000	67,779	389.99	1.0306	1.5395
68,500	68,276	389.99	1.0063 + 2	1.5032 − 4
69,000	68,772	389.99	9.8253 + 1	1.4678
69,500	69,269	389.99	9.5935	1.4331
70,000	69,766	389.99	9.3672	1.3993

付 録 E 標準大気，英国工学単位

高度		気温 T, °R	気圧 p, lb/ft²	密度 ρ, slugs/ft³
h_G, ft	h, ft			
70,500	70,262	389.99	9.1462	1.3663
71,000	70,759	389.99	8.9305	1.3341
71,500	74,256	389.99	8.7199	1.3026
72,000	71,752	389.99	8.5142	1.2719
72,500	72,249	389.99	8.3134	1.2419
73,000	72,745	389.99	8.1174	1.2126
73,500	73,242	389.99	7.9259 + 1	1.1840 − 4
74,000	73,738	389.99	7.7390	1.1561
74,500	74,235	389.99	7.5566	1.1288
75,000	74,731	389.99	7.3784	1.1022
75,500	75,228	389.99	7.2044	1.0762
76,000	75,724	389.99	7.0346	1.0509
76,500	76,220	389.99	6.8687	1.0261
77,000	76,717	389.99	6.7068	1.0019
77,500	77,213	389.99	6.5487	9.7829 − 5
78,000	77,709	389.99	6.3944	9.5523
78,500	78,206	389.99	6.2437 + 1	9.3271 − 5
79,000	78,702	389.99	6.0965	9.1073
79,500	79,198	389.99	5.9528	8.8927
80,000	79,694	389.99	5.8125	8.6831
80,500	80,190	389.99	5.6755	8.4785
81,000	80,687	389.99	5.5418	8.2787
81,500	81,183	389.99	5.4112	8.0836
82,000	81,679	389.99	5.2837	7.8931
82,500	82,175	390.24	5.1592	7.7022
83,000	82,671	391.06	5.0979	7.5053
83,500	83,167	391.87	4.9196 + 1	7.3139 − 5
84,000	83,663	392.69	4.8044	7.1277
84,500	84,159	393.51	4.6921	6.9467
85,000	84,655	394.32	4.5827	6.7706
85,500	85,151	395.14	4.4760	6.5994
86,000	85,647	395.96	4.3721	6.4328
86,500	86,143	396.77	4.2707	6.2708
87,000	86,639	397.59	4.1719	6.1132
87,500	87,134	398.40	4.0757	5.9598
88,000	87,630	399.22	3.9818	5.8106
88,500	88,126	400.04	3.8902 + 1	5.6655 − 5
89,000	88,622	400.85	3.8010	5.5243
89,500	89,118	401.67	3.7140	5.3868
90,000	89,613	402.48	3.6292	5.2531
90,500	90,109	403.30	3.5464	5.1230
91,000	90,605	404.12	3.4657	4.9963
91,500	91,100	404.93	3.3870	4.8730
92,000	91,596	405.75	3.3103	4.7530
92,500	92,092	406.56	3.2354	4.6362
93,000	92,587	407.38	3.1624	4.5525
93,500	93,083	408.19	3.0912 + 1	4.4118 − 5
94,000	93,578	409.01	3.0217	4.3041
94,500	94,074	409.83	2.9539	4.1992

高度		気温 T, °R	気圧 p, lb/ft²	密度 ρ, slugs/ft³
h_G, ft	h, ft			
95,000	94,569	410.64	2.8878	4.0970
95,500	95,065	411.46	2.8233	3.9976
96,000	95,560	412.27	2.7604	3.9007
96,500	96,056	413.09	2.6989	3.8064
97,000	96,551	413.90	2.6390	3.7145
97,500	97,046	414.72	2.5805	3.6251
98,000	97,542	415.53	2.5234	3.5379
98,500	98,037	416.35	2.4677 + 1	3.4530 − 5
99,000	98,532	417.16	2.4134	3.3704
99,500	99,028	417.98	2.3603	3.2898
100,000	99,523	418.79	2.3085	3.2114
100,500	100,018	419.61	2.2580	3.1350
101,000	100,513	420.42	2.2086	3.0605
101,500	101,008	421.24	2.1604	2.9879
102,000	101,504	422.05	2.1134	2.9172
102,500	101,999	422.87	2.0675	2.8484
103,000	102,494	423.68	2.0226	2.7812
103,500	102,989	424.50	1.9789 + 1	2.7158 − 5
104,000	103,484	425.31	1.9361	2.6520
104,500	103,979	426.13	1.8944	2.5899
105,000	104,474	426.94	1.8536	2.5293
106,000	105,464	428.57	1.7749	2.4128
107,000	106,454	430.20	1.6999	2.3050
108,000	107,444	431.83	1.6282	2.1967
109,000	108,433	433.46	1.5599	2.0966
110,000	109,423	435.09	1.4947	2.0014
111,000	110,412	436.72	1.4324	1.9109
112,000	111,402	438.35	1.3730 + 1	1.8247 − 5
113,000	112,391	439.97	1.3162	1.7428
114,000	113,380	441.60	1.2620	1.6649
115,000	114,369	443.23	1.2102	1.5907
116,000	115,358	444.86	1.1607	1.5201
117,000	116,347	446.49	1.1134	1.4528
118,000	117,336	448.11	1.0682	1.3888
119,000	118,325	449.74	1.0250	1.3278
120,000	119,313	451.37	9.8372 + 0	1.2697
121,000	120,302	453.00	9.4422	1.2143
122,000	121,290	454.62	9.0645 + 0	1.1616 − 5
123,000	122,279	456.25	8.7032	1.1113
124,000	123,267	457.88	8.3575	1.0634
125,000	124,255	459.50	8.0267	1.0177
126,000	125,243	461.13	7.7102	9.7410 − 6
127,000	126,231	462.75	7.4072	9.3253
128,000	127,219	464.38	7.1172	8.9288
129,000	128,207	466.01	6.8395	8.5505
130,000	129,195	467.63	6.5735	8.1894
131,000	130,182	469.26	6.3188	7.8449
132,000	131,170	470.88	6.0748 + 0	7.5159 − 6
133,000	132,157	472.51	5.8411	7.2019

高度		気温 T, °R	気圧 p, lb/ft²	密度 ρ, slugs/ft³
h_G, ft	h, ft			
134,000	133,145	474.13	5.6171	6.9020
135,000	134,132	475.76	5.4025	6.6156
136,000	135,119	477.38	5.1967	6.3420
137,000	136,106	479.01	4.9995	6.0806
138,000	137,093	480.63	4.8104	5.8309
139,000	138,080	482.26	4.6291	5.5922
140,000	139,066	483.88	4.4552	5.3640
141,000	140,053	485.50	4.2884	5.1460
142,000	141,040	487.13	4.1284 + 0	4.9374 − 6
143,000	142,026	488.75	3.9749	4.7380
144,000	143,013	490.38	3.8276	4.5473
145,000	143,999	492.00	3.6862	4.3649
146,000	144,985	493.62	3.5505	4.1904
147,000	145,971	495.24	3.4202	4.0234
148,000	146,957	496.87	3.2951	3.8636
149,000	147,943	498.49	3.1750	3.7106
150,000	148,929	500.11	3.0597	3.5642
151,000	149,915	501.74	2.9489	3.4241
152,000	150,900	503.36	2.8424 + 0	3.2898 − 6
153,000	151,886	504.98	2.7402	3.1613
154,000	152,871	506.60	2.6419	3.0382
155,000	153,856	508.22	2.5475	2.9202
156,000	154,842	508.79	2.4566	2.8130
157,000	155,827	508.79	2.3691	2.7127
158,000	156,812	508.79	2.2846	2.6160
159,000	157,797	508.79	2.2032	2.5228
160,000	158,782	508.79	2.1247	2.4329
161,000	159,797	508.79	2.0490	2.3462

参考文献

[1] [p. 1079] Anderson, John D., Jr.,: *Gasdynamic Lasers: An Introduction*, Academic Press, New York, 1976.

[2] Anderson, John D. Jr.: *Introduction to Flight*, 6th ed., McGraw-Hill BOOK Company, Boston, 2000.

[3] Durand, W. F.(ed): *Aerodynamic Theory*, vol. 1, Springer, Berlin, 1934.

[4] Wylie, C. R.: *Advanced Engineering Mathematics*, 4th ed., McGraw-Hill Book Company, New York, 1975.

[5] Kreyszig, E.: *Advanced Engineering Mathematics*, John Wiley & Sons, Inc., New York, 1962.

[6] Hildebrand, F. B.: *Advanced Calculus for Applications*, 2d ed., Prentice-Hall, Inc., Englewood Cliffs, N. J., 1976.

[7] Anderson, John, D., Jr.: *Computational Fluid Dynamics: The Basics with Applications*, McGraw-Hill, New York, 1995.

[8] Prandtl, L., and O. G. Tietjens: *Applied Hydro- and Aeromechanics*, United Engineering Trustees, Inc., 1934; also, Dover Publications, Inc., New York, 1957.

[9] Karamcheti, K.: *Principles of Ideal Fluid Aerodynamics*, John Wiley & Sons, Inc., New York, 1966.

[10] Pierpont, P. K. : "Bringing Wings of Change," *Astronaut. Aeronaut.*, vol. 13, no.10, pp. 20–27, October 1975.

[11] Abbot, I. H., and A. E. von Doenhoff: *Theory of Wing Sections*, McGraw-Hill BOOK Company, New York, 1949; also, Dover Publications, Inc., New York, 1959.

[12] Munk, Max M.: *General Theory of Thin Wing Sections*, NACA report no. 142, 1922.

[13] Bertin, John J., and M. L., Smith: *Aerodynamics for Engineers*, Prentice-Hall, Inc., Englewood Cliff, N. J., 1979.

[14] Hess, J. L., and A. M. O. Smith: "Calculation of potential flow about arbitrary bodies," in *Progress in Aeronautical Sciences*, vol. 8, D. Kucheman (ed.), Pergamon Press, New York,1967, pp. 1–138.

[15] Chow, C. Y.: *An Introduction to Computational Fluid Dynamics*, John Wiley & Sons, Inc., New York, 1979.

[16] McGhee, R. J., and W. D. Beasley: *Low-Speed Aerodynamic Characteristics of a 17-Percent-Thick-Airfoil Section Designed for General Aviation Applications*, NASA TN D-7428, December 1973.

[17] McGhee, R. J., W. D. Beasley, and R. T. Whitcomb: "NASA low- and medium-speed airfoil development," in *Advanced Technology Airfoil Research*, vol. II, NASA CP 2046, March 1980.

[18] Glauert, H.: *The Elements of Aerofoil and Airscrew Theory*, Cambridge University Press, London, 1926.

[19] Winkelmann, A. E., J. B. Barlow, S. Agrawal, J. K. Saini, J. D. Anderson, Jr., and E. Jones: "The Effects of Leading Edge Modifications on the Post-Stall Characteristics of Wings," AIAA Paper no. 80-0199, American Institute of Aeronautics and Astronautics, New York, 1980.

[20] Anderson, John D., Jr., Stephen Corda, and David M. Van Wie: "Numerical Lifting Line Theory Applied to Drooped Leading-Edge Wings Below and Above Stall," J. Aircraft, vol. 17, no. 12, December 1980, pp. 898–904.

[21] [p. 1080] Anderson, John, D., Jr.: *Modern Compressible Flow: With Historical Perspective*, 3d ed., McGraw-Hill Book Company, New York, 2003.

[22] Sears, F. W.: *An Introduction to Thermodynamics. The Kinetic Theory of Gases, and Statistical Mechanics*, 2d ed., Addison-Wesley Publishing Company, Inc., Reading, Mass., 1959.

[23] Van Wylen, G. J., and R. E. Sonntag: *Fundamentals of Classical Thermodynamics*, 2d ed., John-Wiley & Sons, Inc., New York, 1973.

[24] Reynolds, W. C., and H. C. Perkins: *Engineering Thermodynamics*, 2d ed., McGraw-Hill Book Company, Inc., New York, 1977.

[25] Shapiro, A. H.: *The Dynamics and Thermodynamics of Compressible Fluid Flow*, vols. 1 and 2, The Ronald Press Company, New York, 1953.

[26] Liepmann, H. W., and A. Roshko: *Elements of Gasdynamics*, John Wiley & Sons, Inc., New York, 1957.

[27] Tsien, H. S.: "Two-Dimensional Subsonic flow of Compressible Fluids," *J. Aeronaut. Sci.*, vol. 6, no. 10, October 1939, p.399.

[28] von Karman, T. H.: "Compressibility Effects in Aerodynamics," *J. Aeronaut. Sci.*, vol. 8, no. 9 September 1941, p.337.

[29] Laitone, E. V.:"New Compressibility Correction for Two-Dimensional Subsonic Flow," *J. Aeronaut. Sci.*, vol. 18, no. 5, May 1951, p.350.

[30] Stack, John, W. F. Lindsey, and R. E. Littell: *The Compressibility Burble and the Effect of Compressibility on Pressure and Forces Acting on an Airfoil*, NACA report no. 646, 1938.

[31] Whitcomb, R. T.: *A Study of the Zero-Lift Drag-Rise Characteristics of Wing-Body Combinations Near the Speed of Sound*, NACA report no. 1273, 1956.

[32] Whitcomb, R. T., and L. R. Clark: *An Airfoil Shape for Efficient Flight at Supercritical Mach Numbers*, NASA TMX-1109, July 1965.

[33] Anderson, John, D., Jr.: "Computational fluid dynamics–an engineering tool?" in *Numerical/Laboratory Computer Methods in Fluid Dynamics*, A. A. Pouring (ed.), ASME, New York, 1976, pp.1–12.

[34] Owczarek, Jerzy A.: *Fundamentals of Gas Dynamics*, International Textbook Company, Scranton, Pa., 1964.

[35] Anderson, J. D., Jr., L. M. Albacete, and A. E. Winkelmann: *On Hypersonic Blunt Body Flow Fields Obtained with a Time-Dependent Technique*, Naval Laboratory NOLTR 68-129, 1968.

[36] Anderson, J. D., Jr.: "An Engineering Survey of Radiating Shock Layers," *AIAA J.*, vol. 7, no. 9, September 1969, pp. 1665–1675.

[37] Cherni, G. G.: *Introduction to Hypersonic Flow*, Academic Press, New York, 1961.

[38] Truitt, R. W.: *Hypersonic Aerodynamics*, The Ronald Press Company, New York, 1959.

[39] Dorrance, H. W.: *Viscous Hypersonic Flow*, McGraw-Hill Book Company, New York, 1962.

[40] Hayes, W. D., and R. F. Probstein: *Hypersonic Flow Theory*, 2d ed., Academic Press, New York, 1966.

[41] Vinh, N. X., A. Busemann, and R. D. Culp: *Hypersonic and Planetary Entry Flight Mechanics*, University of Michigan Press, Ann Arbor, 1980.

[42] Schlichting, H.: *Boundary Layer Theory*, 7th ed., McGraw-Hill Book Company, New York, 1979.

[43] White, F. M.: *Viscous Fluid Flow*, McGraw-Hill Book Company, New York, 1974.

[44] Cebeci, T., and A. M. O. Smith: *Analysis of Turbulent Boundary Layers*, Academic Press, New York, 1974.

[45] Bradshaw, P., T. Cebeci, and J. Whitelaw: *Engineering Calculation Methods for Turbulent Flow*, Academic Press, New York, 1981.

[46] Berman, H. A., J. D. Anderson, Jr., and J. P. Drummond: "Supersonic Flow over a Rearward Facing Step with Transverse Nonreacting Hydrogen Injection," *AIAA J.*, vol. 21, no. 12, December 1983, pp. 1707–1713.

[47] Van Driest, E. R.: "Turbulent Boundary Layer in Compressible Fluids," *J. Aeronaut. Sci.*, vol. 18, no. 3, March 1951, p. 145.

[48] Loftin, Lawrence K., Jr.: *Quest for Performance: The Evaluation of Modern Aircraft*, NASA SP-468, 1985.

[49] von Karman, T., and Lee Edson: *The Wind and Beyond:Theodore von Karman, Pioneer in Aviation and Pathfinder in Space*, Little Brown and Co., Boston, 1967.

[50] Nakayama, Y. (ed.): *Visualized Flow*; compiled by the Japan Society of Mechanical Engineers, Pergamon Press, New York, 1988.

[51] Meuller, Thomas J.: *Low Reynolds Number Vehicles*, AGARDograph no. 288, Advisory Group for Advanced Research and Development, NATO, 1985.

[52] Carnahan, B., H. A. Luther, and J. O. Wilkes: *Applied Numerical Methods*, John Wiley & Sons, New York, 1969.

[53] Schetz, Joseph A.: *Foundations of Boundary Layer Theory for Momentum, Heat, and Mass Transfer*, Prentice-Hall, Inc., Engle-Wood Cliff, N. J., 1984.

[54] Anderson, Dale, John C. Tannehill, and Richard H. Pletcher: *Computational Fluid Mechanics and Heat Transfer*, 2nd ed., Taylor and Francis, Washington, DC, 1997.

[55] Anderson, J. D.: *Hypersonic and High Temperature Gas Dynamics*, 2nd ed. McGraw-Hill Book Company, New York, 1989. Reprinted by the Aamerican Institute of Aeronautics and Astronautics, Reston, Virginia, 2006.

[56] Kothari, A. P., and J. D. Anderson: "Flow over Low Reynolds Number Airfoils–Compressible Navier-Stokes Solutions," AIAA paer no. 85-0107. January 1985.

[57] Shang, J. S., and S. J. Scherr: "Navier-Stokes Solution for a Complete Re-Entry Configuration," *J. Aircraft*, vol. 23, no. 12, December 1986, pp. 881–888.

[58] Stevens, V. P.:' "Hypersonic Research Facilities at the Ames Aeronautical Laboratory," *J. Appl. Phys.*, vol. 21, 1955, pp. 1150-1155.

[59] Hodges, A. J.: "The Drag Coefficient of Very High Velocity Spheres," *J. Aeronaut. Sci.*, vol. 24, 1957, pp. 755–758.

[60] Charters, A. C., and R. N. Thomas: "The Aerodynamic Performance of Small Spheres from Subsonic to High Supersonic Velocities," *J. Aeronaut. Sci.*, vol. 12, 1945, pp. 468–476.

[61] Cox, R. N., and L. F. Crabtree: *Elements of Hypersonic Aerodynamics*, Academic Press, New York, 1965.

[62] Anderson, John, D., Jr.: *A History of Aerodynamics and Its Impact on Flying Machines*, Cambridge University Press, New York, 1997 (hardcover), 1998 (paperback).

[63] Prandtl, Ludwig: *Application of Modern Hydrodynamics to Aeronautics*, NACA Technical Report 116, 1921.

[64] Anderson, John D., Jr.: *Computational Fluid Dynamics: The Basics with Applications*, McGraw-Hill, New York, 1995.

[65] Gad-el-Hak, Mohamed: "Basic Instruments" in *The Handbook of Fluid Dynamics*, edited by Richard W. Johnson, CRC Press, Boca Raton, 1998, ch. 33, pp. 33-1–33-22.

[66] Henne, P. A. (ed.): *Applied Computational Aerodynamics*, vol. 125 of Progress in Astronautics and Aeronautics, American Institute of Aeronautics and Astronautics, Reston, Virginia, 1990.

[67] Katz, Joseph, and Plotkin, Allen: *Low-Speed Aerodynamics, From Wing Theory to Panel Methods*, McGraw-Hill, New York, 1991.

[68] Anderson, W. Kyle, and Bonhaus, Daryl L.: "Airfoil Design on Unstructured Grids for Turbulent Flows," *AIAA J.*, vol. 37, no. 2, Feb. 1999, pp. 185–191.

[69] p. 1082 Anderson, John, D., Jr.: *Aircraft Performance and Design*, McGraw-Hill, Boston, 1999.

[70] Kuchemann, Dietrich: *The Aerodynamic Design of Aircraft*, Pergamon Press, Oxford, 1978.

[71] Faulkner, Robert F., and Weber, James, W.: "Hydrocarbon Scramjet Propulsion System Development, Demonstration and Application," AIAA Paper No. 99-4922, 1999.

[72] Van Wie, David M., White, Michael E., and Corpening, Griffin P.: "NAPS (National Aero Space Plane) Inlet Design and Testing Issues," *Johns Hopkins Applied Physics Laboratory Technical Digest*, vol. 11, nos. 3 and 4, July-December 1990, pp. 353–362.

[73] Billig, Frederick S: "Design and Development of Single-Stage-to-Orbit Vehicles," *Johns Hopkins Applied Physics Laboratory Technical Digest*, vol. 11, nos. 3 and 4, July-December 1990, pp. 336–352.

[74] Nakahashi, K., and Deiwert, G. S.: "A Self-Adaptive Grid Method with Application to Airfoil Flow," AIAA Paper 85-1525, American Institute of Aeronautics and Astronautics, 1985.

[75] Hirsch, C.: *Numerical Computation of Internal and External Flows*, vols. 1 and 2, John Wiley and Sons, Chichester, 1988.

[76] Jameson, Anthony: "Re-Engineering the Design Process Through Computation," *J. Aircraft*, vol. 36, no. 1, Jan.-Feb. 1999, pp. 36–50.

[77] Kuester, Steven P., and Anderson, John D., Jr.: "Applicability of Newtonian and Linear Theory to Slender Hypersonic Bodies," *J. Aircraft*, vol. 32, no. 2, March-April 1995, pp. 446–449.

[78] Maus, J. R., Griffith, B. J.,Szema, K. Y., and Best, J. T.: "Hypersonic Mach Number and Real Gas Effects on Space Shuttle Orbiter Aerodynamics," *J. Spacecraft and Rockets*, vol. 21, no. 2, March-April 1984, pp. 136–141.

[79] Van Driest, E. R.: "Investigation of Laminar Boundary Layer in Compressible Fluids Using the Crocco Method," NACA TN 2579, Jan. 1952.

[80] Rubesin, M. W. and Johnson, H. A.: "A Critical Review of Skin-Friction and Heat Transfer Solutions of the Laminar Boundary Layer of a Flat Plate," *Trans. of the ASME*, vol. 71, no. 4, May 1949, pp. 383–388.

[81] Eckert, E. R. G.: "Engineering Relations for Heat Transfer and Friction in High Velocity Laminar and Turbulent Boundary Layer Flow Over Surfaces with Constant Pressure and Temperature," *Trans. of the ASME*, vol. 78, no. 6, August 1956, p.1273.

[82] Van Driest, E. R.: "The Problem of Aerodynamic Heating," *Aeronautical Engineering Review*, Oct. 1956, pp.26–41.

[83] KoppenWallner, G.: "Fundamentals of Hypersonics: Aerodynamics and Heat Transfer," in the Short Course Notes entitled *Hypersonic Aerothermodynamics*, presented at the Von karman Institute for Fluid Dynamics, Rhode Saint Genese, Belgium, Feb. 1984.

[84] Blottner, F. G.: "Finite Difference Methods of Solution of the Boundary-Layer Equations," *AIAA J.*, vol. 8, no.2, Feburary 1970, pp. 193–205.

[85] Marvin, Joseph G.: "Turbulence Modeling for Computational Aerodynamics," *AIAA J.*, vol. 21, no. 7, July 1983, pp. 941–955.

[86] Baldwin, B. S., and Lomax, H.: "Thin Layer Approximation and Algebraic Model for Separated Turbulent Flows," AIAA Paper No. 78-257, Jan. 1978.

[87] Bradshaw, P., Cebeci, T., and Whitelaw, J.: *Engineering Calculational Methods for Turbulent Flow*, Academic Press, New York, 1981.

[88] Reda, D. C., and Murphy, J. D.: "Shock Wave Turbulent Boundary Layer Interactions in Rectangular Channels, Part II:The Influence of Sidewall Boundary Layers on Incipient Separation and Scale of Interaction," AIAA Paper No. 73-234, 1973.

[89] Beierle, Mark T.: *Investigation of Effects of Surface Roughness on Symmetric Airfoil Lift and Lift-to-Drag Ratio*, Ph. D. Dissertation, Department of Aerospace Engineering, University of Maryland, 1998.

[90] Buning, P. G., Jespersen, D. C., Pulliam, T. H., Chan, W. M., Slotnick, J. P., Krist, S. E., and Renze, K. J.: "OVERFLOW User's Manual," Version 1.7v, NASA, June, 1997.

[91] Hassan, A. A., and JanakiRam, R. D.: "Effects of Zero-Mass 'Synthetic' Jets on the Aerodynamics of the NACA-0012 Airfoil," AIAA Paper No. 97-2326, 1997.

[92] Lombardi, G., Salvetti, M. V., and Pinelli, D.: "Numerical Evaluation of Airfoil Friction Drag," *J. Aircraft*, vol.37, no. 2, March-April, 2000, pp. 354–356.

[93] Liebeck, R. H., "Design of Subsonic Airfoils for High Lift," *AIAA J. Aircraft*, vol. 15, no. 9, September 1978, pp. 547–561.

[94] Liebeck, R. H., "Blended Wing Body Design Challenges," AIAA Paper 2003-2659, April 1, 2003.

[95] Roman D., J. B. Allen, and R. H. Liebeck, "Aerodynamic Design Challenges of the Blended-Wing-Body Subsonic Transport," AIAA Paper No. 2000-4335, 18th AIAA Applied Aerodynamics Conference, August 14–17, 2000.

[96] Liebeck, R. H., "Design of Blended-Wing-Body Subsonic Transport," 2002 Wright Brothers Lecture, AIAA Paper No. 2002-0002, AIAA Aerospace Sciences Conference, January 2002.

[97] Busemann, A., "Drucke und Kegelformige Spitzen bei Bewegung mit Überschallgeschwindigkeit," *Z. Angew Math. Mech.*, vol. 9, 1929, p. 496.

[98] Taylor, G. I., and J. W. Maccoll, "The Air Pressure on a Cone Moving at High Speed," *Proc. Roy. Soc.* (London), ser. A, vol. 139, 1933, pp. 278–311.

[99] Kopal, Z., "Tables of Supersonic Flow Around Cones," M.I.T. Center of Analysis Technical Report No. 1, U.S. Goverment Printing Office, Washington, D.C., 1947.

[100] Sims, Joseph L., "Tables for Supersonic Flow Around Right Circular Cones at Zero Angle of Attack," NASA SP-3004, 1964.

[101] Tauber, M. E., and Meneses, G. P., "Aerothermodynamics of Transatmospheric Vehicles," AIAA Paper 86-1257, June 1986.

[102] Zoby, E. V., "Approximate Heating Analysis for the Windward Symmetry Plane of Shuttlelike Bodies at Angle of Attack," in *Thermodynamics of Atmospheric Entry*, T. H. Horton (ed.), Vol. 82, *Progress in Astronautics and Aeronautics*, American Institute of Aeronautics and Astronautics, 1982, pp. 229–247.

[103] Nonweiler, T. R., "Aerodynamic Problems of Manned Space Vehicles," *J. Royal Aeronaut. Soc.*, vol. 63, 1959, pp. 521–528.

[104] Jones, J. G., "A Method for Designing Lifting Configurations for High Supersonic Speeds Using the Flow Fields of Nonlifting Cones," Royal Aeronautical Establishment Report Aero 2624, A. R. C. 24846, England, 1963.

[105] Jones, J. G., K. C. Moore, J. Pike, and P. L. Roe, "A Method for Designing Lifting Configurations for High Supersonic Speeds Using Axisymmetric Flow Fields," *Ingenieur-Archiv.*, vol. 37, Band, 1. Heft, 1968, pp. 556–572.

[106] Townend, L. H., "Research and Design for Lifting Reentry," *Prog. Aerospace Sciences*, vol. 18, 1979, pp. 1–80.

[107] Rasmussen, M. L., "Waverider Configurations Derived from Inclined-Circular and Elliptic Cones," J. Spacecraft and Rockets, vol. 17, no. 6, November–December 1960, pp. 537–545.

[108] Kim, B. S., M. L. Rasmussen, and M. D. Jischke, "Optimization of Waverider Configurations Generated from Axisymmetric Conical Flows," AIAA Paper 82-1299, January 1982.

[109] Broadway, R., and M. L. Rasmussen, "Aerodynamics of a Simple Cone Derived Waverider," AIAA Paper 84-0085, January 1984.

[110] Bowcutt, K. G., John D. Anderson, Jr., and D. Capriotti, "Viscous Optimized Hypersonic Waveriders," AIAA Paper 87-0272, January 1987.

[111] Bowcutt, Kevin G., John D. Anderson, Jr., and Diego Capriotti, "Numerical Optimization of Conical Flow Waveriders Including Detailed Viscous Effects," *Aerodynamics of Hypersonic Lifting Vehicles*, AGARD Conference Proceedings, no. 428, November 1987, pp. 27-1 to 27-23.

[112] Nelder, J. A., and R. Meade, "A Simplex Method of Function Minimization," *Computer J.*, vol. 7, January 1965, pp. 308–313.

[113] Bowcutt, Kevin G., "Optimization of Hypersonic Waveriders Derived from Cone Flows–Includeing Viscous Effects," doctral dissertation, Department of Aerospace Engineering, University of Maryland, College Park, Md., May 1986.

[114] Corda, Stepha, and John D. Anderson, Jr., "Viscous Optimized Waveriders Designed from Axisymmetric Flowfields," AIAA Paper 88-0369, January 1988.

[115] Anderson, John D., Jr., *The Airplane: A History of Its Technology*, American Institute of Aeronautics and Astronautics, Reston, Va., 2002.

[116] Hoerner, S. F., *Fluid Dynamic Drag*, Hoerner Fluid Dynamics, Brick Town, N.J., 1965.

[117] Raymer, Daniel P., *Aircraft Design: A Conceptual Approach*, 4th ed., American Institute of Aeronautics and Astronautics, Reston, Va., 2006.

[118] Rizzi, Arthur, et al., "Lessons Learned from Numerical Simulations of the F-16 XL Aircraft at Flight Conditions," *Journal of Aircraft*, vol. 46, no. 2, March–April 2009, pp. 423–441.

[119] Ames Research Staff, "Equations, Tables and Charts for Compressible Flow," NACA Report 1135, 1953.

[120] McLellan, Charles H., "Exploratory Wind-Tunnel Investigation of Wings and Bodies at $M = 6.9$," *J. Aeronaut. Sci.*, vol. 18, no. 10, October 1951, pp. 641–648.

翻訳者あとがき

　本書は 2011 年に出版された John D. Anderson, Jr. 教授の著書 "Fundamentals of Aerodynamics, Fifth Edition" の米国版の完訳であり，航空宇宙工学を理解する上で必要な空気力学について，非圧縮性流れから極超音速流れ，そして粘性流れの力学とほぼ完全に網羅しつつ，航空宇宙工学専攻の学生が見失いがちになる，この学問分野が何を目的としているのか，ということを随所に取り入れられた例題や航空機に関連したデザイン・ボックスと題した節で明確に示しており，読み進むにつれこの学問分野の理解が深まり，さらなる専門分野への興味が湧くように構成されている．

　本翻訳者たちは，空気力学と航空機の関わりを明瞭に示してくれる Anderson 教授の原著を防衛大学校の航空宇宙工学科の航空流体力学および空気力学の教科書として用いてきた．しかし近年，学生から原著を独自で読み進めるための補助としての翻訳の要望が高まり，副教材として私訳したものを貸与してきた．本翻訳はそれを基礎としており，学生が原著と比較しながら読み進めることを考慮して，本文中には原著のページを各所に示している．

　翻訳にあたっては，Anderson 教授が序論で述べている，読者に話しかけるように書かれた原著のニュアンスが伝わるようできるだけ忠実になるようにつとめたがそのままでは日本語にならない場合は内容を伝えるよう意訳を行っている．そのため，誤った解釈の箇所があるかもしれないことを恐れるものである．これについては読者のご叱正をいただければ幸いである．また，原著の明らかな誤りは断りなく訂正しておいた．用語は学術用語集 (文部省) によったが用語集にない術語についてはできるだけ慣例に従い，また航空英和辞典 (巻島　守編，名古屋航空技術) を参考とさせてもらい，原文も付記した．なお，歴史的価値があると思われるものなど，原図のほうが良いと思われる図は，一部そのままにしている．

　最後に，本翻訳は第 5 版の米国版にもとづいて行われた．これは Anderson 教授が本文中に，SI 単位系が主流となってきているが航空宇宙分野ではこれまでの英国単位系の膨大なデータベースがあるので，航空宇宙技術者は 2 ケ国語 (SI 単位系および英国単位系) に精通していなければならないと述べているように本翻訳者も同じ意見であるので SI 単位に書き換えてある Asia 版を用いなかった．

2015 年 12 月　　　　翻訳者一同

索引

ア

"Auftriebskrafte in Stromenden Flussigkecten" (Lift in Flowing Fluids) (Kutta), 383
亜音速圧縮性流れ (Subsonic compressible flows) → 圧縮性流れ (Compressible flows)
 簡単化された速度ポテンシャル方程式 (simplified velocity potential equation), 682–684
 線形速度ポテンシャル方程式 (linearized velocity potential equation), 685–689
 速度測定 (velocity measurement), 562–563
 断面積法則 (area rule), 712–713
 Prandtl-Glauert 圧縮性補正 (Prandtl-Glauert compressibility correction), 690–694
 Prandtl-Glauert 法則に加える改善 (improvements on Prandtl-Glauert rule), 694–695
 臨界 Mach 数 (critical Mach number), 695–698
亜音速圧縮性流れにおける翼型 (Airfoils in subsonic compressible flows)
 簡単化された速度ポテンシャル方程式 (simplified velocity potential equation), 682–684
 初期の高速流れ研究 (early high-speed research), 726–728
 線形速度ポテンシャル方程式 (linearized velocity potential equation), 685–689
 速度計測 (velocity measurement), 562–563
 断面積法則 (area rule), 712–713
 超臨界の (supercritical), 713–715, 723
 Prandtl-Glauert 圧縮性補正 (Prandtl-Glauert compressibility correction), 690–694
 臨界マッハ数 (critical Mach number), 695–698
亜音速非圧縮性流れ (Subsonic incompressible flows), 61, 176 → 非圧縮性流れ (Incompressible flows)
熱い壁面の場合 (Hot wall cases), 890, 953
Ackeret, Jakob, 457, 488, 727
圧縮性 (Compressibility)
 音速との関係 (relation to speed of sound), 530
 空気力と空力モーメントにおよぼす効果 (effect on aerodynamic forces and moments), 32, 488
 初期における研究 (early research), 726
 定義 (defining), 502–503
 の特性 (characteristics of), 543–546
 表面摩擦抵抗および (skin-friction drag and), 754–755
圧縮性流れ (Compressible flows) → 亜音速圧縮性流れ (Subsonic compressible flows)
 基本概念 (basic concepts), 60
 Couette の流れに対する時間依存有限差分法 (time-dependent finite-difference method for Couette flows), 911–915
 Couette の流れに対する支配方程式 (governing equations for Couette flow), 908–909
 Couette の流れの解析的考察 (Couette flow analytical considerations), 917–921
 の流れの典型的な結果 (typical results with Couette flows), 915–916
 Couette の流れの場合の狙い撃ち法 (shooting method for Couette flows), 909–911
 計算するための数表 (tables to calculate), 561–562
 支配方程式 (governing equations), 503–504
 準1次元流れに対する支配方程式 (governing equations for quasi-one-dimensional flows), 641–650
 衝撃波 (shock waves), 512–513
 初期における研究 (early studies), 488–489
 総状態 (total conditions), 505–509
 速度測定 (velocity measurement), 562–564
 断面積法則 (area rule), 712–713, 724, 738
 定義 (defining), 543–546
 ディフューザを流れる (through diffusers), 665–666
 のエネルギー方程式 (energy equation for), 135–139
 ノズルにおける (in nozzles), 650–658, 665
 表面摩擦抵抗の推算 (skin-friction drag estimates), 755
 風洞を流れる (through wind tunnels), 666–672
 平板層流境界層流れ (flat plate laminar boundary layer flows), 949–957
圧縮性流れにおいて定義される温度 (Defined temperatures in compressible flows), 508–510
圧縮性流れの状態方程式 (Equation of state for compressible flows), 505, 526, 546
圧縮性流れの総状態 (Total conditions for compressible flows), 505–509
圧縮性流れ問題のための数表 (Tables for compressible flow problems), 561–562
圧縮性補正 (Compressibility corrections)
 異なる翼の設計に適用された (applied to different wing designs), 711
 後に改善された法則 (later improved rules), 694–695
 Prandtl-Glauert 法則 (Prandtl-Glauert rule), 689–694
圧縮波 (Compression waves), 614, 618
圧力 (Pressure), → 総圧 (Total pressure)
 境界層をとおして (through boundary layers), 66
 境界層を横切っての (across boundary layer), 66, 935
 Couette の流れにおける (in Couette flow), 890
 先細–末広ノズルを通過する流れ (flows through convergent-divergent nozzles), 653–658
 質量流量に与えるインパクト (impact on mass flow), 665

垂直衝撃波を横切っての (across normal shock waves), 548, 552–553, 554
静的 (static), 212, 215
静対総 (static versus total), 505, 538
測定の単位 (units of measure), 16
速度との関係 (relation to velocity), 197, 203
定義 (defined), 12–14
の中心 (center of), 29–30, 83–86
浮力 (buoyancy force), 48–53
分布原理 (distribution principles), 17–23
Venturi 管の原理 (venturi principles), 201–202
Mach 数との関係 (relation to Mach number), 538
圧力係数 (Pressure coefficient)
　亜音速圧縮性流れにおける細長物体上の (on slender body in subsonic compressible flow), 687–689
　円柱表面上の (over circular cylinders), 244–245
　円柱を過ぎる揚力のある流れの (for lifting flows over cylinders), 256
　球表面上の (over spheres), 467, 468
　極超音速流れにおける平板表面上の (on flat plate surfaces in hypersonic flows), 814, 821
　線形超音速流れ (linearized supersonic flows), 743–748
　速度依存 (dependence on velocity), 26
　定義 (defined), 22, 220, 825
　Newton の正弦 2 乗則における (in Newton's sine-squared law), 810, 812
　非圧縮性流れ (incompressible flows), 220–222
　Prandtl-Glauert 法則 (Prandtl-Glauert rule), 692–693
　Mach 数非依存 (Mach number independence), 827–828
　臨界 (critical), 696–697
圧力中心 (Center of pressure)
　キャンバーのある薄い翼型の (for thin cambered airfoils), 333–334
　基本的な計算 (basic calculation), 29–30
　初期における研究 (early investigations), 83–86
　対称翼型の (for symmetric airfoils), 328
圧力抵抗 (Pressure drag)
　定義 (defined), 65
　流れのはく離の原理 (flow separation principles), 361–366, 859
　粘性と (viscosity and), 859–860
　表面摩擦抵抗対 (skin friction drag versus), 74–75, 834–836
　乱流対層流について (with turbulent versus laminar flows), 979
圧力比 (Pressure ratios), 548
圧力分布 (Pressure distribution)
　亜音速圧縮性流れにおける細長物体上の (on slender body in subsonic compressible flow), 687–689
　境界層を横切った (across boundary layer), 66, 935
　個体表面を過ぎる流れにおける (in flow over solid surface), 858–859
　遷音速翼設計 (transonic wing design), 717–720
　翼型翼厚との関係 (relation to airfoil thickness), 703
圧力勾配 (Pressure gradients) → 逆圧力勾配；圧力分布 (Adverse pressure gradients; Pressure distribution)
　逆 (adverse), 362–363, 858
　Reynolds アナロジーと (Reynolds analogy and), 974
Apollo の宇宙飛行 (Apollo flights), 804–805, 807

American Institute of Aeronautics and Astronautics, 9
Archimedes の原理 (Archimedes principle), 53
Allen, H. Julian, 8, 837

イ

ETA セイルプレーン (ETA sailplane), 410
Yeager, Charles, 3, 679, 705, 743
1 次元流れ (One-dimensional flow), 526, 641–642
位置ベクトル (Position vectors), 99
一様流 (Uniform flows), 163, 228–230
Eteve, A., 202
色つき流線 (Streaklines), 151–153, 281

ウ

ウェーブ・ライダ (Waveriders)
　粘性流れの場合の (for viscous flows), 844–852
　非粘性，圧縮性流れの場合の (for inviscid, compressible flows), 838–844
Wenham, Francis, 203, 451
Wortmann 翼型 (Wortmann airfoil), 994, 995
失われる質量流量 (Missing mass flow), 928–930
後ろ向きステップ，を過ぎる粘性流れ (Rearward-facing step, viscous flow over), 993, 994
渦あり流れ (Rotational flows)
　渦なし流れ対 (irrotational versus), 156–157
　定義 (defined), 156
　としての粘性流れ (viscous flows as), 161–162, 880
　鈍い物体まわりの (around blunt bodies), 781–782
薄いせん断層近似 (Thin shear layer approximation), 720
渦糸 (Vortex filaments)
　Prandtl の揚力線理論における (in Prandtl's lifting-line theory), 401, 404
　面としてモデル化する (modeling as sheets), 308–310
　有限翼幅翼への適用 (applied to finite wings), 397–401
薄い翼断面 (Thin airfoil sections), 709
渦格子法 (Vortex lattice method), 438
渦度 (Vorticity)
　境界層における (in boundary layers), 311
　循環との関係 (relation to circulation), 164–165
　の方程式 (equations for), 156
　湾曲した衝撃波背後において (behind curved shock waves), 606
渦流れ (Vortex flows), 248–251, 308–312
渦流れの強さ (Strength of vortex flows), 249
渦なし条件 (Irrotationality condition), 792
渦なし流れ (Irrotational flows)
　角速度 (angular velocity), 156–157
　速度ポテンシャル (velocity potential), 170–171, 173–174
　としての亜音速圧縮性流れ (subsonic compressible flows as), 682
　としての一様流 (uniform flows as), 164
　としての渦流れ (vortex flows as), 250
　としての錐状流れ (conical flows as), 792
　Bernoulli の式 (Bernoulli's equation), 197
　Laplace の方程式 (Laplace's equation), 223–227
　わき出し流れ (source flows), 231–234
渦熱伝導率 (Eddy thermal conductivity), 868–869, 986
渦粘性 (Eddy viscosity), 867–868, 985
渦粘性モデル (Eddy viscosity models), 985, 987

渦の崩壊 (Vortex breakdown), 448–449, 450
渦パネル数値解法 (Vortex panel numerical method), 342–347
渦面 (Vortex sheets)
    渦パネル法における (in vortex panel method), 342–343
    薄翼理論の場合の (for thin airfoil analysis), 321–322
    基本的特性 (basic properties), 308–312
    の Kutta 条件 (Kutta condition in terms of), 315–316
    Prandtl の揚力線理論における (in Prandtl's lifting-line theory), 403, 404
薄翼失速 (Thin airfoil stall), 371–373
薄翼理論 (Thin airfoil theory)
    キャンバーのある翼型 (cambered airfoils), 330–334
    対称翼型 (symmetric airfoils), 321–328
    始まり (origins), 86, 297, 384
打ち切り誤差 (Truncation errors), 179
宇宙飛行 (Space flight), 8–9, 10
運動エネルギー (Kinetic energy), 835, 860
運動量厚さ (Momentum thickness), 932–933, 948
運動量方程式 (Momentum equation)
    圧縮性流れの (for compressible flows), 503
    Euler の公表 (Euler's publication), 288
    境界層 (boundary layer), 936, 970
    実質微分を用いた (in terms of substantial derivative), 147–148
    準 1 次元流れ (quasi-one-dimensional flow), 643–644, 647
    垂直衝撃波 (normal shock waves), 525, 526, 546
    斜め衝撃波 (oblique shock waves), 581
    Navier-Stokes (Navier-Stokes), 991
    2 次元物体に働く抵抗に適用された (applied to drag on two-dimensional body), 127–132
    粘性流れの (for viscous flows), 870–871
    Bernoulli の式との関係 (relation to Bernoulli's equation), 197
    保存形 (conservation form), 777–778
    を導出する (deriving), 122–126
運動理論 (Kinetic theory), 110–111

エ

Aerodonetics (Lanchester), 383
英国工学単位 (English units), 16–17
液体，他の状態からの区別 (Liquids, distinction from other states), 10–11
Exercitationes Mathematicae (Bernoulli), 286
SR–71 Blackbird, 566
SI 単位 (SI units), 16–17
X-15 極超音速飛行機 (X-15 hypersonic airplane), 598–599, 623–624, 627–628
X-1 航空機 (X-1 aircraft), 3, 706, 711
X-21 極超音速実験機 (X-24C hypersonic test vehicle), 994
X-43A 極超音速研究機 (X-43A hypersonic research vehicle), 95, 616, 803–804
X-51 ウェーブ・ライダ (X-51 waverider), 851–852
XS-1 航空機 (XS-1 aircraft), 706
Eiffel, Gustave, 88, 205
NACA 0012 翼型 (NACA 0012 airfoil), 302, 326, 327, 347–348, 703, 718
NACA 23012 翼型 (NACA 23012 airfoil), 302, 337–338
NACA 23015 翼型 (NACA 23015 airfoil), 389–392
NACA 2412 翼型 (NACA 2412 airfoil), 302, 304–306
NACA 4412 翼型 (NACA 4412 airfoil), 31, 368–369, 371, 375, 695
NACA 4421 翼型 (NACA 4421 airfoil), 370, 371
NACA 63-210 翼型 (NACA 63-210 airfoil), 76–77, 78, 81
NACA 64 系翼型 (NACA 64 series airfoils), 714–716
NACA 65-218 翼型 (NACA 65-218 airfoil), 302
NACA TR-1135 (NACA TR-1135), 562
エネルギー式 (Energy equation)
    圧縮性流れの場合の重要性 (importance for compressible flows), 504, 505
    境界層 (boundary layer), 936, 970
    Couette の流れの (for Couette flows), 894–895
    実質微分を用いた (in terms of substantial derivative), 148
    準 1 次元流れの (for quasi-one-dimensional flow), 644, 647
    垂直衝撃波の (for normal shock waves), 525, 546
    断熱流れの (for adiabatic flows), 535–540
    導出する (deriving), 135–139
    斜め衝撃波の (for oblique shock waves), 582
    Navier-Stokes, 991
    粘性流れの (for viscous flows), 872–875
    Bernoulli の式との関係 (relation to Bernoulli's equation), 197
    保存形 (conservation form), 777–778
F-102 航空機 (F-102 aircraft), 440, 441, 712, 738
F-104 航空機 (F-104 aircraft), 3, 750
F-16XL 航空機 (F-16XL aircraft), 481–482
F-16 航空機 (F-16 aircraft), 753–754
F-22 航空機 (F-22 aircraft), 3
F-86 Saber (F-86 Sabre), 218, 219, 709, 710
Me 262 航空機 (Me 262 aircraft), 712
Elizabeth I, 4
L/D 比 (*L/D* ratio), 78–80
Encyclopedia, 289
円錐 (Cones)
    からのウェーブ・ライダ (waverider shapes from), 843, 844, 845–846
    を過ぎる超音速流れ (supersonic flow over), 594–595, 788-789
エンタルピー (Enthalpy)
    圧縮性流れの (for compressible flows), 506–507, 526, 546
    Couette の流れの (for Couette flows), 893–895, 902, 904
円柱 (Cylinders)
    一様流の観察されたふるまい (observed behavior of uniform flows), 277–284
    を過ぎる揚力のある流れ (lifting flow over), 252–261
    を過ぎる揚力のない流れ (nonlifting flow over), 240–245
円柱，を過ぎる揚力のない流れ (Circular cylinders, nonlifting flow over), 240–245
円柱座標系 (Cylindrical coordinate system)
    スカラー場の勾配 (gradient of scalar field), 103
    速度ポテンシャル (velocity potential), 170
    におけるスカラー積とベクトル積 (scalar and vector products in), 102
    の成分 (elements of), 99–101
    ベクトル場の回転 (curl of vector field), 106

ベクトル場の発散 (divergence of vector field), 105
Laplace の方程式 (Laplace's equation), 224
円柱を過ぎる揚力のある流れ (Lifting flows over cylinders), 252–261
エントロピー (Entropy) → 等エントロピー流れ (Isentropic flows)
   垂直衝撃波を横切っての増加 (increase across normal shock wave), 550–552
   鈍い物体の超音速流れ場における (in supersonic blunt-body flow field), 781–783
   熱力学第二法則における (in second law of thermodynamics), 496–498
   湾曲した衝撃波背後の (behind curved shock waves), 606

オ

Euler, Leonhard, 5–6, 195, 287–288
Euler の式 (Euler's equation), 196, 287, 647, 716–717
応用空気力学 (Applied aerodynamics)
   球を過ぎる流れ (flows over spheres), 471–472
   三角翼解析 (delta wing analysis), 440–449, 450
   抵抗係数 (drag coefficients), 72–78
   粘性流れ場に関する極超音速ウエーブ・ライダ (hypersonic waveriders for viscous flow fields), 844–852
   飛行機の揚力と抵抗 (airplane lift and drag), 474–483
   非粘性流れ場に関する極超音速ウエーブ・ライダ (hypersonic waveriders for inviscid flow fields), 840–844
   ブレンディド・ウイング・ボディー (blended wing bodies), 721–724, 725, 726
   モーメント係数 (moment coefficients), 81
   揚力係数 (lift coefficients), 78–80
   翼型を過ぎる流れ (flow over airfoil), 367–376
OVERFLOW, 999
Oswald 効率係数 (Oswald efficiency factor), 476, 479
Oswald, W. Bailey, 476
音の壁 (Sound barrier) → Mach 数；衝撃波 (Mach number; Shock waves)
   基本原理 (basic principles), 703–706
   初期の見解 (early views), 488, 679
   Mach 数と (Mach number and), 36
   を越えた最初の有人機 (first piloted aircraft to exceed), 3, 705, 706, 743
音速 (Speed of sound) → Mach 数；音の壁 (Mach number; Sound barrier)
   垂直衝撃波方程式 (normal shock wave equations), 526–530, 535–536
   Mach 数と (Mach number and), 36
音速線 (Sonic line), 603, 604, 772
温度 (Temperature) → 空力加熱；総温 (Aerodynamic heating; Total temperature)
   圧縮性流れにおける (in compressible flows), 508–509
   音速との関係 (relation to speed of sound), 530, 536
   極超音速流れにおける (in hypersonic flows), 805–808
   質量流量に与えるインパクト (impact on mass flow), 665
   垂直衝撃波を横切った (across normal shock waves), 548, 551
   定義 (defined), 14
   粘性係数との関係 (relation to viscosity), 67–68
   粘性流れにおける境界層の (of boundary layer in viscous flows), 880–882
温度境界層厚さ (Thermal boundary-layer thickness), 926
温度場 (Temperature fields), 888–890
温度比 (Temperature ratios), 549, 824
温度分布 (Temperature profiles)
   勾配 (slope), 68
   の関数 (functions of), 65–67, 928
   平板を過ぎる圧縮性層流の解法のために (for solution of compressible laminar flows over flat plate), 953, 954, 955
   よどみ点における (at stagnation points), 964–965
音波伝導 (Sound wave conduction), 526–528

カ

回転円柱 (Spinning cylinders), 252–261
回転体 (Bodies of revolution), 788
開風路風洞 (Open-circuit tunnels), 204
外部空気力学 (External aerodynamics), 11
回復係数 (Recovery factor), 903–904, 918, 957
可逆過程 (Reversible processes), 495
拡散 (Diffusion), 856–857
角速度 (Angular velocity), 153–156
影写真 (Shadowgraphs), 925, 927
ガスダイナミックレーザー (Gas-dynamic lasers), 11
加速度 (Acceleration), 910
加熱 (Heating), → 空力加熱 (Aerodynamic heating)
   極超音速流れの主要な特徴として (as major aspect of hypersonic flows), 805–807
   衝撃波を横切って (across shock waves), 523
   主要な発見 (major discoveries), 8–9, 10
可変密度風洞 (Variable density tunnel), 40–41, 43
過膨張流れ (Overexpanded flows), 658
Caldwell, F. W., 706, 726
Karman 渦列 (Karman vortex street), 281
Karman-Tsien 法則 (Karman-Tsien rule), 694, 695
Caret 形状飛行体 (Caret-shaped vehicles), 842–844
干渉計 (Interferometers), 630
干渉抵抗 (Interference drag), 475
完全気体 (Perfect gases), 490
完全流体 (Perfect fluids), 192 脚注
緩和効果，3 次元 (Relieving effect, three-dimensional), 467–469

キ

幾何学的高度 (Geometric altitude), 55, 56
幾何学的迎え角 (Geometric angle of attack), 394, 395, 406
機首半径 (Nose radii), 837, 838, 967–969
基準温度法 (Reference temperature method), 960–963, 981
基準面積 (Reference areas), 21–22
基礎方程式の非保存形 (Nonconservation form of fundamental equations), 148
基礎方程式の保存形 (Conservation form of fundamental equations), 148
気体 (Gases)
   音波の伝導 (sound wave conduction), 527–529
   その他の状態からの区別 (distinction from other states), 10–11
   内部エネルギー (internal energy), 490

索引

機体細長比 (Body fineness ratio), 847
機体細長比 (Body slenderness ratios), 849
起動しなかった風洞 (Unstarted wind tunnels), 672
キメラ格子 (Chimera grids), 999
逆圧力勾配 (Adverse pressure gradients), 362, 858, 862
逆問題 (Inverse problem), 350
逆流 (Reversed flow), 304, 858
キャンバー，矢高 (Camber)
 薄翼理論における (in thin airfoil theory), 329–334
 超臨界翼型の (of supercritical airfoils), 715
 定義 (defined), 302
 なしの翼型 (airfoils without), 302
 Wright 兄弟の見出した事柄 (Wright brothers' discoveries), 8
キャンバー線，矢高線 (Camber line), 300, 312, 321–323, 330–331
球，を過ぎる流れ (Spheres, flows over), 261, 465–469, 471–472
球座標系 (Spherical coordinate system)
 スカラー場の勾配 (gradient of scalar field), 105
 速度ポテンシャル (velocity potential), 171
 におけるスカラー積とベクトル積 (scalar and vector products in), 102
 の基礎 (elements of), 100–101
 ベクトル場の回転 (curl of vector field), 106
 ベクトル場の発散 (divergence of vector field), 105
 Laplace の方程式 (Laplace's equation), 224
球の表面速度 (Surface velocity over spheres), 467
境界条件 (Boundary conditions), 225–227, 880–882
境界層 (Boundary layers)
 基準温度法 (reference temperature method), 960–963
 基本概念 (basic concepts), 59, 64–71, 925–926
 基本的特性 (fundamental properties), 926–933
 極超音速における (in hypersonic flows), 804–805
 衝撃波との相互作用 (interactions with shock waves), 627–629, 672–674, 996–997
 定義 (defined), 925
 における渦度 (vorticity in), 311
 における乱れ (turbulence in), 979–987
 任意物体上の (over arbitrary bodies), 970–974
 平板を過ぎる圧縮性層流 (compressible laminar flows over flat plate), 948–957
 平板を過ぎる非圧縮性層流 (incompressible laminar flows over flat plate), 941–948
 よどみ点における空力加熱 (aerodynamic heating at stagnation points), 964–969
境界層方程式 (Boundary-layer equations)
 解を得るための方法 (approaches to solving), 936–938
 導出 (deriving), 933–936
 任意形状の物体に関する (for arbitrarily shaped bodies), 970–971
 の効用 (utility of), 925
 の短所 (shortcomings of), 993
極限式 (Limiting forms), 823–826
極座標 (Polar coordinates), 169
局所相対風 (Local relative wind), 393–394
局所微係数 (Local derivatives), 142
局所表面摩擦係数 (Local skin-friction coefficient) → 表面摩擦係数 (局所) (skin-friction coefficient (local))
切りこみ三角翼平面形 (Notched delta planform), 443
気流速度，等価 (Airspeed, equivalent), 216

気流速度計測 (Airspeed measurement), 201–202, 211–214
Gilruth, Robert, 735, 736

ク

空気力学 (Aerodynamics), 1002
 応用例 (sample applications), 3–4
 基本的な目的 (basic objectives), 10–12
 基本的変数 (fundamental variables), 12–17
 歴史的展開 (historical developments), 4–9
空気力学係数 (Aerodynamic coefficients), 20–23, 86–88
 → 特定係数 (specific coefficients)
空気力学効率 (Aerodynamic efficiency), 46
空気力学流れ，空気流 (Aerodynamic flows) 流れ (Flows)
Aerodynamics (Lanchester), 382, 451
空気力および空力モーメント (Aerodynamic forces and moments)
 圧力中心 (center of pressure), 29–30
 概説 (overview), 17–23
 次元解析 (dimensional analysis), 32–37
Courant-Friedrichs-Lewy 判定基準 (Courant-Friedrichs-Lewy criterion), 915
空力加熱 (Aerodynamic heating)
 圧縮性平板境界層に関する (for compressible flat-plate boundary layer flows), 957
 主な知見 (major discoveries), 8–9
 基本概念 (basic concepts), 860
 Couette の流れにおける (in Couette flows), 896–905
 極超音速流れにおける鈍い物体対細長物体の (of blunt versus slender bodies in hypersonic flows), 833–837, 838
 極超音速流れの主要な特徴として (as major aspect of hypersonic flows), 805–807, 831–833
 スペースシャトル設計に関する (space shuttle design for), 446
 層流による場合対乱流による場合の (with laminar versus turbulent flows), 71
 速度により増加する (increases with velocity), 67–68, 832, 837, 899–900
 よどみ点において (at stagnation points), 964–969
空力中心　(Aerodynamic center)
 主要な概念 (major concepts), 339–340
 定義 (defined), 306, 327
 翼型における位置の変化 (varying location in airfoils), 341–342
空力中心まわりのモーメント (Moment about aerodynamic center), 339–340, 341–342
空力ねじり (Aerodynamic twist), 400
空力モーメント (Aerodynamic moments), 20, 29
Couette の流れ (Couette flow)
 圧縮性粘性流れへの一般的な適用 (general application to compressible viscous flows), 916–921
 圧縮性粘性流れへの適用 (applying to compressible viscous flows), 907–909
 圧縮性の，時間依存有限差分法による解法 (compressible, solving with time-dependent finite-difference method), 911–915
 圧縮性の，代表的な結果 (compressible, typical results), 915–916
 圧縮性の，狙い撃ち法による解法 (compressible, solving with shooting method), 909–911

支配方程式 (governing equations), 887–890
非圧縮性粘性流れに関する回復係数 (recovery factor for incompressible viscous flows), 903–904
非圧縮性粘性流れへの一般的な適用 (general application to incompressible viscous flows), 891–897
非圧縮性の，同じ壁温をもつ (incompressible, with equal wall temperatures), 898–900
非圧縮性の，断熱壁条件をもつ (incompressible, with adiabatic wall conditions), 900–902
非圧縮性の，粘性散逸が無視できる場合の (incompressible, with negligible viscous dissipation), 897–898
Reynolds アナロジー (Reynolds analogy), 904–905
くさび (Wedges)
    X-15 の尾翼 (X-15 tail), 622–623
    からのウェーブ・ライダ (waverider shapes from), 841–843, 844
    を過ぎる超音速流れ (supersonic flow over), 593–594, 597, 788, 797–799
櫛形 Pitot 管 (Pitot rakes), 131, 132
Kutta, M. Wilhelm, 163, 261, 313, 383
Kutta 条件 (Kutta condition)
    渦パネル法において満足する (satisfying in vortex panel method), 344–345
    薄翼理論の中心的問題において (in central problem of thin airfoil theory), 323
    基本原理 (basic principles), 312–316
    発見 (discovery), 383
Kutta-Joukowski の定理 (Kutta-Joukowski theorem), 261, 265–267, 384
Kuchemann 曲線 (Kuchemann curve), 850, 851
グライダー (Gliders)
    Wenham の (of Wenham), 451
    Cayley の (of Cayley), 378, 389
    Wright 兄弟の (of Wright brothers), 6–7, 87, 458
    Lilienthal の (of Lilienthal), 86
クランク・アロー翼空力プロジェクト (Cranked-Arrow Wing Aerodynamics Project), 481, 482–483
Crank-Nicholson 陰的手法 (Crank-Nicholson implicit procedure), 973
Cramer の法則 (Cramer's rule), 764
Griswold, Roger, 735
Klebanoff 間欠係数 (Klebanoff intermittency factor), 986
Glenn L. Martin 風洞 (Glenn L. Martin Wind Tunnel), 206, 207, 209
Glauert, Hermann, 414, 693, 726–727
Crowley, Gus, 735
Crocco の定理 (Crocco's theorem), 606, 792
クロップド・三角翼 (Cropped delta planform), 443
軍艦 (Naval ships), 4–5

ケ

系，熱力学 (Systems, thermodynamic), 494
軽航空機 (Lighter-than-air vehicles), 53
計算平面 (Computational plane), 778, 779
計算流体力学 (Computational fluid dynamics)
    基本概念 (basic concepts), 176–180, 181–182
    極超音速ながれにおける重要性 (importance with hypersonic flows), 829–831
    時間依存法 (time-dependent techniques), 781–788

遷音速翼型設計のための (for transonic airfoil design), 715–720
抵抗予測における限界 (limitations for predicting drag), 481–482
特性曲線法応用 (method of characteristics applications), 769–774
特性曲線法基礎 (method of characteristics basics), 763–769
の原理 (philosophy of), 761–763
飛行機に働く揚力および抵抗を計算するために (to calculate lift and drag on airplanes), 479–483
非線形超音速錐状流れに関する (with nonlinear supersonic conical flows), 788–799
ブレンディド・ウイング・ボディー設計における利用 (use in blended wing body design), 724
有限差分法手法 (finite-difference method approaches), 774–781
翼型設計におよぼす影響 (impact on airfoil design), 350–351
乱流境界層流れ解析 (turbulent boundary layer flow analysis), 985–987
形状抵抗 (Form drag), 75, 305, 860 → 圧力抵抗 (Pressure drag)
形状抵抗 (Profile drag), 860
形状抵抗係数 (Profile drag coefficients), 306, 396
計測単位 (Measurement units), 16–17
Gates Lear jet, 698
Cayley, George, 83–84, 378, 379
Göttingen 298 翼型 (Göttingen 298 airfoil), 380–381
Kelvin の循環理論 (Kelvin's circulation theorem), 316–318
限界特性線 (Limiting characteristic), 772–773
検査体積 (Control volumes)
    運動量方程式の原理 (momentum equation principles), 121–126
    エネルギー式の原理 (energy equation principles), 136–139
    における変化 (change in), 111–112
    に関する連続の式 (continuity equation for), 117–121
    2 次元流れに関する運動量方程式の例 (momentum equation example for two-dimensional flow), 126–132
    にもとづく流体モデル (fluid models based on), 110–111
厳密な斜め衝撃波理論 (Exact oblique shock theory), 825–826

コ

後縁 (Trailing edges), 300, 313–315
後縁失速 (Trailing-edge stall), 368–370
後縁衝撃波 (Trailing-edge shock), 61, 63
後縁フラップ (Trailing-edge flaps), 373–374
航空学会 (Institute of the Aeronautical Sciences), 9
格子 (Grids), 176, 177
格子点 (Grid points), 176, 177
高速飛行の燃料消費 (Fuel consumption for high-speed flight), 706
後退差分 (Rearward differences), 775, 780, 784
後退翼設計 (Swept wing design)
    概念の源泉 (conceptual origins), 728–738
    高速航空機設計における展開 (development in high-speed aircraft design), 706–709

古典的揚力線理論の欠点 (classical lifting-line theory shortcomings), 432
  Busemann の紹介 (Busemann's introduction), 488
高度 (Altitude), 50, 55–56
勾配 (Gradients)
  逆の (adverse), 362–363, 376, 862
  スカラー場の (of scalar fields), 102–105
勾配線 (Gradient lines), 104
勾配定理 (Gradient theorem), 109
高揚力装置 (High-lift devices), 43, 373–376
効率 (Efficiency), 46, 591, 666
後流 (Wakes), 131
後流渦 (Trailing vortices), 432–435
極超音速ウエーブ・ライダ (Hypersonic waveriders)
  非粘性，圧縮性流れの場合の (for inviscid, compressible flows), 838–844
  粘性流れの場合の (for viscous flows), 844–852
極超音速流れ (Hypersonic flows) → 超音速流れ (Supersonic flows)
  空力加熱 (aerodynamic heating), 805–807, 831–837, 838, 967–969
  CFD 法の重要性 (importance of CFD methods), 829–831
  実験室において作りだす (producing in labs), 640, 641
  衝撃波関係式 (shock wave relations), 823–826
  定義 (defined), 27
  定性的な特徴 (qualitative aspects), 804–809
  Newton 流理論の基礎 (Newtonian theory basics), 809–812
  平板に適用された Newton 流理論 (Newtonian theory applied to flat plates), 812–819, 821–822
  Mach 数 (Mach number), 63, 64
  Mach 数非依存性 (Mach number independence), 827–829
極超音速飛行 (Hypersonic flight)
  概略史 (brief history), 804–805
  現状 (current status), 95, 803–804
極超音速における化学反応 (Chemical reactions in hypersonic flows), 806, 829–830, 831
固体，他の状態からの区別 (Solids, distinction from other states), 10
Goddard, Robert H., 738
古典的揚力線理論 (Classical lifting-line theory) → 揚力線理論 (Lifting-line theory)
Collier Trophy, 738
Columbia 号，スペースシャトル (Columbia space shuttle), 831
混合長理論 (Mixing length theory), 868
Convair F-102, 712, 738
Convair F-102A, 440, 441

サ

Zahm, Albert F., 191
最小抵抗係数 (Minimum drag coefficients), 43
最大のふれの角度 (Maximum deflection angle), 583–584
最大揚力係数 (Maximum lift coefficient)
  厚い翼型開発のインパクト (impact of thick airfoil development), 378–382
  極超音速翼型 (hypersonic airfoils), 815–817
  操作する (manipulating), 373–376

細長比 (Fineness ratio), 847
細長比 (Slenderness ratios), 849
最適化技術 (Optimization techniques), 350–351, 845–852
再突入飛行体 (Reentry vehicles)
  主要な発見 (major discoveries), 8–9, 10, 836
  Mach 数 (Mach numbers), 63
再付着衝撃波 (Reattachment shock), 628
先細-末広ダクト (Convergent-divergent ducts), 649–650
先細-末広ノズル (convergent-divergent nozzles), 653–658
先細ダクト (Convergent ducts), 648, 649
先細ノズル (Convergent nozzles), 639–640
Sutherland の法則 (Sutherland's law), 865
座標系 (Coordinate systems), 98–101, 104–105
座標系間の変換 (Transformation between coordinate systems), 99–100
差分方程式 (Difference equations), 181
三角翼設計 (Delta wing design)
  亜音速流れ解析 (subsonic flow analysis), 440–449
  古典的揚力線理論の欠点 (classical lifting-line theory shortcomings), 432
  Robert Jones の研究 (Robert Jones's work), 735
3 次元，非圧縮性流れ (Three-dimensional, incompressible flows)
  概要 (overview), 461–462
  球を過ぎる (over spheres), 465–469, 471–472
  点わき出し計算 (point source calculations), 461–463
  二重わき出し流れ (doublet flows), 463–465
  パネル法 (panel techniques), 469–471
3 次元緩和効果 (Three-dimensional relieving effect), 467–469, 798–799
酸素の解離 (Oxygen dissociation), 806
3 次元流れにおける点わき出し (Point sources in three-dimensional flows), 462–463

シ

Jacobs, Eastman, 488, 727
ジェットエンジン空気取入口設計 (Jet engine inlet design), 593
ジェット航空機開発 (Jet aircraft development), 488
Schempp-Hirth Nimbus 4 高性能滑空機 (Schempp-Hirth Nimbus 4 sailplane), 409–410
ジオポテンシャル高度 (Geopotential altitude), 55–56
時間依存法 (Time-dependent techniques)
  圧縮性 Couette の流れの解法のための (for solution of compressible Couette flow), 911–915
  Navier-Stokes 方程式 (Navier-Stokes equations), 992
  により超音速鈍い物体の流れを解く (solving supersonic blunt-body flows with), 781–788
時間進行法 (Time-marching techniques), 781
軸対称流れ (Axisymmetric flow), 465, 788, 790, 792
軸対称双曲体 (Axisymmetric hyperboloids), 974–975
軸対称よどみ点境界層方程式 (Axisymmetric stagnation point boundary layer equations), 966–967
軸力，接線力 (Axial force), 18, 19, 86–87
軸力係数，接線力係数 (Axial force coefficient), 21, 748
次元解析 (Dimensional analysis), 31–36
自己相似解 (Self-similar solutions), 945, 951
仕事率 (Rate of work), 872–874
仕事率 (Work rates), 872–874

実質微分 (Substantial derivative)
    基本概念 (basic concepts), 140–142
    を用いた基礎方程式 (fundamental equations in terms of), 146–148, 870
失速状態 (Stalled condition)
    薄翼 (thin airfoil), 370–373
    後縁 (trailing edge), 368–370
    前縁 (leading edge), 369, 368
    定義 (defined), 303
失速速度 (Stalling velocity), 43, 304
実物風洞 (Full-scale wind tunnels), 77
質量拡散 (Mass diffusion), 856–857
質量流束 (Mass flux), 117–119
質量流量 (Mass flow)
    円柱表面を通過する (across cylinder surface), 232–233
    境界層の (of boundary layer), 928–930
    先細–末広ノズルを通過する (through convergent-divergent nozzles), 655–656
    制御変数 (controlling variables), 664–665
    定義 (defined), 117–118
    2つの流線間に (between two streamlines), 167
Schairer, George, 736–737
自由渦 (Free vortices), 401
縦横比, アスペクト比 (Aspect ratio)
    初期における認識 (early recognition), 451, 452
    設計における考慮 (design considerations), 426, 427–428
    定義 (defined), 408
    誘導抵抗との関係 (relation to induced drag), 409–410, 414–416
    Wright 兄弟の間違い (Wright brothers' errors), 458
Joukowski, Nikolai, 163, 258, 383–384
修正された Newton 流理論 (Modified newtonian law), 811–812
自由分子流 (Free molecular flows), 58
自由流定義 (Freestream defined), 18
自由流の速度 (Freestream velocity), 18
自由流の乱れ (Freestream turbulence), 862
重力, 浮力 (Gravity, buoyancy force), 48–53
出発渦 (Starting vortex), 318–319
Schlieren 光学系 (Schlieren system), 629, 727, 728
準 1 次元流れ (Quasi-one-dimensional flow)
    非圧縮性 (incompressible), 199, 200
    支配方程式 (governing equations), 641,–650
    モデルの限界 (model's limitations), 771
循環 (Circulation)
    キャンバーのある薄い翼型の場合に (for thin cambered airfoils), 331–332
    渦流れの (of vortex flows), 249–250
    渦パネル法における (in vortex panel method), 346
    円柱を過ぎる揚力のある流れの場合に (for lifting flows over cylinders), 255
    基本概念 (basic concepts), 163–165
    Kelvin の定理 (Kelvin's theorem), 316–318
    非圧縮性一様流について (for incompressible uniform flows), 230
    揚力のある翼型まわりに (around lifting airfoils), 265–267
循環流れのパネル法 (Panel methods of calculating flow)
    渦パネル法 (vortex panel method), 342–347
    3 次元, 非圧縮性流れ (three-dimensional, incompressible flows), 469–471

数値的わき出しパネル法 (numerical source panel method), 267–272
準 2 次元流れ (Quasi-two-dimensional flow), 788
衝撃層 (Shock layers), 63
衝撃波 (Shock waves) → 垂直衝撃波；斜め衝撃波 (Normal shock waves; Oblique shock waves)
    からの抵抗 (drag from), 26, 595
    基本的特徴 (basic features), 512, 521
    境界層との相互作用 (interactions with boundary layers), 627–629, 672–706
    極超音速ウェーブ・ライダの (on hypersonic waveriders), 841–843, 845–846
    極超音速流れにおける (in hypersonic flows), 804–805, 823–826
    先細–末広ノズルにおける (in convergent-divergent nozzles), 655–658
    軸対称錐状流れにおける (in axisymmetric conical flows), 788–792, 795–799
    超音速鈍い物体流れ場における (in supersonic blunt-body flow fields), 781–788
    におけるせん断応力 (shear stresses in), 867
    の原因 (causes of), 574–577
    背後の流れ (flows behind), 61, 63
    ブレンディッド・ウイング・ボディー設計における (in blended wing body designs), 724
    Mach 数増加により (with increasing Mach number), 728
    Mach の研究 (Mach's studies), 629
衝撃波-膨張波理論 (Shock-expansion theory), 618–621
衝撃波離脱距離 (Shock detachment distance), 603
正味の仕事率 (Net rate of work), 872–874
じょう乱 (Perturbations), 684, 688
じょう乱速度 (Perturbation velocities), 684–686, 688, 689
じょう乱速度ポテンシャル方程式 (Perturbation velocity potential equation), 685, 689, 743
Jones, J. G., 843
Jones, Robert T., 706, 734–736, 754
Sylvanus Albert Reed 賞 (Sylvanus Albert Reed Award), 9

ス

すいこみ流れ (Sink flows)
    一様流 (uniform flows), 234–238
    二重わき出し (doublet), 238–240
    わき出し流れ対 (source flows versus), 231
水蒸気凝縮 (Water condensation), 635–636
水素気泡法 (Hydrogen bubble technique), 987
垂直衝撃波 (Normal shock waves) → 衝撃波 (Shock waves)
    音速および (speed of sound and), 526–530, 534–535
    概要 (overview), 521
    先細–末広ノズルにおける (in convergent-divergent nozzles), 655–656, 657, 672
    ディフューザにおける (in diffusers), 669, 670
    特性の計算 (calculating properties), 546–553
    関する式 (equations for), 522–526, 546
数値解法 (Numerical solution approach), 170–180 → 数値流体力学
数値的パネル法 (Numerical panel techniques)
    渦パネル法 (vortex panel method), 342–347
    3 次元, 非圧縮性流れ (three-dimensional, incompressible flows), 469–471

数値的わき出しパネル法 (numerical source panel method), 267–272
数値的揚力線理論 (Numerical lifting-line method), 429–432
Supermarine Spitfire, 414, 415, 426, 459
θ-β-M 関係式 (θ-β-M relation), 583, 585–586, 823–824
末広ダクト (Divergent ducts), 648, 649
末広ノズル (Divergent nozzles), 639–640
スカラー積 (Dot products), 97
スカラー積 (Scalar products), 97, 101–102
スカラー場 (Scalar fields), 101, 102–105, 112–114
SCRAMjet エンジン (SCRAMjet engines)
    X-51 ウェーブライダに搭載される (in X-51 waverider), 852
    現況 (current status), 803–804
    設計解析 (design analysis), 612–616
    定義 (defined), 556–557
Stack, John, 727
Stanton 数 (Stanton number)
    についての式 (equation for), 831, 833, 905
    Reynolds 数との関係 (relation to Reynolds number), 837
Stokes, George, 866, 871
Stokes 流れ (Stokes flow), 277, 280
Stokes の定理 (Stokes' theorem), 109
SPAD XIII, 283–284, 378, 381
スペイン無敵艦隊 (Spanish Armada), 4
スペースシャトル (Space shuttle)
    加熱領域 (regions of heating), 513
    再突入における通信途絶 (communications blackout on reentry), 11
    三角翼の設計 (delta wing design), 440, 442, 446
    主エンジンの設計 (main engine design), 639–640
    設計における CFD の使用 (use of CFD in design), 829–831
    悲劇的事故 (disasters), 831
    Boeing 747 に搭載されたときの流れ (flows when coupled to Boeing 747), 471
滑り線 (Slip lines), 600–601
滑りなし条件 (No-slip condition)
    境界層速度勾配の原因として (as cause of high boundary layer velocity gradient), 64–65
    Couette の流れモデルにおいて (in Couette flow model), 887–888
    粘性流れの特性として (as characteristic of viscous flows), 857, 880
Smeaton の係数 (Smeaton's coefficient), 87, 88
スロート (ダクト) (Throats (duct))
    質量流量に与えるインパクト (impact of area on mass flow), 665
    定義 (defined), 201, 649–650
Swallow 航空機 (Swallow aircraft), 679 679

セ

静圧 (Static pressure), 212, 215, 504
静圧孔 (Static pressure taps), 216
静温度 (Static temperature), 538 → 温度 (Temperature)
正弦 2 乗法則 (Sine-squared law)
    極超音速の場合の (for hypersonic flow), 27, 810
    初期のモデル (early model), 5, 6
静水力学方程式 (Hydrostatic equation), 49, 50
静力学 (Statics), 49–53
Theodorsen, Theodore, 728, 735–736

Cessna 560 Citation V, 47
Cessna Model 425 Conquest, 194
設計解析 (Design analysis)
    高速航空機設計 (high-speed aircraft design), 706–709
    SCRAMjet エンジン (SCRAMjet engines), 612–616
    高い縦横比の翼 (high-aspect-ratio wings), 438–439
    超音速断面積法則 (supersonic area rule), 753–754
    Pitot 静圧管 (Pitot-static probes), 216–220
    揚力係数および抵抗係数 (lift and drag coefficients), 43–47
    翼型形状 (airfoil shapes), 349–351
    翼型の空力中心 (aerodynamic center of airfoils), 341–342
    翼平面形の選定 (wing planform selection), 426–429
絶対粘性係数 (Absolute viscosity coefficient), 66–67
Seversky P-35 航空機 (Seversky P-35 aircraft)
    エンジン (engine), 83
    主翼平面系 (wing planform), 477
    巡航速度 (cruise velocity), 82
    の空気力学 (aerodynamics of), 192
    の抵抗係数 (drag coefficient on), 77, 78
ゼロ質量組合せジェット (Zero-mass synthetic jets), 999
ゼロ方程式モデル (Zero-equation models), 985
遷移点 (Transition point), 862
遷移に関する臨界 Reynolds 数 (Critical Reynolds number for transition), 356–357, 864
遷移領域 (Transition regions), 356–361
前縁 (Leading edges) → 翼型；鈍頭物体 (Airfoils; Blunt bodies)
    薄い翼型におけるそれまわりのモーメント (moment about, in thin airfoils), 325–327
    三角翼設計 (delta wing design), 440–449
    定義 (defined), 300
    鈍い (blunt), 969
    粘性最適化ウェーブ・ライダの (of viscous-optimized waveriders), 845
前縁失速 (Leading-edge stall), 369, 370
前縁スラット (Leading-edge slats), 374–375
前縁フラップ (Leading-edge flaps), 447–448
前縁まわりのモーメント (Moment about leading edge), 325–327
遷音速流れ (Transonic flows), 61, 695–698
遷音速翼型 (Transonic airfoils), 715–720
線形速度ポテンシャル方程式 (Linearized velocity potential equation), 684–689, 743
線形超音速流れ (Linearized supersonic flows)
    圧力係数計算式 (pressure coefficient formula), 743–747
    断面積法則 (area rule), 754–755
    についての翼型開発 (airfoil development for), 748–749
    表面摩擦抵抗 (skin-friction drag), 754–755, 756
前進差分 (Forward differences), 178, 775, 780, 784
線積分 (Line integrals), 106–107, 109
せん断応力 (Shear stress) → 粘性流れ (Viscous flows)
    渦あり流れを引き起こす (causing rotational flows), 162–163
    基本的特性 (basic properties), 15–16
    Couette の流れモデルにおいて (in Couette flow model), 888, 890, 891–893
    層流対乱流にともなう (with laminar versus turbulent flows), 69, 861–862

測定の単位 (units of measure), 16
速度勾配との関係 (relation to velocity gradients), 63, 66–67, 865
定義 (defined), 15, 857
粘性との関係 (relation to viscosity), 866–867
分布特性 (distribution principles), 17–23
流体対固体での (on fluids versus solids), 10–11
せん断層 (Shear layers), 925
尖点後縁 (Cusped trailing edges), 315
全動式尾翼 (All-moving tail), 709
St. Petersburg Academy, 285

ソ

総圧 (Total pressure)
垂直衝撃波を横切っての (across normal shock waves), 551–553, 554
静圧対 (static versus), 212–213, 215
定義 (defined), 504, 665–666
ディフューザにおいて保たれる (maintaining in diffusers), 666–667
流れ効率との関係 (relation to flow efficiency), 591
総エンタルピー (Total enthalpy), 505–506, 581
総温 (Total temperature)
垂直衝撃波を横切っての (across normal shock waves), 551
静温度との関係 (relation to static temperature), 537–538
定義 (defined), 505
斜め衝撃波を横切っての (across oblique shock waves), 581
熱量的完全気体における一定値 (constant in calorically perfect gas flows), 507
相似パラメータ (Similarity parameters), 35, 878–879
操船性 (Ship maneuverability), 4–5
相対風 (Relative wind), 18, 393–394
相対論，Mach の容認拒否 (Relativity, Mach's rejection of), 630
造波抵抗 (Wave drag) → 抵抗 (Drag)
後退翼設計により減少した (reduced with swept-wing design), 728–730
極超音速流れにおける (in hypersonic flows), 817–817, 819
超音速対亜音速流れに (in supersonic versus subsonic flows), 26
超音速流れにおける (in supersonic flows), 749, 755, 756
超音速流れの特徴として (as characteristic of supersonic flows), 747
定義 (defined), 595
粘性最適化ウェーブ・ライダの (of viscous-optimized waveriders), 848
の原因 (causes of), 621
造波抵抗係数 (Wave-drag coefficient), 749
層流 (Laminar flows)
が望ましいとき (when preferred), 861
基本原理 (basic properties), 68–69
球表面の (over spheres), 472
定義 (defined), 860–861
表面摩擦抵抗推算 (skin-friction drag estimates), 352–354, 755
層流境界層流れ (Laminar boundary layer flow)
厚さ (thickness), 933

基準温度法 (reference temperature methods), 960–963
衝撃波との相互作用 (interactions with shock waves), 628
平板上の圧縮性 (compressible, over flat plate), 948–957
平板上の非圧縮性 (incompressible, over flat plate), 941–948
よどみ点における空力加熱 (aerodynamic heating at stagnation points), 964
乱流よりも容易に解けるので (as easier to solve than turbulent flow), 937
ロケットにおいて成し遂げられた初期の試み (early attempts to achieve in rockets), 8
層流翼型 (Laminar-flow airfoils), 297
測定の単位 (Units of measure), 16–17
速度 (Velocity)
圧縮性流れにおいて測定する (measuring in compressible flows), 562–564
圧力との関係 (relation to pressure), 197, 203
渦流れの (of vortex flows), 248–251
空力加熱との関係 (relation to aerodynamic heating), 67–68, 832, 837, 861, 899–900
測定するためのツール (tools for measuring), 201–202, 211–220, 562–564
流れについて定義された (defined for flows), 14–15
による抵抗変化 (drag variation with), 959–960
発散 (divergence), 111–112
無次元 (nondimensional), 794–795
速度境界層厚さ (Velocity boundary-layer thickness), 928
速度勾配 (Velocity gradients)
境界層内で生じるファクター (factors causing within boundary layer), 64–65
せん断応力との関係 (relation to shear stress), 865
物体から離れた場所対近傍での (away from versus adjacent to body), 63
壁面で定義された (defined at wall), 66
有限差分解法 (finite-difference solution), 973
速度の発散 (Divergence of velocity), 111–112
速度場 (Velocity fields)
円柱を過ぎる一様流 (uniform flow over circular cylinders), 240–242
円柱を過ぎる揚力のある流れの場合の (for lifting flows over cylinders), 254
わき出しまたはすいこみ流れ (source or sink flows), 231–233, 235
速度分布 (Velocity profiles)
圧縮性境界層流れの (for compressible boundary layer flows), 951, 953, 954
定義 (defined), 857, 928
の関数 (functions of), 65
非圧縮性境界層流れの (for incompressible laminar boundary layer flows), 944–945
壁面における (at wall), 66
速度ポテンシャル (Velocity potential)
亜音速圧縮性流れに関する簡単化された方程式 (simplified equation for subsonic compressible flows), 681–684
亜音速圧縮性流れに関する線形化方程式 (linearized equation for subsonic compressible flows), 684–689
一様流 (uniform flows), 228
渦流れの (for vortex flows), 251

索引　　1051

基本概念 (basic concepts), 170–171
　流れ関数対 (stream function versus), 171, 173–174
　二重わき出し流れ (doublet flows), 238
束縛渦 (Bound vortices), 401
Sopwith Camel, 381
ソニック・ブーム (Sonic booms), 573

タ

大気の特性 (Atmospheric properties), 50
対称翼型 (Symmetric airfoils), 302, 318–328
代数モデル (Algebraic models), 985
体積積分 (Volume integrals), 107, 109
体積粘性係数 (Bulk viscosity coefficient), 866–867
体積流量 (Volume flow), 169
第二スロート (Second throat), 670–671
大陸間弾道ミサイル (ICBM) (Intercontinental ballistic missiles) (ICBMs), 8–9
対流加熱 (Convective heating), 807
対流微係数 (Convective derivative), 142
Townend, L. H., 844
楕円平面形翼 (Elliptical wing planforms), 414, 426
楕円揚力分布 (Elliptical lift distribution)
　の空気力学的特性 (aerodynamic properties with), 406–411
　ブレンディッド・ウイング・ボディー設計の (of blended wing body designs), 722–723
　誘導抵抗 (induced drag), 413–414
　高い縦横比の翼 (High-aspect-ratio wings), 438–439, 711
ダクト (Ducts)
　内の非圧縮性流れ (incompressible flows in), 198–206
　2次元超音速流れ解析 (two-dimensional supersonic flow analysis), 775–781
Douglas DC-3, 3, 31
縦揺れモーメント係数 (Pitching moment coefficient), 829–831
WAC Corporal ロケット (WAC Corporal rocket), 804
多要素フラップ (Multielement flaps), 376
d'Alembert, Jean Le Rond, 5, 242, 287, 288–289
d'Alembert のパラドックス (d'Alembert's paradox)
　初期の科学者への挑戦として (as challenge to early scientists), 288
　亜音速圧縮性流れに関する (for subsonic compressible flows), 693–694
　定義 (defined), 242, 277, 351
単位ベクトル (Unit vector), 97
単位翼幅あたりの揚力 (Lift per unit span)
　薄いキャンバーのある翼型についての (for thin cambered airfoils), 332
　薄い対称翼型についての (for thin symmetric airfoils), 325
　渦パネル法における (in vortex panel method), 346
　計算 (calculating), 257–258, 265
　定義 (defined), 20
単純な三角形平面形 (Simple delta planform), 443
弾道振り子 (Ballistic pendulum), 726
断熱過程 (Adiabatic processes), 495, 523
断熱流れ (Adiabatic flows)
　一般的図 (general diagram), 508
　エネルギー式 (energy equation), 506–507, 535–540
断熱壁温 (Adiabatic wall temperature), 881, 900–902, 903, 916, 951

断面積-速度関係式 (Area-velocity relation), 648
断面積法則 (Area rule), 712–713, 724, 738, 753–754
断面積-Mach 数関係式 (Area-Mach number relation), 599

チ

力の係数 (Force coefficients), 20–23, 86–87
窒素解離 (Nitrogen dissociation), 806
中心差分 (Central differences), 775
超音速空気取入口 (Supersonic inlets), 593
超音速航空機 (Supersonic aircraft)
　最初の有人の (first piloted), 3, 705, 706, 743
　再突入飛行体設計 (reentry vehicle design), 8–9
　翼型形状 (airfoil shapes), 298, 446
超音速流れ (Supersonic flows) → 極超音速流れ；斜め衝撃波；衝撃波 (Hypersonic flows; Oblique shock waves; Shock waves)
　円錐およびくさびを過ぎる (over cones and wedges), 593–597, 788–799
　先細-末広ノズルを流れる (through convergent-divergent nozzles), 655–658
　時間依存法 (time-dependent techniques), 781–788
　実験室で作り出される (producing in labs), 640
　線形化された超音速圧力係数式 (linearized supersonic pressure coefficient formula), 743–747
　速度測定 (velocity measurement), 563–564
　断面積法則 (area rule), 753–754
　特性曲線法の基礎 (method of characteristics basics), 658, 763–768
　特性曲線法の適用 (method of characteristics applications), 769–774
　波の形成 (wave formation), 575–577
　表面摩擦抵抗 (skin-friction drag), 754–755, 756
　Prandtl の研究 (Prandtl's studies), 455
　Mach 数 (Mach number), 61–63
　有限差分法計算手法 (finite-difference method approaches), 774–781
　用の翼型開発 (airfoil development for), 748–749
超音速流れにおける凝縮 (Condensation in supersonic flows), 635–636
"Aerodynamic Forces at Supersonic Speeds" (Busemann), 728
超音速燃焼ラムジェットエンジン (Supersonic combustion ramjet engines) → SCRAMjet エンジン (SCRAMjet engines)
超音速風洞 (Supersonic wind tunnels), 493, 639–640, 666–671
超音速風洞のスロート (Throats in supersonic wind tunnels), 670–671
超音速輸送機 (Supersonic transport), 573, 574
超臨界翼型 (Supercritical airfoils)
　基本概念 (basic principles), 713–715
　の開発 (development of), 298, 349, 739
　ブレンディッド・ウィング・ボディーの設計における (in blended wing body designs), 723
調和関数 (Harmonic functions), 223
直線翼，後退翼対 (Straight wings, swept wings versus), 709–711 → 後退翼設計；翼 (Swept wing design; Wings)
直交座標系 (Orthogonal coordinate systems), 98–101

ツ

通信途絶 (Communications blackouts), 807
冷たい壁の場合 (Cold wall cases)
 境界層厚さとの関係 (relation to boundary layer thickness), 953, 954
 Couette の流れ (Couette flow), 916
 定義 (defined), 889
強い衝撃波の解 (Strong shock solutions), 584–585, 797

テ

T-38 ジェット練習機 (T-38 jet trainer), 78, 79, 78–80
抵抗 (Drag)
 極超音速における (in hypersonic flows), 812–819, 821–822, 834–836
 CFD 計算方法の限界 (limitations of CFD calculation methods), 481–482
 造波抵抗 (wave drag), 26, 595, 620, 728–730 → 造波抵抗 (Wave drag)
 速度による変化 (variation with velocity), 959–960
 単位翼幅あたりの (per unit span), 20
 定義 (defined), 18
 流れにおいて 2 次元物体に働く (on two-dimensional body in a flow), 127–132
 流れのはく離による (due to flow separation), 361–366, 378
 についてウェーブ・ライダ平面形を最適化する (optimizing waverider planforms for), 848–849
 粘性および (viscosity and), 855
 飛行機に働く実際の力 (real forces on airplanes), 472–483
 表面摩擦 (skin friction), 22, 26, 352–361 → 表面摩擦抵抗 (Skin-friction drag)
 誘導された (induced), 80, 396, 406
抵抗極曲線 (Drag polars)
 直線翼対後退翼 (straight versus swept wing), 732, 733
 定義 (defined), 86, 416
 の式 (equation for), 476, 813
抵抗係数 (Drag coefficients)
 一般的な形状の (for common configurations), 71–78
 円柱について測定された (measured over circular cylinders), 277–284
 円柱を過ぎる揚力のある流れの (for lifting flows over cylinders), 256–257
 球を過ぎる流れの (for flow over spheres), 472–473
 計算する (calculating), 36
 初期の式 (early equations), 87, 88
 全機の (for complete airplanes), 475–476
 造波 (wave), 749
 超音速流れにおける (in supersonic flows), 622, 754–755, 756
 定義 (defined), 21, 23
 について航空機設計を解析する (analyzing aircraft designs for), 43–47
 表面摩擦 (skin friction), 22, 353, 355–356, 358, 360–361
 Mach 数との関係 (relation to Mach number), 597, 703–706, 828
 迎え角および (angle of attack and), 305–306, 813–815, 817–818
 有限翼幅翼の (for finite wings), 397
 誘導された (induced), 406

抵抗ゼロのパラドックス (Zero-drag paradox), 242
抵抗発散 Mach 数 (Drag-divergence Mach number), 703–706, 709, 713, 714
定常流れ場 (Steady flow fields), 115, 121
低速風洞 (Low-speed wind tunnels), 202–205
低速翼型 (Low-speed airfoils), 347–349
ディフューザ (Diffusers), 203–204, 665–666
低密度流れ (Low-density flows), 58
Taylor, G. I., 789
Taylor-Maccoll 方程式 (Taylor-Maccoll equation), 794, 827
DC-3 航空機 (DC-3 aircraft), 3, 31
テーパ翼 (Tapered wings), 414, 426
デカルト座標系 (Cartesian coordinate system)
 Couette の流れ形状 (Couette flow geometry in), 889–890
 実質微分 (substantial derivative), 142
 スカラー積およびベクトル積 (scalar and vector products in), 101–102
 スカラー場の勾配 (gradient of scalar field), 104
 速度場 (velocity field), 115
 速度ポテンシャル (velocity potential), 170
 における流れ関数 (stream function in), 168
 の要素 (elements of), 98–99
 ベクトル場の回転 (curl of vector field), 106
 ベクトル場の発散 (divergence of vector field), 105
 Laplace の方程式 (Laplace's equation), 224
 流線の式 (streamline equation), 150–151
適合の条件 (Compatibility equations), 767
D. H. 108 Swallow, 679, 680
DeHaviland DHC-6 Twin Otter, 298
deHavilland, Geoffrey, 679
点すいこみ (Point sinks), 463
点特性 (Point properties), 12–14
電離 (Ionization), 806–807

ト

動圧 (Dynamic pressure), 21, 212, 687
等圧線 (Isolines), 102
等エントロピー圧縮波 (Isentropic compression waves), 613, 618
等エントロピー圧縮率 (Isentropic compressibility), 502
等エントロピー流れ (Isentropic flows)
 音波を通過する (through sound waves), 528
 定義 (defined), 495
 ディフューザからの (from diffusers), 666–667
 等エントロピーの関係式 (equations for), 497–500
 に対する非等エントロピーの (nonisentropic versus), 507–508
 ノズルを流れる (through nozzles), 653–655, 656, 657, 658, 668–669, 772–774
等温圧縮率 (Isothermal compressibility), 502
等価対気速度 (Equivalent airspeed), 216
動粘性係数 (Kinematic viscosity), 942
頭部衝撃波，機首衝撃波 (Bow shocks)
 の背後の流れ (flows behind), 63
 垂直衝撃波に関係した (normal shock waves associated with), 521
 鈍い物体の前方において，の特性 (in front of blunt body, properties of), 603–604
等ポテンシャル線 (Equipotential lines), 173–174
特性曲線法 (Method of characteristics)
 の基礎 (elements of), 763–769
 の目的 (purpose of), 658

を用いたノズル解析 (nozzle analysis using), 769–771
を用いたノズルの設計 (nozzle design using), 771–774
特性線，特性曲線 (Characteristic lines), 764, 765–769, 771–774
特性 Mach 数 (Characteristic Mach number), 539–540, 547
閉じた形式の解 (Closed-form solutions), 175–176
Dryden, Hugh , 726
Torricielli, Evangelista 205
Drake, Francis 4

ナ

内部エネルギー (Internal energy), 490, 504
内部空気力学 (Internal aerodynamics), 11
流れ (Flows) → 流体力学 (Fluid dynamics)
    主なタイプ (major types), 58–63
    境界層概念 (boundary layer concepts), 63–69
    速度の定義 (velocities defined), 14–15
    流れの道すじ，流線，および色つき流線 (pathlines, streamlines, and streaklines), 148–151
    力学的相似性 (dynamic similarity), 37–41
流れ関数 (Stream function)
    一様わき出しおよびすいこみ流れの (for uniform source and sink flows), 236–237
    渦流れの (for vortex flows), 251, 253–254
    円柱を過ぎる一様流 (uniform flow over circular cylinders), 241
    基本概念 (basic concepts), 166–170
    速度ポテンシャル対 (velocity potential versus), 171, 173–174
    2 次元わき出し流れの (for two-dimensional source flows), 234
    二重わき出し流れ (doublet flows), 238
    非圧縮性一様流の (for incompressible uniform flows), 229
    Laplace の方程式と (Laplace's equation and), 224–225
流れ速度 (Flow velocity), 14–15 → 速度 (Velocity)
流れのはく離 (Flow separation)
    球の (over spheres), 472, 473
    境界層概念 (boundary layer concepts), 59, 60, 64, 65
    固体表面を過ぎる粘性流れにおいて (in viscous flows over solid surfaces), 858–859
    CFD 計算の不確実性 (uncertainty of CFD calculation), 482
    抵抗係数との関係 (relation to drag coefficient), 71–72, 75
    翼型に対しての原因と結果 (causes and consequences for airfoils), 361–366
流れの道すじ (Pathlines), 146–150
流れの力学的相似性 (Dynamic similarity of flows), 37–41
流れ場 (Flow fields)
    速度 (velocities), 167, 171
    変化 (variation), 112–115
    力学的相似性 (dynamic similarity), 37–41
流れ場における流体要素の変形 (Distortion of fluid elements in flow fields), 154–155
"Lift in Flowing Fluids"(Kutta) , 383

NASA LS(1)-0417 翼型 (NASA LS(1)-0417 airfoil), 347–348, 349, 361–363
NASA 低速翼型 (NASA low-speed airfoils), 347–349
斜め衝撃波 (Oblique shock waves) → 衝撃波 (Shock waves)
    円錐およびくさびまわりの (over cones and wedges), 593–597, 797
    概要 (overview), 573, 574
    基本的特性 (basic properties), 579–589
    極超音速ウェーブ・ライダの (on hypersonic waveriders), 841–843, 845–846
    極超音速流れにおける (in hypersonic flows), 804–805, 823–826
    先細–末広ノズルにおける (in convergent-divergent nozzles), 657, 658
    衝撃波–膨張波理論 (shock-expansion theory), 618–621
    総圧損失 (total pressure loss), 591–593
    相互作用と反射 (interactions and reflections), 597–601
    ディフューザにおける (in diffusers), 666, 669–670
    の原因 (causes of), 574–577
    の背後の圧力係数 (pressure coefficient behind), 824–825
斜め衝撃波式 (Oblique shock equations), 823–826
斜め膨張波 (Oblique expansion waves) → 膨張波 (Expansion waves)
Navier, M., 871
Navier-Stokes 方程式 (Navier-Stokes equations)
    解法の例 (sample solutions), 992–999
    Couette の流れモデルにおける (in Couette flow model), 889–890
    CFD 法における (in CFD methods), 176,720, 991, 992
    導出 (deriving), 868–872
    におよぼす境界層概念のインパクト (impact of boundary layer concept on), 925
    非定常，2 次元流れに関する (for unsteady, two-dimensional flow), 911
    表面摩擦抵抗の正確な予測 (accurate prediction of skin-friction drag), 1000–1003
波の角度 (Wave angle), 579

二

Nicholas-Beazley 飛行機会社 (Nicholas-Beazley Airplane Company), 734
2 次オーダー渦パネル法 (Second-order vortex panel method), 347–348
2 次元流れ (Two-dimensional flows), 153–158, 166–170
2 次元ノズル (Two-dimensional nozzles), 771–772
2 次元物体 (Two-dimensional bodies), 22, 126–132
2 次精度 (Second-order accuracy), 179
二重くさび翼型 (Diamond-shaped airfoils), 619–620
二重三角翼平面形 (Double delta planform), 443
二重わき出し流れ (Doublet flows), 238–240, 463–465
2 点境界値問題 (Two-point boundary value problems), 908
鈍い再突入体 (Blunt reentry bodies), 8–9, 10
鈍い物体 (Blunt bodies)
    圧力抵抗 (pressure drag), 75
    極超音速流れにおける空力加熱 (aerodynamic heating in hypersonic flows), 8–9, 10, 833–837, 967–969

時間依存法による超音速流れを解く (solving supersonic flows with time-dependent techniques), 781–788
離脱衝撃波 (detached shock waves), 603–604, 606
入射衝撃波 (Incident shock waves), 599–560
Newton, Isaac
 音速の計算 (speed of sound calculation), 533–534
 主要な貢献 (major contributions), 285
 せん断応力の認識 (shear stress recognition), 893–894
 流体流れのモデル (fluid flow model), 5, 805
Newton の第二法則 (Newton's second law), 121, 809, 868
Newton 流体 (Newtonian fluids), 893–894
Newton 流理論 (Newtonian theory)
 極超音速流れに対する基本的な適用 (basic application to hypersonic flows), 809–812, 826
 他の方法に対する精度 (accuracy versus other methods), 826, 827
 平板への適用 (flat plate applications), 812–819, 821–822
任意物体，に関する境界層 (Arbitrary bodies, boundary layers for), 970–974

ネ

ねじり上げ (Washin), 400
ねじり下げ (Washout), 400
熱伝達 (Heat transfer) → 空力加熱；熱伝導 (Aerodynamic heating; Thermal conduction)
 から乱流への遷移 (transition to turbulent flows from), 862
 Couette の流れモデルにおける (in Couette flow model), 889, 893–905
 極超音速飛行体の表面への (to surfaces of hypersonic vehicles), 807, 833
 衝撃波-境界層相互作用における (in shock wave-boundary layer interactions), 628–629
 における主要変数 (major variables in), 36
 熱伝導による流体要素への (to fluid elements by thermal conduction), 874
 粘性流れにおける計算 (calculation in viscous flows), 881–882
 有限差分解法 (finite-difference solution), 973
 よどみ点における (at stagnation points), 964–969
 を決定する基準温度法 (reference temperature method of determining), 961
熱伝達係数 (Heat transfer coefficient), 905
熱伝導 (Thermal conduction) → 空力加熱；熱伝達 (Aerodynamic heating; Heat transfer)
 定義 (defined), 66
 粘性係数と (viscosity and), 860, 864–868
 流体要素への計算 (calculating into fluid elements), 874
熱伝導率 (Thermal conductivity)
 空力加熱への効果 (effect on aerodynamic heating rate), 67, 68
 比例定数として (as proportionality constant), 865
 Prandtl 数における (in Prandtl number), 36
熱防御 (Thermal protection), 803–804
熱力学 (Thermodynamics)
 第一法則 (first law), 132–136, 138, 494–495, 872
 第二法則 (second law), 495–497, 549–550
 定義 (defined), 487

等エントロピー関係式 (isentropic relations), 498–500
 における主要変数 (major variables in), 36, 489–491
熱力学系の境界 (Boundaries of thermodynamic systems), 494
熱力学第二法則 (Second law of thermodynamics), 495–497, 549–550
熱流束 (Heat flux), 937 → 空力加熱；熱伝達 (Aerodynamic heating; Heat transfer)
熱量的完全気体 (Calorically perfect gas), 490, 529
狙い撃ち法 (Shooting method)
 圧縮性 Couette の流れの解法のための (for solution of compressible Couette flow), 909–911
 Blasius の式を用いる (use with Blasius' equation), 944
 平板を過ぎる圧縮性層流の解法のための (for solution of compressible laminar flows over flat plate), 951
 よどみ点境界層方程式の解法のための (for solution of stagnation point boundary layer equations), 966
粘性，熱伝導および (Viscosity, thermal conduction and), 860, 864–868
粘性係数 (Viscosity coefficient)
 空気力における役割 (role in aerodynamic force), 32
 せん断応力 (shear stress and), 66–67
 定義 (defined), 16, 865
 比例定数として (as proportionality constant), 866
粘性最適化ウェーブ・ライダ (Viscous-optimized waveriders), 844–852
粘性散逸 (Viscous dissipation)
 境界層における Mach 数との関係 (relation to Mach number in boundary layer), 954
 Couette の流れにおける (in Couette flows), 889, 895–896, 899
 定義 (defined), 860
粘性相互作用現象 (Viscous interaction phenomena), 805
粘性流 (Viscous flows) → 抵抗；抵抗係数 (Drag; Drag coefficients)
 渦あり特性 (rotational nature), 161–162
 エネルギー式 (energy equation), 872–875
 解法の原理 (solution principles), 879–882
 基本概念 (basic concepts), 58–60, 855
 基本メカニズム (basic mechanisms), 351–352
 境界層概念 (boundary layer concepts), 63–69, 926–933
 Couette の流れの概念 (Couette flow concepts), 887–890
 Couette の流れの支配方程式 (Couette flow governing equations), 907–909
 衝撃波–境界層相互作用 (shock wave-boundary layer interactions), 627–629, 672–674
 数値解法 (numerical solutions), 991–1003
 相似パラメータ (similarity parameters), 876–879
 タイプ (types), 68–69
 超音速翼型を過ぎる (over supersonic airfoils), 754–755, 756
 定性的特徴 (qualitative aspects), 856–864
 Navier-Stokes 方程式の使用 (use of Navier-Stokes equations), 868–872
 における熱伝導 (thermal conduction in), 860, 864–868

の場合の極超音速ウェーブ・ライダ (hypersonic waveriders for), 844–852
はく離 (separation), 361–366
表面摩擦抵抗 (skin-friction drag), 352–361
乱流境界層解析 (turbulent boundary layer analysis), 979–987

ノ

North American F-86 Sabre, 216, 218, 709, 710
Northrop T-38 ジェット練習機 (Northrop T-38 jet trainer), 78, 79, 78–80
ノズル (Nozzles)
    スペースシャトルエンジンの (of space shuttle engines), 639
    超音速風洞における (in supersonic wind tunnels), 666–671
    特性曲線法を用いて解析する (analyzing with method of characteristics), 769–771
    特性曲線法を用いて設計する (designing with method of characteristics), 771–774
    における圧縮性流れ (compressible flows in), 650–658, 665
    における衝撃波/境界層相互作用 (shock wave/boundary layer interactions in), 672–674
    における垂直衝撃波 (normal shock waves associated with), 521
ノズルの相殺部 (Straightening section of nozzle), 773
ノズルの膨張部 (Expansion section of nozzle), 773
Nonweiler, T. R., 843

ハ

背圧 (Back pressure), 656–658
排除厚 (Displacement thickness), 928–931, 947
Hydraulica (Bernoulli Sr.), 285–287
Hydrodynamica (Bernoulli), 285
Piper PA-38 Tomahawk, 349
Piper Aztec, 698
Hyper-X 実験機 (Hyper-X hypersonic research vehicle), 616
Piper Cherokee, 458
はく離泡 (Separation bubbles), 372
はく離流 (Separated flows) → 流れのはく離 (Flow separation)
Buckingham の π 定理 (Buckingham pi theorem), 31–36
発散定理 (Divergence theorem), 109
馬蹄渦 (U 字渦) (Horseshoe vortices)
    Prandtl の揚力線理論における (in Prandtl's lifting-line theory), 401–404, 418–420, 453
    揚力面理論における適用 (use with lifting-surface theory), 437–438
    Lanchester の貢献 (Lanchester's contributions), 451
ハリケーン Hugo (Hurricane Hugo), 284–285
張り線 (Bracing wires), 283–284
反射衝撃波 (Reflected shock waves), 599
Hunter, Craig A., 672
半無限渦糸 (Semi-infinite vortex filaments), 399–400

ヒ

非圧縮性流れ (Incompressible flows), → 非粘性, 非圧縮性流れ；3 次元非圧縮性流れ (Inviscid, incompressible flows; Three-dimensional, incompressible flows)
    圧力係数 (pressure coefficient), 220–222
    一様流原理 (uniform flow principles), 228–230
    渦流れ (vortex flows), 248–251
    円柱を過ぎる一様流 (uniform flow over circular cylinders), 240–245
    基本的概念 (basic concepts), 60
    Couette の流れの概念 (Couette flow concepts), 891–897
    Couette の流れの回復係数 (Couette flow recovery factor), 903–904
    速度に関する条件 (condition on velocity), 222–223
    ダクト内における (in ducts), 198–206
    断熱壁条件の Couette の流れ (Couette flow with adiabatic wall conditions), 900–902
    等温壁条件の Couette の流れ (Couette flow with equal wall temperatures), 898–900
    二重わき出し流れ (doublet flows), 237–240, 463–465
    についての応用 (applications for), 192
    粘性散逸を無視できる Couette の流れ (Couette flow with negligible viscous dissipation), 897–898
    平板層流境界層流れ (flat plate laminar boundary layer flows), 941–948
    平板表面摩擦抵抗係数 (flat plate skin-friction drag coefficient), 755
    Mach 数 (Mach number), 71, 543–544
    Laplace の方程式 (Laplace's equation), 223–227
    わき出し流れ (source flows), 230–234
P-35 航空機 (P-35 aircraft)
    エンジン (engine), 83
    主翼平面形 (wing planform), 477
    巡航速度 (cruise velocity), 82
    に働く抵抗係数 (drag coefficient on), 77, 78
    の空気力学 (aerodynamics of), 192
Beechcraft Baron 54, 389–390, 423
比エンタルピー (Specific enthalpy), 490–491
Biot-Savart の法則 (Biot-Savart law), 397–401
低い縦横比の翼 (Low-aspect-ratio wings), 433, 709
飛行機の揚力と抵抗 (Airplane lift and drag)
    CFD の手法 (CFD approaches), 479–483
    抵抗の計算 (drag calculations), 475–476
    揚抗比 (lift-to-drag ratio), 477–479
    揚力解析 (lift analyses), 472–474
微小角近似 (Small-angle approximation), 824
微小流体要素法 (Infinitesimal fluid element approach), 110
歪 (Strain), 158, 866–867
歪の時間変化率 (Time rate of strain), 158, 866
非線形超音速流れ (Nonlinear supersonic flows)
    円錐を過ぎる (over cones), 788–789
    時間依存法 (time-dependent techniques), 781–788
    特性曲線法の基礎 (method of characteristics basics), 763–769
    特性曲線法の適用 (method of characteristics applications), 769–774
    有限差分法解法 (finite-difference method approaches), 774–781
比体積 (Specific volume), 489
左向き波 (Left-running waves), 600–601

非断熱流れ (Nonadiabatic flows), 507, 508
非定常流れ場 (Unsteady flow fields), 114–115, 121
非等エントロピー流れ (Nonisentropic flows), 507–508
Pitot 管 (Pitot tubes)
    圧縮性流れでの (with compressible flows), 562–564
    基本原理 (basic principles), 191, 211–214
    設計 (designing), 216–220
Pitot-静圧管 (Pitot-static probes), 212, 216–220
Pitot, Henri, 211
比内部エネルギー (Specific internal energy), 490–491
比熱 (Specific heat), 37 脚注, 490, 491
非粘性，圧縮性流れ (Inviscid, compressible flows), → 圧縮性流れ；亜音速圧縮性流れ (Compressible flows; Subsonic compressible flows)
    支配方程式 (governing equations), 503–504
    衝撃波 (shock waves), 512–513
    ディフューザを流れる (through diffusers), 665–666
    と対比した粘性流れ (viscous flows versus), 916
    ノズル内に (in nozzles), 650–658, 665
    の場合のウェーブ・ライダ (hypersonic waveriders for), 838–844
    風洞を流れる (through wind tunnels), 666–671
非粘性流れ (Inviscid flows)
    基本概念 (basic concepts), 58–60
    境界条件 (boundary conditions), 880
    境界層の外側の (outside boundary layers), 63
    翼型を過ぎる (over airfoils), 64
非粘性，非圧縮性流れ (Inviscid, incompressible flows)
    圧力係数 (pressure coefficient), 220–222
    一様流の原理 (uniform flow principles), 228–230
    渦流れ (vortex flows), 242–251
    円柱を過ぎる一様流 (uniform flow over circular cylinders), 240–245
    円柱を過ぎる揚力のある流れ (lifting flow over cylinders), 252–253
    近似として (as approximations), 191
    速度に関する条件 (condition on velocity), 222–223
    対気速度計測 (airspeed measurement), 211–216
    ダクト内に (in ducts), 198–206
    二重わき出し流れ (doublet flows), 238–240
    Bernoulli の式 (Bernoulli's equation), 192–197
    翼型理論 (airfoil theory), 310–312
    Laplace の方程式 (Laplace's equation), 223–227
    わき出し流れ (source flows), 230–234
微分の連鎖律 (Chain rule of differentiation), 778
標準大気 (Standard atmosphere), 50
表面粗さ (Surface roughness), 862
表面摩擦抵抗 (Skin-friction drag), → 抵抗 (Drag)
    圧力抵抗対 (pressure drag versus), 74–75, 834–836
    からの極超音速流れにおける加熱 (heating in hypersonic flows from), 872–836
    極超音速流れにおける平板表面における (on flat plate surfaces in hypersonic flows), 840–841
    遷移領域 (transition regions), 356–361
    層流についての推算 (estimating for laminar flows), 352–354
    超音速流れ (supersonic flows), 754–755, 756
    粘性最適化ウェーブ・ライダの (of viscous-optimized waveriders), 848
    粘性と (viscosity and), 859–860
    非圧縮性流れについての平板の (on flat plate for incompressible laminar flows), 945–946
    予測の正確さ (accuracy of prediction), 999–1003
    乱流についての推算 (estimating for turbulent flows), 534–356
表面摩擦抵抗係数 (Skin-friction drag coefficient)
    圧縮性流れの場合の平板の (on flat plate for compressible laminar flows), 955, 956
    片面の (for one surface), 353–354
    空力加熱と (aerodynamic heating and), 835–836
    非圧縮性層流の場合の平板の (on flat plate for incompressible laminar flows), 755, 946
    乱流および層流境界層流れについて (for turbulent versus laminar boundary layer flows), 980–981
表面摩擦抵抗係数 (局所) (Skin-friction coefficient (local))
    圧縮性平板境界層の (for compressible flat-plate boundary layer flows), 957
    Couette の流れの (for Couette flows), 904
    速度依存 (dependence on velocity), 26
    定義 (defined), 25
    Navier-Stokes 解法 (Navier-Stokes solutions), 1003
    非圧縮性層流の場合の平板上における (on flat plate for incompressible laminar flows), 946
    有限差分解法 (finite-difference solution), 973
    を決定するための基準温度法 (reference temperature method of determining), 960

フ

V-2 ロケット (V-2 rocket), 8
Phillips, Horatio F., 300, 378, 379
Philip II, 4
Busemann, Adolf
    後退翼概念の考案者として (as originator of swept-wing concept), 488, 706
    最初の超音速錐状流れの解 (first supersonic conical flow solution), 789
    超音速風洞 (supersonic wind tunnel), 640
    Prandtl との関係 (association with Prandtl), 457, 730
    略伝 (brief biography), 728–730
風洞 (Wind tunnels)
    極超音速 (hypersonic), 640, 641
    実物 (full scale), 77
    初期の高速翼型模型 (early high-speed models), 726, 727
    初期の翼型の限界 (limitations of early models), 380
    ダクト内の非圧縮性流れの応用として (as application of incompressible flow in ducts), 202–205
    超音速 (supersonic), 493, 639–640, 666–671
    における流れの力学的相似性 (dynamic similarity of flows in), 37, 40–41, 43
    Wright 兄弟の開発 (Wright brothers' development), 7–8, 300
風洞の測定部 (Test sections of wind tunnels), 670
Fourier 正弦級数 (Fourier sine series), 411
Fales, E. N., 709, 726
Fokker, Anthony, 380, 381
Fokker Dr-1 三葉機 (Fokker Dr-1 triplane), 380–381
Fokker D-VII, 402–3
Foppl, O., 451–452
Foppl, August, 454
von Kármán, Theodor, 278, 456, 457, 732
吹下ろし (Downwash)

局所相対風におよぼす影響 (effects on local relative wind), 393–394
楕円揚力分布による (with elliptical lift distribution), 407
定義 (defined), 393
Prandtl の揚力線理論における (in Prandtl's lifting-line theory), 401–402, 404
吹き出し風洞 (Blow-down tunnels), 493
複数渦 (Vortices)
航空機翼端からの (from aircraft wing tips), 12, 393, 394, 451–453
三角翼前縁から (from delta wing leading edges), 440–449
Prandtl の揚力線理論における (in Prandtl's lifting-line theory), 401–404
複葉機張り線 (Biplane wing wires), 283–284
符号の規約 (Sign conventions), 20, 29
不足膨張流れ (Underexpanded flows), 658
付着衝撃波 (Attached shock waves)
くさびおよび円錐を過ぎる流れにともなう (with flows over wedges and cones), 583, 584, 799
極超音速ウエーブ・ライダにおける (on hypersonic waveriders), 841–843
衝撃波-膨張波理論における (in shock-expansion theory), 619–621
Bushnell, Dennis, 721
物理面 (Physical plane), 778
Blasius の式 (Blasius' equation), 941–948
フラックス変数 (Flux variables), 778
Francis Marion National Forest, 284–285
Prandtl の関係式 (Prandtl relation), 547
Prandtl-Glauert 圧縮性補正 (Prandtl-Glauert compressibility correction)
後退翼設計において (in swept wing design), 711
導出 (deriving), 689–694
の生まれ (origins), 726–727
の限界 (limitations of), 695, 705
Prandtl 数 (Prandtl number)
一定と仮定する (assuming constant), 916–921
境界層厚さとの関係 (relation to boundary layer thickness), 928
Couette の流れの場合の (for Couette flows), 894–895, 904, 957
Stanton 数との関係 (relation to Stanton number), 905
定義 (defined), 36, 755, 878, 879
乱流境界層流れにおける (in turbulent boundary layer flows), 987
Prandtl-Meyer 関数 (Prandtl-Meyer function), 611, 768
Prandtl-Meyer 膨張波 (Prandtl-Meyer expansion waves), 606–611
Prandtl, Ludwig
厚い翼型の発見 (thick airfoil discoveries), 380
境界層概念の創始者として (as originator of boundary layer concept), 63, 455, 925
空気力学術用語の創始者として (as originator of aerodynamic nomenclature), 88
矩形翼データ (rectangular wing data), 415–416, 417, 419, 420
高速流れの研究 (high-speed flow studies), 726
混合長理論 (mixing length theory), 868
最初の実用的翼型理論の創始者として (as originator of first practical airfoil theory), 86

電気工学用語の使用 (use of electrical terminology), 398
に与えた Lanchester の考えられる影響 (Lanchester's potential influence on), 451–453
Volta 会議における発表 (Volta Conference presentation), 488
略伝 (brief biography), 454–457
翼研究への方法 (approach to wing studies), 298, 401–403
Briggs, Lyman J., 726
プリミティブ変数 (Primitive variables), 778
浮力 (Buoyancy force), 48–53
プリンキピア (Newton) (*Principia* (Newton)), 5, 533–534
Flettner, Anton, 261–262
Frederick 大王 (Frederick the Great), 287
ふれの角度 (Deflection angle), 583–584, 599–600
ブレンディド・ウイング・ボディー (Blended wing bodies), 3, 721–724, 725, 726
プロペラ翼 (Propeller blades), 726–727
分子，内部エネルギー (Molecules, internal energy), 489–490
分子運動 (Molecular motions), 526–528
分子間力 (Intermolecular forces), 489
分子構造 (Molecular structures), 10
分子熱伝導率 (Molecular thermal conductivity), 985
分子粘性係数 (Molecular viscosity), 985
分布荷重 (Distributed loads), 29
分離流線 (Dividing streamlines), 236, 242

へ

平均自由行程 (Mean-free path), 58
平均矢高線 (平均キャンバー線) (Mean camber line), 300
→ 矢高線 (キャンバー線) (Camber line)
米国航空評議委員会 (National Advisory Committee for Aeronautics)
加圧風洞 (pressurized wind tunnel), 40–41
高速流れの研究 (high-speed flow studies), 726, 727, 728–729
における Richard Whitcomb の研究 (Richard Whitcomb's work for), 738–739
における Robert Jones の研究 (Robert Jones's work for), 734–735
翼型規格 (airfoil specifications), 86–87, 126, 300, 302, 303
閉塞流 (Choked flow), 655, 665
平板 (Flat plates)
圧縮性層流境界層流れ (compressible laminar boundary layer flows), 948–957
薄い翼型のモデルとして (as models for thin airfoils), 323, 370–373
極超音速流れにおける (in hypersonic flows), 805, 832, 840–841
として極超音速流れにある翼をモデル化する (modeling wings in hypersonic flows as), 812–819, 821–822
非圧縮性層流境界層流れ (incompressible laminar boundary layer flows), 941–948
表面摩擦抵抗計算のためのモデルとして (as models for skin friction drag estimates), 352, 353, 366
法線力係数 (normal force coefficient), 748
乱流境界層流れ解析 (turbulent boundary layer flow analysis), 979–984

を過ぎる超音速流れ (supersonic flow over), 618–619, 748–749
閉風路風洞 (Closed-circuit tunnels), 203
平面形面積 (Planform area), 75, 76, 426
Helmbold の式 (Helmbold's equation), 438, 711
壁面温度 (Wall temperature), 928, 953–954 → 温度 (Temperature)
壁面境界条件 (Wall boundary conditions), 226–227, 880–882
ベクトル積 (Vector products), 98, 101–102
ベクトルの加算 (Adding vectors), 97
ベクトル場 (Vector fields)
    回転 (curl), 106
    定義 (defined), 101
    発散 (divergence), 105
    変化 (variation), 112–114
ベクトル場の回転 (Curl of a vector field), 106, 156
ベクトル場の発散 (Divergence of vector field), 105
ベクトル量 (Vector quantities)
    計算手法 (calculus techniques), 102–109
    座標系 (coordinate systems), 98–101
    代数的手法 (algebraic techniques), 97–98
    としての流れの速度 (flow velocity as), 15
    場および積 (fields and products), 101–102
ベクトルを掛け合わせる (Multiplying vectors), 97–98
Bell X-1, 3, 706, 709
Bell XS-1, 705, 1002
Bernoulli, Jakob (I), 285
Bernoulli, Jakob (II), 285
Bernoulli, Johann (I), 285, 285–287
Bernoulli, Johann (II), 285
Bernoulli, Johann (III), 285
Bernoulli, Daniel, 285–287
Bernoulli, Nikolaus, 285
Bernoulli の式 (Bernoulli's equation)
    非圧縮性流れのみの (for incompressible flows only), 214, 504, 545,
    導出 (deriving), 192–197
Helmholtz, Hermann von, 400
Helmholtz の渦定理 (Helmholtz's vortex theorems), 400
Berlin Society of Sciences, 287
Venturi 管 (Venturis), 201–202
偏微係数, 離散化 (Partial derivatives, discretizing), 177–180
偏微分の連鎖律 (Chain rule of partial differentiation), 690–691
偏微分方程式 (Partial differential equations), 287
偏微分を離散化する (Discretizing partial derivatives), 177–180

ホ

Whitcomb, Richard T., 349, 712, 715, 738–739
Whittle, Frank, 679
方向微分 (Directional derivatives), 104
放射加熱 (Radiative heating), 807
放射流れ (Radial flows), 230–234
法線力 (Normal force)
    単位翼幅あたりの (per unit span), 19
    定義 (defined), 18
    Newton の衝突理論における (in newtonian impact theory), 809–810
    Lilienthal の式 (Lilienthal's equation), 86–87

法線 (分) 力 (Normal force coefficient)
    定義 (defined), 21
    平板 (flat plate), 748, 814–815, 817–818
膨張波 (Expansion waves)
    先細-末広ノズルにおける (in convergent-divergent nozzles), 657, 658
    の発生 (formation of), 574–575
    Prandtl-Meyer (Prandtl-Meyer), 606–611
    翼型に適用される衝撃波-膨張波理論 (shock-expansion theory applied to airfoils), 618–621
方程式 (Equatinos)
    Couette の流れにおける熱伝達 (heat transfer in Couette flows), 896, 897, 898
    亜音速圧縮性流れの速度ポテンシャル (velocity potential for subsonic compressible flows), 683, 686
    圧縮率，圧縮性 (compressibility), 502, 503
    圧力係数 (pressure coefficient), 22, 220, 244, 824
    圧力勾配 (pressure gradient), 104–105
    圧力中心 (center of pressure), 29, 30
    ある点における圧力 (pressure at a point), 12
    一様流の速度ポテンシャル (velocity potential for uniform flows), 229
    一点における密度 (density at a point), 14
    薄いキャンバーのある翼型の循環 (circulation for thin cambered airfoils), 332
    渦度 (vorticity), 156
    渦流れの速度ポテンシャル (velocity potential for vortex flows), 251, 310
    渦流れの流れ関数 (stream function for vortex flows), 251, 254
    渦パネル法 (vortex panel method), 344
    渦面の接線方向速度の不連続 (tangential velocity discontinuity of vortex sheet), 310
    薄翼理論 (thin airfoil theory), 323
    運動量の式 (momentum), 123, 124, 125–126
    エネルギー式 (energy), 138–139
    エントロピー (entropy), 496
    Euler の式 (Euler's equation), 196, 287, 647
    角速度 (angular velocity), 156
    Karman-Tsien 法則 (Karman-Tsien rule), 694
    完全気体の状態方程式 (perfect gas equation of state), 489
    基準温度法 (reference temperature method), 960, 961
    気体における音速 (speed of sound in gas), 529
    球の圧力係数 (pressure coefficient over sphere), 467
    球の表面速度 (surface velocity over sphere), 467
    境界層 (boundary layer), 936
    境界層厚さ (boundary layer thickness), 946, 979
    境界層の運動量厚さ (momentum thickness of boundary layer), 931
    局所せん断応力 (local shear stress), 15, 16
    局所表面摩擦係数 (local skin-friction coefficient), 22, 946, 960
    局所 Reynolds 数 (local Reynolds number), 68
    空気力 (aerodynamic force), 32
    Courant-Friedrichs-Lewy の判定基準 (Courant-Friedrichs-Lewy criterion), 915
    空力加熱率 (aerodynamic heating rate), 67
    空力中心 (aerodynamic center), 340

Couetteの流れにおけるせん断応力 (shear stress in Couette flow), 893
Couetteの流れについてのReynoldsアナロジー (Reynolds analogy for Couette flow), 921
Couetteの流れのエンタルピー (enthalpy in Couette flows), 895
Kutta-Joukowskiの定理 (Kutta-Joukowski theorem), 258, 265
Kutta条件 (Kutta condition), 316
Croccoの定理 (Crocco's theorem), 606, 792
Kelvinの循環定理 (Kelvin's circulation theorem), 317
検査体積に働く圧力による力 (pressure force on control volume), 122
検査体積に働く合力 (total force on control volume), 122
検査体積に働く体積力 (body force on control volume), 122
勾配定理 (gradient theorem), 109
混合長理論 (mixing length theory), 867
最大L/D比 (maximum L/D ratio), 818–819
正弦2乗法則 (sine-squared law), 810
Sutherlandの法則 (Sutherland's law), 865
差分 (difference), 181
3次元圧縮性粘性流れのエネルギー式 (energy, three-dimensional compressible viscous flows), 875
3次元二重わき出し (three-dimensional doublets), 464
3次元わき出し (three-dimensional source), 463
軸対称錐状流れ (axisymmetric conical flows), 790, 792
仕事率 (work rate), 136–137
実質微分 (substantial derivative), 142
実質微分を用いた運動量の式 (momentum, in terms of substantial derivative), 147–148
実質微分を用いたエネルギー式 (energy, in terms of substantial derivative), 148
実質微分を用いた連続の式 (continuity, in terms of substantial derivative), 146–147
失速速度 (stalling velocity), 43
質量流束 (mass flux), 117
質量流量 (mass flow), 117, 119
修正されたNewtonの法則 (modified newtonian law), 811
準1次元流れの運動量の式 (momentum, quasi-one-dimensional flow), 644, 647
準1次元流れのエネルギー式 (energy, quasi-one-dimensional flow), 644, 647
準1次元流れの連続の式 (continuity, quasi-one dimensional flow), 200, 641, 645
循環 (circulation), 163, 352
正味の圧力による力 (net pressure force), 49
じょう乱速度ポテンシャル (perturbation velocity potential), 685, 743
垂直衝撃波についての運動量の式 (momentum, for normal shock waves), 524, 525, 546
垂直衝撃波のエネルギー式 (energy, for normal shock waves), 525, 546
垂直衝撃波の連続の式 (continuity, for normal shock waves), 524, 525, 546
数値解法 (numerical solution approach), 176–180
スカラー積 (scalar product), 97
スカラー場 (scalar field), 101

Stanton数 (Stanton number), 831, 833, 905
Stokesの定理 (Stokes' theorem), 109
静水力学 (Hydrostatic), 49, 50
θ-β-M関係式 (θ-β-M relation), 583, 585–586, 823
接線力係数 (axial force coefficient), 21
遷移についての臨界Reynolds数 (critical Reynolds number for transition), 356, 864
全機の抵抗係数 (drag coefficient for complete airplane), 77, 476
線形超音速流れにおける圧力係数 (pressure coefficient in linearized supersonic flows), 745
総エンタルピー (total enthalpy), 506
総温 (total temperature), 507
速度 (velocity), 212
単位翼幅あたりの接線力 (axial force per unit span), 19
単位翼幅あたりの法線力 (normal force per unit span), 19
単位翼幅あたりのモーメント (moment per unit span), 20
単位翼幅あたりの揚力 (lift per unit span), 258, 265
断熱壁エンタルピー (adiabatic wall enthalpy), 901, 903
断熱壁温度 (adiabatic wall temperature), 902, 903
断面積–速度関係式 (area-velocity relation), 648
断面積–Mach数関係式 (area-Mach number relation), 651
抵抗 (drag), 18, 73, 75, 131
抵抗極曲線 (drag polar), 476, 813
抵抗係数 (drag coefficient), 21, 23, 36
Taylor-Maccoll (Taylor-Maccoll), 794
動圧 (dynamic pressure), 212
等エントロピー関係式 (isentropic relations), 499
特性Mach数 (characteristic Mach number), 540
流れ場 (flow field), 112–114
斜め衝撃波についての運動量の式 (momentum, for oblique shock waves), 581
斜め衝撃波のエネルギー式 (energy, for oblique shock waves), 582
斜め衝撃波の連続の式 (continuity, for oblique shock waves), 580
Navier-Stokesの式 (Navier-Stokes), 870–871
2次元流れの渦なしの条件 (condition of irrotationality for two-dimensional flow), 157
二重わき出しの速度ポテンシャル (velocity potential for doublet flows), 238
二重わき出しの流れ関数 (stream function for doublet flows), 238
Newtonの第二法則 (Newton's second law), 121
熱伝導による流体要素の加熱 (heating of fluid element by thermal conduction), 874
熱力学第二法則 (second law of thermodynamics), 495–496
熱力学の第一法則 (first law of thermodynamics), 136, 138, 494
排除厚 (displacement thickness), 928, 947
バッキンガムのπ定理 (Buckingham pi theorem), 33–35
発散定理 (divergence theorem), 109
非圧縮性流れにおける円柱の抵抗係数 (drag coefficient for cylinders in incompressible flow), 257
非圧縮性Couetteの流れの速度変化 (velocity variation for incompressible Couette flow),

891
比エネルギー (specific energy), 490
比エンタルピー (specific enthalpy), 490
Biot-Savart の法則 (Biot-Savart law), 397–401
飛行機の最大揚抗比 (airplane maximum lift-to-drag ratio), 479
歪み (strain), 158
比熱 (specific heat), 491
表面摩擦抵抗係数 (skin-friction dra coefficient), 946
表面力 (surface force), 127
吹下ろし (downwash), 404,407
Blasius 方程式 (Blasius' equation), 943
Prandtl-Glauert 則 (Prandtl-Glauert rule), 693
Prandtl-Meyer 関数 (Prandtl-Meyer function), 611
Prandtl 関係式 (Prandtl relation), 547
浮力 (buoyancy force), 52–53
平板の抵抗係数 (drag coefficient for flat plate), 75
平板を過ぎる非圧縮性層流の運動量厚さ (momentum thickness for incompressible laminar flows over flat plate), 947
ベクトル積 (vector product), 98
ベクトル場 (vector field), 101
ベクトル場の回転 (curl of vector field), 106
ベクトル場の発散 (divergence of vector field), 105
Bernoulli の式 (Bernoulli's equation), 195,196
変換 (transformation), 99–100,101
法線力係数 (normal force coefficient), 21
MacCormack 法 (MacCormack method), 779
Mach 角 (Mach angle), 577
Mach 数 (Mach number), 503
Mach 数を用いた圧力係数 (pressure coefficient in terms of Mach number), 687
無揚力 (zero-lift), 333
モーメント係数 (moment coefficient), 21,36
有限翼幅翼の抵抗係数 (drag coefficient for finite wing), 397
誘導抵抗係数 (induced drag coefficient), 408,413
誘導迎え角 (induced angle of attack), 404,408
揚抗比 (lift-to-drag ratio), 46
容積加熱 (volumetric heating rate), 136
容積変化 (volume change), 111–112
要素面積に働く接線力 (axial force on elemental areas), 19
要素面積に働く法線力 (normal force on elemental areas), 19
揚力傾斜 (lift slope), 418
揚力係数 (lift coefficient), 21,23,36,412
揚力の式 (lift), 18
揚力線理論 (lifting-line theory), 405
揚力面理論 (lifting-surface theory), 436
よどみ点境界層 (stagnation point boundary layer), 966
よどみ点空力加熱 (stagnation-point heating), 969
Laplace の方程式 (Laplace's equation), 223
流線 (streamlines), 150–151,166,242
流線間の質量流量 (mass flow between streamlines), 167,168–169
理論解法 (theoretical solution approach), 174–176
臨界圧力計数 (critical pressure coefficient), 696,697
Laitone の法則 (Laitone's rule), 694
Reynolds アナロジー (Reynolds analogy), 905,957
Rayleigh の Pitot 管公式 (Rayleigh Pitot tube formula), 564
連続の式 (continuity), 119,121,122
わき出しパネル法 (source panel method), 270
方物回転体 (Paraboloids), 812
飽和曲線 (Saturation curve), 635
Boeing 707, 3,4,722
Boeing 747, 471
Boeing 757, 715
Boeing 767, 715
Boeing 777, 679
Boeing 787, 95–96,722
Boeing B-47, 737
Boeing B-52 戦略爆撃機 (Boeing B-52 strategic bomber), 80
Boeing Stratoliner, 219
ボーイング翼型 (Boeing airfoils), 303
Baldwin-Lomax 乱流モデル (Baldwin-Lomax turbulence model), 985–987
細長物体 (Slender bodies), 835,849
ポテンシャル流れ (Potential flows), 171
ポテンシャル理論 (Potential theory), 398
Volta 会議 (Volta Conference), 488,728

マ

マグナス効果 (Magnus effect), 261–262
摩擦 (Friction)
　境界層概念 (boundary layer concepts), 63–69
　空力加熱および (aerodynamic heating and), 8–9,10
　流れにおける基本的な役割 (basic role in flows), 15–16,857
　表面摩擦係数 (skin friction coefficient), 22
　表面摩擦抵抗 (skin-friction drag), 22,26,352–361
　揚力における基本的な役割 (basic role in lift), 316
摩擦 (Friction.), → 抵抗；表面摩擦抵抗 (Drag; Skin-friction drag)
摩擦による散逸 (Frictional dissipation), 66
McLellan, C. H., 623
MacCormack の有限差分法 (MacCormack's finite-difference technique), 775–781,911–915
MacCormack, Robert, 775
McCormick, B.W., 414
Macoll, J. W., 789
Mach, Ernst, 629–630
Mach 角 (Mach angle), 577,629
Mach 数 (Mach number)
　圧縮性および (compressibility and), 543–547
　圧縮性流れにおいて計測する (measuring in compressible flows), 562–564
　気体における温度，圧力，および密度との関係 (relation to temperature, pressure, and density in gases), 538
　気体における直進運動の尺度として (as measure of directed motion in gases), 530
　境界層厚さとの関係 (relation to boundary layer thickness), 952,953,957
　極超音速流れについての非依存性原理 (independence principle for hypersonic flows), 827–829
　衝撃波におよぼす増加の影響 (effect of increase on shock waves), 728
　垂直衝撃波特性と (normal shock wave characteristics and), 548,549
　ダクト内の (in ducts), 650–653
　定義 (defined), 35

抵抗におよぼす増加の影響 (effect of increase on drag), 77–78,79,728,956–960,980–982
抵抗発散 (drag-divergence), 703–706,709,713,714
低速非粘性流れに関係しないファクターとして (as nonfactor with low-speed inviscid flows), 222
流れの圧縮性の指標として (as gage of flow compressibility), 503
流れ領域との関係 (relation to flow regimes), 60–63,539–540
斜め衝撃波と (oblique shock wave characteristics and), 582–583
ノズルにおける (in nozzles), 653–655
非圧縮性流れについて (for incompressible flows), 72,222
表面摩擦抵抗との関係 (relation to skin-friction drag), 755
風洞シミュレーション (wind tunnel simulation), 37,40–41
臨界 (critical), 695–698,709,713
Mach 線 (Mach lines), 744,766–767
マッハ波 (Mach waves)
　定義 (defined), 548,549
　特性曲線として (as characteristic lines), 766–767
　流れにおける伝播 (propagation in flows), 744–745
　の形成 (formation of), 577
マッハ反射 (Mach reflections), 600
マノメータ (Manometers), 51–52,203–205
Monk, Max, 734

ミ

右向き波 (Right-running waves), 600–601
右手の法則 (Right-hand rule), 98
Mitchell, Reginald, 426
密度 (Density), → 圧縮性 (Compressibility)
　実質微分 (substantial derivative), 140–142
　定義 (defined), 14
　Mach 数が増加する場合の変化 (variation at increasing Mach numbers), 543–546
　Mach 数との関係 (relation to Mach number), 538
密度比 (Density ratios), 823,825–826

ム

迎え角 (Angle of attack)
　圧力中心との関係 (relation to center of pressure), 84–85,86
　薄い翼型の揚力係数との関係 (relation to lift coefficient for thin airfoils), 325
　NACA 2412 翼型の抵抗係数との関係 (relation to drag coefficient for NACA 2412 airfoil), 305–306
　幾何学的 (geometric), 393
　極超音速ウエーブ・ライダ (hypersonic waveriders), 841
　実在流れにおよぼす影響 (impact on real flows), 367–376
　高い値のための設計 (designing for high values), 429–432
　定義 (defined), 18
　流れのはく離におよぼす影響 (impact on flow separation), 361–363
　におよぼす吹き下ろし効果 (downwash effects on), 393–394
　Prandtl の揚力線理論における (in Prandtl's lifting-line theory), 404–405
　無揚力 (zero-lift), 304
　揚力および抵抗係数におよぼす影響 (impact on lift and drag coefficients), 812–819
　揚力および抵抗係数の基本的関係 (basic relation to lift and drag coefficients), 43–44,45,46–47
無限遠点境界条件 (Infinity boundary conditions), 226
無限翼幅翼データ (Infinite wing data), 303
無次元速度 (Nondimensional velocity), 794–795
無次元の力およびモーメント係数 (Dimensionless force and moment coefficients), 20–22,34,35
無敵艦隊 (Armada), 4
無揚力角 (Zero-lift angle of attack)
　キャンバーのある薄い翼型の (for thin cambered airfoils), 332–333
　キャンバーとの関係 (relation to camber), 373
　定義 (defined), 304
無揚力抵抗係数 (Zero-lift drag coefficient)
　極超音速翼型 (hypersonic airfoils), 818–819
　Mach 数による変化 (variation with Mach number), 79
　揚抗比における因子として (as factor in lift-to-drag ratio), 479
　定義 (defined), 78,476
Munk, Max, 312,384,453

メ

Meador-Smart 基準温度法 (Meador-Smart reference temperature method), 963,983
面積積分 (Surface integrals), 107–108,109

モ

モーメント，その符合の規約 (Moments, sign convention for), 20,29
モーメント係数 (Moment coefficients)
　一般的形状の場合の (for common configurations), 80
　薄い翼型の (for thin airfoils), 327,333
　定義 (defined), 21
　Prandtl-Glauert 法則 (Prandtl-Glauert rule), 693
　Reynolds 数との関係 (relation to Reynolds number), 305
森の破壊 (Forest destruction), 284–285

ユ

U-2 航空機 (U-2 aircraft), 409,427
有害抵抗 (Parasite drag), 428–429,860
有害抵抗係数 (Parasite drag coefficient), 475–476
有限角度の後縁 (Finite-angle trailing edges), 313–315
有限検査体積法 (finite control volume approach), 110–111 → 検査体積 (Control volumes)
有限差分法 (Finite-difference methods)
　時間依存法 (time-dependent techniques), 781–788
　任意形状物体上の境界層を求めるために (to find boundary layers over arbitrarily shaped bodies), 970–974
　の基礎 (elements of), 774–781
有限差分法における修正子ステップ (Corrector step in finite-difference methods), 780–781,784–785
有限差分法における予測子計算 (Predictor step in finite-difference methods), 780,784

有限翼幅翼 (Finite wings.) → 翼 (Wings.)
有効ガンマ (Effective gamma), 570
有効物体 (Effective body), 930–931
有効迎え角 (Effective angle of attack), 395,396,404–405
U 字管マノメータ (U-tube manometers), 51–52
有心膨張波 (Centered expansion waves), 607
誘導抵抗 (Induced drag)
 係数 (coefficient), 396
 縦横比に関して (relation to aspect ratio), 414–416
 全抵抗のパーセンテージとして (as percentage of total drag), 428–429
 定義 (defined), 80,394
 Prandtl の揚力線理論において (in Prandtl's lifting-line theory), 406
 用語の原点 (origin of term), 453
 揚力との関係 (relation to lift), 408–409
誘導抵抗係数 (Induced drag coefficient), 408–409,412–412
誘導迎え角 (Induced angle of attack)
 一般的揚力分布の場合の (for general lift distributions), 412–413
 楕円揚力分布による (with elliptical lift distribution), 407–408
 定義 (defined), 395,394
 Prandtl の揚力線理論における (in Prandtl's lifting-line theory), 404

ヨ

揚抗比 (Lift-to-drag ratio)
 効率および (efficiency and), 46,373
 極超音速ウェーブ・ライダ (hypersonic waveriders), 841–842,844–852
 極超音速翼型 (hypersonic airfoils), 815,818–819,821–822,838
 三角翼設計 (delta wing design), 445
 全機 (complete airplane), 477–479
 超音速翼型 (supersonic airfoils), 756
 定義 (defined), 46
容積加熱 (Volumetric heating), 874
揚力 (Lift)
 極超音速流れにおける (in hypersonic flows), 812–819,821–822
 循環理論 (circulation theory), 267,297–298,382–384
 定義 (defined), 18
 におよぼす流れのはく離の効果 (flow separation effects on), 365
 飛行機に働く実際の揚力 (real forces on airplanes), 472–474
 Prandtl の揚力線理論における (in Prandtl's lifting-line theory), 405
 摩擦の役割 (friction's role), 316
揚力傾斜 (Lift slope)
 薄いキャンバーのある翼型の (for thin cambered airfoils), 332
 高縦横比直線翼の (for high-aspect-ratio straight wing), 438,711
 後退翼の (for swept wing), 438,709
 定義 (defined), 303
 低縦横比直線翼の (for low-aspect-ratio straight wing), 438,709
 有限翼幅翼の (of finite wings), 416–419
揚力係数 (Lift coefficients)
 厚い翼型開発のインパクト (impact of thick airfoil development), 378–382
 一般的な形態についての (for common configurations), 78–80
 キャンバーのある薄い翼型についての (for thin cambered airfoils), 332
 薄い対称翼型についての (for thin symmetric airfoils), 325
 円柱を過ぎる揚力のある流れの場合 (for lifting flows over cylinders), 257–258
 計算 (calculating), 36
 最大値に影響する (affecting maximums), 373–376
 三角翼設計 (delta wing design), 444–445
 初期の高速流れの知見 (early high-speed flow findings), 726–727
 初期の式 (early equations), 87,88
 超音速流れにおける (in supersonic flows), 622,749
 定義 (defined), 21,23
 について航空機設計を解析する (analyzing aircraft designs for), 43–47
 Prandtl-Glauert 法則 (Prandtl-Glauert rule), 693
 Prandtl の揚力線理論における (in Prandtl's lifting-line theory), 405
 迎え角および (angle of attack and), 812–817
 誘導抵抗係数との関係 (relation to induced drag coefficients), 409
 Reynolds 数との関係 (relation to Reynolds number), 304,373
揚力線理論 (Lifting-line theory)
 一般的揚力分布 (general lift distributions), 411–414
 縦横比の効果 (aspect ratio effects), 414–419
 数値的非線形法 (numerical nonlinear method), 429–432
 楕円揚力分布 (elliptical lift distributions), 406–411
 の展開 (development of), 401–406
揚力の循環理論 (Circulation theory of lift), 267,297–298,382–384
揚力のない流れ (Nonlifting flow), 240–245,267–272
揚力分布 (Lift distribution)
 一般的モデル (general model), 411–414
 基本概念 (basic concepts), 400–401
 楕円型の (elliptical), 406–411,413–414,722–723
 Prandtl の揚力線理論における (in Prandtl's lifting-line theory), 405
揚力面理論 (Lifting-surface theory), 432–438
翼 (主翼) (Wings), → 翼型 (Airfoils)
 一体化設計 (blended designs), 721–724,725
 一般揚力分布 (general lift distributions), 411–414
 渦糸として流れをモデル化する (modeling flows as vortex filaments), 397–401
 後退翼の開発 (swept wing development), 706–709,728–738
 極超音速流れにおける揚力と抵抗 (lift and drag at hypersonic speeds), 812–819, 821–822
 三角翼亜音速流れ (delta wing subsonic flows), 440–449
 縦横比の効果 (aspect ratio effects), 414–419
 数値的非線形揚力線解析 (numerical nonlinear lifting-line analysis), 429–432
 遷音速航空機 (transonic aircraft), 715–720
 楕円揚力分布 (elliptical lift distributions), 406–411, 413–414
 吹下ろしと誘導抵抗 (downwash and induced drag), 393–397

平面形の選択 (planform selection), 426–429
有限翼幅翼理論の展開 (finite-wing theory development), 451–453
揚力線理論の概要 (lifting-line theory overview), 401–406
揚力面理論 (lifting-surface theory), 432–438
翼型対 (airfoils versus), 393–394, 416–417
翼型 (Airfoils.), → 翼 (Wings)
  圧力中心 (center of pressure), 29–30, 83–86
  薄い対称 (thin symmetric), 320–328
  主な特性 (major characteristics), 303–306
  開発の歴史 (historical developments), 297–299, 302–303, 349, 378–382
  キャンバーのある薄い (thin cambered), 330–334
  空力中心 (aerodynamic center), 306, 328, 339–340
  Kutta 条件 (Kutta condition), 313–317
  Kelvin の循環定理 (Kelvin's circulation theorem), 317–319
  現代低速用 (modern low-speed), 348–350
  高速飛行機設計における (in high-speed aircraft design), 707
  後退翼設計における (in swept wing designs), 708–709
  初期の高速流研究 (early high-speed research), 726–728
  遷音速 (transonic), 716–721
  超音速流れに関する展開 (development for supersonic flows), 748–749
  超臨界 (supercritical), 713–715, 739
  定義 (defined), 300
  抵抗係数の例 (drag coefficient examples), 78–79
  粘性流れのメカニズム (viscous flow mechanisms), 352–353
  の上に突起のある流れに対する Navier-Stokes 解法 (Navier-Stokes solution to flow with protuberance over), 999–1000, 1001, 1002
  迎え角変化の効果 (effects of angle of attack changes), 367–376
  モーメント係数の例 (moment coefficient examples), 80
  有限翼幅翼対 (finite wings versus), 393–394, 416–417
  用語 (terminology), 300–303
  揚力係数の例 (lift coefficient examples), 78
  Wright 兄弟の開発 (Wright brothers' development), 7–8, 300
  を過ぎる層流 (laminar flows over), 77
  を過ぎる粘性圧縮性流れに対する Navier-Stokes 解法 (Navier-Stokes solution to viscous compressible flow over), 992–994
  を過ぎる非粘性流れ (inviscid flows over), 64
翼型の厚さ (Thickness of an airfoil), → 翼型 (Airfoils)
  圧力分布との関係 (relation to pressure distribution), 704
  初期の発見 (early discoveries), 378–382
  定義 (defined), 302
  揚力係数との関係 (relation to lift coefficient), 372–373
  臨界 Mach 数との関係 (relation to critical Mach number), 698
翼弦 (Chord), 18
翼弦 c (Chord c), 300
翼弦線 (Chord line), 300, 321–323
翼弦長 (Chord length), 8

翼胴干渉 (Wing-body interaction), 474
翼胴結合 (Wing-body combinations), 474
翼の張り線 (Wing wires), 283–284
翼幅，Wright 兄弟の発見 (Wingspan, Wright brothers' discoveries), 8
翼幅荷重 (Span loading), 428
翼面荷重 (Wing loading), 46
よどみ圧 (Stagnation pressure), 212
よどみ点 (Stagnation points)
  円柱を過ぎる一様流 (uniform flow over circular cylinders), 240
  円柱を過ぎる揚力のある流れについての (for lifting flows over cylinders), 252–254
  球を過ぎる3次元流れにおける (in three-dimensional flow over sphere), 466
  極超音速対非圧縮性流れの (of hypersonic versus incompressible flows), 811
  定義 (defined), 212
  における空力加熱 (aerodynamic heating at), 964–969
  における熱伝達 (heat transfer at), 837–838, 839
  わき出しまたはすいこみ流れ (source or sink flows), 235–236, 237
弱い衝撃波解 (Weak shock solutions), 584–587, 797
4 字系 NACA 翼型 (Four-digit NACA airfoils), 302
1/4 翼弦 (Quarter chord), 328, 337–339, 340

ラ

Wright 兄弟 (Wright brothers)
  圧力中心の計算 (center of pressure calculations), 83–86
  最初の飛行 (initial flight), 192, 193
  翼型開発 (airfoil development), 6–8, 378–379, 380
  Lilienthal の数表の利用 (use of Lilienthal's tables), 87, 89, 459
Wright Flyer 号 (Wright Flyer), 410
Rasmussen, M. L., 844
Laplace の方程式 (Laplace's equation)
  概要 (overview), 223–226
  境界条件のタイプおよび (boundary condition types and), 226–227
  の非圧縮性流れと圧縮性を関連づける (relating compressible to incompressible flows with), 692–693
ラムジェットエンジン (Ramjet engines), 555–556, 557
ラムダ型衝撃波パターン (Lambda shock patterns), 673, 674
Rankine, W. J. M., 237
Langley, Samuel P., 7, 84–85, 378
Lanchester, Frederick W., 164, 383–384, 451–453
乱流 (Turbulent flows)
  が好ましいとき (when preferred), 861–862
  基本的特性 (basic properties), 69–70
  球表面上の (over spheres), 471, 472
  高 Reynolds 数における円柱背後に (behind cylinders at high Reynolds numbers), 281
  定義 (defined), 861
  粘性および熱伝導効果 (viscosity and thermal conductivity effects), 868–869
  表面摩擦抵抗推算 (skin-friction drag estimates), 355–356
  平板表面摩擦抵抗係数 (flat plate skin-friction drag coefficient), 755
  摩擦効果 (frictional effects), 860

モデル化 (modeling), 483, 985–987
乱流境界層流れ (Turbulent boundary layer flow)
　厚さ (thickness), 933
　解への挑戦 (solution challenges), 937
　概要 (overview), 979–980
　衝撃波との相互作用 (interactions with shock waves), 628
　Navier-Stokes 解法 (Navier-Stokes solutions), 1002–1003
　平板の結果 (flat plate results), 979–984
　ロケットにおいて避けるための初期の試み (early attempts to avoid in rockets), 9
乱流をモデル化する (Modeling turbulent flows), 985–988

リ

Liebeck, Robert, 722–723
力学的相似流れ (Dynamically similar flows), 876–879
理想流体 (Ideal fluids), 192 脚注
離脱衝撃波 (Detached shock waves)
　一般的な極超音速形態 (with generic hypersonic configurations), 841–842
　くさびおよび円錐を過ぎる流れに伴う (with flows over wedges and cones), 584, 587, 588, 799
　鈍い物体の前方における (in front of blunt body), 603–604, 605
流管 (Streamtubes), 152, 167
流出量 (Outflows), 119
流線 (Streamlines)
　亜音速流れの (of subsonic flows), 61
　3次元二重わき出しにおける (in three-dimensional doublets), 464
　定義 (defined), 15, 149–150, 173
　等ポテンシャル線対 (equipotential lines versus), 173–174
　としての薄い翼型のキャンバー (thin airfoil camber lines as), 321, 322, 330–331
　二重わき出し流れにおける (in doublet flows), 238–240
　の方程式 (equations for), 150–151, 166
　非圧縮性一様流についての (for incompressible uniform flows), 229
　分離 (dividing), 236, 242
　よどみ点 (stagnation), 237, 242
　流線におよぼす有限翼幅翼の効果 (effects of finite wing surfaces on), 393, 394
　わき出し流れの (of source flows), 231
流体静力学 (Fluid statics), 49–54
流体対固体の変形 (Deformation of fluids versus solids), 10–11
流体のせん断応力のふるまい (Fluids' shear stress behavior), 10–11
流体の浮力 (Fluids' buoyancy force), 49–54
流体のモデル化における分子法 (Molecular approach in fluid modeling), 111–112
流体モデル (Fluid models)
　検査体積の場合の運動量方程式 (momentum equation for control volumes), 122–127
　検査体積の場合の連続方程式 (continuity equation for control volumes), 117–122
　主要な方法 (major approaches), 110–111
流体要素 (Fluid elements)
　一般的モデル (general model), 110

回転 (rotation), 106, 154–155
角速度，渦度，および歪み (angular velocity, vorticity, and strain), 154–159
基本的運動 (basic motions), 15
体積変化 (volume change), 105, 112
流れの道すじ，流線，および色つき流線 (pathlines, streamlines, and streaklines), 149–152
浮力 (buoyancy force), 49–54
密度変化 (density change), 140–141
流体要素の回転 (Rotation of fluid elements), 154–155
流体要素の膨張 (Dilatation of a fluid element), 159
流体力学 (Fluid dynamics)
　運動量方程式 (momentum equation), 122–127
　エネルギー式 (energy equation), 135–140
　角速度，渦度，および歪み (angular velocity, vorticity, and strain), 154–159
　計算方法 (computational methods), 176–180, 181–182 → 計算流体力学 (Computational fluid dynamics)
　実質微分 (substantial derivative), 140–142, 147–149
　速度ポテンシャル (velocity potential), 170–171
　流れ関数 (stream function), 167–170
　流れの道すじ，流線，および色つき流線 (pathlines, streamlines, and streaklines), 149–152
　における初期の研究 (early work in), 5–6, 182
　Prandtl の貢献 (Prandtl's contributions), 63, 454–455
　Bernoulli の式 (Bernoulli's equation), 195–198
　学ぶことの根本的理由 (rationale for study), 10
　理論の原点 (theoretical origins), 285–289
　連続方程式 (continuity equation), 117–122
流体力 (Hydrodynamic force), 5
流入流量 (Inflows), 119
Lilienthal, Otto, 7, 87–88, 378, 383, 459
Lilienthal テーブル (Lilienthal's Tables), 88, 89
理論解法 (Theoretical solutions), 174–176
臨界圧力係数 (Critical pressure coefficient), 697–698
臨界 Mach 数 (Critical Mach number)
　後退翼の (of swept wings), 709
　翼型厚さおよび (airfoil thickness and), 713–716
　予測する (estimating), 695–699

レ

Laitone の法則 (Laitone's rule), 695
Reynolds アナロジー (Reynolds analogy)
　圧縮性平板境界層流れに適用される (applying to compressible flat-plate boundary layer flows), 957
　Couette の流れに適用される (applying to Couette flows), 905–906, 919–920
　定義 (defined), 834
　におよぼす圧力勾配の効果 (effects of pressure gradients on), 975
Reynolds 数 (Reynolds number)
　円柱を過ぎる流れの (of flows over circular cylinders), 277–284
　球を過ぎる流れとの関係 (relation to flows over spheres), 471–473
　境界層特性におよぼす効果 (effects on boundary layer properties), 68, 946
　Stanton 数との関係 (relation to Stanton number), 837, 906

遷移領域についての (for transition regions), 356–358, 862–864
定義 (defined), 35
低速非粘性流れに関係しないファクターとして (as nonfactor with low-speed inviscid flows), 222
流れの粘性との関係 (relation to flow viscosity), 59
についての境界層仮定 (boundary layer assumptions for), 934
についての初期の風洞の限界 (limitations of early wind tunnels for), 380
風洞シミュレーション (wind tunnel simulation), 38,40–41
モーメント係数との関係 (relation to moment coefficient), 305
揚力係数との関係 (relation to lift coefficient), 305, 373

Reynolds 平均 Navier-Stokes 方程式 (Reynolds averaged Navier-Stokes equations), 483
Rayleigh Pitot 管公式 (Rayleigh Pitot tube formula), 564
レーザー (Lasers), 12
連続の式 (Continuity equation)
　圧縮性流れに関する (for compressible flows), 504
　Euler の発表 (Euler's publication), 287
　境界層の (boundary layer), 936
　軸対称錐状流れに関する (for axisymmetric conical flows), 790
　実質微分を用いた (in terms of substantial derivative), 147–148
　準 1 次元流れに関する (for quasi-one-dimensional flow), 200, 641, 646
　垂直衝撃波に関する (for normal shock waves), 524, 525, 546
　斜め衝撃波に関する (for oblique shock waves), 580
　Navier-Stokes (Navier-Stokes), 992
　粘性流れに関する (for viscous flows), 875
　保存形 (conservation form), 776–777
　有限検査体積に関する (for finite control volumes), 117–122
　Laplace の方程式および (Laplace's equation and), 223–225
連続流 (Continuum flows), 58

ロ

ロケット再突入飛行体設計 (Rocket reentry vehicle design), 8–9
Lockheed SR-71 Blackbird, 566
Lockheed F-104, 3, 750
Lockheed-Martin F-22, 3
Lockheed U-2, 410, 427
露点 (Dew point), 635
Robins, Benjamin, 726
Loftin, Larry, 477

ワ

わき出し強さ (Source strength), 233
わき出し流れ (Source flows)
　一様流 (uniform flows), 235–238
　二重わき出し (doublet), 238–240
　非圧縮性流れの場合の (for incompressible flows), 231–234
わき出しパネル法 (Source panel method), 267–272, 470
わき出し面 (Source sheets), 268–269, 308
惑星大気 (Planetary atmospheres), 50

●訳者略歴

山口　裕（やまぐち ゆたか）

1946年　新潟県に生まれる
1969年　九州大学工学部航空工学科卒業
2012年　防衛大学校名誉教授
　　　　現在に至る　工学博士

樫谷　賢士（かしたに まさし）

1969年　和歌山県に生まれる
1998年　九州大学大学院総合理工学研究科博士課程修了
2012年　防衛大学校教授
　　　　現在に至る　博士（工学）

空気力学の基礎

2016年7月21日　第1版第1刷発行

著　者　ジョンD.アンダーソン, Jr.
訳　者　山口　裕／樫谷　賢士
発行者　麻畑　仁
発行所　㈲プレアデス出版
　　　　〒399-8301　長野県安曇野市穂高有明7345-187
　　　　TEL 0263-31-5023　FAX 0263-31-5024
　　　　http://www.pleiades-publishing.co.jp
装　丁　松岡　徹
印　刷　亜細亜印刷株式会社
製本所　株式会社渋谷文泉閣

Japanese Edition copyright © 2016 Yamaguchi Yutaka & Kashitani Masashi
落丁・乱丁本はお取り替えいたします。定価はカバーに表示してあります。
ISBN978-4-903814-79-7　C3053　　Printed in Japan